Vulkan Verlag

Taschenbuch der Industrieabwasserreinigung

Vulkan Verlag

Prof. Dr.-Ing. Karl-Heinz Rosenwinkel, Prof. Dr.-Ing. Ute Austermann-Haun,
Prof. Dr.-Ing. Stephan Köster, Dr.-Ing. Maike Beier

Taschenbuch der Industrieabwasserreinigung

Ein Taschenbuch für die Praxis

2. Auflage 2020

Bibliografische Information der Deutschen Nationalbibliothek

Die Deutsche Nationalbibliothek verzeichnet diese Publikation in der Deutschen Nationalbibliografie; detaillierte bibliografische Daten sind im Internet über **www.dnb.de** abrufbar.

Taschenbuch der
Industrieabwasserreinigung
Ein Taschenbuch für die Praxis
Prof. Dr.-Ing. Karl-Heinz Rosenwinkel, Prof. Dr.-Ing. Ute Austermann-Haun,
Prof. Dr.-Ing. Stephan Köster, Dr.-Ing. Maike Beier
2. Auflage 2020

ISBN: 978-3-8356-7398-4 (Print)
ISBN: 978-3-8356-7399-1 (eBook)

Friedrich-Ebert-Straße 55, 45127 Essen, Deutschland
Telefon: +49 201 820 02-0, Internet: www.vulkan-verlag.de

Projektmanagement: Tatjana Holzenhauer, Vulkan-Verlag GmbH, Essen
Schriftleitung: Jakub Krajewski, ISAH, Hannover
Lektorat: Tatjana Holzenhauer, Vulkan-Verlag GmbH, Essen
Herstellung: Nilofar Mokhtarzada, Vulkan-Verlag GmbH, Essen
Umschlaggestaltung: Melanie Zöller, Vulkan-Verlag GmbH, Essen
Titelbild: Adobe Stock
Satz: Veronika Koppers, Vulkan-Verlag GmbH
Druck: Scandinavianbook GmbH, Neustadt a. d. Aisch

Vorwort 2. Auflage

Seit dem Erscheinen der 1. Auflage des Taschenbuches der Industrieabwasserreinigung im damaligen Oldenbourg Verlag sind mittlerweile mehr als 25 Jahre vergangen. Die damals erschienene 1. Auflage wurde auf Initiative von Herrn Prof. Dr.-Ing. Hans Rüffer von den Herausgebern Rüffer und Rosenwinkel bearbeitet. Zu dem damaligen Zeitpunkt war es eins der wenigen zusammenhängenden Werke, das sich mit der gesamten Problematik der unterschiedlichen Industrieabwässer befasst hat. Dazu gehörten neben der Erklärung der wesentlichen Prozesse und zughörigen Anfallstellen der Abwässer die Möglichkeiten durch innerbetrieblich Maßnahmen Mengen und Frachten zu reduzieren, bevor diese der Abwasserbehandlung zugeführt wurden. Weiterhin wurden die maßgeblichen Anforderungen für die verschiedenen Branchen im Hinblick auf die einzuhaltenden Konzentrationen sowohl für die Direkt- als auch für Indirekteinleiter benannt. Besonders hervorzuheben waren dabei die Begrenzungen für gefährliche Stoffe. Abgerundet wurde das Werk durch eine Vielzahl von Beispielen ausgeführter Anlagen. Das Werk wurde sehr gut angenommen und auch in die polnische Sprache übersetzt. Es wird heute noch von vielen Industriebetrieben, Anlagenbauern und Ingenieurbüros als Nachschlagewerk für die industrielle Abwasserbehandlung genutzt. Die trotz Internet und vielfältiger elektronischer Informationsquellen häufigen Nachfragen nach einem solchen Kompendium unter Berücksichtigung der neueren Erkenntnisse und der neueren Gesetzgebung haben den Vulkan-Verlag und die Herausgeber dazu veranlasst, hier einen neuen Stand dieses Taschenbuches zu erstellen. Dabei sollten die ursprünglichen Vorgaben einer umfassenden Darstellung möglichst aller Industriebranchen, deren Abwasserverhältnisse und der erprobten produktionsintegrierten Maßnahmen und Abwasserbehandlungsverfahren beibehalten werden. Es ist den Herausgebern gelungen 40 kompetente Autoren für die unterschiedlichen Bereiche zu gewinnen und diese auf den heutigen Stand zu bringen. Ergänzend wurden in dieser 2. Auflage des Taschenbuchs neben einer umfassenderen Darstellung der gesetzlichen Anforderungen und der Verfahren der Behandlung einige Sonderpunkte der heutigen Industrieabwasserbehandlung, wie z. B. Abwässer aus Industrieparks, Schiffsabwässer, Laborabwässer, Abwässer der Automobilindustrie, Krankenhausabwässer, Photovoltaikabwässer und hygienische Aspekte oder auch Zero-Liquid-Verfahren mit aufgenommen. Außerdem wurde bei den Anforderungen ein Kapitel zu ausgewählten Spurenstoffen und Keimen ergänzt. Die Herausgeber und die Schriftleiter möchten sich beim Vulkan-Verlag – insbesondere bei Frau Holzenhauer – für die sorgsame Bearbeitung und bei allen Autoren für die zügige Lieferung der Manuskripte und das Akzeptieren von notwendigen Kürzungen und Änderungsvorschlägen ganz herzlich bedanken.

Am Ende des Buches finden Sie eine Übersicht der beteiligten Autorinnen und Autoren sowie der Herausgeberinnen und Herausgeber mit Kontaktdaten.

Herausgeber: K.-H. Rosenwinkel, U. Austermann-Haun, S. Köster, M. Beier

Schriftleitung: J. Krajewski

Hannover, im Oktober 2019

Herausgeber:
Karl-Heinz Rosenwinkel, Ute Austermann-Haun, Stephan Köster, Maike Beier

Schriftleitung:
Jakub Krajewski

Taschenbuch der Industrieabwasserreinigung
2. Auflage

unter Mitarbeit von

Angela Ante	(Kapitel 3.1, 3.2)
Konstantinos Athanasiadis	(Kapitel 4.4)
Matthias Barjenbruch	(Kapitel 4.9)
Sonja Bauer	(Kapitel 8.2)
Justus Behnisch	(Kapitel 8.2)
Christoph Blöcher	(Kapitel 3.2, 8.1)
Jörg Brinkmeyer	(Kapitel 10.6)
Cynthia Caicedo	(Kapitel 2.4.4)
Alvaro Carozzi	(Kapitel 4.3)
Anna Dell	(Kapitel 8.2)
Markus Engelhart	(Kapitel 3.4, 10.8)
Rüdiger Eppers	(Kapitel 10.6)
Veit Flöser	(Kapitel 4.6, 9.1, 9.3, 9.4, 10.5)
Peter Hartwig	(Kapitel 6.1)
Hans-Joachim Jördening	(Kapitel 4.1)
Christian Koll	(Kapitel 2.4.2)
Matthias Kozariszczuk	(Kapitel 10.1, 10.2, 10.3)
Roland Lange	(Kapitel 5.1, 5.2)
Martin Lebek	(Kapitel 6.3, 6.4)
Hans-Joachim Linke	(Kapitel 8.2)
Joachim M. Marzinkowski	(Kapitel 7.2)
Jörg W. Metzger	(Kapitel 2.4.1)
Rüdiger Miller	(Kapitel 10.4)
Holger Mlasko	(Kapitel 4.5)
Christian H. Möbius	(Kapitel 7.1)
Regina Nogueira	(Kapitel 2.4.4)
Otto Nowak	(Kapitel 4.8, 10.7)
Thorsten Pollatz	(Kapitel 5.3)
Andrea Poppe	(Kapitel 2.2.1)
Andreas Rak	(Kapitel 6.3, 6.4)
Almut Reichart	(Kapitel 2.1)
Niklas Trautmann	(Kapitel 5.5)

Martin Wagner	(Kapitel 8.2)
Dirk Weichgrebe	(Kapitel 8.4)
Ekkehard Werner	(Kapitel 6.2)
Ludz Wilkening	(Kapitel 5.4)

Inhaltsverzeichnis

1 Planungsvoraussetzungen für Abwasserbehandlungsanlagen von Industrie- und Gewerbebetrieben

1.1 Allgemeines

Karl-Heinz Rosenwinkel

Ein Industriebetrieb bezieht im einfachsten Fall Trinkwasser aus einem öffentlichen Versorgungssystem und liefert zumindest Sanitärabwasser, das dann in die Kanalisation abgeleitet werden kann. Die Mehrzahl der Betriebe verwendet jedoch Wasser aus dem Netz oder häufig auch aus eigenen Brunnen im Produktionsprozess oder als Kühlwasser. Je nach Beschaffenheit der Abwässer und Anschlussmöglichkeiten an eine öffentliche Kanalisation (Indirekteinleiter) bedarf es einer eventuellen Vorbehandlung oder der Vollreinigung (Direkteinleiter). Für die Planung einer Abwasserbehandlungs- oder -vorbehandlungsanlage werden im Wesentlichen folgende Daten und Angaben von dem Industriebetrieb benötigt:

- personelle und betriebliche Angaben über die Produktionsstätte und den Produktionsprozess, die Kapazität und Auslastung sowie eventuell geplante Erweiterungsabsichten,
- Angaben über den Wasserverbrauch und den Abwasseranfall sowie die für die Planung notwendigen Analysenwerte der organischen und anorganischen Verschmutzung und der Schmutzfrachten, der pH- und Temperaturwerte,
- Angaben über die geforderten Ablaufwerte der Anlage als Direkt- oder Indirektableiter sowie über die geplante Durchführung der Probenahme und Analytik für die Überwachung und über eventuelle Forderungen an eine Mess- und Übergabestation,
- Angaben über mögliche innerbetriebliche Maßnahmen zur Vermeidung des Überganges von Störstoffen in das Abwasser und zur Verminderung der Schmutzfracht,
- rechtliche Vorgaben und Forderungen der kommunalen Entwässerungsträger in Form einer Entwässerungssatzung und Gebührensatzung oder einer Verbandssatzung, sowie der Forderungen der Genehmigungs- und Fachbehörden,
- Angaben zur Berechnung der Wirtschaftlichkeit einer Abwasserbehandlungsanlage, wie Abwassergebühren und beiträge, Verschmutzungszuschläge und Abwasserabgaben,
- Angaben über mögliche Standorte der Behandlungsanlage und Führung der Zu- und Ableitungen mit Bewertung der Baugrundverhältnisse und der geodätischen Höhenlagen und Markierungen der Einleitungsstellen.

Die vorab zusammengefasst aufgeführten notwendigen Daten und Angaben für die Planung einer Abwasserbehandlungsanlage werden im Folgenden näher erläutert.

1.2 Angaben zum Betrieb und zur Produktion

Karl-Heinz Rosenwinkel

Die Datenzusammenstellung in Anlehnung an das Arbeitsblatt DWA-A 712 der Deutschen Vereinigung für Wasserwirtschaft, Abwasser und Abfall (DWA) umfasst:

- genaue Betriebsanschrift, Betriebsleiter, Gewässerschutzbeauftragter,
- zuständige Wasserbehörden,
- Produktionsangaben:
  - Produktionsprogramm,
  - Produktionsablauf,
  - Produktionszeiten,
  - Stillstand- und Wartungszeiten,
  - Saisonzeiten,
  - Zahl der Mitarbeiter,
  - Schichtarbeitsprogramm,
  - zu erwartende Produktionssteigerungen oder -veränderungen.

1.3 Angaben zum Wasserbezug und zur Wasseraufbereitung

Karl-Heinz Rosenwinkel

Die Angaben zum Wasserbezug und zur Wasseraufbereitung umfassen:

- Art der Wasserversorgung und des Wasserbezuges,
- Trinkwasser,
- Kesselspeisewasser,
- Produktionswässer unterschiedlicher Qualitäten,
- Wasserverbleib im Produkt,
- Wassereintrag aus Rohstoffen,
- Wasserverdunstung,
- Wasserkreisläufe,
- Kreislauf- und Abschlämmmengen,

- Art der Wasseraufbereitung (Filter, Ionenaustauscher, Membranverfahren),
- Spül- und Reinigungswasserbedarf und -anfall.

1.4 Angaben zur Abwassermenge und -verschmutzung

Karl-Heinz Rosenwinkel

Die Abwasser-Anfallstellen werden anhand der Produktionsschemata dargestellt; die Darstellung der einzelnen Teilströme erfolgt einschließlich deren chemischer Zusammensetzung und Ableitung. Anzustreben ist die getrennte Erfassung der Abwasserströme, z. B. nach:

- Kühlwasser,
- Niederschlagswasser,
- schwach verschmutztem Produktionsabwasser,
- stark verschmutztem Produktionsabwasser,
- häuslichem Abwasser, wie Sanitär- und Kantinenabwasser.

Darstellung der:

- Abwasserströme (m^3/h, m^3/d, m^3/a),
- Verschmutzungsparameter (z. B. pH-Wert, absetzbare Stoffe, abfiltrierbare Stoffe (AFS), CSB, TOC, Nährsalze: Stickstoff und Phosphor) – und Aufgliederung in partikuläre und gelöste Fraktionen sowie organischen Anteil,
- Schmutzfrachten (kg/h, kg/d, kg/a).

Darstellung von Art, Beschaffenheit, Menge, Anfallstelle und Verbleib von Flüssigkeiten, Schlämmen oder Feststoffen, die nicht mit dem Abwasser abgeleitet werden dürfen.

Darstellung der bestehenden Anlagen zur Niederschlags- und Abwasserableitung und zur Abwasserbehandlung (Pläne, Technische Beschreibungen und Berechnungen, Wirkungsgrade).

Darstellung der Niederschlagseinzugsflächen und des Entwässerungsnetzes:

- Trennsystem,
- Mischsystem,
- Niederschlagswasserableitung.

Darstellung einer möglichen Hochwassersituation:

- Überschwemmungsgebietsgrenzen,
- Rückstauebene im Kanalnetz,
- ggf. Risikopläne zur Überflutung von Produktions- und Verkehrsflächen.

Darstellung der Wertstoff-, Abfall- und Schlammentsorgung:

- Verbleib der Stoffe,
- Massen, Feststoffgehalte, organische Anteile, P-Gehalte.

Darstellung eventueller Wasserschutzzonen.

Es ist zu empfehlen bei der Planung einer Behandlungsanlage die notwendigen Daten in Form eines Fragebogens, z. B. nach dem Arbeitsblatt DWA-A 712 „Allgemeine Hinweise für die Planung von Abwasseranlagen in Industrie- und Gewerbebetrieben" zu erfassen.

Zusammenstellung von Genehmigungsunterlagen:

- Erlaubnis oder ggf. Bewilligung zur Entnahme oder Einleitung von Wasser/Abwasser,
- genehmigte Entwurfsunterlagen,
- Planfeststellungsbeschlüsse,
- Genehmigungen nach BImSchG.

Literatur

BImschG – Bundes-Immissionsschutzgesetz: Gesetz zum Schutz vor schädlichen Umwelteinwirkungen durch Luftverunreinigungen, Geräusche, Erschütterungen und ähnliche Vorgänge in der Fassung der Bekanntmachung vom 17. Mai 2013, BGBl. I S. 1274. Stand: geändert durch Artikel 1 des Gesetzes vom 8. April 2019, BGBl. I S. 1943.

DWA-A 712 (2005): Allgemeine Hinweise für die Planung von Abwasseranlagen in Industrie- und Gewerbebetrieben, Deutsche Vereinigung für Wasserwirtschaft, Abwasser und Abfall e. V., Hennef.

2 Anforderungen an die Abwasserqualität

2.1 Gesetzlicher Hintergrund

Almut Reichart

2.1.1 Einleitung

Gewässer stellen einerseits (Trinkwasser-)ressource und Lebensraum dar, andererseits werden sie als Abwassersenke gebraucht. Diese Nutzungsinteressen auszubalancieren ist Aufgabe der Politik. Diese bedient sich dabei des Ordnungsrechts, zum Teil unterstützt von ökonomischen Steuerungsinstrumenten wie der Abwasserabgabe [Rechenberg 2017 und BMUB/UBA 2017]

Viele Regelungsanforderungen entstammen Richtlinien der EU, die in nationales Recht umzusetzen sind. Zentral ist dabei die Wasserrahmenrichtlinie zu nennen, in deren Tochterrichtlinien Konkretisierungen enthalten sind. Aber nicht nur Anforderungen aus dem Wasserrecht sind einschlägig, auch das Recht des anlagenbezogenen Umweltschutzes, der Chemikaliensicherheit u. v. m. haben eine Verbindung zum Wasser bzw. Abwasser. Dies erschwert eine Beschreibung der rechtlichen Anforderungen an das Wassermanagement und die Abwassereinleitung der Industrie. Daher kann hier nur ein grober Überblick erfolgen.

Bild 1 zeigt ausschnittsweise die einschlägigen Regelungen auf EU-Ebene und deren Pendants im deutschen Recht in Bezug auf das (Ab)Wassermanagement in der Industrie.

Im Folgenden werden nur die für die industrielle Gewässernutzung relevanten Aspekte dargestellt und ihr Zusammenspiel speziell im Hinblick auf industrielles Abwasser diskutiert.

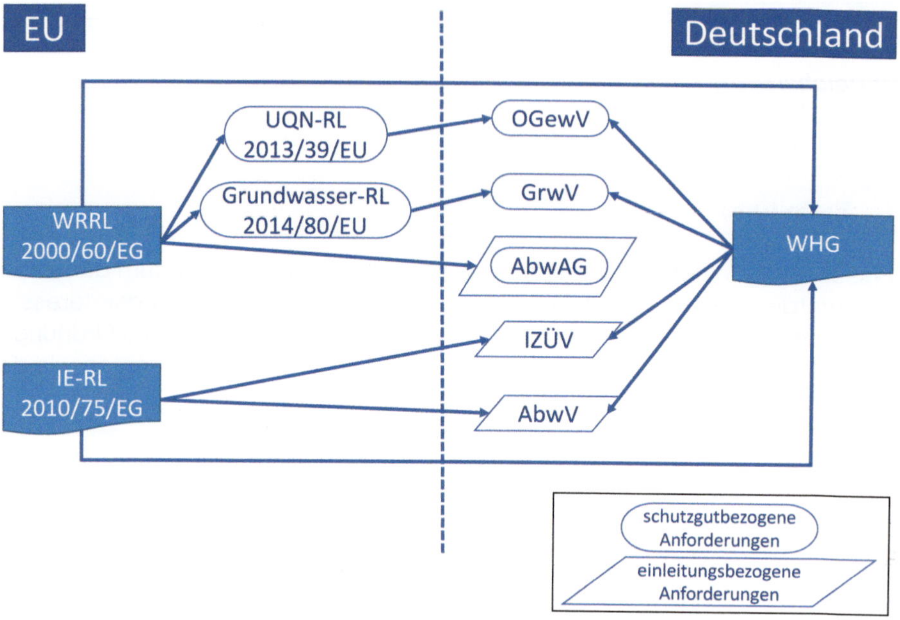

Bild 1: Rechtliche Regelungen in Bezug auf das (Ab-)Wassermanagement in der Industrie auf europäischer und nationaler Ebene [Sandra Leuthold, UBA 2017]

2.1.2 Der Europäische Rechtsrahmen

Die europäische Wasserrahmenrichtlinie (WRRL)

Der breite Schutzansatz der Wasserrahmenrichtlinie (2000/60/EG WRRL) umfasst den Schutz der Oberflächengewässer, der Übergangsgewässer, der Küstengewässer und des Grundwassers. Zentrales Ziel ist dabei der gute Zustand aller Gewässer im Gemeinschaftsgebiet. Dieses Ziel beinhaltet neben der Verbesserung des Zustands der aquatischen Ökosysteme auch die Vermeidung deren weiterer Verschlechterung. Außerdem verfolgt die WRRL die Strategie der nachhaltigen Wassernutzung auf der Grundlage langfristigen Ressourcenschutzes. Dieser Gewässerschutz hat quantitative und qualitative Dimensionen und verknüpft einen ökologisch geprägten qualitativen Ansatz mit einem wasserwirtschaftlichen quantitätsbezogenen Ansatz.

Von besonderer Bedeutung für Abwassereinleiter ist die Liste prioritärer Schadstoffe, die eine Auswahl von Stoffen und Stoffgruppen enthält, die ein erhebliches Risiko für oder durch die aquatische Umwelt darstellen. Diese Liste befindet sich im Anhang X der WRRL. Für diese Stoffe sind Maßnahmen zur Begrenzung der Einträge dieser prioritären Stoffe sowie Qualitätsnormen für ihre Konzentration festzulegen.

Die Richtlinien der EU sind für die Mitgliedstaaten verbindlich und bedürfen der Umsetzung in das nationale Recht. Deutschland hat die Vorgaben der WRRL vollständig in das Wasserhaushaltsgesetz (WHG) überführt ([BMUB/UBA 2017)].

Die §§ 5, 6, 12, 27, 47 und 55 WHG enthalten eine Reihe von allgemeinen Grundsätzen, die auch bei der Abwassereinleitung zu beachten sind. Hierzu gehören z. B. die nachhaltige Gewässerbewirtschaftung, die Wahrung des Wohls der Allgemeinheit und der berechtigten Interessen Einzelner, die Erreichung der Bewirtschaftungsziele („guter Zustand"), die Verhinderung schädlicher Gewässerveränderungen (Verschlechterungsverbot) sowie die Gewährleistung eines hohen Schutzniveaus für die Umwelt insgesamt ohne unzulässige Verlagerung nachteiliger Auswirkungen von einem Schutzgut auf ein anderes.

Eine besondere Herausforderung für den Gesetzes-/Verordnungsgeber, die Bewirtschaftungsplaner und die Vollzugsbehörden stellt die Verzahnung der zu erreichenden Umweltqualitätsnormen (UQN) und der zur Verfügung stehenden Maßnahmen auf der Stoffzulassungs-, -herstellungs- und -anwendungsebene dar.

Die EU-weit geltende Liste der prioritären Stoffe wurde in der Anlage 8 der Oberflächengewässerverordnung (OGewV) in nationales Recht umgesetzt, Anlage 6 enthält die UQN für sogenannte „flussgebietsspezifische Schadstoffe". Eine grundlegende Maßnahme für die Einhaltung dieser allgemeinen Vorgaben ist die Beachtung der nachfolgend dargelegten Anforderungen an das Einleiten von Abwasser und an Abwasseranlagen.

Die Industrieemissionsrichtlinie (IE-RL)

Für den industriell-gewerblichen Bereich werden die Anforderungen an Abwassereinleiter mehr und mehr von EU-Regelungen bestimmt. So bringt die Industrieemissions-Richtlinie 2010/75/EU aus dem Jahr 2010 – oft auch kurz „IED" genannt – neue materielle Anforderungen auch für deutsche Betriebe. Die Richtlinie legt fest, dass Genehmigung und Betrieb der in Anhang I der IE-RL genannten Industrieanlagen integriert und medienübergreifend nach den besten verfügbaren Techniken (BVT) zu erfolgen haben. D. h., die getrennte Betrachtung von Luftreinhaltung, Gewässerschutz und Abfallvermeidung/-verwertung wird ersetzt durch das Konzept der vorsorgenden produktionsintegrierten Vermeidung und Verminderung der Umweltverschmutzung. Eine Verlagerung von Umweltbelastungen in andere Umweltmedien wie Luft oder Boden entgegen dem Stand der

Technik ist zu vermeiden. Das zentrale Instrument zur Erreichung dieses Ziels ist die Anwendung der BVT bei der Zulassung von Industrieanlagen.

Die beste verfügbare Technik gemäß Art. 3 IE-RL wird folgendermaßen definiert:

Die „besten verfügbaren Techniken" sind die effizientesten und fortschrittlichsten Entwicklungsstände der Tätigkeiten und entsprechenden Betriebsmethoden, die bestimmte Techniken als praktisch geeignet erscheinen lassen, als Grundlage für die Emissionsgrenzwerte und sonstige Genehmigungsauflagen zu dienen, um Emissionen in und Auswirkungen auf die gesamte Umwelt zu vermeiden oder, wenn dies nicht möglich ist, zu vermindern. Dabei sind:

- „beste": die Techniken, die am wirksamsten zur Erreichung eines allgemein hohen Schutzniveaus für die Umwelt insgesamt sind.
- „verfügbare Techniken": die Techniken, die in einem Maßstab entwickelt sind, der unter Berücksichtigung des Kosten/Nutzen-Verhältnisses die Anwendung unter in dem betreffenden industriellen Sektor wirtschaftlich und technisch vertretbaren Verhältnissen ermöglicht, gleich, ob diese Techniken innerhalb des betreffenden Mitgliedstaats verwendet oder hergestellt werden, sofern sie zu vertretbaren Bedingungen für den Betreiber zugänglich sind.
- „Techniken": sowohl die angewandte Technologie als auch die Art und Weise, wie die Anlage geplant, gebaut, gewartet, betrieben und stillgelegt wird.

Für alle wichtigen Industriebranchen veröffentlicht die EU-Kommission fortlaufend sog. BVT-Schlussfolgerungen, die rechtsverbindlich in der EU innerhalb von vier Jahren umzusetzen sind. Darin enthalten sind die mit BVT assoziierten Emissionsbandbreiten, also verbindliche europäische Emissionsstandards sowie allgemeine BVTs, die auch in Deutschland zu fortlaufenden Anpassungen der branchenspezifischen Anhänge der Abwasserverordnung (AbwV) führen.

Die Umsetzung dieser Richtlinie bringt nicht nur neue materielle Anforderungen, sondern fordert in Deutschland eine stärkere Anpassung der wasserrechtlichen Anlagenzulassung an das Immissionsschutzrecht.

Neu ist die Verpflichtung zur Erstellung eines Berichtes über den Ausgangszustand und die entsprechende Pflicht zur Rückführung in den Ausgangszustand. Danach haben Betreiber bestimmter Anlagen seit dem 13. Januar 2013 die Pflicht, bei Neu- und Änderungsgenehmigungen den Zustand des Bodens und des Grundwassers zu beschreiben, wenn in der Anlage bestimmte gefährliche Stoffe verwendet, erzeugt oder freigesetzt werden. Darüber hinaus bestand Umsetzungsbedarf für weitere Regelungen (Vorfälle mit erheblichen Umweltauswirkungen, Informationspflichten gegenüber Behörden, Ausbau und Veröffentlichung von Informationen aus dem Genehmigungsverfahren im Internet) [Dörr 2015].

Die Folge war neben der gesetzlichen Umsetzung in den §§ 54, 57, 60 und 107 WHG die Einführung einer eigenständigen wasserrechtlichen Zulassungsverordnung mit der „Verordnung zur Regelung des Verfahrens bei der Zulassung und Überwachung industrieller Abwasserbehandlungsanlagen und Gewässerbenutzungen (Industriekläranlagen- Zulassungs- und Überwachungsverordnung – IZÜV) [Dörr 2015].

2.1.3 Abwassermanagement in Deutschland – kombinierter Ansatz (Qualitätsanforderungen vs. Emissionsanforderungen)

Im dicht besiedelten und hoch industrialisierten Deutschland hat sich der kombinierte Ansatz aus vorsorgenden Technikanforderungen (BVT) auf der einen Seite und den schutzgutbezogenen Anforderungen (WRRL) auf der anderen Seite gut bewährt. Emissionsstandards nach dem Stand der Technik sichern eine kontinuierliche Frachtreduzierung, vermindern die Schadstoffbelastung der Unterlieger und in den Meeren, erlauben die Berücksichtigung von Verhältnismäßigkeitsgesichtspunkten, erhalten die Technikführerschaft des Standorts Deutschland und eröffnen Exportoptionen. Umweltqualitätsnormen zeigen auf der anderen Seite das Niveau an, das zum Schutz von Mensch (Trinkwasser, Beregnungswasser) und Umwelt (Ökologie und Biodiversität) dauerhaft einzuhalten ist [Rechenberg 2017].

Die Einhaltung von Umweltqualitätsnormen kann über die Anwendung der besten verfügbaren Technik hinausgehende Emissionsbegrenzungen erforderlich machen. Die Einführung verbindlicher Bewirtschaftungsziele (UQN) für die Gewässer hat die Bedeutung der Schutzgüter gestärkt und eine klare Orientierung gegeben, die Notwendigkeit vorsorgender Frachtreduzierungen gefährlicher Stoffe jedoch nicht in Frage gestellt [Rechenberg 2017].

Wasserrechtliche Erlaubnis

Nach dem Wasserhaushaltsgesetz (WHG) stellt das Einleiten von Stoffen in ein Gewässer eine Benutzung dar. Das gilt auch und gerade für das direkte Einleiten von behandeltem Abwasser, denn es trägt zur stofflichen Belastung des Gewässers bei. Dafür ist eine behördliche Erlaubnis erforderlich (§ 8 WHG). Abwassereinleitungen in ein Gewässer sind also grundsätzlich verboten. Dieses Verbot kann die zuständige Wasserrechtsbehörde jedoch im Einzelfall auf Antrag durch eine Erlaubnis im Sinne einer Unbedenklichkeitsbescheinigung aufheben (repressives Verbot mit Befreiungsvorbehalt).

Es besteht kein Rechtsanspruch auf die Erlaubnis, da diese dem Bewirtschaftungsermessen der zuständigen Behörde unterliegt (§ 12 Abs. 2 WHG). Seit 1976 werden bundesweit geltende Mindestanforderungen an das Einleiten von

Abwasser in Gewässer und somit an Abwasseranfall, -vermeidung und -behandlung gestellt. Die Mindestanforderungen sind in § 57 (Einleitung von Abwasser in Gewässer – sogenannte Direkteinleitung) des WHG festgelegt. Grundlage dieser Mindestanforderungen ist seit 1996 der Stand der Technik (siehe Anlage 1 zum WHG). Die zulässige Schadstofffracht bestimmt sich danach, wie für die jeweilige Branche die Emissionen in das Wasser bei Einhaltung technisch und wirtschaftlich durchführbarer fortschrittlicher Verfahren minimiert werden können. Diese Mindestanforderungen nach dem Stand der Technik gelten unabhängig von der örtlichen Situation eines Einleiters.

Grundlagen der Beurteilung von Abwassereinleitungen

Bei der Beurteilung von Abwassereinleitungen und von Abwasserbehandlungsanlagen sind grundsätzlich folgende Aspekte durch die Wasserrechtsbehörde zu prüfen, auf die nachfolgend näher eingegangen wird:

1. Einhaltung der schutzgutbezogenen Anforderungen des Gewässerschutzes, der Gewässerbewirtschaftung und der Abwasserbeseitigung (§§ 5, 6, 12, 27, 47 und 55 WHG),
2. Einhaltung der vorsorgenden technikbezogenen Anforderungen an das Einleiten von Abwasser (§ 57 WHG),
3. Einhaltung der Anforderungen an Abwasseranlagen (§ 60 WHG).

Die Erlaubnis wird widerruflich erteilt (§ 18 Abs. 1 WHG). Sie gewährt die Befugnis, ein Gewässer zu einem bestimmten Zweck in einer nach Art und Maß bestimmten Weise zu benutzen (§ 10 Abs. 1 WHG). Im Erlaubnisbescheid wird der Zweck der Gewässerbenutzung ausgewiesen. Art und Maß der Benutzung werden dort durch die Auflistung der Planunterlagen, die Beschreibung der Abwasseranlagen sowie durch die Inhalts- und Nebenbestimmungen, insbesondere die Auflagen für die Abwassereinleitung, definiert. Entsprechend müssen Benutzungszweck und -umfang im Erlaubnisantrag ausreichend und prüffähig beschrieben werden [LfU Bayern 2014].

Einhaltung der Anforderungen an Abwasseranlagen (§ 60 WHG)

Während die Anforderungen an die Abwassereinleitung gemäß § 57 WHG auf die Einhaltung der zulässigen Menge und Schädlichkeit des Abwassers zielen, definiert § 60 WHG den Anforderungsrahmen für die dazu erforderlichen Abwasseranlagen. Erfasst wird neben der Errichtung und dem Betrieb der Anlagen auch deren Unterhaltung.

Es muss sichergestellt sein, dass die Anforderungen an die Abwasserbeseitigung eingehalten werden. Die allgemein anerkannten Regeln der Technik sind

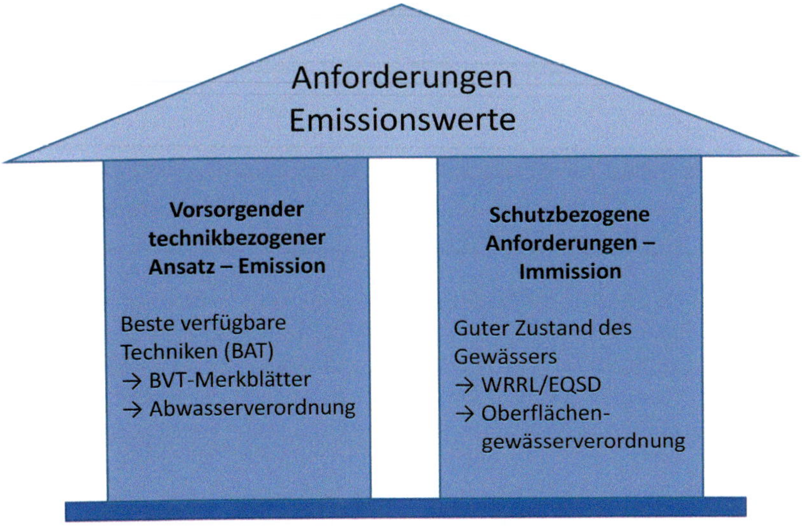

Bild 2: Die zwei Säulen der Anforderungen an das Einleiten von Abwasser [Döpper 2018]

zu beachten und es ist sicherzustellen, dass Abwasserbehandlungsanlagen im Sinne von § 60 Abs. 3 Satz 1 Nr. 2 WHG nach dem Stand der Technik errichtet, betrieben und unterhalten werden, um eine Entsprechung zu den „Besten verfügbaren Techniken“ im Sinne der IED zu haben.

2.1.4 Schutzgutbezogene Anforderungen des Gewässerschutzes, der Gewässerbewirtschaftung und der Abwasserbeseitigung

Oberflächengewässerverordnung (OGewV)

Die Oberflächengewässerverordnung (OGewV) gestaltet die gesetzlichen Bestimmungen näher aus. Ziel der OGewV ist ein kohärenter und umfassender Vollzug der EU-rechtlichen Vorgaben zum Schutz der Oberflächengewässer.

Die Oberflächengewässerverordnung regelt bundeseinheitlich grundlegende Aspekte des Schutzes, der Überwachung und der Bewertung der Oberflächengewässer entsprechend den Anforderungen der Wasserrahmenrichtlinie. Sie setzt deren Tochterrichtlinie über Umweltqualitätsnormen (UQN-RL) um und enthält Vorschriften zur Kategorisierung, Typisierung und Abgrenzung von Oberflächenwasserkörpern sowie zur Festlegung von Referenzbedingungen. Sie enthält Maßgaben zur Durchführung der Überwachungsprogramme und Anforderungen an die anzuwendenden Analysemethoden und Qualitätsmanagementsysteme.

Sie formuliert Maßgaben an die Bestandsaufnahme der Belastungen und setzt Vorgaben zum chemischen und zum ökologischen Zustand bzw. Potenzial, zum Beispiel über die Festlegung flussgebietsspezifischer und europaweiter Umweltqualitätsnormen (UQN).

In Deutschland wurden für 67 sogenannte flussgebietsspezifische Schadstoffe Umweltqualitätsnormen rechtsverbindlich in Anlage 6 der Oberflächengewässerverordnung festgelegt [Rechenberg 2017].

Diese Festlegungen ermöglichen/erfordern strengere Anforderungen vor Ort. Während § 57 Abs. 1 Nr. 1 WHG vorgibt, dass bestimmte Mindestanforderungen (innerbetriebliche Maßnahmen und Emissionsstandards) in keinem Fall unterschritten werden dürfen, fordert § 57 Abs. 1 Nr. 2 WHG zusätzlich die Berücksichtigung der Anforderungen an die Gewässereigenschaften, also eine Immissionsbetrachtung.

Darüber hinaus enthält die OGewV aus wasserwirtschaftlicher Sicht das wesentliche Instrumentarium für die Beurteilung von Auswirkungen auf den Gewässerzustand, insbesondere im Hinblick auf die mit einer Abwassereinleitung verbundenen Stoffeinträge. Zielvorgabe ist das Erreichen bzw. Sichern des guten Zustandes bzw. des guten ökologischen Potenzials (§§ 27, 47 WHG).

Werden besonders problematische Stoffe oder Stoffgruppen eingesetzt (z. B. prioritäre Stoffe gemäß Anlage 8 der OGewV), können Begrenzungen auch einzelstoff- oder stoffgruppenbezogen festgesetzt werden, um sicherzustellen, dass ihre Fracht durch gezielte Emissionsminderungsmaßnahmen ausreichend verringert wird.

Für bisher nicht bewertete Stoffe kann eine Beurteilung auf der Grundlage von EQS-Werten (Environmental Quality Standards) vorgenommen werden, die nach den Vorgaben des „Technical Guidance For Deriving Environmental Quality Standards (Guidance Document No. 27)“ im Rahmen der „Common Implementation Strategy for the Water Framework Directive 2000/60/EC” abgeleitet werden.[1]

Aus den vorgenannten Vorgaben können sich zusätzliche oder strengere Anforderungen ergeben insbesondere mit dem Ziel, den mit der Abwassereinleitung verbundenen Stoff- oder Wärmeeintrag auf ein unschädliches Maß zu begrenzen, d. h. sicherzustellen, dass die vorgenannten gewässerspezifischen Beurteilungswerte nicht überschritten werden.

---

[1] Informationen hierzu im Internetangebot der EU unter https://circabc.europa.eu/d/a/workspace/SpacesStore/0cc3581b-5f65-4b6f-91c6-433a1e947838/TGDEQS%20CIS-WFD%2027%20EC%202011.pdf

Zusätzliche oder strengere Anforderungen bzw. eine Versagung der Erlaubnis können auch durch andere bzw. konkurrierende Gewässerbenutzungen begründet sein, die durch die beantragte Abwassereinleitung ansonsten gefährdet würden, wie z. B. unterhalb der Einleitung gelegene Trinkwassergewinnungen aus Uferfiltrat.

Auch aus der Umsetzung anderer, gewässerbezogener Rechtsvorschriften können sich Konsequenzen ergeben, z. B. auf naturschutzrechtlicher Grundlage in Folge einer Verträglichkeitsprüfung für NATURA 2000-Schutzgebiete. Auch sonstige Stellungnahmen anderer Sachverständiger (z. B. Fischereifachberatung), Träger öffentlicher Belange oder anderer Verfahrensbeteiligter (z. B. Fischereiberechtigte) oder begründete Einwendungen im Rahmen einer möglichen Öffentlichkeitsbeteiligung sind durch die KVB zu würdigen.

Die Grundwasserverordnung (GrwV)

Die Grundwasserverordnung setzt die Anforderungen der EU-Grundwasserrichtlinie (GWRL, 2006/118/EG, novelliert durch RL 2014/80/EU) in deutsches Recht um. Die EU-Grundwasserrichtlinie ist eine Konkretisierung der Wasserrahmenrichtlinie. Die für das Grundwasser zu erreichenden spezifischen Bewirtschaftungsziele sind im § 47 WHG verankert. Das Grundwasser ist flächendeckend zu schützen und in seiner natürlichen Beschaffenheit zu erhalten. Dafür sind ein Verschlechterungsverbot und ein Erhaltungs- und Sanierungsgebot normiert. Beide beziehen sich sowohl auf den mengenmäßigen als auch den chemischen Zustand des Grundwassers. Die Grundwasserverordnung enthält konkretere Festlegungen zur Erreichung dieser Bewirtschaftungsziele.

2.1.5 Anlagenbezogener Gewässerschutz beim Umgang mit wassergefährdenden Stoffen

Zum Schutz der Gewässer gilt bei Anlagen zum Umgang mit wassergefährdenden Stoffen der Besorgnisgrundsatz nach dem Wasserhaushaltsgesetz. Anlagen in diesem Sinne sind selbstständige ortsfeste oder ortsfest genutzte bauliche Einheiten zur Lagerung, Herstellung, zum Umschlagen, Behandeln und Verwenden wassergefährdender Stoffe und Gemische. Demnach dürfen durch die Planung, Beschaffenheit, das Betreiben und Stilllegen einer solchen Anlage keine nachteiligen Auswirkungen auf Gewässer auftreten.

Einstufung wassergefährdender Stoffe – AwSV

Im Abschnitt 2 der am 1. August 2017 in Kraft getretenen Anlagenverordnung zum Umgang mit wassergefährdenden Stoffen (AwSV) wird die Einstufung von Stoffen in eine der drei Wassergefährdungsklassen (WGK) geregelt:

1. schwach wassergefährdend,
2. wassergefährdend,
3. stark wassergefährdend.

Neben diesen drei Klassen gibt es mit der AwSV die Klasse der allgemein wassergefährdenden Stoffe. Hierbei handelt es sich hauptsächlich um Stoffe/Gemische aus landwirtschaftlicher Herkunft.

Für die Einstufung der wassergefährdenden Stoffe in eine der drei WGK ist der jeweilige Betreiber einer Anlage zum Umgang mit wassergefährdenden Stoffen zuständig. Dieser hat die Dokumentation seiner Einstufung dem Umweltbundesamt vorzulegen, welches die Dokumentation auf Vollständigkeit und Plausibilität prüft. Das Ergebnis der Überprüfung wird dem Betreiber schriftlich mitgeteilt. Weiterhin wird die Entscheidung über die Einstufung von Stoffen durch das Umweltbundesamt im Bundesanzeiger veröffentlicht und damit rechtskräftig. Zusätzlich veröffentlicht das Umweltbundesamt eine Liste der nicht wassergefährdenden Stoffe im Bundesanzeiger.

In der Anlage 1 der AwSV sind die maßgeblichen Einstufungskriterien festgelegt. Diese harmonisieren die WGK-Einstufung mit der CLP-Verordnung (Regulation on classification, labelling and packaging of substances and mixtures, EG Nr. 1272/2008). Somit ist nun die Einstufung nach Gefahrenhinweisen des GHS (Global harmonisiertes System zur Einstufung und Kennzeichnung von Chemikalien) möglich.

Bis jetzt wurde für ca. 10.000 Stoffe und Stoffgruppen die WGK dokumentiert, vom Umweltbundesamt überprüft und im Internet veröffentlicht. Stoffe, Stoffgruppen und Gemische, die bereits durch die oder aufgrund der Verwaltungsvorschrift wassergefährdende Stoffe (VwVwS) eingestuft worden sind, gelten mit Inkraftsetzung der neuen AwSV als rechtsverbindlich eingestuft. Die Anlagenbetreiber sind verpflichtet, ihnen vorliegende Informationen, die zu einer Änderung einer veröffentlichten WGK-Einstufung führen können, dem Umweltbundesamt umgehend mitzuteilen.

Die WGK von Gemischen kann aus den veröffentlichten WGK-Einstufungen der beinhalteten Stoffe über eine Mischungsregel (AwSV, Anlage 1) abgeleitet werden. Stoffe, deren WGK bisher nicht veröffentlicht wurde und für die keine ausreichenden Untersuchungen zur Giftigkeit und Umweltgefährlichkeit vorliegen, gelten gemäß AwSV § 3 Absatz 4 vorsorglich als in die höchste WGK 3 eingestuft. Damit wird dem im WHG verankerten Besorgnisgrundsatz Rechnung getragen.

Das für den Bereich Anlagensicherheit konzipierte Einstufungssystem in WGK ist somit eine sinnvolle Ergänzung zum Gefahrstoffrecht, um auch und gerade beim Umgang mit ungetesteten Stoffen zu gewährleisten, dass Schädigungen der Gewässer vermieden werden. Gleichzeitig schafft die Klassifizierung einen dauernden Anreiz zur Substitution von besonders gefährlichen oder schlecht untersuchten Stoffen durch solche, die weniger gewässergefährdend und gut untersucht sind [BMUB/UBA 2017].

Anforderungen an die Anlagen

Die Anforderungen an eine Anlage richten sich nach dem von ihr ausgehenden Gefährdungspotenzial. Dieses bestimmt sich aus

- dem Wassergefährdungspotenzial der gehandhabten Stoffe (mit Hilfe der Wassergefährdungsklasse),
- der in der Anlage vorhandenen Menge an wassergefährdenden Stoffen sowie
- den örtlichen Gegebenheiten (Nähe zu Wasserschutzgebieten etc.).

Je höher das Gefährdungspotenzial, umso höher sind die Anforderungen an den Betrieb und die Sicherheit der Anlage.

Der Anlagenbetreiber hat dafür zu sorgen, dass die technischen (Materialbeständigkeit, Auffangvorrichtungen, Anlagenüberwachung durch geeignete Technik) und organisatorischen Anforderungen (Betriebs- und Bedienanweisungen, Schulung, Notfallpläne), die an das Betreiben von Anlagen zum Umgang mit wassergefährdenden Stoffen gestellt werden, nachweislich eingehalten werden.

Zur Sicherstellung eines bundeseinheitlichen Sicherheitsniveaus löst die bundeseinheitliche AwSV die bisherigen Länderverordnungen ab.

Zusätzlich zu der speziell auf das Wasserrecht bezogenen AwSV können Anlagen zum Umgang mit wassergefährdenden Stoffen auch der Störfallverordnung (12. Verordnung zur Durchführung des Bundes-Immissionsschutzgesetzes, 12. BImSchV) unterliegen, die ergänzende Anforderungen an die Sicherheit der Anlagen stellt. Die EU-rechtliche Basis für die 12. BImSchV bildet die Seveso-III-Richtlinie 2012/18/EU. Ob eine Anlage auch die Anforderungen der 12. BImSchV erfüllen muss, wird zum einen durch die tatsächlich oder möglicherweise vorhandene Menge an gefährlichen Stoffen bestimmt.

2.1.6 Einhaltung der Anforderungen an das Einleiten von Abwasser – Abwasserverordnung (AbwV)

In der Abwasserverordnung (AbwV) hat die Bundesregierung allgemeine Anforderungen und Emissionsgrenzwerte für derzeit insgesamt 53 Herkunftsbereiche

(Kommunalabwasser sowie 52 Industrie- und Gewerbebranchen) definiert, die dem Stand der Technik entsprechen und als Mindestanforderungen zu verstehen sind.

Anhang 1 zur AbwV gilt für häusliches und kommunales Abwasser, die anderen Anhänge betreffen einzelne Branchen des Gewerbes und der Industrie.

Für den Großteil der Anhänge bestehen Hinweise und Erläuterungen (sog. Hintergrundpapiere), herausgegeben vom Bundesministerium für Umwelt, Naturschutz und Reaktorsicherheit und der Länderarbeitsgemeinschaft Wasser und veröffentlicht im Bundesanzeiger Verlag, in denen der technische Hintergrund dargestellt und die Anforderungen erläutert werden.

Die Anhänge der AbwV, die sich an Abwasserarten bzw. Branchen orientieren, enthalten konkrete Vermeidungs- und Behandlungsmaßnahmen als Mindestanforderungen für das Einleiten von Abwasser in Gewässer. Seit der Änderung der Abwasserverordnung vom 2. September 2014 (und zuletzt durch die 7. Novelle der AbwV vom 8. Juni 2016), enthalten die jeweils aktualisierten Anhänge der AbwV auch alle Vorgaben zu den wasserbezogenen BVT der EU. Einleitungserlaubnisse werden nur erteilt, wenn der Abwassereinleiter die in dem einschlägigen Anhang der AbwV beschriebenen Mindestmaßnahmen zur Vermeidung und Verringerung von Abwasseremissionen nach dem Stand der Technik durchführt. Branche für Branche – wie in den BVT-Schlussfolgerungen der EU – kann der abwassereinleitende Betrieb so ganzheitlich analysiert und bewertet werden; Vermeidungs- und Verminderungsmaßnahmen können leichter optimiert werden. Insbesondere für gefährliche Stoffe (z. B. Cadmium, Quecksilber) können Anforderungen auch vor der Vermischung mit anderem Abwasser im Teilstrom oder an der Übergabestelle in das öffentliche Kanalnetz (Indirekteinleiter) festgelegt werden. Durch den Branchenbezug (z. B. Metall-, Textilindustrie, Lebensmittel-, Papierherstellung) und durch eine Auswahl der zu begrenzenden Parameter, vor allem Leit- bzw. Summenparameter (z. B. TOC, TNb, BSB_5, abfiltrierbare Stoffe, AOX) und Wirkparameter (also Biotest z. B. mittels Fischeiern, Daphnien, Wasserlinsen, Leuchtbakterien), kann der Mess- und Überwachungsaufwand in Grenzen gehalten werden. Dem Branchen- oder Abwasserartengedanken folgend werden für Einleiter i. d. R. also nicht Anforderungen an bestimmte Einzelstoffe festgelegt, sondern Abwasserherkunftsbereiche oder Branchen bestimmt, bei denen der Stand der Technik (was materiell den europäischen BVT entspricht) angewendet werden muss. Die Anforderungen sind europäisch in den BVT-Schlussfolgerungen (BVT-S) und – nach der Aktualisierung – in den korrespondierenden Anhängen der AbwV festgelegt.

Genehmigungserfordernisse und -anforderungen für das Einleiten von Abwasser in öffentliche und private Abwasseranlagen (sogenannte Indirekteinleitungen) geben die bundesrechtlichen Regelungen der §§ 58 und 59 WHG in Verbindung mit der Abwasserverordnung vor. Darüber hinaus können die Länder durch eigene Rechtsvorschriften u. a. weitergehende Genehmigungserfordernisse für die indirekte Einleitung von Abwasser festlegen.

2.1.7 Verordnung zur Regelung des Verfahrens bei der Zulassung und Überwachung industrieller Abwasserbehandlungsanlagen und Gewässerbenutzungen (Industriekläranlagen- Zulassungs- und Überwachungsverordnung – IZÜV)

Die Umsetzung der IE-Richtlinie im Bereich des Gewässerschutzes führte neben den Änderungen im WHG und der AbwV auch zu der neuen Industriekläranlagen-Zulassungs- und Überwachungsverordnung (IZÜV). In den Anwendungsbereich der IZÜV fallen die Erteilung von Erlaubnissen für Gewässerbenutzungen durch Industrieanlagen, die der IED unterfallen sowie die Erteilung von Genehmigungen für eigenständig betriebene Industriekläranlagen (6.11er-Anlagen gemäß Anhang I IE-Richtlinie).

Der Anwendungsbereich erstreckt sich nicht nur auf Industriekläranlagen – wie der Titel der Verordnung suggeriert – sondern vielmehr auch auf Einleitungen aus IE-Anlagen. Der lange Titel der IZÜV drückt das klarer aus: „Verordnung zur Regelung des Verfahrens bei Zulassung und Überwachung industrieller Abwasserbehandlungsanlagen und Gewässerbenutzungen“. Bisherige Regelungen der Länder für Gewässerbenutzungen durch IVU-Anlagen in Landeswassergesetzen oder eigenständigen Verordnungen für IVU-Anlagen entfallen. Im Wesentlichen entsprechen die Anforderungen den Vorgaben der 9. BImSchV, also der Verordnung über das Genehmigungsverfahren und weiteren Regelungen des BImSchG.

Der Anwendungsbereich der IZÜV erstreckt sich sowohl auf die Erteilung von Erlaubnissen bzw. Genehmigungen (Teil 1), als auch auf deren Überwachung (§§ 7 bis 10 IZÜV); letzteres auch auf die Überwachung von Indirekteinleitungen (nach den §§ 8 bis 10 IZÜV).

Der 1. Teil der IZÜV enthält Verfahrensvorschriften, die ansonsten zu über 90 % im BImSchG geregelt sind. Die Verfahrensvorschriften beziehen sich auf nicht gebündelte (vgl. § 13 BImSchG) Erlaubnisse für Direkteinleitungen von IE-Anlagen und auf sog. 6.11er-Anlagen (gemäß Anhang I IE-Richtlinie). Die Verfahrensvorschriften der IZÜV gelten nicht für Indirekteinleiter.

Eine Erlaubnis gemäß IZÜV bezieht sich auf das “prozessspezifisch verunreinigte Abwasser”. Das heißt zum Beispiel das Niederschlagswasser von einem Hallendach einer IE-Anlage braucht keine IZÜV-Erlaubnis, sondern eine normale Erlaubnis für die Einleitung.

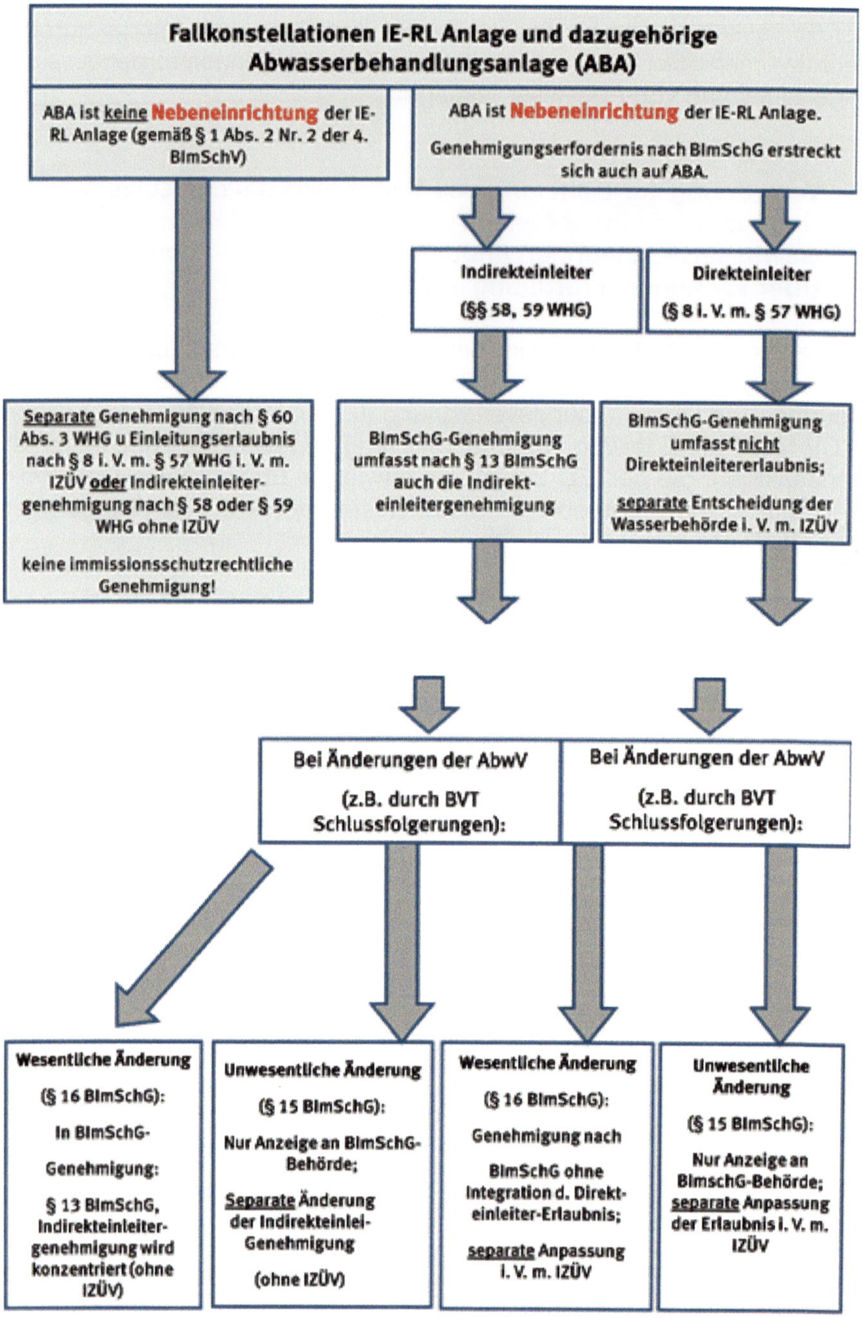

Bild 3: Abgrenzung der Zuständigkeit von Wasserbehörde und Immissionsschutzbehörde bei Anlagen, die Abwasser einer Anlage nach der IE-RL behandeln (aus: [LAI 2014])

Die IZÜV erweitert also schon übliche Genehmigungsverfahren für die Erlaubnis einer Einleitung in Gewässer um die aus der IE-RL kommenden Verfahrensvorschriften. Entscheidend für die praktische Relevanz des ersten Teils der IZÜV (Verfahrensvorschriften) ist, ob für eine IE-Anlage bereits eine BImSchG-Genehmigung benötigt und eine Abwasserbehandlungsanlage bzw. -einleitung dort als Nebeneinrichtung mitgenehmigt wird (Konzentrationswirkung des § 13 BImSchG bzgl. Zulassung).

Neu gegenüber der bisherigen Erlaubnis der Einleitung sind v. a. die Öffentlichkeitsbeteiligung und die Überwachungsanforderungen und -pflichten. Wenn also eine Genehmigungsbehörde in einem Betrieb einen Vor-Ort-Besuch durchführt, sind alle relevanten Genehmigungstatbestände Teil der Inspektion: sog. "Komplexkontrolle" (Thüringen). Die Genehmigungsbehörde kann dann einen Vertreter der Wasserbehörde hinzuziehen. Anlagen zum Umgang mit wassergefährdenden Stoffen (AwSV-Anlagen) und Indirekteinleitungen sind ebenfalls Teil der Inspektion. Rechtsgrundlage für diese Überwachungen ist nicht das BImSchG, sondern die IZÜV.

2.1.8 Abwasserabgabengesetz

Die Höhe der Abgabe ergibt sich aus der Menge und der Schädlichkeit (s. Tabelle 1) bestimmter eingeleiteter Inhaltsstoffe. Somit müssen Direkteinleiter zumindest einen Teil der Kosten der Inanspruchnahme des Umweltmediums ausgleichen (Umsetzung des Verursacherprinzips). Die Abwasserabgabe ist die erste bundesweit erhobene Umweltabgabe mit Lenkungsfunktion. Das AbwAG setzt zudem die Vorgabe der WRRL um, wonach zur Kostendeckung auch die Umwelt- und Ressourcenkosten zu internalisieren sind.

Die Abgabe pro Schadeinheit ist in mehreren Schritten bis 1997 auf 70,00 DM (jetzt 35,79 €) erhöht, aber seither nicht mehr angepasst worden. Das AbwAG sieht Ermäßigungen des Abgabesatzes für die Fälle vor, in denen der Abgabepflichtige gewisse Mindestanforderungen erfüllt. Außerdem können bestimmte Investitionen zur Verbesserung der Abwasserbehandlung mit der Abgabe verrechnet werden. Die Abwasserabgabe ist an die Länder zu entrichten. Sie ist zweckgebunden für Maßnahmen der Gewässerreinhaltung zu verwenden.

Schon länger wird in Fachkreisen diskutiert, ob die Lenkungswirkung der Abwasserabgabe immer noch effektiv ist und ob nicht neue Aspekte mitaufgenommen werden sollten (z. B. Mikroverunreinigungen) (vgl. [Gawel et al. 2014; Gawel et al. 2015], UBA-Texte 55/2014 und 26/2015). Das AbwAG befindet sich derzeit in der Revision. Im Koalitionsvertrag (Nr. 6551/2) vom 7. Februar 2018 heißt es: „Die Abwasserabgabenregelung wollen wir mit dem Ziel der Reduzierung von

Gewässerverunreinigungen weiterentwickeln." Hierbei ist neben der Aufnahme weiterer Parameter auch vorgesehen, die bisherigen Parameter CSB durch den Parameter TOC zu ersetzen.

Tabelle 1: Anlage zu § 3 AbwAG – Schadstoffe und Schadeinheiten nach dem Abwasserabgabengesetz

Nr.	Bewertete Schadstoffe und Schadstoffgruppen	Einer Schadeinheit entsprechen jeweils folgende volle Messeinheiten	Schwellenwerte nach Konzentration	Schwellenwerte nach Jahresmenge
1	Oxidierbare Stoffe in chemischem Sauerstoffbedarf (CSB)	50 kg Sauerstoff	20 mg/l	250 kg
2	Phosphor	3 kg	0,1 mg/l	15 kg
3	Stickstoff als Summe der Einzelbestimmungen aus Nitratstickstoff, Nitritstickstoff und Ammoniumstickstoff	25 kg	5 mg/l	125 kg
4	Organische Halogenverbindungen als adsorbierbare organisch gebundene Halogene (AOX)	2 kg Halogen, berechnet als organisch gebundenes Chlor	100 µg/l	10 kg Jahresmenge
5	Metalle und ihre Verbindungen			
5.1	Quecksilber	20 g	1 µg	100 g
5.2	Cadmium	100 g	5 µg	500 g
5.3	Chrom	500 g	50 µg	2,5 kg
5.4	Nickel	500 g	50 µg	2,5 kg
5.5	Blei	500 g	50 µg	2,5 kg
5.6	Kupfer	1.000 g Metall	100 µg	5 kg/l
6	Giftigkeit gegenüber Fischeiern	6.000 m^3 Abwasser geteilt durch G_{Ei}	$G_{Ei} = 2$	

2.1.9 Vermeidung industriellen Abwassers und Begrenzung der Abwassermenge

Der Abwasservolumenstrom („Abwasserabfluss") wird begrenzt, um sicherzustellen, dass neben der Schädlichkeit auch die Menge des Abwassers entsprechend dem Stand der Technik gering gehalten wird (§ 57 Abs. 1 Nr. 1 WHG).

Unter Abwasservermeidung wird im industriellen und gewerblichen Bereich die Anwendung abwasserarmer bzw. abwasserloser Verfahren verstanden. Hierzu gehört zum Beispiel die Anwendung von Produktionsprozessen ohne Abwasserableitung, die innerbetriebliche Umstellung auf wassersparende Kreislaufsysteme, oder die Verwendung von Trockenkühltürmen anstelle von Nasskühltürmen. Die AbwV unterstützt den Vermeidungsgedanken durch die allgemeine Anforderung, dass Abwasser in ein Gewässer nur eingeleitet werden darf, wenn die Schadstofffracht so gering gehalten wird, wie dies z. B. durch den Einsatz wassersparender Verfahren bei Wasch- und Reinigungsvorgängen, den Einsatz von schadstoffarmen Betriebs- und Hilfsstoffen sowie die prozessintegrierte Rückführung von Stoffen möglich ist (§ 3 AbwV). In den branchenspezifischen Anhängen der AbwV werden Maßnahmen zur Abwasservermeidung weiter spezifiziert.

2.1.10 Rückgewinnung von Industrieabwasser als Rohstoff

Die Wasserrückgewinnung als Ressource zur nachhaltigen Stoffbewirtschaftung in Deutschland ist bei einem potenziellen Wasserdargebot von 188 Mrd. m^3/a und einer Wassernutzung von nur rund 25,1 Mrd. m^3/a kein zwangsläufiges Umwelthandlungsziel. Allerdings nennt die IE-RL neben einer Reihe anderer Kriterien den sparsamen Umgang mit Wasser als ein wichtiges Kriterium zur Bestimmung der besten verfügbaren Techniken. Dieser Aspekt wurde in die Definition des Standes der Technik im WHG übernommen. Damit erhält der verringerte Wasserverbrauch einen eigenständigen Stellenwert. Abwasser wird also nicht mehr nur als Belastungsquelle für die „Umweltressource Gewässer" verstanden, sondern auch als Produktionsressource mit Eigenwert. Durch die Rückführung von aufbereitetem bereits erwärmtem Industrieabwasser kann zusätzlich eine erhebliche Energieeinsparung erzielt werden, da das zurückgeführte Wasser z. B. in Papierfabriken verglichen mit dem Brunnenwasser sich auf einem höheren Energieniveau befindet [BMUB/UBA 2017].

2.1.11 Neue Aufgaben

Spurenstoffstrategie

Will man heute die Vielzahl der Stoffeinträge aus den verschiedenen Herkunftsbereichen insbesondere an deren Quelle vermeiden bzw. vermindern, reicht das wasserwirtschaftliche Regelungsinstrumentarium nicht aus. Vielmehr muss man eine umfassende Strategie entwickeln, die folgende Elemente enthält:

1. Risikocharakterisierung: Kenntnisse über die Wirkungen der Substanzen verbessern, die relevanten Eintragsquellen erfassen und bewerten sowie Schutzziele benennen.
2. Risikomanagement: kosteneffiziente Maßnahmen zwecks Vermeidung und Verminderung der Einträge entwickeln, finanzieren und umsetzen. Hier ist neben dem Wasserrecht auch das Stoffrecht (also Chemikalien-, Arzneimittel-, PSM- und Biozidrecht) gefragt.
3. Risikokommunikation: in Form von Information und Aufklärung von Öffentlichkeit und Anwendern.

Ausblick

Die rechtlichen Anforderungen an Wassermanagement und Abwassereinleitung der Industrie sind ein hochkomplexes Themenfeld mit vielen ineinandergreifenden Regelungstexten und Regelungsebenen. Das Wasserhaushaltsgesetz ist die wichtigste nationale Regelungsrundlage für fast alle wasserbezogene Fragestellungen. Es bestehen jedoch vielseitige Verbindungen zum Anlagen-, und Chemikalienrecht. Neu zu regelnde Stoffe müssen in das bestehende komplexe Regelungskonzept integriert werden, so dass der Aufwand für Genehmigung und Überwachung handhabbar bleibt.

Die Erteilung einer Genehmigung oder Erlaubnis für eine Abwassereinleitung aus Industrie- und Gewerbebetrieben erfordert die Berücksichtigung all dieser verschiedenen rechtlichen und fachlichen Aspekte. Die zunehmende Komplexität stellt sowohl die Anlagenbetreiber als auch die Planer und Vollzugsbehörden vor große Herausforderungen.

Eine sehr große Herausforderung für die nahe Zukunft stellt dahingegen jedoch die Regelung von Mikroverunreinigungen – die häufig auf diffusen Wegen in die Gewässer gelangen – dar. Hier sind alsbald umfassende Lösungen anzugehen, damit diese Stoffe nicht in den Gewässern akkumulieren und zu Problemen für die Gewässerökologie und das Trinkwasser führen.

Literatur

BMUB/UBA (Hrsg.) (2017): Wasserwirtschaft in Deutschland, Bonn/Dessau-Roßlau (noch unveröffentlicht).

Döpper, M. (2018): Industrial+water permitting and monitoring. Bezirksregierung Düsseldorf, Vortrag September 2018.

Dörr, Rolf-Dieter (2015): Abwasserrecht. Einführung in das Recht der Abwasserbeseitigung. Bundesanzeiger Verlag GmbH, Köln, S. 7 – 38.

Gawel, E. et. al. (2015): Mikroverunreinigungen und Abwasserabgabe. UBA (Hrsg.), Texte 26/2015, Dessau-Roßlau.

Gawel, E. et. al. (2014): Reform der Abwasserabgabe: Optionen, Szenarien und Auswirkungen einer fortzuentwickelnden Regelung. UBA (Hrsg.), Texte 55/2014, Dessau-Roßlau.

LAI (Hrsg.) (2014): Arbeitshilfe für den Vollzug der nationalen Rechtsvorschriften zur Umsetzung der Industrie-Emissions-Richtlinie, Bund-Länder-Arbeitsgemeinschaft Immissionsschutz (LAI), Potsdam.

Leuthold, S. (2017): Abbildung erstellt für diesen Artikel, 2017, UBA Dessau.

LfU Bayern (Hrsg.) (2014): Abwassereinleitungen aus Industrie und Gewerbe. Merkblatt Nr. 4.5/1, Augsburg.

Rechenberg, J. (2017): Mikroverunreinigungen der Gewässer: Wasserrechtliche Bewertung und Handlungsansätze, Rede auf der Veranstaltung 22. Symposium „Aktuelle Entwicklungen bei der Umsetzung der Wasserrahmenrichtlinie“ am 31.03.2017, Leipzig.

2.2 Indirekteinleiter

2.2.1 Merkblatt M 115 der DWA

Andrea Poppe

2.2.1.1 Einleitung

Gewerbliches und industrielles Abwasser (= nicht häusliches Abwasser) wird vielfach zusammen mit dem häuslichen Abwasser in die öffentliche Kanalisation eingeleitet und in der öffentlichen Kläranlage behandelt. Daher stellt der Betreiber dieser Anlagen Anforderungen an die Menge und die Qualität des gewerblichen und industriellen Abwassers von Indirekteinleitungen. Nur so kann er seinen gesetzlich vorgeschriebenen Pflichten nachkommen sowie den geordneten Betrieb der öffentlichen Abwasseranlage garantieren.

Unterstützt wird er dabei seit vielen Jahren durch das DWA Merkblatt 115 „Indirekteinleitungen nicht häuslichen Abwassers", das aus drei Teilen besteht [Poppe und Reinhold 2007]. Mit den insb. qualitativen Anforderungen an die Indirekteinleitung aus Sicht des Betreibers der öffentlichen Abwasseranlage befasst sich der Teil 2, der Einbringungsverbote und Einleitungsbegrenzungen vorsieht [DWA 2013].

Der Teil 1 beschäftigt sich mit den Rechtsgrundlagen für Benutzung der öffentlichen Abwasseranlage durch Indirekteinleiter und gibt Hinweise zur zweckdienlichen Ausgestaltung der Ortsentwässerungssatzung, die dem Betreiber der öffentlichen Abwasseranlage eine effiziente und effektive Indirekteinleiterüberwachung ermöglicht [DWA 2004].

Die Durchführung der Indirekteinleiterüberwachung thematisiert der Teil 3 [ATV-DVWK 2004]. Er beschreibt die Vorgehensweisen zur Erstellung und Fortschreibung eines Indirekteinleiterkatasters, zur Ersterfassung von Betrieben, zur Ermittlung des Gefahrenpotenzials der Indirekteinleitung und des daraus resultierenden Überwachungszyklusses sowie mögliche Überwachungsstrategien.

2.2.1.2 Rechtliche Voraussetzungen

Die Indirekteinleitung von Abwasser in die öffentliche Abwasseranlage wird aus gutem Grund seit jeher in zwei verschiedenen und voneinander vollständig unabhängigen Rechtsgebieten geregelt: dem Wasserrecht und dem kommunalen Satzungsrecht (s. Bild 1).

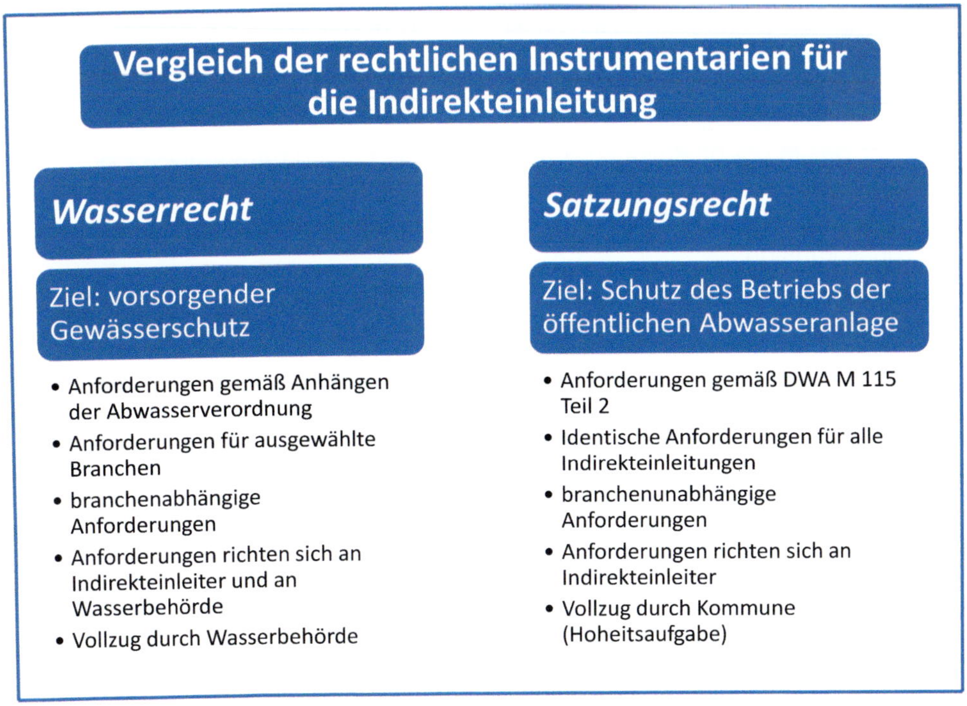

Bild 1: Vergleich der rechtlichen Instrumentarien für die Indirekteinleitung

Liegt dem Wasserrecht das Vorsorgeprinzip zu Grunde, so geht es im kommunalen Satzungsrecht ausschließlich um den Schutz der öffentlichen Abwasseranlage. Belange des z. B. großräumigen und langzeitlichen Gewässerschutzes sind hier genauso wenig Regelungsgegenstand wie der Wunsch nach einer Durchsetzung umweltpolitischer Überlegungen [DWA 2004; DWA FA KA 3 2013].

Die Kommunen erlassen ihre Ortsentwässerungssatzungen im Rahmen ihrer nach § 28 Absatz 2 des Grundgesetzes garantierten Selbstverwaltung in eigener Hoheit. Zur Festlegung der Anforderungen an Indirekteinleitungen in der Ortsentwässerungssatzung orientieren sich die kommunalen Satzungsgeber am DWA-Merkblatt 115, so dass auch hier deutschlandweit weitgehend gleichartige Anforderungen an Indirekteinleitungen gestellt werden.

Alle Anforderungen an die Einleitung des nicht häuslichen Abwassers beruhen allein auf den Erfordernissen für den geordneten Betrieb der öffentlichen Abwasseranlage und den gesetzlichen Anforderungen des Anhangs 1 der Abwasserverordnung bzw. der wasserrechtlichen Einleitungserlaubnis. Alle Verbote und Beschränkungen für das nicht häusliche Abwasser bei Einleitung in die öffentliche

Abwasseranlage rechtfertigen sich ausschließlich im Hinblick auf die Sicherstellung der Schutzziele des Betreibers [DWA 2004]:

- Schutz der Allgemeinheit vor Schäden, Gefahren und Belästigungen,
- Schutz des in der öffentlichen Abwasseranlage tätigen Personals vor Schäden und Gefahren,
- Schutz der Bausubstanz und des optimalen Betriebs der öffentlichen Abwasseranlage,
- Schutz der Einhaltung der wasserrechtlichen Vorgaben für die Direkteinleitung ins Gewässer,
- Schutz der Schlammbehandlung und -entsorgung.

Die im M 115 Teil 2 aufgeführten Begrenzungen sind nicht unmittelbar rechtskräftig. Sie müssen in der Ortsentwässerungssatzung konkret ausgewiesen werden. Ein Querverweis auf das M 115 reicht keinesfalls aus [DWA 2004].

Der Vollzug der Anforderungen an die Indirekteinleitungen nach Abwasserverordnung obliegt der Wasserbehörde, der der Ortsentwässerungssatzung der Behörde nach kommunalem Satzungsrecht. Dies ist i. d. R. der Betreiber der öffentlichen Abwasseranlage, der somit hoheitlich tätig wird.

Kann der Indirekteinleiter die Einleitungsbegrenzungen nicht einhalten, so muss er sein Abwasser vorbehandeln oder geeignete Vermeidungs- oder Verminderungsmaßnahmen oder sonstige Maßnahmen ergreifen. Eine Verdünnung des Abwassers zur Einhaltung der Konzentrationsbegrenzungen ist nicht zulässig [DWA 2013].

2.2.1.3 Einleitungsbegrenzungen nach M 115 – Einbringungsverbote

Bestimmte Stoffe dürfen grundsätzlich nicht in die öffentliche Abwasseranlage eingebracht werden, weil sie die Schutzziele beeinträchtigen können. Gemeint sind Stoffe, die insb.

- den Abwasserabfluss behindern,
- die Reinigungsleistung der Kläranlage vermindern,
- giftige, übelriechende oder explosive Gase und Dämpfe bilden,
- die Bausubstanz angreifen.

Beispiele hierfür sind feste Abfälle (Schutt, Küchenabfälle etc.) auch in zerkleinertem Zustand, erhärtende Stoffe (Zement, Kunstharz etc.), Tierfäkalien, Benzin, Mineralöl, Farben, Fette, Schmieröle, Biozide, und Stoffe, aus denen schädliche Dämpfe und Gase entstehen können. Mit dieser Ausschlussregelung soll auch der Abfallentsorgung über die öffentliche Kanalisation entgegengewirkt werden [DWA 2013].

2.2.1.4 Einleitungsbegrenzungen nach M 115 – Richtwerte

Ob ein gewerbliches oder industrielles Abwasser die Schutzziele beeinträchtigt, hängt naturgemäß von seiner Beschaffenheit und seinen Inhaltsstoffen ab. Eine Indirekteinleitung gilt bis zum Erreichen dieser Richtwerte als grundsätzlich unbedenklich.

Betrachtet werden im M 115 Teil 2 solche Beschaffenheitsmerkmale und Inhaltsstoffe (s. Tabelle 1), die in der Praxis bekanntermaßen zu Gefahren, Schäden und Störungen beim Betrieb der öffentlichen Abwasseranlage führen bzw. für die wasserrechtliche Anforderungen an den Kläranlagenablauf bestehen. Die Nicht-Einhaltung der wasserrechtlichen Anforderungen kann für den Betreiber der öffentlichen Abwasseranlage je nach Ausmaß des Verstoßes zu einer erhöhten Abwasserabgabe und sogar zu strafrechtlichen Konsequenzen führen.

Der Ableitung der Richtwerte liegt ferner die Annahme zugrunde, dass der Industrieabwasserstrom mit diesen Stoffen maximal 10 % des Kläranlagenzulaufs ausmacht.

Tabelle 1: Begrenzungen für Indirekteinleitungen im M 115 Teil 2 (Auszug) [DWA 2013]

Kategorie	Parameter	Richtwert
Allgemeine Parameter	Temperatur	35 °C
	pH-Wert	6,5 und 10
	Absetzbare Stoffe	1 – 10 ml/l (nach 0,5 h)
Anorganische Stoffe	Stickstoff aus Ammonium und Ammoniak	100 mg/l < 5.000 EW bzw. 200 mg/l > 5.000 EW
	Phosphor gesamt	50 mg/l
	Sulfat	600 mg/l (3.000 mg/l bei hochsulfatbeständigem Zement)
Metalle	Blei	1 mg/l
	Cadmium	0,5 mg/l
	Chrom	1 mg/l
	Nickel	1 mg/l
	Kupfer	1 mg/l
	Quecksilber	0,1 mg/l
Organische Stoffe und Stoffkenngrößen	Schwerflüchtige, lipophile Stoffe	300 mg/l
	Kohlenwasserstoffindex	100 mg/l (20 mg/l, wenn weitergehende Entfernung erforderlich ist)
	Adsorbierbare, organische Halogenverbindungen (AOX)	1 mg/l

Tabelle 2: Beispielhafter Vergleich der Anforderungen ausgewählter Parameter des Anhangs 40 AbwV mit den Begrenzungen des DWA-M 115 Teil 2

Parameter	Dimension	Anhang 40 AbwV	DWA-M 115 Teil 2
AOX	mg/l	1	1
Chrom VI	mg/l	0,1	0,2
Blei	mg/l	0,5	1
Sulfid, leicht freisetzbar	mg/l	1	2

Die Vorgehensweise bei der Ableitung der Richtwerte impliziert, dass sie für sämtliche Indirekteinleitungen unabhängig von der Branche oder Herkunft des gewerblichen und industriellen Abwassers sowie jederzeit, also „rund um die Uhr“, gelten. Deshalb ist der Richtwertkatalog des M 115 Teil 2 im Vergleich zur Abwasserverordnung sehr viel übersichtlicher. Die Richtwerte des M 115 Teil 2 sind zahlenmäßig für die meisten Parameter i. d. R. weniger streng, da die Festlegung von Anforderungen nach dem Stand der Technik der Abwasserverordnung vorbehalten ist. Außerdem gelten sie an der Übergabestelle zur öffentlichen Kanalisation, während die Abwasserverordnung bereits Anforderungen vor der Vermischung bzw. an den Ort des Anfalls stellt. Dies gilt insbesondere für gefährliche Stoffe, für prioritär gefährliche Stoffe gilt darüber hinaus das Phasing-Out-Gebot. Ein beispielhafter Vergleich der Anforderungen für ausgewählte Parameter des Anhangs 40 der Abwasserverordnung mit den Richtwerten des M 115 Teil 2 verdeutlicht dies in Tabelle 2.

Das M 115 Teil 2 empfiehlt bei Vorliegen einer wasserrechtlichen Indirekteinleitergenehmigung, dass die dortigen Anforderungen an die Stelle der Richtwerte des M 115 Teil 2 treten.

Die Überprüfung der Anforderungen nach M 115 Teil 2 erfolgt in der qualifizierten Stichprobe. Auch die bei der Überwachung anzuwendenden DIN-Analysenverfahren werden vorgegeben.

Die Richtwerte des M 115 Teil 2 werden erst in der Ortsentwässerungssatzung zu verbindlichen Grenzwerten. Da die Grenzwerte an die Analysenverfahren gekoppelt sind, müssen auch diese in der Satzung ausgewiesen werden.

Das M 115 Teil 2 weist auch auf die Möglichkeit der Lockerung bzw. Verschärfung der Einleitungsbegrenzungen hin. Dies kann z. B. zur Gefahrenabwehr, bei unbilligen Härten für den Indirekteinleiter oder bei geringen Frachten, die die Schutzziele nicht beeinträchtigen, sinnvoll sein. Das Merkblatt empfiehlt, solche Ausnahmen z. B. im Rahmen von Ausnahmegenehmigungen oder öffentlich-rechtlichen Verträgen zu regeln.

Für den Fall, dass ein Indirekteinleiter für eine hohe Fracht im Kläranlagenzulauf verantwortlich ist, die die Schutzziele beeinträchtigt, empfiehlt das M 115 Teil 2 dem Betreiber, im Einzelfall eine Frachtbegrenzung festzulegen. Hilfestellung bietet das M 115 Teil 2, indem es weitere Parameter aufführt, die für den Betreiber der öffentlichen Abwasseranlage relevant sein können, diese aber nicht mit Richtwerten versieht. Dies betrifft z. B. den Parameter Thallium, dessen Konzentration für das Schutzziel der Schlammentsorgung relevant werden kann, oder den Parameter Aluminium, solange keine Schwierigkeiten bei der Abwasserableitung und -reinigung auftreten und er ggf. ausreichend über den Parameter „Absetzbare Stoffe" begrenzt werden kann. Darüber hinaus sieht das M 115 Teil 2 für die Parameter „Aerobe biologische Abbaubarkeit" und „Nitrifikationshemmung" die Möglichkeit einer Begrenzung vor, wenn es zu einschlägigen betrieblichen Problemen auf der Kläranlage kommt oder als flankierende Maßnahme zum Starkverschmutzerzuschlag.

Begrenzungen der sog. anthropogenen Spurenstoffe sieht das M 115 Teil 2 derzeit nicht vor. Auch fehlen zurzeit Anforderungen an die Einleitung dieser Stoffe im Anhang 1 der Abwasserverordnung. Erst wenn der Betreiber Auflagen – sei es in der wasserrechtlichen Einleitungserlaubnis oder in der Abwasserverordnung – unterliegt, kann er diese, soweit sie im nichthäuslichen Abwasser relevant sind, an seine Indirekteinleiter weitergeben [DWA FA KA 2013].

Literatur

DWA M 115, Teil 3 (2019): Indirekteinleitungen nicht häuslichen Abwassers: Praxis der Indirekteinleitung. Deutsche Vereinigung für Wasserwirtschaft, Abwasser und Abfall e. V., Hennef.

DWA FA KA (2013): Anthropogene Spurenstoffe in Indirekteinleitungen – Bedeutung und Handlungsbedarf aus der Sicht der Abwasserbeseitigungspflichtigen, Arbeitsbericht des DWA-Fachausschusses KA-3 „Einleiten von Abwasser aus gewerblichen und industriellen Betrieben in eine öffentliche Abwasseranlage". Deutsche Vereinigung für Wasserwirtschaft, Abwasser und Abfall e. V., KA Korrespondenz Abwasser, Abfall 2013 (60) Nr. 1, S. 26 – 29.

DWA-M 115, Teil 1 (2004): Indirekteinleitungen nicht häuslichen Abwassers: Rechtsgrundlagen. Deutsche Vereinigung für Wasserwirtschaft, Abwasser und Abfall e. V., Hennef.

DWA-M 115, Teil 2 (2013): Indirekteinleitungen nicht häuslichen Abwassers: Anforderungen. Deutsche Vereinigung für Wasserwirtschaft, Abwasser und Abfall e. V., Hennef.

Poppe, A. und Reinhold, F. (2007): Indirekteinleitung nicht häuslichen Abwassers. DWA-Kommentar zum DWA-Regelwerk, DWA Deutsche Vereinigung für Wasserwirtschaft, Abwasser und Abfall e. V., Hennef.

2.2.2 Gebühren und Starkverschmutzerzuschläge

Maike Beier

2.2.2.1 Einführung und rechtliche Hintergründe

Aus dem Grundprinzip der Benutzungsgebühr ergibt sich, dass sie der empfangenen Leistung entsprechen muss (Äquivalenzprinzip). Dem entspricht im vollen Umfang nur ein Wirklichkeitsmaßstab. Also ein Maßstab, der Art und Umfang der Benutzung genau erfasst und demgemäß die Gebühren auf die einzelnen Benutzer verteilt.

Das würde für die Abwasserreinigung bedeuten, dass die Mengen und Schwankungen des Abwassers, der Verschmutzungsgrad und die Abbaubarkeit in jedem einzelnen Fall erfasst werden muss, was weder technisch möglich, noch finanziell tragbar wäre. Aus diesem Grund lässt der Gesetzgeber auch die Anwendung von Wahrscheinlichkeitsmaßstäben zu. So hat das Bundesverwaltungsgericht wiederholt erklärt, dass das Äquivalenzprinzip und der Gleichheitssatz nicht gebieten, die Entwässerungsgebühren nach dem Maß, der durch die Benutzung im Einzelfall jeweils verursachten Kosten, zu erheben – das bundesrechtliche Äquivalenzprinzip verlangt im Kern nur, dass die Gebühren in keinem Missverhältnis zu der erbrachten Leistung stehen dürfen. In der Rechtsprechung ist dabei allgemein anerkannt, dass im Interesse einer praktikablen Gebührenerhebung nicht die Leistungsgerechtigkeit im Einzelfall, sondern nur Typengerechtigkeit zu verlangen ist. Dieser Anforderungen genügt in der Regel die Erhebung der Abwassergebühr nach dem Frischwassermaßstab. Stehen die Vorteile der Typisierung jedoch nicht mehr im rechten Verhältnis zu der mit der Typisierung notwendigen verbundenen Ungleichheit der Belastung (laut BVerwG, wenn mehr als 10 v. H. der von der Regelung betroffenen Fälle dem „Typ“ widersprechen bzw. wenn eine deutliche Gebührenmehrbelastung mit der Vernachlässigung der Unterschiede verbunden ist) ist die Wahl eines gesonderten Maßstabes bzw. die Erhebung eines Zu-/Abschlages nach dem Grad der Nutzung der kommunalen Anlage sinnvoll und rechtlich geboten. Anerkannte Anwendungsfälle in der Gebührenberechnung hierfür sind der „gesplittete Gebührenmaßstab“, d. h. die Mitbehandlung und Ableitung von weniger stark verunreinigtem und in vom Frischwasserverbrauch unabhängigen Mengen anfallenden Regenwassers sowie die „Starkverschmutzerzuschläge“, mit denen die zusätzlichen Kosten, die durch eine Mitbehandlung von stärker verunreinigtem Abwasser auf der kommunalen Kläranlage erfolgen, berücksichtigt werden.

2.2.2.2 Auswirkungen verschiedener Abwasserinhaltsstoffe auf die Kosten

Die Anforderung an die Reinigungsleistung kommunaler Kläranlagen sind in Anhang 1 der Abwasserverordnung festgelegt. Durch die Begrenzung der Parameter auf gesamtmineralischen Stickstoff wird eine Nitrifikation/Denitrifikation für alle Kläranlagen > 5.000 EW zwingend vorgeschrieben, ebenso wie eine gezielte Phosphorelimination für Anlagen > 10.000 EW vorgeschrieben ist. Hier ist zu berücksichtigen, dass zur Erzielung einer guten Qualität aller Gewässer gemäß der Wasserrahmenrichtlinie der EU zukünftig weitere Verschärfungen der Anforderungen insbesondere für die Parameter Ammonium und Phosphor und speziell für kleine leistungsschwache Gewässer zu erwarten sind. Wird in einer Kläranlage neben dem kommunalen Abwasser auch ein industrieller Abwasserstrom gereinigt, ist die Veränderung der Abwasserzusammensetzung durch die Indirekteinleitung beim Anlagenkonzept entsprechend zu berücksichtigen. Mit Blick auf die zusätzlichen Kosten sind hierbei sowohl der Einfluss von Abwasserzusammensetzung und -anfall auf die erforderliche Dimensionierung (Investitionen) als auch auf die Höhe zusätzlich benötigter Betriebsmittel wie Sauerstoff und Fällmittel zu ermitteln, sowie die Kosten der Schlammbehandlung und -entsorgung. Nachfolgend werden für verschiedene Abwasserinhaltsstoffe industrieller Teilströme die kostenerhöhenden oder vermindernden Auswirkungen beschrieben.

Wassermenge

Die Wassermenge beeinflusst maßgebend die Größe sämtlicher Anlagenteile, die allein oder vorwiegend hydraulisch bemessen werden, wie Pumpen, Rechen, Vorklärung, Nachklärung etc. Hier ist der Einfluss auf die Investition nahezu linear.

Schwankungen in der Zulaufwassermenge können sich darüber hinaus indirekt auch auf den biologischen Abbau in der Belebungsanlage auswirken durch Verlagerung des Schlammes in die Nachklärung, d. h. zeitweise geringere TS-Konzentration im Belebungsbecken (maßgebend nur bei großen Schwankungen), Verkürzung der Durchflusszeit im Belebungsbecken, Abminderung der Kontaktzeit, z. B. im Anaerobbecken bei Anlagen mit biologischer P-Elimination, Verringerung der Konzentrationen durch Verdünnung.

Sie finden aber aufgrund des meist durch die Niederschlagswassermenge dominierten Einflusses keine Berücksichtigung bei der Betrachtung industrieller Teilströme.

Organischer Kohlenstoff (CSB, BSB_5)

Eine erhöhte Kohlenstofffracht wirkt sich insbesondere auf den Sauerstoffbedarf in der Belebung aus, auf das benötigte Denitrifikationsvolumen (ausreichendes CSB/NO_3-) sowie den Überschussschlammanfall. Stoßbelastungen sind im Hinblick auf die BSB_5- und CSB-Ablaufkonzentrationen relativ unbedeutend, da die Belebungsanlage wegen der für die Nitrifikation erforderlichen niedrigen Schlammbelastung ein erhebliches Pufferungsvermögen hat. Langfristige Schwankungen (z. B. durch Kampagnenbetrieb) haben infolge der veränderten Überschussschlammproduktion Einfluss auf das Schlammalter und damit auf die Nitrifikation.

Wesentliche Dimensionierungsgröße von Kläranlagen ist das einzuhaltenden Schlammalter und damit die im System zu haltende Schlammmasse zur Etablierung einer stabilen Nitrifikation. Obwohl der auslösende Faktor für das Schlammalter damit der einzuhaltende Ammoniumwert im Ablauf der Anlage ist (in der Höhe dann beeinflusst durch den Sicherheitsfaktor und die Denitrifikationskapazität), ist der kostenerhöhende Faktor hierbei aber nicht die Stickstoffzulauffracht, sondern die BSB/CSB-Fracht bestimmt durch den Abbau der organischen Kohlenstofffracht die Schlammproduktion zusammen mit dem Anteil an Feststoffen. Die Investitionen bzw. der Kapitaldienst für die aeroben Belebungsbecken können daher im Verhältnis der anfallenden Schlammmengen verteilt werden. Kostenmindernd bei der Verteilung der Betriebskosten (Sauerstoff, Fällmittel, Schlammanfall) wirkt sich aus, dass bei dem Abbau von 1 kg BSB_5 rund 50 g Stickstoff und über 10 g Phosphor in die Bakterienmasse eingebaut werden. Dieser Anteil der Stickstoff- und Phosphorfracht verursacht damit keine zusätzlichen Betriebskosten auf der kommunalen Kläranlage. In Bild 1 ist deutlich der mit zunehmendem BSB_5/N-Verhältnis zunehmende Anteil des in den Schlamm inkorporierten Stickstoffs zu erkennen. Die spezielle Stickstoff- (kg N / kg $BSB_{5,eli}$) und Phosphor-Inkorporation (kg P / kg $BSB_{5,eli}$) ist von der Überschussschlammproduktion und damit von der Schlammbelastung abhängig – die Kosten-„Gutschrift" kann dementsprechend entweder direkt aus den Zulauffrachtanteilen oder über die Schlammmengenzuordnung erfolgen.

Stickstoff

Für Kläranlagen zur Nitrifikation/Denitrifikation sind Schwankungen in der Stickstoffzulauffracht von großer Bedeutung, weil sie sich – abhängig von der Auslegung der Anlage – direkt auf die Ablaufkonzentration auswirken können. Diese Schwankung der Zulauffracht wird zusammen mit der zu erzielenden Ablaufkonzentration in der Bemessung einer Belebungsanlage nach dem Arbeitsblatt A 131 der DWA in Form eines Sicherheitszuschlages berücksichtigt. Da die Menge der nitrifizierenden Bakterien in der Belebung von der mittleren Stickstoffzulauffracht über einen längeren Zeitraum abhängt – das Schlammalter hat jenseits des Ausschwemmpunktes hierauf keinen Einfluss mehr – und die Nitrifikanten bereits

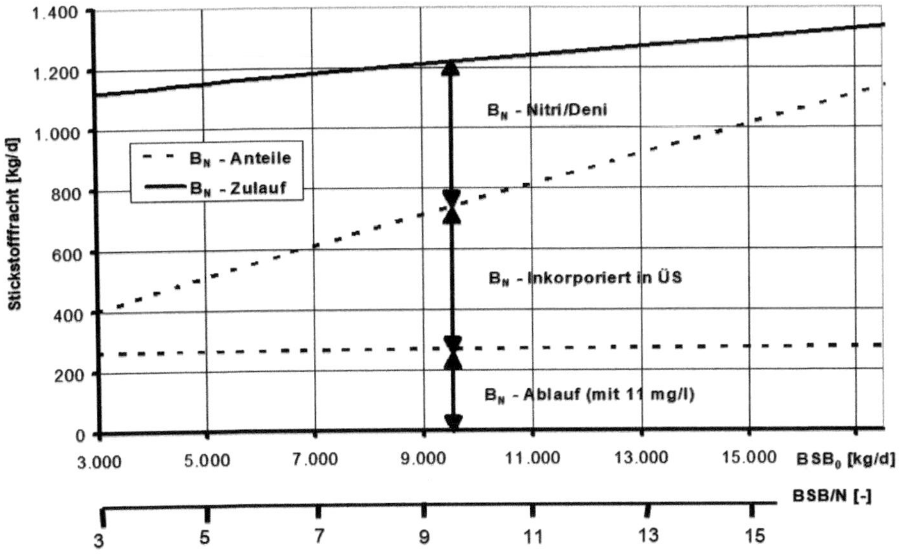

Bild 1: Aufteilung der Stickstoffelimination in Abhängigkeit des BSB_5/N-Verhältnisses [Beier 2003]

bei den im Becken vorhandenen niedrigen Ammoniumkonzentrationen nahe ihrer maximalen Umsatzleistung agieren, führt eine kurzzeitige Stickstoffspitze zu einer Konzentrationserhöhung im Becken und damit im Ablauf. Kann bei der Planung der Anlage kein Misch- und Ausgleichsbecken zum Ausgleich der Stickstoffspitze vorgesehen werden, müssen die Belebungsbecken und die O_2-Zufuhr entsprechend größer gewählt werden. Es soll an dieser Stelle darauf hingewiesen werden, dass in der Praxis ein nicht unerheblicher Teil der Ammonium- und Nitritablaufspitzen ihre Ursache in einer unzureichenden Belüfterkapazität haben.

Infolge einer plötzlichen Erhöhung der Ammoniumkonzentration durch Stoßeinleitungen kann es zum Auftreten von Nitrit im Belebungsbecken kommen. Zum einen kann eine Hemmung der nitritoxidierenden Bakterien die Ursache sein (Empfindlichkeit gegenüber Ammoniak), zum anderen sind diese in ihrem Wachstum immer durch die Leistung der Ammoniumoxidierer eingeschränkt. Infolge von erheblichen Milieuänderungen wie auch infolge von Erhöhungen der Zulauffrachten tritt im ersten Schritt Nitrit auf, welches zeitlich versetzt zum Nitrat umgesetzt werden kann. In der Regel ist das Volumenverhältnis von industriellem Teilstroms zu kommunalem Anteil jedoch so groß, dass deutliche Konzentrationsänderungen im Zulauf der Belebung nicht auftreten.

Die mit einer Industrieeinleitung einhergehende konstant erhöhte Stickstofffracht hat wie oben dargelegt keinen direkten Einfluss auf die Größe des benötigten aeroben Belebungsbeckens. Im Hinblick auf eine verschmutzungsorientierte Gebühr muss zur Berücksichtigung der Stickstofffracht lediglich eine anteilige Zuordnung des Energieverbrauchs für die Belüftung erfolgen. Anders stellt sich das bei der Denitrifikation dar. Die Größe des benötigten Denitrifikationsvolumens ist neben der absoluten umzusetzenden Nitratfracht (abzuschätzen über das Verhältnis der Zulauffrachten an N) auch von der Verfügbarkeit des organischen Kohlenstoffs abhängig – ausgedrückt über das CSB/N oder BSB_5/N-Verhältnis. Sinkt das BSB/N-Verhältnis unter einen Wert von etwa 3 nimmt das benötigte Denitrifikationsvolumen überproportional zu, was ggf. durch eine externe Kohlenstoffdosierung kompensiert werden kann (Erhöhung der Betriebskosten durch Chemikalien und zusätzlich Schlammbehandlung- und -entsorgung). Positiv wirkt sich ein größeres Denitrifikationsvolumen auf den Überschussschlammanfall aus, da die spezifische Schlammproduktion aufgrund verringerter Schlammbelastung sinkt. In den Bildern 2 und 3 ist das erforderliche Beckenvolumen für unterschiedliche BSB_5/N-Verhältnisse im Abwasser dargestellt, wobei in Bild 2 die Veränderung des BSB_5/N-Verhältnisses durch Erhöhung der Stickstofffracht erzeugt wird, während in Bild 3 die BSB_5-Fracht zunimmt. Zur Vermeidung von „überdimensionierten" Anlagen auf Grund unzureichender C/N-Verhältnisse sollte immer die Dosierung von C-Quellen als Alternative mit überprüft werden.

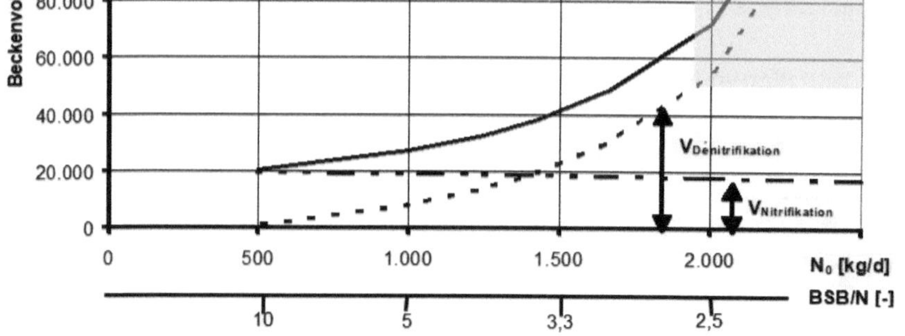

Bild 2: Einfluss des BSB_5/N-Verhältnisses auf das benötigte Beckenvolumen (BSB_5 = konstant = 2.500 $kg/d_{kommunal}$ + 2.500 $kg/d_{industriell}$) [Beier 2003]

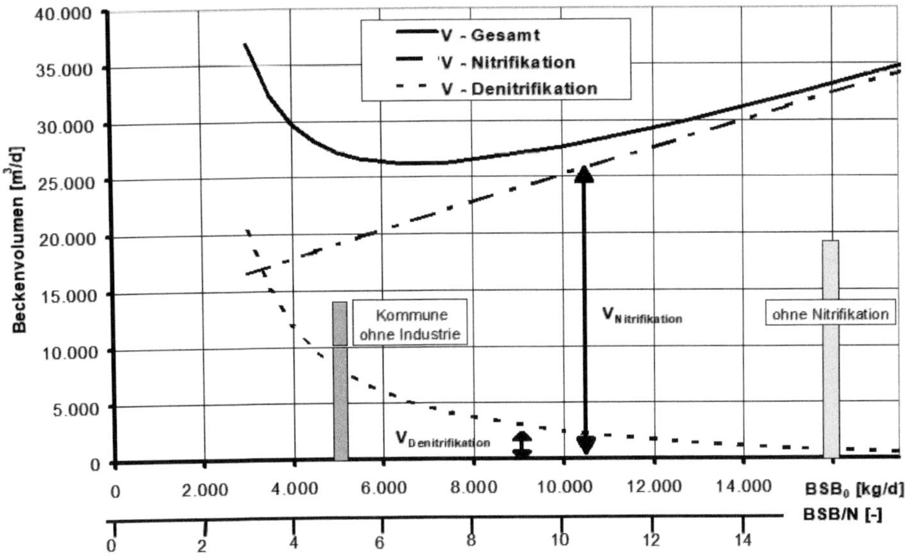

Bild 3: Einfluss des BSB_5/N-Verhältnisses auf das benötigte Beckenvolumen (N_0 = konstant = 550 $kg/d_{kommunal}$ + 550 $kg/d_{industriell}$) [Beier 2003]

Phopshat

Die im Wasser gelösten Phosphate müssen im festen Aggregatzustand mit gut abscheidbaren Partikeln aus dem Abwasserstrom entfernt werden. Dabei kann die Festlegung von Phosphaten entweder über eine chemisch-physikalische Fällungs- und Flockungsreaktion oder auf biologischem Weg über einen vermehrten Einbau in die Schlammmatrix erreicht werden. Bei beiden Verfahren kann in linearer Abhängigkeit zur Phosphatfracht der erzeugte Fällungsschlamm berechnet werden. Neben den Betriebskosten für Fällmittel und den Betriebskosten bei der Schlammbehandlung sind die Investitionen/Kapitalkosten des Anaerobbeckens der biologischen P-Elimination vollständig der zugeführten P-Fracht zuzuordnen. Bei Simultanfällung ist der durch die Fällschlammmenge resultierende zusätzlich benötigte Belebungsbeckenvolumenanteil, entsprechend der Zunahme an mineralischem Schlamm, anteilig (linear) zu berücksichtigen.

Vorbehandlung und Auswirkung auf die Gesamtkosten

In Bild 4 ist das BSB_5/N Verhältnis im Rohabwasser für unterschiedliche Industriezweige dargestellt. Viele Abwässer enthalten erhebliche Mengen an Stickstoff, der in einer Anaerobanlage nur unwesentlich reduziert wird, so dass eine Nachbehandlung erforderlich ist, um die Grenzwerte einzuhalten. Andererseits ist das Verhältnis von C/N bei vielen Abwässern so hoch, dass ein ca. 80 %-iger Kohlenstoffabbau noch nicht zu einem C-Mangel bei der klassischen Denitrifikation führt.

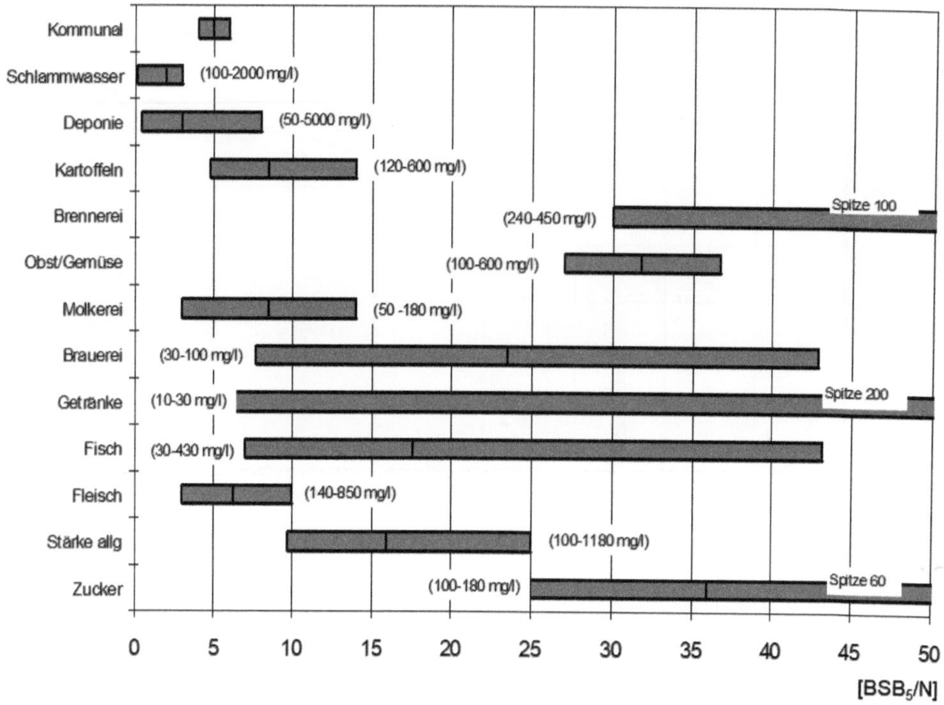

Bild 4: BSB_5/N-Verhältnis in unterschiedlichen Rohabwässern [Seyfried et al. 1997]

Bei der konventionellen biologischen Stickstoffelimination wird das Ammonium zunächst zu Nitrat oxidiert (Nitrifikation) und anschließend mit Hilfe der Denitrifikation zu elementarem Stickstoff umgesetzt. Für die Denitrifikation muss eine erhebliche Menge an leicht verfügbarem Kohlenstoff bereitgestellt werden. Ein $BSB_5/N < 4$ im Ablauf eines Anaerobreaktors ist kritisch zu sehen, so dass eine Zudosierung z. B. über Methanol, Ethanol oder Essigsäure notwendig ist oder ein erheblich größeres Denitrifikationsvolumen benötigt wird. Bei einer zu weitgehenden vorgeschalteten C-Elimination kann es somit durch die notwendige Bereitstellung einer Kohlenstoffquelle zu erheblichen Kosten kommen. Bei einer Gesamtbetrachtung der Abwasserbehandlung können so die positiven Effekte einer anaeroben Vorbehandlung deutlich reduziert werden.

Bei der Planung und Abstimmung möglicher Zuschläge ist entsprechend bei der Gestaltung und dem Betrieb der Vorbehandlungsstufe beim Indirekteinleiter auf die Auswirkungen der nachfolgenden Anlage zu achten. Dies kann zum einen dadurch erfolgen, dass das BSB_5/N-Verhältnis im Gesamtanlagenzulauf durch die Industrieeinleitung auf einem konstant guten Niveau gehalten wird, zum anderen besteht die Möglichkeit zusätzlich zur anaeroben Kohlenstoffentfernung auch eine energetisch optimierte Stickstoffelimination zu integrieren. Durch den Einsatz von innovativen Verfahren zur Stickstoffumsetzung mit geringerem Kohlenstoff- und Sauerstoffbedarf kann die energetische Gesamt-Bilanz verbessert werden; hierzu gehören die Ammoniumumsetzung über Nitrit (Nitritation/Denitritation) und die Deammonifikation. Der Energiegewinn aus einer anaeroben Behandlung und der deutlich reduzierte Energiebedarf für die Stickstoffelimination im Verfahren der Deammonifikation zeigen ein deutliches Potenzial einer kombinierten Behandlung und Gesamtplanung beider Anlagenkomponenten [Rosenwinkel et al. 2011].

2.2.2.3 Gestaltung von verschmutzungsabhängigen Gebühren

Aktuelles Vorgehen

Verschmutzungsabhängige Gebühren (sog. Starkverschmutzerzuschläge) haben die Aufgabe zusätzliche Kosten, die durch eine gegenüber dem kommunalen Abwasser erhöhte Schmutzfrachteinleitung verursacht werden, auf die Verursacher umzulegen. Im Gegensatz zu den weitgehend festgelegten Vorgaben zur Berechnung einer Regenwassergebühr, gibt es für die Berechnung verschmutzungsabhängiger Gebühren im Bereich der Abwasserreinigung bisher keine abgestimmte Vorgehensweise. Weder der Gebührenmaßstab, also die Festlegung der maßgebenden Kostenträger, noch der Verteilungsschlüssel zur Aufteilung der Kostenstellenkosten auf die Kostenträger ist einheitlich vorgegeben. Werden bei der Entgeltberechnung von dem kommunalen Abwasser in Schmutzfracht und Menge abweichende Teilströme extra berücksichtigt, dürfen für die Entgeltberechnung grundsätzlich jedoch nur solche Parameter als Kostenträger Verwendung finden, für die auch Eliminationseinrichtungen vorgehalten und betrieben werden, also alle die technische Konzeption bestimmenden Abwasserfaktoren. Die Erhebung der zusätzlichen Entgelte erfolgt in der Regel durch

- Verschmutzungszu- oder -abschläge,
- Schwankungszuschläge oder
- Mengenrabatte.

Die zur Berechnung von Starkverschmutzerzuschlägen verwendeten Modelle lassen sich dabei grundsätzlich nach zwei Zuschlagsarten unterscheiden:

- die kontinuierliche Zuschlagsberechnung mittels Formel und
- die stufenweise Ermittlung der Zuschläge nach Verschmutzungskategorien.

Darüber hinaus unterscheiden sich die einzelnen zur Anwendung kommenden Starkverschmutzerzuschläge noch nach

1. den berücksichtigten Kostenträgern, also nach den in die Berechnung eingehenden Parametern,
2. der Höhe der gewählten Schwellenwerte, ab denen ein Zuschlag erhoben wird und
3. der Festlegung des Verteilungsschlüssels für die Aufteilung der Kostenstellenkosten auf die Kostenträger, abgebildet durch die Faktoren für die verschmutzungsabhängigen Kosten bzw. die prozentualen Zuschläge auf die Abwassergebühr.

Wie in [Beier 2003] anhand von Beispielrechnungen gezeigt wird, bilden die zur Zeit Verwendung findenden Zuschlagsberechnungsmodelle keine ausreichende Basis, verschmutzungsabhängige Kosten verursachergerecht zuzuordnen. Die Zusammenstellung verschiedener Berechnungsmodelle für Starkverschmutzerzuschläge zeigt, dass bisher nahezu ausschließlich die Parameter CSB und BSB_5 als Kostenträger der Zuschlagsberechnung Verwendung finden. Darüber hinaus finden in der Regel die Schmutzstoffkonzentrationen Eingang in die Zuschlagsberechnung und nicht die Schmutzstofffrachten. Ein Vergleich der spezifischen Zuschläge (€/kg BSB_5) macht deutlich, dass hierdurch keine ausreichende Gebührengerechtigkeit erzielt werden kann. Allein die frachtbezogenen Modelle ermöglichen für den dem Berechnungsmodell zugrunde gelegten Parameter eine einheitliche Zuschlagsberechnung. Da die Schmutzstofffracht letztendlich den kostenverursachenden Faktor darstellt, sollte einer frachtäquivalenten Kostenverteilung in jedem Fall der Vorzug vor einer konzentrationsäquivalenten Verteilung gegeben werden.

Maßgebender Schwachpunkt aller Modelle zur gerechten Kostenverteilung sind neben dem Ansatz der Schmutzstoffkonzentration die im Hinblick auf die Handhabbarkeit der Modelle notwendigerweise langfristig festgelegten und wenig transparenten Verteilungsfaktoren. Sollen verschmutzungsabhängige Gebühren erhoben werden, ist daher die Einführung eines prozesskostenorientierten Gebührenmodells, das anlagen- und situationsabhängige Faktoren durch Verknüpfung der Gebührenberechnung mit einer auf Basis der durchgängigen Kostengliederung erstellten Kostendatenbank aktuell und fortschreibbar ermitteln kann, einem festen Starkverschmutzerzuschlag in jedem Fall vorzuziehen. Nachfolgende Hinweise zur Kostenarten- und Kostenstellenrechnung, mit denen die den einzelnen Verfahrensstufen zugeordneten Kosten auf die verursachenden Kostenträger aufgeteilt werden, können als Basis für eine solche dynamische Gebührenermittlung dienen, aber natürlich auch als Orientierung für die Ermittlung fester Zuschlags-, oder Schwellenwerte genutzt werden.

Prozesskostenansatz

Bei dem vorliegenden Gebührenmodell erfolgt die Gebührenermittlung auf Basis eines zuvor ermittelten spezifischen Reinigungspreises für die maßgebenden

Kostenträger/Parameter, den die verschiedenen Einleiter entsprechend ihres Anteils an dem Kostenträger zu zahlen haben (s. o.). Ein Vergleich der Normalverschmutzung mit einer „Stark"- oder „Minderverschmutzung" ist bei diesem Gebührenmodell somit nicht mehr notwendig. Maßgebende Kostenträger sind im Sinne der Prozesskostenrechnung die kostenverursachenden messbaren Leistungen der Prozesse. In der Abwasserreinigung sind dies ausschließlich die zu reduzierenden Schmutzstofffrachten (C, N, P, TS) und die Wassermenge. Bei dem Modell handelt es sich entsprechend um ein Frachtenmodell.

Der ermittelte spezifische Reinigungspreis ($x_1 - x_i$) der Kostenträger multipliziert mit den Mengen der Kostenträger ergibt die angefallenen und durch die Gebühr zu deckenden Jahreskosten der Kläranlage (siehe Gl. 1).

$$JK = x_1 \cdot m^3/a \cdot €/m^3 + x_2 \cdot kg\ AFS_{inert}/a \cdot €/kg\ AFS_{inert} + x_3 \cdot kg\ AFS_{absetzb.}/a \cdot €/kg\ AFS_{absetzb.} + x_4 \cdot kg\ BSB_5/a \cdot €/kg\ BSB_5 + x_5 \cdot kg\ N_{ges}/a \cdot €/kg\ N_{ges} + x_6 \cdot kg\ P_{ges}/a \cdot €/kg\ P_{ges} \quad \text{(Gl. 1)}$$

Basis des Prozesskostenansatzes ist es also, die im Rahmen der Kostenarten- und Kostenstellenrechnung den einzelnen Verfahrensstufen zugeordneten Kosten auf die verursachenden Kostenträger leistungsbezogen aufzuteilen, um so mit der jährlichen Kostenrechnung aktuelle Reinigungspreise zu ermitteln, die anschließend direkt zur verursachergerechten Kostenverteilung genutzt werden können. Ein besonderer Vorteil dieser Art der Berechnung ist die breite Anwendbarkeit der ermittelten Prozesskosten. Neben der Gebührenkalkulation können mit Hilfe der ermittelten Kennwerte externe Anlagenvergleiche ebenso erfolgen, wie auch betriebsintern die Kosten der verschiedenen Anlagenbereiche gezielt verfolgt werden können. Nachteilig kann der Aufwand für die zeitnah fortgeschriebene Kostenermittlung sein, sollen die ermittelten Prozesskosten aktuell und belastbar zur Verfügung stehen. Voraussetzung für eine praktikable Anwendung des vorgestellten Gebührenmodells ist dabei die Unterstützung der prozessbezogenen Kostenfeststellung durch Datenverarbeitungsprogramme, was aber in zunehmendem Maße bereits Einzug in die kommunale Verwaltung gehalten hat.

Aufteilungsmaßstab

Der Aufteilungsmaßstab für die Investitionen und Betriebskosten erfolgt für die Bauteile der Abwasserreinigung leistungsbezogen.

Für die Investitionen stellen die maßgebenden Dimensionierungsgrößen der einzelnen Bauteile die Kostenträger dar, das Maß der Inanspruchnahme wird durch den Einfluss des jeweiligen Parameters auf die Größe des Bauteils festgelegt. Aus den vorangegangen Erläuterungen lassen sich damit die folgenden Parameter als sinnvolle Kostenträger der Gebührenberechnung festlegen:

Die Wassermenge hat wesentlichen Einfluss auf die Dimensionierung der mechanischen Stufe und der Pumpen. Zusätzlich hat sie erheblichen Einfluss auf die Dimensionierung des Nachklärbeckens. Der Einfluss der Wassermenge ist linear, d. h. die Kostenanteile der Teilströme an den Investitionen der jeweiligen Bauwerke lassen sich direkt im Verhältnis der Wassermengen verteilen.

Die Überschussschlammmenge gibt letztendlich bei festgelegtem zu erreichenden Schlammalter die Größe der Nitrifikationsstufe vor. Darüber hinaus bestimmt sie die Größe aller Bauteile der Schlammbehandlung. Als Kostenträger ist sie aber nicht geeignet, da sie nicht direkt in den einzelnen Teilströmen im Zulauf der Anlage bestimmbar ist. Maßgebende Parameter, die wiederum die Überschussschlammproduktion festlegen sind die organische Schmutzfracht, die Phosphorfracht und der Inertanteil der abfiltrierbaren Stoffe im Zulauf. Die Aufteilung der Bauwerkskosten erfolgt entsprechend der oben dargestellten „Ertragskoeffizienten" der einzelnen Schmutzstofffraktionen und im Verhältnis der Schlammmengen.

- Die Stickstoffracht ist zusammen mit der organischen Fracht maßgebend für die Dimensionierung der Belüfteranlage der Belebung und damit als Kostenträger zu berücksichtigen. Zusätzlich bestimmt sie in Abhängigkeit des BSB_5/N-Verhältnisses die Größe des Denitrifikationsvolumens.
- Die BSB_5/N- bzw. BSB_5/P-Verhältnisse können zwar auch einen erheblichen Einfluss auf die Dimensionierung der Anlage haben, als Kostenträger sind sie jedoch aus zwei Gründen nicht geeignet. Zum einen werden die Kosten von den Verhältnissen im Gesamtzulauf zur Anlage und nicht von denen in den Teilströmen beeinflusst, zum anderen handelt es sich hierbei um keine Mengengröße. Der ohne Frage vorhandene Anteil an der Höhe der Kosten ist damit indirekt bei der Definition der Verteilungsschlüssel festzulegen.

Die Schmutzstoffkonzentrationen haben keinen Einfluss auf die Dimensionierung der Anlagen und kommen damit als Kostenträger nur in Betracht, wenn eine Wassermengengleichheit der einzelnen Teilströme postuliert werden kann.

Betriebskosten

Im Gegensatz zum Vorgehen bei der Verteilung der Investitionen, die ja im Rahmen der Planung, Ausschreibung und Abrechnung bereits bauteilbezogen ermittelt werden und „nur" entsprechend abgelegt werden müssen, sind bei den

Betriebskosten zwei Kostentypen im Hinblick auf die Kostenstellenzuordnung zu unterscheiden. Zum einen die prozessabhängigen Kosten (z. B. Sauerstoffverbrauch, Fällmittelverbrauch, aber auch Entsorgungskosten), deren Zuordnung zu den einzelnen Kostenträgern und damit auch den Kostenstellen direkt erfolgen kann. Zum anderen die prozessunabhängigen Betriebskosten, die in der Regel in den Betriebsabrechnungsbögen nur als Kostengruppensammelpositionen zur Verfügung stehen. Hierbei handelt es sich um die beiden großen Positionen Personal und Strom. Die Zuordnung dieser Kosten zu den Prozessen kann über eine prozentuale Verteilung der Betriebskostengruppen auf die Kostenstellen anhand zusätzlich erhobener Informationen zu den verschiedenen Kostenarten erfolgen (z. B. Stundenzettel oder zusätzliche Stromzähler) oder die Kostenstellenzuordnung erfolgt anhand von qualitativen Überlegungen bzw. allgemeingültigen Richtwerten.

Detaillierte Empfehlungen für Verteilungsschlüssel und Zuordnungen der Kosten auf die einzelnen Kostenträger im Rahmen der Prozesskostenrechnung sind [Beier 2003] zu entnehmen.

Ermittlung der Normalverschmutzung

Erfolgt die Gebührenermittlung nicht in Form einer übergeordneten Prozesskostenrechnung, ist mit Einführung eines Starkverschmutzerzuschlags zunächst die Normalverschmutzung zu definieren. Diese kann nicht, wie häufig vertreten, an produktionsfreien Tagen der Industrie im Kläranlagenzulauf gemessen werden, da es sich hierbei, im Gegensatz zum gewerblichen Teilstrom, der meist an der Grundstücksgrenze unverfälscht durch Fremdwasser bestimmt wird, um mit Fremdwasser verdünntes Abwasser handelt. Die Normalverschmutzung lässt sich also nur rechnerisch ermitteln. I. d. R. ist der einwohnerspezifische Frachtansatz nach DWA A 131 ausreichend genau (Gl. 2).

$$CSB = 120\frac{g}{E \cdot d}; N = 11\frac{g}{E \cdot d}; P = 1{,}8\frac{g}{E \cdot d} \quad \text{(Gl. 2)}$$

Für die Bestimmung der Wassermengenanteile der einzelnen Nutzer ist eine detaillierte Wassermengenanalyse nach A 198 durchzuführen, um die verschiedenen Teilströme (Niederschlagswasser, Abfluss von öffentlichen Flächen, industrieller Teilstrom ...) mit einer für die Gebühr heranziehbaren Jahreswassermenge zu charakterisieren.

Literatur

Beier, M. (2003): Kennzahlenbildung und Gebührenermittlung in der Siedlungswasserwirtschaft auf Basis einer systematischen Kostengliederung. Schriftenreihe des Instituts für Siedlungswasserwirtschaft der Universität Hannover, Heft 123.

Rosenwinkel, K.-H.; Beier, M.; Sander, M. (2011): Verbesserung der Energiebilanz durch Deammonifikation. 44. Essener Tagung für Wasser- und Abfallwirtschaft. Schriftenreihe Gewässerschutz-Wasser-Abwasser, Band 223, Aachen, 2011.

Seyfried, C.-F.; Beier, M.; Seggelke, K. (1997): Einfluß der Vorbehandlung von organisch verschmutzen Industrieabwässern auf die biologische P- und N-Elimination kommunaler Kläranlagen im Hinblick auf die Kosten und die Gebührensatzung kleiner und mittlerer Gemeinden. Abschlussbericht Forschungsvorhaben 210.2 – 7620/9-17-17/92.

Weiterführende Literatur

Beier, M.; Sander, M.; Schneider, Y.; Rosenwinkel, K.-H. (2008): Energieeffiziente Stickstoffelimination. KA-Korrespondenz Abwasser, Abfall (55) 06/2008.

2.3 Direkteinleiter

Jakub Krajewski

2.3.1 Allgemeines

Das statistische Bundesamt gibt für das Jahr 2013 ein Abwasseraufkommen von 4,1 Mrd. m^3 aus dem verarbeitenden Gewerbe an. Hiervon wurden über 90 % sowohl nach einer entsprechenden Behandlung als auch unbehandelt direkt in ein Oberflächengewässer oder in den Untergrund eingeleitet [Statistisches Bundesamt 2016]. Direkteinleiter müssen die für ihre Branche festgelegten Mindestanforderungen vor einer Einleitung einhalten, ggf. sind bei leistungsschwachen Gewässern strengere Auflagen zu erfüllen. Grundsätzlich handelt es sich bei Abwasser industrieller Herkunft im Wesentlichen um Abwasser aus Produktionsprozessen, häusliches Abwasser aus Sanitäranlagen und Kantinen sowie Kühl- und Niederschlagswasser. Bei Kühlwasser wird je nach Prozessführung zwischen belastetem und unbelastetem Wasser unterschieden. Das Abwasser fällt innerhalb eines Industriebetriebes an mehreren Stellen an und kann sich je nach Anfallstelle in seiner Menge und Zusammensetzung stark unterscheiden. In vielen Fällen ist es zweckdienlich, die Abwasserteilströme vor einer Endreinigung separat und gezielt in Abhängigkeit der Inhaltsstoffe und der spezifischen Anforderungen zu behandeln [LANUV 2014].

Mit der Verabschiedung der Abwasserverordnung (AbwV) im Jahr 1997 verlor die zum Zeitpunkt der Veröffentlichung der bisherigen Ausgabe des Taschenbuchs der Industrieabwasserreinigung von 1991 geltende Rahmen-Abwasser-Verwaltungsvorschrift ihre Gültigkeit.

2.3.2 BREFs und BVT-Schlussdokumente

Mit der Verabschiedung der Industrieemissionsrichtlinie (IE-RL) in 2010 wurde die rechtliche Verbindlichkeit der BVT-Merkblätter (engl. BREF genannt: best available technique reference document) europaweit gestärkt. Die BVT-Merkblätter setzen dabei einen europaweiten Maßstab für den umweltfreundlichen und ressourcenschonenden Betrieb von Industrieanlagen aus verschiedensten Branchen [Kraus et al. 2015].

Ein wesentliches Instrument zur Umsetzung der Richtlinie sind die in den BVT-Merkblättern enthaltenen Schlussfolgerungen (siehe Kapitel 2.1.2). Sie enthalten die mit besten verfügbaren Techniken assoziierten Emissionswerte (BAT-

AEL: Best available technique associated emission level) und bilden die Grundlage für untergesetzliche Regelwerke (Anhänge der AbwV, TA Luft, BImSchV). Die Schlussfolgerungen dienen somit als Referenzdokument für die Festlegung von Genehmigungsauflagen für die in den Geltungsbereich der IE-RL fallenden Anlagen. Maßgeblich sind dabei die festgeschriebenen Emissionsgrenzwerte, zu dessen Einhaltung keine Anwendung bestimmter Techniken vorgeschrieben wird [Suhr 2013].

Die Erarbeitung eines BVT-Dokuments erfolgt im Rahmen eines Informationsaustausches zwischen den Mitgliedsstaaten, betreffenden Industriezweigen, Nichtregierungsorganisation, die sich für den Umweltschutz einsetzen sowie der Kommission. Zur Berücksichtigung des stetigen Fortschritts in Forschung und Entwicklung und den damit verbundenen Innovationen in der Technik schreibt die IE-RL vor, BVT-Merkblätter möglichst acht Jahre nach ihrer Veröffentlichung zu aktualisieren [IE-RL 2010].

Das Bundesministerium für Umwelt, Naturschutz, Bau und Reaktorsicherheit (BMUB) und die Umweltministerien der Länder haben sich darauf verständigt, die betreffenden Anhänge der AbwV innerhalb eines Jahres nach der Verabschiedung einer BVT-Schlussfolgerung überprüfen zu lassen und einen Anpassungsvorschlag zu erarbeiten. Abwasserrelevante BVT-Schlussfolgerungen existieren bisher für folgende Branchen [EIPPCB 2018]:

- Abwasser- und Abgasbehandlung/-management in der chemischen Industrie,
- Intensivhaltung von Geflügel und Schweinen,
- Eisen- und Stahlerzeugung,
- Großfeuerungsanlagen,
- Glasherstellung,
- Nicht-Eisenmetallindustrie,
- Herstellung von Zement, Kalk und Magnesiumoxid,
- Chloralkaliindustrie,
- Herstellung organischer Grundchemikalien,
- Herstellung von Zellstoff, Papier und Karton,
- Raffinerien,
- Gerben von Häuten und Fellen,
- Abfallbehandlungsanlagen,
- Herstellung von Holzplatten.

Für folgende Branchen existieren BVT-Merkblätter bisher ohne Schlussfolgerungen:

- Keramikindustrie,
- Abgasbehandlung in der chemischen Industrie,
- Lagerung gefährlicher Substanzen und staubender Güter,
- Energieeffizienz,
- Stahlverarbeitung,
- Nahrungsmittelindustrie,
- industrielle Kühlsysteme,
- Herstellung anorganischer Grundchemikalien – Ammoniak, Säuren und Düngemittel,
- Herstellung anorganischer Grundchemikalien – Feststoffe und andere,
- Herstellung organischer Feinchemikalien,
- Herstellung von Polymeren,
- Herstellung anorganischer Spezialchemikalien,
- Tierschlachtanlagen und Anlagen zur Verarbeitung von tierischen Nebenprodukten,
- Gießereien,
- Oberflächenbehandlung von Metallen und Kunststoffen (Galvanik),
- Oberflächenbehandlung unter Verwendung von organischen Lösemitteln,
- Textilindustrie,
- Abfallverbrennungsanlagen.

Darüber hinaus existieren folgende Referenzdokumente, welche branchenübergreifend Anwendung finden:

- allgemeine Überwachungsgrundsätze (Monitoring),
- ökonomische und medienübergreifende Effekte.

Der jeweilige aktuellste Stand der Bearbeitung kann unter http://eippcb.jrc.ec.europa.eu/reference/ aufgerufen werden.

2.3.3 Spezielle Anforderungen und Anhänge der AbwV

In Deutschland sind die Anforderungen an das Einleiten von Abwasser in der AbwV definiert (siehe Kapitel 2.1.6). Sämtliche Anhänge können unter http://www.gesetze-im-internet.de/abwv/ aufgerufen werden.

Tabelle 1: Anforderungen an die Einleitung von Abwässern aus ausgewählten Branchen der Lebensmittelindustrie (verändert nach [AbwV 2018])

<table>
<tr><th></th><th>BSB_5
mg/l</th><th>CSB
mg/l</th><th>NH_4-N
mg/l</th><th>P_{ges}
mg/l</th><th>N_{ges}, als Summe von Ammonium-, Nitrit- und Nitratstickstoff
mg/l</th><th>spezifische Abwassermenge</th></tr>
<tr><td>Anhang 3 Milchverarbeitung</td><td rowspan="5">25</td><td rowspan="5">110</td><td rowspan="5">10</td><td rowspan="5">2</td><td rowspan="5">18</td><td>-</td></tr>
<tr><td>Anhang 5 Herstellung von Obst- und Gemüseprodukten</td><td>-</td></tr>
<tr><td>Anhang 11 Brauereien</td><td>-</td></tr>
<tr><td>Anhang 12 Herstellung von Alkohol und alkoholischen Getränken</td><td>-</td></tr>
<tr><td>Anhang 10 Fleischwirtschaft</td><td>-</td></tr>
<tr><td>Anhang 7 Fischverarbeitung</td><td>25</td><td>110</td><td>10</td><td>2</td><td>25</td><td>-</td></tr>
<tr><td>Anhang 8 Kartoffelverarbeitung</td><td>25</td><td>150</td><td>10</td><td>2</td><td>18</td><td>-</td></tr>
<tr><td>Anhang 18 Zuckerherstellung</td><td>25</td><td>200</td><td>10</td><td>2</td><td>30</td><td>-</td></tr>
<tr><td>Anhang 6 Herstellung von Erfrischungsgetränken und Getränkeabfüllung</td><td>25</td><td>110</td><td>-</td><td>2</td><td>-</td><td>-</td></tr>
<tr><td>Anhang 21 Mälzereien</td><td>25</td><td>110</td><td>-</td><td>-</td><td>-</td><td>-</td></tr>
<tr><th></th><th>g/t</th><th>g/t</th><th></th><th>g/t</th><th>mg/l</th><th>m^3/t</th></tr>
<tr><td>Anhang 4 Ölsaatenaufbereitung, Speisefett- und Speiseölraffination</td><td colspan="6"></td></tr>
<tr><td>Saatenaufbereitung</td><td>5</td><td>20</td><td>-</td><td>0,4</td><td>30</td><td>0,2</td></tr>
<tr><td>Raffination</td><td>38</td><td>200</td><td>-</td><td>4,5</td><td>30</td><td>1,5</td></tr>
</table>

Die Veröffentlichung eines BVT-Schlussdokumentes kann für die betroffene Branche ggf. eine Anpassung der Einleitgrenzwerte zur Folge haben. Ergeben sich aus den BVT-Schlussfolgerungen im Vergleich zum nationalen Recht anspruchsvollere Anforderungen, so müssen diese an das Schlussdokument angepasst werden. Bei gleichen oder niedrigeren Anforderungen in den Schlussdokumenten bleiben die Einleitbedingungen aus dem nationalen Regelwerk bestehen. Sofern sich aus den

Schlussdokumenten Anforderungen ergeben, welche nicht im nationalen Recht definiert sind, so sind diese zu implementieren [Leuthold 2014].

In Tabelle 1 sind die Anforderungen an das Abwasser an der Einleitstelle beispielhaft für ausgewählte Branchen der Lebensmittelindustrie zusammengestellt. Es ist zu beachten, dass sich je nach Herkunftsbereich innerhalb einer Branche weitere Anforderungen ergeben können. In jedem Fall sind die spezifischen Nebenbestimmungen zu beachten. Alle Werte beziehen sich auf eine Qualifizierte Stichprobe oder eine 2-Stunden-Mischprobe. Sofern Grenzwerte für Stickstoff und/ oder Ammoniumstickstoff definiert sind, so gelten diese in der Regel für eine Abwassertemperatur von 12 °C und größer im Ablauf des biologischen Reaktors. In einigen Fällen sind höhere Stickstoffkonzentrationen zulässig, sobald in Bezug auf die eliminierte Stickstofffracht entsprechende Wirkungsgrade erzielt werden können. Für den Sektor der Ölsaatenaufbereitung, Speisefett- und Speiseölraffination ist zu beachten, dass Grenzwerte z. T. als Frachten definiert sind.

Anforderungen an die Einleitungsstelle für Abwasser aus der Erdölverarbeitung sind in Tabelle 2 zusammengestellt. Hier sind im Rahmen der wasserrechtlichen Zulassung Schadstofffrachten zu definieren, für welche ein spezifischer Abwasseranfall von 0,5 m^3 pro Tonne Einsatzprodukt zu Grunde zu legen ist. Im Falle der Schmierölherstellung ist ein Wert von 1,3 m^3 pro Tonne Einsatzprodukt anzusetzen. Des Weiteren sind die zusätzlichen Anforderungen an das Abwasser vor einer Vermischung zu beachten.

Aus Tabelle 3 können die Anforderungen an das Abwasser für die Einleitungsstelle nach Anhang 28 für die Herstellung von Papier, Karton oder Pappe entnommen werden. Für bestimmte Bereiche gelten in Bezug auf den Jahresmittelwert zusätzliche Bedingungen, sofern eine tägliche Produktionskapazität von 20 Tonnen oder mehr überschritten wird.

Die in Anhang 40 der AbwV definierten Grenzwerte für die Branche der Metallbe- und -verarbeitung beziehen sich auf zwölf Bereiche und sind in Tabelle 4 als Spannbreiten zusammengefasst. Die Grenzwerte für Kohlenwasserstoffe sind auf die Stichprobe zu beziehen. Für die zwölf Herkunftsbereiche ergeben sich für den Fall einer Vermischung des Abwassers zum Teil weitere Anforderungen.

Für den Sektor der Chemischen Industrie gelten die Anforderungen nach Anhang 22 der AbwV. In den Geltungsbereich fallen jene Industriebetriebe mit einer Abwassereinleitung mit 10 m^3 je Tag oder mehr. Die spezifischen Anforderungen an die einzelnen Schadstoffparameter hängen in der Regel vom hergestellten Produkt oder von der Belastung am Entstehungsort ab. In Tabelle 5 sind die Einleitgrenzwerte für CSB, Stickstoff und Phosphor zusammengestellt.

Tabelle 2: Anforderungen an die Einleitung von Abwasser aus der Erdölverarbeitung (verändert nach [AbwV 2018])

	TOC mg/l	CSB mg/l	BSB_5 mg/l	P_{ges} mg/l	N_{ges}, als Summe von Ammonium-, Nitrit- und Nitratstickstoff mg/l	Kohlenwasserstoffe, gesamt mg/l
Anhang 45 Erdölverarbeitung	25	80	15	1,3	20	1,5

Tabelle 3: Anforderungen an die Einleitung von Abwasser aus der Herstellung von Papier, Karton oder Pappe (verändert nach [AbwV 2018])

	BSB_5 mg/l	P_{ges} mg/l	Abfiltrierbare Stoffe mg/l	Gesamter gebundener Stickstoff TNb mg/l	N_{ges}, als Summe von Ammonium-, Nitrit- und Nitratstickstoff mg/l	TOC kg/t	CSB kg/t
Anhang 28 Herstellung von Papier, Karton oder Pappe*	25	2	50	20	10	0,9	3
*darüber hinaus gelten spezifische Anforderungen für die Herstellung unterschiedlicher Produkte							

Tabelle 4: Anforderungen an die Einleitung von Abwasser aus der Metallbe- und -verarbeitung (verändert nach [AbwV 2018])

	Aluminium mg/l	NH_4-N mg/l	CSB mg/l	Eisen mg/l	Fluorid, gelöst mg/l	NO_2-N mg/l	P_{ges} mg/l	Giftigkeit gegenüber Fischeiern (G_{Ei}) -	Kohlenwasserstoffe, gesamt mg/l
Anhang 40 Metallbearbeitung, Metallverarbeitung	2 – 3	20 – 100	100 – 400	3	20 – 50	5	2	2 – 6	10

Tabelle 5: Anforderungen an die Einleitung von Abwasser aus der chemischen Industrie (verändert nach [AbwV 2018])

Anhang 22 Chemische Industrie		
1) Anforderungen für die Einleitstelle		
a) CSB		
CSB am Enstehungsort mg/l	**CSB an der Einleitstelle**	
> 50.000	2.500 mg/l	
> 750	Elimination von 90 %	
≤ 750	75 mg/l	
< 75	wie Entstehungsort	
b) Stickstoff, gesamt, als Summe von Ammonium-, Nitrit- und Nitratstickstoff		
N_{ges}	50 mg/l bzw. bis zu 75 mg/l bei Elimination von 75 % bezogen auf die Stickstofffracht*	
c) Phosphor		
P_{ges}	2 mg/l	
2) Anforderungen vor der Vermischung		
a) Adsorbierbare organisch gebundene Halogene		
AOX	je nach Produktion 0,3 - 8 mg/l bzw. 2 - 80 g/t	
b) Auszug sonstiger Stoffe		
	Qualifizierte Stichprobe oder 2-Stunden-Mischprobe (mg/l)	
Stoff	**I: Abwasserströme aus z. B. Herstellung dieser Stoffe**	**II: Abwasserströme, die mit Stoffen < der Konzentration aus I belastet sind**
Hg	0,05	0,001
Cd	0,2	0,005
Pb	0,5	0,05
Cr_{ges}	0,5	0,05
Zn	2	0,2

* der festgesetzte Wert gilt auch als eingehalten, wenn er bestimmt als „gesamter gebundener Stickstoff (TNb)“ eingehalten wird

Tabelle 6: Anforderungen an die Einleitung von Abwasser aus der Herstellung anorganischer Pigmente vor der Vermischung (verändert nach [AbwV 2018])

		Blei- und Zinkpigmente	Cadmiumpigmente	Lithopone, Zinksulfidpigmente und gefälltes Bariumsulfat	Eisenoxidpigmente	Chromoxidpigmente	Mischphasenpigmente, Pigment- und Farbkörpermischungen und Fritten
		Qualifizierte Stichprobe oder 2-Stunden-Mischprobe					
Blei	kg/t	0,04	-	-	-	-	-
Cadmium	mg/l	-	-	0,01	-	-	-
	kg/t	-	0,15	-	-	-	-
Chrom, gesamt	mg/l	-	-	-	-	-	0,5
	kg/t	0,03	-	-	-	0,02	-

		Chloridverfahren	Sulfatverfahren
		Qualifizierte Stichprobe oder 2-Stunden-Mischprobe	
Blei	kg/t	0,005	0,03
Cadmium	g/t	0,2	2
Chrom, gesamt	kg/t	0,01	0,05
Kupfer	kg/t	0,01	0,02
Nickel	kg/t	0,005	0,015
Quecksilber	g/t	0,1	1,5

Tabelle 7: Anforderungen an die Einleitung von Abwasser aus der Herstellung von Titandioxidpigmenten vor der Vermischung (verändert nach [AbwV 2018])

Im Fall von Stickstoff kann in der wasserrechtlichen Zulassung auch eine höhere Konzentration bis zu 75 mg/l festgesetzt werden, wenn eine Verminderung der Stickstofffracht um 75 Prozent gewährleistet wird. Ferner sind für die Anforderungen vor einer Vermischung Grenzwerte für AOX sowie für einen Auszug weiterer Stoffe enthalten.

Die Anforderungen an die Einleitung von Abwasser aus der Herstellung anorganischer Pigmente für bspw. Farbmittel oder Füllstoffe ergeben sich aus dem Anhang 37. In Tabelle 6 sind die Einleitgrenzwerte für Blei, Cadmium, sowie $Chrom_{gesamt}$ beispielhaft zusammengestellt. Für die Herstellung von Cadmiumpigmenten beziehen sich die produktionsspezifischen Frachtwerte auf die eingesetzte Cadmiummenge. Die Schadstofffracht wird aus den Konzentrationswerten der

Qualifizierten Stichprobe oder der 2-Stunden-Mischprobe und aus dem mit der Probenahme korrespondierenden Abwasservolumenstrom bestimmt.

Abwässer, welche aus der Verwendung bestimmter gefährlicher Stoffe resultieren, sind in Anhang 48 reglementiert. Diese gelten für Abwasseranlagen, deren Schadstofffracht im Wesentlichen aus der Verwendung der in dem Anhang aufgelisteten Stoffe resultiert. In Tabelle 7 sind die Anforderungen an Abwasser aus der Herstellung von Titandioxidpigmenten vor einer Vermischung beispielhaft aufgeführt. Für den Parameter $Chrom_{gesamt}$ kann in der wasserrechtlichen Zulassung bei Anwendung des Sulfatverfahrens auch eine Konzentration von 0,5 mg/l zugelassen werden.

Literatur

AbwV (2018): Verordnung über Anforderungen an das Einleiten von Abwasser in Gewässer: http://www.gesetze-im-internet.de/abwv/ (abgerufen am 15.08.2018).

EIPPCB (2018): Reference documents under the IPPC Directive and the IED: http://eippcb.jrc.ec.europa.eu/reference/ (abgerufen am 15.08.2018).

IE-RL (2010): Richtlinie 2010/75/EU des Europäischen Parlaments und des Rates über Industrieemissionen (integrierte Vermeidung und Verminderung der Umweltverschmutzung). Amtsblatt der Europäischen Union, L334/17, 17. Dezember 2010.

Kraus, K., Leuthold, S., Reichart, A. (2015): Wegweiser Beste Verfügbare Techniken Made in Germany – Machen Sie Ihre Umwelttechnik zum europäischen Maßstab!

LANUV (2014): Entwicklung und Stand der Abwasserbeseitigung in Nordrhein-Westfalen. Ministerium für Klimaschutz, Umwelt, Landwirtschaft, Natur- und Verbraucherschutz des Landes Nordrhein-Westfalen, 2014, 17. Auflage.

Leuthold, S. (2014): Die Revision der BVT-Merkblätter und die Umsetzung von BVT-Schlussfolgerungen in nationales Recht, Fünfter. BDG-Umwelttag. Statistisches Bundesamt (2016): Nichtöffentliche Wasserversorgung und nichtöffentliche Abwasserentsorgung. Fachserie 19, Reihe 2.2.

Suhr, M. (2013): Die BVT-Schlussfolgerungen im Kontext der Richtlinie über Industrieemissionen – Entstehung, Arbeitsstand und Umsetzung in Deutschland. Zeitschrift für Immissionsschutzrecht und Emissionshandel, Jahrgang 3 (2013), Ausgabe 2, S. 44 – 52.

2.4 Ausgewählte Spurenstoffe und Keime

2.4.1 Organische Spurenstoffe aus Industrie und Gewerbe

Jörg W. Metzger

2.4.1.1 Einleitung

Unter organischen Spurenstoffen (Mikroverunreinigungen) versteht man strukturell unterschiedlichste synthetische und natürliche chemische Stoffe, die im Spurenbereich von Mikro- bis Nanogramm pro Liter in der aquatischen Umwelt (Abwasser, Oberflächenwasser, Grundwasser bis hin zum Trinkwasser) gefunden werden [Bergmann 2011]. Aufgrund der hohen Persistenz und guten Wasserlöslichkeit vieler dieser Stoffe, der weltweit täglich wachsenden Zahl an produzierten Chemikalien sowie nicht zuletzt aufgrund der immer empfindlicher werdenden Analytik [Schmidt 2018], die zunehmend auch in der Lage ist, hoch polare Verbindungen zu erfassen [Berger et al. 2018], steigt die Zahl der Stoffe, die im aquatischen Wasserkreislauf nachgewiesen werden.

2.4.1.2 Art und Eigenschaften von organischen Spurenstoffen im Wasser

Das Thema „organische Spurenstoffe in der Umwelt" ist an sich nicht neu, allerdings gehören zu den ursprünglichen „klassischen" Vertretern dieser Art in erster Linie Stoffe mit begrenzter Wasserlöslichkeit, beispielsweise verschiedene synthetische hergestellte Chloraromaten wie das Insektizid DDT und die z. B. als Transformatoröle eingesetzten polychlorierten Biphenyle (PCB), die in Organismen aufgrund ihrer hohen Lipophilie bioakkumulieren und sich entlang der Nahrungskette anreichern [Jensen 1972]. Die problematischsten lipophilen und persistenten Verbindungen – viele davon Insektizide – sind in der POPs-Liste (= persistent organic pollutants) der Stockholmer Konvention (ursprünglich: Liste der „Dirty Dozen") mit der Intention aufgeführt, Produktion und Anwendung deutlich zu reduzieren bzw. ganz zu verbieten. Auch Verbindungen, die durch unvollständige Verbrennung („unintentionally produced POPs") entstehen, wie polychlorierten Dibenzodioxine/-furane [Kanan und Samara 2018] sowie polycyclische aromatische Kohlenwasserstoffe [Lawal 2017], können hier genannt werden. Dagegen sind viele der in neuerer Zeit gefundenen Stoffe („emerging pollutants" [Deblonde et al. 2011]) gut wasserlöslich und besitzen eine geringe Lipophilie und somit nur geringe Tendenz zur Partikelbindung. Diese können dadurch aus anderen Umweltkompartimenten, z. B. aufgrund ungehinderter Bodenpassage, deutlich leichter in Grund- und Oberflächenwasser gelangen als die „klassischen" lipophilen Spurenstoffe; vieler solcher auch als PMOC (polar mobile organic compounds) bezeichnete Verbindungen [Berger et al. 2018] lassen sich im Reinigungsprozess wegen ihrer geringen Tendenz zur Partikelbindung über adsorptive Verfahren (z. B. an Aktivkohle) nur schlecht entfernen. Im Grundwasser werden regelmäßig wasserlösliche Pestizide und Arzneimittelwirkstoffe sowie deren Transformationsprodukte / Metaboliten gefunden. Auch die dem Ottokraftstoff als Antiklopfmittel zugesetzten Verbindungen MTBE (Methyl-tert-butylether) und ETBE (Ethyl-tert-butylether) sind Ursache der Kontamination von Grund- und Oberflächenwasser und sogar Trinkwasser [Achten et al. 2002; Baus et al. 2008]. Weiter wurden die gut löslichen künstlichen Süßstoffe Saccharin, Cyclamat, Acesulfam und Sucralose im Abwasser des Ablaufs kommunaler Kläranlagen gefunden [Scheurer et al. 2009] und Duftstoffe in Oberflächengewässern [Lange et al. 2015]. Einige dissoziierbare Verbindungen, z. B. das Desinfektionsmittel Triclosan, verteilen sich pH-abhängig auf die wässrige und die Partikelphase, wobei die undissoziierte Spezies eher an Partikel gebunden wird, während die gebildete ionische Spezies (z. B. das Phenolat wie im Falle des Triclosans) eher gelöst im Wasser verbleibt [Narumiya et al. 2013; Wang et al. 2014]. Diese stoffspezifische Phasenverteilung hat große Relevanz für die Frachtberechnung und muss bei der Bewertung der verfahrenstechnischen Eliminierbarkeit von dissoziierbaren bzw. protonier-/deprotonierbaren Spurenstoffen (z. B. mit sauren oder basischen funktionellen Gruppen) im Abwasser berücksichtigt werden.

2.4.1.3 Ökotoxikologische Wirkung

Nur von einzelnen Spurenstoffen liegen bislang gesicherte Erkenntnisse über deren ökologischen Auswirkungen vor, so z. B. von Diclofenac, das über die Kadaver von mit diesem Entzündungshemmer behandelten Rindern für ein Geiersterben in Indien verantwortlich zeichnet [Galligan et al. 2016]. Die meisten und aussagekräftigsten Befunde existieren aktuell zu hormonartig (insbesondere estrogen) wirkenden Stoffen, die bereits in geringsten Konzentrationen messbare biologische Wirkung an Fischen, Reptilien, Vögeln und anderen Organismen zeigen [Adeel et al. 2017; Purdom et al. 1994; Jobling et al. 1998; Kidd et al. 2007]. Zahlreiche synthetische Verbindungen zeigen in verschiedenen Testsystemen, wie z. B. dem sog. E-Screen-Assay, estrogene Wirkungen [Spengler et al. 2001; Lange et al. 2014]. Insbesondere über potenzielle chronische Effekte von Spurenstoffen (Wirkung kleinster Konzentrationen über längere Zeiträume) oder ihr Zusammenwirken mit anderen Komponenten in Mischungen gibt es dagegen nur begrenzt Informationen. Im Bereich der Bestimmung der Wirkung und des Risikopotenzials von Spurenstoffen besteht deshalb weiterhin großer Forschungsbedarf [Barjenbruch et al. 2017], insbesondere, da die Festsetzung von Grenzwerten für problematische Spurenstoffe in Abwasser in Bezug auf die Regulierung der Einleitung in Gewässer nicht ohne Angabe eines definierten Gefährdungspotenzials erfolgen kann. Aufgrund der lückenhaften Information über toxikologische und ökotoxikologische Wirkungen sollte nach wie vor nach dem Vorsorgeprinzip gehandelt werden, insbesondere, wenn der Stoff im Trinkwasser auftritt oder eine Beeinträchtigung der Abwasserreinigung nicht ausgeschlossen werden kann.

2.4.1.4 Quellen

Gereinigtes kommunales Abwasser, Wasser aus Regenüberlaufbecken und Abwasser aus schadhaften Abwasserleitungen gelten als Hauptquelle für den Eintrag organischer Spurenstoffe in die Gewässer. Daneben können Spurenstoffe über verschiedene diffuse Quellen in die aquatische Umwelt gelangen, z. B. über den Oberflächenabfluss aus urbanen und landwirtschaftlich genutzten Flächen, über Reifenabrieb (zusammen mit Nano- und Mikropartikeln) sowie über den Luftpfad verursacht durch Verbrennungsprozesse und Abgas/Abluft. Daneben können Spurenstoffe auch über Abwässer und Prozesswässer aus Industrie und Gewerbe über Direkt- oder Indirekteinleitung in die Oberflächengewässer gelangen [Bergmann 2011].

Die zahlreichen Spurenstoffe, die bislang in der aquatischen Umwelt gefunden wurden und Gegenstand von Untersuchungen und Monitoring in der aquatischen Umwelt sind und waren, stammen aus den unterschiedlichsten Anwendungsbereichen; u. a. handelt es sich um bestimmte Human- und Tierarzneimittelwirkstoffe und Pflanzenschutzmittel sowie deren Abbauprodukte bzw. Metaboliten, Verbindungen mit estrogener Wirkung (natürliche und synthetische Estrogene, Phytoestrogene und Xenoestrogene), iodierte Röntgenkontrastmittel, Desinfektionsmittel, Haushaltschemikalien, Körperpflegemittel inklusive Abbauprodukte von Tensiden, synthetische Duftstoffe, Süßstoffe, Sonnenschutzmittel sowie einige Industriechemikalien wie Lösungsmittel, Flammschutzmittel, Korrosionsschutzmittel, Weichmacher und perfluorierte Chemikalien (PFC). Prinzipiell können diese Stoffe bei der Produktion, Anwendung und/oder Entsorgung in die Umwelt gelangen. Eine strenge Quellenzuordnung verschiedener bekannter Spurenstoffe rein zu Industrie und Gewerbe ist nicht immer eindeutig möglich. Einige der Stoffe, wie z. B. Tenside oder Desinfektionsmittel, können sowohl aus dem häuslichen als auch dem industriellen/gewerblichen Bereich bzw. der Produktion stammen.

2.4.1.5 Abwasser aus Industrie und Gewerbe

Das Abwasser aus Gewerbe und Industrie kann erheblich mit Spurenstoffen belastet sein. In den Ergebnispapieren des Stakeholder-Dialogs „Spurenstoffstrategie des Bundes“ [BMU/UBA 2017; BMU/UMBA 2019] wird festgehalten, dass Hersteller und Verarbeiter bei der Ausgestaltung von Maßnahmen für die Vermeidung oder Reduzierung des Eintrags in die Gewässer an der Quelle maßgeblich zu beteiligen sind (Produktverantwortung der Hersteller). Dazu gehört auf Basis einer zuvor zu erfolgenden Risikobewertung die Benennung relevanter Stoffe bzw.

Stoffgruppen, die Entwicklung von Handlungsempfehlungen zur Vermeidung/ Minderung im Gewässer sowie die laufende Aktualisierung der Erkenntnisse.

Eine besonders hohe Relevanz besitzen Industriechemikalien mit hohem Produktionsvolumen > 1.000 Tonnen/a (siehe high production volume (HPV)-Liste der OECD [OECD 2007], wenn sie Ökosystem und Trinkwassergewinnung gefährden. Im „Auswertungsbericht Industriechemikalien" der Internationen Kommission zum Schutz des Rheins [IKSR 2012] wurden fünf Stoffe bzw. Stoffklassen der Rheinstoffliste [IKSR 2017] diesbezüglich hervorgehoben:

1. das Lösungsmittel Diglyme (Bis(2-methoxyethyl)ether); Eintrag hauptsächlich über das Abwasser aus industriellen Fertigungs- und Reinigungsprozessen;
2. Bisphenol A; dient u. a. als Monomer bei der Polycarbonatherstellung; Eintrag sowohl über Einleitung aus industriellen als auch kommunalen Kläranlagen; industrielle Quellen: Abwasser bei der Herstellung von Bisphenol A, Epoxidharzen und Thermopapier, Weiterverarbeitung von Kunststoffen;
3. Nonylphenol; Eintrag nach deutlichen Anwendungseinschränkungen heutzutage v. a. über Waschwasser von Importtextilien, die mit Nonylphenolethoxylaten behandelt wurden;
4. Tri-n-butylphosphat als Vertreter der Phosphorsäureester-Flammschutzmittel; Einträge größtenteils über Direkteinleitungen aus Industrie- und Deponiekläranlagen;
5. Perfluorierte Tenside, z. B. Perfluoroctansulfonsäure (PFOS); Verwendung z. B. in Antihaft-Beschichtungen für Pfannen, als Regenschutz bei Bekleidung, in Feuerlöschschäumen, zur Papierveredlung; PFOS und Perflouroctansulfonylflourid sind in „Annex B: Restriction" der Liste der Stockholm-Konvention, mit dem Ziel die Produktion und Verwendung zukünftig deutlich einzuschränken, aufgeführt.

Nach Wasserrahmenrichtlinie 2013/39/EU [EU 2013] in Bezug auf prioritäre Stoffe im Bereich der Wasserpolitik gehören folgende organische Stoffe zu den prioritären gefährlichen Stoffen, für die eine schrittweise Reduzierung von Einleitungen und Emissionen angestrebt wird: Anthracen, Bromierte Diphenylether, Chloralkane, C10-13, Bis(2-ethylhexyl)phthalat (DEHP), Endosulfan, Hexachlorbenzol, Hexachlorbutadien, Hexachlorocyclohexan, Nonylphenole, Pentachlorbenzol, Polycyclische aromatische Kohlenwasserstoffe (PAK), Tributylzinnverbindungen, Trifluralin, Dicofol, Perfluoroctansulfonsäure und ihre Derivate (PFOS), Quinoxyfen, Dioxine und dioxinähnliche Verbindungen, Hexabromcyclododecane (HBCDD), Heptachlor und Heptachlorepoxid. Darüber hinaus sind aus dem anorganischen Bereich Cadmium und Quecksilber sowie deren Verbindung in der Liste enthalten.

Die folgenden Stoffe der Rheinstoffliste 2017 [IKSR 2017] – in der nachfolgenden Aufzählung beschränkt auf die organischen Stoffe – dienen der Bewertung des chemischen Zustand des Gewässers: Bromierte Diphenylether, Cybutryn (Irgarol), Dioxin + dl-Polychlorierte Biphenyle (dl = dioxin-like), Heptachlor/Heptachlorepoxid, Hexachlorbenzol, Isoproturon, PFT (PFOS), die Gruppe der polycyclischen aromatischen Kohlenwasserstoffe (PAK) mit den Einzelsubstanzen Benzo(a)pyren und Fluoranthen sowie der Summe aus Benzo(b)fluoranthen und Benzo(k)fluoranthen) bzw. Benzo(ghi)perylen und Indeno(1,2,3-cd)pyren. Der ökologische Zustand wird bewertet über die beiden in der Liste aufgeführten organischen Parameter Chlortoluron und PCB. Als trinkwasserrelevant sind aufgeführt: Glyphosat, Aminomethylphosphonsäure AMPA, Acesulfam, Bisphenol A, 1,4-Dioxan, Diglyme, Diethylentriaminpentaessigsäure (DTPA), Ethylendiamintetraacetat (EDTA), Ethyl-tert-butylether (ETBE), 2-Methoxy-2-methylpropan (= Methyl-tert-butylether, MTBE), die Arzneimittelwirkstoffe Carbamazepin und Diclofenac sowie die Röntgenkontrastmittel Amidotrizoesäure, Iopamidol und Iopromid.

Wie oben bereits erwähnt, werden gut wasserlösliche Stoffe bei der Bodenpassage adsorptiv schlechter zurückgehalten als lipophile Stoffe; dies gilt auch für die herkömmliche Abwasserreinigung und Wasseraufbereitung. Enthalten sind solche Stoffe vor allem in der Rheinstoffliste der Verbindungen, die als trinkwasserrelevant gelten, in der Liste der WRRL gehört Perfluoroctansulfonsäure (Wasserlöslichkeit 680 mg/l) zu diesen Stoffen.

Wegen des hohen und diversen Chemikalieneinsatzes sind vornehmlich bei der chemischen Industrie inklusive pharmazeutischer Industrie und der Pflanzenschutzmittelherstellung, der Textilindustrie, der Papierindustrie, der chemisch-physikalischen Abfallbehandlung und der metallverarbeitenden Industrie erhöhte Konzentrationen von Spurenstoffen im Prozess-/Abwasser zu erwarten. Jüngere Befunde von Pyrazol (Zwischenprodukt bei der Acrylnitrilherstellung; [LANUV 2017]), Trifluoracetat [Scheurer et al. 2017; LANUV 2018] und Dioxan [LANUV 2019] in verschiedenen Flüssen konnten auf industrielle Direkteinleitungen chemischer Betriebe zurückgeführt werden.

In den Anhängen der Abwasserverordnung [AbwV 2004] sind für 56 Branchen Parameter aufgeführt, die der Indirekteinleiter für das einzuleitende Abwasser einzuhalten hat, z. B. die Parameter schwerflüchtige lipophile Stoffe, Kohlenwasserstoffindex, AOX, LHKW, Phenolindex, Farbstoffe, organische halogenfreie Lösemittel sowie die aerobe biologische Abbaubarkeit und ggf. Nitrifikationshemmung. Neuere Spurenstoffe („emerging pollutants") fehlen dort, da das Gefährdungspotenzial bislang nicht definiert ist. Einige Stoffe der o. g. Listen werden im Abwasser gefunden. Bisphenol A kann z. B. im Prozesswasser bei der Papierherstellung vorhanden sein (besonders bei der Herstellung von Thermopapier). Auch chlorierte Phenole (diese auch im Abwasser der Metallindustrie) und PCDD/F können dort auftreten [Lee 2011].

2.4.1.6 Textilindustrie

Abwasser aus der Textilindustrie soll hier besonders erwähnt werden, da z. B. industrielles Abwasser der Textilindustrie als Verursacher für das Auftreten von Chlorbenzolen in Oberflächengewässern identifiziert wurde [Lee 2011].

In Europa werden Chemikalien über die REACH-Verordnung reguliert [REACH 2006]; damit sind der Produktion, dem Vertrieb und der Anwendung insbesondere von besorgniserregenden Stoffen enge Grenzen bis hin zum Verbot gesetzt. Die Bekleidungsbranche kam – vermutlich nicht zuletzt aufgrund des Drucks von NGOs wie Greenpeace – in einer gemeinsamen Selbstverpflichtung überein, die REACH-Grundsätze global zu übertragen. Dazu gehört, dass eine Reihe von Chemikalien einer sog. ZDHC-MRS-Liste (Zero Discharge of Hazardous Chemicals, Manufacturing Restricted Substances List) bis 2020 aus den Textilproduktionsprozessen entfernt werden [ZDHC 2014]. Diese Liste enthält zahlreiche auch in den oben genannten Listen erwähnte Spurenstoffe, wie polybromierte Diphenylether, phosphorhaltige Flammschutzmittel, Phthalat-Weichmacher, PFOS und PFOA, PAK (z. B. in Druckpasten), Organozinnverbindungen (antibakterielle Ausstattung), Pentachlorphenol (Holzschutzmittel) sowie Octyl- und Nonylphenole (in Detergenzien). Damit sollen alle wesentlichen Bereiche, die die Textilherstellung umfassen – Faserproduktion, Chemikalienherstellung, Textilveredlung – ohne problematische Stoffe auskommen.

Auch wenn die Ziele des ZDHC-Konzepts ambitioniert sind und deren Erreichung noch bewiesen werden muss, wären solche Bestrebungen des produktionsintegrierten Umweltschutzes im Hinblick auf Spurenstoffe auch für andere Branchen wünschenswert.

2.4.1.7 Pharmazeutische Industrie

In den Erwägungsgründen zur Richtlinie 2013/39 [EU 2013] weist die EU auf das zunehmende Umweltproblem der Verschmutzung der Gewässer mit pharmazeutischen Stoffen hin und kündigte eine europäische Strategie an („strategic approach to pharmaceuticals in the environment“). Auch bei der Arzneimittelherstellung gelangen pharmazeutisch aktive Wirkstoffe in den Wasserkreislauf, wie weltweite Befunde an den Einleitestellen von Industriebetrieben zeigen [Larsson 2014]. Die Rheinstoffliste [IKSR 2017] enthält das Antiepileptikum Carbamazepin und den Entzündungshemmer Diclofenac sowie die Röntgenkontrastmittel Amidotrizoesäure, Iopamidol, Iopromid als besonders problematische Stoffe aus diesem Bereich. Punktquellen stellen hier Krankenhäuser und Pflegeheime dar, deren Abwässer grundsätzlich höher mit aller Art von pharmazeutischen Wirkstoffen belastet sind als andere kommunale Abwässer. Eine separate Behandlung dieser Abwässer mit gezielter Spurenstoffelimination erscheint hier besonders vor dem Hintergrund der Bildung multiresistenter Keime sinnvoll. Die World Health

Organization (WHO) bezeichnet das Problem der Mulitresistenz mittlerweile als eine der größten Herausforderungen der Menschheit.

In der Nähe von Produktionsstätten pharmazeutischer Produkte können punktuell und zeitlich begrenzt deutlich höhere Wirkstoffkonzentrationen auftreten als im Falle eines Eintrags über kommunales Abwasser; auch das Stoffspektrum kann anders ausfallen, da die Substanzen keine vorherige Metabolisierung im Körper erfahren, wie nach einer bestimmungsgemäßen Applikation. So können in diesem Fall auch solche Stoffe relevant werden, die im Körper abgebaut oder durch Metabolisierung vor der Ausscheidung biologisch inaktiviert werden (zu den gesetzlichen Möglichkeiten für die Regulierung zur Minderung von Emissionen siehe [BIO 2013]).

2.4.1.8 Hersteller von Pflanzenbehandlungs- und Schädlingsbekämpfungsmitteln

Die Einleitung von Abwasser aus der Herstellung von Pflanzenbehandlungs- und Schädlingsbekämpfungsmitteln ist über Rechtsvorschrift AEV „Pflanzenschutzmittel" geregelt. Explizit als organische Einzelstoffe mit definierter Emissionsbegrenzung sind hier genannt: Hexachlorcyclohexan HCH, DDT, Pentachlorphenol (PCP), Drine (Aldrin, Dieldrin, Endrin, Isodrin), Hexachlorbenzol. Weitere Spurenstoffe sind nicht aufgeführt, aber in diesen Abwässern zu erwarten, z. B. Tenside und Tensidabbauprodukte.

2.4.1.9 Entfernung von Spurenstoffen aus dem Abwasser

Stoffe sollten umweltfreundlich abbaubar gestaltet werden, persistente Stoffe verboten oder in der Anwendung eingeschränkt werden und der Einsatz und die Anwendung (z. B. von Agrarchemikalien) optimiert werden. Daneben ist die Eliminierungseffizienz der Abwasserbehandlung für solche Stoffe zu verbessern, ohne dass unerwünschte Nebenprodukte gebildet werden.

In konventionellen mechanisch-biologischen kommunalen Kläranlagen werden Spurenstoffe abhängig von ihrer Struktur und ihren individuellen Eigenschaften sehr unterschiedlich eliminiert. [Luo et al. 2014] geben für die Eliminierungseffizienz kommunaler Kläranlagen für Spurenstoffe ca. 50 % an. Analog zu anderen organischen Verbindungen erfolgt auch die Elimination von organischen Spurenstoffen über eine Kombination von biologischem Abbau und Sorption, bei flüchtigen Stoffen auch über Verlagerung (Stripping) in die Atmosphäre. Beim biotischen und abiotischen Abbau ist zu berücksichtigen, dass die Transformation nicht notwendigerweise bis zur vollständigen Mineralisation führt; es können stabile Verbindungen entstehen, die für das aquatische Ökosystem ggf. problematischer als die Ausgangsverbindung sein können. Bei Arzneimitteln und Hormonen führt die Biotransformation im Organismus oft zu Metaboliten und Konjugaten, die in der Umwelt ggf. wieder zu aktiven Wirkstoffen rücktransformiert werden können (Beispiel: Spaltung von Glucuroniden von Sexualhormonen in der biologischen Stufe der Kläranlage). Hinsichtlich der Eliminierungseffizienz existiert eine starke Stoffspezifität, das Ausmaß ist abhängig von den physikalisch-chemischen Eigenschaften der Stoffe wie Persistenz, Flüchtigkeit, Wasserlöslichkeit und Lipophile.

2.4.1.10 Verbesserung der Eliminierungseffizienzen von Kläranlagen für Spurenstoffe

Über eine Verbesserung der Kläranlagentechnik versucht man, den Eintrag von Spurenstoffen in die aquatische Umwelt zu minimieren [Eggen et al. 2014]. Aufgrund der Vielzahl an Spurenstoffen und ihrer strukturellen Vielfalt führt ein einzelnes Reinigungsverfahren, wie Adsorption oder Ozonung, für sich selten zur kompletten Lösung des Problems. Dazu ist meist ein Multibarrieren-Konzept, d. h. eine Kombination unterschiedlicher weitergehender Reinigungsstufen, spezifisch angepasst an das vorhandene Stoffspektrum im Abwasser erforderlich. Diese können üblicherweise die Adsorption, meist mit granulärer oder Pulveraktivkohle, und die Oxidation mit Ozon (meist gefolgt von einer Adsorptionsstufe, um Oxidationsnebenprodukte zu entfernen) beinhalten. Pulveraktivkohle besitzt eine größere Oberfläche und damit größere Adsorptionsfähigkeit als granulierte Aktivkohle und wird auf kommunalen Kläranlagen in den meisten Fällen als Direktdosierung in die biologische Stufe der Kläranlage oder in spezielle Kontaktbecken nach der biologischen Stufe zugeführt. Die Abwassermatrix kann die Adsorptionskapazität für einzelne Spurenstoffe mindern [Quinlivan et al. 2005], z. B. von perfluorierten Verbindungen [Yu et al. 2012].

Die Kombination von Ozonung und Aktivkohlebehandlung ist die praktizierte Strategie in der Schweiz. Kommunale Kläranlagen in Baden-Württemberg werden – begleitet durch das Kompetenzzentrum Spurenstoffe Baden-Württemberg (www.koms-bw.de) – aktuell mit einer vierten Reinigungsstufe zur Spurenstoffeliminierung mit Aktivkohleadsorption ausgestattet. Je nach Art und Zahl der Spurenstoffe wird aber auch damit nicht die Entfernung aller Stoffe in gleichem Maße erreichbar sein.

Die geeignete Auswahl von verfahrenstechnischen Maßnahmen zur Eliminierung von Spurenstoffen, auch in Prozesswässern, muss die chemische Struktur und die Eigenschaften (hydrolysierbar, oxidier-/reduzierbar, Wasserlöslichkeit, (pH-abhänge) Tendenz zur Partikelbindung, Flüchtigkeit) berücksichtigen. Die Identifizierung von Indikatorparametern/Leitsubstanzen, deren spezifisches Verhalten in den unterschiedlichen Reinigungsprozessen sich auf eine ganze Gruppe („Cluster“) von Spurenstoffen mit ähnlichem Verhalten übertragen lässt (an Aktivkohle adsorbierbar, biologisch abbaubar, mit Ozon eliminierbar etc.), trägt zur Vereinfachung der Auswahl der geeigneten Verfahrenstechnik bei.

2.4.1.11 Zusammenfassung und Schlussfolgerung

Ein Abwasserteilstrom, dessen Inhaltsstoffe nur unzureichend biologisch eliminierbar sind, kann mit chemisch-physikalische Verfahren behandelt werden. Mäßig biologisch behandelbare Teilströme sollten nicht mit einem sehr gut biologisch behandelbaren Teilstrom vermischt werden. Industrie und Gewerbe sollten, wie bereits die Textilindustrie, das Thema proaktiv angehen und grundsätzlich dafür sorgen, dass unbehandelte bzw. mit Blick auf Spurenstoffe unzureichend behandelte Prozesswässer weltweit nicht mehr in die Umwelt gelangen.

Literatur

AbwV (2004): Verordnung über Anforderungen an das Einleiten von Abwasser in Gewässer (Abwasserverordnung - AbwV) in der Fassung der Bekanntmachung vom 17. Juni 2004 (BGBl. I S. 1108, 2625), die zuletzt durch Artikel 1 der Verordnung vom 22. August 2018 (BGBl. I S. 1327) geändert worden ist.

Achten, C.; Kolb, A.; Püttman, W. (2002): Occurrence of methyl-tert-butylether (MTBE) in riverbank filtered water and drinking water produced by riverbank filtration. 2. Environmental Science & Technology, 36, Heft 17, S. 3662 – 3670.

Adeel, M.; Song, X.; Wang, Y.; Francis, D.; Yang, Y. (2017): Environmental impact of estrogens on human, animal and plant life: A critical review. Environment International, 99, S. 107 – 119.

Barjenbruch, M.; Donner, C.; Ernst, M.; Gröschl, F.; Grünebaum, T.; Günthert, W.; Hetzel, F.; Horn, H.; Klinger, J.; Rosenwinkel, K.-H.; Schwesig, D.; Thaler, S.; Walter, W. K. (2017): Forschungsbedarf in der Wasserwirtschaft. DWA DVGW, Water Innovation Circle.

Baus, C.; Brauch, H.-J.; Fleig, M.; Sacher, F. (2008): Auswirkungen des Einsatzes von MTBE und ETBE auf Oberflächengewässer und Trinkwasserversorgung im Rheineinzuggebiet, IAWR, DVGW-Technologiezentrum Wasser, 2008. https://www.iawr.org/publikationen/positionen (abgerufen am 15.05.2019).

Berger, U.; Zahn, D.; Schulze, S.; Montes, R.; Quintana, J. B.; Knepper, T. P.; Reemtsma, T. (2018): Persistente und mobile organische Verbindungen in Rohwässern der Trinkwasseraufbereitung: „Mind the Gap“. Vom Wasser, 116, Heft 4, S. 147 – 150.

Bergmann, A. (2011): Organische Spurenstoffe im Wasserkreislauf. acatech Materialien, Nr. 12, München.

BIO Intelligence Service (2013): Study on the environmental risks of medicinal products. Final Report prepared for Executive Agency for Health and Consumers. 12. December 2013. http://ec.europa.eu/health/files/environment/study_environment.pdf (abgerufen am 15.05.2019).

BMUB/UBA (2017): Policy-Paper Empfehlungen des Stakeholder-Dialogs »Spurenstoffstrategie des Bundes« an die Politik zur Reduktion von Spurenstoffeinträgen in die Gewässer. Hillenbrand, T.; Tettenborn, F.; Bloser, M. (Hrsg.): Bundesministerium für Umwelt, Naturschutz, Bau und Reaktorsicherheit/Dessau: Umweltbundesamt, Bonn. www.dialog-spurenstoffstrategie.de/spurenstoffe-wAssets/docs/PolicyPapier_FINAL.pdf (abgerufen am 15.05.2019).

BMU/UBA (2019): Ergebnispapier - Ergebnisse der Phase 2 des Stakeholder- Dialogs »Spurenstoffstrategie des Bundes« zur Umsetzung von Maßnahmen für die Reduktion von Spurenstoffeinträgen in die Gewässer. Hillenbrand, T.; Tettenborn, F.; Bloser, M. (Hrsg.): Bundesministerium für Umwelt, Naturschutz und nukleare Sicherheit/Dessau. Umweltbundesamt, Bonn. https://www.dialog-spurenstoffstrategie.de/spurenstoffe-wAssets/docs/ergebnispapier_stakeholder_dialog_phase2_bf.pdf (abgerufen am 15.05.2019).

Deblonde, T.; Cossu-Leguille, C.; Hartemann, P. (2011): Emerging pollutants in wastewater: a review of the literature. International Journal of Hygiene and Environmental Health, 214, Heft 6, S. 442 – 448.

Eggen, R. I. L.; Hollender, J.; Joss, A.; Schärer, M.; Stamm, C. (2014): Reducing the Discharge of Micropollutants in the Aquatic Environment: The Benefits of Upgrading Wastewater Treatment Plants. Environmental Science & Technology, 48, S. 7683 – 7689.

EU (2013): Richtlinie 2013/39/EU des europäischen Parlaments und des Rates vom 12. August 2013 zur Änderung der Richtlinien 2000/60/EG und 2008/105/EG in Bezug auf prioritäre Stoffe im Bereich der Wasserpolitik.

Galligan, T. H; Taggart, M. A.; Cuthbert, R. J.; Svobodova, D.; Chipangura, J.; Alderson, D.; Prakash, V. M.; Naidoo, V. (2016): Metabolism of aceclofenac in cattle to vulture-killing diclofenac. Conservation Biology, 30, Heft 5, S. 1122 – 1127.

IKSR (2012): Bericht 202: Auswertungsbericht Industriechemikalien. Internationale Kommission zum Schutz des Rheins. https://www.iksr.org/de/themen/verschmutzungen/mikroverunreinigungen/industriechemikalien/ (abgerufen am 15.05.2019).

IKSR (2017): Bericht 242: Rheinstoffliste (2017). Internationale Kommission zum Schutz des Rheins. https://www.iksr.org/fileadmin/user_upload/DKDM/Dokumente/Fachberichte/DE/rp_De_0242.pdf (abgerufen am 15.05.2019).

Jensen, S. (1072): The PCB Story, Ambio, 1, Heft 4, S. 123 – 131.

Jobling, S.; Nolan, M.; Tyler, C. R.; Brighty, G.; Sumpter, J. P. (1998): Widespread sexual disruption in wild fish. Environmental Science & Technology, 32, Heft 17, S. 2498 – 2506.

Kanan, S. und Samara, F. (2018): Dioxins and furans: A review from chemical and environmental perspectives. Trends in Environmental Analytical Chemistry, 17, S. 1 – 13.

Kidd, K. A.; Blanchfield, P. J.; Mills, K. H.; Palace, V. P.; Evans, R. E.; Lazorchak, J. M.; Flick, R. W. (2007): Collapse of a fish population after exposure to a synthetic estrogen. Proceedings of the National Academy of Sciences of the U.S.A., 104, Heft 21, S. 8897 – 8901.

Lange, C.; Kuch, B.; Metzger, J. W. (2014): Estrogenic activity of constituents of underarm deodorants determined by E-Screen assay. Chemosphere, 108, S. 101 – 106.

Lange, C.; Kuch, B.; Metzger, J. W. (2015): Occurence and fate of synthetic musk fragrances in a small German river. Journal of Hazardous Materials, 282, S. 34 – 40.

LANUV (2017): ECHO-Stoffbericht Pyrazol (2017). Landesamt für Natur, Umwelt und Verbraucherschutz NRW. https://www.lanuv.nrw.de/fileadmin/lanuv/analytik/pdf/ECHO_Pyrazol_2017a.pdf (abgerufen 30.04.2019).

LANUV (2018): ECHO-Stoffbericht Trifluoracetat. Landesamt für Natur, Umwelt und Verbraucherschutz NRW. https://www.lanuv.nrw.de/fileadmin/lanuv/analytik/pdf/ECHO_Trifluoracetat.pdf (abgerufen am 15.05.2019).

LANUV (2019): ECHO-Stoffbericht 1,4-Dioxan. Landesamt für Natur, Umwelt und Verbraucherschutz NRW. https://www.lanuv.nrw.de/fileadmin/lanuv/analytik/pdf/ECHO_Dioxan_Januar2019.pdf (abgerufen am 15.05.2019).

Larsson, D. G. J. (2014): Pollution from drug manufacturing: review and perspectives. Philosophical Transactions of the Royal Society B: Biological Sciences 2014; 369(1656). https://doi.org/10.1098/rstb.2013.0571

Lawal, A.T. (2017): Polycyclic aromatic hydrocarbons. A review, Cogent Environmental Science (2017). https://doi.org/10.1080/23311843.2017.1339841

Lee, I.-S.; Sim, W.-J.; Kim, C.-W.; Chang, Y.-S.; Oh, J. E. (2011): Characteristic occurrence patterns of micropollutants and their removal efficiencies in industrial wastewater treatment plants, Journal of Environmental Monitoring 13, Heft 2, S. 391 – 397.

Luo, Y.; Guo, W.; Ngo, H. H.; Nghiem, L. D.; Hai, F. I.; Zhang, J.; Liang, S.; Wang, X. C. (2014): A review on the occurrence of micropollutants in the aquatic environment and their fate and removal during wastewater treatment. Science of the Total Environment, 473-474. S. 619 – 641.

Narumiya, M.; Nakada, N.; Yamashita, N.; Tanaka, H. (2013): Phase distribution and removal of pharmaceuticals and personal care products during anaerobic sludge digestion. Journal of Hazardous Materials, 260, S. 305 – 312.

OECD (2007): The 2007 OECD List of High Production Volume Chemicals, Update vom 23. Oktober 2009. http://www.oecd.org/officialdocuments/publicdisplaydocumentpdf/?cote=env/jm/mono(2009)40&doclanguage=en (abgerufen am 15.05.2019).

Purdom, C. E.; Hardiman, P. A.; Bye, V. V. J.; Eno, N. C.; Tyler, C. R.; Sumpter, J. P. (1994): Estrogenic effects of effluents from sewage treatment works. Chemistry and Ecology, 8, S. 275 – 285.

Quinlivan, P. A.; Li, L.; Knappe, D. R. U. (2005): Effects of activated carbon characteristics on the simultaneous adsorption of aqueous organic micropollutants and natural organic matter. Water Research, 39, Nr. 8, S. 1663 – 1673.

REACH (2006): Verordnung (EG) Nr. 1907/2006 des Europäischen Parlaments und des Rates vom 18. Dezember 2006 zur Registrierung, Bewertung, Zulassung und Beschränkung chemischer Stoffe (REACH).

Scheurer, M.; Brauch, H.-J.; Lange, F. T. (2009): Analysis and occurrence of seven artificial sweetener in German waste water and surface water. Analytical & Bioanalytical Chemistry 394, S. 1585 – 1594.

Scheurer, M; Nödler, K.; Freeling, F.; , J.; Happel, O.; Riegel, M.; Müller, U.; Storck, F. R.; Fleig, M.; Lange, F. T.; Brunsch, A.; Brauch, H. J. (2017): Small, mobile, persistent: trifluoroacetate in the water cycle - Overlooked sources, pathways, and consequences for drinking water supply. Water Research, 126, S. 460 – 471.

Schmidt, T. C. (2018): Recent trends in water analysis triggering future monitoring of organic micropollutants. Analytical and Bioanalytical Chemistry, 410, Heft 17, S. 3933 – 3941.

Spengler, P.; Körner, W.; Metzger, J. W. (2001): Substances with estrogenic activity in effluents of sewage treatment plants in southwestern Germany. 1. Chemical analysis. Environmental Toxicology and Chemistry, 20, Heft 10, S. 2133 – 2141.

Wang, X. K.; Jiang, X. J.; Wang, Y. N.; Sun, J.; Wang, C.; Shen, T. T. (2014): Occurrence, distribution, and multi-phase partitioning of triclocarban and triclosan in an urban river receiving wastewater treatment plants effluent in China. Environmental Science Pollutant Research International, 21, Heft 11, S. 7065 – 7074.

Yu, J.; Lv, L.; Lan, P.; Zhang, S.; Pan, B.; Zhang, W. (2012): Effect of effluent organic matter on the adsorption of perfluorinated compounds onto act ivated carbon. Journal of Hazardous Materials, 225-226, S. 99 – 106.

ZDHC (2014): Zero discharge of hazardous chemicals programme, Manufacturing restricted substances list. https://www.roadmaptozero.com/fileadmin/layout/media/downloads/en/MRSL.pdf (abgerufen am 15.05.2019).

2.4.2 Hygiene und Wiederverwendung in der Lebensmittelindustrie

Christian Koll

An das Wasser in Lebensmittelbetrieben, insbesondere bei Wiederverwendung, werden hohe Qualitätsanforderungen gestellt. Der rechtliche Rahmen auf europäischer Ebene ist hierzu durch die Richtlinie 98/83/EG, Artikel 2, Abs. 1 [EU 2015], die Verordnung (EG) Nr. 853/2004, Kapitel II, Artikel 3, (2) [EU 2016] und die Verordnung (EG) Nr. 852/2004 Anhang II, Kapitel VII, Wasserversorgung Nr. 3, 3 [EU 2004] gegeben. Mit der Trinkwasserverordnung [TrinkwV 2018] sind die Anforderungen in deutsches Bundesrecht umgesetzt. Durchgängig wird hierbei auf die Genusstauglichkeit des Endproduktes abgezielt, welche durch den Einsatz des entsprechenden Wassers nicht beeinträchtigt werden darf.

Es können daher bei aufbereitetem Wasser Abweichungen von den Parametern der Trinkwasserverordnung (Beschaffenheitsabweichungen), wie z. B. Salzgehalt oder pH-Wert, akzeptiert werden, wenn die zuständige Behörde hier feststellt, dass die Wasserqualität die Genusstauglichkeit des Endproduktes, also des Lebensmittels in seiner Fertigform, in keiner Weise beeinträchtigt. Für die Geltungmachung einer Ausnahme liegt die Verantwortlichkeit beim Lebensmittelunternehmer, der seiner zuständigen Lebensmittelüberwachungsbehörde hierzu u. a. eine Risikoabschätzung vorlegt.

Produkt	Brüden & Permeate in 1.000 t/a
Halbfester Schnittkäse	47
Weichkäse	115
Joghurt	254
Frischkäse (einschließlich Speisequark)	279
Schnittkäse	540
Magermilchpulver	3.668
Süßmolkepulver	5.180
Σ	10.083

Tabelle 1: Berechneter Anfall aufbereitungsfähiger Molkereiwässer in 2015 für Deutschland

2.4.2.1 Molkereien

Aufbereitungsfähige Molkereiwässer entstehen an verschiedenen Stellen im Produktionsprozess. Die anfallenden Mengen (Tabelle 1) lassen sich nach einem Ansatz von [Schwermann 2017] auf der Datenbasis 2015 [Wohlfahrt 2016] für Deutschland berechnen.

Bei einem durchschnittlichen spezifischen Wasserverbrauch von 2,05 l/kg Vollmilch [Milchindustrie-Verband 2018] und einer verarbeiteten Vollmilchmenge von 31.495 · 10^3 t/a [Wohlfart 2016] liegt die benötigte Wassermenge bei 64.565 · 10^3 t/a. Somit könnten aufbereitungsfähige Molkereiwässer theoretisch ca. 1/6 des Wasserbedarfes der Molkereien decken. Der spezifische Wasserverbrauch ist allerdings stark abhängig vom Produktportfolio und der eingesetzten Technik. Er variiert über die einzelnen Molkereien im Bereich von 0,4 bis > 2,5 l/kg.

Ausgehend von den enthaltenen Inhaltsstoffen müssen geeignete Aufbereitungsmaßnahmen getroffen werden. Zum Einsatz kommen biologische Behandlungen zur Entfernung gelöster organischer Inhaltsstoffe und Membranfiltrationen (z. B. UF, RO). I. d. R. werden verschiedene Verfahrensstufen gekoppelt. Die Systemkosten pro erzeugtem Kubikmeter Wasser für den Wiedereinsatz liegen nach [Wietbrauk 2017] für die Milchindustrie (Brüden & Permeate) im Bereich von 1,86 – 2,14 €.

Anlagenbeispiel Daireuse-Verfahren

Zur Aufreinigung von niedermolekular organisch verunreinigten Brüdenkondensaten wird z. B. in Belgien bei einer großen Molkerei das Daireuse Verfahren (Bild 1) eingesetzt. In einem aerob betriebenen Schwebebett (biopROtector® A) werden > 75 % der Nährstoffe entfernt und ca. 90 % CSB abgebaut. Im nachfolgenden aeroben Festbett (biopROtector® B) erfolgt die weitere CSB-Reduktion nahezu vollständig. Der Biomassezuwachs wird durch monatliche Rückspülung entfernt.

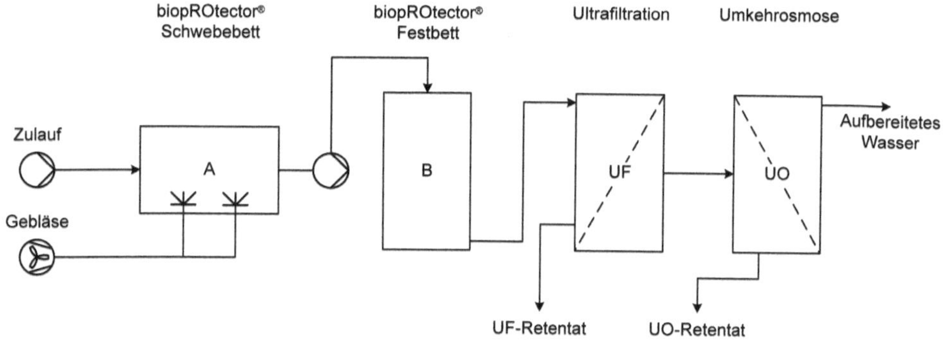

Bild 1: Prozesskombination des Daireuse-Verfahrens nach [Möslang 2017]

Der Rückhalt von Partikeln > 0,05 µm erfolgt in der Ultrafiltration (UF) mittels Hohlfasermembranen, welche täglich chemisch unterstützt (H_2SO_4 und NaOH in geringen Konzentrationen) rückgespült wird.

Gelöste, nicht biologisch abbaubare Stoffe werden in der Umkehrosmose zurückgehalten. Das ablaufende Wasser ähnelt in seiner Beschaffenheit destilliertem Wasser mit einer Leitfähigkeit << 50 µS/cm und einem TOC von 0,21 mg/l. Eine Stabilisierung erfolgt durch 0,3 mg/l ClO_2.

Anlagenbeispiel NEOSEP®-MBR-Verfahren

Ein Konzept (Cero Agua) zur Milchverarbeitung ohne Fremdwasserbezug wurde in Jalisco (Mexico) bei Fa. Nestlé umgesetzt. Die Molkerei verarbeitet täglich 1.400.000 l Milch zu Milchpulver. Verschiedene Aufbereitungsverfahren liefern daraus ca. 1.000 m^3 Brauchwasser pro Tag, welches in der Produktion wiederverwendet wird. Das daraus entstehende Abwasser wird in einer betriebsinternen Kläranlage vorbehandelt und anschließend mit dem von Fa. Veolia entwickelten NEOSEP®-MBR-Verfahren (Bild 2) aufbereitet. Eine nachgeschaltete Umkehrosmose sowie UV-Desinfektion sorgen für eine vielfältige Einsatzmöglichkeit des aufbereiteten Wassers [Möslang 2015].

2.4.2.2 Fruchtsaft/Erfrischungsgetränke

Der Frischwasserbedarf für die Fruchtsaft- und Erfrischungsgetränkeherstellung hängt stark vom Produkt, der Produktmenge und der im Betrieb verfügbaren Technologie ab. Hierdurch sind die spezifischen Bedarfswerte großen Schwankungen unterworfen. Im Mittel werden nach [DWA-M 766 2012] 2,22 l Frischwasser (0,63 – 11,16 l Min/Max) benötigt um 1 l fertiges Getränk herzustellen. Hauptsächlich wird das Wasser für die Schwemm- und Waschanlage sowie als Produktwasser benötigt. Auch das Reinigungswasser innerhalb der Produktion ist von großer Bedeutung.

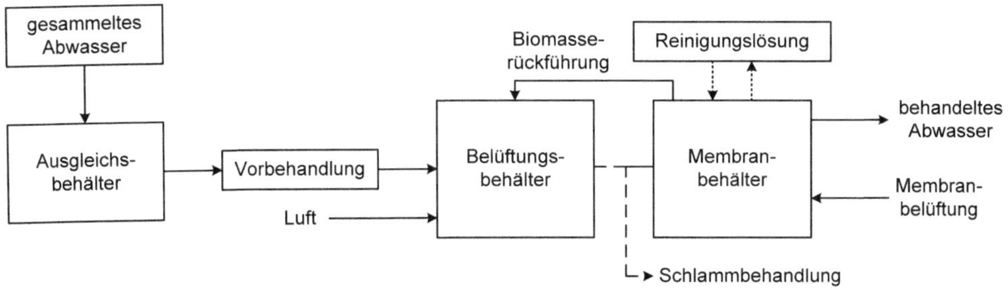

Bild 2: Vereinfachtes Blockschaltbild des NEOSEP™-MBR-Verfahrens in Jalisco nach [Veolia Water Technologies 2015]

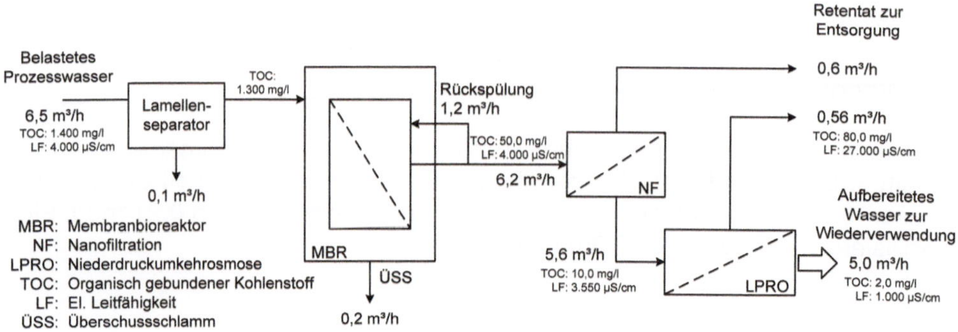

Bild 3: Optimiertes Konzept einer Prozesswasserwiederverwendung mittels Membranbioreaktor und zweistufiger NF/LPRO nach [Blöcher et al. 2002]

Tabelle 2: Wasserqualität in den Verfahrensstufen und Grenzwerte nach [Blöcher et al. 2002] und deutscher [TrinkwV 2018] für belastetes Prozesswasser einer Fruchtsaftfabrik

Parameter	Einheit	belastetes Prozesswasser	nach Feststoffabtrennung	Ablauf MBR	aufbereitetes Prozesswasser	Grenzwerte gemäß TVO 2018
pH	-	7,0 – 9,5	7,0 – 9,5	7,8 – 9,0	6,9 – 8,3	6,5 – 9,5
AFS	g/l	1,0 – 7,3	0 – 1,5	–	–	–
El. Leitfähigkeit	µS/cm	–	–	2.320 – 4.300	27 – 1.420	2.790
Na^+-Ionen	mg/l	–	–	839 – 1.670	9 – 128	200
Cl^--Ionen	mg/l	–	–	35 – 68	1,2 – 9	250
CSB	mg/l	1.800 – 6.600	1.200 – 6.100	50 – 400	< 5	–
TOC	mg/l	340 – 1.800	–	28 – 100	< 2	–
Gesamtkeimzahl	KBE/ml; 37°C	–	–	103 – 105	≤ 35	100
E. coli / coliforme Bakterien	in 100 ml	vorhanden (positives Testergebnis)	–	–	nicht nachweisbar	negativ
Fäkalstreptokokken	in 100 ml	vorhanden (positives Testergebnis)	–	–	nicht nachweisbar	negativ
Sulfitreduzierende sporenbildende Anaerobier	in 20 ml	nicht nachweisbar	–	–	nicht nachweisbar	negativ

Bei der Herstellung von Konzentraten aus Fruchtsaft muss der dabei anfallende Brüden für die Wasserbilanz berücksichtigt werden; dieser Teilstrom ist gering verschmutzt und sollte in das Konzept des Recyclings einbezogen werden.

Auf Basis experimenteller Daten wird von [Blöcher et al. 2002] ein optimiertes Konzept zur Aufbereitung von Prozessabwässern vorgeschlagen (Bild 3). Eine Kombination aus einem Membranbioreaktor mit einer zweistufigen Nanofiltration ist so konzipiert, um nach der Niederdruck-Umkehrosmose (LPRO) die gewünschte (Trink-)wasserqualität zu erreichen. In Tabelle 2 sind die Parameter des aufbereiteten Prozesswassers einer Fruchtsaftfabrik, welche alle innerhalb der Grenzwerte liegen, der aktuellen Trinkwasserverordnung gegenübergestellt.

Das belastete Wasser wird hierzu aus den Misch- und Ausgleichsbecken entnommen.

2.4.2.3 Fleischverarbeitung

In der Fleischverarbeitung wird die Hälfte der erforderlichen Frischwassermenge in der Schlachtung und Kuttelei benötigt, jedoch erfordert jeder andere Arbeitsschritt ebenfalls den Einsatz von Wasser. Der spezifische Wasserbedarf liegt für die Rinderschlachtung bei fast 1.000 l pro Tier. Die Verarbeitung eines Schweines erfordert nur rund 22 % dieser Wassermenge. Für Geflügel beträgt der spezifische Bedarf 5 l/kg Fleischgewicht bzw. 8,4 l/Hähnchen. Darüber hinaus wird 80 % des in der Schlachtung erforderlichen Warmwassers für die Hochdruckreinigung und Desinfektion der Messer eingesetzt. Die chemische Reinigung der Messer kann aber auch mit lebensmittelunkritischen Chemikalien wie Essigsäure erfolgen [DWA-M 767 2017, S. 38 ff.].

Für die Abwasservorbehandlung werden Siebe, Sandfänger und Fettabscheider genutzt. Darüber hinaus werden Flotationsanlagen verwendet. Nachgeschaltete MBR liefern die nötige Wasserqualität für die Indirekteinleitung [DWA-M 767 2017, S. 54 – 58].

Durch den Einsatz von Umkehrosmose und Ozon- bzw. UV-Desinfektion könnte ein Teil dieses Wassers in der Produktion wiederverwendet werden. Dies wird im folgenden Anlagenbeispiel einer Pilotanlage „Recyclingkonzept eines Schweine- und Rinderschlachtbetriebs“ veranschaulicht. Um das Abwasser an kommunale Kläranlagen abgeben zu dürfen, muss dieses ohnehin aufbereitet werden. Dadurch ist der zusätzliche Aufwand um wiederverwendbares Brauchwasser herzustellen, deutlich geringer, sodass die Nachschaltung weniger Module bereits zu einer erheblichen Erhöhung der Wasserqualität führt. Das im Entwurf der [DWA-M 767 2017] vorgestellte Recyclingkonzept zeigt in Bild 4 die Möglichkeiten zur Wasseraufbereitung für den potenziellen Wiedereinsatz.

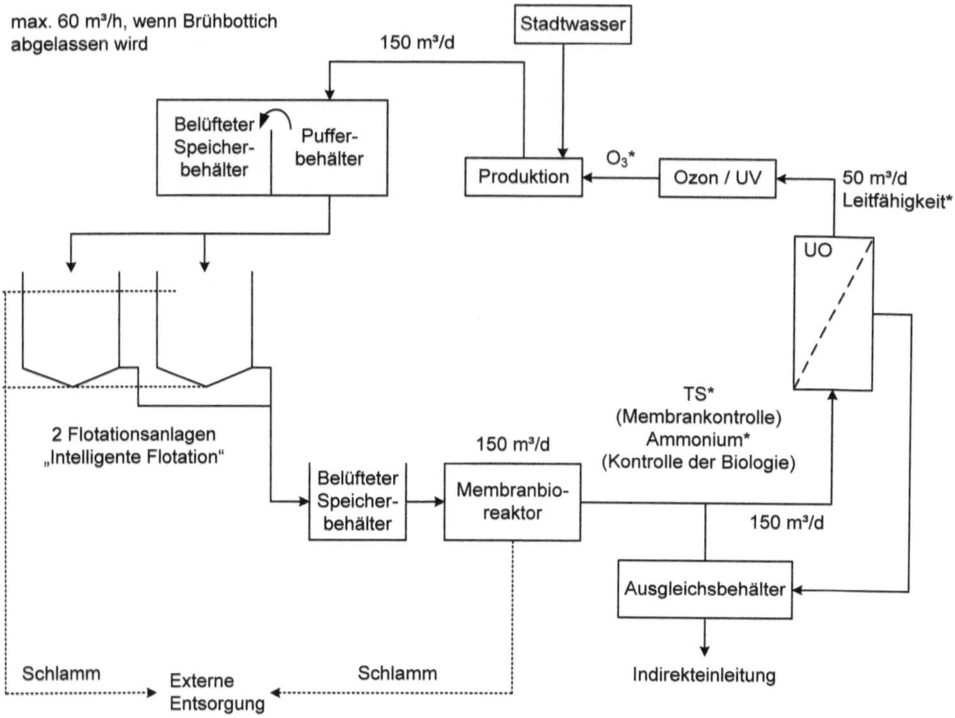

Bild 4: Abwasservorbehandlung und Recyclingkonzept eines Schweine- und Rinderschlachtbetriebs – Pilotanlage nach [DWA-M 767 2017, S. 67]

Das Pilotkonzept der Rinder- und Schweineverarbeitung verarbeitet ca. 150 m^3/d und gewinnt dabei 50 m^3/d für eine mögliche Rückführung. Das Abwasser wird zunächst in belüfteten Speicherbehältern mit einem Gesamtvolumen von 62 m^3 zwischengelagert. Zwei Flotationsanlagen verringern die Nährstoffkonzentrationen um bis zu 87 % und absetzbare Stoffe um > 99 %. Durch Primärflockungsmittel können Fettemulsionen als Flotatschlamm abgetrennt werden. Der Membranbioreaktor liefert im Anschluss Ablaufkonzentrationen von 50 mg/l CSB und 2 mg/l Ammonium. Mittels Umkehrosmose können bei einem Zulauf von 150 m^3/d bis zu 50 m^3/d Permeat gewonnen werden, welches in den Parametern CSB und Ammonium die Grenzwerte der Trinkwasserverordnung einhält. Die weitere kombinierte UV- und Ozonbehandlung des Permeates mit 30 mg/l O_3 sichern die Eliminierung von Krankheitserregern und ermöglichen die kurzzeitige Zwischenspeicherung. Theoretisch ist eine Wiederverwendung dieses Wassers in Teilbereichen des Schlachtbetriebs möglich [DWA-M 767 2017].

Ergänzend sollte bei jeglicher Wiederverwendung von gereinigtem Abwasser in der Lebensmittelindustrie folgendes beachtet werden:

- Vorrang vor der Wassereinsparung haben die hygienischen Anforderungen.
- Vor Einsatz weitgehender Aufbereitung sollte der Einsatz gering verunreinigter Teilströme – wie z. B. Brüden – für Bereiche mit geringen Qualitätsansprüchen geprüft werden, z. B. Wagenwäsche.
- Der Einsatz der Technologie sollte vor der Umsetzung durch geeignete Versuche im technischen Maßstab langfristig auf Robustheit bei der Einhaltung aller Anforderungen geprüft werden.
- Das Erfordernis einer Wiederverwendung von gereinigtem Abwasser hängt von der Wasserverfügbarkeit in der Region ab; für die Entscheidung sollte neben den Kosten auch die Umweltverträglichkeit (Energie- und CO_2-Bilanz) einbezogen werden.

Literatur

Blöcher, C.; Noronha, M.; Fünfrocken, L.; Dorda, J.; Mavrov, V.; Janke, H. D.; Chmiel, H. (2002): Recycling of spent process water in the food industry by an integrated process of biological treatment and membrane separation. Desalination 144 (1-3), pp. 143 – 150. DOI: 10.1016/S0011-9164(02)00303-X

DWA-M 766 (2012): Abwasser der Erfrischungsgetränke-, der Fruchtsaftindustrie und der Mineralbrunnen. DWA-Regelwerk, Hennef.

DWA-M 767 (Entwurf) (2017): Abwasser aus Schlacht- und Fleischverarbeitungsbetrieben. DWA-Regelwerk, Hennef.

EU (2004): Verordnung (EG) Nr. 852/2004 des Europäischen Parlaments und des Rates vom 29. April 2004 über Lebensmittelhygiene.

EU (2015): Richtlinie 98/83/EG des Rates vom 3. November 1998 über die Qualität von Wasser für den menschlichen Gebrauch. Zuletzt geändert durch: Richtlinie (EU) 2015/1787 der Kommission vom 6. Oktober 2015.

EU (2016): Verordnung (EG) Nr. 853/2004 des Europäischen Parlaments und des Rates vom 29. April 2004 mit spezifischen Hygienevorschriften für Lebensmittel tierischen Ursprungs. Zuletzt geändert durch: Verordnung (EU) 2016/355 der Kommission vom 11. März 2016.

Milchindustrie-Verband e. V. (2018): MIV-Umfrage Wasser / Abwasser 2017. Die wichtigsten Daten auf einen Blick, Berlin.

Möslang, H., Aquantis GmbH (2015): Cero Agua, Wasser – Wiederverwendung in der Molkerei. Wessling, M.; Pinnekamp, J. (2015): Verfahren der Wasseraufbereitung und Abwasserbehandlung. 11. Aachener Tagung Wassertechnologie; Begleitbuch zur 11. Aachener Tagung Wassertechnologie, 27. - 28. Oktober 2015, Aachen, S. 189 – 196.

Möslang, H. (2017): The Daireuse Process. Biological treatment of evaporator condensates (Cow Water) in combination with membrane technologies. International Dairy Magazine, 9/2017, pp. 14 – 17.

Schwermann, S. (2017): Entstehung von aufbereitungsfähigen Molkereiwässern im Produktionsprozess. Ahlemer Fachtagung, 10.05.2017, Ahlem.

TrinkwV (2018): Trinkwasserverordnung in der Fassung der Bekanntmachung vom 10. März 2016 (BGBl. I S. 459). Zuletzt geändert durch: Artikel 1 der Verordnung vom 3. Januar 2018 (BGBl. I S. 99).

Veolia Water Technologies (2015): NEOSEP™ Immersed Membrane BioReactor (MBR). Compact Wastewater Treatment Delivering High Quality Effluent for Reuse: http://www.veoliawatertech.com/vwst-northamerica/ressources/files/1/41522-NeosepMBR-General_Industry.pdf

Wietbrauk, H. (2017): Wirtschaftlichkeit der Wasseraufbereitung. Ahlemer Fachtagung 2017, 10.05.2017, Ahlem.

Wohlfart, M. (2016): ZMB Jahrbuch Milch. ZMB Zentrale Milchmarkt Berichterstattung GmbH für das Jahr 2015.

2.4.3 Biozide in Fassadenfarben

Jakub Krajewski

Zur Reinigung und zum Schutz von Fassaden vor Pilz- und Algenbefall werden Fassadenfarben mit Bioziden versetzt. Biozide werden vom Umweltbundesamt umgangssprachlich als „chemische oder biologische Wirkstoffe oder Produkte, die solche Wirkstoffe enthalten, die eine Wirkung gegen Schadorganismen entfalten, wie z. B. gegen Algen (Algizide) oder gegen Pilze (Fungizide)“ definiert. Je nach Einsatzzweck werden Biozide zudem wie folgt unterteilt [Umweltbundesamt 2014]:

- Produkte zur Reinigung von befallenen Fassaden (Desinfektionsmittel, Grünalgenentferner),
- Mauerschutzmittel zum vorbeugenden Schutz von Mauerwerk gegen Befall durch Schadmikroorganismen und Algen,
- Beschichtungsschutzmittel/Filmschutzmittel: Produkte zum Schutz von Beschichtungen oder Putzen vor mikrobieller Schädigung oder Algenwachstum.

Lange Zeit galten Pflanzenschutzmittel als wesentliche Eintragsquelle von Bioziden in Gewässer. Mittlerweile konnte eine relevante Belastung auch aus dem Siedlungsbereich bestätigt werden [Burkhardt et al. 2009]. Ein umweltrelevantes Risiko biozidhaltiger Fassadenschutzmittel resultiert aus der toxischen Wirkung gegenüber Algen und Pilzen. Das Auswaschen durch Regen verursacht einen Eintrag in Boden, Grund- und Oberflächengewässer. Aufgrund der damit verbundenen Beeinträchtigung der Wasserqualität sowie der schädigenden Wirkung gegenüber Lebewesen empfiehlt das Umweltbundesamt aus Vorsorgegründen einen minimalen Einsatz selbst bei geprüften Bioziden.

Aus einer Umfrage bei 172 Mitgliedsfirmen des Schweizerischen Maler- und Gipsunternehmenverbandes (SMGV) ging mit abnehmender Häufigkeit der Einsatz folgender biozider Wirkstoffe oder Wirkstoffklassen hervor [Burkhardt 2006]:

- Isothiazolinone (z. B. OIT, BIT)
- Triazin-Derivate (Terbutryn),
- (Phenyl-)Harnstoffderivate (Diuron),
- Carbendazim,
- Imidazol,
- Zinkpyrithion,
- quaternäre Ammoniumverbindungen (Benzalkoniumchlorid),
- Bronopol,
- Dichlorphenyl,
- Hexachlorbenzen,
- Organozinnverbindungen.

Zum Erzielen einer breiten Wirkung gegen verschiedene Pilze, Algen und Bakterien erfolgt in vielen Fällen eine Mischung verschiedener Biozide.

Für das aus einer Fassadenreinigung resultierende Abwasser liegen bisher keine wasserrechtlichen Regelungen vor. Handlungsempfehlungen zum Umgang mit biozidhaltigem Abwasser sind im Merkblatt DWA-M 370 „Abfälle und Abwässer aus der Reinigung und Entschichtung von Fassaden“ enthalten. Von großer Bedeutung ist hierbei zunächst die Erfassung des anfallenden Abwassers. Diese kann z. B. durch Folienauffangwannen, Rinnenwannen oder Regenfallrohre erfolgen. Für die Fassadenbehandlung wird zwischen Reinigungs- und Entschichtungsverfahren mit und ohne Zusatz von Chemikalien unterschieden. Für das daraus

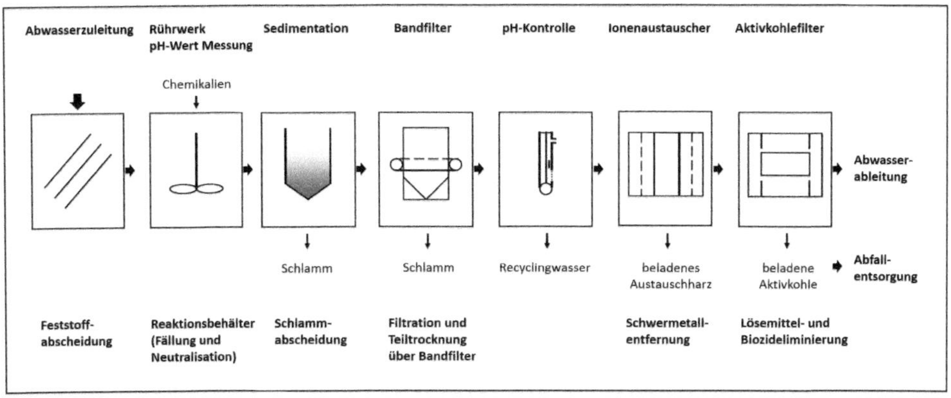

Bild 1: Verfahrensschema einer mobilen Anlage zur Vorbehandlung von Abwässern aus der Fassadenreinigung (verändert nach [DWA 2011])

resultierende Abwasser wird eine Vorbehandlung in mobilen/stationären modulartig aufgebauten Anlagen empfohlen. Bild 1 enthält hierzu beispielhaft das Verfahrensschema einer mobilen Anlage zur Vorbehandlung von Abwasser aus einer Fassadenreinigung. Die Aktivierung der jeweiligen Behandlungsstufen erfolgt in Abhängigkeit der spezifischen Abwasserzusammensetzung.

Literatur

DWA-Arbeitsgruppe AK-11.4 (2011): Merkblatt DWA-M 370. Abfälle aus der Reinigung und Entschichtung von Fassaden. Deutsche Vereinigung für Wasserwirtschaft, Abwasser und Abfall e. V., Hennef.

Burkhardt, M. (2006): Einsatz von Bioziden in Fassaden. Applica-Thema 12 – 2006.

Burkhardt, M.; Zuleeg, S.; Marti, T.; Boller, M.; Vonbank, R.; Brunner, S.; ...; Carmeliet, J. (2009): Schadstoffe aus Fassaden. Tec21, 3-4, S. 28 – 31.

Umweltbundesamt (2014): Merkblätter zur Verringerung des Biozideinsatzes an Fassaden: https://www.umweltbundesamt.de/sites/default/files/medien/378/dokumente/merkblaetter_1-5_entscheidungshilfen_zur_verringerung_des_biozideinsatzes_an_fassaden.pdf (abgerufen am 23.08.2018).

2.4.4 Legionellen in industriellen Abwasseranlagen

Cynthia Caicedo, Regina Nogueira, Karl-Heinz Rosenwinkel

Legionellen sind gramnegative fakultative intrazelluläre Bakterien, die sowohl in natürlichen, als auch in künstlichen Wassersystemen vorkommen können [Percival et al. 2014]. Die Gattung Legionella umfasst über 50 Arten, von denen 20 Arten Humanpathogene sind [Bartram et al. 2007]. Eine Infektion bei Menschen ist ausschließlich durch die Inhalation von durch Legionellen verunreinigten Aerosolen möglich, welche zu dem grippalen Infekt Pontiac-Fieber oder zu der weit schwereren Lungenentzündung Legionärskrankheit (LK) führen kann [Fields et al. 2002]. *Legionella pneumophila* Serogruppe 1 (SG1) ist in über 90 % der bestätigten LK Ausbrüche der Auslöser und hat in vereinzelten Fällen eine Sterblichkeitsrate von 10 bis 15 %. Dies macht es zu der relevantesten und meist erforschten Art der Gattung [Fields et al. 2002]. *Legionella pneumophila* steht auf der Contaminant Candidate List 4 (CCL4) der Umweltschutzbehörde der Vereinigten Staaten (US EPA) [US EPA 2016]. Andere Legionella-Arten, die zu schwerwiegenden Erkrankungen führen können sind: *Legionella micdadei*, *Legionella longbeachae*, *Legionella dumoffii* und *Legionella bozemanii* [Bartram et al. 2007; Lau und Ashbolt 2009]. Unter den nicht durch *L. pneumophila* verursachten Infektionen ist die Art *L. micdadei* der häufigste Verursacher in Europa und in den Vereinigten Staaten [US EPA 2016]. Dagegen ist in Australien und Neuseeland die Art *L. longbeachae* in 30 % der Fälle verantwortlich für Ausbrüche der LK in der Gesellschaft [Yu et al. 2002].

Legionellen sind unter axenischen Bedingungen empfindliche Bakterien bezüglich ihrer Nahrungsaufnahme, weil sie keine Kohlenhydrate metabolisieren können und auf Aminosäuren als Kohlenstoff- und Energiequellen angewiesen sind [Percival et al. 2014]. Trotzdem werden Legionellen häufig in nährstoffarmen Wassersystemen gefunden, da sie einen Mechanismus entwickelt haben, in dem sie durch die Parasitierung und Fortpflanzung in Protozoen an Aminosäuren gelangen [Lau und Ashbolt 2009]. In Trinkwassersystemen zum Beispiel, sind Protozoen und Biofilme entlang der Rohrwand das Hauptreservoir für Legionellen. In komplexen Nährböden wie Biofilmen, stellen Protozoen eine Schlüsselfigur für das Überleben der Legionellen sicher, indem sie nicht nur Aminosäuren bieten, sondern auch vor ungünstigen Umweltbedingungen und Desinfektionsmittel schützen [Lau und Ashbolt 2009].

Für das Vorkommen von Legionellen in Trinkwassersystemen wurden bereits zahlreiche Präventiv- und Kontrollrichtlinien bestimmt und eingesetzt, um das Risiko von Ausbrüchen der LK in diesen Systemen zu senken. Nur wenige Studien fokussieren auf Kläranlagen [Caicedo et al. 2019].

Für das Vorkommen von Legionellen in Abwasseranlagen sind hohe Temperaturen, ausreichend Aminosäuren, Sauerstoffgehalte und offensichtlich auch Protozoen relevant. In einer Studie, die durch Fluoreszenz-In-situ-Hybridisierung (FISH) die räumliche Verteilung von Protozoen und Legionellen untersucht hat, berichten [Caicedo et al. 2018], dass sich Legionellen eher in Clustern verteilen und nur wenige Protozoen mit Legionellen infiziert waren.

Die erforderlichen Sauerstoffkonzentrationen für das Wachstum von Legionellenarten, einschließlich *L. pneumophila*, betragen 0,3 bis 2,2 mg/l [Wadowsky et al. 1985] und sind in Belebungsanlagen gegeben.

Es wird berichtet, dass das Wachstum von Legionellenarten, einschließlich *L. pneumophila*, bei Temperaturen zwischen 20 und 45 °C mit einem Optimum bei 35 °C stattfindet [Fields et al. 2002]. Höhere Temperaturen in industriellen Systemen über 40 °C können zu einem temporären Absterben von verschiedenen Mikroorganismen im belebten Schlamm führen, was vorteilhaft für Legionellen sein könnte.

In komplexen Biozönosen wie Biofilmen und Belebtschlämmen können verschiedene Mikroorganismen eine Schlüsselrolle für das Legionellenwachstum spielen.

In Biofilmen wurde festgestellt, dass Protozoen das Hauptreservoir und -transportmittel für Legionellen sind [Lau und Ashbolt 2009].

Nachweis- und Quantifikationsmethoden von Legionellen im Abwasser

Der Nachweis und die Quantifikation von Legionellen im Abwasser ist aufgrund der komplexen chemischen und biologischen Zusammensetzung des Abwassers im Vergleich zu Trinkwasser schwierig. Derzeitig gibt es mehrere Methoden für die Quantifizierung von Legionellen, doch die meisten Studien untersuchten das Vorkommen von Legionellen in Kläranlagen durch die Kulturmethode und durch die Methode der quantitativen Echtzeit-Polymerase-Kettenreaktion (qPCR).

Mit der Fluoreszenz-In-situ-Hybridisierung (FISH) können Legionellen unter dem Lichtmikroskop erkannt werden (siehe Bild 1).

Die Kulturmethode zur Quantifizierung von Legionellen wird in der internationalen Norm ISO 11731:2017 „Wasserbeschaffenheit – Zählung von Legionellen“ beschrieben. Diese Methode wird als der „Goldstandard“ gesehen, da sie lebende und kultivierbare Legionellen zählt. Die Ergebnisse werden in der Anzahl der geformten Kolonien ausgedrückt. Die Kultivierung von Legionellen wurde durch eine spezielle Agar-Rezeptur und Probevorbehandlung verbessert, um so das bakterielle Wachstum zu fördern. Das am meisten verwendete Kulturmedium für Legionellen ist der buffered charcoal yeast extract (BCYE)-Agar, welcher mit Cysteinen, Eisensalzen und α-Ketoglutaraten ergänzt wird. Um das Wachstum nebensächlicher Flora in der Probe zu vermeiden, werden die Antibiotika Glycin, Vancomycin, Polymyxin B und Cycloheximid (GVPC) hinzugefügt [Bartram et al. 2007]. Eine auf Hitze oder Säure basierende Vorbehandlung der Proben wird in

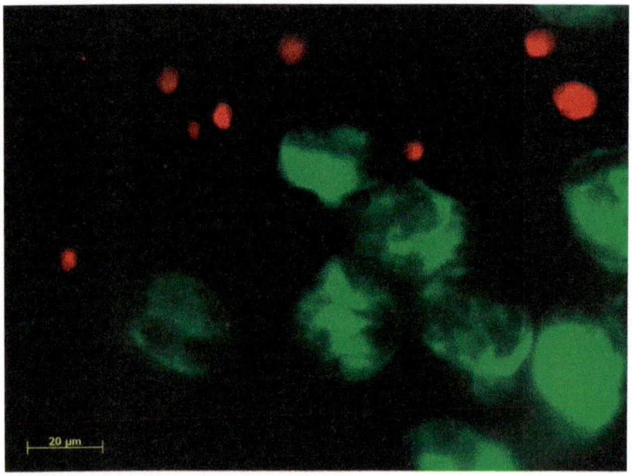

Bild 1: Fluoreszenz-In-situ-Hybridisierung (FISH) mit zwei Gensonden, *Legionella spp.* in rot und Eukarioten in grün (Quelle: Dr. Lorey, Institut für Siedlungswasserwirtschaft und Abfalltechnik der Leibniz Universität Hannover)

der Regel je nach Herkunft und Belastungsgrad des Wassers vorgenommen. Die Proben können bis zu 50 °C für 30 min oder 60 °C für 1 – 3 min erhitzt werden und/oder mit Hydrochloric acid (HCl) mit einem pH-Wert von 2,2 für 5 – 20 min behandelt werden [Percival et al. 2014]. Die Ergebnisse werden in koloniebildende Einheit (KBE) wiedergegeben.

Verschiedene Untersuchungen zeigen, dass diese Kulturmethode die Konzentration von Legionellen im Abwasser unterschätzt [Caicedo et al. 2019; Lund et al. 2014].

Die molekulare real-time quantitative Polymerase-Kettenreaktion (qPCR) Methode wurde für umfangreiche Quantifizierungen von Legionellen im Abwasser genutzt. Diese Methode der Quantifizierung von Legionellen ist in der internationalen Norm ISO/TS 12869:2012 „Wasserbeschaffenheit – Nachweis und Quantifizierung von Legionellen und/oder Legionella pneumophila" beschrieben. Die Ergebnisse werden in Kopienzahl oder in genomic units (GU) wiedergegeben. Um *Legionella spp.* zu erkennen, wurden aus klinischen und Umweltproben gattungsspezifische Primer entwickelt, um die Gene 16S rRNA, 5S rRNA und 23S-5S anzuvisieren. Zur Erkennung von *L. pneumophila* wurden Primer angewendet, die das Macrophage-Infectivity-Potentiator-Gen mip zum Ziel haben [Jarraud et al. 2013; Kao et al. 2014].

Vorteil der qPCR-Methode ist die hohe Sensibilität und die kurze Analysezeit (Ergebnisse können innerhalb von Stunden erhalten werden). Allerdings kann die qPCR durch Substanzen in der Probe beeinflusst werden es kann nicht zwischen lebenden, geschädigten und toten Bakterien unterschieden werden.

Vorkommen von Legionellen in Kläranlagen

Das Vorkommen von Legionellen – insbesondere der Gattung *pneumophila* – in kommunalen Kläranlagen ist im nordeuropäischen Raum aufgrund der niedrigen Temperaturen eher ungewöhnlich, in Verbindung mit warmen Abwässern aus industriellen Einleitern jedoch möglich. Im Folgenden werden die Erkenntnisse aus Legionellenbefunden in verschiedenen Anlagen industrieller Abwasserbehandlung aus der Holzverarbeitung und Papierfabriken, petrochemischer Industrie, Brauereien und der Lebensmittelproduktion zusammengetragen.

Papierfabriken und Holzverarbeitung

Das Abwasser aus Papierfabriken ist charakterisiert durch eine relativ hohe Konzentration des chemischen Sauerstoffbedarfs (CSB) von bis zu 5.700 mg/l und sehr geringen Konzentrationen an Stickstoff- und Phosphor [ATV-DVWK 2011a]. Die Temperatur des Abwassers variiert zwischen 30 und 37 °C. Eine anaerobe

Behandlung wird empfohlen, wenn die CSB Konzentration des Abwassers 1.000 mg/l überschreitet [ATV-DVWK 2011a]. Unter den anaeroben Behandlungsprozessen werden häufig Up-flow anaerobic sludge blanket (UASB)-Reaktoren, Expanded granular sludge bed (EGSB)-Reaktoren und Wirbelschichtreaktoren genutzt.

In einer umfangreichen Untersuchung von 43 Kläranlagen von Papierfabriken in Schweden stellten [Allestam et al. 2006] Legionellen-Konzentrationen von bis zu 10^9 KBE/l in 66 % der belüfteten Becken mit Durchschnittstemperaturen von 38 ± 4 °C fest. Dabei war *L. pneumophila* SG2-14 in allen belüfteten Behältern dominant. Legionellen wurde in keinem Behälter mit einer Temperatur unter 30 °C detektiert. Zusätzlich wurden Aerosole in Kühltürmen beobachtet, drei von zwölf Proben wurden positiv auf Legionellen getestet.

In Finnland wurde eine Studie zur Beobachtung von zwei industriellen Kläranlagen der Papierindustrie, in denen es zwei diagnostizierte Erkrankungen gab, durchgeführt [Kusnetsov et al. 2010]. *L. pneumophila* SG1 und SG13 wurden jeweils in den Belebungsbecken von Kläranlage A, betrieben bei 33 – 36 °C, mit Konzentrationen von $1 \cdot 10^6$ KBE/l und $2 \cdot 10^7$ KBE/l detektiert. In behandeltem Abwasser war die Konzentration von *L. pneumophila* SG1 ($2{,}3 \cdot 10^4$ KBE/l) ca. 2 log-Stufen geringer. Im Sekundärschlamm wurden beide Gruppen, *L. pneumophila* SG1 und SG13, mit Konzentrationen von 10^6 KBE/l beobachtet. In Kläranlage B (Belebungsbecken mit 35 – 37 °C) wurden *L. pneumophila* SG5 und *L. rubrilucens* (eine pathogene nicht-*L. pneumophila*-Spezies) mit Konzentrationen von $3 \cdot 10^7$ und $8 \cdot 10^9$ KBE/l gefunden [Kusnetsov et al. 2010]. In den Aerosolen des Kühlturms zur Abwasserkühlung wurden *L. pneumophila* SG2 mit einer Konzentration von $1{,}7 \cdot 10^3$ KBE/l entdeckt. Diese Serogruppe wurde bei den infizierten Mitarbeitern isoliert.

In Norwegen wurden die Belüftungsbecken für Abwasser einer holzverarbeitenden Fabrik als Quelle für drei Ausbrüche, die zwischen 2005 und 2008 auftraten, identifiziert. 2005 wurden 56 Erkrankungen, davon zehn mit Todesfolge bestätigt, bis 2008 wurden 50 weitere Erkrankungen diagnostiziert [Nygard et al. 2008]. Die biologische Behandlung besteht aus einem anaeroben Reaktor, gefolgt von zwei Belüftungsbecken mit einer Temperatur von 36 – 38 °C [Fykse et al. 2013]. In einer umfangreichen Untersuchung wurden *L. pneumophila* SG1 in den Belüftungsbecken (bis zu 10^{10} KBE/l), im Fluss abwärts des Kläranlagenauslasses (10^5 KBE/l) und in Luftproben über den Belüftungsbecken (3.300 KBE/m^3) gefunden [Fykse et al. 2013]. Kontaminierte Aerosole erreichten Distanzen von bis zu 200 m in Windrichtung der Belüftungsbecken [Nygard et al. 2008; Olsen et al. 2010]. Außerdem verteilte ein 200 m von den Belüftungsbecken installierter Luftreiniger mit *L. pneumophila* kontaminierte Aerosole über eine Distanz von bis zu 10 km [Nygard et al. 2008].

Zur Vermeidung weiterer Emissionen von Legionellen wurden die Belüftungsbecken außer Betrieb genommen und Hypochlorit dosiert, dies führte zu einer Verringerung von etwa drei bis vier log-Stufen der Konzentration von *L. pneumophila* im Abwasser.

Aktuell wird das industrielle Abwasser vollständig anaerob in einem geschlossenen EGSB-Reaktor und mit einem Hydrotech-Scheibenfilter behandelt, um einen potenziellen Austrag von Legionellen oder anderen pathogenen Organismen zu vermeiden [Fykse et al. 2016].

Petrochemische Industrie

Das in der Petrochemie anfallende Abwasser beinhaltet toxische Substanzen; deshalb erfordert die Abwasserbehandlung im Allgemeinen eine Kombination aus biologischen und chemischen Prozessen.

L. pneumophila SG1 Lens wurden in Frankreich in einer Konzentrationsspanne von 10^6 – 10^{10} KBE/l in den Belebungsbecken gefunden, welche das Abwasser einer lösungsmittelherstellenden Fabrik behandelt. Dieser Stamm war identisch zu dem *L. pneumophila* SG1 Stamm 15, der in hohen Konzentrationen in der zuvor genannten Kläranlage der Holz- und Papierfabrik in Norwegen entdeckt wurde [Olsen et al. 2010]. Das Pathogen wurde auch in zwei Kühltürmen, etwa 200 bis 300 Meter von den Belüftungsbecken entfernt, gefunden. Die durch die Belüftungsbecken und die Kühltürme produzierten kontaminierten Aerosole wurden mit einer Distanz von bis zu 6 km von der petrochemischen Anlage verteilt, was zu einem Ausbruch der Legionellose mit 86 bestätigten Fällen und 18 Todesfällen führte [Nguyen et al. 2006]. Um den Ausbruch zu stoppen war es nötig, die Kühltürme und die Belüfter der Belüftungsbecken abzuschalten.

In einer Studie von Lund et al. 2014 wurden Proben von neun Klärwerken von petrochemischen Fabriken mit belüfteten Klärteichen analysiert. Alle Proben wurden positiv auf *L. pneumophila* getestet, mit einer Konzentrationsspanne von 10^4 – 10^7 GU/l. Die Temperatur in allen beobachteten Kläranlagen lag über 25 °C und die geringste Konzentration von Legionellen wurde in dem Abwasser aus der Produktion von Polyethylen bzw. Ethylen festgestellt.

Lebensmittelproduktion und Molkereien

Die Zusammensetzung von Abwasser aus Molkereien haben i. d. R Temperaturen zwischen 20 und 30 °C und einen hohen organischen Anteil, zusammengesetzt aus Kohlenhydraten, Proteinen und Lipiden, mit einer täglichen Fluktuation der CSB-Konzentration von 800 bis 4.500 mg/l und der Gesamtstickstoff-Konzentration von 10 – 110 mg/l [ATV-DVWK 2011b]. Die Mehrzahl der Molkereien behandelt ihr Abwasser aerob mit Belebungsverfahren, Moving Bed Biofilm Reactor (MBBR)-Verfahren, SBR- und Membranverfahren oder vereinzelt über eine Kombination aus anaerober Vorbehandlung gefolgt von einer aeroben Behandlung.

Lund et al. 2014 untersuchten acht Anlagen von Molkereien mit einer Temperatur um 25 °C. Die Proben aus den Belebungsbecken wurden positiv auf Legionellen getestet und zu 34 % positiv auf *L. pneumophila* mit einer Konzentration zwischen $10^3 - 10^7$ GU/l.

In Dänemark wurde von dem Auftreten der *L. pneumophila* und *L. londiniensis* in einer Kläranlage berichtet, die Abwasser einer nicht genauer bezeichneten Lebensmittelfabrik verarbeitet. Fünf Mitarbeiter wurden mit *L. pneumophila* infiziert, nachdem sie in der Nähe eines Dekanters zur Schlammeindickung gearbeitet hatten. Die Konzentration der *L. pneumophila* im Schlamm betrug $1{,}5 \cdot 10^6$ KBE/g Abwasser. Um die Verteilung der Aerosole zu verhindern, wurden die Dekanter abgedeckt und die Nutzung von Atemschutzmasken innerhalb der Kläranlage vorgeschrieben [Gregersen et al. 1999].

2017 untersuchte das Institut für Siedlungswasserwirtschaft und Abfalltechnik der Leibniz Universität Hannover Legionellen aus einer Kläranlage der Lebensmittelindustrie. Die Anlage besteht aus einer anaeroben Vorbehandlung und aerober Nachbehandlung mit einem Teilstrom direkter Zuführung von nicht vorbehandeltem Abwasser zum Belebungsbecken. *L. pneumophila* wurden über die qPCR-Methode in allen 26 Proben detektiert und die höchste Konzentration wurde in Belebtschlammproben gemessen ($4{,}8 \cdot 10^6$ GU/l). Das Belebungsbecken wird in einem Temperaturbereich von 32 – 35 °C und mit einem Schlammalter von zehn Tagen betrieben. Interessanterweise war die Konzentration von Legionella spp. wesentlich höher (ca. 2 log-Stufen) als die Konzentration der *L. pneumophila*.

Kommunale Kläranlage mit hohem Industrieabwasseranteil

Während des Legionellose-Ausbruchs 2013 in Warstein [Exner et al. 2014] wurde *L. pneumophila* SG1 Knoxville an folgenden Stellen isoliert: industrieller Abwasserkanal, Kläranlage, Fluss und zwei Kühltürme ca. drei km unterhalb der Einleitung der Kläranlage. Die Kühltürme verwendeten Flusswasser. Das industrielle Abwasser wurde aerob in Misch- und Ausgleichsbehältern vorbehandelt und in die kommunale Kläranlage eingeleitet, in der Tropfkörper und Belebungsverfahren genutzt wurden. Die höchsten Konzentrationen des Epidemie-Stamms wurden in den Abläufen der Misch- und Ausgleichsbehälter ($1 \cdot 10^{10}$ KBE/l) und in den Belebungsbecken ($\geq 5 \cdot 10^7$ KBE/l) gemessen [Maisa et al. 2015; Nogueira et al. 2016].

Um die Quelle der Legionellen zu eliminieren, wurden die folgenden Maßnahmen eingeleitet: Die Tropfkörper wurden abgeschaltet, die Belebungsbecken wurden abgedeckt und die Oberflächenbelüftung durch Reinsauerstoffbegasung ersetzt, um die Aerosolproduktion zu minimieren. Eine Ultraviolett (UV)-Desinfektionseinheit (254 Nanometer (nm)) wurde am Ablauf der Anlage installiert und eine kombinierte Perameisensäure-Desinfektion wurde für eine kurze Zeit (fünf Monate) eingesetzt. Nach der UV-Behandlung war die Konzentration der *L. pneumophila* im behandelten Abwasser 1,6 – 3,4 log-Einheiten geringer als vor der Behandlung. Die Kombination von UV/Perameisensäure reduzierte die Konzentration der Pathogene weiter auf Werte nahe der Nachweisgrenze der Kulturmethode [Nogueira et al. 2016]. Gegenwärtig wird das industrielle Abwasser auf dem Gelände der kommunalen Kläranlage anaerob vorbehandelt und anschließend mit dem kommunalen Abwasser aerob behandelt.

Die Untersuchung verschiedener physikalischer und chemischer Desinfektionsmittel, einschließlich Mikrosilber, Wasserstoffperoxid, Chlordioxid, alkalischer pH-Werte, Ozon und Ultraschall ergab im Zusammenhang mit dem Betrieb einer biologischen Abwasserbehandlung keine Möglichkeit zur Reduzierung der *L. pneumophila* ohne eine deutliche Einschränkung der biologischen Aktivität in der Kläranlage. Insofern lässt sich die biologische Anlage selbst nicht desinfizieren, dies gilt jedoch nicht für die Desinfektion des Ablaufes oder der Kühltürme [Nogueira et al. 2016].

Sonstige Industrien

Bei der Untersuchung von Lund et al. 2014 wurden *L. pneumophila* in vier weiteren Industrien gefunden: Chemikalien-Produktion für die Holzverarbeitung, Ölindustrie, Waffel- und Kartoffelchips-Produktion. Alle Anlagen werden nach dem Belebungsverfahren mit einer Temperaturspanne von 20 – 35 °C betrieben.

Dieser Überblick zeigt deutlich, dass Kläranlagen mit aeroben biologischen Systemen und Temperaturen zwischen 20 und 35 °C mit Legionellen infiziert sein können. Die Eingangsparameter und Betriebsbedingungen wie Abwasserzusammensetzung, Temperatur, Schlammalter und Biozönose, über die sich *L. pneumophila* in Kläranlagen vermehren, sollten bei der Risikoeinschätzung beachtet werden.

Wiederverwertung von Abwasser

Die Wiederverwertung von Abwasser erhöht das Risiko der Proliferation pathogener Organismen. Richtlinien zur sicheren Wiederverwertung von Abwasser wurden von der Europäischen Umweltagentur (EEA) [EEA 2016], der United States Environmental Protection Agency [US EPA 2012] und der Weltgesundheitsorganisation [WHO 2016] veröffentlicht. Die Richtlinien für pathogene Bakterien beruhen dabei auf Indikator-Organismen (z. B. *E. coli* und *Enterococci*), Pathogene wie Legionellen sind dabei noch nicht integriert.

Hauptsächlich wird wiederverwertetes Abwasser zur Kühlung, für landwirtschaftliche und landschaftliche Bewässerung und Toilettenspülungen genutzt.

Legionellen wurden in Systemen mit wiederverwertetem Abwasser in Konzentrationen zwischen 10^3 bis 10^5 KBE/l in den USA [Hamilton et al. 2018], und mit 10^6 bis 10^7 GU/l in Frankreich und Australien [Brissaud et al. 2008; Whiley et al. 2015] festgestellt.

Kontrolle und Vermeidung von Legionellen in Abwasseranlagen

Die Kontrolle von Legionellen-Vorkommen in gefährdeten Bereichen ist aus Sicht der öffentlichen Gesundheit von Bedeutung. Dazu wurde durch das Ministerium für Umwelt, Landwirtschaft, Natur- und Verbraucherschutz des Landes Nordrhein-Westfalen (MKULNV) eine Expertenkommission „Legionellen" eingesetzt, die einen Bericht ausgearbeitet hat [Exner et al. 2015].

Für die Abwasserverordnung werden darin vorläufig folgende Anhänge benannt, bei denen positive Bedingungen für ein Legionellenwachstum auftreten können und erhöhte Legionellenkonzentrationen bereits gefunden wurden [Exner et al. 2015]:

- Anhang 3: Milchverarbeitung,
- Anhang 10: Fleischverarbeitung,
- Anhang 11: Brauereien,
- Anhang 18: Zuckerherstellung,
- Anhang 19: Zellstoffindustrie,
- Anhang 22: Chemie,
- Anhang 28: Herstellung von Papier Karton oder Pappe.

Die Quantifizierung der Legionella spp. sollte anhand der Kulturmethode gemäß ISO 11731 durchgeführt werden. Falls die Konzentration der *Legionella spp.* ≥ 10.000 KBE/l ist, sollten die Konzentration von *L. pneumophila* und entsprechende Serogruppen auch bestimmt werden [MKULNV 2016].

Aus dem Bericht der Expertenkommission [Exner et al. 2015] sind folgende Maßnahmen bei positivem Befund und Überschreitung von festgelegten *Legionella*-Konzentrationen im Ablauf einer Kläranlage zu entnehmen:

a) *Legionella*-Konzentration < 1.000 KBE/100 ml, keine Präventionsmaßnahmen.

b) Konzentrationen zwischen ≥ 1.000 und 10.000 KBE/100 ml:
Mitarbeiter und Nutzer des gereinigten Abwassers müssen informiert, *Legionella*-Spezies und Serogruppen bestimmt und sämtliche Behandlungsstufen der Einrichtung untersucht werden, eine weitere Verwendung ist nur nach Desinfektion möglich.

c) Konzentration ≥ 10.000 KBE/100 ml:
Kontroll- und Minderungsmaßnahmen müssen getroffen werden; eine weiterführende Überprüfung der Wassersysteme, die das behandelte Abwasser aufnehmen, ist erforderlich. Oberhalb der Belüftungsbecken Luftproben entnehmen, Stufenkontrollen der Zuflüsse durchführen. Ein Entnahmeverbot ist auszusprechen [Exner et al. 2015].

Weitere Maßnahmen in Abhängigkeit der Nutzung des Wassers kann Tabelle 1 entnommen werden [Exner et al. 2015].

Zusätzlich werden in dem Bericht der Expertenkommission die UV-Behandlung (254 nm) und Mikrofiltration von nachgeklärtem Abwasser genannt, um *Legionella*-Konzentrationen zu reduzieren. Alternativ soll geprüft werden, ob die Abwassertemperatur auf < 20 °C reduziert werden kann und ob die Protein-Konzentration über eine anaerobe Vorbehandlung verringert werden kann. Schließlich werden Empfehlungen zur Vermeidung von Aerosolen abgegeben; dazu gehören: Anlagen abdecken (offene Kanäle, Belebungsbecken), Belüftung mit Reinsauerstoff oder feinblasig und Luftfilter einsetzen. Die Nutzung von Atemschutz während Reinigungs- und Instandhaltungsmaßnahmen wird empfohlen [Exner et al. 2015].

Für die Reinigung, Desinfektion und Instandhaltung von Kühltürmen müssen verschiedene Vorgaben und Empfehlungen beachtet werden, diese sind in der VDI-Richtlinie 2047, Teil 2 [VDI 2015] und der Bundesimmissionsschutzverordnung (BImSchV) [BImSchV 2017] zu finden. Weiterhin ist das BREF „Industrielle Kühlsysteme" zu beachten [EIPPCB 2001].

Tabelle 1: Legionellenkonzentrationen und durchzuführende Maßnahmen [Exner et al. 2015]

Legionellen-Konzentration KBE/100 ml Nutzung	< 10	10 bis < 100	100 bis < 1.000	1.000 bis < 10.000	> 10.000
Badegewässer	0	0	XX	XY	ZZ
Gewässer mit Entnahme	0	0	XX	XY	ZZ
Gewässer mit Epidemiestamm	0	XX	XY	ZZ	ZZ
Ablauf Kläranlage	0	0	0	XX	ZZ
Ablauf KA mit Epidemiestamm	0	0	XX	XY	ZZ

0	keine Maßnahmen
XX	Verwendung mit Desinfektion
XY	weitere Maßnahmen
ZZ	Entnahmeverbot

Literatur

Allestam, G.; Jong, B. de; Långmark, J. (2006): Legionella. American Society of Microbiology. doi:10.1128/9781555815660

ATV-DVWK (2011a): Abwasser und Abfälle aus der Papierherstellung. DWA – Deutsche Vereinigung für Wasserwirtschaft, Abwasser und Abfall e. V.

ATV-DVWK (2011b): Abwasser aus der Milchverarbeitung. DWA – Deutsche Vereinigung für Wasserwirtschaft, Abwasser und Abfall e. V.

Bartram, J.; Chartier, Y.; Lee, J. V.; Pond, K.; Surmann-Lee, S. (2007): LEGIONELLA AND THE PREVENTION OF LEGIONELLOSIS. World Health Organization, Geneva.

BImSchV (2017): Zweiundvierzigste Verordnung zur Durchführung des Bundes-Immissionsschutzgesetzes. Verordnung über Verdunstungskühlanlagen, Kühltürme und Nassabscheider – 42. BImSchV.

Brissaud, F.; Hemous, S.; Blin, E.; Garrelly, L. (2008): Water reuse for urban landscape irrigation: aspersion and health related regulations. Water Sci. Technol. 57, 781. doi:10.2166/wst.2008.162

Caicedo, C.; Rosenwinkel, K.-H.; Nogueira, R. (2018): Temperature-driven growth of Legionella in lab-scale activated sludge systems and interaction with protozoa. Int. J. Hyg. Environ. Health 221, pp. 315 – 322. doi:10.1016/J.IJHEH.2017.12.003

Caicedo, C.; Rosenwinkel, K.-H.; Exner, M.; Verstraete, W.; Suchenwirth, R.; Hartemann, P.; Nogueira, R. (2019): Legionella occurrence in municipal and industrial wastewater treatment plants and risks of reclaimed wastewater reuse: Review. Water Research 149, 21-34. doi.org/10.10106/j.watres.2018.10.080

EEA (2016): Guidelines on Integrating Water Reuse into Water Planning and Management in the context of the Water Framework Directive. Amsterdam.

EIPPCB (2001): Reference Document on the application of Best Available Techniques to Industrial Cooling Systems (BREF).

EPA (2012): Guidelines for Water Reuse. Natl. Serv. Cent. Environ. Publ.

Exner, M.; Brockmann, A.; Lück, C.; Rösing, C.; Pleischel, S.; Koch, C.; Walger, P. (2014): Ausbruchmanagement des Legionellenausbruchs in Warstein 2013 – Charakterisierung, Lehren und Konsequenzen aus hygienische-medizinischer Sicht. Bonn.

Exner, M.; Hartmann, A.; Herr, C.; Lück, C.; Rosenwinkel, K.-H.; Selke, R.; Strathmann, M.; Szewzyk, R. (2015): Bericht der Expertenkommission Legionellen. https://www.umwelt.nrw.de/fileadmin/redaktion/PDFs/umwelt/legionellen_expertenkommission.pdf (abgerufen am 01.11.2017).

Fields, B. S.; Benson, R. F.; Besser, R. E. (2002): Legionella and Legionnaires' disease: 25 years of investigation. Clin. Microbiol. Rev. 15, 506–526. doi:10.1128/CMR.15.3.506-526.2002

Fykse, E. M.; Aarskaug, T.; Madslien, E. H.; Dybwad, M. (2016): Microbial community structure in a full-scale anaerobic treatment plant during start-up and first year of operation revealed by high-throughput 16S rRNA gene amplicon sequencing. Bioresour. Technol. 222, pp. 380 – 387. doi:10.1016/J.BIORTECH.2016.09.118

Fykse, E. M.; Aarskaug, T.; Thrane, I.; Blatny, J. M. (2013): Legionella and non-Legionella bacteria in a biological treatment plant. Can. J. Microbiol. 59, 102–9. doi:10.1139/cjm-2012-0166

Gregersen, P.; Grunnet, K.; Uldum, S. A.; Andersen, B. H.; Madsen, H. (1999): Pontiac fever at a sewage treatment plant in the food industry. Scand. J. Work. Environ. Health 25, 291–5.

Hamilton, K. A.; Hamilton, M. T.; Johnson, W.; Jjemba, P.; Bukhari, Z.; LeChevallier, M.; Haas, C. N. (2018): Health risks from exposure to Legionella in reclaimed water aerosols: Toilet flushing, spray irrigation, and cooling towers. Water Res. 134, pp. 261 – 279. doi:10.1016/J.WATRES.2017.12.022

Jarraud, S.; Descours, G.; Ginevra, C.; Gerard, L.; Etienne, J. (2013): Identification of Legionella in Clinical Samples. Buchrieser, C. und Hilbi, H. (Hrsg.): Methods in Molecular Biology. Springer New York Heidelberg Dordrecht London, New York, pp. 27 – 56. doi:10.1007/978-1-62703-161-5

Kao, P.-M.; Hsu, B.-M.; Hsu, T.-K.; Ji, W.-T.; Huang, P.-H.; Hsueh, C.-J.; Chiang, C.-S.; Huang, S.-W.; Huang, Y.-L. (2014): Application of TaqMan fluorescent probe-based quantitative real-time PCR assay for the environmental survey of Legionella spp. and Legionella pneumophila in drinking water reservoirs. Taiwan. Sci. Total Environ. 490, 416–21. doi:10.1016/j.scitotenv.2014.04.103

Kusnetsov, J.; Neuvonen, L.-K.; Korpio, T.; Uldum, S. A.; Mentula, S.; Putus, T.; Tran Minh, N. N.; Martimo, K.-P. (2010): Two Legionnaires' disease cases associated with industrial wastewater treatment plants: a case report. BMC Infect. Dis. 10, 343. doi:10.1186/1471-2334-10-343

Lau, H. Y. und Ashbolt, N. J. (2009): The role of biofilms and protozoa in Legionella pathogenesis: implications for drinking water. J. Appl. Microbiol. 107, pp. 368 – 378. doi:10.1111/j.1365-2672.2009.04208.x

Lund, V.; Fonahn, W.; Pettersen, J. E.; Caugant, D. A.; Ask, E.; Nysaeter, A. (2014): Detection of Legionella by cultivation and quantitative real-time polymerase chain reaction in biological waste water treatment plants in Norway. J. Water Health 12, 543–54. doi:10.2166/wh.2014.063

Maisa, A.; Brockmann, A.; Renken, F.; Lück, C.; Pleischl, S.; Exner, M.; Daniels-Haardt, I.; Jurke, A. (2015): Epidemiological investigation and case-control study: a Legionnaires' disease outbreak associated with cooling towers in Warstein, Germany, August – September 2013. Eurosurveillance 20, 30064. doi:10.2807/1560-7917.ES.2015.20.46.30064

MKULNV (2016): Selbstüberwachung Legionellen. https://www.lanuv.nrw.de/wasser/abwasser/dichtheit/ (abgerufen am 22.06.2018).

Nguyen, T. M. N.; Ilef, D.; Jarraud, S.; Rouil, L.; Campese, C.; Che, D.; Haeghebaert, S.; Ganiayre, F.; Marcel, F.; Etienne, J.; Desenclos, J.-C. (2006): A community-wide outbreak of legionnaires disease linked to industrial cooling towers--how far can contaminated aerosols spread? J. Infect. Dis. 193, 102–11. doi:10.1086/498575

Nogueira, R.; Utecht, K.-U.; Exner, M.; Verstraete, W.; Rosenwinkel, K.-H. (2016): Strategies for the reduction of Legionella in biological treatment systems. Water Sci. Technol. 74, pp. 816 – 823. doi:10.2166/wst.2016.258

Nygard, K.; Werner-Johansen, O.; Ronsen, S.; Caugant, D. A.; Simonsen, O.; Kanestrom, A.; Ask, E.; Ringstad, J.; Odegard, R.; Jensen, T.; Krogh, T.; Hoiby, E. A.; Ragnhildstveit, E.; Aaberge, I. S.; Aavitsland, P. (2008): An Outbreak of Legionnaires Disease Caused by Long-Distance Spread from an Industrial Air Scrubber in Sarpsborg, Norway. Clin. Infect. Dis. 46, pp. 61 – 69. doi:10.1086/524016

Olsen, J. S.; Aarskaug, T.; Thrane, I.; Pourcel, C.; Ask, E.; Johansen, G.; Waagen, V.; Blatny, J. M. (2010): Alternative routes for dissemination of Legionella pneumophila causing three outbreaks in Norway. Environ. Sci. Technol. 44, 8712–7. doi:10.1021/es1007774

Percival, S.; Chalmers, R.; Embrey, M.; Hunter, P.; Sellwood, J.; Wyn-Jones, P. (2014): Microbiology of Waterborne Diseases. Microbiology of Waterborne Diseases. Academic Press London, pp. 155 – 175.

US EPA (2016): Microbial Contaminants – Contaminant Candidate List and Regulatory Determination 4. https://www.epa.gov/ccl/microbial-contaminants-ccl-4 (abgerufen am 09.05.2018).

VDI (2015): VDI 2047 Blatt 2: Rückkühlwerke – Sicherstellung des hygienegerechten Betriebs von Verdunstungskühlanlagen (VDI-Kühlturmregeln). Beuth Verlag, Berlin.

Wadowsky, R.M., Wolford, R., McNamara, A.M., Yee, R.B., 1985. Effect of temperature, pH, and oxygen level on the multiplication of naturally occurring Legionella pneumophila in potable water. Appl. Environ. Microbiol. 49, 1197–205.

Whiley, H.; Keegan, A.; Fallowfield, H.; Bentham, R. (2015): The presence of opportunistic pathogens, Legionella spp., *L. pneumophila* and Mycobacterium avium complex, in South Australian reuse water distribution pipelines. J. Water Health 13, pp. 553 – 561. doi:10.2166/wh.2014.317

WHO (2016): Guidelines for the safe use of wastewater, excreta and greywater – Volume 1. WHO 1.

Yu, V. L.; Plouffe, J. F.; Pastoris, M. C.; Stout, J. E.; Schousboe, M.; Widmer, A.; Summersgill, J.; File, T.; Heath, C. M.; Paterson, D. L.; Chereshsky, A. (2002): Distribution of Legionella species and serogroups isolated by culture in patients with sporadic community-acquired legionellosis: an international collaborative survey. J. Infect. Dis. 186, 127–8. doi:10.1086/341087

3 Verfahren zur Industrieabwasserbehandlung

3.1 Wasser in der Industrie

Angela Ante

Wasser zeichnet sich durch eine Vielzahl bemerkenswerter chemischer und physikalischer Eigenschaften aus, welche die Industrie bei den unterschiedlichen Produktionsprozessen nutzt (s. Tabelle 1). Entsprechend sind industrielle Abwässer mit einer Reihe verschiedenartiger Kontaminationen belastet.

Um diese Kontaminationen aus industriellem Abwasser zu eliminieren, müssen nahezu immer Verfahrenskombinationen eingesetzt werden. Hierbei nehmen die chemisch-physikalischen Methoden eine besondere Stellung ein, sobald biologisch nicht zugängliche Stoffe im Prozess eingesetzt werden und ins Abwasser gelangen.

Tabelle 1: Eigenschaften des Wassers, typische Anwendung und Kontaminationen

Eigenschaft	Funktion	Anwendungsbeispiel	Industriezweig	Kontamination
Hohe Polarität	Lösemittel	Oberflächenbehandlung, Laugen, chemischesche Reaktionen	Stahlerzeugnisse (Auto, Weißware etc.), Erzlaugung, Chemie	Schwermetalle, Säuren, Hilfsstoffe, Edukt-, Produktreste, Nebenkomponenten
Dipol	Dissoziationsmittel	Elektrolyse, Beizen	Galvanik, Batterietechnik	Schwermetalle
	Reaktionspartner	Hydrolysereaktionen	Chemie	Edukt-, Produktreste, Nebenkomponenten
Polares Lösemittel	Reinigung	Reaktions- + Produktbehälter-Produkte	überall	Edukt-, Produktreste, Laugen, Detergentien
Dipol Wasserstoffbrückenbildung	Quellungsmittel	Gele	Lebensmittel, Kosmetik, Pharmazie, Analytik	Organik
Ion-Dipolwechselwirkung	Reaktionsmittel (Hydratation)	Gips, Zement	Bauen	Laugen, Feststoffe
Lösungsmittel (Dipol)	Trennmittel	Chromatographie, Extraktion	Analytik, Lebensmittel	Organik
Adsorption, geringe Dichte, Wasserstoffbrückenbindung	Weichmittel	Einweichen, z. B. Flechtwerk, Holz	Möbel	Farbstoffe, Lignin

Eigenschaft	Funktion	Anwendungs- beispiel	Industriezweig	Kontamination
Hohe Wärme- kapazität, hohe Verdampfungs- enthalpie	Kühlmittel	Produkt-, Arbeitsmittelküh- lung	Kraftwerk, Che- mie, Pharmazie, Raffinerie, Stahl	Salze, Öle, Fest- stoffe, Biozide, Korrosionsinhibi- toren
		Kältemaschinen	Lebensmittel, Aluminium	Ammoniak, Al
	Heizmittel (Dampf)	Erhöhung Pro- zesstemperatur	Chemie	Konditionier- Chemikalien
Imkompressi- bles Fluid, hohe Wärmekapazität	Schneiden	Wasserstrahl- schneiden	Textil, Kunst- stoff, Papier, Dämmstoff	Fasern, Feststoffe
Imkompressibles Fluid, Verfügbar- keit, Umweltver- träglichkeit, hohe Wärmekapazität	Kühlschmiermittel	Gleitringdichtun- gen, Getriebe, Walzen, Werk- zeugherstellung, Bohren	Pumpen, Walzen, Lager	Emulsionen (Öl, Fett), Metallabrieb
Imkompressibles Fuid, Umweltver- träglichkeit	Reinigung	Druckstrahl	Halbleiter, Ent- zunderung, Anlagenreinigung	Metallabrieb, Öl, Produktreste, Verunreinigungen allg.
Verfügbarkeit, Imkompres- sibles Fluid, Pumpbarkeit	Transportmittel	Schleifkör- per, Fracking, Ölförderung	Öl	Öl, Additive, Umwandlungs- produkte (AOX)
Imkompressibles Fluid, Umwelt- verträglichkeit	Drucküberta- gung	Hydraulik (Trans- port, Anheben von Lasten, Antrieb)	Flugzeug, Kräne, KFZ, Bergbau, Stahl	Biozide
Ursprungs- medium des Lebens: alle Eigenschaften	Reaktionsraum	(bio-) chemische, pharmazeutische Reaktionen	Biotechnolo- gie, Chemie, Pharmazie	Edukte, Produkte

3.2 Chemisch-physikalische und thermische Verfahren

Angela Ante und Christoph Blöcher

Um die in Kap. 3.1 genannten Kontaminationen aus industriellem Abwasser zu eliminieren, müssen nahezu immer Verfahrenskombinationen eingesetzt werden. Hierbei nehmen die chemisch-physikalischen Methoden eine besondere Stellung ein, sobald biologisch nicht zugängliche Stoffe im Prozess eingesetzt werden und ins Abwasser gelangen.

Anorganisch belastete Abwässer: Abwasseranfall und Inhaltsstoffe

Tabelle 1 gibt einen Überblick über verschiedene Aufbereitungsprozesse für anorganisch belastete Abwässer und deren Anwendungszwecke. Die einzelnen Verfahren, ihre Vor- und Nachteile sind im Folgenden skizziert.

Tabelle 1: Überblick über geeignete Verfahren zur Entfernung von Abwasserinhaltsstoffen (nach Eisenmann, modifiziert und erweitert)

Verfahrensart \ Kontamination	Verfahrensart	Feststoffe	Schwermetalle	Sulfate, Phosphate	CN, Cr6+, NOx, As	Ionen	Gase	Farbstoffe	Öle/Fette	Refraktäre Organik	AOX
3.2.1.1. Ionenaustauscher	chemisch	ungeeignet	geeignet	bedingt geeignet	bedingt geeignet	geeignet	ungeeignet	ungeeignet	ungeeignet	bedingt geeignet	ungeeignet
3.2.1.2. Oxidation (z. B. AOP)	chemisch	ungeeignet	ungeeignet	ungeeignet	bedingt geeignet	ungeeignet	ungeeignet	geeignet	pos. Nebeneffekt	geeignet	bedingt geeignet
3.2.1.3. Entgiftung	chemisch	ungeeignet	ungeeignet	ungeeignet	geeignet	ungeeignet	ungeeignet	ungeeignet	ungeeignet	ungeeignet	ungeeignet
3.2.1.4. Fällung, Flockung	chemisch	geeignet	geeignet	geeignet	ungeeignet	bedingt geeignet	ungeeignet	pos. Nebeneffekt	bedingt geeignet	pos. Nebeneffekt	pos. Nebeneffekt
3.2.1.5. Elektrolyse	chemisch	ungeeignet	geeignet	bedingt geeignet	ungeeignet	geeignet	ungeeignet	ungeeignet	ungeeignet	ungeeignet	ungeeignet
3.2.2.1. Adsorption (Aktivkohle)	physikalisch	ungeeignet	ungeeignet	ungeeignet	ungeeignet	ungeeignet	ungeeignet	pos. Nebeneffekt	pos. Nebeneffekt	geeignet	geeignet
3.2.2.2. Sedimentation	physikalisch	geeignet	pos. Nebeneffekt	pos. Nebeneffekt	ungeeignet	ungeeignet	ungeeignet	ungeeignet	bedingt geeignet	ungeeignet	ungeeignet
3.2.2.3. Flotation	physikalisch	geeignet	bedingt geeignet	ungeeignet	ungeeignet	ungeeignet	bedingt geeignet	ungeeignet	geeignet	ungeeignet	ungeeignet
3.2.2.4. Zentrifugalabscheidung (Hydrozyklon)	physikalisch	geeignet	bedingt geeignet	ungeeignet	ungeeignet	ungeeignet	ungeeignet	ungeeignet	geeignet	ungeeignet	ungeeignet
3.2.2.5. Tiefenfiltration	physikalisch	geeignet	bedingt geeignet	ungeeignet	ungeeignet	ungeeignet	ungeeignet	pos. Nebeneffekt	pos. Nebeneffekt	ungeeignet	ungeeignet
3.2.2.6. Mikrofiltration	physikalisch	geeignet	ungeeignet	ungeeignet	ungeeignet	ungeeignet	ungeeignet	ungeeignet	pos. Nebeneffekt	ungeeignet	ungeeignet
3.2.2.7. Ultrafiltration	physikalisch	geeignet	ungeeignet	ungeeignet	ungeeignet	ungeeignet	ungeeignet	geeignet	geeignet	pos. Nebeneffekt	pos. Nebeneffekt
3.2.2.8. Nanofiltration	physikalisch	bedingt geeignet	bedingt geeignet	geeignet	geeignet	bedingt geeignet	bedingt geeignet	geeignet	ungeeignet	bedingt geeignet	bedingt geeignet
3.2.2.9. Umkehrosmose	physikalisch	pos. Nebeneffekt	geeignet	geeignet	geeignet	geeignet	bedingt geeignet	ungeeignet	ungeeignet	geeignet	geeignet
3.2.2.10.Elektrodialyse	physikalisch	pos. Nebeneffekt	geeignet	geeignet	ungeeignet	geeignet	ungeeignet	ungeeignet	ungeeignet	ungeeignet	ungeeignet
3.2.2.11.Extraktion	physikalisch	pos. Nebeneffekt	ungeeignet	ungeeignet	ungeeignet	ungeeignet	ungeeignet	geeignet	geeignet	ungeeignet	ungeeignet
3.2.3.1. Destillation/Rektifikation	thermisch	pos. Nebeneffekt	pos. Nebeneffekt	pos. Nebeneffekt	ungeeignet	pos. Nebeneffekt	ungeeignet	geeignet	geeignet	pos. Nebeneffekt	pos. Nebeneffekt
3.2.3.2. Thermolyse/Hydrolyse	thermisch	pos. Nebeneffekt	ungeeignet	ungeeignet	ungeeignet	ungeeignet	ungeeignet	bedingt geeignet	bedingt geeignet	geeignet	geeignet
3.2.3.3. Verdampfung	thermisch	pos. Nebeneffekt	geeignet	geeignet	ungeeignet	geeignet	ungeeignet	pos. Nebeneffekt	ungeeignet	pos. Nebeneffekt	pos. Nebeneffekt
3.2.3.4. Strippung	thermisch	ungeeignet	ungeeignet	ungeeignet	ungeeignet	ungeeignet	geeignet	ungeeignet	ungeeignet	ungeeignet	ungeeignet

Kontamination: Feststoff; anorganisch; organisch
Verfahrensart: chemisch; physikalisch; thermisch
Eignung: geeignet; bedingt geeignet; pos. Nebeneffekt; ungeeignet

3.2.1 Chemische Verfahren

3.2.1.1 Ionenaustausch

Bezüglich der Grundlagen des Ionenaustausches und der Verfahren sei auf die Fachliteratur verwiesen, z. B. [Mauer 2013]. In der industriellen Abwasserbehandlung können Ionenaustauscher eingesetzt werden, um ionische Verbindungen aus dem Abwasser zu entfernen (Tabelle 2), z. B. zur Entfernung von anorganischen Metallkatalysatoren oder als zweiter Schritt einer Schwermetallentfernung nach Fällung. Auch die Entfernung der Salze von organischen Säuren ist durch Einstellung des entsprechenden pH-Wertes möglich. Die Bedeutung des Ionenaustauschs für die Entfernung von anionisch vorliegenden Schwermetallen wie Chromat (CrO_4^{2-}) oder Arsenat (AsO_4^{3-}) sowie von Fluortensiden begründet sich vorwiegend aus dem Mangel alternativer effektiv einsetzbarer Verfahren.

Es stehen eine Vielzahl verschiedener Ionenaustauscher zur Verfügung, die sich insbesondere durch die unterschiedliche Selektivität auszeichnen (siehe Tabelle 3). Neben den dort aufgeführten Typen gibt es noch verschiedenste spezielle Selektivaustauscher, die häufig für bestimmte Ionengruppen entwickelt werden. Die Wahl des Regeneriermittels sowie die Prozessführung (Gegen- oder Gleichstrom, Fest- oder Schwebebett, ein- oder mehrstufig) sind weitere Stellgrößen des Ionenaustauschprozesses. Wenn keine Rückgewinnung des jeweiligen abgetrennten Stoffes erfolgt, ist das Ionenaustauschverfahren lediglich ein Trennverfahren, mit dem das Abwasser wie bei den Membranverfahren aufkonzentriert wird.

Tabelle 2: Auswahl relevanter mit Ionenaustauschern abtrennbarer Verbindungen (nach [Neumann 2009] und [Dow 2016], modifiziert)

Abwasserinhaltsstoff	Geeigneter Ionenaustauschertyp für die selektive Entfernung
$[Fe(CN)_6]^{3-}$, $[Cu(CN)_4]^{2-}$, $[Zn(CN)_6]^{4-}$, $[AgCN_2]^-$, CN^-	stark basischer Anionenaustauscher (Typ I)
$[FeCl_4]^-$, $[ZnCl_3]^-$, $[HgCl_4]^{2-}$, $[RdCl_4]^{2-}$	stark basischer Anionenaustauscher (Typ I)
Br^-, BrO_3^-, I^-, ClO_4^-	Selektiv-Anionenaustauscher, z. B. Lewatit® SR 7
$HAsO_4^{2-}$, HPO_4^{2-}, $As(OH)_3$, SCN^-, CN^-	Selektiv-Anionenaustauscher mit FeO(OH)-Gruppe, z. B. Lewatit® FO 36
Borsäure	Selektiv-Anionenaustauscher mit N-Methylglukamin-Gruppe, z. B. Amberlite™ IRA743
Essigsäure, Propinsäure, Zitronensäure, Oxalsäure (als Anion / Salz)	stark basischer Anionenaustauscher (Typ I)
organische Amine, NH_4^+	stark saurer Kationenaustauscher
NH_3, NRH_2	schwach basischer Selektiv-Anionenaustauscher (Cu-dotiert)

Tabelle 3: Typische Selektivitätsreihen ausgewählter Ionenaustauscher (nach [Schwering 1999] und [Neumann 2004], modifiziert und erweitert)

Ionenaustauschertyp	funktionelle Gruppe	Selektivitätsreihe
stark saurer KAT*	$R\text{-}SO_3^-$	$Cr^{3+} > Al^{3+} > Ba^{2+} > Pb^{2+} > Sr^{2+} > Fe^{2+} > Ca^{2+} > Ni^{2+} > Cd^{2+} > Cu^{2+} > Co^{2+} > Zn^{2+} > Mg^{2+} > Mn^{2+} > K^+ > NH^{4+} > Na^+ > H^+ > Li^+$
schwach saurer KAT*	$R\text{-}COO^-$	$H^+ >> Cu^{2+} > Pb^{2+} > Fe^{2+} > Zn^{2+} > Ni^{2+} > Cd^{2+} > Ca^{2+} > Mg^{2+} > Sr^{2+} > Ba^{2+} > NH^{4+} > K^+/Na^+$
stark basischer AAT* Typ I {Typ II}	$R\text{-}CH_2^-N(CH_3)_3^+$	$ClO_4^- > Me[(CN)_x]^{n-} > [MeCl_x]^{n-} > I^- > CrO_4^{2-} > SO_4^{2-} > NO_3^- > Br^- > HSO_4^- > C_2O_4^{2-}$ (Oxalat) $> OH^-$ {Typ II} $> Cl^- > H_2PO_4^- > CHO_2^-$ (Formiat) $> C_6H_5O_7^{3-}$ (Citrat) $> C_4H_4O_6^{2-}$ (Tartrat) > Phenolat $> F^- > CH_3COO^-$ (Acetat) $> HCO_3^- > HSiO_3^{2-} > CN^- > H_2BO_3^- > OH^-$
schwach basischer AAT*	$R\text{-}CH_2^-NH(CH_3)_2^+$	$OH^- > ClO_4^- > Me[(CN)_x]^{n-} > Me[Cl_x]^{n-} >$ anionische Tenside $> CrO_4^{2-} > SO_4^{2-} > NO_3^- > Br^- > HSO_4^- > Cl^- > H_2PO_4^- > CHO_2^-$ (Formiat) $> C_6H_5O_7^{3-}$ (Citrat) $> C_4H_4O_6^{2-}$ (Tartrat) $> F^- > CN^- > H_2BO_3^- > HCO_3^- > HSiO_3^{2-}$

Entscheidend für den Ionenaustauschprozess ist damit nicht nur die praktisch nutzbare Kapazität (ausgedrückt in meq = mmol Ladung pro l Harz), sondern auch die Effizienz der Regeneration (Menge und Art des eingesetzten Regeneriermittels).

3.2.1.2 Oxidation organischer Verbindungen

Oxidationsverfahren sind ein wesentlicher Bestandteil der Abwasservorbehandlung in der Industrie, um die Toxizität von Abwässern zu reduzieren oder deren biologische Abbaubarkeit zu erhöhen. Praktisch relevant sind als Oxidationsmittel Sauerstoff (erfordert höhere Temperatur und/oder Katalyse), Wasserstoffperoxid (ebenfalls katalytisch/aktiviert) und Ozon, ggf. kombiniert als so genannte AOP (advanced oxidation processes), sowie elektrischer Strom. Für alle gilt, dass die Effektivität entscheidend von der Struktur der organischen Substanzen abhängt. Aromatische Verbindungen sind in der Regel gut, niedermolekulare Säuren und Alkohole dagegen schlecht oxidierbar. Bei aromatischen Verbindungen beeinflusst auch der Substituent die Oxidierbarkeit (Bild 1).

Der theoretische Bedarf an Oxidationsmittel für die vollständige Umsetzung zu CO_2 lässt sich über die CSB-Konzentration explizit (O_2, H_2O_2, Strom) oder näherungsweise (O_3) errechnen (Bild 2). Bei gut oxidierbaren Substanzen kann dies durchaus in der Praxis erreicht werden. Wenn lediglich ein Teilumsatz erforderlich

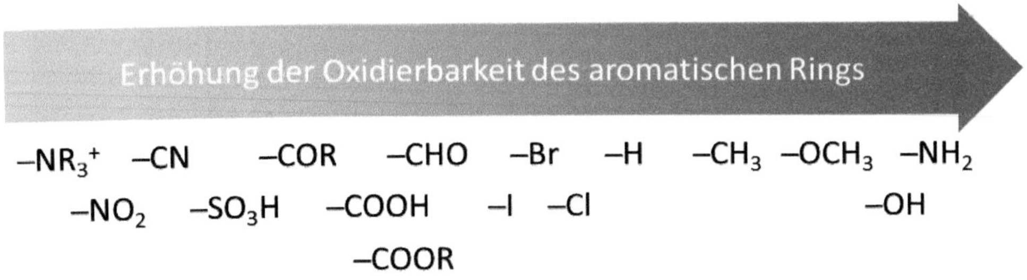

Bild 1: Einfluss des Substituenten auf die Oxidierbarkeit aromatischer Verbindungen (nach [Paradowska 2004])

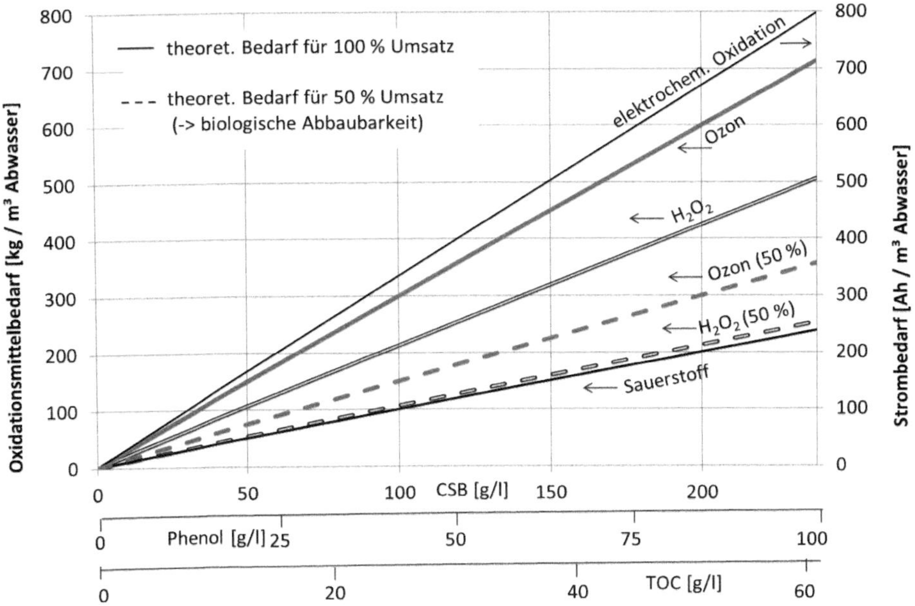

Bild 2: Theoretischer Bedarf an Oxidationsmittel (für O_3 näherungsweise, da abhängig vom Reaktionsweg) in Abhängigkeit von CSB-Konzentration; für Totaloxidation und 50 % Umsatz (als Näherung des Bedarfs für eine biologische Abbaubarkeit); am Beispiel Phenol (Berechnung in Anlehnung an [Neumann und Blöcher 2011])

ist, um das Abwasser in eine biologische Kläranlage einleiten zu können, wird entsprechend weniger Oxidationsmittel benötigt. Als Anhaltswert und für eine erste Kostenabschätzung können hierfür 50 % angesetzt werden.

Die Oxidationswege im Einzelnen sind vielfältig. Bei aromatischen Verbindungen kann entweder zunächst die Abtrennung der Substituenten erfolgen oder aber zunächst eine Ringspaltung und dann die weitergehende Oxidation.

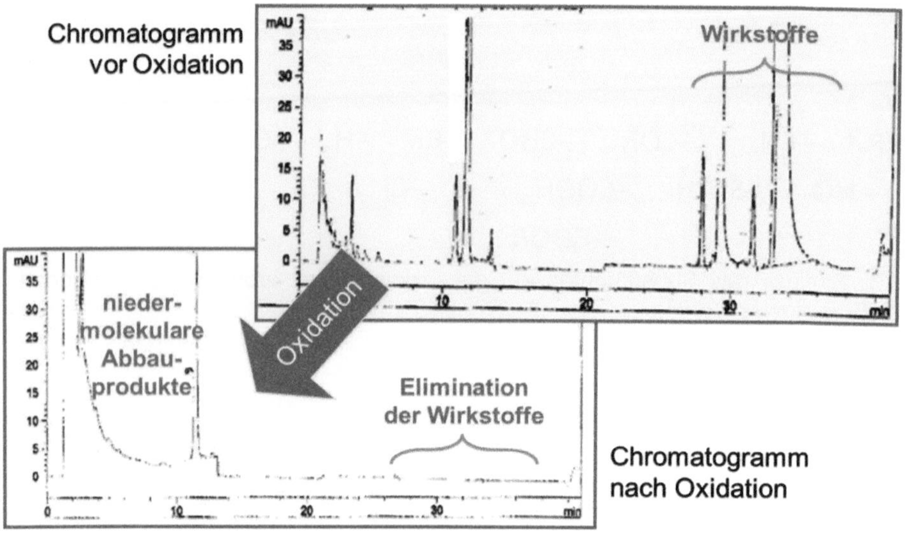

Bild 3: Beispielhafte Chromatogramme bei der Oxidation von Wirkstoffen im Abwasser

Im Chromatogramm verschiebt sich der Peak von höher zu niedrig molekularen Substanzen (Bild 3).

Neben organischen Verbindungen werden Oxidationsverfahren auch eingesetzt, um reduzierte Schwefelverbindungen oder Cyanide zu entfernen (siehe Kapitel 3.2.1.3).

Im Folgenden werden relevante Oxidationsverfahren explizit beschrieben. Bezüglich der elektrochemischen Oxidation sei auf die Fachliteratur verwiesen. Chlorhaltige Oxidationsmittel wie Hypochlorit werden in Deutschland zur Oxidation organischer Verbindungen wegen der möglichen Bildung von halogenierten Nebenprodukten (AOX) in der Regel nicht eingesetzt.

Oxidation mit Wasserstoffperoxid

H_2O_2 bildet mit geeignetem Katalysator bzw. Aktivator Hydroxylradikale (Normalpotential E_0 = 2,8 V), weshalb es ein wirkungsvolles Oxidationsmittel ist. Auch das H_2O_2-Molekül selbst besitzt zwar eine gewisse Oxidationskraft (E_0 = 1,78 V), praktisch ist dies jedoch nur selten nutzbar. Es gibt eine Vielzahl von Möglichkeiten, Wasserstoffperoxid zu aktivieren. Praktische Bedeutung haben vor allem die Katalyse mit Fe^{2+}-Ionen (Fenton-Verfahren, Gl. 1) sowie die Aktivierung mit UV-Licht (Gl. 2). Bei ersterer muss die Reaktion im Sauren (typisch pH 2 – 3) erfolgen, um eine Umsetzung des Eisens zu Fe^{3+} zu verhindern. Die tatsächlichen Reaktionsmechanismen beruhen auf komplexen Radikalkettenreaktionen.

3

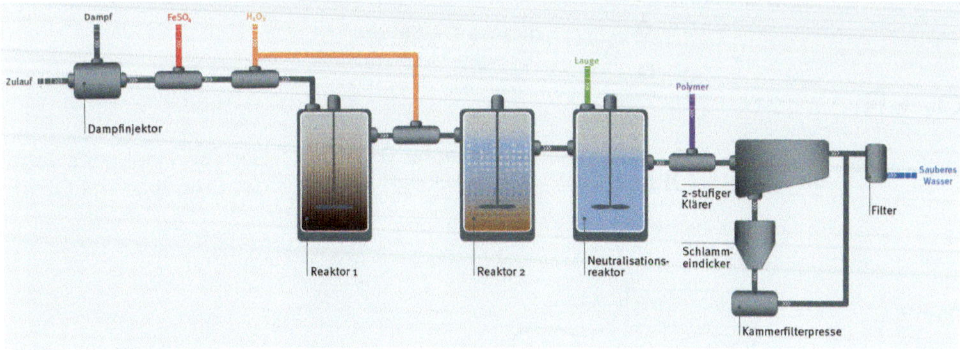

Bild 4: Verfahrensschema einer Fenton-Oxidation (Quelle: Eisenmann)

$$H_2O_2 + Fe^{2+} \rightarrow Fe^{3+} + OH^- + OH\cdot$$

(Gl. 1) "Fenton-Reaktion"

$$H_2O_2 + h^*\nu \rightarrow 2\,OH\cdot$$

(Gl. 2) UV-Aktivierung

Vorteil des Fenton-Verfahrens ist dessen Robustheit sowie, dass es eine vergleichsweise mäßige Investition erfordert und ein gegenüber Ozon recht günstiges Oxidationsmittel einsetzt. Nachteil ist das Erfordernis einer (wegen Nachneutralisation in der Regel zweimaligen) pH-Stellung sowie die Entstehung signifikanter Mengen zu entsorgenden Feststoffs (Bild 4). Verfahrenstechnisch kann die Fenton-Reaktion sowohl batchweise als auch kontinuierlich umgesetzt werden.

Oxidation mit Ozon

Ozon ist mit einem Normalpotential von 2,08 V ein starkes Oxidationsmittel, das vielfältig eingesetzt werden kann. Im Sauren reagiert es vorwiegend direkt über den so genannten Criegee-Mechanismus (Angriff an Doppelbindungen), im Neutralen und Alkalischen eher über die Bildung von OH-Radikalen (Bild 5). Letztere kann durch Katalysatoren/Aktivatoren oder andere Oxidationsmittel verstärkt werden (→ AOP – advanced oxidation processes).

Die Herstellung erfolgt über stille elektrische Entladung aus Sauerstoff oder Luft, die Reaktion in Blasensäulen oder Begasungsreaktoren, ggf. mehrstufig (Bild 6).

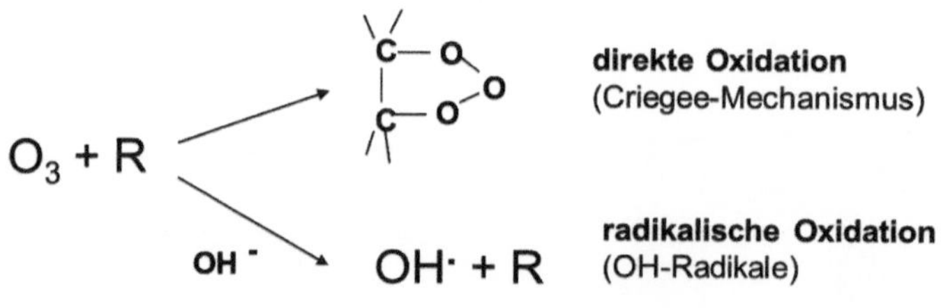

Bild 5: Reaktionswege der Oxidation mit Ozon

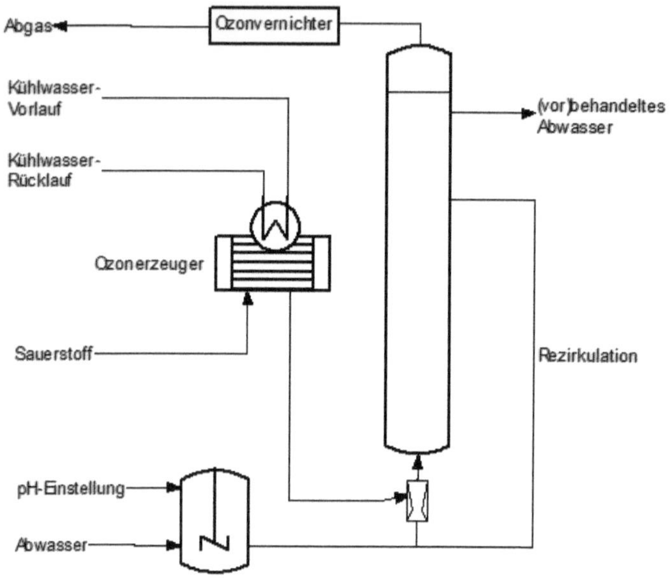

Bild 6: Verfahrensschema einer Ozonung

Bedingt durch die energieintensive Erzeugung (ca. 8 kWh/kg O_3) ist Ozon ein vergleichsweise teures Oxidationsmittel. Es wird allerdings nicht nur zur Vorbehandlung, sondern auch als finale Abwasserreinigung für eine Direkteinleitung eingesetzt. Je nach Oxidierbarkeit der Substanzen können Restkonzentrationen an organischer Belastung erreicht werden, die eine Einleitung in ein Gewässer erlauben. In der Regel erfolgt dies nicht, weil eine Ozonbehandlung wirtschaftlicher ist als eine biologische, sondern weil andere Inhaltsstoffe, wie z. B. Salz, die Biologie stören.

Ozon ist aus der Behandlung industrieller Abwässer nicht mehr wegzudenken, Ozon wird z. B. eingesetzt

- zur Geruchsentfernung aus Pharmaproduktion, Tierställen, Kaffeeröstereien und Lackierereien,
- zum Abbau von aromatischen Aminosäuren aus der Fischzucht,
- zur mikrobioziden Behandlung in Kühlwasserkreisläufen,
- zur Teiloxidation von langkettigen oder persistenten Kohlenwasserstoffen, wie z. B. Lignin aus der Papierproduktion,
- zur Entfärbung von farbstoffhaltigen Abwässern.

Nassoxidationsverfahren

Nassoxidation wird die Oxidation von Abwasser bei erhöhter Temperatur mit Sauerstoff bzw. Luft bezeichnet. Das Verfahren kann bei verschiedenen pH-Werten geführt werden. Die so genannte Hochdruck-Nassoxidation erfolgt im Alkalischen bei Temperaturen zwischen 280 und 320 °C und Verweilzeiten von 1 – 3 h. Wie bei der Thermolyse/Hydrolyse erfolgt die Temperaturhaltung über Wärmerekuperation Zulauf/Ablauf. Da die Oxidation exotherm ist, ist eine zusätzliche Beheizung häufig nur für das Anfahren der Anlage erforderlich, je nach organischer Belastung und Stoffumsatz muss die Reaktionswärme durch weitreichende Ablaufkühlung abgeführt werden. Verfahrenstechnisch wird das Verfahren in Blasensäulen oder Begasungsreaktoren umgesetzt. Weite Verbreitung hat das Verfahren in der Behandlung von sulfidischen Ablaugen der petrochemischen Industrie gefunden.

Eine besondere Ausführung der Nassoxidation, von der mehrere Anlagen in der chemischen Industrie umgesetzt sind, ist die so genannte Niederdruck-Nassoxidation (LOPROX – low pressure wet oxidation). Hier erfolgt die Reaktion im Sauren (pH 2) mit Fe^{2+} als Katalysator. Die Temperaturen liegen zwischen 120 und 220 °C. Der postulierte Reaktionsmechanismus besteht in der Bildung von Hydroxylradikalen mit Hydrochinonen als Co-Katalysator [Simmler 2012].

Im Gegensatz zur Hochdruck-Nassoxidation wird bei der LOPROX reiner Sauerstoff eingesetzt und die Phasentrennung erfolgt im Heißen am Kolonnenkopf (Bild 7). Trotz der hohen Werkstoffanforderungen (je nach Temperatur ist Stahl/Emailliert oder Titan erforderlich) ergibt sich durch die geringeren Temperaturen und damit Drücke ein Kostenvorteil gegenüber der Hochdruck-Nassoxidation. Heterogen katalysierte Nassoxidationsverfahren haben sich trotz verschiedenster Entwicklungsaktivitäten noch nicht durchsetzen können.

Da bei den Nassoxidationsverfahren der gegenüber anderen Oxidationsmitteln um ein Vielfaches günstigere Sauerstoff eingesetzt wird, sind die Betriebskosten vergleichsweise gering und insbesondere kaum von der organischen Belastung abhängig. Dafür sind die Investitionskosten sehr hoch, so dass Nassoxidationsverfahren vorwiegend für hoch belastete Abwässer eingesetzt werden (CSB > 5 g/l).

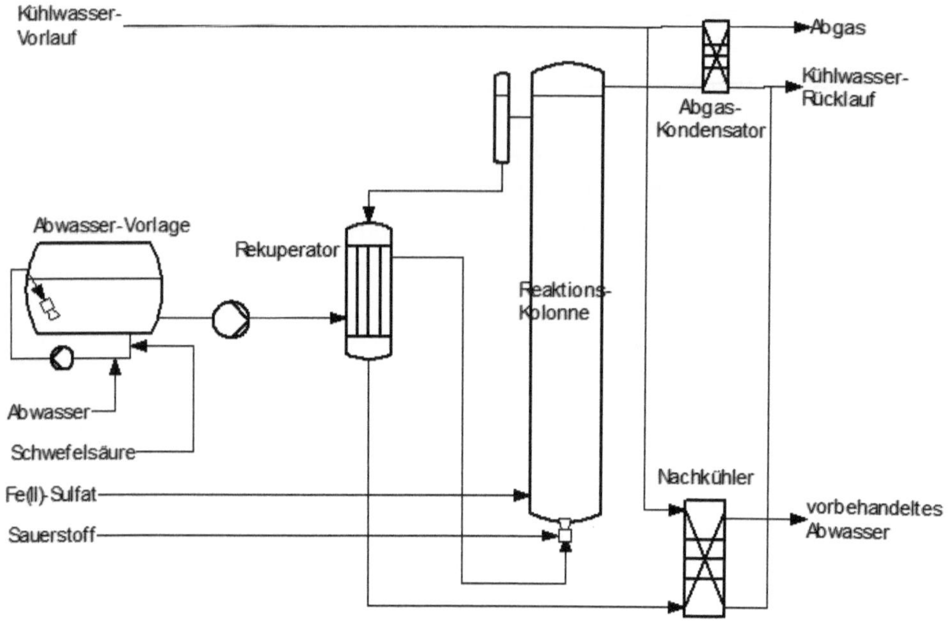

Bild 7: Verfahrensschema LOPROX (nach [Blöcher 2008])

3.2.1.3 Entgiftung toxischer anorganischer Verbindungen

Einige anorganische Ionen sind in bestimmten Wertigkeiten hochtoxisch oder nicht bzw. nur schwer fällbar, weswegen sie mit geeigneten Reduktions- oder Oxidationsmitteln reduziert oder oxidiert werden müssen.

Chrom(VI): Chrom wird als Legierungsmittel in der Metallindustrie (zur Oberflächenbehandlung als Korrosions- und Verschleißschutz sowie als Dekor), als Katalysator, zur Herstellung von Farbpigmenten, zur Imprägnierung von Holz und zur Gerbung von Leder sowie zur Passivierung von Zinkschichten eingesetzt. In das Abwasser gelangt es in erster Linie als ungiftiges Cr(III), vor allem in der Metallindustrie, aber auch als hochtoxisches und cancerogenes Cr(VI) aus der Chromatierung und der Lederindustrie.

Seit 2017 gilt EU-weit ein Verbot, Cr(VI) zu verwenden oder in Verkehr zu bringen [ECHA 2010], nur Altanwender haben noch Zulassungen. Daher werden erhebliche Anstrengungen unternommen, die Chrom(VI)-Anwendungen auf Cr(III) umzustellen. Cr(VI)-haltige Abwasserströme müssen separat erfasst und das Cr(VI), welches in der Regel anionisch als Chromat (CrO_4^{2-}) vorliegt, reduziert und damit entgiftet werden.

Als Reduktionsmittel werden üblicherweise Sulfite als Natriumsalze eingesetzt, die während der Reaktion zu Sulfat oxidiert werden. Neben dem meist gebräuchlichem $NaHSO_3$ (Natriumhydrogensulfit) und $Na_2S_2O_5$ (Natriumdisulfit) wird auch NaS_2O_4 (Natriumdithionit) eingesetzt. Die ersten beiden Reaktionen erfordern einen niedrigen pH-Wert, bei dem das Reduktionsmittel dann in dissoziierter Form und das Chrom als Dichromat ($Na_2Cr_2O_7$) vorliegen.

In Tabelle 4 ist die Stöchiometrie der Reduktionsreaktionen zusammengefasst [Cord-Landwehr 2002].

Die Vorteile des Hydrogensulfits liegen in seinem moderaten Preis, der Schnelligkeit der Umsetzung und der einfachen Überprüfbarkeit mittels Redoxpotential, wodurch ein kontinuierlicher Durchlaufbetrieb ermöglicht wird. Allerdings entsteht als Nebenreaktion SO_2 (Schwefeldioxid), welches neutralisiert werden muss.

Dithionit wird bei geringen Chrom(III)-Konzentrationen und alkalischen Abwässern meist im Chargenbetrieb eingesetzt.

Tabelle 4: Stöchiometrische Faktoren bei der Entgiftung von Chrom(VI)

Reaktionspartner / Reduktionsmittel	Edukte			Produkte		
	Reduktionsmittel	$Cr_2O_7^{2-}$ Dichromat	H_3O^+	Cr^{3*} Chrom(III)	SO_4^{2-} Sulfat	H_2O Wasser
	Reduktion im sauren Milieu bei pH-Wert 2 – 3					
HSO_3^- Hydrogen sulfit	3	1	8	2	3 (HSO_4^-)	12
$S_2O_5^{2-}$ Disulfit	3	2	10	4	6	15
$S_2O_4^{2-}$ Dithionit	6	1	14	2	2	9
Fe^{2+} Eisen(II)	6	1	14	2	6 (Fe^{3+})	7
	Reduktionsmittel	CrO_4^{2-} Chromat	H_2O Wasser	$Cr(OH)_3$ Chrom(III)	SO_3^{2-} Sulfit	OH^-
	Reduktion im leicht alkalischen Milieu bei pH-Wert 7,5 – 9					
$S_2O_4^{2-}$ Dithionit	3	2	2 + 2 OH^-	2	6	
$Fe(OH)_2$ Eisen(II)-hydroxid	3	1	4	1 $Cr(OH)_3$	3 $Fe(OH)_3$	2

Bei der Reduktion mit Eisen(II) fällt etwa die doppelte Menge an Abfallschlamm im Vergleich zu der Verwendung sulfithaltiger Reagenzien an und die Salzfracht ist um den Faktor 3 – 4 höher, weshalb dieses Reduktionsmittel seltener angewandt wird. Andererseits unterstützt Eisenoxid die Flockung des schlecht sedimentierenden Chromhydroxids.

Cyanid: Cyanide werden in der Galvanik, für Schädlingsbekämpfungsmittel, bei der Synthese von Kunststofffasern in der Textilindustrie sowie in der Pharmazie eingesetzt. Bei der Stahlerzeugung werden Cyanide in Form des Kaliumhexacyanoferrats zum Einsatzhärten (Karbonitrieren) schlecht härtbarer Stähle und in der Lebensmittelindustrie als Salzzusatz als Rieselhilfe (in geringen Mengen) verwendet. Das früher übliche Lösen von Silber und Gold aus den Erzen ist auf Grund der Toxizität weitgehend durch umweltverträglichere Verfahren ersetzt worden.

Unerwünschte Nebenreaktionen können ebenfalls zu Cyanidbildung führen, z. B. bei der Kokserzeugung und Roheisenerzeugung, bei welchen das gebildete Cyanid der Gaswäsche in das Abwasser gelangt. Auch bei dem Warmwalzen von Stahl entstehen Cyanide [Maier 2013].

Cyanid bzw. Cyanwasserstoff bilden irreversible Komplexe mit den Metallen, was sowohl Bedeutung in der Abwasserreinigung hat als auch der Grund für dessen Toxizität ist. Cyanide in Lösungen sind deshalb so gefährlich, weil der pK_S-Wert um 9,2 liegt und somit das Gleichgewicht bis weit in den alkalischen Bereich hinein auf Seiten der undissoziierten Blausäure verschoben werden muss, die einen niedrigen Dampfdruck aufweist.

Zur Entgiftung von Cyanid können alle Oxidationsmittel mit einem Normalpotential über - 0,9 V eingesetzt werden. Üblicherweise werden Natriumhypochlorit oder Wasserstoffperoxid eingesetzt. Die eigentliche Entgiftungsreaktion geht bei beiden über Cyanat NCO^- (Salz der Cyansäure), welches nur noch 1 ‰ der Toxizität des Cyanids besitzt. Durch Oxidationsmittelüberschuss wird Cyanat weiter zu Kohlenstoffdioxid und elementarem Stickstoff oxidiert (Gl. 3):

$$2OCN^- + 3OCl^- + 2H^+ \rightarrow N_2 \uparrow + 2CO_2 \uparrow + 3Cl^- + H_2O \qquad \text{(Gl. 3)}$$

Cyanatoxidation

Die Reaktion mit NaOCl (Natriumhypochlorit) läuft in zwei Teilschritten über das hochgiftige Zwischenprodukt Chlorcyan (ClCN). Der 2. Schritt ist geschwindigkeitsbestimmend für die Gesamtreaktion und wird durch hohe pH-Werte entscheidend beschleunigt. Aus diesem Grund und zur Sicherheit vor ausgasender Blausäure wird diese Reaktion im alkalischen Milieu ausgeführt und die abgesaugte Abluft behandelt. Der Prozess ist über das Redoxpotential steuerbar und daher auch im Konti-Betrieb realisierbar. Übliche Verweilzeiten sind 20 – 30 min. Weitere Vorteile sind der vergleichsweise geringe Preis für das Oxidationsmittel sowie die breite Erfahrung mit diesem Verfahren. Nachteile sind, dass eine AOX-Bildung kaum zu vermeiden ist. Die stöchiometrisch erforderliche Hypochloritzugabe wird durch Metalle um bis zu 35 % erhöht und nahezu verdreifacht, wenn das Cyanid bis zum Stickstoff und Kohlenstoff durchoxidiert werden soll. Pro Kilogramm umgesetztem Cyanid wird das behandelte Wasser mit 5 kg NaCl aufgesalzt [Neils et al. 2012]. Zu beachten ist die begrenzte Haltbarkeit von Natriumhypochlorit und dessen anspruchsvoller Transport und Lagerung.

Die Reaktion von H_2O_2 liegt mit Cyanid erfolgt in einem Schritt, die vollständige Umsetzung ist aber nicht direkt über das Redoxpotential zu verfolgen, weshalb sie im Chargenbetrieb mit hohem zeitlichen Sicherheitszuschlag auszulegen ist. Eine Verweilzeit von 60 min ist die Regel, sie hängt von den begleitenden Metallionen ab. Vorsicht ist bei Anwesenheit von Eisen geboten, da dieses außerordentlich stabile Komplexe mit Cyaniden bildet. Nickel und Silber verlangsamen die Reaktion. Kupfer, Zink und Cadmium sind unkritisch.

Das Verfahren kommt ohne Aufsalzung aus, das Oxidationsmittel ist aber teurer als NaOCl. Außerdem ist eine Nachbehandlung zur Zersetzung überschüssigen Wasserstoffperoxids erforderlich, weshalb das Verfahren eher bei kleinen Volumenströmen im sicheren Chargenbetrieb eingesetzt wird.

Nitrit: Nitrit entsteht zum einen beim Brünieren sowie bei der elektrochemischen Entgratung von Stahl durch die unerwünschte Nebenreaktion der Reduktion des Edukts Nitrat und zum anderen durch die Bildung aus Stickoxiden bei der alkalischen Abgaswäsche nach Verbrennungsvorgängen.

Zudem wird Nitrit in der Form von Pökelsalz Fleischwaren zugesetzt, da es farbverstärkend und konservierend wirkt und das Wachstum des hochgiftigen Bakteriums Clostridium botulinum hemmt. In der chemischen Industrie wird Nitrit zur Herstellung von Azofarbstoffen verwendet.

Die Entgiftung von Nitrit kann mittels Oxidationsmitteln zu Nitrat oder mittels Reduktionsmitteln zu elementarem Stickstoff erfolgen.

Die Oxidation erfolgt ähnlich der Cyanidentgiftung meist mit Natriumhypochlorit oder Wasserstoffperoxid. Die Reaktion verläuft schnell und vollständig im sauren Milieu bei pH kleiner 4. Für die Vor- und Nachteile beider Oxidationsmittel gelten die Aussagen in Bezug auf Aufsalzung, Betriebsart und Kosten analog der Cyanidentgiftung.

Oxidationsprodukt ist Nitrat, welches in der Folge ebenfalls zu eliminieren ist. Vor diesem Hintergrund ist die Reduktion von Nitrit zu elementarem und gasförmigem Stickstoff vorteilhafter, der in die Umgebungsluft ausgasen kann. Reduziert wird zumeist mit Amidosulfonsäure (H_2NSO_3H). Es entstehen Schwefelsäure und Wasser, wodurch der pH-Wert sinkt und als Indikator für den Umsetzungsgrad dient. Das Wasser wird allerdings mit Sulfat belastet, und der überschüssige Teil des Reagenzes verbleibt im Wasser.

Wenn es eine leistungsfähige biologische Kläranlage am Standort gibt, kann auf eine gesonderte Nitritentgiftung verzichtet und das Abwasser direkt kontrolliert der Nitrifikation oder Denitrifikation zugeführt werden. Bei beiden physiologischen Vorgängen tritt Nitrit als Intermediärmetabolit auf und kann somit auch direkt verstoffwechselt werden.

3.2.1.4 Fällung, Flockung

Die häufig kombinierten Verfahren der Fällung und Flockung sind in der industriellen Abwasserreinigung weit verbreitet und dienen überwiegend der Entfernung von (Schwer)metallen und fein suspendierten Substanzen.

Fällung

Mittels Fällung werden die im Wasser gelösten Ionen in eine unlösliche Form überführt. Hierfür werden den positiv geladenen Metallionen gezielt Anionen zugegeben, die Salze mit möglichst geringem Löslichkeitsprodukt erzeugen.

Die hydroxydische Fällung erfolgt im Alkalischen mittels Kalk oder Natronlauge. Die pH-abhängigen Löslichkeitskurven (Bild 8) geben dabei grob an, welcher pH-Wert eingestellt werden muss und welche Restkonzentration erreichbar ist.

Im Detail sind allerdings noch zu beachten:

- die gegenseitige Beeinflussung der Ionen untereinander (bei komplexer Zusammensetzung über Modellierungsprogramme wie PHREEQC abschätzbar),
- die Abhängigkeit der Löslichkeit von der Wertigkeit und damit vom Redoxpotential (Aufschluss hierüber geben die so genannten Pourbaix-Diagramme), insbesondere bei Übergangselementen kann die Löslichkeit von der Wertigkeit des Ions abhängen, so muss As(V) beispielsweise oxidiert oder Cr(IV) reduziert werden, bevor sie gefällt werden können,
- Chelat- bzw. Komplexbildner, die eine Fällung inhibieren (z. B. EDTA, Cyanide),
- die Mitfällung von eigentlich löslichen Stoffen durch Einschluss in oder Adsorption an die jeweiligen Fällprodukte,

- die Abhängigkeit der Löslichkeit von der Temperatur (die Löslichkeit steigt zumeist mit der Temperatur).

Wesentlich geringere Löslichkeit als Metallhydroxide weisen häufig deren Sulfide auf. Wegen der Bildung des hoch toxischen und gasförmigen H_2S bei niedrigen pH-Werten ist eine besonders sorgfältige Reaktionsführung erforderlich. Eine kontinuierliche vorsichtige Dosierung bei guter Durchmischung in zwei oder mehreren Stufen ist mit Blick auf die Sicherheit zu empfehlen. Zusätzlich kann die Abluft bei geschlossenen, mit leichtem Unterdruck betriebenen Reaktoren abgesaugt und die Prozessumgebung mittels H_2S-Detektoren abgesichert werden.

Organische Sulfidverbindungen (z. B. Precipan®, TMT15®) lassen sich dagegen im gesamten pH-Bereich einsetzen und vermeiden die Problematik der H_2S-Bildung. Wegen der deutlich höheren Kosten gegenüber Natronlauge oder Kalk als Fällmittel erfolgt deren Einsatz jedoch in den allermeisten Fällen nur bei sehr hohen Anforderungen, geringen Konzentrationen hochtoxischer Stoffe oder als zweite Stufe.

Weitere häufig eingesetzte Fällmittel sind dreiwertige Eisen- oder Aluminiumsalze, wobei überwiegend Chloride oder Sulfate eingesetzt werden. Gefällt werden damit vornehmlich Sulfide, Cyanide, Phosphat und Arsenat (As(V)). Die entstehenden eisenhaltigen Fällungsprodukte weisen i. d. R. eine geringe spezifische Dichte auf, weshalb der entstehende Schlamm typischerweise eine geringe Fest-

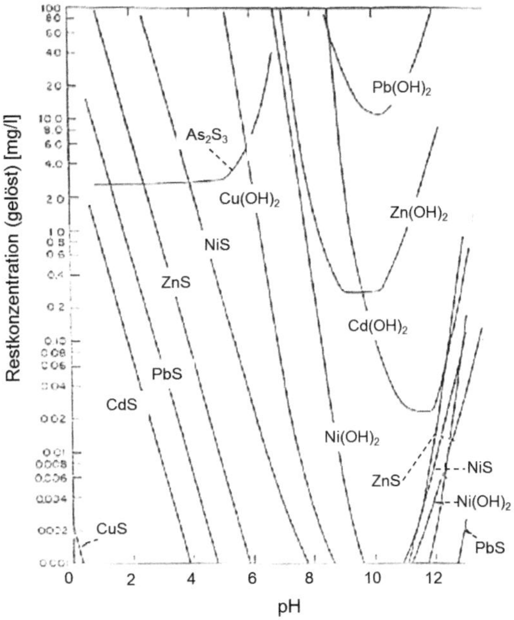

Bild 8: Löslichkeitskurven verschiedener Metalle für die hydroxydische und sulfidische Fällung (aus [Neumann 2004], nach [Peters et al. 1984], modifiziert)

stoffkonzentration besitzt. Andererseits sind die Restlöslichkeiten von Eisenverbindungen geringer als die der Hydroxide.

Flockung

Da die Sinkgeschwindigkeit exponentiell mit dem Radius zu- bzw. abnimmt, müssen in den meisten Fällen die Fällungsprodukte zu Flocken aggregiert werden, um sie effektiv vom Wasser trennen zu können. Für laminar umströmte Kugeln (Reynoldszahlen < 0,5) gilt für die Sinkgeschwindigkeit annähernd das Stokes'sche Gesetz (Gl.4):

$$v_s = \frac{g}{18} \times \left(\frac{\rho_f}{\rho_w} - 1\right) \times \frac{d^2}{\nu}$$

(Gl. 4)
Stokes'sches Gesetz

mit

v_s = Sinkgeschwindigkeit
ρ_f = spezifische Dichte des Feststoffs
ρ_w = spezifische Dichte des Wassers bzw. der Flüssigkeit
g = Erdbeschleunigung
d = Durchmesser des Feststoffs
ν = kinematische Viskosität

Die gleich geladenen Fällungsprodukte sind jeweils von einer die Oberflächenladung ausgleichenden Hydrathülle umgeben, woraus eine elektrostatische Abstoßung der Teilchen resultiert, so dass die Fällungsprodukte auf Abstand zueinander gehalten werden. Erst in großer Nähe überwiegen die anziehenden van-der-Waals-Kräfte, die durch nie vollständig ausgeglichene Ladungen und Potentiale entstehen, s. Bild 9.

Zur Verringerung des Potentials der elektrostatischen Abstoßungsschicht werden Eisen- oder Aluminiumsalze als zusätzliche Ladungsträger hinzugegeben. Darüber hinaus bilden sie stabile Metallhydroxide mit geringer Restlöslichkeit [Kommer 2008], die die Flocken stabilisieren und beschweren. Der Energieeintrag muss dabei so hoch sein, dass die im Wasser fein dispers verteilten Fällungsprodukte nah genug zueinander gebracht werden, so dass sich Flocken bilden können. Diesen Vorgang nennt man Entstabilisierung. Die solchermaßen erzeugten Flocken sind aber noch sehr klein, eine Abtrennung über Schwerkraft in technisch und zeitlich realisierbarem Maßstab ist nicht möglich.

Daher werden in der Regel bei geringer Energiezufuhr Flockungshilfsmittel zugesetzt. Dies sind überwiegend organische langkettige Polymere mit unterschiedlichen Ladungen, die die Aufgabe haben, die Mikroflocken zu größeren Flocken zu aggregieren.

Obwohl die Dichte der Flocken abnimmt, steigt die Sinkgeschwindigkeit auf Grund der größeren Teilchendurchmesser.

In Tabelle 5 sind die typischen Prozessschritte der Fällung und Flockung zusammengefasst und in Bild 10 wird ein Beispiel für eine 2-stufige Fällung gezeigt.

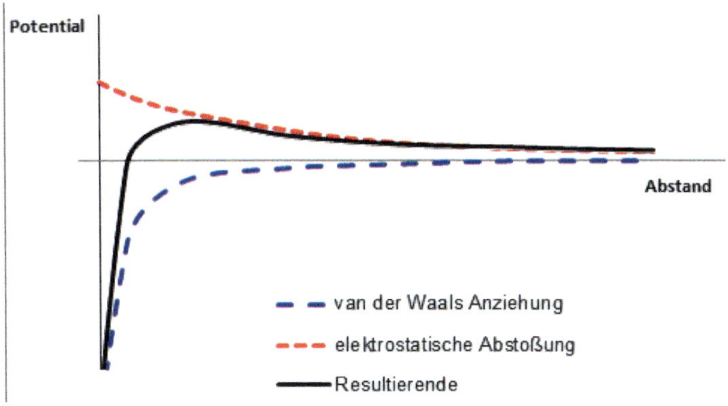

Bild 9: An der Oberfläche eines Teilchens wirkende Kräfte

Tabelle 5: typische Auslegungswerte für Fällung/Flockung/Sedimentation

Prozess	Vorgang	Energieeintrag	Verweilzeit
Dosierung und Einmischung des Flockungsmittels	schnelle, homogene Verteilung	hoch (turbulent) 50 – 200 W/m³	2 – 5 min
Entstabilisierung	Aufhebung abstoßender Oberflächenkräfte zwischen Teilchen und Kolloiden, Fällung gelöster Stoffe		
Mikroflockenbildung	Aggregation der entstabilisierten Teilchen und Kolloide zu kleinen Flocken	mittel 10 – 30 W/m³	10 – 60 min
Makroflockenbildung, ggfs. Zugabe von Flockungshilfsmitteln	Aggregation von Mikroflocken zu abtrennbaren Makroflocken	gering (laminar)	90 – 180 min

Bild 10: Zweistufige Fällung (1. Kalkmilch- und 2. Eisenfällung) eines Waschwassers der Gasreinigung einer Kupferverhütte [Ante et al. 2005]

3.2.1.5 Elektrolyse

Die treibende Kraft bei der Elektrolyse ist das angelegte elektrische Feld. Der Vorteil ist die Vermeidung einer Aufsalzung, die Nachteile sind der hohe Energiebedarf und die Empfindlichkeit gegenüber Störstoffen, insbesondere Feststoffen.

Mittels Elektrolyse werden überwiegend gelöste Metallkationen an der Kathode aus hochkonzentrierten Lösungen ausgeschieden und so zurückgewonnen. Auf Grund der hohen Prozessanforderungen und deren Kosten wird dieses Verfahren vornehmlich zur Rückgewinnung von Bunt- und Edelmetallen aus hochkonzentrierten Lösungen genutzt. So wird z. B. Kupfer aus Abwässern zurückgewonnen (Gl. 5).

$$Cu^{2+}{}_{(aq)} + 2e^- \rightarrow 2Cu_{(s)}$$

(Gl. 5)
Abscheidung von Kupfer

Die Anodenreaktion kann zur Rückoxidation von Metallkationen verwendet werden, um die aktive Oxidationsstufe darzustellen, so wird beispielsweise Cr(III) zum aktiven Cr(VI) zurückverwandelt [Rombach 2017]. Es handelt sich hierbei also eher um eine prozessintegrierte Badpflegemaßnahme zur Vermeidung von Abwasserströmen als eine Abwasserbehandlungsmaßnahme.

3.2.2 Physikalische Verfahren

3.2.2.1 Adsorption an Aktivkohle

Die Aktivkohlebehandlung ist eines der am häufigsten eingesetzten Abwasser(vor)behandlungsverfahren zur Entfernung von organischen Verbindungen, insbesondere von solchen mit aromatischer Struktur. Die Entfernung beruht dabei auf der Adsorption an Aktivkohle, die sich durch eine sehr hohe innere Oberfläche (häufig bis zu 1.000 m²/g), verteilt in einer weitverzweigten Porenstruktur unterschiedlichen Durchmessers, auszeichnet.

Die Porenstruktur wird durch die thermische Aktivierung von kohlenstoffbasierten Rohstoffen erzeugt, wobei die Basis zumeist Steinkohle oder Kokosnussschalen sind, und erstere als Agglomerate oder Direktaktivate angeboten werden. Die beladene Kohle kann dann thermisch reaktiviert und – unter Berücksichtigung eines gewissen Abbrandverlustes – wieder eingesetzt werden.

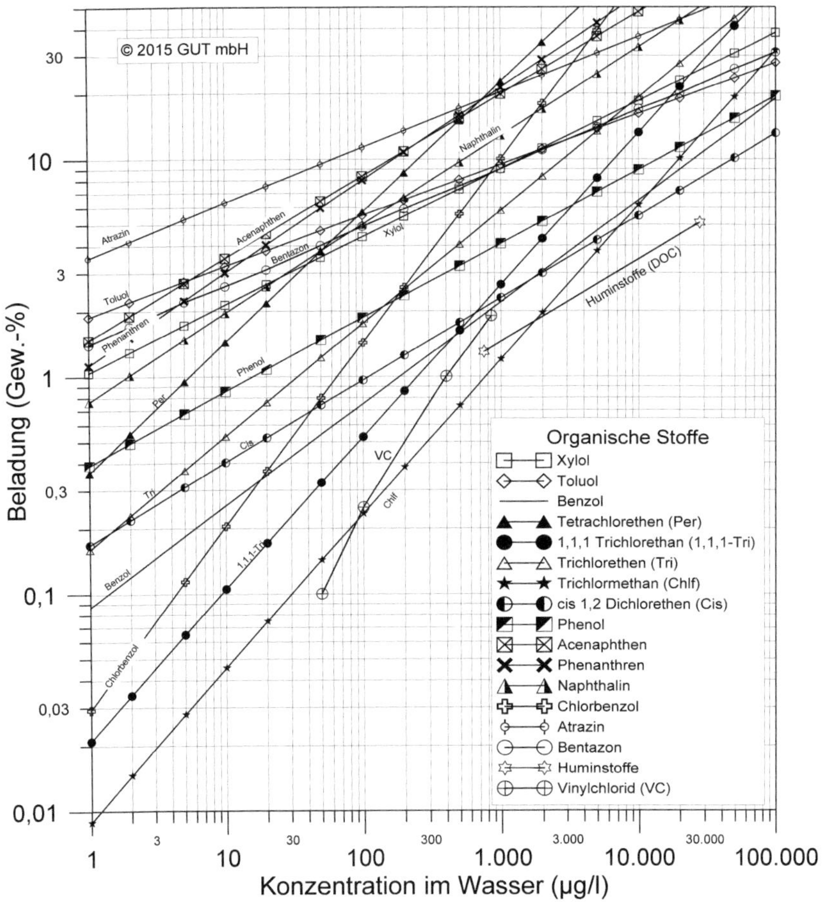

Bild 11: Adsorptionsisothermen verschiedener Reinstoffe (Quelle: GUT GmbH)

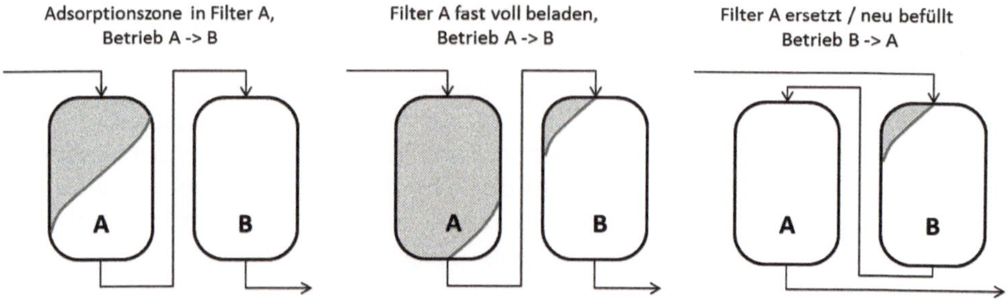

Bild 12: Konzentrationsprofile bei der Beladung von Aktivkohleadsorbern

Für die einfache Abwasserbehandlung in der Industrie ist der Typ der Aktivkohle häufig weniger entscheidend, hier erfolgt eine wirtschaftliche Optimierung. Für besondere Inhaltsstoffe oder bei Einsatz von Aktivkohle in Kreisläufen kann dagegen der Kohletyp über die Machbarkeit entscheiden. Dabei ist nicht nur die Adsorption, sondern auch die Elution möglicher Störstoffe (z. B. Eisen) aus der Aktivkohle relevant. Einfluss auf die Adsorption kann insbesondere auch der pH-Wert haben. So ist z. B. Phenol im Sauren und Neutralen gut, im Alkalischen dagegen schlecht adsorbierbar (da es dann anionisch als Phenolat vorliegt, $pK_S = 10$). Bei Anilin ist es umgekehrt, dieses liegt im Sauren protoniert ($pK_S = 5$) vor und ist daher nur im Neutralen und Alkalischen gut adsorbierbar.

Bild 13: Aufstellung eines mobilen Aktivkohleadsorbers (Quelle: DESOTEC)

Die Kosten sind stark von der erreichbaren Beladung und damit der Lage der Adsorptionsisothermen abhängig (Bild 11). Wenn, wie beispielsweise häufig in der chemischen Industrie der Fall, die Konzentration der zu entfernenden Inhaltsstoffe hoch ist, ist es von besonderer Bedeutung, das Verfahren so zu wählen, dass eine Beladung im Gleichgewicht zur Zulaufkonzentration erreicht wird. Pulveraktivkohle wird daher nur temporär oder bei Sonderabwasser eingesetzt. Für granulierte Aktivkohle wurden zwar vielfältige Sonderverfahren entwickelt, z. B. das Schwebe-/Wanderbettverfahren mit kontinuierlicher Regeneration eines Teilstromes [Mann et al. 2012], in der Praxis werden jedoch überwiegend klassisch von oben nach unten durchströmte Adsorber eingesetzt. Um eine hohe Beladung und zugleich niedrige Restkonzentrationen zu erzielen, erfolgt eine mehrstufige Installation. Dabei wird die Kohle des ersten Adsorbers, sobald diese voll beladen ist, gegen frische ausgetauscht, die dann aber als letzte in der Reihe geschaltet wird. Die vormals an zweiter Stelle befindliche, bereits teilweise beladene Aktivkohle kann somit noch weiter bis zum Gleichgewicht mit der Zulaufkonzentration beladen werden. Ideal ist die Auslegung, wenn der erste Adsorber gerade voll beladen ist, bevor der letzte durchbricht. Bild 12 zeigt schematisch das Prinzip und die entsprechenden Konzentrationsprofile in den Adsorbern.

Zunehmend werden die Adsorber nicht mehr fest installiert, sondern bestehen aus mobilen Einheiten, die mittels Tieflader transportiert werden. Die Aktivkohle wird mitsamt Adsorber geliefert und nach Beladung in diesem wieder zur Regeneration abtransportiert (Bild 13). Vorteil ist, dass das Aus- und Einspülen der Aktivkohle aus festen Adsorbern in Silowagen zum Transport entfällt. Die Wechselzeiten für einen Adsorber liegen im Bereich von lediglich einer Stunde. Zudem ist die Flexibilität hinsichtlich Verschaltung und Skalierbarkeit hoch. Nachteil ist die wegen des Straßentransports begrenzte Größe, wodurch ggf. die Installation mehrerer paralleler Linien erforderlich wird. Die größten Einheiten weisen eine Aktivkohlefüllung von 8 bis 9 t auf und sind für einen Durchsatz bis 100 m^3/h ausgelegt.

Wie die Ozonung wird Aktivkohle nicht nur zur Vorbehandlung, sondern auch zur finalen Reinigung von Abwasserströmen oder zur Nachreinigung eingesetzt.

Neben Aktivkohle werden eine Vielzahl weiterer Adsorbentien angeboten, die aber praktisch nur geringe Bedeutung haben. In Spezialanwendungen finden sich synthetische Adsorberharze (z. B. Lewatit® AF 5, Amberlite™ XAD™, Dowex OPTIPORE™), die zwar deutlich teurer als Aktivkohle sind, dafür aber besser vor Ort regenerierbar (z. B. mit Lösemittel oder Dampf).

3.2.2.2 Sedimentation

Die Sedimentation ist die bei weitem kostengünstigste Methode, um Feststoffe aus Abwasser abzutrennen. In der Abwasserreinigung werden daher erhebliche Anstrengungen unternommen, um Kontaminationen in Feststoffe zu überführen (s. Kap. 3.2.1.4) und sie anschließend unter Nutzung der Gravitation aus dem Wasser zu entfernen.

Es existieren viele verschiedene Bauformen, die der jeweiligen Trennaufgabe und den Platzverhältnissen angepasst sind. Voraussetzung ist eine genügend hohe Dichte und Größe der Feststoffe.

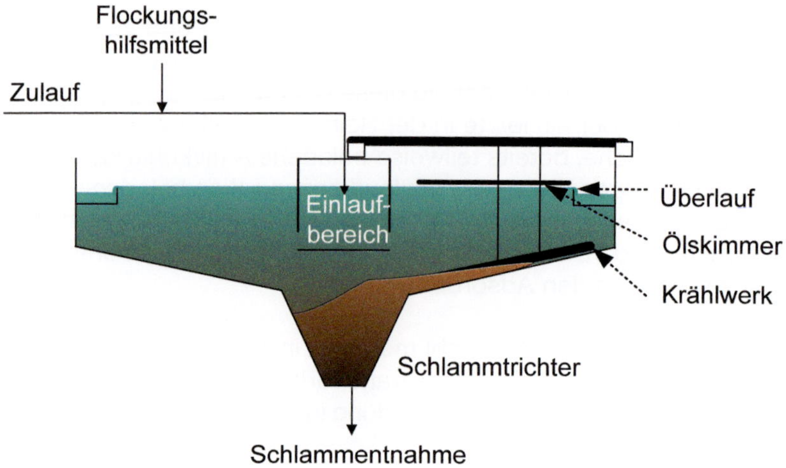

Bild 14: Prinzip eines Sedimentationsbeckens

Die Auslegung erfolgt nach der Oberflächenbelastung in m/h (Gl. 6), womit eigentlich $m^3/m^2/h$ gemeint ist:

$$v_s = \frac{\dot{V}}{A_0}$$

(Gl. 6)
Oberflächenbelastung

mit

v_S=Sinkgeschwindigkeit
$\dot{V}$=Volumenstrom Abwasser
A_0=Oberfläche

In der Horizontalen unterscheidet man den Einlauf- und den Trennbereich, die meist durch eine Trennwand voneinander abgegrenzt sind. Im Einlaufbereich wird häufig das Flockungshilfsmittel dosiert, im Trennbereich setzen sich die Feststoffe ab. Es schließt sich der Überlaufbereich an, über welchen das von Feststoffen entfrachtete Wasser das Sedimentationsbecken verlässt (s. Bild 14).

In der vertikalen Betrachtung werden an der Oberfläche oft Schwimmstoffe wie Öl oder Schaum abgetrennt, z. B. mittels Skimmer. Darunter folgt die Klarwasserzone, die die Zielkonzentration für die Feststoffe im Ablauf aufweisen soll. Darunter folgen die Trenn-, die (Schlamm-) Speicherzone und als letztes die Eindickzone, in welcher der abgesetzte Feststoff mittels Krählwerk oder Kettenräumer in die Räumzone transportiert wird, wo die abgetrennten Feststoffe in Form von Schlamm entnommen werden. Bei industriellen Anwendungen, vor allem bei Verwendung von Kalkmilch zur Fällung, muss auf die Pumpfähigkeit des Schlammes geachtet werden, da die Gefahr besteht, dass der Schlamm so stark kompaktiert, dass er nicht mehr abgezogen werden kann und die Schlammräumeinrichtung beschädigt wird. Auch auf den Schlammabzug ist in Bezug auf die räumliche Anordnung, die Ausbildung des Schiebers und die Abzugsintervalle – insbesondere im Unterschied zu Nachklärbecken von biologischen Stufen für die Abtrennung des Belebtschlamms – besondere Sorgfalt zu verwenden.

Die waagerechte Ausrichtung der Überlaufrinnen ist besonders wichtig, da ein gleichmäßiger Ablauf über die gesamte Länge gemäß Auslegung für die Funktionsweise entscheidend ist. Aus demselben Grund ist die Größe von Nachklärbecken limitiert, da bei großen Durchmessern über 60 m (max. 80 m) durch Windeinwirkung Wellen und Gefälle entstehen, die einem gleichmäßigen Ablauf entgegenstehen.

3.2.2.3 Flotation

Bei Störstoffen, die schlecht bzw. gar nicht sedimentieren, die Gasblasen bilden oder sogar aufschwimmen, empfiehlt sich die Stofftrennung über eine Flotation. Hierbei werden feine Gasblasen in das Abwasser eingebracht, die sich an die Störstoffe anlagern und deren Dichte soweit herabsetzen, dass sie sich an der Oberfläche sammeln und dort abgeschöpft werden können.

Folgende Mechanismen führen zum Aufschwimmen der Störstoffe:

- Anlagern von Gasbläschen an die Störstoffe,
- Einlagern der Gasbläschen in sich bildende Flocken,
- Gasbläschenentwicklung der Störstoffe (z. B. Kohlendioxid, Stickstoff oder Methan).

Je hydrophober der Störstoff ist, umso leichter lagern sich die Gasbläschen an. Damit eine hohe Trefferwahrscheinlichkeit von Gasbläschen und Störstoff erzielt wird und die einmal (ein-)gebundenen Gasbläschen sich nicht vom Störstoff trennen (in der Trennzone oder an der Oberfläche, wo ein feststoffbeladener Schaum entstehen soll), muss die Größe der Gasbläschen klein sein. Als Maximalgröße wird 100 µm angesehen, optimal sind 40 – 80 µm. Außerdem ist in der Strömungsführung jegliche Turbulenz zu vermeiden.

Zur Erzeugung der Gasbläschen hat sich weitgehend die Druck-Entspannungsflotation (DAF) durchgesetzt, bei welcher ein Teilstrom des gereinigten Wassers unter Druck mit Luft gesättigt und in das drucklose Flotationsbecken zurückgeführt wird, wo durch die Entspannung feine Gasbläschen entstehen.

Entscheidend für die Wirtschaftlichkeit einer Flotationsanlage ist die beste Kombination aus Luftaufsättigungsverfahren (Injektion im Druckkessel oder -rohr, Einblasen im Mischrohr oder Einsatz einer Mehrphasenpumpe) und eine strömungsoptimierte Geometrie des Flotationsbeckens.

3.2.2.4 Zentrifugalabscheidung mittels Hydrozyklon

Hydrozyklone sind statische Separatoren für Feststoffe und freie Öltröpfchen. Die treibende Kraft ist der Dichteunterschied zum Wasser. Es wird eine rotierende Strömung durch die tangentiale Einleitung des Zulaufs erzeugt, wodurch die schwere Fraktion aufgrund der Zentrifugalbeschleunigung an die Zyklonwand geschleudert wird und den sich verjüngenden Auslauftrichter als Unterlauf verlässt, während die leichtere Fraktion am Zyklonkopf als Oberlauf aus dem System austritt.

Feststoffe mit einem Durchmesser von 5 µm bis 0,5 mm können mittels Hydrozyklonen besonders energieeffizient abgeschieden werden, da die Trennwirkung lediglich einen geeigneten Druckverlust erfordert, das System verfahrenstechnisch einfach aufgebaut ist und teilweise keine separaten Antriebe erfordert.

In Bild 15 sind Anwendungsbeispiele zur Erhaltung eines aktiven Belebtschlamms zu sehen. So werden beispielsweise mittels Hydrozyklon die Gipspartikel in der aeroben Stufe einer Reinigungsanlage für Papierabwasser im Unterlauf abgeschieden, die sich in der biologischen Stufe anreichern, den Belebtschlamm beschweren und somit inaktivieren würden (Bild 15b).

3.2.2.5 Tiefenfiltration

Zur Abtrennung von Feststoffen, welche mittels Sedimentation oder Flotation auf Grund geringen Durchmessers oder Dichteunterschieds zum Wasser nicht wirtschaftlich abtrennbar sind, werden oft Raumfilter verwendet, bei welchen eine Packung – meist Sand oder Kies, welche auf eine Stützschicht verbracht sind – in dem Filtrationsapparat von dem zu reinigenden Abwasser durchströmt wird. Die Feststoffe dringen tief in das Filterbett ein und werden durch Adhäsion dem Wasserstrom entnommen. Hierbei werden die Strömungskanäle langsam kleiner, verschwinden aber nicht. Der Druckverlust steigt. Da die wirksame Filterfläche durch die innere Oberfläche sehr groß sein kann, können Raumfilter große Mengen an Feststoffen aufnehmen. Um eine wirksame Tiefenfiltration zu realisieren, ist die Auswahl der geeigneten Korngröße besonders wichtig. Ist die Korngröße zu klein, im Vergleich zu dem Durchmesser der abzutrennenden Feststoffe, lagern sich diese auf der Oberfläche ab und die Filtration wird dann zur Oberflächenfiltration.

Je nach Anzahl der Filterschichten unterscheidet man Ein- und Mehrschichtfilter, wobei letzterer durch die Stufung der Körnung Vorteile bei unterschiedlich großen

Bild 15a: Einzelner Hydrozyklon (Quelle: Aixprocess)

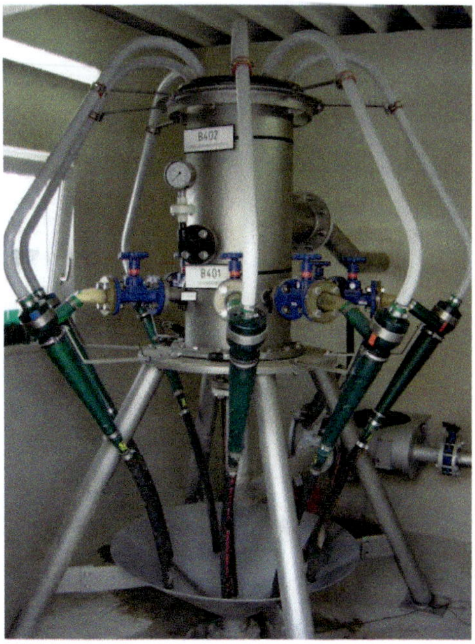

Bild 15b: Multizyklonbatterie [Ante et al. 2006]

Feststoffen hat. Filter können von unten nach oben, werden aber zumeist von oben nach unten durchströmt. Als Bemessungsgröße wird zumeist die Filtergeschwindigkeit in der Einheit m/h gewählt, womit $m^3/m^2/h$ gemeint ist.

Der große Vorteil der Tiefenfiltration ist neben der hohen Kapazität die Betriebssicherheit, da die Überladung nicht schlagartig erfolgt. Der Druckverlust steigt vielmehr langsam und kontinuierlich an. Eine Überladung kündigt sich durch eine zunächst geringe Trübung an, die in der Regel kontinuierlich ansteigt. Zudem ist ein solcher Filter vergleichsweise kostengünstig in der Investition und auch in den Betriebskosten.

Andererseits sind Feststoffe unter einer bestimmten Größe nicht mehr abtrennbar und die Filter müssen regelmäßig, spätestens bei Überschreiten eines festzulegenden Druckverlustes, rückgespült werden, um die Beladungskapazität wiederherzustellen. Dies erfolgt in der Regel in mehreren Schritten mit Luft und Wasser. Das Rückspülwasser mit den Feststoffen muss geeignet entwässert werden, um das Schlammvolumen weiter einzuengen.

In Bild 16 ist eine typische Anwendung zur Entfernung von Zunderpartikeln aus den großen Kühlkreisläufen von Stahlwerken zu sehen.

Bild 16: Tiefenfilter (Sand) zur Entfernung von Zunderpartikeln (Quelle: SMS group)

3.2.2.6 Membranfiltration

Für die industrielle Abwassereinigung haben sich Membranverfahren seit ihrer Einführung als wesentliche und vielfältig angewandte Technik etabliert. Dies liegt zum großen Teil daran, dass Wasser, welches für industrielle Zwecke das bei weitem am häufigsten eingesetzte Lösungsmittel ist, besonders gut mittels Membranverfahren aufbereitet werden kann.

Die hinreichend bekannten Membranfiltrationsverfahren bezeichnen physikalische, druckgetriebene Verfahren, die die Selektivität einer dünnen, feinporigen oder semipermeablen Membran, ausnutzen, um den Zulaufstrom in ein mit zurückgehaltenen Komponenten angereichertes Konzentrat und ein von diesen Komponenten abgereichertes Permeat oder Filtrat aufzuteilen. Bei der Passage durch die Membran werden die Komponenten nicht verändert.

Membranverfahren werden zumeist in Kombination mit anderen Verfahrensstufen angewandt. Vor allem Verfahren zur Feststoffabtrennung finden sich regelmäßig als Vorbehandlung, um die Belegung der Membranen zu unterbinden.

Oft werden unterschiedliche Membranverfahren zum Schutz der Membranen mit hohem Rückhaltevermögen kombiniert. In Bild 17 ist die Kombination einer Nanofiltration mit einer Umkehrosmose zu sehen.

Bild 17: Nanofiltration und Umkehrosmose zur Wasseraufbereitung einer Abfallanlage (Quelle: Wehrle Umwelt)

Wirtschaftlich am attraktivsten sind Anwendungen, in welchen beide Stoffströme wiederverwendet werden können. Die Wirtschaftlichkeit der alleinigen Rückgewinnung des Konzentrats ist naturgemäß vom Wert der hierdurch rückgewonnenen Wertstoffe abhängig.

Für Anwendungen mit dem Ziel der Rückgewinnung von gereinigtem Wasser sind Membranverfahren essenziell, das Filtrat bzw. Permeat stellt dann den werthaltigen Stoff dar. Die Wirtschaftlichkeit ist hierbei häufig schwierig darzustellen. Anders stellt sich die Situation dar, wenn Membranverfahren zur Erreichung von Ablaufgrenzwerten eingesetzt werden. Kritisch ist dabei allerdings das Erfordernis der Entsorgung des anfallenden Konzentrates.

Dies kann durch Einsatz weiterer Membranstufen reduziert werden, so wie Membranverfahren insgesamt häufig auch zur Einengung kostenintensiv zu entsorgender Schlämme bzw. Konzentrate eingesetzt werden.

Vorteile der Membranfiltration sind neben dem breiten Anwendungsspektrum der etablierte Stand der Technik sowie die hierdurch erzielte Betriebsstabilität.

Nachteilig sind die vergleichsweise hohen Membranersatzkosten wegen der häufig begrenzten Membranstandzeiten, sowie die Beeinträchtigung der Membranleistung durch die Wasserinhaltsstoffe. Die Mechanismen hierfür sind vielfältig und umfassen das Zusetzen der Membran durch verschiedene Wasserinhaltsstoffe (Fouling), die Ausfällung von anorganischen Komponenten auf der Membran (Scaling), sowie insbesondere die Ausbildung von Biofilmen (Biofouling). Dem wird begegnet durch chemische Konditionierung des Wassers sowie diverse Spül-, Rückspül- oder Reinigungsprozeduren. Letztendlich bedeutet es immer einen hohen Betriebsaufwand, um die Funktionalität der Membranen zu überwachen und zu erhalten.

Im Folgenden werden die wichtigsten Membranverfahren vorgestellt, für Sonderformen wie der Elektrodeionisation (EDI), Membranelektrolyse oder Pervaporation wird auf die Fachliteratur verwiesen.

3.2.2.7 Mikro- und Ultrafiltration

Diese beiden Verfahren, die durch den Einsatz von Porenmembranen gekennzeichnet sind, dienen der Abtrennung von Feststoffen, Kolloiden oder organischen Makromolekülen. Sie unterscheiden sich lediglich durch die Porenweite der Membranen. Typischerweise weisen Mikrofiltrationsmembranen Poren > 0,1 µm auf, Ultrafiltrationsmembranen kleinere bzw. Trenngrenzen zwischen 1.000 und 100.000 Dalton [Rautenbach 2013].

Beide werden in der Abwassereinigung sowohl als „Dead-end“- als auch als „Crossflow“-Filtration eingesetzt. Bei ersterer wird wie bei einer Kuchenfiltration der Zulauf gegen die Trennschicht gedrückt, so dass der sich aufbauende Filterkuchen zur Aufrechterhaltung der Filtrationsleistung zyklisch durch Rückspülen mit Filtrat (oder ggf. Luft) abgereinigt werden muss. Ein besonderer Einsatz der Dead-end-Filtration findet sich in den so genannten Membranbioreaktoren (s. Kap. 3.3.3), in denen die Biomasse mittels Ultra- oder Mikrofiltration im Reaktor gehalten wird, während das gereinigte Wasser nahezu feststofffrei den Reaktor verlässt.

Bei der Crossflow-Filtration hingegen werden die Membranen zwangsüberströmt, wodurch die Deckschichtbildung soweit wie möglich minimiert wird, um eine hohe Filtrationsleistung zu erzielen. Beispiele für deren Einsatz sind die Rückgewinnung von Farbpigmenten in der Textil- und Automobilindustrie sowie die Abtrennung von Stärkekörnern bei der Nahrungsmittelproduktion.

Beim Einsatz der Ultrafiltration zur Entfernung von Palmfetten und Ölen in der Metallverarbeitung ist das Ziel lediglich die Standzeitverlängerung des Entfettungsbades und die Einsparung von Entfettungsmitteln. Die Wiederverwendung eines Stoffstroms ist nicht vorgesehen.

3.2.2.8 Nanofiltration

Die Nanofiltration wird eingesetzt, um gelöste Moleküle mit einer Molmasse > 200 g/mol sowie zwei- oder höherwertige Ionen abzutrennen und als Konzentrat zu separieren, während das Wasser zusammen mit einwertigen Ionen durch die geschlossene Membran permeiert. Die Nanofiltration benötigt aus diesem Grund einen geringeren Druck als die Umkehrosmose und wird daher bevorzugt eingesetzt, wenn die Wertstoffe im Konzentrat verbleiben.

Die für die Nanofiltration typische ionenselektive Trennung wird beispielsweise zur Pflege und Standzeitverlängerung von Phosphatierungsbädern bei der Tauchlackierung von Automobilen genutzt. Das Konzentrat mit den Schwermetallen und Phosphat wird zurück in das Bad geführt, während das Permeat als Spülwasser wiederverwendet wird.

Eine interessante Anwendung ist die Abtrennung der Lignine aus der Sulfitablauge bei der Papierherstellung. Lignin ist nach Cellulose die häufigste organische Verbindung weltweit, es verleiht Holz seine Festigkeit und ist biologisch schwer abbaubar. Bei der Gewinnung von Papier ist Lignin ein Abfallprodukt und persistent sowohl bei der anaeroben als auch der aeroben Abwasserbehandlung. Mittels Nanofiltration lässt sich Lignin in hoher Reinheit aus dem Abwasserstrom am Anfallort als Sekundärrohstoff separieren. Zugleich wird die CSB-Fracht im Ablauf soweit gesenkt, dass hierdurch die Einleitbedingungen eingehalten werden können [Ante et al. 2009].

Auch in der Textilindustrie sind mehrere Anwendungen bekannt. Bei Textilwäschen kann das Permeat der Nanofiltrationsstufe als Frischwasser genutzt werden. Außerdem dienen Nanofiltrationsstufen der Entfärbung und Teilentsalzung von Abwasser.

3.2.2.9 Umkehrosmose

Die Umkehrosmose hält nahezu alle Wasserinhaltsstufen, ungelöste und gelöste, zurück. Lediglich das Wasser gelangt durch die Membran. Das Permeat ist daher durch hohe Reinheit charakterisiert, weswegen die Umkehrosmose sich empfiehlt, wenn Wasser aus weitgehend feststofffreien Abwasserströmen wiedergewonnen werden soll. Hier ist die Umkehrosmose das Standardverfahren, zumeist am Ende einer Verfahrenskette, die oft eine biologische Stufe und eine Mikro- oder Ultrafiltration enthält.

Besonders attraktiv ist die Aufbereitung von Spülwässern aus Aktivbädern, bei welchem neben der Wiederverwendung des Permeats als Spülwasser der elektrolythaltige Konzentratstrom recycelt wird. Einsatzgebiete sind die Pflege von Aktivbädern beim Kaltwalzen, bei der Metallveredelung und von Aktivbädern bei der Tauchlackierung.

Die Leistungsgrenzen bei der Umkehrosmose liegen unter anderem in der chemischen Beständigkeit der Membranen. Die ausschließlich verwendeten Polymere vertragen keine hohen Temperaturen oder Oxidantien. Sie sind auch in Bezug auf den pH-Anwendungsbereich eingeschränkt. Zudem ist die Gefahr von Scaling gegeben, d. h. dem Ausfällen von Salzen, deren Löslichkeitsprodukt durch Aufkonzentrierung vor allem an der Oberfläche der Membran durch Konzentrationspolarisation überschritten wird. Selbst bei der Verwendung von Antiscalantien ist der Einsatzbereich ab einer gewissen Salzkonzentration nicht mehr möglich. Auch der mit steigender Salzkonzentration ansteigende osmotische Druck limitiert den Einsatzbereich der Umkehrosmose auf Salzkonzentrationen bis maximal 10 %.

Ein Beispiel zur Rückgewinnung von Wasser aus dem Absalzwasser eines Kühlkreislaufes eines Warmwalzwerkes ist in Bild 18 dargestellt.

3.2.2.10 Elektrodialyse

Bei der Elektrodialyse werden die Ionen gemäß ihrer Ladung durch Kationen- bzw. Anionentauschermembranen mittels eines elektrischen Feldes voneinander getrennt. Die Membranen werden also von den geladenen Teilchen und nicht vom Wasser durchdrungen.

Bild 18: Pilotanlage mit Umkehrosmose zur Rückgewinnung von entsalztem Wasser aus einem Kühlkreislauf (Quelle: SMS group)

Die Ausgestaltung beruht dabei aus Stapeln von Anionen- und Kationenaustauschermembranen, wobei die Rohlösung in jeden Zwischenraum zwischen die Membranen eingeleitet wird. Die Kationenaustauschermembranen lassen die Kationen passieren und halten die Anionen zurück. Dementsprechend können Anionen die Anionenaustauschermembranen passieren, nicht aber die Kationen. Es resultiert hieraus alternierend ein salzangereicherter Konzentrat- und ein entsalzter Wasserstrom (s. Bild 19).

Das Verfahren ist namentlich in Galvanikbetrieben erprobt, hat einen sehr guten Wirkungsgrad und ist hochselektiv. Nachteilig sind die Störanfälligkeit, vor allem bei veränderlichen Konzentrationen, der hohe Wartungs-, Steuer- und Regelungsaufwand, sowie die hohen Betriebskosten.

3.2.2.11 Extraktion

Bei der Extraktion wird ein Stoff oder Stoffgemisch durch die höhere Löslichkeit in einem Extraktionsmittel aus dem Wasser entfernt. Dabei kann der Verteilungskoeffizient einiger Stoffe durch einen geeigneten pH-Wert (z. B. bei Phenolen und Aminen) oder durch eine chemische Reaktion (Reaktivextraktion) beeinflusst werden. Entscheidend für die Extraktion sind neben der hohen Löslichkeit der Zielsubstanzen im Extraktionsmittel eine geringe Löslichkeit desselben im Wasser sowie dessen leichte und vollständige Trennbarkeit, um eine Sekundärkontamination zu vermeiden. Die Trennung des Stoffs vom Extraktionsmittel erfolgt durch Phasentrennung und Destillation. Für Details sei auf die Fachliteratur verwiesen.

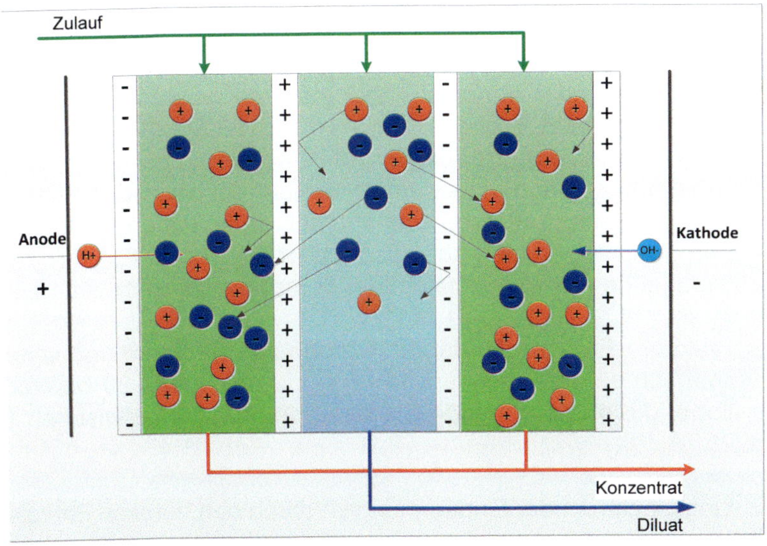

Bild 19: Prinzipskizze der Elektrodialyse

3.2.3 Thermische Verfahren

3.2.3.1 Destillation/Rektifikation

Dieses thermische Trennverfahren wird häufig zur Trennung von Lösemitteln und Wasser eingesetzt. Es sollte versucht werden, das Verfahren so zu führen, dass ein Wiedereinsatz des abgetrennten Leichtsieders erfolgt. Für Details sei auf die Fachliteratur verwiesen, z. B. [Deibele 1999].

3.2.3.2 Thermolyse/Hydrolyse

Verschiedene organische Verbindungen zersetzen sich bei höheren Temperaturen und geeigneten pH-Werten (zumeist alkalisch) und können so ihre Toxizität verlieren oder biologische Abbaubarkeit gewinnen. Typische Betriebsbedingungen sind Verweilzeiten von ein bis drei Stunden und Temperaturen von 150 – 320 °C, mit entsprechenden Drücken von 5 bis 120 bar. Die Temperaturhaltung erfolgt über Wärmerekuperation, Zulauf/Ablauf und Ausgleich der Temperaturdifferenz mittels Dampf (indirekt oder Direktdampfeinspeisung) bzw. Thermalöl sowie Ablaufkühlung (siehe Bild 20).

Bedingt durch die hohen Temperaturen/Drücke und Werkstoffanforderungen sind derartige Anlagen zumeist mit hohen Investitionen verbunden, im Betrieb dann aber für hohe Belastungen vergleichsweise günstig.

3.2.3.3 Verdampfung

In Fällen, in welchen eine Umkehrosmose auf Grund zu hoher Salzkonzentration nicht mehr geeignet ist oder aufgrund von stark sauren bzw. alkalischen pH-Werten nicht eingesetzt werden kann, wird zur weiteren Aufkonzentrierung eine Verdampfung eingesetzt. Hierbei wird das Wasser in der Regel bei Unterdruck an Wärmetauscherflächen verdampft und auf der anderen Seite der Wärmetauscher als Kondensat zurückgewonnen. Mehrstufigkeit und entsprechende Wärmerekuperation senken den spezifischen Energiebedarf. Alternativ kann zu diesem Zweck eine mechanische Brüdenkompression eingesetzt werden.

Die meisten Vakuum-Eindampfverfahren werden bei mäßigem und vergleichsweise wirtschaftlich zu erzeugendem Unterdruck bei etwa 120 bis 200 mbar betrieben, wobei die entsprechende Siedetemperatur dann zwischen 50 und 60 °C liegt.

Das Anwendungsspektrum der Eindampfung ist durch den höheren Energiebedarf auf die Fälle beschränkt, bei welchen Wertstoffe zurückgewonnen werden können oder in welchen die Ableitung von Abwasser unmöglich oder unerwünscht

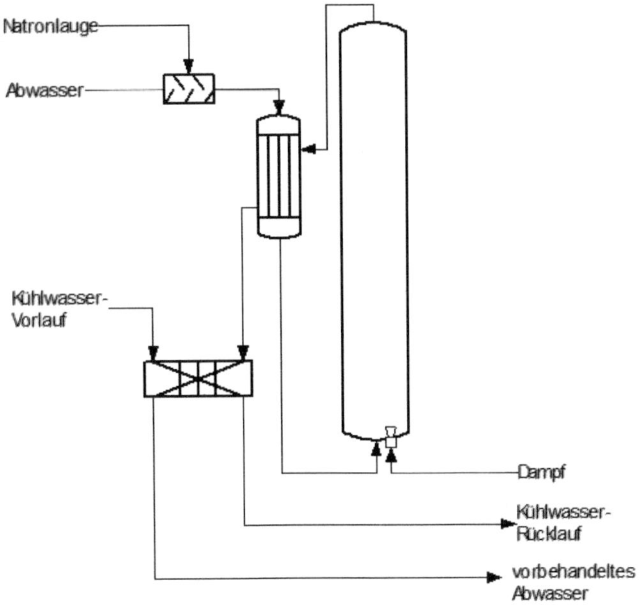

Bild 20: Verfahrensschema einer Thermolyse/Hydrolyse

ist (ZLD-Verfahren). Derzeit können ohne Verfügbarkeit bzw. Nutzung von Abwärme spezifische Energiebedarfe zwischen 15 (Spezialverfahren) und 50 (einstufige Anlage mit Brüdenkompression) kWh_{el}/m^3 Destillat erreicht werden.

Wirtschaftlich zwingend ist der Einsatz bei der Verzinnung in der Metallverarbeitung zur Erzeugung von Weißblech durch die Rückgewinnung des wertvollen Zinns. Das Kondensat kann gleichzeitig als Spülwasser wiederverwendet werden [Ante et al. 2019]. Eine großtechnische Anlage ist in Bild 21b gezeigt.

Die Eindampfung ist bei fast allen so genannten ZLD-Prozessen („zero liquid discharge") der letzte Verfahrensschritt hinter einer Umkehrosmosestufe. Ein Beispiel hierzu mit besonders energieeffizienten Wärmetauschern aus Kunststoff zeigt Abbildung 21a.

Die Vorteile der Verdampfung sind neben der üblicherweise hohen Qualität des Kondensats die universelle Einsetzbarkeit des Verfahrens. Schwierig ist der Einsatz allerdings bei volatilen Inhaltsstoffen, die zuvor entfernt werden müssen, da sie in das Kondensat gelangen. Das Verfahren ist beim Einsatz bei Abwässern mit vorwiegend anorganischen Inhaltsstoffen sehr robust, nur wenige Einflussparameter wirken sich auf den Betrieb aus. Zudem wird bei einem Bruch der Wärmetauscher – im Gegensatz zu Membranverfahren – nicht das Kondensat verunreinigt, sondern lediglich das Konzentrat verdünnt.

Bild 21a: Pilotanlage EVAP® mit Wärmetauscher aus Kunststoff (Quelle: Fa. Fontaine)

Bild 21b: Großtechnische Anlage zur Rückgewinnung von Zinn aus der Weißblechproduktion (Quelle: SMS group GmbH)

3.2.3.4 Strippung

Stoffe mit günstigem Verteilungskoeffizient Gas/Wasser können mit einem Strippgas, welches häufig Luft oder Dampf ist, aus dem Wasser entfernt werden. Bei der Luftstrippung muss der Abgasstrom dann behandelt und der Reststoff in der Regel entsorgt werden. Bei der Dampfstrippung, die auch als vereinfachte Destillation angesehen werden kann [Deibele 1999], ist dagegen häufig eine Rückgewinnung des Kondensats möglich. Eingesetzt wird die Strippung insbesondere für chlorierte niedermolekulare Lösemittel wie Dichlormethan, Tetrachlormethan, Dichlorethan oder Perchlorethen. Für Details sei auf die Fachliteratur verwiesen, z. B. [Schröter 1999].

Literatur

Ante, A.; Bröckl, R.; Schönbrunner, S.; Suárez, J.A. (2005): Production of marketable gypsum from waste weak acid - Saving of disposal space and costs, Proceedings - European Metallurgical Conference, EMC 2005 1, S. 439–54

Ante, A.; Schranz, D.; Wowros, T. (2006): Parallele Optimierung von zwei komplexen anaerob/aeroben Abwasserbehandlungsanlagen der Papierindustrie. Bremer Colloquium, Tagungsband B1-1, Bremen 9/2006.

Ante, A.; Ebrahimi, M.; Czermak, P.; Neul, H.; Hilpert, M.; Mund, P. (2009): A multi-stage membrane system for separation of residual lignin from bleaching effluents by UF/NF ceramic membranes, in Achema Congress proceedings, Frankfurt a. M.

Ante, A.; Brücher, P.; Kiessling-Romanus, J.; Wentzel, J.; Piezanowski, L.; Dubois, D.; Iosif, A.-M. (2019): Recycling of Water and Valuables in Steel Production, Chemie Ingenieur Technik, Vol. 91, 10/2019 S. 1353-1491 Blöcher, C. (2008): Mikrobenschmaus: Niederdruck-Nassoxidation macht aus schwer verdaulichen Substanzen leicht bekömmliche Organika. cav (chemie-anlagen + verfahren) 7/2008, S. 12 –13.

Cord-Landwehr, K. (2002): Einführung in die Abfallwirtschaft. Stuttgart, Teubner, S. 436 ff.

Deibele, L. (1999): Physikalische Verfahren der Abwassertechnik – Destillation und Rektifikation/Strippung (Kap. 9.2.1.2/3). ATV-Handbuch Industrieabwasser – Grundlagen. Ernst & Sohn Berlin, 4. Aufl., S. 223 – 416.

Dow (2016): Addressing Pressing Needs for Wastewater Treatment and Contaminant Removal. Anwendungsinformation Dow Water & Process Solutions.

ECHA (2010): Europäische Chemikalienagentur: Eintrag zu CAS-Nr. 1333-82-0 in der SVHC-Liste: https://echa.europa.eu/de/candidate-list-table?p_p_id=disslists_WAR_disslistsportlet&p_p_lifecycle=1&p_p_state=normal&p_p_mode=view&p_p_col_id=column-1&p_p_col_pos=2&p_p_col_count=3&_disslists_WAR_disslistsportlet_javax.portlet.action=searchDissLists&_disslists_WAR_disslistsportlet_casNumber=1333-82-0&_disslists_WAR_disslistsportlet_deltaParamValue=50&doSearch=true (abgerufen am 28.05.2019).

Kommer, T. (2008): Verfahrensentwicklung zur Schwermetallabscheidung durch selektive Fällung und Selektivionenaustauscher. Examicus Verlag, Stuttgart.

Maier, V. P. (2013): Vergleichsuntersuchungen zur Bestimmung von Cyanid im Kontext des Verzugs der Abwasserverordnung in Bayern. München, S. 7.

Mann, T.; Koglin, B.; von Kienle, H.; Wegmann, U.; Weisbrodt, W. (2012): Wastewater. 5. Physical Treatment. Ullmann's Encyclopedia of Industrial Chemistry. Wiley-VCH, S. 685 – 710.

Mauer, D. (2013): Die VE-Anlage. Miontec Consulting, Leverkusen.

Neils, B.; Graff, M.; Jancke, G. (2012): Verringerung des Chemikalieneinsatzes und des Abfallaufkommens bei der Reinigung galvanischer Abwässer. forum Abfallvermeidung VV-08. Berlin, Sonderabfallgesellschaft Brandenburg/Berlin mbH.

Neumann, S. (2004): Selektiv wirksame Verfahren in der Abwassertechnik – eine Übersicht. Vortrag Workshop Selektive Trenntechnik 7./8. Juni 2004, Bergkamen.

Neumann, S. (2009): Reinhaltung von Abwasser mittels Lewatit®-Ionenaustauschern und Adsorberharzen. Anwendungsinformation Lanxess AG.

Neumann, S. und Blöcher, C. (2011): Betriebs- und Investkosten von Abwassertechnischen Anlagen – Grundsätzliches zu Ursachen und Reduktionsmöglichkeiten. Tagungsband Industrietage Wassertechnik 2011, S. 57 – 67.

Paradowska, M. A. (2004): Tailored chemical oxidation techniques for the abatement of bio-toxic organic wastewater pollutants: An experimental study. Dissertation, Rovira i Virgili University.

Peters, R. W.; Ku, Y.; Battacharyya, D. (1984): Evaluation of Recent Treatment Techniques for Removal of Heavy Metals from Industrial Wastewaters. AICHE Symposium Series 81 (243), S. 165 – 203.

Rautenbach, R. (2013): Membranverfahren: Grundlagen der Modul- und Anlagenauslegung. 2. Auflage, Springer, Berlin.

Rombach, E. (2017): Verfahrensprinzipien und Prozesstechnik der Abwasserreinigung. Conference: 39. Metallurgisches Seminar des Fachausschusses für Metallurgische Aus- und Weiterbildung der GDMB: Prozesswasser, Abwasser, Kühlwasser, At Schlangenbad.

Schröter, J. (1999): Physikalische Verfahren der Abwassertechnik – Aufkonzentrierung durch die fluide Phasengrenze (Kap. 9.2.2). ATV-Handbuch Industrieabwasser – Grundlagen. 4. Auflage, Ernst & Sohn Berlin, S. 262 – 367.

Schwering, H.-U. (1999): Physikalische Verfahren der Abwassertechnik – Ionenaustausch (Kap. 9.2.3.2). ATV-Handbuch Industrieabwasser – Grundlagen. Ernst & Sohn Berlin, 4. Auflage.

Simmler, W. (2012): Wastewater, 4. Chemical Treatment. Ullmann's Encyclopedia of Industrial Chemistry. Wiley-VCH, Weinheim. doi: 10.1002/14356007.o28_o10.

3.3 Biologische Verfahren

Karl-Heinz Rosenwinkel

3.3.1 Einleitung

Organisch verschmutzte Industrieabwässer werden in der Regel biologisch behandelt, wobei in Abhängigkeit von Konzentration, Temperatur und Anforderungen sowohl anaerobe als auch aerobe Verfahren und Kombinationen aus beiden Verfahren eingesetzt werden – auch in Verbindung mit einer chemisch-physikalischen Behandlung. In diesem Abschnitt werden häufig eingesetzte aerobe und anaerobe Verfahren zur Industrieabwasserbehandlung sowie Erkenntnisse im Zusammenhang mit industrieller Abwasserbehandlung vorgestellt. Der wesentliche Vorteil von anaeroben Verfahren ist dabei, dass keine Belüftung erforderlich ist, dass deutlich weniger Überschussschlamm anfällt und aus dem Kohlenstoffgehalt des Abwassers Biogas produziert werden kann. Insofern wird an Stelle eines Energieverbrauchs für die Belüftung einer aeroben Biologie bei der anaeroben Behandlung energiereiches Biogas erzeugt. Der wesentliche Nachteil der anaeroben Verfahren ist, dass damit i. d. R. keine Reinigung auf Direkteinleiterqualität erfolgen kann und der Stickstoff im Ablauf als Ammoniumstickstoff erhalten bleibt. Im Folgenden werden zunächst Besonderheiten im Zusammenhang mit der biologischen Behandlung industrieller Abwässer aufgezeigt und anschließend aerobe und anaerobe Verfahren vorgestellt.

3.3.2 Besonderheiten und Probleme

Bei dem Einsatz von biologischen Verfahren sind einige Besonderheiten und Problemstellungen zu beachten, die maßgeblich für den Erfolg der Abwasserbehandlung sein werden. Dazu gehören:

- unterschiedliche Randbedingungen (pH-Werte und Temperaturen),
- störende, hemmende oder toxische Inhaltsstoffe:
  - Reinigungs- und Desinfektionsmittel,
  - Mineralsäuren (Schwefelsäure und Salpetersäure, insbesondere beim Einsatz anaerober Verfahren, Salzsäure auch im Hinblick auf Korrosionsgefahren),
- Stoßbeschickungen und Stoßbelastungen, Schichtbetrieb, Produktionsstörungen,

- Besonderheiten beim Abbau und der Belastung durch einseitig zusammengesetzte Abwässer, wie z. B. hohe Eiweiß- und Stickstoffbelastungen, Mangel oder Überschuss an Nährsalzen, hohe Kohlenhydrat- oder Fettbelastungen oder hohe Anteile an ungelösten Stoffen oder auch Salzen.
- Verschiedene Wirkstoffe und Desinfektionsmittel sowie die typischen Hemmkonzentrationen auf Belebungsanlagen sind in Tabelle 1 zusammengestellt [Kunz und Frietsch 1986].

Weitere Untersuchungen von Reinigungs-, Desinfektions- und Bandschmiermitteln haben gezeigt, dass der Einfluss auf den biologischen Abbau sowohl für aerobe als auch für anaerobe Verfahren untersucht werden muss, um Abbaustörungen zu vermeiden.

Bei Tensiden unterscheidet man [Brauwelt-Brevier 1993]:

- anionische Tenside (Seifen und Detergentien auf der Basis von Fettalkoholsulfaten oder Alkylbenzolsulfonaten),
- kationische Tenside (quaternäre Verbindungen oder höhermolekulare aliphatische Amine),
- amphotere Tenside.

Sollten Fette in höherem Maße bis in die Belebungsstufe gelangen, so kann sich die Zusammensetzung der Biomassen nachteilig verändern. Die Bildung von Schwimmschlamm, Schaum und flotierendem Schlamm (z. B. als Nocardia) kann die Folge sein. Bei Untersuchungen von industriellen Abwasserbehandlungsanlagen mit hohen Fettgehalten wurden bei Fettschlammbelastungswerten von $B_{TS} \approx 0{,}05$ kg Fett/kg TS · d noch keine Störungen festgestellt.

Einseitig mit Kohlenhydraten belastete Abwässer können in Belebungsanlagen Blähschlammprobleme zur Folge haben. Die Versorgung mit ausreichenden Nährsalzgehalten für aerobe Belebungsanlagen mit einem Verhältnis BSB/N/P von ca. 100/5/1 sollte im Einzelfall geprüft werden [Mudrack und Kunst 1988]. Verschiedene Untersuchungen haben auch bei deutlich geringeren Nährsalzanteilen keine Probleme ergeben [Rosenwinkel 1984]. Entscheidend für den Bedarf an Nährsalzen, aber auch an Mikro- und Makronährstof-

Tabelle 1: Desinfektionsmittel, Wirkstoffe und toxische Konzentrationen auf belebten Schlamm [Kunz und Frietsch 1986, erweitert]

Wirkstoff	Toxische Konzentration auf Schlamm
Formalin (35 %-ig)	0,005 %
QAV	0,001 %
Amphotensid	0,0005 %
Chlor	0,002 %
Aktivchlor	0,002 %
Jodophor	0,001 %
Wasserstoffperoxid	0,005 %

fen ist letztlich der abbaubare CSB und die daraus entstehende Biomasse. Für Anaerobanlagen gilt als grober Richtwert ein Verhältnis von CSB/N/P von ca. 800/5/1 [Mudrack und Kunst 1988].

Abhilfemaßnahmen, Bemessungshinweise und Gesamtkonzepte

Vermeidung von Stoßbelastungen durch Misch- und Ausgleichsanlagen:

Misch- und Ausgleichsbecken dienen der Vergleichmäßigung von Konzentrationsspitzen, pH-Wert-Stößen und Temperaturen sowie einem Mengen- und Frachtenausgleich zur kontinuierlichen bzw. azyklischen Beschickung der nachgeschalteten Anlage.

Bei organisch belasteten Abwässern – insbesondere der Lebensmittelindustrie – muss eine ausreichend dimensionierte Belüftung vorgesehen werden, da in jedem Fall ein biologischer Teilabbau der Abwässer eintritt. Der biologische Abbau kann wegen möglicher Geruchsprobleme nur bedingt über eine Drosselung der Luftzufuhr gesteuert werden. In dem Misch- und Ausgleichsbecken einer Brauerei wurde der Mengen- und Frachtausgleich – ohne Belüftung – erprobt, die Geruchsprobleme konnten durch die Einstellung eines hohen pH-Wertes und die vollständige Entleerung der Becken jeweils am Wochenanfang gelöst werden. Bei sehr warmen und proteinreichen Abwässern und längeren Aufenthaltszeiten oder Anlagen mit Schlammanreicherung ist die Gefahr einer Legionellenentwicklung nicht auszuschließen. Daher sollten Maßnahmen zur Vermeidung von Aerosolen berücksichtigt werden [Nogueira et al. 2016; Caicedo et al. 2016].

Reduktion von Blähschlammgefahren durch Einsatz von Selektoren:

Bei einseitig zusammengesetzten kohlenhydratreichen Abwässern besteht die Gefahr einer Blähschlammbildung in Belebungsanlagen mit dem damit verbundenen Schlammabtrieb. In vielen Fällen konnte dies durch den Einsatz von aeroben Selektoren behoben werden. Die Bemessung sollte so erfolgen, dass ausreichend Sauerstoff für die Adsorption und den Teilabbau des Substrates verfügbar ist und die Belastung des im Selektor behandelten Rücklaufschlamms durch eine Kaskadierung bzw. eine Teilstromzufuhr des Rücklaufschlamms eingestellt werden kann. Umfangreiche Untersuchungen und Bemessungshinweise zur Berechnung von Selektoren sind bei [Phan 2005] zu finden, eine überschlägige Dimensionierung nach dem Arbeitsblatt A 131 [DWA 2016] erfolgt mit einer CSB-Raumbelastung von 20 kg CSB/m^3 · d.

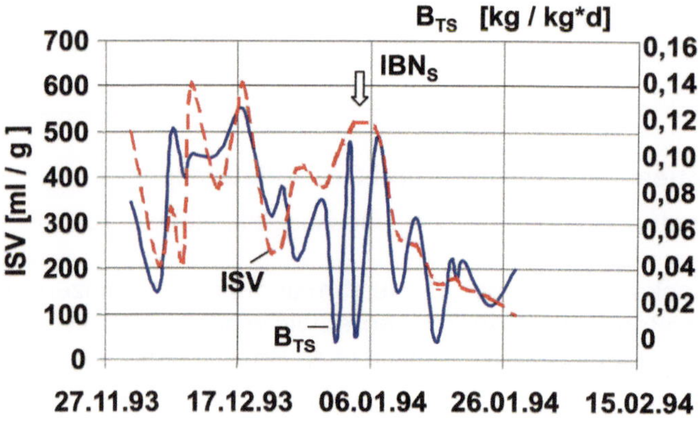

Bild 1: Veränderung des Schlammindexes und der Schlammbelastung nach Inbetriebnahme eines aeroben Selektors

Die Ergebnisse des Einsatzes eines Selektors für kommunale Abwässer mit einem hohen Anteil an Kartoffelabwasser zeigt Bild 1; nach der Inbetriebnahme des Selektors (IBN_S) verringerte sich der Schlammindex innerhalb kurzer Zeit von ursprünglich ca. 500 ml/g auf Werte kleiner 150 ml/g [Rosenwinkel 2018].

Gesamtkonzepte:

Bei der Konzeptionierung von Abwasservorbehandlungsanalgen ist die Betrachtung und Bewertung von Gesamtkonzepten, die sowohl die industrielle Vorbehandlungsanlage als auch die nachgeschaltete Abwasserbehandlungsanlage der Gemeinde in verfahrens- und wirtschaftlicher Sicht einbeziehen, notwendig. Insbesondere ist dabei dem Kohlenstoff/Stickstoff-Verhältnis Rechnung zu tragen. Nur durch die Bewertung von Gesamtkonzepten können gesamtwirtschaftliche und nachhaltige Systeme erarbeitet werden.

3.3.3 Aerobe biologische Verfahren

Die aeroben biologischen Verfahren werden im Folgenden nach dem Rückhalt der Biomasse in Verfahren mit suspendierter Biomasse, Verfahren mit sessiler Biomasse, Membranbioreaktoren und Verfahren mit Granularschlamm eingeteilt, dabei werden die für die Industrieabwasserbehandlung wesentlichen Kriterien benannt.

Aerobe Verfahren mit suspendierter Biomasse lassen sich in folgende Gruppen gliedern:

- Belebungsverfahren mit Luftsauerstoff,
- Belebungsverfahren mit Reinsauerstoff,

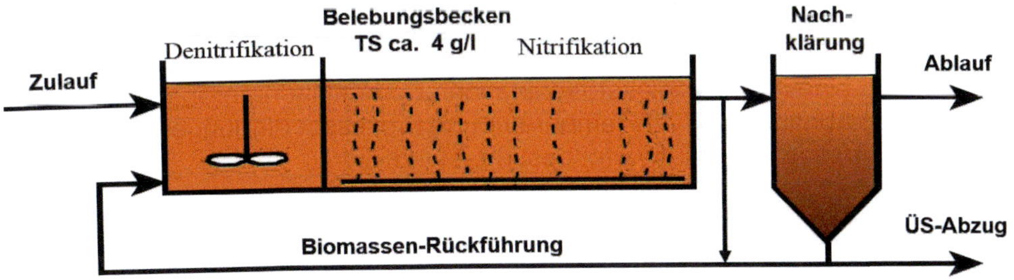

Bild 2: kontinuierlich betriebene Belebungsanlage mit vorgeschalteter Denitrifikation

- Belebungsverfahren mit besonderer Tiefe und Form der Reaktoren,
- Verfahren mit Batch-Betrieb (SBR),
- Verfahren ohne konventionelle Nachklärung (MBR).

Aerobe Belebungsverfahren:

Unter dem Begriff Belebungsverfahren versteht man die biologische Abwasserreinigung mit Hilfe von suspendierten Mikroorganismen (belebter Schlamm), die in der Lage sind Flocken zu bilden, zu sedimentieren und durch Rückführung im System angereichert werden können. Das Belebungsverfahren wurde 1914 von Ardern und Lockett in England entwickelt und ist heute wegen seiner Vielzahl von Bauformen und Verfahrensmöglichkeiten (Nitrifikation, Denitrifikation, biologische Phosphorelimination) das weltweit am häufigsten eingesetzte Verfahren zur biologischen Abwasserreinigung. Das kontinuierlich betriebene Belebungsverfahren besteht dabei aus dem Belebungsbecken, dem Nachklärbecken, der Rücklaufschlammführung und dem Überschussschlammabzug. Wenn in der Anlage auch Stickstoff eliminiert werden soll, ist eine Denitrifikationszone oder -zeit und bei einer vorgeschalteten Denitrifikation eine interne Rücklaufführung erforderlich (Bild 2).

Für die Bemessung von Belebungsanlagen im industriellen Bereich liegen keine allgemeingültigen Empfehlungen vor, da eine Verallgemeinerung aufgrund der unterschiedlichen Randbedingungen der Industrien nicht möglich ist. Als ersten Ansatz sollte man sich an den Erfahrungen anderer Industriebetriebe der gleichen Industriebranche orientieren. Beispiele von ausgeführten Belebungsanlagen für Industriebetriebe zeigen, dass Belebungsbecken häufig auf Schlammbelastungen von ca. 0,2 kg CSB/kg TS d ausgelegt werden, was auch der Vermeidung einer Blähschlammbildung geschuldet ist. Diese Auslegung ermöglicht bei Temperaturen über 15 °C zusätzlich zum weitgehenden Kohlenstoffabbau die Elimination der Stickstoffverbindungen und bei ausreichendem aeroben Schlammalter auch eine simultane Stabilisierung des Schlammes. Eine Bemessung kann sich an das Arbeitsblatt A 131 [DWA 2016; Rosenwinkel und Zwafink 2017; Rosenwinkel et al. 2018] anlehnen, wobei den veränderten Randbedingungen Rechnung getragen werden muss. Der Bemessungsansatz des A 131 beruht zunächst auf der Bestimmung eines für die Stickstoffoxidation erforderlichen aeroben Schlammalters, das in Abhängigkeit von Temperatur und Prozessbedingungen (Stickstoffspitzenbelastung und Ablaufwerte) bestimmt wird.

Aerobes Schlammalter:

$$t_{TS,aerob} = PF \cdot 3{,}4 \cdot 1{,}103(15 - T)\ [d] \qquad \text{(Gl. 1)}$$

Der Prozessfaktor PF liegt dabei je nach Überwachungswert für Ammonium und dem Spitzenfaktor für die Stickstoffbelastung zwischen 1,5 und 2,8; das zusätzlich erforderliche anoxische Schlammalter für eine Denitrifikation wird über die Sauerstoffbilanz (Angebot aus Nitrat im Vergleich zum Verbrauch über die heterotrophe Atmung) iterativ bestimmt.

Für die Größe der Reaktoren ist neben dem Schlammalter die tägliche Überschussschlammproduktion und der erzielbare Feststoffgehalt im Belebungsbecken entscheidend. Der gesamte Bemessungsansatz nach A 131 ist CSB-basiert und erfordert eine Fraktionierung des Zulauf-CSB in gelöste und ungelöste sowie abbaubare und inerte Fraktionen. Darüber hinaus ist der mineralische Feststoffanteil im Zulauf zu bestimmen, da er in die Feststoffbilanz eingeht. Über den Zulauf-CSB lässt sich die Bilanz mit dem erzeugten Überschussschlamm (ebenfalls als CSB bilanziert) und dem Sauerstoffbedarf (als CSB) schließen. Eine Übertragung dieses Berechnungsansatzes auf industrielle Abwässer erfordert eine Fraktionierung des Zulauf-CSB; dies stellt insofern eine Herausforderung dar, als darüber für industrielle Abwässer bisher wenige Erfahrungswerte vorliegen. Bei dem Ansatz des erreichbaren Trockensubstanzgehaltes im Belebungsbecken sollte der ggf. vorhandenen Tendenz zur Blähschlammbildung Rechnung getragen werden.

Tabelle 2: Randbedingungen und Grenzwerte für Belastung und Betrieb von aeroben Belebungsanlagen [(Rosenwinkel 1984]

Parameter	
pH-Werte	6,5 – 10 (4,5* – 10)
Temperatur	max. 30 – 35 °C
Fette	$B_{TS,Fett}$ < 0,05 bis 0,1 kg Fett/kg TS · d
Kohlenhydrate	BSB_5/N/P: 100/5/1 bis 100/2,4/0,5
Eiweißgehalte	Stickstoffelimination beachten

* bei organischen Säuren, wenn keine Korrosion zu befürchten ist

Grenzwerte für die Belastbarkeit des Belebungsverfahrens:

In der Tabelle 2 ist eine Übersicht mit Grenzwerten und Hinweisen für die Belastung von Belebungsanlagen mit verschiedenen Randbedingungen, bzw. Inhaltsstoffen zusammengestellt. Bei den pH-Werten ist zu beachten, dass organische Säuren biologisch abgebaut werden können und im Gegensatz dazu Mineralsäuren neutralisiert werden müssen. Bei der Einleitung von alkalischen Abwässern (Laugen) kann zur Neutralisation das in der Belebungsstufe gebildete CO_2 (22,2 mmol/g BSB_5-Abbau) genutzt werden [Mudrack und Doedens 1986].

Bei den Temperaturen müssen die Temperaturschwankungen und Grenzwerte in ihrer Auswirkung auf die Zusammensetzung der Biozönose beachtet werden. Die Grenzwerte für den mesophilen Bereich dürfen nicht verlassen werden (max. 30 bis 35 °C). Temperatur- und pH-Stöße stören das Abbauverhalten.

Die Temperatur beeinflusst die Reaktionsgeschwindigkeit, den Sauerstoffeintrag (Viskosität, Dichte, Sättigung) und das Abbauverhalten. Organisch hochbelastete Industrieabwässer haben häufig gleichzeitig erhöhte und schwankende Temperaturen.

Eine Temperatursteigerung erhöht die biologische Aktivität, ein besonderer Einfluss der Temperatur ist auf die Nitrifikation zu verzeichnen. Die maximalen Wachstumsraten betragen für Ammoniumoxidierende Bakterien (AOBs) [Kayser 1991]:

$$\mu_{max} = 0{,}47 \cdot 1{,}103(T - 15) \qquad \text{(Gl. 2)}$$

Zu berücksichtigen ist, dass bei erhöhten Temperaturen die Ammoniumoxidierer eine höhere Wachstumsrate als die Nitritoxidierer haben. Es können damit erhöhte Nitritwerte auftreten, was u. a. auch beim Einfahren von Belebungsanlagen häufig beobachtet wird.

Andererseits kann man diese Eigenschaften der Bakterien nutzen, um eine gezielte Nitritation mit anschließender anaerober Ammoniumoxidation zu betreiben. Dieses Verfahren wird auch als Deammonifikation bezeichnet und eignet sich insbesondere für kohlenstoffarme ammoniumhaltige Abwässer – z. B. aus einer anaeroben Vorbehandlung – um mit geringerem Energieaufwand und ohne zusätzliche Kohlenstoffdosierung Stickstoff zu eliminieren. Dazu wurden in den letzten 20 Jahren verschiedene Verfahren (ein- und zweistufig, mit und ohne Trägermaterial) entwickelt und großtechnisch zum Einsatz gebracht. Auf Grund der o. g. Vorteile und des geringeren Schlammanfalls – da keine C-Dosierung erforderlich ist – wird im industriellen Bereich mit einer weiteren Verbreitung dieser Verfahren gerechnet [Beier et al. 2012].

Bei höheren Temperaturen sinkt der Überschussschlammanfall bei sonst gleichen Randbedingungen (Schlammalter) in der Anlage. Besonders ist bei industriellen Abwässern der organische und mineralische Feststoffanteil im Zulauf zu beachten, beides wirkt sich deutlich auf die Überschussschlammbildung aus und unterscheidet diese dadurch von kommunalen Anlagen. Insofern ist für eine Berechnung des Überschussschlammanfalls die Fraktionierung des CSB und die Bestimmung der mineralischen Zulauffraktion zwingend erforderlich.

Membranbelebungsverfahren

Membranbelebungsverfahren bzw. Membranbioreaktoren (MBRs) sind seit den 1990er Jahren in verschiedenen Bereichen der kommunalen und industriellen Abwasserbehandlung im Einsatz, wobei zwischen getauchten und trocken aufgestellten Modulen unterschieden werden muss. Im Jahr 2002 waren ca. 130 Anlagen im industriellen Bereich im Einsatz, davon ca. 40 % als getauchte Anlagen. Die Membranen werden als Mikro- oder Ultrafiltrationsmembranen häufig in Platten- oder Hohlfasermodulen verbaut. Als Materialien sind heute überwiegend synthetische Polymermembranen, wie Polysulfon (PSU), Polyethersulfon (PES), Polyamid (PA), Polypropylen (PP), Polyvinylidenfluorid (PVDF) sowie Polyacrylnitril (PAN) und auch anorganische Membranen im Einsatz [Engelhart 2017; Cornel 2014].

Im Folgenden werden zunächst einige für die Leistungsfähigkeit von Membrananlagen genutzte Begriffe sowie Kenn- und Bemessungsgrößen kurz zusammengefasst dargestellt [DWA 2007].

Als Flux oder spezifischen Fluss bezeichnet man den Fluss Q_{mem} (pro Zeiteinheit anfallende Permeatmenge) bezogen auf die zur Verfügung stehende Membranfläche A_{mem}:

$$\dot{v}_P = \frac{Q_{mem}}{A_{mem}} \qquad \left[\frac{L}{m^2\,h}\right] \qquad \text{(Gl. 3)}$$

Dabei unterscheidet man zwischen dem Brutto- und Nettoflux, da zur Deckschichtkontrolle Filtrationspausen und Rückspülzeiten berücksichtigt werden müssen [Thieming 2011]. Der Nettoflux ist als der Fluss über den gesamten Zeitraum inkl. Filtrationspausen definiert.

Der Transmembrandruck (TMP = TransMembrane-Pressure) ist definiert als die zwischen Feed und Permeatseite der Membran anliegende Druckdifferenz.

Die Permeabilität einer Membran ist ein Maß für ihre Durchlässigkeit. Sie ergibt sich aus dem Quotienten von spezifischem Permeatfluss und TMP:

$$L_P = \frac{\dot{v}_P}{TMP} \quad \left[\frac{L}{m^2\ h\ bar}\right] \qquad \text{(Gl. 4)}$$

Der Filtrationswiderstand beschreibt den Stofftransportwiderstand durch das System Membran/Membrandeckschicht und ist der Kehrwert der Permeabilität.

Membranverfahren sind durch die hydraulisch sensible Situation der Spitzenlastauslegung an dauerhaft gute Filtrationsleistungen gebunden, dies kann durch Fouling- und Scaling-Prozesse gestört werden.

Unter Fouling versteht man die Anlagerung organischer Substanzen aus dem belebten Schlamm an die Membran, die dann zu einer langfristigen Abnahme der Permeabilität der Membran führt. Die Fouling verursachenden Substanzen können sich dabei an bzw. in den Membranporen anlagern und zu einer vollständigen oder teilweisen Porenverblockung führen oder sich auf der Membranoberfläche anlagern und dort eine Deckschicht/Gelschicht (Biofilm) bilden.

Das Problem des Fouling wird durch den Membranbetrieb kontrolliert. So werden z. B. Filtrationspausen eingelegt und Rückspülungen der Membranen vorgenommen, sofern die Membranen dazu geeignet sind. Bei getauchten Systemen, die direkt in die Belebung oder in ein externes Filtrationsbecken eingehängt werden, erfolgt die Deckschichtkontrolle durch Lufteintrag am Fuß der Membranmodule. Dadurch wird eine Querströmung (Crossflow) zur Membran erzeugt, die das Wasser-Schlamm-Gemisch aus dem Modul austrägt und die Deckschicht kontrolliert. Weiterhin wurde die mechanische Abreinigung von Membranen mit Hilfe von abrasiven Materialien erfolgreich erprobt. Eingesetzt wurden bislang beispielsweise inerte Kunststoffgranulate [Borchmann 2011; Siembida-Lösch 2011, Krause et al. 2010].

Unter Scaling versteht man die Anlagerung anorganischer Abwasserinhaltsstoffe an die Membran. Scaling kann ebenfalls eine dauerhafte Permeabilitätsabnahme der Membran zur Folge haben und entsteht durch Ausfällungen von zuvor gelösten anorganischen Verbindungen (z. B. Calcium).

Strategien zur Vermeidung von Scaling liegen in der Reduzierung bzw. Elimination von Scaling-relvanten Stoffen z. B. durch Ionenaustauscher oder die Zugabe sog. „Anti-Scalants". Als letzte Möglichkeit können infolge von Scaling gebildete Deckschichten mit Hilfe einer chemischen Membranreinigung entfernt werden.

Bei dem Membranbelebungsverfahren erfolgt die Trennung des Schlamm-Abwasser-Gemisches physikalisch durch die unterschiedliche stoffspezifische Durchlässigkeit der Membran. Das zugeführte Gemisch (Feed) wird durch die Membran in das gereinigte Abwasser (Permeat bzw. Filtrat) und den zurückgehaltenen

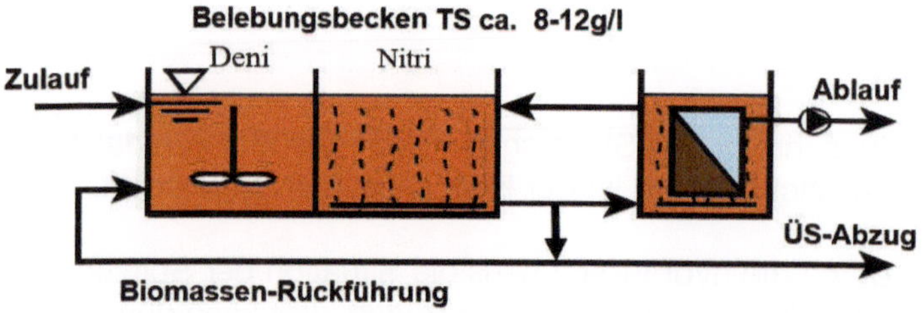

Bild 3: Fließbild MBR-Anlage

Schlamm (Retentat bzw. Konzentrat) getrennt. Die treibende Kraft für das Trennverfahren stellt der Transmembrandruck dar [Melin und Rautenbach 2007].

Ein wesentliches Ziel des MBRs ist der Ersatz der Nachklärung und der vollständige Rückhalt von Feststoffen (Bild 3). Weiterhin kann ein höherer Feststoffgehalt in der Belebungsstufe gefahren werden, wodurch ein kleineres Volumen als bei einer herkömmlichen Belebung möglich ist [DWA 2007]. Der Einsatz einer Mikro- bzw. Ultrafiltration im Ablauf einer Nachklärung oder eines SBRs ist jedoch ebenfalls möglich, im Falle des SBRs auch erprobt.

In einer konventionell betriebenen Belebungsanlage liegt der TS-Gehalt zwischen 3 und 5 kg/m^3, Membranbelebungsanlagen dagegen werden typischerweise mit 8 bis zu 12 kg TS/m^3 betrieben, wobei höhere TS-Gehalte i. d. R. zu einem schlechteren Sauerstoffeintrag führen.

Das Filtrat ist praktisch feststofffrei, wenn im Bereich der Mikro- oder Ultrafiltration (MF/UF) gearbeitet wird. Die Reduktion von gelösten Wasserinhaltsstoffen ist nicht den Trenn- und Rückhalteigenschaften der Membran zuzuordnen, sondern erfolgt durch biologischen Abbau innerhalb des Reaktors. Neuere Erkenntnisse zeigen außerdem, dass auch in der Deckschicht der Membran selbst ein biologischer Abbau stattfindet [Martinez-Soza et al. 2012]. Im Zusammenhang mit der Erhaltung des Fluxes kommt einer Rückspülmöglichkeit der Membranen ebenfalls entsprechende Bedeutung zu.

Eine Membranreinigung ist erforderlich, um einem Rückgang des Flusses bzw. der Permeabilität entgegenzuwirken bzw. bei zurückgegangener Filtrationsleistung die Permeabilität der Membran wieder zu erhöhen. Dabei werden von den Membranherstellern verschiedene Techniken mit integrierten Rückspülungen – soweit die Membran rückspülbar ist – mit und ohne Chemikalieneinsatz – im Becken („in situ“) oder an der Luft („on air“) angeboten.

Der Einsatz von MBRs an Stelle von herkömmlichen Belebungsverfahren ist überall dort gegeben, wo die Nachklärung auf Grund des Flächenbedarfs oder einer nicht gegebenen Abtrennbarkeit der Schlämme nicht zum Einsatz kommen kann oder wo ein feststofffreies und auch weitgehend von Krankheitskeimen gereinigtes Wasser z. B. für eine Aufbereitung zur Wiederverwertung erzeugt werden soll.

Die Bemessung von MBRs erfolgt hydraulisch über den erzielbaren Netto-Flux und die daraus zu errechnende Membranfläche. Hierbei spielt die Temperatur und die Zusammensetzung des Abwassers eine entscheidende Rolle. Der Ansatz eines Fluxes in Höhe von z. B. 15 bis 20 $l/m^2 \cdot h$ ist ohne genaue Kenntnis der Abwassermatrix und großtechnischer Erkenntnisse aus direkt vergleichbaren Abwasserbehandlungsanlagen ohne Durchführung von Versuchen nicht zu empfehlen. Für die Bemessung des Belebungsbeckenvolumens können die gleichen Ansätze über das Schlammalter wie beim konventionellen Belebungsverfahren gewählt werden. Berücksichtigt werden muss jedoch die kürzere hydraulische Verweilzeit wegen der höheren Feststoffgehalte sowie der Sauerstoffgehalt im rückgeführten Konzentrat (Schlamm).

Sequencing-Batch-Reaktor (SBR)

Bei dem SBR-Verfahren handelt es sich um ein diskontinuierlich betriebenes Verfahren mit suspendiertem belebtem Schlamm. Dabei werden ein oder mehrere Becken im Takt befüllt, belüftet, gerührt, sedimentiert und dekantiert (Bild 4). Ein separates Nachklärbecken und eine Rücklaufschlammführung sind nicht erforderlich. Insbesondere für kleine Industriebetriebe kann dieses System Vorteile im Hinblick auf Investitionen und den Betrieb haben [Carozzi 2017].

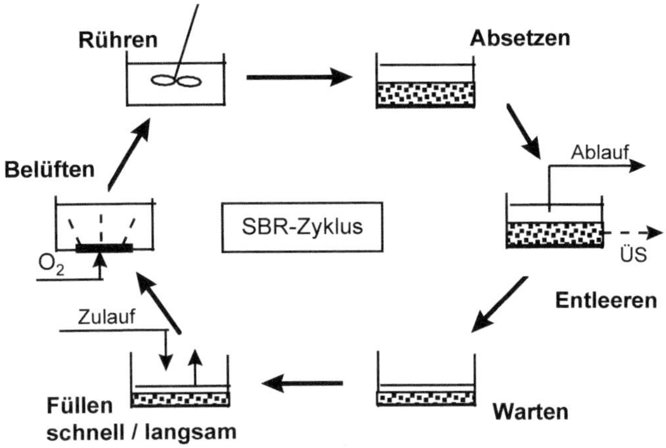

Bild 4: Zyklen eines SBR-Verfahrens nach DWA M 210

Die Bemessung des SBR-Verfahrens kann nach dem Arbeitsblatt M 210 [DWA 2009] erfolgen. Für den biologischen Teil erfolgt diese nach dem erforderlichen Schlammalter, zusätzlich muss ein hydraulisch dimensioniertes Austauschvolumen bemessen werden, welches pro Takt einmal ausgetauscht werden muss. Neben den SBRs werden ähnliche Verfahren mit konstantem Wasserspiegel und z. B. einer taktweisen Umkehr der Fließrichtung (z. B. MSBR oder Unitank) angeboten. Auch dabei ist keine separate Nachklärung erforderlich, da die Becken ihre Funktion (Belüftung, Sedimentation, Abzug Klarwasser) kontinuierlich wechseln.

Aerobe Granular

Der Einsatz von granuliertem Schlamm ist aus der anaeroben industriellen Abwasserbehandlung seit langem bekannt. Für die aerobe Behandlung gehört das Verfahren zu den neueren Verfahren. Der Vorteil des Einsatzes von aeroben Granular ist zum einen die Erhöhung der Biomassendichte und damit einhergehend eine Verkleinerung des erforderlichen Volumens im Vergleich zum Belebungsverfahren. Zum anderen ist die Biomasse sehr gut absetzbar, so dass der Rückhalt im Reaktionsbecken erfolgen kann und keine separate Nachklärung erforderlich ist. Für die Bemessung von aeroben Granularverfahren sind noch keine allgemeingültigen Regeln oder Vorgaben vorhanden. Diese müssen mit dem garantiegebenden Anbieter des Verfahrens (z. B. Nereda) im Einzelfall festgelegt und ggf. durch Versuche verifiziert werden.

Stickstoffelimination durch Nitritation/Denitritation oder Deammonifikation

Bei den Verfahren der Stickstoffelimination sind Abwässer oder Teilströme mit hohen Stickstoffgehalten und geringen Kohlenstoffgehalten (schlechte C/N-Verhältnisse) von besonderem Interesse. Der klassische Weg der Nitrifikation/Denitrifikation über eine vollständige Nitratbildung und anschließende Nitrifikation benötigt ein C/N-Verhältnis von ca. 6 und einen Sauerstoffbedarf bei vollständiger Denitrifikation theoretisch > 1,7 kg O_2/kg NH_4 -N.

Eine Alternative dazu bietet die Nitritation und Denitritation, die den Stickstoff nicht vollständig bis zum Nitrat oxidiert, sondern nur bis zum Nitrit oxidiert und wieder reduziert. Der Sauerstoffbedarf für die Nitritation ist bei ca. 75 % der vollständigen Nitrifikation, die maximal zurückzugewinnende Sauerstoffmenge aus dem Nitrit ist entsprechend geringer, so dass die Bilanz der klassischen Nitri/Deni vergleichbar ist. Wesentlich günstiger ist jedoch der Kohlenstoffbedarf für die Denitritation. Hier haben Versuche stabile Betriebsergebnisse mit ca. 60 % des Kohlenstoffbedarfs einer Denitrifikation ergeben [Abeling 1994].

Wesentlich bessere Ergebnisse im Hinblick auf Energie- und Schlammbilanz lassen sich mit der Deammonifikation erreichen, hier werden ca. 50 % des Ammo-

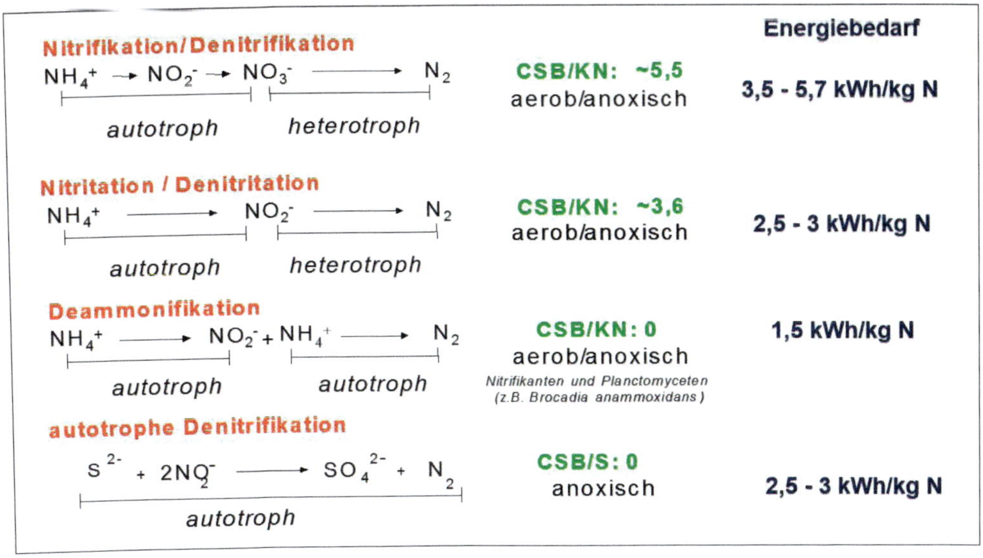

Bild 5: Verfahrensmerkmale zu alternativen Verfahren der Stickstoffelimination [Rosenwinkel und Zwafink 2018]

niums zu Nitrit oxidiert und der Rest des Ammoniums wird mit dem gebildeten Nitrit anaerob – ohne Sauerstoff – mit autotrophen anaeroben Ammoniumoxidierern (Planktomyceten) zu elementarem Stickstoff oxidiert. Der Vorteil dieses Verfahrens ist, dass sehr wenig Energie für die 50 %-ige Oxidation zu Nitrit und kein Kohlenstoff benötigt wird, daher auch wenig Schlamm anfällt (Bild 5). Bei der Gesamtbilanz muss berücksichtigt werden, dass etwa 10 % des Ammoniums zu Nitrat oxidiert werden. Über die Beseitigung von Ammoniumstickstoff durch nitrifizierende Ammoniumoxidierer wurde von [Bock et al. 1994] berichtet. Das Verfahren wurde großtechnisch bei der biologischen Sickerwasserbehandlung mit Tauchkörpern unter den Bedingungen eines geringen Sauerstoffgehaltes im Becken und einer geringen Substratzufuhr beobachtet [Hippen et al. 1999]. Bei hohen Sulfid- und Ammoniumgehalten im Abwasser, z. B. nach einer anaeroben Vorbehandlung, kann als Alternative zur Nitrifikation und Denitrifikation auch die autotrophe Denitrifikation mit der Sulfidoxidation gekoppelt werden, eine erfolgreiche Umsetzung konnte mit der Behandlung anaerob vorbehandelter Hefeabwässer gezeigt werden [Rosenwinkel et al. 2018].

Seit den ersten Beobachtungen dieses Stoffumsatzes und der eingesetzten Verfahren wurde eine Vielzahl von großtechnischen Anlagen im Bereich der Teilstrombehandlung von Schlammwässern im kommunalen Bereich und von industriellen

Abwässern nach einer anaeroben Vorbehandlung erstellt. Es wurden unterschiedlichste Ausführungen des Verfahrens mit und ohne Trägermaterial in ein- und zweistufigen Ausführungen erstellt. Der Rückhalt der Biomasse ohne Trägermaterial erfolgt dabei im Batchbetrieb, mit konventionellen Nachklärern oder mit Hydrozyklonen. Für einige Abwässer wurden Hemmungen des Prozesses beobachtet; insbesondere bei Langzeiteffekten lassen sich diese Hemmungen nur durch längere kontinuierliche Versuche ermitteln. Weiteres Potenzial für den Einsatz dieser Verfahren wird im Bereich der sticktoffhaltigen Industrieabwässer sowie nach deren anaerober Vorbehandlung gesehen.

Biofilmverfahren

Biofilmverfahren werden sowohl bei der aeroben als auch bei der anaeroben industriellen Abwasserreinigung eingesetzt und haben im Vergleich zu den Belebungsverfahren folgende Vorteile:

- höherer Gehalt an Mikroorganismen im Reaktor,
- langsam wachsende Mikroorganismen (z. B. Nitrifikanten) können im Biofilm angereichert werden,
- zusätzliche Phasentrennung zur Rückführung von Biomasse entfällt,
- sessile Mikroorganismen können sich besser an das Milieu anpassen;

und folgende Nachteile:

- schlechte Pufferung von Mengen- und Konzentrationsstößen,
- Anfälligkeit gegen Verstopfung, Spülkraft erforderlich,
- Diffusion von Sauerstoff erfordert bei getauchten Biofilmen höhere O_2-Konzentration (meist 4 – 6 mg/l, statt 2 mg/l z. B. beim Belebungsverfahren).

Die Biofilmverfahren lassen sich in Anlehnung an die Arbeitsgruppe IG-5.6 „Biofilmverfahren“ der [ATV-DVWK 2004] wie folgt einteilen:

- Festbettreaktoren
  - Tropfkörper, getauchte Festbettreaktoren,
  - Biofilter, biologische Filter,
- Rotationstauchkörper
  - Walzentauchkörper, Scheibentauchkörper,
- Verfahren mit frei beweglichen Aufwuchskörpern
  - Schwebebettreaktoren, Wirbelbettreaktoren,
- Kombinierte Verfahren (Biofilm und Belebung).

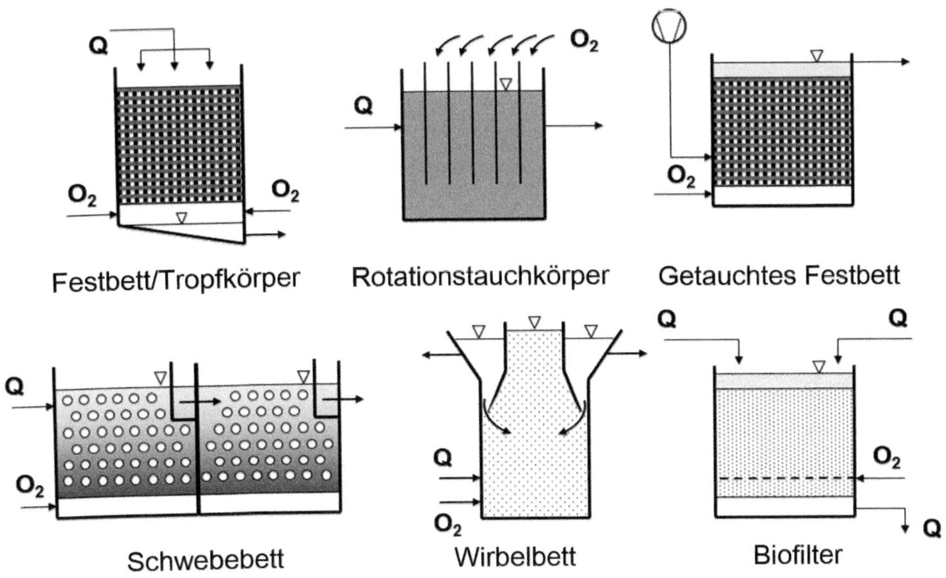

Bild 6: Wesentliche Merkmale für Beschickung und Betrieb von aeroben Biofilmverfahren

Eine Übersicht mit den wesentlichen Merkmalen der Beschickung und der Belüftung zeigt Bild 6 für ausgewählte Verfahren.

Als Träger für den Biofilm kommen als Materialien je nach Verfahren Kunststoffe (PVC, PE), Kiese, Sinterglas, Anthrazit, Schiefer, Koks, Basalt und Quarzsand mit Körnungen von 0,5 – 4 mm (Ausnahme Tropfkörper bis 80 mm) und spezifischen Oberflächen von ca. 70 bis 200 m^2/m^3 bei Festbetten und bis zu 6.000 m^2 bei Wirbelbetten zum Einsatz (Ausnahme: Sinterglas bis zu 30.000 m^2/m^3) [ATV-DVWK 2004 und 2006].

Die Zahl der großtechnisch in Industriebetrieben im Einsatz befindlichen Biofilmanlagen liegt bei ca. 150, wovon die meisten als Tropfkörper und danach folgend als kombinierte Verfahren und als Biofilter ausgeführt sind [Barjenbruch 2017].

Biofilmreaktoren werden in der Regel nach einer vorgegebenen Flächen- oder Raumbelastung bemessen. Die [DIN 19557 2004] unterscheidet zwischen der theoretischen Oberfläche und der wirksamen Oberfläche des Füllmaterials sowie der biologisch aktiven Oberfläche. Die auf die theoretische Oberfläche bezogene Flächenbelastung wird dabei wegen der einfachen Ermittlung in der Praxis als Bemessungsparameter verwendet [ATV-DVWK 2001 und 2004]. Die Größenordnungen der Belastungen liegen je nach Verfahren für die Nitrifikation bei 1,0 bis

1,6 gN/m² · d, bei Schwebebettverfahren bis zu 3,4 g N/m² · d [Barjenbruch 2017]. Die vorherige Kohlenstoffoxidation ist dabei zu berücksichtigen. Ebenso ist die Limitierung durch die Diffusion des Sauerstoffs in den Biofilm ein wesentliches Kriterium für die maximale Umsatzleistung von getauchten Systemen. Weiterhin ist für eine ausreichende Spülkraft – insbesondere bei hochbelasteten Tropfkörpern – zu sorgen, um Verstopfungen zu vermeiden; gleiches gilt für die Behandlung von Abwässern mit hohen Feststoffgehalten. Bei Tropfkörpern muss evtl. mit Ausfällungen auf dem Trägermaterial gerechnet werden, wenn sich z. B. durch Ausgasung von Kohlendioxid das Kalk-Kohlensäure-Gleichgewicht verschieben sollte. Im Zusammenhang mit der Gefahr einer Legionellenbildung bei der aeroben Behandlung verschiedener industrieller Abwässer sollten entsprechende Kontrollen und ggf. Maßnahmen zur Vermeidung einer Aerosolbildung auch bei Tropfkörpern durchgeführt werden [Caicedo et al. 2016].

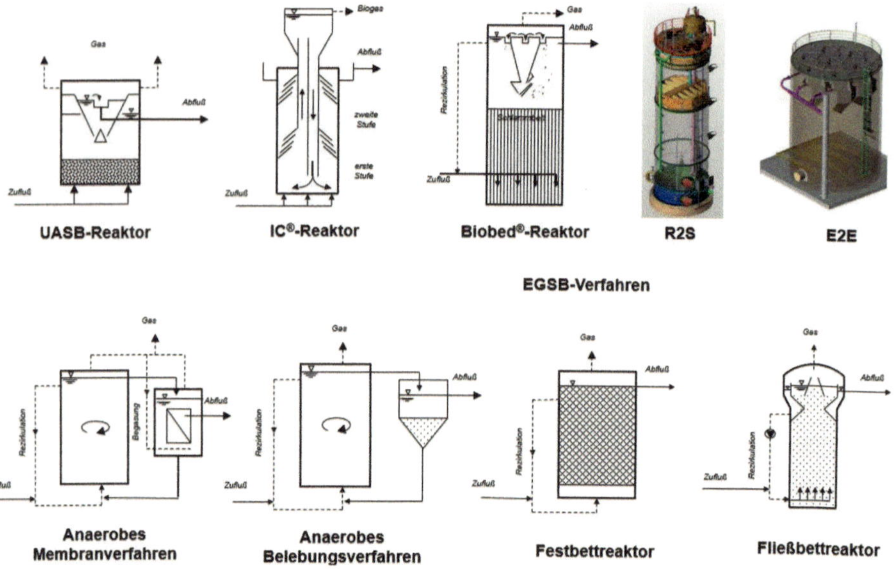

Bild 7: Gliederung anaerober Verfahrenstechnik (nach [ATV-FA 7.5 1990])

3.3.4 Anaerobe Verfahren

Wegen der deutlichen Vorteile bei der Energiebilanz und dem Schlammanfall werden heute bei vielen organisch verschmutzten Industrieabwässern anaerobe Verfahren eingesetzt. Anaerobe Reaktoren werden seit Anfang der 1980er zur Behandlung von organisch belasteten Abwässern in Deutschland eingesetzt. Die Anwendung der Verfahren der anaeroben Abwasserreinigung beschränkte sich zunächst auf Abwässer mit einem CSB zwischen 1.500 und 40.000 mg/l aus der Nahrungsmittel- und Getränkeindustrie (Zucker-, Stärke-, Hefe-, Obst- und Gemüsefabriken, Brauereien, Brennereien, Molkereien, Cerealienverarbeitung) sowie auf Abwässer der Papier- und Zellstoffindustrie oder von Tierkörperbeseitigungsanstalten. Mittlerweile werden die anaeroben Verfahren auch in anderen Industriezweigen – z. B. der chemischen und pharmazeutischen Industrie sowie auch bei anorganischen Abwässern – vermehrt eingesetzt [(ATV-FA 7.5. 1990 und 1994].

Das wesentliche Kriterium für die Gliederung anaerober Verfahrenstechnik ist die Art der Biomassenanreicherung. Bild 7 stellt eine Unterteilung der eingesetzten Anaerob-Reaktoren nach der Art der Biomassenanreicherung dar. Wird die Biomasse in Form von Flocken angereichert lassen sich Biomassenkonzentrationen von 5 – 12 kg oTR/m^3 Volumen im Reaktor erreichen. Durch Anreicherung der Biomasse auf Trägermaterial lassen sich die Biomassenkonzentrationen von bis zu 20 kg oTR/m^3 erreichen. Die höchste Biomassenkonzentration von 50 – 80 kg oTR/m^3 lässt sich im Schlammbett von Reaktoren mit Granularschlamm erreichen.

Neben den o. g. Reaktoren gibt es modifizierte Systeme und Hybridreaktoren. Von den in Bild 7 aufgeführten Reaktoren sind die UASB- und EGSB-Reaktoren die am häufigsten eingesetzten Reaktortypen. Sie machen mehr als 50 % der in Deutschland in der industriellen Abwasserreinigung eingesetzten Verfahren aus.

Ein- und zweistufige Verfahren

Methanbakterien können in Verbindung mit acetogenen Bakterien im Wesentlichen nur die niederen organischen Säuren (Ameisensäure und Essigsäure) sowie CO_2, H_2 und Methanol als Substrat verwenden. Neuere Untersuchungen von [Trautmann 2015] haben den sogenannten dritten Weg aufgezeigt, wobei aus den Betainen der Zuckerrübe über Trimethylamin durch methylotrophe anaerobe Bakterien Methan produziert wird. In den meisten Fällen stellt die Hydrolyse und Versäuerung der Abwasserinhaltsstoffe die wesentliche Voraussetzung für eine gute Leistung der anaeroben Reinigung dar. Dies gilt unabhängig davon, ob die Hydrolyse und Versäuerung räumlich von der Methanstufe getrennt wird (2-stufiges Verfahren) oder ob nur ein Reaktor vorhanden ist (1-stufiges Verfahren).

Aus technologischer Sicht erscheint es zunächst sinnvoll ein zweistufiges Verfahren anzuwenden, um die unterschiedlichen Biozönosen besser einstellen zu können, daraus ergeben sich auch Vorteile, insbesondere wenn der Versäuerungsreaktor zugleich als anaerobes Misch- und Ausgleichsbecken vorgesehen ist. Als nachteilig sind die höheren Investitionen und Betriebskosten zu nennen, auch wenn das Gesamtvolumen durch eine Zweistufigkeit reduziert werden kann. [Lettinga und Hulshoff Pohl 1991] weisen darauf hin, dass bei der Verwendung von Schlammbettreaktoren im Allgemeinen nur eine Versäuerung von 20 – 40 % (d. h. 20 – 40 % des filtrierten CSB liegen in Form organischer Säuren vor) sinnvoll ist, um den granulierten Schlamm nicht zu schädigen. Da Granulars eine Mischbiozönose aus versäuernden und methanogenen Bakterien darstellen, in denen die Versäuerer die hydrophoben Methanbakterien schützen, muss daher ausreichend zu versäuerndes Material vorhanden sein, um diese Gruppe zu erhalten. Sie empfehlen daher eine substratabhängige Aufenthaltszeit in der Versäuerung von 6 – 24 Stunden. Abhängig von der Abwasserbelastung sollte der Versäuerungsreaktor ggf. mit einer Absetzeinheit ausgerüstet werden, um den Versäuerungsschlamm vom Schlammbettreaktor fernzuhalten.

Anwendungsbereiche / Reaktorauslegung / Bemessung

Eine Auswertung bestehender Großanlagen im Hinblick auf eine Zuordnung der Einsatzgebiete verschiedener Reaktorsysteme erfolgte von [Weiland und Rozzi 1991].

Das anaerobe Belebungsverfahren kann bei fast allen Industriebranchen eingesetzt werden, wobei jedoch im Verhältnis zu den anderen Reaktortypen nur sehr geringe Raumbelastungen von 2 – 6 kg CSB/(m^3 · d) erreicht werden. Aufgrund seiner Unempfindlichkeit gegenüber Feststoffen und seiner generellen Robustheit ist das anaerobe Belebungsverfahren in deutschen Zuckerfabriken (hohe Calciumgehalte) der am häufigsten eingesetzte Reaktortyp.

Festbettreaktoren werden in vielen Industriebranchen und in weiten Belastungsbereichen eingesetzt.

UASB- und EGSB-Reaktoren weisen zusammen mit Fließbettreaktoren die höchsten Raumbelastungen auf (siehe Tabelle 3).

Als Bemessungswerte dienen die CSB-Raumbelastung, die CSB-Schlammbelastung, die Aufenthaltszeit im Reaktor und die Aufstromgeschwindigkeit. Die konkrete Auswahl und Dimensionierung der einzelnen Bauteile (z. B. Feststoffabscheidung, Misch- und Ausgleichsbecken ggf. mit Versäuerungsfunktion, Versäuerungsreaktor mit oder ohne Feststoffabscheidung, Konditionierungsbehälter, pH-Wert-Regulierung, Nährsalzdosierung, Anaerobreaktor, Biogasbehandlung bzw. Verwertung) sind vor allem abhängig von der Zusammensetzung der Abwässer und der im Reaktor gefahrenen Temperatur.

Tabelle 3: Einsatzgebiete und Belastungen großtechnischer Anaerobreaktoren ([Austermann-Haun 2008], siehe auch [ATV-FA 7.5 1990 und 1994])

Reaktortyp	Raumbelastung [kg CSB/(m³ · d)]	Zulaufkonzentration Co, CSB [mg/l]	Aufstrom-geschwindigkeit [m/h]
anaerobes Belebungsverfahren	2 – 6	5.000 – 15.000	–
Schlammbettreaktor	i. d. R. 10 T = 20 °C B_R = 4 – 6	1.500 - 10.000	0,5 – 1,0
UASB	T = 35 °C B_R = 8 – 20		
Hochleitungs-Schlammbettreaktor	i. d. R. 20 T = 20 °C B_R = 7 – 13	1.500 – 40.000	3 – 10 inkl. Rezirkulation
EGSB	T = 35 °C B_R = 15 – 30		
Festbettreaktor	3 – 15	5.000 – 70.000	0,1 – 1 inkl. Rezirkulation
Fließbettreaktor	15 – 30	1.500 – 15.000	6 – 18 inkl. Rezirkulation

Umfangreiche Zusammenstellungen großtechnischer Erfahrungen finden sich in [Bischofsberger et al. 1986], [Böhnke et al. 1993] und [Rosenwinkel et al. 2015]. Zusätzlich empfehlen sich vor dem Bau einer großtechnischen Anlage halbtechnische Versuche um Besonderheiten des industriellen Abwassers (z. B. hemmende oder toxische Inhaltsstoffe) zu erkennen.

Im Jahr 2008 wurden in Deutschland 208 Anaerobanlagen betrieben, die meisten davon im Bereich der Papierindustrie. Ein weiterer wichtiger Einsatzbereich für Anaerobanlagen ist die Lebensmittelindustrie. Im Bereich der Verarbeitung tierischer Nebenprodukte wurden wegen unzureichendem C/N-Verhältnis neun Anlagen außer Betrieb genommen. Durch den Einsatz innovativer Verfahren zu Stickstoffelimination wie der Deammonifikation ergeben sich hier neue Potenziale.

Das anaerobe Membranverfahren ist weit weniger etabliert als das aerobe. Zu nennen sind das von der Fa. Dorr-Oliver zu Beginn der 80er Jahre entwickelte Membrane Anaerobic Reactor System (MARS) sowie die von verschiedenen Anbietern umgesetzten Membranverfahren (ADUF, CUMAR etc.) [Bischofsberger et al. 2005].

Bislang liegen wenige Studien zum Einsatz von getauchten Membranen im anaeroben Milieu vor. Großtechnische Umsetzungen von anaeroben Membranverfahren mit getauchten Membranen finden sich kaum. In Japan wurde unter Verwendung von Kubota-Plattenmembranen im Jahr 2006 der erste großtechnische, anaerobe Membranreaktor in der Abwasserbehandlung einer Destille umgesetzt. Bis 2008 wurden insgesamt sechs Anlagen bei der Alkoholproduktion gebaut, 14 weitere folgten. Die im thermophilen Bereich betriebenen Anlagen erreichen hohe Eliminationsleistungen bis 98 % bezüglich CSB und BSB_5 bei Raumbelastungen von 10 bis 15 kg CSB/(m^3 · d) [Speece 1996]. Weitere Untersuchungen hierzu zeigen, dass die Energie in Form von Biogas, die durch einen AMBR erzeugt wird, den Energiebedarf für den Betrieb der Membranstufe und die Reaktorheizung mehr als fünffach deckt [Lettinga und Hulshoff Pohl 1991].

Tabelle 4: Betriebsergebnisse industrieller Biogasanlagen [ATV-DVWK 2002]

Abwasserherkunft (Industriebranche)	Spezifische Schmutzfracht [kg CSB/Mg Prod.]	CSB-Reduktion [%]	Gasausbeute [m^3 CH_4/kg CSB_{zu}]	CH_4-Konzentration im Gas [Vol.-%]
Zuckerindustrie	6 – 8	70 – 90	0,24 – 0,32	65 – 85
Stärkeindustrie				
Kartoffelstärke	30 – 40	75 – 85	0,26 – 0,30	75 – 85
Weizenstärke	100 – 120	80 – 95	0,28 – 0,33	55 – 65
Maisstärke	8 – 17	80 – 90	0,28 – 0,32	65 – 75
Melasse verwertende Industrie (inkl. Melassebrennereien	180 – 250	60 – 75	0,21 – 0,26	60 – 70
Sonstige Brennereien				
Kartoffelbrennereien	50 – 70	55 – 65	0,19 – 0,23	65 – 70
Kornbrennereien	180 – 200	55 – 65	0,19 – 0,23	65 – 70
Pektingewinnung	–	75 – 80	0,26 – 0,28	50 – 60
Kartoffelverarbeitung	15 – 25	70 – 90	0,24 – 0,32	70 – 80

3

Biogaszusammensetzung und -eigenschaften

Das Biogas, das durch den Abbau organisch hoch belasteter Abwässer entsteht, ist ein Gemisch aus den Hauptkomponenten Methan (CH_4), Kohlendioxid (CO_2) und geringsten Mengen Stickstoff (N_2), Sauerstoff (O_2), Schwefelwasserstoff (H_2S) sowie Spuren anderer Stoffe. Grundsätzlich ist die Biogaszusammensetzung von der Zusammensetzung des abgebauten Substrates – insbesondere dem Verhältnis von Fett, Kohlenhydraten und Eiweiß – abhängig, der theoretische Methanertrag pro kg abgebautem CSB beträgt nach Abzug des in Biomassenertrag eingebauten CSB ca. 0,32 m^3/kg; die gesamte Biogasmenge pro kg abgebautem CSB errechnet sich dann aus dem Methananteil im Biogas. Erfahrungswerte der spezifischen Biogasausbeuten verschiedener Industrien sind in Tabelle 4 zusammengefasst.

Besonders beachtet werden muss bei der Verwertung der Schwefelwasserstoffanteil, dieser hängt von dem CSB/SO_4-Verhältnis ab und kann dazu führen, dass Probleme bei der anaeroben Behandlung auftreten. In jedem Fall ist zu prüfen ob eine Entschwefelung des Biogases vor der Verwertung erforderlich ist.

Literatur

Abeling, U. (1994): Stickstoffelimination aus Industrieabwässern – Denitrifikation über Nitrit. Schriftenreihe des Institutes für Siedlungswasserwirtschaft und Abfalltechnik der Universität Hannover, H. 86.

ATV-DVWK (2001): Arbeitsblatt A 281. Bemessung von Tropfkörpern und Rotationstauchkörpern. GFA Hennef.

ATV-DVWK (2002): Merkblatt 363. Herkunft, Aufbereitung und Verwertung von Biogasen.

ATV-DVWK (2004): 1. Arbeitsbericht der ATV-DVWK-Arbeitsgruppe IG-5.6 „Biofilmverfahren". Aerobe Biofilmverfahren in der Industrieabwasserreinigung – Definitionen, Verfahrenstechniken, Einsatzgebiete, Bemessungshinweise.

ATV-DVWK (2006): 2. Arbeitsbericht der ATV-DVWK-Arbeitsgruppe IG-5.6 „Biofilmverfahren". Aerobe Biofilmverfahren in der Industrieabwasserreinigung, Beispielanlagen zur N-Elimination und Nachreinigung.

ATV-Fachausschuss 7.5 (1990): Anaerobe Verfahren zur Behandlung von Industrieabwässern. Korrespondenz Abwasser, 37. Jg., H. 10, S. 1247 – 1251.

ATV-Fachausschuss 7.5 (1994): Geschwindigkeitsbestimmende Schritte beim anaeroben Abbau von organischen Verbindungen in Abwässern. Korrespondenz Abwasser, 41. Jg., H. 1, S. 101 – 107.

Austermann-Haun, U. (2008): Anaerobverfahren – Übersicht. gwf Wasser | Abwasser, Special – Industrieabwasserreinigung, 149 Nr. 14. S. 6 – 11.

Barjenbruch, M. (2017): Einsatz aerober Biofilmverfahren in der Industrie. DWA: Behandlung von Industrie- und Gewerbeabwasser, Wasserwirtschaftskurs P/5 Kassel.

Beier, M.; Schneider, Y.; da Silva, C.; Rosenwinkel, K.-H. (2012): Untersuchungen zur Unterdrückung der Nitritoxidation bei Nitrifikation mit intermittierender Belüftung. DFG-Abschlussbericht RO 1221/9-1.

Bischofsberger, W.; Temper, U.; Pfeiffer, W.; von Mücke, J.; Carozzi, A.; Steiner, A. (1996): Stand und Entwicklungspotentiale der anaeroben Abwasserreinigung unter besonderer Berücksichtigung der Verhältnisse in der Bundesrepublik. Mitteilungen der Oswald-Schulze-Stiftung Heft 7.

Bischofsberger, W.; Dichtl, N.; Rosenwinkel, K.-H.;Seyfried, C. F. (Hrsg.) (2005): Anaerobtechnik. 2. Auflage, Springer Verlag Heidelberg.

Böhnke, B.; Bischofsberger, W.; Seyfried, C. F.(Hrsg.) (1993): Anaerobtechnik. Handbuch der anaeroben Behandlung von Abwasser und Schlamm. Springer Verlag.

Bock, E.; Schmidt, I.; Stüven, R.; Zart, D. (1995): Nitrogen loss caused by denitrifying Nitrosomonascells cells using ammonium or hydrogen as electron donors and nitrite as electron acceptor. Arch. Microbiol, 163, pp. 16 – 20.

Borchmann, A. (2011): Effizienzsteigerung bei der Ethanolherstellung durch Einsatz von Membranverfahren in der Abwasserreinigung. Institut für Siedlungswasserwirtschaft und Abfalltechnik der Leibniz Universität Hannover (ISAH), Schriftenreihe des ISAH, H. 149 Hannover.

Brauwelt-Brevier (1993): Tenside. Verlag Hans Carl Nürnberg, S. 312.

Caicedo, C.; Beutel, S.; Scheper, T.; Rosenwinkel, K.-H.; Nogueira, R. (2016): Occurrence of Legionella in wastewater treatment plants linked to wastewater characteristics. Environmental Science and Pollution Research 23 (16), pp. 16873 – 16881.

Carozzi, A. (2017): Einsatz des SBR-Verfahrens zur Industrieabwasserbehandlung. DWA: Behandlung von Industrie- und Gewerbeabwasser, Wasserwirtschaftskurs P/5; Kassel.

Cornel, P. (2014): Membranverfahren zur Industrieabwasserreinigung. DWA: Behandlung von Industrie- und Gewerbeabwasser, Wasserwirtschaftskurs O/5, Kassel.

DIN 19557 (2004): Kläranlagen. Mineralische Füllstoffe und Füllstoffe aus Kunststoff für Tropfkörper – Anforderungen, Prüfung, Lieferung, Einbringung. Beuth Berlin.

DWA (2017): Aufbereitung von Industrieabwasser und Prozesswasser mit Membranverfahren und Membranbelebungsverfahren. DWA-Themenband. Deutsche Vereinigung für Wasserwirtschaft, Wasser, Abwasser, Abfall e. V. Hennef.

DWA (2009): Merkblatt M 210. Belebungsanlagen mit Aufstaubetrieb (SBR).

DWA (2016): Arbeitsblatt A 131. Bemessung von einstufigen Belebungsanlagen.

Engelhart, M. (2017): Grundlagen von Membranverfahren in der Industrieabwasserreinigung und Anwendung von Membrantechnologien. DWA: Behandlung von Industrie- und Gewerbeabwasser, Wasserwirtschaftskurs P/5; Kassel.

Hippen, A.; Johansson, P.; Beier, M.; Seyfried, C. F.; Rosenwinkel, K.-H. (1999): Direct deammonification, a novel cost effective biological removal process for nitrogen-rich wastewaters. Nordish Conference, Oslo.

Kayser, R. (1991): Berechnungen zur Nitrifikation. Veröffentlichungen Institut für Siedlungswasserwirtschaft, TU Braunschweig, H. 50.

Krause, S.; Zimmermann, B.; Meyer-Blumenroth, U.; Lamparter, W.; Siembida, B.; Cornel, P. (2010): Enhanced membrane bioreactor process without chemical cleaning. Water Science & Technology 61 (10), pp. 2575 – 2580.

Kunz, P. und Frietsch, G. (1986): Mikrobizide Stoffe in biologischen Kläranalgen. Springer Verlag Berlin, Heidelberg, New York, Tokyo.

Lettinga,G. und Hulshoff Pohl, L. W. (1991): UASB-Process design for various types of wastewaters. Wa. Sci. Tech. Vol. 24, Nr. 8, pp. 87 – 107.

Martinez-Sosa, D.; Helmreich, B.; Horn, H. (2012): Anaerobic submerged membrane bioreactor (AnSMBR) treating low-strength wastewater under psychrophilic temperature conditions. Process Biochemistry, 47 (5), pp. 792 – 798.

Melin, T. und Rautenbach, R. (2007): Membranverfahren. Grundlagen der Modul- und Anlagenauslegung. 3., aktualisierte und erweiterte Aufl. Springer Verlag Berlin.

Mudrack, K. und Doedens, H. (1986): Auswirkungen von pH-Wertschwankungen im Molkereiabwasser auf das Kanalnetz und die biologische Abwasserreinigung. Deutsche Milchwirtschaft 24.

Mudrack, K. und Kunst, S. (1988): Biologie der Abwasserreinigung. 2. Auflage, G. Fischer Verlag Stuttgart.

Nogueira, R.; Utecht, K.-U.; Exner, M.; Verstraete, W.; Rosenwinkel, K.-H. (2016): Strategies for the reduction of Legionella in biological treatment systems. Water Science and Technology 74 (4), pp. 816 – 823.

Phan, L.-C. (2005): Substratadsorption an belebten Schlamm und Anwendung zur Bemessung von Selektoren. Veröffentlichungen des Institutes für Siedlungswasserwirtschaft und Abfalltechnik der Universität Hannover, H. 130.

Rosenwinkel, K.-H. (1984): Beitrag zur Frage der wirtschaftlichen Reduzierung von Abwassermengen und Schmutzfrachten aus Brauereien und Fruchtsaftfabriken. Veröffentlichungen des Institutes für Siedlungswasserwirtschaft und Abfalltechnik der Universität Hannover, H. 56.

Rosenwinkel, K.-H. (2018): Blähschlamm, Schwimmschlamm, Schaum, Vorkommen und Möglichkeiten der Bekämpfung. Vortrag DEX VTA Seminar Kassel am 12.09.2018.

Rosenwinkel, K.-H.; Kroiss, H.; Dichtl, N.; Seyfried, C. F.; Weiland, P. (2015): Anaerobtechnik. 3. Auflage Springer Verlag.

Rosenwinkel, K.-H.; Noack, M.; Beier, M.; Osterloh, E. (2018): Anaerobe Verfahren zur Vorbehandlung. 50. Jubiläum Oswald-Schulze-Stiftung Münster.

Rosenwinkel, K.-H. und Zwafink, R. (2017): Die Bedeutung des neuen DWA-Arbeitsblattes A 131 für die zukünftige Bemessung von Kläranlagen. 50. Essener Tagung für Wasser- und Abfallwirtschaft. Gewässerschutz. Wasser. Abwasser, Band 245, S. 23/1-23/10.

Rosenwinkel, K.-H. und Zwafink, R. (2018): Anwendung des neuen DWA-Arbeitsblattes A 131 zur Bemessung von einstufigen Belebungsanlagen. Wiener Mitteilungen, Bd. 247.

Siembida-Lösch, B. (2011): Reduction of Membrane Fouling in Membrane Bioreactors – Development of Innovative and Sustainable Techniques. Technische Universität Darmstadt, Schriftenreihe IWAR 213.

Speece, R. E. (1996): Anaerobic Biotechnology For Industrial Wastewaters. Vanderbilt University.

Thieming, C. (2011): Die Bedeutung der Filtrationseigenschaften von belebten Schlämmen beim Betrieb von Membranbioreaktoren. RWTH Aachen, Gewässerschutz, Wasser, Abwasser (226) - Institut für Siedlungswasserwirtschaft (ISA) Aachen.

Trautmann, N. (2015): Energie- und CO_2-Bilanz der Abwasserbehandlung am Beispiel der Hefe- und Fischindustrie. Dissertation. Schriftenreihe des Instituts für Siedlungswasserwirtschaft und Abfalltechnik der Leibniz Universität Hannover H. 156.

Weiland, P. und Rozzi, A. (1991): The start-up, operation and monitoring of high-rate anaerobic treatment systems. Discussers report, Wa. Sci. Tech. Vol. 24, Nr.8, pp. 257 – 277.

3.4 Entsalzungstechnologien und Wasserkreislaufführung (Reuse / Recycling)

Markus Engelhart

3.4.1 Einleitung

In Deutschland nutzt die Industrie den Großteil des Frischwasseraufkommens. Knapp 19 Mrd. Kubikmeter Frischwasser werden jährlich eingesetzt, von denen immer noch über 91 % einer Einfachnutzung unterliegen. Auf die Kühlung von Anlagen entfielen fast 89 % des gesamten genutzten Wassers, während für Produktionsaufgaben 8 – 9 % und für Bewässerung und Belegschaftszwecke ca. 2 % genutzt wurden. Mit über 62 % Anteil hat die Energieversorgung den höchsten Wasserbedarf, auf das verarbeitende Gewerbe entfielen knapp 28 % [Destatis 2018]. Große Einzelverbraucher in Deutschland sind z. B. die Chemieindustrie, die Stahlerzeugung und die Herstellung von Papier und Pappe.

Aufgrund des hohen Wasserbedarfs und der zunehmenden Verknappung natürlicher Wasserressourcen werden weltweit Konzepte zur Wasserkreislaufführung in der industriellen Produktion entwickelt und umgesetzt. Die tatsächliche Verfügbarkeit von Wasser und dessen Qualität stellt sich lokal stark unterschiedlich dar. Obwohl flächendeckend eine ausreichende Versorgungssicherheit gegeben ist, sind Wasserstressgebiete mit begrenzten Grundwasservorkommen oder Salzwasserintrusion in Deutschland ebenso zu verzeichnen. Daher kann eine Wasserkreislaufführung unterschiedlich motiviert sein:

- Standortsicherung bei begrenzten Wasserressourcen bzw. Entnahmerechten,
- Erlangung von Genehmigungen für Anlagenerweiterungen oder Anlagenneubau unter Wassereinsparauflagen,
- Verpflichtung auf Nachhaltigkeitsziele (z. B. bei großen Unternehmen) in Anlehnung an die Sustainable Development Goals der UN [UN 2015],
- Vermeidung bzw. Reduzierung von Kosten für Frischwasserbezug, -aufbereitung und Abwasserreinigung,
- Ressourcenschutz und -rückgewinnung von Produkten aus wässrigen Abströmen von Produktionsanlagen.

Wassernutzungen können produktionsintegriert, innerbetrieblich, zwischen verschiedenen Produktionsbetrieben oder sogar zwischen unterschiedlichen Sektoren der Wasserinfrastruktur (industriell, kommunal, agrarisch) etabliert werden. In zwischenbetrieblichen oder sektorüberschreitenden Kreisläufen sind neben entsprechenden Aufbereitungstechnologien auch organisatorische und legale Aspekte zwischen rechtlich eigenständigen Einheiten wesentlich für das Gelingen von Wassereinsparmaßnahmen.

3.4.2 Wasserwieder- und -weiterverwendung

Bei einer mehrmaligen Wassernutzung wird sachgerecht in Anlehnung an [Wang und Smith 1994] zwischen Wiederverwendung (Kreislaufnutzung, Recycle) oder Weiterverwendung (Mehrfachnutzung, Reuse) unterschieden (vgl. Bild 1), die direkt oder mit zwischengeschalteter Aufbereitung erfolgen können.

Die Wiederverwendung von bereits genutztem Wasser basiert auf dem erneuten Einsatz des Wassers im gleichen Prozess bzw. für den gleichen Zweck. Die Weiterverwendung verfolgt dagegen das Ziel, das Wasser für einen anderen Einsatzzweck oder in einem anderen Produktionsschritt erneut verwenden zu können.

Die Einsatzmöglichkeiten in der industriellen Kreislauf- oder Mehrfachnutzung sind breitgefächert. Hauptverwendungen sind [Degremont 2007; Ordóñez et al. 2014; Bauer et al. 2018]:

- Kühlanlagen mit offenem oder geschlossenem Kreislauf,
- Reinigungswasser,
- Sperrwasser,
- Kesselspeisewasser,
- Prozesswasser (bis zu Reinst- oder Demin-Wasser),
- Infrastruktur-Anwendungen, u. a. Brandbekämpfung, Straßenreinigung, Grauwassernutzung und Bewässerung.

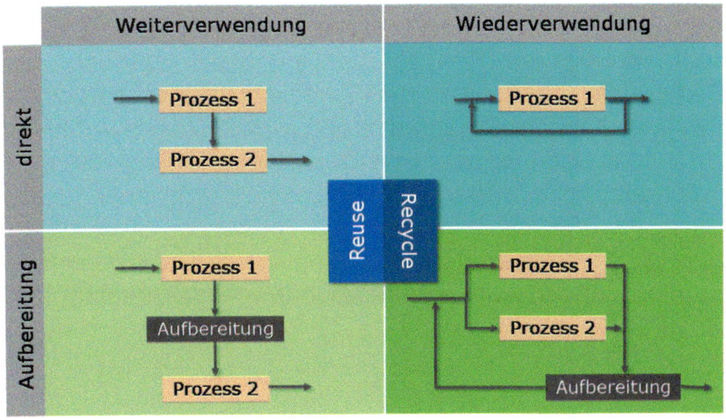

Bild 1: Definitionen zur Wasserkreislaufführung

Die Anforderungen und Anwendungsbereiche der industriellen Wassernutzung hängen von der Branche, den spezifischen industriellen Prozessen sowie deren Effizienzzielen ab. Aus diesem Grund ist es nicht möglich, die Qualitätsanforderungen für recyceltes Wasser, das als Prozesswasser verwendet wird, zu verallgemeinern [Degremont 2007]. Eine fallspezifische Betrachtung potenzieller Verbraucher und benötigter Wasserqualitäten erfolgt oftmals auf Basis eines Wasseraudits oder eines Risikobewertungsprogramm für die Wiederverwendung von Wasser, das durch praktische Versuche ergänzt wird [Agana et al. 2013; Sari et al. 2016].

In prozessintegrierten Spülprozessen sind z. B. bei der weit verbreiteten Etablierung von Spülkaskaden keine zwischengeschalteten Aufbereitungsschritte notwendig. In produktionsnahen Kühlkreisläufen erfolgt generell die vielfache Kreislaufführung mit Dosierung unterschiedlicher Hilfsmittel, wie Stabilisatoren und Bioziden. Wenn prozessintegrierte und produktionsnahe Maßnahmen ausgeschöpft sind, kann durch die mehrstufige, additive Reinigung industrieller Abwässer sowohl Weiter- als auch Wiederverwendung ermöglicht werden. Dazu werden in Abhängigkeit des Einsatzzwecks auch abgestufte Technologieketten eingesetzt, um Wasser „Fit-for-Purpose“ zu erzeugen. Für solche Nutzungsszenarien ist auch die weitere Wasserinfrastruktur anzupassen, die ein gezielte Verteilung der erzeugten Wasserqualitäten an die Verbraucher ermöglich. Die damit assoziierten Kosten sind nicht vernachlässigbar.

3.4.3 Technologien zur Mehrfach- oder Kreislaufnutzung

Um die Wassernutzung zu optimieren, sind eine Vielzahl von Reinigungsverfahren im industriellen Einsatz. Vor allem bei einer weitgehenden Kreislaufschließung und in Abhängigkeit des Anwendungsbereichs sind sowohl organische als auch anorganische Verunreinigungen und deren Aggregatszustand (gelöst, partikulär) umfassend zu beachten. Während durch Oxidationstechnologien und Adsorption organische Verbindungen bis in den Spurenstoffbereich effektiv mineralisiert bzw. eliminiert werden können (vgl. dazu auch Kapitel 2.4), sind Neutralsalze als Reststoffe in Form von Konzentraten aus den Prozessen auszuschleusen. Zentrale Bedeutung haben für diesen Zweck membrangestützte Entsalzungsverfahren. Selektive Fällungsverfahren (z. B. Langsam- oder Schnellentcarbonisierung) und Ionenaustauschverfahren werden ebenfalls eingesetzt, um Härtebildner in der Aufbereitung zu entfernen. Ein Überblick möglicher Technologien zeigt Bild 2.

Die in Bild 2 aufgeführten Technologien werden in geeigneten Prozessketten unter Berücksichtigung der anzustrebenden Wasserqualität kombiniert [de Koning et al. 2008].

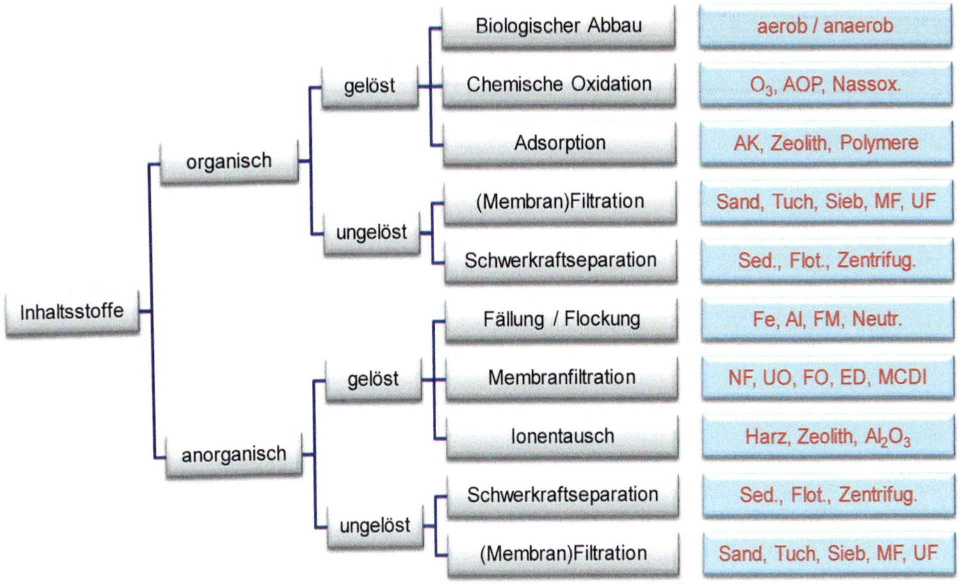

Bild 2: Reinigungsverfahren in der Wasserkreislaufführung

Druckgetriebene Membranverfahren

Neben thermischen Verfahren werden weltweit meist druckgetriebene Membranverfahren zur Reinigung und Entsalzung industrieller Prozesswässer eingesetzt. Durch eine semipermeable Membran permeiert das Lösungsmittel Wasser, jedoch in Abhängigkeit der gewählten Trenngrenze idealerweise keine gelösten Ionen oder suspendierte Feststoffe. Der Trenneffekt beruht auf den semipermeablen Eigenschaften der Membranen, d. h. die Durchlässigkeit der Membranen ist stoffspezifisch. Membranen, die in der Wasserreinigung eingesetzt werden, sind für Wassermoleküle durchlässig, halten jedoch – je nach Membrantyp – Bakterien, Kolloide, größere organische Moleküle, ggf. auch Viren und gelöste Salze zurück.

Das Prinzip von druckgetriebenen Membranverfahren ist in Bild 3 dargestellt. Das zugeführte Abwasser oder Prozesswasser (Feed) wird in zwei Teilströme getrennt. Das Filtrat (Permeat) stellt im Falle von Kreislaufführungen das gereinigte Wasser dar, das Retentat (Konzentrat) enthält die zurückgehaltenen Inhaltsstoffe, ggf. auch Wertstoffe, in konzentrierter Form. In der Regel wird der Zulauf mit hoher Geschwindigkeit tangential an der Membran entlanggeführt (Crossflow), um die Deckschichtbildung zu kontrollieren und einen möglichst gleichbleibenden Permeatfluss zu ermöglichen. Der Druck auf der Zuführseite der Membran P_0 muss den Druck auf der Filtratseite P_F immer übertreffen, um eine Triebkraft für die Filtration des Lösungsmittels bereitzustellen.

Tabelle 1: Einordnung druckgetriebener Membranverfahren

Verfahren	Trenngrenze (Porengröße)	Abtrennbare Wasserinhaltsstoffe	Druck [bar]
Mikrofiltraton (MF)	0,1 – 1 µm	Partikel > 0,1 mm, Bakterien, emulgierte Stoffe (Fette, Öle, Tenside)	0,5 – 5
Ultrafiltration (UF)	0,004 – 0,1 µm (2.000 – 200.000 g/mol)	Makromoleküle (z. B. Proteine), Molmasse > 2.000 g/mol, Kolloide, emulgierte Stoffe	0,5 – 10
Nanofiltration (NF)	MM > 200 g/mol $MgSO_4$-Rückhalt > 90 % 0,001 – 0,005 µm	organische Moleküle (z. B. Zucker, Proteine), Makromoleküle (z. B. Farbstoffe, Pestizide, Herbizide), mehrwertige Ionen	3 – 30
Umkehrosmose (UO)	MM < 200 g/mol NaCl-Rückhalt > 95 %	organische Moleküle (z. B. Alkohol, Essigsäure), ein- und mehrwertige Ionen (z. B. Salze, Schwermetalle, Arsen)	10 – 120

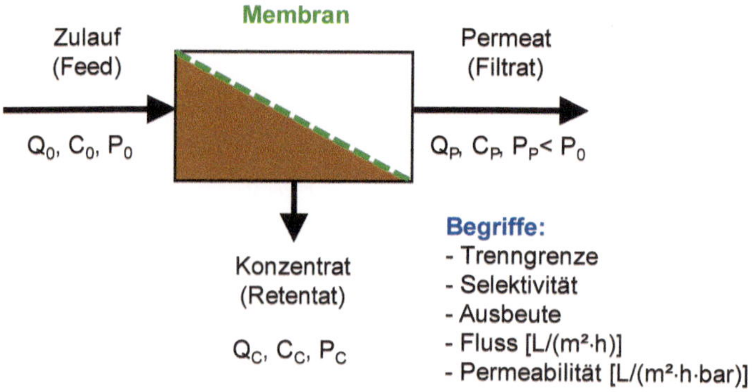

Bild 3: Prinzip druckgetriebener Membranverfahren [Engelhart 2017]

Zur Dimensionierung von Membrananlagen werden grundlegende Auslegungsparameter hinsichtlich der Druckabhängigkeit der Filtrationsleistung (Transmembrane Druckdifferenz, TMP) und des im Dauerbetrieb erzielbaren flächenbezogenen Permeatvolumenstroms (Permeat-Flux J_v o. $\dot{v}_P$ [l/(m² · h)] bzw. Permeabilität P_v o. L_P [l/(m² · h · bar)] benötigt [Melin und Rautenbach 2007]. Gleichzeitig ist die gewünschte Ausbeute Φ, das Verhältnis von eingesetztem Volumen(strom) und resultierendem Konzentrat- bzw. Permeatvolumen(strom), festzulegen. Bei hohen Permeatausbeuten, die mit geringem Konzentratvolumen gleichbedeutend sind, kommt es v. a. bei NF- und UO-Anwendungen zur Verschlechterung der Permeatqualität. Dies ist auf die steigende Konzentrationsdifferenz und die Konzentrationsüberhöhung an der Membran und somit auf die verstärkte Diffusion der Moleküle oder Ionen in das Permeat zurückzuführen. Generell sind die von den Herstellern der Filtrationsmodule vorgegebenen Randbedingungen für deren Einsatz einzuhalten [Engelhart 2017].

Die Triebkraft für den Filtrationsprozess ist die transmembrane Druckdifferenz (TMP, trans membrane pressure) zwischen Konzentrat- und Permeatseite der Membran. Der Transmembrandruck berechnet sich aus dem arithmetischen Mittel des Eingangsdrucks und des konzentratseitigen Ausgangsdrucks abzüglich des Permeatdrucks.

$$TMP = \frac{p_0 + p_C}{2} - p_P \qquad \text{(Gl. 1)}$$

TMP	Transmembrane Druckdifferenz [bar]
p_0	Eingangsdruck Feed [bar]
p_C	Ausgangsdruck Konzentrat [bar]
p_P	Permeatdruck [bar]

Die Membraneffektivität wird durch den Permeatfluss unter bestimmten Randbedingungen definiert. Der auf die zur Verfügung stehende Membranfläche bezogene spezifische volumetrische Permeatfluss wird als Flux J_v bezeichnet. Der Quotient aus Flux und TMP wird als Permeabilität einer Membran definiert. P_v hängt von der gewählten Membran, der Charakteristik des Zulaufstroms (z. B. Viskosität, Partikelgrößenverteilung) und den Filtrationsbedingungen (z. B. Temperatur) ab.

$$J_v = \frac{Q_P}{A_m} \qquad \text{(Gl. 2)}$$

J_v	Flux [l/(m² · h)]
Q_P	Permeatfluss [l/h]
A_m	Membranfläche [m²]

$$P_v = \frac{J_v}{TMP} \qquad \text{(Gl. 3)}$$

P_v	Permeabilität [l/(m² · h · bar)]
J_v	Flux [l/(m² · h)]
TMP	Transmembrane Druckdifferenz [bar]

Der Rückhalt R_i für einen Stoff i kann mit der Konzentration des Stoffes i im Permeat $C_{i,P}$ bezogen auf die Konzentration im Zulauf der Anlage $C_{i,0}$ (Anlagenrückhalt) bzw. im Konzentrat der Membranstufe $C_{i,C}$ (Membranrückhalt) berechnet werden ($R_{i,M} > R_{i,A}$).

$$R_{i,A} = 1 - \frac{C_{i,P}}{C_{i,0}} \text{ bzw. } R_{i,M} = 1 - \frac{c_{i,P}}{c_{i,C}} \qquad \text{(Gl. 4)}$$

Die volumetrische Ausbeute Φ eines Membranprozesses beschreibt das Verhältnis zwischen Zulauf und erzielter Permeatmenge. In Batchanwendungen ist dies ein Massen- bzw. Volumenverhältnis, in kontinuierlichen Filtrationsanwendungen das Verhältnis der Massen- bzw. Volumenströme. In industriellen Recycling- und Reuse-Anwendungen stellt der Volumenstrom des verbleibenden Konzentrats eine wichtige Größe zur Beschreibung der Prozesseffektivität bzw. einen maßgeblichen Kostenfaktor dar.

$$\Phi = \frac{V_P}{V_0}\ bzw.\ \Phi = \frac{\dot{v}_P}{\dot{v}_0} \qquad \text{(Gl. 5)}$$

Die Selektivität S_{ij} einer Membran ist die Fähigkeit, zwischen den Komponenten i und j einer Lösung zu unterscheiden. Sie wird – wie in der Trenntechnik üblich – definiert über die Zusammensetzung des Produktes (Permeat) und der Ausgangsmischung (Feed). Für eine binäre Mischung erhält man bei Verwendung der Massenkonzentration folgende Beziehung.

$$S_{ijc} = \frac{c_{i,p}/c_{j,p}}{c_{i,0}/c_{j,0}} \qquad \text{(Gl. 6)}$$

Die Berechnung der Konzentration einer Komponente i im Konzentrat kann in Abhängigkeit der Anfangskonzentration, der volumetrischen Ausbeute und dem Rückhalt ebenfalls berechnet werden.

$$C_{i,C} = C_{i,0} \cdot \left(\frac{1}{1-\Phi}\right)^{R_i} \qquad \text{(Gl. 7)}$$

Φ Ausbeute [-]
R_i Rückhalt für Komponente I [-]
$C_{i,0}$ Anfangskonzentration der Komponente i [mg/l]
$C_{i,K}$ Konzentration der Komponente i im Konzentrat [mg/l]

Während die Nanofiltration (NF) bevorzugt zweiwertige Ionen und Makromoleküle zurückhält (0 % < R_{NaCl} < 60 %, R_{MgSO_4} > 90 %), ist mit der Umkehrosmose (UO, Reverse Osmosis RO, Hyperfiltration) eine nahezu vollständiger Ionenrückhalt verbunden (R_{NaCl} = 95 – 99,9 %). Darüber hinaus werden – in Abhängigkeit des Ladungszustands und der Hydratisierung – auch kleine organische Moleküle (ab ca. MM = 150 g/mol) vollständig in das Konzentrat überführt. Der Filtrationswiderstand beschreibt den Stofftransportwiderstand durch das System Membran/Membrandeckschicht und ist der Kehrwert der Permeabilität. Aufgrund des Ionenrückhalts ist zusätzlich zum Widerstand der Membran und eventueller Deckschichten die osmotische Druckdifferenz $\Delta\pi$ zwischen Konzentrat und Permeat an der Membran zu überwinden, die bei steigender Ausbeute auf der Hochdruckseite ebenfalls zunimmt. Der osmotische Druck einer verdünnten Lösung einer Komponente i lässt sich näherungsweise beschreiben:

$$\pi_i = C_i \cdot R \cdot T \qquad \text{(Gl. 8)}$$

C_i Konzentration der Komponente i [mol/l]
R universelle Gaskonstante 8,31447 [J/(K · mol)]
T absolute Temperatur [K]

Da der osmotische Druck eine kolligative Eigenschaft ist, ist die Summe aller molaren Konzentrationen der gelösten Teilchen / Moleküle für π ausschlaggebend (bei 1 molarer NaCl-Lösung z. B. $C = C_{Na} + C_{Cl}$ = 2 mol/l). Die Triebkraft für den Transport über die Membran ist die Nettodruckdifferenz Δp (TMP) - $\Delta\pi$.

Die maximale TMP und damit die maximal erreichbare Ausbeute ist bauartbedingt durch Modulbeständigkeiten und die Kompaktierung von Membranwerkstoffen limitiert. Im technischen Einsatz befinden sich Spiralwickel-, Rohr-, Hohlfaser-, Kissen- und Plattenmodule aus unterschiedlichsten organischen und anorganischen Membranwerkstoffen (z. B. Polyethersulfon, Polyamid, Polyvinylidenfluorid, Aluminiumoxid, Titanoxid u. v. m.).

Um den effektiven Betrieb einer großtechnischen Nanofiltrations- oder Umkehrosmoseanlage zu gewährleisten, die meist mit Spiralwickelmodulen ausgerüstet werden, erfolgt eine Abtrennung von Suspensa und Kolloiden durch vorgeschaltete Mikro- oder Ultrafiltration. Alternativ kann auch eine konventionelle Mehrschichtfiltration z. B. in Druckfiltern erfolgen. Alle Vorfiltrationen können durch zusätzliche Koagulation und Flockung, Adsorption von Fouling-verursachenden Organika, Desinfektion und Dosierung von Säuren oder Antiscalants unterstützt werden. Üblicherweise werden direkt vor den Druckkreisläufen noch Kerzen- oder Beutelfilter angeordnet (Porenweite 1 – 25 µm), um eventuell aus der Vorbehandlung ausgetragene Partikel abzufangen [Gebhard et al. 2012]. Die Hersteller von NF- und UO-Modulen geben für den Einsatz der Module meinst den zulässigen Kolloidindex (SDI, silt density index) vor, der ein Maß für die Kolloidbelastung des Abwassers ist. Der SDI wird empirisch durch einen standardisierten Filtrationstest ermittelt. Bei diesem wird die Zeit gemessen, die für die Filtration eines festgelegten Volumens durch einen Test-Membranfilter mit 0,45 µm Porenweite bei einer konstanten Druckdifferenz von 2 bar benötigt wird. Ein geringer SDI < 3 – 5 soll kolloidalem Fouling vorbeugen.

Konstruktiv liegt bei den meisten Spiralwickelmodulen die maximale Druckbeständigkeit bei TMP = 80 bar, doch sind auch Kissenmodule bei transmembranen Druckdifferenzen von TMP = 200 bar im Einsatz. Höhere Druckdifferenzen verbieten sich bei den heute verfügbaren Membranen aufgrund der dann sehr stark zunehmenden Membrankompaktierung [Melin und Rautenbach 2007]. Neuere Entwicklungen erlauben den Einsatz von Spiralwickelmodulen bis zu einem Betriebsdruck von 120 bar.

Anwendungsbeispiele

Für die Weiter- oder Wiederverwendung von gereinigtem Wasser, das durch Prozesskombinationen mit Umkehrosmose gewonnen wurde, gibt es weltweit eine Vielzahl erfolgreicher Beispiele. Im Folgenden werden Fallstudien aus den Niederlanden und Deutschland kurz vorgestellt.

Die sogenannte DECO-Wasseraufbereitungsanlage (gebaut und betrieben von Evides Industriewater B. V.) in Terneuzen, Niederlande, produziert Prozesswasser (300 m³/h) entmineralisiertes Wasser (750 m³/h), Kühlturm-Versorgungswasser (650 m³/h) und Reinstwasser (1.050 m³/h) mit verschiedenen Technologien, darunter ein Integriertes Membran System (IMS), Ionenaustauscherharze und Multimedia-Filter, aus verschiedenen Speisewasserquellen [Moed 2017]. Das integrierte Membransystem dient zur Herstellung von demineralisiertem Wasser für die Produktionsanlagen von Dow Benelux B. V. Die Anlage wurde im Jahr 2000 in Betrieb genommen und war ursprünglich für die Entsalzung von Flussmündungswasser konzipiert, da es in der Region an Frischwasser mangelt. Das System bestand zunächst aus einer achtstraßigen, kontinuierlichen Mikrofiltrationseinheit (CMF) und einer zweistufigen, permeatgestuften Umkehrosmoseanlage (RO) mit Spiralwickelmodulen [Majamaa et al. 2010]. Das Konzentrat der zweiten Stufe wird mit dem Zufluss zur ersten RO-Stufe verschnitten. In 2006 erfolgte aufgrund der hohen Fluktuationen der Wasserqualität des Ästuars die Umstellung auf gereinigtes kommunales Abwasser (Ablauf der Nachklärung), das einen viel geringeren Salzgehalt aufweist (Filtrattrockenrückstand 1.200 mg/l vs. 18.000 mg/l). In einem weiteren Anpassungsschritt wird seit 2010 einen Airlift-MBR zur Behandlung des kommunalen Abwassers genutzt und das erzeugte MBR-Permeat der UO zugeführt (vgl. Bild 4).

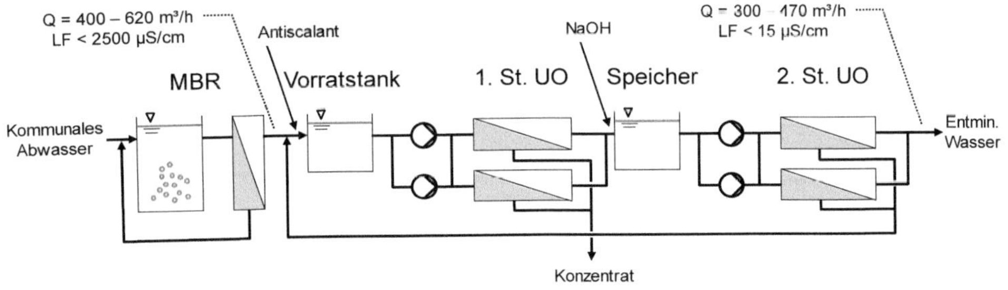

Bild 4: Prozesschema DOW Terneuzen (Ausbeute Φ ca. 71 – 75 %)

Mit Niederdruck-Förderpumpen, der Anpassung der Prozessautomatisierung und dem kommunalen Abwasser als Wasserquelle konnte die Wasserrückgewinnung bei einem Flux von ca. J_v = 21 l/(m² · h) um 20 % gesteigert werden und die Betriebskosten betragen die Hälfte eines mit Meerwasser gespeisten Membransystems [Majamaa et al. 2010]. Die Verbesserung der Energieeffizienz aufgrund der Nutzung von kommunalem Abwasser verringerte den Energiebedarf auf 65 % des Ausgangswerts. Das Konzentrat der Umkehrosmose wird direkt in die Flussmündung eingeleitet.

Auch in der Papierherstellung werden ähnliche Systeme betrieben. So nutzt eine Papiermühle in Madrid zu 100 % aufbereitetes kommunales Abwasser zur Produktion. In einem aufwendigen Prozess werden ca. 12.400 m³/d Abwasser in einer Prozesskette von Koagulation und Flockung, Sandfiltration, Aktivkohlefiltration, Ultrafiltration mit Hohlfasermembranen, zweistufiger Umkehrosmose und abschließender Remineralisierung für die Papierherstellung gereinigt [Deza und Martinez 2013]. Ein ursprünglicher Lösungsansatz sah das direkte Recycling von Abwasser der Papierfabrik selbst vor. Die Ausbeute und Funktionalität des Membransystems wurde jedoch durch hohe Silicium-Gehalte (SiO_2 > 200 mg/l) im RO-Zulauf und dadurch verursachte Ausfällungen von Kieselsäure limitiert [Ordóñez et al. 2010].

Eine direkte Kreislaufführung von Q_a = 850.000 m³/a bzw. ungefähr Q_h = 100 m³/h Fabrikationsabwasser (25 % des Gesamtabwassers) ging im Jahr 2018 in einer Papierfabrik zur Produktion von ungestrichenen und gestrichenen Schreib- und Druckpapieren in Betrieb. Nach einer zweistufigen biologischen Abwasseraufbereitung mittels Schwebebettreaktor (MBBR) und schwachbelasteter Belebtschlammanlage mit Schlussfiltration [Barlmeyer 2016] wird der Abwasserteilstrom einer Ultrafiltrationsanlage mit Hohlfasermembranen und nachgeschalteter Umkehrosmoseanlage zugeleitet. Bei einer Ausbeute von Φ = 66 – 70 % wird eine Restleitfähigkeit von LF < 50 µS erreicht [Köster und Hoppe 2019]. Die Technologie trägt nach Ansicht des Unternehmens nicht nur zur Umweltverbesserung, sondern auch zur Standortsicherung der Papierfabrik bei.

In kleinerem Maßstab wird bereits seit dem Jahr 2009 eine produktionsintegrierte Wasserrecyclinganlage für eine Großwäscherei in Deutschland betrieben. Jährlich werden in dieser Wäscherei etwa 4,1 Mio. Handtuchrollen und ca. 1 Mio. Schmutzfangmatten gewaschen [Müller 2010]. Aufgrund des hohen Temperaturniveaus in den Waschprozessen war auch die Reduktion des Primärenergiebedarfs ein Entscheidungsfaktor für die Wasserrückgewinnung. Für die Erwärmung von 1 m^3 Wasser von 20 °C auf 70 °C benötigt man rund 60 kWh Energie (ca. sechs Liter Heizöl). Nach einer zweistufigen Vorabscheidung von Fasern mittels Schwingsieb und einem Zulauf-Ablauf-Wärmetauscher wird das Waschwasser (Q_{max} = 240 m^3/d) in einem MBR mit getauchten Hohlfasermembranen gereinigt und das MBR-Permeat nach Konditionierung (Antiscalant, pH-Anpassung) in einer Umkehrosmoseanlage entsalzt. Trotz eines gegenüber häuslichem Abwasser erhöhten Verhältnis CSB/BSB ≥ 2,5 konnte die weitgehende Elimination organischer Inhaltsstoffe sichergestellt werden. Bei Zulaufkonzentrationen von CSB_0 = 1.200 – 1.500 mg/l und Schlammbelastungen von B_{TS} = 0,2 – 0,35 g CSB/(g_{TS} · d) werden MBR-Ablaufwerte CSB_e = 83 ± 19 mg/l erzielt [Engelhart 2017]. Aufgrund der hohen Qualität des MBR-Permeats bei einer Leitfähigkeit LF_0 = 1.500 – 2.500 µS/cm wird ein Teil des Volumenstroms direkt genutzt und mit UO-Permeat zu einer Endleitfähigkeit LF_e = 300 – 400 µS/cm verschnitten. Der Anlagenbetrieb bei Temperaturen T_{MBR} = 32 ± 2 °C und pH_{MBR} = 7,9 ± 0,2 erfordert weitergehende Maßnahmen im Hinblick auf Wiederverkeimung und Beeinträchtigung der nachgeschalteten Umkehrosmose durch Scaling und Biofouling. Das verbleibende Konzentrat der Umkehrosmose wird unter Beachtung der behördlichen Grenzwerte über einen Selektivionentauscher zur Entfernung von Schwermetallen nachgereinigt und in das städtische Kanalnetz eingeleitet [Müller 2010].

Elektrisch getriebene Entsalzungsverfahren

Neben druckgetriebenen Membranverfahren werden auch (membrangestützte) Entsalzungsverfahren durch elektrische Potentialdifferenz zum Wasserrecycling eingesetzt. Neue Entwicklungen im Bereich der Elektrodialyse sollen die Selektivität gegenüber ein- und zweiwertigen Ionen verbessern, während mit der Kapazitiven Deionisierung seit einigen Jahren eine neuartige Entsalzungstechnologie angeboten wird.

Elektrodialyse

Im elektrochemischen Prozess der Elektrodialyse werden unter dem Einfluss eines elektrischen Feldes mit Hilfe ionenselektiver Membranen elektrisch geladene Teilchen, Ionen, aus einer Rohlösung (Feed) unter Herstellung einer entsalzten Lösung (Diluat) in eine höher konzentrierte Lösung (Konzentrat, Retentat) überführt. Durch Anlegen einer elektrischen Potentialdifferenz kommt es zu einer Bewegung der Ladungsträger in der Lösung in einem Elektrodialysemodul (Stapel aus alternie-

Bild 5: Ansicht der Wasserrecyclinganlage einer Großwäscherei (Quelle: Werkbild EnviroChemie GmbH)

rend ionenselektiven Membranen): negativ geladene Anionen wandern zur Anode und positiv geladene Kationen zur Kathode (vgl. Kapitel 3.2.2.10). Ungeladene (organische) Substanzen verbleiben im Diluat, so dass auch die Entfernung von Salzen aus organisch hochbelasteten Prozesswässern möglich wird. Mit einer nachgeschalteten Aufkonzentrierung des organisch belasteten, entsalzten Diluats (z. B. durch NF oder UO) kann die Trennung von Salz- und Organikkonzentraten erreicht werden.

Die senkrecht zum elektrischen Feld in die Lösung eingebrachten Ionentauschermembranen begrenzen die Ladungswanderung. Anionen können auf ihrem Weg zur Anode zwar eine Anionenaustauschermembran passieren, werden aber an der darauffolgenden Kationenaustauschermembran selektiv zurückgehalten. Die resultierende Stofftrennung führt zu einer Elektrolytanreicherung im so genannten Konzentratkreislauf und eine Abreicherung an Ladungsträgern im so genannten Diluatkreislauf. Neben der Permselektivität (Stromausbeute) spielen der Wassertransport (EOP, electroosmotic cotransfer) und die Ionenselektivitäten (Bevorzugung von z. B. Na^{+} gegenüber Mg^{2+}) eine wichtige Rolle [Strathmann 2000]. So lassen sich auch Lösungen aufkonzentrieren, die hinsichtlich Gips fast gesättigt sind, ohne dass Gips im Konzentrat ausfällt. Die Abhängigkeit der Entsalzung vom geflossenen Strom ist linear und die Steigung ist durch die Stromausbeute gegeben, die bei 90 – 95 % liegen kann. Die Stromausbeute hängt von der Stromdichte, den Konzentrationen und anderen Faktoren ab. In einer modifizierten Form der ED, Electrodialysis Reverse (EDR), wird die Polarität der Elektroden häufig umgekehrt, um Fouling und Scaling zu minimieren.

Die Elektrodialyse wird hauptsächlich in kleinen bis mittelgroßen Anlagen mit Kapazitäten von wenigen 100 m^3/d bis mehr als 20.000 m^3/d mit einem Salzgehalt von 1.000 mg/l bis 5.000 mg/l insgesamt gelösten Stoffen (TDS) eingesetzt [Strathmann 2010]. Aufgrund der geringen Leitfähigkeit (des hohen elektrischen Widerstands) ist die ED nicht für Wasser mit einem Gesamtsalzgehalt unter 400 mg/l geeignet [Anderson et al. 2010]. Dies begrenzt auch die erreichbare minimale Salzkonzentration. Industrielle Anwendungen umfassen u. a. die Entsalzung von Kesselspeisewasser, die Entsalzung von kontaminiertem Brauchwasser zur Wiederverwendung oder das Recycling von Kühlturmabschlämmwasser (mit hohen Ausbeuten bis zu 95 %).

Vorteile der Elektrodialyse gegenüber der Umkehrosmose sind: hohe Wasserrückgewinnungsraten unabhängig vom osmotischen Druck, lange Lebensdauer der Membranen, Betrieb bei erhöhten Temperaturen bis zu 50 °C und weniger Fouling oder Scaling aufgrund der Polaritätsumkehr bei EDR (geringere Vorbehandlung erforderlich als bei RO). Bei einer reinen Wasserrückgewinnung kann ein Nachteil der ED darin bestehen, dass neutrale toxische Komponenten, wie organische Substanzen, Viren oder Bakterien nicht aus dem Zulauf entfernt werden und im Diluat verbleiben, da keine Membranbarriere einen Durchtritt verhindert. Trotz der Tatsache, dass die EDR deutlich weniger empfindlich auf Membranfouling reagiert als die UO, ist eine gewisse Vorbehandlung des Speisewassers erforderlich. Insbesondere müssen die Eisen- und Manganionenkonzentrationen unter 0,3 mg/l und 0,05 mg/l gehalten werden [Strathmann 2010]. ED und EDR haben auch eine geringe Scalingneigung für kieselsäureangereicherte Speisewässer (z. B. BWRO-Solen), da neutrale Kieselsäure nicht im Solestrom angesammelt wird.

(Membrangestützte) Kapazitive Deionisierung

Auch die kapazitive Deionisierung (CDI) ist ein zyklisches Verfahren, um Ionen aus Lösungen mittels eines elektrischen Feldes zu entfernen. Durch Anlagen einer Spannung zwischen zwei porösen Elektroden aus Aktivkohle mit hoher spezifischer Oberfläche werden Ionen zunächst entsprechend ihrer Ladung elektrostatisch in der Polarisationsgrenzschicht an den internen Elektrodenoberflächen adsorbiert. Durch Umkehr des elektrischen Feldes bzw. Kurzschluss der beiden Elektroden in einem weiteren Zyklusschritt werden die Ionen anschließend wieder in die Elektrodenzwischenräume freigesetzt und im Konzentrat abgeführt. Aus einem Modulstapel wird damit zyklisch entsalztes Diluat und hochsalzhaltiges Konzentrat abgegeben.

In der membrangestützten kapazitiven Deionisierung (MCDI) kommen ebenfalls Ionentauschermembranen zum Einsatz, die vor den Elektroden angeordnet werden (vgl. Bild 6). Durch die vor der Elektrode angeordnete Anionenaustauschermembran (AAM) können im Regenerationsmodus bei Polumkehr keine Kationen

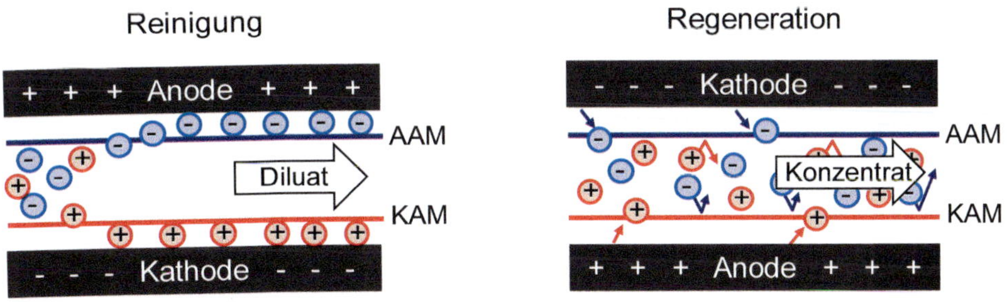

Bild 6: Wirkungsprinzip einer MCDI

auf die dann negativ geladene Elektrode adsorbiert werden. Umgekehrt werden durch die Kationenaustauschermembrane (KAM) alle Anionen im Konzentratraum zurückgehalten und im Konzentrat ausgestoßen. Die Effektivität der Polumkehr erhöht sich dadurch im Vergleich zur CDI [Biesheuvel und van der Wal 2010].

Der wesentliche Vorteil der (M)CDI gegenüber z. B. der Umkehrosmose besteht in einem geringen Energieverbrauch (< 1 kWh/m³, Zellspannung 1 – 1,5 V) bei gleichzeitiger hoher Deionisationseffizienz für geringe Salzkonzentrationen im Zulauf TDS < 2.000 mg/l bzw. LF < 2.000 µS/cm o. NaCl < 30 mM [Porada et al. 2013]. (M)CDI-Systeme benötigen keine Hochdruckpumpen und entsprechend druckbeständige Materialien. Diluatausbeuten bei Produktleitfähigkeiten LF_e = 2 – 5 µS/cm können bis zu 95 % betragen. Bei höheren Eingangsleitfähigkeiten sinken die Ausbeuten und der Energieverbrauch steigt über Werte von UO-Systemen an. Entsprechend den Anforderungen können CDI-Systeme flexibel spezifiziert, angepasst und ausgelegt werden. Die Investitionskosten liegen in der Regel noch oberhalb vergleichbarer UO-Systeme, es werden jedoch bereits großtechnische Anlagen mit Durchsätzen von 100 m³/h bis 2.000 m³/h v. a. in China betrieben [Suss et al. 2015]. Bei organisch belasteten Zuläufen kann die Adsorption organischer Substanzen auf den Elektrodenmaterialien die Adsorptionskapazität für Ionen irreversibel einschränken. Auch das Scaling und Fouling der Ionenaustauschermembranen muss ggf. beachtet werden.

3.4.4 Neue Entwicklungen in den Membranverfahren

Neuere Variationen membrangestützer Entsalzungsverfahren nutzen unterschiedliche thermodynamische Trenneffekte, so z. B. eine Partialdruckdifferenz über eine hydrophobe Membran (Membrandestillation) oder – in Umkehrung des Prinzips der Umkehrosmose – den Zugeffekt einer hochmolaren Salzlösung auf das Lösemittel Wasser bei der Vorwärtsosmose (Forward Osmosis). Trotz einiger Pilotanwendungen steht der kommerzielle Durchbruch dieser Technologien und deren weite Verbreitung noch aus.

Membrandestillation

Die Membrandestillation (MD) ist ein thermisches Trennverfahren, bei dem eine mikroporöse hydrophobe Membran (z. B. aus PTFE, PVDF oder PP) zwei wässrige Lösungen bei unterschiedlichen Temperaturen trennt. Die Hydrophobie der Membran verhindert den Stoffaustausch der Flüssigkeit, wodurch eine Gas-Flüssigkeit-Grenzfläche entsteht [Lawson und Lloyd 1997]. Der Temperaturgradient über die Membran führt zu einer Dampfdruckdifferenz als treibende Kraft, wobei flüchtige Komponenten im Zulaufgemisch durch die Poren (Porenweite 10 nm – 1 µm, UF/MF) verdampfen und durch Diffusion und/oder Konvektion aus dem Raum mit hohem Dampfdruck in den Raum mit niedrigem Dampfdruck transportiert werden, wo sie in der kalten Flüssigkeits-/Dampfphase kondensieren [Alkhudhiri et al. 2012]. Durch die Verdampfung des Lösemittels werden theoretisch alle nichtflüchtigen Stoffe wie Ionen, Makromoleküle oder kolloidale Partikel komplett zurückgehalten. Wird reiner Wasserdampf durch die Membran transportiert, so kann auch bei hohen Salzkonzentrationen im Feed in einem Prozessschritt auf der Destillationsseite demineralisiertes Wasser (LF < 1 µS/cm) und auf der Angebotsseite ein konzentrierter Salzstrom gewonnen werden. Durch die Nutzung von Niedertemperaturabwärme im Bereich 60 – 90 °C stellt die MD eine interessante Alternative zu druck- oder elektrisch getriebenen Entsalzungsverfahren dar.

Maßgeblich für den Trennerfolg ist die Hydrophobierung der Membran, da bei ungewollter Benetzung ein direktes Durchdringen der flüssigen Phase in das Permeat und damit ein Zusammenbrechen des Trenneffektes erfolgen kann. Eine Benetzung kann entweder durch oberflächenaktive Substanzen, Kristallbildung auf der Feedseite oder eine zu hohe Druckdifferenz zwischen Feed- und Permeatseite verursacht werden. Die Art und Weise, wie die Dampfdruckdifferenz über die Membran erzeugt wird, wird durch die spezifische Modulkonfiguration bestimmt (vgl. Bild 7). In der am häufigst verwendeten Konfiguration, der Direktkontakt-Membrandestillation (DCMD), wird permeatseitig eine Kondensationsflüssigkeit (oft sauberes Wasser), die in direktem Kontakt mit der Membran steht, im Gegenstrom zum Zulauf auf der Feedseite geführt. Alternativ kann das durch die Membran verdampfte Lösungsmittel auf einer Kondensationsfläche gesammelt werden, die über einen Luftspalt (air gap membrane distillation, AGMD) oder ein Vakuum (vacuum MD, VMD) von der Membran getrennt wird. Das Kondensat kann ebenfalls über ein kaltes, inertes Spülgas (sweeping gas MD, SGMD) abgeleitet werden ([Camacho et al. 2013; Tong und Elimelech 2016], vgl. Bild 6). In den beiden letztgenannten Fällen erfolgt die Kondensation des Wasserdampfs größtenteils außerhalb des Membranmoduls. Bei der AGMD und VMD kann das Kühlmedium auch der kalte Zulaufvolumenstrom sein, der im Gegenstrom aufgeheizt wird. Dabei gilt es immer zu berücksichtigen, dass zumindest ein Teil der für die Kondensation benötigte Kälte extern bereitgestellt werden muss und der Temperaturgradient für einen gleichmäßigen Permeatfluss weitgehend konstant gehalten werden muss.

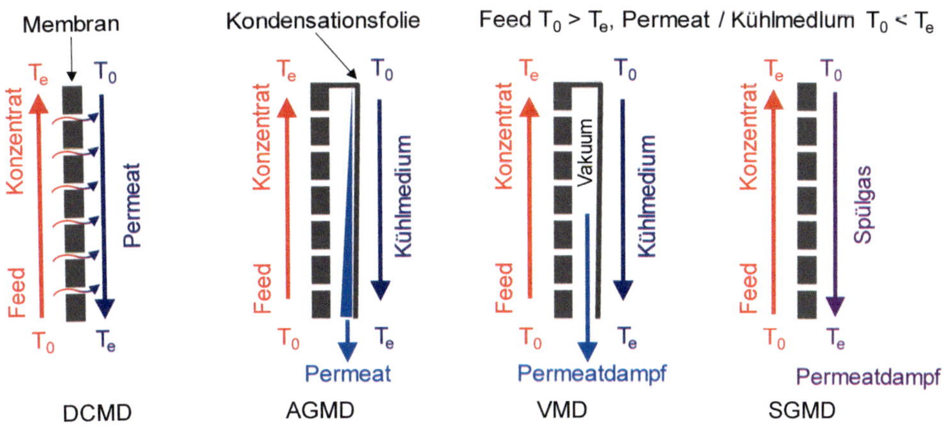

Bild 7: Verfahrensvarianten der Membrandestillation

Module der MD werden als Hohlfaser-, Platten oder Spiralwickelmodule angeboten. Spezifische Vor- und Nachteile resultieren aus dem thermischen Trennprozess bei relativ geringen Zulauftemperaturen.

MD benötigt mehr Energie als UO und ED/EDR, denn die Wasserabtrennung erfordert einen Flüssig-Dampf-Phasenübergang. In der praktischen Anwendung wurde für die Meerwasserentsalzung durch DCMD ein Energiebedarf von 143 – 162 MJ (40 – 45 kWh) pro m^3 Permeat geschätzt (UO 2 – 6 kWh/m^3, [Tong und Elimelech 2016]). Andere Barrieren für eine kommerzielle Umsetzung sind der relativ geringe Permeatfluss im Vergleich zu druckbasierten Membranprozessen (häufig < 10 l/(m^2 · h)), Wasserverlust durch Leitung durch die Polymermembran und/oder Porenbenetzung und die hohen Kosten von MD-Modulen. Der Phasenübergang leichtflüchtiger Substanzen kann in der MD in Abhängigkeit der Temperatur ebenfalls nicht vollständig verhindert werden.

Vorteile ergeben sich aus den im Vergleich zu anderen thermischen Prozessen geringeren (Unter)Drücken, Betriebstemperaturen und resultierenden geringen mechanischen Belastungen, die die Verwendung von kunststoffbasierten, korrosionsbeständigen Werkstoffen erlauben. Darüber hinaus sind im Vergleich zu UO oder ED höhere Konzentratkonzentrationen möglich. Typische Vorlauftemperaturen um 60 – 90 °C bei Temperaturdifferenzen über die Membran von 5 – 20 °C ermöglichen die kaskadierte Wiederverwendung von Restwärmeströmen und die Nutzung alternativer Energiequellen wie Sonne, Wind und Geothermie (dadurch gesteigerte Kosteneffizienz). Im Gegensatz zu druckbasierten Membranverfahren benötigt die MD kaum Zusatzstoffe wie Säuren oder Antiscalants, da die Membranen wesentlich weniger empfindlich auf Konzentrations-Polarisation oder Membranverschmutzung reagieren.

MD kann zur Herstellung von destilliertem Wasser und zur Konzentration wässriger Lösungen eingesetzt werden. Die Entsalzung von Meerwasser und die Herstellung von sauberem Wasser aus Brackwasser sind bisher die häufigsten MD-Anwendungen, da nichtflüchtige ionische Partikel fast vollständig zurückgehalten werden.

Vorwärtsosmose

Die Vorwärtsosmose (Forward Osmosis, FO) ist ein Trennprozess, der durch Unterschiede im osmotischen Druck über eine semipermeable Membran angetrieben wird. Die Osmose läuft jedoch ohne energieaufwendige äußere Einflüsse wie hydraulische Antriebskraft oder Temperatur ab. Wasser tritt aus einer Lösung mit niedrigem osmotischem Druck (dem Feed F) in eine sogenannte Zuglösung (Draw Solution DS) mit weit höherem osmotischem Druck über und verdünnt diese, während der aufkonzentrierte Zulauf das Membranmodul als Konzentrat C verlässt [Cath et al. 2006]. Da die Membranen semipermeabel sind, kann es zu einem Transport gelöster Spezies zwischen der Zug- und der Feed-Lösung kommen. Der Membranrückhalt von NaCl beträgt bei FO-Membranen mehr als 93 %, so dass der Massentransport von gelösten Stoffen in Richtung des Permeatflusses meist gering ist. Der Salzrückfluss muss minimiert werden, da er den Verlust einer Prozesschemikalie darstellt und die Gefahr von Ablagerungen (Scaling) auf der Feed-Seite der Membran erhöht.

Sofern die verdünnte Zuglösung nicht direkt verwendet werden kann, muss ein Regenerationsschritt erfolgen, um Wasser mit geringem Salzgehalt (Reinwasser) aus der Zuglösung zu gewinnen (vgl. Bild 8). Dazu eignen sich Verfahren wie NF oder RO bzw. insbesondere thermische Verfahren, die hohe Aufkonzentrierungen erlauben und deren Trennmechanismus nicht auf Osmose beruht (z. B. MD, Kristallisation). Die Regeneration der Zuglösung stellt den eigentlichen, energieaufwendigen Trennungsschritt der FO dar und die Wahl der Zuglösung ist der kritischste Aspekt einer effektiven Vorwärtsosmoseanlage. Neben hochkonzentrierten NaCl-Lösungen kommen etwa auch NH_4HCO_3, $MgCl_2$, organische Salze wie Polyacrylsäuren, Sucrose oder Lösungen synthetischer Nanopartikel zum Einsatz [Ge et al. 2013].

Die Vorwärtsosmose weist im Vergleich zur Umkehrosmose geringere Permeatflüsse auf (FO < 10 – 15 $l/(m^2 \cdot h)$ vs. RO = 20 – 30 $l/(m^2 \cdot h)$, wenn Cellulosetriacetatmembranen verwendet werden, die im Vergleich zu RO-Membranen einen ähnlichen Salzrückhalt zeigen. Neuere Entwicklungen von Polyamid-Dünnschichtmembranen erlauben höhere Permeatflüsse (J_v = 10 – 50 $l/(m^2 \cdot h)$), weisen aber einen geringeren Salzrückhalt auf.

Im Vergleich zu anderen Entsalzungstechnologien bietet die Vorwärtsosmose eine Reihe von Vorteilen [Haupt und Lerch 2018]:

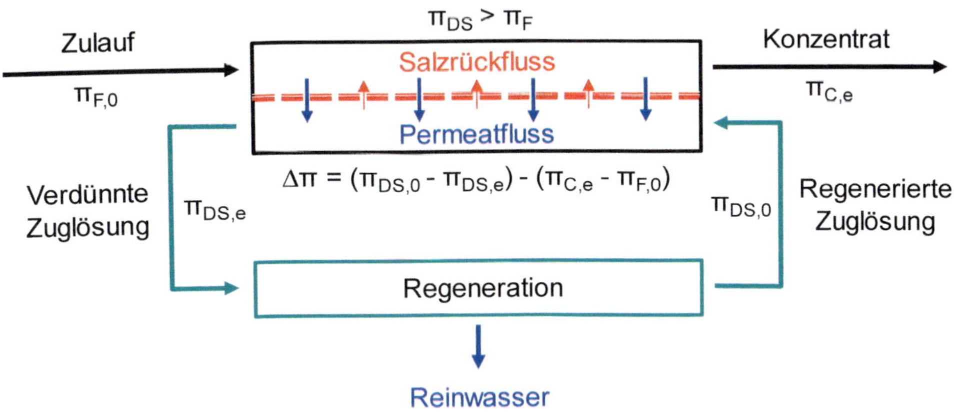

Bild 8: Prinzip der Vorwärtsosmose mit Regeneration der Zuglösung

- geringer Energiebedarf, da nur die Pumpenergie zur Überströmung der Membran mit Feed und Zuglösung benötigt wird (jedoch Energie für Regeneration der Zuglösung nötig),
- gleichzeitige Behandlung zweier Salzlösungen in einem Behandlungsschritt,
- geringe Fouling-Neigung und einfache Entfernung von Foulingschichten aufgrund des fehlenden Drucks,
- es können Flüssigkeiten entsalzt werden, die mit anderen Membranprozessen nicht behandelbar sind.

Aufgrund des hohen möglichen osmotischen Drucks der Zuglösung kann die Feed-Lösung höher aufkonzentriert werden, als dies mit UO möglich ist. Dadurch verringert sich der Konzentratanfall, was den Einsatz vor allem unter dem Gesichtspunkt der Minimierung flüssiger Reststoffe interessant erscheinen lässt.

3.4.5 Zero Liquid Discharge (ZLD)

In einigen Industriezweigen und in Ländern mit limitierter Wasserverfügbarkeit führen insbesondere regulatorische Vorgaben zur Umsetzung von Maßnahmen zur weiteren Kreislaufschließung und zur abwasserfreien Produktion (Zero Liquid Discharge – ZLD, z. B. in der Trockenlackierung, der Textil- oder Papierindustrie, [Dechema 2014]). ZLD-Konzepte vermeiden darüber hinaus das Risiko einer Umweltverschmutzung durch Abwassereinleitungen und maximieren die Effizienz der industriellen Wassernutzung, wodurch ein Gleichgewicht zwischen der Nutzung von Süßwasserressourcen und der Erhaltung der aquatischen Umwelt hergestellt wird [Tong und Elimelech 2016]. Bei Nutzungskonkurrenz mit anderen Wasserverbrauchern (Landwirtschaft, Kommunen), gering ausgeprägter kommunaler

Abwasserinfrastruktur und Behandlungskapazität, hohen Anforderungen an die Einleitqualität von gereinigtem Abwasser oder dem Fehlen aufnehmender Gewässer können ZLD oder MLD (Minimum Liquid Discharge) notwendige Optionen für eine weitere wirtschaftliche Entwicklung sein. In der Regel sind damit jedoch ein erhöhter Energieverbrauch und technisch anspruchsvolle Verfahren mit hohen Behandlungskosten verbunden, die ökonomisch zu bewerten sind.

Eine generelle Herausforderung bei ZLD-Anwendungen ist der Verbleib anorganischer Konzentrate bzw. Kristallisate, die aus einem Gemisch unterschiedlichster Salze bestehen und darüber hinaus noch mit organischen Restverschmutzungen belastet sein können. Der Betrieb von Aufkonzentrierungsverfahren bei hohem Salzgehalt beschleunigt in der Regel zusätzlich das Auftreten von Ablagerungen, insbesondere bei druckgetriebenen Membranprozessen. Daher müssen Fouling- und Scaling-Komponenten wie Kalk, Kolloide und Siliziumdioxid vor dem Betrieb weitgehend aus dem Zulauf entfernt oder behandelt werden [Tsai et al. 2017].

Frühe ZLD-Systeme basierten typischerweise auf einer Reihe von thermischen Prozessen (Eindampfanlagen). In solchen Systemen durchläuft das Zulaufwasser einen Vorbehandlungsschritt, der das Scaling-Potenzial reduziert, und wird dann nacheinander durch zwei Kernelemente, einen Solekonzentrator und einen Solekristallisator (oder einen Evaporationsteich), konzentriert [Tong und Elimelech 2016]. Hierfür kommen beispielsweise im ersten Schritt Fallstromverdampfer und im Anschluss Zwangsumlaufverdampfer zum Einsatz. Entstehende Destillate werden wiederverwendet, während die anfallenden Feststoffe entweder gelagert, deponiert oder als Nebenprodukte wiederverwendet werden.

Membranbasierte ZLD-Konzepte streben vor dem Einsatz thermischer Verfahren eine maximale Wasserausbeute an, um den Energieeinsatz zu optimieren. Als Standard hat sich die Umkehrosmose (meist zweistufig) etabliert, um die einzudampfenden Volumenströme (die Konzentrate) zu reduzieren. Aufgrund des Betriebsdrucks von Standard-UO-Anlagen von maximal 80 bar wird die erreichbare Salzkonzentration typischerweise auf TDS = 70.000 – 75.000 mg/l limitiert. Die oben beschriebenen, modernen Entsalzungstechnologien können durch modifizierte Verfahrensprinzipien eine „Brückenfunktion“ vor der Eindampfung einnehmen. In Abhängigkeit der Technologie und des Aufkonzentrierungsbereichs ergeben sich unterschiedliche spezifische Energieverbräuche. In der Literatur sind dazu variierende und teils widersprüchliche Angaben zu finden. Bild 9 zeigt eine Auswahl von Größenbereichen.

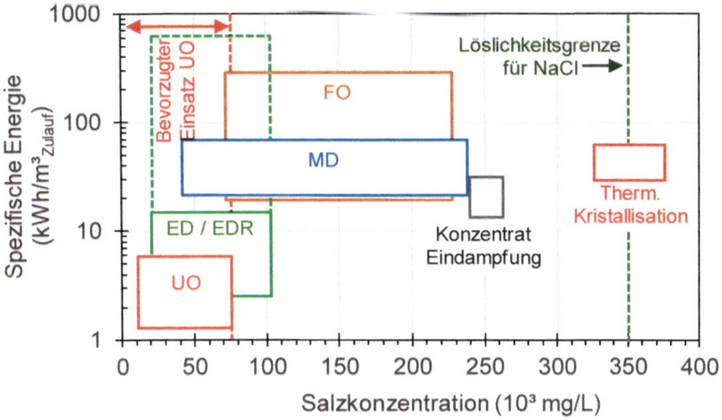

Bild 9: Spezifischer Energiebedarf und Konzentrationsbereich von Entsalzungsverfahren (Werte nach [Tong und Elimelech 2016; Tsai et al. 2017])

Während für die Umkehrosmose weitgehend einheitlich ein spezifischer Energiebedarf von 1,5 – 6 kWh/m³ bei maximalen Salzkonzentrationen von bis zu 75.000 mg/l angegeben wird, werden für die ED/EDR bei Ausgangskonzentrationen TDS > 15.000 mg/l ca. 7 – 15 kWh/m³ benötigt. Bei geringeren Salzkonzentrationen bzw. geringen Restleitfähigkeiten steigt der Energieverbrauch der ED/EDR überproportional an (gestrichelter Bereich in Bild 8). Membrandestillation und Vorwärtsosmose zeichnen sich durch einen weiten Einsatzbereich und gegenüber UO oder ED weit höheren, erreichbaren Salzgehalten in den Konzentraten aus. Der Energiebedarf liegt jedoch im Bereich von Vakuumverdampfern mit mechanischer Brüdenverdichtung oder darüber. Bei MD oder FO sind es vor allem die alternativen Verfahrensprinzipien, die einen Einsatz in ausgewählten Anwendungen sinnvoll erscheinen lassen.

Haupteinsatzgebiete von ZLD-Anwendungen finden sich in China, Indien und den USA. In Indien werden ZLD-Anlagen in der Textilindustrie bei einem täglichen Abwasservolumenstrom Q_d > 25 m³ gefordert. Standardanwendungen bestehen aus Vorbehandlung, biologischer Reinigung, Umkehrosmose und mehrstufiger Eindampfung. Für die Kohlechemie /-veredelung in China wurden bereits ZLD-Anlagen installiert oder befinden sich in der Planungs- und Bauphase. Diese Anwendungen decken ein weites Spektrum von Salzkonzentrationen im Zulauf 2000 – 16.000 mg/l bei gleichzeitig hohen Volumenströmen von 110 – 2.300 m³/h ab [Tong und Elimelech 2016]. Auch für andere Regionen mit Wasser-Stress wurden Konzepte z. B. in der Produktion von Solarzellen oder der Düngemittelindustrie implementiert.

Literatur

Alkhudhiri, A.; Darwish, N.; Hilal, N. (2012): Membrane distillation: A comprehensive review. Desalination 287, pp. 2 – 18.

Anderson, M. A.; Cudero, A. L.; Palma, J. (2010): Capacitive deionization as an electrochemical means of saving energy and delivering clean water. Comparison to present desalination practices: Will it compete? Electrochimica Acta 55(12), pp. 3845 – 3856.

Agana, B. A.; Reeve, D.; Orbell, J. D. (2013): An approach to industrial water conservation – A case study involving two large manufacturing companies based in Australia. Journal of Enviromental Management 114, pp. 445 – 460.

Barlmeyer, N. (2016): Vom Frischwasser bis zum Abwasser – Ölfreier Sauerstoff für den Wasserkreislauf in der Papierherstellung. Verfahrenstechnik 6/2016, S. 18 – 20.

Bauer, S.; Dell, A.; Behnisch, J.; Chen, H.; Bi, X.; Nguyen, V. A.; Linke, H. J.; Wagner, M. (2018): Sustainable water-reuse concept for industrial park developments in Southeast Asia. Asian Water, September/Oktober 2018, S. 24 – 27.

Biesheuvel, P. M. und van der Wal, A. (2010): Membrane capacitive deionization. Journal of Membrane Science 346(2), pp. 256 – 262.

Camacho, M. L.; Dumée, L.; Zhang, J.; Li, J.-D.; Duke, M.; Gomez, J.; Gray, S. (2013): Advances in Membrane Distillation for Water Desalination and Purification Applications. Water 5(1).

Cath, T. Y.; Childress, A. E.; Elimelech, M. (2006): Forward osmosis: Principles, applications, and recent developments. Journal of Membrane Science 281(1–2), pp. 70 – 87.

Dechema (2014): Trends und Perspektiven in der industriellen Wassertechnik Rohwasser – Prozess – Abwasser. Positionspapier der ProcessNet-Fachgruppe „Produktionsintegrierte Wasser und Abwassertechnik“, Dechema e. V.

Degremont (2007): Water Treatment Handbook. 7. Ausgabe 2007, Lavoisier.

de Koning, J.; Bixio, D.; Karabelas, A.; Salgot, M.; Schäfer, A. (2008): Characterisation and assessment of water treatment technologies for reuse. Desalination 218(1), pp. 92 – 104.

Destatis (2018): Nichtöffentliche Wasserversorgung und nichtöffentliche Abwasserentsorgung. Fachserie 19 Reihe 2.2.

Deza, A. und Martinez, A. (2013): The exciting challenge of water reuse in Madrid. Lazarova, V.; Asano, T.; Bahri, A.; Anderson, J. (Eds.): Milestones in Water Reuse: The Best Success Stories. IWA Publishing 2013.

Engelhart, M. (2017): Grundlagen von Membranverfahren in der Industrieabwasserreinigung und Anwendung von Membrantechnologien. DWA: Behandlung von Industrie- und Gewerbeabwasser, Wasserwirtschaftskurs P/5; Kassel.

Ge, Q.; Ling, M.; Chung, T.-S. (2013): Draw solutions for forward osmosis processes: Developments, challenges, and prospects for the future. Journal of Membrane Science 442, pp. 225 – 237.

Gebhard, K.; Nikolaus, K.; Rippberger, S. (2012): Die Vorbehandlung von Rohwasser zur Umkehrosmose – Teil 3: Verfahren zur chemischen und physikalischen Vorbehandlung. F & S Filtrieren und Separieren Jahrgang 26 (2012), Nr. 3.

Haupt, A. und Lerch, A. (2018): Forward Osmosis Application in Manufacturing Industries: A Short Review. Membranes 8(3).

Köster, B. und Hoppe, H. H. (2019): Prozesswassergewinnung aus Abwasser. Ein innovativer Ansatz mit Membrantechnologie. Vortrag Papier und Umwelt Tagung, 09./10.04.2019, Darmstadt.

Lawson, K. W. und Lloyd, D. R. (1997): Membrane distillation. Journal of Membrane Science 124(1), pp. 1 – 25.

Melin und Rautenbach (2007): Membranverfahren: Grundlagen der Modul- und Anlagenauslegung. 3., aktualisierte und erw. Aufl., Springer Berlin Heidelberg New York.

Majamaa, K.; Aerts, P. E. M.; Groot, C.; Paping, L.; Broek, W.; van Agtmaal, S. (2010): Industrial water reuse with integrated membrane system increases the sustainability of the chemical manufacturing. Desalination and Water Treatment, 18:1-3, pp. 17–23.

Moed, D. (2017): Water Recovery Case Terneuzen. Presentation at InspiringAfternoon@FBW-UGent: Inspiration through collaboration, Centre Environmental Science and Technology, Ghent University, 17.03.2017.

Müller, C. (2010): Energie aus Industrieabwasser. wwt wasserwirtschaft wassertechnik 09/2010, S. 32 – 34.

Ordóñez, R.; Hermosilla, D.; San Pío, I.; Blanco, A. (2010): Replacement of fresh water use by final effluent recovery in a highly optimized 100 % recovered paper mill. Water Science and Technology 62(7), pp. 1694 – 1703.

Ordóñez, R.; Hermosilla, D.: Merayo, N.; Gascó, A.; Negro, C.; Blanco, Á. (2014): Application of Multi-Barrier Membrane Filtration Technologies to Reclaim Municipal Wastewater for Industrial Use. Separation & Purification Reviews 43(4), pp. 263 – 310.

Porada, S.; Zhao, R.; van der Wal, A.; Presser, V.; Biesheuvel, P. M. (2013): Review on the science and technology of water desalination by capacitive deionization. Progress in Materials Science 58(8), pp. 1388 – 1442.

Sari, M. D. K.; Kristensen, G. H.; Andersen, M.; Ducheyne, A. A. M.; Lee, W. A. (2016): Water-reuse risk assessment program (WRAP): a refinery case study. Journal of Water Reuse and Desalination 7(2), pp. 162 – 174.

Strathmann, H. (2000): Membrane Separations | Electrodialysis. Encyclopedia of Separation Science, Wilson, Ian D. (Ed.), Academic Press Oxford, pp. 1707 – 1717.

Strathmann, H. (2010): Electrodialysis, a mature technology with a multitude of new applications. Desalination 264(3), pp. 268 – 288.

Suss, M. E.; Porada, S.; Sun, X.; Biesheuvel, P. M.; Yoon, J.; Presser, V. (2015): Water desalination via capacitive deionization: what is it and what can we expect from it? Energy & Environmental Science 8(8), pp. 2296 – 2319.

Tong, T. und Elimelech, M. (2016): The Global Rise of Zero Liquid Discharge for Wastewater Management: Drivers, Technologies, and Future Directions. Environmental Science & Technology 50(13), pp. 6846 – 6855.

Tsai, J.-H.; Macedonio, F.; Drioli, E.; Giorno, L.; Chou, C.-Y.; Hu, F.-C.; Li, C.-L.; Chuang, C.-J.; Tung, K.-L. (2017): Membrane-based zero liquid discharge: Myth or reality? Journal of the Taiwan Institute of Chemical Engineers 80, pp. 192 – 202.

UN (2015): Entwurf des Ergebnisdokuments des Gipfeltreffens der Vereinten Nationen zur Verabschiedung der Post-2015-Entwicklungsagenda, A/Res/69/315.

Wang, Y. P. und Smith R. (1994): Wastewater minimization. Chem Eng Sci 1994; 49 (7), pp. 981 – 1006.

4 Betriebe der Lebensmittelindustrie

4.1 Zuckerherstellung

Hans-Joachim Jördening

4.1.1 Allgemeines

Zucker (Saccharose) wird aus Zuckerrüben (z. B. Europa, Nordamerika) oder Zuckerrohr (z. B. Südamerika, Afrika, Südostasien) gewonnen. Die Produktion und die Verarbeitung beider Rohstoffe bedingt deutliche Unterschiede in der Verfahrenstechnik und so auch bezogen auf Wasserkreisläufe und Abwasserbehandlung. Dieser Beitrag ist ausschließlich den mit der Verarbeitung von Zuckerrüben verbundenen Wasser-/Abwasserfragen gewidmet.

Die Zuckerrübe wird seit 220 Jahren neben dem Zuckerrohr als Rohstoffquelle zur Gewinnung von Zucker (Saccharose) genutzt. Der Wurzelkörper der Zuckerrübe enthält etwa 23 – 27 % Trockensubstanz, 14 – 20 % Saccharose, 0,9 – 2,4 % Pektinstoffe, 0,5 – 1,1 % Rohprotein, 0,1 % Rohfett, 1,2 % Rohfaser, 2,9 % gelöste stickstoffhaltige Verbindungen und 0,4 – 0,5 % anorganische Bestandteile (Asche). In der Bundesrepublik Deutschland gibt es heute 20 Zuckerfabriken. Diese haben im Durchschnitt der Jahre 2015 bis 2018 aus ca. 24,2 Mio. t Rüben etwa 3,8 Mio. t/a Zucker erzeugt. Der Pro-Kopf-Verbrauch an Zucker liegt in Deutschland etwa bei 34 kg/a [Statistisches Bundesamt 2019].

Die Rübenzuckerfabriken arbeiten als Kampagnenbetriebe in der Regel von Anfang September bis Mitte Januar (ausführliche Darstellungen der Zuckerfabrikation s. [Van der Poel et al. 2000]). Die Rüben werden schon bei der Verladung auf dem Feld einer Vorreinigung unterzogen, um so unnötigen Transport von Erde zur reduzieren.

Der Transport in die Fabriken erfolgt „just in time", um Lagerverluste weitgehend zu vermeiden. Lagerfläche auf dem Rübenhof wird nur für Sonn- und Feiertage bereitgehalten. Die Rüben werden in der Fabrik abgeladen, gewaschen und zerkleinert; die Schnitzel werden mit heißem Wasser extrahiert. Der gewonnene Rohsaft wird unter Zusatz von Kalk und Kohlenstoffdioxid und durch Abtrennen des Carbonatationsschlamms gereinigt. Der entstandene Dünnsaft mit einem Zuckergehalt von 12,5 bis 16,5 % wird in der Verdampfstation zu Dicksaft mit einem Zuckergehalt von 62 bis 68 % konzentriert. In der anschließenden Kochstation erfolgt die Kristallisation unter vermindertem Druck. Der Muttersirup wird von den Zuckerkristallen abzentrifugiert und erneut auf Zucker verkocht, bis wirtschaftlich kein Zucker mehr daraus gewonnen werden kann. Der letzte nicht kristallisierbare Rückstand ist die Melasse. Der kristallisierte Zucker wird getrocknet, gesichtet und bis zum Verkauf gelagert. Die weitgehend zuckerfrei extrahierten Schnitzel werden auf ca. 30 – 34 % TS abgepresst und als Viehfutter abgegeben. Zur Haltbarmachung werden die Schnitzel meist getrocknet, zur Energieeinsparung wird in einigen Fabriken vor die Trocknung mit höherer Temperatur eine mit Abwärme betriebene Niedertemperatur-Trocknung geschaltet [Valentin 1983; Schröter 1986]. Neue Anlagen der thermischen Zuckertrocknung werden oft thermisch vollständig integriert, so dass aus der Trocknung kein Abgas mehr an die Atmosphäre abgegeben wird, dafür jedoch das entstehende Kondensat zusätzlich zur Abwasserreinigung anfällt. Der bei der Saftreinigung anfallende Carbonatationsschlamm kann nach entsprechender Vorbehandlung [Thielecke und Ekelhof 2004] zur Bodenverbesserung und als Düngemittel verwendet werden [Irion 1979].

4.1.2 Wässer und Abwässer der Zuckerfabrikation

Bei der Verarbeitung von 1 t Rüben auf Zucker sind je nach Betriebsweise ca. 6 – 15 m^3 Wasser erforderlich (vgl. Tabelle 1).

Die in Tabelle 1 angegebenen Wassermengen entsprechen jedoch in keiner Weise dem Wasserbedarf der Fabrik. Vielmehr wird durch intensive Kreislaufführung das Wasser insgesamt ca. 10- bis 15-mal verwendet und somit nur wenig mehr Wasser nach Behandlung an den Vorfluter abgegeben als mit der Rübe in die Fabrik eingebracht wird.

Schwemmwasser

Zur Abladung der Rüben vom Trecker/LKW sowie zum Transport der Rüben bzw. vom Rübenhof in die Fabrikation wurde früher Schwemmwasser eingesetzt. Der Kontakt zwischen Wasser und Rübe führt jedoch zur Elution von Zucker und damit gleichzeitig zu Produktverlust und Wasserverunreinigung. Deshalb erfolgt heute zumeist eine direkte Abladung der Rüben auf die Fläche (Rübensilo) oder

Wasser	Wassermenge in % auf Rübe
Schwemmwasser	0 – 500
Waschwasser	150 – 200
Fallwasser	400 – 600
Frischwasser zur Saftgewinnung	30 – 40
Kühl- und Sperrwasser	20 – 100
Gesamt	600 – 1.440

Tabelle 1: Wasserbedarf für Teilschritte der Zuckerproduktion

Aufgabe in einen Trichter zur Förderung der Rüben mit Schnecken und Förderbändern in den Betrieb. Vom Silo werden die Rüben mit einem Frontlager wieder in den Trichter geschoben.

Waschwasser

Der erste Wasserkontakt erfolgt in der Rübenwäsche, die der Abtrennung von Steinen, Rübenkraut/-blatt, Rübenbruchstücken sowie der Rübenerde dient.

Die Rübenwäsche wird mit geklärtem, d. h. mit sedimentarmem Wasser beschickt. Das Waschwasser wird mehrfach verwendet. Dafür sind in den Kreislauf Steineabscheider, Krautfänger und Sandklassierer integriert. Die im Waschwasser enthaltene Rübenerde wird in Absetzbecken (Bruknerbecken) sedimentiert und von dort mit ca. 10 – 20 % TS zum sogenannten Auflandegelände transportiert. Dieses Verfahren hat u. a. den Vorteil, dass das Waschwasser nur relativ kurze Zeit – in der Regel zwei bis drei Stunden – im Absetzer verbleibt und nicht in Gärung gerät.

In den meisten Fabriken wird zur Vermeidung von Korrosion und Geruchsbelastungen sowie zur besseren Sedimentation der erdigen Feststoffe das Schwemm- und Waschwasser durch Zugabe von Kalkmilch auf einen pH-Wert von etwa 10 – 11 eingestellt, wodurch die Stoffwechseltätigkeit von Bakterien unterbunden ist. Der hohe pH-Wert ist hier auch vorteilhaft, um Kalkmilch zu sparen: bei niedrigeren pH-Werten um 9 kann die mikrobielle Aktivität zu deutlich höheren Säurekonzentrationen und damit auch erhöhtem Kalkmilchverbrauch führen. Dieser führt in den nachfolgenden Stufen der Abwasserreinigung zu erhöhten Kalkausfällungen.

Zur Reduzierung der Belastung in der aufgelandeten Rübenerde wird das Schwemmwasser über Siebe von Rübenfeinteilen befreit. Damit kann die organische Belastung um ca. 0,2 – 0,3 % TS a. R. verringert werden die anderenfalls – eine vollständige mikrobielle Zersetzung angenommen – das Wasser mit 500 bis 1.000 kg BSB/1.000 t Rübe, belasten würden.

Das für den Erdetransport verwendete ausgeschleuste Waschwasser wird durch kontinuierliche Auffüllung des Kreislaufs mit gering belastetem Kondensat oder Fallwasser substituiert. Damit ergibt sich eine Belastung von ca. 8 bis 35 g/l CSB bzw. einem BSB_5 von 5 bis 23 g/l. Die Unterschiede von Fabrik zu Fabrik ergeben sich aus unterschiedlichen Randbedingungen. So wird eine Fabrik mit langen Rohrleitungen zur Auflandung mehr Wasser für den Transport einsetzen, um Verstopfungen zu vermeiden und damit niedrigere CSB-Konzentrationen, aber größere Volumina erzeugen.

Extraktionswasser

Zur Extraktion der Rübe wird als Frischwasser meist eine Mischung von Kondensat und Fallwasser oder abgekühltes Kondensat eingesetzt, um den Wärmeinhalt dieser Wässer auszunutzen. Das bei der Abpressung der extrahierten Rübenschnitzel anfallende hochbelastete Presswasser wird vollständig in die Extraktionsanlage zurückgenommen, so dass hier kein Abwasser anfällt.

Kondensat

Die Kondensate aus der Verdampfung werden je nach ihrer Temperatur überwiegend wieder im Betrieb eingesetzt, z. B. als Waschwasser, Kesselspeisewasser, als Frischwasser in der Extraktion, als Regenerationswasser bei Ionenaustauschverfahren oder zur Auflösung von Zucker im Zuckerhaus. Es verbleiben aber je nach Produktionsverfahren der Fabrik wechselnde Mengen an Überschusskondensat, zumeist 20 – 30 % a. R. In der Regel ist dieses Wasser nur relativ gering belastet (50 – 100 mg/l BSB_5 bzw. 100 – 200 mg/l CSB). Bei der Verarbeitung von alterierten (frostgeschädigten) Rüben kann die Belastung aufgrund von mikrobiell im Rübengewebe gebildeten Alkoholen auch erheblich höher liegen. Alle Kondensate weisen aber höhere Gehalte an Ammonium (40 bis 120 mg/l) auf, das bei der Verseifung des aus der Rübe stammenden Glutamins gebildet wurde.

In einigen Fabriken werden heute Rübenschnitzel nicht mehr in rotierenden Trocknertrommeln, sondern in Verdampfungstrocknern getrocknet [Jensen und Larsen 2015]. Damit wird anstelle der Abgabe des Wasserdampfes an die Atmosphäre ein Kondensat erzeugt, das jedoch deutlich höhere CSB-Konzentrationen (1 – 1,5 g/l) aufweist als sonstiges Kondensat.

Fallwasser

Fallwasser wird in der Kochstation zur Druckminderung durch barometrische Kondensation benötigt. Es kondensiert den Kochbrüden und erwärmt sich dabei um ca. 20 °C. Mit dem Brüden wird auch ein Teil der flüchtigen Substanzen aus der Kochmasse aufgenommen. Das Fallwasser wird im Kreislauf verwendet und muss dazu über Kühltürme abgekühlt werden. Entsprechend der geringen Belastung wird der Überschuss (kondensierter Brüden) entweder in der Fabrik verwendet oder direkt der Aerobstufe der Abwasserreinigung zugeführt.

Grünwasser

Bei der Rübenwäsche abgetrenntes Rübenkraut/-blatt wird in nachgeschalteten Pressen partiell entwässert und zusammen mit den Rübenschnitzeln getrocknet. Das dabei anfallende abgepresste Wasser ist dem Volumen nach nur von geringer Bedeutung (2 – 3 % a. R.), weist allerdings einen hohen CSB auf und wird zusammen mit dem Rübenwaschwasser in der Abwasserreinigung behandelt.

Restabwässer

Die Restabwässer können in der Regel nicht in den Betrieb zurückgenommen werden. Von ihnen weisen die Wässer von Ionenaustausch-Verfahren die höchste Belastung auf. Wasserwirtschaftlich von geringerer Bedeutung sind die folgenden Wässer:·

- Kesselabschlämmwässer,
- Filterwaschwässer,
- Reinigungs- und Überlaufwässer,
- Hof- und Niederschlagswässer,
- Sanitärabwässer,
- Kühl- und Sperrwässer.

4.1.3 Wasserbilanzen

Die Wasserwirtschaft einer Zuckerfabrik sollte so ausgerichtet sein, dass möglichst geringe Mengen belasteter Wässer aufbereitet werden müssen. Dies ist, wie zuvor schon beschrieben, mittlerweile in den meisten Zuckerfabriken realisiert.

Bild 1 zeigt schematisch die Verwendung der einzelnen Wässer in einer Zuckerfabrik, insbesondere auch deren Kreisführungen. Die Wassermengen sind nicht angegeben, da sie sich von Fabrik zu Fabrik stark unterscheiden.

Grundsätzlich wird heute der überwiegende Teil des Wasserbedarfs aus dem Wassergehalt der Zuckerrübe gedeckt:

- Schon auf dem Feld erfolgt eine Vorreinigung der Rüben, so dass die Erde dort verbleiben kann und der Aufwand für die Rübenwäsche sowie die Belastung des Wassers entsprechend reduziert ist.
- Der Rübentransport erfolgt bis zur Rübenwäsche in den meisten Fabriken trocken mit Förderelementen. Von der schonenden Abladung über den Transport in der Fabrik über Förderbänder mit möglichst geringen Fallhöhen soll der Zerstörung von Rüben und damit auch der Elution von Saccharose aus den Rüben entgegengewirkt werden.

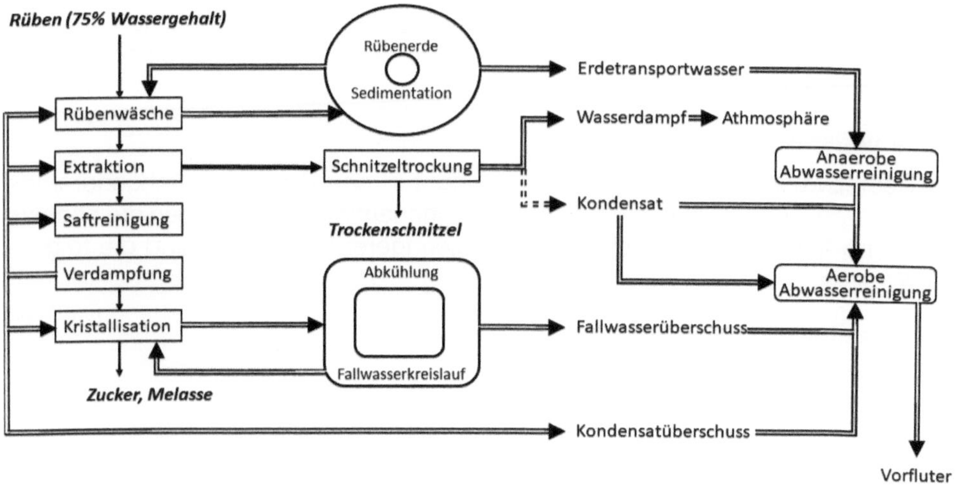

Bild 1: Vereinfachtes Schema der Wasserwirtschaft einer Zuckerfabrik.

- Die Rübenwäsche soll ebenfalls möglichst schonend erfolgen, um Rübenbruch zu vermeiden. Durch Kreislaufführung wird das Wasser in diesem Bereich bis zu 8-mal wiederverwendet. Essenziell für die Kreislaufführung ist die integrierte Abtrennung fester Bestandteile, die durch Steinefänger, Krautabscheider, Sandabtrennung sowie Erdesedimentation in den Kreislauf erfolgt.
- Das bei der Konzentrierung des zuckerhaltigen Saftes anfallende Kondensat wird für alle Verbraucher in der Fabrik verwendet.
- Fallwasser wird durch Kühltürme oder Sprühteiche abgekühlt und bis zu 10-mal wiederverwendet.
- Bei der konventionellen Trocknung extrahierter Rübenschnitzel wird das als Dampf anfallende Wasser an die Atmosphäre abgegeben. Bei Einsatz von Verdampfungstrocknern für die Trocknung wird dieser Wasserdampf kondensiert und fällt somit als „zusätzliches“ Wasser für Behandlung an (s. 4.1.2).

Nach [Nähle und Kunz 2012] liegt der Bedarf an Grund- und Oberflächenwasser für Rübenanbau und Produktion von 1 kg Zucker bei 0,9 kg.

4.1.4 Abwasserreinigung

Mindestanforderungen

In der 18. Verwaltungsvorschrift zur Abwasserverordnung und den nach dem Wasserhaushaltsgesetz hierzu ergehenden Bescheiden werden die Anforderungen festgelegt, die an die Abwässer der Zuckerfabriken vor ihrer Einleitung in Gewässer zu stellen sind [AbwV 2004]. Mit Schließung der Kreisläufe und weitestgehendem Verzicht auf Frischwasserzuführung ergeben sich Reinigungsgrade für das Abwasser, die für den CSB bei 95 – 98 % und für den BSB_5 bei über 99 % liegen. Der gegenüber dem geforderten BSB_5 wesentlich höhere CSB ist bedingt durch schwer abbaubare Stoffe (überwiegend aus der Ackererde stammende Huminstoffe und deren Vorstufen), die sich nur bei der CSB-Bestimmung, nicht aber bei der des BSB_5 analytisch auswirken. Bei stärker verunreinigten Zuckerfabriksabwässern beträgt das Zahlenverhältnis BSB_5 : CSB etwa 1 : 1,5, bei weitgehend abgebautem Abwasser kann es sich aber bis auf 1 : 20 verschieben [Reinefeld et al. 1975]. Bei gering belasteten Sperr- und Kondenswässern liegt das Zahlenverhältnis BSB_5 : CSB in der Regel bei 1 : 2,3.

Aufbereitungsverfahren

Früher wurde ein wesentlicher Teil der Abwasserreinigung in unbelüfteten und/oder belüfteten Teichen durchgeführt. Teiche existieren auch heute noch, werden aber im Wesentlichen zur Auflandung der abgetrennten Rübenerde verwendet. Das überstehende Wasser wird rasch abgezogen, um die Trocknung der Rübenerde zu ermöglichen und damit auch gleichzeitig mikrobielle Prozesse in der Erde zu reduzieren. Weitere Teiche dienen als Vorlage für die anaerobe Abwasserreinigung und Puffer für Überschusskondensat, Fall- und Regenwasser.

Die Behandlung erfolgt heute in den meisten Fabriken nach dem gleichen Schema: hochbelastete Abwässer werden anaerob vorgereinigt und dann, gemeinsam mit Kondensat und Fallwasser in einer zweiten Stufe aerob soweit gereinigt, dass sie einleitfähig sind.

Anaerobe Verfahren

Hauptkomponenten der organischen Belastung von Wasch- und Transportwasser sind Saccharose sowie deren Abbauprodukte Glucose, Fructose und Fettsäuren. Da die Kreisläufe mit Kondensat aufgefüllt werden, wird ein geringer Anteil des CSB (Alkohol, flüchtige Fettsäuren) auch damit eingebracht sowie Ammonium-Stickstoff zugeführt.

Die schon beschriebene Alkalisierung des Waschwassers (s. 4.1.2) führt, entsprechend der CSB-Belastung und dem Kreislaufschema der Fabriken, zu Calciumkonzentrationen zwischen 1 – 4 g/l. Abhängig von der Verweilzeit in der Auflandung sowie von den Außentemperaturen liegt der pH-Wert des von dort zur Behandlung abgezogenen Abwassers im neutralen bis sauren Bereich (pH: 4,5 – 7), die Versäuerung ist weitgehend abgeschlossen. Trotz der typischerweise vorhandenen Vorlageteiche besitzen viele Fabriken heute zusätzlich auch Versäuerungstanks.

Diese sind mit Wärmetauschern ausgerüstet, so dass die Temperatur auf bis zu 40 °C eingestellt werden kann. Entsprechend der verlängerten Kampagnen bis in den Januar hinein kann so auch bei ungünstigen Witterungsbedingungen eine weitgehende Versäuerung sichergestellt werden.

In der Zuckerindustrie eingesetzte Anaerobanlagen arbeiten generell im mesophilen Temperaturbereich, d. h. bei 35 °C bis 38 °C, und bei pH-Werten von 6,8 bis 7,3. Soweit der typischerweise deutlich niedrigere pH im Zulauf nur durch organische Säuren verursacht wird, ist keine Neutralisation erforderlich. Diese führt bei Abbau der organischen Säuren zu einem Anstieg des pH, der dann eine erhöhte Kalkausfällung im Anaerobreaktor zur Folge hat.

Aus dem Sulfat des Abwassers entsteht H_2S, das in höheren Konzentrationen (> 100 mg/l) abbauhemmend wirken kann [Baumann 1987].

Das beim Abbau der organischen Substanz entstehende Biogas wird bei allen Konstruktionen aus dem oberen Teil des Reaktors abgezogen. Bei Abbau von 1 kg CSB entstehen etwa 420 bis 450 l Biogas, das ca. 70 % Methan und ca. 30 % Kohlenstoffdioxid enthält. Ein plötzliches Absinken des Methangehalts ist ein Anzeichen für eine Störung des Prozesses.

Da der anaerobe Belebtschlamm sich relativ langsam vermehrt, muss er von dem behandelten Abwasser abgetrennt und in den Reaktor zurückgeführt werden. Dies erfolgt durch Sedimentationsbecken oder Lamellenseparatoren. Zur besseren Sedimentation des Schlamms ist häufig eine Entgasung zwischen Reaktor und Sedimentation installiert. Bei der ANOPUR-Anlage befinden sich die Lamellenseparatoren im oberen Teil des Anaerob-Behälters [Redwanz 1985]. Bei dem Kontaktschlammverfahren – System Phillip-Müller – wird die Durchmischung des Reaktorinhalts durch am Boden des Reaktors über Gaslanzen eingepresstes Biogas gewährleistet. Die Abscheidung und Rückführung des anaeroben Schlammes in den Reaktor erfolgt hier über eine relativ große konventionelle Absetzanlage, die zur Vermeidung von Geruchsemission und von Wärmeverlusten oft auch abgedeckt ist [Nähle et al. 1986; Seyfried und Saake 1986]. Die CSB-Raumbelastung dieser Kontaktverfahren beträgt bei ANAMET [Huss und Reinholdtzon 1982] und ANOPUR etwa 5 kg/(m^3 · d), bei Phillip-Müller ca. 10 kg/(m^3 · d). In einer Fabrik ist ein Fließbettreaktor installiert, für den eine Schlammabtrennung nicht erforderlich ist, da die Bakterien in diesem System auf feinkörnigem Blähton immobilisiert im Reaktor in Schwebe gehalten werden [Jördening 1996; Jördening 1997]. Andere Reaktoren arbeiten nach dem Upflow-Prinzip [Tschersich 1982]. Hier findet sich die höchste Schlammkonzentration am Boden des Tanks an der Stelle des Abwasserzulaufs. Die Umwälzung erfolgt im Wesentlichen durch den aufsteigenden Biogas-Blasenstrom und wird zusätzlich durch den Abwasserstrom verstärkt. Biogas, anaerober Schlamm und aufbereitetes Wasser werden beim

„Biothane-Verfahren" in einem integrierten Dreiphasenscheider am Kopf des Reaktors getrennt. Die Schlammrückführung erfolgt durch Schwerkraft [Tschersich 1982; Tschersich und Zoetemeyer 1984]. Man geht davon aus, dass die Gärung wegen des erforderlichen Wasserstofftransfers zwischen acetogenen Bakterien und Methanbakterien am effektivsten abläuft, wenn beide Organismengruppen auf engstem Raum vergesellschaftet sind. Dieser Forderung kommt das Upflow-System mit seiner schonenden Schlammbehandlung sowohl bei der Umwälzung als auch bei der Rückführung weitgehend entgegen. Die mechanische Beanspruchung der Flocke ist beim Schlammkontaktverfahren größer (Pumpen, Rührer, Gaseinpressung).

Der Einsatz eines Upflow-Systems fordert jedoch ein weitgehend feststofffreies Abwasser und die Vermeidung von Carbonatausfällungen. Bei dem Upflow-Reaktor kann die CSB-Raumbelastung Werte von 15 bis 20 kg/(m^3 · d) erreichen. Er kann daher entsprechend kleiner ausgelegt werden als ein nach dem Kontaktverfahren arbeitender Reaktor.

Mit beiden Systemen (Kontakt-Verfahren bzw. Upflow-Prinzip) wird in der Regel ein CSB-Abbau der Belastung von 90 bis 95 % erreicht. Der weitere Abbau erfolgt dann auf aerobem Wege. Speziell bei der Aufbereitung von Zuckerfabriksabwässern ist darauf zu achten, dass das vom Auflandegelände zurückgenommene Wasser ausreichend sedimentfrei ist. Mitgeführtes erdiges Material setzt sich andernfalls am Boden des Reaktors ab und wird auch in die Belebtschlamm-Flocken eingelagert, so dass sich deren Gehalt an organischer (aktiver) Substanz verringert. Die gleichen Schwierigkeiten treten auf, wenn es im Reaktor zur Ausbildung von größeren Mengen an Calciumcarbonat kommt, wie dies insbesondere bei der Aufbereitung von stärker gekalkten Wässern geschehen kann. Es empfiehlt sich daher, auf Differenzen im Calciumgehalt des Rohwassers und des aufbereiteten Wassers zu achten. Gegebenenfalls kann versucht werden, den Calciumgehalt des Rohwassers durch verstärkten Zusatz von Kondensat herabzusetzen. Es ist auch möglich, die mineralischen und organischen Bestandteile im Rücklaufschlamm des Anaerob-Reaktors mit Hilfe einer Dekanterzentrifuge zu trennen [Nähle et al. 1986]. Auch mit Hilfe eines Hydrozyklons kann eine derartige Trennung ausgeführt werden [Redwanz 1985].

Bei der Wiederinbetriebnahme von Anaerobanlagen nach acht bis neun Monaten Pause (Kampagnebetrieb) treten des öfteren Schwierigkeiten mit der Aktivierung des Anaerobschlamms auf. Dafür hat es sich als vorteilhaft erwiesen, nicht kontinuierlich Abwasser zuzuführen, sondern vielmehr stoßweise möglichst dicht am Boden Abwasser zuzuführen. Über die erhöhte hydrodynamische Einwirkung als auch die erhöhte Zufuhr von organischen Stoffen im Bereich des Schlamms und damit initiierte Biogasbildung kann der Schlamm reaktiviert werden [Jördening et al. 2016].

Aerobes Belebungsverfahren

Fast alle deutschen Zuckerfabriken betreiben Belebungsanlagen zur Behandlung des gering belasteten Kondensats und/oder Fallwassers sowie des Ablaufs der anaeroben Vorbehandlung des hochbelasteten Rübenwaschwassers.

Diese Anlagen sind heute grundsätzlich als Stickstoffeliminierungsanlagen konzipiert und zwar in den meisten Fabriken nach dem Prinzip der vorgeschalteten Denitrifikation. Daneben sind einige Anlagen auch als simultane Denitrifikation gestaltet. Alle Abwässer werden gemeinsam mit dem Rücklaufschlamm der Denitrifikation zugeführt und fließen von dort in die Nitrifikation. Die Denitrifikation nimmt ca. 30 % des Gesamtvolumens ein, die Nitrifikation 70 %. Aus der Nitrifikation werden ca. 400 – 500 % auf den Zulauf bezogen in die Denitrifikation zurückgeführt, um den Nitratgehalt um wenigstens 80 % zu reduzieren. Aus der Nitrifikation fließt das gereinigte Abwasser in ein Sedimentationsbecken. Der Überlauf des Sedimentationsbeckens wird entweder direkt oder über einen Sicherheitsteich in den Vorfluter geleitet. Der sedimentierte Schlamm wird in die Denitrifikation zurückgepumpt (ca. 100 % auf den Zulauf bezogen) bzw. als Überschussschlamm in die Erdauflandeteiche gepumpt.

Die Durchmischung der Denitrifikation wird durch Rührer geleistet, während sie für die Nitrifikation durch die erforderliche Lufteinpressung gewährleistet wird. Die Einbringung der Luft erfolgt zumeist über ein am Reaktorboden installiertes Verteilsystem mit Injektoren zur grobblasigen Belüftung. Tellermembranen eignen sich wegen des hohen Calciumgehalts nicht. Der Luft-Volumenstrom wird über die Kontrolle des Sauerstoffgehalts (ungefähr 2 mg/l) geregelt.

Da das CSB : N-Verhältnis (Sollwert 7 – 8 : 1) zumeist nicht ausreichend ist, wird ein Teilstrom hochbelasteten Abwassers im Bypass an der Anaerobanlage vorbei direkt der Aerobanlage zugeführt. Phosphatdosierung ist nur selten erforderlich, da Phosphatsalze in ausreichender Menge aus der Rübenerde eluiert wird.

Überlastungen der Anlage treten insbesondere durch kurzfristige CSB-Stöße im Kondensat auf (s. 3.1.2). Dabei kann es zu Entartungen der Mikroflora des belebten Schlammes kommen, die zu einer unbefriedigenden Sedimentation der Schlämme führen [Mudrack 1978; Diekmann und Aufderheide 1980]. Ursache sind häufig fädige Bakterienformen (meist von der Gattung *Thiothrix*, seltener *Sphaerotilus natans* oder *Haliscomenobacter hydrossis*). Maßnahmen zur Beseitigung der Entartung sind eine starke Verminderung der Belastung bzw. die Kreislaufführung des gesamten Anlageninhalts sowie das Abstoßen eines Teils des „kranken" Schlamms. Zuweilen bewährt sich zur Bekämpfung derartiger Störungen die kontinuierliche Zugabe von 50 mg Wasserstoffperoxid/l in den Anfang der Rücklaufschlammleitung [Hoffmann-Walbeck und Pellegrini 1978]. Manchmal sedimentieren Schlämme schlecht, selbst wenn praktisch keine fadenbildenden

Tabelle 2: Auslegungswerte für Abwasserbehandlungsanlagen in der Zuckerindustrie

		Hochbelastetes Abwasser	Kondensat	
	Q_d	1250	4.750	m³/d
	CSB-Konzentration	20	0,2	kg/m³
	N-Konzentration	0,08	0,08	kg/m³

		Anaerobie			Aerobie	
		Hydrolyse	Anaerobreaktor	Bypass	Nitrifikation	Denitrifikation
Reaktorvolumen	m³	1.300	5000		2.500	800
Volumenstrom	m³/h	52	46,5	5,5	250	
CSB-Zulauf	kg/m³		20	20	0,65	
CSB-Ablauf	kg/m³		0,5		0,05	
Abbau	%		97,5		92,3	
oTS	kg/m³		6		3	
N-Zulauf	kg/m³		0,08		0,08	
N-Ablauf	kg/m³		0,07	0,08	0,01	

Organismen vorhanden sind. Dies kann dann, gerade bei hohen CSB-Belastungen auf eine nicht ausreichende Versorgung mit Phosphat zurückzuführen sein. Für solche Fälle hat sich der Einsatz von Eisen(III)-chlorid als Sofortmaßnahme als hilfreich erwiesen. Gleichzeitig muss die CSB-Fracht gesenkt und eine ausreichende Phosphatkonzentration (ca. 0,2 mg/l) sichergestellt werden.

Abschließend werden in Tabelle 2 einige Kennzahlen zur Auslegung von Abwasserbehandlungsanlagen in Zuckerfabriken dargestellt, die hier für eine Fabrik mit 10.000 t Rüben/d gerechnet sind. In der Praxis können allerdings deutliche Abweichungen auftreten, die z. B. auf Unterschiede der Rübenherkunft, verschiedene Waschwasserkreislaufbedingungen oder zusätzliche Abwässer aus Nebenbetrieben herrühren können.

Literatur

AbwV (2004): Verordnung über Anforderungen an das Einleiten von Abwasser in Gewässer, AbwV – Abwasserverordnung, Anhang 18: Zuckerherstellung.

Baumann, G. (1987): Anwendbarkeit der anaeroben biologischen Abwasserreinigung, Korresp. Abwasser 34, S. 28 – 37

Diekmann, R. und Aufderheide, M. (1980): Entwicklung von Blähschlamm und Schockbelastung mit organischen Säuren. Korresp. Abwasser 27, S. 689 – 692.

Hoffmann-Walbeck, H. P. und Pellegrini, A. (1978): Fortschritte bei der Aufbereitung von Zuckerfabrikabwässern. Zuckerind. 103, S. 841 – 847.

Huss, L. und Reinholdtzon, A. (1982): Das ANAMET-Verfahren-Reinigung von Zuckerfabriksabwässern zwecks direkter Einleitung in den Vorfluter. Zuckerind. 107, S. 842 – 846.

Irion, T. L. (1979): Carbonatationskalk – ein Düngemittel der Zuckerindustrie. Zuckerind. 104, S. 920 – 922.

Jensen, A. S. und Larsen, K. (2015): The development of large pressurized fluid bed steam dryers from fundamental research to industrial plants. Drying technology 33 (13) pp. 1631 – 1643.

Jördening, H.-J. (1996): Maßstabsvergrößerung und Betrieb von anaeroben Fließbettreaktoren. Zuckerind. 121, S. 847 – 854.

Jördening, H.-J. (1997): Betriebserfahrungen mit einem anaeroben Fließbettreaktor zur Behandlung von Zuckerfabriksabwässern. Zuckerind. 122, S. 934 – 936.

Jördening, H.-J.; Schoth, R. M.; Pipper, C.; Egholm, R. (2016): New method for enhanced reactivation of anaerobic plants. Sugar Industry/Zuckerindustrie, 141(1), S. 36 – 39.

Mudrack, K. (1978): Blähschlammentwicklung bei der biologischen Reinigung von Industrieabwässern. Industrieabwässer 6, S. 45 – 46.

Nähle, C.; Nicol, R.; Hover, W. M. (1986): Die anaerobe Abwasserbehandlung im Werk Offstein der Süddeutschen Zucker AG. GWF 127, S. 215 – 222.

Naehle, C. und Kunz, M. (2012): Water footprint: a critical review using sugar production as an example. Sugar Industry/Zuckerindustrie, 137(3), S. 159 – 168.

Redwanz, J. (1985): ANOPUR – Ein neues System zur anaeroben Reinigung hochbelasteter Abwässer. Zuckerind. 110, S. 573 – 577.

Reinefeld, E.; Hoffmann-Walbeck, H. P.; Wittek, J. (1975): Analytische Untersuchungen an Zuckerfabriksabwässern, insbesondere über den CSB-Wert von Stapelteichwässern. Zucker 28, S. 165 – 173.

Schröter, E. (1986): Die Niedertemperaturtrocknung in Lehrte. Funktionsweise und Betriebserfahrungen. Zuckerind. 111, S. 545 – 549.

Seyfried, C. E. und Saake, M. (1986): Verfahren der anaeroben Reinigung von Industrieabwässern. Korresp. Abwasser 33, S. 877 – 893.

Statistisches Bundesamt (2019): Pro-Kopf-Konsum von Zucker in Deutschland in den Jahren 1950/51 bis 2015/16 (in Kilogramm Weißzuckerwert). https://de.statista.com/statistik/daten/studie/175483/umfrage/pro-kopf-verbrauch-von-zucker-in-deutschland/ (abgerufen am 21.01.2019).

Thielecke, K. und Ekelhof, B. (2004): Rübenzucker. Lebensmitteltechnologie. Springer, Berlin, Heidelberg, S. 313 – 324.

Tschersich, J. (1982): Biothane – ein Verfahren zur anaeroben Abwasserreinigung und Biogasgewinnung. Zuckerind. 107, S. 838 – 842.

Tschersich, J. und Zoetemeyer, R. J. (1984): Das Biothane-Verfahren. Zuckerind. 109, S. 129 – 133.

Valentin, P. (1983): Erhöhte Abwärmenutzung der Zuckerfabrik in der Niedertemperaturtrocknung. Zuckerind. 108, S. 1025 – 1033.

Van der Poel, P. W.; Schiweck, H.; Schwartz, T. (2000): Zuckertechnologie: Rüben- und Rohrzuckerherstellung. 1. Auflage, Verlag Dr. Albert Bartens KG, Berlin.

4.2 Stärkefabriken

Ute Austermann-Haun

4.2.1 Allgemeines

In Deutschland wird Stärke aus Mais, Weizen, Kartoffeln und seit 2007 auch aus Erbsen produziert. Gegenwärtig gibt es 16 Stärkefabriken in der Bundesrepublik Deutschland, wovon acht Kartoffel-, sechs Weizen- und zwei Maisstärke produzieren (s. Tabelle 1).

Die Stärkeindustrie ist ein wichtiger Partner für die Landwirtschaft. Die Kartoffelstärke-Industrie allein verarbeitet etwa ein Drittel der gesamten deutschen Kartoffelernte und die Erbsenstärkeproduktion die Hälfte der in Deutschland produzierten Erbsen. Die Verarbeitung von Weizen nimmt in den letzten Jahren stärker zu als jene von Mais und Kartoffeln. Im Gegensatz zu Getreide- oder Erbsenstärke ist die Herstellung von Kartoffelstärke besonders ernteabhängig. Die deutsche Stärkeproduktion

Tabelle 1: Standorte Stärke produzierender Fabriken in Deutschland

Bundesland	Standort	Firma	Produkt
Hamburg	Hamburg	Ingredion	Maisstärke
Niedersachsen	Emlichheim	Emsland-Stärke	Kartoffel- und Erbsenstärke
	Soltau-Wietzendorf	Emsland-Stärke	Kartoffelstärke
	Lüchow	AVEBE	Kartoffelstärke
Nordrhein-Westfalen	Ibbenbüren	Kröner	Weizenstärke
	Ibbenbüren	Crespel & Deiters	Weizenstärke
	Krefeld	Cargill	Maisstärke
	Hamm	Jäckering	Weizenstärke
Bayern	Schrobenhausen	Südstärke	Kartoffelstärke
	Sünching	Südstärke	Kartoffelstärke
Brandenburg	Dallmin	AVEBE	Kartoffelstärke
	Kyritz	Emsland-Stärke	Kartoffelstärke
	Golßen	Emsland-Stärke	Kartoffel- und Erbsenstärke
Sachsen-Anhalt	Barby	Cargill	Weizenstärke
	Zeitz	Südzucker	Weizenstärke
	Alttröglitz	Interstarch	Weizenstärke

Tabelle 2: Stärkegehalte und Zusammensetzung verschiedener Rohstoffe zur Stärkegewinnung [DWA-M 776 2020]

Rohstoff	Wassergehalt %	Feststoffgehalt %	Stärke *) %	Eiweiß *) %	Fett *) %
Kartoffeln	72 – 78	22 – 28	13 – 25	2 (0,7 – 4,7)	< 0,2
Mais	13 – 16	84 – 87	74 – 85	9,5 – 11,5	4,5 – 5,5
Weizen	13 – 14	86 – 87	65 – 69	8 – 11	1 – 2

*) bezogen auf Handelsbasis (HB) = Rohware

lag 2016 auf einem Niveau von ca. 1,55 Mio. t, in der EU insgesamt wurden 10,7 Mio. t Stärke produziert [VDGS e. V. 2018]. In Deutschland insgesamt verteilt sich die Produktion auf 30 % Kartoffelstärke, 24 % Maisstärke, 42 % Weizenstärke und 4 % Erbsenstärke (Werte gerundet). Innerhalb der EU ist die Gewichtung eine andere mit nur 13 % Kartoffelstärke, einer hohen Maisstärkeproduktion von 47 % und 40 % Weizenstärke.

Die Stärke wird von der grünen Pflanze aufgebaut und zum größten Teil als Reservestoff in bestimmten Geweben in Gestalt von Stärkekörnern eingelagert. Bei der Stärkegewinnung ist man bestrebt, die Stärkekörner von den übrigen Pflanzen- und Fruchtgeweben abzutrennen und zu gewinnen. Handelsübliche Stärke wird im sogenannten „Nassvermahlungsprozess“ aus stärkehaltigen Materialien abgetrennt. Für die in Deutschland und der EU überwiegend eingesetzten Rohstoffe (Kartoffeln, Mais, Weizen) ist die Zusammensetzung in Tabelle 2 angegeben. Außerhalb der EU werden auch andere stärkehaltige Rohstoffe zur Stärkegewinnung eingesetzt wie zum Beispiel Reis, Maniok, Hafer und Gerste.

Stärkeprodukte reichen von nativer Stärke (unveränderte, gereinigte Stärke) bis hin zu modifizierten Stärken; dies sind native Stärken, die in ihren Eigenschaften durch chemische, physikalische oder biochemische Prozesse verändert werden. Modifizierte Stärken sind z. B. Quellstärke, Dextrine oder Stärkeester und Stärkeether. Ein größerer Teil der Stärke wird auf verschiedenen Wegen verzuckert. Hierbei entstehen Produkte wie Stärkesirup (Glucose) und Stärkezucker (Dextrose), die im Wesentlichen in der Süßwarenproduktion eingesetzt werden. Innerhalb der EU gehen 39 % der Stärke in den Non-Food-Bereich und davon wiederum 74 % in die Papier- und Pappeherstellung; 61 % gehen in die Lebensmittelindustrie, davon etwa die Hälfte in die Süßwarenindustrie.

Daneben gibt es eine Vielzahl von Industriezweigen, die Stärkederivate in verschiedenen Non-Food-Produkten einsetzen, beispielsweise bei der Papier- und Pappeherstellung, bei Farben und Lacken, als Bindemittel bei der Granulierung und Brikettierung.

Die biologische Abbaubarkeit der Stärke und Stärkeprodukte eröffnet zunehmend neue Märkte, z. B. in der Waschmittelproduktion, der Fermentationsindustrie sowie der Kunststoffindustrie zur Herstellung biologisch abbaubarer Folien, Verpackungschips. Spritzgussartikeln und polymeren Flockungsmitteln für die Schlammentwässerung. Diese neuen Produkte lassen auch für die Zukunft einen weiteren Anstieg der Stärkeproduktion in Deutschland und der Welt erwarten.

4.2.2 Produktionsverfahren

4.2.2.1 Technik der Stärkegewinnung

Maisstärke

Gegenüber der Kartoffel und dem Weizen hat Mais die höchste Ausbeute mit bis zu 99,5 % Gesamtausbeute [Tegge 2004], was die vergleichsweise geringe Abwasserbelastung erklärt. Die Ausbeute setzt sich wie folgt zusammen: 65 % Stärke, 25 % Futtermittel (Quellwasser, Fasern, entölte Keime, Maisbruch), 6 % Gluten und 3 % Öl [Tegge 2004].

Der Mais wird zunächst gereinigt und danach eingeweicht mit dem Ziel, den Keim und die Stärke einfacher abtrennen zu können. Der Quellprozess dauert ca. 1,5 Tage bei einer Temperatur von ca. 50 °C unter Zusatz von Natriumbisulfit. Die löslichen Bestandteile des Maiskornes reichern sich während des Quellprozesses im Wasser an. Ein Teil der Kohlenhydrate kann während dieses Prozesses bereits zu organischen Säuren umgebildet werden. Nach dem Quellprozess wird das überschüssige „leichte Quellwasser" abgezogen und in Fallstrom-Verdampfern zu „schwerem Quellwasser" mit einem Trockenmassegehalt von 50 – 55 % eingedampft. Das hierbei anfallende Brüdenkondensat, welches als Abwasser abgeführt wird, ist charakterisiert durch einen höheren Schwefelgehalt und wasserdampfflüchtige organische Säuren; es fällt in einer Menge von 0,4 – 0,7 m^3/t Reinmais mit 15 % Wassergehalt an. Der zu sogenanntem „schweren Quellwasser" eingedickte Rest wird entweder als „Protein-Konzentrat" den Maisschalen für das Maisglutenfutter zugesetzt oder als Substrat für die Herstellung von Antibiotika verwendet.

Der gequollene, nasse Mais wird grob gemahlen, einerseits mit dem Ziel die Faserhülle zu entfernen, andererseits soll der Keimling möglichst unversehrt bleiben. In der Keimwäsche werden die restliche Stärke und die Gluten-Anteile herausgewaschen. Die Keime werden abgetrennt, entwässert, getrocknet und zum Mais-Keimöl aufbereitet.

Nach der Keimwäsche werden aus dem von Keimen befreiten Brei die Fasern abgetrennt. Die Faserabtrennung erfolgt entweder über Siebsysteme mittels Separatoren oder Hydrozyklonen. Es verbleibt eine Suspension aus Stärke und Gluten (Klebereiweiß). Unter Zusatz von Frischwasser (1,4 – 1,7 m^3/t Reinmais) werden die Gluten-Anteile separiert und die Stärke herausgewaschen. Die Stärke-Suspension kann über geeignete Entwässerungssysteme (Zentrifugen) und Trockner zur nativen Mais-Stärke getrocknet werden. Die wässrige Stärke-Suspension kann aber auch direkt, zum Beispiel zu Stärke-Hydrolysaten und Stärke-Modifizierungsprodukten, verwendet werden.

Das ausschließlich in der letzten Stufe der Stärke-Gluten-Separation eingesetzte Frischwasser wird nach dieser Nutzung in den vorgeschalteten Stufen (Faserseparation, Maisvermahlung, Mais-Quellung) eingesetzt und durchläuft daher den Prozess der Stärkegewinnung im Gegenstrom. Von dem 1,4 – 1,7 m^3/t Reinmais eingesetzten Frischwasser [Stolp 2004] fallen als Abwasser/Brüdenkondensat lediglich 0,4 – 0,7 m^3/t Reinmais an. Das restliche Wasser verlässt die Produktion über die Produkte Maisstärke, Maisgluten und Maisglutenfutter oder als Brüden in den Trocknungsprozessen.

Die Nebenprodukte, Schalen-Anteile und Gluten, letztere früher auch als Kleber bezeichnet, werden entwässert und getrocknet als Handelsprodukte Maisgluten und Maisglutenfutter verkauft.

Die Maisstärkefabrikation ist kein Kampagnenbetrieb, allerdings sind Zeiten zu unterscheiden in denen erntefrischer Nassmais (ca. 30 Tage pro Jahr) oder aber Trockenmais (ca. 310 Tage pro Jahr) verarbeitet werden. Nassmais hat einen Wassergehalt von 25 – 35 %; die Abwasserbelastung der beiden Betriebsphasen ist nicht identisch.

Ein Grundfließbild der Maisverarbeitung im Nassprozess findet sich in [DWA-M 766 2020].

Weizenstärke

Für den Stärkegewinnungsprozess wird Weizen zunächst (intern oder extern) zu Mehl verarbeitet. Das Mehl wird mit Wasser im Verhältnis 1 : 1 unter intensivem Mischen zu einem fließfähigen Teig verarbeitet. Der Mehlteig, der das agglomerierte Gluten enthält, wird zunächst mit im Raffinationsprozess anfallenden und rezirkulierten „Prozesswasser“ auf ca. 20 % TS verdünnt. Aus dieser Mehl-Wasser-Suspension erfolgt die Separierung der Mehlinhaltsstoffe in der Regel auf zentrifugalem Wege im sogenannten Dreisphasendekanter. Im Zentrifugalfeld erfolgt die Auftrennung in folgende Produktströme:

1. Konzentratlauf: überwiegend A-Stärke mit Beimengungen von Kleie, Gluten und B-Stärke,
2. Düsenlauf: überwiegend Gluten und B-Stärke mit Beimengungen von A-Stärke, Kleie und Pentosanen,
3. Greiferlauf: überwiegend Pentosane und B-Stärke (auch als C-Stärke bezeichnet) mit Beimengungen von Protein und Kleie und dem größten Teil der im Mehl gelösten Substanzen.

Aus jedem der Stoffströme wird im folgenden Schritt Gluten auf Bogensieben abgetrennt. Die Glutenströme werden anschließend vereint, entwässert und dann getrocknet oder einer Modifizierung zugeführt.

Aus dem glutenfreien Konzentratlauf wird die Kleie in Zentrifugalsieben abgetrennt und die anfallende A-Stärke in weiteren Schritten gereinigt, aufkonzentriert, entwässert und getrocknet oder einer Modifizierung zugeführt.

Frischwasser wird nur bei der Stärkewaschung eingesetzt, bevor die gewonnene Stärke entwässert und getrocknet wird. Das in den Konzentrierungs- und Entwässerungsschritten anfallende Prozesswasser wird zu einem großen Teil im Kreislauf geführt und dem Prozess bei der Aufbereitung des Mehlteigs und der Mehlsuspension wieder zugeführt. Dadurch werden 50 % des Frischwassers eingespart und gleichzeitig die Mehlausbeute um 5 – 7 % gesteigert.

Die anfallende A- und B-Stärke kann einer Hydrolyse zugeführt und zu Glucose und Homologen umgesetzt werden. Die Feststoffe, die in einer Separationsstufe aus dem Greiferlauf gewonnen werden, können entweder der B-Stärke zugeführt oder als Flüssigfutter verwendet werden. Die in dieser Stufe anfallende wässrige Phase kann dem Futtermittel zugesetzt, anderweitig landwirtschaftlich verwertet oder einer Abwasserbehandlungsanlage zugeführt werden. Weiterhin kann dieser Strom in einer Eindampfanlage konzentriert werden. Das Konzentrat dient als Flüssigfutter; das Kondensat wird in den Stärkeprozess zurückgeführt und somit der Frischwasserverbrauch weiter gesenkt. Der Frischwassereinsatz liegt zwischen 1,5 und 3 m^3/t Weizenmehl [DWA-M 776 2020].

Die Gesamtausbeute des Weizenmehls liegt heute bei Rückführung und Nutzung des Prozesswassers bei ca. 98 bis 99 % und damit in der Nähe der Maisstärkegewinnung.

Ein Grundfließbild der Weizenstärkeherstellung im Nassprozess am Beispiel der Zentrifugaltechnologie findet sich in [DWA-M 766 2020].

Kartoffelstärke

Die Stärkekartoffeln werden zunächst gewaschen, um Erde und Pflanzenreste abzutrennen. Bei der Kartoffelwäsche wird Frischwasser in einer Menge bis zu 0,6 m³/t Kartoffeln im Gegenstrom eingesetzt; zusätzlich ist ein Waschwasser-Kreislauf mit einer integrierten mechanischen Reinigungsstufe (Sedimentationsbecken) üblich. An dieser Stelle wird sogenanntes Schwemm- und Waschwasser ausgeschleust.

Die gereinigten Kartoffeln werden mittels Reiben sehr fein zerkleinert. An dieser Stelle wird im allgemeinen Natriumbisulfit zur Verhinderung von Oxidationsprozessen, die mit Verfärbungen einhergehen, zugesetzt. Das beim Zerkleinern der Kartoffeln anfallende Kartoffelfruchtwasser (Zellwasser der Kartoffel) wird z. B. über Zentrifugen abgetrennt und dann in aller Regel der Eiweißkoagulation zugeführt, um das im Fruchtwasser enthaltene Protein zu etwa 50 % abzutrennen. Das Fruchtwasser wird entweder unter Beachtung der dünge- und futtermittelrechtlichen Anforderungen stofflich verwertet: direkt als Dünger, nach Eindampfung als Futtermittel oder Dünger oder es wird zwecks energetischer Verwertung anaerob behandelt.

Nach der Abtrennung des Fruchtwassers werden die Faseranteile des Reibsels von der wässrigen Suspension der Stärkekörner als Pülpe ausgewaschen, entwässert und als Futtermittel genutzt. Die verbliebene Stärke-Suspension wird in der Verfahrensstufe der Stärkeraffination mittels verschiedener Gegenstrom-Auswaschungen von noch vorhandenen Fremdanteilen, wie gelöste Proteine und Feinfasern, befreit. An dieser Stelle fällt das sogenannte Prozesswasser in einer Größenordnung von 0,6 – 1 m³/t Kartoffeln als Abwasserstrom an.

Es folgt eine Vorentwässerung im Filter und Trocknung zum Endprodukt „native Kartoffelstärke“ (handelsübliche Kartoffelstärke mit einer Gleichgewichtsfeuchtigkeit von ca. 20 %, maximal 21 % [Tegge 2004; BLL 2014]) oder die Weiterverarbeitung zu anderen Stärkeprodukten.

Der Frischwassereinsatz liegt unter 1,6 m³/t Kartoffeln [DWA-M 776 2020]. Die Gesamtausbeute, bezogen auf den Feststoffgehalt der Kartoffel, beträgt 95 bis 99 % unter Einbeziehung der Verwertung aller Stoffströme.

Die Kartoffelstärkeproduktion ist ein Kampagnenprozess, der sich in aller Regel über einen Zeitraum von bis zu 200 Tagen, beginnend im August, erstreckt. Ein Grundfließbild der Kartoffelstärkeherstellung findet sich in [DWA-M 766 2020].

Erbsenstärke

Die Herstellung von Erbsenstärke ähnelt der der Weizenstärkegewinnung. Die getrockneten Erbsen werden gereinigt, geschält und vermahlen und anschließend mit Wasser versetzt.

4.2.2.2 Technik der Stärkeveredelung

Die außerordentlich hohe Reinheit der mit den üblichen Nassverfahren gewinnbaren Stärke stellt eine wichtige Voraussetzung für ihre vielfältige Nutzbarkeit dar.

Modifizierte Stärken

Eine oder mehrere der physikalischen oder chemischen Eigenschaften der Stärke werden durch physikalische und/oder unterschiedliche chemische Modifizierungen gezielt verändert.

Derivate werden aus Kartoffel-, Weizen- und Maisstärke hergestellt. Wichtige Reaktionen sind der Abbau, Einbau einer Ionogenität durch Veresterung oder Verätherung und die Vernetzung. Die Produkte können nach der Modifizierung kalt- oder warmwasserlöslich sein.

Typische Verfahren zur Stärkemodifikation sind:

- chemische Modifizierungen in wässriger Suspension,
- Rösten in Trommeln oder Pfannen,
- Walzentrocknen,
- Autoklavieren,
- Extrudieren,
- Verzuckerung.

Bild 1 gibt in einem Verzweigungsbaum einen Überblick über die Modifizierungsmöglichkeiten.

Abwasserrelevanz haben die chemische Modifikation zur Herstellung substituierter Stärken sowie die Herstellung oxidativ oder hydrolytisch modifizierter Stärken.

Die verschiedenen Prozesse zur Herstellung modifizierter Stärken sind genauer im DWA-Merkblatt M 776 [DWA-M 776 2020] und von [Tegge 2004] beschrieben.

4.2.2.3 Abwasser- und Schmutzfrachtanfall

Die Abwässer aus der Stärkefabrikation sind mit vorwiegend leicht abbaubaren organischen Inhaltsstoffen belastet. Die ungelösten organischen Inhaltsstoffe

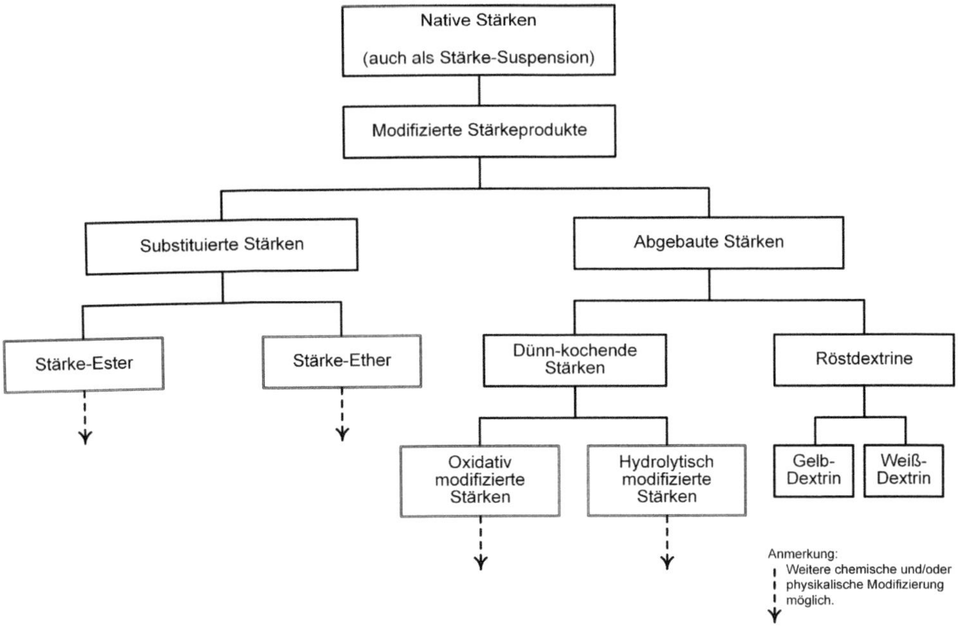

Bild 1: Möglichkeiten der Stärkemodifizierung ([DWA-M 776 2020]; nach [Tegge 2004])

bestehen zu einem großen Teil aus Kohlenhydraten und Eiweiß. Das Nährstoffverhältnis CSB : N : P ist ausreichend bzw. N und P liegen im Überschuss vor, so dass keine Nährsalze zudosiert werden müssen.

Maisstärke

An Prozesswasseranfallstellen sind in der Maisstärkegewinnung vorhanden: Quellstation, Keimwäsche, Stärkemilchentwässerung, Gluteneindickung, Glutenentwässerung und Schalenentwässerung. Die in den Stationen anfallenden Wässer werden als Prozesswasser im Kreislauf geführt. Als zu behandelnder Abwasserstrom fällt bei dieser Prozesswasserkreislaufführung lediglich das bei der Eindampfung des Quellwassers entstehende Brüdenkondensat an.

Die spezifischen Abwassermengen betrugen 1962 noch 1,5 – 3,0 m^3/t Mais, 1978 zwischen 0,8 und 1,4 m^3/t Mais [Seyfried und Rosenwinkel 1982] und liegen heute zwischen 0,4 und 0,7 m^3/t Reinmais [DWA M 776 200].Typische Werte der Abwasserzusammensetzung sind Tabelle 3 zu entnehmen.

Das CSB : BSB_5-Verhältnis ist mit etwa 1,5 – 1,7 : 1 sehr gut und deutet auf die gute Abbaubarkeit des Kondensates hin.

Parameter	Einheit	Wertebereich
Spezifischer Abwasseranfall	m^3/t	0,4 – 0,7
pH-Wert	–	2,3 – 4,5
CSB homog.	mg/l	1.500 – 2.500
BSB_5 homog.	mg/l	1.000 – 1.700
N_{ges}	mg/l	4 – 8

Tabelle 3: Abwassercharakteristik Brüdenkondensat bei der Maisstärkefabrikation [DWA M 776 2019]

Parameter	Einheit	Durchschnittswerte
Spezifischer Abwasseranfall	m^3/t	1,0
pH-Wert	–	4,3
CSB homog.	mg/l	27.000
BSB_5 homog.	mg/l	–
N_{ges}	mg/l	750

Tabelle 4: Abwassercharakteristik bei der Weizenstärke-Produktion, Stand 2012 [Saake und Althoff 2015]

Weizenstärke

Der ausgeschleuste Prozesswasserstrom bei der Weizenstärkegewinnung im Nassprozess betrug 1962 noch 8 – 9 m^3/t Weizenmehl und 1978 noch 3 – 6 m^3/t [Seyfried und Rosenwinkel 1982]. Althoff berichtete, dass der spezifische Abwasseranfall von 2,8 m^3/Rohstoff im Jahre 1988 auf 1,0 m^3/t Rohstoff im Jahr 2011 bei gleichzeitiger Halbierung der spezifischen CSB-Fracht auf heute 30 kg CSB/t Mehl reduziert werden konnte [Saake und Althoff 2015] (siehe Tabelle 4).

Dieses Abwasser wird entweder einer Anaerobanlage zur Gewinnung von Biogas zugeführt oder eingedampft oder zur Gewinnung eines vermarktungsfähigen Produkts in einer Eindampfanlage konzentriert. Es fallen je nach Betriebsweise Abwässer in einer Größenordnung von 0,2 – 1 m^3/t Mehl an, die sich deutlich voneinander unterscheiden. Für das Abwasser der beiden Betriebsarten sind die Kennwerte in Tabelle 5 aufgelistet.

Betriebsart Parameter	Anaerobanlage Konzentration (mg/l)	Eindampfanlage Konzentration (mg/l)
CSB	400 – 2.000	3.000 – 6.000
N_{ges}	200 – 600	< 25
P_{ges}	50 – 100	< 25

Tabelle 5: Kennwerte für Abwasser aus der Weizenstärkefabrikation nach betrieblicher Vorbehandlung [DWA-M 776 2019]

Tabelle 6: Spezifische Stoffströme, Konzentrationen und Frachten bei der Kartoffelstärke-Produktion

Spezifischer Abwasserteilstrom bezogen auf verarbeitete Kartoffel	spezifischer Abwasseranfall	CSB (gelöst)	spezifische CSB-Fracht (gelöst)
Einheit	m^3/t	mg/l	kg/t
Schwemm- und Waschwasser	0,3 – 0,6	1.500 – 2.500	0,5 – 1,5
Prozesswasser	0,6 – 1,0	3.000 – 25.000	1,8 – 25
Brüdenkondensat	0,5 – 1,2	300 – 2.000	0,3 – 1

Parameter	Einheit	Wertebereich
Spezifischer Abwasseranfall *)	m^3/t	ca. 0,75 – 1,0
pH-Wert	–	2 – 12
CSB	mg/l	ca. 15.000
BSB_5	mg/l	ca. 5.000
N_{ges}	mg/l	ca. 20

*) bezogen auf t Stärke (Trockensubstanz zur Verzuckerung)

Tabelle 7: Abwassercharakteristik bei der Stärkehydrolyse [DWA-M 776 2019]

Kartoffelstärke

Bei der Kartoffelstärkeproduktion fallen Waschwässer (Schwemm- und Transportwässer), ggf. Brüdenkondensat aus der Fruchtwassereindampfanlage und Prozesswasser an. Durch Kreislaufführung ist es gelungen, den Waschwasserbedarf von früher 5 – 9 m^3/t auf heute 0,3 – 0,6 m^3/t [DWA-M 776 2019] zu reduzieren. Das Prozesswasser, welches als Raffinationswasser ausgeschleust wird, enthält immer einen Anteil an Kartoffelfruchtwasser, welches die Belastung prägt (siehe Tabelle 6).

Je nach angewendeter Technik der Kartoffelfruchtwassergewinnung fallen pro t Kartoffeln 0,4 bis 0,7 m^3 Fruchtwasser an.

Stärke-Modifikation

Die organische Belastung der Abwässer aus den verschiedenen Modifikationsprozessen ist aufgrund der vielfältigen Herstellungsweisen sehr unterschiedlich. Abwässer der chemischen Modifikation sind durch einen hohen CSB, eine hohe Leitfähigkeit und AOX-Gehalte zwischen 100 und 700 µg/l gekennzeichnet. Der CSB liegt etwa zwischen 2.000 und 20.000 mg/l, Durchschnittswerte liegen zwischen 4.000 und 5.000 mg/l [ATV-DVWK-M 766 2002; DWA-M 766 2020].

Stärke-Hydrolyse (Verzuckerung)

Die bei der Herstellung von Hydrolyse-Produkten anfallenden Brüdenkondensate der Eindampfanlagen werden wiederverwertet, z. B. zur Herstellung der Stärkesuspension und in der Raffination. Regenerate der Ionenaustauscher und Spül- bzw. Reinigungswasser aus der Produktionsanlage werden als Abwasser abgegeben (siehe Tabelle 7).

4.2.3 PIUS

Zu den Maßnahmen gehören nach [DWA-M 776 2020] die Minimierung von An- und Abfahrvorgängen, Verbesserung von Prozessabläufen, technische und organisatorische Vorsorgemaßnahmen für unplanmäßige Betriebszustände, planmäßige Berücksichtigung erntebedingter Saisoneinflüsse und ein kontrolliertes Erfassen der Stoffströme. Organisatorische Mittel sind Betriebs- und Handlungsanweisungen, regelmäßige Mitarbeiterschulung, Prozessbilanzierung und -kontrolle, Maßnahmen des Qualitäts- [DIN EN ISO 9000 2016], des Umweltmanagements [DIN EN ISO 14001; EMAS 2019] und des Energiemanagements [DIN EN ISO 50001].

Technisch gelingt der Produktionsintegrierte Umweltschutz im Wesentlichen durch eine Trennung von Fest- und Flüssigphase, wodurch der Anteil verwertbarer Reststoffe und die Qualität der Flüssigphase steigt, so dass es möglich wird, die abgetrennte und aufbereitete Flüssigphase in den Prozess zurückzunehmen und Frischwasser zu substituieren. Die nachfolgenden Ausführungen beziehen sich im Wesentlichen auf Beispiele aus der Kartoffelstärkegewinnung. In den Bereichen der Mais- und Weizenstärkegewinnung werden zum Teil ähnliche Maßnahmen erfolgreich durchgeführt und sind heute Stand der Technik.

Kartoffelstärke

Das Prozesswasser, welches als Raffinationswasser ausgeschleust wird, enthält immer einen mehr oder minder großen Anteil an Kartoffelfruchtwasser, welches die Belastung prägt.

Waschwasserkreislauf bei der Kartoffelwäsche

Um das Kartoffelwaschwasser im Kreislauf zu führen, sind folgende Schritte erforderlich: Steinfang, Siebung, Grobsandabscheidung, Feinsandabscheidung häufig in Kombination mit Flockungsmitteln. Zunehmend werden für die Feinsandabscheidung statt Teichen technische Absetzbecken mit kontinuierlicher Räumung, Multizyklone oder Dekanter eingesetzt.

Eiweißkoagulation

Die im Kartoffelfruchtwasser enthaltenen Eiweißverbindungen lassen sich durch Hitzekoagulation mit anschließender Separation zu etwa 50 % gewinnen. Durch Zugabe von z. B. Natriumbisulfit, Schwefelsäure oder Salzsäure wird vor der eigentlichen Hitzekoagulation der isoelektrische Punkt eingestellt. Nach der Vorwärmung des eiweißhaltigen Wassers auf ca. 40 – 45 °C erfolgt dann z. B. mit Hilfe eines Dampfstrahlerhitzers eine schockartige Temperaturerhöhung auf 105 – 110 °C. Zur Abtrennung des koagulierten Eiweißes werden meist Dekanter eingesetzt. Anschließend wird das Eiweiß getrocknet. Die CSB-Minderung liegt zwischen 40 % und 50 %, die Minderung des Gesamt-Stickstoffs beträgt 40 – 60 %. Das gewonnene Eiweiß wird als Trockeneiweißfuttermittel vermarktet.

Eindampfung

Die Eindampfung gehört zu den energieintensivsten Stofftrennverfahren und zielt auf eine Volumenreduktion und die Vermarktung des Endproduktes als Dünger oder Futtermittel hinaus. Die Voraussetzungen sind für jeden Betrieb unterschiedlich und so fällt die Entscheidung für oder gegen eine Eindampfung unterschiedlich aus. Das anfallende Brüdenkondensat kann in den Waschwasserkreislauf eingespeist oder biologisch behandelt werden.

Bei der Maisverarbeitung wird die Eindampfung allgemein eingesetzt. Mehrstufige Anlagen nutzen die Kondensationswärme der entstehenden Brüden und sind somit weniger energieintensiv. In der Praxis werden daher Eindampfanlagen mit mindestens drei Stufen eingesetzt. Grundsätzlich kann das bei der Eindampfung anfallende Konzentrat bis in eine pastöse Form überführt werden. Üblich sind Konzentrationen von ca. 30 bis 40 % TS; bei der Eindampfung von Kartoffelfruchtwasser werden 55 bis 60 % TS erreicht. Voraussetzung für den störungsarmen Betrieb der Eindampfung von Kartoffelfruchtwasser und Raffinationswasser ist die vorgeschaltete Eiweißkoagulation. Die Eindampfung von Wässern der Weizenstärkeproduktion ist erst nach Behandlung der Pentosane mit geeigneten Enzymen möglich.

Membranverfahren

Membranverfahren können z. B. zur Wasseraufbereitung eingesetzt werden. In einer Kartoffelstärkefabrik (Emlichheim) wird Kartoffelfruchtwasser in einer Umkehrosmoseanlage so aufgetrennt, dass das Permeat in der Kartoffelwäsche eingesetzt werden kann und das Retentat der Eiweißkoagulation zugeführt wird.

Stärke-Modifikation

Bei der Stärke-Modifikation werden bevorzugt umweltfreundlichere Betriebsstoffe eingesetzt (z. B. Ersatz von Vinylacetat durch Essigsäureanhydrid) oder soweit möglich auf abwasserarme oder abwasserfreie Verfahren umgestellt (Trockenkationisierung [EU-Patentschrift 1993]).

Stärke-Hydrolyse (Verzuckerung)

Die bei der Herstellung von Hydrolyse-Produkten anfallenden Brüdenkondensate der Eindampfanlagen werden wiederverwertet, z. B. zur Herstellung der Stärkesuspension und in der Raffination.

Sonstige Verfahren zur Wertstoffgewinnung

Zur Elimination/Nutzung der gelösten organischen Inhaltsstoffe ist es möglich, biotechnologische Verfahren zur Verhefung, Vergärung (Ethanol-Gewinnung), Gewinnung von Antibiotika und Enzymen, Single-Cell-Protein sowie Futtermittelbiomassen einzusetzen. Diese Verfahren sind wenig verbreitet.

Energetische Verwertung

Zur energetischen Verwertung von Fraktionen aus Stärkefabriken haben sich anaerobe Verfahren als produktionsintegrierte Maßnahme durchgesetzt, dabei werden unterschiedliche Reaktoren für das jeweilige Abwasser gewählt.

Es kann die grundsätzliche Aussage getroffen werden, dass sich folgende Reaktoren für die verschiedenen Stärkeabwässer eignen:

- Maisstärke: Wirbelbett- und Schlammbettreaktoren (EGSB und UASB),
- Weizenstärke: anaerobes Belebungsverfahren,
- Kartoffelstärke: Schlammbettreaktoren (EGSB und UASB) zur Behandlung von Prozesswasser verdünnt mit einem Teil des Wasch- und Transportwassers und/oder Brüdenkondensat aus der Eindampfung.

Eigene Erfahrungen im halb- und großtechnischen Maßstab haben gezeigt, dass die Entfernung von Stärkekörnern vor der Methanstufe entscheidend für einen stabilen Anlagenbetrieb ist. Das Maß der innerbetrieblich bereits erfolgten Versäuerung des Wassers sowie der gewählte Reaktortyp sollten darüber entscheiden, ob eine separate Versäuerungsstufe erforderlich ist oder nicht.

Bei der anaeroben Behandlung ist zu bedenken:

- Eine Entschwefelung des Biogases kann bei allen Stärkefabrikabwässern erforderlich werden.
- Das CSB : N : P-Verhältnis ist mit Ausnahme der Brüdenkondensate ausreichend, bzw. N und P sind im Überschuss vorhanden.
- Spurenelemente wie Kobalt und Nickel können mangeln und müssen für diesen Fall zudosiert werden.
- In verschiedenen Anlagen (Weizen- und Kartoffelstärke) konnten massive Magnesium-Ammonium-Phosphat-Ausfällungen (MAP-Ausfällungen) in Pumpen und Rohrleitungen beobachtet werden. Da die Ausfällungen temperatur-, pH-Wert- und turbulenzabhängig sind, treten die Ausfällungen in Methanreaktoren, hier insbesondere an Überläufen, in Umwälzleitungen und -pumpen sowie in nachgeschalteten Stufen auf. Diesem Problem kann durch die Wahl geeigneter Rohrleitungen aus Kunststoff, durch gezielte pH-Wert-Absenkungen auf pH 6,8 im Methanreaktor, die Dosierung von Belagsverhinderern in den Ablauf des Methanreaktors entgegengewirkt werden. Ansätze zur gezielten Ausfällung wurden bei der Weizenstärkefabrik Kröner durchgeführt. [Saake und Althoff 2015] berichten von halbtechnischen Versuchen durch Fällung mit Magnesiumoxid, Phosphorsäure sowie einer Mischung aus beidem. Als wirtschaftlichste Lösung kristallisierte sich die einstündige Belüftung des Ablaufs aus dem Methanreaktor heraus. Durch das Ausstrippen von CO_2 wurde der pH-Wert auf pH 7,4 angehoben, was zu einer rd. 80 %-igen Reduzierung (Ausfällung) des Magnesiums führte. Das ausgefällte MAP kann als Dünger verwertet werden.

4.2.4 Stoffliche Verwertung von Kartoffelfruchtwasser

Die Wasser-/Stoffstrommengen wie sie heute in einer modernen Kartoffelstärkefabrik üblich sind, sind in Tabelle 6 genannt.

Das Kartoffelfruchtwasser hat sehr unterschiedliche Düngestoffgehalte N, P, K und Mg in Abhängigkeit des Herstellungsprozesses. Tabelle zeigt vergleichend die Zusammensetzung des Fruchtwassers als natives Fruchtwasser, gewonnen nach dem Larsson-Verfahren, nach Gewinnung von Protein durch Eiweißkoagulation und anschließender Abscheideanlage sowie im Fall der Südstärke, wo das komplette Frucht- und Prozesswasser nach vorheriger Eiweißfällung eingedampft wird.

Tabelle 8: Mittlere Düngestoffgehalte (Circa-Angaben) im Kartoffelfruchtwasser und Kartoffelfruchtwasserkonzentrat verschiedener Stärkefabriken [DWA-M 776 200]

Düngestoff	Natives Kartoffelfruchtwasser	Nach Eiweißkoagulation und Abscheidung	Eiweißfällung und Eindampfung von Frucht- und Prozesswasser
Einheit	kg/t	kg/t	kg/t
Stickstoff	4	2	23
Kalium (K_2O)	5,6	5,6	85
Phosphor (P_2O_5)	0,9	0,9	15
Magnesium (MgO)	0,4	0,4	7
Schwefel	–	–	4

Rückstände aus der Stärkeherstellung mit einem hohen organischen Anteil sind unter der Abfallschlüsselnummer 02 03 04 in der Bioabfallverordnung (BioAbV) aufgeführt und können zur stofflichen Verwertung als Düngemittel in der Landwirtschaft eingesetzt werden. Kartoffelfruchtwasser ist als Sekundärrohstoffdünger in der Düngemittelverordnung (DüMV) genannt.

Eine wesentliche Voraussetzung für die vollständige landwirtschaftliche Verwertung des kampagneartig anfallenden Kartoffelfruchtwassers in der Landwirtschaft ist das Vorhandensein ausreichender Stapelvolumina. Geruchsbelästigungen können dadurch vermieden werden, dass von Beginn der Stapelung die Temperatur < 15 °C und der pH-Wert < 5 gehalten wird, wodurch es zur Milchsäuregärung kommt.

4.2.5 Verfahrenstechnik der Abwasserbehandlung

Es gibt keinen Anhang zur Abwasserverordnung, in dem bundeseinheitlich Mindestanforderungen für Direkteinleiter der Stärke-Industrie vorgegeben wären. Die Bundesländer regeln dies im eigenen Ermessen. Der Anhang 8 „Kartoffelverarbeitung“ gilt nicht für die Stärke-Industrie.

Die landbauliche Verwertung wird EU-weit als Stand der Technik eingesetzt; derzeit kommt sie in Deutschland nicht zur Anwendung. Detaillierte Informationen zur Abwasserverregnung finden sich noch im alten Merkblatt M 776 aus dem Jahr 2002 [ATV-DVWK-M 776 2002].

Werden Abwässer beispielsweise in einer auf dem Betriebsgelände befindlichen Anlage energetisch verwertet, indem sie anaerob behandelt werden, um daraus

Biogas zu gewinnen, ist die dafür eingesetzte Anlage keine Abwasserbehandlungsanlage im Sinne des § 18b WHG. Sie ist eine Nebeneinrichtung der Produktionsanlage. Die Genehmigung von Bau und Betrieb solcher Anlagen erfolgt nach den Regelungen des Immissionsschutzrechtes, es sei denn, dass sie auch anderen Zwecken dienen.

Eine zusätzliche mechanische Reinigung (Siebung, Sedimentation) des Wasch- und Transportwassers der Kartoffelstärke-Produktion ist für Kreislaufwasser vor einer biologischen Stufe in der Regel nicht erforderlich.

Aerobe Abwasserreinigung: Abwässer aus der Stärkeindustrie mit einem CSB > 10 g/l sollten aus Wirtschaftlichkeitsgründen, bei großen saisonalen Schwankungen und wegen der Gefahr der Schlammentartung (Blähschlammbildung) nicht einer ausschließlichen aeroben Reinigung unterzogen werden. Auch für geringer belastete Abwässer, z. B. Brüdenkondensate aus Eindampfungsanlagen oder Wasch- und Schwemmwasser der Kartoffelstärkeproduktion, ist die Anaerobtechnik durchaus geeignet.

Insbesondere bei der Behandlung von Brüdenkondensaten ist auf ein ausgewogenes Nährsalzverhältnis zu achten. Ferner ist bei der extrem einseitigen, auf Kohlenhydraten basierenden organischen Belastung im Abwasser aus der Stärkemodifizierung mit Problemen mit Schwimm- und Blähschlamm zu rechnen.

Beispielanlage

Die Weizenstärkefabrik Kröner-Stärke in Ibbenbüren betreibt eine Anaerobanlage zur Biogasgewinnung als immissionsschutzrechtliche Nebenanlage, in der das gesamte anfallende Prozesswasser eingesetzt wird. In der nachgeschalteten Tropfkörperanlage wird das dabei anfallende Abwasser aerob behandelt, bevor es zur kommunalen Kläranlage weitergeleitet wird (siehe Bild 2).

Die Anaerobstufe besteht aus zwei Versäuerungsreaktoren (Gesamtvolumen = 800 m^3, B_R = 10 kg CSB/(m^3 · d)), zwei Methanreaktoren mit je 2.300 m^3 (B_R = 1,5 kg CSB/(m^3 · d) und einer Zwischenklärung mit einer Oberfläche von 90 m^2 und einem Volumen von 360 m^3 (q_A = 0,15 m^3/m^2).

Die CSB-Raumbelastung der Anlage ist basierend auf Versuchen aus den Jahren 1982 bis 1984 für bis zu 7 kg/(m^3 · d) ausgelegt [Witt 1985].

Zur Rückhaltung der anaeroben Biomasse wird der Ablauf aus den Methanreaktoren seit 2011 über eine Zentrifuge zur Eindickung geleitet. Der eingedickte anaerobe Schlamm wird in den Methanreaktor zurückgeführt. Der Überlauf der Zentrifuge wird in das nachgeschaltete Zwischenklärbecken abgeleitet. Von dort

Tabelle 9: Reinigungsleistung der anaeroben/aeroben Abwasserbehandlungsanlage in den Jahren 1990 bis 2016 (nach [DWA-M 776 2019])

Parameter	Einheit	1990	1996	2002	2016
Prozesswasser *)					
Anfall	m^3/t Mehl	2,7	1,9	1,3	1,1
CSB, Jahresmittelwert	mg/l	39.468	26.401	34.157	30.618
N_{ges}, Jahresmittelwert	mg/l	1.133	697	681	853
Daten des Methanreaktors (MR)					
CSB_{Zulauf} *)	mg/l	39.468	22.130	28.133	24.690
CSB-Raumbelastung	kg/(m^3 · d)	3,05	2,17	2,80	1,48
theor. Durchflusszeit	d	12,9	10,2	8,8	15,1
Ablaufdaten *) der Abwasservorbehandlungsanlage					
CSB	mg/l	1.378	1.229	2.351	1.315
N_{ges}	mg/l	375	325	480	557
P_{ges}	mg/l	102	73	84	64

*) Konzentrationsangaben in durchmischten Proben

aus geht das Abwasser zu einem Tropfkörper (V = 300 m^3) mit nachgeschaltetem Lamellenklärer und danach in ein Misch- und Ausgleichsbecken in Teichbauweise (V = 1.800 m^3). Der im Lamellenklärer sedimentierte Schlamm wird der Anaerobanlage zugeführt.

MAP-Ausfällungen sind beherrschbar durch den Verzicht auf Tauchmotorpumpen, deren magnetische Felder vermutlich die MAP-Ausfällung fördern sowie Rohrleitungen aus Kunststoff. Magnetisch induktive Durchflussmesser bedürfen der regelmäßigen Überwachung unabhängig von Empfehlungen der Gerätehersteller und sonstigen Auflagen.

Die Anaerobanlage bestand ursprünglich aus einem anaeroben Belebungsverfahren mit einem Teilfestbettreaktor als Methanreaktor und mit einer Zwischenklärung zur Biomassenabtrennung. Im Rahmen der Anlagenerweiterung wurde das Teilfestbett entfernt und auch der zweite Methanreaktor als voll durchmischter Reaktor ohne Festbett ausgeführt.

Die Betriebsergebnisse belegen, dass die Biomasse trotz der starken mechanischen Beanspruchung im Zentrifugalfeld nicht geschädigt wird und nach Rückführung in einen Reaktor umgehend und wieder mit hoher Aktivität am anaeroben Stoffumsatz beteiligt ist [Saake und Althoff 2015]. Tabelle 9 zeigt die Entwicklung der Belastungsdaten und Betriebsergebnisse der Abwasserbehandlungsanlage.

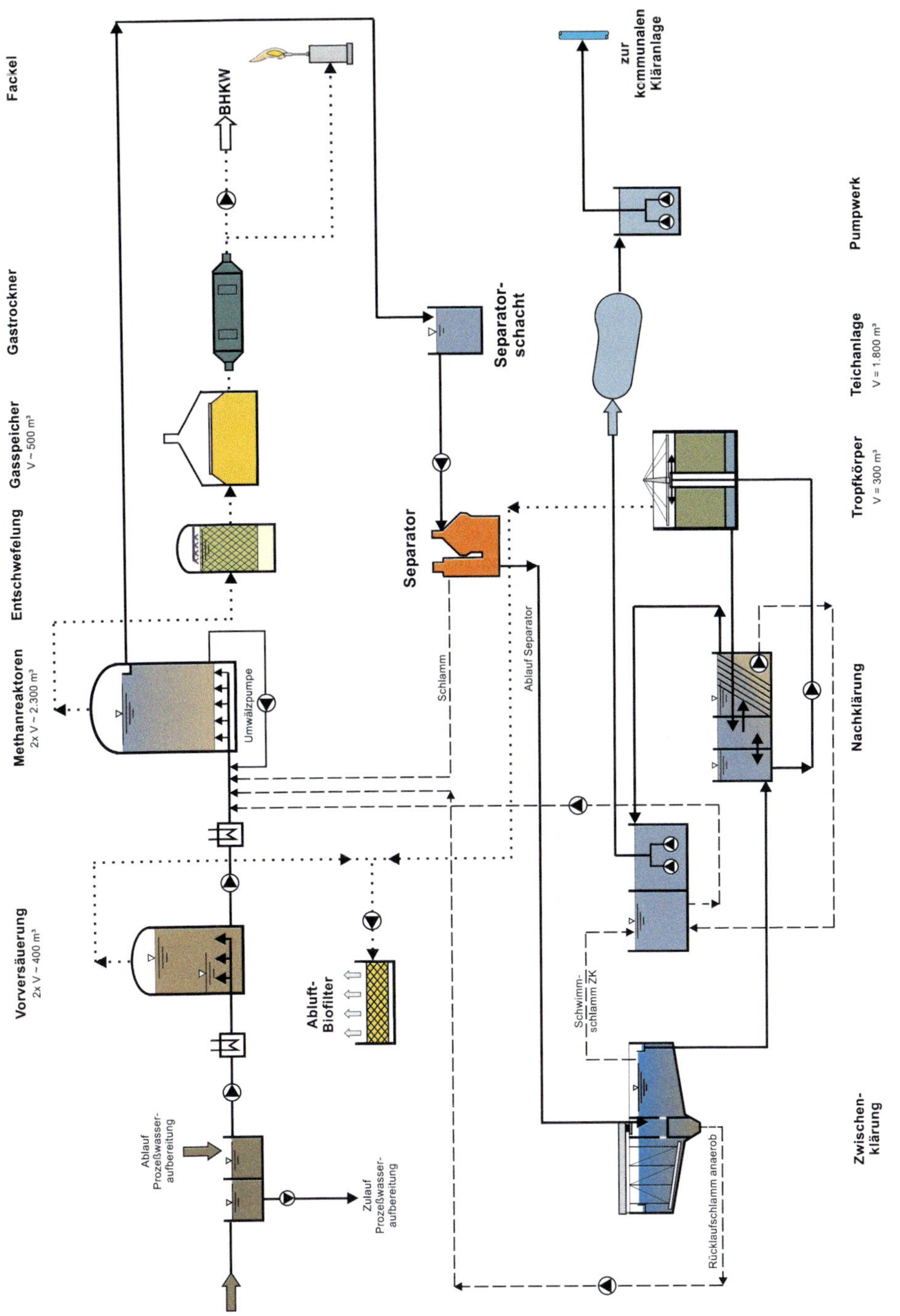

Bild 2: Verfahrensbild der Anaerob-Aerob-Anlage der Weizenstärkefabrik Kröner-Stärke GmbH [Althoff 2018]

Literatur

Althoff F. (2018): persönliche Mitteilung. Kröner-Stärke Ing. GmbH, Ibbenbüren.

ATV-DVWK-M 776 (2002): Abwasser der Stärke-Industrie – Gewinnung nativer Stärke, Herstellung von Stärkeprodukten durch Hydrolyse und Modifikation. Deutsche Vereinigung für Wasserwirtschaft, Abwasser und Abfall e. V., Hennef.

BLL (2014): Richtlinie für Stärke und bestimmte Stärkeerzeugnisse. Bund für Lebensmittelrecht und Lebensmittelkunde e. V.

DIN EN ISO 14001 (2011): Umweltmanagementsysteme – Anforderungen mit Anleitung zur Anwendung. Beuth Verlag, Berlin.

DIN EN ISO 50001 (2012): Energiemanagementsysteme – Anforderungen mit Anleitung zur Anwendung (ISO 50001: 2011). Beuth Verlag, Berlin.

DIN EN ISO 9000 ff (2016): Qualitätsmanagement. Beuth Verlag, Berlin.

DWA-M 776 (2020) (*in Bearbeitung*): Abwasser der Stärke-Industrie. Gewinnung nativer Stärke, Herstellung von Stärkeprodukten durch Hydrolyse und Modifikation. Deutsche Vereinigung für Wasserwirtschaft, Abwasser und Abfall e. V., Hennef.

EMAS (2009): Verordnung (EG) Nr. 1221/2009. Eco-Management and Audit Scheme

EU-Patentschrift 0233 336 B1 (1993): Verfahren zur Veretherung von Stärke. Degussa AG, Veröffentlichung: 03.11.1993.

Saake, M. und Althoff, F. (2015): Stärke-Herstellung. Rosenwinkel, K.-H.; Kroiss, H.; Dichtl, N.; Seyfried, C.-F.; Weiland, P. (Hrsg.): Anaerobtechnik. 3. Auflage, Springer-Verlag, Berlin, Heidelberg.

Schubert, J. M. (2010): Behandlung von Abläufen eines Methanreaktors mittels Membran-Filtration und Zentrifugation. Studienarbeit Mai 2010 an der Technischen Universität Clausthal, Institut für Mechanische Verfahrenstechnik.

Seyfried, C. F. und Rosenwinkel, K. H. (1982): Abwässer der Stärkeindustrie, Grundlage zur Erarbeitung der Mindestanforderungen nach § 7a (1) WHG. Forschungsbericht Nr. 10206 031/05 im Auftrag des Umweltbundesamtes.

Stolp, K.-D. (2004): Maisstärke. Kapitel 16 in Lebensmitteltechnologie, Hrsg. R. Heiss, S. 166 – 174, Springer-Verlag.

Tegge, G. (2004): Stärke und Stärkederivate. 3. Auflage, Behr-Verlag, Hamburg.

VDGS e. V. (2018): Stärke – Zahlen und Fakten. Verband der deutschen Getreideverarbeiter und Stärkehersteller e. V., http://www.staerkeverband.de/html/zahlen.html

Witt, W. (1985): Verfahrenstechnischer und wirtschaftlicher Vergleich von Methoden zur Reinigung des Abwassers einer Weizenstärkefabrik unter besonderer Berücksichtigung der anaeroben-aeroben Reinigung. Dissertation an der TU Berlin.

Weiterführende Literatur

Austermann-Haun, U.; Seyfried, C. F. (2000): Stärkefabriken. Rosenwinkel, K.-H. (Hrsg.): ATV-Handbuch Industrieabwasser Lebensmittelindustrie, Kapitel 5, 4. Auflage, Verlag Ernst & Sohn, Berlin , S. 65 – 91.

BImSchG (2013): Bundes-Immissionsschutzgesetz: Gesetz zum Schutz vor schädlichen Umwelteinwirkungen durch Luftverunreinigungen, Geräusche, Erschütterungen und ähnliche Vorgänge in der Fassung der Bekanntmachung vom 17. Mai 2013, BGBl. I S. 1274, geändert durch Artikel 1 des Gesetzes vom 2. Juli 2013, BGBl. I S. 1943.

BioAbfV (1998): Bioabfallverordnung: Verordnung über die Verwertung von Bioabfällen auf landwirtschaftlich, forstwirtschaftlich und gärtnerisch genutzten Böden vom 21. September 1998, BGBl. I S. 2955.

DüMV (2012): Düngemittelverordnung: Verordnung über das Inverkehrbringen von Düngemitteln, Bodenhilfsstoffen, Kultursubstraten und Pflanzenhilfsmitteln vom 5. Dezember 2012, BGBl. I S. 2482.

IE-Richtlinie 2010/75/EU über Industrieemissionen (2010): Integrierte Vermeidung und Verminderung der Umweltverschmutzung. Amtsblatt L 334, S.17.

WHG (2018): Wasserhaushaltsgesetz: Gesetz zur Ordnung des Wasserhaushalts vom 31. Juli 2009 (BGBl. I S. 2585), das zuletzt durch Artikel 2 des Gesetzes vom 4. Dezember 2018 (BGBl. I S. 2254) geändert worden ist.

4.3 Gemüse und Obst

Alvaro Carozzi

4.3.1 Allgemeines

Ca. 75 % des in Deutschland gekauften Gemüses wird als Frischgemüse direkt vom Verbraucher gekauft. Je 8 % wird als Tiefkühlgemüse bezogen bzw. als Sauerkonserven bzw. Gemüsekonserven verzehrt. Die Einkaufsmenge von Gemüse-, Sauerkonserven und Sauerkraut liegt in Deutschland bei ca. 670.000 t jährlich mit fallender Tendenz, während der Anteil an Tiefkühlgemüse steigt [BOGK 2013].

Die Verkaufsmenge an verarbeitetem Obst in Deutschland liegt bei ca. 650.000 t, davon entfallen 350.000 t auf Fruchtzubereitungen für die weiterverarbeitende Industrie. 200.000 t fallen auf fruchthaltige Brotaufstriche und 100.000 t auf Obstkonserven [HBS 2017].

Die Anforderungen für das Einleiten in Gewässer sind im Anhang 5 (Herstellung von Obst- und Gemüseprodukten) der Abwasserverordnung [AbwV 2004] festgelegt. Für eventuelle Teilströme aus Kühlwasser sowie Fahrzeugwäsche sind Anhang 31 bzw. 49 der AbwV zu beachten.

4.3.2 Produktionsverfahren

4.3.2.1 Verarbeitungspläne

Wesentliches Merkmal bei der Produktion ist die jahreszeitlich bedingte Schwankung der verschiedenen Gemüse- und Obstsorten. In Abhängigkeit vom Erntezeitpunkt, der Lagerungsdauer und Importen aus anderen Klimazonen variiert die Verarbeitung der Sorten und der damit einhergehende Abwasseranfall. Vor Planung einer Anlage ist die genaue Aufnahme der Produktlinien zur Festlegung der Belastung der Abwasserreinigungsanlage und Darstellung der Kampagnen notwendig.

Ziel der Produktion ist die Herstellung eines haltbaren Gemüse- oder Obstproduktes durch Pasteurisieren, Sterilisieren, Tiefgefrieren oder Gären (nur bei Gemüse).

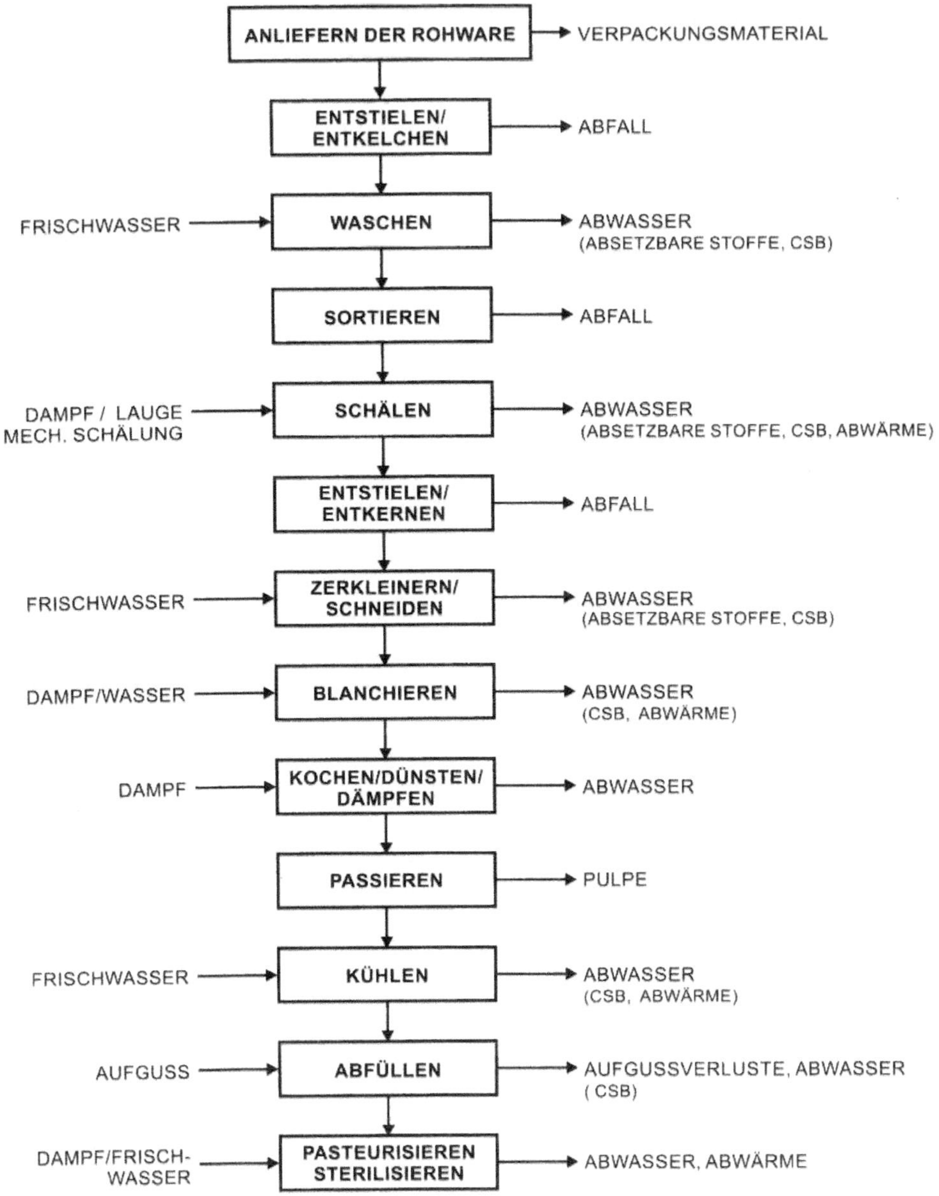

Bild 1: Obstkonservenherstellung schematisiert (Quelle: [ATV 2000])

4.3.2.2 Produktionsverfahren Obst

Die obstverarbeitende Industrie stellt im Wesentlichen folgende haltbar gemachte Obsterzeugnisse her:

- Konfitüren, Gelees, Marmeladen,
- Fruchtmuse, -pasten oder -mark,
- Fruchtkonserven,
- Trockenfrüchte,
- Fruchtsäfte, Fruchtsirup, Fruchtnektar,
- Tiefkühlobst,
- Fertiggerichte auf Obstbasis,
- Obstsäfte.

Bild 1 zeigt beispielhaft die Produktionsschritte bei der Herstellung von Obstkonserven.

3.4.2.3 Produktionsverfahren Gemüse

Folgende Unterteilung in Rohwaren und Produktgruppen kann vorgenommen werden, um verschiedene Produktionsverfahren und Abwasseranfälle zu charakterisieren. Die technologische Bearbeitung der in diesen Gruppen zusammengefassten Gemüsesorten ist ähnlich.

- Wurzelgemüse: Karotten, Sellerie, Rote Beete, Meerrettich,
- Blattgemüse: Spinat, Wirsing, Grünkohl,
- Hülsenfrüchte (frisch): Erbsen, grüne Bohnen, dicke Bohnen,
- Gurken: Gurken, Blumenkohl, Kürbis,
- Rotkohl.

Durch Erhitzen in Konservendosen, Gläser oder Kunststoffverpackungen haltbar gemachte Lebensmittel ermöglichen eine Konservierung und damit die mikrobiologische Haltbarkeit über etliche Jahre. Ebenfalls werden Aroma, Farbe und Textur bewahrt.

- Vorbereitende Prozesse dienen der Aufbereitung der Rohware.
- Thermische Verfahren werden angewendet zur Inaktivierung von Bakterien, Hefen und Schimmelpilzen durch die Anwendung feuchter Hitze. Beim Vorkochen des Gemüses wird das rohe Gemüse gereinigt und vor dem Konservenfabrikationsschritt gekocht. Beim Rohgemüseeinsatz wird das Gemüse zuvor gereinigt, in Dosen verpackt und anschließend gekocht.

- Abschließende Arbeitsprozesse zur Nachbearbeitung sind erforderlich, um das Produkt für den Verbraucher marktgerecht zu gestalten.

Die einzelnen Arbeitsgänge sind in Bild 2 dargestellt.

4.3.2.3 Produktionsverfahren Sauerkraut

Ein Sonderfall bei der Gemüseverarbeitung ist die Sauerkrautherstellung. Diese beruht auf der Vergärung des Fruchtzuckers im Weißkohl zu Milchsäure. Neben Milchsäure entstehen in geringem Umfang Kohlendioxid und Ethylalkohol durch die Stoffwechseltätigkeit von Hefen sowie Essigsäure durch Essigsäurebakterien (oxidative Gärung). Insgesamt lassen sich drei Gärungsstufen unterscheiden:

1. In der ersten Phase werden überwiegend Milchsäure, Essigsäure, Alkohole und Kohlendioxid gebildet.
2. In der zweiten Stufe werden dann Essigsäure, Kohlendioxid, Alkohole, Mannit sowie Aroma- und Geschmacksstoffe gebildet.
3. In der dritten Stufe stellt sich der Gesamtsäuregehalt ein; hier entsteht nur noch Milchsäure.

In Bild 3 sind die Prozessschritte der Sauerkrautaufbereitung dargestellt [DWA 2015]. Die Zugabe des Kochsalzes bewirkt die teilweise Zerstörung der pflanzlichen Zellmembran des Weißkohls durch osmotische Vorgänge. Schon kurze Zeit nach dem Einschneiden, Einsalzen und Einbringen des Krauts in die Gärbehälter tritt der frische Krautsaft aus (Frischlake, Grünlake). Nach der Milchsäuregärung, bei der Gärlake anfällt, wird das fertige Sauerkaut in andere, in der Regel kleinere Gefäße überführt. Es gelangt entweder direkt in den Handel (Frischsauerkraut) oder es wird in der Gärlake bei einer Temperatur von 80 °C bis 85 °C blanchiert. Das blanchierte Kraut wird in Gefäße (Dose, Glas, Eimer, Beutel) gefüllt, nach Auffüllen mit Blanchierlake unter Vakuum verschlossen und bei Temperaturen zwischen 80 °C und 90 °C pasteurisiert. Beim Weinsauerkaut werden vor dem Pasteurisieren des Sauerkrautes rund 2 % Wein zugegeben.

4.3.3 Abwasseranfall- und Inhaltsstoffe

4.3.3.1 Obst und Gemüse

Die Abwässer fallen bei den folgenden Prozessen an und werden in niedrigbelastete Abwässer und hochbelastete Abwässer unterteilt.

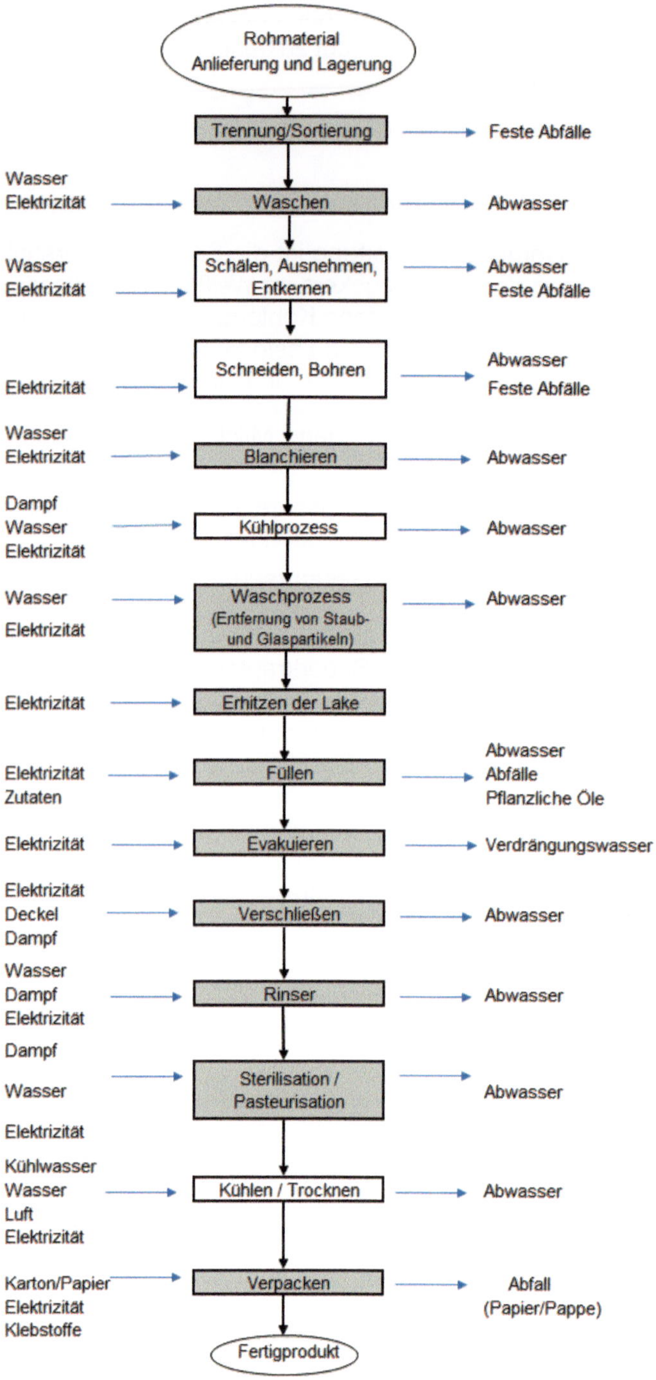

Bild 2: Allgemeines Fließbild der Herstellung von Gemüsekonserven (Quelle: [DWA 2015])

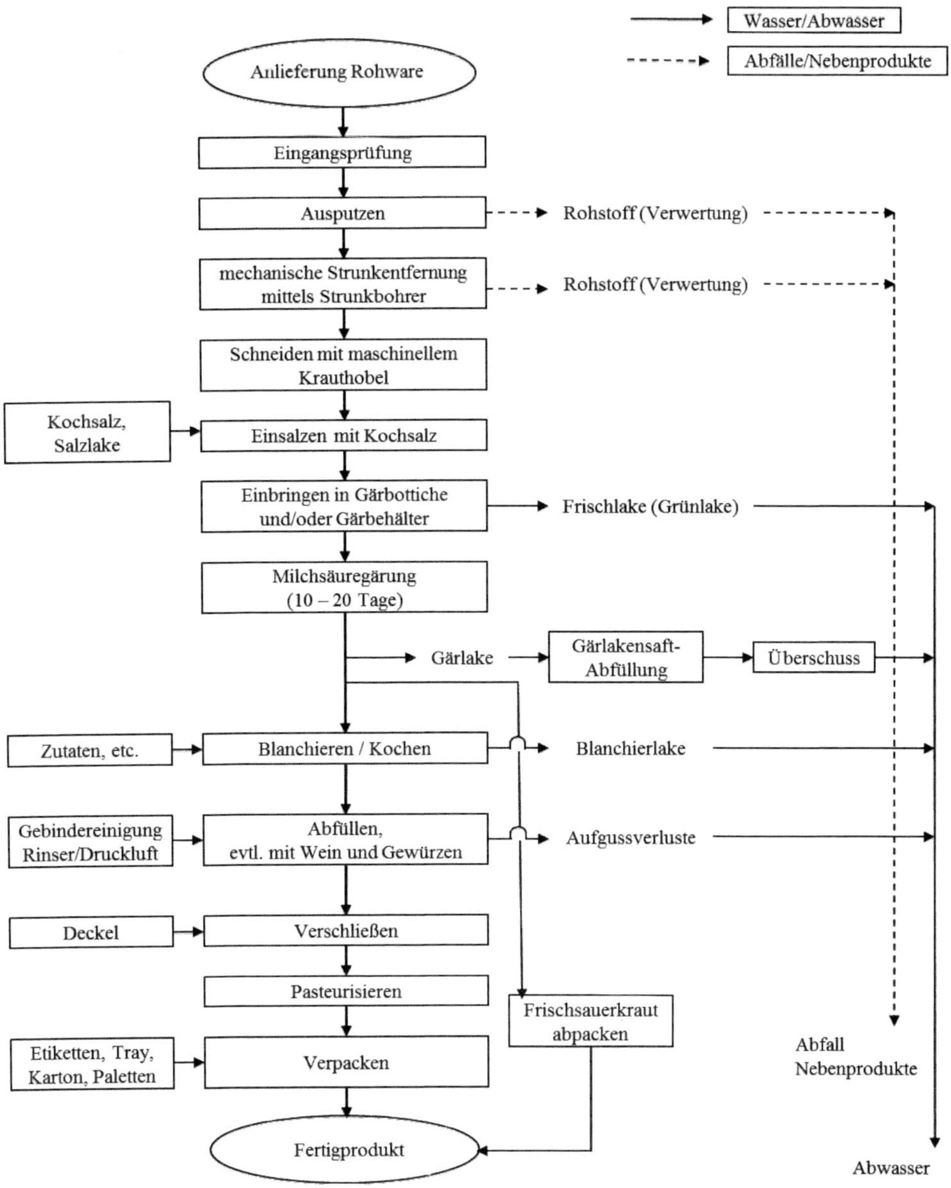

Bild 3: Verarbeitungsschema der Sauerkrautherstellung (Quelle: [Weller 1979; DWA 2015]

Niedrigbelastete Abwässer:

- Vorreinigung (nass): Belastung mit Sand, Steinen, Laub, Aststückchen etc.,
- Kochen,
- Puffern/Pumpen,
- Versiegen (Auswiegen der Fest- und Flüssigfraktion),
- Waschen der Behältnisse,
- Pasteurisieren und Sterilisieren,
- Leerglasreinigung (Rinser).

Hochbelastete Abwässer:

- mechanisches Schälen,
- Waschen nach dem Schälen,
- Schneiden,
- Blanchieren,
- Aufguss- und Füllverluste.

Unterschiede im Abwasseranfall und der Zusammensetzung des Abwassers ergeben sich durch Produktionsverfahren, die eingesetzten Rohstoffe und weitere Zusatzstoffe, deren Verbrauch sowie angewendete Verfahren des PIUS (siehe Kapitel 4.3.4). Da die meisten Fabriken mehrere Gemüsearten sowohl parallel wie saisonal versetzt bearbeiten, ist die Beschaffung von Abwasserdaten einzelner Gemüsearten schwierig bzw. nicht ausreichend statistisch abgesichert. Ferner ist zu beachten, dass auch innerhalb der Saison Schwankungen auftreten, da sich beispielsweise Schalen und Struktur der Rohware im Laufe der Erntesaison verändert. Auch die Unterscheidung in hoch- und niedrigbelastete Teilströme wird in den wenigsten Fällen erfasst, da in der Regel eine gemeinsame Behandlung erfolgt.

Tabelle 1 zeigt den mittleren Abwasseranfall und die Abwassercharakteristik aus der Verarbeitung von Gemüsen allgemein. Die Angaben wurden im Rahmen einer Betriebsbefragung durch die DWA 2015 erhoben. Im DWA-Merkblatt 751 finden sich weitere Angaben für den Abwasseranfall und die -zusammensetzung unterschieden nach Produktgruppen.

4

Tabelle 1: Abwasseranfall und -zusammensetzung in der Gemüseverarbeitenden Industrie [DWA 2015]

Parameter	Einheit	Minimal	Mittel	Maximal	Anzahl der Anfallstellen / Betriebe
Spezifischer Wasserverbrauch	$m^3/t_{Rohware}$	0,2	7,0	28,3	16
Spezifischer Abwasseranfall	$m^3/t_{Rohware}$	0,1	3,7	23,0	16
Abwasserzusammensetzung:					
BSB_5	mg/l	500	3.900	11.000	6
CSB	mg/l	1.200	17.100	70.000	14
P_{ges}	mg/l	3	28	70	12
TKN	mg/l	4	24	53	7
NH_4-N	mg/l	1	7	39	7
NO_3-N	mg/l	1	8	24	7
pH-Wert	-	4	5,6	8	11
Sulfat	mg/l	16	122	250	6
Chlorid	mg/l	500	2.350	7.000	4
Spezifische Schmutzfrachten					
BSB_5	$kg/t_{Rohware}$	3,5	6,6	11	6
CSB	$kg/t_{Rohware}$	1,4	23	68	13
P_{ges}	$kg/t_{Rohware}$	0,004	0,07	0,26	12
TKN	$kg/t_{Rohware}$	0,01	0,09	0,33	7
NH_4-N	$kg/t_{Rohware}$	0,0	0,01	0,04	7
NO_3-N	$kg/t_{Rohware}$	0,0	0,02	0,11	7
Sulfat	$kg/t_{Rohware}$	0,1	0,3	0,7	6
Chlorid	$kg/t_{Rohware}$	1,0	1,9	3,5	4

4.3.3.2 Sauerkraut

Bei der Sauerkrautbereitung fallen an folgenden Stellen Abwässer an, deren Mengen und Konzentrationen in Tabelle 2 dargestellt werden:

- überschüssige Krautlake (Frisch- und Gärlake, Blanchierlake Aufgussverluste),
- CIP-Reinigung,
- Wasser aus Abluftreinigung (Biowäscher),
- Reinigung der Pasteure,
- Wasser aus der Kühlturmreinigung,
- Kesselabschlämmwasser,
- Reinigung von Maschinen, Arbeits- und Lagerflächen.

Parameter	Schwach belastetes Abwasser	Stark belastetes Abwasser
CSB (mg/l)	3.600 - 6.200	14.000 - 27.000
P_{ges} (mg/l)	8 - 18	50 - 65
TKN (mg/l)	17	45
NH_4-N (mg/l)	1 - 8	1 - 12
NO_3-N (mg/l)	2 - 16	1 - 7
NO_2-N (mg/l)	0,4 - 2	1 - 2
pH-Wert (-)	4,5 - 5,5	4,2 - 4,8
S_{ges} (mg/l)	150 - 160	260 - 280
Sulfid (mg/l)	1,5 - 2,5	8 - 11
Sulfit (mg/l)	8 - 17	28 - 38
Sulfat (mg/l)	140	220 - 250
Chlorid (g/l)	1,5	7

Tabelle 2: Schwankungsbereich der Abwasserzusammensetzung stark und schwach belasteter Teilströme aus zwei Sauerkrautfabriken (Quelle: [DWA 2015])

Aufgrund der stark differierenden organischen Belastung werden die Abwässer aus der Produktion je nach Herkunft in mehreren Teilströme behandelt:

- Schwach belastetes Abwasser: In diesem Teilstrom werden alle Abwässer erfasst, die bei Wasch- und Reinigungsarbeiten anfallen.
- Stark belastetes Abwasser: Überschüssige Krautlake, Aufgussverluste sowie stark organisch verunreinigte Reinigungswässer.
- Abwässer von Dach- und Hofflächen, sowie Abwässer aus dem Sanitär- und Sozialbereich werden in der Regel der kommunalen Kläranlage zugeführt.
- Das Mengenverhältnis des noch zu niedrig belasteten Teilstromes liegt bei 6 : 1. Insgesamt ergibt sich aus beiden ersten Abwasserarten eine CSB-Fracht von ca. 22 kg pro Tonne Fertigprodukt mit erheblichen Schwankungsbreiten.

4.3.4 PIUS

Als wesentliche Grundsätze zur Verminderung von Wasserverbrauch, Abwasser- und Schmutzfrachtanfall können genannt werden:

- Trennung der anfallenden Stoffe (Wiederverwendung, Rückgewinnung, Wiederverwertung und Entsorgung, Minimierung von Wasserverbrauch und Abwasserverunreinigung) [BVT 2005],

- Optimierung der Wiederverwendung von Wasser mit und ohne Behandlung, je nach Qualitätsanspruch zur Sicherstellung von Hygiene- und Lebensmittelqualitätsstandards,
- Methode zum Prozessdesign und zur Wasser-, Stoff- und Energieeinsparung (Stoffstromanalyse im Wasserkreislauf).

Zusätzlich können für den Sektor Gemüse- und Sauerkrautbereitung genannt werden:

- Lagerung von Gemüse sowie von Nebenprodukten, die als Tierfutter verwendet werden, im Freien in einem sauberen überdachten Bereich oder in Behältern zur Vermeidung von aufwendigen Kühlprozessen,
- trockene Trennung von Rohwaren und festen Rückständen, die bei der Sortierung ausgeschieden sind (z. B. aus der Sortierung und dem Putzen),
- Rückhalt von Erde in Sedimentations- und/oder Filterbecken und separate Verwertung/Entsorgung,
- Presslufteinsatz zur Reinigung von Gläsern und Dosen statt Waschen,
- getrennte Behandlung hoch- und niedrigbelasteter Teilströme.

Weitere Hinweise sind im DWA-Merkblatt 751 [DWA 2015], im ATV-Handbuch Industrieabwasser [ATV 2000] und im BVT-Merkblatt [BVT 2005] zu finden.

4.3.5 Abwasserreinigung

Die Behandlung von Abwasser ist eine „nachsorgende“ Behandlung. In der Regel erfolgt sie erst, nachdem sowohl der Verbrauch als auch die Verunreinigung von Wasser durch innerbetriebliche Maßnahmen minimiert wurde.

Aufgrund der guten biologischen Abbaubarkeit von Abwässern aus der Obst-, Gemüse- und Sauerkrautverarbeitenden Industrie sind kurze Fließwege zur Abwasserbehandlung einzuplanen. Ansonsten sind gegebenenfalls Maßnahmen gegen Geruch im Kanalnetz erforderlich.

Je nach Abwasserzusammensetzung und Einleitungssituation erfolgt die Verfahrenswahl zur Behandlung des Abwassers. Große Betriebe tendieren eher zur Wahl einer Direkteinleitung, während kleinere Betriebe die indirekte Einleitung wählen. Bild 4 zeigt ein Fließbild zur Auswahl [DWA 2015]. Grundsätzlich kommen die üblichen mechanischen und biologischen Verfahren der Abwasserreinigung zum Einsatz. Bemessungswerte und technische Hinweise, die bei der Planung zu beachten sind, werden im DWA-Merkblatt 751 beschrieben [DWA 2015]. Hier findet sich auch eine umfangreiche Darstellung von ausgeführten Anlagen.

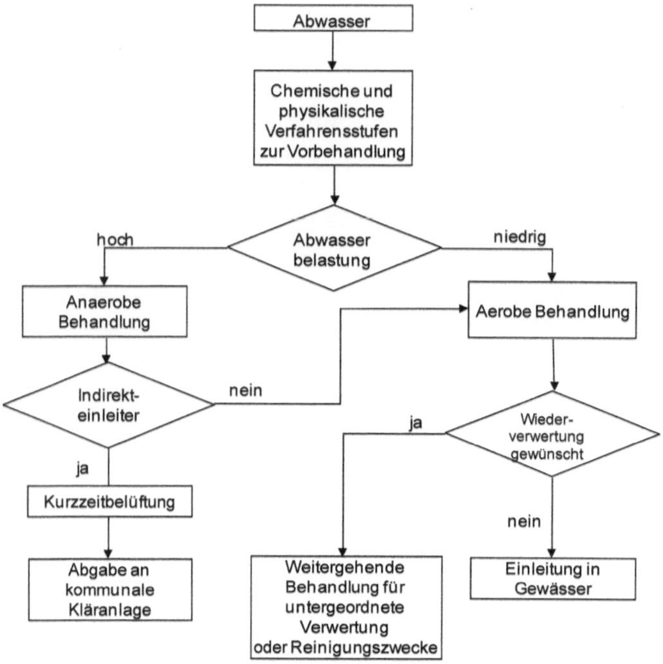

Bild 4: Wahl des Abwasserbehandlungsverfahrens (Quelle: [DWA 2015])

4.3.6 Beispiel einer Anlage

Die Betriebskläranlage des mittelständischen Familienbetriebs Gemüse Meyer reinigt das anfallende Produktionsabwasser, so dass es direkt eingeleitet werden kann. Die Firma stellt am Standort gleichzeitig Gemüsekonserven und Tiefkühlgemüse her. Die Ausbaugröße der Kläranlage beträgt bezogen auf die organische Belastung 50.000 EW (bezogen auf 120 g CSB/(E · d)).

Die Anlage ist als mehrstufige mechanisch-biologische Behandlungsanlage ausgeführt (Bild 5). Die Beschickung von zwei Fermentern mit je 1.000 m^3 Fassungsvolumen erfolgt über eine Mischung aus Prozesswasser (flüssig) und Feststoffen (trockene Schälreste). Beide Fermenter werden mesophil (39 °C) betrieben. Die Feststoffe werden über eine Hammermühle zerkleinert, danach mit dem Prozesswasser vermischt und zu den Fermentern geleitet.

Über den Trübwasservorlagebehälter durchläuft der Abfluss aus den Fermentern die aerobe Stufe, ausgeführt als SBR-Anlage. Nach der Eisen(III)-chlorid-Zugabe im Fällreaktor erfolgt über eine Kombination aus Siebband und Parallelplattenabscheider die Abtrennung des Restschlammanteils. Damit können die Einleitparameter (CSB < 110 mg/l, N_{ges} < 18 mg/l, P_{ges} < 0,5 mg/l) sicher eingehalten werden.

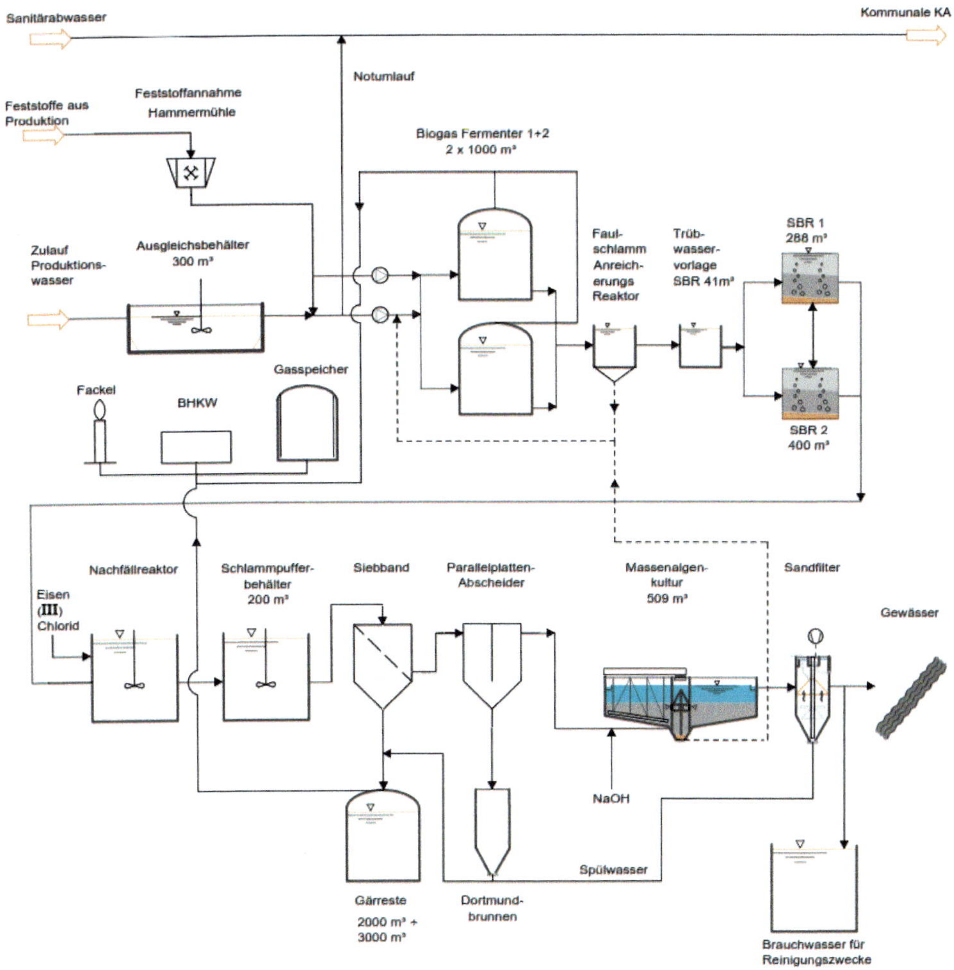

Bild 5: Fließschema Anlage Gemüse Meyer, Twistringen [DWA 2015]

Literatur

AbwV (2004): Abwasserverordnung: Verordnung über Anforderungen an das Einleiten von Abwasser in Gewässer in der Fassung der Bekanntmachung vom 17. Juni 2004, BGBl. I S. 1108, 2625. Stand: zuletzt geändert durch Artikel 1 der Verordnung vom 2. September 2014 (BGBl. I S. 1474).

ATV (Hrsg.) (2000): ATV-Handbuch Industrieabwasser Lebensmittelindustrie. Berlin.

BOGK (2013): Jahresbericht 2012/2013. Bundesverband der Obst-, Gemüse- und Kartoffelverarbeitenden Industrie e. V., Bonn.

BVT (2005): Merkblatt über die besten verfügbaren Techniken in der Nahrungsmittel-, Getränke- und Milchindustrie. Umweltbundesamt (Hrsg.), Berlin, Bonn.

DWA (Hrsg.) (2015): DWA-M 751: Abwasser aus der Gemüseverarbeitung und Sauerkrautbereitung. Hennef.

HBS (2017): Branchenanalyse Obst- Gemüse- und kartoffelverarbeitende Industrie. Hans-Böckler-Stiftung.

Weller, G. (1979): Abwasserbeseitigung in der obst- und gemüseverarbeitenden Industrie. 14. Weiterbildungslehrgang Gewässerschutz. Ministerium für Ernährung, Landwirtschaft und Umwelt Baden-Württemberg (Hrsg.), Stuttgart.

4.4 Kartoffelveredelungsindustrie

Konstantinos Athanasiadis

4.4.1 Allgemeines

Die Kartoffel (lat. Solanum Tuberosum) zählt zu den Nachschattengewächsen und ist mit Aubergine, Paprika und Tomate verwandt. Sie ist weltweit das viertwichtigste Grundnahrungsmittel nach Reis, Weizen und Mais. In Europa werden Kartoffeln hauptsachlich in Deutschland, Polen, Rumänien, Frankreich, den Niederlanden und im Vereinigten Königreich angebaut.

In Wirtschaftsjahr 2015/16 wurden in Deutschland 10,6 Mio. t Kartoffeln erzeugt. Verarbeitungskartoffeln für Nahrungszwecke, Speisekartoffeln zur Frischversorgung und Kartoffeln zur Stärkeherstellung besitzen die größten Verwendungsanteile am Markt (siehe Bild 1). Den Hauptschwerpunkt bildet der Anbau von Speisenkartoffeln zur Frischversorgung und zur Verarbeitung in der Kartoffelveredelungsindustrie. Aus diesem Grund benötigt die Kartoffelveredelungsindustrie Kartoffeln mit sehr speziellen Qualitätsmerkmalen. Verarbeitet werden sowohl Speise- als auch Wirtschaftskartoffelsorten. 50 bis 60 % der Kartoffelerzeugung wurden in den letzten Jahren industriell, je etwa zur Hälfte in der Kartoffelveredelungs- und der Stärkeindustrie eingesetzt.

Der Anbau und Einsatz von Futterkartoffeln zur Versorgung von Tieren ist heute kaum noch von Bedeutung. In die Verfütterung gelangen Kartoffeln, die z. B. nicht mehr handelsfähig sind, aber als Tierfutter noch verwertet werden können. Futterkartoffeln können deshalb sowohl Speise- als auch Wirtschaftskartoffelsorten sein. Bei der Verarbeitung von Wirtschaftskartoffeln anfallende Neben- und Abfallprodukte, wie Schalen und Pulpe bei der Stärkegewinnung, werden allerdings aufgrund ihrer hohen Nährwerte in der Tierfutterherstellung verwendet.

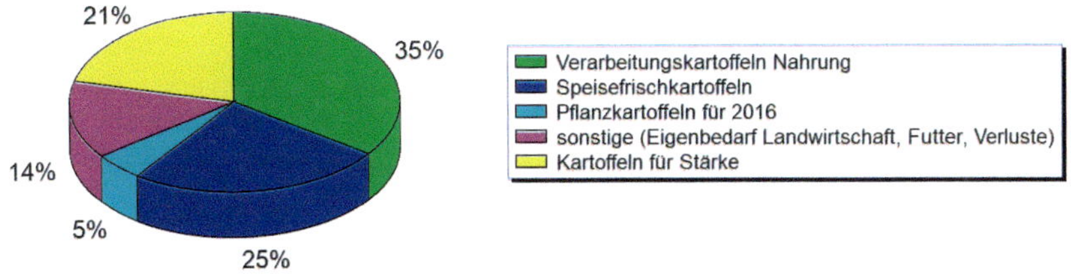

Bild 1: Marktanteile der Kartoffelproduktion 2015/16 (Quelle: nach [BLE 2016])

Gemäß dem Jahresbericht 2015 des statischen Bundesamtes ist die Kartoffelveredelungsindustrie in Deutschland mit 39 Betrieben und einem Umsatz von ca. 1,9 Milliarden Euro das kleinste der drei Teilsegmente der Obst-, Gemüse- und Kartoffelindustrie (OGKI).

4.4.2 Produktionsverfahren

4.4.2.1 Einlagerung

Um die Kartoffeln zu trocknen und den Wundheilungsprozess der Ernte zu beschleunigen werden die Kartoffeln für ca. 14 Tage bei einer Stapeltemperatur zwischen 10 und 15 °C vor dem Transport gelagert. Belüftungs- und Befeuchtungsanlagen, sowie Kältemaschinen je nach Klimazone, werden eingesetzt um die Einlagerung der Kartoffeln unter optimalen Bedingungen zu sichern. Typische Frischluftmengen von 50 bis 100 m³/h pro Tonne eingelagerter Kartoffeln werden eingesetzt.

4.4.2.2 Waschen

Bevor die Kartoffeln weiterverarbeiten werden, müssen sie von der anhaftenden Erde befreit werden. Es ist besonders wichtig, dass die Kartoffeln von den vorhandenen Steinen abzuscheiden um die nachgeschalteten Schäl- und Schneidverfahrensschritte zu schützen. Trommel- oder Walzenwaschmaschinen werden eingesetzt. Bei älteren Betrieben werden auch Rund- oder Längswäscher benutzt.

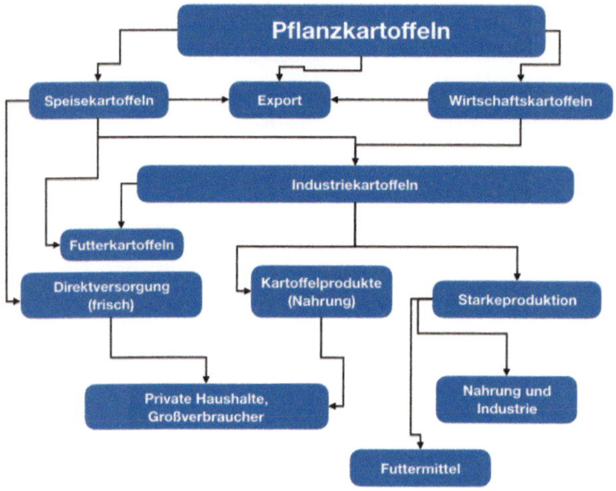

Bild 2: Wertschöpfungskette der deutschen Kartoffelproduktion

4

4.4.2.3 Schälen

Das Schälverfahren der Kartoffeln ist extrem wichtig, da die Kosten des Endprodukts wesentlich von der Höhe des Schälverlusts abhängig ist. Zum Schälen stehen heutzutage zwei verschiedenen Methoden zur Verfügung: das mechanische Schälverfahren (Messerschälmaschinen) und das Dämpfschälverfahren. Die Schälverluste betragen zwischen 8 und 15 %. Das früher, insbesondere in den USA, eingesetzte Laugenschälverfahren ist vom Markt verschwunden. Grund dafür sind die damit verbundenen Material- und Umweltprobleme sowie der hohe Schälverlust von 15 bis 25 %.

4.4.2.4 Verlesen/Nachputzen

Hier werden Fremdkörper, Schalreste, Augen und verfärbte Stellen entfernt. Da dieser Vorgang sehr arbeits- und kostenintensiv ist, werden opto-elektronische Verleseanlagen eingesetzt, die mittels Fotozellen dunkle Stellen identifizieren und die entsprechenden Kartoffeln aus den Verlesebändern aussortieren. Die aussortierten Kartoffeln werden entweder von Hand nachgeputzt oder in einem separaten Korundschäler zugeführt.

4.4.2.5 Verarbeitung der vorbehandelten Kartoffeln

In Bild 3 wird die Bandbreite der Kartoffelverarbeitungsindustrie dargestellt. Die Produktion wird in sechs Hauptgruppen geteilt: (a) Sterilprodukte, (b) getrocknete Produkte, (c) gebratene Produkte, (d) frische Produkte, (e) Stärke und Stärkederivate und (f) Alkohol.

Bei der Herstellung von Kartoffelpüree wird großtechnisch nach zwei verschiedenen Verfahren gearbeitet: (a) dem Flockenverfahren und (b) dem Granulat- oder Add Back Verfahren. Das Granulatverfahren ist bis zur Zerkleinerung und bis zum Kochen identisch mit dem Flockenverfahren (siehe Bild 4).

Bei der Herstellung von Trockenkartoffeln werden, nach der Vorbehandlung, die geschälten Kartoffeln in Scheiben, Würfel oder Streifen geschnitten. Danach werden die Kartoffelstücke intensiv gewaschen, um die Verschleimung des Blanchierbands und der Trocknerbänder zu vermeiden. Die Trocknung erfolgt in Bandtrocknern mit Warmluft.

Pommes frites werden sowohl als gekühlte Ware als auch als Tiefgefrierware auf den Markt angeboten. Durch das Blanchieren wird aus der äußeren Oberfläche der Kartoffel der Zucker ausgewaschen, um eine gleichmäßige Bräunung der Kartoffel während des Bratvorgangs zu sichern. In der Bratanlage werden meist Pflanzenfette benutzt.

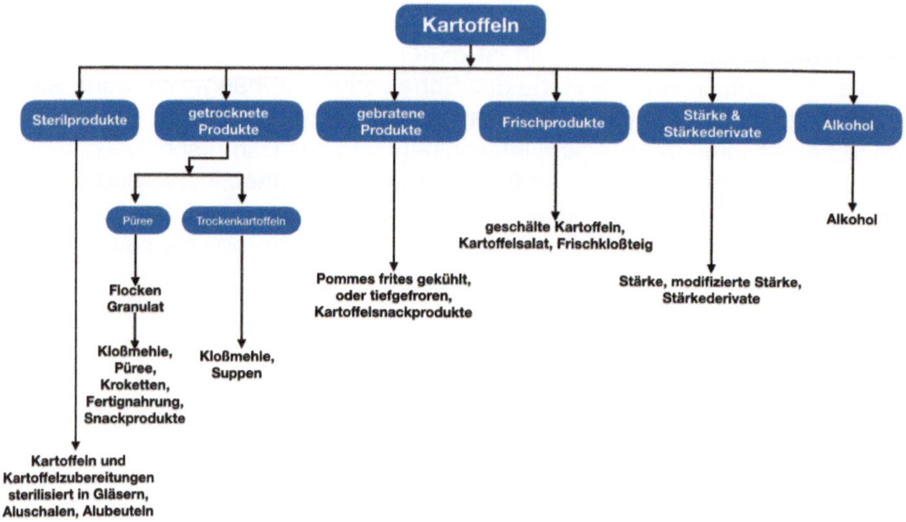

Bild 3: Die Kartoffelverarbeitungsindustrie

4.4.3 Abwasseranfall

4.4.3.1 Allgemeines

Gemäß DWA-M 753 fallen in Kartoffelverarbeitungsindustrie folgende Abwässer an: (a) Produktionsabwässer, (b) Reinigungsabwässer, (c) Abwasser aus der Trink- und Kesselspeisewasseraufbereitung, (d) Kühlwasser, (e) sanitäres Abwasser, und (f) Regenwasser.

Das Industrieabwasser der Kartoffelverarbeitungsanlage ist sehr belastet mit organischen und mineralischen gelösten und ungelösten Inhaltsstoffen. Das CSB/BSB_5-Verhältnis liegt zwischen 1,6 und 2 und bestätigt somit die gute biologische Abbaubarkeit des Industrieabwassers. Das C/N-Verhältnis liegt in den meisten Fällen optimal und die Denitrifikation wird somit begünstigt.

Im Vergleich zu den Industrieabwässern sind die Sanitärabwässer von geringerer Bedeutung. Sie sind jedoch im Produktionsbereich getrennt abzuleiten. Das ist extreme wichtig, wenn das Industrieabwasser zur Wasserrückgewinnung als nachhaltige Lösung mitberücksichtigt wird.

Weil die Konzentration und die Frachten der Industrieabwässer der Kartoffelveredelungsindustrie sehr starke Schwankungen aufweisen, wird bei der Planung von Kläranlagen die Durchführung eines zweckmäßigen Messprogramms vorgeschlagen. Wenn möglich, sollte das Messprogramm die Belastungsverhältnisse des Industrieabwassers im Herbst wie auch die im Frühjahr erfassen.

4.4.3.2 Menge und Belastung des Industrieabwassers

Das Industrieabwasser der Kartoffelveredelungsindustrie fällt bei der Vorbehandlung der Kartoffeln (Waschen, Schälen und Nachputzen) und bei der Verarbeitung der vorbehandelten Kartoffeln (Schneiden, Sortieren, Waschen, Blanchieren und Braten) an. Der Abwasseranfall hängt vom Ausmaß der Wiederverwertung der Frischwasserzusatzes ab und schwankt je nach angesetzter Verarbeitungstechnologie, Erzeugnisstruktur, Frischwassereinsatzkonzept und vor-Ort-spezifischer Betriebseinstellungen sehr stark.

Die Qualität des Industrieabwassers hängt maßgeblich von der Kartoffelsorte, den Grundbedingungen bei Wachstum und Lagerung und der Behandlungsweise der Kartoffeln ab. Das Industrieabwasser enthält: (a) anorganische und organische ungelöste Stoffe und (b) anorganische und organische gelöschte und kolloidal gebundene Stoffe. Es kann auch Spuren von Pflanzenschutzmitteln im µg/l-Bereich aufweisen.

In den Tabellen 1 und 2 werden spezifischen Abwassermengen, Konzentrationen und Frachten der Kartoffelveredelungsindustrie nach DWA-M 753 dargestellt.

Tabelle 1: Spezifische Abwassermengen und Konzentrationen in der Kartoffelveredelungsindustrie

Verfahrensstufe	spez. Abwasseranfall (m^3/t)	BSB_5 (mg/l)	N (mg/l)
Schwemmen/Waschen	0,3 – 0,5	0 – 1,5	–
Schälen			
mechanische Verfahren Dampfschälen	0,8 – 1,5 0,2 – 0,3	2,9 – 13	0,9
Schneiden/Sortieren/ Waschen	< 0,1	–	–
Blanchieren	0,05 – 0,15	12 – 18	1,05
Dampfkochen	0,15 – 0,25	6 – 8	–

Tabelle 2: Spezifische Abwassermengen und Frachten in der Kartoffelveredelungsindustrie

Verfahrensstufe	spez. Abwasseranfall (m^3/t)	abs. Stoffe (kg/t)	CSB (kg/t)	BSB_5 (kg/t)	N (kg/t)	P (kg/t)
Nassklobteigherstellung	0,8 – 1,3	3 – 5	7,0 – 12,0	1,5 – 2,8	300 – 500	40 – 70
Trockenprodukte	2 – 3	–	22 – 27	12,9 – 18	700 – 800 (N_{org})	190 – 230
Pommes frites	–	–	14 – 41	5,2 – 21,6	400 – 1.300	450 – 1.250
Kartoffelchips	3,9	–	18 – 54	20	200 – 2.400	10 – 250

4.4.3.3 Innerbetriebliche Vermeidungsmaßnahmen

Die Verringerung/Vermeidung von Abwasseranfall und -belastung kann durch folgende Maßnahmen erreicht werden:

- frühe Aussortierung der bereits beschädigten und verdorbenen Kartoffeln,
- weitgehende Kreislaufführung der Schwemm- und Vorwaschwässer,
- Einsatz von wassersparenden Schälverfahren,
- Wertstoffgewinnung bei getrennter Erfassung der Schäl-, Schneid- und Waschwässer,
- Einsatz von Trockenschälverfahren anstatt Waschmaschinen,
- Einsatz von Dampfblancheuren statt von Wasserblancheuren,
- Verwendung von Hochdruck-, Dampfreinigungsprozessen,
- Kreislaufführung und Weiterverwendung des Kühlwassers oder getrennte Ableitung des unverschmutzten Kühlwassers,
- genaue Dosierung von Reinigungs- und Desinfektionsmitteln während des betrieblichen Reinigungsregimes,
- Minimierung der Kontaktzeiten zwischen dem Kartoffelmaterial und den Prozesswässern. Bei längeren Kontaktzeiten erhöht sich die BSB_5-Konzentration im Prozesswässern erheblich.

4.4.4 Abwasserreinigung

Die meisten Betriebe der Kartoffelveredelungsindustrie in Deutschland sind Indirekteinleiter. Gemäß DWA-M 753 sind derzeit nur sechs Betriebe als Direkteinleiter zu verzeichnen. Die Mindestanforderungen an die Direkteinleitungsstelle werden in Anhang 8 der Abwasserverordnung (AbwV) definiert und im Einzelfall durch die gewässerbezogenen Auflagen bestimmt.

4.4.4.1 Abwasservorbehandlung

Eine Abwasservorbehandlungsanlage ist notwendig, um einen störungsfreien Betrieb des Entwässerungssystems und der Abwasserreinigungsanlage zu gewährleisten. Folgende mechanische und/oder physikalisch-chemische Verfahren werden eingesetzt:

- Sandfänge und Grob- und Feinrechen,
- Sedimentationsbecken: 30 bis 60 % Reduzierung des BSB_5,
- Fettabscheider,
- Druckentspannungsflotationsanlagen mit Flockungshilfs- und Fällmitteln: 20 bis 60 % Reduzierung des CSBs,
- Dekanter, Zentrifugen, Hydrozyklonen und Separatoren.

Das mechanisch und/oder physikalisch-chemisch vorbehandelte Abwasser ist stark fäulnisfähig, hat ein hohes Geruchspotenzial und kann aufgrund des abgesenkten pH-Werts Säureschäden an Bauwerken verursachen.

Ein Misch- und Ausgleichsbecken (MAB) ist aufgrund der stark schwankenden organischen Belastungen des Abwassers im Tages- und Wochenverlauf besonders notwendig. Das MAB dient der Vergleichmäßigung des Abwasseranfalls und der pH-Wert-Schwankungen sowie dem Konzentrationsausgleich der Abwasserinhaltstoffe. Um Geruchsemissionen zu vermeiden, wird das MAB belüftet. Eine BSB_5-Abbaurate zwischen 35 und 50% kann so erreicht werden.

Vor der Einleitung des mechanisch vorbehandelten Abwassers in eine kommunalen Kanalisation wird oft eine weitergehende biologische Teilreinigung eingesetzt. Folgende Verfahren sind im Einsatz:

- Belebungsverfahren,
- Tropfkörper mit Kunststoff-Füllelementen,
- anaerobe Verfahren.

In den letzten Jahren wurden weltweit verstärkt über 50 anaeroben Vorbehandlungsanlagen in der Kartoffelveredelungsindustrie errichtet. UASB-Reaktoren (upflow anaerobic sludge blanket) mit einer CSB-Raumbelastung von ca. 7 – 10 kg/m^3 d sind am häufigsten eingesetzt. IC- (internal circulation) und EGSB- (expanded granular sludge blanket) Reaktoren mit einer CSB-Raumbelastung von ca.

15 – 30 kg/m³ d wurden auch installiert.[1] Maßgeblich für die Betriebssicherheit dieser Schlammbettreaktoren ist die Begrenzung der Konzentration der abfiltrierbaren Stoffe und die Gewährleistung eines weitestgehend konstanten und neutralen pH-Werts im Zulauf des Reaktors. Beim Einsatz von Schlammbettreaktoren ist neben einem Vorversäuerungsreaktor mit einer Aufenthaltszeit von ca. neun Stunden eine Fettabscheidung bei fetthaltigem Abwasser erforderlich. Der Wirkungsgrad der Schlammbettreaktoren beträgt, bezogen auf den CSB der homogenisierten Probe, ca. 80 bis 90 %.

4.4.4.2 Biologische Vollreinigung

Das Abwasser der Kartoffelveredelungsindustrie ist grundsätzlich gut abbaubar. Folgende Schwierigkeiten / Herausforderungen müssen berücksichtig werden:

- stark schwankenden Belastungen des Industrieabwassers,
- einseitige Zusammensetzung des Industrieabwassers,
- unausgewogener mineralischer Nährstoffgehalt des Industrieabwassers,
- Schaumpotenzial,
- Geruchspotenzial,
- Blähschlammbildung.

In Deutschland werden bei der Kartoffelveredelungsindustrie folgende Verfahren zur biologischen Vollreinigung eingesetzt:

- kleinräumige aerob biologische Verfahren unter Schwachlastbedingungen,
- einstufige volldurchmischte Belebungsanlagen,
- einstufige längsdurchflossene Belebungsanlagen,
- Belebungskaskaden,
- Tropfkörper kombiniert mit Belebungsstufe,
- großräumige aerobe biologische Verfahren,
- kombinierte Anaerob-Aerob-Verfahren.

Bei einstufigen Belebungsanlagen wie zum Beispiel SBR-Anlagen soll die BSB_5-Schlammbelastung von 0,1 kg/kg d und die BSB_5-Raumbelastung von 0,6 kg/m³ d nicht übersteigen werden. Ein Wirkungsgrad zwischen 83 und 98 % bezogen auf den CSB ist zu erwarten. Eine gemeinsame aerobe Schlammstabilisierung ist nur erreichbar, wenn die BSB_5-Schlammbelastung im Bereich von 0,05 kg/kg d gehalten wird. Bei höheren BSB_5-Schlambelastungen als 0,1 kg/

[1] IC und EGSB bezeichnen im Prinzip die gleiche Technologie, basieren aber auf zwei verschiedenen Patenten. IC gehört zur PAQUES und EGSB zur Veolia.

kg d besteht die Gefahr der Blähschlammbildung. Das Problem kann durch Anwendung von Selektoren oder durch den Einsatz von anaerob-aerob Verfahrenskombinationen verhindert werden. Grundsätzlich wird empfohlen aufgrund der Blähschlammproblematik die Nachklärung großzugig zu bemessen und mit Sicherheitszuschlägen zu versehen.

Das kombinierte Anaerob-Aerob Verfahren ist das meisteingesetzte Verfahren für die biologische Vollreinigung des Industrieabwassers in der Kartoffelveredelungsindustrie. Eine vorgeschaltete Anaerobstufe kann reduzierte Kosten (Investitionen, Grunderwerbs-, Betriebskosten) nachweisen, vor allem dann, wenn das produzierte Biogas in den Energiekreislauf des Betriebes eingespeist werden kann. 7 bis 10 % des täglichen Gasbedarfs kann so mit Biogas gedeckt werden. Andere wichtige Vorteile der vorgeschalteten Anaerobstufe sind der geringere Schlammanfall und die geringere Gefahr der Blähschlammbildung. Dabei ist auch zu beachten, dass für eine erforderliche nachfolgende biologische Nitrifikation/Denitrifikation für die Denitrifikation ein CSB/N-Verhältnis von mindesten 5 : 1 benötigt wird.

4.4.5 Wasserrecycling

In Ländern wie z. B. Australien und USA mit knappem Wasserangebot setzen Betriebe der Lebensmittel- und Getränkeindustrie häufiger auf Wasserrecycling.

Zwei Beispiele einer Wasserrückgewinnungsanlage in der Kartoffelveredelungsindustrie sind:

- die PepsiCo Frito-Lay-Anlage in Casa Grande Arizona in USA und
- die PepsiCo TSSC (The Smiths Snackfood Company) -Anlage in Tingalpa, Queensland in Australien.

Die Wasserrückgewinnungsanlage in USA ist im Mai 2010 in Betrieb gegangen und besteht aus: (a) Siebung, (b) Sedimentation, (c) Membranbioreaktor (MBR), (d) Aktivkohlefilter, (e) UV-Strahlungsanlage, (f) Umkehr-Osmose-Filtration (UO), (g) Dosierungsanlage von Natriumbisulfit zur Wasserstabilisierung und (h) Chlor-Behandlung zu desinfizieren. Die Anlage behandelt täglich ca. 2.500 m^3/d, 75 % davon werden als Prozesswasser genutzt und 25 % werden in die kommunale Kanalisation eingeleitet.

Die Wasserwiederverwertungsanlage in Australien ist 2012 im Betrieb gegangen, behandelt ca. 1.300 m^3/d Abwasser und besteht aus: (a) Siebung, (b) Sedimentation, (c) Hydrozyklonen, (d) MAB, (e) Druckentspannungsflotationsanlage, (f) Vorvesäuerungsanlage, (g) IC-Reaktor, (h) MBBR, (i) Druckentspannungsflotationsanlage, (j) Mikrofiltration, (k) UO-Filtration, (l) UV-Strahlungsanlage, und (m)

Dosierungsanlage von Natriumbisulfit zur Wasserstabilisierung. Die Anlage hat den täglichen Frischwasserbedarf bei 70 % reduziert.

Literatur

BLE (2017): Bericht zur Markt- und Versorgungslage Kartoffeln. Bundesanstalt für Landwirtschaft und Ernährung, Anstalt des öffentlichen Rechts.

Weiterführende Literatur

Athanasiadis, K.; Hertle, C.; Angliss, P.; Van Driel, E. (2009): The role of anaerobic treatment in water recycling for food industry – The Smiths Snackfood Case Study. Proceedings of Water & Industry 2009 Conference; Massey University, Palmerston North, New Zealand.

ATV (2005): Abwässer der Kartoffelveredelungsindustrie. ATV-Regelwerk Abwasser, Merkblatt M 753.

Austerman-Haun, U.; Mayer, H.; Seyfried, C. F.; Rosenwinkel, K. H. (1999): Full scale experiences with anaerobic/aerobic treatment plants in the food and beverage industry. Water Science & Technology 40 (1), pp. 305 – 325.

Chiang, B. H.; Pan, W. D. (o. D.): Ultrafiltration and Reverse Osmosis of the wastewater from sweet potato starch process. Food Science, 51 (4), pp. 971 – 974.

Hans Böckler Stiftung (2017): Branchenanalyse Obst-, Gemüse- und Kartoffelverarbeitende Industrie. Stuttgart.

Heiss, R. (Hrsg.) (2003): Lebensmitteltechnologie. Biotechnologische, Chemische, Mechanische und Thermische Verfahren der Lebensmittelverarbeitung. 6. Aufl., Springer Verlag Berlin, Heidelberg.

Hung, Y. T.; Priebe, B. D. (1981): Biological activated carbon process for treatment of potato processing wastewater for In-Plant Reuse, Report No. 81-10-EES-01. Engineering Experimental Station, University of North Dakota: Grand Forks, North Dakota, USA.

Weiterbildendes Studium Wasser und Umwelt (2013): Industrieabwasserbehandlung: Rechtliche Grundlagen, Verfahrenstechnik, Abwasserbehandlung ausgewählter Industriebranchen, Produktionsintegrierte Umweltschutz. Bauhaus Universität Weimar.

Zoutberg, G. R.; Eker, Z. (1999): Anaerobic treatment of potato processing wastewater. Water Science & Technology 40 (1), pp. 297 – 304.

4.5 Gewinnung und Verarbeitung von Speisefetten und -ölen

Holger Mlasko

4.5.1 Allgemeines

Fette und fette Öle sind neben Kohlenhydraten und Proteinen die wichtigsten Bestandteile aller Lebewesen. Als „Naturfette“ sind es Stoffgemische aus überwiegend Glyceriden und Fettbegleitstoffen, z. B. freien Fettsäuren, Phospholipiden, Sterinen, Kohlenwasserstoffen, Wachsen und Vitaminen [Thomas 1976].

Je nach Löslichkeit werden andere Stoffwechselprodukte im Fett in Spuren eingelagert [Kroll 1977].

Sind die Naturfette bei Zimmertemperatur flüssig, nennt man sie Öle (s. auch [Krause 1985]).

Die Dichte liegt etwa bei 0,9 bis 0,95 kg/l. Je höher der Anteil an langkettigen Fettsäuren im Fett ist, umso geringer sind Flüchtigkeit (Geruch) und Wasserlöslichkeit, umso höher sind Schmelz- und Siedepunkt bei gleichem Sättigungsgrad der Fettsäuren. Nur Fettsäuren bis zu 4 C-Atomen (Ameisensäure bis Buttersäure) sind im Wasser beliebig löslich.

Fette liegen in Wasser meist in großen Tröpfchen oder in Partikelform vor, können aber auch emulgieren (sind dann meist eine Öl-in-Wasser-Emulsion) oder im basischen bis neutralen Medium, z. B. in Reaktion mit den Wasserhärtebildnern, verseifen.

Der spezifische Nahrungsfettverbrauch (Fettreingewicht) je Einwohner betrug 2016 ca. 19,0 kg/E · a [BLE 2017]).

An Speiseölraffinat wurden hergestellt: 2016 ca. 4,8 Mio. t/a, [OVID 2016]; die wichtigsten Rohstoffe sind:

- pflanzlicher Ursprung:
  Samenfette: Soja (0,6 Mio. t), Raps (4 Mio. t),
- tierischer Ursprung:
  Landtiere (Talg und Schmalz), Seetiere (Fischöl).

Ziel der Produktion ist die möglichst vollständige Umsetzung der Rohware in die Produkte rohes Pflanzenöl, Schrot und Lecithin. Die gewonnenen rohen Pflanzenöle werden zur Hälfte für energetische Zwecke und zur Hälfte für Ernährungs-, Futter- und sonstige technische Zwecke in entsprechenden Produktionsanlagen raffiniert und veredelt. Die Schrote werden unter Beachtung futtermittelrechtlicher Vorschriften als hochwertige Komponenten (z. B. Eiweiß, Fett, Rohfaser) in der Futtermittelherstellung und als Einzelfuttermittel eingesetzt. Das Rohlecithin kann wie das rohe Pflanzenöl der Veredelung zugeführt werden.

Von den ca. 40 speisefettverarbeitenden Betrieben in Deutschland sind ca. 95 % Indirekteinleiter. Drei der Speisefett- und -ölraffinerien sind Direkteinleiter (Stand 2018).

4.5.2 Verfahren zur Gewinnung, Raffination und Verarbeitung von Speisefetten und -ölen

In der Bundesrepublik Deutschland sind nur die technologischen Verfahren zur Verarbeitung der Ölsaaten und der Gewinnung von Schlachttierfetten von Bedeutung.

Die Gewinnung von Öl aus Ölsaaten erfolgt in den Stufen:

- **Vorbereitung der Saaten:**
  Grobreinigung, Feinreinigung, Schälen (enthülsen bzw. schälen), Zerkleinern, Konditionieren.
- **Ölgewinnung**:
  Pressen, Extrahieren.

Das bei Pressen anfallende Öl wird gefiltert. Die Pressrückstände (Ölanteil im Presskuchen 12 – 25 %) werden extrahiert. Die Extraktion erfolgt mit Ölmühlenhexan, einem Gemisch mit einem n-Hexananteil von 40 – 60 %.

Bei der Extraktion fällt das Öl als sogenannte Miscella, einer Mischung aus Hexan und Öl, sowie als das hexanfeuchte Extraktionsschrot an.

Das hexanfeuchte Schrot (ca. 35 % Hexan) wird mittels Direktdampf entbenziniert und getoastet. Die Toastung erfolgt mit indirektem Dampf und soll Eiweißreaktionen im Schrot stoppen.

Durch diese Behandlung weist das Schrot eine Feuchte von ca. 20 % auf. Mit vorgewärmter Luft und anschließender Kühlung erhält das Schrot eine Feuchte von etwa 13 % bei ca. 25 °C. Dadurch wird das Schrot lager- und transportfähig. Es dient als Futtermittel.

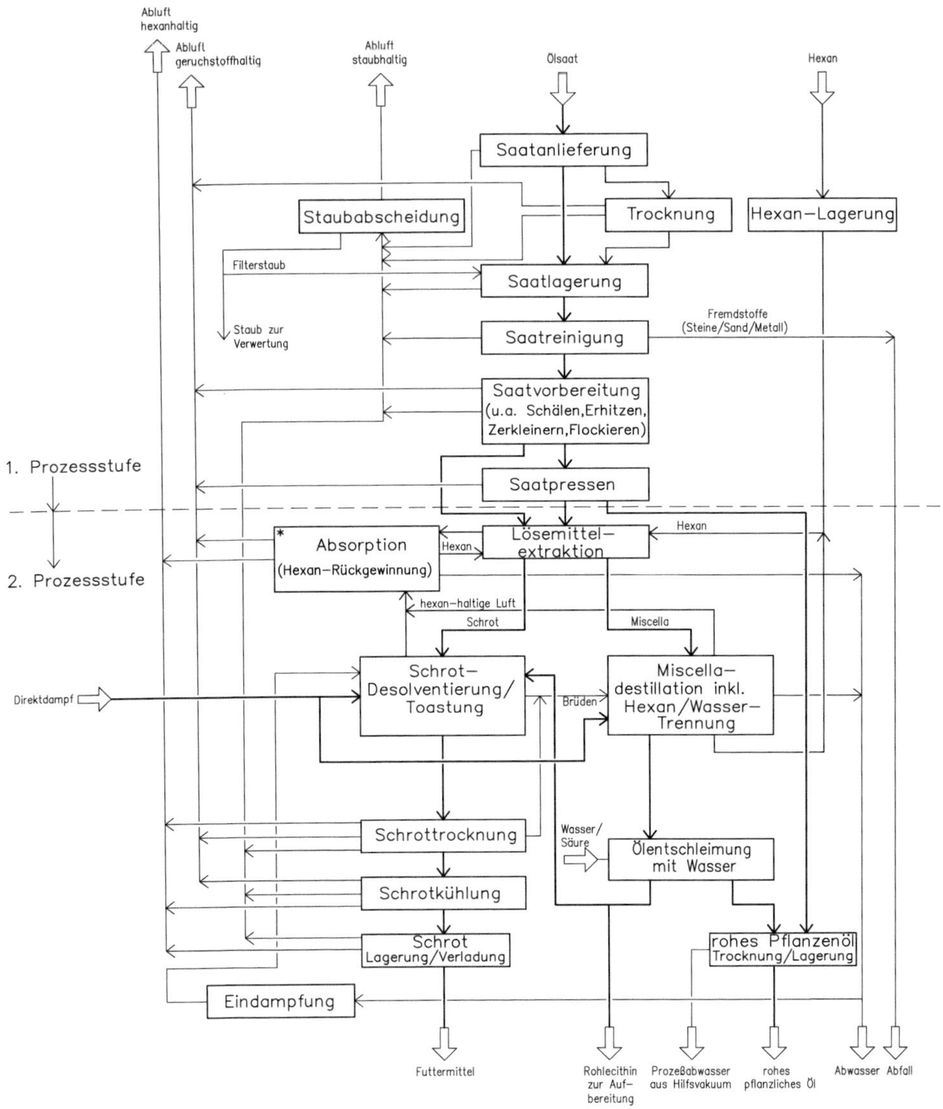

Bild 1: Überblick der Gewinnung von Samenfetten (nach [VDI 2592 2010]).

Die Miscella (etwa 10 bis 30 % Ölanteil in Hexan, sowie Spuren von Wasser) wird zur Hexanrückgewinnung abdestilliert. Dabei verdampfen Hexan und Wasser.

Das gewonnene Rohöl wird gekühlt. Die Brüden werden indirekt kondensiert, wonach das Hexan in Benzinabscheidern vom Schmutzwasser getrennt und Resthexan durch Auskochen dieses Wassers abdestilliert wird. Hexanhaltige Abluft der Hexanbrüden-Kondensatoren wird mit medizinischen Weißölen gereinigt.

Im Unterschied zur Pflanzenfettgewinnung ist die Gewinnung tierischer Fette prozesstechnisch relativ einfach, weil das tierische Fett im Gewebe nur durch die Zellmembran und nicht zusätzlich durch ein Stützgewebe getragen wird. Durch Erhitzen werden die Membranen aufgesprengt und das Fett wird freigelegt.

Im technischen Prozess wird das Fettgewebe zunächst zerkleinert, thermisch aufgeschlossen und dann durch Zentrifugieren von Wasser und Grieben getrennt.

Beim thermischen Aufschluss unterscheidet man:

- **Naßschmelzverfahren**
  Das Fettgewebe wird bei ca. 90 °C mit Direktdampf aufgeschlossen. Zentrifugen trennen Fett von Grieben und anderen Stoffen. In der Wasserphase des Zentrifugationsprozesses treten relativ hohe Schmutzbelastungen auf.
- **Trockenschmelzverfahren**
  Die Rohware wird indirekt beheizt, es wird weitgehend in geschlossenen Apparaten gearbeitet. Es treten nur minimale Abluft- und Abwasseremissionen auf. Dieser Prozess wird bevorzugt.

Nur wenige Rohöle sind ohne Weiterbehandlung genussfähig. Alle anderen werden einem Raffinationsprozess unterzogen. Es wird zwischen physikalischer und chemischer Raffination unterschieden. Der konventionelle Raffinationsprozess (chemische Raffination) für Speisefette und -öle ist in Bild 2 schematisch dargestellt.

Dieser Prozess ist gekennzeichnet durch die nasschemische Entschleimung und Entsäuerung des Rohöls. Bei der Entschleimung werden Phospholipide, Schleim- und Trübstoffe aus dem Rohöl entfernt. Die Entsäuerung (Neutralisation) hat die Abtrennung der freien Fettsäuren zum Ziel.

Neben dem Neutralöl fallen hierbei verwertbarer Phosphatidschlamm (Rohlecithin) und Seifen an. Aus den Seifen werden durch Spaltung im Sauren Milieu bei ca. 90 °C Raffinationsfettsäuren zurückgewonnen. Dabei entsteht Sauerwasser.

Das Neutralöl wird mit Bleicherde adsorptiv behandelt und anschließend einer Schleppdestillation (Desodorierung) unterzogen – der Dämpfung.

4

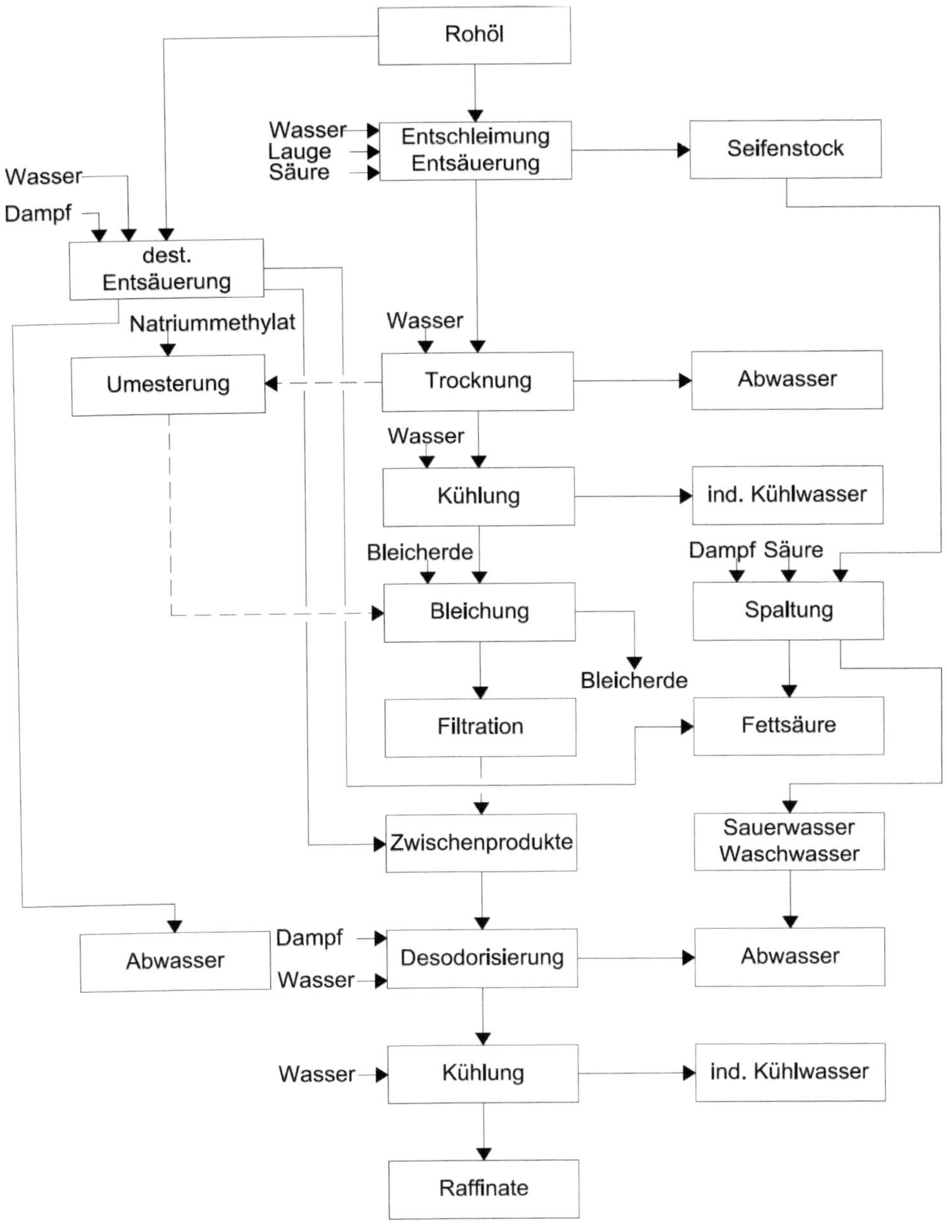

Bild 2: Speisefett-Raffination

Unter Vakuum (3 bis 5 mbar) werden mit Direktdampf bei 180 bis 270 °C Fettbegleitstoffe gestrippt.

Das so gewonnene Raffinat wird entweder als flüssiges Speiseöl verwendet oder der Margarineherstellung zugeführt. Durch Härtung und Umesterung können weitere Spezialprodukte erzeugt werden.

Bei der Dämpfung anfallende Brüden werden in der Regel mittels Dampfstrahlpumpen verdichtet und gemeinsam mit dem Treibdampf der Pumpen in barometrischen Kondensatoren direkt kondensiert. Dabei entsteht das Fallwasser.

Die konventionellen, nasschemischen Raffinationsmethoden weisen relativ hohe Verluste an Fett aus, ob durch die Adsorption bei der Entschleimung, die Emulsions- und Adsorptionseffekte bei der Entsäuerung oder die mikrobiellen und autoxidativen Einflüsse während der Zwischenlagerung und auf den Transportwegen.

Physikalische Raffination von Pflanzenölen

Die physikalische Raffination bezieht sich auf die folgende Prozesssequenz: Bleichen (optional mit Säure und/oder Wasservorbehandlung vor Zugabe der Bleicherde) und Desodorierung bei hoher Temperatur. „Physikalisch“ bei der physikalischen Raffination bezieht sich auf den Desodorierungsschritt, währenddessen die FFA (Free Fatty Acids; freie Fettsäuren) durch physikalische Destillation bei hoher Temperatur im Tiefvakuum reduziert werden.

Das Öl wird unter Vakuumbedingungen mit 0,1 bis 3 % Bleicherde gemischt. Bleicherde ist ein Tonmineral, Hauptbestandteil dabei ist Montmorillonit. Diese Erden, manchmal gemischt mit kleinen Mengen von Aktivkohle, haben eine sehr hohe Adsorptionskapazität.

Nach dem Bleichen für 30 oder 90 Minuten wird das Öl mit Filtern aus der Bleicherde getrennt. Die verbrauchte Bleicherde enthält hohe Mengen an Öl, bis zu 30 %.

Mittels Dampfstrippverfahren kann ein Teil des Öls zurückgewonnen werden. Das gebleichte Öl wird in nachfolgenden Prozessen in der Raffinerie weiter behandelt.

Die verbrauchte Bleicherde kann bei integrierten Anlagen auf das Schrot aufgegeben werden, wenn sie kein Nickel und/oder keine Aktivkohle enthält. Sonst hat sie einen hohen kalorischen Wert, und wird z. B. zur Herstellung von Biogas eingesetzt.

Es ist möglich, die gesamte in dem Öl vorhandene FFA in einem Desodorierer durch Destillation zu entfernen. Eine physikalische Vorbehandlung kann durchgeführt werden, um einen niedrigen Phospholipidgehalt durch Entschleimung und Verwendung von Bleicherde zu erreichen. FFA kann dann unter Verwendung von Dampf aus dem physikalisch vorbehandelten Öl unter Vakuum bei Temperaturen von etwa 250 °C abgezogen werden.

Vorherige Neutralisierungsprozesse können entfallen, da Neutralisation und Desodorierung kombiniert und kontinuierlich in ein- oder mehrstufigen Anlagen mit integrierten Wärmetauschern und Strippdampf durchgeführt werden.

Ein nachgeschalteter Wäscher wird eingesetzt, um den größten Teil des Fettes aus den Dämpfen als wasserfreies Produkt zu kondensieren.

Die Verarbeitung von Speisefetten und -ölen zu Margarine ist in Bild 3 dargestellt.

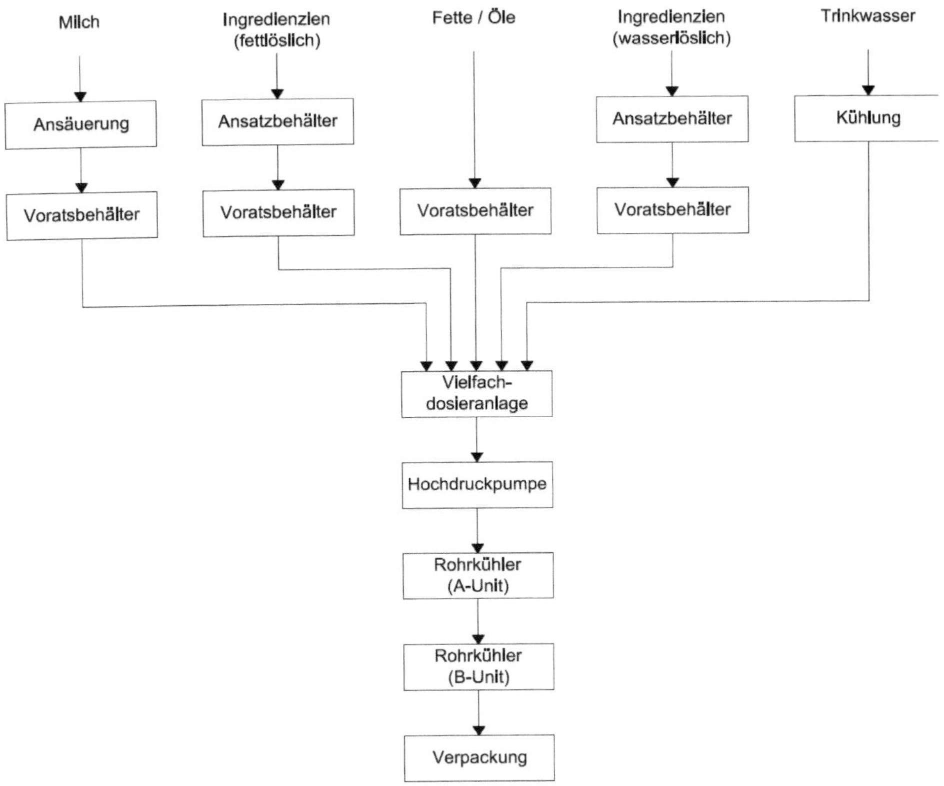

Bild 3: Fließschema der Margarineherstellung

Die Margarine besteht zu etwa 80 % aus Fett und zu 20 % aus Wasser einschließlich Mineralstoffe, Protein, Milchzucker und sonstiger Zusätze.

Der Fettanteil kann sowohl pflanzlicher als auch tierischer Herkunft sein; die Herstellung der Margarine besteht in der Bereitung einer Emulsion vom Typ Wasser in Öl und dem Kristallisationsprozess, der durch Kühlung eingeleitet wird. Die verschiedenen Grund- und Hilfsstoffe werden zunächst in Lösung gebracht und können dann über Dosieranlage, Homogenisier- und Hochdruckpumpe direkt in den Rohrkühler geleitet werden. Nach dem Verlassen der Rohrkühler (A-Unit) wird die Emulsion in ein Ruherohr (B-Unit) eingeleitet. Aus diesem tritt die fertige Margarine in abpackfähiger Form aus und gelangt in die Abpackmaschine.

4.5.3 Abwasseranfall

Bei der Wassermengenbilanz eines Werkes sind u. a. die Abwässer aus Dampferzeugungs- und Wasseraufbereitungsanlagen, sowie die aus dem Sanitärbereich getrennt zu berücksichtigen.

4.5.3.1 Abwasseranfall bei der Rohölgewinnung

Saatenverarbeitung

Der Abwasserabfall, hauptsächlich aus der Hexan-/Wasser-Trennung, beträgt 0,2 bis 0,5 m^3/t Ölsaaten.

Bei der Extraktion von Öl aus Ölsaaten mit Hexan wird Kühlwasser in einer Menge von 0,2 bis 14 m^3/t Ölsaat benötigt.

Talg- und Fettschmelzen

- **Naßschmelzverfahren**:
  Etwa 0,35 m^3/t Einsatzprodukt fallen bei der Zentrifugation des Fett/Wasser Gemisches als Leim- und Schießwasser an.
- **Trockenschmelzverfahren**:
  Bei diesem Verfahren kommt Wasser mit dem Produkt nicht in Berührung, es fällt also kein Abwasser an. Das verdampfte Gewebewasser wird durch indirekten Wärmetausch kondensiert. Wassermengen aus der Reinigung sind wegen der möglichen großen Schwankungsbreite nicht einbezogen.

4.5.3.2 Abwasseranfall bei der Raffination

Anfall und Beschaffenheit des Abwassers hängen entscheidend ab von den Eigenschaften des zur Verfügung stehenden Frischwassers, von der Prozessführung, von Art und Qualität der eingesetzten Rohwaren und von der Häufigkeit des Sortenwechsels.

Abwasser entsteht im Wesentlichen bei der Nassentsäuerung/Seifenspaltung sowie bei der direkten Kondensation der Dämpfungsbrüden.

Bei Verwendung der modernen Raffinationsverfahren entstehen in Anlagen mit Kreislauf < 1 m^3/t Abwasser bezogen auf Einsatzprodukt.

Der Kühlwasserverbrauch liegt zwischen 2 und 5 m^3/t Produkt.

Die Angaben gelten für die gesamte Abwasserproduktion eines Werkes inkl. geringer Mengen z. B. aus der Reinigung von Tanks. In ihnen sind etwa 0,3 bis 0,5 m^3/t Sauerwasser enthalten.

4.5.3.3 Abwasseranfall bei der Margarineherstellung

Die Spül- und Reinigungswassermenge beträgt ca. 1 – 3 m^3/t Fertigprodukt. Die Menge hängt vom verwendeten Reinigungssystem ab.

Als indirekte Kühlwassermengen fallen mit Kreislaufführung 1 – 4 m^3/t Fertigprodukt an.

4.5.4 Abwasserinhaltsstoffe und -schmutzfrachten

4.5.4.1 Abwasser aus der Rohölgewinnung

Saatenverarbeitung

In der Regel ergibt sich die folgende Abwasserqualität: absetzbare Stoffe: < 1 ml/l (0,5 h)

Streubreite der Messwerte:

	Raps	Sonnenblumen	Sojabohnen
CSB [mg/l]	900 – 1900	300 – 1000	700 – 800

Talg und Fettschmelzen

Die Verschmutzung des Abwassers hängt von der Art des Aufschlusses des Rohmaterials, des verwendeten Verfahrens zur Reinigung der Produktionsanlage und von der Art der Lagerung ab.

Die Abwasserqualität kann extrem schwanken:

absetzbare Stoffe	< 1 ml/l (nach 0,5 h Absetzzeit)
CSB	5.000 – 10.000 mg/l
Temperatur	30 – 35 °C (nach Kühlung)
pH-Wert	6 – 7
schwerflüchtige lipophile Stoffe (aufrahmbar)	< 100 mg/l (der Anteil der emulgierten Fette kann wesentlich höher sein)

4.5.4.2 Abwasser aus der Raffination

Wenn nach einer konventionellen nasschemischen Raffination statische Absetzweinrichtungen für Leicht- und Sinkstoffe (z. B. [DIN 4040]) angewendet werden, hat das Gesamtabwasser aus der Raffinerie in der Regel die folgende Beschaffenheit:

absetzbare Stoffe	< 1 ml/l (nach 0,5 h Absetzzeit)
CSB/BSB_5	1,5 – 2
Temperatur	< 35 °C
pH-Wert	5 – 9

Tabelle 1: Charakteristische Werte für Abwasser aus der Raffination

	Spezifischer Abwasseranfall m³/t Einsatzprodukt	CSB mg/t **)	Sulfat *) mg/t
Sauerwasser und sonstige stark verunreinigte Teilströme	0,5 – 2	4.000 – 11.000	4.000 – 20.000
Fallwasser mit Kreislaufführung (pH-Wert: neutral)	1 – 1,5	2.000 – 4.000	n.n.
physikalische Raffination	0,1 – 0,5	3.500 – 7.500	n.n.

*) bei Spaltung der Seifen mit Schwefelsäure

**) bezieht sich auf die Tonne Einsatzprodukt (hier Rohöl)

4.5.4.3 Abwasser aus der Margarineherstellung

Kühlwasser (indirekt)

Das ablaufende Kühlwasser enthält keine produktspezifischen Verunreinigungen; es kann in der Regel unter Beachtung der wasserrechtlichen Bestimmungen direkt in die Vorfluter eingeleitet werden.

Spül- und Reinigungswasser

Zu Beginn der neuen Produktionsphase werden Geräte und Rohrleitungen gereinigt, desinfiziert und mit Frischwasser gespült. Evtl. müssen Reinigungsmittelrückstände passiviert werden.

Nach Beendigung der Produktion oder vor Umstellung auf andere Produkte wird im Allgemeinen bei allen in Frage kommenden Tanks, Verarbeitungsmaschinen, Rohrleitungen und angeschlossenen Förderaggregaten, die mit dem Produkt in Berührung kommen, eine Heißwasserspülung durchgeführt. Das Spülwasser gelangt dann in spezielle Dekantiertanks, in denen die Produktreste weitgehend zurückgewonnen werden.

Charakteristische Parameter nach Fettabscheider sind:

CSB	1.000 – 2.000 mg/l
CSB:BSB_5-Verhältnis	1,5 – 2,0
schwerflüchtige lipophile Stoffe (als verseifbare Speisefette und -öle)	50 – 350 mg/l
Temperatur	< 35 °C
pH-Wert	5 – 9

Die Fette und Öle sind z. T. durch Alkalien verseift. Andererseits entstehen durch die eingesetzten Tenside Öl-in-Wasser-Emulsionen. Die kurzkettigen Fettsäuren sind im Wasser gelöst.

4.5.5 Innerbetriebliche Maßnahmen

Hier werden nur die verfahrenstechnischen Möglichkeiten betrachtet. Ausgangspunkt ist die konventionelle Verfahrenstechnik der Gewinnung und Veredelung der Speisefette und -öle.

Möglichkeiten zur Beeinflussung der Rohöle sind beispielsweise:

- Züchtung von Ölsaaten mit einem geringeren Anteil an Schleimstoffen und freien Fettsäuren (Entlastung der Raffinationsschritte: Entschleimung und Entsäuerung),
- Umzüchtung von Ölsaaten mit hohen Anteilen an unerwünschten Fettsäuren,
- Verarbeitung besonders gegen enzymatische und mikrobielle Zersetzung empfindlicher Rohwaren möglichst am Herstellungsort; z. B. wird Kopra mehr und mehr im Anbauland verarbeitet.

In der Saatenverarbeitung gibt es folgende Ansatzmöglichkeiten:

- Primärkreislaufsysteme können durch verbesserte physikalische Systeme (Zyklone, Zentrifugen, Nebelabscheider) weitgehend von Partikelverunreinigungen befreit werden,

- Messen/Regeln von Druck, Temperatur und Füllständen in der Öltrocknung und Anordnung von Schaumzerstörern sorgen für geringere Abwasserbelastung,
- Wertstoffrückgewinnung aus dem Abwasser der Lecithinverarbeitung.

In Talg- und Fettschmelzen hängt der Grad der Abwasserverunreinigung sehr vom Frischegrad der Rohware ab. Prinzipiell ist die Ultrafiltration geeignet, den Eiweiß- und Fettgehalt von Leimwasser bei den Nassschmelzen stark zu reduzieren. Das Retentat kann den Grieben wieder zugesetzt werden. Investitions- und Wartungskosten für diese Anlagen sind jedoch sehr hoch. Die Geräte sind empfindlich gegenüber Schwankungen in der Rohleimwasserqualität und erfordern hohe Wartungsqualität.

Das Ziel der Maßnahmen bei der Speisefett-Raffination ist die Abscheidung der unerwünschten Fettbegleitstoffe nicht in die Abwasserphase, sondern in feste Rückstände, die weiterverwendet werden können. Dabei entsteht ein nur geringer Abfall.

Der vollständige Ersatz der nasschemischen Entsäuerung durch z. B. die destillative Entsäuerung wäre in Bezug auf die Minimierung der Abwasserverschmutzung optimal. Die Vorteile des Verfahrens liegen in den geringen Verlusten an Neutralöl (sehr kleiner Fettsäurefaktor), ferner in der Möglichkeit, Entsäuerung und Dämpfung apparativ in einer Einheit unterzubringen und außerdem in der Vermeidung der Bildung von Seifenstock und somit Fortfall der Seifenspaltung.

Wichtig ist, dass die abdestillierten freien Fettsäuren nicht gemeinsam mit den Dampfbrüden kondensiert werden und nicht in das zur Vakuumerzeugung und direkten Kondensation der Brüden eingesetzte barometrische Fallwasser gelangen.

Für die Vakuumerzeugung im Entsäuerungs- und Dämpfungsprozess stehen diverse Lösungen zur Verfügung [Hupe et al. 1989]. Entsprechend den spezifischen Anlagenbedingungen ist das geeignete System zu wählen. Gewähltes Vakuumsystem und die Maßnahme zur Brüdenvorreinigung sind verfahrenstechnisch zu koppeln.

Hierzu zählen alle technischen Einrichtungen, die die „Brüdenfette" der Dämpfung oder destillativen Entsäuerung abscheiden, bevor sie in den Einspritzkondensator gelangen: z. B. Fettsäurewäscher, Solewäscher, Kühlfallen etc.

Durch diese Systeme wird die Verunreinigung des barometrischen Fallwassers mit Rohölbestandteilen weitgehend vermieden.

Im Dämpfungsapparat werden nicht nur Brüden ausgestrippt. Durch das Einblasen von Dampf und Austreten der Gasblasen aus dem Öl werden Öltröpfchen mitgerissen, die sofort mit Nebelscheidern, Zyklonen o. ä. abgeschieden werden müssen.

Bei der Margarine-Herstellung können nur Maßnahmen des verbesserten „Housekeeping" und organisatorische Maßnahmen die Verschmutzung und den Abwasseranfall reduzieren.

4.5.6 Abwasserreinigung

4.5.6.1 Anforderungen

Nachfolgende Angaben sind eine Ergänzung zum Abschnitt 4.5.2. Sie beziehen sich auf die besonderen Bedingungen der speisefettverarbeitenden Industrie.

4.5.6.2 Abwasservorbehandlung

Schwerkraftabscheider

Zunächst ist zu prüfen, ob die DIN 4040-100/DIN EN 1825-1/2 (Abscheideanlagen für Fette) angewendet werden kann. Z. B. bei Ölen, die bereits bei niedrigen Temperaturen aushärten und deren entstehende Partikel große Steiggeschwindigkeiten erreichen, sind diese Normabscheider gut anwendbar. In vielen Fällen ist mit geringeren Steig- bzw. Absetzgeschwindigkeiten der Partikel im Abwasser zu rechnen. Entsprechend größer müssen die Fettabscheider bemessen werden.

In der Regel sind die Abscheider rechteckige Becken, die der Länge nach vom Abwasser durchflossen werden. In der Praxis haben sich die in Tabelle 3 aufgeführten Werte für die Bemessung bewährt.

Ein- und Auslaufvorrichtungen sind so zu gestalten, dass Turbulenzen und Kurzschlussströmungen möglichst gering sind. Um eine einwandfreie Funktion zu gewährleisten, sind große Abscheider mit Oberflächenschlammräumern, im Bedarfsfall auch mit Bodenschlammräumern, auszurüsten.

Hydraulische und thermische Stoßbelastungen, Regen und bei großen Oberflächen Sonneneinstrahlung und Wind können sich störend auswirken.

Sind starke hydraulische Stoßbelastungen nicht zu vermeiden, ist eine Abwassermengenpufferung in Betracht zu ziehen. Ein Mengenpuffer wirkt zwangsläufig, auch wenn er mit Einrichtungen zum Mischen des Mediums ausgerüstet ist,

Tabelle 2: Anforderungen an Abwasser aus der speisefettverarbeitenden Industrie.

Parameter	Einleitung in öffentliche Abwasseranlagen (Richtwerte nach DWA-M 115-2)	Einleitung in Gewässer (Auszug aus Mindestanforderungen Anhang 4. AbwV)	
		Saatenaufbereitung	Speisefett- u. Speiseölraffinerie
Temperatur	35 °C	k. A.	k. A.
pH	6,5 – 10	k. A.	k. A.
absetzbare Stoffe (Stichprobe)	siehe M 115 Bereich 1 – 10 ml/l nach 0,5 Stunden Absetzzeit	k. A.	k. A.
Schwerflüchtige, lipophile Stoffe (u. a. verseifbare Öle und Fette) gesamt	≤ 300 mg/l	k. A.	k. A.
Schwermetalle	n. b.		
Sulfat	≤ 600 mg/l (bis zu 3.000 mg/l, siehe M 115)	n. f.	n. f.
Phosphor, gesamt	50	0,4 g/t	4,5 g/t
Stickstoff, gesamt, als Summe von Ammonium-, Nitrit- und Nitratstickstoff (N_{ges})	200 mg/l (Ammonium + Ammoniak)	30 mg/l	30 mg/l
Stickstoff aus Nitrit (NO_2-N)	10 mg/l	k. A.	k. A.
Pestizide	n. b.		
BSB_5	n. f.	5 g/t *)	38 g/t *)
CSB	n. f.	20 g/t *)	200 g/t *)
spezifische Abwassermenge	n. f.	0,2 m^3/t *)	1,5 m^3/t *)

*) Einsatzprodukt

Tabelle 3: Bemessungsvorschläge für Schwerkraftabscheider

	Einheit	Extraktionsabwasser	Fallwasser	Sauerwasser	Margarineabwasser
Oberflächenbeschickung	qA [$m^3/m^2 \cdot h$]	10 – 14 (wie DIN 4040)	2 – 6	≤ 1	≤ 2
Breite	[m]		< 5	< 5	
Wassertiefe	[m]		ca. 1,5	ca. 1,5	

als Abscheider. Die Oberflächenräumung ist jedoch kompliziert, zumindest aber sehr zeitaufwendig. Deshalb ist dem Pufferbecken sinnvollerweise ein hochbelasteter Schwerkraftabscheider zur Grobreinigung vorzuschalten, während die eigentliche Vorreinigung erst in dem Abscheider, der dem Pufferbecken nachgeschaltet ist, erfolgt.

Parallelplattenabscheider haben sich im Speisefettbereich nicht bewährt. Sie verstopfen zu leicht. Der Wirkungsgrad der Schwerkraftabscheider in Bezug auf das Zurückhalten von Ölen und Fetten liegt wegen der vielen negativen Einflussfaktoren zwischen 40 und 95 %. Bei Ölmühlen mit Extraktion ist es aus Sicherheitsgründen erforderlich, das Schmutzwasser durch einen Hexanabscheider zu leiten.

Maschinelle Abscheider

Die Flotation: Von allen Flotationsverfahren hat sich bisher nur die Druckentspannungsflotation technisch-wirtschaftlich bewährt.

Es hat sich bewährt, der Flotationsanlage eine wie vor beschriebene Schwerkraftabscheidung vorzuschalten.

Im Betrieb von Flotationsanlagen mit Raffinationsabwasser im alkalischen Bereich sind u. U. Vorkehrungen zur Schaumbekämpfung zu treffen.

Flotationsanlagen halten das im Rohabwasser befindliche frei aufrahmbare Fett mit 70 – 99 %igem Wirkungsgrad zurück.

Für Abwasser aus „nur"-Margarinefabriken hat sich die Flotation bisher nicht bewährt, weil im Reinigungswasser kaum partikelförmige, jedoch mehr emulgierte Fettbestandteile enthalten sind.

Oberflächenbeschickung	ca. 6 – 8 g TS/m³
Rezirkulationsmenge	= 35 – 100 % (im Betrieb; je nach Wassertemperatur bis 200 %) ~ 80 % (für die Bemessung mit genügender Reserve)
Betriebsdruck	5 – 7 bar
Leistungsbedarf	0,05 – 0,3 kWh/m³ (je nach Rezirkulation)

Tabelle 4: Bemessungsvorschlag für Druckentspannungsflotation

Zentrifugen

Zentrifugen vom Typ des Tellerplattenseparators haben sich in einigen Fällen bewährt. Sie sind auch in der Lage, eine 3-Phasen-Trennung (Öl, Abwasser, Schlamm) zu erreichen. Nachteile der Zentrifugen sind der hohe Energiebedarf von ca. 2 – 4 kWh/m^3 und der meist hohe Verschleiß infolge von Abrasion durch Bleicherdereste.

Wird Abwasser mit niedrigem pH-Wert behandelt, führen bereits geringe Konzentrationen von Chloridionen zu starker Korrosion.

Siebe, Filter u. a. maschinelle Trenneinrichtungen sind in diesem Einsatzbereich von geringer Bedeutung.

Die Reinigungsleistung der physikalischen Verfahren in Bezug auf BSB_5 und CSB hängt vom Verhältnis der abscheidbaren zu den gelösten Stoffen ab. Je nach Behandlungseinrichtung ist hier mit einer Reinigungsleistung von 20 – 50 % zu rechnen.

Chemische Verfahren

Chemische Verfahren sind immer nur als ergänzende Verfahrensschritte zu der o. g. physikalischen Abwasserreinigung zu sehen. Eine Ausnahme ist die Neutralisation von saurem oder basischem Abwasser.

Durch die chemischen Verfahren werden Seifen und Emulsionen gespalten, Fette und Öle ausgeflockt und dadurch abscheidbar gemacht. Als Spaltmittel kommen u. a. in Frage:

- Säuren,
- Metallsalze,
- Calciumhydroxid.

Durch diese Verfahren können der CSB bis zu 50 %, Fette und Öle insgesamt bis zu 95 %, in der Regel jedoch nicht auf Werte unter 20 mg/l reduziert werden. Fällungsverfahren zur Verminderung der Sulfatkonzentration sind wegen des begrenzten Erfolges mit technisch verwendbaren Chemikalien $Ca(OH)_2$-Restkonzentrationen von kleiner 2.000 mg/l nicht möglich – und wegen der entstehenden großen Schlammengen problematisch. Bevor aus Sorge vor Korrosion die Sulfatkonzentration im eingeleiteten Abwasser limitiert wird, sind deshalb vor Ort u. a. die Rohrleitungswerkstoffe und der Verdünnungsgrad im Abwassersammler zu prüfen.

Die chemisch-physikalischen Verfahren sollten nur eingesetzt werden, wenn anderenfalls eine Gefährdung des Betriebes der nachgeschalteten Abwasseranlage oder des Gewässers zu befürchten ist.

4.5.6.3 Abwasserbehandlung

Wenn das Abwasser mit biologischen Verfahren gereinigt werden soll (z. B. Schlammbelebungsverfahren für die Endreinigungsstufe), sind neben den üblichen verfahrenstechnischen Gesichtspunkten weitere Einflüsse zu beachten:

Einfluss von Fett

Wichtig ist, dass die Fettbelastung – analog der Schlammbelastung (BTS) – in kg Fett pro kg Trockensubstanz und Tag – in einer Schlammbelebungsanlage nicht größer ist als 0,12 kg/kg · d. Bei einer Belebtschlammkonzentration von 3 kg TS/m^3 entspricht das etwa 150 – 200 mg/l Fett im Zulauf [Krause 1982].

Tritt Blähschlamm in einer Kläranlage auf, kann es zur Adsorption von Fett, somit zum Aufkonzentrieren an und in den Blähschlammflocken kommen, wodurch sich diese von den anderen Vertretern der Biozönose trennen, quasi flotiert werden und an der Wasseroberfläche Schwimmschlamm bilden. In dem Schlamm beobachtetes Fett kann seinen Ursprung auch in mikrobiellen Stoffwechselvorgängen haben.

Einfluss von Sulfat

Bei der nasschemischen Raffination entsteht durch Spaltung der Natriumseifen (Seifenstock) mit Schwefelsäure Abwasser mit z. T. erheblichen Konzentrationen an Sulfat. Untersuchungen haben ergeben, dass Sulfat die mikrobielle Tätigkeit einer Belebungsanlage nicht stört, solange die Konzentrationsschwankungen ± 5.000 mg/l in acht Stunden nicht überschreiten [Sekoulov und Heinrich 1988].

Zu beachten ist die betonkorrosive Wirkung und bei anaeroben Systemen die H_2S-Bildung.

Einfluss des pH-Wertes

Bei starker Volumenverringerung des Raffinerie-Abwassers kann der Einfluss des pH-Wertes des Sauerwassers sehr stark werden. Untersuchungen in Pilotanlagen haben ergeben, dass Schlammbelebungsanlagen pH-Werte im sauren Bereich gut verkraften, solange im Wesentlichen organische Säuren verantwortlich sind, der Wert pH = 4 im Zulauf nicht unterschritten wird und nicht längere Zeit auftritt. Deshalb ist der pH-Wert im Hinblick auf die biologische Behandlung nur durch Grobneutralisation einzustellen. Dadurch wird erreicht, dass nur eine minimale zusätzliche Aufsalzung eintritt, ebenso eine minimale zusätzliche Bildung von biologisch schwer abbaubaren organischen Salzen. Ein Bemessungsvorschlag für eine Belebungsanlage ist in der Tabelle 5 gegeben.

Tabelle 5: Bemessungsvorschlag für eine aerobe biologische Reinigungsanlage

Belebung	Schlammbelastung BTS	$<$ 0,1 kg BSB_5/kg TS · d (bei volldurchmischten Becken) ≈ 0,1 – 0,2 kg BSB_5/kg TS · d
	Feststoffgehalt TSR	≈ 4 – 6 kg TS/m^3
	„Fettbelastung“	≈ 0,1 – 0,15 kg Fett/kg TS · d
Nachklärung	Oberflächenbeschickung qA	≈ 0,4 m/h

Literatur

BLE (2017): Bericht zur Markt- und Versorgungslage Ölsaaten, Öle und Fette. Bundesanstalt für Landwirtschaft und Ernährung, Anstalt des öffentlichen Rechts, Referat 423, Bonn.

DIN 4040-100 (2016): Abscheideranlagen für Fette - Teil 100: Anwendungsbestimmungen für Abscheideranlagen für Fette nach DIN EN 1825-1 und DIN EN 1825-2. Beuth Verlag, Berlin.

Hupe, A.; Gehring, H.; Schinke, W.; Binnewitt, V. (1989): Umweltschonende Systeme zur Vakuumerzeugung in Dämpfern und Trocknern für Öle und Fette sowie in Destillationsanlagen für Fettsäuren; Fat Sei. Technol., 91. Jahrgang.

Krause, A. (1982): Pflanzliche und tierische Fette in ihrer Wirkung auf Mikroorganismen in biologischen Kläranlagen, Fette·– Seifen – Anstrichmittel. 84. Jahrg., 1. Sonderheft, S. 536 – 543.

Krause, A. (1985): Fabriken zur Gewinnung und Verarbeitung von Speisefetten und -ölen. Abschnitt 5.4, Lehr- und Handbuch der Abwassertechnik, Bd. 5, ATV.

Kroll, S. (1977): Vorkommen von Kontaminanten in pflanzlichen Ölen und Fetten und Möglichkeiten zu ihrer Entfernung, Lebensmittelchemie und gerichtl. Chemie, 31, 68.

Sekoulov, I. und Heinrich, D. (1988): Untersuchungen für den Verband Deutscher Ölmühlen e. V., Hamburg-Harburg.

Thomas, A. (1976): Fette und Öle. Ullmanns Encyclopädie der technischen Chemie, Bd. 11, 4. Aufl., Verlag Chemie, Weinheim, S. 455 – 524.

OVID (2016): Verband der ölsaatenverarbeitenden Industrie in Deutschland e. V., Berlin. www.ovid-verband.de (abgerufen am 02.07.2019).

VDI 2592 Blatt 1 (2010): Emissionsminderung - Ölmühlen zur Gewinnung pflanzlicher Öle und Schrote durch Vorpress- und/oder Extraktionsanlage. Beuth Verlag, Berlin.

4.6 Backwarenherstellung

Veit Flöser

4.6.1 Allgemeines

In Bäckereien werden unabhängig von der Größe der Einrichtung Fette und Öle pflanzlicher und tierischer Herkunft verwendet, die bei Reinigungsarbeiten ins Abwasser gelangen. Insbesondere bei der Herstellung von Konditoreiwaren werden Milch und Milchprodukte wie Sahne und Butter verwendet, die einen hohen Fettanteil enthalten. Aber auch die Herstellung von Frittiergebäck (Berliner, Krapfen, Schmalzgebäck etc.) erfordert die Verwendung größerer Fettmengen.

Filialbetriebe, in denen keine Backwaren hergestellt, sondern lediglich vorproduzierte Waren im Wärmeofen aufgebacken werden, werden hier nicht betrachtet.

4.6.2 Abwasseranfallstellen

Als Anfallstellen für besonders belastetes Abwasser sind bei der Backwarenherstellung die in Tabelle 1 genannten Teilströme zu beachten. Als branchentypisches Merkmal ist dabei zu berücksichtigen, dass in handwerklich arbeitenden Bäckereien die wesentlichen abwasserrelevanten Tätigkeiten nachts bzw. am frühen Morgen stattfinden und auch bei einem Mehrschichtbetrieb die Unterhaltsreinigung von Aggregaten und Maschinen in der Zeit von Mitternacht bis fünf Uhr morgens erfolgt. Die zeitlichen Abläufe spielen insbesondere für die Bestimmung von Spitzenabfluss und Frachten eine entscheidende Rolle.

Tabelle 1: Abwasserteilströme in Bäckereien

Abwasseranfallstelle	Abwasserbelastung
Behälterreinigung	(Sauer-)Teigreste, ggf. Fett (Konditorei)
Spülmaschinen für Backbleche, Transportkörbe, Kleingeräte	Produktreste, Fett
Fußbodenreinigung mit Nassreinigungsmaschine, Entleerung Schmutzwasserbehälter	Bodenmehl, Teigreste, Fett
Waschanlage für Transportwagen (größere Betriebe)	Produktreste

Bild 1: Offene Frittierwannen (Quelle: Flöser)

Herstellung von Frittiergebäck

Sofern die Herstellung von Berlinern u. ä. nicht in geschlossenen Anlagen erfolgt, resultiert aus diesem Herstellungsprozess über die Fußbodenreinigung ein erheblicher Fetteintrag ins Abwasser (Bild 1).

Fußbodenreinigung

In mittleren und größeren Betrieben erfolgt die Fußbodenreinigung mittels selbstfahrender oder nicht selbstfahrender Nassreinigungsgeräte. Die Maschinen führen Reinigungswasser mit, das mit alkalischem Reinigungsmittel versetzt ist, und nehmen den Feuchtigkeitsfilm unmittelbar wieder in den Wassertank auf. Nach Erschöpfung der Reinigungskapazität der Waschlauge wird der Inhalt in einen Bodenablauf abgelassen. Ein Merkmal dieses Abwasserteilstromes ist der hohe Emulgierungsgrad der im Abwasser enthaltenen Fette aufgrund des Tensidgehaltes und der mechanischen Verwirbelung während des Reinigungsvorganges.

4.6.3 Abwassermenge und -beschaffenheit

Der Abwasseranfall in Bäckereibetrieben entspricht aufgrund von Verdunstungsverlusten und Eingang von Wasser in die Produkte nicht der verbrauchten Frischwassermenge. Der Frischwassermaßstab ist daher nur begrenzt geeignet, die Abwassermenge abzuschätzen. Vom Bäckerhandwerk wird für einen üblichen Backwarenmix in der Herstellung ein Wasserbedarf von 75 l/100 kg Mehl ausgegangen [Schöler und Rott 2000]. Dieser Wert ist vielfach veröffentlicht und wird auch häufig bei der Gebührenermittlung als Absetzung von der Frischwassermenge akzeptiert [Queitsch 2006]. In einer Produktionsstätte für Backwaren für insgesamt 34 Filialen betrug der Frischwasserverbrauch z. B. ca. 6.500 m^3/a, der Abwasseranfall dagegen lediglich ca. 4.800 m^3/a.

Tabelle 2: Abwassermenge einzelner Anfallstellen [Flöser 2011]

Anfallstelle	Abwassermenge pro Vorgang bzw. pro Zeiteinheit	Bemerkungen
Bandspülmaschine	350 l/h	Laufzeit ca. 10 h/d, beim Abstellen zusätzlich 150 l/d
Haubenspülmaschine	15 l	30 Spülgänge pro Tag
Vorstecker-Spülmaschine	60 l	3 Spülgänge pro Tag
Vorteig-Rührkessel	150 l	Einmal wöchentlich Kesselreinigung
Fußbodenreinigung	150 l	Einmal täglich, Samstag zweimal Reinigung

Die Abwassermenge aus dem Betrieb einzelner Geräte ist in Tabelle 2 dargestellt. Hinzu kommt die deutlich größere Menge aus der Vielzahl an sonstigen Reinigungsvorgängen an verschiedenen Stellen eines Betriebs.

Die Beschaffenheit von Bäckereiabwasser zeichnet sich gegenüber häuslichem Abwasser vor allem durch eine höhere organische Belastung und einen höheren Fettgehalt aus. Frachtbetrachtungen im Rahmen eines Forschungsvorhabens haben ergeben, dass im Mittel ca. 5 % des eingesetzten Fettes ins Abwasser eingetragen werden [Sbieschni 2004]. Hinsichtlich der Behandelbarkeit in der öffentlichen Kläranlage ist das gute Verhältnis von CSB zu BSB_5 im Bereich 1,8 – 3 von Bedeutung, das als Indiz für die gute biologische Abbaubarkeit der Abwasserinhaltsstoffe gilt [Flöser 2011].

Die Beschaffenheit des vermischten Gesamtabwassers aus Bäckereibetrieben ist abhängig vom Produktspektrum. Der CSB kann im Bereich 2.000 – 4.000 mg/l liegen (Tabelle 3). Der Gehalt an lipophilen Stoffen liegt bei reinen Bäckereien (ohne Konditoreiwaren) im Bereich von 300 – 700 mg/l, in Konditoreien bei 700 – 3.400 mg/l [Donnerhack 1987; Sbieschni 2004; Flöser 2011].

Backwarenhersteller sind in aller Regel Indirekteinleiter. Für die Beurteilung der Notwendigkeit einer Abwasservorbehandlung und der Art der Behandlung ist es von entscheidender Bedeutung, den Emulgierungszustand der im Abwasser enthaltenen Fette zu kennen. So konnte bei einer mittelgroßen Bäckerei anhand differenzierter Abwasseruntersuchungen nach DEV H 56 (Gesamtgehalt lipophile Stoffe) und dem früheren DEV H 19 (direkt abscheidbare Leichtstoffe) nachgewiesen werden, dass die im Abwasser enthaltenen lipophilen Stoffe annähernd vollständig stabil emulgiert waren (Tabelle 3) [Flöser 2011]. Dagegen hat eine Untersuchung im Auftrag der DBU in mehreren kleineren und mittleren Bäckereibetrieben allgemein einen eher mittleren Emulgierungsgrad und eine gute Abtrennbarkeit der Fette ergeben [Sbieschni 2004].

Tabelle 3: Abwasserbeschaffenheit verschiedener Teilströme [Flöser 2011]

Probenahmestelle	pH-Wert	absetzbare Stoffe (ml/l)	CSB (mg/l)	lipophile Stoffe (H 56) (mg/l)	direkt abscheidbare Stoffe (H 19) (mg/l)
Bandspüle	5,6	2,8	1.550	(154)	n. n.
Haubenspülmaschine	9,9	0,4	9.465	5.479	n. n.
Bodenreinigungsgerät	10,1	80,0	26.700	3.896	n. n.
PA 1 (früh)	7,3	0,2	1.695	159	n. n.
PA 1 (vorm.)	6,6	7,2	1.995	1.139	n. n.
PA 2 (nachts)	6,2	62,0	32.400	25	n. n.
PA 2 (vorm.)	7,2	4,8	1.625	266	n. n.
PA 2 (nachm.)	5,6	15,2	4.220	1.184	n. n.
PA = Produktionsabwasser; n. n. = nicht nachweisbar					

AOX-Belastung

Sofern als Desinfektionswirkstoffe anorganische (Hypochlorit) oder organische Chlorabspalter (chlorierte Isocyanursäure) verwendet werden, ist aufgrund der organischen Abwasserinhaltsstoffe die Bildung halogenorganischer Verbindungen nicht zu vermeiden, was sich als erhöhte AOX-Belastung im Abwasser bemerkbar macht (in einem Fall 2,7 mg/l im Gesamtabwasser). Eine zwingende Notwendigkeit des Einsatzes von Chlorabspaltern z. B. aus hygienischen Gründen gibt es in Bäckereibetrieben nicht. Es stehen daher hinreichend halogenfreie Substitutionsmöglichkeiten zur Verfügung, bei deren Verwendung sich eine AOX-Bildung vermeiden lässt.

4.6.4 Abwasservorbehandlung

Fettabscheider

Als Standardmaßnahme zur Vorbehandlung fetthaltigen Abwassers gilt in aller Regel die Installation eines Fettabscheiders. Ist das Fett im Abwasser temporär oder stabil emulgiert, hat der Fettabscheider keine Wirkung und fetthaltiges Abwasser gelangt in die nachgeschaltete Abwasseranlage. Um die Wirkung eines Fettabscheiders im Vorfeld abschätzen zu können, sollte eine differenzierte Abwasseruntersuchung nach DEV H 56 (Gesamtgehalt lipophile Stoffe) und nach dem früheren Verfahren DEV H 19 (direkt abscheidbare Leichtstoffe) vorgenommen werden.

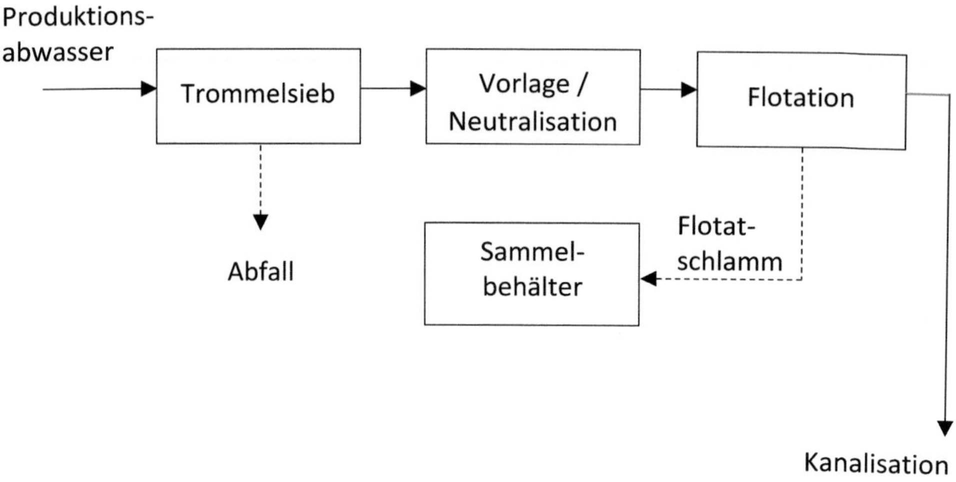

Bild 2: Abwasserbehandlung in einer Großbäckerei

Nur der direkt abscheidbare Anteil der Leichtstoffe kann in einem Schwerkraftabscheider zurückgehalten werden.

Die Installation einer aufwendigen, weitergehenden Vorbehandlung mit Flockung und Flotation des Abwassers sollte auf die Fälle beschränkt werden, in denen Fettablagerungen auftreten und/oder in der nachgeschalteten Kläranlage Anzeichen für zu hohen Fetteintrag erkennbar sind (z. B. Blähschlammbildung).

Wird in Bäckereien ein Fettabscheider betrieben, ist es von entscheidender Bedeutung für den Rückhalt von Fetten, den Abscheider nach der Entleerung wieder bis zum Erreichen des Betriebswasserspiegels mit Frischwasser zu füllen. Dies ist vielen Betreibern von Fettabscheidern allerdings nicht bekannt, weshalb die Wiederbefüllung unterbleibt. Die Füllung des Abscheiders mit fetthaltigem Betriebswasser führt bei Erreichen der Rohrsohle des Ablaufrohres zum – zunächst unerkannten – Austrag reiner Fettphase in die nachgeschaltete Abwasseranlage mit der Folge von Ablagerungen in Leitungen, Schächten und Pumpwerken.

Weitergehende Vorbehandlung

Sofern aufgrund der spezifischen Bedingungen eine Vorbehandlung des fetthaltigen Abwassers in mittleren und größeren Bäckereibetrieben erforderlich ist, ist die Flotation der Fette ein bewährtes Verfahren (Bild 2). Dabei sollte empirisch ermittelt werden, ob ein Zusatz von Flockungsmitteln erforderlich ist und ggf. ein Fettabscheider vorgeschaltet werden sollte.

Neutralisation

Ob im Einzelfall ein pH-Ausgleich bzw. eine Neutralisation erforderlich ist, ist nicht generell zu beantworten. Die Neutralisation von Abwasser im Chargenbetrieb erfordert Pufferbehälter, Rührbehälter sowie Steuer- und Pumpentechnik. Grundsätzlich gilt für Bäckereiabwasser, dass vor der Installation von Neutralisationsmaßnahmen im Einzelfall unter Berücksichtigung der örtlichen Verhältnisse (Korrosion im öffentlichen Bereich, Beeinträchtigung von Pumpwerken) geprüft werden sollte, ob eine Indirekteinleitung ohne pH-Ausgleich zugelassen werden kann.

Literatur

Donnerhack, W. et al. (1987): Rationelle Wasserverwendung in der Lebensmittelindustrie. Verlag Technik, Berlin.

Flöser, V. (2011): Abwassertechnische Beurteilung der Einleitung von Produktionsabwasser einer Großbäckerei in die öffentliche Kanalisation. Gutachten zur Notwendigkeit einer Abwasservorbehandlung (unveröffentlicht), Hannover.

Queitsch, P. (2006): Frischwasser-Abzugsmengen und Abwassergebühr. Kommunale Steuer-Zeitschrift 55 (2006), Heft 5, S. 81 – 88.

Sbieschni, G. (2004): Erfassung der Anfallstellen und der Auswirkungen von schlamm- und fetthaltigem Industrie- und Gewerbeabwasser auf die öffentlichen Anlagen der Abwasserableitung und -behandlung sowie Erarbeitung von Vorschlägen für den umweltentlastenden Betrieb von Fettabscheidern. Schlussbericht zum Fördervorhaben Nr. 18934 der Deutschen Bundesstiftung Umwelt (DBU). UWAT-Institut, Ebersbach.

Schöler, A. und Rott, U. (2000): Berücksichtigung abzugsfähiger Wassermengen bei der Abwassergebührenberechnung. Studie im Auftrag der Abwassertechnischen Vereinigung e. V. (ATV). Institut für Siedlungswasserwirtschaft der Universität Stuttgart.

4.7 Schlacht- und Fleischverarbeitungsbetriebe

Maike Beier

4.7.1 Allgemeines

Für das Jahr 2016 wird vom Bundesverband der Deutschen Fleischwarenindustrie e. V. eine inländische Fleischerzeugung von insgesamt 9,06 Mio. t (netto) angegeben. Im gleichen Bezugszeitraum wurde für Deutschland ein Fleischverbrauch von 89 kg pro Person verzeichnet. Abzüglich der nicht zum menschlichen Verzehr bestimmten Futtermittel und anderer industrieller Verwertungen und Verluste (einschließlich Knochen) betrug der Fleischverzehr pro Person 61 kg [BVDF 2017]. Die Anforderungen an die direkte Einleitung von Abwasser aus dieser Branche ergeben sich aus Anhang 10 „Fleischwirtschaft" der Abwasserverordnung.

Detaillierte Technikbeschreibungen für die Schlachtung von Großvieh, Schweinen und Geflügel befinden sich im BVT-Dokument „Slaughterhouses and Animal By-products Industries" [BVT 2005]. Der Geltungsbereich ist in diesem BREF so definiert, dass die Schlachtung von Großvieh (Rinder, Schweine) nach Durchführung der Standardschnitte als beendet gilt. Für Geflügel gilt der Schlachtprozess mit der Herstellung eines hygienisch einwandfreien und verkaufsfähigen Schlachtkörpers als beendet. Alle weiteren Prozesse im Zusammenhang mit der Fleischverarbeitung fallen in den Geltungsbereich des BVT-Merkblattes „Food, Drink and Milk".

4.7.2 Produktionsverfahren

Die Produktionsprozesse in Schlacht- und Fleischverarbeitungsbetrieben variieren in Abhängigkeit der zu schlachtenden Tiere. Sie lassen sich in folgende vier Gruppen einteilen, wobei die vielen lokalen Fleischereien nicht berücksichtigt sind [UBA 2003]:

- Großschlachtbetriebe,
- Geflügelschlachtereien,
- Fleischzerlegebetriebe,
- fleischverarbeitende Industrie.

Weitere Unterschiede ergeben sich aus der Tierphysiologie und -größe. In modernen, rationalisierten Schlachtanlagen erfolgt die Schlachtung von Schweinen und Rindern in der Regel in getrennten Betriebseinheiten. Anlagen zur Schlachtung von Geflügel sind hauptsächlich auf nur eine Tierart spezialisiert.

Schlachtung von Rindern

Für die Schlachtung von Rindern erfolgt im ersten Prozessschritt die Tierannahme und Zuführung in einen Wartebereich. Über Rampen werden die Tiere aus einem LKW entladen. Die Fürsorge für das Wohlergehen der Tiere verringert das Risiko von Verletzungen der Tiere und daraus ggf. resultierender Abfälle. Aus hygienischen Gründen erfolgt nach der Entladung eine Reinigung des LKW, wofür auf vielen Schlachthöfen ein eigener Waschplatz für Fahrzeuge zur Verfügung steht. Das Waschwasser wird zur Abwasserbehandlung eingeleitet, wobei anfallender Mist und schmutzige Einstreu gesammelt werden. Im Idealfall kommen die Tiere sauber am Schlachthof an, jedoch kommt es während des Transports oftmals zu Verschmutzungen. Das Waschen der lebendigen Tiere ist mit einer zusätzlichen Zeit zum Trocknen verbunden, was für die gesamte Prozesskette zu berücksichtigen ist. Zudem können feuchte Häute und Felle schneller verderben.

Zur Verbesserung der Fleischqualität werden die Tiere einem Wartebereich zugeführt, wo der Adrenalin- und Glykogenspiegel wieder auf ein normales Niveau gesenkt werden kann. Unter den verschiedenen Ausführungen der Böden für Stallungen als Wartebereich existieren z. B. Spaltenböden aus Beton mit darunter liegendem Ablauf zu den Güllebehältern. Der Wartebereich wird gereinigt, indem Mist und Stroh in einen Container geschaufelt und die Böden mit Hochdruckreinigern behandelt werden.

Bei der Schlachtung werden die Tiere zunächst in einer Betäubungsfalle entweder mit einem Bolzenschussgerät oder elektrisch betäubt. Anschließend werden die Tierkörper an einem oder beiden Hinterbeinen an einer Oberschiene aufgehängt, auf welcher sie zu den einzelnen Prozessschritten transportiert werden. Kleinere Schlachthöfe mit verschiedenen Schlachttieren können über eine gemeinsame Schlacht- und Verarbeitungslinie verfügen, in welcher die Höhe des Arbeitsplatzes an die Größe des Schlachtkörpers angepasst werden kann. Große Schlachthöfe betreiben in der Regel für verschiedene Arten getrennte Schlacht- und Verarbeitungslinien.

Für eine hohe Fleischqualität ist es wichtig, dem Schlachtkörper so viel Blut wie möglich zu entziehen. In der EU-Richtlinie EG/1099/2009 über den Schutz von Tieren zum Zeitpunkt der Tötung ist vorgeschrieben, das Entbluten schnellstmöglich nach dem Betäuben zu beginnen und dies so durchzuführen, dass eine rasche, starke und vollständige Entblutung erreicht wird. In jedem Fall muss die Entblutung durchgeführt werden, bevor das Tier wieder bei Bewusstsein ist. Hygienisch einwandfreies Blut wird einer weiteren Verarbeitung zugeführt, das restliche Blut wird gesondert gelagert. Abgetrennte Füße und Hörner sowie abgelöste Kopfhaut werden gesammelt, während der Kopf ggf. einer Fleischuntersuchung zugeführt wird. Das Ausbluten trägt außerdem zur Konservierung des Fleisches bei, da somit Mikroorganismen ein Nährboden entzogen wird. Das Blut gelangt direkt in entsprechende Tanks oder Wannen. In der Regel werden pro Rind etwa 10 – 20 Liter Blut entnommen. Ein Teil des Blutes kann hygienisch für den menschlichen Verzehr entnommen werden, z. B. für Blutwurst oder für pharmazeutische Zwecke.

Die Verwendung von Hohlmessern gilt zwar als gutes Mittel zur Gewinnung qualitativ hochwertigen Bluts, jedoch ist dies gleichzeitig mit einer geringeren Ausbeute verbunden. Dies erhöht die Wahrscheinlichkeit, dass in den folgenden Prozessen weiter Blut aus dem Schlachtkörper tropft und somit mehr Abwasser kontaminiert wird. In der Praxis werden Hohlmesser nur in großen Schlachthöfen und nur für jene Zeitspanne verwendet, welche für die Gewinnung einer benötigten Menge an Blut in Lebensmittelqualität erforderlich ist. Des Weiteren erfordert dieser Prozessschritt eine hohe Praxiserfahrung des Schlachters, um einen korrekten Einschnitt der Blutgefäße zu gewährleisten.

Das gesammelte Blut wird in der Regel aus der Blutwanne in einen Kühltank gepumpt, wo Additive wie z. B. Zitronensäure oder Natriumcitrat zugegeben werden, um eine Koagulation zu verhindern. Über Plattenwärmetauscher kann das Blut auf eine Temperatur von 2 °C gekühlt werden. Das Ziel ist dabei die Aufrechterhaltung der Funktionalität von Plasmaproteinen z. B. für den Einsatz in der Tiernahrung. Die Lagerung von Blut bei mehr als 10 °C kann zu Geruchsproblemen führen.

Nach dem Blutentzug folgt die meist maschinelle Entfernung von Haut und Fell. Hierzu werden zwei Ketten am Fell bzw. an der Haut eingehakt und dann auf eine Trommel gewickelt, um das Fell bzw. die Haut zu ziehen. Die Häute/Felle werden an Gerbereien zur Herstellung von Lederwaren geliefert. In einigen Schlachthöfen werden die Häute und Felle zur Verbesserung der Haltbarkeit gesalzen.

Im nächsten Prozessschritt werden die Vorderbeine, der Schwanz sowie die Euter/Hoden manuell mit einem Messer entfernt. Die Köpfe werden gewaschen, inspiziert und mit dem übrigen spezifizierten Risikomaterial (SRM) entsorgt. Hufe werden traditionell bei der Herstellung von Leim verwendet, können aber auch gemahlen in der Heimtiernahrung Verwendung finden. Auch eine Nutzung als Hornmehldünger ist möglich.

Bei der anschließenden Ausweidung werden die Atem-, Lungen- und Verdauungsorgane manuell entfernt. Innereien, einschließlich der Lunge und Luftröhre sowie der Pansen können für die Herstellung von Heimtiernahrung verwendet werden. Der Pansen wird aufgeschnitten und der Inhalt entweder in einem Nass- oder Trockenverfahren entfernt. Im Nassverfahren wird der Magen in einem Wasserstrom aufgeschnitten, um eine Aufschlämmung zu erzeugen, die über ein Sieb ausgetragen und dann in einen Vorratsbehälter gepumpt wird. Bei Kälbern, Bullen mit einem Alter von weniger als einem Jahr sowie bei Kühen beträgt der Mageninhalt etwa 10 kg, 40 kg bzw. 50 kg respektive.

Beim Trockenverfahren wird der Pansen ohne Wasser geöffnet. Der Inhalt wird manuell entnommen und über ein Pneumatiksystem oder eine Schnecke zu einer Sammelstelle transportiert. Der Mageninhalt wird vorbehaltlich einer tierärztlichen Zulassung und des Nährstoffbedarfs des Bodens auf landwirtschaftlich genutzten Flächen entsorgt. In einigen Fällen werden Kolbenverdichter eingesetzt, um das Volumen des Inhalts zu reduzieren und somit die Handhabung zu erleichtern.

Bei der darauffolgenden Zerlegung werden die Schlachtkörper mit einer Säge entlang der Wirbelsäule gespalten. Der Wirbelsäulenstrang wird aus dem Tierkörper entfernt und als SRM entsorgt. In einigen Schlachthöfen werden Vakuumsysteme eingesetzt, mit welchen das Rückenmarksmaterial in einen SRM-Behälter gesaugt wird. Bei Rindern mit TSE-Befund bzw. unter TSE-Verdacht werden die Schlachtkörper längs in zwei Hälften gesägt, wobei sichergestellt wird, dass das Rückenmark vollständig umschlossen und intakt bleibt. Anschließend werden die Schlachtkörper einer Verbrennung zugeführt.

Den abschließenden Prozessschritt stellt die Kühlung dar. Die Schlachtkörper werden hierbei gekühlt, um ein mikrobiologisches Wachstum zu verringern. Um die Innentemperatur auf unter 7 °C zu senken, werden sie in Batchkühlern bei Lufttemperaturen zwischen 0 °C und 4 °C gekühlt.

Schlachtung von Schweinen

Grundsätzlich gelten für die Schlachtung von Schweinen die gleichen Prozessschritte wie für Rinder. Unterschiede ergeben sich allerdings darin, dass bei Schweinen lediglich die Borsten entfernt werden, die Haut jedoch gesengt und nicht abgezogen wird. Weitere Unterschiede werden im Folgenden erläutert.

Für die Tierannahme und den Wartebereich von Schweinen ergibt sich die Besonderheit, dass diese Tiere über keine Schweißdrüsen verfügen und bei warmem Wetter anfällig für Hitzestress sind. Zur Abkühlung erfolgt eine Besprühung mit Wasser, wofür in den Stallungen entsprechende Duschen angebracht sind.

Die Betäubung erfolgt mit einem Bolzenschussgerät oder einer elektrischen Betäubungszange. In den letzten Jahren hat sich die Verwendung von CO_2-Bädern durchgesetzt. Das Schwein wird dabei zwei Phasen ausgesetzt, zuerst einer Mischung aus 30 % CO_2 zur Erhöhung der Atmung und anschließend in Abhängigkeit der Tiergröße einer Mischung aus 70 – 82 % CO_2, um die Betäubung einzuleiten.

Der Blutentzug kann bei Schweinen durch den Einsatz von Hohlmessern erfolgen. Diese sind etwas breiter als gewöhnliche Messer und zweischneidig. Üblicherweise werden pro Schwein etwa 2 – 4 Liter Blut gewonnen.

In Abgrenzung zur Schlachtung von Rindern erfolgen bei Schweinen noch zusätzliche Prozessschritte zur Entfernung der Borsten. Durch Brühen des Schweinekorpus werden zunächst die Borsten und Zehennägel gelöst. Traditionell werden hierzu die Schlachtkörper für 3 – 6 Minuten durch einen statischen oder rotierenden Brühtank mit Wasser zwischen 58 °C und 65 °C geleitet. Zur Erleichterung des Lösens von Haaren können dem Wasser Kalksalze oder Enthaarungsmittel, wie z. B. Natriumborhydrid zugesetzt werden. Für einen Schlachthof mit einer Verarbeitungskapazität von etwa 100 Schweinen pro Stunde werden bei Abmessungen von z. B. L · B · T = 4 · 1,7 · 0,8 m für einen statischen Brühtank ca. 5.500 Liter Wasser benötigt. Ein typischer rotierender Brühtank kann etwa 2.500 Liter Wasser enthalten und bis zu 14 Schlachtkörper gleichzeitig aufnehmen. In einigen großen Schlachthöfen kommen Fördersysteme zum Einsatz, mit welchen die Schlachtkörper durch einen längeren Tank mit Gegenstromwasserfiltration und Recycling gezogen werden. Die Temperatur im Tank wird durch Dampf aufrechterhalten. Es ist üblich, das Wasser und den Schlamm am Ende der Produktion in das Abwassersystem der Anlage einzuleiten.

Die Entfernung von Borsten und Klauen erfolgt maschinell. Entsprechende Vorrichtungen beinhalten bspw. rotierende Walzen mit Gummi-, Plastik- oder Metallschlägern [Besser 2018]. Es gibt Enthaarungsmaschinen, bei welchen zwei Schlachtkörper gleichzeitig horizontal zwischen zwei Walzen befördert werden, wobei die Borsten mit einem Wasserstrahl von oben aus der Maschine gewaschen werden. Gleichzeitig dient der Wasserstrahl dazu, entfernte Borsten und Klauen zu einem Hauptsieb zu befördern. Auf einigen Schlachthöfen wird das Wasser der Enthaarungsmaschine im Kreislauf geführt und einmal täglich in die Abwasserentsorgung der Anlage geleitet. Zudem gibt es Schlachthöfe, in denen das für die Enthaarung benötigte Wasser aus dem Durchlaufkühlsystem der Förderanlage stammt, mit welchem die Tierkörper durch den Sengenprozess geführt werden.

Das Sengen (auch als Abflammen bekannt) dient dem Entfernen der restlichen Borsten, um ein festeres Hautbild zu erzeugen und Mikroorganismen zu eliminieren. Zum Sengen werden üblicherweise Propangasbrenner verwendet, welche intermittierend für etwa 20 Sekunden pro Minute feuern. Temperaturen zum Sengen betragen etwa 900 – 1.000 °C. Anschließend folgt eine Schwartenbehandlung, bei der die Schlachtkörper poliert werden. Hierbei wird Wasser auf den Korpus aufgetragen, um diesen zu kühlen, die äußere Hautschicht aufzuweichen und um Hautstücke wegzuspülen.

Die bei der Ausweidung gewonnene Bauchspeicheldrüse kann zur Herstellung von Insulin an Pharmaunternehmen verkauft werden. Wie bei der Schlachtung von Rindern können einige essbare Fette und andere Abschnitte ausgeschmolzen werden, um Schmalz herzustellen. Abschließend folgen die Spaltung und Kühlung der Schlachtkörper.

Schlachtung von Geflügel

Für die Geflügelschlachtung ist es von großer Bedeutung, dass Kisten, Fahrzeuge und sonstige Module, die zum Transport der Tiere genutzt werden, zwischen den Abholungen gereinigt werden, um die Ausbreitung eventueller Infektionen zu vermeiden. Geflügelverarbeiter verfügen in der Regel über getrennte Einrichtungen zur Reinigung und Desinfektion der Transporthilfsmittel, es sei denn, es stehen amtlich zugelassene Einrichtungen an anderer Stelle zur Verfügung. Im Allgemeinen stellt die Kistenreinigung einen dreistufigen Prozess dar, welcher erhebliches Potenzial zur Wiederverwendung von Wasser birgt. In vielen Geflügelschlachtbetrieben sind automatisierte Kistenwaschanlagen installiert, welche eine gründliche Reinigung unmittelbar nach der Anlieferung der Tiere ermöglicht. Daneben existieren eine Reihe manueller und halbautomatischer Reinigungseinrichtungen.

Nach dem Entladen werden die Tiere einer Betäubungsanlage zugeführt, üblicherweise werden hierfür Elektrobäder oder auch CO_2-Tunnel genutzt. Über bspw. Kreismessersysteme wird anschließend der Blutentzug ausgelöst.

Anschließend werden die Tiere in einen Brühtank getaucht, um zur Erleichterung der Entfederung die Federn zu lockern. Für die Herstellung von Tiefkühlprodukten bestimmte Geflügel werden in der Regel bei 56 – 58 °C gebrüht. Für den Frischverkauf bestimmte Tiere werden bei 50 – 52 °C gebrüht, um Schädigungen der Oberhaut und damit Hautverfärbungen zu vermeiden.

Unmittelbar nach dem Brühvorgang folgt die Entfederung, welche in der Regel mechanisch erfolgt. Über einen Wasserstrom unterhalb der Entfederungseinheit werden die Federn einer zentralen Sammelstelle zugeführt. Sofern die Federn an die Federn-/Daunenindustrie geliefert werden sollen, kommen auch trockene Federsammelsysteme zum Einsatz, welche auf Saug- oder Druckluftanlagen basieren.

Nach der Entfederung wird die Tieroberfläche mit Duschen und eventuell in Kombination mit Schlagriemen gereinigt. Anschließend werden Köpfe und Füße abgetrennt. Sofern die Füße für den menschlichen Verzehr bestimmt sind, werden diese bei 80 °C gereinigt.

Bei Enten wird für die Entfederung Wachs verwendet. Hierzu werden die Tiere in ein Bad aus heißem Wachs getaucht und anschließend mit kaltem Wasser besprüht, sodass das Wachs aushärtet. Das gehärtete Wachs, an welchem die Federn haften, wird mechanisch oder manuell entfernt. Die gerupften Schlachtkörper werden anschließend im Sprühverfahren gewaschen. Das Wachs wird geschmolzen und recycelt.

Nach der Entfederung und Entfernung von Kopf und Fuß folgt das Ausweiden, welches in der Regel maschinell durchgeführt wird. Im Anschluss an die Ausweidung und Inspektion folgt das Kühlen der Schlachtkörper. Frisches Geflügelfleisch muss unmittelbar gereinigt und gemäß der Hygienevorschriften bei maximal 4 °C gekühlt werden. Es kommen verschiedene Kühlsysteme zum Einsatz, zu den häufigsten Vertretern zählen Eintauchkühler, Sprühkühlung und Luftkühlung. Der Einsatz einer Wasserkühlung darf nur im Gegenstromverfahren erfolgen. Das Wasser muss in Trinkwasserqualität vorliegen. Ggf. wird das Geflügel vor dem Verkauf abgehängt. Dies erfolgt ein einem Kühlraum für bis zu 24 Stunden bei 0 – 1 °C.

Fleischverarbeitung

In der Branche der Fleischverarbeitung wird Rohfleisch auf vorgegebene Produkteigenschaften umstrukturiert. Die Weiterverarbeitung von Fleisch zu verschiedenen Fleischprodukten dient dabei in erster Linie zu Konservierungszwecken, aber auch geschmackliche Aspekte sind von hoher Bedeutung. Zur Erzeugung eines verzehrfähigen Produktes kommt eine Vielzahl verschiedener Verfahrensschritte zum Einsatz:

Knochen auslösen, Zuschneiden, Standardisieren des Fettgehalts, Vermischen, Salzen, Marinieren, Zugabe von Zusatzstoffen, Konservierungsmitteln, Aromen und Enzymen; Tumbeln, Wolfen, Emulgieren, Formen, Abfüllung von Dosen und Autoklavieren, Füllen von Würstchen, Panieren, Einwickeln, Backen, LTLT/sous vide Wärmebehandlung, Kochen, Frittieren, Bandfrittieren, Heißräuchern, Kalträuchern, Fermentieren/Reifen, Trocknen, Kühlen nach Wärmebehandlung, oberflächliches Einfrieren, In-Scheiben-schneiden.

4.7.3 Abwasseranfall und -inhaltsstoffe

Der maßgebliche Einfluss auf die Umwelt resultiert im Bereich der Schlachtung und Fleischverarbeitung aus dem Wasserverbrauch sowie der prozessbedingten Kontamination des Wassers mit Schadstoffen. Die Schlachtung und Zerlegung von Schlachtkörpern geht mit hohen BSB-, CSB und TSS-Konzentrationen einher. Feststoffe werden abgebaut, wobei kolloidale und suspendierte Feststoffe freigesetzt werden, was in einem Anstieg des BSB und des CSB resultiert. Weitere maßgebliche Verunreinigungen ergeben sich durch Stickstoff und Phosphor, z. B. aus dem Abbau von Proteinen, Kupfer und Zink aus z. B. Schweinefutterresten und Chlorid durch die Salzung von Häuten. Typische Konzentrationen für Abwasser aus Schlachtanlagen sind in den Tabellen 1 und 2 enthalten. Voraussetzung für das Erreichen der angegebenen Werte ist eine etwa 90 %-iger Blutrückhalt. Spezifische Abwassermengen und -belastungen von Schlacht- und Fleischverarbeitungsbetrieben können Tabelle 3 entnommen werden. Die pH-Werte schwanken

Tabelle 1: Konzentrationen in Abwasser aus Schlachtanlagen [Rosenwinkel und Brinkmeyer 2005; DWA 2013]

	CSB [mg/l]	BSB_5 [mg/l]	N_{ges}-N [mg/l]	P_{ges}-P [mg/l]	Fett [mg/l]	AOX [µg/l]	Absetzbare Stoffe [ml/l]
Schweine	2.000 – 8.000	1.000 – 4.000	150 – 500	15 – 50	500 – 2.500	20 – 100	10 – 60
Großvieh	–	1.500 – 3.000	–	–	–	–	–
Geflügel	2.200 – 4.000	1.000 – 2.500	150 – 350	5 – 30	300 – 1.200	–	–

pH-Wert	–	7,15 – 8,4
absetzbare Stoffe	mg/l	1,2 – 23
BSB_5	mg/l	125 – 3.700
CSB	mg/l	305 – 6.075
Chlorid	mg/l	80 – 300
NH_4-N	mg/l	10 – 94

Tabelle 2: Beschaffenheit des Abwassers einer Versandschlachterei [Neumann 1985]

zwischen 7,15 und 8,40. Der Verbrauch von Wasser unterliegt zum Teil europäischen und nationalen Vorschriften, welche für fast alle Wasch- und Spülvorgänge die Nutzung von Trinkwasser vorschreiben und damit den Spielraum für die Wiederverwendung von Wasser innerhalb eines Schlachthofs stark einschränken.

Die übermäßige Nutzung von Wasser stellt nicht nur ein ökologisches und ökonomisches Problem dar, sondern trägt auch maßgeblich zur Belastung einer Kläranlage bei. Das Abwasser kann ganz oder teilweise auf einer betriebseigenen Kläranlage behandelt werden. Sofern die Behandlung auf einer kommunalen Kläranlage erfolgt, findet in der Regel trotzdem eine Vorbehandlung auf dem Schlachthof statt. Die Verunreinigung des Wassers kann minimiert werden, indem Abfälle und Nebenprodukte so nah wie möglich an der Quelle gesammelt und ihr Kontakt mit Wasser verhindert wird. Die Minimierung des Wasserverbrauchs bei der Schlachtung und Tierkörperbehandlung kann auch die tatsächliche Schadstoffbelastung reduzieren, da in der Folge die Möglichkeiten zum Transport von organischen Stoffen, wie Fetten oder Fäkalien, verringert wird. Werden Nebenprodukte im Wasser mitgeführt, so reduzieren sich die Möglichkeiten einer Wiederverwendung. Die Potenziale zur Verringerung des Wasserverbrauchs müssen für jeden Prozessschritt einzeln untersucht werden.

Tabelle 3: Spezifische Abwassermengen und -belastungen in Abwässern aus Schlacht- und Fleischverarbeitungsanlagen (BMU 2003)

Bezugseinheit	Abwasseranfall [l]	BSB_5-Fracht [g]	CSB-Fracht [g]
Schlachtung einer Großvieheinheit (GV)[1] (insbesondere Rinder)			
mit Kuttelei	500 – 1.000	1.000 – 3.500	1.400 – 5.000
ohne Kuttelei	400 – 800	900 – 1.300	1.250 – 2.000
Schlachtung einer Kleinvieheinheit (KV)[2] (insbesondere Schweine)	100 – 300	200 – 350	300 – 600
Verarbeitung einer Großvieheinheit (GV)	1.000 – 1.500	1.000 – 1.400	1.400 – 2.000
Verarbeitung einer Kleinvieheinheit (KV)	300 – 400	300 – 400	400 – 600
Zerlegen von 1.000 kg Fleisch in Zerlegebetrieben	150 – 170	75[3] – 100[3]	100[3] – 150[3]
Verarbeitung von 100 kg Schlachtgewicht in Fleischwarenfabriken[4]	1.000 – 1.300	500 – 700	700 – 900
Schlachtung von Federvieh, bezogen auf 1 kg Schlachtgewicht	10 – 30	7 – 20	10 – 40
Schleim von 100 Därmen	2.000 – 5.000	9.000 – 25.000	13.000 – 28.000

[1] Großvieheinheit = 500 kg Lebendgewicht

[2] Kleinvieheinheit = 100 kg Lebendgewicht

[3] Schätzwerte

[4] bei ausschließlicher Verarbeitung zu Brüh- oder Kochwurst können diese Werte 2,5- bis 3-fach höher sein

Ein wesentlicher Faktor für den Wasserverbrauch stellt die genutzte Grundfläche dar. Aus hygienischen Gründen müssen alle Prozessflächen mindestens einmal täglich gespült werden. Der Wasserverbrauch ist damit stark von der Gestaltung einzelner Komponenten abhängig. Ferner besteht eine Abhängigkeit von den Verfahren zur Schlachtung, Zerlegung und Kühlung von Schlachtkörpern sowie dem Grad der Automatisierung.

Blut hat den höchsten CSB-Gehalt aller Abwässer, die sowohl aus Großvieh-, als auch aus Geflügelschlachthöfen stammen. Insbesondere der hohe CSB-Gehalt des Blutes erfordert eine Abgrenzung von reinen Schlachthöfen zu Betrieben,

Tabelle 4: Anfallende Blutmengen in Schlachtanlagen [Neumann 1990]

	Menge [l]	EW40
pro Schweineschlachtung	4 – 6	19 – 20
pro Rinderschlachtung	20 – 35	100 – 110
Tropfblutverluste (unvermeidbar)		
pro Schweineschlachtung	0,5	1,5 – 2
pro Rinderschlachtung	2,0	7 – 8

welche bereits geschlachtete und zum Teil auch zerlegte Tierkörper verarbeiten. Typische Blutmengen aus Schlachtanlagen sind in Tabelle 4 enthalten. Der CSB von Blut beträgt ca. 400 g/l, der BSB_5 ca. 200 g/l. Gestocktes Blut hingegen weist einen CSB von ca. 900 g/l sowie einen Stickstoffgehalt von insgesamt ca. 30 g/l auf [ATV 1995]. Bei Betrieben der Fleischverarbeitung ist zwischen der reinen Verarbeitung von Fleisch und der Herstellung von bspw. Fertiggerichten zu unterscheiden. Das Abwasser der letztgenannten Betriebe kann zusätzlich durch die Verarbeitung von z. B. Gemüse beeinflusst werden. Infolge der Prozesse wie Einkochen oder Blanchieren von Gemüse kann der spezifische Abwasseranfall pro Tonne Rohmaterial um mehr als 2 m^3 ansteigen. Zusätzlich erfolgt in Betrieben zur Herstellung von Konservenprodukten ein Kühlschritt nach der Sterilisation, welcher ebenfalls zur Abwassermenge beiträgt. Aufgrund der unterschiedlichen Inhaltsstoffe (Zusatzstoffe, Konservierungsstoffe, Aromen und Enzyme) sowie der Anzahl an Prozessschritten ist ein hoher Reinigungsaufwand erforderlich.

Im Allgemeinen weisen Anlagen, in denen gekocht und/oder gefroren wird, höhere CSB-Werte auf als solche, in denen diese Verfahren nicht angewendet werden. In gewisser Weise gilt dies ebenfalls für Prozesse wie Kühlen und Zerkleinern.

Zudem erfolgen aktuell auf Seiten des Europäischen IVU-Büros (engl.: European IPPC Bureau –EIPPCB) Bemühungen hinsichtlich einer Aufnahme von Zink und Kupfer als relevante und regelungsbedürftige Abwasserparameter. Hierzu erfolgt im Rahmen des Informationsaustausches zur Revision des BVT-Merkblattes „Schlachtanlagen und Anlagen zur Verarbeitung tierischer Nebenprodukte“ eine Daten- und Informationssammlung zur Identifizierung des tatsächlichen Bedarfs einer Regulierung dieser Parameter. Zink- und Kupferemissionen resultieren vor allem aus der Futteraufnahme bei Schweinen mit entsprechenden Additiven. Bei der Ableitung von Grenzwerten sind die Zink- und Kupferbelastungen des Trinkwassers zu berücksichtigen.

4.7.4 PIUS

Emissionen, nicht nur in Bezug auf Abwasser, lassen sich bereits durch die Anwendung baulicher, technischer und organisatorischer Maßnahmen mindern. Bei der Errichtung von Schlachthöfen sind bspw. leicht zu reinigende Flächen sowie kurze Transportwege innerhalb des Betriebes zu berücksichtigen. Während des gesamten Prozesses ist auf höchstmögliche Sauberkeit zu achten.

Zur Identifizierung von Einsparpotenzialen für Wasser sowie Möglichkeiten zur Emissionsminderung ist es von großer Bedeutung, den Wasserverbrauch und Abwasseranfall möglichst separat am Ort seiner Entstehung zu erfassen und in einem Lageplan mit Zuordnung der jeweiligen Prozessschritte darzustellen. Nach Möglichkeit sollten auch die verschiedenen Qualitäten (z. B. Organik- und Salzbelastung) erfasst werden. Eine getrennte Erfassung und Entsorgung von Teilströmen kann den Vorteil bieten, Starkverschmutzerzuschläge zu reduzieren oder gar zu vermeiden. Ferner wird die Möglichkeit gegeben, ein Abwasser- und Reststoffmanagement zum Rückhalt und zur Vermarktung von Reststoffen zu errichten. Eine Reduzierung der Abwasserfracht im Schlachtbetrieb führt schlussendlich auch zur Entlastung der kommunalen Kläranlage.

Durch Rückhaltemaßnahmen sind Einträge von meist organisch hochbelasteten Nebenprodukten aus den Schlachtprozessen in das Abwasser möglichst gering zu halten. Die Maßnahmen sind am Ort des Anfalls zu ergreifen, bevor eine Reinigung mit Wasser stattfindet.

Blut hat den höchsten CSB-Gehalt aller anfallenden Abwässer im Zusammenhang mit der Schlachtung und Fleischverarbeitung. Die CSB-Konzentrationen betragen im flüssigen Zustand etwa 400 g/l, der BSB beträgt etwa 200 g/l. Die Eindämmung von Auswirkungen des Blutes auf die Umwelt ist auf Schlachthöfen der wichtigste Aspekt in Bezug auf den Umweltschutz.

Ein Nüchtern der Tiere vor der Schlachtung trägt dazu bei, Fäkalverunreinigungen zu minimieren. Bei Geflügel führen übermäßige Körperbewegungen des geschlachteten Tiers zu Verunreinigungen der Förderbänder und benachbarter Vögel mit Blut, welches beim Brühvorgang abgewaschen wird. Weitere produktionsintegrierte Maßnahmen zur Reduzierung der Abwassermenge und -belastung können [ATV 1992] entnommen werden.

4.7.5 Abwasserreinigungsverfahren

Während direkteinleitende Betriebe in den Geltungsbereich des Anhangs 10 „Fleischwirtschaft“ der AbwV fallen, ist es für Indirekteinleiter von großer Bedeu-

Inhaltsstoff	Reduktion (%)
BSB_5	70
Gesamtstickstoff	55
Gesamtphosphor	70
Fett	85

Tabelle 5: Reinigungsleistung einer Flotationsanlage unter Verwendung von Fällungs- und Flockungsmitteln [UBA 2003]

tung, Grob- und Schwimmstoffe sowie Lipide vor der Einleitung in das öffentliche Kanalnetz möglichst effizient abzutrennen. Ferner können sich für Teilströme indirekteinleitender Betriebe Anforderungen nach Anhang 31 (Wasseraufbereitung, Kühlsysteme, Dampferzeugung) sowie nach Anhang 49 (Mineralölhaltiges Abwasser) infolge der Fahrzeugwäsche ergeben. Aufgrund der vergleichsweise hohen Temperatur von Abwasser aus Schlachtanlagen in Kombination mit hohen Konzentrationen organischer Stoffe besteht außerdem die Gefahr einer vermehrten Geruchsbildung.

Eine effiziente Vorbehandlung hat großen Einfluss auf den Ausbaugrad der nachgeschalteten Biologie und kann die Gesamtkosten der kompletten Abwasserreinigung entscheidend senken. In einigen Mitgliedsländern der EU wird das Abwasser aus Schlachthöfen als wichtige Kohlenstoffquelle für die Denitrifikation in kommunalen Kläranlagen angesehen, sodass in den Schlachthöfen nur eine begrenzte Behandlung durchgeführt wird. Der Einsatz der nachfolgend beschriebenen Vorbehandlungstechniken ist jeweils individuell für den vorliegenden Betrieb sinnvoll abzustimmen.

Für die Vorbehandlung des Abwassers kommen vor allem mechanische sowie chemisch-physikalische Verfahren zum Einsatz. Die wesentliche Reinigungsleistung mechanischer und physikalischer Verfahren resultiert aus dem Rückhalt und der Abtrennung von Feststoffen durch den Einsatz stationärer Siebe, rotierender Siebtrommeln, Separatoren, Feinrechen, Siebfeinrechen und Fettabscheidern mit vorgeschaltetem Schlammfang [LUH 2016]. Grobe partikuläre Stoffe müssen zurückgehalten, Blut und Fette verwertet werden [Rosenwinkel 2017].

Organische Stoffe liegen in Abwässern aus Schlachtanlagen zum Teil als tierische Öle und als Fette in emulgierter Form vor. Daher kann es sinnvoll sein, der mechanisch-physikalischen Vorreinigung eine chemisch/physikalische Stufe nachzuschalten, welche aus einer Fällung-/Flockungsstufe und einer Flotation besteht [LUH 2016]. Die Reinigungsleistung einer Flotationsanlage und der Einsatz von Fällungs- und Flockungsmitteln kann Tabelle 5 entnommen werden [UBA 2003]:

Durch die Viehanlieferung, Aufstallung, Fahrzeugwäsche, Pansenbearbeitung und Kuttelei ist das Abwasser weiterhin mit Sand verschmutzt, welches mittels eines Sandfangs abzuscheiden ist. Fetthaltige Teilströme können diesen Reinigungsschritt negativ beeinflussen, sodass diese ggf. separat zu behandeln sind.

Fette im Abwasser liegen in einer Vielzahl von Schlachtbetrieben meist in emulgierter Form vor. Die Wirksamkeit statischer Fettabscheider ist stark eingeschränkt, sodass diese nicht mehr dem Stand der Technik entsprechen. Demnach wird der Einsatz von Flotationsanlagen empfohlen. Der Betrieb von Flotationseinrichtungen wird unterschieden zwischen Anlagen mit und ohne Chemikalienzugabe. Durch den Einsatz von bspw. $FeCl_3$ oder anionischer Polyelektrolyte als Primär- bzw. Sekundärflockungsmittel und NaOH zur Anhebung des pH-Wertes kann die Schmutzfracht im Vergleich zu Anlagen ohne Chemikalienzugabe auf bis zu weniger als 50 % reduziert werden.

Sofern für Abwässer aus Schlachtbetrieben ein Stunden-, Tages- oder Wochenausgleich erzielt werden muss, empfiehlt sich der Einsatz von Misch- und Ausgleichsbecken (MAB). Für Betriebe der Fleischverarbeitung ist es sinnvoll, nach der Siebung ein MAB vorzusehen, um das Abwasser hinsichtlich Temperatur, pH-Wert etc. zu vergleichmäßigen.

Der Einsatz von Anaerobreaktoren ist nur bei hohen CSB/N-Verhältnissen sinnvoll, Erfahrungen mit großtechnischen Anaerobanlagen zur Behandlung von Abwässern aus Schlachtbetrieben liegen im Gegensatz zu der anaeroben Behandlung oder Mitbehandlung von Flotaten oder konzentrierten Teilströmen kaum vor. Günstige C/N-Verhältnisse liegen in Betrieben der Fleischverarbeitung vor.

Nach der chemisch-physikalischen Vorbehandlung des Abwassers erfolgt die biologische Reinigung, welche in aerobe und anaerobe Verfahren unterschieden wird. Hierbei sind produktionsbedingte Schwankungen von Frachten bzw. Konzentrationen zu berücksichtigen. Aufgrund der Zusammensetzung des Abwassers aus Schlachtanlagen ist es zwar für biologische Verfahren geeignet, allerdings wird in einer Mehrzahl der in der Bundesrepublik Deutschland vorhandenen Schlachtbetriebe keine eigene biologische Stufe zur Vorbehandlung betrieben, sodass nach der mechanischen oder chemisch-physikalischen Vorbehandlung eine Einleitung als Indirekteinleiter in kommunale Kläranlagen erfolgt. Dies betrifft in der Regel vor allem kleinere Schlachthöfe, während für größere Schlachthöfe auch eigene Kläranlagen mit Direkteinleitung existieren, wobei hier vorwiegend Belebungsanlagen eingesetzt werden. Eine anaerobe Vorbehandlung der Abwässer ist die Ausnahme, jedoch werden Magen-, Darm- und Panseninhalte sowie Flotate aus Flotationsanlagen und Fette aus Fettabscheidern in Faulbehältern kofermentiert oder auch in landwirtschaftlichen Biogasanlagen mitbehandelt.

Folgende biologische Verfahren konnten bisher großtechnisch mit Erfolg eingesetzt werden [LUH 2016]:

- großräumige biologische Verfahren (Oxidationsteiche, früher häufig),
- Belebungsverfahren in unterschiedlichen Varianten (einstufig, Kaskade, zweistufig) und
- anaerobe/aerobe biologische Verfahren.

Hinweise für die Bemessung von Belebungsanlagen sind in [Neumann 1991] enthalten. Für einstufige Belebungsanlagen sollte die BSB_5-Schlammbelastung < 0,05 kg/kg TS · d betragen. Zweistufige Anlagen gelten in Bezug auf die Wartung als sehr anspruchsvoll, sodass diese für kleinere Betriebe nicht empfohlen werden. Die erste Stufe muss hoch ($B_{TS} \geq 1$ kg BSB_5/kg TS · d) bis sehr hoch (B_{TS} zwischen 2 und 10 kg BSB_5/kg TS · d) belastet werden, um in der zweiten Stufe Betriebsschwierigkeiten infolge einer Unterbelastung zu vermeiden.

Eine direkte Behandlung in Kontaktschlammreaktoren oder eine Mitbehandlung in kommunalen Faulbehältern empfiehlt sich vor allem für Fette, Flotate, Magen-, Darminhalte und die Flüssigphase aus der Entwässerung von Panseninhalten.

Im Folgenden wird ein Beispiel für eine Abwasservorbehandlungsanlage eines indirekteinleitenden Schweineschlacht- und -zerlegebetriebs beschrieben. In der Beispielanlage wird sowohl Abwasser aus Schlacht- und Zerlegeprozessen, als auch Sanitärabwasser behandelt. Vor der Vermischung beider Teilströme wird das Prozesswasser über ein Trommelsieb geleitet. Im Anschluss wird der gesamte Strom über ein pneumatisches Pumpwerk der betrieblichen Vorbehandlungsanlage der städtischen Zentralanlage zugeführt. Die Vorbehandlung setzt sich aus den Verfahrensschritten Feinsiebung, Druckentspannungsflotation mit Flockungsmittelzugabe, Biologie und Faulbehälter zusammen. Das Flotat wird auf der kommunalen Kläranalage in einem separaten Faulbehälter anaerob behandelt, während die Klarwasserphase aus der Flotation der biologischen Reinigungsstufe zugeführt wird. Diese besteht aus einer ehemaligen SBR-Anlage und einem monolithischen Stahlbetonkörper mit drei Belebungsbecken und zwei integrierten rechteckigen Nachklärbecken. Der Betrieb der Anlage erfolgt als 2er-Kaskade. Der aus der biologischen Reinigung resultierende Ablauf wird der kommunalen Kläranlage zur Nachreinigung zugeführt. Bild 1 enthält ein Fließschema des Verfahrens mit Anschluss an die kommunale Kläranlage.

Für die Behandlung der Abwässer aus der Schlammentwässerung wird eine zweistufige Nitritation-Denitritation nach dem PANDA-Verfahren betrieben. Die Stickstofffracht beträgt 1,4 t pro Tag. Das BSB_5/TKN-Verhältnis im Zulauf zur Biologie beträgt 1,7. Um den Energieaufwand für die N-Elimination im Schlamm-

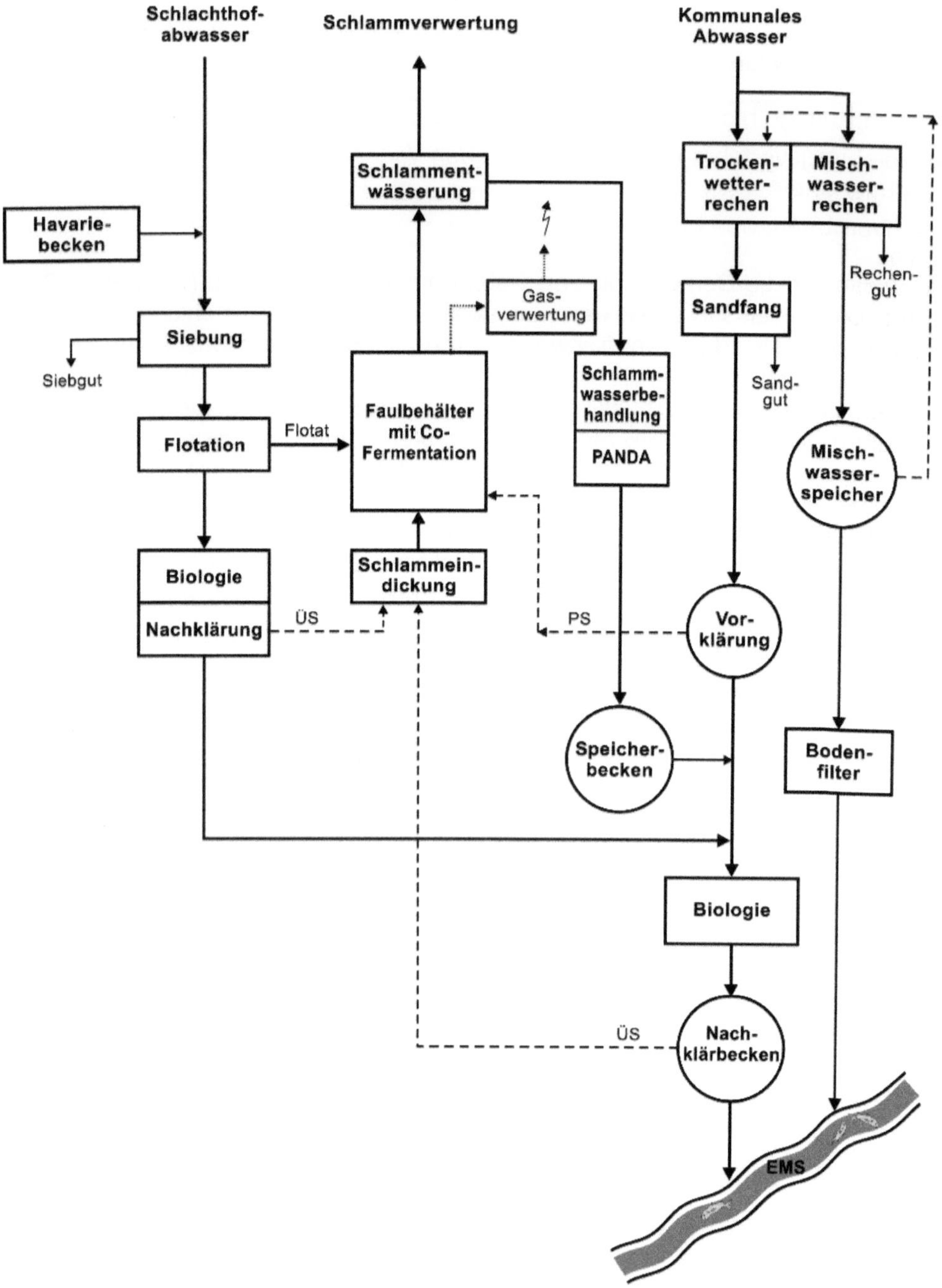

Bild 1: Fließschema der Prozesswasserbehandlung eines Schweineschlacht- und -zerlegebetriebs (PANDA-Verfahren zur Nitritation/Denitritation der Filtratwässer) [Hartwig et al. 2010]

wasserteilstrom und die erforderliche externe C-Dosierung zu vermindern wird die Stickstoffelimination über Nitrit anstelle über Nitrat geführt.

Verfahrenstechnisch wird bei diesen Verfahren der Nitritation die Oxidation des Ammoniums nur bis zum Nitrit (NO_2) zugelassen und die Nitratbildung (NO_3) unterdrückt. Das Nitrit wird dann zu elementarem Stickstoff (N_2) abgebaut. Im Rahmen einer gemeinsamen Verfahrensentwicklung des ISAH, Universität Hannover, in Zusammenarbeit mit aqua consult wurde die Nitritation/Denitritation im Schlammwasserteilstrom entwickelt und als zweistufige Verfahrensvariante realisiert. Die Teilstromanlage verfügt über ein Nitritationsvolumen von insgesamt 2.200 m^3 und ein Denitritationsvolumen von 1.700 m^3. Zur Ausnutzung der durch die Denitritation zurückgewonnenen Säurekapazität verfügt jede Straße über eine Rezirkulation. Darüber hinaus kann ein Teilstrom des Ablaufes in den Zulauf rückgeführt werden. Als Substrat für die Denitritation wird Essigsäure dosiert. Der mehrjährige Betrieb der Schlammwasserbehandlungsanlage mit dem PANDA-Verfahren zeigt Wirkungsgrade im Hinblick auf die N-Elimination von über 90 % [Hartwig et al. 2010].

Literatur

ATV (1992): Abwasser aus Schlacht- und Fleischverarbeitungsbetrieben. ATV-Merkblatt ATV-M 767. Abwassertechnische Vereinigung e. V. (ATV), Hennef.

ATV (1995): Behandlung und Verwertung von Reststoffen aus Schlacht- und Fleischverabeitungsbetrieben. ATV-Merkblatt ATV-M 770. Abwassertechnische Vereinigung e. V. (ATV), Hennef.

Besser, I. (2018): Technik und Hygiene beim Schlachten von Schweinen, Fleischportal DACH GmbH. https://forum.fleischbranche.de/forum/wissenswertes-archiv/anwendungen-methoden-praxisbeispiele/40957-technik-und-hygiene-beim-schlachten-von-schweinen (abgerufen am 24.07.2019).

BMU (2003): Hinweise und Erläuterungen zu Anhang 10 Abwasserverordnung – Fleischwirtschaft. Bundesministerium für Umwelt, Naturschutz und Reaktorsicherheit (BMU) und Länderarbeitsgemeinschaft Abfall (LAGA), 4/2003. www.umwelt-online.de

BVDF (2017): Inländische Fleischerzeugung (Nettoerzeugung). Bundesverband der Deutschen Fleischwarenindustrie e. V. https://www.bvdf.de/in-zahlen/tab-02 (abgerufen am 24.07.2019).

BVT (2005): Pollution Prevention and Control (IPPC) – Reference Document on Best Available Techniques for Slaughterhouses and Animals By-products Industries. BVT-Merkblatt, Europäische Kommission. https://eippcb.jrc.ec.europa.eu/reference/BREF/sa_bref_0505.pdf

DWA (2013): Applied process engineering in industrial wastewater treatment: Wastewater Treatment in Selected Industrial Sectors. Weiterbildendes Studium Wasser und Umwelt, Bauhaus-Universitätsverlag Weimar.

Hartwig, P.; Rosenwinkel, K.-H.; Beier, M. (2010): Energieautarker Kläranlagenbetrieb durch Co-Fermentation. 22. Norddeutsche Abwasserwirtschaft und Gewässerentwicklung, Lübeck.

LUH (2016): Fernstudium Wasser und Umwelt, Modul SH2 Industrieabwasser, Wintersemester 2016/17.

Neumann, H. (1985): Schlacht- und Fleischverarbeitungsbetriebe. Abschnitt 6.1 in Lehr- und Handbuch der Abwassertechnik, Bd. V, Verlag W. Ernst & Sohn.

Neumann, H. (1990): Schlachtanlagen. ATV-Seminar „Abwasserbehandlung in der Ernährungs- und Getränkeindustrie", 07.02.1990, BITZ Bremen.

Neumann, H. (1991): Taschenbuch der Industrieabwasserreinigung. 1. Auflage, Oldenbourg Verlag.

Rosenwinkel (2017): Industrieabwasser. Imhoff, K. et al. (Hrsg.): Taschenbuch der Stadtentwässerung, Vulkan-Verlag, Essen.

Rosenwinkel, K.-H. und Brinkmeyer, J. (2005): DWA-Fortbildungskurs „Abwasserbehandlung in der Ernährungs- und Getränkeindustrie“, 09.-11.03.2005, Kassel.

UBA (2003): BVT-Merkblatt Tierschlacht- und Tierkörperverwertungsanlagen (BAT reference document slaughterhouses and animals by-products industries). www.umweltbundesamt.de

4.8 Milchverarbeitung

Otto Nowak

4.8.1 Allgemeines

In der milchverarbeitenden Industrie werden aus Rohmilch, im deutschsprachigen Raum in der Regel Kuhmilch, eine breite Palette unterschiedlichster Produkte erzeugt, wobei diese Produktpalette überblicksmäßig etwa wie folgt unterteilt werden kann:

- Konsummilch,
- Sahne (und Sahneerzeugnisse),
- Sauermilch- und Milchmischerzeugnisse,
- Butter und Streichfette,
- Frischkäse und Quark,
- Hartkäse,
- Kondensmilch, Dauermilcherzeugnisse,
- Trockenmilchprodukte (Vollmilchpulver, Magermilchpulver, Molkepulver).

Der organische Anteil von Kuhmilch besteht etwa zu gleichen Teilen aus Fett, Eiweiß (Proteinen) und Milchzucker (Lactose). In Kuhmilch sind durchschnittlich 3,8 % Fett, 3,4 % Eiweiß und 4,8 % Milchzucker enthalten [BMLF 1999]. Je nach Produktpalette und Produktionsprozess sind diese organischen Stoffe in unterschiedlichem Verhältnis zueinander auch im Prozessabwasser zu finden, wohin sie vornehmlich durch Verluste und Reinigungsprozesse gelangen.

Daneben sind in der Milch und folglich auch im Abwasser aus der Milchverarbeitung auch Mineralstoffe (Salze) enthalten. Hervorzuheben wäre, dass Abwässer aus der milchverarbeitenden Industrie im Gegensatz zu den Abwässern der meisten anderen Branchen der Lebensmittel- und Getränkeindustrie in nennenswertem Umfang Stickstoff (aus den Proteinen) und vor allem Phosphor (wesentlicher Bestandteil der Mineralstoffe der Milch) enthalten.

4.8.2 Produktionsverfahren

4.8.2.1 Milchbearbeitung

Der Prozess der Milchbearbeitung beinhaltet die Aufbereitung der Rohmilchanlieferung einschließlich einer Wärmebehandlung. Milchverarbeitung hingegen bezeichnet die Herstellung und Verpackung von Milchprodukten aus bearbeiteter Milch.

Die Bearbeitung der gekühlt angelieferten Milch beginnt mit einer Entfernung der groben Schmutzpartikel (in der Regel mittels Zentrifugen). Milch, die nach dieser Reinigung nicht sofort verarbeitet wird, muss weiter gekühlt werden. Um ein Aufrahmen (Ausbildung einer Fettschicht) zu verhindern, muss die Milch in den Lagerbehältern gerührt werden. Dabei muss die Umwälzung schonend erfolgen, um die Membran der Fettkügelchen nicht zu beschädigen, was zu einem enzymatischen Abbau des Fetts durch Lipasen in freie Fettsäuren führen könnte. Zusätzlich zu den Rührwerken besitzen die Behälter auch eine Vorrichtung zur chemischen Reinigung vor der jeweils nächsten Befüllung.

Bei der Entrahmung wird die Rohmilch mittels Zentrifugen (Drehzahl 5.500 bis 6.500 rpm) in Magermilch und Rahm getrennt. Dieser Vorgang dient einerseits der Gewinnung von fettarmer oder fettfreier Milch und andererseits zur Konzentration des Milchfetts für die Herstellung fettreicher Produkte. Mithilfe eines Entrahmungsseparators kann die Reinigung und die Entrahmung in einem Prozessschritt kombiniert werden. Primär um ein Aufrahmen zu verhindern, werden bei der anschließenden Homogenisierung die Fettkügelchen zerkleinert, indem die Milch unter hohem Druck ($\geq$ 200 bar) durch enge Spalten gepresst wird. Bei der Standardisierung werden Voll- und Magermilchmengen miteinander vermischt, um einen bestimmten Fettgehalt einzustellen. Die Wärmebehandlung, wobei zwischen Pasteurisation, Hocherhitzung und Ultrahocherhitzung unterschieden wird, dient der Abtötung der pathogenen Keime und teilweise der Enzyminaktivierung. Direkt im Anschluss erfolgt wieder eine Kühlung, wobei die Endtemperaturen der Kühlung so gewählt werden, dass eine schnelle Weiterverarbeitung, in Abhängigkeit vom Verwendungszweck, gewährleistet wird [BMLF 1999; Spreer 2017; DWA 2011].

4.8.2.2 Milchverarbeitung – Konsummilch und Sahne

Um Konsummilch zu erhalten, wird die homogenisierte, standardisierte und wärmebehandelte Milch (s. Kap. 4.8.2.1) eventuell nochmals wärmebehandelt und verpackt. Die Einteilung der Konsummilch erfolgt nach Art der Wärmebehandlung und nach der Einstellung des Fettgehalts.

Sahne oder Rahm wird beim Entrahmen der Rohmilch gewonnen und in weiterer Folge noch mit Milchfett angereichert, wärmebehandelt, homogenisiert und eventuell gesäuert. Das fertige Produkt weist je nach Herstellungsbedingungen einen Fettgehalt zwischen 10 % und mehr als 45 % auf [Spreer 2017].

4.8.2.3 Milchverarbeitung – Butterherstellung

Für das Herstellen von Butter werden je kg rund 25 l Milch benötigt. Je nach Herstellungsverfahren enthält Butter ca. 81 bis 85 % Fett und 14 bis 16 % Wasser [BMLF 1999]. Die Butterherstellung erfordert aufgrund des hohen Warenwertes und des hohen CSB von Fett (1 kg Fett = ca. 3 kg CSB) besondere Sorgfalt. Dabei wird der Rahm einer intensiven mechanischen Behandlung unterzogen, um eine Fraktionierung in Butterkörner und Buttermilch zu erzielen, wobei die Buttermilch nach Ausbildung der Butterkörner in der Regel kontinuierlich abgezogen wird [DWA 2011].

4.8.2.4 Milchverarbeitung – Käseherstellung

Käse entsteht aus geronnener und weitgehend von der Molke befreiter Milch durch einen für jede Käsesorte spezifischen Reifeprozess [BMLF 1999]. Grundlegend für alle Käsearten sind das Dicklegen der Milch in der Regel mittels Lab (ein Gerinnungsenzym aus Kälbermägen) und das Schneiden der dickgelegten Gallerte in gleichmäßiges Korn. Diese Bruchbereitung geschieht in offenen Wannen (Weichkäse), in geschlossenen Käsefertigern (Hart- und Schnittkäse) oder in Tanks (Frischkäse). Durch Rühren des Bruch-Molke-Gemisches wird der Molkenaustritt gefördert. Das Trennen von fester und flüssiger Phase erfolgt in Abhängigkeit vom Käsetyp allgemein durch geschlitzte Einzel-Formen oder Vorpress-Wannen, in denen die Molke ablaufen und der Bruch zusammenwachsen kann. Bei Frischkäse erfolgt die Trennung von Bruch und Molke über spezielle Separatoren [DWA 2011].

Für gewisse Käsesorten muss durch Hilfsstoffzugabe die gewünschte Eigenschaft eingestellt werden (z. B. Zugabe von $CaCl_2$, Nitrat, Milchpulver, Proteine). Der gewünschte Verlauf der Reifung wird durch standardisierte Kulturen gewährleistet (Milch- und Propionsäurebakterien, Schimmelpilze).

Die Rohkäse werden überwiegend in Salzlake gelegt. Diese bedarf der regelmäßigen Regeneration, da mit zunehmender Benutzungsdauer eine Anreicherung von Molkeninhaltsstoffen und Käsepartikelchen erfolgt. Der angefallene Bodensatz wird entweder über Filter oder Zentrifugen aus der umzupumpenden Lake entfernt, oder die darüber liegende klare Lake wird abgesaugt [BMLF 1999].

Molke wird heute als Nebenprodukt auch aus ökonomischen Gründen verwertet, weil sie eine Reihe von wertvollen Inhaltsstoffen enthält. Nach der Entfernung von Restfett- und Käsestaubpartikeln wird Süßmolke in den meisten Fällen in mehrstufigen Fallstromverdampfern aufkonzentriert und getrocknet. Neben der Herstellung von Molkenkonzentrat und Molkepulver werden auch die beiden wertbestimmenden Fraktionen Molkenproteine und Lactose als Produkte hergestellt [Spreer 2017; DWA 2011].

4.8.2.5 Milchverarbeitung – Joghurtherstellung

Sauermilcherzeugnisse sind Milchprodukte, in denen Milchsäure, welche durch die Vergärung von Lactose entsteht, vorhanden ist. Ausgangsstoffe sind pasteurisierte Milch oder pasteurisierter Rahm. Beispiele für Sauermilcherzeugnisse sind Joghurt, Buttermilch und Kefir [Spreer 2017].

Joghurt ist ein Sauermilcherzeugnis, das mit einer thermophilen Milchsäurebakterienkultur aus pasteurisierter Milch hergestellt wird. Der bestimmende Verfahrensschritt ist die Fermentation. Dabei wird die Milch mit Starterkulturen beimpft und die Milchsäuregärung in Gang gesetzt. Ist diese beendet, folgen weitere Prozessschritte, wie Kühlen, Rühren, allenfalls Mischen mit Zusätzen, Abfüllen und Verpacken.

4.8.2.6 Milchverarbeitung – Dauermilcherzeugnisse

Als Dauermilcherzeugnisse werden Milch- oder Molkeprodukte bezeichnet, die durch den Entzug des Wassers haltbar gemacht wurden. Die fertigen Produkte können sowohl flüssig (ultrahocherhitzte Kondensmilch) als auch pulverförmig (Milchpulver, Molkepulver) sein [Spreer 2017; DWA 2011]. Der Wasserentzug erfolgt mittels Eindickung und im Weiteren durch Verdampfen/Eindampfen, wobei Brüdenkondensate entstehen. Zunehmend kommen bei der Herstellung von Milch- und Molkepulver aber auch Verfahren der Membranfiltration, sowohl Ultrafiltration als auch Nanofiltration, ebenso wie Elektrodialyse sowie Umkehrosmose zum Einsatz [European Commission 2018]. In Trocknungssystemen wird danach ein Trockenmassegehalt von 95 bis 98 % erreicht. Zur Trocknung werden sowohl Walzentrockner (Kontakttrocknung) als auch Sprühtrockner und Fließbetttrockner, die letzten beiden zum Teil auch in Kombination, eingesetzt [DWA 2011].

4.8.3 Abwasseranfall und Inhaltsstoffe

Das in einem milchverarbeitenden Betrieb anfallende Prozessabwasser stammt einerseits direkt aus der Produktion (Tropfverluste, Fehlchargen, Spülmilch, verschmutzte Brüdenkondensate etc.) sowie aus der Vorbehandlung der Milch (Schlamm aus den Reinigungs- und Entkeimungsseparatoren) und andererseits aus Reinigungsprozessen (verbrauchte Reinigungs- und Desinfektionslösungen aus der CIP-Reinigung, Waschwasser generell) [DWA 2011].

4

spez. Abwasseranfall	0,5 – 2,5	m³/1.000 kg Milch
spez. CSB-Fracht	0,8 – 5	kg/1.000 kg Milch
CSB	800 – 4.500	mg/l
NO_3-N	10 – 120	mg/l
NO_2-N	0 – 2	mg/l
NH_4-N	0 – 20	mg/l
KN	10 – 150	mg/l
$N-_{gesamt}$	20 – 250	mg/l
$N-_{gesamt}$/CSB	0,02 – 0,06	g N/g CSB
$P-_{gesamt}$	20 – 140	mg/l
$P-_{gesamt}$/CSB	0,01 – 0,035	g P/g CSB
abfiltrierbare Stoffe	150 – 1.000	mg/l
schwerflüchtige lipophile Stoffe	50 – 500	mg/l
pH-Wert	3,5 – 13	

Tabelle 1: Tageswerte für den spezifischen Abwasseranfall, Abwasserkonzentrationen und -frachten [DWA 2011, erweitert]

Um hohe Konzentrationen an organischen Stoffen im Abwasser zu vermeiden, sind Milch- und Molkeverluste generell möglichst zu unterbinden, zumal Milch einen CSB von etwa 210.000 mg/l und Molke rund 70.000 mg CSB/l aufweisen [Inauen und Fried 2015].

In Tabelle 1 sind Tageswerte für den Abwasseranfall und die Abwasserbelastung von milchverarbeitenden Betrieben zusammengefasst. Die Werte in Tabelle 1 basieren auf Angaben im DWA-Merkblatt M 708 [DWA 2011], ergänzt um Werte aus der Abwassercharakteristik weiterer Betriebe der Branche. Auffallend sind dabei die im Vergleich zu anderen Abwässern der Lebensmittelbranche hohen Verhältniswerte für N/CSB und P/CSB. Stickstoff ist einerseits in den Proteinen (Milcheiweiß) enthalten. Daraus erklären sich auch die im Vergleich zum Kjeldahl-Stickstoff (KN) relativ niedrige NH_4-N-Konzentrationen. Andererseits kann ein großer Teil des Gesamt-Stickstoffs aber auch als Nitrat vorliegen. Zum einen wird bei der CIP-Reinigung häufig Salpetersäure eingesetzt, zum anderen kommen bei der Käseherstellung häufig Natrium- und Kaliumnitrat zum Einsatz. Insbesondere im Prozessabwasser aus der Käseherstellung sowie der Milch- und Molkepulverproduktion liegt das N/CSB-Verhältnis im oberen Bereich und es können auch für den Bemessungsfall maßgebende Verhältniswerte von bis zu 0,06 g N/g CSB auftreten.

Der Phosphor im Prozessabwasser stammt nahezu ausschließlich aus der Milch selbst. Auch hier gilt, dass man insbesondere bei Betrieben der Milch- und Mol-

Tabelle 2: Salze in der Vollmilch, in der anfallenden Molke und in Abwasserströmen des Produktionsprozesses (beispielhaft) – alle Werte in mg/l [IDF 2012]

	Vollmilch	Molke	salzhaltige Molke	Prozessabwasser
Natrium	414	440	21.000	543
Kalium	1.410	1.560	1.770	105
Calcium	1.485	610	2.450	80
Magnesium	100	77,5	160	12
Chlorid	1.020	1.065	20.280	114
NO_3-N	0,18	0,18	–	8
Phosphor	678	367	640	94

kepulverherstellung, aber auch bei Käsereien allenfalls mit höheren Werten von rund 0,03 g P/g CSB rechnen muss.

Rohmilch ist außer an Phosphor auch reich an anderen Mineralien (Salzen), insbesondere an Kalium, Natrium und Calcium. Außer über die Milch gelangen Salze auch über Reinigungsmittel und ggf. über Käsereisalze in das Abwasser milchverarbeitender Betriebe. Tabelle 2 zeigt beispielhaft die Zusammensetzung der Salze (Ionen) in einer Vollmilch, in der anfallenden Molke sowie in den Abwasserströmen aus dem Produktionsprozess. Die Konzentration von Natrium und Chlorid ist durch die salzhaltige Molke erheblich angestiegen, womit sich das Verhältnis zwischen Natrium und den anderen Kationen im Prozessabwasser im Vergleich zu Vollmilch stark erhöht. Dies ist auch durch die Laugenlösung bedingt, die zur Anlagenreinigung eingesetzt wird [IDF 2012].

4.8.4 Produktionsintegrierter Umweltschutz (PIUS)

Umfangreiche Ausführungen über Maßnahmen zur Reduzierung der Abwasserbelastung und -menge finden sich im „BAT Reference Document in the Food, Drink and Milk Industries“ [European Commission 2018] sowie im Merkblatt DWA-M 708 [DWA 2011]. Im Folgenden sind die wesentlichen Punkte zusammengefasst, wobei der Schwerpunkt auf der Verminderung der Abwasserbelastung liegt.

4.8.4.1 Maßnahmen zur Reduzierung der Abwasserbelastung

Folgende Maßnahmen sind zu beachten:

- Sammeln ausgelaufener oder verschütteter Einsatzstoffe sowie teilweise verarbeiteter Materialien,

- komplettes Erfassen nicht weiterverarbeitbarer Molke,
- Minimierung der Produktverluste (aus den Zentrifugen, bei Produktwechseln etc.),
- integriertes Salzmanagement bei der Käseproduktion zur Reduktion der Salzfrachten im Abwasser,
- getrennte Sammlung und Entsorgung von Hemmstoffmilch,
- Verwendung von geeigneten Systemen zur Automatisierung der Arbeitsabläufe, wie z. B. zur Erkennung des Übergangs zwischen Produkt- und Wasserphasen,
- fortlaufende Optimierung der Reinigungsprozesse (CIP-Anlagen) zur Einsparung von Chemikalien und Reduzierung der Salzfrachten, wie z. B. durch mehrfache Verwendung von Reinigungslösungen,
- Beschränkung des Einsatzes von Reinigungs- und Desinfektionsmitteln auf das betrieblich erforderliche Mindestmaß sowie Ersatz von chlorhaltigen Mitteln durch Sauerstoff abspaltende oder durch thermische Desinfektion,
- Ersatz von EDTA-/NTA-haltigen Mitteln durch umweltschonendere Mittel oder Wasserenthärtung als Alternative,
- Durchführung von Trockenreinigung und Sammlung von Feststoffresten, verschütteten Produkten sowie überschüssigem Salz mit anschließender getrennter Verwertung bzw. Behandlung als Abfall,
- Ausrüstung der Abflüsse mit Sieben und/oder Auffangbehältern, um zu verhindern, dass Feststoffe in das Abwasser gelangen.

4.8.4.2 Maßnahmen zur Reduzierung der Abwassermenge

Folgende Maßnahmen sind zur Verringerung des Abwasseranfalls unumgänglich:

- Einbau und Kontrolle von Wasserzählern an allen wesentlichen Betriebsstätten (Wassermengenbilanz),
- Analyse der Wasserverbräuche zur Beseitigung von Leckagen und Undichtigkeiten,
- Einsatz von Hochdruckreinigungsgeräten, Wassersparventilen sowie von Schläuchen mit kleineren Durchmessern,
- Kühlkreisläufe anstelle von Durchlaufsystemen,
- Reduzierung des Kühlwasseranfalls durch Wärmerückgewinnung in Wärmetauschern,
- Wiederverwendung von angewärmtem Wasser aus Wärmetauschern für Reinigungsarbeiten,
- Verwendung von Kondensat aus Milchbrüden für Reinigungszwecke und als Kesselspeisewasser,

- sowie bei der Wärme- und Kälteerzeugung:
    - Einsatz von Rückkühltürmen,
    - Kondensatrückführung.

4.8.5 Abwasserreinigung mit Beispielen

4.8.5.1 Grundlegendes zum Abwasserreinigungskonzept

Beim konkreten Konzept für die Abwasserreinigung für den jeweiligen Standort eines milchverarbeitenden Betriebes ist es entscheidend, eine ökonomisch und ökologisch optimale Lösung zu finden. „Ökologisch optimal" bedeutet, möglichst viele Wertstoffe rückzugewinnen; dies betrifft die organischen Inhaltsstoffe des Prozessabwassers als Energiequelle (in der Regel in Form von Methan nach Anaerobbehandlung) und im konkreten Fall des Abwassers aus der Milchverarbeitung, allenfalls auch den Phosphor.

Die in den betrieblichen Abwässern der Milchverarbeitung enthaltene chemisch gebundene Energie kann mittels Anaerobbehandlung in einer betriebseigenen anaeroben Abwasserreinigungsanlage genutzt werden. Es besteht aber auch die Möglichkeit, bei Indirekteinleitung das günstige CSB/N-Verhältnis bei der Vermischung mit kommunalem Abwasser zu nutzen. Vor diesem Hintergrund kann im Falle einer anaeroben Schlammstabilisierung auf der kommunalen Kläranlage insgesamt mehr organische Substanz mit dem Primärschlamm oder auch nach Adsorption mit dem Überschussschlamm direkt in die Schlammfaulung geleitet werden, um auf diese Weise den Methangewinn deutlich zu erhöhen. Zudem kann das Flotat aus einer vorgeschalteten Flotation als Co-Substrat in der Schlammfaulung energetisch genutzt werden.

Geregelt sind die Anforderungen an die Reinigung von Abwasser aus der Milchverarbeitung im Anhang 3 zur Abwasserverordnung [AbwV 2018]. Danach werden an das Abwasser für die Einleitungsstelle in das Gewässer in der qualifizierten Stichprobe oder der 2-Stunden-Mischprobe folgende Anforderungen gestellt:

- biochemischer Sauerstoffbedarf in fünf Tagen (BSB_5) 50 mg/l
- chemischer Sauerstoffbedarf (CSB) 110 mg/l
- Ammoniumstickstoff (NH_4-N) 10 mg/l
- $Stickstoff_{gesamt}$, als Summe von NH_4-N, NO_3-N und NO_2-N (N_{ges}) 18 mg/l
- $Phosphor_{gesamt}$ 2 mg/l

Dabei gelten die Anforderungen für Ammoniumstickstoff und $\text{Stickstoff}_{\text{gesamt}}$ bei einer Abwassertemperatur von 12 °C und größer im Ablauf des biologischen Reaktors der Abwasserbehandlungsanlage. Zudem kann in der wasserrechtlichen Zulassung für $\text{Stickstoff}_{\text{gesamt}}$ eine höhere Konzentration bis zu 25 mg/l zugelassen werden, wenn die Verminderung der Gesamtstickstofffracht mindestens 70 Prozent beträgt.

4.8.5.2 Abwasserreinigungskonzepte mit Indirekteinleitung

Eine Indirekteinleitung der Prozessabwässer mit eigener Vorbehandlung wird häufig dann sinnvoll sein, wenn ein Anschluss an eine nahe gelegene, ausreichend groß dimensionierte kommunale Kläranlage problemlos möglich ist.

Folgende Maßnahmen zur Rückhaltung bzw. zur Vorbehandlung des Prozessabwassers sind auch bei Indirekteinleitung in der Regel sinnvoll:

- Siebung,
- Misch- und Ausgleichsbecken (MAB),
- Havariebecken,
- Neutralisation,
- Flotation – abhängig von der örtlichen Situation.

Bei der Siebung sind wegen der geringen Teilchengröße der produktionsbedingt im Abwasser enthaltenen Feststoffe zur Rückhaltung Siebe mit einer Lochung von 2 bis 3 mm zu empfehlen [DWA 2011; Lebek et al. 2014].

Misch- und Ausgleichsbecken (MAB) dienen zum Ausgleich von Belastungsspitzen, bezogen auf Abwassermenge, Schmutzfracht, Temperatur und pH-Wert. Neben dem Mengenausgleich ist insbesondere der Ausgleich des pH-Werts im MAB von besonderer Bedeutung, weil dadurch in nennenswertem Umfang Neutralisationsmittel eingespart werden können. Misch- und Ausgleichsbecken können grundsätzlich entweder belüftet oder nur mit Umwälzeinrichtungen ausgestattet sein. Eine schwache Belüftung kann dazu dienen, das Abwasser, welches in der Regel hohe Konzentrationen an leicht abbaubarer Kohlenstoffverbindungen enthält, „frisch“ zu halten, d. h. Versäuerung und Sulfid-Bildung zu vermeiden. Nach unterschiedlichen Angaben werden für die Dimensionierung typische Aufenthaltszeiten zwischen acht und 36 Stunden [DWA 2011] bzw. zwischen sechs und zwölf Stunden [European Commission 2018] empfohlen. In der Praxis haben sich durchschnittliche Aufenthaltszeiten im MAB von maximal sechs Stunden bewährt, um in Hinblick auf eine anschließende Entfernung in einer Flotationsanlage ein Zersetzen des Milchfetts bzw. der Proteine zu vermeiden.

Ebenfalls bewährt hat sich der Einsatz von MAB als Ausschwemmreaktor mit teilbiologischem Abbau, wenn die Biomasse nicht separat abgezogen werden muss [Doedens 1985].

Die Errichtung eines eigenen Havariebeckens ist empfehlenswert. Grundsätzlich kann der Havariefall auch bei der Dimensionierung des Misch- und Ausgleichsbeckens berücksichtigt werden. Eine automatische Ansteuerung des Havariebeckens über eine Sonde, mit der die Konzentration an organischen Stoffen erfasst wird, sowie über eine pH-Sonde ist zu empfehlen.

Ungeachtet eines pH-Ausgleichs im MAB wird häufig eine Neutralisation des Prozessabwassers notwendig sein. Erfahrungsgemäß kann je nach Produktpalette und Produktionsverfahren der pH-Wert auch durchschnittlich bei 5 oder auch zwischen 11 und 12 liegen. Insbesondere eine anschließende Flotation, falls bei dieser auch eine Flockung stattfinden soll, erfordert eine genaue Einstellung des pH-Werts.

Zielführend ist es im Allgemeinen, als Vorreinigung eine Flotation, in aller Regel eine Druckentspannungsflotation, vorzusehen. Bei diesem Verfahren wird ein Abwasserteilstrom (oder ein Recyclestrom) unter hohem Druck (3 – 4 bar) mit Luft gesättigt. Bei der anschließenden Entspannung bilden sich feine Luftblasen, die die im Abwasser enthaltenen Partikel an die Wasseroberfläche ziehen, von wo der aufgeschwommene Schlamm, das „Flotat“, abgezogen wird. Bei Abwasser aus milchverarbeitenden Betrieben ist es in der Regel zunächst das Fett, welches auf diese Art entfernt wird. Zudem wird es in vielen Fällen empfehlenswert sein, durch eine Zugabe von Flockungsmitteln dafür zu sorgen, dass auch die Proteine, das Milcheiweiß, in hohem Maße aus dem Prozessabwasser entfernt werden. Als Flockungsmittel werden in aller Regel zunächst ein Eisen- oder Aluminiumsalz (Polyaluminiumchlorid (PAC), Eisen(III)-chlorid, Eisen(III)-chloridsulfat etc.) und anschließend ein Polyelektrolyt als Flockungshilfsmittel zugegeben. Mit Chemikalienzugabe werden in einer Flotationsanlage erfahrungsgemäß rund 50 bis 60 % der organischen Stoffe (CSB, BSB_5) aus dem Prozessabwasser milchverarbeitender Betriebe entfernt. Da der Stickstoff vornehmlich im Milcheiweiß enthalten ist und die Ammoniumkonzentration in frischem Molkereiabwasser in aller Regel gering ist, ist der Stickstoffentfernungsgrad in der Flotation bei Chemikalienzugabe in der Regel mindestens genauso groß wie die CSB-Entfernung.

Bei kleineren Molkereien kann zur Entfernung des Milchfetts aus dem Prozessabwasser statt einer Flotationsanlage auch ein Fettabscheider ausreichend sein [DWA 2011].

Die dritte wesentliche Fraktion der organischen Inhaltsstoffe im Prozessabwasser aus milchverarbeitenden Betrieben, die Lactose, kann durch physikalische Verfahren, wie z. B. durch Flotation, auch unter Zugabe von Chemikalien nicht entfernt werden. Wird das vorbehandelte betriebliche Abwasser einer kommunalen Kläranlage nach dem Belebungsverfahren zugeleitet, ist darauf zu achten, dass bei einem entsprechend hohen Anteil der Fracht an Milchzucker an der gesamten organischen Belastung der Kläranlage die Gefahr des Massenwachstum fadenförmiger Mikroorganismen, d. h. der Bildung von Blähschlamm, besteht. Dem ist mit entsprechenden Abhilfemaßnahmen, wie z. B. durch den Einsatz von Selektoren, entgegenzuwirken.

Grundsätzlich kann eine biologische Reinigung auch vor einer Indirekteinleitung erforderlich sein. Dabei ist darauf zu achten, dass bei dieser betrieblichen Vorreinigungsanlage nicht nur CSB, sondern unter Umständen auch Stickstoff aus dem Abwasser entfernt wird.

4.8.5.3 Beispiele für Indirekteinleitung

Eine Mitbehandlung in nennenswertem Umfang von Abwasser aus der milchverarbeitenden Industrie auf einer kommunalen Kläranlage mit anaerober Schlammstabilisierung bietet die Möglichkeit, vermehrt organische Stoffe zur Gewinnung von Methan direkt in die Schlammfaulung zu leiten. Dies kann entweder mittels einer „erweiterten Vorklärung“ erfolgen oder durch Adsorption der organischen Stoffe aus dem Molkereiabwasser an den Überschussschlamm, bevor dieser in die Schlammfaulung eingebracht wird. Unter „erweiterter Vorklärung“ ist entweder eine Vorklärung als Sedimentation mit Zugabe von Fällungs- und/oder Flockungsmitteln oder eine Druckentspannungsflotation als Alternative zur konventionellen Vorklärung zu verstehen.

In der Verbandskläranlage (VARA) Spittal an der Drau des Wasserverbandes Millstätter See in Österreich mit einer Ausbaugröße von 130.000 EW_{60} werden auch die Abwässer der Kärntnermilch gereinigt. Vor diesem Hintergrund wurde bei der letzten Erweiterung der VARA Spittal in den Jahren 2007 bis 2009 beschlossen, den Einlaufbereich der vorhandenen Vorklärung in eine Druckentspannungsflotation umzubauen [Ebner 2017]. Durch die Zugabe von Flockungsmitteln sollte hier eine CSB- bzw. BSB_5-Entfernung von 50 % erreicht werden. Bild 1 zeigt das Fließschema der VARA Spittal.

Das Abwasser der Kärntnermilch wird nur nach Neutralisation in den Verbandssammelkanal geleitet und gelangt gemeinsam mit dem kommunalen Abwasser in den Zulauf zur VARA Spittal. Durch die Zugabe von 1,5 bis 2 g Flockungsmittel (Polyelektrolyt) je m^3 Abwasser wurden eine CSB-Elimination von 45 % und eine BSB_5-Elimination von 50 % erreicht. Im Weiteren wurde der Überschussschlamm nicht mehr über die maschinelle Überschussschlammeindickung (MÜSE) geführt, sondern in den Zulauf zur Flotationsanlage geleitet. Dadurch konnte bei glei-

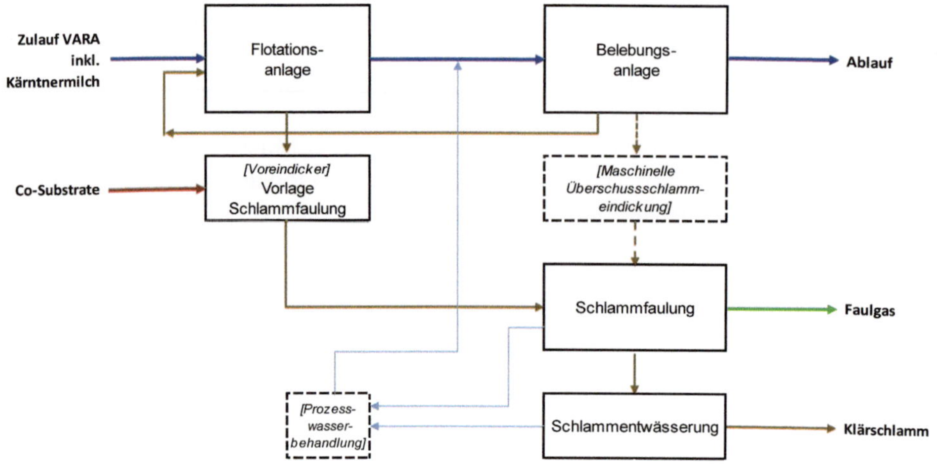

Bild 1: Fließbild der VARA Spittal an der Drau

Zulauf gesamt	mg/l	kg/d	Anmerkung
CSB	742	9.628	
BSB_5	434	5.628	
N_{ges}	54,6	709	8,83 g/(EW120 · d)
P_{ges}	9,8	128	1,59 g/(EW120 · d)
Zulauf Kärntnermilch			
CSB	3.039	2.028	21 % von Zulauf ges.
Ablauf			
CSB	33	431	96 % CSB-Elimination
BSB_5	5,6	73	99 % BSB_5-Elimination
N_{ges}	12,9	168	76,4 % N-Elimination
P_{ges}	0,99	12,8	89,9 % P-Elimination

Tabelle 3: Zu- und Ablaufwerte der Verbandskläranlage Spittal (VARA) und Zulauf-CSB Kärntnermilch – Jahresmittelwerte 2015

cher Flockungsmittelzugabe die CSB-Elimination in der Flotation auf rund 50 % und die BSB_5-Elimination auf ca. 53 % gesteigert werden und zudem der Flockungsmittel- und Strombedarf der MÜSE eingespart werden. In Tabelle 3 sind die Zulauf- und Ablaufwerte der VARA Spittal sowie die CSB-Werte im Abwasser der Kärntnermilch zusammengestellt.

Die vorhandene Prozesswasserbehandlung (Ammoniak-Strippung) wird nicht betrieben, weil die geforderte Stickstoffelimination problemlos erreicht wird. In die

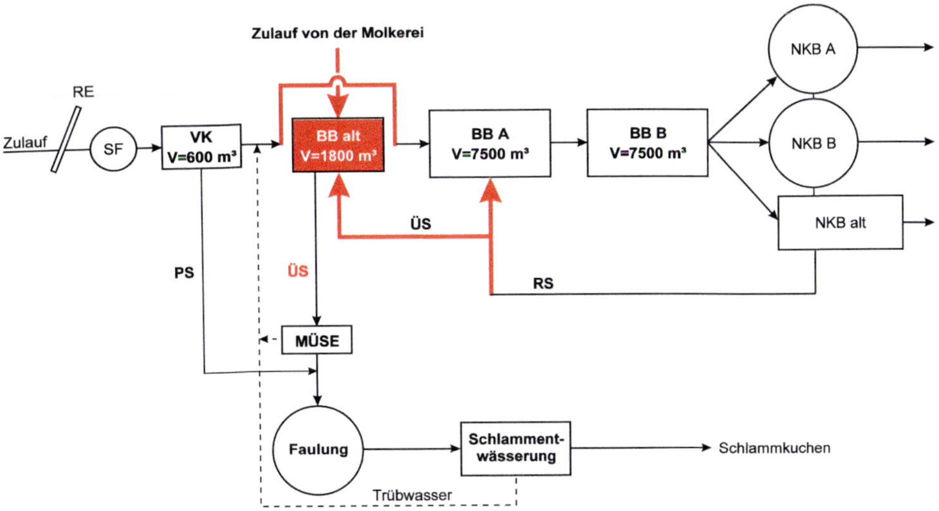

Bild 2: Fließbild der Kläranlage Bad Vöslau mit Verwertung des Molkereiabwassers [Matsché et al. 2001]

Schlammfaulung der VARA Spittal werden zusätzlich Co-Substrate zugegeben und zwar im Ausmaß von rund 1.000 kg CSB/d. So wird trotz des relativ hohen Stromverbrauchs der Flotationsanlage (ca. 750 kWh/d) eine Eigenstromabdeckung aus dem Faulgas mittels Kraft-Wärme-Kopplung von durchschnittlich rund 110 % erzielt [Ebner 2017].

Die betrieblichen Abwässer der NÖM AG (Niederösterreichische Molkerei) werden ohne Vorbehandlung außer einer Neutralisation über eine Druckleitung der kommunalen Kläranlage des Abwasserverbandes Raum Bad Vöslau zugeleitet. Hier wird seit dem Jahr 2000 in einem älteren Belebungsbecken mit Oberflächenbelüftung, welches ursprünglich als das erste Becken einer Kaskade angeordnet war, das betriebliche Abwasser gemeinsam mit dem Überschussschlamm der Belebungsstufe belüftet (Bild 2).

Untersuchungen von [Matsché et al. 2001] haben gezeigt, dass etwa 20 % des CSB des Abwassers der NÖM hier veratmet werden. Anschließend wird der Überschussschlamm, an den die verbleibenden organischen Stoffe aus dem Molkereiabwasser adsorbiert sind, mittels maschineller Überschussschlammeindickung (MÜSE) voreingedickt und gemeinsam mit dem Primärschlamm der Schlammfaulung zugeführt. Weniger als 5 % des CSB des Molkereiabwassers finden sich im Schlammwasser der MÜSE wieder, welches in den Zulauf der Belebungsbecken geleitet wird. Somit werden rund 75 % der CSB-Fracht des Molkereiabwassers in die Schlammfaulung eingebracht.

Tabelle 4: Zulaufwerte – getrennt nach kommunalem Abwasser und Molkereiabwasser – und Ablaufwerte sowie Faulgasanfall der Kläranlage Bad Vöslau – Dez. 2017 bis Nov. 2018

Zulauf		kommunal	Molkerei	Summe
Abwassermenge	m^3/d	25.101	1.733	26.834
CSB	mg/l	358	3.970	
CSB-Fracht	kg/d	8.990 (57 %)	6.879 (43 %)	15.870
N_{ges}	mg/l	34,3	111,9	
N_{ges}-Fracht	kg/d	860	194	
N/CSB	g N/g CSB	0,096	0,028	
P_{ges}	mg/l	4,6	54,1	
P_{ges}-Fracht	kg/d	114	94	
P/CSB	g P/g CSB	0,013	0,014	
Ablauf und Faulgas				
CSB	mg/l	24		
NH_4-N	mg/l	0,21		
NO_3-N	mg/l	1,56		
N-Elimination		92,50%		
P_{ges}	mg/l	0,52		
Faulgasanfall	m^3/d	7.454		
Methangehalt	% CH_4	59,60%		

Das Schema der Abwasserreinigung einschließlich der Mitbehandlung des Molkereiabwassers ist seit 2000 unverändert, die CSB-Fracht im Abwasser der NÖM hat sich allerdings um ein Mehrfaches gesteigert. Im Jahre 2018 stammten rund 43 % der gesamten CSB-Belastung der Kläranlage aus dem Molkereiabwasser (Tabelle 4).

Es werden Co-Substrate in die Schlammfaulung der Kläranlage Bad Vöslau zugegeben, wobei abgeschätzt werden kann, dass rund 24 % des Methananfalls von 4.440 m^3CH_4/d auf den Schlamm aus den organischen Stoffen im kommunalen Abwasser und jeweils rund 38 % auf das Molkereiabwasser bzw. auf die Co-Substrate zurückzuführen sind. Ohne Berücksichtigung des Gasanfalls aus den Co-Substraten ergibt sich ein spezifischer Methananfall bezogen auf die gesamte CSB-Zulauffracht entsprechend 132.246 EW_{120} von 20,7 l CH_4/(EW · d).

4.8.5.4 Abwasserreinigungskonzepte mit Direkteinleitung

Eine Direkteinleitung erfordert jedenfalls eine biologische Behandlung des Abwassers. Diese kann entweder auf aerobem Wege, in aller Regel in einer Belebungsanlage, oder in einer Anaerobanlage mit nachgeschalteter aerober Reinigung erfolgen.

Bei der aeroben Reinigung von Abwasser aus der milchverarbeitenden Industrie mit dem Belebungsverfahren ist insbesondere auf Folgendes zu achten:

- Die hohen Konzentrationen an leicht abbaubarem CSB können zu Blähschlamm führen.
- Hohe Werte für das Verhältnis Natrium zu Calcium führen zu Flockenzerfall.

Zumeist ist es sinnvoll vor der aeroben Behandlungsstufe eine Flotation mit Chemikalienzugabe zur Entfernung von Milchfett und Proteinen anzuordnen. Dadurch werden einerseits Fettprobleme in der Belebung vermieden und andererseits wird nicht oxidierter Stickstoff in hohem Maße entfernt. Weiterhin bewirkt die Zugabe von Metallsalzen teilweise bereits eine Entfernung des überschüssigen Phosphors vor der biologischen Behandlung. An Belebungsanlagen kommen sowohl solche mit Beckenkaskaden als auch volldurchmischte Becken, ebenso wie Belebungsanlagen im Aufstaubetrieb (SBR-Anlagen) zum Einsatz. Zur Vermeidung hoher Schlammindices kann einerseits die Kaskadierung der Belebungsbecken beitragen, ebenso wie eine Stoßbelastung bei SBR-Anlagen. Bei voll durchmischten Belebungsbecken lässt sich die Bildung von Blähschlamm allenfalls durch einen Wechsel von aeroben, anoxischen und anaeroben Bedingungen erzielen, wobei jedenfalls darauf zu achten ist, dass am Ende der unbelüfteten Phase das Nitrat vollständig abgebaut ist und für einen kürzeren Zeitraum bereits anaerobe Bedingungen herrschen.

Da im Abwasser aus der Milchverarbeitung in aller Regel mehr Phosphor enthalten ist, als die aerobe Biomasse für den Zellaufbau benötigt, ist es zumeist sinnvoll, die vermehrte biologische Phosphorelimination in die Verfahrenstechnik zu integrieren. Dafür sollte, falls Nitrat im Abwasser enthalten ist, was bei Abwasser aus der Milchverarbeitung fast immer der Fall ist, die Reihenfolge der Kaskaden des Belebungsbeckens anoxisch, anaerob, aerob sein. Dessen ungeachtet kann auch bei biologischer Phosphorelimination nicht auf eine Fällung, in der Regel als Simultanfällung, verzichtet werden [DWA 2011].

Falls die Natriumkonzentrationen im Abwasser den Calciumgehalt deutlich übersteigen, was bei Produktionsbetrieben der Milchverarbeitung der Fall sein kann, ist zu erwarten, dass der Belebtschlamm äußerst schlechte Absetzeigenschaften aufweisen wird. In diesem Fall sollte die Anwendung der Druckentspannungsflotation zur Abtrennung des Belebtschlamms vom biologisch gereinigten Abwasser in Erwägung gezogen werden.

Neben konventionellen Belebungsanlagen, ggf. mit Flotationsanlagen statt Nachklärbecken, und SBR-Anlagen kommen neuerdings auch Membranbelebungsanlagen bei Molkereiabwasser zum Einsatz. In Deutschland ist nunmehr eine entsprechende Anlage in Betrieb [Wild 2018].

Bei anaerober Behandlung von Abwässern aus der Milchverarbeitung sind folgende Punkte zu beachten:

- Eine Entfernung des Milchfetts mittels Flotation vor der Anaerobstufe ist unumgänglich.
- Hohe Calciumkonzentrationen können Kalkausfällungen hervorrufen.
- Ausfällungen von Magnesium-Ammonium-Phosphat (MAP, Struvit) können auftreten.
- CSB-Konzentrationen im Zulauf zur Anaerobstufe, d. h. nach der Flotation, > 2.000 mg/l sollten gegeben sein.

Aufgrund der angeführten Problemstellungen, insbesondere mit hohen Calcium- und Phosphorkonzentrationen, gibt es bislang in Deutschland nur wenige Anaerobanlagen zur Reinigung von Abwässern aus der Milchverarbeitung. Dabei werden entweder Festbett- oder UASB-Reaktoren eingesetzt. Bei beiden Verfahren wird eine externe Schlammrückführung vermieden. Festbettreaktoren sind entweder vollständig mit einem Kunststoffträgermaterial gefüllt oder als Hybridreaktoren teilgefüllt, während UASB-Reaktoren über einen 3-Phasenabscheider verfügen, durch den die Biomasse, die in Form von rasch sedimentierenden Pellets aufwächst, im Reaktor zurückgehalten wird.

Festbettreaktoren beinhalten in der Regel ein Trägermaterial mit einer spezifischen Oberfläche von 150 m^2/m^3, teilgefüllte eines mit bis zu 250 m^2/m^3. Die Auslegung erfolgt in beiden Fällen auf eine Raumbelastung von 3 kg CSB/($m^3 \cdot$ d). UASB-Reaktoren für Molkereiabwasser werden in der Regel mit einer Raumbelastung von ca. 5 kg CSB/($m^3 \cdot$ d) betrieben, in Einzelfällen auch bis zu einer Raumbelastung von 8 kg CSB/($m^3 \cdot$ d) ausgelegt [DWA 2011]. Probleme können bei UASB-Reaktoren insbesondere durch Calciumausfällungen auftreten. Beim Versuch, diesen mit einer Erhöhung der Aufströmgeschwindigkeit entgegenzuwirken, entwickelten sich größere Pellets mit einem geringeren oTS-Gehalt. Langfristig wurde in diesem Fall beobachtet, dass sich im Innern der Pellets ein stabiler anorganischer Kern, bestehend aus Calciumphosphat, gebildet hat [Lebek et al. 2014].

Durch den zumeist hohen Phosphatgehalt im Abwasser aus der Milchverarbeitung und durch die hohen Ammoniumkonzentrationen zufolge der Hydrolyse der

Tabelle 5: Abwassercharakteristik für die Beispielanlage mit anaerob-aerober Reinigung mit Direkteinleitung – prognostiziert und nach Inbetriebnahme (nach [Lebek et al. 2014])

		prognostiziert	nach Inbetriebnahme
Abwassermenge	m³/d	2.500	2.200 – 3.000
CSB	mg/l	5.400	3.500 – 8.000
NO_3-N	mg/l	50	200
N-gesamt	mg/l	231	200 – 340
PO_4-P	mg/l	120	–
P-gesamt	mg/l	–	50 – 150
Lipophile Stoffe	mg/l	48	40 – 110
Calcium	mg/l	80	80 – 200

Proteine kann es im Bereich des Anaerobreaktors zu Ausfällungen von Magnesium-Ammonium-Phosphat (MAP, Struvit) in Form von Inkrustationen in Rohrleitungen und Pumpen kommen. Um diese zu vermeiden, sollte der pH-Wert im Anaerobreaktor vorzugsweise nicht über 7,0 gehalten werden. Im Anschluss an die Anaerobbehandlung bietet sich dann die Möglichkeit nach der Zugabe von Magnesium als MgO oder als $MgCl_2$ und ggf. auch von Ammonium durch Ausstrippen des CO_2 den pH-Wert auf etwa 8 bis 9 anzuheben und dadurch eine gezielte Kristallisation von Struvit $(NH_4)Mg[PO_4] \cdot 6H_2O$ zu erzielen. Da dieses sehr rein ausfällt, kann es direkt einer landwirtschaftlichen Verwertung zugeführt werden.

International kommen in einigen Fällen anaerobe Membranreaktoren zur Behandlung von Abwässern aus der Milchverarbeitung zum Einsatz. Berichte finden sich über Anlagen in Japan [Rizkallal Monzón 2016], Südafrika [Horecky 2017] und Großbritannien [Atkinson 2018]. Dabei wird zumindest in einem Fall der Ablauf des anaeroben Membranreaktors, der CSB-Konzentrationen vergleichbar mit dem Ablauf einer Aerobanlage aufweist, nach der Behandlung in einer Umkehrosmose-Anlage im Werk wiederverwendet [Horecky 2017].

4.8.5.5 Beispiel für anaerob-aerobe Reinigung mit Direkteinleitung

In einem Werk zur Verarbeitung von Frischmilch zu diversen Käseprodukten wurde im Zuge einer Produktionsausweitung durch die Errichtung einer Molkeveredelungsanlage eine bestehende Belebungsanlage (zwei SBR à 2.000 m³) um eine anaerobe Abwasserbehandlungsanlage erweitert, wozu ein UASB-Reaktor mit einer mittleren Raumbelastung von ca. 8 kg CSB/(m³ · d) errichtet wurde [Lebek et al. 2014]. Werte für die prognostizierte Abwassercharakteristik und Betriebswerte nach der Inbetriebnahme sind in Tabelle 5 angeführt. Ein Fließschema der gesamten Abwasserbehandlungsanlage zeigt Bild 3.

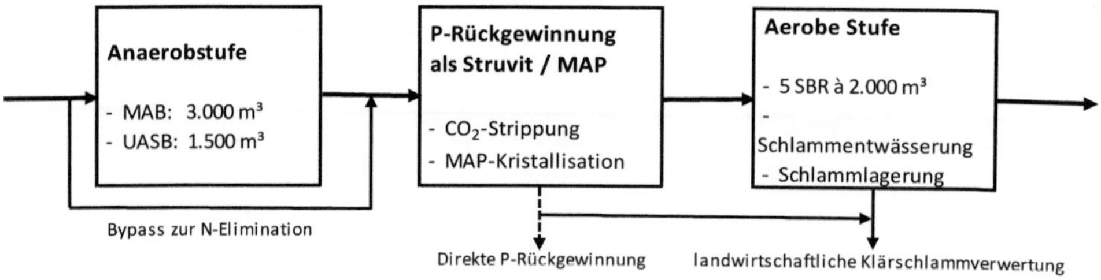

Bild 3: Fließbild der betrieblichen Abwasserreinigungsanlage am Standort Altentreptow (nach [Lebek et al. 2006] bzw. [Lebek et al. 2014])

Vor der Anaerobanlage wurde ein Misch- und Ausgleichsbecken (MAB, V = 3.000 m³) errichtet, welches der Vergleichmäßigung des Zulaufs und der Vorversäuerung dient. In der Regel wird das MAB mit einem Füllvolumen von etwa 1.000 bis 1.500 m³ betrieben, um eine zu starke Versäuerung und Nebeneffekte, wie Geruch, zu vermeiden. Das verbleibende Volumen dient als Puffer- und Havarievolumen. Bei der Auslegung der Anlage wurde von einem CSB-Abbau von etwa 75 bis 80 % ausgegangen. Im Betrieb ergaben sich in den ersten drei Jahren bei Raumbelastungen zwischen 4,5 und 16 kg CSB/(m³ · d) CSB-Abbauleistungen zwischen 70 und 90 %. Bei der Phosphorrückgewinnung durch MAP-Kristallisation wird eine Phosphorelimination von > 70 % erzielt [Lebek et al. 2014].

Im Betrieb hat sich die Dosierung von Spurenelementen, durch die eine Steigerung der Leistungsfähigkeit der Anlage um bis zu 20 % erreicht wurde, als zielführend herausgestellt. Calciumausfällungen als Carbonat und als Calciumphosphat wurden bereits bei Zulaufkonzentrationen von etwa 100 bis 150 mg Ca/l beobachtet. Da sich die Probleme mit Calciumausfällungen im Reaktor oder in den Pellets mittelfristig nicht vermeiden lassen, wird eine Totalrevision des Reaktors in Intervallen von zwei bis drei Jahren als erforderlich angesehen [Lebek et al. 2014]. Im Jahre 2016 wurde in einem 2. Bauabschnitt ein weiterer Speicherbehälter und ein zweiter UASB-Reaktor errichtet. Das Gesamtvolumen der UASB-Reaktoren beträgt nun 3.700 m³ [Bremerproaqua 2017].

Literatur

AbwV (2018): Verordnung über die Anforderungen an das Einleiten von Abwasser in Gewässer. Anhang 3: Milchverarbeitung. 17.06.2004, BGBl. I Nr. 28 vom 22.06.2004, zuletzt geändert 22.08.2018.

Atkinson, S. (2018): Veolia helps UK dairy reduce its impact on the environment. Membrane Technology, January 2018, issue 1, page 8.

BMLF (1999): Gesetzliche Begrenzung von Abwasseremissionen aus der Milchbe- und -verarbeitung (BGBL. II Nr. 11/1999). Erläuterungen zur AEV Milchwirtschaft, Wien/Österreich. https://www.bmnt.gv.at/wasser/wasser-oesterreich/wasserrecht_national/abwasser_emissionsbegrenzung0/wasserrecht_genussmittel/AEVMilchwirtschaft.html (abgerufen am 22.09.2018).

Bremerproaqua (2017): DMK in Altentreptow – Bau einer anaeroben Abwasserbehandlung. Projektreferenzblatt 17-02. http://www.bremerproaqua.de/data/files/135/17-02%20DMK%20Altentreptow.pdf (abgerufen am 22.10.2018.

Doedens, H. (1985): Abwasserbehandlung von Molkereien (Kap. 6.3). Lehr- und Handbuch der Abwassertechnik, Bd. V, Verlag Ernst & Sohn, Berlin, S. 410-457.

DWA (2011): Merkblatt DWA-M 708. Abwasser aus der Milchverarbeitung. Deutsche Vereinigung für Wasserwirtschaft, Abwasser und Abfall e. V., Hennef.

Ebner, H. (2017): Mikroflotationen anstelle von Vorklärbecken bei einer kommunalen Kläranlage – Betriebserfahrungen. Wiener Mitteilungen – Wasser-Abwasser-Gewässer, Band 243, Wien/Österreich, S- 303 – 318.

European Commission (2018): Best Available Techniques (BAT) Reference Document in the Food, Drink and Milk Industries. Industrial Emissions Directive 2010/75/EU, Joint Research Centre – Directorate B, European IPPC Bureau, Final Draft.

Horecky, P. (2017): Anaerobic Membrane Bioreactor followed by reverse osmosis filtration – a novel solution for resource recovery from food industry. www.sawea.org/pdf/2017/18th_Oct/petr_horeck.pdf, Vortrag bei „Water Arabia 2017" (abgerufen am 22.10.2018).

IDF (2012): Neues Faktenblatt des IDF. Salze und die Umwelt. Deutsches Nationalkomitee im internationalen Milchwirtschaftsverband - IDF. https://idf-germany.com/wp-content/uploads/2018/03/2012.02-3_IDF_Faktenblatt-Salze-und-die-Umwelt-.pdf (abgerufen am 22.09.2018).

Inauen, S. und Fried, N. (2015): Blut, Milch, Molke und Gülle im Abwasser. Aqua & Gas (Fachzeitschrift für Gas, Wasser und Abwasser: offizielles Organ des SVGW und des VSA, Zürich), No. 2, S. 68 – 74.

Lebek M., Honig K., Lohmann H., Behrndt M., Simon G., Meierling L. (2006): Energiegewinnung und Rohstoffrecycling aus industriellem Abwasser am Beispiel der milchverarbeitenden Industrie. Korrespondenz Abwasser 53(10), S. 1031 - 1037.

Lebek, M.; Carozzi, A.; Ristow R. (2014): Molkereien (Kap. 6.12). Rosenwinkel, K.-H. (Hrsg.): Anaerobtechnik. Abwasser-, Schlamm- und Reststoffbehandlung. 3. Auflage, Springer Verlag, Berlin, S. 521 – 531.

Matsché, N.; Dornhofer, K.; Prendl, L.; Winkler, S. (2001): Ein neues Verfahren zur Vermeidung von Blähschlamm bei der Reinigung von Industrieabwasser auf kommunalen Kläranlagen. Wiener Mitteilungen – Wasser-Abwasser-Gewässer, Band 166, Wien/Österreich, S. 191 – 228.

Rizkallal Monzón, M. (2016): Submerged thermophilic AnMBR in high load industrial full-scale applications. Proc., 13th IWA Leading Edge Conference on Water and Wastewater Technologies, Jerez de la Frontera, Spain, 13 – 16 June 2016.

Spreer, E. (2017): Technologie der Milchverarbeitung. 11. vollständig überarbeitete Auflage, Behr's Verlag Hamburg.,

Wild M. (2018): Abwasserreinigung im Milchwerk. wwt wasserwirtschaft-wassertechnik 9/2018, S. 45 – 46.

4.9 Fischverarbeitung

Matthias Barjenbruch

4.9.1 Allgemeines

In den letzten Jahren ist die Weltfischproduktion aus Fischerei und Aquakultur – ohne Berücksichtigung von Algen – stetig gestiegen und lag im Jahr 2016 bei rund 171 Mio. Tonnen. Dabei entfiel 47 % auf die Aquakultur, somit trägt die Aquakultur inzwischen nahezu zur Hälfte der Weltfisch-Produktion bei und stellt auch die am stärksten wachsende Tierproduktion [FAO 2018]. Fisch ist einen wichtigen Beitrag zur Ernährung der Weltbevölkerung und ist mit etwa 1 kg Futterbedarf pro kg entstehender Biomasse die ressourceneffizienteste „Fleischquelle". Der Anstieg der Fischproduktion liegt mit 3,2 % pro Jahr über dem Wachstum terrestrischer Fleischproduktion (1,6 % pro Jahr). Während 1961 der weltweite Pro-Kopfkonsum von Fisch nur 9,1 kg pro Jahr betrug, entwickelte er sich bis 2016 auf 20,2 kg Fisch/(Einwohner · Jahr), wobei in Deutschland der Anteil mit ca. 13,5 kg Fisch/(Einwohner · Jahr) seit Beginn der neunziger Jahre stagniert [FAO 2018].

Die EU repräsentiert 2016 den größten zusammenhängenden Markt für Fisch und Fischprodukte, gefolgt von den USA und Japan. Diese drei Regionen stellen zusammen ungefähr 64 % des Gesamtwerts der Weltimporte von Fisch und Fischprodukten [FAO 2018].

2016 stellten China und Indonesien den größten Teil des marinen Fischfangs (21 Mio. Tonnen). Während in Deutschland 2017 bei einem Gesamtaufkommen an Fisch- und Fischereierzeugnissen von rund 2,16 Mio. Tonnen lediglich 290.000 t eigenangelandet wurden [FAO 2018]. Vom deutschen Fischkonsum werden mittlerweile 86 % importiert [FIZ 2018].

Die Zentren der Fischverarbeitung in Deutschland sind Bremerhaven und Cuxhaven. Daneben sind Hamburg, Lübeck und Saßnitz wichtige Standorte.

4.9.2 Produktionsverfahren

Zunächst muss der frisch angelieferte Fisch untersucht und vor der Verarbeitung ausreichend mit Trinkwasser gereinigt werden. Gefrorene Fische müssen entweder sofort aufgetaut und verarbeitet oder gefroren gelagert werden.

In einer modernen Fischfabrik erfolgt die Vorverarbeitung hauptsächlich mechanisiert und automatisiert. Bild 1 zeigt ausgewählte Prozessschemata der Fischverarbeitung. Folgende Prozesse werden eingesetzt:

Auftauen: Ein Großteil des Fische und Fischhalbprodukte wird gefroren angeliefert und muss zur weiteren Verarbeitung aufgetaut werden. Hierzu werden erwärmtes Wasser (Eintauchen oder Sprühen), Luft oder Dampf und auch Mikrowellen- und Hochfrequenzsysteme verwendet. Das Auftauen muss so schnell wie möglich erfolgen, damit die Temperatur des Fisches nicht über 3 °C steigt [BREF 2017]. Nach dem Auftauen muss der Fisch vor der Verarbeitung ausreichend mit Trinkwasser gewaschen werden [Nordic Council of Ministers 2015].

Sortieren und Klassieren: Die Verarbeitung beginnt mit der Sortierung des Rohmaterials nach Art und Größe sowie dem Abtrennen von nicht zum Verzehr

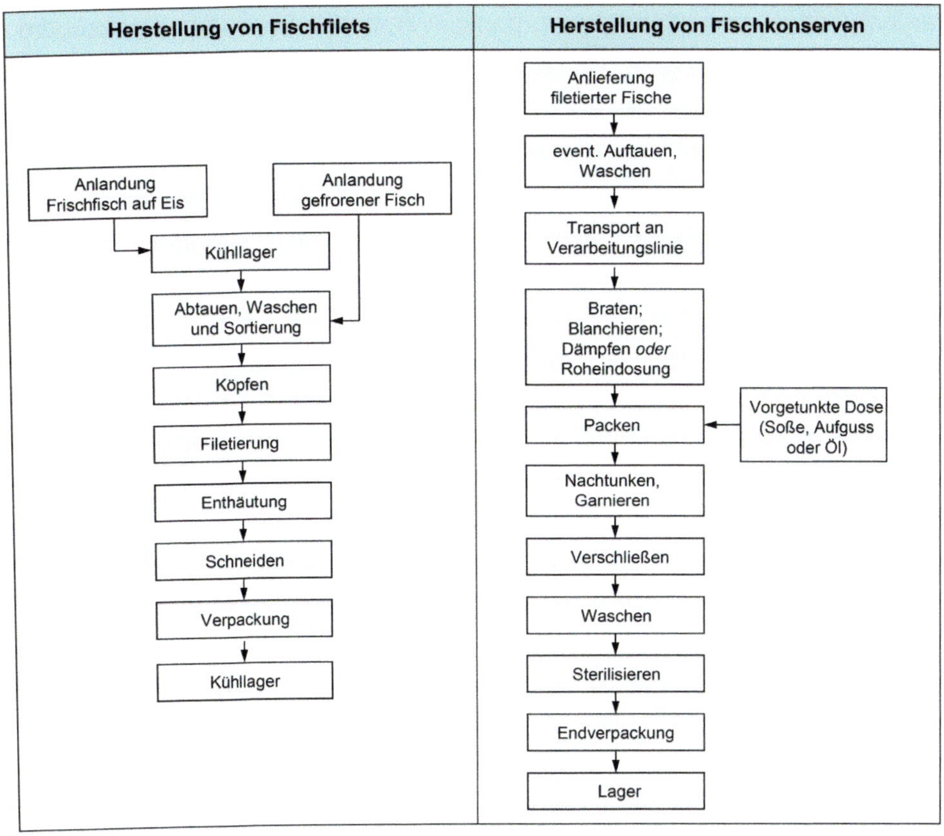

Bild 1: Schema der Fischverarbeitung [Steinke 2009],) verändert nach [Cowi 2000]

geeigneter oder beschädigter Fische. Am häufigsten wird mit einem geschlitzten Band unter mit Vibrationselementen oder zwischen rotierenden Rollen klassiert [Nordic Council of Ministers 2015].

Filetieren, Enthäuten und Schuppenentfernung: Der Ertrag des Filetierens hängt ab von der Fischart, dem Geschlecht, der Größe, der Ernährung usw. Beim Filetieren gelangen lediglich 25 – 50 % des Fisches in das Endprodukt [Awarenet 2002].

Beim **Ausnehmen** der Fische werden die inneren Organe entfernt und ggf. die Körperhöhle von Nierengewebe und Blut gereinigt. Die inneren Organe machen etwa 5 – 8 % des Fischgewichts aus.

Köpfen: Fisch kann manuell oder maschinell geköpft werden. Der Fischkopf macht bis zu 20 % seines Gewichts aus und ist normalerweise ungenießbar. Der Abfall beim Köpfen entspricht 27 – 32 % der Abfälle aus der Fischverarbeitung.

Darüber hinaus unterscheidet man generell zwischen folgenden Fischzubereitungsverfahren, die auch zur Sicherstellung der Haltbarkeit dienen:

Frischfisch: Die gefangenen Fische, in zerkleinertes Eis gepackt, gehen als Frischfisch direkt auf den Markt oder werden in Fischverarbeitungsbetrieben filetiert [Krüger 2003]).

Tiefkühlfisch ist überwiegend Filetware [Belitz et al. 2001]. Auf See tiefgefrorene Filetblöcke werden in den Fischbetrieben durch Sägen auf die gewünschte Portionsgröße zerteilt. Zum großen Teil werden die Filets mit Panade oder Backteig versehen. Fischstäbchen werden aus den Abschnitten des Filets mit Stehgräten entnommen, paniert und in Speiseöl vorgebraten [Krüger 2003].

Konservenherstellung: Durch Erhitzen hermetisch verschlossener Behälter auf hohe Temperaturen wird das Produkt sterilisiert, um eine weitere mikrobielle Kontamination zu verhindern und auch Enzyme zu inaktivieren [Nordic Council of Ministers 2015]. Bei der Herstellung von Fischkonserven gelangen lediglich 30 – 70 % des Fisches in das Endprodukt [Awarenet 2002].

Beim **Salzen** (vorwiegend Natriumchlorid) wird der Wassergehalt der Fische bis zu einem Punkt gesenkt, an dem Mikroorganismen nicht leben können. Man unterscheidet zwischen Pökeln, Einlegen in Salzlake oder Verwendung von granuliertem Salz.

Marinieren: Unterschieden werden Kalt-, Brat- und Kochmarinaden. Prinzipiell sind Marinaden Fischerzeugnisse, die unter Zusatz von Salz, Genusssäuren und teilweise mit Tunken und Soßen angesetzt werden [Baltes 2000]. Kaltmarinaden werden in einer Lösung aus Essigsäure und Kochsalz, dem so genannten Garbad (Kochsalzgehalte von 6 – 19 % und Essigsäuregehalte von 4 – 9 %), durch die Wirkung von Enzymen genussfähig gemacht. Durch die Essigsäure wird der pH-Wert auf 4,0 – 4,5 abgesenkt. Infolge des Proteinabbaus im Fischgewebe gehen die Spaltprodukte in das Garbad über. Innerhalb von 30 Tagen gibt das Gewebe ca. 50 % des Stickstoffgehaltes ab [Tülsner 1994]. So verlieren Heringe durch den Austritt des Gewebewassers ca. 15 – 20 % des Gewichtes.

Räuchern: hier werden die Fischerzeugnisse/Fische einer Behandlung mit Holzrauch unterzogen. Sie erhalten eine charakteristische Farbgebung und Aromatisierung [Tülsner 1994]. Die Betriebstemperatur für die Kalträucherung liegt unter 25 °C. Bei der Warm- und Heißräucherung werden Temperaturen zwischen 35 bis 150 °C eingestellt.

Fischmehlherstellung

Die nicht essbaren Anteile der Fische werden in der Fischmehlindustrie verwertet. Fischmehl wird als Beimischung zu Futtermitteln genutzt. Der Anteil der Fischabfälle variiert für die Fischarten, so fallen z. B. bei Sardinen 37 %, bei Makrelen 40 % und bei Thunfischen 50 % der Rohware als Abfall an [Aguiar und Sant'anna Jr. 1988]. In Deutschland gibt es drei Fischmehlfabriken (Cuxhaven, Bremerhaven und beim Fischverarbeitungszentrum Euro-Baltic in Saßnitz).

4.9.3 Abwasseranfall und Inhaltsstoffe

Fische bestehen zum größten Teil aus Wasser (ca. 60 – 80 %). Anhand des Fettgehaltes der Fische erfolgt eine Systematik von mager (< 4 %) bis sehr fett (> 15 %). Seefische enthalten einen hohen Anteil ungesättigter Fettsäuren, so liegen 25 – 50 % einfach gesättigt vor [Tülsner 1994]. Der Kohlenhydratgehalt ist sehr niedrig und liegt im Bereich ≤ 0,3 %. Der Gesamt-Stickstoff von Fischen wird nicht nur durch Proteine bestimmt. Der Anteil von Nichtproteinstickstoffen am gesamten Stickstoff liegt für Knochenfische (z. B. Hering) zwischen 9 und 18 % und für Knorpelfische (z. B. Hai) bei 33 bis 38 % [Belitz et al. 2001]. Für den Phosphorgehalt von Fischen liegen nur wenige Werte vor. Der Phosphorgehalt beim Hering beträgt 250 mg pro 100 g essbaren Anteil. Die Abfälle bei Fischen können bis zu 50 % betragen [Belitz et al. 2001]. Der Schwefelgehalt in Fischen ist vergleichsweise hoch [Koppe und Stozek 1999].

Die Fischverarbeitung und -produktion ist sehr wasserintensiv, da zur Sicherstellung von Qualitäts- und Hygienestandards und zum Teil zum Transport große Mengen an Wasser verwendet werden.

Produktion	Wasserverbrauch (m³/t Rohfisch)	CSB (kg/t Rohfisch)
Heringsfilet	3,3 – 10	bis 95
Makrele		
Reinigen und Köpfen	20	270
inklusive Auftauen	26 – 32	
Verarbeitung von Edelfisch		
Frischfisch	4,8	5 – 36
inklusive Auftauen	9,8	
Shrimpsverabreitung	23 – 32	100 – 130

Tabelle 1: Spezifischer Wasserverbrauch und CSB-Belastung der Fischverarbeitung in nordischen Ländern ([Nordic Council of Ministers 1997], zitiert in [BREF 2017])

Edelfisch: Sammelbegriff verschiedener Arten (Seehecht, Dorsch, Schellfisch, Seelachs etc.)

Große Wassermengen werden für Fischkonserven (ca. 15 m³/t Fisch) und zum Filettieren (5 bis 11 m³/t Fisch) gebraucht. Zum Auftauen wird typischer Weise ca. 1 m³/t Frischwasser benötigt. Der typische Wasserverbrauch und die spezifische CSB-Belastung für die traditionelle Fischverarbeitung sind in Tabelle 1 zusammengefasst.

Der **pH-Wert** der Abwässer liegt überwiegend mit 5,5 bis 7,1 im leicht sauren bis neutralen Bereich. Für Teilströme wie z. B. Heringssalzlake wurden niedrige pH-Werte von 3,8 detektiert.

Salzkonzentration: es wird vorwiegend **Natriumchlorid** verwendet. Die Chloridgehalte in Fischabwasser liegen im Bereich 2.000 bis 15.000 mg/l.

Die **Feststoffgehalte** im Rohabwasser variieren sehr stark (500 – 5.000 mg AFS/l) und werden überwiegend von organischen Stoffen verursacht.

Die **organischen Verbindungen** werden vorwiegend von Proteinen und Fetten geprägt. Dabei liegt der CSB je nach Fischart und Verarbeitung bei bis zu 50.000 mg/l (Thunfisch) oder sogar 90.000 mg/l (Hering in Salzlaken).

Die **Stickstoffverbindungen** stammen überwiegend aus Proteinen, die etwa 14 bis 22 % des Fischgewichtes ausmachen [Oelker 1996]. Es werden Gesamtstickstoffgehalte von 120 mg/l kaum unterschritten. Für die Thunfischverarbeitung wird von maximal 700 mg/l berichtetet [Middlebrooks 1979].

Vorwiegend liegen die **Phosphorgehalte** in Fischabwasser zwischen 40 und 100 mg/l. Für die Rohabwässer einer Fischkonservenfabrik wurden Phosphorkonzentrationen von ca. 250 mg/l ermittelt [Usydus und Bykowski 1999].

Tabelle 2: Zusammensetzung von Abwässern der Fisch- und Meeresfruchtverarbeitung [Steinke 2009]

Rohfisch	Verar-beitung	pH-Wert [-]	Cl [g/l]	TR [mg/l]	AFS [mg/l]	oTR [mg/l]	CSB [mg/l]	BSB_5 [mg/l]	N_{ges} [mg/l]	P_{ges} [mg/l]	Quel-len
Lachs	-	6,3	-	220-3640	11-1400	-	30-5500	20-2680	40-200	5 - 40	(A)
Muscheln	-	4,2-7,15	9-15	1400	27-6000	1000-1360	300-26600	200-10000	150-480	40-66	(B)
Sardinen	-	6,5-6,9	0,45	-	921-4890	4740	2500-13500	1300-7000	390-430[2]	-	(C)
Thunfisch	Konserven	5,6-6,9	2,0-14	4000-12375	500-4000	500-6711	1472-53600	700-7460	126-700	32-44	(D)
Thunfisch/ Sardinen	-	5,5-7	-	4500-6100	750-11140	-	4800-25600	3000-14500	150-300	50-80	(E)
Hering	Filetierung/ Konserven	6,7	-	-	220-5000	-	3000-10000	1200-6000	-	-	(F)
Hering Salzlake	Konserven	3,8	65	-	10000	7000	90000	78000	3000	1000	(G)
Hering	Filetierung/ Marinie-rung	4,3-8,9	1,85-6,73	-	580-4460	-	4760-14580	3500-8185	380-1590	65-222	(H)
Hering u.a.	Konserven	4,9	4,22	114g/kg	-	-	47680	37300	824	92	(H)

[1]) Zucker, [2])TKN=NH_4-N + organischer Stickstoff
[3]) Anlage A – Produktions- und Reinigungsabwasser (nach Sieb, Flotation) einschließlich Abwässer der Fischmehlproduktion und Garbad (Betriebsdaten 2005-2007)
[4]) Anlage B – Rohabwasser direkt aus der Fabrik

4.9.4 Produktionsintegrierter Umweltschutz in der Fischverarbeitung

Hinweise zum integrierten Umweltschutz für Lebensmittel und speziell für Fischverarbeitungsbetriebe werden im [BREF 2017] benannt. Dabei können Managementsysteme, prozessintegrierte Techniken und End-of-Pipe-Maßnahmen verwendet und kombiniert werden. Demnach werden zur Erreichung eines hohen Umweltschutzstandards im Wesentlichen auf Prävention und Kontrolle gesetzt. Außerdem wird auf Minimierung bzw. Recycling von Produktverlusten geachtet, sowie auf einen sparsamen Einsatz von Energie.

Die wichtigsten Aspekte für die Fischindustrie sind:

- Vermeidung von Verlusten der Rohwaren, Zusatzstoffe und Produkte,
- Verringerung des Wasserbedarfs durch u. a. Beseitigung von Leckagen und Undichtheiten, wasserarme Reinigungstechniken (z. B. Trockenreinigung mit Pressluft, Vakuum, Einsatz von Reduzierstücken, Wassersparventilen, Düsenvorsätze, Hochdruckreinigung, Clean-in Place oder Frequent Cleaning),

- Stoffrückgewinnung (Proteine, Fischmehlproduktion) und Stoffrückhalt z. B. feine Siebeinsätze vor Bodeneinläufen, sparsamer Umgang und Auswahl geeigneter Reinigungsmittel,
- Abfallvermeidung,
- Verringerung des Energiebedarfs,
- Einsatz von Technologien zur Minimierung der Abluftemission,
- Konzepte zur Vermeidung von Havarien und Unfällen.

Auf den erfolgreichen Einsatz der Trockenreinigung einzelner Fabrikbereiche wird für Fischverarbeitungsbetriebe vielfach hingewiesen [Carawan 1996] und [Tchuokanova et al. 2003]. Auch die Siebweiten auf den Bodenabläufen sind von Bedeutung [Watson 2002]. Mit dem Rückhalt grober Feststoffe kann eine signifikante Reduzierung der Abwasserbelastung erreicht werden.

[Garcia-Sanda et al. 2003] führten Versuche zur Abtrennung der Fettphase aus Flotaten der Abwasservorbehandlung durch. Mittels Erwärmung (70 °C) erfolgte die Emulsionsspaltung, die Abtrennung wurde über Zentrifugation erreicht. Am Ende betrug der Ölgehalt 35 – 38 %, was als Brennstoff verwendet werden kann.

4.9.5 Abwasserreinigung

4.9.5.1 Anforderungen an die Abwasserbehandlung fischverarbeitender Betriebe

Die meisten fischverarbeitenden Betriebe in Deutschland sind Indirekteinleiter. Für Abwässer aus fischverarbeitenden Betrieben sind die Parameter Temperatur und lipophile Stoffe des [DWA-M 115-2 2005] bedeutend. Richtwerte für die Nährstoffparameter werden für Gesamt-Phosphor, NH_4-N/NH_3-N und Nitrit angegeben.

Die Mindestanforderungen für die Direkteinleitung von Abwässern aus der Fischverarbeitung in ein Gewässer sind in der [AbwV 2004], Anhang 7 festgesetzt (Tabelle 3). Diese Anforderungen werden gestellt, wenn die CSB-Fracht im Rohwasser aus der Verarbeitung von Fischen, Schalen- und Krustentieren in der Regel mehr als zwei Drittel der Gesamtfracht und die BSB_5-Fracht mindestens 600 kg/d beträgt. Übersteigt die Rohfracht an Stickstoff 100 kg/d, werden auch Anforderungen an Ammonium- und Gesamt-Stickstoff gestellt.

4.9.5.2 Möglichkeiten der Abwasserbehandlung

Die Fischverarbeitung erfolgt überwiegend in Betrieben an Land. Ein Teil der Verarbeitung wie das Ausnehmen, Reinigen und manchmal das Entfernen des Kopfes kann jedoch direkt an Bord stattfinden, z. B. bei der Verarbeitung von Edelfischen

BSB_5	CSB	NH_4-N[1)]	N_{ges}	P_{ges}
mg/l	mg/l	mg/l	mg/l	mg/l
25	110	10	25	2

Tabelle 3: Anforderungen an Direkteinleitung von Abwässern der Fischverarbeitung [AbwV 2004]

Qualifizierte Stichprobe oder 2 h-Mischprobe
1. bei T ≥ 12 °C im Ablauf des biologischen Reaktors
2. bei Verminderung der Stickstofffracht um 70 % können N_{ges} 40 mg/l zugelassen werden
3. BSB_5-Rohfracht < 6.000 kg/d → P_{ges} 1 mg/l

mit niedrigem Ölgehalt, die dann in Eis gehalten oder eingefroren werden.

Für die Behandlung an Land werden folgende Hauptoptionen zum Ableiten von Abwasser aus der Fischindustrie eingesetzt:

- direkte Einleitung in ein Gewässer mit betriebseigener Kläranlage,
- indirekte Einleitung in eine kommunale Kläranlage mit oder ohne Vorbehandlung im Betrieb,
- direkte Einleitung in eine kommunale Kläranlage mit separater mechanischer Vorbehandlung auf der kommunalen Kläranlage.

4.9.5.3 Mechanische Abwasserbehandlung

Bedeutung der Abwasservorbehandlung

Die Entfernung von partikulären Abwasserinhaltsstoffen insbesondere von Grobstoffen ist zwingend notwendig, um Ablagerungen und Verstopfungen in den Rohrleitungen sowie Störungen in den folgenden Verfahrensstufen zu verhindern. Zu den mechanisch zu entfernenden Feststoffen zählen Fischreste wie Schuppen, Gräten, Fischköpfe und Reste zugesetzter anderer Lebensmittel wie Gemüse.

Zur Feststoffabtrennung kommen Rechen, Siebe, Fettabscheider für Leichtstoffe, Misch- und Ausgleichsbecken, sowie die Neutralisation, Sedimentation, Zentrifugation, Fällung und Flotation zum Einsatz. Die Sedimentation wird nur selten verwendet.

Für die Grobstoffabscheidung in der Fischindustrie haben sich überwiegend Siebtrommeln und Bogensiebe bewährt (vgl. Bild 2). Das Sieb- bzw. Rechengut wird mit anderen Fischabfällen in Fischmehlfabriken verarbeitet.

Bogensiebe besitzen keine mechanischen Teile und sind damit maschinentechnisch einfach. Sie sollten mit einer automatischen Sprüh- oder Bürstenvorrichtung eingerichtet werden, um Verstopfungen der Siebplatte insbesondere durch

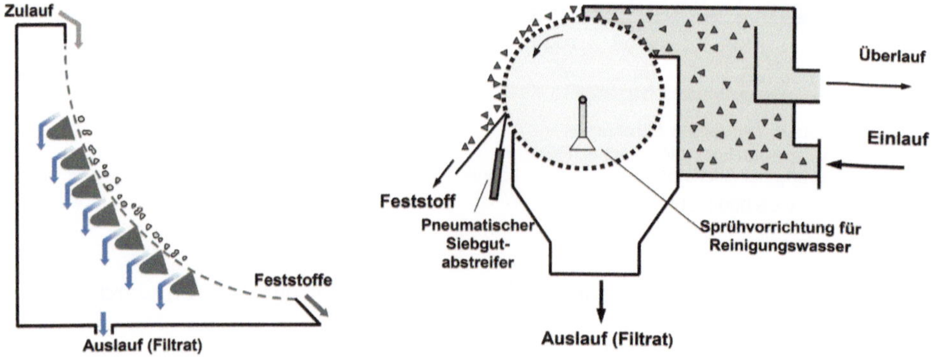

Bild 2: Bogensieb (links) und Siebtrommel mit außen liegender Abwasserzuführung (rechts) [Steinke 2009]

Schuppen zu verhindern [Lindsay und Schmidtke 1977], [Balslev-Olesen et al. 1990]. [Lindsay und Schmidtke 1977] führten Versuche zur Abwasserbehandlung aus der Herings- und Schrimpsverarbeitung durch. Mit einem Bogensieb (25 mesh = 0,707 mm) wurden Feststoffabscheidungen von 42 % und 60 % erreicht. Für Abwässer der Lachskonservenherstellung wurden mit einer Siebweite von 0,4 mm Feststoffreduktionen von 43 % erzielt. Mit einem Bogensieb wurde für Abwässer aus der Schrimpsverarbeitung etwa 45 % der BSB_5-Fracht reduziert [Carawan 1996].

Zur Abwasserbehandlung einer Rotbarsch-Entschuppung wurden mit dem Einsatz einer **Siebtrommel** (30 mesh = 0,59 mm; Typ Rotostrainer) im Mittel 30 % der Feststoffe entfernt. Die Abscheidung war teilweise schlecht, weil hochkantig auftreffende Schuppen die Sieblöcher passierten [Palenzuela-Rollon 1999]. Für Abwässer der Lachskonservenherstellung wurden mit Siebtrommeln (0,5 mm Siebloch) Eliminationsraten von 43 % ermittelt. Für die Abwässer, die bei der Anlandung von Heringen anfallen, sind es 52 % [Lindsay und Schmidtke 1977]. Insgesamt haben sich in der Fischverarbeitung Maschenweiten von 0,8 mm bewährt. In Abhängigkeit der Abwasserzusammensetzung und der Maschenweite können bis zu 50 % der Feststoffe eliminiert werden.

Fettabscheider

In Abwässern der Fischverarbeitung treten Fette in den Größenordnungen von ca. 4.000 mg/l bis 10.000 mg/l auf [Penning 2001]; [ATV 1997]. Fettabscheider werden in Fischverarbeitungsbetrieben häufig eingesetzt. Jedoch liegen kaum belastbare Angaben über die Leistung von Fettabscheidern vor [ATV 1997]. [Penning 2001] bestimmte für einen Fischfeinkostbetrieb stark schwankende Eliminationsraten für die lipophilen Stoffe von 0 – 84 % und für den CSB von 7 – 75 %. [Usydus und Bykowski 1999] ermittelten im Labormaßstab für einen horizontalen belüfteten Fettfang bei t_R 30 min eine Elimination der etherextrahierbaren Stoffen von 70 %. Nach [ATV 1997] sollten Fettabscheider bei Erreichen des Fett-Speichervermögens gereinigt werden, jedoch mindestens einmal wöchentlich. Die Bodenabläufe und Zulaufrinnen sollten nach jedem Betriebstag gereinigt werden.

Flotationen und Additive

Folgende Flotationssysteme kommen für Abwasser der Fischverarbeitung zum Einsatz:

- Begasungsflotation (direkte Flotation),
- Elektroflotation,
- Druckentspannungsflotation.

Nach Auswertung verschiedener Literaturangaben aus unterschiedlichen Produktionsbereichen der Fischindustrie (u. a. Fischfilettierung, Fischkonserven, Kochmarinaden) lassen sich für die Feststoffe Wirkungsrade zwischen 62 % und 99 % erreichen. Hinsichtlich des Parameters BSB_5 schwankt die Elimination im Bereich von 45 % und 70 %. Die flotative Feststoffabtrennung erfolgt zumeist unter Einsatz von Fäll- und Flockungshilfsmitteln. Es kommen als Fällmittel Eisen-III-Chlorid, Aluminiumsulfat und Calciumhydroxid zum Einsatz. Die in Tabelle 5 erreichten Wirkungen wurde bei Einsatz von 250 g/m³ Kalk und 50 g/m³ $FeCl_3$ erreicht. Als Flockungshilfsmittel werden organische Polymere verwendet.

[Steinke 2009] erzielte in der Heringsverarbeitung bei Verwendung von 50 – 125 g $FeCl_3/m^3$ und anionischem pulverförmigen Polymer mit spezifischen Dosiermengen von 26 – 58 g WS/m^3 eine CSB-Elimination im Bereich von 70 – 80 %. Der Feststoffgehalt im Zulauf der Flotation lag bei bis 4.500 mg AFS/l. Im Mittel werden die abfiltrierbaren Stoffe um 75 % reduziert.

Zentrifugieren

Um kleine Partikel abzuscheiden und zur Schlammabtrennung können Zentrifugen verwendet werden. Dabei ist die Dekanterzentrifuge eine weit verbreitete Standardtechnologie.

Tabelle 4: Erreichbare Ablaufwerte nach der Abwasservorbehandlung [BREF 2017]

Behandlung	BSB_5 [mg/l]	N_{ges} [mg/l]	P_{ges} [mg/l]	Fette, Öle [1)] [mg/l]
Rohabwasser	2.000 - 28.000	400 - 1.000	80 - 150	500 - 25.000
Zentrifugieren	1.500 - 5.000	-	-	500 - 2.000
Flotation	1.500 - 6.000	200 - 600	40 - 90	400 - 2.000
Fällung (H_2SO_4) und Flotation	800 - 3.000	150 - 300	30 - 50	100 - 500
Fällung (Fe/Mo) und Flotation	600 – 3.000	150 - 300	5 - 10	100 - 500
Zweistufige Flotation, Fällung (Fe/Mo), Polyelektrolyt	500 – 1.500	100 - 200	5 - 10	50 - 300

1) FOG – fat, oil, grease, 2) H_2SO_4 Schwefelsäure, 3) Mo Molybdän

Übersicht zur Leistungsfähigkeit der Vorreinigung

Die Leistungsfähigkeit der Abwasservorbehandlung für die Fischverarbeitungsindustrie ist in [BREF 2017] zusammengefasst (s. Tabelle 4). Die Zusammenstellung macht die Bedeutung der flotativen Feststoffabtrennung deutlich. Ebenso wird die Steigerung der Wirkungsgrade durch den Einsatz von Fäll- und Flockungshilfsmitteln dargestellt. Eine optimierte Zugabe kann am besten in Vor-Ort-Labortests ermitteln werden.

4.9.5.4 Biologische Abwasserbehandlung

Aerobe Behandlung

In Deutschland wird vorrangig das Belebungsverfahren genutzt, um Fischabwässer zusammen mit kommunalem Abwasser zu behandeln. Nur ein Fischverarbeitungszentrum behandelt das Produktionsabwasser im Belebungsverfahren als Direkteinleiter, wobei neben dem Abbau der organischen Abwasserinhaltsstoffe auch die Stickstoff- und Phosphorelimination erfolgt.

Tabelle 5 stellt Leistungsdaten einer Literaturrecherche zur biologischen Reinigung von Abwässern der Fischindustrie aus Anlagen im Pilot- und Labormaßstab zusammen. Es kommen im Wesentlichen das Belebungsverfahren auch als SBR sowie Tropfkörper zum Einsatz.

Tabelle 5: Aerobe Behandlungsverfahren für Abwässer der Fischverarbeitung [STEINKE 2009]

Verfahren		t_R [d]	T [°C]	CSB_0 [mg/l]	h_{CSB} [%]	
SBR	[P]	3 - 15	20 - 25	6.700	93	(A)
SBR	[P]	3 - 15	12 - 15	3.400	76 - 82	(A)
SBR	[L]	1	20 ± 5	1.100 – 1.200[1)]	86	(B)
Belebung	[P]	6	-	2.000	89	(C)
Festbett, getaucht	[L]	1,25	-	1.500 – 6.700	58 - 70	(D)
Scheibentauchkörper	[L]	-	11 - 22	-	24 – 48 g CSB/ $(m^2 \cdot d)$	(E)
Tropfkörper	[P]	-	-	33 – 330[2)]	20 – 502)	(F)

[P] Pilotmaßstab, [L] Labormaßstab, [1)] CSB_0, [2)] BSB_5

Quellen: (A) [Guida und Kugelmann 1986], (B) [Geiger et al. 1985], (C) [Bissonnette et al. 1977], (D) [Aguiar und Sant'anna 1988], (E) [Gonzales 1995], (F) [Battistoni et al. 1992]

Verfahren zur anaeroben Abwasserbehandlung der Fischindustrie

Abwässer der Fischverarbeitung besitzen hohe organische Belastungen, so dass auch im Hinblick auf die energetische Verwertung des Substrates die anaerobe Abwasserbehandlung sinnvoll ist.

Großtechnische Erfahrungen zur anaeroben Behandlung liegen nur für die Muschel- und Thunfischverarbeitung sowie für die Konservenherstellung vor. Für andere Fischabwässer gibt es lediglich Erkenntnisse aus anaeroben Pilotstudien. Als Reaktortypen kommen abwärts durchströmte Festbett- und Schlammbettreaktoren sowie EGSB-Reaktoren zum Einsatz. Bei CSB-Raumbelastungen zwischen 1 und 6 bis 8 kg CSB/($m^3 \cdot d$) wurden Abbaugrade von 70 – 95 % erzielt. Dabei betrug die Verweilzeit t_R ca. 2 bis 5 h [Veiga et al. 1992]. Aufgrund der hohen Salinität kann die Adaptionszeit mehrere Monate betragen.

Einen EGSB-Reaktor zur Vorbehandlung der Abwässer einer Fischkonservenfabrik für die Indirekteinleitung untersuchte [Steinke 2009]. Der CSB im Zulauf des Reaktors schwankte zwischen 3.340 – 8.460 mg/l. Die hydraulische Aufenthaltszeit beträgt 3 – 4,6 d. Die rechnerische Aufstromgeschwindigkeit lag bei nur 0,16 – 0,27 $m^3/(m^2 \cdot h)$ und die Raumbelastung variierte im relativ niedrigen Bereich von 1,3 – 3,0 kg CSB/($m^3 \cdot d$). Dabei wurde ein mittlerer Wirkungsgrad von ca. 90 % bei CSB-Ablaufwerten von 700 mg/l erzielt. Zur Nachbehandlung vor der Einleitung in das öffentliche Kanalnetz wird eine Nachbelüftung mit anschließendem Sedimentationsbecken eingesetzt.

Tabelle 6: Labortechnische Untersuchungen zur Stickstoffelimination für Abwässer der Fischindustrie [Steinke 2009]

Prinzip	Reaktor (Biomasse)	Zulauf Belastung	T [°C]	Wirkungsgrad [%]	
Nitrifikation	Aerober Reaktor (sessil u. suspendiert)	Abwasser Fischkonservenfabrik $B_{R,C}$ = 4,5 kg CSB/(m³·d) $B_{R,N}$ = 1,8 kg NH_4-N/(m³·d) C_0 = 200 mg Cl/l	k.A.	h_{CSB} = 98 % h_{NH4-N} = 98 %	(A)
Nitrifikation/ Denitrifikation	Anoxischer (sesResil) und aerober Reaktor (sessil u. suspendiert)	Abwasser Fischkonservenfabrik $B_{R,C}$ = 2,5 kg CSB/(m³·d) 1) $B_{R,N}$ = 0,85 kg NH_4-N/(m³·d) 2)	k.A.	h_{CSB} = 98 % h_N > 80 %	(A)
Denitrifikation	Kombination UASB (suspendiert) – anaerobes Festbett (sessil)	Ablauf Anaerobreaktor Fischkonservenfabrik $B_{R,C}$ = 1 - 1,25 kg CSB/(m³·d) $B_{R,N}$ = 0,1 ; 0,22 kg NO_3-N/(m³·d)	37	h_{CSB} = 80 % h_{NO3-N} ~100 %	(B)
Nitrifikation/ Denitrifikation	Anoxisches Festbett (sessil) u. aerober Reaktor (suspendiert)	Ablauf Anaerobreaktor Fischkonservenfabrik $B_{R,N}$ = 0,08 – 3 kg NO_3-N/(m³·d)	37	h_{NO3-N} = 60 – 72 %	(C)
Nitritation	SHARON-Reaktor (suspendiert)	Ablauf Anaerobreaktor Fischkonservenfabrik = Zulauf Sharon-Reaktor C_0 = 1.000 mg NH_4-N/l C_0 = 10 – 250 mg TOC/l C_0 = 6.600 mg Cl/l	35	h_{NH4-N} = 30 – 50 %	(D)
Anammox	SBR (suspendiert)	Ablauf Sharon-Reaktor = Zulauf Anammox (Abwasser urspr. Fischkonservenfabrik) $B_{R,N}$ = 0,5 kg (NH_4+ NO_2-N)/(m³·d) C_0 = 260 - 800 mg NH_4-N/l C_0 = 150 - 700 mg NO_2-N)/l C_0 = 50 - 120 mg TOC/l C_0 = 8.000 – 10.000 NaCl/l	35	h_N = 67 % $c_{e, NH4-N}$ ~ 100 – 400 mg/l $c_{e, NO2-N}$ < 1 mg/l	(E)

1) Bezug BR, C auf Vanoxisch + Vaerob, 2) Bezug BR, N auf Vaerob Quellen: (A) OYANEDEL ET AL. (2003), (B) MOSQERA-CORRAL ET AL. (2001), (C) MOSQUERA-CORRAL ET AL. (2003), (D) MOSQUERA-CORRAL ET AL. (2005), (E) DAPENA-MORA ET AL. (2006)

Erfahrungen zur Stickstoffelimination in der Fischabwasserbehandlung

Für Abwässer der Fischindustrie liegen verschiedene Untersuchungen zur gezielten Stickstoffelimination zumeist im labortechnischen Maßstab vor (Tabelle 6). Es wurden Nitrifikation/Denitrifikation im Belebungsverfahren, Hybridreaktoren, Nitritation und Anamoxverfahren getestet. Die Ergebnisse wurden von [Steinke 2009] zusammengestellt.

Mit einer vorgeschalteten Denitrifikation wurden bei Raumbelastungen von 0,85 kg NH_4-N/(m^3 · d) Ablaufwerte für Gesamt-Stickstoff von < 10 mg/l erreicht was einer N-Elimination von > 80 % entspricht. Die Abwässer besaßen vergleichsweise niedrige Salzgehalte mit 200 mg Cl/l.

An einer Belebungsanlage für die Direkteinleitung von Fischabwässern konnte [Steinke 2009] bei Schlammbelastungen bezogen auf die Nitrifikation von 0,079 bis 0,416 g N/(kg TS · h) bei einer Belastung der vorgeschalteten Denitrifikation 0,146 - 0,773 g N/(kg TS · h) Gesamtwirkungsgrad der Stickstoffelimination von 95 % erreichen.

Die NH_4-N-Ablaufwerte (85 % Fraktile) lagen bei 8,8 mg/l, die gesamt N-Ablaufwerte betrugen 12,8 mg/l. Die Salzgehalte schwanken dabei zwischen 3.000 – 7.000 mg Cl/l.

Phosphorelimination

Im Vergleich zu kommunalen Abwässern mit 5 – 17 mg/l sind die Phosphorkonzentrationen in Abwässern der Fischverarbeitung um ein Vielfaches höher (etwa 40 – 250 mg/l). Bei einer Anlage mit Direkteinleitung schwanken die Phosphorzulaufwerte der Vorklärung in Bereichen von ca. 100 – 200 mg P_{ges}/l. Phosphor stammt vorwiegend aus den Reinigungsabwässern, den Fischmehlabwässern und den Garbädern. Auf einer Kläranlage mit direkter Zuführung von Abwässern aus der Fischverarbeitung lag der P-Gehalt im Mittel bei 45 mg P_{ges}/l. Für Abwässer der Fischkonservenherstellung (Indirekteinleiter) wurden im Zulauf der Betriebskläranlage 92 mg P_{ges}/l ermittelt. Betrachte man die Ablaufwerte konnten unter dem Einsatz der chemischen P-Elimination sehr niedrige Ablaufwerte erzielt werden (Tabelle 7). Im Vergleich zur Literatur werden beispielsweise in Thunfischkonserven sehr hohe Phosphatwerte mit 400 – 800 mg PO_4-P/l berichtet [Veiga et al. 1992]. Die Phosphorelimination erfolgt ausschließlich unter Zugabe von Fällmitteln und Polymeren.

Tabelle 7: Phosphorgehalte im Zu- und Ablauf der biologischen Stufen [Steinke 2009]

		Anlage A[1)] Belebung, Flotation[2)], Filter, UV	Anlage B Anaerobreaktor, Nachbelüftung	Anlage C Belebung, Nachklärung
$P_{ges,\,o}$ [mg/l]	MW	18 (n = 74)	88 (n = 3)	10 (n = 29)
	Min - Max	0,5 - 120	80 - 92	5 - 21
$P_{ges,\,e}$ [mg/l]	MW	0,37 (n = 732)	56 (n = 2)	0,18 (n = 249)
	Min - Max	0,02 – 4,2	25 – 86,5	0,1 – 2,9

1) Zeitraum 04/2004 – 02/2007, 2) Chemische Fällung mit Eisen-III-Chlorid

4.9.5.5 Weitergehende Abwasserbehandlung

Abwasserfiltration

Weitergehende Anforderungen werden z.B. an einen Direkteinleiter in die Ostsee gestellt. Hierzu wurden zwei Sandfilter (à 7 m^2) unter Dosierung von PAC zur gezielten Phosphorelimination installiert.

Bei Inbetriebnahme stellte sich heraus, dass das Fällmittel sinnvollerweise in die vorgeschaltete Flotation dosiert wurde. Die Filtergeschwindigkeit beträgt 7 m/h bei Betrieb von beiden Filtern. Der CSB-Rückhalt lag bei bis zu 40 %. Die Feststoffe konnten deutlich reduziert werden, auch um die Transmission für die nachgeschaltete UV-Anlage zu gewährleisten.

Desinfektion

Über die Desinfektion von biologisch gereinigtem Abwasser der Fischverarbeitung wird kaum berichtet. Ebenfalls für die Direkteinleitung in die Ostsee wurden verschärfte Anforderungen gestellt. Es wurde eine UV-Anlage errichtet, die mit einer UV-Dosis von 4,0 m Ws/cm^2 ausgelegt ist.

4.9.6 Schlammbehandlung

Bei der Fischverarbeitung fallen Schlämme bei der Vorbehandlung, zumeist als Flotat, oder als Überschussschlamm der biologischen Stufe an.

In einer Fischfabrik für Halbfertigprodukte konnte [Steinke 2009] für die einfache Flotation t_R-Gehalt von 4,3 % im Flotat ermitteln. Bei Einsatz von Fäll- und Flockungshilfsmittel konnte der t_R-Gehalt auf ca. 6 % gesteigert werden. Bei Einsatz einer Zentrifuge unter sehr hoher Polymerzugabe (37,8 kg WS/t t_R) konnten nur relativ mäßige Entwässerungsergebnisse erzielt werden(maximal von 7,2 % auf 17,7 %).

Der Überschussschlamm der biologischen Stufe (Direkteinleitung) konnte ohne Polymere von 4 % auf 8,3 % eingedickt werden.

4.9.7 Beispiele ausgeführter Anlagen

Der größte Standort der Fischindustrie in Deutschland ist Bremerhaven, hier werden im größten Gewerbegebiet der Stadt von 80 Unternehmen mit mehr als 4.000 Beschäftigten jedes Jahr über 200.000 Tonnen Fisch verarbeitet, was ungefähr die Hälfte der bundesweiten Produktion ausmacht. Das Abwasser wird der kommunalen Kläranlage (600.000 Einwohnerwerte) zugeführt, die mit üblicher kommunaler Verfahrenstechnik ausgestattet ist (Rechen Sand- und Schwimmstofffang, Vorklärung und Belebungsanlage, Faulung).

Mitbehandlung auf einer kommunalen Kläranlage (Cuxhaven)

In Cuxhaven befinden sich etwa 19 fischverarbeitende Betriebe [BVL 2009]. Die Abwässer aus dem Hafenbereich, die aus Betrieben der Fischverarbeitung, der Obstverarbeitung, der Sauerkrautherstellung und den Sanitärabwässern stammen werden separat vom kommunalen Abwasser zur Kläranlage geleitet und getrennt mechanisch vorbehandelt (Bild 3). Die Belastung der Kläranlage stammt zu ca. 60 % der CSB-Fracht aus der Industrie, wobei die Abwassermenge nur etwa 20 % entspricht.

Die Vorbehandlung des industriellen Abwassers erfolgt mittels Grob- und Feinrechen mit Stabweiten von 40 mm und 16 mm. Im Sand- und Fettfang wird zusätzlich Eisen-II-Sulfat dosiert. Die Hauptvorreinigung erfolgt in einer Druckentspannungsflotation unter Zugabe von Kalkmilch und Flockungsmitteln.

Zur biologischen Reinigung im Belebungsverfahren (V_{BB} 16.500 m^3; simultane Denitrifikation im Umlaufbecken) wird das vorbehandelte Industrieabwasser mit dem kommunalen Abwasser (Sand- und Fettfang und Vorklärung) gemeinsam gereinigt. Der Überschussschlamm wird mittels Flotation eingedickt und zusammen mit dem Primärschlamm und dem Flotat der Vorreinigung anaerob behandelt.

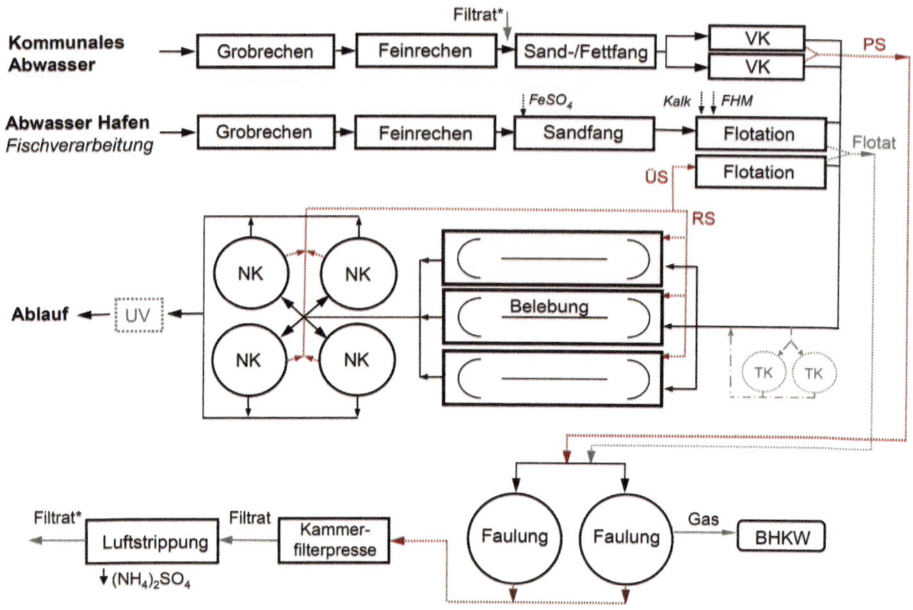

Bild 3: Fließschema der Kläranlage Cuxhaven [Steinke 2009]

Nach der Mischung der beiden Teilströme beträgt der CSB im Zulauf zur Belebungsstufe im Mittel 735 mg/l. Das CSB/BSB_5-Verhältnis schwankt von 1,5 bis 3,2 und entspricht im Mittel 2,2. Der N_{ges} beträgt 112 mg/l und Phosphor liegt bei 10 mg/l.

Bei einem Schlammalter von 13 Tagen werden Ablaufwerte im Berichtszeitraum von 2 mg BSB_5/l, 31 mg CSB /l, P_{ges} 0,18 mg/l und N_{ges} 4,4 mg/l erzielt [Steinke 2009].

Direkteinleitung

Das Beispiel behandelt eine Fischfabrik zur Verarbeitung von Hering, der zu Halbfabrikaten für Marinaden-, Feinkost- und Konservenfabriken verarbeitet.

Das Prozessschema der Betriebskläranlage (ca. 90.000 EGW) ist in Bild 4 dargestellt. Die Abscheidung der Grobstoffe erfolgt mit zwei parallelen Rotationssieben (0,8 mm). Anschließend wird das Abwasser in einer zweistufigen Flotation vorbehandelt. Fäll- und Flockungshilfsmittel werden über einen Rohrflocker nur in die zweite Flotation dosiert. Das mechanisch/chemisch vorbehandelte Abwasser

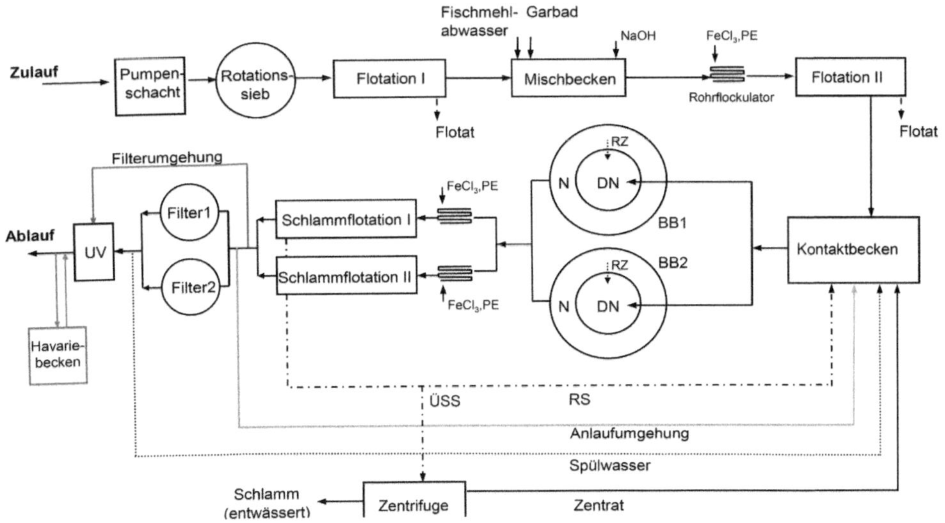

Bild 4: Fließschema der Kläranlage Beispiel Direkteinleitung der Abwässer einer Fischfabrik [Steinke und Barjenbruch 2010]

wird in einem Kontaktbecken (100 m^3) mit dem Rücklaufschlamm der Bio-Stufe vermischt. Die biologische Reinigung ist als zweistraßige Belebung mit Nitrifikation und vorgeschalteter Denitrifikation ausgelegt (V_{BB} 7.280 m^3). Zur Schlammabscheidung ist eine zweistraßige Flotation vorgesehen. Die Nachreinigung erfolgt über zwei Sandfilter und eine UV-Desinfektion.

Durch saisonal bedingte Produktionsschwankungen variiert der CSB im Zulauf zur Belebung zwischen ca. 300 und 9.000 mg/l. Der Mittelwert betrug 2.638 mg/l. Das CSB/BSB_5-Verhältnis reicht von 1,2 bis 2,1.

Bei Schlammbelastungen zwischen 0,003 und 0,12 g CSB/(g TS·d) wurde ein Schlammalter im Bereich von 13 - 17 d eingestellt. Die Temperatur lag im Mittel bei 18 °C (Variation 7 – 28).

Die Ablaufwerte im Berichtszeitraum lagen bei 7 mg BSB_5/l, 58 mg CSB/l, P_{ges} 0,13 mg/l und N_{ges} 6,5 mg/l und erfüllten die strengen Einleitungsbedingungen.

Der diskontinuierliche Betrieb der Anlage zeigt, dass nach Produktionspausen mehrerer Wochen eine Anlaufzeit für die biologischen Prozesse notwendig ist und diese sehr guten Ablaufwerte nur bei langsamer Steigerung der Belastung möglich sind [Steinke und Barjenbruch 2010].

Literatur

AbwV (2004): Abwasserverordnung, Anhang 7.

Aguiar, A. L. C. und Sant'anna Jr., G. L. (1988): Liquid effluents of fish canning industries of Rio de Janeiro State-treatment alternatives, Environmental Technology Letters, 9. pp. 421 – 428.

ATV (1997): Handbuch - Mechanische Abwasserreinigung. 4. Auflage, Ernst & Sohn, Berlin.

Awarenet (2002): Tools for prevention and minimisation of agro-food wastes generation in European industry. GRD1-CT-2000-28033.

Balslev-Olesen, P.; Lynggaard Jensen, A., Nickelsen, C. (1990): Pilot-scale experiments on anaerobic treatment of wastewater from a fish processing plant. Water Science and Technology, 22 (1/2), S. 463 – 474.

Baltes, W. (2000): Lehrbuch der Lebensmittelchemie. 5. Aufl., Springer-Verlag, Berlin.

Battistoni, P., Fava, G. (1995): Fish processing wastewater: Production of internal carbon source for enhanced biological nitrogen removal, Water Science and Technology, 32(9-10), S.293-302

Belitz, H.-D.;, Grosch, W.; Schieberle, P. (2001): Lehrbuch der Lebensmittelchemie. 5. Aufl., Springer-Verlag, Berlin.

Bissonnette. A., LIN, S. S., LIAO, P. B. (1977): Salmon processing wastewater treatment, Industrial Environmental Research Laboratory (Corvallis, Or.) and Industrial Environmental Research Laboratory (Cincinnati, Ohio. Proceedings Eighth National Symposium on Food Processing Wastes; Seattle, WA. Cincinnati, Ohio: US EPA; S.333-354

BREF (2017): Best Available Techniques Reference Document in the Food, Drink and Milk Industrial Emissions Directive 2010/75/EU (Integrated Pollution Prevention and Control) JOINT RESEARCH CENTRE Directorate B – Growth and Innovation Circular Economy and Industrial Leadership Unit European IPPC Bureau First Draft (January 2017)

Carawan, R. E. (1996): Preventing pollution in shrimp processing. http://www.bae.ncsu.edu/programs/extension/publicat/wqwm/cd25.html (abgerufen am 29.01.2007).

COWI (2000): Cleaner production assessment in fish processing. COWI Consulting Engineers and Planners AS, Denmark, United Nations Environment Program.

DWA-M 115-2 (2005): Indirekteinleitung nicht häuslichen Abwassers Teil 2: Anforderungen.

FAO (2018): The State of World Fisheries and Aquaculture 2018 – Meeting the sustainable development goals. Rome. Licence: CC BY-NC-SA 3.0 IGO.

FIZ (2018): Daten und Fakten zur Fischwirtschaft. Fisch-Informationszentrum e. V.

Garcia-S., E.; Omil, F.; Lema, J. M. (2003): Clean production in fish canning industries: recovery and reuse of selected wastes. Clean Technologies and Environmental Policy, 5 (3-4), pp. 289 – 294.

Gonzalez, J. F. (1995): On the treatment of fish filleting waste water by means of rotating biological contactors, Water SA, 21(4), S.365-369

Guida, V. G., Kugelman, I. J. (1986) Activated Sludge Treatment and Salt Marsh Polishing for Seafood Processing Wastewater: An Experimental Investigation, Toxic and Hazardous Wastes, Proceedings of the 18th Mid-Atlantic Industrial Waste Conference, Technomic Publishing Co., Lancaster, S.376-390

Geiger, E. L., Wheaton, F. W., Brinsfield, R. B., Alleman, J. E. (1985): Biological treatment of crab processing plant wastewater, Journal of the Water Pollution Control Federation, 57(12), S.1128-1133

Koppe, P. und Stozek, A. (1999): Kommunales Abwasser. 4. Auflage, Vulkan-Verlag, Essen.

Krüger, K.-E. (2003): Fisch. Heiss, R. (Hrsg.): Lebensmitteltechnologie. Chemische, mechanische und thermische Verfahren der Lebensmittelverarbeitung. Springer-Verlag, Berlin, 6. Aufl.

Lindsay, G. und Schmidtke, N. W. (1977): Screening for three fish processing plant effluents. Environmental Protection Service, Technology Development Report, EPS 4-WP-77-4.

Middlebrooks, E. J. (1979): Industrial Pollution Control. Vol. 1: Agro-Industries, Wiley & Sons, New York.

Nordic Council of Ministers (2015): BAT in fish processing industry. Nordic perspective.

Nordic Council of Ministers (1997): BAT Best available technology in the fishing industry. TemaNord 1997:579.

Oelker, P. (1996): Fischkonserven. Sielaff, H. (Hrsg.): Technologie der Konservenherstellung. Behr's Verlag, Hamburg, S. 205 – 223.

Palenzuela-Rollon, A. (1999): Anaerobic Digestion of Fish Processing Wastewater with Special Emphasis on Hydrolysis of Suspended Solids. Dissertation University Wageningen.

Penning, S. (2001): Optimierung der Fettabscheidung zur Anpassung der Indirekteinleitung. Diplomarbeit, Institut für Kulturtechnik und Siedlungswasserwirtschaft, Universität Rostock (unveröffentlicht).

Steinke, M. (2009): Untersuchungen zur Behandlung von Abwässern der Fischverarbeitungsindustrie. Dissertation an der Universität Rostock.

Steinke, M. und, Barjenbruch, M. (2010): Full-scale experiences of nitrogen removal of fish-processing wastewater with flotation and anoxic-aerobic activated sludge system. Water Science & Technology—WST Vol 61 No 9, pp 2227–2233.

Tchuokanova, N; Gonzalez, M.; Poiriers, S. (2003): Best management practices: marine products processing. Coastal Zones Research Institute Inc., http://www.glf.dfompo.

Tülsner, M. (1994): Fischverarbeitung. Band 1: Rohstoffeigenschaften und Grundlagen der Verarbeitungsprozesse. Behr`s Verlag, Hamburg.

Usydus, Z. und Bykowsky, P. J. (1999): Treatment of wastewater from fish processing factories. Bulletin of the Sea Fisheries Institute, 1 (146), S. 73 – 8.4

Veiga, M. C.; Mendez, R. J., Lema, J. M. (1992): Treatment of tuna processing wastewater in laboratory and pilot scale DSFF anaerobic reactors. 46th Purdue Industrial Waste Conference.

Watson, R. B. (2002): Reducing water and trade effluent costs in fish processing. Alasalvar, C. und Taylor, T. (Hrsg.): Seafoods – Quality, technology and nutraceutical applications. Springer-Verlag, Berlin.

5 Getränkeindustrie und Gärungsgewerbe

5.1 Mineralbrunnen, Erfrischungsgetränke und Fruchtsaft

Roland Lange

5.1.1 Allgemeines

In der Mineralbrunnen-, Erfrischungsgetränke- und Fruchtsaftindustrie wird das Abwasser überwiegend öffentlichen Abwasseranlagen zugeführt. Die Betriebe sind damit in der Mehrzahl *Indirekteinleiter.* Für die Indirekteinleitung sind die Festlegungen in den Ortssatzungen und in den Indirekteinleiterverordnungen maßgebend, wobei bei Produktionsabwässern dieser Branchen insbesondere der Parameter pH-Wert (in der Regel 6,5 – 10,0) und eventuell die Begrenzung der Einleittemperatur (< 35 °C) relevant sind. Die absetzbaren Stoffe sind nach den Empfehlungen des Merkblattes [DWA-M 115 2004] nicht begrenzt, können jedoch in der jeweiligen Ortssatzung limitiert sein.

Für Direkteinleiter gelten die Anhänge 5 (Obst und Gemüse) und 6 (Erfrischungsgetränke) der Abwasserverordnung. Die Mindestanforderungen liegen für den CSB, BSB_5 und P_{ges} bei 110/25/2 mg/l für beide Anhänge; bei Anhang 5 [AbwV 2004b] kommen als Anforderungen für NH_4-N und N_{ges} 10 und 18 mg/l hinzu. Die Geltungsbereiche sind wie folgt festgelegt:

- Stickstoff: Abwassertemperatur im Ablauf des biologischen Reaktors ≥ 12 °C, Rohfracht N_{ges} ≥ 100 kg/d (lt. wasserrechtlicher Erlaubnis),
- Phosphor: Rohfracht P_{ges} > 20 kg/d (lt. wasserrechtlicher Erlaubnis).

Maßgebend sind die Analysen aus der qualifizierten Stichprobe oder der 2-Stunden-Mischprobe.

5.1.2 Produktionsverfahren

Natürliches Mineralwasser muss am Quellort abgefüllt werden. Nach der Förderung wird es evtl. enteisent und mit Kohlensäure versetzt.

In vielen Betrieben werden sowohl Tafelwasser als auch Erfrischungsgetränke hergestellt. Tafelwasser können z. B. Natursole, Meerwasser und Mineralsalze sowie Kohlensäure zugesetzt werden. Erfrischungsgetränke werden auf der Basis von Trinkwasser oder auch Mineral- oder Tafelwasser hergestellt. Nach Zugabe von Getränkegrundstoff, ggf. Zucker und/oder Süßstoff sowie Kohlensäure werden die Stoffe gemischt, gelöst und das Erfrischungsgetränk wird abgefüllt.

Die Verfahrenstechnik zur *Herstellung von Fruchtsäften* lässt sich vereinfachend in die Produktionsschritte Waschen, Mahlen, Entsaften, Schönen, Filtrieren, Erhitzen, Rückkühlen und Abfüllen unterteilen. Vielfach wird vor der Abfüllung auch eine Konzentrierung und spätere Rückverdünnung der Säfte vorgenommen, eine separate Gewinnung der Aromen wird ebenfalls durchgeführt.

Durch Konzentrierungsprozesse kann der gelöste Trockensubstanzgehalt der Säfte von ursprünglich 5 – 20 % auf 60 – 75 % erhöht werden. Dadurch werden die erhaltenen Saftkonzentrate in chemischer und mikrobiologischer Hinsicht weitgehend stabilisiert, gleichzeitig wird das erforderliche Lager- und Transportvolumen bei Vollkonzentraten auf 1/6-1/7 reduziert.

Bild 1 stellt vereinfachend ein Fließschema für die Saftherstellung aus Kernobst mit zwischengeschalteter Aromengewinnung, Konzentrierung und Rückverdünnung dar [DWA-M 766 2012].

Zusätzlich angegeben sind dabei die wichtigsten Wasserbedarfs- und Abwasser-Anfallstellen sowie die Möglichkeiten für innerbetriebliche Wasserkreisläufe. Nicht angegeben sind die im gesamten Betrieb benötigten und anfallenden Spül- und Reinigungswässer. Weiterhin nicht dargestellt sind die Wasserbedarfs- und Abwasser-Anfallstellen der Nebenanlagen, wie z. B. Dampfkesselanlage, Wasseraufbereitung und Kühlung.

5.1.3 Abwasseranfall und Inhaltsstoffe

Die Abwässer der Erfrischungsgetränke-Industrie enthalten vorwiegend organische Verunreinigungen aus folgenden Betriebsbereichen:

- Zucker und fruchthaltige Produktreste und -verluste aus den Bereichen Produktlagerung, -vorbereitung und -abfüllung,
- Leim und faserhaltige Stoffe aus den Bereichen Etikettierung und Verpackung,
- Reinigungslaugen und -säuren mit organischen Verunreinigungen aus der Rohrleitungs- und Behälterreinigung sowie der Flaschenreinigung.

Zu berücksichtigen sind weiterhin die aus der Wasseraufbereitung anfallenden mineralischen Säuren und Laugen und die im gesamten Abfüll- und Flaschentransportbereich anfallenden abgespülten bzw. abtropfenden Kettengleit- und Kettenschmiermittel.

Für die Produktverluste ist zu beachten, dass ein Liter Saft ca. 1 – 2 Einwohnergleichwerte (1 EGW ~ 40 g BSB_5 gelöst) ergibt. Wesentlich höhere Werte ergeben sich aus Konzentraten und Grundstoffen.

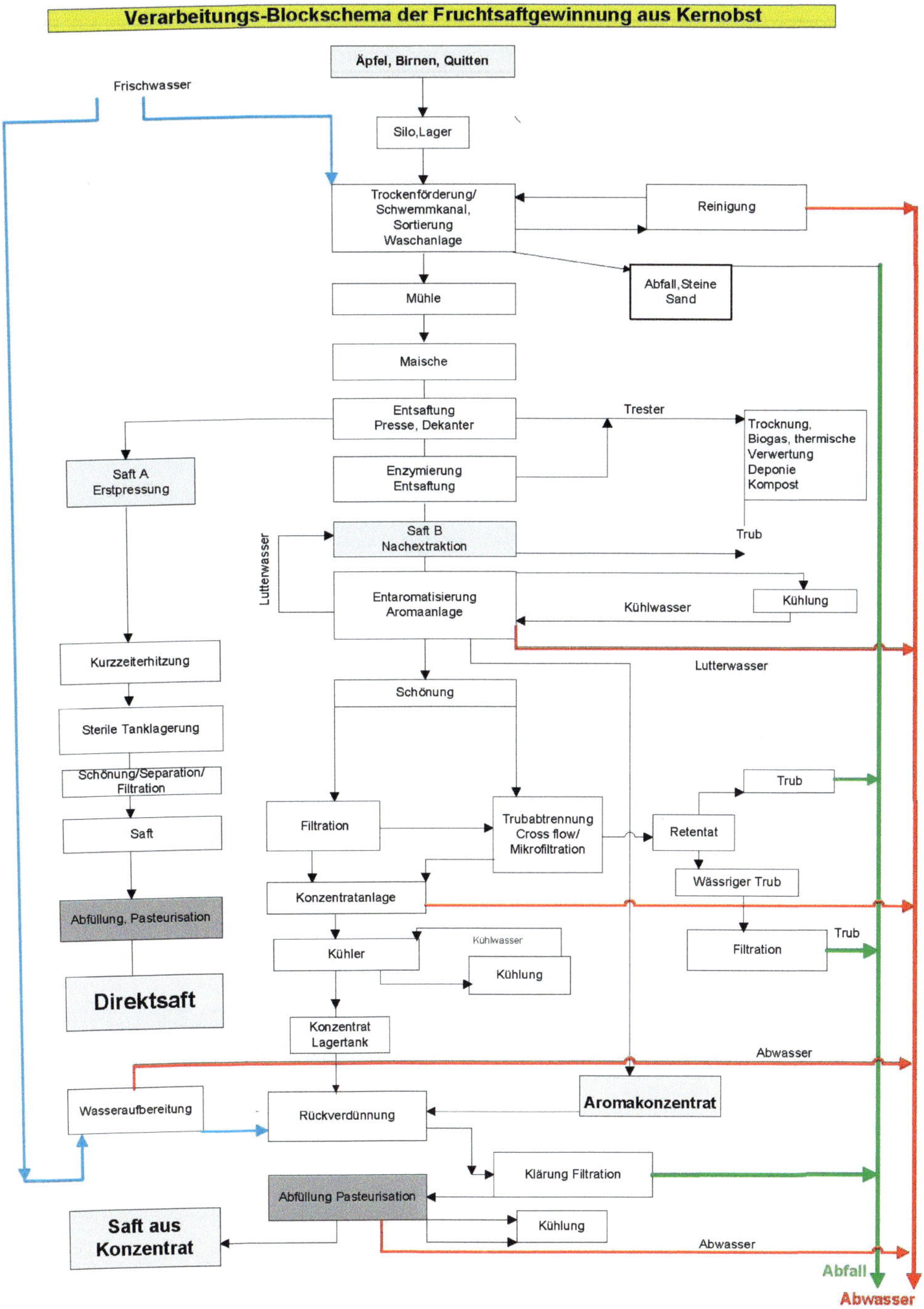

Bild 1: Blockschema der Fruchtsaftgewinnung aus Kernobst [DWA-M 766 2012]

Die pH-Werte der Säfte liegen zwischen pH ~ 3 und 4, der Zuckergehalt für Säfte schwankt zwischen ca. 8 und 170 g/l. Bei letzterem ist zu beachten, dass 1 kg Zucker ca. 1,1 kg CSB ergibt.

In Tabelle 1 sind für Betriebe unterschiedlicher Produktionsschwerpunkte typische Verhältnisse des Trinkwasserverbrauchs und des Abwasseranfalls in Bezug zu hergestellter Getränkemenge aufgeführt.

Neuere Untersuchungsergebnisse zeigen bei einigen Betrieben gegenüber in der Literatur genannten Werten einen weiteren Rückgang der spezifischen Abwas-

Tabelle 1: spezifischer Wassereinsatz ohne Produktwasser und spezifischer Abwasseranfall (Umfrage [VdF 2010] und [VDM 1997], aus [DWA-M 766 2012])

Produkte	Verhältnis Trinkwasserverbrauch zu produziertem Getränk Liter/Liter	Verhältnis Abwasseranfall zu produziertem Getränk Liter/Liter
Mineral-, Quell- und Tafelwasser / Erfrischungsgetränke	0,99 (0,64 – 1,45)	1,17
Fruchtsäfte und -nektare / Fruchtsaftgetränke	2,49 (1,74 – 3,25)	1,59
Mineral-, Quell- und Tafelwasser / Erfrischungsgetränke / Fruchtsäfte und -nektare / Fruchtsaftgetränke	1,84 (0,99 – 2,22)	0,95
Anmerkung: Mittelwerte, Klammerwerte sind Minimum- und Maximum-Werte		

Tabelle 2: Zusammensetzung des Rohabwassers in Mischbetrieben (Umfrage [VdF 2010] und [VDM 1997], aus [DWA-M 766 2012])

Produkte	CSB mg/l	N_{ges} mg/l	P_{ges} mg/l	ASS ml/l
Mineral-, Quell- und Tafelwasser / Erfrischungsgetränke	574 (max. 8.430)	5,2 (max. 20)	6,5 (max. 53)	0,5 (max. 15)
Fruchtsäfte und -nektare / Fruchtsaftgetränke	1.884 (max. 5.600)	35,3 (max. 335)	15,4 (max. 52)	3,3 (max. 1.300)
Mineral-, Quell- und Tafelwasser / Erfrischungsgetränke / Fruchtsäfte und -nektare / Fruchtsaftgetränke	2.580 (max. 8.000)	9,7 (max. 49	10,3 (max. 54)	35,3 (max. 900)
Anmerkung: Mittelwerte; Maximum-Werte in Klammern				

sermengen, wobei bei vorwiegend Einwegabfüllung Abwassermengen von < 0,6 m³/1.000 l Produkt erreicht werden. Dabei muss beachtet werden, dass durch die Verringerung der Abwassermenge eine Konzentrationserhöhung eintreten kann.

In Tabelle 2 ist die Zusammensetzung des Rohabwassers in Betrieben unterschiedlicher Produktionen zusammengestellt. Basis der Werte ist eine Umfrage der Verbände der Fruchtsaftindustrie und der Mineralwasserhersteller. Bei den Tabellenwerten handelt es sich um Mittelwerte. Die Schwankungsbreiten zu den Maximalwerten sind erheblich und sehr stark von der Produktart, deren mengenmäßigen Anteilen und der Produktvielfalt abhängig.

Um eine verlässliche Planungsgrundlage zu schaffen, ist deshalb zu empfehlen, in dem jeweiligen Betrieb eine Messkampagne durchzuführen.

Für Rohwaren verarbeitende Betriebe sind die Ernte- und Verarbeitungskampagnen hinsichtlich des Abwasseranfalls von großer Bedeutung. In der Kampagne kann ein Mehrfaches der außerhalb der Kampagne anfallenden Mengen und Frachten auftreten. Dies hat je nach Betriebsgröße unter Umständen einen erheblichen Einfluss auf den Betrieb der nachgeschalteten Kläranlage. Bei Rohwaren verarbeitenden Betrieben fallen gegenüber abfüllenden Betrieben höhere spezifische Kohlenstofffrachten an (gemessen als BSB_5 bzw. als CSB). In der Tabelle 3 sind für verschiedene Arten von Obst bzw. Gemüse verarbeitenden Betrieben Jahresdurchschnittswerte der relevantesten Parameter aufgeführt. Die Daten stammen aus dem Jahr 1996 mit 105 Beteiligten [VdF 1996].

Tabelle 3: Jahresdurchschnittswerte vom Rohabwasser verschiedener Betriebsarten der Fruchtsaftindustrie [DWA-M 766 2012]

Betriebsart	Spezifische Abwasser-menge m³/t Obst und Gemüse	BSB_5 mg/l	CSB mg/l	N_{ges} mg/l	P_{ges} mg/l	ASS ml/l
Ausschließlich verarbeitende Betriebe (Halbware)	1,5 – 2,0	1.700 – 4.000	2.500 – 4.500	55 – 30	3 – 15	10 – 150
	m³/1.000 l Fertigware					
ausschließlich abfüllende Betriebe	0,55 – 3,8	250 – 1.000	1.500 – 3.000	1,2 –10	1,5 – 12	0,5 – 25
verarbeitende und abfüllende Betriebe	1 – 4	400 – 2.000	400 – 3.000	9 – 25	2 – 14	2 – 30

Aufgrund batchweise durchgeführter Reinigungen schwankt der pH-Wert des Rohabwassers stark. Die Abwassertemperaturen liegen häufig zwischen ca. 20 und 30 °C. Die Stickstoff- und Phosphatgehalte sind in der Regel für eine betriebseigene voll biologische Abwasserbehandlung nicht ausreichend und müssten nachdosiert werden. Für die Werkstoffauswahl ist bei Betrieben mit einer eigenen Vollentsalzungsanlage zu beachten, dass u. U. hohe Chloridgehalte von > 1.000 mg/l auftreten können.

5.1.4 PIUS

Die integrale Betrachtung der verschiedenen Stoffströme (Frisch- und Abwasser, Wärme, Kälte, Strom) inklusive einer energetischen Verwertung von Reststoffen aus der Produktion gewinnt zunehmend an Bedeutung. Eine Bestandserfassung der Produktion ist eine sinnvolle Basis zur Einordnung der eigenen Prozesse im Vergleich zu branchenüblichen Benchmarks. Auf dieser Basis kann ein Bilanzmodell erstellt werden, das über die Kopplung mit spezifischen Kennzahlen eine Prognose-Modellierung [Breitenkamp 2016] in Abhängigkeit von den Herstellungs- und Verarbeitungsprozessen erlaubt. Damit können bei Neu- oder Umplanungen der Produktion die Prozesse optimiert und aufeinander abgestimmt werden.

Als einfache und wirkungsvolle innerbetriebliche Maßnahmen für Betriebe der Fruchtsaft- und Erfrischungsgetränkeindustrie gelten:

Allgemein

Einbau und Kontrolle von Wasserzählern, Personalschulung, Reduzierung von Schlauchanschlussgrößen, Einsatz von Hochdruck-Geräten, Trockenreinigungen, Einsatz von Brüdenkondensaten als Brauchwasser und für Reinigungszwecke, getrennte Kühlwasserableitung, Vermeidung von Produktverlusten.

Obst- und Gemüsewäsche

Waschwasserkreislaufführung, Einsatz von Brüdenkondensaten, Schließwässern und Kühlwässern, Absiebung von Feststoffen, Einsatz von Hochdruckgeräten zur Geräte- und Raumreinigung.

Obstzerkleinerung, Konzentrierung, Aromengewinnung

Kühlwasserkreislaufführung, Wiederverwendung von Brüdenkondensaten und Lutterwässern, Verwendung von Mehrstufenverdampfern.

Schönung, Filtration, Lagerung

Rückhalt und getrennte Beseitigung von Schönungstrub und Kieselgur; Schönungstrub z. B. durch Einbringung in kommunale Faulbehälter oder Kompostierung, Trockenaustrag der Kieselgur, Restsaftentleerung der Vakuumdrehfilter, Vermeidung von Produktverlusten, Auffangen von Produktvor- und -nachläufen, sparsame Verwendung von Reinigungs- und Desinfektionsmitteln, Vorreinigung mit Brüdenkondensat, Kreislaufreinigung mit Stapelung von Laugen und Säuren.

Abfüllung und Flaschenreinigung

Kreislaufreinigung der Laugen, Etikettenaustrag aus den Laugen, Auffangen von Produktvor- und -nachläufen, Justierung der Abfüllorgane, sorgfältige Entleerung der Konzentratgebinde.

Wasseraufbereitung

Stapelung der Säuren und Laugen aus der Regenerierung und dosierte Ableitung.

Wärme- und Kälteerzeugung, Kühlung

Kondensatrückführung, Kühlwasserkreisläufe.

Im Merkblatt über die besten verfügbaren Techniken in der Nahrungsmittel-, Getränke- und Milchindustrie (BVT-Merkblatt Food, Drink and Milk Industries, [European Commission 2006]) werden als Maßnahmen zur Reduzierung der Abwasserbelastung für den Sektor Obst und Gemüse zusätzlich genannt:

- Minimierung der Lagerzeiten,
- Lagerung von Obst und Gemüse sowie Nebenprodukte, die als Tierfutter Verwendung finden sollen, im Freien in einem sauberen überdachten Bereich oder in Behältern zur Vermeidung von aufwendigen Kühlprozessen,
- trockene Trennung von Rohwaren, die bei der Sortierung ausgeschieden werden (z. B. aus der Sortierung, dem Putzen, der Extraktion oder der Filtration),
- Rückhalt von Erde in Sedimentations- und/oder Filterschritten und separate Verwertung/Entsorgung,
- Optimierung der Wiederverwendung von Wasser mit und ohne Behandlung, je nach Qualitätsanspruch zur Sicherstellung von Hygiene- und Lebensmittelqualitätsstandards.

5.1.5 Abwasserreinigung

Grob- und Feststoffabscheidung

Für die Grob- und Feststoffabscheidung empfiehlt sich der Einsatz von Siebanlagen, wobei sowohl feststehende Bogensiebe als auch rotierende Trommelsiebe und Muldensiebe verwendet werden. Für Siebanlagen sollte eine Abspritzeinrichtung installiert werden. Kleinere Loch- und Schlitzdurchmesser (1 bis 1,5 mm) verstopfen zumeist weniger als größere (2 bis 3 mm).

Neutralisation

Wenn in der Produktion bzw. bei Reinigungsprozessen separat saure und basische Teilströme anfallen, ist unter Umständen eine Zwischenspeicherung und dosierte Ableitung dieser Teilströme sinnvoll, um eine Eigenneutralisation des Gesamtabwassers zu erreichen.

Zur Einhaltung der behördlich geforderten Einleitbedingungen in das öffentliche Kanalnetz ist ggf. eine Neutralisation des Gesamtabwassers erforderlich.

Für die Neutralisation ist zu unterscheiden, ob es sich um Mineralsäuren oder um organische Säuren handelt. Mineralsäuren sind in der Regel zu neutralisieren, organische Säuren jedoch nach Möglichkeit biologisch abzubauen.

Laugen fallen vorwiegend bei der Flaschenwäsche an. Sie sollten gleichmäßig verteilt abgelassen werden, da sie bei entsprechenden BSB_5-Werten biologisch durch die CO_2-Produktion neutralisiert werden. Beim biologischen Abbau von 1 g BSB_5 werden < 31,2 mmol CO_2 produziert, wovon ca. 60 – 70 % für die Neutralisation angesetzt werden können. Als Neutralisationsmittel für Laugen werden Salz- oder Schwefelsäure oder CO_2 (aus Rauchgasneutralisation, CarboVerfahren, oder Gärungs-CO_2) verwendet.

Beim Einsatz von Mineralsäuren zur Neutralisation sollten auch Aspekte der Werkstoffkorrosion und des Einflusses auf Prozesse der Abwasserbehandlung und der Reststoffentsorgung beachtet werden. Die Konzentration von Sulfaten beispielsweise ist in den Entwässerungssatzungen aus Korrosionsschutzgründen in der Regel limitiert. Hohe Chloridkonzentrationen können zu Korrosion von Edelstahl führen. Bei den Basen ist zu bemerken, dass Kalk zu den billigsten Produkten gehört, jedoch Probleme in Bezug auf Ausfällungen, Abscheidungen und Inkrustierungen hervorrufen kann.

Als Verbrauchswert für die Neutralisation von Fruchtsaftabwasser können 3 – 5 Liter 30%-ige Natronlauge je m^3 Abwasser angesetzt werden.

Bei der Verwendung von Flockungs- und Fällungschemikalien zur Abwasservorbehandlung in der Erfrischungsgetränke-Industrie ist zu beachten, dass der Hauptanteil der organischen Verschmutzung in gelöster Form (Zuckerverbindungen) vorliegt und nicht abscheidbar ist. Weiterhin müssen bei Wirtschaftlichkeitsbetrachtungen die Flockungsmittel- und Energiekosten (z. B. bei flotativer Abtrennung) und die Schlammbeseitigungskosten beachtet werden.

Biologische Abwasservorbehandlung

Abwässer der Erfrischungsgetränke-Industrie sind aufgrund ihrer Zusammensetzung biologisch leicht abbaubar. Dieser Vorteil macht sich besonders im Wirkungsgrad einfacher Verfahrenstechniken der biologischen Abwasservorbehandlung bemerkbar. So lassen sich bereits durch einfache belüftete Misch- und Ausgleichsbecken Wirkungsgrade für die BSB_5-Elimination von mehr als 50 % erzielen. Die Leistung dieser Anlagen lässt sich durch Schlammrückführung, Schlammzugabe oder einen Schlammrückhalt in der Anlage nach dem Prinzip der Einbeckenanlage weiter steigern.

Bewährt haben sich als aerobe Verfahren wegen ihres großen Puffervermögens einstufige Belebungsanlagen im Schwachlastbereich:

$$B_{R,\,BSB5} = 0{,}3 \text{ bis } 0{,}5 \text{ kg/(m}^3 \cdot \text{d)}$$

$$B_{TS,\,BSB5} = 0{,}05 \text{ bis } 0{,}10 \text{ kg/(kg} \cdot \text{d)}.$$

Zur Einhaltung stabiler Betriebszustände sind neben der geringen Schlammbelastung auch verfahrenstechnische Vorkehrungen, wie z. B. Möglichkeiten der Vorbelüftung im Pufferbecken oder des Kaskadenbetriebes zu treffen. Aufgrund der einseitigen Abwasserzusammensetzung (hoher Anteil Kohlenhydrate bei verhältnismäßig geringen Stickstoff- und Phosphorgehalten) besteht die Gefahr der Blähschlammbildung. Als Gegenmaßnahme hat sich der Einsatz eines Selektors bewährt. Die Flocken bildenden Bakterien erhalten dadurch Wachstumsvorteile gegenüber den Fadenbakterien [Phan 2005].

Aufgrund der einseitigen Abwasserzusammensetzung mit einem deutlichen Kohlenstoffüberschuss ist in der Regel eine Dosierung von Nährstoffen (zumeist Stickstoff als Harnstoff und Phosphor als Phosphorsäure) erforderlich (BSB_5 : N : P – 100 : 4 : 0,5). Die Zugabe von Eisensalzen zur Beschwerung der Belebtschlammflocken hat sich bewährt (bis ca. 10 g Fe/m^3 · d). Gegebenenfalls müssen auch Spurenelemente dosiert werden.

Die gemeinsame Behandlung von Produktionsabwässern dieser Branchen mit kommunalem Abwasser kann eine insgesamt wirtschaftliche Variante darstellen, da mit dem Produktionsabwasser eine gut verfügbare Kohlenstoffquelle für die notwendige Denitrifikation in der Aerobstufe zur Verfügung gestellt wird (Überschuss N und P im kommunalen Abwasser gegenüber Bedarfen im Produktionsabwasser). Allerdings sind hierbei die saisonalen Schwankungen der Abwassermengen der Betriebe zu beachten. Bei hohen Anteilen industriellen Abwasseranfalls während der Kampagne kann es aufgrund des dann erhöhten Stickstoffbedarfs gegebenenfalls zu einem Verlust der Nitrifikanten der kommunalen Kläranlage kommen, da der Stickstoff in den Schlamm inkorporiert wird und nicht mehr nitrifiziert werden muss. Zum Ende der Kampagne fehlt dann möglicherweise die notwendige Nitrifikationskapazität.

Anaerobe Abwasservorbehandlungsanlagen sind großtechnisch in der Fruchtsaftindustrie und der Getränkeindustrie etabliert. Aufgrund der deutlichen Betriebskostenvorteile der Anaerobtechnik ist eine Nachrüstung einer Anaerobstufe auf vorhandenen aeroben Betriebskläranlagen dieser Branche eine eventuell wirtschaftlichere Variante. Es sollte bedacht werden, dass der Betrieb einer Anaerobanlage gegenüber dem Betrieb einer Aerobanlage erhöhte Anforderungen hinsichtlich der Prozessüberwachung und des Umfangs der Analytik an das Betriebspersonal stellt.

Die Temperatur des Rohabwassers kann ein entscheidender Faktor bei der Bewertung der Wirtschaftlichkeit einer Anaerobstufe sein. Die Abwassertemperatur ist vom Produktionsspektrum des Betriebes abhängig. Der Betrieb einer Rohwarenverarbeitung mit anschließender Konzentratherstellung erhöht die Temperatur deutlich, während bei ausschließlich ausmischenden und abfüllenden Betrieben Temperaturen auch unter 20 °C auftreten können. Verfahrenstechnisch kann durch den Betrieb von Wärmetauschern ein Teil der eingetragenen Wärme zurückgewonnen werden.

Dem Anaerobreaktor sollten ein Misch- und Ausgleichsbecken sowie eine Vorversäuerung vorgeschaltet werden. Die verfahrenstechnischen Aufgabenstellungen Mischen, Ausgleichen und Vorversäuerung können in einem gemeinsamen Becken zusammengefasst werden. Der Vorversäuerungsgrad (Verhältnis des CSB aus organischen Fettsäuren zum filtrierten CSB) im Zulauf des Reaktors sollte im Regelfall eine Größenordnung von 30 bis 50 % nicht übersteigen.

Sehr häufig werden Pelletschlammreaktoren (Typ UASB oder EGSB) eingesetzt. Insbesondere bei beengten Platzverhältnissen werden EGSB-Reaktoren wegen der höheren Raum-Zeit-Ausbeute bevorzugt. Verfahrenstechnisch bieten sie jedoch keinen Vorteil gegenüber den UASB-Reaktoren.

Wichtig für einen betriebsstabilen Prozess ist die Einhaltung eines Mindest-pH-Wertes im Anaerobreaktor. Mit Hilfe einer Rezirkulation des Reaktorablaufs in den Zulauf kann der dazu ggf. erforderliche Neutralisationsmittelbedarf reduziert werden.

Die Gasausbeute beträgt gemäß stöchiometrischer Berechnung 0,35 m^3 Methan je abgebautem kg CSB abzüglich von ca. 5 % für den in die Biomasse inkorporierten CSB. Der Methangehalt des Biogases ist im Wesentlichen abhängig von der Substratzusammensetzung. Bei Abwässern der Getränkeindustrie liegt er in der Regel im Bereich von ca. 60 bis 70 %.

Der Ablauf der Anaerobstufe sollte zur Vermeidung von Geruchsbelästigungen vor der Einleitung in das Kanalnetz nachbelüftet werden.

Großtechnisch bewährt hat sich auch die Variante einer anaeroben Vorbehandlung des Produktionsabwassers mit der Möglichkeit, in Abstimmung und nach Absprache mit dem Betrieb der kommunalen Kläranlage, über einen Bypass um die Vorbehandlungsanlage die kommunale Kläranlage mit der erforderlichen Kohlenstoffquelle zur Denitrifikation zu versorgen [Rosenwinkel et al. 2015].

Als erstes Beispiel wird die Abwasservorbehandlung eines Betriebes vorgestellt, in dem Rohwaren (Apfel und Karotte) verarbeitet, sowie Säfte, Erfrischungsgetränke und Mineralwasser abgefüllt werden. Das vorbehandelte Produktionsabwasser wird über eine separate Druckrohrleitung der kommunalen Kläranlage zugeführt. In Abstimmung mit dem Betreiber der kommunalen Kläranlage wird ein unbehandelter Teilstrom ohne Vorbehandlung abgeleitet, um auf der städtischen Kläranlage leicht verfügbares Substrat für die Denitrifikation zur Verfügung zu stellen.

Während der Kampagne der Apfel- und Karottenverarbeitung wird eine zusätzliche Feststoffabscheidung mittels der installierten Flotationsanlage betrieben. In der Produktion werden schwachbelastete Abwässer separat erfasst. Sie können je nach Erfordernis den verschiedenen Stufen der Vorbehandlungsanlage zugegeben werden [Rosenwinkel et al. 2015].

Tabelle 4 zeigt die Auslegungswerte der Anlage. Das Verfahrensschema der Vorbehandlungsanlage ist in Bild 2 dargestellt.

Tabelle 4: Auslegungswerte der Beispielanlage 1 [Meyer 2012]

Parameter	Einheit	Wert
Q_d	m³/d	4.500
Q_h nach Vergleichmäßigung	m³/h	225
$B_{dCSB\ mittel}$	kg/d	12.000
$B_{dCSB\ max.}$	kg/d	22.500
CSB/BSB_5		ca. 1,6
Zulauftemperatur (in der Kampagne)	°C	ca. 27 °C
Raumbelastung der Anaerobreaktoren ($B_{R\ CSB}$)	kg/(m³ · d)	18

Tabelle 5: Auslegungs- und Betriebswerte der Beispielanlage 2 [Rosenwinkel 2004]

Konzentration Zulauf	Einheit	Mittel	Max.
CSB	mg/l	775	1.420
BSB_5	mg/l	315	590
KN	mg/l	32	50
PO_4-P	mg/l	1,3	20
TS_0	mg/l	110	677
Belastungswerte	**Einheit**	**Wert**	
Q_d	m³/d	3.500	
Q_h	m³/h	220	
$B_{dBSB5\ mittel}$	kg/d	1.100	
$B_{dBSB5\ max.}$	kg/d	2.100	
geforderte Ablaufwerte	**Einheit**	**Überwachungswert**	
CSB	mg/l	110	
BSB_5	mg/l	25	
NH_4-N	mg/l	10	
$N_{ges\ min.}$	mg/l	18	
P_{ges}	mg/l	2	

5

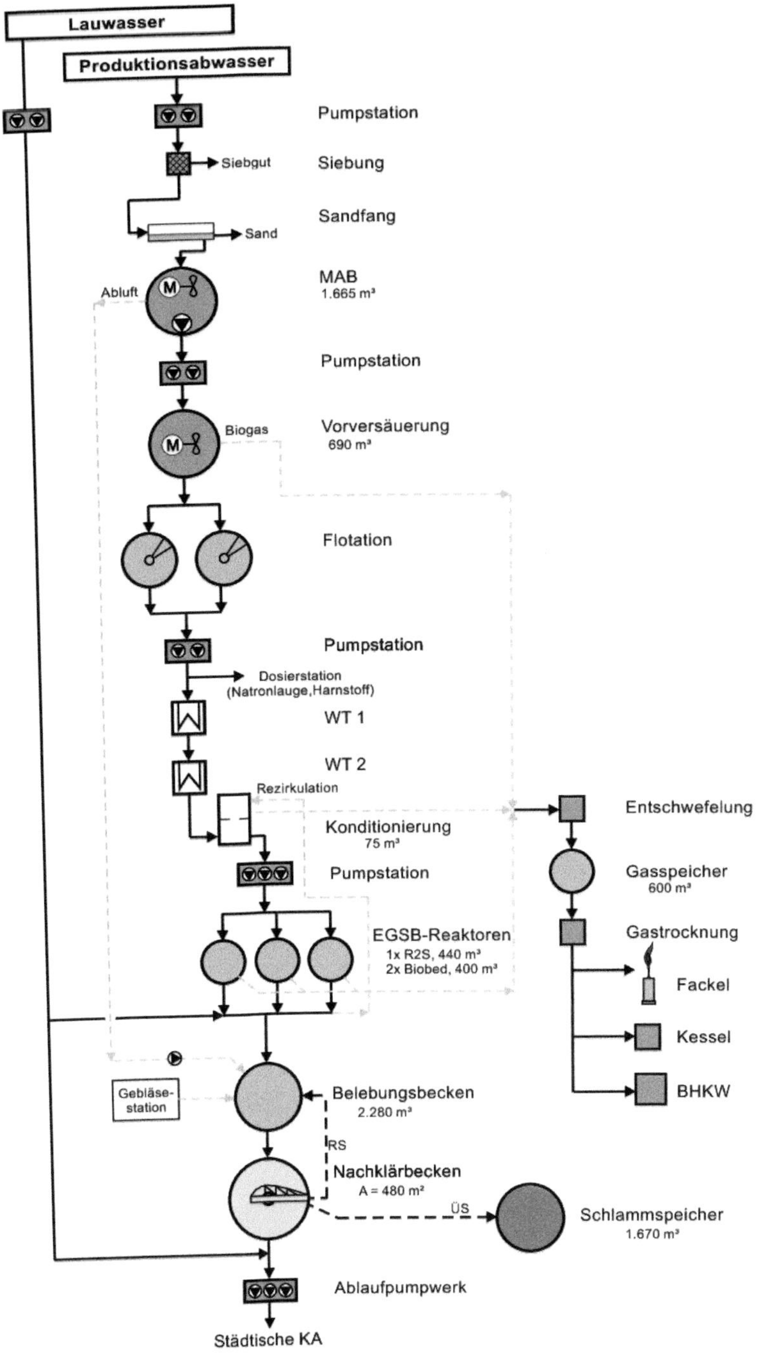

Bild 2: Fließschema Beispiel 1 [Rosenwinkel et al. 2015]

Die im zweiten Beispiel dargestellte Anlage behandelt das Produktionsabwasser eines Betriebes der Mineralwasser- und Süßgetränkeproduktion. Die zur Direkteinleitung geforderten Ablaufwerte entsprechen den Mindestanforderungen gemäß Anhang 6 der [AbwV 2004b]. Das Rohabwasser wird nach einer Siebung in einem belüfteten Misch- und Ausgleichsbecken vergleichmäßigt. Die aerobe Belebungsstufe ist als Kaskade mit drei Belebungsbecken ($B_{TS,BSB5}$ = 0,1 kg/(kg · d)) und einer Nachklärung mit Saugräumer ausgeführt. In einem aeroben Selektor werden der Rücklaufschlamm und der Zulauf der Belebung zusammengeführt, um damit den gewünschten Flocken bildenden Bakterien einen Wachstumsvorteil zu verschaffen. Zur weitergehenden Elimination von Suspensa ist der Belebungsstufe eine aus sechs Filtereinheiten bestehende kontinuierlich gespülte Sandfiltration nachgeschaltet.

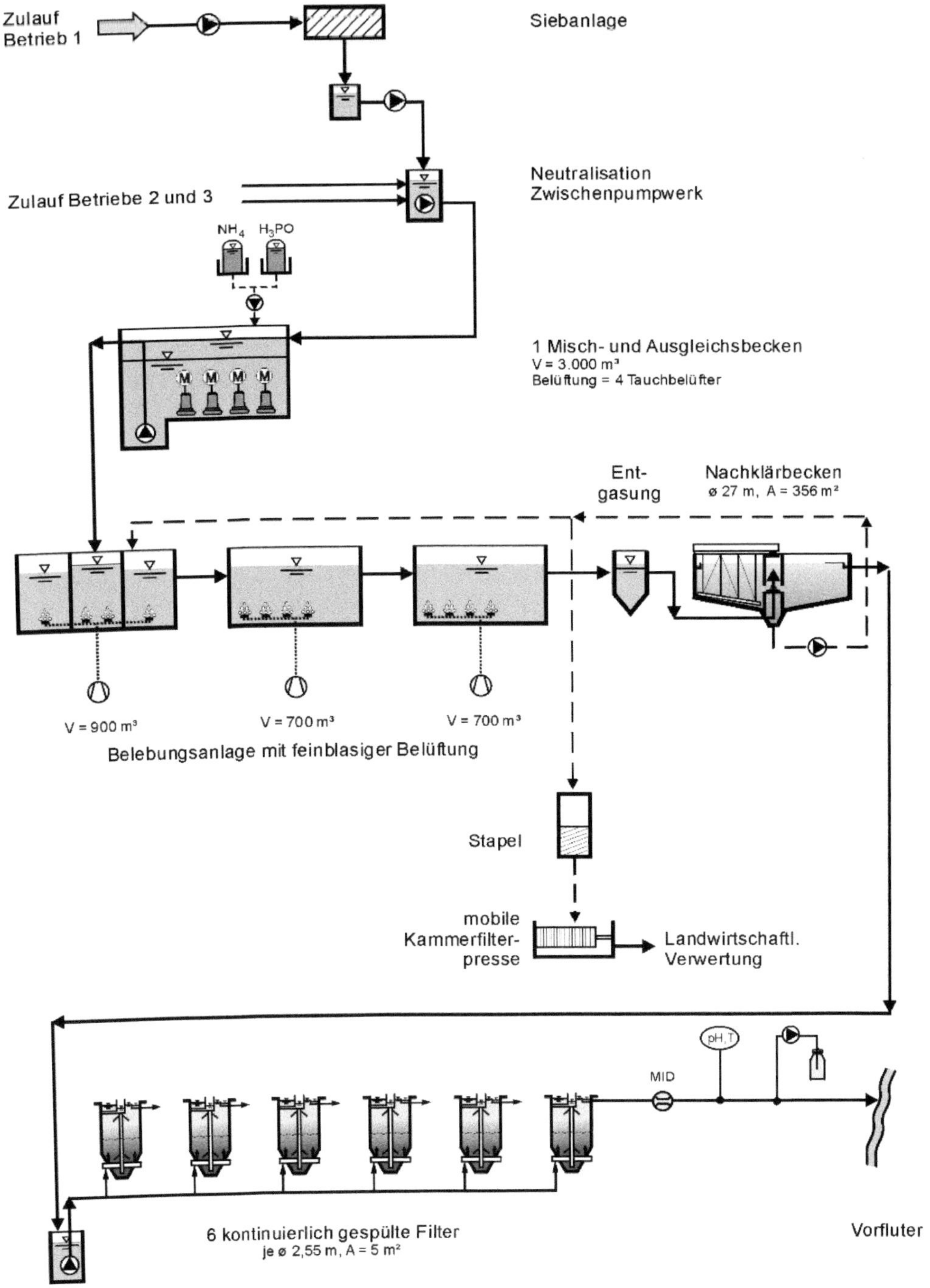

Bild 3: Fließschema Beispiel 2 [Rosenwinkel 2004]

Literatur

AbwV (2004a): Verordnung über Anforderungen an das Einleiten von Abwasser in Gewässer (Abwasserverordnung – AbwV). Anhang 5: Herstellung von Obst- und Gemüseprodukten. BGBl. I, 1122.

AbwV (2004b): Verordnung über Anforderungen an das Einleiten von Abwasser in Gewässer (Abwasserverordnung – AbwV). Anhang 6: Herstellung von Erfrischungsgetränken und Getränkeabfüllung. BGBl. I, 1122 – 1123.

ATV (2000): Lehr- und Handbuch der Abwassertechnik. Abwassertechnische Vereinigung. 4. Auflage, Verlag Ernst & Sohn.

Breitenkamp, S. (2016): Modellgestützte Mehrzieloptimierung industrieller Stoff- und Energieströme am Beispiel der Apfelsaftherstellung. Schriftenreihe des ISAH, Hannover.

DWA-M 115 (2004): Indirekteinleitung nicht häuslichen Abwassers. Merkblatt DWA-M 115. Deutsche Vereinigung für Wasserwirtschaft, Abwasser und Abfall e. V., Hennef.

DWA-M 766 (2012): Abwasser der Erfrischungsgetränke-, der Fruchtsaftindustrie und der Mineralbrunnen. DWA-Merkblatt 766. Deutsche Vereinigung für Wasserwirtschaft, Abwasser und Abfall e. V., Hennef.

European Commission (2006): IPPC Reference Document on BAT in the Food, Drink and Milk Industries.

Hartmann, M.; Lange, R.; Sellering, E. (2006): Anaerobe Abwasserbehandlung in der Fruchtsaftindustrie, Flüssiges Obst.

Irlenborn, L. (2010): Effiziente Prozesswassernutzung und Abwasserbehandlung in der Ernährungsindustrie, Vortrag bei der BVE-Fachtagung am 8. Juni 2010, Berlin.

König, E. (2000): Klärungsbedürftig; Mitbehandlung von Fruchtsaftabwasser in kommunalen Kläranlagen. Getränkeindustrie.

Lange, R.; Rosenwinkel, K-H.; Borchmann, A. (2010): Wassermanagement in der Obst und Gemüse verarbeitenden Industrie, Workshop DLG Frische Convenience / Fresh cut Produkt, Potsdam.

Meyer, H. (2012): Betriebliche Daten der Betriebskläranlage der riha WeserGold, unveröffentlicht.

Phan, L. C. (2005): Substratadsorption an belebtem Schlamm und Anwendung zur Bemessung von Selektoren. Schriftenreihe des ISAH, Hannover.

Rosenwinkel, K.-H., Borchmann, A., Lange, R. (2010): Stoffstrommanagement und Abwasserbehandlung in der Ernährungsindustrie. Nachhaltigkeit in der Lebensmittelwirtschaft. DLG-Publikation.

Rosenwinkel, K.-H. (1984): Beitrag zur Frage der wirtschaftlichen Reduzierung von Abwassermengen und Schmutzfrachten aus Brauereien und Fruchtsaftfabriken. Dissertation, Universität Hannover.

Rosenwinkel, K.-H.; Kroiss, H.; Dichtl, N.; Seyfried, C.-F.; Weiland, P.; (Hrsg.) (2015): Anaerobtechnik. Springer Verlag, 3. neu bearbeitete Aufl.

Rosenwinkel, K.-H. (2004): Neuere Entwicklungen bei der Abwasserreinigung in der Erfrischungsgetränkeindustrie und bei Mineralbrunnen. Brunnenfachgespräch, Bonn.

Schobinger, U. (2001): Handbuch der Getränketechnologie, Frucht- und Gemüsesäfte. 3. Auflage, Verlag Eugen Ulmer.

VdF (1996): Umfrage zur Abwassersituation unter den Verbandsmitgliedern des VdF. Verband der Deutschen Fruchtsaft-Industrie e. V., Bonn.

VdF (2010): Umfrage zur Abwassersituation unter den Verbandsmitgliedern des VDM und des VdF. Verband der Deutschen Fruchtsaft-Industrie e. V., Bonn.

VDM (1997): Umfrage zur Abwassersituation unter den Verbandsmitgliedern des VdM. Verband Deutscher Mineralbrunnen e. V., Bonn.

5.2 Brauereien

Roland Lange

5.2.1 Allgemeines

Die überwiegende Zahl der Brauereien in der Bundesrepublik Deutschland leitet ihre Abwässer als Indirekteinleiter in kommunale Kläranlagen. Einige Brauereien betreiben auch eine eigene Kläranlage mit Direkteinleitung in einen Vorfluter.

Für Indirekteinleiter gelten die Festlegungen der Ortssatzung und die Indirekteinleiterverordnungen. Für Brauereiabwässer sind in der Regel die Parameter Temperatur, pH-Wert und Absetzbare Stoffe von Bedeutung. Viele der indirekt einleitenden Brauereien betreiben eine eigene Abwasservorbehandlungsanlage zur Einhaltung der Einleitungsbedingungen und evtl. auch zur Senkung der Schmutzfrachten vor der Einleitung in das Kanalnetz.

Für Direkteinleiter mit einer eigenen Abwasserbehandlungsanlage und direkter Ableitung der gereinigten Abwässer in ein Gewässer gelten die Überwachungswerte der Einleitungsgenehmigung; diese Werte dürfen die im 11. Anhang zur Rahmen-Abwasserverwaltungsvorschrift genannten Mindestanforderungen nicht überschreiten.

Für den BSB_5 ist die Einhaltung von 25 mg/l als Mindestanforderung festgelegt, für den CSB ein Wert von 110 mg/l. Für die Stickstoff-Parameter gelten die Anforderungen der Einhaltung von 10 mg/l Ammonium-Stickstoff und 18 mg/l Gesamt-Stickstoff. Als Gesamt-Phosphor ist ein Wert von 2 mg/l einzuhalten. Eine detailliertere Darstellung der Anforderungen findet sich in Kapitel 4.2.3.

Bei der Abwasserbehandlung muss neben der Neutralisation, dem Feststoffrückhalt und dem biologischen Abbau der Kohlenstoffverbindungen aufgrund der typischen Abwasserzusammensetzung auch die Stickstoff- und Phosphorelimination berücksichtigt werden.

5.2.2 Produktionsverfahren

Das Grundverfahrensschema der Bierherstellung ist im Bild 1 dargestellt, gleichzeitig sind auch die Anfallstellen für Abwässer, Nebenprodukte und Abfall angegeben.

Die Hauptverfahrensschritte der Bierherstellung nach dem Mälzen sind:

- Würzeherstellung,
- Filtration,
- Gärung,
- Abfüllung,
- Lagerung.

Der Frischwasserbedarf für die Bierherstellung und die zugehörigen Nebenprozesse ist erheblich von der Größe der Brauerei bzw. der Bierproduktion, der Produktionstechnik und vom Sortiment abhängig. In Tabelle 1 sind die spezifischen Wasserbedarfe für Brauereien mit einem jährlichen Bierausstoß von 200.000 bis > 1 Mio. Hektoliter Verkaufsbier (hl VB) pro Jahr zusammengestellt. Brauereien mit geringeren Jahresproduktionen können einen wesentlich höheren spezifischen Wasserbedarf aufweisen.

Mit Einsatz von Produktionstechniken gemäß „Best Practice" kann der spezifische Wasserverbrauch weiter reduziert werden. In Tabelle 2 ist eine Gegenüberstellung gezeigt.

Insbesondere auch bei historisch gewachsenen Brauereien sind die Minimalwerte häufig nicht zu erreichen.

Innerhalb der Brauerei weisen das Sudhaus und die Abfüllung die größten Verbräuche auf.

Tabelle 1: spezifischer Wassereinsatz von Brauereien in Abhängigkeit der Größe [Nieroda 2007; DWA-M 732 2010]

	Ausstoß [1.000 hl VB/a]		
	200 – 500	500 – 1.000	> 1.000
Stichprobenumfang	12	11	13
Median spez. Wassereinsatz [hl/hl VB]	4,8	4,3	3,7
Spanne von 75 %	4,5 – 6,0	4,0 – 5,4	3,3 – 4,1

Tabelle 2: spezifischer Wassereinsatz von Brauereien [Heuven et al. 2013]

Benchmark- Jahr	Anzahl Brauereien hl/hl	Mittelwert hl/hl	Median hl/hl	Best Practice hl/hl
2008	140	5,2	4,8	3,6
2012	223	4,3	4,0	3,3

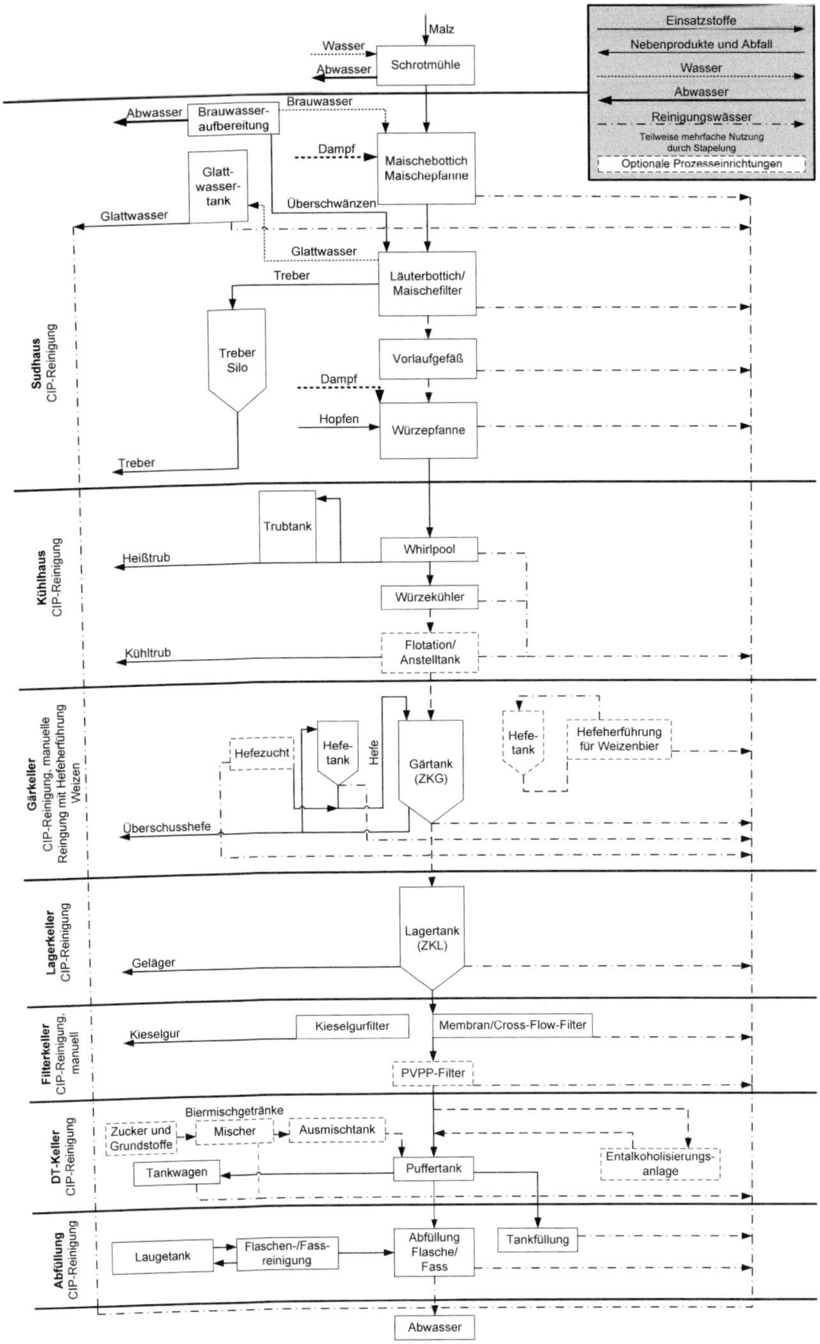

Bild 1: Grundverfahrensschema der Bierherstellung [DWA-M 732 2010]

5.2.3 Abwasseranfall und Inhaltsstoffe

Abwasseranfall, Konzentrationen und Schmutzfrachten

Besonders berücksichtigt werden müssen im Brauereiabwasser die erheblichen Mengen- und Konzentrationsstöße, stark wechselnde aber im Allgemeinen alkalische pH-Werte (pH ca. 3 bis 12), Temperaturen von ca. 20 bis 30 °C, Einflüsse von Reinigungs- und Desinfektionsmitteln und ggf. die Nährstoffversorgung bei biologischen Verfahren.

Neben den erheblichen Konzentrationsunterschieden in Teilströmen und den genannten Einflüssen müssen einige Inhaltsstoffe – wie z. B. Kieselgur, Flaschenabrieb, Scherben – bei Auslegung, Auswahl und Betrieb von Geräten, Maschinen und Anlagen besonders berücksichtigt werden.

Für Brauereien mit Anwendung von innerbetrieblichen Maßnahmen wurden bei sorgfältiger Betriebsführung folgende Vergleichswerte gefunden:

- spezifischer Abwasseranfall: 0,25 – 0,6 m^3/hl VB, Tendenz: 0,2 m^3/hl VB,
- spezifische BSB_5-Fracht: 0,3 – 0,6 kg/hl VB, Tendenz: 0,25 kg/hl VB,
- CSB/BSB_5-Verhältnis: 1,5 – 1,8, Tendenz: 1,7 – 2,0.

Die Konzentrationen von Brauereiabwässern liegen in folgenden Bereichen [DWA-M 732 2010]:

- BSB_5 durchmischt: 1.100 – 1.500 mg/l,
- BSB_5 sedimentiert: 900 – 1.200 mg/l,
- CSB durchmischt: 1.800 – 3.000 mg/l,
- CSB sedimentiert: 1.500 – 2.500 mg/l,
- Stickstoff gesamt: 30 – 100 mg/l,
- Phosphor gesamt: 10 – 30 mg/l,
- Absetzbare Stoffe: 10 – 60 ml/l.

In Einzelfällen können je nach Produktion und eingesetzten Reinigungsmitteln erhebliche Abweichungen von den genannten Werten auftreten. Infolge innerbetrieblicher Maßnahmen zur Reduzierung des Wassereinsatzes in den Produktionsprozessen können beispielsweise im Gesamtabwasser deutlich höhere Konzentrationen vorliegen.

Die Herstellung von alkoholfreiem Bier kann zu hohen CSB-Frachten führen, wenn das überschüssige Alkohol-Wassergemisch der Abwasserbehandlung zugeführt wird (1 kg Ethanol entspricht 2,09 kg CSB).

Die Stickstoffgehalte bestehen zum größten Teil aus organischem Stickstoff (Eiweiß, Hefe) und zum Teil aus Nitrat (Salpetersäure).

Die pH-Werte liegen vorwiegend im alkalischen Bereich, die Stickstoff- und Phosphorverbindungen sind bei Brauereien teilweise für einen voll biologischen Abbau nicht ausreichend vorhanden.

5.2.4 PIUS

Zur Reduzierung von Abwassermengen und Schmutzfrachten in Brauereien sollten folgende Möglichkeiten geprüft werden [Seyfried und Rosenwinkel 1985; European Commission 2006]:

Allgemein

Einbau und Kontrolle von Wasserzählern, Personal-Sensibilisierung durch Schulungen und Arbeitskreise, Planung von Produkt- und Reinigungsreihenfolgen, regelmäßige Überprüfung der CIP-Reinigungen, Reduzierung von Schlauchanschlussgrößen, Einsatz von Hochdruck-Geräten, Trockenreinigungen, Einsatz von gering verschmutzten Betriebsabwässern als Brauchwasser und für Reinigungszwecke, Vermeidung von Produktverlusten.

Maschinen- und Kesselhaus

Verwendung von Verdunstungskondensatoren oder von luftgekühlten Kondensatoren.

Sudhaus

Auffangen sämtlicher Glattwasserverluste und Verwendung als Einmaischwasser; Sedimentation von Treberresten aus den Spülwässern für Maischefilter, Treberwanne, Läuterbottich und Trebersilo; Speicherung der Nachspülwässer aus den CIP-Anlagen für das Sudhaus und Einsatz als Vor- bzw. Zwischenspülwasser.

Anstellkeller (Flotation)

Separation der absetzbaren Stoffe aus dem Kühltrub, Feststoffzugabe zum Nasstreber, Flüssigkeit zur Überschusshefe.

Gär-, Lager- und Stabilisationskeller

Restbiergewinnung, konsequentes Fernhalten der Althefe aus dem Abwasserstrom, Hefeverkauf, scharfe Trennung zwischen Produkt und Wasser bei Leitungsausschüben, Stapelung der Nachspülwässer und Verwendung zur Vorspülung.

Filterkeller

Sammlung und Verwertung der Restbiere aus Drucktanks und Verbindungsschläuchen; Minimierung der Produktmengen im Filterweglauf; Sammlung der Kieselgur.

Entalkoholisierung

Verwertung der Ethanol-Wassergemische: C-Quelle zur Denitrifikation, energetische Verwertung in Anaerobanlagen, Verkauf.

Flaschenkeller

Einbau von Magnetventilen zur Reduzierung von Spritzwässern; Überprüfung der Spritzdüsendurchmesser und -drücke; Einsatz von schwermetallfreien Etiketten; automatischer Etikettenaustrag aus der Maschine; Reduzierung von Leim- und Papiereintrag in die Lauge; Sedimentation der Weichlauge in isolierten Sedimentationstanks und Abfuhr der abgesetzten Anteile; Reinigung der Füller im Kreislauf; Einsatz der Ablaufwässer der Waschmaschinen für den Kastenwäscher.

Fasskeller

Speicherung der Nachspülwässer für die Außenwäsche der Fässer (Gegenstromwäsche); Vermeidung von Abspritzbierverlusten.

Die Grundlage konkreter auf Anlagen bzw. auf Prozesse bezogener innerbetrieblicher Maßnahmen bilden Analysen und Bewertungen der vorhandenen Produktionstechnologien und der Produktionsabläufe. Eine innerbetriebliche Bestandsaufnahme mit der Erfassung des Frischwasserbedarfs und der Abwassermengen und Qualitäten in Teilströmen und im Gesamtabwasser ist dafür unerlässlich. Durch Vergleiche mit Literaturwerten und Erfahrungswerten vergleichbarer Betriebe können der eigene Stand bewertet werden und darauf aufbauend Verbesserungsmaßnahmen veranlasst werden. Eine Reduzierung des Abwasseranfalls ist in der Regel mit Einsparungen im Bereich der Abwasserbehandlung und -entsorgung und mit Energieeinsparungen verbunden (siehe auch Kapitel 5.1).

5.2.5 Abwasserreinigung

Eine Grob- und Feststoffabscheidung, z. B. durch Siebanlagen, sollte immer vorgesehen werden, um Scherben, Etiketten, Kronenkorken und andere Feststoffe der Abwasserbehandlungsanlage fernzuhalten.

Rechen, Siebe, Filtration

Für die Grob- und Feststoffabscheidung werden Sieb- und Rechenanlagen als feststehende Bogensiebe, rotierende Trommelsiebe, Muldensiebe, Feinstrechen und Siebe mit integrierter Presse und Filterrechen eingesetzt. Für Siebanlagen sollte eine Abspritzeinrichtung installiert werden. Kleinere Loch- und Schlitzdurchmesser (1 bis 1,5 mm) sind dabei vorzuziehen, um auch Treberreste austragen zu können.

Flockung, Fällung, Flotation, Sedimentation

Bei Verwendung von Flockungs- und Fällungschemikalien zur Abwasservorbehandlung ist zu beachten, dass der Hauptanteil der organischen Verschmutzung in gelöster Form vorliegt und nicht abscheidbar ist. Weiterhin müssen bei Wirtschaftlichkeitsbetrachtungen die Flockungsmittel- und Energiekosten (z. B. bei flotativer Abtrennung) und die Schlammbeseitigungskosten beachtet werden.

Eine Sedimentation sollte – wenn erforderlich – nur für Scherben-, Sand- und Kieselgurabscheidung (evtl. im Teilstrom) mit kurzen Aufenthaltszeiten bemessen werden, um Faulprozesse zu verhindern.

Neutralisation

Die Brauereiabwässer sind in den meisten Fällen aufgrund der Abläufe aus den Flaschenwaschmaschinen und der Reinigungsmittel alkalisch. Zur Neutralisation der Laugen werden häufig Gärungskohlensäure und Rauchgas eingesetzt. Bei Anwendung von Schwefel- oder Salzsäure müssen die Grenzwerte bezüglich der Beton- und Stahlkorrosion besonders beachtet werden. Beim Einsatz von Schwefelsäure in Verbindung mit einer anaeroben Abwasserbehandlung ist auf die dadurch bedingte erhöhte Schwefelwasserstoffbildung hinzuweisen. Der Aufwand zur Gasbehandlung kann dadurch erheblich steigen.

Bei dem Einsatz von Kalk als Neutralisationsmittel ist zu beachten, dass Probleme in Bezug auf Ausfüllungen, Abscheidungen und Inkrustierungen hervorgerufen werden können.

Biologisch lassen sich die Laugen durch die beim aeroben BSB_5-Abbau gebildete CO_2 neutralisieren. Dazu sind jedoch entsprechende Reaktionsvolumina – mindestens als Tagesausgleichsbecken – erforderlich. Außerdem sollte kein stoßweises Ablassen der Laugen erfolgen, um den biologischen Abbau nicht zu stören.

Biologische Abwasservorbehandlung

Abwässer aus Brauereien sind aufgrund ihrer Zusammensetzung biologisch leicht abbaubar. Dieser Vorteil macht sich besonders im Wirkungsgrad einfacher Verfahrenstechniken der biologischen Abwasservorbehandlung bemerkbar.

Für die Vorbehandlung werden sowohl aerobe Systeme mit Belüftung und Oxidation der Kohlenstoffverbindungen (Misch- und Ausgleichsbecken, Einbeckenanlagen, Belebungsanlagen, Tropfkörper) als auch anaerobe Systeme eingesetzt.

Im Folgenden werden zunächst die aeroben und danach die anaeroben Vorbehandlungsverfahren erläutert:

Aerobe Systeme

Gänzlich ohne Biomassenrückhalt oder -anreicherung betriebene belüftete Misch- und Ausgleichsbecken erreichen aufgrund des Biomassenzuwachses Abbauraten von bis zu 35 % bei Tagesausgleich und bis über 50 % bei Wochenausgleich. Die Zuflussganglinie wird gedämpft bzw. vollständig vergleichmäßigt an den Abfluss weitergegeben. Die Becken arbeiten als Ausschwemmreaktor, d. h. die gebildete Biomasse wird nicht angereichert und die Ausschwemmrate entspricht der Zuwachsrate. Der Trockensubstanzgehalt im Becken ist deshalb relativ gering (0,5 – 1,0 g/l). Entscheidend für die Wirksamkeit sind der ständige Verbleib einer Restmenge Biomasse sowie die Aufenthaltszeit und eine ausreichende Belüftung auch bei Frachtstößen.

Für die Belüftung und Umwälzung werden mittel- und feinblasige Druckluft-Belüftungssysteme, selbstansaugende oder mit Vordruck betriebene Elektorbelüfter sowie schwimmende Oberflächenbelüfter eingesetzt.

Im Gegensatz zu Misch- und Ausgleichsbecken wird bei Einbeckenanlagen bzw. Sequenzing-Batch-Reaktoren (SBR) durch unterschiedliche Betriebsweisen der Becken eine Biomassenanreicherung erzielt. Die Systeme arbeiten diskontinuierlich im Batch-System ohne Nachklärung. Dadurch ergibt sich je nach Betriebsweise eine relativ ungleichmäßige Abflussganglinie.

Die rechnerische Aufenthaltszeit in Misch- und Ausgleichsbecken, Einbecken- und SBR-Anlagen, bezogen auf den maximalen Tageszufluss, liegt je nach Aufgabe und Ziel der Becken zwischen 0,65 Tagen bis zu 2,5 Tagen. Die installierte Leistung liegt zwischen ca. 20 Watt und 100 Watt je m^3 Beckenvolumen, wobei die Belastung der Becken durch Frachtstöße und die Art der Belüftungseinrichtung beachtet werden müssen.

Der Energieaufwand für die Belüftung und Umwälzung der Becken liegt je nach dem Grad des biologischen Abbaus und der Zuflusskonzentration des Abwassers bei BSB_5-Werten bis ca. 1.500 mg/l zwischen 0,45 und 1,5 kWh/m^3 Abwasser.

Für die weitergehende aerobe Behandlung von Brauereiabwässern werden neben Einbecken- und SBR-Anlagen schwach belastete Belebungsanlagen, entsprechend der Anforderungen an den Anlagenablauf ggf. mit Nitrifikation, Denitrifikation und Phosphorelimination sowie Kunststofftropfkörper eingesetzt.

Bewährt haben sich – wegen ihres großen Puffervermögens – einstufige Belebungsanlagen im Schwachlastbereich mit einer Schlammbelastung von BTS, $BSB_5 \leq 0{,}10$ kg/(kg · d).

Zur Einhaltung stabiler Betriebszustände sind neben der geringen Schlammbelastung verfahrenstechnische Vorkehrungen, wie z. B. der Einbau eines Selektors [Phan 2005] und die Möglichkeit eines Kaskadenbetriebes, zu treffen. Durch den Kaskadenbetrieb wird ein positiver Einfluss auf den Schlammindex ausgeübt.

Auch die Membranfiltration wird zur Behandlung von Brauereiabwasser eingesetzt. So wird das Produktionsabwasser einer deutschen Brauerei mit einer Bierproduktion von nahezu 1 Mio. hl VB/a in einer mehrstraßigen SBR-Anlage mit nachgeschalteter Membranfiltration behandelt. Es werden Ablaufwerte von < 45 mg CSB/l, < 1 mg N_{ges}/l, und < 1 mg P_{ges}/l erreicht [DWA-M 732 2010].

Anaerobe Abwasservorbehandlung

Die anaeroben Abwasserreinigungsverfahren haben neben dem Vorteil des geringen Energieeinsatzes für Umwälzung und Beschickung als weitere Vorteile den Energiegewinn aus dem entstehenden Methangas und den sehr geringen Überschussschlammanfall. Die Gasausbeute beträgt stöchiometrisch 0,35 m^3 Methan je abgebautem kg CSB. Der Methangehalt des Biogases liegt für Brauereiabwasser üblicherweise in einem Bereich von ca. 80 bis 85 %.

Im Vergleich zu einer allein aeroben Abwasserbehandlung auf Direkteinleiterqualität führt die Verfahrenskombination anaerob/aerob zu einer Reduzierung des Energieverbrauches auf ca. 40 % und der Schlammmenge auf ca. 35 %.

Bei Variantenvergleichen zur Verfahrensauswahl im Vergleich aerob zu anaerob/aerob sind zusätzlich zur Investition der für eine Anaerobanlage erhöhte qualifizierte Betreuungs- und Analysenaufwand sowie der Aufwand für Wartung und Instandhaltung zu beachten und zu berücksichtigen.

Grundsätzlich sind alle anaeroben Reaktortypen anwendbar. Meistens werden jedoch UASB- und EGSB-Reaktoren eingesetzt, wobei aufgrund des in Brauereien in der Regel geringen verfügbaren Platzes die schlank gebauten EGSB-Reaktoren häufig bevorzugt werden. UASB-Rektoren werden mit Raumbelastungen im Bereich von ca. 8 – 10 kg CSB/(m^3 · d) ausgelegt, EGSB-Reaktoren im Bereich von ca. 15 – 25 kg CSB/(m^3 · d). Diese Raumbelastungen setzen eine Betriebstemperatur des Anaerobreaktors von ca. 35 – 38 °C voraus. Das Rohabwasser muss dafür entsprechend aufgeheizt werden. Zur Reduzierung des Wärmebedarfes sollte über einen zweiten Wärmetauscher die Wärmeenergie aus dem Reaktorablauf zurückgewonnen werden. Ein Betrieb der Anaerobstufe ist auch mit geringeren Temperaturen möglich. Die Raum- und die Schlammbelastung muss dann entsprechend der geringeren Stoffumsatzgeschwindigkeiten reduziert werden. Damit erhöht sich das notwendige Volumen des Anaerobreaktors.

Für eine Direkteinleitung ist eine alleinige Anaerobstufe nicht ausreichend. Zur Rest-Kohlenstoffelimination und zur evtl. erforderlichen Nährstoffelimination ist eine Aerobstufe nachzuschalten.

Für eine Indirekteinleitung ist vor der Einleitung zumindest eine Nachbelüftung des Anlagenablaufes vorzusehen, um Nachreaktionen im öffentlichen Kanalnetz infolge des Zulaufs unbehandelter Abwässer und damit eine Gas- und Geruchsbildung zu verhindern.

Dem Anaerobreaktor sollte ein unbelüftetes Misch- und Ausgleichsbecken vorgeschaltet werden, um schwankende Zulaufkonzentrationen und Abwassermengen zu vergleichmäßigen. Die Funktion des Ausgleichsbeckens kann mit der einer Vorversäuerung kombiniert werden. Dazu muss im Becken ein konstantes Mindestvolumen vorgehalten werden. Die Auslegung des Ausgleichsvolumens ist von den Mengenschwankungen des Rohabwassers abhängig. Für die Vorversäuerung ist eine Aufenthaltszeit von ca. vier bis acht Stunden ausreichend, die Aufenthaltszeit für das notwendige Misch- und Ausgleichsvolumen ist zu addieren. Über eine Regelung sollte die Aufenthaltszeit variabel einstellbar sein, um den Versäuerungsgrad dadurch beeinflussen zu können. Ein Versäuerungsgrad von ca. 30 – 40 % hat sich bewährt. Die Rückführung eines Teilstroms des anaerob behandelten Abwassers in das Misch- und Ausgleichsbecken bzw. in den Zulauf des Anaerobreaktors ist notwendig, um die erforderliche gleichmäßige hydraulische Beschickung zu gewährleisten. Weiterhin stabilisiert diese Rückführung den pH-Wert und reduziert damit den Chemikalienbedarf.

Für einen störungsfreien Betrieb der Anaerobstufe ist insbesondere auf die Einhaltung eines pH-Wertes im Reaktor von mindestens 6,8 bis 6,9 zu achten, sowie auf die Vermeidung der Einleitung von Feststoffen, die sich im Reaktor ablagern können. Im Zuge der Planung einer Anaerobanlage sollten die in der Brauerei eingesetzten Reinigungs- und Desinfektionsmittel hinsichtlich ihrer hemmenden bzw. toxischen Wirkung auf die anaerobe Biozönose untersucht werden (z. B. quaternäre Ammoniumverbindungen). Eventuell müssen kritische Reinigungsmittel ersetzt werden.

5.2.6 Beispiele

In Tabelle 3 sind Beispielanlagen zur Behandlung von Brauereiabwasser zusammengestellt. Für eine Indirekteinleitung ist vor der Einleitung ins öffentliche Kanalnetz in der Regel eine Neutralisation des Produktionsabwasser erforderlich (Beispiel 1).

Die aufgeführte Misch- und Ausgleichsbeckenanlage (Beispiel 2) zur Vorbehandlung des Abwassers hat neben den Anforderungen der Einhaltung der Vorgaben hinsichtlich pH-Wert und Temperatur zusätzlich die Aufgabe, die Kohlenstofffracht zu reduzieren, um diesbezügliche Vorgaben des öffentlichen Abwasserentsorgers einhalten zu können. Die Anlage wurde in Stahlbetonbauweise unterirdisch ausgeführt. Die Becken sind abgedeckt. Die Abluft wird abgesaugt und in Biofiltern behandelt.

Das Anlagenbeispiel zur anaerob-aeroben Abwasservorbehandlung (Beispiel 3) hat die Besonderheiten einer Denitrifikation des Abwassers vor der Anaerobstufe sowie eine aerobe Nachbehandlung in zwei parallel angeordneten nitrifizierenden und denitrifizierenden Wirbelschichtreaktoren. Die Anaerobstufe wurde dreistraßig ausgeführt, um eine flexible Anpassung an verschiedene Lastzustände zu gewährleisten.

Die Anaerob-Aerobanlage zur Direkteinleitung (siehe Bild 2, Beispiel 4 in Tabelle 3) wurde 1994 errichtet [Birkenstock und Bößendörfer 1996]. Die Anlagentechnik wird seitdem mit der Zielsetzung einer Prozessoptimierung regelmäßig überprüft. Durch Anpassungen des Kläranlagenbetriebs an geänderte Zulaufbedingungen infolge von Modernisierungen der Bierherstellung sowie durch den Einsatz energieeffizienter Aggregate konnte der Energieverbrauch kontinuierlich gesenkt werden.

Der spezifische Energieverbrauch betrug in den Jahren 2004 bis 2007 im Mittel 2,07 kWh/kg CSB. Infolge der Umsetzung von Optimierungsmaßnahmen konnte er auf 0,56 kWh/kg CSB reduziert werden (Mittelwert der Jahre 2017/2018).

In diesen Werten ist die durch die Gasverwertung erzeugte Energie noch nicht berücksichtigt. In der Gesamtbilanz (Energieverbrauch und Energieerzeugung) ergibt sich aus den Jahresdaten 2017 ein Überschuss elektrischer Energie von 0,09 kWh/kg CSB. 2018 wurde ein Überschuss von 0,39 kWh/kg CSB erreicht. Diese Steigerung ist im Wesentlichen auf die Erneuerung des BHKW-Moduls zurückzuführen.

Die Energieeinsparungen konnten u. a. durch folgende Maßnahmen erreicht werden:

Maschinentechnische Maßnahmen:

- Einsatz leistungsangepasster und energieeffizienter Pumpen und Motoren,
- Ergänzung von Frequenzreglern,
- Einsatz von LED,
- Erneuerung BHKW-Modul in 2017,
- Optimierung der Drucklufterzeugung.

Verfahrenstechnische Maßnahmen:

- Optimierung der TS-Menge in der Belebung,
- Reduzierung der Laufzeiten von Dauerläufern (Rührwerke und Umwälzpumpen) nach Testphase ohne negative Auswirkungen,
- gezielte Einleitung des hochbelasteten Ethanol-Wasser-Gemischs (CSB ca. 50.000 mg/l) direkt in den Methanreaktor. Dieser Teilstrom durchlief vorher das MAB, die Sedimentation und die Vorversäuerung. Die Biogasproduktion konnte dadurch um 12 % gesteigert werden.

Die aufgeführte Beispielanlage zur aeroben Vollreinigung des Brauereiabwassers auf Direkteinleiterqualität (Beispiel 5) wurde in der ersten Baustufe zur Mitte der 1960er-Jahre errichtet [DWA-M 732 2010]. Die Misch- und Ausgleichsbecken und die Nitri- und Denitrifikationsbecken sind abgedeckt, die Abluft wird einer Biofilteranlage zugeführt. Zur Sicherstellung des Anlagenbetriebs, um den gestiegenen Anforderungen an die Einleitung in den Vorfluter sowie der Behandlung von erhöhten Abwassermengen und frachten gerecht zu werden, wurde die Anlage stufenweise ausgebaut, optimiert und an den Stand der Technik angepasst.

Die in Bild 4 dargestellte Beispielanlage 6 zur Direkteinleitung behandelt das Produktionsabwasser in zehn parallel angeordneten Sequencing Batch Reaktoren (SBR). Vorgeschaltet sind zwei Pufferbecken. Eine Besonderheit stellt der nachgeschaltete 4-straßig ausgeführte Membran-Bio-Reaktor (MBR) dar [Gutknecht 2003 – 2008; DWA-M 732 2010].

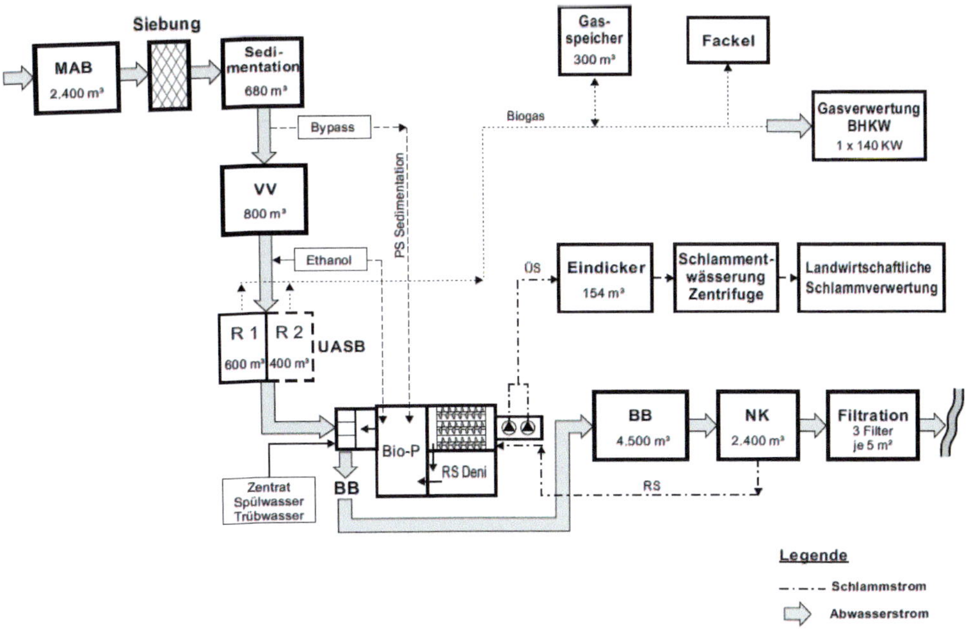

Bild 2: Fließschema zu Beispiel 4 aus Tabelle 3

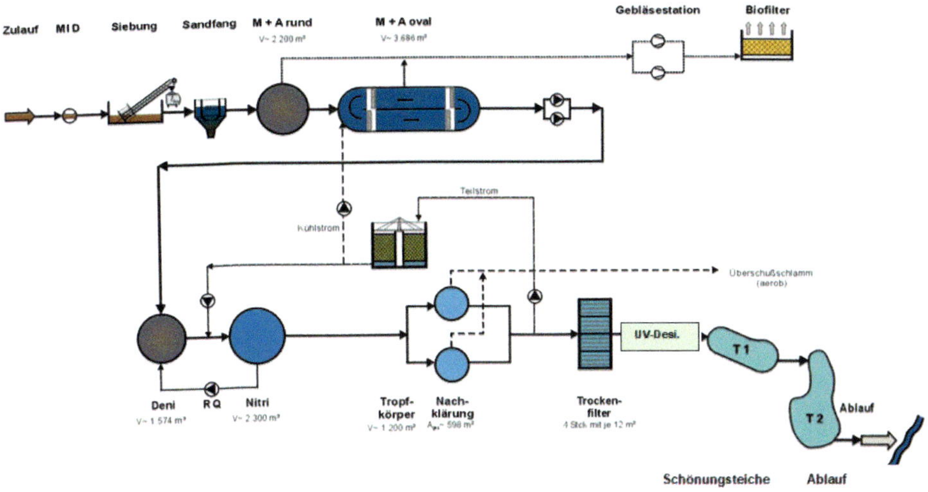

Bild 3: Fließschema zu Beispiel 5 aus Tabelle 3

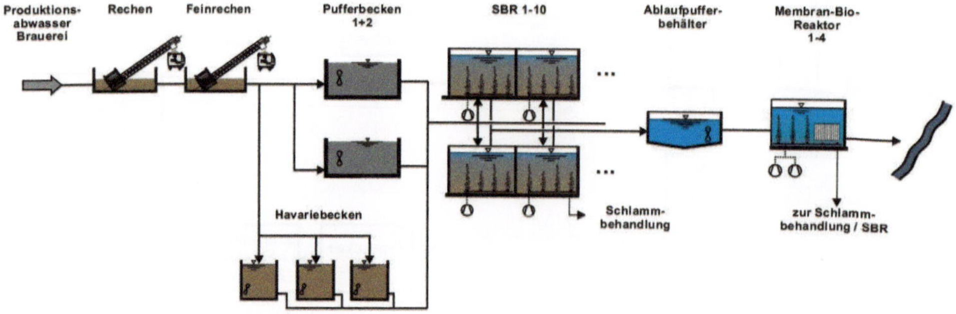

Bild 4: Fließschema zu Beispiel 6 aus Tabelle 3

Detailangaben zu Anlagentechnik, Auslegungs- und Betriebsdaten der Beispielanlagen sind in Tabelle 3 zusammengestellt.

Es zeigt sich, dass das Brauereiabwasser sehr gut biologisch zu reinigen ist und dass die Mindestanforderungen an die Ablaufwerte sowohl mit einstufigen aeroben Verfahren als auch mit kombiniert mehrstufigen Verfahren erreicht werden.

Tabelle 3: Beispielanlagen

Nr.	Beispiel	Aufgabenstellung	Bemessungswerte	Anlagentechnik	Betriebswerte	Besonderheiten
1	Neutralisation (indirekt)	Einhaltung pH-Wert (6,5 – 9,5) und Temperatur	Qd = 500 m³/d	Sammelbehälter 10 m³ (Vorneutralisation) Ausgleichstank 90 m³ Neutralisationstank 20 m³	Verbrauch CO_2: 0,104 kg CO_2/hl VB 0,255 kg CO_2/m³ Abwasser	Neutralisation mit Gärungskohlensäure
2	Misch- und Aus-gleichs-becken (indirekt)	Einhaltung der Vorgaben zur Indirekteinleitung (pH-Wert und Temperatur) sowie Reduzierung der org. Belastung (BSB_5, CSB)	Qd max.: 7.300 m³/d Bd CSB: 11.000 kg/d	Siebung MAB 1: 3.800 m³ MAB 2: 3.800 m³ MAB 3: 3.800 m³ Speicherbecken 730 m³	Qd.: 2.600 – 7.300 m³/d Bd CSB: 5.500 – 11.000 kg/d η CSB: ca. 50 %	Ausführung in Stahlbetonbauweise Becken abgedeckt, Abluftbehandlung in Biofiltern
3	Anaerob-Aerob (indirekt)	Einhaltung der Vorgaben zur Indirekteinleitung (pH-Wert und Temperatur) sowie Reduzierung der organischen Belastung (BSB_5 und CSB) und Nährstoffelimination	Qd max.: 3.000 m³/d Bd CSB: 12.000 kg/d	Siebung Havariebecken 300 m³ Denitrifikation 1.000 m³ Lamellenseparator Vorversäuerung 1.000 m³ Anaerobreaktoren: 3 · 200 m³ IC Aerobstufe: 2 x 140 m³ (CIRCOX mit Nitri und Deni) 2 Flotationen	Qd mittel.: 2.000 m³/d BdCSB mittel: 7.500 kg/d CSB-Wirkungsgrad anaerob: 80 – 85 % Ablaufwerte: CSB < 100 mg/l N_{ges} min.< 18 mg/l P_{ges} < 2 mg/l	Faulbehälter zur Schlammbehandlung (300 m³) Denitrifikation vor der Anaerobstufe Gasverwertung in BHKW/ Dampfkessel
4	Anaerob-Aerob (direkt)	Einhaltung der Einleitbedingungen: BSB_5 20 mg/l CSB 90 mg/l N_{ges} min 18 mg/l P_{ges} 1 mg/l	Qd max.: 2.230 m³/d Bd CSB: 7.280 kg/d Bd N_{ges}: 50 kg/d Bd P_{ges}: 29 kg/d	Siebung MAB 2.400 m³ Sedimentation Vorversäuerung 800 m³ Anaerobreaktoren: UASB 600 und 400 m³ (Reserve) Bio-P/RS-Deni, je 240 m³ Belebung: 4.500 m³ Nachklärung, D = 12 m, 2.400 m³ Filtration, 3 x 5 m²	Qd max.: 1.800 m³/d Qd mittel.: 670 m³/d Bd CSB max: 5.880 kg/d Bd CSBmittel: 2.600 kg/d η CSB anaerob: 80 % Ablaufwerte: BSB_5 < 20 mg/l CSB < 90 mg/l N_{ges} min.< 18 mg/l P_{ges} < 1 mg/l	Gasverwertung in BHKW 140 KWel.
5	Aerob (direkt)	Einhaltung der Einleitbedingungen: BSB_5 7 mg/l CSB 60 mg/l N_{ges} min. 18 mg/l P_{ges} 2 mg/l	Qd max.: 2.900 m³/d Bd CSB: 3.500 kg/d Bd N_{ges}: 119 kg/d Bd P_{ges}: 7,5 kg/d	Siebung, Sandfang 2 MAB ca. 5.900 m³ Denitrifikation ca. 1.574 m³ Belebungsbecken ca. 2.300 m³ 2 Nachklärbecken A_{ges} ca. 600 m² Trockenfiltration 48 m² 2 Schönungsteiche 2.000 m³	Ablaufwerte: CSB < 60 mg/l N_{ges} min.< 18 mg/l P_{ges} < 2 mg/l	
6	Aerob-MBR (direkt)	Einhaltung der Einleitbedingungen: BSB5 15 mg/l CSB 110 mg/l N_{ges} min. 18 mg/l P_{ges} 2 mg/l	Qd max.: 2.100 m³/d Bd CSB: 10.800 kg/d	Rechen (8 mm), Feinrechen (1 mm) Pufferbecken 1.350 m³ Pufferbecken 1.600 m³ 3 Havariebecken, je 250 m³ 10 SBR, je 400 m³ Ablaufpufferbehälter 300 m³ 4 MBR, je 1.500 m³	Ablaufwerte: CSB < 45 mg/l P_{ges} < 1 mg/l	Havariebecken SBR-Anlage MBR-Anlage

Literatur

Birkenstock, B. und Bößendörfer, G. (1996): Die neue Kläranlage der Licher Privatbrauerei. Brauwelt 1996, Nr. 1/2, S. 45 – 48.

DWA-M 732 (2010): Merkblatt DWA-M 732: Abwasser aus Brauereien. Deutsche Vereinigung für Wasserwirtschaft, Abwasser und Abfall e. V., Hennef.

European Commission (2006): IPPC Reference Document on BAT in the Food, Drink and Milk Industries.

Gutknecht, R. (2003 – 2008): Betriebsdokumentation und Planungsunterlagen der Badischen Staatsbrauerei Rothaus AG.

Heuven, F.; van Beek, T.; Jackson, G.; Johnson, A. (2013): Benchmarking der Energie- und Wassereffizienz im Brauereisektor 2012. Brauwelt Nr. 29.

Nieroda, A. (2007): Ergebnisse der Umfrage Wasser/Abwasser. Erhoben innerhalb des dt. Brauer-Bundes e. V.

Phan, L. C. (2005): Substratadsorption an belebtem Schlamm und Anwendung zur Bemessung von Selektoren. Schriftenreihe des ISAH, Hannover.

Seyfried, C. F. und Rosenwinkel, K.-H. (1985): Abwässer aus Brauereien und Malzfabriken. Abschnitt 7.2 im ATV-Handbuch V: Organisch verschmutzte Abwässer der Nahrungs- und Genussmittelindustrie. 3. Auflage, Verlag W. Ernst.

Weiterführende Literatur

AbwV (2004): Verordnung über Anforderungen an das Einleiten von Abwasser in Gewässer (Abwasserverordnung - AbwV). Anhang 11: Brauereien, BGBl. I 2004, 1122.

ATV (2000): Lehr- und Handbuch der Abwassertechnik. Abwassertechnische Vereinigung. 4. Auflage, Verlag Ernst & Sohn.

Rosenwinkel, K.-H. (1984): Beitrag zur Frage der wirtschaftlichen Reduzierung von Abwassermengen und Schmutzfrachten aus Brauereien und Fruchtsaftfabriken. Dissertation, Universität Hannover.

Rosenwinkel, K.-H.; Kroiss, H.; Dichtl, N.; Seyfried, C.-F.; Weiland, P.; (Hrsg.) (2015): Anaerobtechnik: 3. neu bearbeitete Aufl., Springer Verlag.

Rosenwinkel, K.-H., Schrewe, N. (2000): Brauereien und Malzfabriken. Abschnitt 14 im ATV-Handbuch: Industrieabwasser, Lebensmittelindustrie. 4. Auflage, Verlag Ernst & Sohn.

5.3 Weinbereitung

Thorsten Pollatz

5.3.1 Allgemeines

Weltweit werden auf rund 7,7 Mio. Hektar (ha) Rebfläche ca. 27 Mrd. Liter Wein produziert [DWA-M 773, 2012]. Mit einer Anbaufläche von 102.500 ha liegt Deutschland weltweit auf Platz 17 der weinproduzierenden Länder. Durch den saisonal bedingten Betrieb der Weinbereitung einschließlich der Bereitung von Sekt und Perlwein treten der Abfluss und die Belastung der Abwässer stoßweise auf. Sie fallen hauptsächlich in die Zeit der eigentlichen Weinbereitung von September bis November an. Es handelt sich hierbei zum größten Teil um Reinigungs- bzw. Spül- und Kühlwässer. Außerhalb der Weinbaukampagne fällt Abwasser vorwiegend als Flaschenspülwasser an. Grundsätzlich kann Weinbauabwasser in gleicher Weise und mit gleichem Wirkungsgrad wie kommunales Abwasser behandelt werden. Jedoch müssen bei der Ableitung und Behandlung der Abwässer die erhöhten Mengen und Belastungen während der Herbstkampagne beachtet werden.

5.3.2 Produktionsverfahren

Die Weinproduktion beginnt mit der Lese der Trauben im Weinberg und verläuft über die Produktionsschritte Mahlen, Maischen, Keltern, Vorklären, Gären, 1. Abstich, Schönen, 2. Abstich bis hin zur verkaufsfertigen Abfüllung des Weines. Der Zeitpunkt der Weinlese ist abhängig von der jeweiligen Rebsorte, vom Reifegrad und Gesundheitszustand des Leseguts, von Lage und Witterung, sowie vom späteren Vermarktungszweck. Die Traubenlese gliedert sich in Abschneiden, Heraustragen und Sammeln der Trauben, sowie deren Abtransport zum Kelterhaus. Dort wird das Lesegut mit Hilfe einer Traubenmühle gemahlen, um eine Trennung von Beerenhaut, Saft, Fruchtfleisch und Kernen einzuleiten. Die beim Mahlen entstandene Maische sollte zur Vermeidung von Oxidationsvorgängen und der Entwicklung schädlicher Mikroorganismen sofort gekeltert werden. Ist dies nicht möglich, so wird die Maische mit 30 – 50 mg SO_2 geschwefelt. Im Folgenden wird der Traubensaft durch Pressen von den festen Bestandteilen der Maische (Trestern) getrennt. Der dabei entstehende trübe Most wird einer Vorklärung unterzogen (meistens durch Sedimentation, Separieren, Flotation oder Klärfiltration). Anschließend wird der Most den Gärbehältern zugeleitet. Dies können Edelstahl-, GFK-Polyesterharz- und Betontanks oder das traditionelle Holzfass sein. Dort wird nun die alkoholische Gärung durch Spontangärung oder Reingärung (Zusatz von Trocken- bzw. Flüssighefe) eingeleitet. Das Ende der Gärung

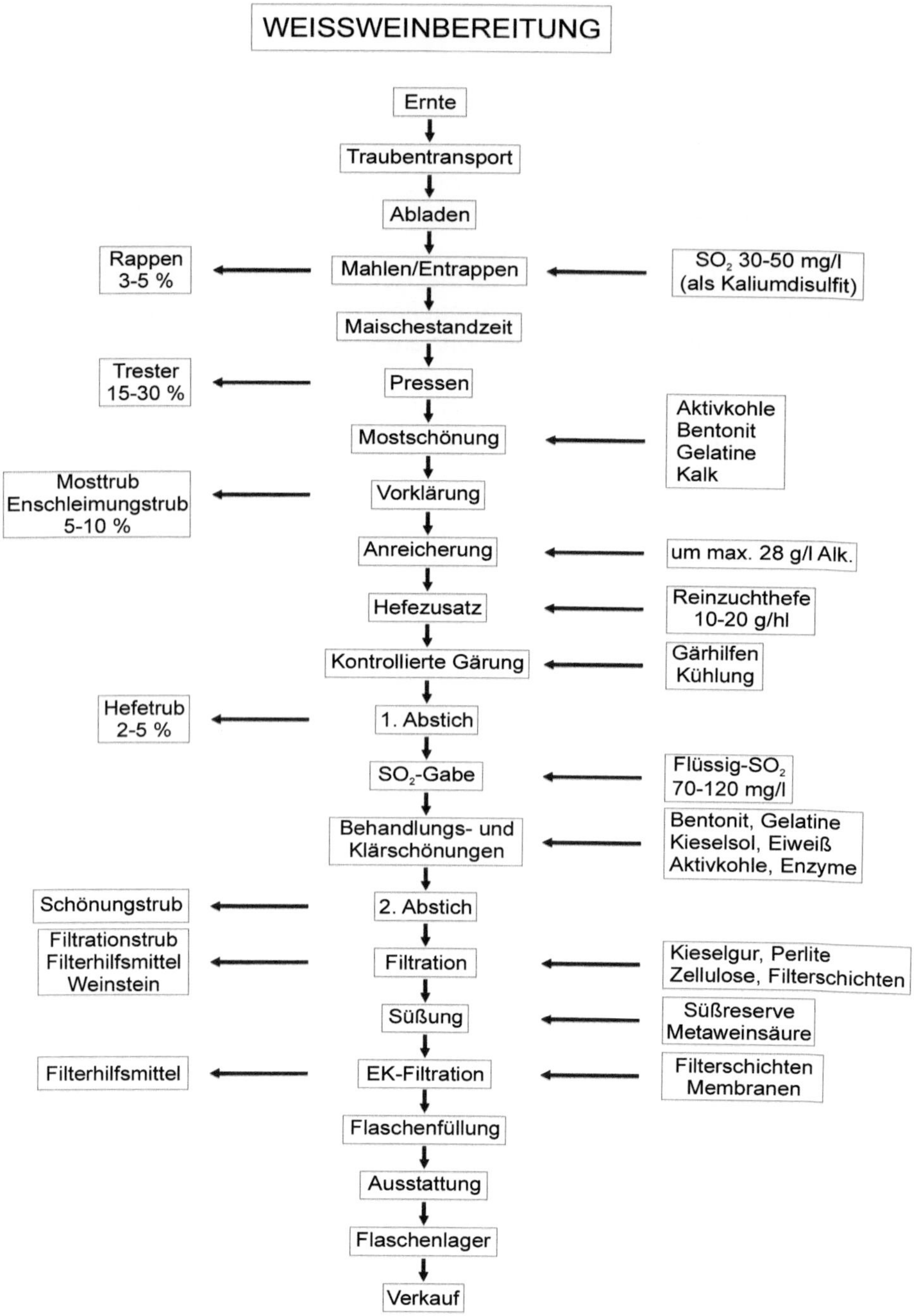

Bild 1: Verfahrensschema der Weißweinbereitung [Pollatz 2001]

deutet sich durch Bildung von CO_2 und das Absetzen des Hefetrubes an. Durch den 1. Abstich wird nun der Jungwein vom Hefegeläger getrennt. Nach Ende der alkoholischen Gärung wird dem Wein zwischen 70 und 120 mg/l SO_2 zugeführt, um ihn biologisch stabil, enzymatisch inaktiv und reduktiv zu machen. Mittels der anschließenden Zugabe von Schönungsmitteln erfolgt eine Klärung, Stabilisierung und geschmackliche Verbesserung des Weines. Die Abtrennung der Schönungsmittel vom Wein erfolgt durch den 2. Abstich. Auf die Schönung folgt die Weinklärung. Sie stabilisiert die Weine gegen erneute Trübung und verhindert den Weinsteinausfall auf der Flasche. Abschließend werden die Weine je nach Geschmacksbild abgerundet und nach einer weiteren Filtration der Flaschenfüllung und Ausstattung zugeführt. Bild 1 zeigt das typische Verfahrensschema der Weinbereitung mit den wichtigsten produktbezogenen In- und Outputgrößen. Die Bereitung von Rotweinen unterscheidet sich von der Weißweinbereitung im Wesentlichen durch die Gärführung. Der in den Beerenhäuten enthaltene Farbstoff wird erst durch den bei der Gärung entstehenden Alkohol oder aber durch Erhitzen in Lösung gebracht.

5.3.3 Anfall und Beschaffenheit von Abwässern der Weinbereitung

5.3.3.1 Abwasseranfall

Abwässer fallen besonders bei der zeitgleich verlaufenden Trauben- und Mostverarbeitung als Wasch- und Spülabwasser aus der Reinigung der Traubentransportgeräte, der Pressen, der Geräte und Filter sowie der Behälter an (siehe Bild 2). Der Abwasseranfall ist abhängig von der Betriebsgröße, der verarbeiteten Erzeugnisse (Trauben, Traubenmost, Fasswein, Flaschenwein) und deren Anteile an der betrieblichen Vermarktung, der technischen Ausstattung des Betriebes, den Rückhaltesystemen und der Verhaltensweise der Mitarbeiter. Näherungsweise kann die Abwassermenge des Betriebes über den Frischwasserbezug ermittelt werden. Im Durchschnitt wird ein verschmutztes Abwasser von 200 Liter je Hektar Rebfläche und Tag an insgesamt 100 Tagen im Jahr bei Flaschenweinproduktion und an 50 Tagen im Jahr bei der Fassweinproduktion angesetzt. Das entspricht einer jährlichen Anfallmenge von 20 m^3 bzw. 10 m^3 Abwasser je Hektar Rebfläche. Bei Kellereien werden 10.000 Liter zugekaufter Most oder Wein der Bezugsgröße von einem Hektar gleichgestellt. Bild 3 zeigt beispielhaft den Wasserverbrauch eines Weinerzeugers im Jahresverlauf.

5.3.3.2 Abwasserinhaltsstoffe

In Abhängigkeit von den einzelnen Verfahrensschritten bei der Weinbereitung ist die Zusammensetzung des Abwassers großen Schwankungen unterworfen. Im Wesentlichen gliedern sich die Inhaltsstoffe des Weinbauabwassers in zwei Kom-

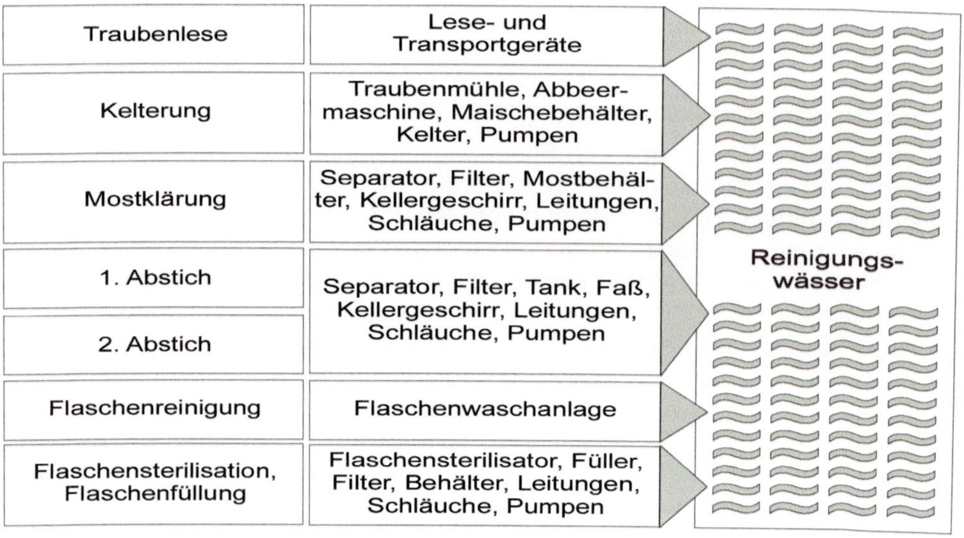

Bild 2: Produktionsschritte und Abwässer bei der Weinbereitung [KTBL 1995]

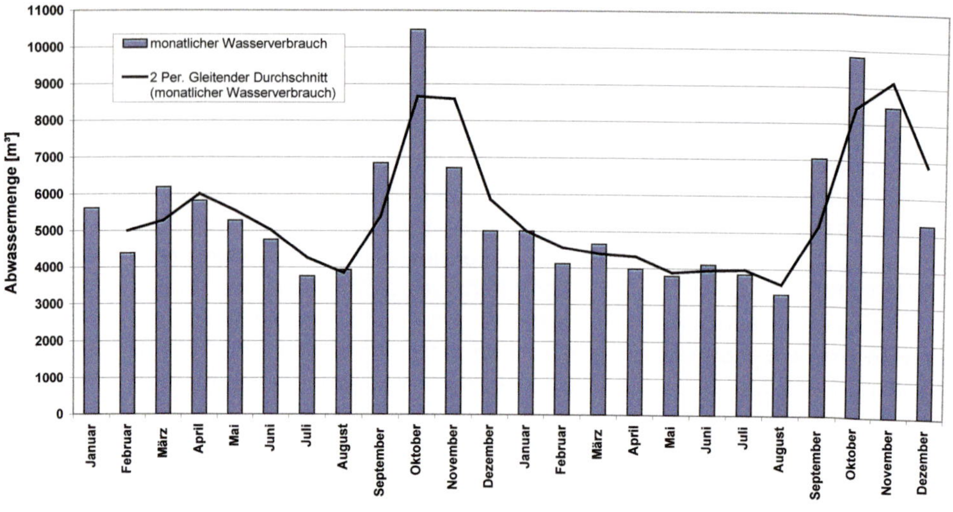

Bild 3: Wasserverbrauch eines Weinerzeugers im Jahresverlauf [Pollatz 2001]

ponenten unterschiedlicher Natur (Bild 4). Die festen Bestandteile aus der Traubenverarbeitung werden bei guter fachlicher Praxis zurückgehalten. Ohne eine geordnete Rückhaltung können jedoch extreme organische Tagesfrachten auftreten (vergleiche Tabelle 1). Weiterhin können bei der Flaschenreinigung höhere anorganische Belastungen durch Lauge auftreten. Die Flaschenreinigung führen jedoch nur noch wenige Weinbaubetriebe in eigener Regie durch.

5.3.3.3 Abwasserbelastung

Weinbauabwässer sind charakterisiert durch hohe, zeitlich begrenzt auftretende organische Belastungen, schwankende pH-Werte und erhöhte Feststofffrachten zur Lesezeit. Die organische Belastung ist zurückzuführen auf den Gehalt an Kohlenhydraten, Fruchtsäften, Alkohol, den eingesetzten Reinigungs- und Desinfektionsmitteln, sowie den organischen Stickstoffverbindungen aus abgespülten Trub-, Most- oder Weinresten. Letzteres zählt in konzentrierter Form zu den besonders hoch belasteten organischen Substanzen. Die BSB_5-Werte verschiedener Trube, Most und Weine liegen zwischen 125.000 und 175.000 mg/l und sind bis zu 500-mal höher als die der häuslichen Abwässer (Bild 5). Auch die bei den einzelnen Produktionsschritten durch Reinigung anfallenden Abwässer können noch BSB_5-Werte mit 1.500 – 20.000 mg/l aufweisen und liegen somit im kritischen Bereich. Je nach Grad der innerbetrieblichen Rückhaltung und Trubaufarbeitung schwanken die spezifischen Schmutzfrachten aus Wein bereitenden Betrieben zwischen 5 EGW je Hektar Rebfläche bei konsequenter Trubrückhaltung und über 100 EGW je Hektar bei fehlender Trubrückhaltung. Aufgrund der positiven Entwicklung im Bereich der Kellertechnik und durch intensive Beratung von weinbereitenden Betrieben konnten die Gesamtfrachten während der Weinkampagne insgesamt reduziert werden.

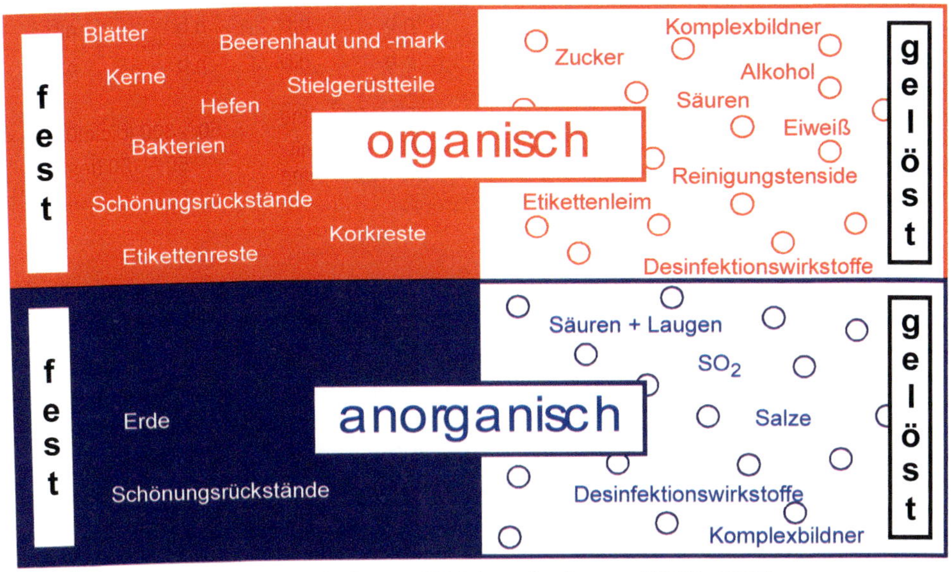

Bild 4: Einteilung und Bestandteile von Weinbauabwässern [KTBL 1995]

Tabelle 1: Menge und Inhaltsstoffe verschiedener kellerwirtschaftlicher Rückstände [SLFA 1996]

Inhaltsstoffe		Trester	Mosttrub		Hefe fest		Schönungstrub	
			dickflüssig	fest	Kammerfilter	Drehfilter	Bentonit Gelatine Kieselsol	Blauschönung Bentonit Gelatine Kieselsol
H_2O	%	59	91,6	50–60	54,8	63,7	52,3	59,3
TR	%	41	8,4	40–50	45,2	36,3	47,7	40,7
Cox*	%TR	35	40,3	n.b.	31,2	31,1	10,2	16,9
Glühverluste	%TR	82	85,7	n.b.	82	74,3	30,3	48,2
Asche	%TR	18	14,3	n.b.	18,1	25,8	69,7	51,8
N	%TR	2,2	6,6	n.b.	4,2	4,0	1,8	2,0
P_2O_5	%TR	0,8	0,4	n.b.	1,4	1,5	0,4	0,6
K_2O	%TR	3,3	4,0	n.b.	6,9	5,7	2,6	3,9
CaO	%TR	1,1	0,2	n.b.	0,7	0,2	0,1	0,7
MgO	%TR	0,3	0,1	n.b.	0,17	0,1	0,99	0,8
Bor	mg/kg	32	115	n.b.	n.b.	n.b.	n.b.	n.b.
Pb	mg/kg	n.b.	n.b.	n.b.	2,47	2,95	12,0	10,0
Cd	mg/kg	n.b.	n.b.	n.b.	0,05	0,03	0,07	0,3
Cu	mg/kg	40	n.b.	n.b.	84,4	56,3	31,0	166,7
Zn	mg/kg	80	n.b.	n.b.	n.b.	n.b.	n.b.	n.b.
Mn	mg/kg	85	n.b.	n.b.	n.b.	n.b.	n.b.	n.b.
Rückstandsmenge kg bzw. l je ha (bei 10.000 l Weinertrag je ha)		1.500 – 3.000	300 – 600	150 – 300	250 – 400 ohne 200 – 300 mit Mostvorklärung		50 – 300 (dickflüssig) 50 – 100 (fest)	

Durch verkürzte Lesezeiten und neue Techniken, wie z. B. die Flotation und die damit verbundene zeitliche Verschiebung des Abwasseranfalls in die Hauptlesezeit, kann es jedoch zu verstärkten Belastungsspitzen kommen. In Tabelle 3 sind die berechneten Abwasserfrachten von insgesamt acht untersuchten Weinbaubetrieben dargestellt [Eurofins 2009; CRTE 2009; Steinle 2009]. Tabelle 2 zeigt die Kenndaten der ausgewählten Betriebe. Die mittlere BSB_5-Abwasserbelastung schwankt zwischen 1,2 und 40 EGW_{60}/ha. Der niedrigste Wert stammt erwartungsgemäß von einem Betrieb mit biologischer Vorbehandlung. Der niedrige Wert von Betrieb 1 ist sehr wahrscheinlich auf einen nicht repräsentativen Mess-

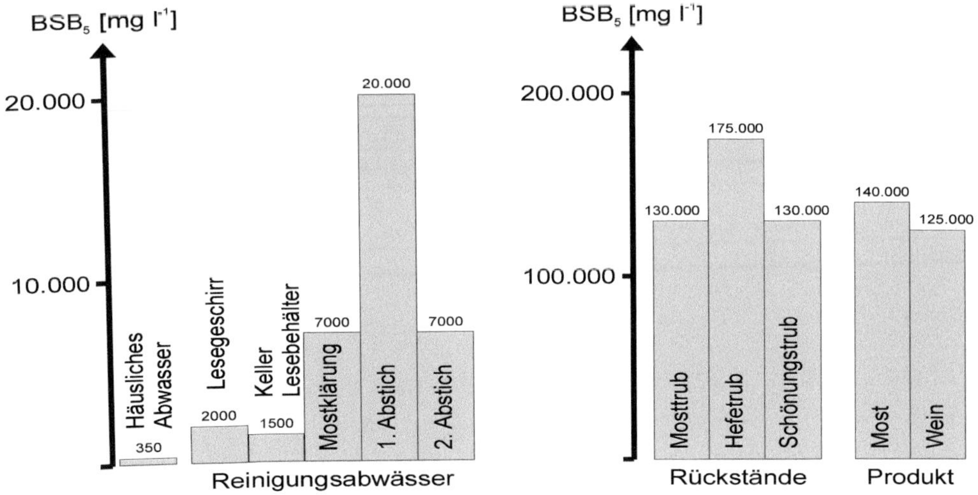

Bild 5: BSB_5-Werte von weinbauspezifischen Abwässern, Rückständen und Produkten [Pollatz 2001]

zeitraum zurückzuführen. Ohne die Betriebe mit biologischer Vorbehandlung und ohne Betrieb 1 liegt die mittlere Abwasserbelastung bei 24 EGW_{60}/ha. Ohne diese Betriebe und ohne den höchsten Wert (Betrieb 7), d. h. nur für die Betriebe 2, 3, 6 und 8 liegt die mittlere Abwasserbelastung bei 16 EGW_{60}/ha und die Spitzenbelastung im Mittel bei 34 EGW_{60}/ha. Die mittlere CSB-Belastung liegt zwischen 1,2 und 29 EGW_{120}/ha. Ohne die Betriebe mit biologischer Vorbehandlung und ohne Betrieb 1 liegt die mittlere Abwasserbelastung bei 17 EGW_{120}/ha. Ohne diese Betriebe und ohne den höchsten Wert (Betrieb 7), d. h. nur für die Betriebe 2, 3, 6 und 8 liegt die mittlere Abwasserbelastung bei 15 EGW_{120}/ha und die mittlere Spitzenbelastung im Mittel bei 31 EGW_{120}/ha.

Weiterhin wurden im Rahmen der Untersuchungen die Nährstoffverhältnisse sowie die pH-Werte (Tabelle 4) im Abwasser der Weinbaubetriebe erfasst. Weinbauabwässer sind überwiegen sauer; bei einem pH-Wert < 6,5 ist eine Neutralisation vor Einleitung in ein Kanalnetz zwingend erforderlich.

Tabelle 2: Kenndaten ausgewählter Betriebe [DWA-M 773 2012)]

	Anbaufläche ha	zugekaufter Most Liter	hochgerechnete Anbaufläche* ha	Vorbehandlung	Neutralisation	Traubenverarbeitung	Vergärung	Abfüllung
Betrieb 1	–	10 Mio.	1.000	nein	nein	nein	ja	nein
Betrieb 2	685	–	685	mechanisch	nein	ja	ja	ja
Betrieb 3	300	3 Mio.	600	nein	nein	ja	ja	ja
Betrieb 4	62	10 Mio.	1.062	biologisch**	ja	ja	ja	ja
Betrieb 5	–	10 Mio.	1.000	biologisch**	ja	nein	ja	nein
Betrieb 6	70	–	70	nein	nein	ja	ja	ja
Betrieb 7	270	–	270	nein	nein	ja	ja	ja
Betrieb 8	700		700	mechanisch	ja	ja	ja	ja

*) bei zugekauftem Most entsprechen 10.000 Liter = 1 ha

**) mit Nährstoffzugabe

Tabelle 3: CSB- und BSB_5-Fracht im Abwasser der ausgewählten Betriebe während der Hauptlesezeit [DWA-M 773 2012]

Betrieb	CSB-Fracht Mittelwert [kg/d]	EGW_{120}/ ha	CSB-Fracht Maximalwert [kg/d]	EGW_{120}/ ha	BSB_5-Fracht Mittelwert [kg/d]	EGW_{60}/ ha	BSB_5-Fracht Maximalwert [kg/d]	EGW_{60}/ ha
1	190	1,6	418	3,5	118	2,0	270	4,5
2	1.147	14,0	2.467	30,0	664	16	1.566	38
3	998	13,9	1.195	17	557	15	663	18
4*	159	1,2	243	1,9	79	1,2	110	1,7
5**	1.542	12,9	2.413	20,1	587	9,8	1.253	21
6	148	17,6	388	46,2	88	21	233	55
7	950	29,3	3.862	119	642	40	2.512	155
8	1.075	12,8	2.580	31	1.082	26	1.998	48

*) Betrieb 4 mit biologischem Vorabbau und Schlamm-/Abwassertrennung

**) Betrieb 5 mit biologischem Vorabbau, ohne Schlamm-/Abwassertrennung

Tabelle 4: Gemessenen Nährstoffverhältnisse und pH-Werte im Abwasser der ausgewählten Betriebe während der Hauptlesezeit [DWA-M 773 2012]

Betrieb	BSB_5 : N : P außerhalb der Kampagne	BSB_5 : N : P während der Kampagne	pH-Werte außerhalb der Kampagne	pH-Werte während der Kampagne
1	100:0,8:0,1	100:1,1:0,1	7,3	4,5
2	100:0,2:0,1	100:1,6:0,2	5,4	4,4
3			7,1	6,6
4		100:1,7:0,3		7,8
5				
6		100:1,6:0,2		7,4
7		100:1,7:0,3		5,4
8		100:0,8:-,-		5,9

5.3.4 Abwasserbehandlung

5.3.4.1 Allgemeines

Eine Mitbehandlung der Weinbauabwässer in den kommunalen Abwasseranlagen ist grundsätzlich zu befürworten. Nur in Ausnahmefällen sollte eine eigene Abwasserbehandlungsanlage mit Direkteinleitung in ein Gewässer dem Anschluss an die öffentliche Kanalisation vorgezogen werden. Bei der Auslegung der Abwasserbehandlungsanlagen muss jedoch die erhöhte organische Belastung aus wein- und sektbereitenden Betrieben während der Kampagne unbedingt berücksichtigt werden, um die Reinigungsanforderungen sicher einhalten zu können. Bei Anlagen ohne größere Reserven sind innerbetriebliche Vorbehandlungsmaßnahmen und/oder Frachtbegrenzungen sinnvoll.

5.3.4.2 Innerbetriebliche Abwasservorbehandlung

Zur Reduzierung und Vergleichmäßigung der Abwasserbelastung aus der Weinbereitung stehen den Betrieben je nach Größe und örtlicher Lage verschiedene Möglichkeiten der Vorbehandlung zur Auswahl. Voraussetzung zur Reduktion der Abwasserbelastung ist der möglichst vollständige Rückhalt sämtlicher fester und flüssiger Rückstände vom Kanalsystem. Beim Kontakt von Wasser mit Traubenrückständen oder Trubstoffen lösen sich die organischen Inhaltsstoffe und sind dann nur noch auf der Kläranlage zu behandeln. Deshalb kommt der trockenen Vorreinigung im Weinbaubetrieb eine besondere Rolle bei der Reduzierung der Abwasserfrachten zu. Generell sollte weiterhin auf wassersparende Techniken bei der Reinigung von Aggregaten geachtet werden (Hochdruckreiniger, Schlauchpistolen etc.).

Maßnahmen zum Feststoffrückhalt

Grundsätzlich empfiehlt sich für den Grobstoffrückhalt im Weinkeller der Einsatz von Sieben mit regelmäßiger Leerung der Sammelbehälter. Die Lochweiten der Siebe reichen von 0,1 bis 5 mm. In der Regel werden Sieblochweiten zwischen 1 und 3 mm eingesetzt. Zur Feststoffabscheidung werden sowohl Siebfangkörbe, feststehende oder vibrierende Bogensiebe, Drehbürstensiebe als auch rotierende Trommelsiebe angeboten. Bei größeren Anlagen haben sich Bogen- und Trommelsiebe bewährt.

Maßnahmen zur Trubrückhaltung

Als Grundsatz bei der Flüssigtrubrückhaltung muss gelten, dass flüssiger Trub noch wertvolle Bestandteile (Wein, Most) enthält und nicht mit Wasser in Berührung kommen darf. Sämtliche Rückhaltemaßnahmen haben daher stattzufinden, bevor Wasser zur Reinigung eingesetzt wird. Kommt flüssiger Trub, Most oder Wein bei der Reinigung der Behältnisse mit Wasser in Berührung, werden die darin enthaltenen organischen Stoffe (Alkohol, Zucker, Weinsäure usw.) herausgelöst und erhöhen damit die Abwasserbelastung erheblich. Most- und Weintrub sind so sauber wie möglich aus dem Tank abzuziehen und vollständig separat aufzufangen, gegebenenfalls sind sie am Fassboden zum Ablauf zu wischen, wobei ein Gummischaber sehr effektiv ist. Danach können sie z. B. zum Filtrieren, Brennen, zur Weitergabe zur Weinsäuregewinnung, landwirtschaftlich o. ä. verwertet werden.

Neutralisation

Das anfallende Abwasser aus der Weinbereitung weist in der Regel pH-Werte zwischen 3,5 und 11 auf. Eine Neutralisation des Abwassers vor der Ableitung ins öffentliche Kanalnetz ist ggf. für Indirekteinleiter notwendig. Möglich ist eine Neutralisation im Durchlauf- oder Chargenbetrieb. Als Neutralisationsverfahren kommen die Mischneutralisation, die biochemische Neutralisation und die chemische Neutralisation in Betracht. Bis heute hat sich die Mischneutralisation in Misch- und Ausgleichsbecken durchgesetzt.

Misch- und Ausgleichsbecken

Aufgrund der starken pH-Wert-, Temperatur- und Frachtschwankungen durch den diskontinuierlichen Abwasseranfall ist der Einsatz eines Misch- und Ausgleichsbeckens (MAB) empfehlenswert. Das MAB dient primär der Vergleichmäßigung von Fracht- und Konzentrationsschwankungen bzw. als Pumpenvorlage für evtl. nachfolgende biologische Stufen.

Aerobe Abwasserbehandlung

Für die aerobe Behandlung werden einfache, platzsparende, wenig störanfällige Konstruktionen, die gerade zur Zeit des Hauptwasseranfalls während Lese und Abstich wenig Arbeitszeit beanspruchen, dennoch aber gute Abbau- und Neutralisationsleistungen erbringen sollten, auf dem Markt angeboten. Prinzipiell in Frage kommen folgende Verfahren: Festbettanlagen, Belebungsanlagen und kombinierte Anlagen wie z. B. Scheibentauchkörperanlagen. Zur aeroben Abwasservorbehandlung haben sich insbesondere Belebungsanlagen im Aufstaubetrieb (SBR-Anlagen) durchgesetzt. Zu beachten ist, dass für den biologischen Abbau ggf. Nährsalze (N und P) zugeführt werden müssen.

Anaerobe Abwasserbehandlung

Aufgrund der hohen organischen Belastung ist Weinbauabwasser grundsätzlich gut für den anaeroben Abbau geeignet. Bei Weinbauabwasser sind CSB-Eliminationsleistungen von 75 bis 80 % möglich. Die wesentlichen wirtschaftlichen Vorteile für den Einsatz einer anaeroben Stufe sind Energiegewinn und -einsparung, sowie die geringe Schlammproduktion. Darüber hinaus bleibt die biologische Aktivität des Reaktors auch bei mehrmonatigen Betriebspausen erhalten.

Schlammbehandlung und -verwertung

Bei der Abwasser(vor)behandlung von Weinbauabwasser entsteht neben dem (vor)gereinigten Abwasser als abtrennbarer Feststoff das Produkt Klärschlamm. Die Menge und Eigenschaft dieses Klärschlammes kann sich in Abhängigkeit vom gewählten Behandlungsverfahren stark unterscheiden. Wenn der Schlamm bis zur Entsorgung längerfristig gelagert wird, kommt es zu Geruchsemissionen, die nur durch Belüftung verhindert bzw. durch entsprechende Abluftbehandlung reduziert werden können. Bei der Schlammentsorgung ist eine biologische Weiterbehandlung anzustreben. Hierfür bieten sich folgende prinzipielle Möglichkeiten an: Stabilisierung vor Ort durch Dauerbelüftung zur direkten landwirtschaftlichen Verwertung, Kompostierung, Biogasanlage oder Weiterbehandlung auf einer kommunalen Kläranlage.

Landbauliche Verwertung

Das in Weinbaubetrieben anfallenden Abwässer, welches nicht der öffentlichen Abwasserbeseitigungspflicht unterliegt bzw. anfallende Abfälle, dürfen, wenn dies im Rahmen ordnungsgemäßer Düngung nach guter fachlicher Praxis ohne Beeinträchtigung des Wohls der Allgemeinheit und im Einklang mit den wasserrechtlichen, (bio-)abfallrechtlichen, düngerechtlichen, bodenschutzrechtlichen und immissionsschutzrechtlichen Bestimmungen erfolgt, auf landbaulich genutzte Böden aufgebracht werden.

Beispiel aus der Praxis

In der Abwasservorbehandlungsanlage der Weinkellerei Trautwein in Lonsheim werden schwach saure Weinbauabwässer, die eine hohe organische Belastung mit extremen, kurzfristig auftretenden Schwankungen aufweisen, in einem anaeroben Abwasserreinigungsverfahren behandelt. Nach einer Grobstoffabscheidung sowie einer Vorversäuerung wird das Abwasser über eine Konditionierungsstrecke (pH-Wert-Einstellung, Nährstoffzugabe) der anaeroben Reinigungsstufe zugeführt. Das entstehende Biogas wird zur Vorerwärmung des Abwassers verwendet. Die Abluft der Anlage wird über einen Biofilter geführt. Die Anlage wird kontinuierlich betrieben und ist für eine Abwassermenge von 150 m^3/d ausgelegt. Ausgehend von einem mittleren BSB_5-Wert von 7.115 mg/l und einer mittlere Abwassermenge von 110 m^3/d liegt die Reinigungsleistung der Anlage (bei einer max. zulässigen Einleitung von 42 kg BSB_5/d) rechnerisch bei 94 %.

5.3.5 Abwasserbehandlung in kommunalen Anlagen

Das grundlegende Problem für Kläranlagen, die von der Weinbaukampagne betroffen sind, ist die relativ stoßweise Zuführung von organisch hoch belastetem Abwasser mit geringen Anteilen an Stickstoff und Phosphor. Bei der Beurteilung der Auswirkungen der Kampagne auf kommunale Kläranlagen sollten unterschiedliche Fälle – abgeleitet aus dem Verhältnis der Belastung aus dem Weinbau zur „Normalbelastung“ der Anlage aus den Haushalten, Gewerbe und Industrie (= „kommunale Belastung“) – unterschieden werden (vgl. Tabelle 5).

Bei der Planung und Bemessung von kommunalen Kläranlagen mit Weinbaueinfluss ist grundsätzlich zu beachten, dass beim Belebungsverfahren eine Blähschlammgefahr besteht. Dennoch haben sich für die kommunale Abwasserreinigung in Weinbaugebieten sowohl einstufige Belebungsanlagen als auch SBR-Anlagen bewährt, wenn bereits bei der Planung Maßnahmen zur Verringerung der Blähschlammgefahr vorgesehen wurden. Bei der eigentlichen Bemessung

Tabelle 5: Auswirkungen der Weinbaukampagne auf kommunale Kläranlagen [DWA-M 773 2012]

Verhältnis $EGW_{Weinkampagne} : EW_{kommunal}$	Auswirkungen auf den Anlagenbetrieb
$\leq 1:1$	i. d. R. keine betrieblichen Auswirkungen
$> 1:1$ bis $< 2:1$	Auswirkungen sind spürbar. In Ausnahmefällen sind besondere Maßnahmen erforderlich.
$\geq 2:1$	Der Einfluss der Weinbaukampagne muss durch besondere Maßnahmen berücksichtigt werden.

Tabelle 6: Mittlere Belastungswerte für Abwasser aus Weinbaubetrieben (nach Anwendung innerbetrieblicher Maßnahmen) [DWA-M 773 2012]

Spezifische Abwassermenge	100 bis 200 l/(ha · d)
Spezifische organische Abwasserbelastung	5 – 20 EGW_{60} je ha Weinbaufläche bzw. je 10.000 kg verarbeitete Trauben
Spezifische Trockensubstanzfracht im Abwasser	15 bis 25 g TS/(EGW_{60} · d)
Spezifische Stickstofffracht im Abwasser	0,5 bis 1,0 g N/(EGW_{60} · d)
Spezifische Phosphorfracht im Abwasser	0,1 bis 0,2 g P/(EGW_{60} · d)

Tabelle 7: Empfohlene Bemessungswerte für die Sauerstoffzufuhr unter Betriebsbedingungen bezogen auf die BSB_5-Fracht im Zulauf des Belebungsbeckens [DWA-M 773 2012]

Verhältnis $EGW_{60\text{-}Weinkampagne} : EW_{kommunal}$	**Sauerstoffzufuhr unter Betriebsbedingungen zu BSB_5-Fracht im Zulauf des Belebungsbeckens**
≤ 1 : 1	3,0 kg O_2/kg BSB_5
> 1 : 1 bis < 2 : 1	4,0 kg O_2/kg BSB_5
≥ 2 : 1	5,0 kg O_2/kg BSB_5

.von kommunalen Kläranlagen mit Weinbaueinfluss sind die unterschiedlichen Belastungen während des Jahresverlaufs, wie die maßgebende Belastung im Winter, die Belastung während der Weinkampagne, sowie ggf. auch die Belastung durch Fremdenverkehr in Sommer, als eigene Lastfälle zu berücksichtigen [ATV-DVWK-A 198 2003]. Es wird empfohlen, die in Tabelle 6 angeführten Belastungswerte für die Bemessung der Anlage heranzuziehen, sofern innerbetriebliche Maßnahmen zur Reduktion der Abwassermengen und -belastungen konsequent eingehalten werden (vergleiche Kapitel 4.3.4). Während der Weinkampagne ist mit kurzfristig sehr hohen Spitzenbelastungen zu rechnen. Diese kurzfristigen extremen Belastungen mit organischen Inhaltsstoffen müssen zwar nicht bei der Bemessung des Volumens des Belebungsbeckens berücksichtigt werden, jedoch bei der Auslegung der Sauerstoffzufuhr. Tabelle 7 zeigt die empfohlenen Bemessungswerte für die Sauerstoffzufuhr bezogen auf die BSB_5-Fracht im Zulauf.

5.3.6 Produktionsintegrierter Umweltschutz bei der Wein- und Sektbereitung

Unter „integriertem" Umweltschutz wird die Berücksichtigung aller Auswirkungen auf die Umweltmedien Luft, Wasser, Boden, Mensch, Tier und Pflanze einschließlich Abfallentstehung, dem Einsatz von Rohstoffen, Energieeffizienz, Lärm, Stör-

Tabelle 8: Innerbetriebliche Maßnahmen zur Verringerung von Abwassermenge und Abwasserbelastung in [Weinbaubetrieben, ÖWAV 2006]

Produktionsschritt	Maßnahmen
Nasskonservierung	Oxidation, Neutralisation
Traubenübernahme	Rückhaltevorrichtung (Gitter, Sieb)
Abbeeren, Pressen	Abkehren, Abbürsten
Entschleimen	Vakuumdrehfilter, Flotation, Separator
Gärregelung (Kühlung)	Doppelmanteltanks, geschlossene Kreisläufe
Abzug vom Geläger	Getrennte Sammlung, Filtration, Pressen
Kieselgurfiltration	Sedimentation von Kieselgur und Trubstoffen
Weinschönung	Getrennte Sammlung im Behälter
Flaschen- und Gebindereinigung	Feststoffrückhalt, Laugenneutralisation
Flaschen- und Gebindesterilisation	Sammlung und Neutralisation, ggf. Oxidation
Flaschenfüllung	Verminderung von Tropfverlusten
Allgemeine Reinigungsvorgänge	Hochdruckreiniger, Kreislaufanlagen, CIP-Anlagen
Anwendung von Spritzmittellösungen	Getrennte Sammlung
Sonstige Maßnahmen	Siebe, Ausgleichsbecken, Neutralisation

fallvermeidung und Risikomanagement, verstanden [IVU-Richtlinie 2008]. Ziele verfahrensintegrierter Maßnahmen sind die Vermeidung und Verminderung von Emissionen und Verbräuchen. Sie beginnen auf der betrieblichen Ebene. Auf europäischer Ebene hat sich insbesondere ein Umweltmanagementsystem nach [DIN EN ISO 14001 2009] bewährt. Zur Reduktion der Abwasserfrachten und -mengen können die in Tabelle 8 aufgeführten Maßnahmen umgesetzt werden. Darüber hinaus sollte der Energieverbrach, der Einsatz von Betriebs- und Hilfsmitteln sowie weitere Emissionen wie Abfälle, Abluft und Gerüche sowie Lärmemissionen so weit wie möglich reduziert werden (vergleiche [DWA M 773 2012, Kapitel 9]).

Literatur

ATV-DVWK-A 198 (2003): Vereinheitlichung und Herleitung von Bemessungswerten für Abwasseranlagen.

CRTE (2009): Ermittlung der Abwasserbelastung in Weinbaubetrieben. Resource Centre for Environmental Technologies CRTE, V. Huck, Daten aus 2005.

DIN EN ISO 14001 (2009): Umweltmanagementsysteme – Anforderungen mit Anleitung zur Anwendung (ISO 14001:2004 + Cor.1:2009).

DWA-M 773 (2012): Merkblatt DWA-M 773: Abwasser aus der Weinbereitung. Deutsche Vereinigung für Wasserwirtschaft, Abwasser und Abfall e. V., Hennef.

Eurofins (2009): Ermittlung der Abwasserbelastung in Weinbaubetrieben. Eurofins GmbH, Niederlassung

Neustadt, A. Huber, Daten aus 2003 – 2009.

IVU-Richtlinie (2008): Richtlinie 2008/1/EG des Europäischen Parlaments und des Rates vom 15. Januar 2008 über die integrierte Vermeidung und Verminderung der Umweltverschmutzung.

KTBL (1995): Abwassertechnik im Weinbau. Kuratorium für Technik und Bauwesen in der Landwirtschaft e. V., Schrift 368, Darmstadt.

ÖWAG (2006): Hinweise für das Einleiten von Abwässern aus Weinbau- und Kellerbetrieben in einer Abwasseranlage. Regelblatt Nr. 26, 2. vollständig überarbeitete Auflage.

Pollatz, T. (2001): PIUS: Produktionsintegrierter Umweltschutz im Weinbau. Stiftung für Innovation Rheinland-Pfalz.

SLFA (Hrsg.) (1996): Anfall und Belastung der Abwässer in der Weinwirtschaft. Weinbauabwasser Symposium, Neustadt/Weinstraße.

Steinle (2009): Ermittlung der Abwasserbelastung in Weinbaubetrieben. Ing.-Büro Steinle GmbH, A. Carozzi, Daten aus 2007.

Weiterführende Literatur

Adams, K. und Walg, O. (1990): Entsorgung weinbaulicher Abwässer, KTBL Schrift 338, Münster-Hiltrup.

AgroScience (2010): Ermittlung der physikalischen und chemischen Parameter von Trester und Rebholz, Daten aus 2007 – 2010.

BVT-Merkblatt (2005): On Food, Drink and Milk Industries: Integrierte Vermeidung und Verminderung der Umweltverschmutzung. http://ec.europa.eu /environment/ ippc/index.html; mit ausgewählten Kapiteln in deutscher Übersetzung: http://www.bvt. umweltbundesamt.de/kurzue.html

CRTE (2007): Maßnahmen zum nachhaltigen Umgang mit Wasser bei der Weinproduktion.

Destatis (2009): Kennzahlen der einzelnen Weinbaugebiete. Statistisches Bundesamt Deutschland: www.destatis.de

DWA-M 210 (2009): Bemessung von Belebungs- und SBR-Anlagen.

Kunst, S.; Helmer, C.; Knoop, S. (2000): Betriebsprobleme auf Kläranlagen durch Blähschlamm, Schwimmschlamm und Schaum. Handbuch zur Identifizierung und Bekämpfung fädiger Bakterien. Springer Verlag.

Ministerium für Umwelt und Forsten Rheinland-Pfalz (1996): Landbauliche Verwertung von Weinbauabwasser.

Müller, D. H. (1994): Technische und wirtschaftliche Möglichkeiten der Abwasseraufbereitung und biogenen Neutralisation von Weinbauabwässern für kleine und mittlere Weinbaubetriebe. Bericht zum F+E-Vorhaben. Ministerium für Wirtschaft, Verkehr, Landwirtschaft und Weinbau, Mainz.

Müller, D. H. und Dobelmann, J. K. (2001): Demonstration eines produktionsintegrierten Verfahrens zur Verwertung von Abwässern und organischen Reststoffen zur Aktivkühlung von Most und Wein auf dem Wein- und Sektgut Herrenhof. Biogas als regenerative Energie – Stand und Perspektiven. Tagung des VDI in Hannover, 19. und 20. Juni 2001, Düsseldorf, S. 115 – 130.

OIV (2007): Organisation Internationale de la Vigne et du Vin. Statistikbericht zum weltweiten Weinbau.

Pollatz, T. (2003): Untersuchungen zur betriebsinternen Reinigung und Verwertung von Abwässern und Produktionsrückständen aus der Weinbereitung. Bundesanstalt für Landwirtschaft und Ernährung, Abschlussbericht.

Pollatz, T. und Lang, S. (2011): Abschlussbericht zum Projekt „Ressourceneffizienz in Weinbau und Kellerwirtschaft, Maßnahmen zur Ökonomie und Ökologie“ am LUWG Mainz.

Ziegler, B. (Hrsg.) (2010): Trester und andere Kellereiabfälle zur Rebendüngung. Weinbauinformation DLR Rheinpfalz, Merkblatt 1008.

5.4 Brennereien und Spirituosenbereitung

Ludz Wilkening

5.4.1 Allgemeines

Agraralkohol oder Fermentationsalkohol

Im Gegensatz zu Synthesealkohol wird Agrar- oder Fermentationsalkohol aus stärke- oder zuckerhaltigen landwirtschaftlichen Rohstoffen durch Fermentation mit Hefen oder Bakterien hergestellt. In Deutschland erfolgte lange Zeit die Herstellung von Agraralkohol in kleinen landwirtschaftlichen Brennereien und in wenigen industriellen Betrieben.

Insbesondere die landwirtschaftlichen Brennereien haben sogenannten Rohalkohol gebrannt. Dieser hat eine Alkoholkonzentration von ca. 80 – 85 Vol.-% und besteht neben Ethanol aus einer Vielzahl von Nebenbestandteilen wie Aldehyde, Methanol, höhere Alkohole, Polyole, Fettsäuren, Amine und Esther. Dieser Rohalkohol wurde in einem weiteren Verarbeitungsschritt in zentralen größeren Anlagen zu Neutralalkohol rektifiziert. Neutralalkohol hat in Deutschland i. d. R. über 96 Vol.-% und weißt nur eine sehr geringe Anzahl und Menge von Nebenbestandteilen auf. Alle alkoholherstellenden Betriebe mussten in Deutschland bis zum Jahr 2000 über ein sogenanntes Brennrecht verfügen oder eine Ausnahmegenehmigung durch die Monopolverwaltung für Branntwein haben. Die industriellen Rektifikationsbetriebe waren Anlagen im Eigentum der Bundesmonopolverwaltung, also des Bundes, oder in Privateigentum. Die privaten Veredelungsbetriebe haben im Auftrag und auf Rechnung der Bundesmonopolverwaltung gearbeitet. Im Rahmen des Brennrechts konnten die landwirtschaftlichen Brennereien den erzeugten Alkohol zu festgesetzten und kostendeckenden Preisen an die Bundesmonopolverwaltung für Branntwein abgeben. Als Rohstoff haben die landwirtschaftlichen Betriebe vorwiegend Kartoffeln oder Getreide, insbesondere Weizen, Roggen, Gerste und Triticale, verarbeitet. In einigen Regionen, wie in Südwestdeutschland oder im Alten Land, wurde regional begrenzt auch Obst verarbeitet. Die Schlempe dieser Brennereien wurde früher auf den Betrieben als Futtermittel zur Bullenmast eingesetzt oder als Dünger ausgebracht.

Da auf Beschluss der Europäischen Kommission die Genehmigung der Bundesmonopolverwaltung für Branntwein (BfB) in Offenbach zur Veredelung und Vermarktung des landwirtschaftlich erzeugten Rohalkohols zum 30. September 2013 ausgelaufen ist, wurde gemäß dem Branntweinmonopolabschaffungsgesetz vom 21. Juni 2013 die Veredelung und Vermarktung von Ethanol aus den ehemals landwirtschaftlichen Brennereien mit dem Betriebsjahr 2012/2013 eingestellt. Die Brennereien haben eine Abfindung erhalten, die aber nur die wenigsten Brennereien zur Modernisierung und Fortsetzung des Betriebes eingesetzt haben. Von den ehemals über 600 landwirtschaftlichen Verschlussbrennereien, die im Betriebsjahr 2011/12 ein Brennrecht in Höhe von ca. 81.000 m^3 hatten, hat nur eine kleine Zahl den Betrieb fortgesetzt. Nach Schätzung sind dies heute weniger als 30 Betriebe in Deutschland.

Die Hersteller, die über ein industrielles Brennrecht verfügt haben, haben i. d. R. Zuckerrübenmelasse und einige wenige haben auch Getreide eingesetzt. Die sogenannten Hefelüftungsbrennereien verarbeiten Melasse zur Vermehrung der Hefe. Nach der Separation der Hefe kann die alkoholhaltige Würze zu Alkohol weiterverarbeitet werden. Dieses Verfahren wird heute allerdings von keiner der in Deutschland verbliebenen Hefefabriken eingesetzt, da die Alkoholherstellung für diese Betriebe unwirtschaftlich geworden ist.

In den letzten Jahren sind auch neuere Verfahren zur Verarbeitung von Rohstoffen der 2. Generation zu Bioethanol entwickelt worden. Sie haben den ökologischen Vorteil des Einsatzes von nachwachsenden Rohstoffen mit gegebener CO_2-Neutralität sowie der konkurrenzlosen Verwendung von Nichtnahrungsgütern zu ermöglichen. Hierbei handelt es sich hauptsächlich um Stroh und schnellwachsendes Nutzholz oder Grünschnitt. Die weltgrößten Anlagen stehen in USA und Brasilien. In Deutschland gibt es eine Anlage der Fa. Clariant mit einer Kapazität von ca. 1,3 Mio. Liter Biosprit der 2. Generation; es ist geplant, Anlagen nach diesem Verfahren auch in Slowenien und Rumänien (2018) zu errichten. Ein weiterer, schon praktisch verwendeter Rohstoff zur Bioethanolgewinnung aus Rohstoffen, die nicht zu Nahrungsmitteln verarbeitet werden, stellt in Deutschland Molkepermeat dar (Sachsenmilch in Leppersdorf).

Im Jahr 2017 betrug die Produktionsmenge an Bioethanol, also Ethanol für den Kraftstoffsektor, 672.930 t [BDBE 2018]. Für die Herstellungsmenge des Industriealkohols und für sonstige Verwendungen gibt es keine offiziellen Daten. Die Produktionsmenge dürfte aber deutlich unter 100.000 t pro Jahr liegen, so dass man von einer Gesamtmenge von rd. 750.000 t ausgehen kann.

5.4.2 Produktionsverfahren

Das aus nachwachsenden Rohstoffen durch Fermentation hergestellte Ethanol wird auch als Agraralkohol oder Fermentationsalkohol bezeichnet und findet sowohl in der verarbeitenden Industrie als auch als sogenanntes Bioethanol als Kraftstoffkomponente Verwendung. Die wichtigsten Verwendungsbereiche im traditionellen

Bereich sind die Spirituosen-, Kosmetik- und Pharmaindustrie sowie verschiedene Bereiche der chemischen Industrie, zu der auch die Druckfarben- oder Lackindustrie zählen. Darüber hinaus ist ein wichtiger Bereich der Haushaltssektor, wo Ethanol als Reinigungsmittel, Brennstoff oder Frostschutzmittel Verwendung findet.

Außer auf dem Wege der Fermentation kann Ethanol auch synthetisch durch indirekte katalytische Hydrierung aus Ethylen hergestellt werden. Von ehemals vier Produktionsanlagen (Sodez in Le Havre, Bayer in Dormagen, Condea (später Sasol) in Herne und BP (später INEOS) in Grangemouth, UK) sind heute nur noch zwei Standorte, in Grangemouth und in Herne, produktiv. Beide Anlagen gehören dem Chemiekonzern INEOS. Während Herne eine Kapazität von rd. 80.000 t pro Jahr hat, kann die Anlage in Schottland rund 340.000 t pro Jahr produzieren. Eine Besonderheit ist, dass in Grangemouth auch sogenanntes Shellgas aus den Vereinigten Staaten verarbeitet wird. Mit dieser Kapazität zählt der Hersteller INEOS zu den weltweit größten Anbietern von Industriealkohol. Da es sich hier aber um einen Petrochemischen Prozess handelt, soll dieser im Weiteren nicht Berücksichtigung finden.

Bei der Alkoholherstellung aus landwirtschaftlichen Rohstoffen wird durch enzymatische anaerobe, exotherme Dissimilation von Zuckern (Hexosen, insbesondere Glucose) Ethanol und CO_2 durch Stoffwechselvorgänge, insbesondere von speziellen Gärhefen, produziert. Verfahren mit Bakterienarten, die ebenfalls in der Lage sind Kohlenhydrate in Alkohol umzusetzen, haben sich bislang in Europa nicht durchgesetzt. Im Fall von Rüben und Kartoffeln wird der Rohstoff vor der Fermentation zunächst gewaschen und gegebenenfalls zerkleinert. Getreide wird vor der Verarbeitung grob gereinigt bzw. gesichtet und anschließend gemahlen. Zur weiteren Verarbeitung erfolgt die Einmaischung durch Wasserzugabe.

Bei den Einsatzstoffen muss unterschieden werden, ob der Fermentationsrohstoff, der Zucker, direkt vorliegt oder ein mehr oder weniger aufwändiger Aufschluss der Stärke zu assimilierbarem Zucker notwendig ist. Der Stärkeaufschluss ist bei Zuckerrüben- und Zuckerrohrverarbeitung sowie deren Melassen nicht erforderlich. Bei stärkehaltigen Rohstoffen wie Weizen, Gerste, Roggen, Mais, Tapioka oder Reis ist ein enzymatischer Stärkeaufschluss zu Zucker erforderlich.

Klassisch erfolgt die Stärkekonversion in zwei Schritten: Verflüssigung und Verzuckerung. Bekannt sind Hoch- und Niederdruckverfahren, wobei sich das Letztere durchgesetzt hat. Je nach eingesetzter Enzymkombination gibt es noch Hoch- und Niedertemperaturverfahren. Der Abbau der Stärke zu Zucker erfolgt durch Zugabe von Enzymen wie Alpha-Amylase, Beta-Amylase, oder Alpha-Glukosidase. Seit einigen Jahren wird in einigen Anlagen auch das von Genencor entwickelte Niedertemperaturverfahren mit speziellen Enzymen und Aufschlusstemperaturen von 55 °C eingesetzt.

Die Herstellung von Agraralkohol gründet sich auf die in der Gärungstechnologie bedeutsame Reaktion alkoholischen Gärung, die nachfolgender Summengleichung (Gl. 1) dargestellt werden kann:

$$C_6H_{12}O_6 \xrightarrow[Hefe]{} 2C_2H_5OH + 2CO_2 \qquad \text{(Gl. 1)}$$

180 g Hexose → 92 g Ethanol + 88 g Kohlenstoffdioxid + Energie

Ethanol ist eine wasserklare, leicht bewegliche Flüssigkeit mit charakteristischem Geruch und Geschmack. Sie ist brennbar, leicht entzündlich und bildet in bestimmten Grenzen mit Luft explosive Gemische (vgl. Tabelle 1).

Die Vergärung der aufgeschlossen Zuckermoleküle und die weiteren Schritte der Ethanolgewinnung verlaufen bei den Rohstoffgruppen analog.

Die Maische kann nach einem Batch-Verfahren oder kontinuierlich fermentiert werden. Zuckerhaltige Rohstoffe wie Zuckerrüben- und Zuckerrohrmelassen oder Dicksaftabläufe der Zuckerindustrie können batchweise und auch in kontinuierlichen Prozessen (z. B. BIOSTIL) verarbeitet werden, während Getreidemaischen in Batch-Prozessen oder semi-kontinuierlichen Prozessen (z. B. Vogelbusch-Kaskaden) verarbeitet werden. Wichtige Prozessparameter sind neben dem Sauerstoffpartialdruck, der osmotische Druck, der Zuckergehalt, die Temperatur, der pH-Wert, der Stickstoff und der Nährstoffgehalt. Der Zuckergehalt wird zwischen 10 und 18 eingestellt und die Temperatur muss durch Kühlung auf unter 38 °C gehalten werden. Der pH-Wert muss zwischen 4 und 6 liegen. Je nach Rohstoff entstehen bei der alkoholischen Gärung unterschiedliche Mengen an Gärungsnebenprodukten wie Aldehyde, Methanol, höhere Alkohole, Polyole, Fettsäuren, Amine und Esther.

Tabelle 1: Ethanol: Physikalische und Sicherheitsdaten [Roth 1971, ergänzt]

Dichte (20 °C)	789,24 kg/m^3
Flammpunkt	+12 °C
Gefrierpunkt	-114 °C
Geruchsschwelle	350 ppm
Kenn-Nummer	EG-Nr. 603-002-00-5
MAK-Wert	ppm
Siedepunkt	78 °C
Transport	Gefahrenklasse 3 Rn 301 Ziff. 5
Verdunstungszahl	8,3, bezogen auf Ether = 0

Die vergorene Maische hat je nach Prozess einem Alkoholgehalt zwischen 8 und 14 %. In dem ersten Destillationsvorgang, dem sogenannten „Brennen", wird das Substrat in den abdestillierbaren Anteil (Rohbrand oder Rohalkohol, azeotrop, bestehend aus Wasser, Alkohol und bestimmten Nebenbestandteile) und den Destillationsrückstand (Schlempe) getrennt. Die Destillation erfolgt bei der Alkoholherstellung heute in kontinuierlich arbeitenden Mehr-Kolonnensystemen. Bei der Herstellung bestimmter hochwertiger Spirituosen wird auch heute noch im Batch-Verfahren destilliert.

In einem zweiten Prozessschritt – der Rektifikation – wird durch intensiven Wärme- und Stoffaustausch zwischen Dampfphase und Flüssigkeit der Rohalkohol zu Neutralalkohol oder Feinbrand oder auch Surfin weiterverarbeitet. Dieser ist weitgehend frei von Verunreinigungen und geruchlich neutral. Um ein wirklich sauberes und vor allem geruchlich neutrales Produkt zu erhalten wird der Alkohol in einer sogenannten Hydroselektionskolonne mit sauberem Wasser vermischt und anschließend mehrfach, kontinuierlich auf 60 – 70 Böden destilliert. Dieser Produktionsschritt ist für die Herstellung von Bioethanol für die Kraftstoffbeimischung nicht erforderlich und nicht üblich, da das Produkt außer der Wasserfreiheit keine hohe Reinheit hinsichtlich der Nebenbestandteile aufweisen muss.

Da Ethanol und Wasser bei 97 Vol.-% ein Azeotrop bilden, ist eine höhere Konzentration bzw. Abtrennung des Wasseranteils durch Destillation nicht möglich. Für bestimmte Verwendungen wie z. B. für die Herstellung von Bioethanol, Kosmetika, Druckfarben, Aerosolen usw. muss der Alkohol auf 99,9 % konzentriert werden. Diese Entwässerung oder Absolutierung des Ethanols erfolgt in einer Dreistoffdestillation mittels eines Schleppmittels wie Cyclohexan oder Ethylenglykol oder über ein Molekularsieb mit Zeolithen, die unter Druck selektiv Wassermoleküle adsorbieren können. Ein weiteres Verfahren ist die dampfförmige Wasserabtrennung über eine Membran (Pervaporationsverfahren). Dieses Verfahren hat sich aber bislang aufgrund der Anschaffungs- und Instandhaltungskosten nicht durchgesetzt.

Die bei der Destillation und Rektifikation abgetrennten Nebenbestandteile werden konzentriert und als Lösemittelgemische (genannt Vor- und Nachlauf) thermisch oder stofflich verwertet. Das entstehende Sumpfprodukt, das im Wesentlichen aus dem Wasseranteil in der Maische und im Rohalkohol besteht, wird als Lutterwasser bezeichnet und dem Abwasser zugeführt.

Ein sehr wichtiger Bestandteil jeder modernen Alkoholherstellung ist die Aufbereitung der Nebenerzeugnisse, wie die Aufbereitung von Zuckerrübenschlempe zu Zuckerrübenvinasse oder von Getreideschlempe zu Proteinfutter (DDGS). Bei beiden Prozessschritten fällt in großem Umfang Kondensat nach der Eindampfung an, das einen hohen Anteil an organischen Säuren aufweist. Zum Teil kann dieses innerbetriebliche Abwasser im Prozess rezirkuliert werden. Der Rest muss einer Behandlung in einer Abwasserbehandlung unterzogen werden.

5.4.3 Abwasseranfall und Abwasserinhaltsstoffe

Das bei Produktion anfallende belastetes Abwasser wird in folgende Mengenströme unterschieden:

- Schlempen, z. T. mit Feststoffanteil sowie Brüdenkondensat aus der Eindampfung,
- Lutterwasser aus der Destillation und Rektifikation,
- Reinigungswasser,
- Kühlwasser.

Die nach der Destillation im Brenngerät zurückbleibenden, ausgezehrten, entgeisteten und damit alkoholfreien Maischen werden als Brennschlempen bezeichnet; sie sind das eigentliche Brennereiabwasser. Sie sind als Brennweinschlempen dünnflüssig oder eine breiige Masse bei Obst-, Korn- und Kartoffelschlempen.

Die Brennereischlempen weisen stets hohe Konzentrationen an CSB und BSB auf (siehe Tabelle 2). Abhängig vom Rohstoff beträgt der Schlempeanfall z. B. bei Kornbrennereien ca. 0,8 – 1,0 m^3 pro Hektoliter Alkohol (hl A), bei Kartoffeln 0,5 – 1,0 m^3/hl A, bei Weinbrennereien 0,8 – 0,9 m^3/hl A und bei Melassebrennereien im Batchbetrieb ca. 0,9 m^3/hl A.

Eine Übersicht der Beschaffenheit von Obst- und Melasseschlempen ist in Tabelle 3 dargestellt. In größeren, industriellen Brennereien, die in der Regel die Schlempe zu einem weiteren Nebenprodukt weiterverarbeiten, fällt ein Brüdenkondensat aus der Eindampfung von Schlempe als Hauptabwasserstrom an. Vor der Eindampfung werden die Schlempen bei diesem Verfahrensweg über Dekanter separiert und vorkonzentriert. Bei den Inhaltsstoffen handelt es sich hauptsächlich um wasserdampfflüchtige organische Säuren. Das wichtigste Nebenprodukt ist ein proteinreiches Futtermittel, die sogenannte Trockenschlempe oder DDGS (Dried Distillers Grains with Solubles).

Der CSB des Lutterwassers liegt, abhängig von der Zusammensetzung der Rohalkohole, zwischen 10 – 100 mg/l bei Kornbrennereien und 100 – 550 mg/l bei Melassebrennereien. Der Lutterwasseranfall beträgt beispielsweise 14 – 135 Liter pro Hektoliter Alkohol.

Nur bei der Verarbeitung von Kartoffeln oder Wurzeln fällt Waschwasser an. Die spezifische Menge liegt zwischen 0,2 und 0,5 m^3/t Kartoffeln, die BSB-Konzen-

Tabelle 2: Anfall und Charakteristik verschiedener Brennereischlempen

Parameter	Einheit	Kartoffelschlempe	Weizenschlempe	Weinschlempe
Menge	m^3/hl A	0,50 – 1,00	0,79 – 0,97	0,81 – 0,88
pH-Wert	–	–	–	2,5 – 2,9
TS	g/l	62	58	0 – 1,5
oTS	g/l	50	55	0 – 0,13
CSB	g/l	72	71	10 – 39
BSB_5	g/l	44	32	6 – 25
KN	g/l	2,5	2,8	0,24 – 0,45
NH_4	g/l	0,20	0,13	–
P	g/l	–	0,19	0,044 – 0,092
Essigsäure	g/l	2,2	1,1	–
Flüchtige Stoffe	g/l	2,3	1,5	–
Milchsäure	g/l	6,5	12,5	–
Kupfer	mg/l	–	–	0,11 – 8,1
Laugenverbrauch	mval/l	–	–	95 – 187

Tabelle 3: Beschaffenheit von Obst- und Melasseschlempen

Parameter	Weinschlempe	Obstschlempe	Melasseschlempe
pH (–)	2,5 – 2,9	2,9 – 4,0	3,6 – 6
TS (g/l)	0 – 1,5	1,7 – 35	40 – 140
oTS (g/l)	0 – 0,13	1,5 – 28	30 – 100
CSB (g/l)	10 – 39	24 – 95	15 – 176
BSB_5 (g/l)	6 – 25	20 – 55	7 – 95
TKN (g/l)	0,24 – 0,45	0,5 – 1,1	0,6 – 8,9
P (g/l)	0,04 – 0,09	0,05 – 0,1	0,03 – 0,68
Milchsäure (g/l)	–	–	–

tration zwischen 300 und 1.700 mg/l. Heute wird die Wäsche i. d. R. beim Zulieferer durchgeführt. Da diese Rohstoffe aber nur noch im kleinen Maßstab oder Ausnahmefall verarbeitet werden, wird auch das Dämpfen von Kartoffeln zwecks enzymatischer Verzuckerung nicht mehr durchgeführt. Ansonsten wird das bei der Dämpfung anfallende Kondensat-Fruchtwassergemisch i. d. R. der Maische zugesetzt [Rosenwinkel 2015].

Der wässrige Rückstand aus der Rektifikation wird als Lutterwasser bezeichnet. Bei der kontinuierlichen Destillation gewinnt man den Feinbrand direkt. Der Rückstand ist dann ein Brennschlempen-Lutterwasser-Gemisch. Bei Kartoffelbrennereien können für das Gesamtabwasser [AG 13 1980] folgende spezifische Werte zugrunde gelegt werden:

- mit Kühlwasser: 3,0 bis 19,0 m^3/t, im Mittel: 8,5 m^3/t,
- ohne Kühlwasser: 0,4 bis 5,7 m^3/t, im Mittel: 4,0 m^3/t.

Bei Kornbrennereien ist mit einem Abwasseranfall von etwa 0,3 m^3/t Getreide zu rechnen [AG 13 1980] zu rechnen.

Für die Vielzahl der Obst- und Abfindungsbrennereien wird ein Wert von 0,5 bis 0,8 m^3/d angegeben [Viehl und Mudrack 1970].

Hinsichtlich des Kühlwassers kann bei Abfindungsbrennereien [A 116 1970] von einem Anfall zwischen 3,0 und 6,0 m^3/d ausgegangen werden. Es ist lediglich temperaturverändert und kann je nach Leistungsfähigkeit des Vorfluters ggf. direkt eingeleitet werden, sofern die Temperatur 30 °C nicht übersteigt. Es weist in der Regel keine BSB_5- und CSB-pflichtigen Stoffe auf.

Je nach Kartoffelqualität, Arbeitsweise der Kartoffelwäsche und fortschreitender Jahreszeit kann der BSB_5-Wert bei Kartoffelbrennereien 400 bis 1.600 mg/l O_2 betragen, entsprechend 40 bis 400 Einwohnergleichwerten, EGW 40/t Kartoffeln [AG 13 1980]. Im Normalfall kann jedoch von 40 bis 100 EGW 40/t Kartoffeln ausgegangen werden.

Bei Kartoffelbrennereien mit gut funktionierenden Wascheinrichtungen, Wasserrückführung und normaler Rohstoffqualität werden von [Ruf 1971] angegeben:

- für Kartoffelwaschwasser ohne Schwemmsystem: 23 – 73 EGW/t,
- für Kartoffelwaschwasser mit Schwemmsystem: 27 – 75 EGW/t.

Den Einfluss wechselnder Kartoffelqualitäten auf die Abwasserbelastung zeigt die Tabelle 4.

Nach allen bisher bekannt gewordenen Erkenntnissen und Untersuchungsergebnissen weisen die Brennschlempen

- einen sehr hohen biochemischen Sauerstoffbedarf, BSB_5,
- einen hohen chemischen Sauerstoffbedarf, CSB,
- niedrige pH-Werte

auf.

Tabelle 4: Wechselnde Kartoffelqualität und Abwasserbelastung verändert nach [Ruf 1971]

Art der Untersuchung	Stärkearme Kartoffeln	Beschädigte Kartoffeln	Gefaulte oder gefrorene Kartoffeln	Gefrorene Kartoffeln, nicht aufgetaut
Absetzbare Stoffe ml/l	12,0	9,0	14,0	9,3
Gelöster org. Kohlenstoff ml/l	337	215	684	679
BSB_5 mg/l	814	640	1.690	1.039
EGW	123	87	218	131
pH-Wert	7,0	6,8	6,7	6,8

Tabelle 5: Untersuchungsbefunde von Obstbrennschlempen nach [Weller 1986]

Brenngut	BSB_5 mg/l O_2	$KMnO_4$-V mg/l	pH	CSB mg/l O_2
Zwetschgen	58.800	148.500	3,8	56.000
Williams-Christ Obstler	57.000	200.600	3,4	156.000
Kirschen	45.000	158.000	3,4	95.000

Tabelle 6: Zusammensetzung von Brennweinschlempe nach [Mann 1977]

Absetzbare Stoffe:	0 bis 110 ml/l
Trockenrückstand:	0 bis 1,5 mg/l
Glührückstand:	0 bis 0,13 mg/l
pH-Wert:	2,5 bis 2,9
Laugenverbrauch:	95,0 bis 187,0
BSB_5:	14.500,0 bis 25.000 mg/l O_2
CSB:	25.000,0 bis 29.000,0 mg/l O_2
Gesamt-Phosphor:	44,0 bis 92 mg/l
Gesamt-Stickstoff:	240,0 bis 450 mg/l

Eine Zusammenstellung von Untersuchungsbefunden verschiedener Brennschlempen, Obstbrennschlempen und Brennweinschlempen sind folgend aufgeführt.

- Brennweinschlempen, Grundweinschlempen [Rübelt und Denne 1979],
- BSB_5-Wert: 6.470 bis 21.000 mg/l O_2,
- CSB-Wert: 10.070 bis 31.490 mg/l O_2,
- Kupfer: 0,11 bis 8,1 mg/l Cu.

Für Brennschlempen aus Melassebrennereien können folgende Richtwerte der abwassertechnischen Bewertung zugrunde gelegt werden [Dietrich 1960; Bronn 1975]:

- BSB_5: 18.000 bis 22.000 mg/l O_2,
- $KMnO_4$-V.: 26.000 bis 81.000 mg/l O_2.

Für Hefeschlempen können in Ansatz gebracht werden [Rüffer 1976]:

- BSB_5: rd. 10.000 mg/l O_2,
- CSB: rd. 12.000 mg/l O_2.

Die Kupfergehalte von Brennweinschlempen können zwischen 0,11 und 8,1 mg/l Cu liegen.

Als produktionsspezifische Werte wurden für eine Brennwein- und Grundweinbrennerei 40 bis 67 g CSB/l Alkohol in Abhängigkeit von der Art der Produktion ermittelt [Rübelt und Denne 1979].

Für Kornbrennereien ergeben sich nach [AG13 1980] folgende Werte:

- BSB_5-Fracht: 3,4 kg/t O_2, bezogen auf Roggen, Weizen, Gerste,
- CSB-Fracht: 1,2 bis 9,1 kg/t O_2, im Mittel: 4,3 kg/t O_2.

Neben dem Prozesswässern fallen Reinigungswässer beim Säubern der

- Brennapparate,
- Gärbehälter,
- Maischebehälter,
- Maischepumpen,
- Lagerbehälter,
- Pressen und
- Wasch- und Zerkleinerungsapparaturen

an.

Kühlwässer fallen bei der Kondensation der alkoholhaltigen Dämpfe und bei der Kühlung der Maischebottiche an. Die Temperatur kann bis über 60 °C betragen.

5.4.4 Abwasserreinigung

Der Wasserbedarf kann durch erprobte innerbetriebliche Vermeidungsmaßnahmen erheblich gemindert werden. Hierzu zählt eine verstärkte Kreislaufführung, vor allem beim Waschwasser [AG 13 1980]. Dämpfwasser ist in den Maischebottich zu überführen. Schlempen der landwirtschaftlichen Korn- und Kartoffelbrennereien belasten das Abwasser nicht (Verfütterung gemäß § 23 Ziff. 2 [BranntwMonG 1922]).

Die Ableitung der Brennschlempe aus Abfindungsbrennereien in öffentliche Entwässerungsnetze ist dann möglich, wenn der Kanal ausreichend Abwasser führt, dass das Brennereiabwasser unschädlich aufgenommen werden kann. Dabei ist gegebenenfalls zu neutralisieren. Voraussetzung für das Einleiten in das öffentliche Entwässerungsnetz ist weiterhin, dass eine leistungsfähige Kläranlage vorhanden ist und die vom Brennereiabwasser berührten Regenüberläufe den Richtlinien für die Anordnung und Bemessung von Regenentlastungs- und Regenwasserbehandlungsanlagen bei Mischverfahren entsprechen. Im Übrigen ist die örtliche Entwässerungssatzung maßgeblich.

Wenn eine sofortige landwirtschaftliche Verwertung der Brennrückstände möglich ist (z. B. breitflächiges Ausbringen auf geeignete landwirtschaftlich genutzte Flächen, Verfütterung), kann auf eine Abwassertechnische Behandlung verzichtet werden. Alternativ können Brennrückstände per Achse zur Kläranlage gebracht werden.

Schlempen und Lutterwässer, sowie die übrigen Betriebs-Abwasserteilströme aus Brennereien, werden nicht direkt abgeleitet. Die Abwasserfracht wird maßgeblich von der Schlempe bestimmt.

Die erfolgreiche Behandlung in betriebseigenen Anlagen, nach dem Tropfkörper- oder dem Belebungsverfahren, ist belegt [Sierp 1967; Meinck et al. 1968]. Jedoch waren jeweils erhebliche Verdünnungen erforderlich, wenn Betriebsschwierigkeiten und Geruchsemissionen vermieden werden sollten. Über die anaerobe Behandlung von Brennereiabwasser berichten [Sixt 1979; Sixt 1981; Sierp 1967; Weller 1979]. Die Ausbeute an Methangas je m^3 Brennweinschlempe wird mit 0,8 bis 11,5 m^3 angegeben [Supperl 1976; Rübelt und Denne 1979].

Da Schlempen sehr hohe Konzentrationen enthalten, sollten für sie zunächst alternative Wege als die Zugabe in den Abwasserstrom geprüft werden. So können diese häufig – in kleineren, landwirtschaftlichen Brennereieinheiten – verfüttert werden. Als Alternative bietet sich auch die Vergärung in landwirtschaftlichen Biogasanlagen bzw. eine Mitbehandlung im kommunalen Faulbehälter (Co-Vergärung) an.

Bei größeren Brennereien hat sich die anaerob/aerobe Abwasserreinigung bewährt. Darunter gibt es auch Anaerobanlagen in denen ausschließlich Schlempe behandelt wird. Bei Melassebrennereien und Hefefabriken führt die unverdünnte Melasseschlempe aufgrund des hohen Salzgehalts sowie der hohen Sulfit- und Ammoniumkonzentrationen zu Hemmungen in der Anaerobstufe. Daher wird die Melasseschlempe häufig zunächst in einer Eindampfanlage eingedampft und entsalzt und nur das Brüdenkondensat anaerob/aerob behandelt.

Bei der Verarbeitung von Melasse oder Zuckerrüben wird die Dünnschlempe i. d. R. in einer Eindampfanlage auf einen Trockenrückstand von ca. 70 – 75 % konzentriert. Die Anlagen werden zur höheren Energieausnutzung mehrstufig und unter Vakuum betrieben. In der vorletzten Verdampferstufe kann kristallines Kaliumsulfat ausgefällt werden, welches in der Regel mittels Zentrifugen abgetrennt und als Düngemittel (Vinassekali) vermarktet wird. Das dann verbleibende „entbitterte“ Konzentrat (Vinasse) wird als Futterzusatz verwendet oder als Düngemittel und Bodenverbesserer an die Landwirtschaft abgegeben. Das bei der Eindampfung entstehende Brüdenkondensat enthält flüchtige Fettsäuren (C2 bis C5), wobei Essigsäure deutlich überwiegt. Da der CSB je nach Verfahren zwischen 10.000 und 20.000 mg/l beträgt, bietet sich hierfür eine anaerobe Behandlung an. Die Bioethanolanlagen auf Zuckerrüben- und Melassebasis verarbeiten anaerob/aerob ausschließlich Brüdenkondensate aus den Eindampfanlagen.

Ein besonderes Verfahren setzt die Firma VERBIO in Schwedt und Zörbig ein. Auf die Herstellung von DDGS wird weitgehend verzichtet. Stattdessen erfolgt die die Vergärung der Getreideschlempe in einer Biogasanlage. Die Verwertung des anaerob entstehenden Biogases stellt heute einen betriebswirtschaftlich wichtigen Verfahrensschritt dar. Ein wesentlicher Vorteil ist die verbesserte Treibhausgasbilanz, die sich bei der Vermarktung des Bioethanols positiv auswirkt.

Bei der zum holländischen Suiker Unie Konzern gehörenden Zucker- und Ethanolfabrik in Anklam wird ein Teilstrom der Schlempe aus der Ethanolherstellung direkt in eine Biogasanlage eingespeist. Die Verwendung der Schlempe zur Energieerzeugung hat den wichtigen Vorteil, dass sich die Treibhausgasbilanz des Hauptproduktes Ethanol deutlich verbessert.

Literatur

AG 13 (1980): Abschlussbericht der Arbeitsgruppe f 13 zur Feststellung von Mindestanforderungen an das Einleiten von Abwasser in Gewässer (Herstellung von Alkohol und alkoholhaltigen Getränken) nach §7 a Abs. I 3 (unveröffentlicht).

A 116 (1970): Abwasser aus landwirtschaftlichen Betrieben. KfK-ATV-KTBL-Arbeitsblatt, A TV-Regelwerk. Wasserwirtschaft-Abwasser-Gesellschaft zur Förderung der Abwassertechnik e.V.

Rosenwinkel; Kroiss; Dichtl; Seyfried; Weiland (2015): Anaerobtechnik. 3. Aufl., Kapitel 6.9: Ethanolherstellung, S. 481 ff.

BDBE (2018): Marktdaten 2017. Bundesverband der deutschen Bioethanolwirtschaft e. V., Berlin. https://www.bdbe.de/application/files/2415/3018/2156/Marktdaten_Bioethanol_2017_2018_06_28.pdf (abgerufen am 22.07.2019).

BranntwMonG (1922): Gesetz über das Branntweinmonopol von 08.04. 1922, Reichsgesetzblatt I, Nr. 30, 405—438, in der im BGBl HI, Gliederungsnummer 612-7 veröffentlichten bereinigten Fassung und die dazu erlassenen Ausführungsbestimmungen.

Bronn, W. K. (1975): Die Abwasserbelastung bei Hefefabriken und Melassebrennereien. Die Branntweinwirtschaft, S. 388 – 396.

Dietrich, K. (1960): Ablaufverwertung und Abwasserreinigung in der biochemischen Industrie. Dr. Alfred Hüthig Verlag GmbH. Heidelberg, S. 1 – 385.

Mann, E. (1977): Abwasserbeseitigung in Weinbrennereien. Vortragsniederschrift, Sonderdruck, S. 1 – 13.

Meinck, F.; Stooff, H.; Kohlschütter, H. (1968): Industrieabwässer. G. Fischer-Verlag Stuttgart.

Roth, L. (1979): Sicherheitsfibel Chemie. 3. Auflage, Kapitel: Stoffinformationen. eco med-Verlagsgesellschaft München-Landsberg, S. 1 – 53.

Rübelt, C. und Denne, A. (1979): Beschreibung der Regeln der Technik bei Abwasserbehandlung von einzelnen Industriebranchen im Rahmen des 7 a WI-IG: Weinbereitung Alkohol- und Spirituosenherstellung. Forschungsbericht 10206031/04 im Auftrag des Umweltbundesamtes.

Rüffer, H. (1976): Reinigung organisch hochbelasteter Abwässer aus der Nahrungsmittelindustrie. Münchener Beiträge für Abwasser-, Fischerei-, und Flussbiologie, 28, S. 9 – 25.

Ruf, G. D. (1971): Zusammensetzung, Bewertung und Abbaufähigkeit von Abwässern der Kartoffelbrennereien. Die Branntweinwirtschaft, 111, S. 49 – 66.

Sierp, F. (1967): Gewerbliche und industrielle Abwässer. 3. Auflage, Springer-Verlag, Berlin, Heidelberg, New York.

Sixt, H. (1979): Reinigung organisch hochverschmutzter Abwässer mit dem anaeroben Belebungsverfahren am Beispiel von Abwässern der Nahrungsmittelindustrie. Veröffentlichungen des Instituts für Siedlungswasserwirtschaft der Universität Hannover, Heft 50, S. I – 302.

Sixt, H. (1981): Untersuchungen und Versuche zur Verfahrens- und Apparatetechnik des anaeroben Belebungsverfahrens am Beispiel organisch hochbelasteter Abwässer. Oswald Schutze-Stiftung, Dokumentation, S. 91 – 107.

Supperl (1976): Brennereiabwasser. Bericht der ATV Nr. 28, S. 809 – 814.

Viehl, K. und Mudrack, K. (1970): Stand und Entwicklung der Abwasserbehandlung bei der Nahrungs- und Genussmittelindustrie in der BRD Industrieabwasser. Deutscher Kommunalverlag, Düsseldorf, S. 37 – 45.

Weller, G. (1979): Abwasserbeseitigung in Brennereien und Winzerbetrieben. Münchener Beiträge zur Abwasser-, Fischerei- und Flussbiologie, 31, S. 137.

Weller, G. und Werle, H. (1986): Anaerobe Beseitigung von Brennereiabwasser unter fachtechnischen und betriebswirtschaftlichen Aspekten. Korrespondenz Abwasser, Heft 10, S. 937 – 941.

Weiterführende Literatur

AT-V (1985): Lehr- und I-landbuch der Abwassertechnik, 3. Auflage, Band V, „Organisch verschmutzte Abwässer aus der Lebensmittelindustrie", S. 591 — 616.

Borchmann, A. (2012): Effizienzsteigerung bei der Ethanolherstellung durch Einsatz von Membranverfahren in der Abwasserreinigung. Schriftenreihe ISAH, Heft 149.

Bronn, W. K. (1977): Technologische Möglichkeiten der Abwasserreinigung oder Ablaufverwertung bei Hefefabriken und Melassebrennereien. Die Branntweinwirtschaft, 1 17, S. 409 bis 414.

Denne, A. (1964): Die Abwässer der Obstbrennereien, Wasser, Luft und Betrieb, S. 607 – 612.

Denne, A. (1978): Persönliche Mitteilung.

LM BG (1974): Gesetz zur Neuordnung und Bereinigung des Rechts in Verkehr mit Lebensmitteln, Tabakerzeugnissen, kosmetischen Mitteln und sonstigen Bedarfsgegenständen (Gesetz zur Gesamtreform des Lebensmittelrechts), BGBI Nr. 95, S. 1945 – 1966.

Marsch, L. (1972): Brennereien und ihre Abwässer, Vortragsveröffentlichung 7. Lehrgang zur Weiterbildung der Bediensteten in abwasser- und abfalltechnischen Fragen, Innenministerium Baden-Württemberg, Abt. Wasserwirtschaft und Wasserrecht, S. 88 – 118.

Welter, G. (1976): Abwasser aus Brennereien und Winzerbetrieben, Wasserwirtschaft 10, S. 280 – 287.

Statistisches Bundesamt Wiesbaden (1981): Statistisches Jahrbuch 198 i für die Bundesrepublik Deutschland, Verlag W. Kohlhammer, Stuttgart und Mainz.

5.5 Hefeindustrie und Melassebrennereien

Niklas Trautmann

5.5.1 Allgemeines

In der Bundesrepublik Deutschland existieren derzeit vier Produktionsstätten zur Backhefegewinnung (Stand November 2018, Auskunft des Deutschen Verbandes der Hefeindustrie). An weiteren Standorten werden Spezialhefen, z. B. für die pharmazeutische Industrie hergestellt, oder es werden Hefen aus anderen Fermentationsprozessen (z. B. Bierherstellung) für die oben genannten Zwecke aufbereitet. Für die Alkoholherstellung aus Melasse gibt es seit dem Ende des Branntweinmonopols 2017 keine offiziellen Statistiken. Trotz der Zunahme der Ethanolproduktion als Ersatz für Ottokraftstoffe wurde die Melasse hierbei nicht vermehrt als Rohstoff eingesetzt. Derzeit sind nur wenige Brennereien, die Melasse verarbeiten, in Betrieb.

5.5.2 Produktionsverfahren

5.5.2.1 Hefeherstellung

Die Hefeherstellung ist ein Fermentationsprozess (Grundfließbild siehe Bild 1), bei dem unter Einsatz eines kohlenhydratreichen Rohstoffs als Energie- und Kohlenstoffquelle Hefebakterien unter Sauerstoffzufuhr kultiviert werden.

Wichtigste Energiequelle für die Hefebakterien ist im europäischen Markt Melasse als Reststoff der Zuckerrübenverarbeitung, welche zu ca. 47 % – 50 % aus Hexosen und Disacchariden besteht. Aber auch alternative Zuckerquellen, wie z. B. aus Maisstärke hergestellter Glucose-Dicksaft, lassen sich für die Produktion hochwertiger Backhefen verwenden [Spigno et al. 2009]. Weiterhin können Teile der Melasse durch Dicksaft, ein Zwischenprodukt der Zuckerherstellung, als Kohlenstoffquelle ersetzt werden. Diese bietet den Vorteil, dass sie einen deutlich höheren Reinheitsgrad besitzt und somit weniger biologisch nicht verwertbare organische Substanzen in den Produktionsprozess gelangen. Weltweit wird häufig auch Melasse auf Zuckerrohbasis als Rohstoff eingesetzt.

Die Stoffwechselaktivität der Hefebakterien führt zu einer Erzeugung von Wärme, welche durch Kühlwasser abgeführt werden muss, um eine optimale Fermentationstemperatur einzustellen. Ist die Fermentation abgeschlossen, erfolgt eine Abtrennung der Hefe durch Zentrifugen (Separation), sowie eine Waschung der

Hefe zur Entfernung anhaftender Würzebestandteile. Die separierte und gewaschene Flüssighefe hat einen TS-Gehalt von 18 – 22 % und kann je nach Produkt direkt in den Vertrieb gebracht oder weiter zu Trockenhefe auf ca. 30 % TS über eine Filtration eingedickt werden.

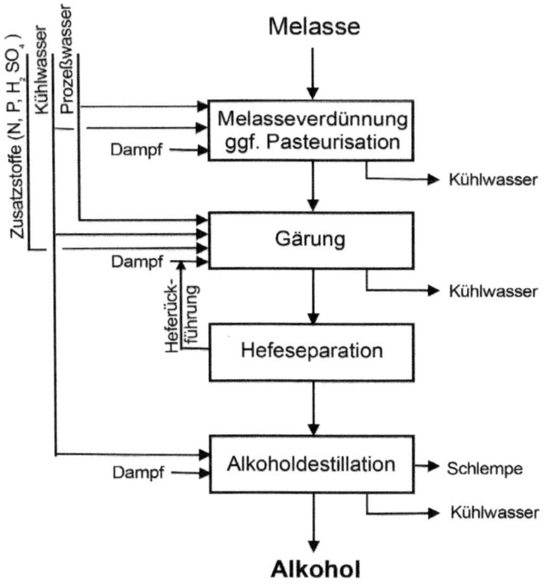

Bild 1: Grundfließbild der Hefeproduktion (mit und ohne Hefebelüftungsbrennerei (DWA-M 778 2003)

5.5.2.2 Alkoholherstellung

Das Prinzip der Alkoholproduktion nach dem Dickmaischverfahren entspricht in weiten Zügen den bei der Hefeproduktion durchgeführten Stellhefefermentationen mit begrenzter Luftzufuhr. Im Gegensatz zur Hefefabrikation wird jedoch auf eine Abtrennung des Melasseschlammes und ein Ansäuern der Melasse verzichtet. Zudem wird die Melasse in der Regel nicht sterilisiert.

Der größte Unterschied der Herstellung von Alkohol aus Melasse im Dickmaischeverfahren (siehe Bild 2) zur Hefezellvermehrung durch Fermentation besteht vor allem in den höheren Melassekonzentrationen im Fermenter, welche hierbei möglich sind (25 – 30 %). In der Destillation kann dann ein 85 – 95 %-iger Rohalkohol destilliert werden. Mit Hilfe einer Rektifizierungsanlage (Abtrennung niedrig siedender Komponenten) kann der Rohalkohol gereinigt werden. Das dabei entstehende Lutterwasser bildet ein schwach belastetes Abwasser.

5.5.3 Abwasseranfall und Inhaltsstoffe

Das Abwasser der Hefeproduktion setzt sich aus unterschiedlichen Teilströmen zusammen, die in Bild 2 rechts abgehend dargestellt sind. Der am stärksten belastete Teilstrom ist die enthefte Würze, welche bei der Hefe- bzw. Stellhefeseparation entsteht. Auf diese beiden Teilströme entfallen knapp 90 % der Gesamtfracht. Die Kühlwasserströme werden getrennt abgeführt, da sie keine produktionsbedingten

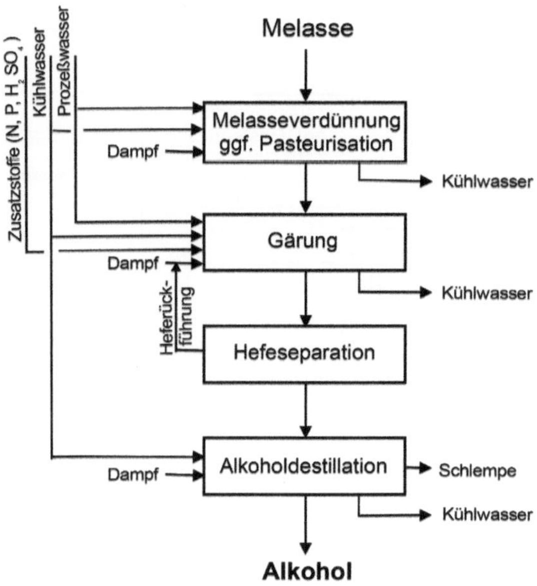

Bild 2: Grundfließbild der Alkoholherstellung nach dem Dickmaischeverfahren [DWA-M 778 2003]

Schmutzfrachten enthalten. Der Gesamtabwasserstrom riecht kräftig würzig und hat eine starke rot-braune Färbung, welcher durch biologische Verfahren nur geringfügig abgebaut wird.

Die mittleren Abwasserkonzentrationen des Produktionsprozesses sind nach [DWA-M 778 2003] in Tabelle 1 zusammengefasst. Über 10 % der im Abwasser enthaltenen organischen Verschmutzung – gemessen als CSB – können biologisch nicht eliminiert werden und liegen somit als refraktärer CSB vor. Weiterhin ist das Abwasser durch hohe organische Stickstoff- und Schwefelkonzentrationen (als Sulfat) charakterisiert. Letztere werden in Form von Schwefelsäure oder auch in Kombination mit einer Stickstoffquelle als Ammoniumsulfat dem Prozess zugeführt und gelangen zu größten Anteilen in das Abwasser.

Da die Abwasserqualität von vielen produktionsspezifischen Faktoren abhängt, ist die produktspezifische Schmutzfracht ein geeignetes Maß zur Beschreibung des Abwassers. Die auf den Rohstoff Melasse bezogenen spezifischen Schmutzfrachten sind, nach Produktionsprozess unterschieden, in Tabelle 2 zusammengestellt. Der Einfluss der Substitution von Melasse durch andere Zuckerquellen auf die Abwasserqualität ist nicht dokumentiert. Durch den Einsatz von Dicksaft lassen sich die CSB-Konzentrationen insgesamt und im Besonderen die des refraktären CSB deutlich reduzieren (bis zu ca. zwei Drittel).

Bei der photometrischen Analyse der Abwässer ist auf Grund der starken Färbung mit hohen Verdünnungen zu arbeiten, um zuverlässige Ergebnisse zu erhalten.

Tabelle 1: Konzentrationsbereiche verschiedener Abwasserinhaltsstoffe (nach [DWA-M 778 2003])

Abwasser	CSB	BSB_5	KN	SO_4-S	P_{ges}	NH_4-N	pH
	[g/l]				[mg/l]		[-]
Gesamt	15,5 – 23,2	11,5 – 17,2	1,2 – 1,6	0,4 – 3,2	15 – 40	150 – 220	4,5 – 6,5
Enthefte Würze	25 – 42	20 – 30	12 – 21	–	20 – 80	–	–

Tabelle 2: Richtwerte prozessabhängiger spez. Schmutzfrachten [DWA-M 778 2003]

Prozess	Spez. Schmutzfracht (CSB) [kg/t Melasse]	
	Mittelwert	Obergrenze
Alkoholfreie Hefeproduktion	156	190
Hefe – und Alkoholproduktion nach dem Hefebelüftungsverfahren	180	210

Besonderheiten der Abwassercharakteristik

5.5.3.1 Betain

Das Abwasser der Hefeherstellung auf Zuckerrübenbasis beinhaltet Betain (Reststoff aus der Zuckerrübe), welches in der CSB-Bestimmung nach der Dichromatmethode nicht erfasst wird. Da es im anaeroben Stoffwechsel zu Methan und Kohlendioxid umgesetzt wird, ist es methanwirksam, wodurch es die Energiebilanz der Kohlenstoffelimination direkt beeinflusst; parallel wird aus Betain auch Essigsäure und Ethanol gebildet, die methanisiert werden. Der CSB von Betain, beträgt dabei 1,64 g O_2/g Betain und kann über thermische-oxidative Verfahren bestimmt werden. Großtechnische Messungen haben gezeigt, dass Betain bis zu 20 % der CSB-Konzentrationen im Gesamtabwasser ausmachen kann [Trautmann 2015]. Beim Einsatz von Zuckerrohr-Melasse gelangt kein Betain in den Prozess, bzw. ins Abwasser.

5.5.3.2 Refraktärer CSB

Aus den eingesetzten Rohstoffen gelangen eine Vielzahl von organischen Komponenten in das Abwasser, welche biologisch nur sehr schwer abbaubar sind und daher für die Verfahrenskonzeptionierung als refraktärer (inerter) CSB anzusetzen sind. Hierunter fallen zum Beispiel die Farbstoffe, welche dem Abwasser ihre charakteristische Färbung geben. Der refraktären CSB findet sich vor allem im hochbelasteten Teilstrom der entheften Würze wieder. Auf den Gesamt-CSB bezogen, kann der refraktäre Anteil 10 – 20 % betragen. Die Anteile variieren vor allem mit dem eingesetzten Rohstoff als Kohlenhydratquelle.

5.5.3.3 Sulfat

Das im Abwasser enthaltene Sulfat wird bei ausreichend vorliegendem CSB in der anaeroben Umsetzung nahezu vollständig reduziert. Die häufig vorliegenden hohen Konzentrationen stammen im Wesentlichen aus der Dosierung von Nährstoffen für das Hefewachstum und führen in der anaeroben Umsetzung zu H_2S-Konzentrationen bis zu 3 Vol.%. Hier sind ggf. Hemmungen des anaeroben Umsatzes zu erwarten und es sollten ggf. Gegenmaßnahmen ergriffen werden.

Für Melassebrennereien ergeben sich wegen der (zumeist) in der Schlempe enthaltenen verkochten Hefe höhere Konzentrationen an organischen Schmutzstoffen im Abwasser.

5.5.4 PIUS

Aufgrund des hohen Wasserbedarfs der Hefeproduktion wurden in dieser Branche schon frühzeitig Maßnahmen zur Reduzierung der Abwasserfrachten ergriffen. Dabei wurde z. B. die Zelldichte in den Hefefermentern auf das technisch Machbare erhöht (Begrenzung durch den hohen Salzgehalt der Würze). Weiterhin stellen folgende wassersparende Maßnahmen den Stand der Technik dar:

- Kühlung der Fermenter als Kreislaufkühlung, bzw. Weiternutzung des Wassers bei Frischwasserkühlung.
- Effiziente und scharfe Separation der Hefe im Gegenstrom mit Separatoren, welche mit selbstregelnden Düsen ausgestattet sind. Teilprozesses kommen gänzlich ohne Waschen aus.
- Die Reinigung der Anlagen erfolgt durch Cleaning in Place (CIP), wobei die Säuren und Laugen zur Reinigung mehrfach verwendet werden können. Nachspülwasser kann im nächsten Reinigungszyklus als Vorspülwasser genutzt werden.
- Wasser zur Verdünnung der Rohstoffe kann z. B. mit Brüdenkondensaten aus Eindampfanlagen für Abwasser oder Hefeextrakte bereitgestellt werden.
- Durch den Einsatz von Rohstoffen mit einem höheren Zuckergehalt (z. B. Zuckersirup) lassen sich weitere Effizienzsteigerung realisieren (z. B. Minimierung der Separationswaschwassermenge, Entfrachtung des Abwassers).

- Mit dem Einsatz von anaeroben Verfahren zur Kohlenstoffelimination aus dem Abwasser lässt sich Biogas gewinnen, welches zur Erzeugung von Nutzenergie (Wärme für die Fermentation, Strom, Kälte für die Hefelagerung) verwertet werden kann.

5.5.5 Abwasserreinigung

Bei größerer Verdünnung mit sonstigem Abwasser kann das Hefefabrikabwasser problemlos in kommunalen Kläranlagen mitgereinigt werden. Der Transport des Rohabwassers im Kanal kann aufgrund der hohen Sulfat- und CSB-Konzentrationen allerding Geruchsemissionen und Schäden durch H_2S verursachen. Grundsätzlich ist sowohl eine aerobe als auch anaerobe Behandlung der Abwässer aus der Hefeindustrie möglich. Tabelle 3 zeigt verschiedene Einzelverfahren zur Behandlung, die je nach Anforderungen in einem Gesamtprozess zu kombinieren sind.

Für produktspezifisch zu erreichende Frachten im Kläranlagenablauf der unterschiedlichen Verfahrenstechniken wird auf das DWA-M 778 verwiesen.

In der Konzeptionierung von Abwasserreinigungssystemen für die Hefeindustrie ist das Betain zu berücksichtigen, da es als Substrat für den anaeroben Abbau auch die Energiebilanz direkt beeinflusst. Die Direkteinleitung von Abwasser aus der Hefeindustrie ist nicht nach der AbwV geregelt. Die jeweiligen Einleitungsbedingungen werden in Abhängigkeit von den örtlichen Verhältnissen im wasser-

Tabelle 3: Abwasserbehandlungsverfahren und erreichbare Wirkungsgrade [Rosenwinkel et al. 2015]

Mitbehandlung Kommunalabwasser	Als C-Quelle zur Denitrifikation → evtl. hoher refraktärer CSB im Ablauf der kommunalen KA	
Eindampfung (für hoch belastete Teilströme)	C- und N-Elimination	ηC = 90 %, ηN = 95 % bei 6 % Reduzierung von Q
Anaerobe Behandlung (Vergärung)	C-Elimination	η = 60 – 70 %, max. 80 %
Anaerobe Behandlung (Deammonifikation)*	N-Elimination	η = max. 70 – 80 %, in Kombination mit Denitrifikation > 80 %
Aerobe Behandlung	C/N-Elimination	η je nach Verfahrens-kombination bis 90 %
*siehe unten „Anaerobe-aerobe Vorbehandlung“		

rechtlichen Bescheid festgelegt. Aufgrund der hohen organischen Frachten ist eine aerobe Behandlung der Abwässer aus Hefeherstellung und Melassebrennereien energetisch sehr ungünstig. Es findet daher vorwiegend der Einsatz von Verfahren mit einer besseren Energiebilanz, bzw. anderen Verfahrenstechnischen Vorteilen statt, welche nachfolgend beschrieben werden.

5.5.5.1 Anaerobe-Aerobe Vorbehandlung

Neben der anaeroben Behandlung der Brüdenkondensate ist auch die Behandlung des Vollstroms mit anaeroben Verfahren häufig in Anwendung. Dabei werden in der Hefeindustrie fast ausschließlich Hochlastverfahren (UASB und EGSB) eingesetzt. In Melassebrennereien ist eine anaerobe Behandlung besonders für die hochkonzentrierte Schlempe und das Lutterwasser günstig. Werden Abwässer aus der Hefeherstellung nach dem Stand der Technik anaerob behandelt, bleiben die hohen Stickstoffkonzentrationen erhalten, deren Elimination zu hohen Nachbehandlungskosten führt (Sauerstoff, C-Quelle). Um diese hohen Kosten zu reduzieren, können Verfahren eingesetzt werden, die eine belüftungsarme N-Elimination bei geringem bzw. ohne C-Verbrauch ermöglichen (z. B. Nitritation/Denitritation und Deammonifikation, siehe [Sander et al. 2010]). Für beide Verfahren gibt es neben der Behandlung von Prozesswässern aus der anaeroben Schlammstabilisierung mittlerweile Erfahrungen in der Anwendung für Industrieabwässer (Übersicht in [Lackner et al. 2014]). Neuere Erkenntnisse aus der großtechnischen Umsetzung einer anaerob-aeroben Abwasserbehandlungsanlage für die Hefeindustrie zeigen [Rosenwinkel 2019], dass

- der CSB aus Betain von bis zu 20 % der CSB-Fracht in einer anaeroben Anlage umgesetzt wird,
- der Sulfatgehalt im anaeroben Prozess zu H_2S reduziert wird und das Biogas biologisch bei Gehalten von bis zu 3 Vol.-% H_2S weitgehend entschwefelt werden kann, wobei die Temperaturführung der Entschwefelung genau beachtet werden muss,
- die weitgehende Umsetzung des CSB aus dem Abwasser zu einem Überschuss an Energie führt, der nicht im Prozess vollständig verwertet werden kann,
- bei Einsatz einer Deammonifikation im Teilschritt der anaeroben Ammoniumoxidation Hemmungen auftreten können, wogegen die Nitritation ungehemmt läuft und Sulfid zur autotrophen Denitritation eingesetzt werden kann; dies reduziert eine mögliche Hemmung der Nitritation durch Sulfid,
- neben dem refraktären CSB ist auch nicht abbaubarer gelöster organischer Stickstoff zu berücksichtigen ist.

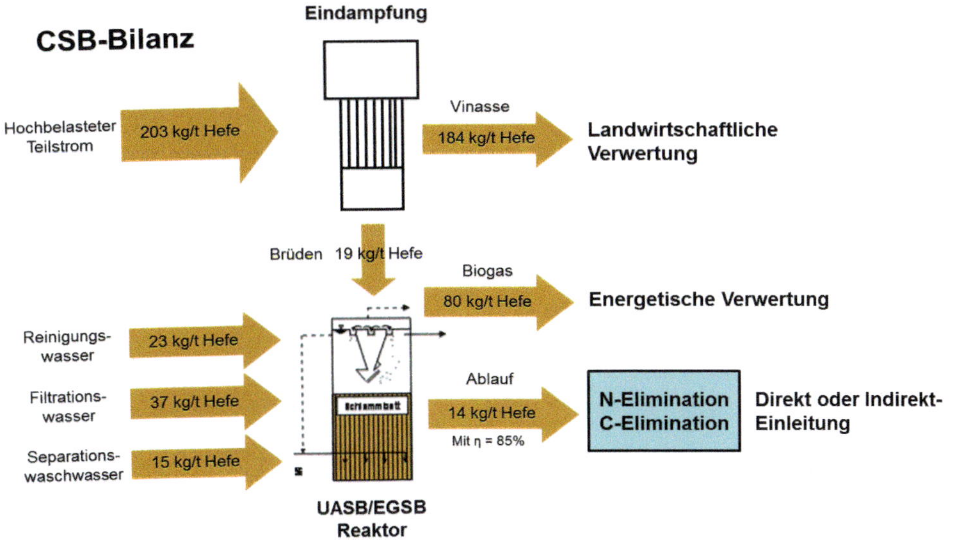

Bild 3: CSB-Bilanz einer Eindampfung mit anaerober Nachbehandlung [Trautmann 2015]

5.5.5.2 Verdampfung und anaerobe Brüdenbehandlung

Der hohe Salzgehalt sowie die hohen Sulfit- und Ammoniumkonzentrationen können zu Hemmungen in der Anaerobstufe führen, weiterhin verbleiben nach der Behandlung der Abwässer mit biologischen Verfahren hohe Konzentrationen an refraktärem CSB. Daher wird die entwürzte Hefe aus der Hefeherstellung, bzw. die Melasseschlempe, häufig zunächst in einer Eindampfanlage und nur das Brüdenkondensat anaerob behandelt. Eine Reinigung der Abwässer auf Direkteinleiterqualität kann auch über eine Verdampfung der hoch belasteten Teilströme und mit nachgeschalteter Reinigung der Brüden und schwachbelasteten Teilströmen erfolgen. Eine beispielhafte Bilanz ist in Bild 3 dargestellt.

Die energieeffizientesten Verfahren, welche in der notwendigen Größenordnung wirtschaftlich eingesetzt werden können, sind Vakuumverdampfer. Diese arbeiten häufig mit einer effizienten Energierückgewinnung. Weiterhin ist die Zuführung von thermischer Energie in Form von Dampf notwendig. Der Energieeinsatz bietet das größte Optimierungspotenzial in der Verdampfertechnik, wobei in der Konzeptionierung auch die Investitionskosten und der Betriebsaufwand zu berücksichtigen sind (z. B. bei mehrstufigen Verdampfern).

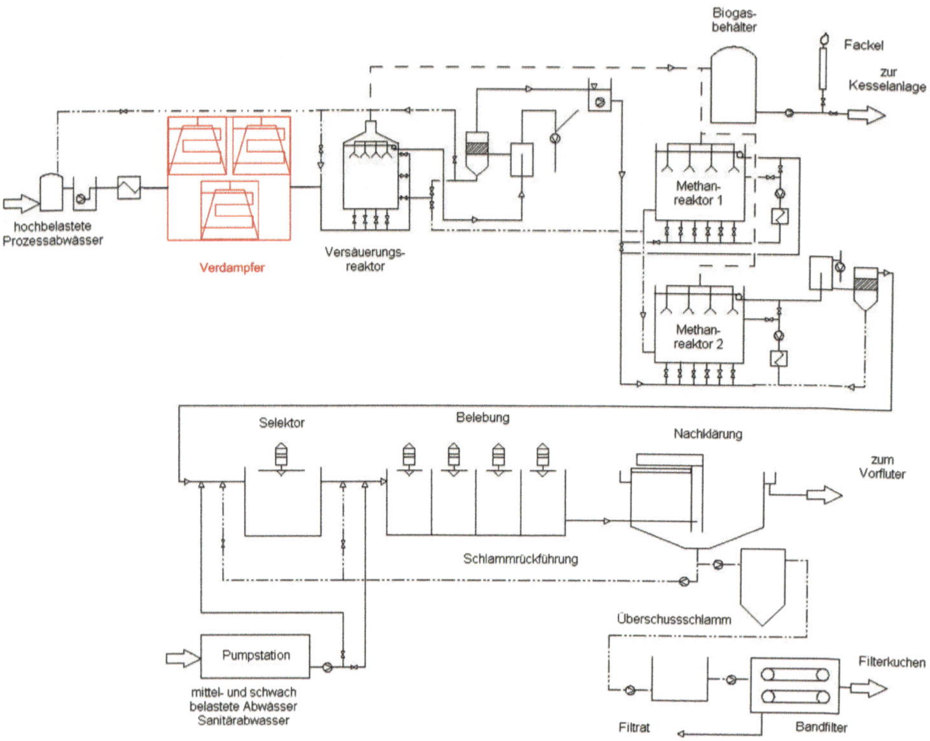

Bild 4: Verfahrensfließbild der Abwasserbehandlung für die Hefeindustrie [Rosenwinkel et al. 2015].

Beispiel Hefeproduktion

Die anaerobe Anlage nach Bild 4 wurde im Zuge einer Optimierung mit einer vorgeschalteten Verdampferkolonne ausgestattet. Im Zulauf zur Anaerobie wird der CSB so von 45 g/l auf 10 – 15 g/l reduziert. Im Ablauf der anaeroben Hochlastreaktoren werden ca. 3 g/l erreicht, die nachgeschaltete Aerobie reduziert den CSB auf 800 mg/l. Stickstoff wird von ca. 700 mg KN/l im Rohabwasser auf ca. 60 mg/l im Kläranlagenablauf reduziert.

5.5.5.3 Weitergehende CSB-Elimination

Bei der Indirekteinleitung der unbehandelten oder vorbehandelten Produktionsabwässer in kommunalen Kläranlagen ist zu prüfen, in wie weit refraktäre CSB-Konzentrationen im Ablauf der Kläranlagen zu einer Überschreitung von Einleitungsgrenzwerten führen können. Im Falle einer Vorbehandlung der Produktionsabwässer können im Nachgang einer Aerobie Verfahren zur Elimination des refraktären CSB eingesetzt werden. Dabei kann eine Ozonierung (bis ca. 35 %

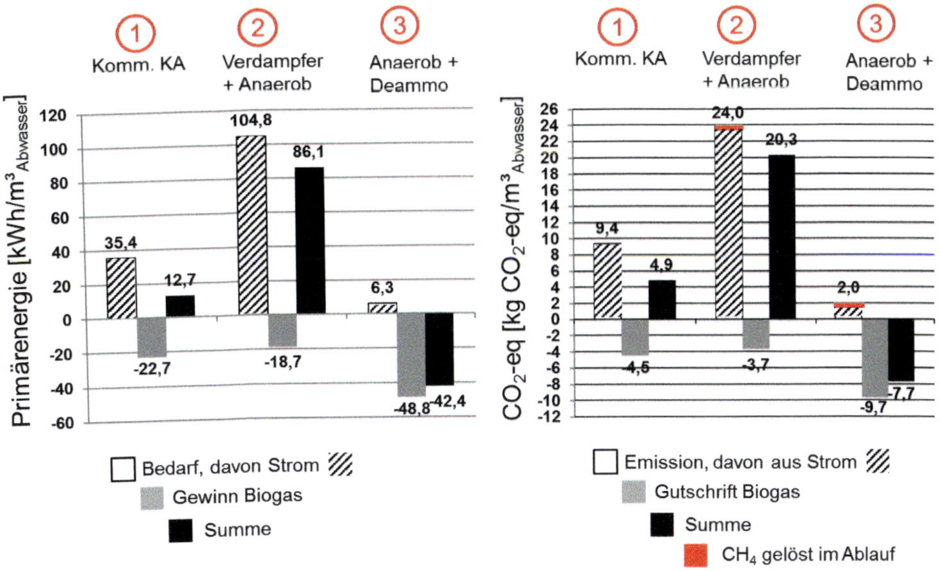

Bild 5: CO_2- und Energiebilanz unterschiedlicher Abwasserbehandlungskonzepte für die Hefeindustrie (Rosenwinkel und Trautmann 2017)

CSB-Reduktion [Blonskaja und Zub 2009], Fällung durch z. B. Fe) oder ggf. auch Aktivkohleadsorption den refraktären CSB deutlich reduzieren. Für die Entfärbung des Abwassers hat sich die Fällung mit Eisensalzen bewährt.

5.5.5.4 Energie- und CO_2-Bilanz der Abwasserbehandlung

Die unterschiedlichen Verfahrenskonzepte zur Behandlung der Produktionsabwässer haben neben betrieblichen Vor- und Nachteilen auch stark unterschiedliche Energieverbräuche und CO_2-Footprints. Die Kombination aus Anaeroben-Verfahren zur C-Elimination mit energieeffizienten Verfahren zur N-Elimination kann hierbei einen Energieüberschuss generieren (Bild 5).

Literatur

Blonskaja, V. und Zub, S. (2009): Possible ways for post-treatment of biologically treated wastewater from yeast factory. Journal of Environmental Engineering and Landscape Management 17(4:, pp. 189 – 197.

DWA-M 778 (2003): Abwasser aus Hefefabriken und Melassebrennereien. Deutsche Vereinigung für Wasserwirtschaft, Abwasser und Abfall e. V. (DWA), Hennef.

Lackner, S.: Gilbert, E. M.; Vlaeminck, S. E.; Joss, A.; Horn. H.; van Loosdrecht, C. M. (2014): Full-scale partial nitritation/anammox experiences – An application survey. Water Research 55(0), pp. 292 – 303.

Rosenwinkel, K.-H.; Kroiss, H.; Dichtl, N.; Seyfried. C. F.; Weiland, P. (Hrsg.) (2015): Anaerobtechnik. Kapitel 6.10: Hefeindustrie. 3. Auflage, Berlin, Heidelberg.

Rosenwinkel, K.-H. und Trautmann, N. (2017): Abwasserreinigung in der Hefeindustrie, Konzepte und Erfahrungen. Wiener Mitteilungen, Band 243. Institut für Wassergüte der TU Wien.

Rosenwinkel, K.-H. (2019): persönliche Mitteilung.

Sander, M.: Trautmann, N.; Beier, M.; Rosenwinkel, K.-H. (2010): Potenziale der Deammonifikation – Innovationen im Bereich der Stickstoffelimination. 11. Hannoversche Industrieabwasser-Tagung, Hannover.

Spigno, G.; Furni, M. D.; De Faveri, D. M. (2009): Glucose syrup and corn steep liquor as alternative to molasses substrates for production of baking-quality yeast. Chemical Engineering Transactions 17.

Trautmann, N. (2015): Energie- und CO_2-Bilanz der Abwasserbehandlung am Beispiel der Hefe- und Fischindustrie. Dissertation. Heft 156 der Schriftenreihe des Instituts für Siedlungswasserwirtschaft und Abfalltechnik der Leibniz Universität, Hannover.

6 Tiererzeugungs- und -verwertungsbetriebe

6.1 Fischintensivtierhaltungen

6

Peter Hartwig

6.1.1 Allgemeines

Die weltweite Nachfrage nach Fisch- und Meeresprodukten – ohne Berücksichtigung der Algen – steigt seit 1961 durchschnittlich um 3,2 % an [FAO 2018]. Gründe hierfür sind das Wachstum der Weltbevölkerung und ein insgesamt ansteigender Wohlstand. Dieser Prozess hat dazu geführt, dass sich unsere natürlichen Gewässer in einem überfischten Zustand befinden. Beide Faktoren machen Fischzuchtanlagen (Aquakulturen) aus ernährungstechnischer, wirtschaftlicher und auch ökologischer Hinsicht immer interessanter. Im Jahr 2016 betrug die Weltfischproduktion ca. 171 Mio. t, von denen mit 80 Mio. t 47 % nahezu die Hälfte auf Aquakulturen entfielen [FAO 2018]. Fischzuchtanlagen gehören bis heute zu einem Zweig der Landwirtschaft und stellen aufgrund der wachsenden Nachfrage die am stärksten wachsende Tierproduktion dar.

Den höchsten Anteil an der Aquakulturproduktion stellen asiatische Länder, er belief sich im Jahr 2016 auf 71,5 Mio. t. In der Europäischen Union (EU), die im selben Jahr den größten zusammenhängenden Markt an Fisch- und Meeresprodukten darstellte, lag der Anteil lediglich bei 2,9 Mio. t [FAO 2018].

In Deutschland lag das Gesamtaufkommen an Fisch- und Fischereierzeugnissen im Jahr 2017 bei 2,16 Mio. t. Jedoch kann damit nicht die Nachfrage des deutschen Marktes abgedeckt werden, weswegen diese zu 87 % durch Importe gedeckt wird [FIZ 2018]. Die Produktion aus Binnen-Aquakultur bildet dabei den ertragreichsten Sektor mit 20,6 Tsd. t [Brämick 2018]. Es handelt sich um die Fischaufzucht in Durchflussanlagen, Karpfenteichen, Netzgehegeanlagen und Kreislaufanlagen. Der Zuwachs in diesem Sektor setzt sich seit nunmehr zehn Jahren im weltweiten Durchschnitt mit 8 % stetig fort [Brämick 2018]. Im Gegensatz zur weltweiten Zunahme der Aquakultur findet jedoch in Deutschland nur ein geringer Ausbau der Fischzucht in Aquakultur statt. Gründe dafür sind die niedrigen Preise importierter Aquakultur-Produkte und die im internationalen Vergleich hohen behördlichen Anforderungen an Aquakultur-Anlagen in Deutschland. Den größten Teil der gegenwärtigen Fischproduktion in Deutschland bilden Anlagen, die Gewässereigenschaften besitzen und dadurch kein Abwasser im abwasserrechtlichen Sinne erzeugen. Jedoch kann je nach Intensitätsstufe eine Abwasserbehandlung erforderlich sein, da die Anlagen Auswirkungen auf die Wassergüte und Ökologie des Gewässers haben, wobei das Emissions- sowie das Immissionsprinzip betrachtet werden. Dies gilt insbesondere für Kaltwasseranlagen und Kreislaufanlagen, die in diesem Abschnitt daher abwassertechnisch genauer betrachtet werden [LAWA 2003].

6.1.2 Begriffsbestimmungen

6.1.2.1 Aquakulturen

Aquakultur ist die kontrollierte Aufzucht und Haltung von aquatischen Organismen in Süß, Brack- und Salzwasser, in warmem und kaltem Wasser. Es handelt sich entweder um technische Anlagen, um einen Wasserkörper oder einen Gewässerabschnitt. Die Fischzucht bzw. -haltung beschreibt den stetigen Zuwachs der Population durch Fortpflanzung und Aufzucht der Nachkommen bis zu einem Zielgewicht und einer Zielstückmasse, diese werden meist durch regelmäßige Fütterung erreicht. Der Begriff Hälterung bezeichnet die vorübergehende Aufbewahrung von Fischen, in der Regel ohne Fütterung, die in verschiedenen Prozessabschnitten notwendig ist (z. B. Ausnüchterung vor dem Verkauf, Entleerung/Neubesatz von Fischhaltungseinrichtungen, Transport, Sortierung, Fortpflanzung). Je nach Anlagentyp, Intensität und Fischart lässt sich die Produktion in verschiedene Formen unterscheiden, die im Folgenden näher erläutert werden. Die Unterscheidung erfolgt je nach den spezifischen Lebens- und Haltungsanforderungen der aufgezogenen Fischarten in erforderlichen Standortvoraussetzungen sowie den Bau-, Betriebs- und Bewirtschaftungsweisen [LAWA 2003].

6.1.2.2 Warmwasserteiche (Karpfenteiche)

Die traditionellste Form der Fischhaltung erfolgt in der Regel in künstlich angelegten Teichen bei geringer oder ohne Wassererneuerung. Sie zeichnen sich durch eine geringe Tiefe aus, weswegen über längere Zeiträume Wassertemperaturen über 20 °C herrschen. Die Bespannung der Teiche findet im Frühjahr statt, wohingegen das Ablassen im Herbst durchgeführt wird. Während der Bespannungszeit erfolgt im Wesentlichen nur der Ausgleich von Verdunstungs- und Versickerungsverlusten. Es kann von einem zwei- bis fünfmaligen Wasseraustausch pro Saison ausgegangen werden, meist im Nebenschluss zu Fließgewässern oder direkt aus dem Einzugsgebiet. Die Teiche sind normalerweise so angelegt, dass beim Abfischen oder Ablassen der Schlamm im Teich verbleibt. Die Bewirtschaftung der Warmwasserteiche strebt ein hohes Maß an Naturnahrung an. Bei höheren Bestandsdichten können Getreide oder seltener Trockenmischfuttermittel zugefüttert werden. Es handelt sich um ein weitgehend in sich geschlossenes System mit geringer Außenwirkung. Warmwasserteiche zählen zu den nicht abwasserabgabepflichtigen Formen der Fischproduktion [DWA 2017].

- Hauptzielart: Karpfen,
- Nebenfische: u. a. Stör, Hecht, Wels, Schleie, Zander.

6.1.2.3 Warmwasseranlagen (Durchfluss- und Kreislaufanlagen)

Technische Anlagen, die ebenfalls für wärmeliebende Fischarten geeignet sind, unterscheiden sich in Durchlauf-, Kreislauf-, Teilkreislaufanlagen und in integrierte Kreislaufsysteme (siehe Aquaponik). Durchlaufanlagen werden in der Regel mit externem Warmwasser (z. B. Kühlwasser) versorgt. Kreislaufanlagen (Rezirkulierende Aquakultur-Systeme (RAS); Indoor-Fishfarm) zeichnen sich durch eine annähernd vollständige Zirkulation und Mehrfachnutzung des Produktionswassers aus, was durch interne Einrichtungen zur mechanischen und biologischen Aufbereitung des Haltungswassers ermöglicht wird. Stabile pH-Werte und eine ausreichende Alkalinität des Haltungswassers können in derartigen Anlagen in der Regel nur durch die Zudosierung alkalischer Chemikalien gewährleistet werden. Die Anlagen befinden sich in der Regel in wärmeisolierten Gebäuden. Die Intensität der Fischproduktion von Warmwasseranlagen ist hoch. In der Regel ist eine Ablaufwasserreinigung erforderlich, zudem sind sie keine Gewässerbestandteile und damit abwasserabgabepflichtig [DWA 2017].

- Zielarten: Europäischer Aal, Europäischer Wels, Afrikanischer Wels, Niltilapia, Zander.

6.1.2.4 Kaltwasseranlagen

Kaltwasser-Durchflussanlagen sind in den natürlichen Wasserkreislauf eingebunden, und bilden Gewässer bzw. Gewässerbestandteile mit geringer Fläche in Erd- oder Betonbauweise oder Beckenanlagen, die in der Regel stark durchflossen sind, um eine ausreichende Sauerstoffkonzentration zu sichern. Die Sauerstoffkonzentration ist dabei einer der wichtigsten Haltungsparameter, sie wird entweder nur durch die zufließende Wassermenge oder durch Zufuhr von technischem Sauerstoff durch Belüftungs- oder Begasungseinrichtungen gewährleistet. Die Wassertemperatur wird vom zuströmenden Wasser bestimmt, eine gezielte Regulierung der Temperaturen findet nicht statt. Sie liegen in der Regel < 22 °C und entsprechen Arten, die kälteres Wasser benötigen. Standorte konzentrieren sich in den Mittelgebirgsregionen. Sie gehören ebenfalls zu den nicht abwasserabgabepflichtigen Formen der Fischproduktion. Je nach Produktionsintensität (extensive, semi-intensive, intensive Bewirtschaftung) kann eine Ablaufwasserreinigung jedoch erforderlich sein. Eine gesonderte Form der Kaltwasseranlagen bilden teilgeschlossene Kreislaufanlagen, die wie geschlossene Kreislaufanlagen arbeiten und aufgebaut sind, jedoch vorwiegend mit Kaltwasser und einem täglichen Wasseraustausch des Anlagenvolumens von ca. 100 % betrieben werden. Sie werden überwiegend durch aufbereitetes Grundwasser betrieben [DWA 2017].

- Hauptzielart: Regenbogenforelle,
- Nebenfische: u. a. Bach- und Seeforelle, Huchen, Äsche, See- und Bachsaibling.

6.1.2.5 Netzgehegeanlagen

Netzgehege sind schwimmfähige Trägersysteme, in die große Beutel aus Netztuchen eingehängt sind. Sie werden in strömungsarmen oder stehenden Wasserkörpern der Binnen- und auch Küstengewässer mit ausreichender Tiefe eingebaut. Daher gelangen Emissionen der Produktion direkt in den Wasserkörper, weswegen auf eine gewässerverträgliche Produktionshöhe bzw. Futtermenge auf der Grundlage von gewässerbezogenen Nährstoffbilanzen geachtet werden muss. Dabei wird insbesondere der Phosphorgehalt betrachtet [LAWA 2003]. Sie gehören zu den nicht abwasserabgabepflichtigen Formen der Fischproduktion.

- Hauptzielart: Regenbogenforelle,
- Nebenfische: u. a. Karpfen, Stör, Saibling, Coregonen, Zander, Hecht.

6.1.3 Produktionsverfahren

In der Fischhaltung gibt es fünf Stufen der Erzeugung [LAWA 2003]:

- Vermehrung und Laichfischhaltung,
- Eierbrütung,
- Larvenaufzucht,
- Aufzucht bis zum Satzfisch,
- Aufzucht bis zum Speisefisch.

Je nach Fischzuchtbetrieb werden diese Stufen alle oder nur teilweise (z. B. nur die Produktion zu Satzfischen oder Speisefischen) erfüllt. In Hinblick auf die Emissions- und Immissionsbetrachtung des Produktionsverfahrens auf das Gewässer spielen die Futtermittel mit Abstand den wichtigsten Faktor. Bezüglich der Futterverwendung stehen für nahezu alle Fischarten und Altersstadien physiologisch ausgewogene und auf die Anforderungen der verschiedenen Arten angepasste Trockenmischfuttermittel mit hoher Nährstoffverwertung und geringen Umweltbelastungen zur Verfügung, wodurch Emissionen gering gehalten werden können. Weitere Einflussfaktoren sind Kalken und Düngen (hauptsächlich in Warmwasserteichen), Ausscheidungsprodukte und Reststoffe oder Medikamente und Desinfektionsmittel [LAWA 2003]. Entscheidend sind jedoch die Intensität der

Wassernutzung bzw. der Produktion und die damit verbundenen Anforderungen an die interne und externe Wasseraufbereitung. Die Intensitätsstufen werden insbesondere durch den spezifischen Frischwassereinsatz, der die genutzte Frischwassermenge bezogen auf die gehaltene Fischbestandsmasse in $m^3/(t \cdot h)$ angibt, oder den Frischwassereinsatz bezogen auf die verabreichte Futtermenge in m^3/kg beschrieben [DWA 2017].

In der Produktion werden folgende Wasserströme betrachtet, die je nach Anlagenform in den verschiedenen Verfahrensschritten anfallen [DWA 2017]:

- Frischwasser,
- Wasserdurchfluss (durch die Fischhaltung),
- Kreislaufwasser (das in der gesamten Anlage oder Anlagenteilen zirkuliert),
- Ablaufwasser (aus der Fischhaltung ablaufendes Wasser),
- Reinigungswasser (das bei der Reinigung der Anlage zur Fischhaltung anfallende Wasser),
- Restwasser (das in der letzten Phase der Abfischung in Anlagen zur Fischhaltung anfallende Wasser),
- Gereinigtes Abwasser und Schlamm (nach der Abwasserbehandlung).

Die Aufzucht in Kaltwasser-Durchflussanlagen von Forellen und Nebenfischen ist mit ca. 11.600 t Speisefischen und über 2.600 Betrieben der wichtigste Zweig der deutschen Aquakultur (29 % des Gesamtaufkommens der deutschen Binnenfischerei und Aquakultur). Dabei wurden nur in 208 Betrieben jeweils mehr als 5 t Regenbogenforellen erzeugt. Die Karpfenproduktion in der Teichwirtschaft einschließlich der in den Teichen erzeugten Nebenfische ist mit einem Ertrag von ca. 5.700 t Speisefisch der zweitwichtigste Zweig der Aquakultur in Deutschland (15 %). Dazu stehen ca. 23 Tsd. ha Teichfläche unterschiedlichster Größe zur Verfügung. Die größten Warmwasser-Teichlandschaften liegen in Bayern, Sachsen und Brandenburg. In Deutschland wurden im Jahr 2017 51 in Betrieb befindliche Warmwasseranlagen gemeldet. Das jährliche Produktionsaufkommen liegt gegenwärtig bei ca. 3.168 t, somit stellen sie den drittgrößten Zweig der deutschen Aquakultur dar (8 %). Niedersachsen und Mecklenburg-Vorpommern sind in diesem Sektor die Haupterzeugerländer, mit größerem Abstand folgt Sachsen [Brämick 2018]. Diese Zahlen umfassen alle Formen der Kreislaufanlagen und die Produktionsmenge der Warmwasser-Durchflussanlagen. Aufgeschlüsselt handelt es sich bei zwei größeren Anlagen um Warmwasser-Durchflussanlagen im Anschluss an Braunkohlekraftwerke, mit einem jährlichen Ertrag von ca. 200 t. Aus teilgeschlossenen Kaltwasser-Kreislaufanlagen lässt sich gegenwärtig ein Produktionsumfang von ca. 600 t abschätzen [DWA 2017]. Als Netzgehegeanlagen wurden in Deutschland im Rahmen der Aquakulturstatistikerhebung im Jahr 2017 insgesamt zehn Anlagen zur Fischerzeugung festgestellt, acht davon in Binnengewässern. Sie bilden mit einer Produktionsmenge über 70 t den geringsten Anteil an der gesamten Fischzucht (< 1 %) [Brämick 2018].

6.1.4 Abwassertechnische Bewertung

Bei der Festlegung von Belastungshöchstwerten im Abwasser einer Aquakultur (Ablaufwasser) werden insbesondere die organische Belastung als auch die Pflanzennährstoffe im Ablaufwasser betrachtet. Dabei werden die folgenden Wasserparameter angewendet, die in spezifischen Frachten des Parameters pro eingesetztem kg Futter als verabreichte Tagesmenge angegeben werden [LAWA 2003]:

- Gesamtphosphor (TP),
- Anorganischer Stickstoff (N_{anorg}),
- Chemischer Sauerstoffbedarf (CSB).

In Tabelle 1 sind die Anforderungen an das Ablaufwasser für Durchflussanlagen und Kreislaufanlagen gelistet [LAWA 2003].

In Kaltwasser-Durchflussanlagen findet ein Austrag von P und N statt. Für die Betrachtung ihrer Auswirkung auf wasserwirtschaftliche Belange werden sie in drei Intensitätsstufen unterschieden, wobei diese mit jeder Stufe steigen. Die Kategorisierung erfolgt durch die Betrachtung der jährlichen Ertragsmenge an Fisch bezogen auf den mittleren Frischwasserdurchfluss (kg · s/l). Eine Anlage, die beispielsweise einen mittleren Zufluss von 60 l/s aufweist und jährlich 15 t Fisch produziert, gehört dementsprechend mit 250 kg je l/s Zulaufwasser zur Intensitätsstufe II [LAWA 2003]:

- Intensitätsstufe I: Jahreszuwachs < 150 kg je l/s Zulaufwasser,
- Intensitätsstufe II: Jahreszuwachs < 500 kg je l/s Zulaufwasser,
- Intensitätsstufe III: Jahreszuwachs > 500 kg je l/s Zulaufwasser.

Zur Nachweisführung der Fracht des Ablaufwassers wird diese aus den Konzentrationswerten einer 24-Stunden-Mischprobe und dem korrespondierenden

Tabelle 1: Belastungshöchstwerte im Ablaufwasser für Durchfluss und Kreislaufanlagen (nach [LAWA 2003])

Belastungshöchstwerte (g/kg Futter Tagesmenge)			
Anlagenform	CSB	TP	N_{anorg}
Durchflussanlagen	400	7	60
Kreislaufanlagen	100	7	40

Abflusswasservolumenstrom in 24 Stunden bestimmt und auf die durchschnittliche tägliche Futterration in den beiden Vortagen bezogen. Grund dafür sind die verschiedenen Fütterungsintervalle. Zusätzlich muss die Vorbelastung des Wassers berücksichtigt werden, weshalb die Konzentrationswerte aus der Differenz zwischen den Ablauf- und Zulaufwerten bestimmt werden. Für die Intensitätsstufen II und III sollten bzw. müssen in der Speisefischproduktion hoch verdauliche Futtermittel (Bruttoenergie mind. 20 MJ/kg, geringer Phosphorgehalt max. 1,2 %) verwendet werden. Für die Intensitätsstufe III müssen zudem Vorkehrungen zur Vermeidung der Belastung des Fließgewässers getroffen werden. Dies geschieht in teilweiser Rückführung im Produktionswasser sowie durch Filtration und Absetzen von Schwebstoffen. Werden in der Intensitätsstufe II keine hoch verdaulichen Futtermittel verwendet, ist ebenfalls eine Behandlung des Ablaufwassers erforderlich. Werden die Anforderungen an das Futtermittel und Vorkehrungen eingehalten, kann davon ausgegangen werden, dass ebenfalls die Belastungshöchstwerte des Ablaufwassers eingehalten werden [LAWA 2003].

Wie zuvor beschrieben, gibt es abwasserabgabepflichtige und nicht abwasserabgabepflichtige Formen der Fischzucht. Zu den abwasserabgabepflichtigen Anlagen gehören die Warmwasser-Durchflussanlagen und geschlossene Warmwasserkreislaufanlagen sowie gegebenenfalls auch teilgeschlossene Kaltwasserkreislaufanlagen, deren Abwässer einer Abwasserbehandlungsanlage zugeführt werden muss.

Warmwasser-Durchflussanlagen, von denen in Deutschland 51 Stück existieren [Brämick 2018], gehören aufgrund ihrer weitgehenden Ausnutzung der Warmwasserressourcen zu den Anlagen der Intensitätsstufe III, für die die Anforderungen nach LAWA gelten. Da sie jedoch keine Gewässerbestandteile bilden, sind sie abwasserabgabepflichtig [DWA 2017]. Kreislaufanlagen basieren auf der Wiederverwendung des Produktionswassers, wodurch die Konzentration der Inhaltsstoffe höher als bei Durchflussanlagen ist. Ein Bestandteil der Anlagen sind speziell angepasste Wasserreinigungssysteme, welche in der Regel aus einer mechanischen Reinigung zur Entfernung der Schweb- und Exkretstoffe und einem biologischen Abwasserbehandlungssystem bestehen [LAWA 2003].

Teichanlagen stellen in sich weitgehend geschlossene Systeme dar und haben lediglich eine geringe Außenwirkung. Die P- und N-Bilanz von Karpfenteichen ist bis zu Erträgen von 1.500 bis 2.000 kg/ha im Durchschnitt positiv, abhängig von der Vorbelastung des Zulaufs [Schreckenbach 2001]. Eine Behandlung der Pflanzennährstoffe bei bedarfsgerechter Fütterung ist nicht notwendig, da sie im Teich zurückgehalten werden oder von den Fischen selbst aufgenommen werden. Der Phosphor verbleibt weitgehend in den obersten 5 cm des Sediments und der Stickstoff denitrifiziert. Jedoch muss bei der Abfischung der Teiche darauf geachtet werden, dass Schlammausschwemmungen vermieden werden, um keine nachhaltige Verschlechterung der Gewässergüte, der ökologischen Vielfalt und der biologischen Wirksamkeit des Fließgewässers zu verursachen. Netzgehegeanlagen werden in der Regel intensiv betrieben, von ihnen geht eine Belastung des Gewässers mit Pflanzennährstoffen und organischer Substanz aus, die zu einer Erhöhung der Trophie führen kann. Zur Vermeidung einer Nährstoffüberlastung des genutzten Gewässers sollte die angestrebte jährliche Produktionshöhe und Futtermenge der Gewässergröße angepasst werden. Es sollten nur phosphorarme Hochenergiefuttermittel eingesetzt werden, mit je nach Fischart festgelegtem maximalen P-Gehalt (Regenbogenforellen: max. 1,2 %; Karpfen: max. 1,5 %), die geringe Emissionen gewährleisten. Eine Form der Behandlung von Produktionswasser aus Anlagen in Binnenseen ist eine offene Folienunterspannung, um sedimentierte Abfallprodukte aufzufangen [LAWA 2003]. Auf diese beiden Anlagenformen wird des Weiteren nicht näher eingegangen.

6.1.5 Abwasserbehandlung

6.1.5.1 Durchflussanlagen

In Durchflussanlagen, die nach LAWA zu der Intensitätsstufe III gehören, ist eine mechanische Reinigung des Abwassers erforderlich. Dafür eignen sich Mikrosiebe mit ca. 60 – 100 µm Maschenweite oder Absetzbecken mit einer Verweilzeit größer 30 Minuten. Diese sollten möglichst unmittelbar hinter der Fischhaltungsanlage platziert werden, da die Rücklösung von Nährstoffen und organischen Substanzen aus Kotpartikeln geringer ist. Die besten Reinigungsergebnisse können mit Trommelsieben erzielt werden, da das Ablaufwasser eine niedrige Feststoffkonzentration aufweist. Zudem ist ihr Platzbedarf geringer als der von Sedimentationseinrichtungen [DWA 2017]. In Sedimentationsbecken können in der Regel nur Partikel mit einer Größe über ca. 100 µm zurückgehalten werden [Timmons und Ebeling 2010]. Durch die Vorrichtungen zur mechanischen Reinigung fällt ein diskontinuierlicher (Sedimentationsräume oder -einrichtungen) bzw. kontinuierlicher Reinigungswasserstrom an. Dieser muss gesondert aufbereitet werden, was häufig durch weitere Sedimentationseinrichtungen zur Feststoff-Flüssigkeits-Trennung geschieht. Dazu können Sedimentationsteiche oder -becken verwendet werden, besonders eignet sich der Dortmundbrunnen. Die Feststoffentnahme sollte möglichst regelmäßig und unter Vermeidung größerer Turbulenzen erfolgen. Der abgesetzte Schlamm eignet sich als Dünger für die Landwirtschaft. Gegebenenfalls kann eine weitere Aufbereitungsstufe des Reinigungswassers notwendig sein. Möglichkeiten dazu bieten weitere Sedimentationseinrichtungen mit Sauerstoffanreicherung zum aeroben Abbau organischer Substanzen und Nitrifikation sowie Pflanzenkläranlagen [DWA 2017].

6.1.5.2 Kreislaufanlagen

Der verfahrenstechnische Aufbau von Reinigungssystemen in Kreislaufanlagen lässt sich in folgende Arten unterteilen [LAWA 2003]:

- äußeres Reinigungssystem: Vorrichtungen zur mechanischen und biologischen Behandlung des Wassers außerhalb des Haltungsbeckens als separate, nachgeschaltete Reinigungsstufe,
- inneres Reinigungssystem: Haltungsbecken und Abschnitte zur mechanischen und biologischen Wasserbehandlung sind in einem Gesamtbecken integriert,
- Mischformen: inneres und äußeres Reinigungssystem arbeiten kombiniert,
- teilgeschlossene Kaltwasser-Kreislaufanlagen.

Teilgeschlossene Kaltwasser-Kreislaufanlagen

In teilgeschlossenen Kaltwasser-Kreislaufanlagen findet eine mechanische Reinigung zur Entfernung partikulärer Substanzen (bspw. Kot) durch Schlammtrichter am Ende der Fischhaltungsbecken statt, teilweise werden zusätzlich Trommelsiebe eingesetzt. Handelt es sich um Salzwasseranlagen können Flotationen zur Abtrennung feindisperser Stoffe angewandt werden. Innerhalb der Haltungsbecken werden oft getauchte Festbetten oder Schwebebetten bzw. die Kombination beider angewendet, die zudem feinere Partikel zurückhalten. Das Filterspülwasser und das Spülwasser zur Feststoffentnahme aus den Sedimentationstrichtern werden meist in Sedimentationsteichen weiterbehandelt. Das Reinigungswasser, das sich aus dem Filterspülwasser und dem Spülwasser zur Feststoffentnahme aus den Sedimentationstrichtern zusammensetzt, wird in der Regel ein- oder zweistufigen Sedimentationsteichen zugeführt. Zudem werden Rückhalte- oder Schönungsteiche zur Verhinderung diskontinuierlicher Einleitungen von Überstandswasser und Ablaufwasser genutzt. Verbesserte Formen der Abwasseraufbereitung befinden sich in der Erprobung [DWA 2017].

Geschlossene Warmwasser-Kreislaufanlagen

In geschlossenen Warmwasser-Kreislaufanlagen werden zur mechanischen Reinigung Trommelsiebe, Disc-Filter und Sedimentationsbecken mit Einbauten eingesetzt. Daneben werden biologische Verfahren verwendet. Dabei finden getauchte Festbetten (zum Teil mit Druckluftbelüftung), Schwebebetten sowie Tropfkörper und Rotationstauchkörper Anwendung. In der Vergangenheit fanden Tropfkörper und getauchte Festbetten die breiteste Anwendung, wohingegen neuerdings meist Schwebebetten eingesetzt werden [Rümmler 2010]. Zur Denitrifikation können Denitrifikationsreaktoren und anaerobe Mikrobereiche in Biofilmen genutzt werden. Hierzu werden Schwebebett-Verfahren mit externer C-Quelle eingesetzt. Eine weitere Möglichkeit bietet die Verwendung von Reinigungswasser aus der mechanischen Stufe. Wie schon zuvor beschrieben, werden im Fall von Salzwasseranlagen Flotationen zur Abtrennung feindisperser Stoffe verwendet [DWA 2017].

Neben den Reinigungssystemen ist der Einsatz von Desinfektions-Verfahren, wie UV- oder Ozonanlagen, zur Abtötung fischpathogener Keime bzw. zur Verminderung der Keimbelastung erforderlich. Diese werden meist in einem einstellbaren Bypass oder im Hauptwasserstrom vorgenommen [DWA 2017].

6.1.6 Zukunftsfähigkeit der Aquakulturen am Beispiel von Binnen-Meeresfischzucht

Seit 50 Jahren kann die Entwicklung der Aquakulturen auf einen rasanten Anstieg zurückblicken, jedoch ist der Zuwachs an Anlagen in Deutschland in den letzten Jahren stagniert. Gründe hierfür sind rechtliche Bestimmungen, die die Ausübung der Binnenfischerei und der Fischaufzucht betreffen. Dadurch beeinträchtigt zunehmender Bürokratieaufwand die Wettbewerbsfähigkeit der zumeist relativ kleinen Betriebe. Aufgrund von strengen Umweltschutzvorgaben ist es nahezu unmöglich, eine Genehmigung für eine neue Teichanlagen oder Netzgehegeanlage zu erhalten [Brämick 2018]. Eine mögliche Lösung stellen Kreislaufanlagen da, die seit Mitte der 90er Jahre Anwendung finden, denn sie bieten gegenüber konventionellen Systemen klare Vorteile: Die Fischzucht wird unabhängig vom Standort ermöglicht, durch die Kreislaufführung des Wassers wird eine Eutrophierung des Ökosystems verhindert und die Produktionssicherheit wird erhöht, da meteorologische, hydrologische oder biogene Faktoren keinen Einfluss auf die Zucht haben und die Wasserqualität genauestens kontrolliert werden kann. Doch besteht ein Problem in den hohen Produktionskosten, die besonders durch einen hohen energetischen und technischen Aufwand verursacht werden. Daher ist die Fischzucht in Kreislaufanlagen gegenwärtig zum Teil nicht wirtschaftlich und das Verfahren kommt nur für hochpreisige Fischarten in Frage [Palm 2016]. Dass sich in den Systemen jedoch ein Potenzial

Bild 1: Meeresfischzucht Völkingen [FRESH Corporation AG 2019]

für zukünftige Entwicklungen verbirgt zeigt das Beispiel der weltweit ersten großen Meeresfischzucht im Binnenland in Völklingen im Saarland, die im Jahr 2018 in Abu Dhabi mit dem Preis für „best aquaculture innovation“ ausgezeichnet wurde. Diese wurde in Kooperation der neomar GmbH mit der Hochschule für Technik und Wirtschaft des Saarlandes (htw saar) entwickelt und ging im Jahr 2013 in Betrieb. In der Anlage werden seitdem in vier 1.800 m^3 großen Salzwasserpools der Europäische Wolfsbarsch, die Dorade und die Gelbschwanzmakrele produziert (siehe Bild 1). Dabei liegt der tägliche Frischwasserbedarf bei < 1 %.

Das System der kontinuierlichen Salzwasser-Zirkulation und Wiederaufbereitung, auf dem die Anlage beruht, heißt oceanloop [neomar 2014]. Innerhalb des Prozesses wird dabei zwischen primären und sekundären Kreisläufen unterschieden. Die Wasseraufbereitung besteht aus einer mechanischen Reinigung durch Trommelfilter gefolgt von einer teilweisen Abschmäumung zur Entfernung von feinen Feststoffpartikeln. Der andere Teil des Wassers wird über den nitrifizierenden Biofilter gepumpt, in dem es biologisch aufbereitet wird. Anschließend wird das Wasser aus der Abschäumung und dem Biofilter erneut durch einen Trommelfilter gereinigt und fließt zurück in das Zuchtbecken. Parallel dazu wird ein denitrifizierender Biofilter in einem Bypass mit einem relativ geringen Wasservolumenstrom betrieben. Zur Minimierung der Wasserverluste, wird das Spülwasser, das zur Reinigung der Filter benötigt wird, ebenfalls einer Wasseraufbereitung unterzogen und dem Wasserkreislauf erneut zugeführt. Das System der Wasseraufbereitung ist in Bild 2 zu erkennen [neomar 2014].

Ein weiteres neues und innovatives Konzept ist das einer kompakten und standardisierten Salzwasserfischzucht-Anlage der Firma SEAWATER Cubes GmbH, die ebenfalls im Saarland ansässig ist. Die Firma wurde im August 2018 von drei Absolventinnen und Absolventen der htw saar unter der Betreuung durch ihren Mentoren Prof. Dr. Uwe Waller gegründet. Das System der Sewater Cubes besteht aus drei ISO-Containern mit einer Gesamtfläche von 100 m^2, in die eine Meeresfischzuchtanlage integriert ist. Das Wasseraufbereitungssystem ähnelt dem Ansatz des zuvor

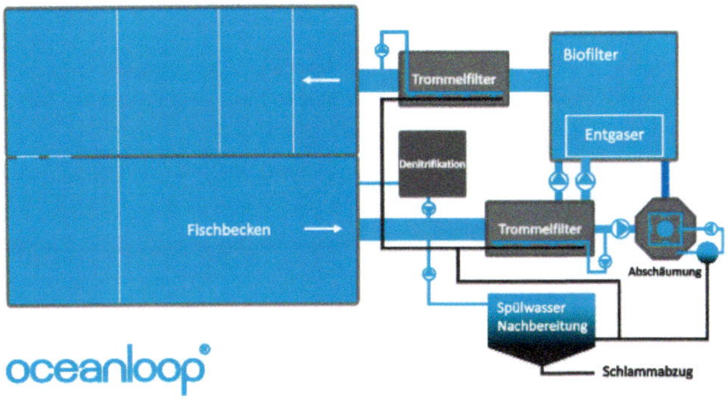

Bild 2: Wasseraufbereitung im oceanloop System [neomar GmbH 2014]

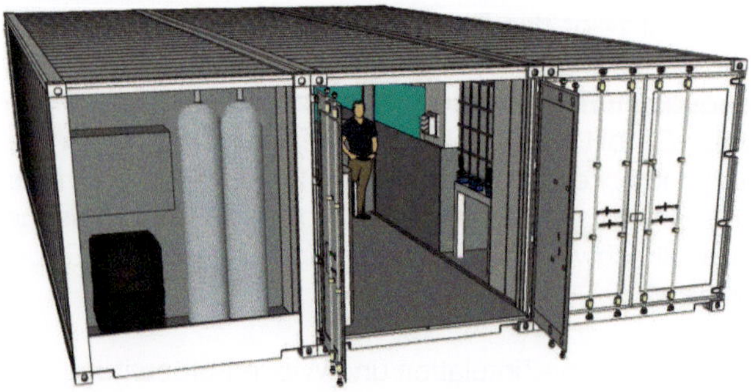

Bild 3: Schematischer Aufbau des SEAWATER Cubes [SEAWATER Cubes 2019])

beschriebenen oceanloops, wodurch ein Wasserverlust von < 1 % erreicht werden kann. Laut Hersteller-Angaben können durch das System im Jahr bis zu 7 t Fisch (Wolfsbarsch und Dorade) mit einer Leistungsaufnahme von 8,5 kW erzeugt werden. So soll eine dezentrale Fischzucht, die beispielsweise ein Zusatzeinkommen für Landwirte generieren kann, ermöglicht werden. Die Anlage ist in Bild 3 erkennbar [SEAWATER Cubes 2019].

Literatur

Brämick, U. (2018): Jahresbericht zur Deutschen Binnenfischerei und Binnenaquakultur 2017. Institut für Binnenfischerei e. V. Potsdam-Sacrow, Deutschland.

DWA (2017): Merkblatt DWA-M 777 (Entwurf): Wasser-/Abwasseraufbereitung in der Fischzucht. DWA, Deutsche Vereinigung für Wasserwirtschaft, Abwasser und Abfall e. V. Hennef, Deutschland.

FAO (2018): The State of World Fisheries and Aquaculture 2018 – Meeting the sustainable development goals. Rom, Italien.

FIZ (2018): Fischwirtschaft - Daten und Fakten / FIZ, Fisch-Informationszentrum e. V. Hamburg, Deutschland.

FRESH Corporation AG (2019): Know-how. http://www.freshcorporation.com/de/know-how/ (abgerufen am 08.04.2019).

LAWA (2003): Hinweise zur Verringerung der Belastung der Gewässer durch die Fischhaltung. Arbeitskreis 61 der LAWA, Bund/Länder-Arbeitsgemeinschaft Wasser. Erfurt, Deutschland.

neomar GmbH (2014): Landbasierte Marikultur. Uetze-Eltze, Deutschland.

Palm, H. W. und Bischoff, A. A. (2016): Aquakultur – quo vadis?! Nachhaltige Fischzucht in modernen Produktionssystemen. Biologie in unserer Zeit 46.2, WILEY-VCH Verlag GmbH & Co. KGaA, Weinheim, Deutschland, S. 118 – 125.

Rümmler, F. (2010): Kreislauftechnik Wasseraufbereitung und Wiederverwendung. Schmidt-Puckhaber, B. et al.: Fisch vom Hof !?, Kontrollierte Fischerzeugung in standortunabhängigen Kreislaufanlagen. DLG-Verlags-GmbH. Frankfurt, Deutschland.

Schreckenbach et al. (2001): Ordnungsgemäße Teichwirtschaft – Auswirkungen guter fachlicher Praxis auf Nährstoffe in Karpfenteichen und Vorflutern. Instituts für Binnenfischerei e. V. Potsdam-Sacrow, Deutschland.

SEAWATER Cubes GmbH (2019): Cube. https://seawatercubes.de/cube/ (abgerufen am 08.04.2019.)

Timmons, M. B. und Ebeling, J. M. (2010): Recirculating Aquaculture (2nd Edition). Cayuga Aqua Ventures. Ithaka, New York, Vereinigte Staaten von Amerika.

6.2 Lederfabriken

6

Ute Austermann-Haun und Ekkehard Werner

6.2.1 Allgemeines

Die Lederherstellung zählt weltweit zu den ältesten Kulturleistungen der Menschheit. Die Verarbeitung von Tierhäuten zu einem vielseitig nutzbaren Flächenwerkstoff bedarf einer Vielzahl technologischer und handwerklicher Fähigkeiten. Diese werden bis heute unverändert durch die Verfahren des Gerbens und Ledermachens beschrieben. Ziel des Gerbens ist die Umgestaltung und Veränderung eines vergänglichen Naturstoffs, der verderblichen tierischen Haut, zu einem dauerhaft haltbaren, hitze-, kälte- und fäulnisbeständigen organischen Material mit unvergleichlichen charakteristischen Eigenschaften.

Die zur Lederherstellung angewandten physikalischen und chemischen Prozesse sind vielfältig und hängen vom beabsichtigten Verwendungszweck, (z. B. Polster- oder Schuhleder), vom vorhandenen Ausgangsmaterial, der tierischen Haut, (z. B. Tierart, Rasse, Alter und Geschlecht) und nicht zuletzt vom technologischen Stand der Gerbereien (z. B. handwerkliche bis industrielle Fertigung) ab.

Weltweit wird ein Großteil der Leder vor allem in den Schwellen- und Entwicklungsländern produziert. Der überwiegende Anteil wird in der Schuhindustrie verwendet. Gerbereien in Industrieländern, wie in Europa und speziell in Deutschland, können nur durch qualitativ hochwertige Leder im Premiumbereich, wie z. B. im Automobilbau und in der Möbel- und Modeindustrie, im Wettbewerb bestehen. Die Verarbeitung der tierischen Haut ist mit einer Vielzahl von Umwelteinflüssen und einer großen Belastung von natürlichen Ressourcen verbunden. Diese werden allerdings in der Welt unterschiedlich geschützt, was letztlich zu extremen Preisunterschieden für das fertige Produkt führt.

6.2.2 Produktionsverfahren

Grob vereinfacht werden beim Prozess der Lederherstellung drei grundlegende Fertigungsstufen unterschieden:

a) Wasserwerkstatt und Gerberei,

b) Nasszurichtung/Färberei,

c) Vor- und Endzurichtung.

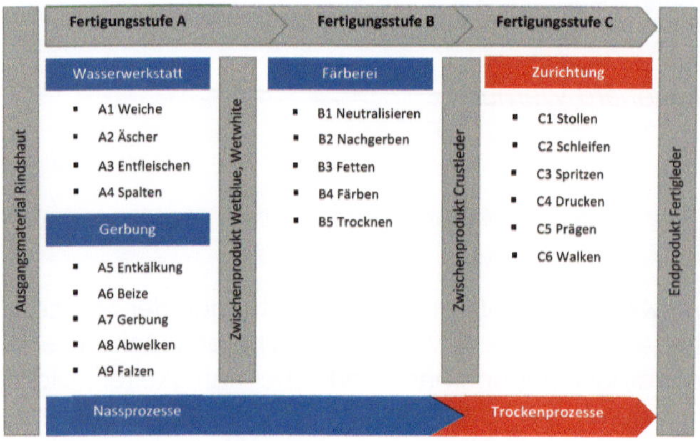

Bild 1: Prozessschritte bei der Lederherstellung

Entlang dieser Wertschöpfungskette werden der jeweiligen Fertigungsstufe folgende spezifizierte Halbfabrikate zugeordnet:

- Fertigungsstufe A: gegerbte Haut (Wetblue, Wetwhite),
- Fertigungsstufe B: gefärbtes Leder (Crust),
- Fertigungsstufe C: zugerichtetes Leder (Fertigleder).

Die jeweiligen Fertigungsstufen gliedern sich wiederum in eine Vielzahl sich gegenseitig beeinflussende Produktionsschritte. Diese definieren sich durch Auswahl und Gestaltung unterschiedlichster chemisch-technischer und mechanischer Verfahren.

Die Anzahl der durchzuführenden Produktionsschritte richtet sich nach der zu realisierenden Fertigungstiefe innerhalb der Fertigungsstufe. Eine weitere Unterscheidung von Zwischenprodukten innerhalb der Halbfabrikate ist sowohl für interne Abläufe als auch für Stoff- und Produktionsbilanzen von Bedeutung und erfolgt jeweils nach den durchgeführten Produktionsschritten (mechanischer und chemischer Verarbeitungsstand, z. B. gefalzte Wetblue, neutralisierte Crust, geschliffene Leder usw.).

Eine Übersicht zu den Prozessen gibt Bild 1.

6.2.3 Wassermanagement

Die Frage der Wasserbedarfs, Abwasseranfalls und dessen Zusammensetzung kann nur zufriedenstellend beantwortet werden, wenn Umfang und Fertigungstiefe der Produktion, der eingesetzten Verfahren und Chemikalien bekannt und auch dokumentiert sind. Vor- und nachgeschaltete Prozesse, produktionsintegrierte Maßnahmen zur Minimierung von Abwasserfrachten, Recycling oder Effizienz-

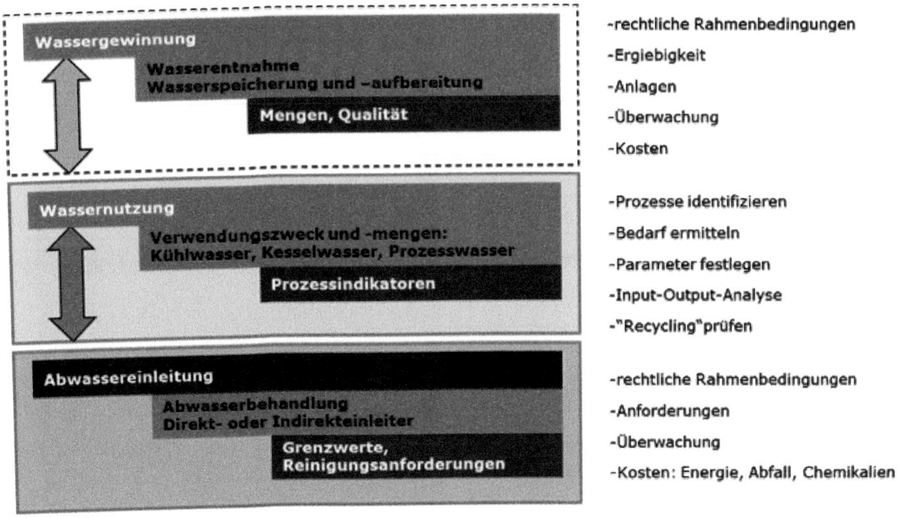

Bild 2: Schema betriebliches Wassermanagement

erhöhung in den einzelnen Prozessen können in der Gesamtbetrachtung sehr unterschiedliche Anforderungen und Auswirkungen auf die Ressource Wasser ergeben. Der Zusammenhang zwischen

a) Erschließung und Einsatz von Wasser für die Lederherstellung,
b) dessen prozessbezogener Nutzung und
c) anschließender Reinigung und Rückführung in ein Gewässer

ist Gegenstand des betrieblichen Wassermanagements und unterliegt den jeweiligen Rahmenbedingungen (s. Bild 2).

Wasser für direkte Produktionsprozesse wird vor allem als Löse- und Transportmittel für chemische Stoffgemische und deren Reaktionen in und mit der Haut, indirekt für Spül- und Reinigungsprozesse und zur Dampferzeugung verwendet. Die qualitativen und quantitativen Anforderungen sind je nach Prozess unterschiedlich und für die maßgeblichen Verarbeitungsstufen getrennt zu betrachten (s. Bild 3). Die einzelnen Prozesse innerhalb der Verarbeitungsstufen laufen nacheinander im gleichen lokalen Gefäßsystem ab, d. h. Blöße, Wetblue/Wetwhite oder Crust verbleiben im Gefäß während durch die Wechsel von Wasser und Chemikalien Anfang und Ende der jeweiligen Prozesse definiert ist. Die Prozessanalyse dient zur Erfassung und Beurteilung der Abwasserzusammensetzung und -frachten aber auch möglicher Einspar- bzw. Minimierungspotenziale durch integrierte Maßnahmen (PIUS).

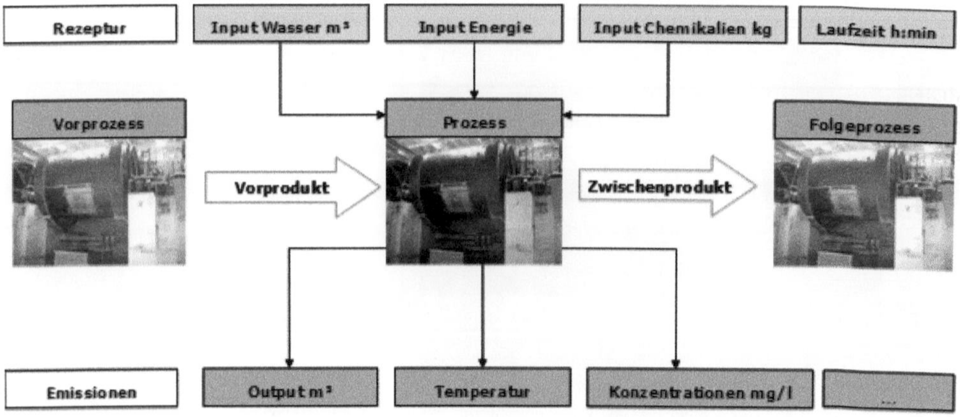

Bild 3: Wassermanagement der Wasserwerkstatt und Gerberei

Wie z. B. der Name „Wasserwerkstatt" sagt, sind die in diesem Produktionsabschnitt bzw. Fertigungsstufe wesentlichen Prozesse, das Weichen, Waschen und Säubern der Häute, das Äschern derselben zum Lösen der Haare und schließlich das Gerben selbst, mit einer intensiven Wassernutzung verbunden. Hier entstehen organisch hoch belastete Abwässer und es fallen auch die mengenmäßig meisten Abfälle und Nebenprodukte direkt aus der tierischen Haut an.

Der Bedarf an Wasser bezieht sich auf das Gewicht der einzuarbeitenden Häute und wird durch technologische Parameter in individuell entwickelten betrieblichen Rezepturen festgelegt.

Nach dem Stand der Technik werden zwischen 10 und 18 m^3 Wasser in den direkten Prozessen zur Verarbeitung einer Tonne Haut bis zum Halbfabrikat Wetblue oder Wetwhite in der Wasserwerkstatt eingesetzt [BVT-Merkblatt 2013]. Die anteiligen Abwassermengen in den jeweiligen Prozessen sind von betrieblichen Bedingungen (auftragsbezogene Fertigungsprofile, verfahrenstechnische Faktoren, technologischer Stand) abhängig. Entsprechend der jeweiligen betrieblichen Wassereffizienz sind daher sehr unterschiedliche Konzentrations- und Lastenbereiche möglich. Mögliche Frachten aus den Abwässern der Gerbung können zur Orientierung anhand exemplarischer Berechnungen [DWA-M 744 2019], besser und genauer jedoch durch Analysen und Massenbilanzen im spezifischen Einzelfall, ermittelt werden.

Die Anforderungen an die Qualität des eingesetzten Wassers sind im Prinzip in der Wasserwerkstatt verschieden, werden aber in der Praxis kaum differenziert oder technisch realisiert. Der Prozess des Weichens, d. h. dem Waschen der entweder salzkonservierten oder frisch eingearbeiteten Häute erfordert ein sauberes, d. h. mikrobiologisch unbelastetes Wasser, welches z. B. möglichst frei von störenden Metallionen wie Eisen oder Mangan und nicht wärmer als ca. 30 °C ist, um Fäulnisschäden oder die spätere Entstehung von Flecken zu vermeiden. Anschließende Fassprozesse, wie z. B. der Äscher, benötigen ein von suspendierten, unlöslichen, abrasiven Feststoffen freies Wasser zur Vermeidung möglicher Scheuerstellen an der empfindlichen enthaarten Haut.

Je weiter die Verarbeitung voranschreitet, um so anspruchsvoller werden die Anforderungen an die Wasserbeschaffenheit. Insbesondere der Einfluss des Härtegrads nimmt an Bedeutung zu, wie z. B. in der Intensität der Beize oder in der Gerbstoffaufnahme. Hartes Wasser erfordert Anpassungen in Chemikalienauswahl (z. B. Härtestabilisatoren) und Verfahrensführung (z. B. Mengen, Temperatur, Laufzeiten).

Weiche

Wurden früher Häute in offenen Systemen, d. h. in kontinuierlich durchflossenen Gefäßen gewaschen, erfolgt der erste Prozessschritt, die Weiche, heute direkt in geeigneten Fässern. Während des Weichens wird die Haut sowohl von anhaftenden Schmutz-, Blut- und Dungresten gereinigt, als auch, wenn es sich um mit Natriumchlorid konservierte Häute handelt, wieder in den natürlichen Quellzustand versetzt. Dem Wasch- bzw. Weichwasser werden Netzmittel zur Herabsetzung der Oberflächenspannung und verbesserten Reinigungswirkung zugeführt. Der Einsatz von Bioziden soll mikrobiologische Fäulnisprozesse vermeiden, insbesondere dann, wenn das Waschen über eine längere Zeit oder mit höheren Temperaturen erfolgt. Zur pH-Regulierung können auch schwache Alkalien eingesetzt werden.

Das im Prozess anfallende Abwasser enthält neben den eingesetzten Chemikalien hohe organische Frachten durch Dung, Blutreste, lösliche Eiweißstoffe, aber auch Feststoffe, z. B. abgelöste Haare oder weitere Fremdstoffe wie der Haut anhaftende unlösliche Partikel oder Markierungsmittel (z. B. Plastikmarken). Der Wasserbedarf hängt vom Verschmutzungsgrad und der durchgeführten Konservierung ab (z. B. können gesalzene gegenüber ungesalzenen Häuten um bis zu 30 % mehr Wasser benötigen) und liegt zwischen 2 und 3 m^3/t Rohware. Der CSB kann im Bereich von etwa 10 bis 20 kg/t Rohware (Haut) liegen, der Stickstoffeintrag in der Größenordnung von ca. 1 bis 2 kg/t.

Äscher

Kernprozess der Wasserwerkstatt ist der chemische Prozess des Äscherns, d. h. der chemischen Enthaarung und Aufschluss der tierischen Haut. Der Einsatz von Kalk erhöht den pH-Wert stark alkalisch und führt zum Aufschluss bzw. zur Quellung der Haut. Außerdem ermöglicht er die Verwendung gelöster Hydrogensulfide zur Enthaarung, welche zur teilweisen bis vollständigen Zerstörung der Haare führen. Enzyme und Tenside unterstützen den Prozess, an dessen Ende die schmutzfreie, enthaarte und stark gequollene Haut als sogenannte Blöße durch anschließende mechanische Verarbeitungsschritte (Entfleischen, Kantieren, Spalten) für die folgende Gerbung vorbereitet wird.

Das stark alkalische Abwasser mit einem pH-Wert von 12 und mehr enthält unter anderem Sulfide und eingesetzte Alkalien, emulgierte Fette, Feststoffe wie unzerstörte Haare, hydrolisierte Faserproteine und Bindehautgewebereste. Es können Frachten von bis zu 100 kg CSB pro t Rohware (Haut) und mehr entstehen, die Freisetzung des organischen Stickstoffs aus der Haut beträgt 5 bis 10 kg/t und der Eintrag von gelösten Sulfiden kann in Abhängigkeit des angewendeten Verfahrens und Einsatzmengen in einer ähnlicher Größenordnung zwischen 3 und 10 kg/t liegen. Diese Zahlen sind grobe Orientierungswerte und können nicht eine genaue Untersuchung der realen Verhältnisse ersetzen.

Entkälkung und Beize

Die beim Entfleischen[1] vom Unterhautbindegewebe befreite Blöße wird nach dem Kantieren, d. h. dem Beschneiden der losen Hautteile, und nach dem Spalten in die sogenannte Narben- und Spalthaut, dem Prozess des Gerbens zugeführt. Die Zugabe der Chemikalien bezieht sich nun auf die nach der mechanischen Bearbeitung im Gerbprozess eingesetzte Blößenmasse. Diese ist zunächst noch alkalisch eingestellt und wird auf den Einsatz der Gerbchemikalien vorbereitet, indem der Blöße die Alkalität wieder entzogen wird. Die Entkälkung bzw. Neutralisation der Blöße muss in jedem Fall über die gesamte Dicke erfolgen. Dies geschieht durch Einsatz schwacher organischer oder anorganischer Säuren, wie z. B. Kohlensäure und der Verwendung von Ammoniumsalzen. Mit der anschließenden Beize werden proteolytische Enzyme zum weiteren Abbau unerwünschter Eiweiße in der Hautstruktur eingesetzt.

Im Prozessabwasser finden sich neben Alkalien, Hauteiweißstoffen und je nach Entkälkungsverfahren auch beträchtliche Mengen von Ammoniumstickstoff, die bis über 20 kg/t Blöße betragen können. Ausgewaschene Sulfide verursachen einen nicht unwesentlichen Frachteintrag von bis zu 1 kg Sulfid pro t Blöße. Der CSB-Eintrag kann 5 bis 20 kg/t Blöße erreichen.

---

[1] Es gab immer wieder Versuche, zur Reduzierung des Chemikalieneinsatzes und der Abwasserfracht das Entfleischen vor dem Äscherprozess durchzuführen, das sogenannte Grünentfleischen. Allerdings ist dann eine hochwertige Verwertung der beim Beschneiden der Haut anfallenden Reste in der Lebensmittelindustrie nicht mehr möglich.

Pickel (nur Chromgerbung)

Mit dem Einsatz von Neutralsalzen wie NaCl und schwachen organischen und anorganischen Säuren wird die Blöße zur Vorbereitung auf die mineralische Gerbung durch gepuffertes Absenken des pH-Werts vorbereitet. Das Prozesswasser verbleibt im Fass und wird schließlich durch die Zugabe basischer Chrom(III)-salze, gewöhnlich sind es 33 %-ige Chrom(III)-sulfatlösungen, zur Gerbflotte.

Gerbung

Mit der Gerbung wird aus der Blöße Leder. Mineralische, synthetische oder vegetabile Gerbstoffe vernetzen die Kollagenfasern und stabilisieren das organische Material zu einer hitzebeständigen, dauerhaft elastischen und fäulnisresistenten komplexen Struktur. Die Gerbung mit Chrom(III)-salzen ist, aufgrund der guten Verfügbarkeit und unübertroffenen qualitativen Wirkung, die weltweit häufigste Gerbmethode. In der Schuhoberleder- und Bekleidungslederherstellung ist die Chromgerbung nach wie vor nicht zu ersetzen. Andere Gerbverfahren wie die FOC-Gerbung (Free-of-Chrome) mit Glutaraldehyden sind inzwischen in der Möbel- und Autolederherstellung etabliert.

Problematisch an diesen alternativen Verfahren ist unter Umwelt- und Sicherheitsaspekten der Umgang mit dem giftigen und umweltgefährlichen Stoff Glutaraldehyd. Das Abwasser und die anfallenden Reststoffe, wie Klärschlamm, Lederreste und letztendlich das Leder selbst sind zwar frei von Chrom als Schwermetall und vereinfachen deren Verwertung, implizieren jedoch eine Reihe nicht zu vernachlässigender Probleme bei der Handhabung und Lagerung der erforderlichen Chemikalien sowie bei der Abwasserbehandlung, durch eine deutlich schwierigere, d. h. gegenüber der Chromgerbung bis zu doppelt höheren CSB-Fracht im Abwasser [Trommer und Kellert 1999].

Das Abwasser der Gerbung enthält in Abhängigkeit vom eingesetzten Verfahren Chrom(III) (Chromgerbung), in jedem Fall aber Lederfasern, anorganische Salze, Fette, z. T. Fungizide aus der möglichen Zwischenkonservierung des Wetblue bzw. Wetwhite. So kann der CSB-Anteil im Gesamtstrom der Gerbung zwischen 15 (chromgegerbt) und bis zu 30 kg/t (FOC) Blöße liegen. Der Stickstoff sowohl aus organischen als auch anorganischen Quellen liegt jeweils um ca. 1 kg/t Blöße.

Wassermanagement der Nasszurichtung und Färberei

Unter den Begriff der Nasszurichtung fallen alle Prozesse des Färbens, Fettens, Füllens und Nachgerbens, die zur Herstellung eines Crustleders aus dem Vorprodukt Wetblue oder Wetwhite erforderlich sind. Bezugsgewicht für den Einsatz von Wasser und Chemikalien ist hierbei je nach Verarbeitungsstand das Wetblue/

Wetwhite- oder auch das Crustgewicht aus Zwischenprodukten (z. B. neutraliisierte Wetblue/Wetwhite). In der Färberei werden durch den Einsatz einer Vielzahl unterschiedlichster Chemikalien und Stoffgemische wesentliche und bestimmende Materialeigenschaften wie z. B. Fülle, Weichheit, Zügigkeit, Wasch- und Reinigungsbeständigkeit usw. und die daraus resultierenden Verwendungszwecke des Leders festgelegt.

Der Wassereinsatz und die spezifischen Anforderungen an Menge und Qualität des Wassers, wie z. B. Temperatur und pH-Wert, richten sich nach den verwendeten Chemikalien, dem beabsichtigten technischen Ablauf und den erforderlichen Reaktionsbedingungen und werden detailliert für die jeweiligen Prozessführung durch sogenannte Rezepturen individuell für jeden Ledertyp bzw. -artikel beschrieben. Hinsichtlich Menge und Beschaffenheit des eingesetzten Wassers können die Rezepturen erhebliche, wenn nicht sogar extreme Unterschiede aufweisen. Die Wasserhärte hat einen großen Einfluss auf die Entstehung von Kalkschatten und Gipsflecken und kann zu Gerbstoffverlusten bei der pflanzlich-synthetischen Nachgerbung, zu Farbstoffverlusten und zu unruhiger Färbung sowie schlechter Emulsionsbildung und Fettverlusten führen.

Die Vielzahl möglicher Verfahren in der Nasszurichtung erschwert eine einheitliche Betrachtung und Beschreibung der anfallenden Abwasserteilströme. Sie können sowohl chromhaltig als auch organisch hoch belastet durch den Einsatz von Farbstoffen, Säuren, Fetten, Nachgerbstoffen und Füllstoffen auf organischer Basis und frei gesetzten Lederfasern sein. Eine genaue Spezifizierung der gesamten Bandbreite aller Inhaltsstoffe ist daher nicht möglich und hängt im Einzelfall vom produzierten Artikel und vom Ursprung des Vorprodukts (z. B. Verschleppung von Chrom(III)-salzen aus dem Wetblue auch bei chromfreier Nachgerbung) und den eingesetzten Hilfsstoffen ab.

Die jeweiligen Mengen an Wasch- und Prozessabwasser hängen ebenfalls von den spezifischen betrieblichen Vorgaben und Möglichkeiten ab. Der pH-Wert der anfallenden Abwässer ist leicht sauer. Mögliche CSB-Frachten liegen bis 250 kg und mehr pro t Wetblue/Wetwhite oder Crust, entsprechende CSB-Konzentrationen liegen zwischen 8.000 und 70.000 mg/l [DWA-M 744 2019]. Der Kjeldahl-Stickstoff kann jeweils ca. 1 bis 3 kg/t Wetblue/Wetwhite oder Crust betragen.

Wassermanagement der Vor- und Endzurichtung

Durch abschließende Beschichtungs- und weitere unterschiedliche mechanische Prozessschritte wird das Leder in die qualitativ letzte Verarbeitungsstufe bis zum Fertigleder geführt. Wasser wird im Wesentlichen als Lösemittel für den Auftrag von Pigmenten, Wachsen, polyurethan- und polyacrylatbasierter Zurichtungssystemen in Spritz-, Gieß- oder Druckverfahren eingesetzt. Die qualitativen Anforderungen sind hoch, d. h. im Wesentlichen wird Trinkwasserqualität vorausgesetzt, die physikalische, chemische und bakteriologische Beschaffenheit (z. B. Wasserhärte, Keimzahl, Metallionen) hat Einfluss u. a. auf Stabilität und Reaktionsverhalten der zumeist wässrigen Zurichtungssysteme.

Der Abwasseranfall ergibt sich ausschließlich aus Nebenprozessen wie z. B. der Reinigung von Gefäßen und der Abluft durch Wäscher, direkte Produktionsabwässer entstehen nicht. Inhaltsstoffe sind in Abhängigkeit zu den eingesetzten Chemikalien und Hilfsstoffen sowohl Partikel aus Lacken und vernetzten Polymeren als auch Pigmente, Wachse und Reinigungsmittel.

Wassermanagement Maschinen- und Nebenprozesse

Der Wasserbedarf aus diesen Prozessen kann einen erheblichen Anteil von bis zu 30 % und mehr am Gesamtbedarf verursachen.

Wasch- und Spülprozesse können in offenen oder geschlossenen Wasserkreisläufen erfolgen. Die erforderlichen Mengen zur Reinigung von Maschinen, Anlagen, Transportsystemen und baulichen Einrichtungen richtet sich nach dem Verschmutzungsgrad bzw. den vorgegebenen Reinigungsanforderungen (z. B. hygienische, qualitative oder weitere spezifische betriebliche Anforderungen).

6.2.4 PIUS

Wurde in der Vergangenheit der Schwerpunkt in der Auswahl der anzuwendenden Verfahren der Abwasserbehandlung auf die Einhaltung gesetzlicher Anforderungen zur indirekten oder direkten Einleitung in ein Gewässer gelegt (end-of-pipe), haben sich heute einerseits prozessintegrierte Maßnahmen zur Reduzierung der Abwasserfrachten und die Betrachtung gesamtwirtschaftlicher bzw. medienübergreifender Auswirkungen hinsichtlich Luft- und Abfallemissionen etabliert – andererseits muss im Einzelfall dieser Ansatz aber immer wieder neu verhandelt werden. Durch einen optimierten Wassereinsatz und gleichbleibenden Abwasserfrachten (der Eintrag von Organik als CSB, S oder N aus der tierischen Haut reduziert sich nicht) müssen neue Wege gefunden werden, um die gestellten Anforderungen einzuhalten. Im [BVT-Merkblatt 2013] werden eine Reihe von Möglichkeiten und deren technische Durchführbarkeit diskutiert. Einige Beispiele in der Praxis angewandter Verfahren sind:

1. optimierter Wassereinsatz durch reduzierte Prozesswassermengen und Chemikalieneinsatz,
2. Einarbeitung frischer Häute statt gesalzener, d. h. mit Kochsalz konservierter Häute,

3. Reduzierung des Einsatzes von Schwefelnatrium im Äscher durch Verwendung organischer Schwefelverbindungen oder von Enzymen zur Enthaarung,
4. Reduzierung des Einsatzes von Ammoniumsalzen durch Verwendung von Kohlendioxid in der Entkälkung.

Eine ausführliche Behandlung dieser Aspekte erfolgt im folgenden Kapitel.

6.2.5 Abwasserreinigung

Gerbereiabwasser kann mit physikalisch-chemischen und biologischen Verfahren behandelt werden. Umfang und Intensität der Abwasserbehandlung hängen von den Anforderungen an die Einleitung ab. Die direkte Einleitung in ein Gewässer erfordert die Einhaltung der Mindestanforderungen nach Anhang 25 AbwV [AbwV 2018]. Sowohl für Indirekteinleiter als auch Direkteinleiter gilt darüber hinaus, dass die aus der Einleitung resultierenden Frachten im Gesamtabwasser einer Kläranlage, insbesondere für die Parameter Chrom und Sulfid bei einer Vermischung mit anderem Abwasser entsprechend ihrem prozentualen Anteil im Gesamtabwasser, reduziert werden müssen.

Bei der Lederherstellung ist zu beachten, dass ein Großteil des eingesetzten Wassers durch Trocknungsprozesse verdampft. Dies kann in Abhängigkeit von Art und Umfang der Fertigungsstufen bis zu 25 % des eingesetzten Wassers betragen. Die Behandlung von Abwasser aus einzelnen Prozessstufen kann technisch und wirtschaftlich sinnvoll sein, wenn die baulichen und technologischen Voraussetzungen gegeben sind (z. B. Feststofffiltration in einzelnen Prozessabwässern zur Entlastung der nachgeschalteten Abwasserbehandlung, wie Haarfiltration im haarerhaltenden Äscher).

Wenn möglich, können die Synergieeffekte unterschiedlicher Abwasserzusammensetzung und -eigenschaften zur Abwasserbehandlung genutzt werden. Saure und alkalische Prozessabwässer neutralisieren sich gegenseitig und führen zur Fällung gelöster Inhaltsstoffe. Für eine biologische Behandlung ist immer eine effektive Homogenisierung in ausreichend bemessenen und wenn möglich gekapselten Stapelbehältern erforderlich. Zur Vermeidung unerwünschter Emissionen aus dem Abwasser (z. B. freigesetztes Hydrogensulfid/Schwefelwasserstoff) darf dies nicht im Kanal innerhalb der Produktionsgebäude erfolgen bzw. muss der pH-Wert der unterschiedlichen Abwässer beachtet werden. So fallen nach [DWA-M 744 2019] sulfidhaltige alkalische Abwässer aus Wasserwerkstatt und Gerberei in den Prozessen Äscher (bis 4.000 mg/l S^{2-}) bis Entkälkung (bis 300 mg/l S^{2-}) an. Saure Abwässer dürfen nicht in die innerbetriebliche Kanalisation der sulfidhaltigen Prozessabwässer eingeleitet werden. Gleiches gilt auch umgekehrt, sulfidhaltige Abwässer sind strikt getrennt von den sauren Abwässern der Gerbung und deren Wasch- und Spülwasser zu halten.

Reduzieren des Parameters Sulfid

Die Gefahren von Schwefelwasserstoffemissionen haben generell in der Abwassertechnik größte Bedeutung. Die Schulung der Mitarbeiter, die Überwachung und Kontrolle der betreffenden Gefährdungsbereiche sind aus arbeitsschutzrelevanten Gründen unverzichtbar. Das Gefahrenpotenzial einer Freisetzung von Schwefelwasserstoff kann im speziellen Fall der Gerbereiabwässer durch Auswahl und Kombination verschiedener Maßnahmen minimiert werden:

Reduzierung des Parameters Sulfid

1. Substitution und Minimierung des Sulfideintrags im Äscher,
2. Separierung saurer und alkalischer Prozessabwässer,
3. chemische Fällung mit Eisensalzen[2],
4. katalytische Oxidation mit Mangansalzen[3],
5. biologische Behandlung,
6. Kapselung und Absaugung möglicher Emissionsquellen.

Die katalytische Oxidation ermöglicht eine nachgeschaltete pH-Wert-Absenkung zur Gewinnung eines landwirtschaftlich verwertbaren Primärschlamms durch Fällung, Flockung und Separierung auch gelöster eiweißreicher Inhaltsstoffe.

Zu beachten ist, dass anaerobe Verhältnisse, z. B. durch Homogenisierung und Stapelung in den der biologischen Behandlung vorgeschalteten Puffer- und Speicherbecken, zu einer möglichen Rückbildung des bereits oxidierten Sulfids führen können.

Das im Gesamtabwasser gelöste Hydrogensulfid wird in einer biologischen Behandlung zumeist problemlos und vollständig aufoxidiert. Sowohl in einer direkten Oxidation durch den Luftsauerstoff im Belebungsverfahren als auch durch indirekte Oxidation aus dem Nitratsauerstoff während der Denitrifikation wird Sulfid zu Sulfat oxidiert oder durch biologische/chemische Prozesse in elementaren Schwefel überführt.

Die Grobstoffabscheidung kann sowohl im Prozess-, Teil- und Gesamtabwasserstrom erfolgen und richtet sich nach anfallender Menge, Einbauverhältnissen und der beabsichtigten Reinigungsleistung. Die Spaltweiten liegen üblicherweise zwischen 2 und 5 mm. Gute Erfahrungen liegen in der Anwendung von Stufenrechen im Gesamtstrom vor. Auch Siebbandrechen haben sich in der Praxis bewährt. Für die integrierte Abwasservorbehandlung durch Haarfiltration im Äscherprozess werden

---

2 Die Fällung als Eisensulfid ist mit einem deutlich erhöhten Schlammanfall verbunden und reduziert bei einer verfahrenstechnisch integrierten Sedimentation des Primärschlamms die Feststoff- und CSB-Fracht im Abwasser.

3 Die katalytische Oxidation [Renner und Germann 1995] erfolgt unter alkalischen Bedingungen und erfordert in Abhängigkeit von Konzentration, Reaktionsdauer und Sauerstoffeintrag von 50 bis 200 g/m³ Mangan.

in der Regel Siebschnecken verwendet. Die Spalt- bzw. Lochgröße richtet sich nach den konkreten Anwendungsbedingungen.

Reduzierung des Parameters Chrom

Die im Gerbereiabwasser enthaltenen Chrom(III)-Restkonzentrationen und-frachten aus der Herstellung und Verarbeitung chromgegerbter Leder in den Prozessstufen Gerberei mit bis zu 4.000 mg/l Chrom(III) im Prozessabwasser [DWA-Merkblatt 744 2019] und Färberei, können durch Anwendung und Kombination verschiedener technologischer Verfahren reduziert werden:

1. Substitution durch alternative Gerbverfahren[4],
2. verbesserte Effizienz chromhaltiger Gerbstoffe[5],
3. chemische Fällung[6], Chromelimination,
4. chemische Fällung[7], Chromrecycling,
5. biologische Behandlung.

Die biologische Behandlung chromhaltiger Abwässer führt zu niedrigen Restkonzentrationen von < 1 mg/l Chrom im Ablauf der Anlage. Das Chrom wird durch adsorptive Prozesse im Schlamm gebunden und verbleibt im Klärschlamm, der einer geeigneten Entsorgung zugeführt werden muss.

Reduzierung des Parameters CSB

Der Eintrag von Eiweiß- und Fettverbindungen stellt einen erheblichen Anteil der CSB-Belastung im Gesamtabwasser einer Gerberei dar, sowohl als Bestandteil der verarbeiteten Haut als auch der eingesetzten Hilfsmittel, wie z. B. natürliche und synthetische Fette, Füllstoffe sowie Gerb- und Nachgerbstoffe. Die aus der Haut in das Abwasser freigesetzten Frachten können durch prozessintegrierte Maßnahmen, wie z. B. haarerhaltender Äscher oder Grünentfleischen[8] der gewaschenen Haut, reduziert werden.

Das Ziel und Bestreben aus wirtschaftlichem Interesse eine hohe Materialeffizienz der eingesetzten chemischen Hilfsmittel zu erreichen, korrespondiert in den meisten Fällen mit einer Reduzierung der CSB-Belastung im Abwasser. Es wird zwischen

[4] U. a. Wetwhite Gerbung mit Aldehyden, Vegetabilgerbung.

[5] Möglich ist die Verwendung sogenannter hochauszehrender Gerbstoffe oder eine Prozessoptimierung der konventionellen Chromgerbung und Kombination unterschiedlicher Arten von Gerbchemikalien (speziell in der Vor- und Nachgerbung).

[6] Fällung mit Alkalien (Calcium- oder Natriumhydroxid).

[7] Fällung mit Magnesiumoxid und anschließende Hydrolyse des Sediments in Schwefelsäure.

[8] Wird aus Gründen der anschließenden Verwertbarkeit der nativen Hautreste in der Lebensmittelindustrie praktisch nicht angewendet (erforderliche Hygienisierung des Hautmaterials im Äscher).

Prozess- und Lederchemikalien (Fett oder Gerb-, Farb- oder Füllstoffe, die im Leder verbleiben) unterschieden. Lederchemikalien können aufgrund ihres unterschiedlichen chemischen Aufbaus, der angestrebten Wirkung und erzielten Absorption im Leder große Unterschiede in ihrer Effizienz und damit in der verbleibenden CSB-Fracht aufweisen. Technologisch notwendige Prozesschemikalien, wie z. B. Alkalien, Säuren oder Salze, gelangen dagegen vollständig und direkt in das Abwasser. Ohne näher auf die Verursacher leicht und schwer abbaubarer CSB-Frachten einzugehen, können folgende Möglichkeiten der CSB-Reduktion vor einer biologischen Behandlung genannt werden:

1. Auswahl bzw. Substitution chemischer Hilfsstoffe,
2. Anpassung Verfahrensführung, Prozessoptimierung,
3. prozessintegrierte Maßnahmen,
4. Primärschlammabtrennung.

Biologische Verfahren reduzieren die CSB-Fracht um über 95 %. Die Anforderungen der Abwasserverordnung (Anhang 25 AbwV) verlangen Ablaufkonzentrationen von weniger als 250 mg/l CSB.

Reduzierung des Parameters Stickstoff

Abwässer aus der Lederherstellung sind im Vergleich zu kommunalen Abwässern deutlich stärker mit Stickstoff belastet. Neben löslichen Eiweißstoffen, Dung- und Hautresten, Eiweißabbauprodukten ist die Verwendung von Ammoniumsalzen Hauptverursacher des Stickstoffeintrags und erreicht NH_4-N-Konzentrationen bis zu 7.000 mg/l in den Prozessabwässern der Entkälkung [DWA-M 744 2019]. Eine betriebliche Reduzierung der Stickstofffracht kann durch verschiedene prozessintegrierte und nachgeschaltete Verfahren erreicht werden:

1. partielle Substitution der Ammoniumsalze in der Entkälkung[9],
2. haarerhaltender Äscher und Filtration der Haare im Prozess,
3. Primärschlammfällung bzw. Flockung und Separierung eiweißreicher Inhaltsstoffe in der Abwasservorbehandlung[10],
4. biologische Stickstoffelimination.

Geeignete Verfahren zur biologischen Stickstoffelimination, wie vor- oder nachgeschaltete oder intermittierende Denitrifikation, können die im Abwasser enthaltende Stickstofffracht um mindestens 70 % reduzieren [Flachowsky 2011].

9 Teilweise oder vollständige Umstellung des Entkälkungsverfahren durch Verwendung von Kohlendioxid (abhängig von der Lederdicke).

10 Auswirkung auf biologische Behandlung: die leicht abbaubaren organischen Stoffe werden mit entfernt.

Zum Einsatz kommen ausschließlich aerobe Abwasserbehandlungsanlagen mit biologischer Stickstoffelimination. Dabei ist eine deutlich geringere Schlammbelastung als bei kommunalen Anlagen anzusetzen. Für eine stabile Nitrifikation ist ein Schlammalter von $t_{TS} > 25$ d und eine CSB-Schlammbelastung (bezogen auf die organische Trockenmasse) von nicht höher als 0,13 kg/(kg oTS·d) zu empfehlen [DWA-M 744 2019].

6.2.6 Beispielanlage

Einer der wenigen in Deutschland verbliebenen „Vollgerber", d. h. Hersteller von Leder direkt aus der Rohware, der tierischen Haut, ist die Fa. HELLER-LEDER GmbH & Co. KG, Hehlen. Täglich werden dort ca. 40 bis 60 t frisch angelieferte Häute, frei von Konservierungssalzen, über die gesamte Wertschöpfungskette, d. h. über alle Fertigungsstufen und Prozessschritte zu Leder für die Möbel- und Automobilindustrie verarbeitet. Der Betrieb entnimmt zur Lederherstellung täglich bis zu 1.000 m^3 Grundwasser. Die unmittelbare Lage am Mittellauf der Weser erlaubt die direkte Einleitung des vollbiologisch gereinigten Gerbereiabwassers in das viertgrößte Fließgewässer Deutschlands.

Die erste Ausbaustufe umfasst Misch- und Ausgleichbehälter (siehe Bild 4, 01.1 mit ca. 450 m^3 Volumen) in denen Äscherabwasser, Spülwasser und Chromwasser aus dem Bereich Wasserwerkstatt erfasst und homogenisiert werden. Die Reaktion zwischen Eiweißstoffen, Kalk aus dem Äscher und Gerbstoffen führt zur Verbesserung der biologischen Verwertbarkeit der organischen Inhaltsstoffe im Abwasser (Bindung Nitrifikationshemmer sowie Fällung und Flockung von Abwasserinhaltsstoffen) und zur mechanischen Vorbehandlung gemeinsam mit dem Abwasser aus Färberei (Nasszurichtung) und Zurichtung (Vor- und Endzurichtung) gepumpt. Die Behälter 01.2 und 01.3 werden als Reservebehälter für Notfälle (gesamt ca. 400 m^3 Überlaufschutz) verwendet.

Verschiedene prozessintegrierte Verfahren (PIUS), wie z. B. haarerhaltender Äscher und simultane Haarfiltration oder Entkalkung mit Kohlendioxid, reduzieren die jeweiligen Abwasserfrachten aus den Prozessen und damit Folgeaufwendungen in der Abwasserbehandlung. Im Rechen- und Fettfang (Stufenrechen Spaltweite 2 mm) wird das vergleichmäßigte Abwasser zusammen mit dem Abwasser aus den übrigen Produktionsbereichen, insbesondere der Nasszurichtung, mechanisch gereinigt und in zwei wechselseitig betriebenen gekapselten und mittels Rührwerk durchmischten Stapelbehältern (02.1 + 02.2 mit je V = 1.900 m^3) zugeführt. Die Verweildauer bzw. Kapazität dieser Stapelbehälter liegt bei einem Abwasseranfall von ein bis drei Tagen Produktion.

Die Beschickung erfolgt aus den Stapelbehältern parallel in die drei schwach belasteten Belebungsbecken (03.1 – 03.3) mit einem Gesamtvolumen von 13.500 m^3.

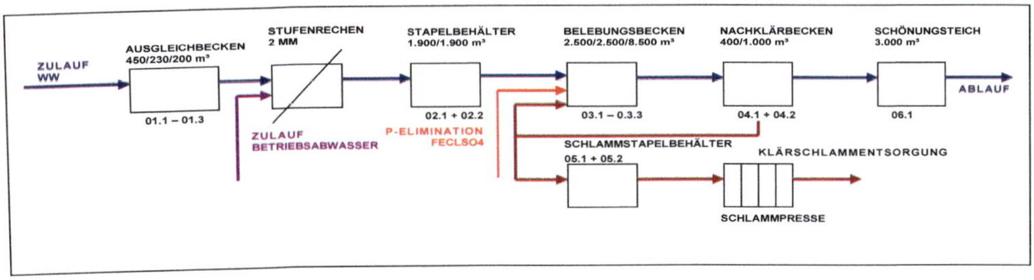

Bild 4: Ablaufschema Kläranlage (Quelle: HELLER LEDER)

Auf der Strecke zum Verteiler wird mittels Dosierung von Eisenchloridsulfat eine Phosphatfällung durchgeführt. Die Belebungsbecken ist als intermittierende Denitrifikation ausgelegt.

Die zwei kleineren Becken (03.1 + 03.2 mit je V = 2.500 m³) der Altanlage von 1984 teilen sich ein Nachklärbecken (04.1 mit V = 400 m³). Die Erweiterung aus dem Jahr 1991 besteht aus einem 8 m tiefen Belebungsbecken (03.3 mit ca. 8.500 m³) in dem ca. 60 % des Abwassers behandelt werden und zugehöriger Nachklärung (04.2 mit V = 1.000 m³). Das gereinigte Abwasser läuft über den Schönungsteich mit nochmals 3.000 m³ Retentionsraum in den Graben, wo sich die Einleit- und Messstelle befindet, und weiter zur Weser. Der Überschussschlamm wird in zwei Schlammstapelbehältern (05.1 + 05.2) gelagert und zur Entwässerung in die hydraulische Filterpresse gepumpt und anschließend in einer Verbrennungsanlage entsorgt.

Die Belebung arbeitet mit einer niedrigen Raum- und Schlammbelastung von $B_{R,CSB}$ zwischen 5 bis 10 kg/(m³·d) bzw. $B_{TS,CSB}$ 0,5 bis 1,0 kg CSB/C kg TS sowie einem hohen Schlammalter von 50 bis 75 Tagen bei einem TS-Gehalt von 8 – 10 g/l. Der Überschussschlammanfall beträgt 2 bis 2,5 kg/d Trockenmasse. Die Reinigungsleistung liegt für den Parameter CSB > 98 %. Der BSB_5 liegt im Kläranlagenablauf unter der Nachweisgrenze von 3 mg/l. Die Stickstoffelimination liegt immer über 70 %. Das im Abwasser enthaltene gelöste Hydrogensulfid wird mit der Einleitung in die Belebung sofort und vollständig oxidiert, sowohl im aeroben Prozess der Nitrifikation als auch während der Denitrifikationsphase durch Reaktion des gelösten Hydrogensulfid mit Nitratsauerstoff [García de Lomas et al. 2006].

Phosphor wird über Zugabe von Fällmitteln (Fe(II)-chlorid) auf den einzuhaltenden Überwachungswert von 2,0 mg/l reduziert. Der Eintrag von Phosphaten erfolgt die durch in der Produktion eingesetzte Hilfsmitteln und der organischen Substanz der verarbeitenden Häute selbst. Den größten Frachtanteil bilden dabei abfiltrierbare Partikel im Zulauf der Abwasserbehandlung, die sich gut mit dem Klärschlamm aus dem Abwasser trennen lassen [Cornelsen 2019].

Der Energiebedarf der Anlage beträgt etwa 1 kWh/kg CSB.

Tabelle 1: Reinigungsleistung der Betriebskläranlage der Fa. HELLER-LEDER

Genehmigte Jahresabwassermenge	320.000 m^3/a
Mittlere arbeitstägliche Rohabwassermenge	1.000 m^3/d
Mittlere Reinigungsleistung (frachtbezogen)	
Sulfid	100 %
Cr_{ges}	98,7 %
CSB	98,2 %
P_{ges}	93,8 %
N_{ges}	88 %

Literatur

AbwV (2018): Anhang 25 der Abwasserverordnung „Lederherstellung, Pelzveredlung, Lederfaserstoffherstellung“ vom 17.06.2004, BGBl. I Nr. 28 vom 22.06.2004, zuletzt geändert 22.08.2018 BGBL I S. 1327.

BVT-Merkblatt (2013): Lederindustrie. Integrierte Vermeidung und Verminderung der Umweltverschmutzung. Referenzdokument über die besten verfügbaren Techniken in der Lederindustrie, europäische Kommission – Europäisches IPPC-Büro, Sevilla. Reference Document on Best Available Techniques for the Tanning of Hides and Skins (Februar 2013): http://ec.europa.eu/environment/ippc/index.htm); mit ausgewählten Kapiteln in deutscher Übersetzung: https://www.umweltbundesamt.de/sites/default/files/medien/419/dokumente/bvt_lederindustrie_vv.pdf

Cornelsen, N.-F. (2019): Verminderung der Phosphatablaufkonzentration in einem Gerbereiabwasser. Bachelorarbeit, Hochschule Ostwestfalen-Lippe, Fachbereich Umweltingenieurwesen und Angewandte Informatik, Höxter.

DWA-M 744 (2019): Abwasser aus lederherstellenden Betrieben. Deutsche Vereinigung für Wasserwirtschaft, Abwasser und Abfall e. V., Hennef.

Flachowsky, H. (2011): Biologische Stickstoff-Elimination – bei gleichzeitiger biologischer Sulfidoxidation: ein Bericht nach etwa 13 Jahren Betriebserfahrungen, Pressemitteilung BADER GmbH. http://docplayer.org/78193643-Biologische-stickstoff-elimination-bei-gleichzeitiger-biologischer-sulfidoxidation-ein-bericht-nach-etwa-13-jahren-betriebserfahrung.html

García de Lomas, J.; Corzo, A.; Gonzalez, J. M.; Andrades, J. A.; Iglesias, E.; Montero, M. J. (2006): Nitrate promotes biological oxidation of sulfide in wastewaters: experiment at plant-scale. Biotechnol Bioeng. 2006 Mar 5; 93 (4), 801-11. https://www.ncbi.nlm.nih.gov/pubmed/16255035

Renner, G. und Germann, H.-P. (1995): Teilstrombehandlung sulfid- und chromhaltiger Gerbereiabwässer. Das Leder, 46, S. 110 – 120.

Trommer, B. und Kellert, H.-J. (1999): Ökologischer Vergleich verschiedener Gerbarten. Freiberg: Forschungsinstitut für Leder- und Kunstledertechnologie gGmbH, Abschlussbericht zum AiF-Forschungsvorhaben „Vergleich der verschiedenen Gerbarten auf ihre ökologische Gesamtwirkung“ Registrier-Nr. 10 613B.

6.3 Darmbearbeitungsbetriebe

Martin Lebek und Andreas Rak

6.3.1 Allgemeines

Die bei der Schlachtung von Nutztieren anfallenden Teile des Verdauungstraktes werden vor allem in der Fleischwarenbranche als Hüllmaterial genutzt. Da der Anfall an Därmen aus heimischen Schlachtungen nicht ausreicht, ist ein hoher Import von 50 – 60 % des Gesamtverbrauches an eingesalzenen Naturdärmen erforderlich [ATV 1986]. Daneben werden sie in einen untergeordneten Umfang zur Fertigung von Saiten und Fäden verwendet.

6.3.2 Produktionsverfahren

Die zur Bearbeitung bestimmten Därme, Mägen und Pansen müssen zunächst von ihren leicht zersetzlichen Inhalten sowie von dem anhaftenden Fett und Gekröse befreit werden. In der Regel wird diese Grobreinigung unmittelbar nach dem Schlachten durchgeführt, also noch im Schlachtbetrieb. Die weitere Verarbeitung des derart vorbehandelten Rohmaterials erfolgt überwiegend in Darmbearbeitungsbetrieben, die häufig dem Schlachthof angegliedert sind, und umfasst die folgenden drei Arbeitsprogramme:

- Entschleimen von Schweine- und Rinderdünndärmen (Darmschleimerei),
- Sortieren von Schweine- und Rinderdünndärmen (Darmsortiererei),
- Nachbearbeiten von Mägen, Pansen und Mastdärmen.

Nicht alle Darmbearbeitungsbetriebe führen alle drei Programme durch. Es gibt Unternehmen, die nur das erste und zweite Programm durchführen, und es gibt häufig solche, die sich ausschließlich auf das zweite Programm spezialisiert haben und als Darmsortieranstalten arbeiten.

6.3.2.1 Darmschleimerei, Kuttelei

In den Darmschleimereien werden Schweine-, Rinder- oder Schafdünndärme von den Schleimhautschichten der Darmwandungen befreit. Nach dem Entschleimen bestehen die Därme im Wesentlichen nur noch aus den Geweben der Muskelhaut. Diese Schicht der Darmwandungen ist es, welche die substanzielle Grundlage darstellt für die Herstellung von Wursthüllen (Naturdarmhüllen), Saiten und Spezialfäden (z. B. Katgut aus Schafsdärmen).

Das Schleimen der Dünndärme umfasst mindestens die folgenden Arbeitsgänge:

Schweinedünndärme

- Quetschen
- Einweichen im Wasserbad
- Nachquetschen
- Entschleimen
- Entbändeln

Rinderdünndärme

- Quetschen
- Einweichen im Wasserbad
- Nachquetschen
- Entfetten
- Wenden
- Entschleimen

Der ausgestreifte Gewebebrei („Darmschleim"; Mukosa) wird in Ablaufrinnen aufgefangen und gesammelt. In der Regel wird er konserviert und an die Pharma-Industrie verkauft. Nur in den Fällen, wo eine derartige Nutzung nicht möglich ist, gibt man den Darmschleim dem Abwasser zu. Wird keine Darmschleimerei betrieben, gelangt das gesamte unbehandelte Darmpaket in eine Tierkörperbeseitigungsanstalt. Für jeden Schweinedünndarm ist mit einem Schleimanfall von rd. 0,75 kg zu rechnen. Nach der Behandlung in der Entschleimungsmaschine werden die Dünndärme entweder sofort sortiert und eingesalzen oder sie werden unsortiert gebündelt und eingesalzen und in Fässern transportfähig verpackt.

6.3.2.2 Darmsortiererei

Die eingesalzenen Därme sind haltbar, was die Darmsortiererei örtlich unabhängig macht. Durch hohe Effizienz und geringe Kosten haben sich im globalen Wettbewerb regelmäßig Betriebe in China etabliert.

Der Sortiervorgang umfasst die folgenden Arbeitsgänge:

- Prüfen auf Lochfreiheit,
- Sortieren nach Kalibern,
- Aufmessen und Bündeln,
- Einsalzen und Verpacken.

Im Mittelpunkt dieser Arbeitsgänge steht das Sortieren. Der zu prüfende Darmabschnitt wird dabei durch Erwärmen aufgeblasen und mittels einer Brettlehre vermessen. Die sortierten Därme werden aufgemetert, gebündelt und dann in Kochsalz gewälzt. Anschließend werden sie für die Dauer von ein bis zwei Tagen in wasserdichte Behälter gelegt. Während dieser Zeit entzieht das Salz dem Darmmaterial das überschüssige Wasser, wobei sich eine konzentrierte Lake bildet. Danach werden die Därme in Lager- bzw. Versandbehälter umgepackt.

6.3.2.3 Nachbearbeiten von Mägen, Pansen und Mastdärmen

Die Mägen, Pansen und verwertbaren Mastdarmanteile (Fettenden) werden unmittelbar nach dem Schlachten einer Grobreinigung unterzogen. Als sogenannte Nachbearbeitung folgt dann die sorgfältige Säuberung der Mägen und Pansen sowie die Zubereitung der Fettenden. Letztere werden anschließend sortiert, gemessen, gebündelt und eingesalzen.

6.3.3 Abwasseranfall und Inhaltsstoffe

6.3.3.1 Darmschleimerei

Die Abwasserverhältnisse einer Darmschleimerei werden vor allem durch die Abläufe der Darmentschleimungsmaschinen bestimmt. Auch bei weitgehender Zurückhaltung der ausgestreiften Darminhalte und des Darmschleimes sind diese Abwässer (also die Einweich- und Spülwässer) durch Eiweißstoffe, Eiweißabbauprodukte und Fette hoch belastet und stark fäulnisfähig. Eine zweite Belastungsquelle stellen die Reinigungswässer der Arbeitstische, Geräte und Fußböden dar.

Als weitere Belastungsquelle sind die beim Nachbearbeiten von Mägen, Pansen und Fettenden anfallenden Abwässer zu benennen. Sie enthalten Eiweißstoffe und Fette in relativ hohen Konzentrationen und fallen beim Säubern der Därme sowie beim Reinigen der Arbeitsgeräte und Arbeitsräume an.

Neben den Produktionsabwässern fallen noch Sanitärabwässer sowie die Abläufe der Hofentwässerung und der Wagenwaschplätze an. Im Vergleich zur Verschmutzung der Produktionsabwässer sind diese Anteile jedoch von untergeordneter Bedeutung.

Eine Vorstellung über die Schmutzkonzentration des Gesamtproduktionsabwassers von Darmschleimereien vermittelt Tabelle 1. Es handelt sich dabei um Betriebe, bei denen eine zügige Anlieferung und Verarbeitung der Därme sowie eine weitgehende Zurückhaltung des Darmschleimes üblich ist.

Bei den in Tabelle 1 aufgeführten Betrieben lagen die Mittelwerte der spezifischen Abwassermengen zwischen 4,0 und 5,2 m^3/100 Därme. Die arithmetischen Mittelwerte der spezifischen Schmutzfrachten schwankten zwischen

- 52 und 82 l/100 Därme (absetzbare Stoffe),
- 12,0 und 15,6 kg/100 Därme (CSB, gemessen in der sedimentierten Probe),
- 7,4 und 11,2 kg/100 Därme (BSB_5, gemessen in der sedimentierten Probe).

Tabelle 1: Beschaffenheit des Gesamtschmutzwassers von Darmschleimereien in Norddeutschland (nach Untersuchungsbefunden des Niedersächsischen Landesamtes für Wasserwirtschaft aus den Jahren 1968 bis 1986, verifiziert anhand von eigenen Betriebserfahrungen 2018)

		Mittelwert aus Mischproben	
		Betrieb A	Betrieb B
Zahl der Untersuchungstage		2	5
Absetzbare Stoffe	ml/l	16	12
Ammonium	mg/l N	29	88 – 160
TKN	mg/l N	302	265
Gesamtphosphat	mg/l P	44	30
CSB *)	mg/l O_2	2.988	3.099
BSB_5 *)	mg/l O_2	2.150	2.415
Chlorid	mg/l Cl^-	2.688	1.465 – 5.900

*) gemessen in der sedimentierten Probe

Tabelle 2: Beschaffenheit des Gesamt-Schmutzwassers einer Darmsortieranstalt in Norddeutschland [ATV 1986], verifiziert anhand von eigenen Betriebserfahrungen 2018

		Ø	Min.	Max.
Absetzbare Stoffe	ml/l	12	5	30
pH-Wert			6,3	6,8
Ammonium	mg/l N	50	10	102
TKN	mg/l N	220	166	272
P_{ges}	mg/l P	33	8	57
CSB *)	mg/l O_2	2.962	2.210	4.160
BSB_5 *)	mg/l O_2	1.310	680	2.200
Chlorid	mg/l Cl^-	12.755	11.770	14.200

*) gemessen in der sedimentierten Probe

Tabelle 3: spezifische Schmutzfrachten einer Darmsortieranstalt

			Ø	Min.	Max.
Absetzbare Stoffe	l/100	Därme	17,0	8,0	36,0
CSB *)	kg/100	Därme	3,9	2,7	3,4
BSB_5 *)	kg/100	Därme	1,6	1,3	2,3

*) gemessen in der sedimentierten Probe

Die vorstehenden Werte können um mehr als das Doppelte ansteigen, wenn die innerbetrieblichen Vermeidungsmaßnahmen (insbesondere die Zurückhaltung des Darmschleimes) nicht gewissenhaft eingehalten werden.

6.3.3.2 Darmsortiererei

Beim Einweichen und Spülen des zum Sortieren bestimmten Darmmaterials fallen Abwässer an, die durch sehr hohe Chloridgehalte charakterisiert sind und darüber hinaus eine relativ hohe organische Belastung aufweisen. Bei der Prüfung auf Lochfreiheit fällt Abwasser an, welches durch Reste von Darmschleim belastet ist. Weitere Abwässer fallen beim Einsalzen der sortierten Därme an sowie beim Reinigen der Arbeitsräume und Geräte. Angaben über die Beschaffenheit des Gesamt-Schmutzwassers einer Darmsortieranstalt sind der Tabelle 2 zu entnehmen.

Bei diesem Betrieb lagen die spezifischen Schmutzwassermengen i. M. bei 1,4 m^3/100 Därme (Extremwerte 1,2 und 1,8 m^3/100 Därme). Im Vergleich zu den spezifischen Schmutzfrachten der Abwässer aus Darmschleimereien waren die der Darmsortieranstalt wesentlich geringer (Tabelle 3).

6.3.4 Produktionsintegrierter Umweltschutz (PIUS)

Die Belastung der Abwässer von Darmbearbeitungsbetrieben kann durch innerbetriebliche Vermeidungsmaßnahmen wirksam verringert werden. Zu diesen Maßnahmen gehören [ATV 1986]:

- Auffangen und schadlose Beseitigung der Magen-, Pansen- und Darminhalte.
- Erfassen und getrenntes Beseitigen des Gekröses sowie der Fettgewebe und der groben Darmbestandteile.
- Auffangen des Darmschleimes. Dieser ist in jedem Falle sorgfältig zu sammeln und einer Wertstoffgewinnung zuzuführen.
- Vermeiden unnötiger Salzverluste (Salzrückstände, die trocken beseitigt werden können, dürfen nicht in die Kanalisation abgeschwemmt werden).
- Minimierung des Einsatzes von Desinfektions- und Reinigungsmitteln bei der Säuberung der Geräte und Arbeitsräume.

6.3.5 Abwasserreinigung

6.3.5.1 Abwasservorbehandlung

Die Produktionsabwässer von Darmbearbeitungsbetrieben bedürfen einer mehr oder weniger intensiven Vorbehandlung, bevor sie kommunalen Entwässerungssystemen oder betriebseigenen biologischen Kläranlagen zugeführt werden. Bei Einleitung in öffentliche Kanalisationen richtet sich der notwendige Umfang der Vorbehandlungsmaßnahmen nach den Forderungen der jeweiligen Ortssatzung. Danach ist in der Regel sicherzustellen, dass unzerkleinerte Darm- und Fleischabfälle und sonstige Grobstoffe sowie Abwasserkonzentrate und größere Mengen an Schwimmstoffen nicht in die Kanalisation abgeschwemmt werden.

Zur Eliminierung der groben Feststoffe sind Feinrechen oder Siebanlagen einzusetzen. Die in den Abwässern noch enthaltenen Fette sind aus dem Abwasser zu entfernen, hierzu werden in der Regel Flotationsanlagen oder auch Fettabscheider eingesetzt.

6.3.5.2 Abwasserbehandlung

Die vorbehandelten Produktionsabwässer von Darmbearbeitungsbetrieben sollen nach Möglichkeit entweder in kommunale Entwässerungssysteme eingeleitet und einer ausreichend bemessenen zentralen Kläranlagen zugeführt werden, oder es erfolgt eine Mitbehandlung in der Kläranlage des verbundenen Schlachthofes. Die Schlachthofkläranlagen verfügen meist über Misch- und Ausgleichsbecken zur Vergleichmäßigung der Abwässer aus den verschiedenen Betriebsbereichen. Unter diesen Bedingungen bereitet es keine größeren Schwierigkeiten, die Schmutzwässer aus der Darmbearbeitung gemeinsam mit den kommunalen Abwässern oder den sonstigen Schlachthofabwässern einer biologischen Vollreinigung zu unterziehen (vgl. [ATV 1986]).

Sofern es sich als unmöglich erweist, die Produktionsabwässer in öffentliche Entwässerungssysteme zu leiten, ist die Installierung einer betriebseigenen biologischen Kläranlage nicht zu umgehen. Die in diesem Falle zu erwartenden behördlichen Einleitungsbedingungen werden durch die für die direkteinleitenden Betriebe der Fleischwirtschaft festgelegten Mindestanforderungen gemäß Abwasserverordnung bestimmt.

Für direkteinleitende Darmbearbeitungsunternehmen mit betriebseigener biologischer Kläranlage gibt es eine beschriebene Referenz [Neumann und Voigt 1981]. Die Erfahrungen mit dieser Anlage zeigen, dass es möglich ist, die Produktionsabwässer aus der Darmbearbeitung mit Hilfe des schwachbelasteten Belebungsverfahrens biologisch zu reinigen und die für die Betriebe der Fleischwirtschaft geltenden Mindestanforderungen einzuhalten.

Beim einstufigen Belebungsverfahren soll die Schlammbelastung 0,1 kg BSB_5/kg TS · d und die Raumbelastung 0,4 kg BSB_5/m^3 · d nicht übersteigen. Für die biologische Reinigung ist dann mit Wirkungsgraden ηb bis zu 99 % (BSB_5) bzw. 96 % (CSB) zu rechnen. Wird eine optimale gemeinsame aerobe Stabilisierung angestrebt, so ist die Schlammbelastung im Bereich von 0,05 kg BSB_5/kg · d zu halten.

Literatur

ATV (Hrsg.) (1986): Lehr- und Handbuch der Abwassertechnik, Bd. 6. Organisch verschmutzte Abwässer sonstiger Industriegruppen, Verlag W. Ernst & Sohn, Berlin u. München, S. 66 – 78.

Neumann, H. und Voigt (1981): Erfahrungen aus Niedersachsen über die aerobe Stabilisierung konzentrierter gewerblicher und industrieller Abwässer. Berichte aus Wassergütewirtschaft und Gesundheitsingenieurwesen (Technische Universität München), Bd. 33, S. 20–56.

6.4 Zubereitungsbetriebe für Tierhaare, Borsten und Federn

Martin Lebek und Andreas Rak

6.4.1 Allgemeines

Haare sind Oberhautbildungen der Säugetiere und für diese Tierklasse charakteristisch. Eine besondere Art von Haaren stellen die bei einer Reihe von Säugetieren vorkommenden Borsten dar. Bei diesen handelt es sich um starre, mit dicken Schäften ausgestaltete Deckhaare. Federn sind verhornte, hochkomplizierte Oberhautbildungen der Vögel und stellen ein für diese Tierklasse spezifisches Merkmal dar.

Die bei der Schlachtung von Nutztieren anfallenden Haare, Borsten und Federn werden, sofern sie für eine weitergehende Verarbeitung geeignet sind, gesammelt und Spezialbetrieben zugeführt. Das meist stark verschmutzte Rohmaterial wird dort intensiv gereinigt und für die jeweiligen Verwendungszwecke vorbereitet. Zu diesen gehören die Produktion von Pinseln, Bürsten und Besen sowie die von Filzen, Polstern, Matratzen und Federbetten.

Werden die Haare und Borsten keinem Zubereitungsbetrieb zugeführt, gelangen sie im europäischen Raum grundsätzlich in eine Tierkörperbeseitigungsanstalt. Federn werden häufig separiert in Spezialanlagen zur Gewinnung von Federmehl eingesetzt.

6.4.2 Produktionsverfahren

6.4.2.1 Zubereitung von Tierhaaren und Borsten

Bei den meisten Zubereitungsbetrieben ist der folgende Verfahrensweg üblich [ATV 1986]):

- Einweichen (Vorwäsche) der angelieferten Borsten in kaltem Wasser,
- mehrstündiges Kochen und Waschen in Sodalauge,
- Nachspülen,
- Entwässern (z. B. durch Zentrifugieren),
- Trocknen mittels Heißluft,

- Behandlung im Windsichter zum Abtrennen von groben Fremdbestandteilen (z. B. Klauenschuhen), die in dem gereinigten Material u. U. noch vorhanden sein können,
- Pressen und Abpacken des für die Weiterverarbeitung zubereiteten Borstenmaterials.

Mitunter ist es erforderlich, die Borsten nach dem Waschen zu bleichen (z. B. mit schwefliger Säure, Dithionit oder Wasserstoffperoxid) oder zu färben.

6.4.2.2 Zubereitung von Federn

Vogelfedern werden vor allem von der Bettfedernindustrie als Rohstoff eingesetzt. Zur Verarbeitung gelangen vorwiegend die Federn von Hausgänsen und Enten.

Die Zubereitung der Rohfedern umfasst die folgenden Verfahrensschritte:

- Vorspülen,
- Waschen (bei 20 – 25 °C und mit Zusatz von Flüssigwaschmitteln auf der Basis von synthetischen Waschrohstoffen),
- Nachspülen (je nach Verschmutzungsgrad ein bis drei Nachspülungen; das letzte Nachspülwasser kann zum Vorspülen verwendet werden),
- Schleudern,
- Trocknen, Sterilisieren und Entstauben,
- Sortieren und Verpacken.

Modern eingerichtete Bettfedernfabriken verfügen über vollautomatisierte wassersparende Technologien in den anzuwendenden Verfahrensschritten.

Je nach Art und Beschaffenheit der Rohfedern kann es erforderlich sein, in den Verfahrensgang der Federnzubereitung eine Bleiche zwischenzuschalten. Als Bleichmittel finden schweflige Säure, Dithionit oder Wasserstoffperoxid Verwendung.

6.4.3 Abwasseranfall und Inhaltsstoffe

6.4.3.1 Zubereitung von Tierhaaren und Borsten

Bei der Zubereitung von Tierhaaren und Borsten fallen Einweich-, Wasch- und Spülwässer an. Die Gesamtmenge dieser Schmutzwässer ist relativ gering und die Schmutzstoffkonzentrationen meistens hoch. Bei den Abwasserinhaltsstoffen handelt es sich vor allem um Borsten, Haare und Hautfetzen sowie um stark

Tabelle 1: Beschaffenheit des Gesamtschmutzwassers von Borstenzubereitungsbetrieben in Norddeutschland (Mittelwerte aus den Befunden von Daueruntersuchungen, die vom Niedersächsischen Landesamt für Wasserwirtschaft 1975 und 1977 durchgeführt wurden); verifiziert anhand von eigenen Betriebserfahrungen 2018

			Betrieb A (n = 12)	Betrieb B (n = 10)
pH- Wert	Min.	-	7,2	7,1
	Max.	-	8,4	8,2
Absetzbare Stoffe		ml/l	210	370
		g/l TS	3,9	7,5
Ammonium		mg/l N	1.200	1.560
KN		mg/l N	2.230	2.900
$P_{ges.}$		mg/l P	102	100
CSB		mg/l O_2	39.440	20.770
BSB_5		mg/l O_2	29.000	11.390

fäulnisfähige gelöste und ungelöste organische Substanzen. Daneben können Bleichmittel, Tenside und Farbstoffe vorkommen [ATV 1986]. Eine Vorstellung über die Beschaffenheit des Schmutzwassers aus der Borstenzubereitung vermitteln die in Tabelle 1 zusammengestellten Analysendaten.

Über die spezifischen Schmutzfrachten der Abwässer von Borstenzubereitungsbetrieben lassen sich aus dem bislang verfügbaren Datenmaterial noch keine allgemeingültigen Angaben entwickeln. Um ein Beispiel zu geben, sei im Folgenden auf die Ergebnisse der Daueruntersuchung einer norddeutschen Borstenzubereitungsanstalt verwiesen [ATV 1986]: Pro Tonne verarbeiteter Rohborsten fielen i. M. 7 m^3 Schmutzwasser, mit einer Fracht von 114 kg CSB und 80 kg BSB_5 (ohne die absetzbaren Stoffe) an.

6.4.3.2 Zubereitung von Federn

Die beim Zubereiten von Vogelfedern anfallenden Spül- und Waschwässer sind im Vergleich zu den Abläufen aus Borstenwäschereien als nur mäßig verunreinigt zu bezeichnen. Sie enthalten vor allem feine Federnteile und gelöste, biologisch abbaubare organische Stoffe. Darüber hinaus können sie durch Tenside und Bleichmittel belastet sein. Die in Tabelle 2 zusammengestellten Analysendaten zeigen, dass die biologisch abbaubare organische Belastung überwiegend der eines normalen häuslichen Abwassers entsprach.

Tabelle 2: Beschaffenheit des Gesamtschmutzwassers von Bettfedernfabriken in Norddeutschland (Niedersächsisches Landesamtes für Wasserwirtschaft), eigene Betriebserfahrungen, 2018

			Betrieb D
pH-Wert		6,7 Min.	4,7 Min.
		8,0 Max.	7,2 Max.
Zahl der Proben		12 (M)	28 (M)
Absetzbare Stoffe	ml/l	i. M. 0,4	i. M. 2,1
CSB *)	mg/l O_2	i. M. 830	i. M. 390
BSB_5 *)	mg/l O_2	i. M. 270	i. M. 105
*) = gemessen in der sedimentierten Probe			

Tabelle 3: arithmetische Mittelwerte, bezogen auf 1 t Rohfedern

		Betrieb A	Betrieb B
Schmutzwassermenge	m^3/t	86	237
CSB (sed.)	kg/t O_2	71	92
BSB_5 (sed.)	kg/t O_2	23	25

Über die spezifischen Schmutzfrachten von Bettfedernfabriken lassen sich nur wenige Orientierungsdaten angeben. Als Beispiele werden in Tabelle 3 die arithmetischen Mittelwerte der wichtigsten Untersuchungsdaten (jeweils bezogen auf 1 t Rohfedern) von zwei norddeutschen Betrieben angegeben (Untersuchungsdauer drei bzw. acht Tage).

Im Gegensatz zum spezifischen Abwasseranfall liegen die CSB- und BSB_5 Frachten bei beiden Betrieben etwa in der gleichen Größenordnung. In beiden Fällen zeichnete sich die Abwasserbeschaffenheit durch relativ hohe Gehalte an nichtionogenen und kationischen Tensiden aus. Bei Betrieb B lagen die Konzentrationen der nichtionogenen Tenside zwischen 1,3 und 52,0 mg/l, die der kationischen Tenside zwischen 2,6 und 33,0 mg/l und die der anionischen zwischen 0,1 und 0,2 mg/l.

6.4.4 Produktionsintegrierter Umweltschutz (PIUS)

Bei Bettfedernfabriken kann die Menge des anfallenden Gesamt-Schmutzwassers durch Wiederverwendung der Nachspülwässer gesenkt werden. In diesem Falle wird der Ablauf des letzten Nachspülganges zurückgehalten und zum Vorspülen bzw. Einweichen genutzt. Um die organische Schmutzfracht des Abwassers zu verringern, ist es erforderlich, den Waschmitteleinsatz zu optimieren und damit abwasserbelastende Überdosierungen zu vermeiden. Darüber hinaus ist durchzusetzen, dass nur solche Waschmittel verwendet werden, deren organische Komponenten biologisch leicht abbaubar sind.

Bei Borstenverarbeitungsbetrieben kann die Feststoffbelastung der Schmutzwasserkonzentrate verringert werden, wenn die angelieferten Rohborsten vor dem Waschen einer mechanischen Trockenbehandlung unterzogen werden.

6.4.5 Abwasserreinigung

6.4.5.1 Abwasservorbehandlung

Die in den Schmutzwässern aus der Zubereitung von Tierhaaren, Borsten und Federn enthaltenen Feststoffe (vor allem Borsten, Haare und Federn bzw. Federnteile) können in kommunalen Abwasseranlagen zu Betriebsstörungen führen. Die Abwässer müssen daher vor der Einleitung in die Kanalisation über geeignete Siebeinrichtungen geführt werden. Der Einsatz von Siebanlagen ist als allgemein anerkannte Regel der Technik zu betrachten. Um Stoßbelastungen abfangen zu können und einen pH-Ausgleich zu ermöglichen, kann es bei Bettfedernfabriken angezeigt sein, die Abwässer nach der Siebung in Misch- und Ausgleichsbehälter zu leiten.

6.4.5.2 Abwasserbehandlung

Die in den Schmutzwässern aus der Zubereitung von Tierhaaren, Borsten und Federn enthaltenen organischen Stoffe sind überwiegend biologisch gut abbaubar. Es ist daher grundsätzlich anzustreben, diese Abwässer nach mechanischer Vorbehandlung in kommunale Entwässerungssysteme einzuleiten und ausreichend bemessenen zentralen Kläranlagen zuzuführen. Die biologische Vollreinigung bereitet unter diesen Bedingungen keine nennenswerten Schwierigkeiten.

Die in Deutschland tätigen Borstenzubereitungsbetriebe und Bettfedernfabriken leiten ihre Schmutzwässer in der Regel in kommunale Entwässerungssysteme ein. Sofern werkseigene Kläranlagen zur Vollreinigung einzusetzen sind, ist davon auszugehen, dass die Schmutzwässer nach einer mechanischen Vorbehandlung im Verfahrenssystem einer schwach belasteten biologischen Stufe gereinigt werden können.

Literatur

ATV (Hrsg.) (1986): Lehr- und Handbuch der Abwassertechnik. Bd. 6: Organische Industrieabwässer. Verlag Ernst & Sohn, Berlin u. München, S. 58 – 65.

Strauch, D.: Abfälle aus gewerblichen Schlachtanlagen. Müll- und Abfallbeseitigung, Bd. 5, Abschnitt 8535, Erich Schmidt Verlag, Berlin, S. 1 – 16.

6.5 Verarbeitung tierischer Nebenprodukte

Maike Beier und Jakub Krajewski

6.5.1 Allgemeines

Im Jahr 2018 betrug die Fleischerzeugung in Deutschland aus gewerblichen Schlachtungen 8,0 Mio. t [DESTATIS 2019]. Pro Tonne Fleischerzeugung fallen etwa 0,31 t Schlachtnebenprodukte an, welche sowohl für den menschlichen Verzehr geeignet sein können (z. B. Zungen, genießbare Innereien und Fette), als auch für den Menschen ungenießbare Nebenerzeugnisse darstellen (z. B. Knochen, Felle/Häute). Infolge zunehmender Hygieneanforderungen und insbesondere der BSE-Krise in den 1990er Jahren hat der industrielle Wert dieser Nebenerzeugnisse stark abgenommen und ein Großteil des Materials wird als Abfall entsorgt. Nichtsdestotrotz finden einige dieser Nebenprodukte nach entsprechender Aufbereitung Anwendung als Rohstoff in verschiedenen Industriezweigen wie z. B. der Herstellung von Futtermitteln, Kosmetika, Arzneimitteln oder Düngemitteln.

Der Umgang mit tierischen Nebenerzeugnissen unterliegt der EU-Verordnung (EG) Nr. 1069/2009 mit Hygienevorschriften für nicht für den menschlichen Verzehr bestimmte tierische Nebenprodukte. Nationale Ausführungsvorschriften ergeben sich aus dem Tierische Nebenprodukte-Beseitigungsgesetz (TierNebG). Gemäß (EG) Nr. 1069/2009 erfolgt in Abhängigkeit des Gesundheitsrisikos eine Unterteilung der Nebenprodukte in drei Kategorien [BMEL 2016]:

- Material mit einem hohen Risiko (Kategorie 1, z. B. Spezifiziertes Risikomaterial (SRM), Tierkörper(teile) mit Betroffenheit von oder Verdacht auf Transmissible(r) Spongiforme(r) Encephalopathie (TSE)),
- Material mit einem mittleren Risiko (Kategorie 2, z. B. Tiere, welche auf anderem Wege als der Schlachtung zu Tode kamen, Föten, Eizellen, Embryonen, Magen- und Darminhalte sowie Ausscheidungen),
- Material mit einem geringen Risiko (Kategorie 3, z. B. aus wirtschaftlichen Gründen nicht verwendetes Material wie Blut, Wolle, Federn und Haare von lebenden Tieren).

In Deutschland wurden im Jahr 2018 von 35 Unternehmen etwa 3,1 Mio. t tierische Nebenprodukte aller Kategorien und inkl. gefallener Tiere aus der landwirtschaftlichen Nutztierhaltung verarbeitet [STN 2019].

In Anlagen zur Verwertung tierischer Nebenprodukte fallen Abwässer mit hoher organischer Belastung an. Die organische Belastung einer Tonne Rohmaterial ist äquivalent zu der Belastung von 100 Personen/Tag, wobei im Sommer deutlich höhere spezifische Belastungen auftreten wie im Winter. Daneben enthält das Abwasser auch hohe Konzentrationen an Stickstoff und Phosphor. Maßgebliche Einleitgrenzwerte für Abwässer aus der Verarbeitung tierischer Nebenprodukte resultieren aus Anhang 20 der Abwasserverordnung.

6.5.2 Produktionsverfahren

Im Prozess der Tierkörperverwertung werden in der Regel tierische Nebenprodukte aus der Fleischproduktion verwendet. Diese stammen z. B. aus Schlachthöfen, Betrieben der Fleischverarbeitung, Metzgereien oder Tierzuchtanlagen. Es existieren auch Anlagen, welche nur auf bestimmte Produkte spezialisiert sind, wie bspw. die Herstellung von Mehl und Fetten aus Geflügel.

Die Tierkörperverwertung beinhaltet eine Reihe von Verarbeitungsschritten, welche in ihrer Anordnung von Betrieb zu Betrieb variieren können. Die Prozesse nach der Annahme und Lagerung von Rohmaterial umfassen im Allgemeinen die Zerkleinerung, Sterilisation und Phasentrennung. Die festen Produkte werden anschließend gemahlen, um bspw. tierisches Eiweißpulver oder Federmehl herzustellen. Technische Anforderungen an Verarbeitungsmethoden ergeben sich aus der Verordnung (EG) Nr. 1774/2002. Für den Verarbeitungsschritt der Zerkleinerung sind dort Grenzwerte für die resultierende Partikelgröße festgeschrieben. In der nachfolgenden Drucksterilisation zum Abtöten von Mikroorganismen werden

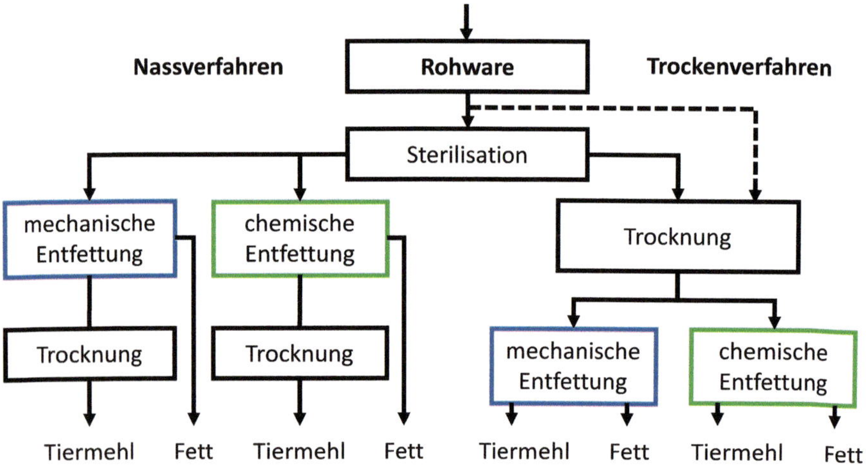

Bild 1: Verfahrensmöglichkeiten bei der Tierkörperbeseitigung [Wichmann (1975), zitiert in Rüffer und Rosenwinkel 1991]

die tierischen Nebenprodukte auf eine Kerntemperatur von über 133 °C erhitzt, bei welcher sie bei einem Druck von 3 bar für 20 Minuten gehalten werden. Die Sterilisation kann im Batch- oder in einem kontinuierlichen Betrieb erfolgen [BVT 2005]. Die Trennung des geschmolzenen Fettes vom Eiweiß erfolgt durch Zentrifugen und/oder Pressen. Eine grobe Übersicht zu den verschiedenen Verfahrensmöglichkeiten zeigt Bild 1 mit den Arbeitsschritten Anliefern, Lagern, Vorbehandeln, Sterilisieren, Trocknen, Entfetten und Produktgewinnung. Aus hygienischer Sicht ist das Sterilisieren des Rohmaterials als der zentrale, unverzichtbare Verfahrensschritt zu betrachten.

6.5.3 Abwasserinhaltsstoffe und -belastungen

Maßgebliche Belastungen des Abwassers aus Anlagen der Tierkörperverwertung ergeben sich durch organische Inhaltsstoffe und Stickstoff.

Das bei den Tierkörperbeseitigungsanstalten anfallende Abwasser setzt sich im Normalfall aus den Hauptbestandsteilen Betriebsabwasser, Kühlwasser, Sanitärabwasser und Niederschlagswasser zusammen. Die im Rahmen der Verarbeitung und Verwertung des tierischen Rohmaterials anfallenden Betriebsabwässer bestehen aus den Brüdenkondensaten, den Sterilisatorabläufen und den Reinigungswässern der „reinen Seite“. Hinzukommen können die Abschlämmwässer aus Dampfkesselanlagen sowie die Abläufe von Abluftwäschern und die von betrieblichen Wasseraufbereitungsanlagen. Die Verschmutzungsintensität des Betriebsabwassers wird in den meisten Fällen durch die Brüdenkondensate bestimmt.

Tabelle 1: Beschaffenheit des unbehandelten Gesamt-Schmutzwassers von Tierkörperbeseitigungsanstalten sowie spezifische Abwassermengen (bei überwiegender Verarbeitung von Schlachtabfällen, Einsatz von Trockenverfahren und Oberflächenkondensation der Brüden); Spannweiten, arithmetische Mittelwerte [Wichmann (1975), zitiert in Rüffer und Rosenwinkel 1991]

	Abwasseranfall [m³/t Rohmat.]	BSB_5 (sed.) [mg O_2/l]	CSB (sed.) [mg O_2/l]	Absetz. Stoffe [ml/l]	pH-Wert	Ammonium [mg N/l]
Min-Max	0,6 – 1,8	1.370 – 23.700	1.800 – 26.500	0,1 – 90,0	5,5 – 10,3	200 – 4.700
Mittel	1,2	6.800	8.800	6,9		1.175

Parameter	max. Sommerwerte	min. Winterwerte
	kg/t	
CSB	8 – 20	0,5 – 3,8
BSB_5	3 – 12	0,3 – 2,3
NH_4-N	1,3 – 2,7	0,1 – 0,7
P_{ges}	0,03 – 0,06	0 – 0,030

Tabelle 2: Spezifische Abwasserfrachten im Gesamtabwasser (VTN ohne Verarbeitungslinien für Blut, Knochen oder Federn), verändert nach [DWA 2008]

Die spezifischen Frachten bezogen auf 1 t Rohmaterialverwertung sind zwischen Sommer und Winter sehr unterschiedlich. Wegen der beginnenden Zersetzung des Materials bei hohen Temperaturen liegen die Werte im Sommer deutlich über den typischen Belastungswerten im Winter. Es ergeben sich die in Tabelle 2 dargestellten Werte [DWA 2008].

6.5.4 Abwasserreinigungsverfahren

Die Abwasserreinigung umfasst in der Regel eine mechanische Stufe zum Rückhalt ungelöster Stoffe, chemisch-physikalische Verfahren zur Trennung von Fett und Feststoffen sowie eine biologische Stufe zur Reduzierung der organischen Fracht und zur Stickstoffelimination.

Die mechanische Reinigung erfolgt vor einem Mischen oder Ausgleichen. In der Regel werden Schlammfänger, Fettabscheider, Siebe und Absetzbecken eingesetzt. Ungelöste Stoffe wie Fettpartikel, Fleischreste, Haare, Borsten und Mineralstoffzusätze aus dem Prozesswasser können in den Prozess zurückgeführt werden. Die Fettabscheidung kann sich schwierig gestalten, wenn das tierische Fett im Abwasser in sehr feiner Form vorliegt. Dies gilt insbesondere bei hohen Wassertemperaturen und tensidhaltigen Abwässern. Hohe pH-Werte können die Fettabscheidung ebenfalls durch Verseifung beeinträchtigen. Fettabscheider vor Misch- und Ausgleichsbecken müssen für die maximal vorhersehbare Abwassermenge ausgelegt werden. Die Temperatur, Einflüsse von Spül- und Reinigungsmitteln und die Produktion verschiedener Fettarten und -dichten müssen bereits bei der Planung berücksichtigt werden. In vielen Anlagen folgen nach dem Fettabscheider zusätzliche Siebeinheiten mit Sieböffnungen von 0,5 – 2 mm, um eine noch weitergehende Feststoffabscheidung zu erzielen.

Chemisch-physikalische Verfahren, insbesondere Flotationsverfahren, werden zur weitgehenden Trennung von Fett und Feststoffen eingesetzt. Bei Bedarf kommen Flockungshilfsmittel zum Einsatz. Die Fettspeicherung kann in Fettfanggittern mit manueller oder automatischer Reinigung erfolgen. Schwierigkeiten für die Separation können sich bei emulgiertem Fett oder Leimwasser aus Speisefetten ergeben. In solchen Fällen ist eine chemische Fällung oder Flotation einzusetzen. Wie bei den Fettabscheidern wird der Wirkungsgrad von Flotationsanlagen durch hohe Temperaturen und hohe pH-Werte beeinträchtigt. Die mechanische Flotation durch getauchte Flotationsbelüfter ist gegenüber hohen pH-Werten am wenigsten anfällig. Heiße Brüdenkondensate können mittels Ammoniak-Strippung behandelt werden. Bei geringen Abwassermengenströmen kann es auch im Hauptabwasserstrom eingesetzt werden. Bild 2 zeigt ein Beispiel für die Anordnung einer Strippeinheit [BVT 2005].

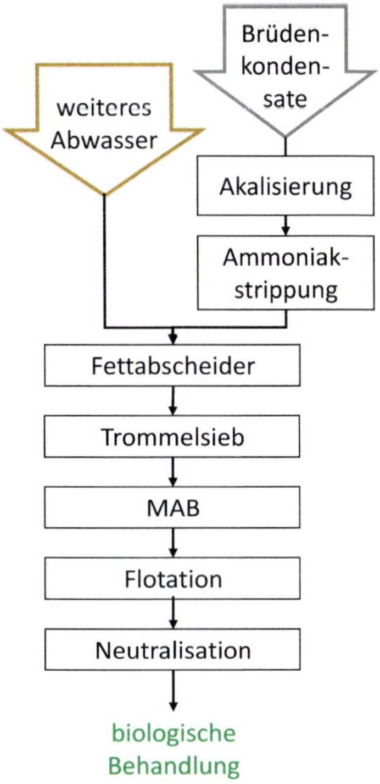

Bild 2: Blockschaltbild einer mechanisch/physikalisch-chemischen Vorkläranlage [BVT 2005]

Eine weitere Möglichkeit zur Reduzierung von ammoniakhaltigem Stickstoff ist die Ammoniakumwandlung. Das Ammoniak wird zusammen mit den Brüden in einem Waschturm (Konverter) geleitet, wobei im Gegenstrom mit salpetriger Lösung Ammoniumnitrat gebildet wird. Sobald eine angestrebte Konzentration erreicht ist, wird das Ammoniumnitrat aus dem Turm extrahiert. Die vom Ammoniak befreiten Brüden werden zu sauren Brüden kondensiert. Für den Betrieb eines solchen Konverters ist es notwendig, dass die Brüden keine Feststoffe enthalten. Aus diesem Grund sind dem Konverter ggf. Zyklone oder andere geeignete Abscheidegeräte vorzuschalten.

Die Zusammensetzung des Abwassers aus Anlagen der Tierkörperverwertung ist für eine anaerobe Vorbehandlung grundsätzlich geeignet, was an verschiedenen Stellen bereits auch großtechnisch erprobt werden konnte. Wegen der hohen Stickstoffkonzentrationen und des geringen C/N-Verhältnisses können anaerobe Vorbehandlungsanlagen im Zusammenhang mit einer nachgeschalteten weitgehenden Stickstoffelimination für direkteinleitende Betriebe über die klassische Nitrifikation und Denitrifikation nur mit begrenztem Wirkungsgrad betrieben werden. Wenn eine anaerobe Vorbehandlung erfolgen soll, dann muss das Gesamtkonzept inklusive der Stickstoffelimination und dabei insbesondere die Verringerung des C/N-Verhältnisses berücksichtigt werden. Sulfidkonzentrationen können die anaerobe Vorbehandlung ebenfalls beeinträchtigen. Wenn eine anaerobe Vorbehandlung durchgeführt wird, muss bei Direkteinleitern eine aerobe Nachbehandlung folgen.

Allerdings muss sowohl bei der Behandlung der Schmutzwässer in einem kommunalen Klärwerk oder in einer betriebseigenen Kläranlage eine genügende Vorbehandlung dieser Abwässer erfolgen. Die Gefahr von Geruchsbelästigungen ist dabei besonders zu beachten und durch sachgerechte technische Vorkehrungen zu verhindern (insbes. durch Abdecken und Zwangsentlüften der einzelnen Verfahrensstufen).

Um den Grenzwert der Abwassertemperatur einhalten zu können, empfiehlt sich die Vorschaltung ausreichend bemessener und in geschlossener Bauweise zu erstellender Ausgleichsbehälter. Außerdem sollte eine wirksame Fettabscheidung vorhanden sein.

Die bei der Tierkörperbeseitigung anfallenden Schmutzwässer sind biologisch gut abbaubar. Im Vergleich zu kommunalen Abwässern sind sie aber durch einseitige Zusammensetzung, extrem hohe Gehalte an wasserdampfflüchtigen organischen Stoffen und Ammoniak bzw. Ammonium sowie durch Mangel an mineralischen Spurenstoffen und Phosphat gekennzeichnet. Hinzu kommen die erheblichen Schwankungen im Jahres- und Wochenverlauf hinsichtlich Konzentration und Fracht der Schmutzstoffe. Daher gehören die VTN-Abwässer zu jenen Industrieabwässern, deren Reinigung trotz der sehr guten biologischen Abbaubarkeit schwierig und störanfällig ist.

Die bisher vorliegenden Erfahrungen zeigen, dass sich die Mindestanforderungen an das Einleiten von VTN-Abwasser durch den Einsatz der verschiedensten biologischen Verfahrenstechniken einhalten lassen. Von diesen sind zu nennen:

- schwachbelastete, einstufige Belebungsverfahren,
- schwachbelastete Belebungsverfahren in Kaskadenschaltung,
- zweistufige Belebungsverfahren und
- kombiniert-mehrstufige biologische Verfahren.

Als allgemein anerkannte Regel der Technik gilt bislang das Verfahrensschema der schwachbelasteten, kleinräumigen aerob-biologischen Abwasserbehandlung. Beim einstufigen Belebungsverfahren mit konventioneller Belüftung sollte die Raumbelastung 0,4 kg $BSB_5/(m^3 \cdot d)$ und die Schlammbelastung 0,08 kg $BSB_5/(kg\ TS \cdot d)$ nicht übersteigen. In der Regel wird dabei jedoch keine gezielte und erschöpfende Nitrifikation und Denitrifikation betrieben.

Die relativ hohen Ammoniumgehalte des VTN-Abwassers sind in Bezug auf den zusätzlichen Sauerstoffbedarf und das mögliche Auftreten von direkten oder indirekten Hemmwirkungen in den Biostufen zu beachten. Durch den Betrieb einer gezielten Denitrifikation lassen sich diese Störungen aufheben.

Die hohe Geruchsintensität des zu reinigenden Abwassers muss bei der Wahl des Klärsystems zusätzlich beachtet werden. Verfahren mit Sauerstoffbegasung, bei denen die Abluft aus der geschlossenen Belebungsanlage abgezogen und desodoriert wird, sind von besonderem Interesse.

Als Beispiel wird hier die Betriebskläranlage einer Tierkörperbeseitigungsanstalt vorgestellt. Es handelt sich hierbei um eine einstufige Kompakt-Belebungsanlage, die in zwei Ausbauschritten erstellt wurde. Im Durchschnitt verarbeitete die TBA 1982 ca. 205 t Rohmaterial/d. Der Abwasseranfall belief sich auf 205 m^3 Produktionsabwasser/d mit einer BSB_5-Schmutzfracht von 820 kg/d. Die Abwasserbehandlung erfolgt durch Pumpensumpf, Überlaufbehälter, Flotationsstufe (das Flotat wurde in die Produktion gegeben und zur Wertstoffgewinnung genutzt), Ausgleichsbecken, Belebungsstufe und Nachklärung. Die Bauwerke sind geruchssicher abgedeckt und werden zwangsentlüftet. Bei der Belebungsstufe handelt es sich um zwei druckbelüftete Kompakt-Belebungsanlagen, die parallel oder hintereinander betrieben werden können. Der BSB_5-Wirkungsgrad der Biologie beträgt ca. 90 %. Der Überschussschlamm wird im Schlammsilo zwischengespeichert und von dort in die Flotationsstufe gegeben.

Die Tabelle 3 enthält eine Zusammenfassung von Abwasserparametern aus sechs deutschen Anlagen der Tierkörperverwertung nach einer aeroben biologischen Behandlung [BVT 2005].

Tabelle 3: Abwasserdaten von sechs Anlagen der Tierkörperverwertung aus Deutschland nach biologischer Behandlung [BVT 2005]

		Einzelwerte		Mittelwerte	
		Min	Max	Min	Max
$CSB_{hom.}$	mg/l	30	125	42	65
$BSB_{5,hom.}$	mg/l	1	20	3,1	6
NH_4-N	mg/l	0,3	39	< 0,9	12
NO_3-N	mg/l	< 0,1	52	< 0,5	26
NO_2-N	mg/l	0,01	4	0,03	1,8
anorg. N_{ges}	mg/l	0,5	62,1	3,6	34
P_{ges}	mg/l	0,05	33	0,15	11,9
AOX	mg/l	< 0,1	0,03	0,015	0,02
G_{Ei}	–	2	2	2	2

Neben den Belebungsanlagen wurden auch Biofilmverfahren für die Behandlung von Abwässern aus der Tierkörperverwertung eingesetzt.

Insgesamt ist zu sagen, dass auf Grund des sehr guten Verhältnisses von CSB/BSB_5 von ca. 1,1 bis 1,2 das Abwasser einer biologischen Behandlung sehr gut zugänglich ist. Zu beachten sind bei allen Verfahren jedoch die sehr hohen Stickstoffkonzentrationen sowie der intensive Geruch des Abwassers.

Literatur

BMEL (2016): Kategorisierung von tierischen Nebenprodukten. Bundesministerium für Ernährung und Landwirtschaft (BMEL). https://www.bmel.de/DE/Tier/Tiergesundheit/TierischeNebenprodukte/_texte/TierischeNebenprodukteKategorie.html#doc4022728bodyText1 (abgerufen am 24.07.2019).

BVT (2005): Pollution Prevention and Control (IPPC) – Reference Document on Best Available Techniques for Slaughterhouses and Animals By-products Industries. BVT-Merkblatt, Europäische Kommission. http://eippcb.jrc.ec.europa.eu/

DESTATIS (2019): Fleischerzeugung 2018 um 1,5 % gegenüber dem Vorjahr gesunken. Statistisches Bundesamt. https://www.destatis.de/DE/Presse/Pressemitteilungen/2019/02/PD19_043_413.html;jsessionid=650E6F51EAE15BF6472CCACFCE4ECE6D.internet741 (abgerufen am 24.07.2019).

DWA (2008): Abwasser aus der Verarbeitung tierischer Nebenprodukte. Merkblatt DWA-M 710. Deutsche Vereinigung für Wasserwirtschaft, Abwasser und Abfall e. V., Hennef.

Rüffer und Rosenwinkel, K.-H. (1991): Taschenbuch der Industrieabwasserreinigung. Oldenbourg Verlag, München.

STN (2019): Fakten und Zahlen zur Verarbeitung tierischer Nebenprodukte. STN - Servicegesellschaft Tierische Nebenprodukte mbH. https://www.stn-vvtn.de/fakten_zahlen.php (abgerufen am 24.07.2019).

Weitere Literatur

ATV (1997): Abwasser aus der Fleischmehlindustrie. ATV Merkblatt M 710. Abwassertechnische Vereinigung, Berlin.

ATV (1981): Tierkörperbeseitigungsanstalten, Arbeitspapier 2.1, Korrespondenz Abwasser, 28. Abwassertechnische Vereinigung, Berlin, S. 37 – 41.

7 Papier-, Zellstoff- und Textilfabriken

7.1 Papier- und Zellstofffabriken

Christian H. Möbius

7.1.1 Allgemeines

Papier- und Zellstofferzeugung unterscheiden sich sowohl in ihrer Verfahrenstechnik als auch in Art und Menge ihrer Abwässer grundsätzlich. Charakteristisch ist aber für beide Bereiche die Bedeutung von innerbetrieblichen Maßnahmen zur Abwasserentlastung, die als Voraussetzung für die Durchführbarkeit von Maßnahmen zur weitgehenden Beseitigung der Restabwasserverschmutzung gelten können.

Die Papier- und Zellstoffindustrie bemüht sich intensiv um die Entwicklung und technische Erprobung neuer Verfahren, die eine weitere Verringerung von Restabwassermenge und Schmutzstofffracht ermöglichen.

7.1.2 Produktionsverfahren

7.1.2.1 Allgemeines

Papier ist ein Werkstoff, der vorwiegend aus Fasern pflanzlichen Ursprungs besteht, die durch Oberflächenanziehungskräfte miteinander im Wesentlichen regellos zu einem Blatt verbunden sind. Das Fasernetzwerk wird technisch in der Regel durch Absieben aus wässeriger Suspension erzeugt. Die dabei gebildeten Wasserstoffbrücken zwischen den Fasern bedingen die Festigkeit des Papiers. Wasser gehört deshalb zu den wichtigsten Hilfsmitteln bei der Herstellung von Papier.

Aus verschiedenen Gründen wird häufig feinteiliges, meist mineralisches, anorganisches Material als Füllstoff oder Pigment zugesetzt. Durch chemische Hilfsmittel (Additive) und ggf. Oberflächenbehandlung werden verschiedenartige Eigenschaften erzeugt.

„Papier“ wird als Oberbegriff für die als Papier, Karton und Pappe bezeichneten Produkte benutzt. Papier und Pappe sind in DIN 6730 definiert. Darüber hinaus wird in der Praxis eine bestimmte Gruppe dickerer, oft mehrlagiger Papiere als „Karton“ bezeichnet (ohne genormte Definition). Die flächenbezogene Masse von Karton („Flächengewicht“) liegt überwiegend zwischen etwa 150 und 600 g/m^2.

Tabelle 1: Zusammensetzung von Nadel- und Laubholz (% auf atro Holz), vgl. [Pastusiak 2003]

	Nadelholz	Laubholz
Cellulose	42 bis 49	42 bis 51
Lignin	25 bis 30	18 bis 24
Hemicellulose	24 bis 30	27 bis 40
Extraktstoffe	2 bis 9	1 bis 10
Glührückstand	0,2 bis 0,8	

Zellstoff wird seit der zweiten Hälfte des 19. Jahrhunderts durch Isolierung der Cellulose aus Holz und anderen Pflanzen mit verschiedenen chemischen Verfahren gewonnen.

7.1.2.2 Produktionsverfahren der Zellstoffindustrie

Die wesentliche Aufgabe der Zellstoffherstellung aus pflanzlichen Produkten, in erster Linie aus Holz, besteht in einem chemischen Aufschluss, der Cellulosebegleitstoffe aus dem Pflanzenmaterial herauslöst. Bei Holz sind dies vorwiegend Lignin und Hemicellulosen (Tabelle 1).

Verschiedene Aufschlussverfahren ergeben Zellstoffe mit unterschiedlichen Eigenschaften.

Normalerweise wird die Herstellung von möglichst reiner Zellulose angestrebt. Zu diesem Zweck wird der Aufschluss durch eine Bleiche ergänzt, die färbende Verunreinigungen, vor allem Restlignin, entfernt. Bei Zellstoffen, die nicht der Papiererzeugung dienen („Chemiezellstoff“), hat dieser Schritt die Funktion einer chemischen Nachreinigung. Zellstoff wird hauptsächlich zur Papierherstellung und als Ausgangsstoff für verschiedenartige chemische Produkte verwendet. Für die letztgenannte Anwendung ist der höchste Reinheitsgrad erforderlich. Eine Übersicht über Verfahren und Ausbeuten gibt Tabelle 2 (siehe [Gruber 2011]).

Tabelle 2: Vorwiegend gebräuchliche Aufschlussverfahren zur Zellstofferzeugung (nach [Gruber 2011])

Verfahren	pH-Bereich	Reagenz	Base	Koch-temperatur °C	Kochzeit min	Ausbeute %
Sulfat	9 – 12	Na_2SO_4, S^{2-}	Na	170 – 175	120 – 180	40 – 45
saures Sulfit	1 – 2	SO_2	Ca, Mg	125 – 143	180 – 420	40 – 50
Bisulfit	3 – 5	HSO_3^-	Mg, Na	150 – 170	60 – 180	50 – 65
NSSC	5 – 7	SO_3^{2-}	Na, NH_4^-	160 – 180	25 – 180	75 – 90
AQ-Sulfit	9 – 13	SO_3^{2-}	Na	170 – 175	150 – 240	55 – 65
Alkalisulfit	9 – 13,5	SO_3^{2-}	Na	160 – 180	180 – 300	45 – 60

In der Bundesrepublik Deutschland werden für den Holzaufschluss derzeit nur das Sulfat- und (überwiegend) das Sulfit-Verfahren angewendet. Darüber hinaus wird Cellulose aus Baumwoll-Linters (Baumwollreste an den Samenkapseln) sowie durch chlorfreie chemische Bleiche von Baumwolle hergestellt. Die Zellstoffindustrie der Bundesrepublik Deutschland hat im internationalen Vergleich eine recht geringe Bedeutung und kann auch nur rund 25 % des Zellstoffbedarfs bzw. weniger als 10 % des gesamten Faserstoffverbrauchs der deutschen Papierindustrie decken. Früher waren allerdings häufig Papierfabriken mit Zellstofffabriken verbunden (integrierte Fabriken). Weltweit, besonders in Nordeuropa sowie in Nordamerika, ist dies weiterhin der Fall.

Der Aufschluss der cellulosehaltigen Substanz erfolgt bei dem sauren Sulfitverfahren mit einer wässerigen Hydrogensulfitlösung („Kochsäure"), die einen Überschuss an gelöstem SO_2 enthält. Diese Lösung wird durch Reaktion von Carbonat oder Hydroxid mit SO_2 in Wasser erzeugt. Das SO_2 wird in der Regel in der Zellstofffabrik selbst durch Verbrennen von Schwefel hergestellt. Als Base zum Hydrogensulfit werden Calcium, Magnesium, Natrium oder Ammonium verwendet. Unter bestimmten Bedingungen kann auch das neutrale Sulfit Verwendung finden. Der dann als Neutralsulfitverfahren bezeichnete Prozess wird aber vorwiegend für die Herstellung von Hochausbeutezellstoffen eingesetzt.

Nach Abtrennen des Zellstoffs wird die verbrauchte Kochsäure eingedampft und verbrannt. Eine nahezu vollständige Rückgewinnung der Aufschlusschemikalien – wie beim Sulfatprozess üblich – ist nur bei der Verwendung von Magnesium als Base möglich. Bei der Anwendung von Calcium ist keine Rückgewinnung möglich, bei Natrium ist die Rückgewinnung bedingt möglich, bei Ammonium kann nur SO_2 zurückgewonnen werden.

Weltweit werden weniger als 5 % der Zellstoffe nach diesem in Deutschland üblichen Sulfit-Verfahren hergestellt. Rund 95 % werden nach dem Sulfatverfahren (auch Kraft-Verfahren) erzeugt. Dabei wird das Holz in einer alkalischen Natriumsulfid-Lösung bei erhöhtem Druck mehrere Stunden gekocht, um die Cellulose zu isolieren. Bei der Chemikalien-Rückgewinnung wird Natriumsulfat (Na_2SO_4) zugesetzt, was dem Verfahren den üblichen Namen gab.

Neuartige Aufschlussverfahren unter Verwendung von Natronlauge plus Methanol, Äthylalkohol, Ameisensäure und anderen organischen Lösungsmitteln wurden in technischem Maßstab erprobt, kommen aber derzeit in Deutschland nicht zum Einsatz.

Der abgetrennte Zellstoff wird einer Wäsche und ggf. einer Bleiche mit Chlor, Alkali, Hypochlorit und/oder Chlordioxid unterworfen. Chlor wird allerdings bevorzugt durch Sauerstoff oder Peroxid ersetzt (ECF = elementary chlorine free). In einigen Fällen wird auch auf die Anwendung der Chlorverbindungen verzichtet (TCF = total chlorine free). Wird die Faser nicht in einer integrierten Papierfabrik verarbeitet, so folgen Entwässerung und Trocknung.

7.1.2.3 Papier-, Karton- und Pappe-Erzeugung

Roh- und Halbstoffe

Die bei der Papiererzeugung eingesetzten Faserstoffarten sind hauptsächlich: Holzstoff, Zellstoff und Altpapierstoff. Die Papierfabriken in der Bundesrepublik Deutschland kaufen überwiegend Zellstoff als Handelsprodukt. Nur wenige Werke sind „integriert", d. h. übernehmen den Zellstoff aus eigener Produktion. In diesen Fällen wird der Zellstoff (oder Halbzellstoff, der in Deutschland nicht mehr erzeugt wird) oft weniger gründlich gewaschen als bei der Herstellung von Handelszellstoff und meist nur eingedickt. Diese eingedickte Zellstoffsuspension gelangt in die Papierfabrik, wobei es unvermeidlich ist, dass im Wasser noch enthaltene organische Stoffe, die im Handelszellstoff durch die Entwässerung entfernt wurden, in die Papierfabrik gelangen. Dadurch ist bei integrierten Fabriken keine vollkommene Trennung zwischen den durch Zellstofffabrik und Papierfabrik verursachten Abwasserbelastungen möglich. International ist diese Situation häufig anzutreffen, da vor allem in Nordeuropa und Nordamerika die Anzahl der integrierten Fabriken hoch ist.

Holzstoff wird weit überwiegend von den Papierfabriken selbst erzeugt, der Einsatz von Handelsholzstoff ist gering. Unter Holzstoff versteht man alle durch mechanisches Zerfasern von Holz hergestellten Faserstoffarten, auch wenn dieser Vorgang unter dem Einfluss von erhöhtem Druck und erhöhter Temperatur erfolgt.

Am weitesten verbreitet ist die Herstellung von sogenanntem „Holzschliff" durch Zerfasern des Holzes im Wasser mit Hilfe eines Schleifsteines („Steinschliff"). Dies erfolgt in der Regel bei Wassertemperaturen zwischen 60 °C und 90 °C, die sich durch Reibung und Rückführung des Schleifereiwassers ergeben. In der Schleifzone selbst ergeben sich Temperaturen von 120 °C bis 140 °C. Druckschliff (PGW) wird ähnlich, aber bei Überdruck und höheren Temperaturen, erzeugt. Refinerschliff wird ähnlich, aber nicht mit Stein sondern mit geformten Stahlplatten, erzeugt.

Bei dem Verfahren der thermomechanischen Holzstofferzeugung (TMP = thermo-mechanical pulp) wird das Holz (Hackschnitzel) unter leichtem Überdruck (1 bis 3 bar) bei Temperaturen von ca. 110 °C bis 130 °C, mechanisch zerfasert, was zu einer intensiveren Zerfaserung und einem beginnenden Aufschluss der Lignin-Substanzen führt. Die Ausbeute ist dementsprechend etwas geringer als bei Steinschliff.

Für die Herstellung weißer Papiere wird der Holzstoff (ggf. nach Wäsche und Eindickung) mit chemischen Hilfsmitteln gebleicht. Es kommen nahezu ausschließlich zwei Verfahren zum Einsatz, die auch kombiniert angewendet werden können: Am weitesten verbreitet ist die sogenannte Hydrosulfitbleiche, eine reduzierende Bleiche. Daneben oder auch kombiniert mit diesem Verfahren wird eine oxidierende Bleiche mit Wasserstoffperoxid in alkalischem Medium angewendet [Fischer 1982]. Der eingedickte Stoff wird, ggf. nach weiterer Behandlung (Entwässerung, Wäsche), an die Papiererzeugung abgegeben. Die in dieser Stoffsuspension enthaltenen gelösten organischen Stoffe gelangen damit in den Papiermaschinenwasserkreislauf.

Altpapier, als mit derzeit 75 % der eingesetzten Faserstoffe bedeutendster Rohstoff der deutschen Papierindustrie, aber auch international mit über 50 % wichtigster Faserstoff, wird meist in der Papierfabrik unmittelbar aufbereitet. In vielen Fällen ist diese Altpapieraufbereitung lediglich ein mechanisches Zerfasern bei mäßig erhöhten Temperaturen (bis etwa 50 °C) und entspricht damit der Herstellung einer Faserstoffsuspension aus Handelszellstoff bei allerdings deutlich höherem Sortieraufwand. Ein Verfahren mit verstärkter Herauslösung von Schmutzstoffen ist die Altpapierheißzerfaserung, die zum Teil unter geringem Überdruck, bei Temperaturen über 100 °C – typisch sind 120 ° bis 150 °C – durchgeführt wird.

In immer stärkerem Maße werden Altpapiere auch zur Erzeugung weißer Papier- und Kartonsorten eingesetzt. Will man bedrucktes Altpapier hierfür verwenden, so ist es erforderlich, in einem speziellen Verfahren die Druckfarben abzulösen („Deinking", gesprochen De-Inking) und den so erhaltenen Faserstoff zu bleichen. Die Altpapierbleiche erfolgt ebenfalls nach den beiden für Holzstoff genannten Verfahren.

Für die Druckfarbenentfernung gibt es vorrangig zwei verschiedene Verfahren, das Wasch-Deinking und das Flotations-Deinking. Bei letzterem Verfahren, welches in Mitteleuropa die weitaus größere Verbreitung gefunden hat, wird in der Regel der Flotationsschaum mit Hilfe von Zentrifugen in Schlamm und Wasser getrennt. Der Schlamm wird verwertet (oft verbrannt), während der Wasseranteil nach Zwischenreinigung im Kreislauf geführt oder der Restabwasserreinigungsanlage zugeführt wird.

Erzeugungsverfahren für Papier, Karton und Pappe

Das allgemeine technologische Schema der Papiererzeugung ist in Bild 1 in vereinfachter Form dargestellt.

Die Faserstoffe werden unter Zugabe von Wasser in periodisch oder kontinuierlich arbeitenden Anlagen zunächst verteilt und anschließend zum Stoff gewünschter Güte – abhängig von der Art des zu erzeugenden Papiers – mehr oder weniger intensiv gemahlen. Das Mahlen dient vorrangig dazu, die Fasern zu fibrillieren, d. h. an den Enden in Feinstfasern aufzuteilen. Abhängig von der Art des zu erzeugenden Papiers und der Qualität des eingesetzten Zellstoffs ist die Faserkürzung ganz unerwünscht oder in begrenztem Maße Ziel der Mahlung. Verschiedene Faserstoffe werden miteinander gemischt. Füllstoffe, Leim, Farbstoffe und andere Additive werden zugesetzt und mit dem Stoff intensiv gemischt. Durch Verdünnen – überwiegend mit dem zurückgeführten Siebwasser – wird der so vorbereitete Papierstoff auf den gewünschten Feststoffgehalt („Stoffdichte") eingestellt. Nach der Verdünnung und Einstellung der Stoffdichte wird der Stoff in verschiedenartig gestalteten Sortierstufen von festen Verunreinigungen befreit. Anschließend wird – ggf. nach erneutem Zusatz von chemischen Additiven, z. B. Retentionshilfsmitteln – der Stoff über den Stoffauflauf dem Papiermaschinensieb zugeführt. Dieses ist ein endloses umlaufendes Sieb, auf dem sich die Fasern absetzen und die Papierbahn („Blatt") bilden. Nach weiterer Entwässerung auf dem Sieb wird die Papierbahn den Pressen zugeführt, in denen die mechanische Entwässerung bis zu einem Trockenstoffgehalt zwischen 40 % und 50 % fortgesetzt wird. Anschließend gelangt die Papierbahn in die thermische Trocknung, die vorwiegend mit Hilfe von dampfbeheizten Metallzylindern auf einen Restwassergehalt von unter 10 % erfolgt. Eine Veredelung kann unmittelbar in der Papiermaschine oder nach Zwischenaufrollung in getrennten Maschinen durchgeführt werden. Das am Papiermaschinensieb („Siebwasser") und an den Pressen anfallende Wasser wird in einem ersten Kreislauf als Rückwasser zum Verdünnen des Stoffs verwendet, wobei die darin noch enthaltenen Faser- und Füllstoffe unmittelbar wieder dem Stoff zugeführt werden. Das überschüssige Wasser gelangt in einen Stofffänger, in dem Faser- und Füllstoffe abgetrennt und erneut der Stoffaufbereitung zugeführt werden. Das den Stofffänger verlassende geklärte Wasser kann teilweise wieder in die Produktion zurückgeführt werden („Rückwasser", „Kreislaufwasser") und verlässt im Übrigen als Restabwasser die Papierfabrik.

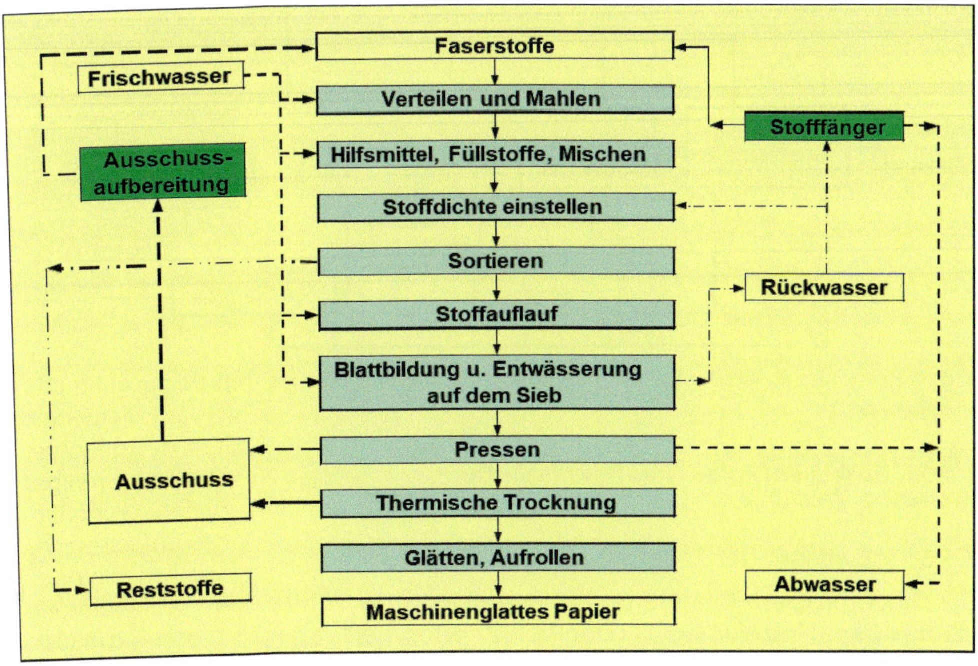

Bild 1: Vereinfachtes allgemeines technologisches Schema der Papierherstellung

Ein einfaches Beispiel einer solchen Wasserkreislaufschaltung bei der Papiererzeugung ist im Bild 2 dargestellt.

Als Beispiele für Veredelung des Papiers sind zu nennen:

- Oberflächenfärbung,
- Imprägnierung,
- Beschichtung.

Insbesondere hochwertige grafische Papiere werden dem Prozess des „Streichens“ unterworfen („gestrichenes Papier“). Dies stellt eine Oberflächenbeschichtung mit einer Paste („Streichfarbe“) dar, die zum überwiegenden Teil aus anorganischen Pigmenten und zu 10 % bis 20 % aus Bindemitteln, Viskositätsreglern und anderen vorwiegend organischen Hilfsmitteln besteht. Die Oberfläche des gestrichenen Papiers eignet sich besonders gut zum Bedrucken mit bestimmten Druckverfahren.

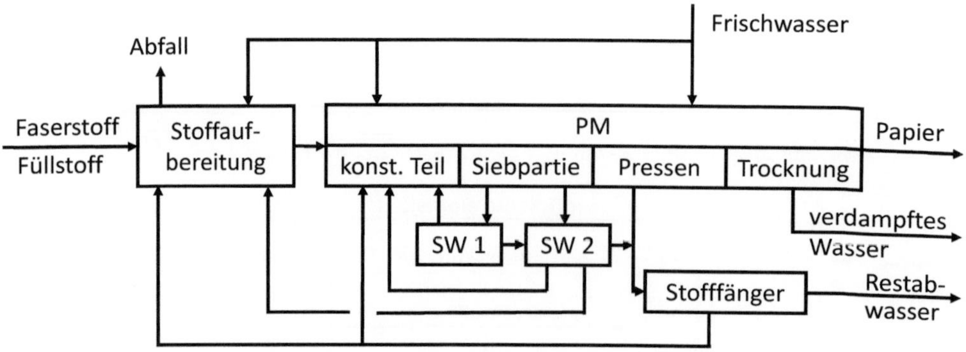

Bild 2: Einfaches Beispiel einer Wasserkreislaufschaltung bei der Papiererzeugung (SW = Siebwasser)

7.1.3 Abwasseranfall und Inhaltsstoffe

7.1.3.1 Abwässer der Zellstofferzeugung

Das Hauptproblem besteht in der Beseitigung der rund 50 % „Abfallstoffe", die aus dem Holz zur Gewinnung von Zellstoff herausgelöst werden müssen (Tabelle 2). Vor allem der Ligninanteil, mehr als die Hälfte der Cellulose-Begleitstoffe im Holz, wird durch Mikroorganismen nur sehr langsam abgebaut und ist dadurch einer biologischen Abwasserreinigung kaum zugänglich [Möbius 2017b]. Abwasseranfallstellen in der Zellstofffabrik sind:

- Reste der gebrauchten Kochlauge (Sulfatverfahren) bzw. Kochsäure (Sulfitverfahren), die durch den Waschprozess aus dem Zellstoff entfernt werden und der sehr weitgehenden Erfassung entgangen sind.
- Kondensate aus der Eindampfung von Ablauge bzw. Kochsäure, die zum Zwecke der Verbrennung und Chemikalienrückgewinnung erfolgt.
- Abwässer der Bleichstufen, soweit sie nicht zusammen mit gebrauchter Kochlauge bzw. Kochsäure erfasst, eingedampft und verbrannt werden können.

Die gebrauchte Kochsäure aus dem Sulfitprozess wie auch die Ablauge aus dem Sulfatprozess sind abhängig von der Art des angewendeten Prozesses und des aufgeschlossenen Holzes unterschiedlich zusammengesetzt. Hauptinhaltsstoffe sind Ligninverbindungen, deren biologischer Abbau kaum möglich ist, darüber hinaus organische Säuren und Laktone (Sulfatverfahren) sowie Saccharide (Sulfitprozess), die dem biologischen Abbau gut zugänglich sind.

Die Kochsäure bei dem Sulfitprozess wird weitgehend erfasst, eingedampft und verbrannt. Die Eindampfkondensate enthalten überwiegend wasserdampfflüchtige organische Säuren, aber auch Methanol und Furfurol. Das BSB_5 : CSB-Verhältnis von etwa 0,5 zeigt, dass diese Kondensate grundsätzlich biologisch gut abbaubar sind. Bevorzugt wird dafür die anaerobe Behandlung [Sahm 1984]. Die Belastung der Kondensate kann durch eine der Eindampfung vorausgehende Neutralisation vermindert werden.

Bleicherei-Abwässer werden oft wegen toxischer Inhaltsstoffe und geringerer biologischer Abbaubarkeit als das schwerwiegendste ökologische Problem der Zellstoffindustrie angesehen. Dies gilt unabhängig vom jeweiligen Aufschlussverfahren. Allerdings ist die biologische Abbaubarkeit der Bleicherei-Abwässer aus den heute überwiegend angewendeten chlorarmen Bleichverfahren (ECF) bzw. den elementarchlorfreien Verfahren (TCF) deutlich besser als bei der früher üblichen Chlorbleiche.

7.1.3.2 Abwässer der Papiererzeugung

Allgemeines

Grundsätzlich zählen die Abwässer einer Papierfabrik zu den niedrig belasteten Abwässern. Dies ist insbesondere in den Produktionszweigen offensichtlich, wo aus produktionstechnischen Gründen und wegen der Produktqualität noch mit einem hohen spezifischen Frischwasserverbrauch gearbeitet wird. Die Konzentration der Verschmutzungsstoffe steigt mit zunehmender Kreislaufschließung – d. h. Rückwasserverwendung – erheblich an. Die Schmutzfracht geht allerdings zurück, so dass die weitest mögliche Kreislaufeinengung nicht nur wegen der Verringerung des Wasserverbrauchs sondern auch hinsichtlich der Verringerung der Frachtbelastung des zu reinigenden Abwassers zu bevorzugen ist. Die grundsätzlich geringe Belastung der Papierfabriksabwässer erklärt sich dadurch, dass die Papiererzeugung wasserunlösliche Rohstoffe und nur in geringem Umfang wasserlösliche Hilfsstoffe (Additive) einsetzt. Die geringen Anteile löslicher Stoffe, die mit Roh- und Hilfsstoffen in die Papiererzeugung kommen, reichen jedoch aus, um bei der Einengung und Schließung des Wasserkreislaufs durch Anreicherung Probleme hervorzurufen. Hauptursache sind die organischen Substanzen, die teilweise erst durch die mechanische und thermische Beanspruchung während des Stoffaufbereitungsprozesses gelöst werden und aus den Faserrohstoffen (Zellstoff, Holzstoff, Altpapier) stammen [Böttger et al. 1978; Krause et al. 1986].

Abwässer des Erzeugungsprozesses

Aus der integrierten Aufbereitung von Holzstoff und Altpapier zur Gewinnung von Faserstoff für die Papiererzeugung stammt der größte Anteil der organischen Belastung der Papierfabriksabwässer.

Für die Holzstoffaufbereitung und die Altpapieraufbereitung ist in der Regel davon auszugehen, dass die Schmutzfrachtmenge in der dem Papiererzeugungsprozess zugeführten Suspension nahezu vollständig enthalten ist. Beim Deinkingverfahren ist es üblich, das Abwasser dieses Prozesses getrennt abzuführen (was allerdings für die anderen Halbstoffaufbereitungen auch empfohlen wird). Die aus Roh-, Halb- und Hilfsstoffen stammenden gelösten und ungelösten Stoffe gelangen mit der Stoffsuspension auf das Papiermaschinensieb und werden dort unterschiedlich zurückgehalten. Die auf dem Sieb zurückgehaltenen Stoffe, auch die gelösten Stoffe in dem vor der Trocknung im Papier enthaltenen Wasser (ein Anteil von 50 bis 55 %), verbleiben im Papier und sind damit dem Kreislauf und dem Restabwasser entzogen. Die im Siebwasser enthaltenen Stoffe werden teilweise im Kreislauf wieder zurückgeführt, teilweise mit dem Restabwasser abgeleitet. Die organische Substanz der aus dem geschilderten Prozess stammenden Restabwässer enthält je nach Art der eingesetzten Faserstoffe 30 bis 60 % Kohlenhydrate. Daneben enthält sie z. B. bei ungebleichtem Zellstoff und Holzstoff bis zu 50 % Ligninverbindungen bzw. Ligninabbauprodukte [Böttger et al. 1978; Krause et al. 1986]. Die durch Hilfsstoffe eingebrachten Belastungen sind – abgesehen von einigen technischen Spezialpapieren – eher von geringer Bedeutung.

Eine Übersicht über die bei verschiedenen Produkten unter günstigen Bedingungen erreichbaren spezifischen Frischwassergebräuche gibt Tabelle 3 [Möbius 2017b]. Einen Eindruck von den dabei erreichten Fortschritten gibt der Vergleich mit den entsprechenden Daten bei [Brecht und Dalpke 1980]. Der spezifische Frischwassergebrauch der Papierindustrie der Bundesrepublik Deutschland war 2016 im Mittel 8,6 l/kg [Bienert und Persin 2018]. Seit 1974 wurde der spezifische Frischwassergebrauch um 80 % verringert [Möbius 2017b]. Die Änderungen in den letzten 15 Jahren waren aber nur gering.

Eine Übersicht über resultierende Konzentrationen gibt [Möbius 2017b]. Niedrige Konzentrationswerte, verbunden mit höheren spezifischen Abwassermengen, sind typisch für Papierfabriken, die holzfreie Papiere (d. h. aus reinem, vorwiegend gebleichtem Zellstoff) und insbesondere holzfreie hochausgemahlene Papiere herstellen. Bei diesen Produktbereichen liegen die Konzentrationen überwiegend unter 100 mg/l BSB_5.

Mittlere Konzentrationsbereiche und mittlere spezifische Abwassermengen (z. B. 5 bis 15 l/kg) werden bei der Herstellung gestrichener und holzhaltiger Papiere beobachtet. Die Herstellung von Papier aus Altpapier erlaubt häufig eine weitergehende Einengung der Wasserkreisläufe. Dies führt zu überwiegend geringen spezifischen Abwassermengen (typisch unter 10 l/kg) und hohen Konzentrationen an gelösten organischen Stoffen und ermöglicht auch geschlossene Wasserkreisläufe (abwasserlose Produktion).

Das Verhältnis BSB_5: CSB liegt bei Papierfabriksabwässern vor der biologischen Reinigung im Allgemeinen zwischen 0,3 und 0,6, typische Werte bei 0,5.

7.1.4 Schmutzfrachten

7.1.4.1 Schmutzfrachten aus der Zellstofferzeugung

In § 57 Abs. 2 WHG wird die Bundesregierung ermächtigt, durch Rechtsverordnung Anforderungen an das Einleiten von Abwasser in Gewässer festzulegen, die dem Stand der Technik entsprechen. Diese Anforderungen werden in der Abwasserverordnung (AbwV) mit den branchenspezifischen Anhängen festgelegt [AbwV 2018]. Für die Zellstofferzeugung gilt der Anhang 19. Als Stand der Technik gilt die Durchführung innerbetrieblicher Maßnahmen, in erster Linie einer weitgehenden Ablaugenerfassung, in Verbindung mit einer chemisch-mechanischen und biologischen Restabwasserreinigung. Die wichtigsten Anforderungen sind hier genannt.

Für die Einleitungsstelle in das Gewässer werden folgende Anforderungen gestellt:

Die produktionsspezifischen Frachtwerte für TOC und CSB (kg/t) ergeben sich aus dem Verhältnis der Schadstofffracht zur Produktionskapazität für lufttrockenen Zellstoff in Tonnen je Tag, die der wasserrechtlichen Zulassung zugrunde liegt. Die Schadstofffracht ergibt sich aus einer Multiplikation des Konzentrationswerts der 24-Stunden-Mischprobe mit dem Volumen des Abwasserstroms in 24 Stunden, der mit der Probenahme korrespondiert.

Darüber hinaus werden Anforderungen an die AOX-Belastung gestellt („Anforderungen an das Abwasser vor Vermischung"):

- Das Abwasser darf vor der Vermischung mit anderem Abwasser Chlor und chlorhaltige Bleichmittel sowie adsorbierbare organisch gebundene Halogene (AOX) aus der Bleiche nicht enthalten. Abweichend von Satz 1 darf Abwasser aus der Herstellung von ECF-Sulfatzellstoff (elementarchlorfreier Zellstoff) in der 24-Stunden-Mischprobe bis zu 0,25 kg AOX je Tonne Zellstoff enthalten.
- Der produktionsspezifische Frachtwert für den AOX (kg/t) nach Absatz 1 bezieht sich auf die der wasserrechtlichen Zulassung zugrunde liegende Produktionskapazität der Ziel-produkte als lufttrockener (lutro) Zellstoff in Tonnen je Tag. Die Schadstofffracht wird aus den Konzentrationswerten der 24-Stunden-Mischprobe und aus dem mit der Probenahme korrespondierenden Abwasservolumenstrom ermittelt.

Die Gehalte der Abwässer aus der Zellstofferzeugung an Stickstoff und Phosphor sind generell gering, eine Addition für die biologische Abwasserreinigung ist nötig.

Tabelle 3 Typische spezifische Abwassermengen der Papiererzeugung

Programm	von	bis	
holzfreie ungestrichene Papiere	5	40	l/kg
holzfreie Spezialpapiere	10	80	l/kg
gestrichene Papiere	5	15	l/kg
Druckpapiere (Holz- und AP-haltig)	5	15	l/kg
Verpackungspapiere	2	10	l/kg

Tabelle 4: Anforderungen an die Einleitung von Abwasser aus der Zellstofferzeugung nach Anhang 19 der AbwV [AbwV 2018]

	24-Stunden-Mischprobe	
Gesamter organischer Kohlenstoff (TOC)	kg/t	12
Chemischer Sauerstoffbedarf (CSB)	kg/t	25
Biochemischer Sauerstoffbedarf in 5 Tagen (BSB_5)	mg/l	30
Phosphor, gesamt	mg/l	2,0
Stickstoff, gesamt, als Summe von Ammonium-, Nitrit- und Nitratstickstoff (N_{ges})	mg/l	10
Gesamter gebundener Stickstoff (TN_b)	mg/l	20
Giftigkeit gegenüber Fischeiern (G_{Ei})		2

Tabelle 5: Anforderungen an die Einleitung von Abwasser aus der Papiererzeugung nach Anhang 28 der AbwV [AbwV (2018)]

	Qualifizierte Stichprobe oder 2-Stunden-Mischprobe	
	mg/l	kg/t
Abfiltrierbare Stoffe	50	-
Biochemischer Sauerstoffbedarf in 5 Tagen (BSB_5)	25	-
Gesamter gebundener Stickstoff (TN_b)	20	-
Stickstoff, gesamt, als Summe von Ammonium-, Nitrit-, und Nitratstickstoff (N_{ges})	10	-
Phosphor, gesamt	2,0	-
Organisch gebundener Kohlenstoff, gesamt (TOC)	-	0,90
Chemischer Sauerstoffbedarf (CSB)	-	3,0

Die vorhandenen Konzentrationen können bei dieser Addition nicht berücksichtigt werden, weil nicht bekannt ist, wieweit die Stoffe biologisch verfügbar sind. Die notwendige Addition kann daher nur empirisch ermittelt werden.

7.1.4.2 Schmutzfrachten aus der Papiererzeugung

Entsprechend dem Anhang 19 für die Zellstofferzeugung legt den Stand der Technik für die Einleitung von Abwässern der Papiererzeugung in der Bundesrepublik Deutschland der Anhang 28 der AbwV fest [AbwV 2018].

Für die Einleitungsstelle in das Gewässer werden die Anforderungen in Tabelle 5 zusammengefasst.

- Die Anforderung an abfiltrierbare Stoffe gilt nicht, wenn das Abwasser biologisch behandelt wird.
- In der wasserrechtlichen Zulassung kann bei der Herstellung holzfreier Papiere für den BSB_5 eine höhere Konzentration von bis zu 50 mg/l zugelassen werden, wenn die produktionsspezifische BSB_5-Fracht einen Wert von 1 kg/t nicht übersteigt.
- Abweichend kann in der wasserrechtlichen Zulassung ein Wert für TN_b bis zu 25 mg/l und für Abwasser aus der Herstellung von Pressspan auch ein Wert für TN_b über 25 mg/l festgelegt werden, wenn der Einleiter jeweils die Notwendigkeit eines erhöhten Wertes darlegt und dokumentiert.
- Stammt das Abwasser aus der Herstellung von Papier, bei der über 50 Prozent des Faserstoffs deinkt oder gebleicht wird, kann abweichend in der wasserrechtlichen Zulassung eine höhere Fracht für den TOC von bis zu 1,8 kg/t zugelassen werden.
- Stammt das Abwasser aus der Herstellung von hochausgemahlenen Papieren oder von Spezialpapieren, kann abweichend in der wasserrechtlichen Zulassung eine höhere Fracht für den TOC von bis zu 2,0 kg/t zugelassen werden.
- Die produktionsspezifischen Frachtwerte (kg/t) ergeben sich aus dem Verhältnis der Schadstofffracht zur Maschinenkapazität in Tonnen je Tag, die der wasserrechtlichen Zulassung zugrunde liegt. Die Schadstofffracht ergibt sich aus einer Multiplikation des Konzentrationswerts der qualifizierten Stichprobe oder der 2-Stunden-Mischprobe mit dem Volumen des Abwasserstroms, der mit der Probenahme korrespondiert.

Darüber hinaus werden Anforderungen an die AOX-Belastung gestellt („Anforderungen an das Abwasser vor Vermischung"):

- Für das Abwasser vor der Vermischung mit anderem Abwasser ist vorbehaltlich des Absatzes 2 ein Wert für adsorbierbare organisch gebundene Halogene (AOX) von 10 g/t in der qualifizierten Stichprobe oder in der 2-Stunden-Mischprobe einzuhalten.
- Für den AOX kann unter Beachtung der Anforderungen nach Teil B Absatz 1 Nummer 3 in folgenden Bereichen eine höhere Fracht bis zu den Werten in Tabelle 6 zugelassen werden:

Die Eigenschaften der unbehandelten Papierfabriks-Abwässer können kurz zusammengefasst wie folgt beschrieben werden [Möbius 2017b]:

Papierfabriksabwässer sind in der typischen und häufig anzutreffenden Form wenig konzentriert, nicht toxisch und biologisch gut abbaubar. Höhere Konzentrationen gelöster organischer und anorganischer Stoffe kommen in der Papierindustrie Mitteleuropas wegen der weit reichenden Rückführung gebrauchten Produktionswassers („Kreislaufeinengung") besonders bei den dafür geeigneten Produktionsprogrammen in den Produktgruppen der holzhaltigen Papiere und der Papiere aus Altpapier vor. Die grundsätzlich geringe Belastung der Papierfabriksabwässer erklärt sich dadurch, dass die Papiererzeugung ausschließlich wasserunlösliche Roh- bzw. Halbstoffe und nur in geringem Umfang wasserlösliche Additive einsetzt. Prioritäre Stoffe nach der Liste der EU zur WRRL werden in der Regel nicht gefunden.

Schwermetall-Konzentrationen sind in Papierfabriksabwässern normalerweise vernachlässigbar gering. Die Schwellenwerte des Abwasserabgabengesetzes werden nicht überschritten. Eine deutliche Erhöhung dieser Konzentrationen durch Altpapiereinsatz wird nicht beobachtet. Bei der Erzeugung von Holzstoffen können bestimmte Metalle, die im Holz in höheren Konzentrationen auftreten (unter Umständen auch nur regional), zu leicht erhöhten Konzentrationen im Abwasser beitragen.

Tabelle 6: Anforderungen an die Einleitung von Abwasser aus der Papiererzeugung vor Vermischung nach Anhang 28 der AbwV [AbwV 2018]

	Nassfeste Papiere (weniger als 25 Prozent relativer Nassbruchwiderstand)	Nassfeste Papiere (mindestens 25 Prozent relativer Nassbruchwiderstand)	Dekorpapiere
	Qualifizierte Stichprobe oder 2-Stunden-Mischprobe g/t		
Adsorbierbare organisch gebundene Halogene (AOX)	50	80	80

Deutlichen, zuweilen störenden, Einfluss auf den Betrieb von Abwasserreinigungsanlagen können oberflächenaktive Stoffe (Entschäumer, Stoffentlüfter und andere Tenside) haben, die als Additive in der Produktion eingesetzt werden und bei einigen Sortenprogrammen im Abwasser häufiger in höheren Konzentrationen auftreten als bei anderen.

Die spezifischen Emissionen der altpapierhaltigen Papiersorten vor der biologischen Abwasserreinigung variieren über den großen Bereich von 6 bis 30 kg/t CSB.

Die Gehalte der Papierfabriksabwässer an Stickstoff und Phosphor sind generell gering, eine Addition für die biologische Abwasserreinigung ist meist nötig, mindestens was P betrifft. Die vorhandenen Konzentrationen können bei dieser Addition nicht berücksichtigt werden, weil nicht bekannt ist, wieweit die enthaltenen Stoffe biologisch verfügbar sind. Die notwendige Addition kann daher nur empirisch ermittelt werden.

Als Ergebnis zahlreicher vorliegender Untersuchungen ist festzuhalten, dass selbst für gleichartige Produkte mit gleichen Rohstoffen produktspezifische Frachten nicht mit für die Auslegung einer Restabwasserreinigungsanlage hinreichender Sicherheit angegeben werden können. Entsprechend sind die Konzentrationswerte im Abwasser von Papierfabriken sehr unterschiedlich, so dass eine Typisierung sowohl in der Dimensionierung als auch in der Gestaltung der Restabwasserreinigungsanlagen kaum möglich scheint. Frachtwerte, Abwassermengen und Schmutzstoffkonzentrationen, die für die Auslegung einer Restabwasserreinigungsanlage für eine Papierfabrik oder für die Bewertung eines von der Papierfabrik in eine öffentliche Restabwasserreinigungsanlage eingeleiteten Abwassers benötigt werden, sollten durch unmittelbare kontinuierliche Messung, die sich über einen Zeitraum von mindestens 30 Tagen erstrecken muss, festgestellt werden. Stichprobenartige Messungen geben keinen Aufschluss, da erhebliche kurzfristige Änderungen in Menge und Konzentration auftreten.

7.1.5 Innerbetriebliche Maßnahmen

7.1.5.1 Innerbetriebliche Maßnahmen bei der Zellstofferzeugung

Innerbetriebliche Maßnahmen bei der Zellstofferzeugung, die zur Verringerung der Schmutzstoffemission mit dem Abwasser führen, haben für den Zellstoffhersteller folgende wirtschaftliche Ziele, die sich mit ökologischen Zielsetzungen decken:

- Verringerung der Faserverluste mit dem Restabwasser,
- Verringerung der Kosten für Frischwasser und der Restabwasserbehandlungskosten durch Wiederverwendung und Verringerung der Abwassermenge,
- Verringerung von Energieverlusten.

Bei der Zellstoffherstellung gibt es neben kleineren, meist wenig belasteten Abwasserteilströmen nur zwei Hauptanfallbereiche, nämlich die bei der Eindampfung gebrauchter Aufschlusslösung entstehenden Brüdenkondensate im Sulfitverfahren und die Abwässer aus dem Bleichprozess (im Sulfit- und Sulfatverfahren, bei letzterem die Hauptquelle von Abwasser).

Bei der Eindampfung der verbrauchten Aufschlusslösung (oft als „Ablauge" bezeichnet, „Schwarzlauge" bei dem Sulfatverfahren, „Kochsäure" bei dem Sulfitverfahren) sind die Verfahren Sulfit und Sulfat zu unterscheiden.

Die bei der Eindampfung entstehenden Brüden werden kondensiert. Die Kondensate („Brüdenkondensat", „EDA-Kondensat") weisen eine hohe Belastung mit biologisch leicht abbaubaren Verbindungen auf. Sie werden bei dem konventionellen Sulfitverfahren als Abwasserteilstrom der Behandlung zugeführt. Bei dem Sulfatverfahren in heute üblichen Konfigurationen werden die Kondensate (getrennt in unterschiedlich belastete Fraktionen) teilweise gestrippt und dann wieder verwendet. Die Strip-Gase werden verbrannt. In das Abwasser gelangen dabei nur geringe Mengen zufälliger Verluste („*spills*").

Der Eindampfrückstand kann wegen seines hohen Energieinhalts erfolgreich als Energieträger verbrannt werden. Bei allen genannten Aufschlussverfahren wird eine möglichst weitgehende Rückgewinnung der Aufschlusschemikalien aus dem Verbrennungsrückstand (*recovery*) angestrebt.

Der Aufschluss kann unterschiedlich intensiv sein – bei zu weitgehendem Aufschluss werden die Eigenschaften der Faser nachteilig verändert –, stets bleibt aber ein Rest von färbenden Verunreinigungen, der eine chemische Nachbehandlung – die Zellstoff-Bleiche – erforderlich macht, wenn wegen der Farbe oder Anforderungen der Weiterverarbeitung diese Verunreinigungen stören. Innerbetriebliche Vermeidungsmaßnahmen im Bereich des Aufschlusses beschränken sich auf die weitgehende Erfassung der gebrauchten Aufschlusslösung (Stand der Technik etwa 99 %), die Reduzierung des Wassergebrauchs durch hoch entwickelte Waschtechnik und weitgehende Wiederverwendung des Wassers sowie die Reduzierung der Emission mit den Brüdenkondensaten durch verschiedene technische Maßnahmen, z. B. auch die Neutralisation der gebrauchten Aufschlusslösung vor der Eindampfung beim sauren Sulfitverfahren.

Die größten Aktivitäten in Richtung auf die innerbetriebliche Vermeidung wurden jedoch bei der Bleiche der Zellstoffe aufgewendet, da sich hier durch Verfahrensumstellungen – die allerdings erst technisch entwickelt werden mussten – große Entlastungsmöglichkeiten ergaben. Die Bleiche der Zellstoffe wurde klassisch mit Chlor durchgeführt. Dies ist ein kostengünstiges und sehr wirksames Bleichmittel, dessen Wirkung überwiegend auf seiner Oxidationskraft beruht. Die oxidierten – und dabei auch chlorierten – Verbindungen werden dann mit Alkali in der Extraktionsstufe ausgewaschen. Um bestimmte Eigenschaftsprofile gezielt erreichen zu können, wurden weitere Bleichstufen nachgeschaltet, wobei ursprünglich die Hypochlorit-Bleiche vorwiegend zum Einsatz kam. Da ein weit geführter Aufschluss die Fasereigenschaften nachteilig verändern kann, bevorzugte man es, diesen nicht so weit zu führen, und die Restbegleitstoffe mit Chlor zu entfernen. Als man erkannt hatte, dass dieses Vorgehen zu einer hohen Belastung der Abwässer mit biologisch schwer abbaubaren, teilweise toxischen Verbindungen (Summenparameter AOX) führte, suchte man nach anderen Wegen. Die Möglichkeit, Chlor durch andere Oxidationsmittel zu ersetzen, lag nahe. Als solche bieten sich hauptsächlich an: Chlordioxid, Sauerstoff, Peroxid und Ozon. Der vollständige Ersatz von Chlor und Chlorverbindungen durch Sauerstoff und/oder Wasserstoffperoxid wurde technisch realisiert (TCF-Zellstoff, *totally chlorine free*), führt aber zu einer Zellstoffqualität, die nicht immer uneingeschränkt anwendbar ist. Ozon wird zunehmend zur Bleiche angewendet. Der Ersatz von Chlor durch Chlordioxid mit ergänzenden chlorfreien Bleichstufen (ECF-Zellstoff, *elementary chlorine free*) erwies sich als ein Weg, die kritischen Emissionen der Bleiche weitestgehend zu vermeiden, ohne zu starke Qualitätseinbußen beim Endprodukt hinzunehmen. Eine weit reichende Entlastung erreicht man durch geschlossene Bleicherei-Kreisläufe (weitgehende Rückführung von Abläufen einzelner Bleichstufen in vorausgehende Stufen).

Wenn in der Sauerstoff- oder Peroxid-Stufe eine Base verwendet wird, welche bei der Eindampfung verbrauchter Kochsäure – bzw. der Wiederverwendung der Aufschlusschemikalien – nicht stört (z. B. Magnesium beim Sulfitverfahren), kann das Extraktionsabwasser der einzudampfenden verbrauchten Kochsäure zugefügt werden. Die erste Bleichstufe kann dann als eine Fortsetzung des Aufschlusses betrachtet werden und belastet das Abwasser nur sehr wenig. Kann diese Rückführung des Abwassers nicht erfolgen, ist der Einsatz von Sauerstoff oder Peroxid trotzdem ein ökologischer Vorteil, weil er keine Belastung mit den potenziell gefährlichen chlororganischen Verbindungen verursacht und die im Abwasser enthaltenen organischen Stoffe deutlich besser biologisch abbaubar sind, als die bei der Chlorbleiche entstehenden.

Bereits die Weiterführung des Aufschlusses bis zur technischen Grenze der Zellstoffqualität, was häufig durch Einsatz von Sauerstoff in einer zusätzlichen Aufschlussstufe gelingt (*oxygen delignification*), bedingte eine deutliche Verringerung des Chemikalienbedarfs bei der Bleiche und eine entsprechende Verringerung der Abwasserbelastung.

Während für Sulfatzellstoffe ECF Stand der Technik ist, kann für Sulfitzellstoffe erfolgreich TCF angewendet werden. Da aber weltweit für die Papierindustrie Sulfitzellstoff nur eine geringe Rolle spielt, muss ECF insgesamt als Standard für Papierzellstoffe betrachtet werden. Da die Unterschiede in den Umwelteinwirkungen zwischen TCF und fortgeschrittener ECF-Technologie bei der Erzeugung von Sulfatzellstoff nach Erkenntnissen vor allem nordamerikanischer Ökologen unerheblich sind [Carey et al. 1997], siehe auch [Hamm und Göttsching 2003], ist derzeit nicht anzunehmen, dass sich TCF als Standard auch für Sulfatzellstoffe durchsetzen wird.

7.1.5.2 Innerbetriebliche Maßnahmen bei der Papiererzeugung

Die spezifischen Abwassermengen, bezogen auf die Menge des erzeugten Produktes, wurden in der papiererzeugenden Industrie überall dort erheblich vermindert, wo die Situation der Wasserversorgung, die Situation der aufnehmenden Gewässer oder insgesamt die rechtlich relevanten Umweltschutzanforderungen dies verlangten. Ursprüngliches Ziel der Einschränkung des Wasserverbrauches war allerdings die Verminderung der Faserstoffverluste. Darüber hinaus wurden

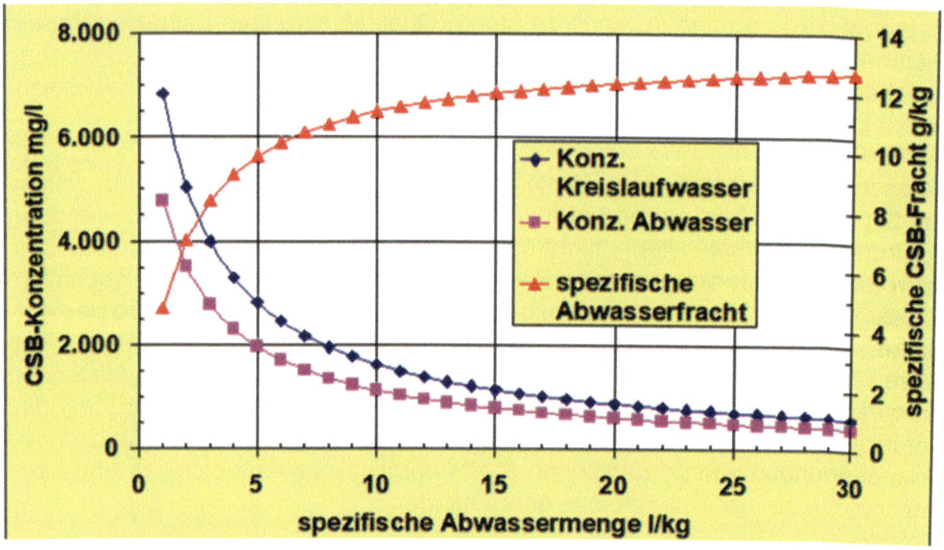

Bild 3: Abhängigkeit der CSB-Fracht und -Konzentration im Abwasser sowie der CSB-Konzentration im Kreislaufwasser von der spezifischen Abwassermenge bei einer Produktionsanlage zur Herstellung holzhaltiger Druckpapiere [Möbius 2017b]

andere wirtschaftliche Vorteile der Verringerung der Abwassermenge erkannt, die dazu beitragen, den Prozess auch über das durch andere Vorgaben erzwungene Maß hinaus weiter zu führen.

Durch die zunehmende Rückführung von Wasser in die Produktion wurde die mit dem Abwasser der Restabwasserreinigungsanlage zugeleitete Feststofffracht sehr deutlich verringert. Bei starker Einschränkung der spezifischen Wassermenge wird auch eine Verringerung der gelösten organischen Fracht beobachtet, da ein Teil dieser Fracht nunmehr als Rückstand aus der bei der Trocknung verdampften Wassermenge im Fertigprodukt Papier verbleibt. Der Zusammenhang zwischen der spezifischen Abwassermenge und der Restabwasserfracht, d. h. die Verteilung der in den Betrieb gelangenden Fracht zwischen Produkt und Abwasser in Abhängigkeit von der spezifischen Abwassermenge, kann theoretisch berechnet werden. Das wurde bereits mehrfach in der Literatur beschrieben. Die theoretisch berechneten Zusammenhänge stimmen nicht vollständig, da Adsorptionsvorgänge an den Faserstoffen eine Rolle spielen, die u. a. abhängig von der Konzentration im Kreislaufwasser sind. Man kann die theoretischen Kurven aber durchaus für Vorhersagen benutzen. Ein Beispiel aus der Praxis zeigt Bild 3. Auftretende Probleme und verfahrenstechnische Lösungen bei der Verringerung der spezifischen Abwassermenge wurden dargestellt [Möbius 1984; Möbius 2017b].

7.1.5.3 Geschlossene Wasserkreisläufe bei der Papiererzeugung (abwasserlose Produktion)

Die abwasserlose Produktion ist bei der Papiererzeugung definitionsgemäß dann gegeben, wenn kein mit Rohstoff oder Produkt in Berührung gekommenes Abwasser das Werk verlässt (unverschmutzte Kühlwässer unberücksichtigt) und der Frischwassereinsatz sich dementsprechend auf die Ergänzung der Verdampfungsverluste beschränkt, d. h. spezifisch zwischen 1,0 und 1,5 l/kg erzeugtes Produkt liegt [Brecht und Dalpke 1980]. Aus der oben dargestellten Tendenz zur Verringerung der spezifischen Abwassermenge ging bereits früh die Überlegung hervor, die abwasserlose Produktion zu verwirklichen. Seit mehr als 50 Jahren gibt es Betriebe, die dieses Ziel erreicht haben [Möbius 1979]. Die Anzahl dieser Betriebe ist gering und es handelt sich um solche, die als Rohstoff Altpapier einsetzen. Die Fertigprodukte sind in der Regel Verpackungspapiere, an die hohe Anforderungen bezüglich verschiedenartiger Festigkeitswerte, aber geringe Anforderungen bezüglich der Weiße gestellt werden. Die Verwirklichung der abwasserlosen Produktion ohne neuartige innerbetriebliche Reinigungsmaßnahmen ist also abhängig von der Art der erzeugten Produkte. Die vorher erwähnten Probleme, die sich bei der Verminderung der spezifischen Abwassermenge ergeben, treten erwartungsgemäß in besonders hohem Maße bei geschlossenen Kreisläufen auf.

Eine in den Wasserkreislauf integrierte biologisch Reinigung kann die Probleme teilweise mindern (die Anreicherung der Elektrolyte bleibt unverändert) [Diedrich et al. 1997; Bülow et al. 2003].

7.1.6 Abwasserreinigung

7.1.6.1 Mechanische Feststoffabscheidung

Die mechanische Feststoffentfernung dient in der Papier- und Zellstoffindustrie sowohl der innerbetrieblichen Rückgewinnung wiederverwendbarer Feststoffe als auch der Restabwasserreinigung. Da in manchen Fällen auch die in der Restabwasserreinigung abgeschiedenen Feststoffe wieder in die Produktion zurückgeführt werden, ist diese Trennung nicht eindeutig.

Bei innerbetrieblichen Maßnahmen werden zur Feststoffrückhaltung eingesetzt: Sedimentation, Flotation, Filtration und fraktionierend arbeitende Geräte.

In der Restabwasserreinigung werden überwiegend Sedimentationsanlagen, aber situationsabhängig auch Flotations- und Filtrationsanlagen, eingesetzt.

Als Sedimentationsanlagen werden – vorwiegend im Bereich der Restabwasserreinigung – die aus der Abwassertechnik allgemein bekannten bodengeräumten Klärbecken in Längs- oder Rundbauweise verwendet.

Als Nachteil ist allen Sedimentationsanlagen gemeinsam, besonders beim innerbetrieblichen Einsatz, das große erforderliche Wasservolumen, welches durch lange Verweilzeit bedingt die Gefahr der anaeroben Zersetzung mit sich bringt. Besonders groß ist diese Gefahr, wenn der sedimentierte Schlamm nicht kontinuierlich geräumt wird.

Sollen die Sedimentationsanlagen einer weitgehenden Feststoffabscheidung dienen, so betreibt man sie in der Papierindustrie in der Regel mit einer Oberflächenbeschickung von unter etwa 1 m^3/m^2h, sofern keine besonders wirksamen Flockungsverfahren eingesetzt werden. Bei gut sedimentierenden Abwässern und Einsatz gut wirksamer Flockungsverfahren werden auch Oberflächenbeschickungen bis 1,6 m^3/m^2h angewendet. Wie bei allen Sedimentationsanlagen im Bereich der Abwassertechnik muss auf möglichst gleichmäßige, vor allem stoßbelastungsfreie, Beschickung geachtet werden. Dem gut geplanten Einsatz richtig dimensionierter und betriebener Pufferanlagen und kontinuierlich arbeitender Pumpen im Zulauf kommt hier erhebliche Bedeutung zu.

Als Filter zur Stoffrückhaltung werden bevorzugt Scheibenfilter eingesetzt. Zur weitgehenden Feststoffentfernung ist die Bildung einer Anschwemmschicht, in der Regel aus den eigenen Fasern des Stoffsystems, erforderlich.

Zur Flotation werden nahezu ausschließlich Teilstrom- oder Vollstrombelüftungsanlagen mit Druckbelüftung (4 bis 6 bar) verwendet. Zur Unterscheidung von den beim Deinking verwendeten mittelblasigen Flotationen werden sie auch Mikroflotation (bzw. DAF – *dissolved air flotation*) genannt. Während Sedimentations- und Filtrationsverfahren häufig ohne separaten Chemikalienzusatz (Flockungs- oder Flockungshilfsmittel) betrieben werden, können Flotationsanlagen im Bereich der Papier- und Zellstoffindustrie normalerweise nicht ohne den Zusatz von Flotationshilfsmitteln arbeiten. Angewendet werden heute überwiegend offene Flotationsstofffänger, sowohl Rechteck- als auch Rundbecken. Die Anlagen werden oft flach gebaut und haben damit eine geringe Verweilzeit.

Allgemeine Auslegungsrichtlinien können für die Flotationsstofffänger wegen der sehr unterschiedlichen Bauweise nicht gegeben werden. Die Flächenbeschickungen liegen bei 5 bis 10 m^3/m^2h. Gegen hydraulische Stöße sind Flotationsanlagen der hier beschriebenen Bauweise etwas weniger empfindlich als Sedimentationsanlagen. Schwankende Feststoffbelastungen werden sie bis zu einem Grenzwert, der vor allem durch die Belüftungskapazität und die Kapazität der Flotaträumung gegeben ist, gut vertragen. Bei Überschreitung dieser Grenzwerte ist mit einer drastischen Verschlechterung der Klarwasserqualität zu rechnen.

7.1.6.2 Physikalisch-chemische Abwasserreinigung

Physikalisch-chemische Abwasserreinigungsverfahren (Adsorption, z. B. mit Aktivkohle oder mit Absorberharz), die in ihrer Wirkung über die Anwendung von Flockungs- und Fällungsmitteln hinausgehen, wurden in der Papier- und Zellstoffindustrie häufig untersucht, finden aber aus Kostengründen nur in Ausnahmefällen Anwendung.

Durch mechanische oder chemisch-mechanische Reinigung werden generell die absetzbaren bzw. abfiltrierbaren Feststoffe (AFS) vor der biologischen Reinigung entfernt (Sedimentation, Flotation oder Filtration).

7.1.6.3 Biologische Abwasserreinigung

Aerobe biologische Abwasserreinigung

Bei der Festlegung dieser Anforderungen nach Anhang 28 der AbwV wurde die biologische Abwasserreinigung mit wenigen Ausnahmen als Stand der Technik angesehen.

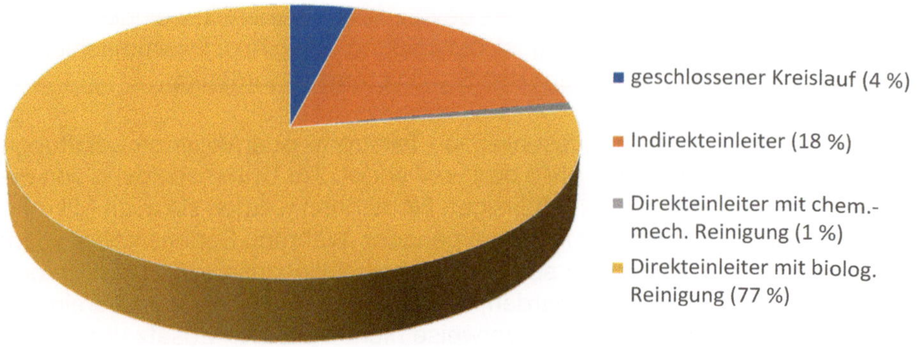

Bild 4: Abwasserreinigung der deutschen Papierindustrie bezogen auf die erzeugte Produktmenge im Jahr 2016 [Bienert und Persin 2018].

Wegen des Anteils der refraktären Stoffe am CSB im Papierfabriksabwasser kann ggf. eine oxidative oder adsorptive Nachbehandlung erforderlich sein, um Anforderungen an die Einleitqualität zu erfüllen.

Die Abwässer des größten Teils der Papiererzeugung in der Bundesrepublik Deutschland werden biologisch gereinigt (Bild 4). Dies kann durch Einleitung in eine öffentliche Abwasserreinigungsanlage oder eine externe industrielle Abwasserreinigungsanlage geschehen, wovon etwa 18 % der Papierfabriken der Bundesrepublik Deutschland Gebrauch machen. Andernfalls muss eine werkseigene biologische Abwasserreinigungsanlage betrieben werden, was von etwa 77 % der Papierfabriken in der Bundesrepublik Deutschland getan wird. Etwa 4 % der Werke arbeiten mit einem geschlossenen Kreislauf (abwasserlose Produktion), weniger als 1 % dürfen ihre Abwässer wegen sehr geringer Konzentrationen und Frachten nach chemisch-mechanischer Reinigung einleiten.

Auf die Gefahr durch Legionellen in Abwasseranlagen der Papier- und Zellstofffabriken wurde in Abschnitt 2.5.3 eingegangen.

Die Papierfabriksabwässer sind verhältnismäßig gut biologisch abbaubar. Der Quotient BSB_5 zu CSB liegt überwiegend bei etwa 0,5 (0,4 bis 0,55). Gleiches gilt allerdings nicht immer für die Abwässer aus Zellstofffabriken. Je nach Herkunft des Abwassers kann das BSB_5- zu CSB-Verhältnis dort bis herab zu 0,3 betragen.

Gemeinsam ist den Papierfabriks- und den Zellstofffabriksabwässern das Problem der einseitigen Nährstoff-Zusammensetzung. Die abbaubaren Stoffe sind vorwiegend Kohlenhydratverbindungen. Stickstoff- und Phosphorverbindungen fehlen nahezu vollständig. Bei der biologischen Abwasserreinigung müssen daher Stickstoff- und

Phosphorverbindungen ergänzt werden. Die außerdem von den Mikroorganismen benötigten Spurenelemente sind in der Regel in ausreichendem Maße vorhanden, sie werden nicht zugegeben. Eine Ausnahme sind in dieser Hinsicht die Eindampfkondensate der Zellstofffabriken, bei denen – sofern sie einer biologischen Reinigung unterzogen werden sollen – empirisch zu ermittelnde Spurenelement-Mineralstoff-Mischungen zugesetzt werden sollten. Bei der Zugabe von Stickstoff- und Phosphorverbindungen geht man im Allgemeinen von dem Verhältnis $BSB_5 : N : P = 100 : 5 : 1$ aus. In der Praxis wird die Nährstoffdosierung ausgehend von diesen Werten im Allgemeinen empirisch so gesteuert, dass im biologisch gereinigten Abwasser Restgehalte von Ammonium-Stickstoff und ortho-Phosphat-Phosphor von jeweils unter 1 mg/l gemessen werden. Ergänzend ist eine Analyse des Belebtschlammes zu empfehlen, um Nährstoffmangel zu vermeiden, vgl. [Demel et al. 1992]. Daraus ergeben sich dann von Anlage zu Anlage etwas unterschiedliche Nährstoffverhältnisse, wobei typisch das Verhältnis $BSB_5 : N : P = 100 : 3{,}5 : 0{,}7$ ist. Die Nährstoffergänzung erfolgt überwiegend durch Dosierung der Lösungen von Harnstoff und Phosphorsäure (auch gemeinsam). Andere Ammonium- und Phosphatverbindungen sind als Nährstoffergänzung möglich und erprobt, haben sich jedoch nicht durchsetzen können.

In Einzelfällen können Papierfabriks- oder Zellstofffabriksabwässer eine Zusammensetzung haben, die Belebtschlammmikroorganismen in ihrer Stoffwechseltätigkeit hemmt oder sogar toxisch auf diese Organismen wirkt. Dies kann durch kurzfristige Dosierung oder stoßweise Überdosierung bestimmter Hilfsmittel der Fall sein [Demel und Möbius 1983; Möbius und Demel 1985]. Im Gesamtablauf des Werkes gleicht sich dies jedoch im Allgemeinen soweit aus, dass es zu keinen wesentlichen Störungen in der Reinigungsanlage kommt. Besonders bei Belebungsanlagen, aber auch bei anderen biologischen Reinigungsverfahren, ist eine weitgehende Entfernung der absetzbaren Feststoffe vor der Einleitung des Wassers in die biologische Reinigungsanlage sinnvoll, da andernfalls die Anreicherung der inerten Feststoffe zu Problemen in der Steuerung und im Betrieb der Anlagen führen kann. Dies gilt insbesondere, wenn die Belastung mit den inerten Feststoffen großen Schwankungen unterworfen ist.

Als biologische Abwasserreinigungssysteme für Papierfabriks- und Zellstofffabriksabwässer werden vorwiegend zweistufige biologische Anlagen mit einer aeroben Trägerbiologie (Schwebebett, MBBR) oder einem anaeroben EGSB-Reaktor vor einer Belebungsanlage [Möbius 2017b] eingesetzt. Schwach belastete Belebungsanlagen sind die in der Papier- und Zellstoffindustrie bevorzugten Endstufen der biologischen Reinigungssysteme.

Blähschlammbildung, früher ein typisches Problem von Papierfabriksanlagen, tritt kaum noch auf, seit die zweistufigen Anlagen vorherrschen.

Bevorzugte Verfahren zur aeroben Behandlung der Papierfabriksabwässer sind:

- Das Belebungsverfahren in den Varianten:
  - einstufig total durchmischt,
  - einstufig mit Rückschlammwiederbelüftung,
  - Belebungskaskade,
  - zweistufige Belebung,
  - sequencing batch reactor (SBR),
  - Membranbioreaktor (MBR).
- Hochlast-Tropfkörper ($B_{R,BSB} > 2$ kg/m^{3}d) als erste Stufe einer zweistufig-biologischen Anlage, meist gefolgt von einer Belebung (vorzugsweise ohne Zwischenklärung);
- Hochlast-Trägerbiologie (MBBR = moving bed biofilm reactor, suspended carrier biofilm process, Schwebebettverfahren) als erste Stufe einer zweistufig-biologischen Anlage, meist gefolgt von einer Schwachlast-Belebung ohne Zwischenklärung;
- Schwachlast-Anlagen (bei geringer BSB-Konzentration des zu behandelnden Abwassers):
  - Schwachlast-Tropfkörper ($B_{R,BSB} < 0,5$ kg/m^{3}d),
  - Scheibentauchkörper,
  - Abwasser-Biofilter,
  - zweistufige Biofilter,
  - belüftete Teiche.

Zu beachten ist bei allen Biofilm-Reaktoren zusätzlich zum beschriebenen biochemischen Abbau organischer Stoffe die Elimination durch Sorptionsvorgänge [Flemming 1995].

Zur Dimensionierung der Nachklärbecken werden die DWA-Richtlinien benutzt, wobei mit einem Schlammindex von 300 ml/g gerechnet wird. Soll die BSB-Schlammbelastung < 0,3 kg/kgd betragen, wird man bei typischen Raumbelastungen in der Regel Schlammgehalte im Belebungsbecken von 2 bis 4 g/l wählen. Daraus ergeben sich für die Oberflächenbeschickung des Nachklärbeckens Werte von < 0,3 m^3/m^{2}h und die erforderliche Rückschlammführung liegt bei 300 %. Dies sind die Auslegungswerte, die sich in der Praxis bei Papierfabriken als ausreichend sicher erwiesen haben. Eine Oberflächenbeschickung des Nachklärbeckens von 0,4 m^3/m^{2}h sollte als Auslegungsgröße nicht überschritten werden. Bei der genannten großen Dimensionierung des Nachklärbeckens ist dringend darauf zu achten, dass das Räumsystem einen möglichst geringen Schlammgehalt im Nachklärbecken gewährleistet, damit der Schlamm nicht anaerob wird. Papierfabriksabwässer neigen in der Regel aufgrund ihres relativ hohen Sulfatgehaltes sehr stark zu H_2S-Bildung durch Reduktion von Sulfat in anaerobem (bzw. anoxischem) Medium. Dies kann zu Störung der Biozönose mit nachfolgender Blähschlammbildung führen. Besonders bewährt haben sich aus diesem Grund für die Räumung von großzügig dimensionierten Nachklärbecken gut ausgebildete Saugräumer.

Anaerobe biologische Abwasserreinigung

Die heute bevorzugte Kombination der anaeroben mit der aeroben Behandlung führt zu guten Ergebnissen. Die anaeroben Reaktoren werden – je nach Wahl des Verfahrens – mit CSB-Raumbelastungen von 2 bis 24 kg/m^{3}d betrieben. Als Anaerob-Reaktoren werden heute überwiegend EGSB-Reaktoren verschiedener Bauart mit hohen CSB-Raumbelastungen eingesetzt [Möbius und Demel 2016].

Die Bleicherei-Abwässer der Zellstofferzeugung werden – ggf. nach einer Fällungsreinigung – dabei bevorzugt der aeroben Endstufe zugeführt.

Die anaerobe Abwasserreinigung, die sich zur Behandlung der Eindampfkondensate der Zellstofferzeugung bereits früh durchgesetzt hatte, ist auch für die Abwässer der Papierindustrie gut geeignet, sofern geeignete Bedingungen vorliegen [Möbius und Demel 1986; Möbius 2017a]. Mit den heute verbreitet eingesetzten anaeroben Prozessen kann die Möglichkeit der anaeroben Reinigung eines Papierfabriksabwassers mit einer CSB-Konzentration von < 2.000 mg/l als gesichert gelten.

Die Anforderungen können wir folgt zusammengefasst werden:

- Geringe Konzentrationen von suspendierten Stoffen (AFS), vorzugsweise im Mittel < 50 mg/l, höchstens kurzzeitig 80 mg/l.
- Aus wirtschaftlichen Gründen sollte die CSB-Konzentration hoch sein (je nach Verfahren mindestens 1.000 mg/l, besser über 2.000 mg/l).
- Im Verhältnis zur CSB-Konzentration geringe Sulfat-Konzentrationen, wobei für die Praxis folgende Richtwerte gelten können:
  - CSB 4 g/l, Sulfat möglichst < 100 mg/l, maximal 560 mg/l,
  - CSB 3 g/l, Sulfat möglichst < 70 mg/l, maximal 420 mg/l,
  - CSB 2 g/l, Sulfat möglichst < 50 mg/l, maximal 280 mg/l.

(Vereinfachte Regel: Sulfat / CSB < 1 / 10)

- Calciumgehalt möglichst gering, bei unvermeidlich höheren Calciumgehalten ist auf die Verfahrenswahl zu achten. Möglichkeiten der Ca-Elimination prüfen [Möbius 2017b].

- Keine Stoffe einsetzen, die toxisch für die anaeroben Mikroorganismen, insbesondere für die methanogenen Mikroorganismen, sind. Größte Vorsicht bei der Auswahl von Hilfsmitteln, insbesondere von Mikrobiziden und Reinigern.
- Temperatur und pH-Wert des Abwassers sind vor Eintritt in den eigentlichen Methanreaktor auf pH 7,0 und T 38 °C einzustellen. Der pH-Wert kann bei Eintritt in den Methanreaktor < 7 sein, wenn sichergestellt wird, dass nach Methanisierung der organischen Säuren der pH-Wert neutral ist. Eine Temperatur von 38 °C ist für das übliche mesophile Verfahren optimal, eine geringere Temperatur mindert die Reaktionsgeschwindigkeit und damit – abhängig von der Verweilzeit – den Abbau.

Die Anforderungen, die an die Qualität der in Oberflächengewässer eingeleiteten Abwässer in den Industrieländern Mitteleuropas zu stellen sind, machen es erforderlich, die anaerobe Behandlung der Papierfabriksabwässer in der Restabwasserreinigung stets durch eine nachgeschaltete aerobe Behandlung zu ergänzen. Dies kann entfallen, wenn die anaerob gereinigten Abwässer in den Produktionskreislauf zurückgeführt oder in einer öffentlichen Abwasserbehandlungsanlage gereinigt werden soll. Eine ausreichend dimensionierte Zwischenbelüftung genügt in diesen Fällen.

Auch in Papierfabriken, deren Gesamtabwasser nicht den oben genannten Anforderungen für die anaerobe Reinigung entsprechen, lassen sich in einigen Fällen Abwasserteilströme finden, die anaerob behandelt werden können. Systematische Untersuchungen zu dieser Frage wurden durchgeführt [Möbius 2017b].

Ein Beispiel für eine anaerob-aerobe biologische Abwasserreinigung in einer Papierfabrik (Stand 2018):

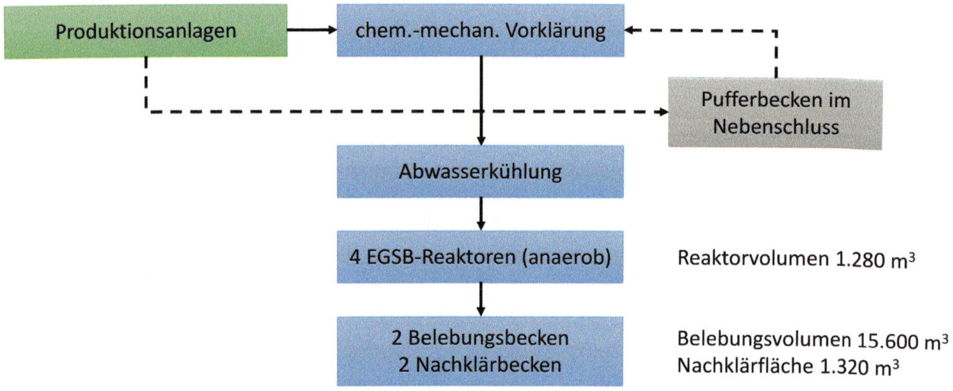

Bild 5: Schema der anaerob-aeroben Abwasserreinigungsanlage einer Papierfabrik

Eine Papierfabrik mit einer Jahresproduktion von 280.000 t (netto) Druckpapier aus Altpapier (Altpapierbedarf 350.000 t) hat eine Abwassermenge von etwa 9.000 m³/d zu reinigen.

Dies geschieht mit dem in Bild 5 dargestellten System.

Literatur

AbwV (2018): Verordnung über Anforderungen an das Einleiten von Abwasser in Gewässer vom 17. Juni 2004 (BGBl. I Nr. 28 vom 22.06.2004 S. 1108, ber. 2004 S. 2625; zuletzt geändert 22.08.2018 S. 1327).

Bienert, C. und Persin, C. (2018): Wasser- und Rückstandsumfrage in der deutschen Zellstoff- und Papierindustrie 2016. Wochenblatt für Papierfabrikation 146 Nr. 3, S. 158 – 163.

Böttger, J.; Schultz, M.-L.; Krause, T. (1978): Analyse wasserlöslicher Holzschliff- und Zellstoffbestandteile. Das Papier 32 Nr. 10 A, S. V 39 – 45.

Brecht, W. und Dalpke, H.-L. (1980): Wasser, Abwasser, Abwasserreinigung in der Papierindustrie. Güntter-Staib-Verlag, Biberach an der Riß.

Bülow, C.; Pingen, G.; Hamm, U. (2003): Schließung des Wasserkreislaufs einer Altpapier verarbeitenden Papierfabrik unter besonderer Berücksichtigung der Calcium-Problematik. ipw Das Papier Nr. 1, S. T1 – T8.

Carey, J.; Halliburton D.; Munkittrick, K.; Cook, H. (1997): Results from a Canadian multi-agency pulp and paper effluent effects research program. Water Science and Technology 35 Nr. 2 – 3.

Demel, I. und Möbius, C. H. (1983): Toxische Hemmungen in Papierfabriksabwässern, Teil 1. Wochenblatt für Papierfabrikation 111 Nr. 3, S. 95 – 102.

Demel, I.; Spörl, R.; Baumgarten, H. L. (1992): Maßnahmen zur Einhaltung wasserrechtlicher Grenzwerte für Stickstoff- und Phosphorverbindungen in Papierfabrikabwässern. Das Papier 46 Nr. 10 A, S. V45 – V53.

Diedrich, K.; Hamm, U.; Knelissen, H. J. (1997): Biologische Kreislaufwasserbehandlung in einer Papierfabrik mit geschlossenem Wasserkreislauf. Das Papier 51 Nr. 6 A, S. V153 – V159.

Fischer, S. (1982): Zur Problematik der Holzstoffbleiche mit Peroxid und Dithionit. Das Papier 36 Nr. 10, S. 481 – 486.

Flemming, H.-C. (1995): Sorption sites in biofilms. Water Science and Technology 32 Nr. 8, S. 27 – 33.

Gruber, E. (2011): Grundlagen der Zellstofftechnologie. Vorlesungsskriptum zum Lehrgang „Papiertechnik" an der Berufsakademie Karlsruhe. Version 2011. http://gruberscript.net/14Alternative_Aufschlussverfahren.pdf

Hamm, U. und Göttsching, L. (2003): ECF- und TCF-Sulfatzellstoffe – ein Vergleich ihrer Umweltbelastungen. ipw Das Papier Nr. 2, S. T22 – T29.

Krause, T.; Hegenbart, K.; Schempp, W. (1986): Wasserlösliche Substanzen aus Holzschlif – Art, Menge und Wirkung. Allgemeine Papier-Rundschau Nr. 5, S. 112-116.

Möbius, C. H. (1979): Die Abwassersituation der Zellstoff- und Papierindustrie in der BRD. Wochenblatt für Papierfabrikation 107 Nr. 19, S. 765 – 775.

Möbius, C. H. (1984): Verfahrens- und Anlagentechnik bei der Verringerung der spezifischen Abwassermenge. Wochenblatt für Papierfabrikation 112 Nr. 3, S. 75 – 82.

Möbius, C. H. (2017a): Umbau der Abwasserreinigungsanlage: Konzepterstellung – Planung und Parameter. Wochenblatt für Papierfabrikation, 145 Nr. 6, S. 424 – 427.

Möbius, C. H. (2017b): Abwasser der Papier- und Zellstoffindustrie, 5. Auflage, Dezember 2017. http://www.cm-consult.de, Datei AbwasserCM_500.pdf

Möbius, C. H. und Demel, I. (1985): Toxische Hemmungen in Papierfabriksabwässern, Teil 2. Wochenblatt für Papierfabrikation 113 Nr. 21, S. 797 – 804.

Möbius, C. H. und Demel, I. (1986): Verfahrenstechnik der anaeroben Abwasserreinigung. Allgemeine Papier-Rundschau Nr. 7, S 172 – 178.

Möbius, C. H. und Demel, I. (2016): Anaerobe Abwasserbehandlung in der Papier- und Zellstoffindustrie. Aktuelle Entwicklungen. Wochenblatt für Papierfabrikation 144 Nr. 6, S. 362 – 367.

Pastusiak, R. (2003): Charakterisierung von Zellstoffkomponenten. Dissertation. Betreut von W. Hiller. München. Technische Universität, Fakultät Chemie. https://mediatum.ub.tum.de/doc/601305/601305.pdf

Sahm, H. (1984): Biologische anaerobe Abwasserreinigung. Das Papier 38 Nr. 10 A, S. V 23 – V 30.

7.2 Textilabwasser

Joachim M. Marzinkowski

7.2.1 Allgemeines

Bei der Herstellung von Textilien fällt Abwasser im Wesentlichen bei der Wäsche und Bleiche, beim Färben und Drucken an, die als Prozesse zur Garn- oder Flächenveredlung zählen. Das Abwasser enthält die chemischen Stoffe, die entlang der Herstellkette von Textilien je nach Art der Faser, des Herstellungsverfahrens und der Gebrauchseigenschaften eingesetzt werden, soweit diese nicht durch die Veredlungsprozesse an die Faserstoffe gebunden sind. Außerdem werden die in den natürlichen Faserstoffen enthaltenen, in Wasser löslichen oder dispergierbaren Stoffe und die bei der Synthesefasererzeugung, der Garn- und Flächenherstellung eingesetzten chemischen Stoffe bei der in wässrigen Systemen vorgenommenen Veredlung freigesetzt und ebenfalls an das Abwasser abgegeben. Die Textilveredlung ist daher durch einen hohen Wasserverbrauch, demzufolge einen entsprechenden Abwasseranfall sowie eine hohe organische Fracht gekennzeichnet. Zum Teil sind die im Abwasser enthaltenen Stoffe biologisch schwer abbaubar und gelangen ggf. in die Gewässer. Auf diesen Zusammenhang konzentriert sich dieser Bericht.

Die Einordnung der Textilveredlung in der textilen Kette ist im Bild 1 des Merkblatts DWA-M 733 übersichtlich dargestellt. Textilien werden entweder als Garne gefärbt und aviviert (Garnveredlung) oder als Flächengebilde gefärbt, gedruckt und ausgerüstet [DWA 2015].

Seit Beginn der 1990er-Jahre gewinnt der Produktionsintegrierte Umweltschutz zunehmend an Bedeutung. Das Ziel besteht in einem stetig verminderten Schadstoffeintrag in die Umwelt durch produktionsintegrierte Maßnahmen, die in einer kontinuierlichen Steigerung der Ressourceneffizienz, in der Bildung von Wasserkreisläufen und der Vermeidung von gewässerrelevanten Schadstoffen schon an der Quelle ihres Entstehens weit verbreitet sind. Zunehmend wird eine nachhaltige Textilproduktion angestrebt. Maßnahmen, die diesen Zielen entsprechen, werden nachfolgend beispielhaft beschrieben. Umfangreiche Informationen zum fortschrittlichen Stand der Technik sind dem noch gültigen BVT-Merkblatt Textilindustrie zu entnehmen [BVT 2003].

7.2.2 Herkunftsbereiche des Abwassers

7.2.2.1 Allgemeines

In den vergangenen 30 Jahren wurden bei der Textilveredlung vielfältige Maßnahmen zur Wassereinsparung und zur Vermeidung von AOX- und Buntmetallemissionen im Abwasser durch die Optimierung der Veredlungsprozesse vorgenommen. Das Abwasser weist heute eine sehr viel höhere Konzentration an Salzen und organischen Stoffen auf, obwohl die Salz- und organische Fracht insgesamt eher geringer geworden ist. Das Abwasser enthält noch die im Prozess benötigten Farbstoffe und Hilfsmittel, die verfahrensbedingt nicht auf den Fasern fixiert werden konnten, sowie die mit den Rohstoffen in die Veredlungsprozesse eingeschleppten Faserbegleitstoffe und die für die Wasch- und Vorbehandlungsprozesse notwendigen Hilfsmittel. Im Blickwinkel des Gewässerschutzes steht heute die refraktäre CSB-, Stickstoff- und Phosphorfracht der biologisch nicht oder schwer abbaubaren Stoffe des Abwassers aus der Textilveredlung. Der Eintrag persistenter Stoffe, wie z. B. perfluorierte organische Verbindungen (PFC), und sehr toxischer Stoffe, wie beispielsweise Fungizide, wird durch geeignete, produktionsintegrierte Maßnahmen soweit möglich vermieden. Hinweise zu diesen und anderen gefährlichen Eigenschaften der Einsatzstoffe der Textilveredlung werden üblicherweise den Sicherheitsdatenblättern der Lieferanten entnommen.

Präparations- und Schlichtemittel, die aus den Vorstufen der textilen Fertigung stammen und in das Abwasser der Textilveredlung gelangen, machen einen großen Teil der CSB-Fracht des Abwassers aus; 50 % bis 70 % der CSB-Fracht sind bei der Gewebeveredlung insbesondere auf die für das Weben benötigte Schlichte zurückzuführen (nähere Hinweise siehe Tabellen 7 und 8 in [DWA 2015]).

Für Gewässer problematische Stoffe betreffen zum einen die stoßweise in die Kläranlage eingebrachten Polyvinylalkohole, die als Schlichtemittel für die Gewebeherstellung eingesetzt werden und in der kalten Jahreszeit nicht in der erforderlichen Weise biologisch abgebaut werden [Schönberger et al. 1996], und zum anderen fluororganische, niedrigmolekulare Verbindungen aus der Appretur sowie organische Phosphorverbindungen aus verschiedenen Bereichen der Textilveredlung. Eine betriebliche Lösung zur Beseitigung dieser Stoffe aus dem Abwasser ist derzeit noch nicht in Sicht.

Eine Übersicht über die Beschaffenheit von Textilabwasser ist Tabelle 1 zu entnehmen. Es handelt sich um die Veredlung von Flocke, Garnen und Flächengebilden für verschiedene Einsatzbereiche, die in Tabelle 2 zusammengestellt sind.

Farbiges Abwasser fällt bei der Färbung und beim Farbdruck von Textilien an. Die gewichtete Farbzahl (FZ) als charakteristische Größe ist eine summarische Größe der bei den Wellenlängen 436 nm (gelbe Färbung), 525 nm (rote Färbung) und 620 nm (blaue Färbung) ermittelten spektralen Absorptionskoeffizienten (Durchsichtsfarbzahlen, DFZ) und wird nach Gleichung 1 berechnet.

$$FZ = \frac{[(DFZ_{436nm})^2 + (DFZ_{525nm})^2 + (DFZ_{620nm})^2]}{[(DFZ_{436nm}) + (DFZ_{525nm}) + (DFZ_{620nm})]} \qquad \text{(Gl. 1)}$$

Die Einheit ist 1/m. Wenn keine Zahlenangaben zu den spektralen Absorptionskoeffizienten verfügbar sind, erfolgt eine qualitative Einschätzung (Tabelle 1).

Die in Tabelle 1 mit „*“ gekennzeichneten Farbzahlen deuten auf eine betriebliche Abwasservorbehandlung (kat. Flockung) stark farbiger Teilströme der Reaktivfärberei hin. Bei den Betrieben handelt es sich um Flocke- und Garnfärbereien (Beispiele 1 und 8), eine Gewebeveredlung für Oberbekleidungsstoffe (2) und verschiedene Ausrüstungsbetriebe für Technische Textilien.

Ein erkennbarer Unterschied besteht zwischen der Beschaffenheit der Abwässer aus diskontinuierlicher Verfahrensweise der Färberei (Beispiele 1, 4 und 8) und dem Abwasser, das aus ausschließlich kontinuierlich betriebenen Veredlungsverfahren stammt (2, 5, 6 und 7), insbesondere erkennbar an der CSB-Konzentration. Auch der spezifische Wasserverbrauch ist dafür ein Hinweis (siehe hierzu auch Tabelle 5 in [DWA 2015]). Bei kontinuierlicher Verfahrensweise fällt das Abwasser gleichmäßig in Menge und Beschaffenheit über längere Zeiträume an. Bei diskontinuierlicher Arbeitsweise, bei der stufenförmige Prozesse vorherrschend sind, fällt das Abwasser stoßweise an. Die Beschaffenheit ist davon abhängig, ob am Ende einer Prozessstufe ein Prozessbad oder ein Spülbad abgelassen wird. Die Beschaffenheit des Abwassers ist außerdem abhängig von der Art der Veredlung, der Faserart und der eingesetzten chemischen Stoffe (Farbstoffe, chemischen Hilfsmittel für die Vorbehandlung und Färberei sowie Druckerei, Säuren, Alkali,

Tabelle 1: acht Beispiele zur Beschaffenheit des Abwassers aus der Textilveredlung (Jahresdurchschnittswerte; „n.b.“: Es lagen keine Messwerte vor)

Parameter	Einheit	1	2	3	4	5	6	7	8
Temperatur	°C	24	36	30	28	35	42	38	35
Elektr. Leitfähigkeit	µS/cm	1.800	7.170	15.900	1.300	4.310	n.b.	16.500	6.500
pH-Wert		7,4	10,8	8,5	7,6	n.b.	7,5	9,5	8
Farbigkeit/ Durchsichtfarbzahl*	m^{-1}	39	14,3*	hoch	gering	gering	nicht	150	<25*
Abfiltrierbare Stoffe	mg/l	n.b.	n.b.	n.b.	n.b.	562	37	280	n.b.
TOC	mg/l	130	n.b.	n.b.	n.b.	3.600	960	n.b.	n.b.
CSB	mg/l	330	1.685	3.550	1.100	10.030	2710	4.360	1.260
BSB_5	mg/l	n.b.	n.b.	n.b.	n.b.	1.440	970	980	280
Summe BTX (Benzol, Toluol, Xylol)	µg/l	<1	0,9	n.b.	n.b.	n.b.	n.b.	n.b.	n.b.
AOX	µg/l	140	410	n.b.	700	n.b.	n.b.	<500	<500
Chrom ges.	mg/l	<0,03	<0,01	n.b.	n.b.	n.b.	n.b.	n.b.	n.b.
Kupfer	mg/l	0,52	0,62	0,78	n.b.	n.b.	n.b.	0,6	0,5
Nickel	mg/l	<0,01	0,03	n.b.	n.b.	n.b.	n.b.	n.b.	n.b.
Zink	mg/l	0,06	0,07	n.b.	n.b.	n.b.	n.b.	n.b.	n.b.
Antimon	mg/l	n.b.	n.b.	n.b.	0,92	n.b.	n.b.	n.b.	0,2
Chlorid	mg/l	344	n.b.	n.b.	n.b.	n.b.	n.b.	n.b.	2.400
Sulfat	mg/l	n.b.	n.b.	n.b.	n.b.	n.b.	n.b.	4.500	750
Sulfid	mg/l	<0,01	<0,04	n.b.	0,2	n.b.	n.b.	<2	n.b.
N_{ges} Stickstoff	mg/l	32,2	70	58	n.b.	n.b.	11	n.b.	<10
P_{ges} Phosphor	mg/l	8	28	9,8	4,5	8,6	15	n.b.	9
Spez. Wasserverbrauch	l/kg Textil	23	10	58	57	13	19	7,5	10
Spez. Verbrauch chem. Stoffe	g/kg Textil	92	n.b.	430	245	274	210	25	480
Spez. CSB-Fracht im Abwasser	g/kg Textil	30	120	137	47	128	52	35	12,6
Spez. Salzfracht im Abwasser	g/kg Textil	n.b.	400	n.b.	n.b.	n.b.	n.b.	95	45

Neutralsalze, Reduktions- und Oxidationsmittel, Nachbehandlungsmittel u. a.) und dem Fixiergrad. Wenn beispielsweise in der Färberei dunkelblaue Farbtöne vorherrschen, kann der Gehalt an AOX und Cu-Ionen im vermischten Abwasser zeitweise höhere Werte annehmen als die angegebenen Jahresdurchschnittswerte. In der Polyamid- und Wollfärberei ist die Konzentration an Cr(III)-Ionen (als „Cr_{ges}“) wegen der dort möglicherweise eingesetzten Metallkomplexfarbstoffe zu beachten. Durch produktionsintegrierte Maßnahmen, die in den letzten 20 Jahren insbesondere in der Substitution von Farbstoffen und Textilhilfsmitteln mit hohem AOX- und/oder Buntmetallgehalt bestanden, konnte über alle Faserbereiche eine hohe Reduktion dieser Abwasserfrachten erreicht werden. Dazu hat auch die Etablierung der Abwasseranalytik in größeren Textilbetrieben beigetragen, die als Küvettentest (CSB, P_{ges}, N_{ges}, Farbigkeit, sowie nach oxidativem Aufschluss auch Cu, Co, Cr, Zn und Sn) zielführende Hinweise zur Beschaffenheit nicht nur des Gesamtabwassers, sondern auch von Teilströmen und zum Wasser von Prozessstufen liefert. Zur Entwicklung und Durchführung von Verbesserungsmaßnahmen bieten sich die auf die eingesetzte Textilmenge bezogenen spezifischen Werte als Prozess- oder Produktkennzahlen an.

Tabelle 2: Abwasserquellen und Abwasserparameter einer Baumwollgewebeveredlung (Bezug: 1 t Gewebe pro Tag)

Herkunft des Abwassers (Teilströme)	Menge m^3/d	Inhaltsstoffe	CSB mg/l	Verhältnis CSB : BSB	Temp. °C	Besonderheiten
Waschmaschine Entschlichten	25	Schlichtemittel (Polyacrylat, PVA, Wachse, abgebaute Stärkederivate)	3.500	3 : 1	50*	Fasern und Partikel
Waschmaschine Auswaschen KKV-Bleiche	15	Zucker, Oxicellulosen, Hemicellulosen, Acrylat, Tenside, Phosphonat	1. 500	2 : 1	50*	Fasern und Partikel
Waschmaschine Wäsche nach Laugieren oder Merzerisieren	15	Natronlauge, Netzmittel	350		50*	stark alkalisch, Neutralisation erforderlich
Waschmaschine Wäsche nach KKV-Färbung mit Reaktivfarbstoffen	25	Reaktivfarbstoffhydrolysat, Färbehilfsmittel, Salze	1.400	6 : 1	50*	Kieselsäure!, sehr gut lösliche Farbstoffe, Fasern und Partikel; bei türkisfarbenen und tiefblauen Farbtönen: Cu
Waschmaschine Wäsche nach Küpenfärbung	15	Reduktionsmittel, Dispersionsfarbstoff, Dispergiermittel	2,5	6 : 1	50*	Fasern und Partikel, hohe Farbigkeit
Waschmaschine Spülen nach Schwefel- oder Direktfärbung	40	Schwefelfarbstoffe, Reduktions- und Oxidationsmittel, Glucose, Tenside bzw. Direktfarbstoffe, Salze, Tenside	3.000	5 : 1	40 - 90	große Salzmengen, Fasern und Partikel, hohe Farbigkeit bei Schwefelfärbungen (meist Farbe schwarz)
* Temperatur des Abwassers nach Wärmetauscher						

7.2.2.2 Beispielhafte Merkmale zum Abwasser aus der Textilveredlung und zur Gewässerrelevanz von Einsatzstoffen

Aufgrund der breiten Einsatzgebiete insbesondere für Bekleidungs-, Haus- und Technische Textilien ist die Veredlung von Baumwoll- und Polyestertextilien in Deutschland häufig anzutreffen. In Tabelle 2 ist die Abwasserbeschaffenheit für die hauptsächlichen Veredlungsprozesse von Baumwollgeweben skizziert. Als Bezugsgröße dient eine Tonne fertig veredeltes Textil. Insbesondere die Wasch- und Färbeprozesse sind mit einem hohen spezifischen Wasserverbrauch verbunden.

Die Baumwollgewebevorbehandlung wird meist in kontinuierlicher oder semi-kontinuierlicher Verfahrensweise durchgeführt. Das Waschwasser wird in der Regel im Gegenstrom zur Ware geführt. Dabei fällt ein in der Menge und Beschaffenheit gleichmäßiger Abwasserstrom an. Die Angaben zur Abwassermenge und zur CSB-Konzentration sind Durchschnittswerte. Meist werden die Verfahrensschritte „Entschlichten" und „Bleichen" in einem Prozess, beispielsweise als „oxidative Entschlichtung" durchgeführt.

Die entlang der Wertschöpfungskette eines Unternehmens angelegten Stoffstromanalysen dienen in erster Linie zum Vergleich der bestehenden Produktionsweise mit den fortschrittlichen Verfahren [VDI 2005]. Mit ihrer Hilfe ist eine Lokalisierung und Erschließung von Einsparpotenzialen zu Ressourcen (Wasser, Chemikalien, Wärme) sowie zur Verringerung von Umweltbelastungen möglich. Durch damit verbundene Kosteneinsparungen kann meist auch die Rentabilität des Unternehmens gesteigert werden. In Bild 1 wird beispielsweise ein Stoffstromdiagramm für die Herstellung von Technischen Textilien aus Synthesefasern dargestellt.

Eine Stoffstromanalyse sieht eine Zuordnung der Material- und Energieverbräuche sowie der Verluste (Abfälle, Qualität) zu den einzelnen Produktgruppen und Fertigungsprozessen vor, die dann für die jeweiligen Prozessstufen differenziert und quantitativ untersucht werden. Zu den Materialverlusten, die durch unzureichende Prozessbedingungen entstehen, werden die Ursachen ermittelt und mögliche Vermeidungs-/Verminderungsmaßnahmen untersucht. Ein wichtiges Ziel besteht in einer Senkung der Wasser-/Abwassermengen sowie der Konzentration der darin enthaltenen Schadstoffe und einer damit verbundenen Einsparung an Emissionen in die Umwelt, an Kosten, an Prozessenergie und Entsorgungsaufwand. Mit Hilfe von chemischen Analysen der Prozess- und Spülbäder sind die Verlustquellen konkret darstellbar und es können gezielte Maßnahmen entwickelt werden [Marzinkowski et al. 2007].

Für viele Veredlungsprozesse ist eine Qualität des Gebrauchswassers erforderlich, die sich durch einen sehr geringen Gehalt an Erdalkaliionen (Calcium, Magnesium) und Hydrogencarbonat auszeichnet, sogenanntes „Weichwasser" mit einem Härtegrad $< 0,5$ °dH. Bei einer Temperatur > 65 °C, wie sie häufig an Wär-

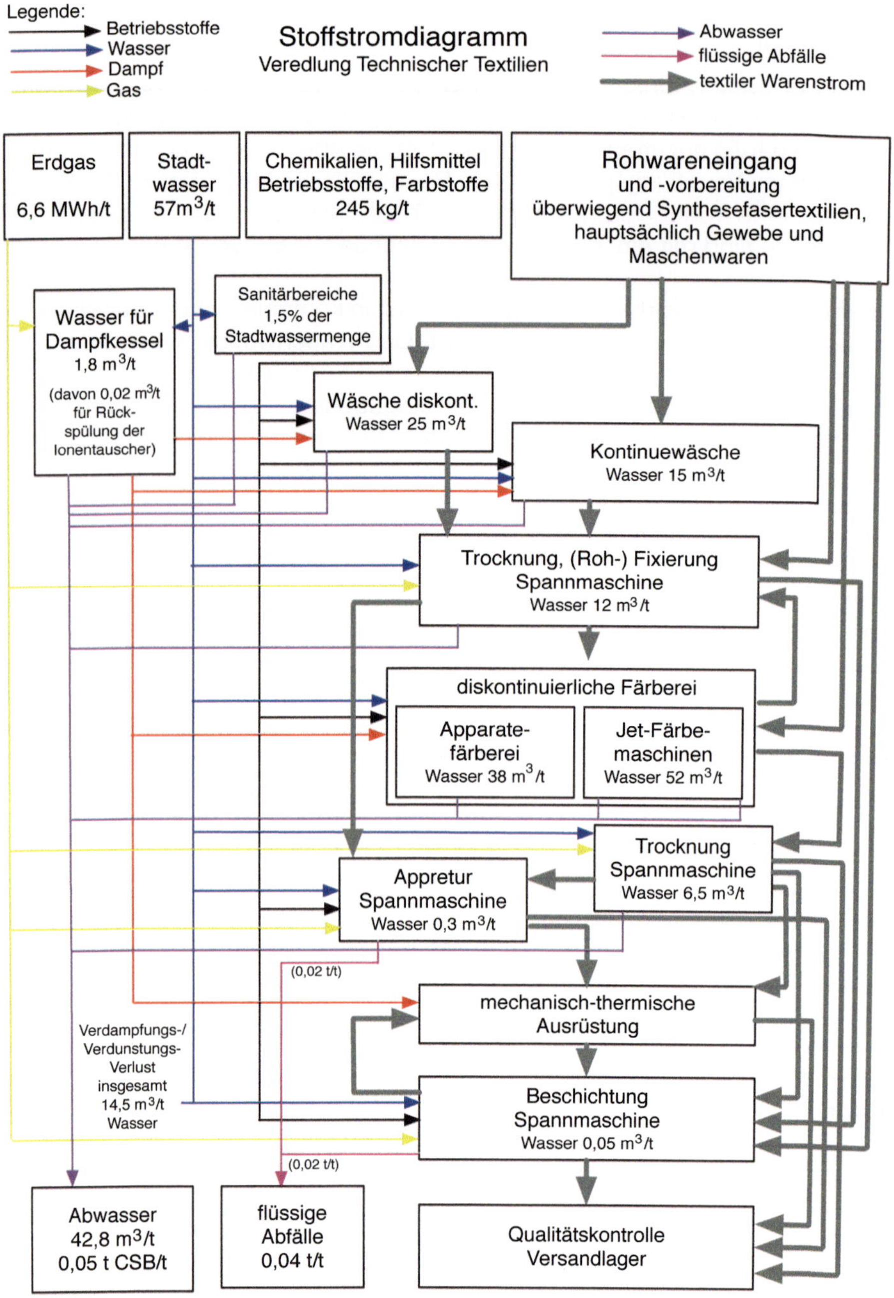

Bild 1: Stoffstromdiagramm für die Veredlung von Technischen Textilien aus Polyester, Polyamid und Polyacryl; spezifische Werte bezogen auf 1 t Textil als Tagesmenge

metauscherwandungen vorliegt, bilden die Erdalkaliionen mit Hydrogencarbonat unlösliche Carbonate (sogenannte Kalkhärte). Bei Grundwasser ist nach Boden- und Gesteinsbeschaffenheit mit einem mehr oder weniger hohen Erdalkaligehalt zu rechnen. Weitere problematische Inhaltsstoffe des Brunnenwassers können Nitrationen und lösliche Silikate sein. Zur Enthärtung des Rohwassers werden üblicherweise Ionentauscherharze eingesetzt. Sowohl Erdalkaliionen und andere mehrwertige Kationen als auch die Anionen Hydrogencarbonat, Sulfat, (Nitrat) und Silikat werden gegen Natrium- und Choridionen ausgetauscht. Wenn die Kapazität der Ionentauscherharze erschöpft ist, erfolgt eine Regenerierung mit Natriumchlorid (Steinsalz) im Überschuss. Ein Äquivalentverhältnis der Molmengen von Natrium und Calcium/Magnesium von 2,5 : 1 ist optimal (Mischbettfilter; Umrechnung in mol/l: 40 mg/l Ca = 56 mg/l CaO = 5,6 °dH = 1 mmol/l; Natrium: 24 mg/l = 1 mmol/l). Zu berücksichtigen ist der Verbrauch an Wasser zum Nachspülen der Ionentauscherharze. Bei einem Rohwasser mit einem Härtegrad von durchschnittlich 20 °dH fällt eine Fracht von 0,6 g Calcium-/Magnesium-Carbonat/Sulfat pro Liter Rohwasser an. Der Verbrauch an Steinsalz ist im günstigen Fall ca. 1 g/l Rohwasser. Für die Regenerierung wird ein Anteil des Rohwassers von mindestens 2,5 % benötigt. Dieser Teilstrom des Abwassers, der von der Regenerierung kommt, hat danach einen Salzgehalt von ca. 40 g/l. Meist wird dieses Abwasser mit dem anderer Teilströme aus der Veredlung vor der Indirekteinleitung vermischt.

Durch die Zunahme der Veredlung von Polyestertextilien nimmt auch der Gehalt an löslichen Phosphorverbindungen im Abwasser zu. Es handelt sich überwiegend um organische Phosphorverbindungen, die aus unterschiedlichen Quellen stammen können (Tabelle 3). Diese P_{ges}-Werte wurden über Prozesskalkulationen und mit Hilfe von Informationen aus den Sicherheitsdatenblättern der Einsatzstoffe berechnet. Die Summe ist um ca. 20 % niedriger als der Jahresdurchschnittswert der P_{ges}-Fracht, der über Messungen der P_{ges}-Konzentration im Abwasser ermittelt wird. Zur flammhemmenden Appretur von Polyestertextilien werden Phosphonate bzw. anorganisch/organische Phosphate eingesetzt. Da es sich um biologisch schwer abbaubare Stoffe handelt, sind eine sorgsame Reinigung des Auftragsaggregates, meist des Foulards und seines Chassis, und eine Entsorgung des stärker mit Phosphonat verunreinigten Reinigungswassers sowie der Restflotte als Abfall notwendig.

Wesentliche Quellen für den Stickstoffgehalt im Abwasser der Textilveredlung sind beispielsweise Kartoffelschlichte, die je nach Herkunft einen Anteil bis 5 % Harnstoff aufweist, und der beim Druck von cellulosischen Textilien mit Reaktivfarbstoffen verwendete Harnstoff. Die spezifische Stickstofffracht beträgt beim Rotationsdruck bis 7 g N_{ges}/kg Textil und beim Inkjet-Druck bis 20 g N_{ges}/kg Textil. Bei diesen Stickstoffverbindungen handelt es sich überwiegend um gut biologisch abbaubare Stoffe; sie setzen jedoch eine Nitrifizierungs-/Denitrifizierungsstufe bei

Tabelle 3: relative Anteile der P_{ges}-Quellen einer Veredlung von Technischen Textilien mit überwiegendem Anteil an Polyester

P-Quelle	Relativer Anteil an der P-Fracht	Art des Phosphors	Bemerkungen
Faserpräparationsmittel für Polyestergarne (Antistat)	19%	organisch (Phosphorsäureester)	biologisch gut eliminierbar
Hilfsmittel in der Veredlung (Waschen, Bleichen, Färbehilfsmittel)	59%	30% anorganisch	anorganisch: biologisch gut eliminierbar
		70% organisch (Alkylphosphonate, Phosphat)	organisch: nur bedingt biologisch eliminierbar
Farbstoffe für cellulosische Faserstoffe	<1%	anorganisch (Phosphat)	biologisch gut eliminierbar
Korrosionsschutzmittel für Dampfkesselbetrieb	2%	anorganisch (Phosphat)	biologisch gut eliminierbar
Reinigung Foulardchassis nach Appretur mit Flammschutzmittel	6%	organisch (Phosphonate)	nur bedingt biologisch eliminierbar
Reinigung der Wärmetauscher der Spannrahmen	13%	90% anorganisch	anorganisch: biologisch gut eliminierbar
		10% organisch (Phosphonat, Phosphat)	organisch: nur bedingt biologisch eliminierbar
Anteil organisch gebundener Phosphor an Gesamt-P	78%		

der biologischen Abwasserreinigung voraus. Zur Fracht an organisch gebundenem Stickstoff (TN_b) tragen die in der Färberei und Druckerei eingesetzten Hilfsmittel Harnstoff (450 mg N/g), Polyvinylpyrrolidon (124 mg N/g), Formamidinsulfinsäure (230 mg N/g) und Triethanolamin (95 mg N/g) bei, jeweils bezogen auf 100 % Aktivsubstanz, sowie von den nicht fixierten Azo-Farbstoffen (10 bis 90 mg N/g).

Die CSB-Fracht im Abwasser kann über die jährliche Menge der Einsatzstoffe und deren Fixiergrad bei der Textilveredlung kalkuliert werden. Über die biologische Eliminierung während der Abwasserreinigung im Klärwerk kann zusätzlich die CSB-Fracht geschätzt werden, die mit dem gereinigten Abwasser in den Vorfluter geleitet wird („refraktäre CSB-Fracht"). Bei einer solchen Betrachtung wird davon ausgegangen, dass der biologische Abbau einer vollständigen Mineralisierung entspricht. Ein Teilabbau, der beispielsweise mit dem Verlust einer typischen Eigenschaft des Stoffes verbunden ist (z. B. Schaumverhalten, Farbigkeit), lässt sich jedoch nicht eindeutig über eine Änderung des Summenparameters CSB verfolgen. Bei den Einsatzstoffen handelt es sich herstellbedingt meist um komplexe Mischungen. Im Sicherheitsdatenblatt ist zudem immer nur der Stoff bezeichnet, der dem mengenmäßigen Hauptanteil des Stoffgemisches entspricht – und das oft sogar nur unscharf. Daher handelt es sich auch bei der Abwasserbeschaffenheit um eine komplexe Mischung von Stoffen, die eine genaue chemische Analyse über den Abbaumechanismus der einzelnen Bestandteile nicht zulässt. Tabelle 4 enthält Beispiele zu chemischen Hilfsmitteln aus verschiedenen Textilveredlungsbetrieben und der über die Einsatzmenge, die Fixierrate und die biologische Elimination ermittelten refraktären CSB-Fracht (Jahreswerte, beruhend auf Informationen aus den Sicherheitsdatenblättern).

Farbmittel, auch gelöste Farbstoffe, werden aerob nicht oder nur sehr langsam biologisch abgebaut. Eine Verminderung der Färbung des Färbereiabwassers tritt in der aeroben Klärstufe hauptsächlich durch Adsorption von dispergierten oder hochmolekularen sowie einigen gelösten Farbstoffen an den belebten Schlamm ein [ATV 1999].

Ausgehend von der Voraussetzung, dass der biologisch nicht abgebaute bzw. eliminierte Stoff in unveränderter Weise dem ursprünglichen Einsatzstoff entspricht, können die Kriterien der Fischtoxizität LC 50 und stellvertretend der Daphnientoxizität EC 50 weiter zugeordnet werden (die Sicherheitsdatenblätter geben hierzu keine einheitlichen Informationen; PNEC-Werte sind für Farbstoffe, Pigmente und Textilchemikalien noch nicht verfügbar). Für die Ermittlung einer tatsächlichen Gewässerrelevanz werden dann vorrangig die Stoffe als „gewässerrelevant“ berücksichtigt, die einen LC 50-Wert < 100 bzw. einen EC 50-Wert < 10 aufweisen. Die Konzentration dieser Stoffe im Gewässer wird über den mittleren Abfluss (MQ) für den nächstgelegenen Pegel des Gewässers ermittelt. Für eine Risikoabschätzung der Gewässerbelastung wird der Faktor 1.000 für die Fisch- (LC 50) bzw. Daphnientoxizität (EC 50) als konservative Richtgröße herangezogen. Einsatzstoffe, die entsprechend diesen Annahmen die Konzentration von 1/1.000 des LC 50-Wertes überschreiten, sollten nachfolgend in der Einsatzmenge reduziert oder substituiert werden.

Ein nicht zu unterschätzender Abwasserteilstrom fällt bei der Reinigung der Abluft von Spannmaschinen an. Die in der Abluft von der Thermofixierung und Appretur der Textilbahnenstoffe enthaltenen Stoffe sollen möglichst vollständig im Wasser des Wäschers kondensiert bzw. gelöst werden. Dafür wird beispielsweise das Waschwasser in den Luftstrom gesprüht („Nebelbildung“) und damit eine größtmögliche Oberfläche durch die Wassertropfen angeboten („Sprühwäscher“). Um die Löslichkeit bzw. Kondensation der Schadstoffe im Wasser des

Tabelle 4: Über die Jahreseinsatzmenge im Textilbetrieb, die Fixierrate und die max. biologische Eliminierung errechnete refraktäre CSB-Fracht relevanter Textilchemikalien mit den Parametern zur aquatischen Toxizität LC 50 (Fisch) bzw. EC 50 (Daphnien); * = angenommene LC 50- bzw. EC 50-Konzentration

Einsatzstoff, Bezeichnung	Einsatzmenge kg/a	nicht fixierter Anteil %	biologische Eliminierung %	refraktäre CSB-Fracht kg/a	LC 50 EC 50 mg/l
Gemisch aus aliphatischem Kohlenwasserstoff/Niotenside (Vorbehandlung)	1.000	80	30	560	25
Aliphatisches Polyaminderivat (Echtheitsnachbehandlungsmittel)	320	5	89	1,8	1,9
Alkylarylsulfonat/Fettaminether (Färbehilfsmittel)	280	98	80	54,9	>50
Anionische Tenside (Färbehilfsmittel)	8.320	98	96	326	25
Fettaminether/Alkylbenzolsulfonat (Färbehilfsmittel)	1.760	98	60	690	>7
Fluoracrylatpoly, kationisch (chem. Appreturmittel)	600	1	-90	0,6	10
Naphthalinsulfonat (PES-Färberei – Dispergiermittel)	606	98	70	178	<1
Niotensid, Phosphonat (Vorbehandlung)	29.000	98	70	8.526	0,1
Polyammoniumverbindung (chem. Appreturmittel)	760	5	83	6,5	7
Polyethylenwachs (chem. Appreturmittel)	220	5	70	8,8	10
Polysiloxan organanisch modifiziert (chem. Appreturmittel)	8.000	2	90	16	>15
Reaktivfarbstoff blau 4R (Färberei)	68,2	15	10	9,2	67
Säuregelb F-7GL (Färberei)	89,8	10	9	8,2	0,707
Schlichte Acrylat (*Internet) (Vorbehandlung; vom Gewebe)	56.650	98	70	16.655	>100*
Schlichte PVA (*Internet) (Vorbehandlung; vom Gewebe)	156.700	98	90	15.357	>100*

Wäschers zu verbessern und eine Nebelbildung zu erzeugen, ist es erforderlich, vor dem Wäscher die Temperatur der Abluft auf unter 60 °C zu senken. Außerdem ist darauf zu achten, dass die Konzentration der im Waschwasser gelösten bzw. dispergierten Schadstoffe gering gehalten wird, da es ansonsten zu einem Austauschgleichgewicht im Wäscher kommt. Dies betrifft insbesondere Wäscher, bei denen das Waschwasser im Kreis geführt wird (Beispiel: 6,4 m^3/h; Frischwasserzufuhr: 630 l/h). Es reicht dann nicht aus, die Ölschicht, die sich auf der Waschwasseroberfläche im Kreislaufbehälter ansammelt, durch einen Skimmer zu entfernen. Das dabei anfallende Abwasser (Beispiel: ca. 5 m^3/d) wird meistens der betrieblichen Abwasserreinigung zugeführt. Bei den Inhaltsstoffen handelt es sich um wenig biologisch abbaubare Stoffe.

7.2.3 Verfahren der Abwasserreinigung

7.2.3.1 Allgemeines

Der überwiegende Teil der Textilveredlungsunternehmen leitet das Abwasser in die kommunale Kläranlage ein (Indirekteinleitung). Damit ist eine weitgehende Reinigung des Abwassers vor seiner Einleitung in einen Vorfluter gegeben. Über langjährige Erfahrung ist belegt, dass in den meisten Fällen die Behandlung der gesammelten Prozesswässer gemeinsam mit häuslichem Abwasser in kommunalen biologischen Abwasserreinigungsanlagen ausreichend ist.

Strengere Anforderungen an die Gewässerqualität bedingen jedoch weitergehende Maßnahmen, die unter Umständen innerbetrieblich anzusetzen sind und die die Verringerung bzw. Vermeidung der Freisetzung von biologisch schwer abbaubaren Stoffen bzw. von Stoffen mit hoher aquatischer Toxizität zum Ziel haben. Damit geht nicht nur eine Entlastung der Kläranlage, sondern auch die Verbesserung der Einleitverhältnisse der in der Kläranlage gereinigten Abwässer in das Gewässer einher.

7.2.3.2 Betriebliche Vorbehandlung

Die Bedingungen für die Übergabe des Textilabwassers in die öffentliche Kanalisation und für die Behandlung in der kommunalen Kläranlage orientieren sich an den spezifischen Verhältnissen der Textilproduktion, der Abwasserreinigung und des Gewässers. Die Mindestanforderungen bestehen in der Einhaltung des pH-Bereiches von pH 6 bis pH 9, in Ausnahmefällen bis max. pH 10 sowie einer Temperatur < 35 °C. Zur Einhaltung dieser Bedingungen ist eine Vermischung und Vergleichmäßigung von Abwasserteilströmen wegen unterschiedlicher Menge und Beschaffenheit und zur Vermeidung von Spitzenbelastungen erforderlich.

Eine betriebliche Vorbehandlung der Abwässer beschränkt sich auf bestimmte Teilströme. Ziel ist die Entfernung bzw. Reduktion von Schadstoffen, die in der biologischen Kläranlage nur unzureichend eliminiert werden. So wird das farbige Abwasser der Reaktivfärberei durch eine Flockung mit einem kationischen Polymeren weitgehend entfärbt. Zur Entfärbung der Färbebäder von Reaktivfärbungen wird seit vielen Jahren eine Entspannungsflotation eingesetzt. Aus Kostengesichtspunkten sollten jedoch nur die stärker farblich belasteten Farbabwässer behandelt werden. Die ausgezogenen Färbebäder von Reaktivfärbungen mit (mittlerem bis) dunklem Farbton werden mit einem schwach kationischen Acrylpolymer (ø 2,6 kg/m^3) unter Zusatz eines Polyelektrolyten (0,015 kg/m^3) geflockt und flotiert. Die Entfärbungsleistung ist 95 %. Die Reduktion der CSB-Fracht ist gering, da nichtionogene und anionische Tenside durch die Flockung nicht erfasst werden [Foerster und Schönberger 2005]. Auf gleiche Weise kann der stark farbige Ablauf von der kontinuierlichen Wäsche von Reaktivfärbungen behandelt werden. Der Flotationsschlamm wird entsorgt. Das entfärbte Abwasser kann jedoch nicht wiederverwendet werden.

In einem anderen Praxisfall wird das stark farbige Abwasser gesammelt, über ein rotierendes Sieb mit 45 µm Porenweite von Fasern und anderen grob dispersen Stoffen befreit, in einer ersten Stufe über eine Ultrafiltration mit Keramikmembranen vorgereinigt und anschließend in der als zweiten Stufe mit PA-Wickelmodulen ausgelegten Umkehrosmose für ein Recycling aufbereitet. Die Rückgewinnungsrate beträgt ca. 95 %. Das Recyclingwasser wird für verschiedene Waschprozesse, insbesondere bei der Vorbehandlung von Baumwollwebware, eingesetzt und hierfür in einem separaten Rohrleitungssystem geführt. Die Konzentrate aus Ultrafiltration und Umkehrosmose werden thermisch eingeengt und entsorgt [Böttger 2004].

Eine gezielte Behandlung von Abwasserteilströmen kann jedoch nur am konzentrierten Teilstrom mit ausreichender Effektivität vorgenommen werden, beispielsweise als oxidative Behandlung mit Ozon zur Entfärbung von Abwässern aus der Färberei und Druckerei. So bestand das vorrangige Ziel der Ozonung darin, eine deutliche Reduzierung der Abwasserparameter AOX und Farbigkeit sowie eine Rückführung des entfärbten Wassers zum Beispiel für Wasch- und Spülzwecke zu erreichen [Koll]. Die dabei entstehenden Abbauprodukte können dann mit dem Abwasser der biologischen Behandlung zugeführt werden, da sie überwiegend gut biologisch abbaubar sind [Schellenträger et al. 2005].

In einem Unternehmen mit eigener biologischer Kläranlage wird das gesamte Abwasser von der Polyesterfärbung einer Ultrafiltration zugeführt, die aus zwei hintereinander folgenden Keramikfiltern (0,01 µm; Differenzdruck 2 bar; Aufkonzentrationsverhältnis bis 20 : 1) aufgebaut ist und nach dem Cross-Flow-Prinzip betrieben wird. Die in einem Sammeltank zusammengeführten Abwässer werden chargenweise filtriert. Das Filtrat wird nicht wiederverwendet und in den Abwassersammeltank geleitet. Das Konzentrat wird entsorgt.

Die Reduzierung der organischen P-Fracht aus dem Abwasser kann nur bedingt durch Substitution erfolgen. Als Ersatz für Phosphonate, die als Komplexbildner eingesetzt werden, scheidet EDTA aus, obwohl das Calcium-Bindevermögen bei pH 11 mit ca. 265 mg $CaCO_3$/g (Optimum; entspr. 148 mg CaO/g) sehr gut ist. Trinatriumcitrat ist als Calciumbinder abhängig von pH-Wert und Temperatur. Bei pH 8 und 30 °C beträgt das Calcium-Bindevermögen 480 mg $CaCO_3$/g (= 269 mg CaO/g), bei pH 10 und 70 °C ist das Calcium-Bindevermögen auf einen Betrag < 100 mg $CaCO_3$/g gesunken [Herbrich 2009]. Polymere Carbonsäuren stellen einen Ausweg dar. Sie binden nicht nur Calciumionen, sondern verhindern auch ein Calciumcarbonat-Kristallwachstum („Calciumcarbonat-Dispergierung"). Sie sind jedoch auch nur mäßig biologisch abbaubar und tragen daher zur refraktären CSB-Fracht bei.

Zur P-Fracht-Minderung wird in einem Praxisfall der Flammschutzausrüstung von Polyestertextilien mit Phosphonaten eine Vakuumverdampfung eingesetzt. Das Phosphonate enthaltende Waschwasser wird hierbei weitgehend eingeengt (Faktor ca. 10); das Kondensat, das als Abwasser abgeleitet wird, enthält am Ende noch ca. 10 % des P_{ges} und des CSB in Bezug auf die Eingangskonzentration. Die Verdampfungsleistung beträgt in dem Fall 500 l/h bei einem Verbrauch an elektrischer Energie von 40 kWh/m^3. Wenn das Abwasser schäumende und klebrige Reststoffe (z. B. Polyurethan-Dispersion) enthält, ist eine Flotation als vorgeschaltete Behandlung des Abwassers zu empfehlen. Nur der Klarlauf und das Filtrat von der Kammerfilterpresse werden dann dem Verdampfer vorgelegt [Hoh 2014]. Es handelt sich um kein wirtschaftliches Verfahren.

Eine zusammenfassende Darstellung der Verfahren zur betrieblichen Abwasservorbehandlung sowie des Verfahrensprinzips und der darüber erfassten Stoffe erfolgt in [DWA 2015, Tabelle 19; Krull 2003].

7.2.3.3 Betriebliche Abwasserreinigung

Nur wenige Textilbetriebe in Deutschland verfügen über eine betriebliche, mehrstufige und biologische Abwasserreinigungsanlage. In [DWA 2015, Kap. 11.3 – Beispiel 3] ist das Beispiel eines vielseitigen Auftragsveredlers ausführlich beschrieben.

In einem anderen Beispiel eines Textilbetriebes, der vorwiegend Technische Textilien aus Polyester und Polyamid veredelt, besteht der größte Teil der CSB-Fracht aus nicht oder schwer biologisch abbaubaren Stoffen. Nach dem Misch- und

Ausgleichbecken mit einer Verweildauer des Abwassers von ca. zwei Tagen folgen zwei Becken einer Schwebebett-Biologie nach dem Kaldnes-Verfahren. Die Restentfärbung und Entfernung von biologisch nicht abbaubarem CSB erfolgt durch Turbulenzflockung nach Werner. Die Grenzwerte für CSB, N_{ges} und die Farbigkeit werden eingehalten [Döpkens et al. 2010].

In einer neueren Untersuchung zur betrieblichen Reinigung der Abwässer aus einer Garnfärberei mit dem Ziel der Direkteinleitung wird eine Verfahrenskombination, bestehend aus Siebung, Misch- und Ausgleichtank, einer biologischen Stufe aus einem nicht belüfteten und zwei parallel betriebenen, belüfteten Belebungsbecken, Simultanfällung mit Eisensalzen sowie Membrankammern mit Ultrafiltrationsmembranen (mittlerer Nettojahresflux 9,1 $l/(m^2h)$) und einer Adsorptionsstufe mit Granulat-Aktivkohle vorgeschlagen. Es handelt sich um eine optimale Anpassung an die spezifischen Verhältnisse. Im Vergleich zur Mitbehandlung des Textilabwassers in der kommunalen Kläranlage wird eine signifikant höhere Reduktion vor allem der organischen Schmutzfrachten, der Phosphorverbindungen und der Färbung des gereinigten Abwassers sowie eine weitgehende Entkeimung und vollständige Entnahme partikulärer Stoffe erzielt. Ein weiterer Vorteil besteht in der Prozesssicherheit infolge fehlender Mischwassereinflüsse und dem adaptierten belebten Schlamm. Der Aufwand ist nicht unerheblich, das Konzept ist für die untersuchten Randbedingungen aber wirtschaftlich darzustellen [Wedi und Michalski 2018].

7.2.3.4 Mitbehandlung von Textilabwasser in kommunalen Kläranlagen

Die biologischen Abwasserreinigungsanlagen bieten in der Regel gute Voraussetzungen für eine Vermischung und Vergleichmäßigung des Abwassers aus kommunalen und industriellen Quellen und gleichzeitig auch für die Adaption der Belebtschlammbakterien an schwer biologisch abbaubare Stoffe. In einem Beispiel beträgt der Anteil der CSB-Fracht des an die Kläranlage übergebenen Textilabwassers im Zulauf ca. 30 %. Die Kläranlage verfügt über ein hohes Beckenvolumen, durch das eine hohe Verweildauer des Abwassers in der Belebtzone, ein Schlammalter von mehr als 25 Tagen und eine Schlammbelastung < 0,15 kg BSB_5/kg TS · d gegeben ist, so dass eine textilspezifische Adaption vorliegt. Inwieweit tatsächlich eine Metabolisierung schwer abbaubarer Stoffe erfolgt, kann daraus jedoch nicht abgeleitet werden. Bei Versuchen mit einer Verringerung des Schlammalters auf weniger als 20 Tage stieg die CSB-Ablaufkonzentration des Klärwerks um mindestens 3 mg/l an. Aber auch bei einem hohen Schlammalter findet keine vollständige Mineralisierung (Stabilisierung) statt. Der organische Anteil des Belebtschlammes beträgt im Jahresmittel ca. 66 % und trägt nachfolgend beim anaeroben Faulprozess zu einem erheblichen Teil zur Klärgasproduktion bei. In den zulaufschwachen Monaten, beispielsweise im Zusammenhang mit einer schwachen Textilproduktion (Sommermonate), ist zu beobachten, dass mit einem geringeren Überschussschlammanfall auch die Faulgasproduktion spürbar zurückgeht. Der Jahresmittelwert der Ablaufkonzentration des CSB ist in diesem insgesamt günstigen Fall ca. 30 mg/l. Etwa die Hälfte der CSB-Ablaufkonzentration wird auf Textilchemikalien zurückgeführt.

Die CSB-Konzentration im Ablauf kommunaler Kläranlagen, in denen Textilabwasser mitbehandelt wird, unterscheidet sich erfahrungsgemäß meist nur geringfügig von den CSB-Ablaufwerten von Kläranlagen ohne Textilabwasser, so dass von einer weitgehenden Abbaubarkeit der organischen Inhaltsstoffe des Textilabwassers ausgegangen werden kann.

7.2.4 Produktionsintegrierter Umweltschutz

7.2.4.1 Allgemeines

Mit Hilfe von Maßnahmen zum Produktionsintegrierten Umweltschutz kann ein wesentlicher Beitrag zur Entlastung der biologischen Kläranlage und der Gewässer geleistet werden. In erster Linie ist eine Substitution von besonders besorgniserregenden Stoffen anzustreben. Mit Hilfe einer Optimierung der Verfahrenstechnik lässt sich jedoch schneller ein entscheidender Beitrag zur Verminderung von Emissionen erzielen. Dazu sind einige Beispiele nachfolgend dargestellt.

7.2.4.2 Ausgewählte Beispiele zu Produktionsintegrierten Umweltschutzmaßnahmen

Durch ein genaues Abwiegen der für die Veredlungsprozesse benötigten Chemikalien und Farbstoffe mit einer Dokumentation der Wiegeergebnisse und durch exaktes Einhalten der vorgegebenen Prozessbedingungen wird nicht nur die Qualität des Prozesses verbessert, sondern es kann ein Fehler schneller und genauer zugeordnet und zukünftig vermieden werden. Außerdem erübrigt sich eine Nachbearbeitung (Nachsatz, Retoure), die mit Zeit- und Chemikalienverlusten verbunden ist. Voraussetzungen bestehen in einer direkten Prozesskontrolle, in vollständigen Arbeitsvorschriften und in einer Verarbeitung und Hinterlegung aller notwendigen Prozessinformationen. Verbesserte Prozessqualität führt zu weniger Emissionen!

Bei kontinuierlich geführten Prozessen bleibt am Ende eines Auftrages eine Restmenge der konzentrierten Behandlungsflotte übrig. Die Menge der Restflotte hängt von den technischen und auch organisatorischen Bedingungen ab. Beispielsweise bleibt im Chassis des Foulards, in dem durch Eintauchen der Textilbahn deren Benetzung mit den vorgesehenen Chemikalien erfolgt, eine Mindestmenge von 20 l (bei zwei Meter Breite des Chassis) als Bodensatz übrig. Diese ist als Abfall zu entsorgen, wenn sie nicht wieder- bzw. weiterverwendet werden kann. Gleiches gilt für das in den Zuleitungen zum Chassis und im Ansatzbehälter zurückbleibende Flottenvolumen. An den Innenwänden des Chassis und an der Oberfläche der Gummiwalzen des Foulards bleibt eine von der Viskosität abhängige Menge der Behandlungsflotte haften. Diese wird mit Wasser abgespült, das in der Regel als Abwasser abgeleitet wird. Zum Beispiel haftet eine Menge von 100 ml einer Fluorcarbonausrüstungsflotte an den Innenwänden des Chassis und an den Walzenoberflächen an. Wenn die Konzentration an Fluorcarbonharz in der Ausrüstungsflotte 20 g TS/l beträgt, wird durch das Wasser für die Reinigung eine Fracht von 2 g dieses biologisch nicht abbaubaren Stoffes aufgenommen. Dieses Wasser sollte ebenfalls der Entsorgung als Abfall zugeführt werden. Um diese Abfallmenge zu verringern, muss der Reinigungsprozess beispielsweise über eine automatisierte Sprühspültechnik optimiert werden [DWA 2015].

Die Suche nach Einsparpotenzialen zum Wasser- und Chemikalienverbrauch ist eine vordringliche Aufgabe aus Sicht der Wirtschaftlichkeit und einer zukünftig anzunehmenden Verknappung der Wasserressourcen. Sie beginnt mit einer ursachenorientierten Analyse der Situation des Unternehmens [VDI 2005]. Mit Hilfe der qualitativen und quantitativen Informationen der Situationsanalyse kann dann das Ziel angegangen werden, Prozesse effizienter zu gestalten, Synergien aufzudecken und konsequenter zu nutzen und Verschwendung zu vermeiden. Über Kennzahlen kann eine quantitative Zuordnung der Emissionen, Verluste und auch der durch die Einführung von Verbesserungsmaßnahmen erfolgten Einsparungen erfolgen. Sicherheitsdatenblätter sind in dieser Hinsicht eine wichtige Informationsquelle für den Textilveredler, allerdings fehlen für viele Produkte gerade zur chemischen Zusammensetzung (Abschnitt 3 des MSDS) und insbesondere auch zu den umweltbezogenen Angaben (Abschnitt 12 des MSDS) die Informationen, die für eine Kalkulation eines Eintrags in die Umwelt hilfreich sind [Marzinkowski 2014].

Der Produktionsintegrierte Umweltschutz zielt ab auf eine Verbesserung der Prozesse, um den Ressourceneinsatz zu minimieren und gleichzeitig Emissionen auf ein nicht vermeidbares Mindestmaß zu reduzieren. Ein ganzheitlicher Ansatz ist im Sinne einer nachhaltigen Produktion und auch Produktgestaltung zu verfolgen. Diese Maßnahmen setzen schon bei der Entwicklung neuer Produkte und Herstellverfahren an und betrachten die Umweltwirkungen der Emissionen vorausschauend. Die Qualität der Produkte darf sich hierbei selbstverständlich nicht verschlechtern. Mit einer Reduktion der Emissionen gehen immer auch eine Verbesserung des Arbeitsschutzes und eine Verminderung der Umweltschutzkosten einher. Allerdings sind den Unternehmen dann Grenzen gesetzt, wenn sie nur einen begrenzten Ausschnitt in der Produktkette beherrschen, wie dies beispielsweise den Textilveredler in der textilen Kette zu den mit der Rohware eingeschleppten Chemikalien und Verunreinigungen häufig betrifft. Die Vielfalt der Verfahren und chemischen Hilfsmittel und Farbstoffe erfordert in der Regel angepasste Umweltschutzmaßnahmen [Kohla et al. 2008].

Literatur

ATV (1999): ATV-Arbeitsbericht „Zur Farbigkeit von Abwasser der Textilveredlungsindustrie". ATV Abwassertechnische Vereinigung e. V. DWA Deutsche Vereinigung für Wasserwirtschaft, Abwasser und Abfall e. V., Hennef.

Böttger, D. (2004): Mehrstufige Membranfiltration. Vortrag zum 23. Osnabrücker Umweltgespräch am 10. April 2004.

BVT (2003): Pollution Prevention and Control (IPPC) – Reference Document on Best Available Techniques for the Textiles Industry. BVT-Merkblatt, Europäische Kommission: http://eippcb.jrc.ec.europa.eu/reference/BREF/txt_bref_0703.pdf

DWA (2015): Abwasser aus der Herstellung technischer Textilien. Merkblatt DWA-M 733. Deutsche Vereinigung für Wasserwirtschaft Abwasser und Abfall e. V., Hennef.

Döpkens, E.; Simon, G.; Lebek, M.; Krüger, M.; Meierling, L. (2010): Textile Abwässer behandeln – Ertüchtigung einer bestehenden Anlage im Rahmen eines Abwasser-Contracting. GBI-Genios Deutsche Wirtschaftsdatenbank GmbH: www.genios.de

Foerster, H. und Schönberger, H. (2005): Textilabwasserentfärbung im Teilstrom. Melliand Textilberichte 86, S. 454 – 455.

Herbrich, T. (2009): Entwicklung vollständig wasserlöslicher Pulverwaschmittel mit Buildersystemen auf Basis nachwachsender Rohstoffe. Abschlussbericht zum Fördervorhaben, AZ 24800 der Deutschen Bundesstiftung Umwelt, Fit GmbH, Hirschfelde.

Hoh, A. (2014): Die stoffliche Bilanzierung von Spannrahmen als Ausgangspunkt zur Entwicklung von Sparmaßnahmen. Bachelor-Thesis an der Hochschule für Angewandte Wissenschaft, Hof (nicht veröffentlichte Ergebnisse).

Kohla, M.; Marzinkowski, J. M.; Schafmeister, C.; Schwake, M. (2008): Effizienzsteigerung in der Textilindustrie. Erich Schmidt Verlag (ESV), Berlin.

Koll, R. (2004): Innovatives Abwasserrecycling durch gezielte oxidative Entfärbung von Färbereiabwasser. Abschlussbericht zum BMBF-Forschungsvorhaben (2001-2004), ITT-WEDECO, Herford, , FKZ: 0339939.

Krull, R. (2003): Produktionsintegrierte Behandlung industrieller Abwässer zur Schließung von Stoffkreisläufen. Band 15- FIT-Verlag Paderborn.

Marzinkowski, J. M. (2014): Auf dem Weg zu einer effizienten Energienutzung – Beispiele von Potenzialen zum Produktionsintegrierten Umweltschutz bei der Textilveredlung. WWT Modernisierungsreport 2013/2014, S. 50 – 53.

Marzinkowski, J. M.; Hildenbrand, J.; Rabhi, A. (2007): Prozessintegrierter Umweltschutz durch Aufarbeitung von Abwasserströmen und Rückführung in den Prozess. Abschlussbericht zum Verbundvorhaben PIWATEX 2. BMBF FKZ 0339942A. Bergische Universität Wuppertal: Abschlussbericht zum BMBF-Vorhaben: Teilstrombehandlungskonzepte mit dem Ziel der Wasserkreislaufführung durch gezielte Vorbehandlung hochkonzentrierter Abwässer und Maßnahmen der Verfahrensoptimierung in der Textilveredlung. Forschungszentrum Jülich GmbH, FKZ 30812. https://www.tib.eu/de/suchen/id/TIBKAT%3A572211309/

Schellenträger, M.; Constapel, M.; Marzinkowski, J. M. (2005): Oxidativer Abbau von Reaktivfarbstoffen – chemische Analyse der Abbauprodukte. Melliand Textilberichte 86, S. 562 – 567.

Schönberger, H.; Baumann, U.; Keller, W. (1996): Bedingungen für den mikrobiologischen Abbau von Polyvinylalkohol (PVA) in mechanisch-biologischen Abwasserbehandlungsanlagen. Textilveredlung 31 (1996), S. 12 – 22.

VDI (2005): Produktionsintegrierter Umweltschutz (PIUS) – Grundlagen und Anwendungsbereich. VDI-Richtlinie 4075 Blatt 1. VDI-Handbuch Umwelttechnik, VDI-Handbuch Betriebstechnik, Teil 1. Beuth Verlag, Berlin.

VDI 2005: VDI-Richtlinie 4090 Blatt 1: Systematische Methodik zur Planung und Steuerung umweltrelevanter Prozesse in der betrieblichen Praxis – Grundlagen und Allgemeines. VDI-Handbuch Umwelttechnik, VDI-Handbuch Betriebstechnik, Teil 1. Beuth Verlag, Berlin.

Wedi, D. und Michalski, N. (2018): Abwasserbehandlung (einer Garnfärberei). Nicht veröffentlichte Ergebnisse der labortechnischen Untersuchungen und dem Betrieb einer Pilotanlage der ATM Abwassertechnik, Braunschweig.

8 Chemische, pharmazeutische und verwandte Industrie

8.1 Chemische Industrie, Chemieparks

Christoph Blöcher

8.1.1 Allgemeines

Die chemische Industrie ist einer der bedeutsamsten Wirtschaftszweige Deutschlands. Mit einem Gesamtumsatz von 196 Mrd. € (2017) ist sie die drittgrößte Industriebranche nach Kraftfahrzeug- und Maschinenbau [VCI 2018a]. Weltweit nimmt sie hinter China, den USA und Japan den 4. Platz ein.

Zwar wird die Branche häufig mit den großen, weltweit tätigen Unternehmen assoziiert (Tabelle 1), tatsächlich haben jedoch 93 % der Unternehmen weniger als 500 Mitarbeiter und sind den kleineren und mittleren Unternehmen zuzurechnen. 37 % der Mitarbeiter sind in diesen beschäftigt und 27 % des Gesamtumsatzes der Branche werden dort erwirtschaftet (Bild 1).

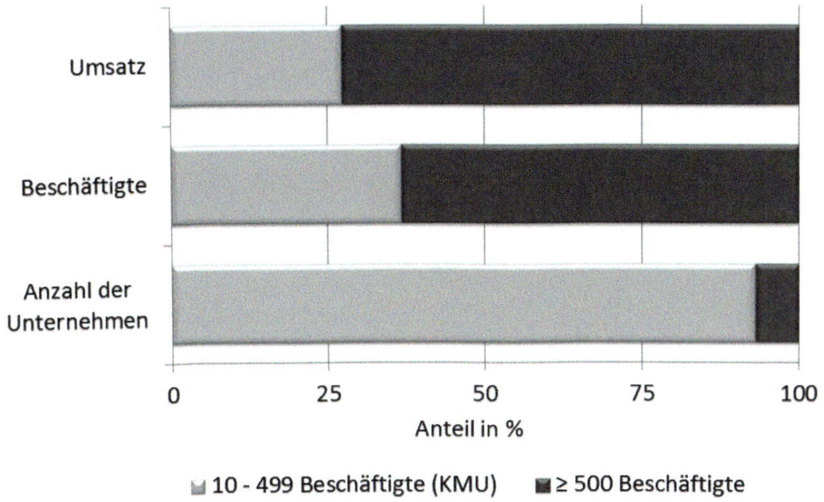

Bild 1: Größenstruktur der chemisch-pharmazeutischen Industrie (Stand 2016 nach [VCI 2018a])

Tabelle 1: Die 10 umsatzstärksten deutschen Chemieunternehmen 2016 [VCI 2018a]

Unternehmen	Umsatz (Mio. €)	Beschäftigte
BASF SE	57.550	113.830
Bayer AG	46.769	115.200
Fresenius SE & Co. KGaA	29.471	232.873
Henkel AG & Co. KGaA	18.714	51.350
Linde AG	16.948	59.715
Boehringer Ingelheim	15.850	45.692
Merck KGaA	15.024	50.414
Evonik Industries AG	12.732	34.351
Covestro AG	11.904	15.579
Lanxess AG	7.699	19.200

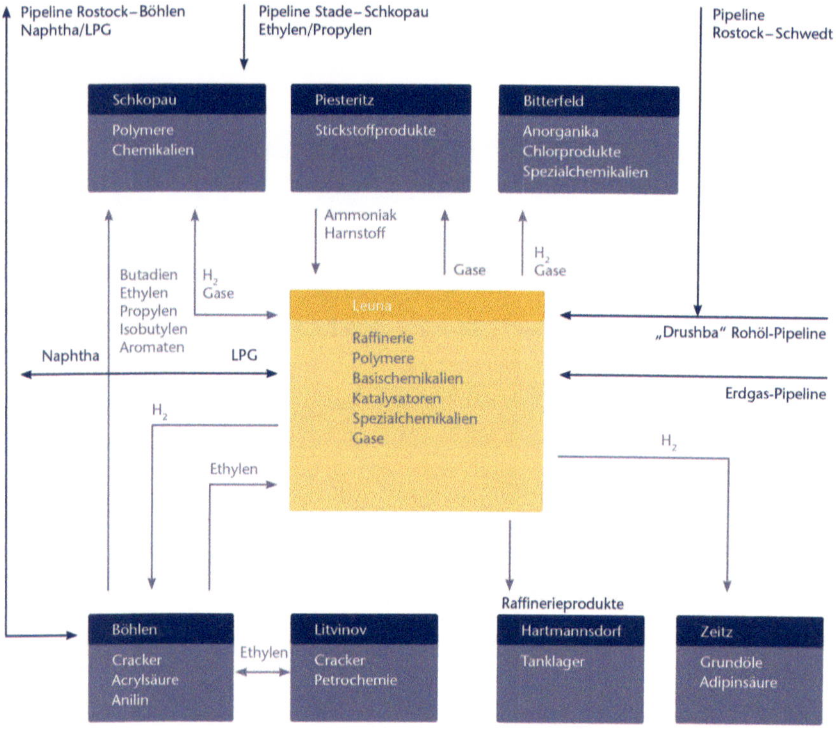

Bild 2a: Regionaler Stoffverbund des Chemieparks Leuna (Quelle: InfraLeuna)

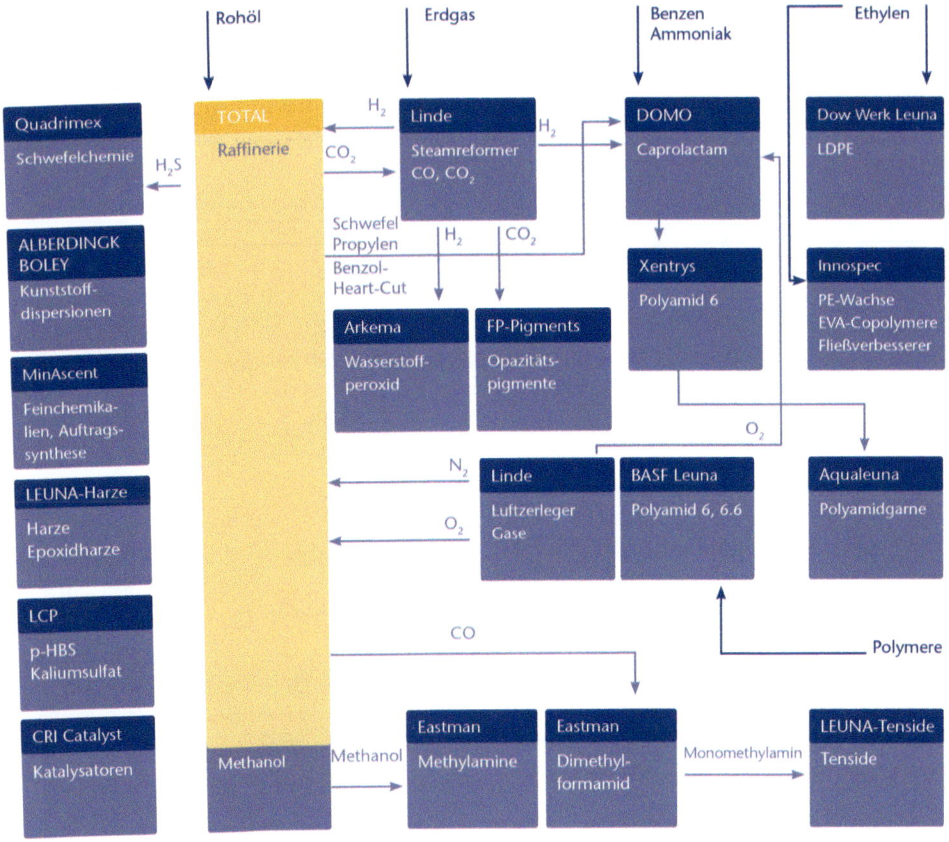

Bild 2b: Standort Stoffverbund des Chemieparks Leuna (Quelle: InfraLeuna)

Der überwiegende Anteil der chemischen Produktion in Deutschland ist in Chemieparks lokalisiert. In diesen werden Infrastruktur- und Servicedienstleistungen wie Energieversorgung, Brandschutz, Entsorgung oder Sicherheit zentral zur Verfügung gestellt. Sie bestehen zum Teil seit über 100 Jahren, unterliegen dabei aber einem steten Wandel. Nach der Wachstumsphase bis in die 70er und 80er Jahre hinein kam es in der Folgezeit zunächst zu Stilllegungen. Seit etwa zwei Jahrzehnten werden wieder vermehrt Produktionskapazitäten aufgebaut, entweder in Form von Erweiterungen bestehender Anlagen oder durch die Ansiedlung neuer Produktionen.

Kernelement und nach wie vor wichtigster Baustein eines jeden Chemieparks ist der Stoffverbund. Das bedeutet, dass die verschiedenen Ausgangsstoffe der chemischen Synthesen sowie Zwischen- und Nebenprodukte über ein vielfältiges Netzwerk zwischen den einzelnen Produktionen und Unternehmen ausgetauscht werden, umgesetzt häufig mittels Rohrleitungen über Rohrbrücken. Beispielhaft ist dies in Bild 2 für den Chemiepark Leuna dargestellt.

Eine für die Chemieparks wesentliche Änderung der letzten Jahrzehnte ist, dass die Produktionen heute in der Regel nicht mehr nur einem Unternehmen zuzurechnen sind, sondern dass eine Vielzahl von rechtlich eigenständigen Unternehmen in dem jeweiligen Chemiepark aktiv ist. Je nach Struktur und Historie des Chemieparks wird dann auch die Rolle des Standortbetreibers von einem rechtlich eigenständigen Unternehmen übernommen.

8.1.2 Produktionsverfahren

Die chemische Industrie ist von einer extremen Vielfalt der Produkte und Produktionsverfahren gekennzeichnet. So waren im Juni 2018 in Europa 21.041 Stoffe nach REACH registriert [ECHA 2018]. Entsprechend heterogen sind Abwasseranfall und -zusammensetzung. Tabelle 2 stellt mögliche Strukturierungen der chemischen Industrie dar. Sie verbindet dabei die vom Verband der chemischen Industrie (VCI) genutzte Klassifizierung mit einer für das Abwasser relevanten Struktur, die auf den BREF (*Best available techniques (BAT) Reference Documents*, siehe Kap. 8.1.3) basiert.

Nur in wenigen der genannten Produktionszweige gibt es universell eingesetzte Standardverfahren, meist unterscheiden sich die Produktionsverfahren für die einzelnen Produkte je nach Syntheseweg, Katalyse (heterogen, homogen), Verfahrensführung (batch, konti) oder Anlagennutzung (Mono- oder Vielzweck). Eine Vielzahl von Prozessen ist darüber hinaus proprietär und Informationen sind nur begrenzt verfügbar. Dennoch sind an dieser Stelle einige allgemeingültige Aussagen zu aus Abwassersicht relevanten Prozessen zusammengefasst.

Chlor ist einer der wichtigsten Grundstoffe der chemischen Industrie. Es wird an nahezu jedem Chemiestandort hergestellt und entweder in die Moleküle eingebaut oder aber intermediär während des Synthesewegs als Reaktand genutzt (Bild 3). Chlor findet sich demnach häufig auch im Abwasser wieder, entweder als Chlorid-Ion oder in Form chlorierter organischer Verbindungen.

Die Herstellung erfolgt zumeist elektrolytisch aus NaCl, KCl oder HCl. Bei der NaCl-Elektrolyse wird das Chlorid an der Anode zu Chlor oxidiert, während an der Kathode aus Wasser Wasserstoff und Hydroxid-Ionen entstehen. Bei dem

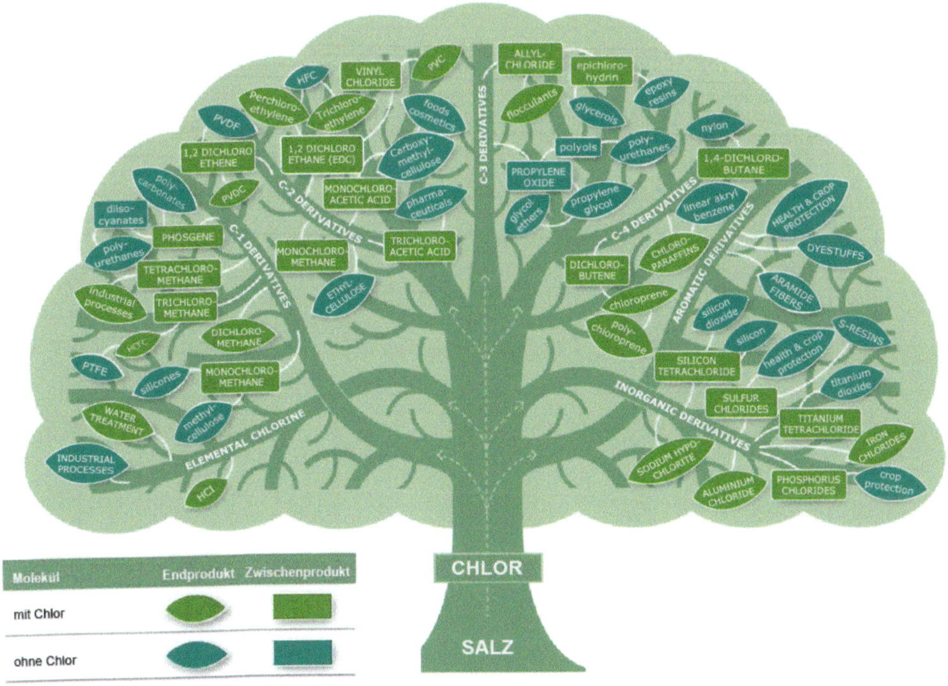

Bild 3: Chlor-Stammbaum (Quelle: VCI, nach Eurochlor)

modernen Membranverfahren sind Anolyt- (Salzsole) und Katholytkreislauf durch eine Kationenaustauschermembran voneinander getrennt. Durch diese tritt das Natrium-Ion zum Ladungsausgleich auf die Katholytseite, so dass Natronlauge als Koppelprodukt entsteht. Je nach Rohstoffqualität (Stein- oder Siedesalz) muss ein gewisser Anteil der Salzsole ausgeschleust werden, um eine Akkumulation von potenziell störenden Inhaltsstoffen zu verhindern [Brinkmann et al. 2014].

Die Prozesse der Herstellung sonstiger **anorganischer Grundstoffe und Chemikalien** sind von der Rohstoffqualität bestimmt. Sie finden häufig in wässriger Lösung statt und sind mit Kristallisations-, Filtrations- und Trocknungsverfahren verbunden.

Die **Herstellung von Natriumcarbonat** erfolgt in Europa überwiegend nach dem Solvay-Verfahren [EU 2007a] und kann als Beispiel dafür dienen, wie eine summarisch einfache Reaktion (Gl. 1) technisch über eine Vielzahl von Zwischenstufen unter Einsatz von intermediären Stoffen und komplexen chemischen Prozessen umgesetzt werden muss.

Tabelle 2: Produktionswert 2017 und Klassifizierung der chemischen Industrie [VCI 2018b], sowie Zuordnung zu den BREF (Best available technique (BAT) Reference Documents)

Produktions-wert in Mrd. € (2017) *	Wirtschaftszweig nach Statistischem Bundesamt (WZ 2008)	relevante Produkte / Prozesse (Auswahl) Herstellung von …	BREF Sektorspezifisch	BREF über-greifend
145,5	**Chemisch-pharmazeutische Industrie (20 + 21)**			
114,9	**Chemische Industrie (20)**			
12,0	Anorganische Grundchemikalien			
1	Industriegase (20.11)	gasförmige Kühlmittel	**SIC*** (Production of Speciality Inorganic Chemicals)	**CWW** (Common Waste Water and Waste Gas Treatment/Management Systems in the Chemical Sector) **WGC** (Common Incineration) **WT** (Waste Treatment), **LCP** (Large Combustion Plants) **EFS** (Emission from Storage)
		Misch-Industriegase und Inertgase (z. B. Kohlendioxid)		
7,9	Sonstige anorganische Grundstoffe und Chemikalien (20.13)	Chlor-Alkali-Elektrolyse: Diaphragma- und Membranverfahren, Umrüstung Amalgamverfahren	**CAK** (Production of Chloralkali)	
		anorganische Laugen (und sonstige Säuren)	**LVIC-S*** (Large Volume Inorganic Chemicals – Solids and Others Industry)	
		Na_2CO_3, TiO_2, Carbon black (Industrieruß), Kieselsäure / Silikaten, anorg. Phosphaten		
		AlF_3, Calciumcarbid, CS_2, $FeCl_2$, Grünsalz ($FeSO_4$), Bleioxid, Mg-Verbindungen, Natriumsilikat, SiC, Zeolithe, $CaCl_2$, CaCO3, Natriumchlorat, Natriumperborat, Natriumpercarbonat, Na_2S, Zinkoxid		
		Schwefelsäure, Phosphorsäure und Flusssäure	**LVIC-AAF*** (Large Volume Inorganic Chemicals – Ammonia, Acids and Fertilisers)	
3,1	Düngemittel und Stickstoffverbindungen (20.15)	einfache und komplexe Düngemittel (NPK, UAN An, CN, Superphosphate)		
		Salpetersäure, Ammoniak, Ammoniumchlorid, Ammoniumkarbonat, Kaliumnitrit und -nitrat		
22,8	Petrochemikalien und Derivate (20.14)	**organische chemische Grundstoffe:**	**LVOC** (Large Volume Organic Chemicals) [wenn > 20 kt/a und konti, sonst OFC]	
		einfache Kohlenwasserstoffe (linear oder zyklisch, gesättigt oder ungesättigt, aliphatisch oder aromatisch)		
		Alkohole, Aldehyde, Ketone, Carboxylsäuren, Ester, Ether, Peroxide		
		Amine, Amide		
		Cyanate, Isocyanate		
		halogenierte, Phosphor- oder Schwefel-haltige Kohlenwasserstoffe		
		organometallische Verbindungen		
		Tenside		
29,4	Polymere			
26,1	Kunststoffe in Primärformen (20.16)	Kunststoffe in Primärformen (Polyethylen, Polypropylen, Polystyrol, Polyvinylchlorid, Polyurethan, Polyamid)	**POL*** (Production of Polymers)	
		Silikone		
		Cellulose und ihre chemischen Derivate		
1,3	Synthetischer Kautschuk in Primärformen (20.17)	**synthetischer Kautschuk:**		
		Styrol-Butadien-Kautschuk (SBR)		
		Polybutadien-Kautschuk (BR)		
2	Chemiefasern (20.6)	synthetische oder künstliche Filamente (PET/Polyethylenterephthalat-Fasern, Viskosefasern)		

37,8	**Fein- und Spezialchemikalien**		
21,4	Sonstige chemische Erzeugnisse (20.5)	anorganische Sprengstoffe	**SIC*** (Production of Speciality Inorganic Chemicals)
		Cyanide (NaCN, KCN)	
		Klebstoffe	
		Silikone	
		anorganische Phosphorverbindungen (PCl_3, $POCl_3$, PCl_5)	
		anorganische Nickelsalze ($NiSO_4$, $NiCl_2$, $Ni(NO_3)_2$, $NiCO_3$,)	
4,1	Farbstoffe und Pigmente (20.12)	anorganische Pigmente	
		organische optische Aufheller	**OFC*** (Manufacture of Organic Fine Chemicals)
3,1	Schädlingsbekämpfungs-, Pflanzenschutz- und Desinfektionsmittel	Biozide und Pflanzenschutzmittel (Insektizide, Fungizide, Herbizide)	
9,1	Anstrichmittel, Druckfarben und Kitte (20.3)	organische Farben und Lacke[1], Lackharze	
		zusammengesetzte organische Lösungs- und Verdünnungsmittel[1]	
10,9	**Wasch- und Körperpflegemittel (20.4)**		
5,3	Seifen, Wasch-, Reinigungs- und Poliermittel (20.41)	spezielle Tenside[2], industrielle Seifen und grenzflächenaktive Stoffe	
		Glycerin	
5,6	Körperpflegemittel und Duftstoffe (20.42)	Körperpflegemittel und Duftstoffe	
30,6	**Pharmazeutische Industrie (21)**		
3,5	Pharmazeutische Grundstoffe (21.1)	Antibiotika und Vitamine	
26,6	Pharmaz. Spezialitäten und sonst. pharmaz. Erzeugnisse (21.2)	Antisera und sonstige Blutbestandteile	
		hormonale Präparate zur Empfängnisverhütung	
		radioaktive Stoffe für die in-vivo-Diagnostik	

Waste Gas Treatment in the Chemical Sector, **ICS** (Industrial Cooling Systems), **WI** (Waste

*: Überarbeitung OFC und POL z. Zt. ausgesetzt, ggf. Integration in CWW und WGC. Zusammenlegung SIC, LVIC-AAF und LVIC-S geplant.

1) BREF-relevant nur chem. Herstellung, keine Mischvorgänge

2) > 20 kt/a LVOC

$$2\,NaCl + CaCO_3 \rightarrow Na_2CO_3 + CaCl_2 \qquad \text{(Gl. 1)}$$

Die Salzsole wird zunächst mit Ammoniak und dann mit Kohlenstoffdioxid versetzt, woraus sich über mehrere Reaktionsschritte zunächst Ammoniumcarbonat und dann Natriumhydrogencarbonat und Ammoniumchlorid bilden. Das Natriumhydrogencarbonat wird thermisch zu Natriumcarbonat, CO_2 und Wasser umgesetzt und das Natriumcarbonat kalziniert. Abwasserrelevante Nebenprozesse sind die CO_2- und Ammoniak-Rückgewinnung (letztere über Alkalisierung mittels aus speziell gebranntem Kalk hergestellter Kalkmilch und Dampf-Strippen), Reinigung der Salzsole und Kompaktierung des Produkts sowie diverse Gasaufbereitungsprozesse.

Titandioxid (TiO_2) wird in Europa und Deutschland überwiegend nach dem Sulfatverfahren hergestellt [EU 2007a]. Dabei wird das TiO_2-haltige Erz mit konzentrierter Schwefelsäure zu Tianylsulfat ($TiOSO_4$) umgesetzt und dieses gereinigt, filtriert und eingedampft. Durch Hydrolyse entsteht hydratisiertes Titandioxid ($TiO(OH)_2$), das wiederum mehrstufig gewaschen, filtriert, kristallisiert und kalziniert wird. Nebenprozesse beinhalten die Reduktion des im Erz enthaltenen Eisens, Säurerückgewinnung und Abgasreinigung. Nebenprodukte sind u. a. Gips und Eisensalze.

Die **Düngemittelproduktion** ist in der Regel stofflich und thermisch hoch integriert und z. T. mit der Herstellung der Säuren verbunden. Beispiele sind die Ammoniak-, Harnstoff- und Salpetersäureherstellung für N-haltige Dünger oder die Kopplung von Schwefelsäure- und Phosphorsäureproduktion für P-haltige. Ammoniak wird zumeist über Dampfreformierung aus Stickstoff und Wasserstoff hergestellt, Salpetersäure durch katalytische Oxidation des Ammoniaks. Schwefelsäure wird durch mehrstufige Oxidation von elementarem Schwefel oder reduzierten Schwefelverbindungen gewonnen, Phosphorsäure durch Aufschluss des Erzes mit Schwefel- oder anderen Säuren. In den Prozessen kommen neben katalysierten Oxidationen Filtrations-, Kristallisations- und Schmelzverfahren zum Einsatz. Wesentliche Nebenprozesse sind die Wärmeintegration und die Gasaufbereitung [EU 2007b].

Die Herstellung **organischer Grundstoffe** erfolgt zu einem erheblichen Anteil in world-scale-Anlagen. Diese werden von den einzelnen Unternehmen an jeweils mehreren Standorten weltweit mit häufig vergleichbaren Prozessen betrieben. Sie zeichnen sich durch hohe Prozesseffizienz und zunehmende Energieintegration aus. Die Differenzierung im Markt erfolgt über Formulierungen, Modifizierungen oder Additive. Beispiele sind die Synthesewege für BTX-Aromaten (Benzol, Toluol, Xylol), Kunststoffe oder Kautschuk. Chemisch sind häufig aromatische Verbindungen involviert, prozessseitig neben den katalysierten Reaktionen die Trennverfahren Destillation, Rektifikation und Extraktion.

Beispielhaft sei hier die Herstellung von Methylen-Diphenyl-Diisocyanat (MDI), einem Grundstoff für Polyurethan, genannt. Zunächst erfolgt hierbei die Nitrierung des Benzols. Das entstehende Nitrobenzol wird dann zu Anilin hydriert [Kahl et al. 2011]. Die HCl-katalysierte Kondensation von Anilin mit Formaldehyd ergibt Methylen-Diphenyl-Diamin (MDA), das nach Neutralisation und Reinigung abschließend unter Bildung des Nebenprodukts HCl zu MDI phosgeniert wird [Falcke et al. 2017].

Agrochemikalien (Pestizide, Fungizide, Herbizide) werden sowohl in batch- als auch in konti-Verfahren hergestellt, in dezidierten Anlagen für bestimmte Produkte ebenso wie in Vielzweckanlagen. Charakteristisch für die Chemie sind Stickstoff- und Phosphor-haltige sowie chlorierte, bromierte und – in den letzten Jahren zunehmend – fluorierte Substanzen. Kennzeichnend für das Abwasser ist dessen Heterogenität und die häufig ungünstige Abbaubarkeit.

Gleiches trifft auf die Herstellung **organischer Feinchemikalien** allgemein zu, nur dass hier die Vielfalt an Reaktionen und Herstellverfahren noch größer ist. Hier werden nicht nur Grundstoffe zu Spezialitäten weiterverarbeitet, sondern auch Vorstufen für sowohl agrochemische als auch pharmazeutische Produkte hergestellt.

Das Abwasser der **pharmazeutischen Industrie** wird in Kap. 8.3 beschrieben. Zum Teil ist die pharmazeutische Produktion allerdings in Chemieparks gemeinsam mit anderen chemischen Produktionen angesiedelt, so dass die finale Abwasserbehandlung eine gemeinsame ist. Auch weist das Abwasser zumindest der chemisch-pharmazeutischen Herstellverfahren vergleichbare Charakteristika auf wie das der sonstigen chemischen Industrie.

8.1.3 Abwasseranfall und Inhaltsstoffe

Die chemische Industrie ist eine wasserintensive Industrie, auch wenn der Wasserintensitätsfaktor in den letzten Jahrzehnten beständig gesenkt wurde. Letzteres erfolgte sowohl durch sukzessive Prozessoptimierung als auch durch Umstellung der Produktion auf vollkommen neue Produktionsverfahren (siehe auch Kap. 8.1.5), wie z. B. die Herstellung von Ethylenoxid (EO) mittels katalytischer Oxidation anstelle des Chlorhydrinverfahrens und damit einhergehend Reduktion der spezifischen Abwasserentstehung von 60 auf 1 m^3/t [VCI 2000].

So heterogen und vielfältig die chemische Produktion ist, so heterogen und komplex sind auch die anfallenden Abwasserströme und deren Inhaltsstoffe. Dabei finden sich häufig weniger die Ausgangs- (Edukte) oder Zielsubstanzen (Intermediate, Produkte) im Abwasser, sondern vielmehr eine Vielzahl von Nebenprodukten aus den jeweiligen chemischen Reaktionen. Die wichtigsten Stoffklassen sowie deren Herkunft sind in Tabelle 3 zusammengestellt.

Die Konzentration an organischer Belastung kann um ein Vielfaches höher sein als in kommunalem Abwasser, CSB-Konzentrationen von mehreren g/l sind häufig zu finden. Der pH-Wert kann im Grunde die gesamte pH-Skala umfassen, die wenigsten Abwässer sind am Entstehungsort neutral.

Produktionsabwasser entsteht im Wesentlichen auf drei Wegen:

1. Reaktion in wässriger Phase (Wasser als Lösemittel),
2. Aufreinigung von Stoffströmen (Wäsche oder Extraktion mit wässrigen Lösungen),
3. Entstehung des Wassers im Prozess (Kondensationsreaktionen).

Darüber hinaus fallen noch Reinigungswässer (Reinigung von Apparaten und Tanks, Abspritzen von Produktionsbereichen), Niederschlagswasser, Sanitärabwasser sowie Abwässer der Infrastruktur und Versorgung an. Bei letzteren sind insbesondere die Regeneration von Ionenaustauschern bei der Vollentsalzung sowie Abschlämmwässer der Kühlkreisläufe relevant. Erwähnenswert ist auch, dass einige Produktionsstufen insbesondere der organischen Grundstoffe durch wasserfreie Prozesse auch abwasserfrei sind, zumindest was die Produktion selbst angeht.

Tabelle 3: Stoffklassen-Übersicht zu Abwasserinhaltsstoffen der chemischen Industrie

Stoffgruppe	Beispiele	Herkunft
anorg. Säuren / Laugen	HCl, KOH	Nebenprodukte, Katalysatoren
anorganische Salze	NaCl, KCl, Na_2SO_4, Cyanide (CN^-)	Nebenprodukte, Katalysatoren, Neutralisation von anorg. Säuren / Laugen
Schwer- und Edelmetalle	Ni, Cr, Zn, Pd	heterogene Katalysatoren, Korrosion
Aliphatische einfache organische Verbindungen	Ethanol, Ethylen, Essigsäure, Acetaldehyd, Dioxan, Glycerol	Lösemittel, Edukte, Produkte, Intermediate, Nebenprodukte
Aromatische einfache organische Verbindungen	Benzol, Toluol, Xylol, Phenol, Bisphenol A, Salicylsäure	Lösemittel, Edukte, Produkte, Intermediate, Nebenprodukte
Stickstoffhaltige organische Verbindungen	Aminophenol, Anilin, Nitrobenzol, Isocyanate, Pyridin	Edukte, Produkte, Intermediate, Nebenprodukte
Halogenierte organische Verbindungen	Chlorbenzole, Methylchlorid, perfluorierte Tenside (PFT)	Edukte, Produkte, Intermediate, Nebenprodukte
Schwefelhaltige organische Verbindungen	Kohlenstoffdisulfid, Sulfonsäuren, Sulfide	Edukte, Produkte, Intermediate, Nebenprodukte

Bei anorganischen Prozessen sind Art und Konzentration der Abwasserinhaltsstoffe stark abhängig von den eingesetzten Rohstoffen, z. B. dem Salz bei der Natriumcarbonat- und Chlorherstellung. Schwermetalle und Edelmetalle sind häufig auf das Leaching von Katalysatoren sowie Korrosion zurückzuführen. Bei letzterer sind nicht nur die Werkstoffe der verfahrenstechnischen Anlagen zu betrachten, sondern auch die der Peripherie, z. B. verzinkte Gitterroste. Der Eintrag ins Abwasser erfolgt hier über Niederschläge oder Reinigungsarbeiten.

Die Abschlämmwässer von Kühlkreisläufen sind von der Art der Konditionierung bestimmt, sie können u. a. chlorhaltige Biozide und/oder Phosphonate enthalten. Die Regenerierabwässer von Ionenaustauschern neutralisieren sich bei effizienter Fahrweise selbst, sind daraus mit Natriumchlorid angereichert und enthalten ansonsten sämtliche Ionen aus dem Rohwasser um das 10 bis 50fache aufkonzentriert.

Regulatorisch unterliegen die Abwässer der chemischen Industrie dem Anhang 22 der Abwasserverordnung, wobei hier neben den Summenparametern CSB, N_{gesamt}, P_{gesamt} und AOX auch die Giftigkeit gegenüber aquatischen Lebewesen sowie Schwermetalle spezifiziert sind. Basis der nationalen Gesetzgebung sind heute die BREF, die *Best available technique (BAT) Reference Documents* (deutsch: BVT – bestverfügbare Technologie) auf Basis der IED-Richtlinie (*Directive 2010/75/EU on industrial emissions*). Dort finden sich neben Richtwerten für Emissionen auch Leitlinien zu Produktionsverfahren bzw. produktionsintegrierten Maßnahmen. Die Schwierigkeit, die Komplexität der Produkte und Produktionsverfahren der chemischen Industrie in einem einheitlichen regulatorischen Rahmen festzuschreiben, zeigt sich im Umfang der Dokumente und der Länge der jeweiligen Abstimmungsprozesse ebenso wie in der teilweisen Unschärfe der Zuordnung (vgl. Tabelle 2).

Häufig übersehen (oder der Einfachheit halber ignoriert) wird, dass in den BREF lediglich die maximalen produktionsspezifischen Emissionswerte (BAT-AEL) bindend sind (nach jeweiliger Nationalisierung). Die beschriebenen BAT dagegen können durch Verfahren oder Technologien ersetzt werden, die hinsichtlich der Umweltauswirkungen besser oder gleichwertig sind. In Deutschland konnten derartige innovative Verfahren zur Verbesserung der Gewässergüte häufig mittels Refinanzierung über die Abwasserabgabe umgesetzt werden.

Die Anforderungen an Abwässer aus Kühlkreisläufen oder der Wasseraufbereitung sind in Deutschland im Anhang 31 der Abwasserverordnung geregelt.

8.1.4 Abwassermanagement in Chemieparks

Das Abwassermanagement von Chemieparks ist gekennzeichnet durch vielfältige Transport- und Speichervorgänge, Behandlungsverfahren sowie Überwachungsprozesse (Bild 4).

In der **Produktion** erfolgt in der Regel die erste Überwachung der einzelnen Abwasserströme, wobei Häufigkeit und Verfahren (online oder im Labor) abhängig von der Kritikalität oder der Bedeutung der einzelnen Abwasserströme sind. Auch die Vorbehandlung liegt zumeist in Verantwortung der Produktionsbetriebe, wobei der Übergang zwischen Produktionsverfahren und Abwasserbehandlung fließend ist. So kann die Destillation von Lösemittelresten aus einem wässrigen Strom ebenso gut als Produktionsschritt angesehen werden wie auch als Abwasserbehandlung. Auch Stapelmöglichkeiten zur Vergleichmäßigung und vorübergehenden Speicherung von nicht der Spezifikation entsprechenden Abwasserströmen (die dann ggf. gesondert behandelt oder entsorgt werden) sind häufig bereits in den Betrieben zu finden, zumeist allerdings mit nur begrenzter Kapazität von wenigen Stunden.

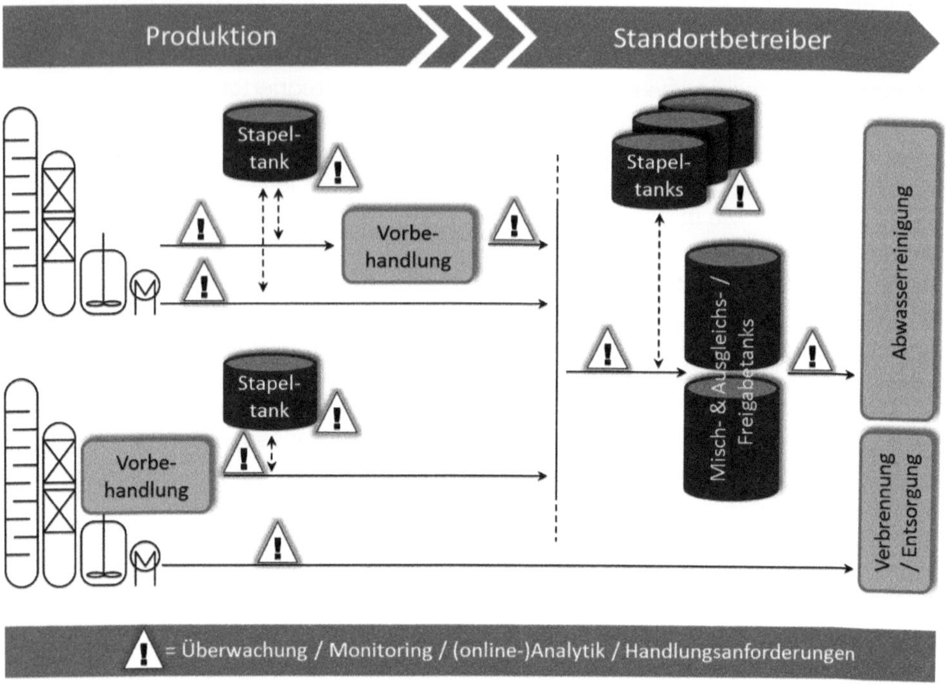

Bild 4: Typisches Schema des Abwassermanagements in Chemieparks

An definierter Schnittstelle (zumeist Einleitung in der Werkskanal) erfolgt dann mit entsprechender Überwachung die Übergabe an den **Standortbetreiber**, der die finale Behandlung in einer zentralen biologischen Kläranlage übernimmt und der in der Regel auch der Inhaber der Einleiterlaubnis ist und somit rechtlich verantwortlich im Sinne des Gewässerschutzes. Auf Standort-Ebene sind zumeist weitere umfangreiche Speichermöglichkeiten mit Kapazitäten bis zu mehreren Tagen vorhanden, sowohl um Konzentrations- und Mengenschwankungen abzupuffern, als auch um solche Abwässer zwischenzuspeichern, bei denen eine direkte biologische Behandlung nicht möglich ist bzw. erst abgeklärt werden muss.

Heute ist der Standortbetreiber in der Regel ein eigenständiges Unternehmen, so dass das Abwassermanagement in entsprechenden Verträgen mit den Produktionseinheiten abgebildet werden muss. Darüber wird auch definiert, welche Spezifikationen die einzelnen Abwasserströme erfüllen müssen, wobei neben den Abwassermengen auch Konzentrationen und/oder Frachten für Summenparameter und Einzelstoffe festgelegt werden. Auch Mindestanforderungen an die biologische Abbaubarkeit (z. B. nach Anhang 22 AbwV $\geq$ 80 % TOC-Elimination) oder gesondert zu überwachende Parameter (z. B. Nitrifikationshemmung) sind dort definiert.

Die Überwachung macht in großen Chemieparks mit aus Abwassersicht komplexen Produktionen einen erheblichen Teil des Aufwands der Abwasserreinigung aus. So wird nicht selten der gesamte Zulauf zur biologischen Kläranlage analysiert, indem das Abwasser in mehreren, wechselweise betriebenen Tanks gespeichert und jeweils erst nach analytischer Freigabe in die Kläranlage abgegeben wird. Der Umfang der Analytik kann dabei mehr als 100 Einzelsubstanzen umfassen, die z. B. mittels GC-MS nachgewiesen werden. Charakteristisch ist dabei, dass häufig auch eine spezielle Adaptierung der Methodik zu erfolgen hat, sowohl bei den chemischen Analysemethoden (z. B. [Wortberg et al. 2006]), als auch bei den biologischen. Bei letzteren ist insbesondere die Nitrifikationshemmung relevant [Möller 2018].

Neben dem Abwasser, welches der zentralen biologischen Kläranlage zugeleitet wird, gibt es in den meisten Chemieparks auch ein Kanalsystem für stofflich nicht belastetes (Ab)wasser, das im Wesentlichen aus Kühlwässern aus der Durchlaufkühlung und Regenwässern aus nicht belasteten Betriebsbereichen oder Infrastrukturflächen besteht. Dies ist häufig der weitaus größere Strom gegenüber dem oben beschriebenen behandlungsbedürftigen Abwasser. Daneben werden manche salzhaltigen Abwässer separat mit z. B. Oxidation oder Adsorption behandelt, um die Salzfracht an der Kläranlage vorbei zu leiten.

8.1.5 PIUS, Wasserwiederverwendung und Stoffrückgewinnung

Die Schließung von Stoffkreisläufen ist ureigenes Wesensmerkmal von Chemieparks und als solche wesentlich verantwortlich für sowohl deren Gründung als auch deren ungebrochene Attraktivität. Und auch der Gedanke an die Schonung der Ressource Wasser war – und sei es aus Kostengründen – von Anfang an präsent. So forderte schon Carl Duisberg 1893 in seiner Denkschrift zur Gründung des Bayerwerks in Leverkusen, dass „alles ... Wasser, welches den Betrieben zugeführt wird, durch geeignete ... Wassermesser genau zu messen und den Betriebsführern täglich der Verbrauch, nach Gebäuden geordnet, mitzuteilen" sei [Duisberg 1893]. Dabei sind Wasserkreisläufe in der chemischen Industrie untrennbar mit Dampf- und damit Energiekreisläufen verbunden.

Techniken zur Reduktion des Abwasseranfalls sind unter anderem:

- Umstellung des Herstellverfahrens und/oder des Reaktionswegs [Fathmann 1999], z. B. Einsatz heterogener anstelle von homogenen Katalysatoren [Völker et al. 2011],
- Umstellung der Prozessführung, z. B. batch/konti [Fathmann 1999],
- Gegenstromwäsche [EU 2006],
- wasserfreie Vakuumerzeugung, z. B. Nutzung von Pumpen anstelle von Dampfstrahlern [Brinkmann et al. 2016],
- indirekte Kühlung/Kondensation [Brinkmann et al. 2016].

International kann die Verfügbarkeit von Wasser durchaus dessen Kreislaufführung bestimmen, wobei hier nicht nur klimatisch trockene Gebiete zu nennen sind, sondern auch Küstenstandorte in eigentlich wasserreichen Regionen. Ansonsten sind inhaltliche Treiber einer Wasserwiederverwendung aber vielmehr zwei Faktoren:

1. wertvolle Wasserqualität (z. B. Salzfreiheit oder Temperatur),
2. Rückgewinnung von Inhaltsstoffen mit Nutzung des Wassers als Nebeneffekt.

Die **Wasserqualität** wird z. B. bei der Kreislaufführung von Kondensaten genutzt. Naturgemäß sind diese ideal geeignet, um zur Dampferzeugung wieder eingesetzt zu werden. Es erspart den Aufwand und Ressourceneinsatz für die Erzeugung von vollentsalztem Wasser und damit lohnt häufig die Wiedernutzung, auch in komplexeren Versorgungsstrukturen. Zudem wird durch die höhere Temperatur Energie eingespart.

Die **Rückgewinnung von Abwasserinhaltsstoffen** erfolgt in der Regel produktionsnah aus Teilströmen. Dabei können vielfältige Verfahren zum Einsatz kommen (Tabelle 4).

Tabelle 4: Methoden der Wertstoffrückgewinnung aus Prozesswasserströmen und ihre Einsatzmöglichkeiten nach [Dechema 2014], modifiziert

Stoffgruppe:	Metalle	Buntmetalle	Halbmetalle	spez. Metalle	anorg. Säuren	Neutralsalze / Elektrolyte	organische Säuren	organische Lösemittel	Öle	Pharma-Wirkstoffe, Pestizide	Phosphor, Stickstoff	Iod + Iod-Verbindungen	Li, Seltene-Erden-Metalle
Verfahren / **Beispiele:**	Au, Ag, Pt	Cu, Zn, Sn	B, As, Sb	Co, Ni, Ta, Mo, Pb, Cd	HCl, HNO_3, H_2SO_4, HF	NaCl, KC	Weinsäure, Essigsäure	Methylchlorid, Toluol			PO_4^{3-} NO_3^{-}		La, Ce
Hydroxid-Fällung	✓		✓			✓							✓
sulfidische Fällung	✓	✓		✓		✓							
Fällung/Flockung			✓	✓		✓	✓				✓		✓
chem. Oxidation / Reduktion	✓	✓	✓									✓	
elektrochem. Rückgewinnung	✓	✓		✓									✓
Elektrodialyse	✓		✓		✓		✓						
Kristallisation (Eindampfung)	✓	✓			✓						✓		✓
Destillation / Rektifikation							✓	✓				✓	
Selektiv-Ionen-austausch	✓	✓	✓	✓	✓	✓	✓		✓	✓	✓	✓	✓
Säure- und Ionenretardation					✓	✓							
Chromatographie										✓			✓
Extraktion		✓	✓	✓				✓			✓		✓
Aktivkohle-Adsorption	✓				✓	✓	✓			✓		✓	
spezielle Adsorbentien	✓	✓	✓	✓					✓		✓	✓	
Nanofiltration	✓	✓	✓	✓	✓	✓		✓		✓		✓	✓
Umkehrosmose										✓			
Tiefen-/ Gewebefiltration			✓	✓	✓	✓	✓	✓	✓	✓	✓		
Sedimentation/ Zentrifugation	✓	✓		✓		✓		✓	✓	✓	✓		✓
Flotation	✓	✓		✓									

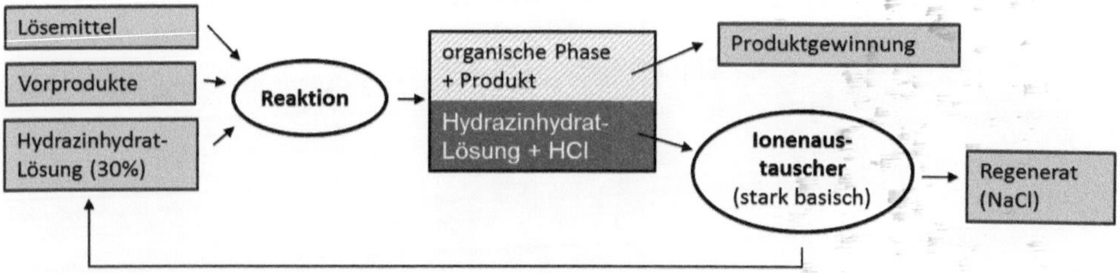

Bild 5: Rückgewinnung von Hydrazinhydrat mittels Ionenaustauschern (nach [Neumann 2009])

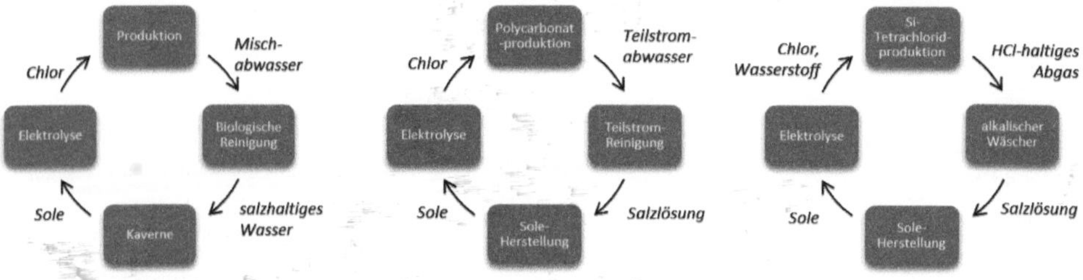

Bild 6: Schemata von realisierten Kreisläufen zur NaCl-Rückgewinnung (nach [Rische 2017], [Dow 2017] und [CHEManager 2017a])

Geradezu klassisch ist die Rückgewinnung von Lösemitteln mittels Destillation, die essenzieller Bestandteil vieler Produktionsprozesse ist. Auch die Extraktion von Stoffen aus wässrigen Lösungen ist weniger Rückgewinnung als ureigener Prozessbestandteil der Produktion.

Ein Beispiel zur Rückgewinnung von spezifischen Substanzen mittels Ionenaustauschern beschreibt [Neumann 2009]. Dabei wird in einem Produktionsschritt Hydrazinhydrat in 30 %-iger wässriger Lösung eingesetzt. Durch Spaltungsreaktion entsteht Salzsäure. Nach Abtrennung der organischen Phase mit dem Produkt verbleibt eine saure chloridhaltige wässrige Hydrazinhydratlösung. Das Chlorid wird mit einem stark basischen Anionenaustauscher abgetrennt, so dass die Hydrazinhydratlösung wieder eingesetzt werden kann (Bild 5).

Eine der technisch und ökonomisch anspruchsvollsten Aufgaben der Rückgewinnung ist die Rückführung von Natriumchlorid in die Chlor-Alkali-Elektrolyse (siehe Bild 6). Dies wird seit 2016 durch die Covestro AG am Standort Uerdingen durchgeführt [Rische 2017]. Das NaCl-haltige Abwasser aus der Polycarbonatproduktion wird nach Extraktion und Strippung zunächst neutralisiert. Nach Aktivkohle-Adsorption und erneuter pH-Stellung wird dann CO_2 ausgestrippt, bevor das Abwasser mit einer NaCl-Konzentration von 7 % in die Elektrolyse gespeist wird. Ca. 30.000 t Salz können so wieder genutzt und damit der Vorfluter Rhein entlastet werden. Dow in Stade nutzt dagegen das salzhaltige Abwasser nach biologischer Reinigung zum Aussolen von Salzkavernen [Dow 2017], so dass Frischwasser eingespart und das Salz ebenfalls wieder genutzt wird. In Bitterfeld-Wolfen wird der NaCl-haltige Abwasserstrom aus einem alkalischen Wäscher, der HCl-Abgas reinigt, wieder der Elektrolyse zugeführt [CHEManager 2017a].

Allen Verfahren gemein ist, dass sie spezifisch für die jeweilige Anwendung sind und lange Entwicklungszeiten benötigen. Dies gilt nicht zuletzt für den Bereich der Analytik, da Störstoffe im ppb-Bereich die Produktionsprozesse signifikant beeinträchtigen können. Möglich sind z. B. die Vergiftung von Katalysatoren oder die irreversible Schädigung von Membranen in der Chlor-Alkali-Elektrolyse. Daher sind derartige Rückführungen letztendlich immer ein Einzelfall, der selten direkt übertragbar oder ausweitbar ist. Kleinste Prozessunterschiede können hier große Auswirkungen haben.

Für die Aufbereitung von Abwasser nach finaler Abwasserreinigung zur Wiederverwendung wird zumeist die Verfahrenskombination Ultrafiltration – Umkehrosmose eigesetzt, ggf. ergänzt um Vor (z. B. Aktivkohle) oder Nachbehandlungsverfahren (z. B. UV-Desinfektion). Da dabei eine Rückgewinnung von nutzbaren Inhaltsstoffen nicht erfolgt, wird dies nahezu ausschließlich in Regionen mit Wasserstress (oder als Demonstrationsvorhaben) umgesetzt. Der Aufwand (Kosten, Ressourcen- und Energieeinsatz) zur Aufbereitung von Abwasser zur Wiederverwendung ist um ein Vielfaches höher als der zur Bereitstellung von Frischwasser (Bild 7). Eine Abwasserwiederverwendung ist daher nicht per se ökologisch vorteilhaft, sondern muss ganzheitlich mit ihren Umweltauswirkungen betrachtet werden (z. B. durch LCA – *life cycle assessment*). Dies gilt insbesondere dann, wenn eine so genannte abwasserfreie Produktion (ZLD – *zero liquid discharge*) mittels Eindampfung (siehe Kap. 8.1.9) realisiert werden soll [Dechema 2015].

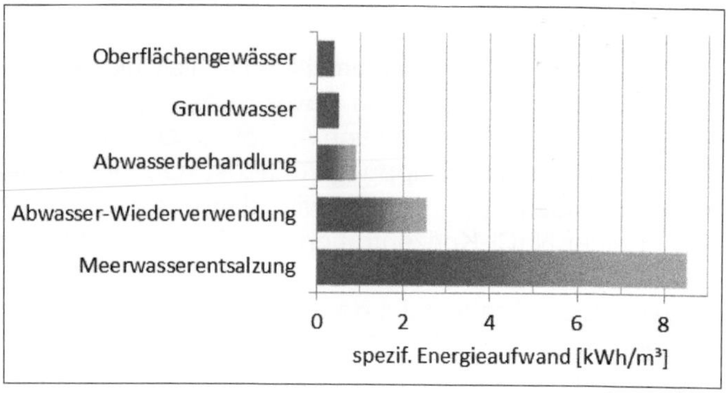

Bild 7: Energieeinsatz für die Bereitstellung von Wasser für den menschlichen Gebrauch (nach [WWAP 2014])

8.1.6 Vorbehandlung von Abwasserteilströmen

Die wenigsten Abwasserströme der chemischen Industrie können direkt in eine biologische Kläranlage abgegeben werden. Sie müssen mindestens neutralisiert, oft aber auch weitergehend behandelt werden. Ziele sind:

- Entfernung von biologisch nicht abbaubaren oder toxischen Stoffen (organisch oder anorganisch), z. B. Fällung von Schwermetallen oder Adsorption von chlororganischen Verbindungen,
- Erhöhung der biologischen Abbaubarkeit der organischen Inhaltsstoffe bzw. Reduktion von deren Toxizität, z. B. Oxidation von substituierten Phenolen,
- Reduktion der Fracht an bestimmten Inhaltsstoffen, die die Kapazität der jeweiligen zentralen Kläranlage übersteigt, z. B. organischer Kohlestoff (CSB/TOC) oder Stickstoff.

Hierfür steht eine Vielzahl von chemisch-physikalischen, thermischen oder auch biologischen Verfahren zur Verfügung (Bild 8). Bezüglich der Grundlagen der Verfahren siehe Kapitel 3.

Nur selten ist die Herausforderung, überhaupt ein geeignetes Verfahren zu finden, das die erforderliche Wirksamkeit (Eliminationsrate, Abbaubarkeit) aufweist. Meistens besteht die Aufgabe darin, das wirtschaftlichste Verfahren bzw. dasjenige mit dem geringsten Ressourceneinsatz zu finden. Dabei kann ein früher Verfahrensvergleich bereits ohne jegliche Versuche erfolgen, indem der minimale Aufwand (Betriebsmittelbedarf/Kosten) auf Basis der chemisch-physikalischen Wirkzusammenhänge (z. B. Stöchiometrie einer Oxidationsreaktion) und ggf. Literaturdaten (z. B. Beladung von Aktivkohle) abgeschätzt wird [Neumann und Blöcher 2011]. Damit lassen sich best case- und worst case-Szenarien errechnen, auf deren Basis für die vielversprechendsten Verfahren die tatsächliche Wirksamkeit dann stufenweise erprobt und nachgewiesen werden kann.

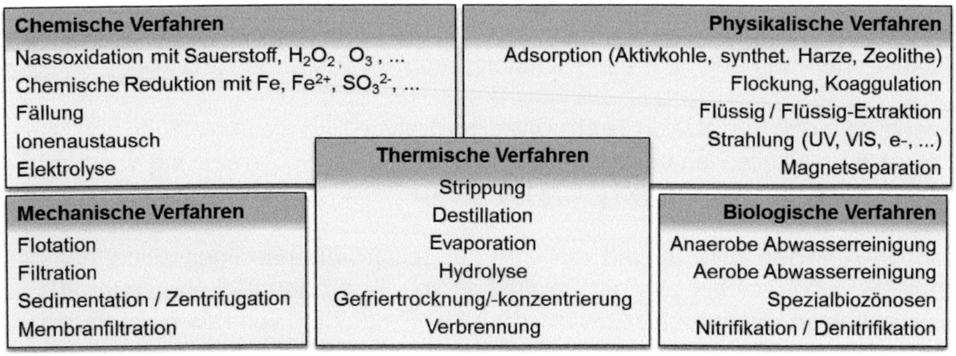

Bild 8: Verfahren zur Vorbehandlung von Abwasserteilströmen der chemischen Industrie (nach [Blöcher 2007], modifiziert)

Letztendlich ist diese Verfahrensfindung eine der Kernaufgaben bei der Abwasserreinigung in der chemischen Industrie, eine entsprechende Bedeutung kommt dem obigen Vorgehen zu. Die Folgen einer vorschnellen Verfahrensauswahl für Wirtschaftlichkeit und ggf. Ressourceneinsatz können gravierend sein. Der größte Hebel zur Beeinflussung der Kosten besteht in der frühen Konzeptphase eines Projektes [Neumann und Blöcher 2011].

Die Frage, wo Produktionsprozesse aufhören und Abwasserreinigung anfängt, ist nicht eindeutig zu beantworten. Wie in Kap. 8.1.5 dargelegt, sind gerade die destillative Rückgewinnung von Lösemitteln und die Extraktion von Produkten aus wässrigen Lösungen inhärente Bestandteile vieler Produktionsprozesse. Insofern wird häufig erst der zweite Schritt der Elimination als eigentliche Abwasserreinigung beschrieben.

Zu den am häufigsten eingesetzten Vorbehandlungsverfahren in der chemischen Industrie zählen Extraktion und Destillation. Beispiele sind die **Extraktion** von DNT (Dinitrotoluol) und Nitrokresolen mit Toluol im DNT-Prozess oder die Extraktion von phenolischen Lösungen mit Cumol (Isopropylbenzol) im Phenolprozess [Falcke et al. 2017]. Weitere Extraktionsmittel für Phenol sind Diisopropylether oder n-Butylacetat. Auch Carbonsäuren, insbesondere Essigsäure, werden häufig extrahiert, wobei z. B. MIBK als Extraktionsmittel eingesetzt wird und Reinigungsgrade/Ausbeuten > 99,9 % erreicht werden [Schröter 1999]. **Destillation** oder **Rektifikation** werden z. B. zur Entfernung von Phenol, Methanol oder Anilin eingesetzt, mit Wirkungsgraden > 95 % in der Praxis [Brinkmann et al. 2016]. Auch Ammonium wird häufig über Destillation bzw. Dampfstrippung rückgewonnen [Deibele et al. 1999; Völker et al. 2011].

Ionenaustausch-Verfahren werden in der chemischen Industrie insbesondere bei Metall-katalysierten Prozessen eingesetzt, z. B. zur Entfernung von Kupfer- oder

Vanadium-Salzen aus dem Abwasser der katalytischen Oxidation von Cyclohexanon/Cyclohexanol bei der Adipinsäureherstellung [Falcke et al. 2017] oder zur Nickel-Entfernung bei mit Raney-Ni katalysierten Hydrierungen [EU 2006].

Beispiele für den Einsatz von **Thermolyse/Hydrolyse** sind die Zersetzung von Nitrophenolen im Alkalischen bei 300 °C [Larbig 1978] oder die Zersetzung von aromatischen Halogenverbindungen (AOX) bei 180 °C.

Fenton-Anlagen (Bild 9) sind realisiert zur Teilstrombehandlung siliconhaltiger Abwässer oder solcher aus der Produktion von Pestiziden [Schuhmacher 2014]. In einer Anlage werden z. B. Abwässer aus der Produktion von Pflanzenschutzmitteln mit einem Volumenstrom von 2,5 m^3/h und einer CSB-Konzentration von 40 g/l behandelt [Eisenmann 2005], um den Teilstrom anschließend in die biologische Kläranlage einzuleiten. Auch **Ozonanlagen** haben sich in der chemischen Industrie seit langem bewährt. So wurden beispielsweise bei BASF Anlagen verschiedenster Größenordnung (0,2 – 55 kg/h O_3) realisiert [Rice 1996] für die

Bild 9: Fentonoxidation in einem Chemiewerk (Quelle: Eisenmann)

- Geruchsreduktion in Dampf-/Kondensatnetzen der Pharmaproduktion,
- Vorbehandlung pestizidhaltiger Abwässer,
- Entfärbung von Abwässern der organischen Farbstoffsynthese,
- Erhöhung der biologischen Abbaubarkeit von langkettigen Kohlenwasserstoffen,
- Entfärbung von Abwasser als Nachbehandlung nach biologischer Reinigung durch Oxidation der Rest-Aromaten („4. Reinigungsstufe", dann mit nachgeschalteter biologischer Feinreinigung),
- Kühlwasserkonditionierung,
- Behandlung von Abwasser mit langkettigen Polyether-Alkoholen (MW 1.500 – 6.000 g/mol);
- Behandlung von Abwasser mit Nitroaromaten aus der Produktion von Dinitrotoluol (DNT).

Beispiele für **Nassoxidationsanlagen** sind eine LOPROX-Anlage in La Felguera, mit der 4 m^3/h phenolhaltiges Abwasser aus der Aspirinproduktion behandelt werden (zweistufig, Kolonnenvolumen je 7,5 m^3, T = 160 °C, p = 12 bar) [Holzer 1999]. Die LOPROX-Anlage in Ramat Hovav in Israel (Bild 10) ist für die Behandlung von bis zu 75 m^3/h Abwasser der agrochemischen Industrie ausgelegt (einstufig, T bis 220 °C, p bis 30 bar) [Erwe 2010].

8.1.7 Anaerobe biologische Abwasserreinigung

Viele Teilströme der Chemieindustrie weisen für Anaerobverfahren günstige Charakteristika wie hohe organische Belastung und hohe Temperatur auf. Es gibt jedoch auch eine Vielzahl von Faktoren, die sich negativ auswirken können. Dies sind insbesondere Schwankungen in Fracht und Konzentration, die Vielfalt an ggf. störenden Inhaltsstoffen, sowie vor allem der hohe Salzgehalt, dessen obere Grenze für Anaerobverfahren bei ca. 20 g/l liegt. Dies wirkt sich in besonderem Maße bei dem Gesamtabwasser von Chemieparks aus, weshalb hierfür bislang noch keine Anaerobanlage realisiert wurde. Zwar wurde eine solche nach jahrelangen Voruntersuchungen für einen Chemiestandort mit Herbizidproduktion gebaut, es gelang dann aber nicht, die Anaerobstufe stabil in Betrieb zu nehmen, so dass die Anlage zu einem zweistufigen aeroben Verfahren umgebaut wurde [AGAN 2011; Weinberg und Teodosiu 2012].

Aufgrund der genannten Limitierungen gelingt häufig eine Behandlung auch von solchen Teilströmen nicht, die sich auf den ersten Blick für eine anaerobe Reinigung anbieten, z. B. die Behandlung von Lösemittelabfällen [Svojitka et al. 2017]. In jedem Fall ist bei anaeroben Behandlungsverfahren mit sehr langen Entwicklungs- und Inbetriebnahmezeiten zu rechnen. Bei letzteren sind ein bis zwei Jahre nicht ungewöhnlich.

Bild 10: LOPROX in Ramat-Hovav, Israel (aus [Leonhäuser und Birkenbeul 2012], Ausschnitt)

Ein Abwasserstrom, für den sich die anaerobe Behandlung inzwischen durchgesetzt hat, ist das Abwasser aus der Terephthalsäureproduktion (purified terephtalic acid, PTA). Die CSB-Konzentration beträgt ca. 3 g/l, die Inhaltsstoffe sind Acetat, Benzoat und verschiedene Phthalate. Die Reinigung erfolgt in UASB- oder EGSB-Reaktoren mit Raumbelastungen zwischen 8 und 12 kg CSB/(m^3 · d) [Rosenwinkel et al. 2015]. Auch für den noch neuen HPPO-Prozess zur Herstellung von Propylenoxid wird eine anaerobe Abwasserreinigung beschrieben [ThyssenKrupp 2015].

Ein weiterer Abwasserstrom, der einem anaeroben Abbau zugänglich ist und für den mehrere Anlagen realisiert wurden, ist derjenige der Methylcelluloseproduktion. In Bitterfeld-Wolfen fällt dieser mit ca. 24 m^3/h, einer CSB-Konzentration von 32 g/l und einer Temperatur von ca. 40 °C an [Basse et al. 2013]. Nachteil ist der hohe Salzgehalt, so dass das Abwasser etwa um den Faktor 4 mit kommunalem Abwasser verdünnt werden muss, wodurch eine Salzkonzentration von 23 g/l eingestellt wird. Nach Hydrolyse-/Ausgleichstank und pH-Stellung sowie der Dosierung von Spuren- und Nährstoffen erfolgt die eigentliche Behandlung in zwei Anaerobreaktoren (Bild 11). Ein dritter Reaktor soll jeweils an das salzhaltige Abwasser adaptierte Biomasse vorhalten. Die CSB-Elimination im ersten Betriebsjahr lag bei ca. 70 %. Die Raumbelastung kann bis zu 13 kg CSB/(m^3 · d) betragen, im Mittel wurden 7 kg CSB/(m^3 · d) erreicht [Basse et al., 2013]. Die Abgabe des vorbehandelten Teilstroms erfolgt in das Gemeinschaftsklärwerk Bitterfeld-Wolfen (siehe Kap. 8.1.8).

Eine anaerobe Behandlungsstufe zur Reduktion von Sulfat zu Sulfid wird bei Lenzig in Österreich bei der Herstellung von Viskosefasern betrieben (ca. 300 m^3/h, ca. 10 g/l Sulfat). Die anaerobe Behandlung ist integriert in eine Fällung von Zink als Zinksulfid sowie die aerobe Umsetzung des restlichen Sulfids zu elementarem Schwefel [Rosenwinkel et al. 2015].

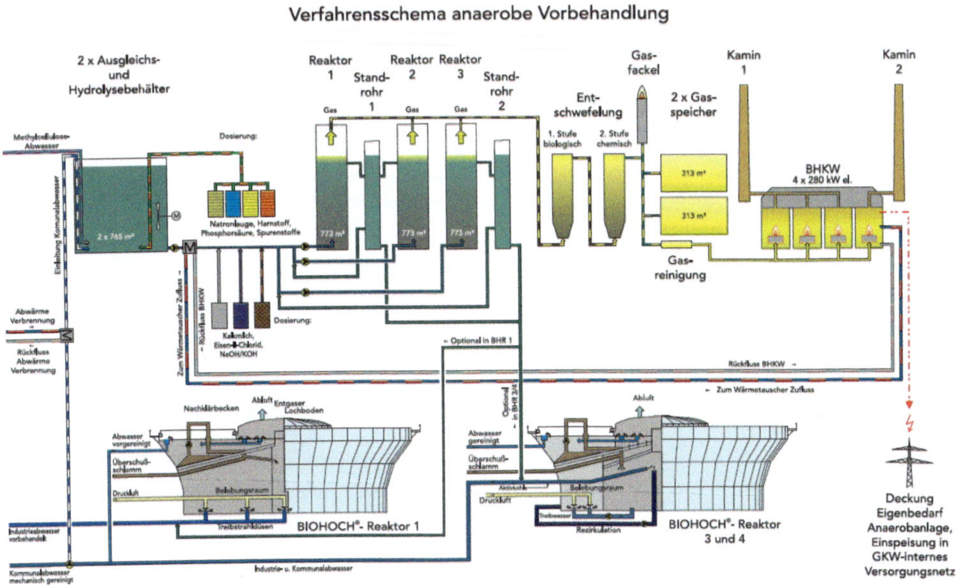

Bild 11: Verfahrensschema der Anaerobanlage zur Behandlung von Methylcelluloseabwasser am Standort Bitterfeld-Wolfen (Quelle: Prof. Dr. Dr. K.-U. Rudolph GmbH)

Bild 12: Blick auf die Kläranlage des Industrieparks Höchst. Hinten rechts einer der Biohochreaktoren, mittig Denitrifikationsbehälter, links Pufferbehälter. Vorne links die abgedeckten Becken der Hochlaststufe. (Quelle: Infraserv GmbH & Co. Höchst KG)

Bild 13: Prinzipskizze und Installation des von Bayer entwickelten Schlitzstrahlers zur Belüftung (aus [Leonhäuser et al. 2014])

8.1.8 (Finale) aerobe biologische Abwasserreinigung

Die biologische Abwasserreinigung in der chemischen Industrie entspricht in ihren Grundprinzipien derjenigen anderer Industriezweige, d. h. Kohlenstoffabbau über das aerobe Belebungsverfahren und Stickstoffelimination über Nitrifikation/Denitrifikation. Kleinere Chemiebetriebe sind in der Regel Indirekteinleiter und leiten nach entsprechender Vorbehandlung in die kommunalen Kläranlagen ein.

Größere Chemiebetriebe und insbesondere Chemieparks betreiben als Direkteinleiter eigene Kläranlagen, die verfahrenstechnisch einige Besonderheiten aufweisen können:

1. Um die vergleichsweise hohen Frachten effizient abzubauen, wurden die meisten biologischen Kläranlagen als Hochreaktoren mit Wasserhöhen bis 30 m realisiert (Bild 12). Damit wird einerseits die erforderliche Grundfläche reduziert, andererseits die Sauerstoffausnutzung erhöht.

2. Die Belüftung erfolgt häufig über Injektorsysteme (Bild 13), die einen effizienten Sauerstoffeintrag bei den hohen Wasserständen ermöglichen (Bild 14) und gleichzeitig robust sind.
3. Die Auslegung ist in der Regel mehrstufig und in unterschiedlicher Verschaltung der einzelnen Verfahrensstufen (vgl. Tabelle 6). So ist z. B. auch eine erste Verfahrenseinheit als C-Elimination möglich und anschließend eine zweite mit Nitrifikation/Denitrifikation.
4. Teilweise erfolgt eine Behandlung des Abgases der ersten biologischen Stufe, um den Austrag möglicher flüchtiger Stoffe zu verhindern. Je nach Inhaltsstof-

fen kann dies ein Wäscher sein, eine Verbrennung (klassisch oder RTO) oder auch ein Biofilter.

5. Teilweise und insbesondere bei Erweiterungen wird reiner Sauerstoff eingesetzt, z. B. im Chempark Dormagen [Kempf 2014] oder bei BASF in Ludwigshafen [Völker et al. 2011]. Dieser kann häufig kostengünstig von der Rohrbrücke bezogen werden oder fällt als Nebenprodukt einer Stickstofferzeugung an.

In biologischer Hinsicht ist von Bedeutung, dass in vielen Kläranlagen von Chemieparks durch jahr(zehnt)elange Adaption auch Stoffe biologisch abgebaut werden, die nach standardisierten Testverfahren oder in kommunalen Kläranlagen nicht abbaubar sind. So beschreiben [Weinberg und Teodosiu 2012] den Abbau von Herbiziden in einer zweistufigen Kläranlage, der über einen Zeitraum von zwei Jahren

Tabelle 5: Strukturierung der Stoffe und Maßnahmen nach biologischer Abbaubarkeit

Charakterisierung	gut biologisch abbaubar, unkritisch (in relevanten Konzentrationen)	biologisch abbaubar, toxisch (in relevanten Konzentrationen)	bedingt biologisch abbaubar	biologisch nicht abbaubar
Maßnahme	keine	Stapelung, Verdünnung, ggf. Separierung von Spitzen, Monitoring	langsame Adaption, ggf. Anpassung der Lastbedingungen, Monitoring	Vorbehandlung, oder nicht-biologische Behandlung
Beispiele	Ethanol	Phenol, Cyanid, Aminophenol	Chlorbenzole	perfluorierte Tenside, Hexachlorbenzol

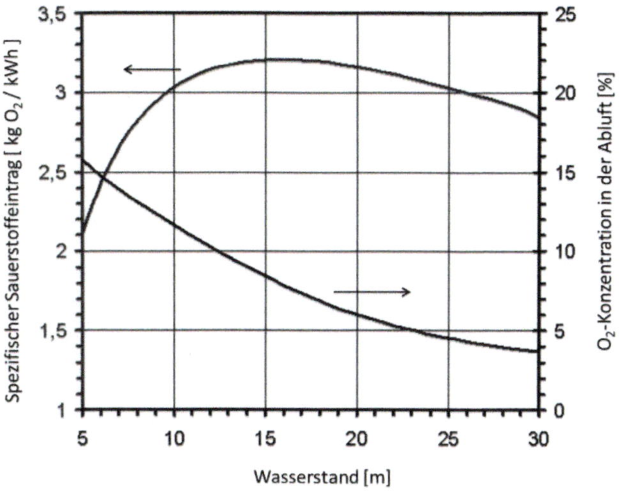

Bild 14: Energiekennzahlen des Sauerstoffeintrags mit Injektorsystem (aus [Eberhard 2009], modifiziert)

nach Inbetriebnahme von anfänglich 50 auf fast 90 % zunahm. Auch halogenierte Organika (AOX) werden in der Regel zu 80 % bis > 90 % eliminiert [Sterger 2013; Schleich 2018]. Bei der Verfahrensführung sind insbesondere solche Stoffe zu beachten, die toxisch sind, aber abbaubar. Hier ist über Stapelung und Verschneidung sicherzustellen, dass keine zu hohen Konzentrationen eingeleitet werden. Ganz besonders gilt dies für die Stoffe, die die Nitrifikation hemmen (Tabelle 5).

Neben den Eigenschaften der Inhaltsstoffe können Temperatur und Konzentration an Neutralsalzen (NaCl, Na_2SO_4, $CaCl_2$) die Biologie entscheidend limitieren. Höhere Temperaturen resultieren dabei nicht nur aus den höheren Abwassertemperaturen, sondern auch aus dem biologischen Stoffumsatz. Die exakte obere Grenze ist von den jeweiligen Bedingungen in der Anlage abhängig, als Richtwert für die Nitrifikation kann 42 °C angesetzt werden. Die Salzkonzentration liegt bei mehreren g/l, in Einzelfällen bis zu 10 %. Limitierend ist auch hier die Nitrifikation, für die als obere Grenze 3 % angenommen werden kann. Entscheidend ist weniger die Höhe der Salz-Konzentration, sondern vielmehr deren Schwankungen. Vergleichmäßigung ist hier entscheidend, und insbesondere bei Stillständen von Produktionen, die ansonsten den Salzgehalt bestimmen, wird versucht, den Konzentrationsabfall und -anstieg möglichst lange zu strecken. Spezielle biologische Verfahren mit Teilströmen können zwar bei deutlich höheren Salzkonzentrationen stabil betrieben werden [Blöcher et al. 2009], ein breiter Einsatz in der Praxis findet – nicht zuletzt wohl wegen des Risikos von Störungen des biologischen Prozesses – bislang aber nicht statt.

Ein betrieblich schwieriger Aspekt sind die häufig schlechten Absetzeigenschaften des Schlammes (Feinanteil). Bekannt ist, dass diese zumindest teilweise durch den hohen Salzgehalt bzw. dessen Schwankungen verursacht werden. Teilweise sind daher Flotationsanlagen in den Anlagen zur (Fein)klärung des Ablaufs installiert. Ein weiteres Phänomen, das in vielen Anlagen unregelmäßig auftritt, ist die Entstehung von Schaum. Obwohl mittels moderner mikrobiologischer Methoden wie Gensonden vielfach versucht wird, die Vorgänge im Detail zu verstehen, ist eine eindeutige Vorhersage und insbesondere Ableitung von Gegenmaßnahmen für die Betriebspraxis nur begrenzt möglich. Technisch wird dem durch mechanische oder chemische Schaumzerstörung begegnet.

Wegen der ungünstigen Absetzeigenschaften des Schlammes sollte eigentlich den Einsatz von Membranbioreaktoren (MBR) vorteilhaft sein. Dem entgegen stehen allerdings die hohen Kosten sowie die Tatsache, dass man bei einer Umstellung auf MBR-Technologie tiefgreifend in die bestehenden Systeme eingreifen müsste. Daher ist in Deutschland nur ein MBR im Chemiepark Bergkamen, der maßgeblich von Pharmaproduktion bestimmt ist, realisiert [Böhm 2006]. Dort, wo international Kläranlagen für Chemieparks neu errichtet werden, haben sich Membranbioreaktoren dagegen etabliert (z. B. Ramat-Hovav, Israel).

Eine Schlammfaulung wird nur selten eingesetzt, da die Biogasausbeute zumeist gering ist. Im Industriepark Höchst erfolgt eine Co-Vergärung des Klärschlammes in einer Biogasanlage, in der auch Sekundärsubstrate verwertet werden [CHEManager 2017b]. 100.000 t Filterkuchen pro Jahr ergeben dort eine Faulgasausbeute von 160 GWh [Schleich 2018]. Die Schlammbehandlung in Kläranlagen von Chemieparks erfolgt klassisch über Eindickung, Entwässerung (i. d. R. Filterpressen) und Verbrennung in zumeist eigenen Klärschlammverbrennungsanlagen.

In Bild 15 sind schematisch die Verfahrensstufen von Kläranlagen wesentlicher Chemieparks in Deutschland zusammengestellt, in Tabelle 6 deren Betriebsparameter wiedergegeben. Viele der Anlagen wurden mit der Entwicklung der Umweltschutztechnik in der chemischen Industrie in den 70er und 80er Jahren gebaut und seitdem kontinuierlich dem Stand der Technik sowie der Entwicklung der Chemieparks angepasst. In etwa der Hälfte der Anlagen erfolgt eine gemeinsame Behandlung von Abwasser der Chemieindustrie und kommunalem Abwasser, wobei letzteres in der Regel die deutlich geringere Fracht beiträgt und auch zum Teil erst nach einer ersten Behandlungsstufe für das Chemieabwasser zugeführt wird.

Bild 16 zeigt beispielhaft den Klärprozess der Anlage für den Chempark Leverkusen, Bild 17 eine Luftaufnahme dieser Anlage.

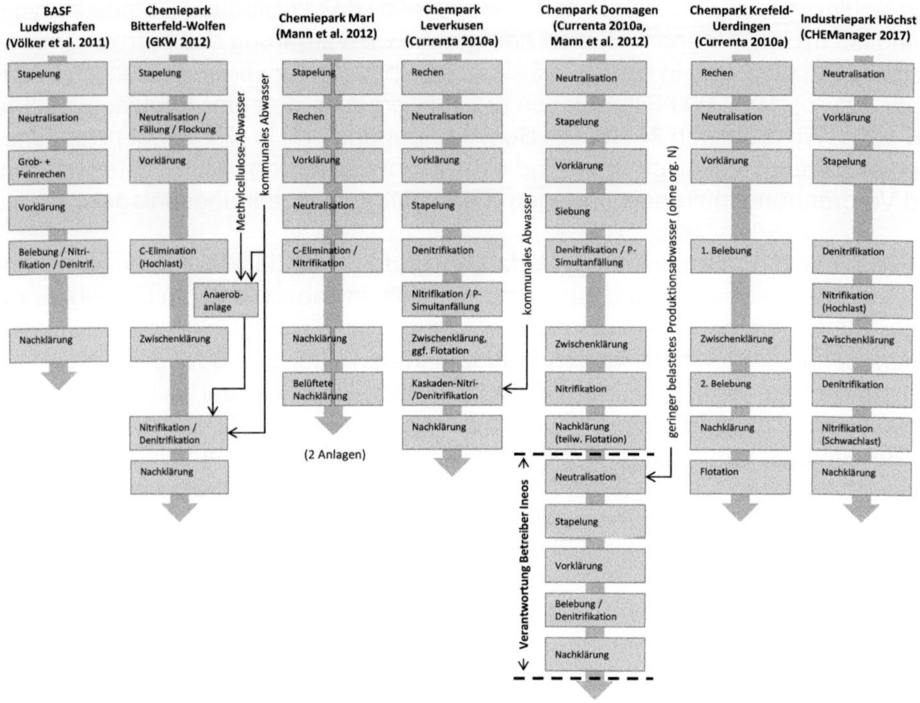

Bild 15: Zusammenstellung der Verfahrensschemata von Kläranlagen ausgewählter Chemieparks in Deutschland

Tabelle 6: Anlagendaten und Betriebsparameter von Kläranlagen ausgewählter Chemieparks in Deutschland

		BASF Ludwigshafen [Schmittel 2018]	Chemiepark Bitterfeld-Wolfen [GKW 2012; Hillebrand 2018]	Chemiepark Marl [Chemiepark Marl 2017; E-PRTR 2018; Mann et al. 2012]	Chempark Dormagen [Vorbehandlungsanlage] [Gora 2018]	Chempark Leverkusen [Friebe 2018; Mann et al. 2012]	Chempark Uerdingen [Lehmann 2018; E-PRTR 2018]	Industriepark Höchst [Schleich 2018; Infraserv 2018; CHEManager 2017b; E-PRTR 2018]
Zulauf	Volumenstrom	331.000 m^3/d	13.100 m^3/d (industriell inkl. MC[3]) 11.600 m^3/d (kommunal)	23.000 m^3/d	8.600 m^3/d	41.000 m^3/d (industriell) 70.000 m^3/d (kommunal)	21.300 m^3/d	60.000 m^3/d [2]
	Org. Fracht	112 t/d TOC	47 t/d CSB (industriell inkl. MC [3]) 11 t/d CSB (kommunal)	k. A.	34,5 t/d CSB	67 t/d CSB (industriell) 19 t/d (kommunal)	20,5 t/d CSB	150 t/d CSB [2]
	N-Fracht	34,6 t/d	1,1 t/d (industriell) 0,8 t/d (kommunal)	k. A.	5,6 t/d	3,5 t/d (industriell) 3 t/d (kommunal)	1,2 t/d	8,8 t/d [2]
	Neutralsalz	4-5 g/l	ca. 10 g/l (industriell ohne MC [2]) ca. 8 g/l (Gesamt-Abwasser)	3 g/l [5]	5-12 g/l	23-32 g/l (industriell)	24 g/l [5]	2 g/l [5]
Verfahren	Volumen (Belebung)	300.000 m^3	64.000 m^3	24.000 m^3	22.400 m^3	52.000 m^3 (Turmbiologie)	6.000 m^3 (1. Stufe) 8.000 m^3 (2. Stufe)	9.000 m^3 (Hochlast) 39.000 m^3 (Schwachlast)
	Verweilzeit (Belebung)	24 h	28 h (Hochlast) 56 h (Nitri/Deni)	ca. 24 h	72 h	20 - 48 h (Turmbiologie) 8 - 12 h (Kaskade)	7 h (1. Stufe) 9 h (2. Stufe)	3 h (Hochlast) 24 h (Schwachlast)
	TS-Konzentration	6-7 g/l	6 g/l [4]	6-8 g/l	2-4 g/l	8-9 g/l (Turmbiologie) 3 – 3,5 g/l (Kaskade)	2,8 – 4,5 g/l	k. A.
	Schlammbelastung	0,06 kg TOC / (kg TS · d)	0,82 kg CSB / (kg TS · d) [4] (Hochlast) 0,16 kg CSB / (kg TS · d) (Nitri/Deni) [4]	≤ 0,1 kgBSB_5 / (kg TS · d)	0,3 kg DOC / (kg TS · d)	0,035 kg TOC / (kg TS · d) (Turmbiologie) 0,055 kg TOC / (kg TS · d) (Kaskade)	1,2 kg CSB / (kg TS · d) (1. Stufe)	k. A.
Leistung	C-Elimination	> 93 %	92 %	k. A.	90 %	94 %	94 %	> 94 %
	N-Elimination	> 86 %	90 %	k. A.	> 95 % [1]	73 %	80 %	k. A.

[1] inkl. Denitrifikation in nachgeschalteter Kläranlage; [2] Behandlungskapazität; [3] MC = Abwasser der Methylcelluloseproduktion; [4] Auslegung; [5] berechnet als NaCl aus Chlorid

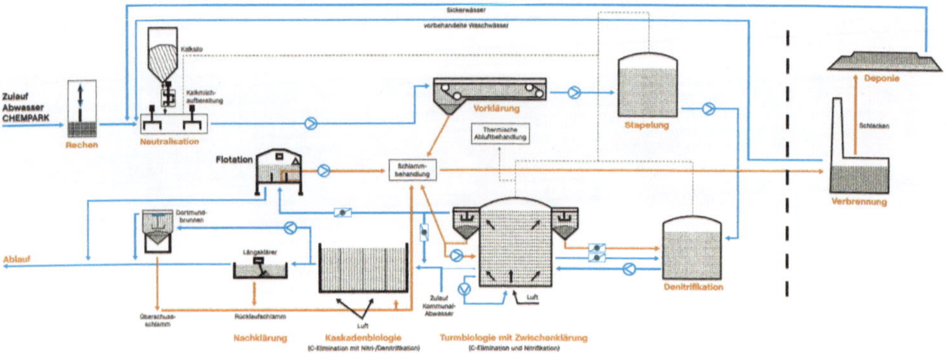

Bild 16: Klärprozess des Gemeinschaftsklärwerkes Leverkusen-Bürring für den Chemiepark Leverkusen (Quelle: Currenta GmbH & Co. OHG)

Bild 17: Luftbild des Gemeinschaftsklärwerks Leverkusen-Bürrig. Vorne unten die Puffertanks, in der Mitte die Turmbiologie (1. Stufe), hinten die Kaskadenbiologie (2. Stufe + kommunales Abwasser), links die Dortmundbrunnen, rechts oben die Verbrennungsanlagen einschließlich derer für Klärschlamm und Abwasser (Quelle: Currenta GmbH & Co. OHG)

8.1.9 Eindampfung und Abwasserverbrennung

Trotz des Einsatzes der vielfältigen oben genannten Abwasserbehandlungsverfahren verbleiben am Ende immer noch einige Abwasserströme, die technisch oder wirtschaftlich nicht behandelbar sind. Diese werden dann als flüssiger Abfall in speziellen Anlagen verbrannt. Bei Currenta erfolgt dies in Leverkusen bei > 1.000 °C mit Erdgas oder (hoch kalorischen) Flüssigabfällen. Die Abhitze wird zur Dampferzeugung (41 bar) genutzt, die Rauchgasreinigung besteht aus Quenche, alkalischem Wäscher und Elektrofilter (Bild 18).

Zur Reduktion der zu verbrennenden Menge ist häufig eine Eindampfung vorgeschaltet, entweder im Betrieb (Abfallerzeuger) oder zentral vor der Verbrennungsanlage (Abfallentsorger). Derzeit wird hierbei mit mehrstufigen Eindampfanlagen oder Brüdenkompression minimal ein spezifischer Energiebedarf von ca. 70 kWh/m^3 erreicht.

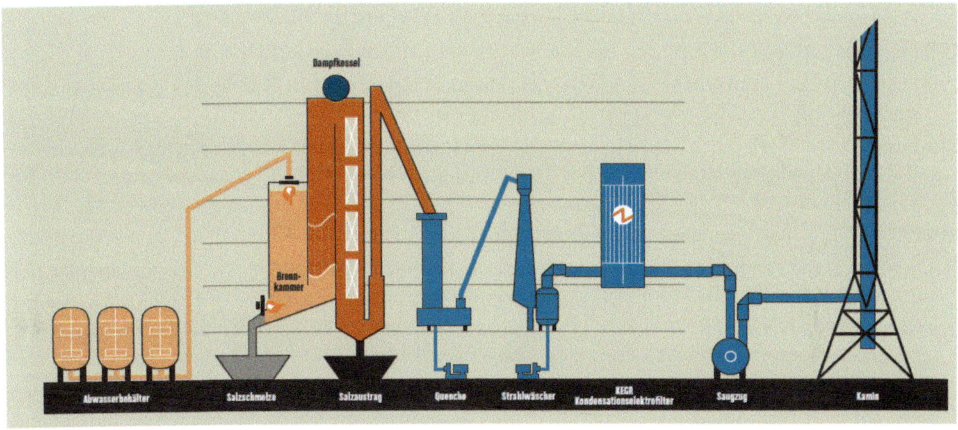

Bild 18: Schema der Abwasserverbrennung der Currenta in Leverkusen-Bürrig (aus [Currenta 2010b])

Literatur

AGAN (2011): Makhteshim AGAN Industries Ltd. 2010 Annual reports (unofficial translation of the report published by the Company in Hebrew), pp. 117 – 120.

Basse, S.; Egert, R.; Köppke, K.-E.; Schönborn, C.; Sterger, O. (2913): GKW Bitterfeld-Wolfen mit anaerober Vorbehandlung. wwt 9/2013, S. 8 – 12.

Blöcher, C. (2007): Elimination of micropollutants and hazardous substances at the source in the chemical and pharmaceutical industry. Water Science & Technology 56 (12), pp. 119 – 123.

Blöcher, C.; Denecker, G.; Fayos-Galan, M.; Roca-Moliner, M.; Garcia Garcia, S.; Michel, T. (2009): Möglichkeiten und Grenzen der biologischen Behandlung salzhaltiger Abwässer – Erfahrungen in der chemischen Industrie. Tagungsband Industrietage Wassertechnik, 30.11. bis 01.12.09, Fulda, S. 59 – 60.

Böhm, H.-P. (2006): Abfall- und Abwassermanagement bei der Arzneimittelproduktion der Schering AG. Frimmel, F. H.; Müller, M. B. (Hrsg.): Heil-Lasten: Arzneimittelrückstände in Gewässern. Springer, S. 29 – 49.

Brinkmann, T.; Giner Santonja, G.; Schorcht, F.; Roudier, S.; Delgado Sancho, L. (2014): Best Available Techniques (BAT) Reference Document for the Production of Chlor-alkali; EUR 26844 EN; doi: 10.2791/13138.

Brinkmann, T.; Giner Santonja, G.; Yükseler, H.; Roudier, S.; Delgado Sancho, L. (2016): Best Available Techniques (BAT) Reference Document for Common Waste Water and Waste Gas Treatment/ Management Systems in the Chemical Sector; EUR 28112 EN; doi:10.2791/37535.

CHEManager (2017a): Gute Ideen zur Kreislaufwirtschaft. CHEManager 2017 (20), S. 6.

CHEManager (2017b): 50 Jahre Abwasserreinigung im Industriepark Höchst. chemanager-online (abgerufen am 17.11.2017).

Chemiepark Marl (2017): Gemeinsame aktualisierte Umwelterklärung für den Chemiepark Marl 2017Currenta (2010a): Kläranlagen – Moderne Abwasserreinigung an drei Standorten. Broschüre der Currenta GmbH & Co. OHG (Stand: März 2010).

Currenta (2010b): Verbrennungsanlagen. Broschüre der Currenta GmbH & Co. OHG (Stand: März 2010).

Dechema (2014): Trends und Perspektiven in der industriellen Wassertechnik. Positionspapier der ProcessNet-Fachgruppe Produktionsintegrierte Wasser- und Abwassertechnik. Frankfurt.

Dechema (2015): Einordnung von Zero Liquid Discharge (ZLD) im industriellen Wassermanagement. Diskussionspapier der ProcessNet-Fachgruppe Produktionsintegrierte Wasser- und Abwassertechnik. Frankfurt.

Deibele, L. (1999): Physikalische Verfahren der Abwassertechnik – Destillation und Rektifikation/Strippung (Kap. 9.2.1.2/3). ATV-Handbuch Industrieabwasser – Grundlagen. 4. Auflage, Ernst & Sohn Berlin, S. 223 – 416.

Dow (2017): Abwasser ersetzt Frischwasser. CHEManager 2017 (20), S. 6.

Duisberg, C. (1893): Denkschrift über den Aufbau und die Organisation der Farbenfabriken zu Leverkusen. Elberfeld.

ECHA (2018): REACH registration statistics, last refresh 15/06/2018. https://echa.europa.eu/de/registration-statistics-infograph# (abgerufen am 18.06.2018).

Eberhard, W. (2009): BAYER Tower Biology and BAYER Aeration System. Interner Vortrag.

Eisenmann (2005): Vorbehandlung von belasteten Abwässern. Chemie Ingenieur Technik 77 (10), Sp. 1475.

E-PRTR (2018): Register for facilities „Evonik Degussa GmbH" Marl, „Infraserv Höchst GmbH" Höchst, „Currenta GmbH & Co. OHG" Krefeld. http://prtr.eea.europa.eu/#/facilitylevels (abgerufen am 28.09.2018).

Erwe, T. (2010): Saving Water through Innovative Technology. www.pollutionsolutions-online.com (abgerufen im September 2010).

EU (2006): Reference Document on Best Available Techniques for the Manufacture of Organic Fine Chemicals. European Commission, August 2006.

EU (2007a): Reference Document on Best Available Techniques for the Manufacture of Large Volume Inorganic Chemicals – Ammonia, Acids and Fertilisers. European Commission, August 2007.

EU (2007b): Reference Document on Best Available Techniques for the Manufacture of Large Volume Inorganic Chemicals – Solids and Others industry. European Commission, August 2007.

Falcke, H.; Holbrook, S.; Clenahan, I.; López Carretero, A.; Sanalan, T.; Brinkmann, T.; Roth, J.; Zerger, B.; Roudier, S.; Delgado Sancho, L. (2017): Best Available Techniques (BAT) Reference Document for the Production of Large Volume Organic Chemicals; EUR 28882 EN; Publications Office of the European Union, Luxembourg.

Fathmann, H. (1999): Integrierte Maßnahmen, Kap. 5. ATV-Handbuch Industrieabwasser – Grundlagen. 4. Auflage, Ernst & Sohn Berlin, S. 71 – 92.

Friebe, R. (2018): Persönliche Mitteilung.

GKW (2012): Gemeinschaftsklärwerk Bitterfeld-Wolfen – Informationsbroschüre der Gemeinschaftsklärwerk Bitterfeld-Wolfen GmbH, 4. Auflage (Stand Herbst 2012).

Gora, A. (2018): Persönliche Mitteilung.

Hillebrand, P. (2018): Persönliche Mitteilung.

Holzer, K. (1999): Chemische Verfahren der Abwassertechnik, Kap. 8.4.2. ATV-Handbuch Industrieabwasser – Grundlagen. 4. Auflage, Ernst & Sohn Berlin, S. 131 – 222.

Infraserv (2018): Industrielle Abwasserreinigung: Eine effiziente Alternative. Informationsschrift der Infraserv GmbH & Co. Höchst KG. https://www.infraserv.com/media/content/leistungen/ARA_dt_rz_web.pdf (abgerufen am 28.09.2018).

Kahl, T.; Schröder, K.-W.; Lawrence, F. R.; Marshall, W. J.; Höke, H.; Jäckh, R. (2011): Aniline. Ullmann's Encyclopedia of Industrial Chemistry. Wiley → VCH, pp. 465 – 478.

Kempf, J. (2014): Mitarbeiteridee zündet Sauerstoff-Turbo in Currenta-Kläranlage. PROCESS 13.02.2014. https://www.process.vogel.de (abgerufen am 12.06.2018).

Larbig, W. (1978): Verfahren zur Aufarbeitung von Nitro-hydroxy-aromaten enthaltenden Abwässern. EP 0 005 203 A3.

Lehmann, J. (2018): Persönliche Mitteilung.

Leonhäuser, J. und Birkenbeul, U. (2012): Prozesswasservorbehandlung von hochbelasteten und toxischen Strömen mit dem LOPROX-Verfahren, Fallbeispiel aus der AGRO-Chemie. Tagungsband 12. VDMA-Wasser- und Abwassertagung: Anlagen und Verfahren zur Trink- und Prozesswasseraufbereitung, 29.-30.11.2012, Frankfurt am Main, S. 107 – 109.

Leonhäuser, J.; Pawar, J.; Birkenbeul, U. (2014): Novel Technologies for the Elimination of Pollutants and Hazardous Substances in the Chemical and Pharmaceutical Industries. Ranade, V. und Bhandari, V.: Industrial Wastewater Treatment, Recycling, and Reuse. Elsevier.

Mann, T.; Berger, M.; Kern, G.; Lemke, J.; Klockner, D.; Neuber, E.; Hebbel, G.-W.; Werthmann, U.; Klinsmann, G.; Lawson, J. F.; Meyer, H. G.; Müller, M.; Balser, K.; Maier, W.; Frieser, J.; Thüer, M.; Malaszkiewicz, J. (2012): Wastewater, 2. Aerobic Biological Treatment. Ullmann's Encyclopedia of Industrial Chemistry. Wiley–VCH, pp. 568 – 637.

Möller, J. (2018): Entwicklung eines Messsystems zur Ermittlung der Nitrifikationsaktivität (Forum Siedlungswasser-, Wasser- und Abfallwirtschaft). Shaker Aachen.

Neumann, S. (2009): Reinhaltung von Abwasser mittels Lewatit®-Ionenaustauschern und Adsorberharzen. Anwendungsinformation Lanxess AG.

Neumann, S.; Blöcher, C. (2011): Betriebs- und Investkosten von Abwassertechnischen Anlagen – Grundsätzliches zu Ursachen und Reduktionsmöglichkeiten. Tagungsband Industrietage Wassertechnik 2011, S. 57 – 67.

Rice, R. G. (1996): Applications of ozone for industrial wastewater treatment — A review, Ozone: Science & Engineering 18 (6), pp. 477 – 515, DOI: 10.1080/01919512.1997.10382859.

Rische, T. (2017): Kreislaufverfahren zur Nutzung von Prozessabwässern. wwt 2017 (9), S. 17 – 20.

Rosenwinkel, K.-H.; Kroiss, H.; Dichtl, N.; Seyfried, C.-F.; Weiland, P. (Hrsg.) (2015): Anaerobtechnik. 3. Auflage, Springer.

Schleich, R. (2018): Persönliche Mitteilung.

Schmittel, P. (2018): Persönliche Mitteilung.

Schröter, J. (1999): Physikalische Verfahren der Abwassertechnik – Aufkonzentrierung durch die fluide Phasengrenze (Kap. 9.2.2). ATV-Handbuch Industrieabwasser – Grundlagen. 4. Auflage, Ernst & Sohn Berlin, S. 262 – 367.

Schuhmacher, J. (2014): Oxidative Reinigung industrieller Problemwässer – Schadstoffen zu Leibe gerückt. cav (chemie-anlagen + verfahren) 2014 (1), S. 28 – 29.

Statistisches Bundesamt (2008): Klassifikation der Wirtschaftszweige. Wiesbaden.

Sterger, O. (2013): Abschlussbericht über die Errichtung einer Anlage zur anaeroben Behandlung hypersaliner Abwässer im Gemeinschaftsklärwerk Bitterfeld-Wolfen. Berichts-Nr. 20144, Umweltinnovationsprogramm des BMU / Umweltbundesamt, Berlin.

Svojitka, J.; Dvorák, L.; Studer, M.; Straub, J. O.; Frömelt, H.; Wintgens, T. (2017): Bioresource Technology 229, pp. 180 – 189.

ThyssenKrupp (2015): Propylene Oxide. Informationsschrift der ThyssenKrupp Industrial Solutions AG, Dortmund. https://www.thyssenkrupp-industrial-solutions.com/media/products_services/chemical_plants_processes/organic_chemicals_petrochemicals/tkis_propylene_oxide.pdf (abgerufen am 30.11.2018).

VCI (2000): Nachhaltige zukunftsverträgliche Chemie. Der Beitrag der Chemie zu den Herausforderungen der Agenda 21. Folienserie, Fonds der Chemischen Industrie.

VCI (2018a): Branchenporträt der deutschen chemisch-pharmazeutischen Industrie – Foliensatz zum Branchenporträt in deutscher Sprache. Information des Verbands der Chemischen Industrie e. V., Frankfurt/Main. https://www.vci.de/die-branche/zahlen-berichte/branchenportraet-der-deutschen-chemisch-pharmazeutischen-industrie.jsp (abgerufen am 10.09.2018).

VCI (2018b): Chemiewirtschaft in Zahlen 2018. Broschüre des Verbands der Chemischen Industrie e. V., Frankfurt/Main.

Völker, E.; Zimmer, G.; Elendt-Schneider, B. (2011): Verantwortungsvoller Umgang mit Wasser am Beispiel der BASF SE Ludwigshafen. Lozán, J. L.; Graßl, H.; Karbe, L.; Hupfer, P.; Schönwiese, C.-D.: Warnsignal Klima: Genug Wasser für alle? 3. Aufl., e-book, S. 503 – 511.

Weinberg, B.; Teodosiu, C. (2012): Monitoring and Assessment of Herbicides Removal by Industrial Wastewater Treatment. Environmental Engineering and Management Journal 11 (1), pp. 215 – 224.

Wortberg, M.; Ziemer, W.; Kugel, M.; Müller, H.; Neu, H.-J. (2006): Monitoring industrial wastewater by online GC–MS with direct aqueous injection. Anal Bioanal Chem 384, pp. 1113 – 1122.

WWAP (United Nations World Water Assessment Programme) (2014): The United Nations World Water Development Report 2014: Water and Energy. Paris, UNESCO. p. 24.

8.2 Pharmaindustrie

Justus Behnisch, Anna Dell, Hans-Joachim Linke, Martin Wagner, Sonja Bauer

Zur Pharmaindustrie zählen die Hersteller von Arzneimitteln. Unter Arzneimitteln werden Stoffe und Zubereitungen aus Stoffen verstanden, die angewandt werden, um bei Menschen und Tieren Krankheiten zu heilen, zu lindern oder dafür zu sorgen, dass Krankheiten oder Beschwerden gar nicht erst auftreten (§ 2 Arzneimittelgesetz (AMG)). Unter dem Begriff der Arzneimittelherstellung werden ebenfalls in § 2 des AMG das Gewinnen, Anfertigen, Zubereiten, Be- und Verarbeiten, Umfüllen einschließlich des Abfüllens und das Abpacken von Arzneimitteln subsummiert. Nach österreichischem Recht [BMLFUW 2000] zählt zumindest abwasserrechtlich auch die Herstellung von Kosmetika zur Pharmaindustrie. Eine solche gemeinsame Betrachtung von Arzneimitteln und Kosmetika ist sinnvoll, da seit Jahren immer mehr hochwirksame pharmakologische Substanzen Eingang in die Kosmetikindustrie finden [Kratz et al. 2007].

8.2.1 Markt

Der Markt für Arzneimittel boomt weltweit. So werden für das Jahr 2021 Ausgaben in Höhe von ca. 1.500 Mrd. USD erwartet; eine Steigerung gegenüber 2016 von mehr als 33 %. Die Zuwachsrate von 9 % in den Jahren 2014 und 2015 schwächt sich damit zwar ab, es werden aber weiterhin jährliche Steigerungsraten von 4 bis 7 % erwartet [QuintilesIMS Institute 2016]. Der Markt für kosmetische Produkte wird für das Jahr 2017 weltweit auf ca. 500 Mrd. USD geschätzt, mit einer Steigerung bis 2023 um ca. 50 %. Dies entspricht einer jährlichen Wachstumsrate von ca. 7 % [Orbis Research 2017].

Auf dem deutschen Markt stehen im Jahr 2018 etwa 2.300 verschiedene Arzneimittelwirkstoffe zur Verfügung. Zu den meist verbrauchten zählen bekannte Entzündungshemmer und Schmerzmittel wie Ibuprofen und Paracetamol, aber auch das Röntgenkontrastmittel Iomeprol sowie Metoprolol als Wirkstoff gegen Bluthochdruck und Metformin gegen die Zuckerkrankheit [UBA 2018].

8.2.2 Standorte

Während die Produktion von Arzneimitteln in Deutschland und anderen Industrieländern rückläufig ist, steigt sie in Schwellenländern, speziell im asiatischen Raum. Dabei wird vor allem die Produktion von etablierten Substanzen verlagert (z. B. Generika, Antibiotika), während der Anteil der Biotechnologie in den Industriеländern steigt [Fischer und Breitenbach 2013]. Ursache für die Verlagerung der Produktion in Schwellenländer sind die dort günstigeren Produktionskosten und ggf. niedrigeren Umweltstandards. Allerdings lässt sich beobachten, dass u. a. deutsche Unternehmen, die an ausländischen Standorten selbst produzieren, dort auch die deutschen Standards einhalten, sofern die lokalen Standards keine höheren Anforderungen stellen. Auch im Bereich von Kosmetika steigt der Anteil der Produktion in Schwellenländern, vor allem zur Deckung der dort steigenden Nachfrage.

In Deutschland, wie auch in vielen anderen Industriestaaten, erfolgt die Produktion von Arzneimitteln und Kosmetika, auch aufgrund des hohen Aufwands zur Entwicklung neuer Standorte, vor allem in bestehenden Industriestandorten. Dagegen werden in Schwellenländern neue Industriestandorte erschlossen, vielfach im Rahmen von (branchenspezifischen) Industrieparks, die auch eine rechtskonforme Abwasserbehandlung sicherstellen (z. B. in China oder Vietnam).

Durch die Entwicklungen des Marktes und der Anforderungen an Produktionsstandorte verändern sich nicht nur die Produkte eines Standortes sondern auch die zu behandelnde Abwasserqualitäten und -quantitäten fortlaufend. So z. B. durch den Ersatz von konventionellen durch biotechnologische Produktionsprozesse oder durch den schnellen zeitlichen Wechsel unterschiedlicher Batch-Produktionen (siehe Kap. 7.3.3). Dementsprechend sind unterschiedliche Abwasserbehandlungsverfahren anzuwenden (siehe Kap. 7.3.4)

Viele Produktionsanlagen sind heute in Industrieparks angesiedelt, bei denen der Industrieparkbetreiber als Teil des Supply Chain Managements auch den Betrieb von Abwasserreinigungsanlagen zentral für den Industriepark übernimmt. Durch die Abwässer aus unterschiedlichen Produktionsprozessen, auch aus unterschiedlichen Branchen, können Synergien bei der Abwasseraufbereitung generiert werden (siehe Kap. 7.3.4).

8.2.3 Produktionsverfahren, Wasserbedarf und Abwasseranfall

In den zuvor abgesteckten Rahmen der Pharmaindustrie fällt eine kaum überschaubare Vielfalt an Arzneimitteln und Kosmetika. Ebenso wie die Produkte sind auch die Produktionsverfahren äußerst vielfältig, da sich nicht nur die Produktion verschiedener Wirkstoffe, sondern auch das spezifische Herstellungsverfahren eines bestimmten Wirkstoffes, je nach Produzenten, unterscheiden kann.

Grundsätzlich können organisch-chemische Synthesen, biochemische Prozesse, die Extraktion von Naturstoffen, Reinigungsschritte für Rohstoffe und Produkte, Lösungsmittelrückgewinnung, Produktformulierung, -abfüllung und -verpackung,

Anlagenreinigung, Betrieb von Laboratorien für Forschung und Produktionsüberwachung und gegebenenfalls Versuchstierhaltung Teil der Produktion von Arznei- und Kosmetikartikeln sein [BMLFUW 2000; Kutz und Wolff 2007].

Die eigentlichen Arznei- wie auch Kosmetikwirkstoffe bestehen in der Regel aus mehreren Komponenten, die sich in Form, Größe sowie mechanischen und chemischen Eigenschaften unterscheiden können. Mehrere verfahrenstechnische Grundoperationen (z. B. Mischen, Homogenisieren, Dispergieren, Granulieren, Pulverdosierung, Suspendieren, Wärmeübergang und Produktentlüftung/Entgasung) in verschiedener Reihenfolge – abhängig vom jeweiligen Produkt – sorgen daher für eine Vergleichmäßigung der Bestandteile. Hierzu werden in der Regel Multifunktionsanlagen (z. B. Rührkessel mit Zusatzeinrichtungen) eingesetzt, die mehrere dieser Grundoperationen größtenteils automatisiert durchführen können und einen häufigen Chargen- und Produktwechsel zulassen. Dieser ist für die pharmazeutische Industrie charakteristisch [Kutz und Wolff 2007]. Grundsätzlich kann zwischen einer kontinuierlichen, einer semikontinuierlichen und einer Chargen-Produktionsweise unterschieden werden (siehe Bild 1). Die meisten Wirk- und Hilfsstoffe für Arzneimittel und Kosmetika werden jedoch in semikontinuierlichen Prozessen hergestellt. Kleinere Herstellungsbetriebe, die zumeist auf wenige Produkte spezialisiert sind, arbeiten zum Teil aber auch noch mit kontinuierlicher Fahrweise [BMLFUW 2000; Mascolo et al. 2010].

Die biotechnologische Herstellung von Arzneimittelwirkstoffen stellt eine Besonderheit der pharmazeutischen Industrie dar und hat heutzutage bereits einen hohen Stellenwert. Hierunter fällt die Anzucht, Kultivierung und Fermentation von Mikroorganismen wie Pilzen und Bakterien, beispielsweise zur Antibiotikaherstellung [Kutz und Wolff 2007; BMLFUW 2000].

Auf die Synthese-, Extraktions- und Formulierungsschritte eines Arznei- oder Kosmetikwirkstoffes folgt die Formgebung und Abfüllung/Verpackung des Produktes. Hierbei kann nach Aggregatzustand der äußeren Phase des Produkts unterschieden werden.

Kontinuierliche Produktion	**Semikontinuierliche Produktion**	**Chargen-Produktion**
▪ Kontinuität des Materialflusses ▪ Große Produktmengen (Massenfertigung) ▪ Monoprodukte ▪ Eingeschränkte Flexibilität	▪ Auf den jeweiligen Prozess adaptierbare Produktionsweise ▪ Vereint Vorteile von Chargen- und Konti-Betrieb	▪ Geringe Produktmengen ▪ Häufiger Produktwechsel ▪ Häufige Zwischenreinigung der Anlagen ▪ Individuelle Produktchargen ▪ Hohe Flexibilität

Bild 1: Unterschiedliche Produktionsweisen (in Anlehnung an [Kutz und Wolff 2007])

Tabelle 1: Qualitätsvorgaben pharmazeutischer Wässer (Europäisches Arzneibuch 2017)

Parameter	Purified Water (PW)	Water for Injection (WFI)	Highly Purified Water (HPW)	Einheit
Leitfähigkeit	4,3	1,1	1,1	µS/cm/20 °C
TOC	0,5	0,5	0,5	mg/l
Nitrat (NO_3)	0,2	0,2	0,2	ppm
Aluminium	10	10	10	ppb
Gesamtkeime	10.000	10	10	KBE*/100ml
Endotoxin	0,25	0,25	0,25	I.E.**/ml
Färbung	klar & farblos			-
*KBE: Koloniebildende Einheiten				
**I.E.: Internationale Einheit				
Weitere Parameter entsprechen den Vorgaben für Trinkwasser (in Deutschland entsprechend der Trinkwasserverordnung)				

Es gibt feste, flüssige, halbfeste und gasförmige Arznei- und Kosmetikformen. Bei den Arzneiformen ist der feste Aggregatzustand der bedeutendste. Flüssige Arzneiformen umfassen Säfte, Tropfen, Infusions- oder auch Injektionszubereitungen während flüssige Kosmetika z. B. Shampoo, Duschgels oder auch Mundspülungen beinhalten. Salben, Cremes, Gels und Pasten fallen unter die halbfesten Zubereitungen und als gängige gasförmige Produkte seien an dieser Stelle Inhalations- oder Deodorantwirkstoffe genannt [Kutz und Wolff 2007].

Wasser ist ein bedeutender Ausgangs- und Hilfsstoff bei der Herstellung pharmazeutischer Produkte und wird zu vielerlei Zwecken eingesetzt, wie beispielsweise als Lösemittel, als Rohstoff, zum Wärmetransport, zum Reinigen der Produkte und Spülen produktberührender Oberflächen. Die Wasserqualität kann dabei einen erheblichen Einfluss auf die Produktqualität haben. Insbesondere für die Arzneimittelherstellung existieren daher sowohl seitens der European Medicines Agency (EMA) als auch der Weltgesundheitsorganisation (WHO) strikte Vorgaben bezüglich der Erzeugung, der Qualität und dem Einsatz pharmazeutisch genutzter Wässer [Bergmann et. al. 2014; Wirz 2008; Rüffer und Rosenwinkel 1991]. Sogenannte Arzneibücher geben Auskunft über die vorgeschriebenen Wasserqualitäten und deren Herstellverfahren. Das Europäische Arzneibuch nennt drei verschiedene Qualitätsstufen: Purified Water (PW), Water for Injection (WFI) und Highly Purified Water (HPW). Die verschiedenen Qualitätsvorgaben sind Tabelle 1 zu entnehmen. Als Ausgangsmedium für alle drei Qualitäten ist Trinkwasser vorgeschrieben.

Tabelle 2: Wasserbedarf und Abwasseranfall unterschiedlicher pharmazeutischer Unternehmen in den Jahren 2016 und 2017 auf Grundlage der Umwelterklärungen (nach EMAS) der Unternehmen

	Unternehmen	Produktionssektoren	Produktionsmenge t/a	Wasserbedarf in m³/t Produkt	Abwasseranfall in m³/t Produkt
1	Taked GmbH Singen	Arzneimittel	4.529	51,52	27,06
2	WALA Heilmittel	Naturkosmetik und Arzneimittel für die Anthroposophische Medizin	2.245	28,9	17,98
3	Roche Mannheim	Diagnostika und Medikamente: Diabetes oder Herz-Kreislauf-Erkrankungen, in-vitro-Diagnostik, parenterale Arzneimittel	21.528	24,16	13,76
4	Weleda	Naturkosmetik und Arzneimittel für die Anthroposophische Medizin		11,3	
5	Teva Deutschland	Generikaunternehmen, biotechnologische Originalprodukte und Biosimilars	17.226	9,71	10,26
6	Bausch + Lomb Berlin	Augenarzneimittel & Nasensprays	2.936	6,86	5,86
7	Schülke Norderstedt	Desinfektionsmittel, Antiseptika, medizinische Hautpflegemittel, Konservierungsmittel, Deodorantwirkstoffe, Systemreiniger		1,71	
8	Verla-Pharm Arzneimittel & Xenofit GmbH	Arznei- und Nahrungsergänzungsmittel, Magnesium Sektor	1.866	1,07	0,66
9	SaluVet GmbH Bad Waldsee	Biologische Tierarzneimittel, heilpflanzenhaltige Ergänzungsfutter- und Pflegemittel	1.396	1,06	
10	Dr. Schumacher Malsfeld-Beiseförth	Hautdesinfektions- und Reinigungsmittelmittel	12.860	0,79	

PW wird für die Herstellung von Arzneimitteln verwendet, die weder steril noch pyrogenfrei sein müssen, wohingegen WFI zur Herstellung von parenteral („unter Umgehung des Darmes" z. B. zur Injektion, Infusion oder Implantation) anzuwendenden Arzneimitteln sowie zur Erzeugung von pharmazeutischem Reinstdampf einzusetzen ist. Dieser kommt in einem pharmazeutischen Unternehmen unter anderem als Heiz- und Sterilisationsmedium, zur Befeuchtung von Reinräumen, Sterilisation von Rohrleitungen, Tanks und anderen Anlagen zum Einsatz. WFI darf in Europa dabei ausschließlich durch Destillation gewonnen werden. Um alternative, kostengünstigere Herstellverfahren wie die Umkehrosmose und Ultrafiltration z. B. für große Spülwassermengen in WFI-Qualität zu ermöglichen, wurde im Europäischen Arzneibuch 2002 zusätzlich die HPW-Qualität eingeführt [Europäisches Arzneibuch 2008; Wirz 2008; Kutz und Wolff 2007].

Große Spülwassermengen sind in der pharmazeutischen Industrie insbesondere aufgrund des häufigen Chargen- und Produktwechsels und der damit einhergehenden Zwischenreinigung der Anlagen erforderlich. Automatisierte Reinigungssysteme für Cleaning-in-Place (CIP) und Sterilisation-in-Place (SIP) sind heute gängig, um manuelle Reinigungsschritte auf ein Minimum zu reduzieren. Dabei verläuft ein CIP-Prozess in der Regel nach folgendem Schema:

1. Vorreinigung,
2. Hauptreinigung mit Base,
3. Hauptreinigung mit Säure,
4. Nachspülen („final rinse") und
5. Trocknen.

Für den „final rinse" wird üblicherweise WFI bzw. HPW verwendet, um über eine Leitfähigkeitsmessung im Abflusswasser auf die Sauberkeit der Anlage schließen zu können. Um die Anlage und alle zugehörigen Leitungen letztlich zu trocknen, wird das Leerlaufen häufig durch Druckluft unterstützt [Kutz und Wolff 2007].

Neben des Spülwasserbedarfs ist der übrige Wasserbedarf pharmazeutischer Unternehmen durchaus heterogen, wobei zu beachten ist, dass ein Unternehmen oftmals eine breite Palette verschiedenster Zwischen- und Endprodukte gleichzeitig herstellt. Tabelle 2 führt den Wasserbedarf sowie den Abwasseranfall pro Tonne hergestelltem Produkt verschiedener Pharmaunternehmen in Deutschland auf und verdeutlicht so die große Bandbreite.

In der Produktion direkt eingesetztes Wasser fällt als Abwasser quantitativ am häufigsten aufgrund der zuvor beschriebenen Spül- und Reinigungsprozesse der Anlagen an. Diese Abwasserströme sind häufig hoch organisch belastet, teilweise salzhaltig und durch den Einsatz von Desinfektionsmitteln auch häufig toxisch, was eine biologische Behandlung oftmals erschwert. Wird der Abwasseranfall eines Einzelproduktionsprozesses betrachtet, ist dieser stark abhängig sowohl von der Art des Produktes als auch vom Produktionsverfahren.

Die in der pharmazeutischen Industrie anfallenden Abwässer sind teilweise mit hochwertigen Einzelsubstanzen unterschiedlich hoch konzentriert versetzt. Die aktuelle Entwicklung geht dahin diese Wertstoffe zurück zu gewinnen [Böhm 2006]. Dies geschieht meist noch am Produktionsstandort bevor die betreffenden Abwasserströme mit weiteren Abwässern anderer Produktionen oder Produktionsschritte verdünnt werden.

Neben Abwässern aus der Produktion fallen i. d. R. noch weitere Abwässer je nach Werksaufbau an [Donath et al. 1986; Ranade und Bhandari 2014; BMLFUW 2000]:

- Von Kraftwerken oder aus der Wasseraufbereitung fallen Abwässer etwa aus Wasserenthärtungs- und entsalzungsanlagen, durch anfallende Rückspülwässer sowie Konzentratströme und Regenerierlösungen an.
- Aus Kühlkreisläufen fallen Abwässer an, wobei deren Menge stark vom jeweiligen Kühlsystem abhängig ist (Durchlauf- oder Kreislaufführung).
- Aus der Abluftbehandlung und Rauchgaswäsche fallen teils stark belastete Abwässer an.
- Aus verschiedenen peripheren Infrastruktureinrichtungen, wie etwa aus dem Sanitärbereich, werkseigenen Handwerksbetrieben sowie Kantinen. Diese Abwässer stellen i. d. R. nur einen geringen Prozentsatz der Schmutzlast des Gesamtabwassers dar und werden, wenn möglich nach der Vorbehandlung der Produktionsabwässer und vor der biologischen Reinigungsstufe dem Gesamtabwasserstrom beigemischt.
- Auf kontaminierten Flächen des Betriebsgeländes wird das auftreffende Niederschlagswasser verunreinigt und muss einer Behandlung zugeführt werden. Nicht verschmutztes Niederschlagswasser wird nach Möglichkeit getrennt gesammelt und in die Vorflut abgegeben.
- Aus Labor und Forschungsanlagen sowie aus der Versuchstierhaltung fallen ebenso Abwässer an, die teils einer gesonderten Behandlung zugeführt werden müssen.

8.2.4 Abwasserreinigung und Wasserwiederverwendung

Die Abwässer aus den pharmazeutischen Produktionsbetrieben werden üblicherweise, sofern es sich um Standorte in Industrieparks handelt, nach einer ggf. notwendigen spezifischen Vorbehandlung einer zentralen Abwasserbehandlungsanlage zugeführt. Kleinere Betriebe an Einzelstandorten können nach einer Vorbehandlung auch indirekt in kommunale Kläranlagen einleiten.

Sollen Abwässer der Produktion in Gewässer eingeleitet werden (Direkteinleitung), sind in Deutschland entsprechende Anforderungen in Anhang 22 der Abwasserverordnung (AbwV) hinsichtlich bestimmter Summenparameter wie CSB, TOC und AOX sowie für Phosphor, Stickstoff und für einige Schwermetalle festgelegt. Hinzu kommen Anforderungen zur Bewertung der toxischen bzw. gentoxischen Wirkung der Einzelsubstanzen bzw. der komplexen Stoffgemische. Darüber hinaus können Unternehmen etwa im Falle eines empfindlichen Vorfluters auch zusätzliche einzelstoffbezogene Begrenzungen auferlegt werden. Die einzuhaltenden Grenzwerte sind Inhalt des Genehmigungsbescheides. Behörden können strengere Grenzwerte fordern, da deren Erfüllung sich am Stand der Technik bzw. an den europaweit geltenden Anforderungen bezüglich der Best Available Techniques (BAT) orientiert [Böhm 2006] und die Ziele der Wasserrahmenrichtlinie sowie der Oberflächengewässerverordnung erfüllen soll. Global operierende Industriebetriebe definieren meist zusätzlich unternehmenseigene Qualitätsstandards, die unabhängig von den örtlichen Auflagen einzuhalten sind. Folglich setzen Unternehmen teils zusätzliche Reinigungsverfahren ein, obwohl es von den lokalen Behörden nicht verlangt wird.

Die effektive Abwasserbehandlung beginnt mit einem stoffstrombasierten Entsorgungskonzept für die anfallenden Abwässer. Herausforderungen ergeben sich insbesondere vor dem Hintergrund der weiten Heterogenität in Menge und Charakteristik der Abwässer der einzelnen Produktionsbetriebe sowie der teils schweren Behandelbarkeit der Abwässer (vgl. Kap. 7.3.3). Neue Konzepte für Industrieparks sehen hier vor, die Abwässer jedes Produktionsbetriebes möglichst getrennt voneinander ihrer Behandlung zuzuführen [Bauer et al. 2018]. Dies ermöglicht eine zielgerichtete und effiziente Abwasserbehandlung. Auch können so Störungen in einem Industriepark auf der Ebene eines einzelnen Produktionsbetriebes direkt eingedämmt werden und gefährden so nicht den Betriebsablauf der übrigen Produktionsbetriebe.

Wie in den meisten anderen Industriebranchen haben sich auch bei der pharmazeutischen Industrie die biologischen Reinigungsverfahren als zentraler Schritt einer Abwasserbehandlung etabliert. Verschiedene Ausführungsformen sind dabei denkbar, wobei das aerobe Belebungsverfahren vor allem aufgrund seiner Robustheit am häufigsten vertreten ist und sowohl einstufig als auch zweistufig ausgeführt wurde. Werden sehr hohe Anforderungen an die Ablaufqualität gestellt oder steht nicht ausreichend Fläche zur Verfügung, ist auch der Einsatz von Membran-Bio-Reaktoren denkbar. Anaerobe Verfahren bieten den Vorteil der Energierückgewinnung in Form von produziertem Biogas, sind aber aufgrund der Anfälligkeit, insbesondere gegenüber pharmazeutisch wirksamen Verbindungen und Desinfektionsmitteln, nur eingeschränkt anwendbar. Funktionierende Beispiele für ausgeführte Anaerobanlagen für konzentrierte Teilströme sind jedoch durchaus vorhanden [Rosenwinkel et al. 2015]. Chemisch-Physikalische Verfahren kommen überwiegend dann zum Einsatz, wenn eine biologische Behandlung allein versagt. Diese Verfahren werden oftmals als dezentrale Vorbehandlung von Teilströmen zum Schutz der biologischen Stufe vor toxischen Stößen eingesetzt. Üblicherweise werden zudem Speicher- und Ausgleichsbehälter benötigt, um die produktionszyklusbedingt wechselnden Abwassermengen auszugleichen. Sind Abwässer keinem gängigen Behandlungsverfahren zugängig oder ist eine solche Reinigung nicht wirtschaftlich, so müssen die betreffenden Abwässer verbrannt werden. Zu beachten sind hier anfallende Nebenprodukte wie Asche, Rauchgas, Schlacke etc. und deren fachgerechte Entsorgung [Longdon und Rosenwinkel 2013]. Wird über Wasserwiederverwendung innerhalb eines pharmazeutischen Produktionsprozesses nachgedacht, stehen diesem Ansatz die hohen Anforderungen an die einzusetzende Wasserqualität entgegen (vgl. Kap. 7.3.3, Tabelle 1). Die Anforderungen sind größtenteils so streng, dass ein direkter Einsatz von aufbereitetem Abwasser in der Produktion selbst undenkbar ist. Dennoch bestehen Möglichkeiten zur Wasserwiederverwendung außerhalb der Produktionsprozesse. Behandeltes Abwasser kann dann eingesetzt werden, wenn relativ geringe Qualitätsanforderungen an das verwendete Wasser gestellt werden, wie etwa zur Straßenreinigung, Toilettenspülung oder Grünflächenbewässerung. Die Behandlung und Bereitstellung des Wassers sollten hierbei dem Prinzip „fit for purpose“ folgen. Konzeptstudien haben gezeigt, dass durch den Einsatz von behandeltem Abwasser der benötigte Frischwasserbezug sowie, in Abhängigkeit der Rohwasserquelle und aufbereitung, der Energieverbrauch wesentlich gesenkt werden kann [Bauer et al. 2018].

8.2.5 Behandlung von Abwasser aus der Pharmaindustrie am Beispiel der Bayer AG am Standort Bergkamen (Deutschland)

Bergkamen ist der größte Standort zur Produktion pharmazeutischer Wirkstoffe der Bayer AG. Auf dem knapp 110 ha umfassenden Werksgelände sind etwa 1.500 Mitarbeiterinnen und Mitarbeiter beschäftigt. Neben der Bayer AG sind die Lanxess AG und die Huntsman Advanced Materials Deutschland GmbH am Standort angesiedelt [Bayer AG 2016a].

Der werkseigenen zentralen Abwasserbehandlungsanlage (ZABA) werden sämtliche kontaminierten Abwässer des Standortes zzgl. der Niederschlagsmengen von offenen Betriebsflächen über das Betriebsabwassersystem zugeleitet (siehe Tabelle 3 und Bild 2). Unbelastetes Niederschlagswasser wird über ein separates System abgeleitet, dabei jedoch kontinuierlich auf organische Belastung untersucht und im Falle einer Verunreinigung im Haveriebecken gespeichert [Bayer AG 2016b]. Abwässer mit problematischen Inhaltsstoffen aus der Wirkstoffsynthese werden separat erfasst und durch eine eigenständige Prozesswasserbehandlung dezentral (vor)behandelt. So werden Abwässer aus der Estrogenproduktion auf

Tabelle 3: Informationen zur Kläranlage am Standort Bergkamen der Bayer AG nach Informationen von [Bayer AG 2016b; Achtabowski und Neuhaus 2008; Böhm 2006; Pinnekamp und Friedrich 2003]

Inbetriebnahme	2003
Investitionskosten	ca. 10 Mio. Euro
Vorflut	Direkteinleiter in die Lippe seit Juli 2004
Zulauf zentrale Behandlungsanlage:	
Zulaufmenge	2.900 - 3.600 m³/d
CSB	3.500 mg/l
BSB_5	1.500 mg/l
Gesamtstickstoff	95 mg/l
Gesamtphosphor	8 mg/l
Abwassertemperatur	20 - 35 °C
Bemerkung: Die Abwasserqualität wechselt häufig und ist gekennzeichnet durch hohe Salzgehalte, wechselnde Lösemittelanteile und kampagnenweise anfallende abgetötete Biomasse aus mikrobiologscher Produktion.	
Belebungsbecken - Partiel-Aeroab Aerob (PAA) Verfahren	
Beckentiefe	12 m
Belüftung	Treibstrahldüsen
TS-Gehalt / oTS-Gehalt	12-20 g TS/l / 8-12 g oTS/l
Schlammalter	> 150 d
Membranmodul	
Membranmodul	UF Kapillarmodul (Porengröße < 0,1 µm)
Membranfläche	zunächst 15.840 m², spätere Erweiterung auf 36.000 m²

Grund der hohen biologischen Aktivität ihrer Inhaltstoffe separat gefasst und verbrannt [Böhm 2006]. Ein weiteres Beispiel sind die Wasch- und Mutterlaugen aus der Röntgenkontrastmittelherstellung. Das darin enthaltene organisch gebundene Iod wird in einer Thermolysestufe mit Hilfe von Dampf bei ca. 160 °C zu Iodid umgewandelt und in einer nachgeschalteten Behandlungsstufe zurückgewonnen. Dadurch werden bis zu 96 % des Iods zurückgehalten [Bayer AG 2016b].

Die ZABA wurde 2003 mit dem Wechsel vom Indirekt- zum Direkteinleiterstatus neu konzipiert [Achtabowski und Neuhaus 2008]. Die Vorbehandlung besteht aus einer zweistufigen Vorklärung zur Neutralisation und Primärschlammabtrennung sowie einem Pufferbehälter zum Mengen- und Konzentrationsausgleich. Für die nachfolgende biologische Stufe entschieden sich die Verantwortlichen für das am Standort Bergkamen selbst entwickelte PAA-Verfahren (Partiell-Aeraob Aerob).

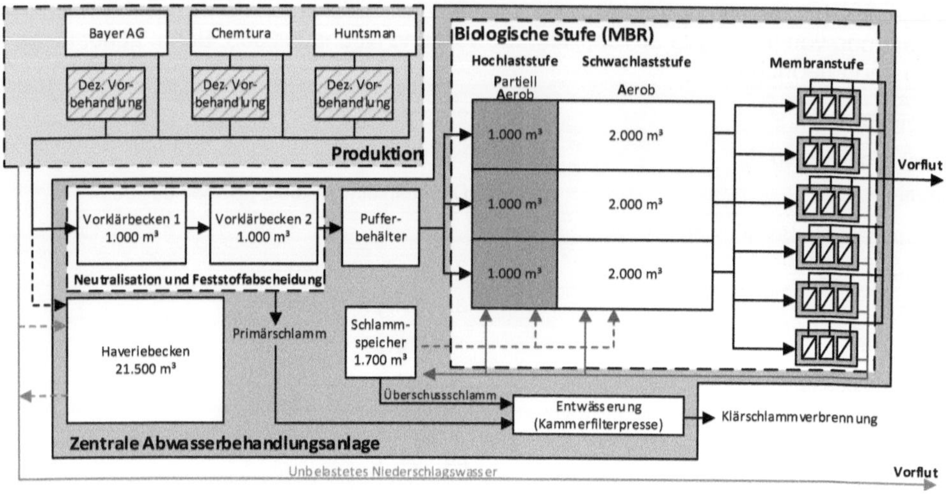

Bild 2: Fließschema der Kläranlage der Bayer AG am Standort Bergkamen

Das Verfahren besteht aus zwei Stufen. Die erste Stufe bildet die sog. „PA-Stufe" in der ein sauerstofflimitiertes Milieu herrscht. Der PA-Stufe folgt die „A-Stufe" welche als aerobe Schwachlaststufe betrieben wird. Der biologisch abbaubare TOC wird zu 70 – 90 % in der PA-Stufe reduziert, während in der A-Stufe vorwiegend nitrifiziert wird [Achtabowski und Neuhaus 2008]. Der Biomasserückhalt erfolgt über separat aufgestellte UF-Membranmodule. Das Filtrat wird über eine Druckrohrleitung in die Lippe eingeleitet. Der Überschussschlamm wird zurückgeführt oder in einem Schlammspeicher zwischengelagert und kann als Reserve zur Animpfung der Anlage im Falle einer Havarie genutzt werden. Die Anlage wurde bewusst für ein extrem hohes Schlammalter und hohe hydraulische Aufenthaltszeiten konzipiert. Dadurch sowie durch die Wahl des PAA-Verfahrens soll die Bildung einer besonders heterogenen Belebtschlammbiozönose mit möglichst vielen „Spezialisten" gefördert werden. Gleichzeitig werden so ausreichend Kapazitäten geschaffen, um auf wechselnde Betriebszustände innerhalb der Produktion reagieren zu können [Achtabowski und Neuhaus 2008].

Literatur

Achtabowski, A. und Neuhaus, O. (2008): Erfahrungen mit aeroben Membranverfahren beim Einsatz in der Pharmaindustrie. Das Gas- und Wasserfach. Wasser, Abwasser 149, 2008 (14), S. 59 – 66.

Bauer, S.; Dell, A.; Behnisch, J.; Chen, H.; Bi, X.; Nguyen, V. A.; Linke, H. J.; Wagner, M. (2018): Water-reuse concepts for industrial parks in water-stressed regions in South East Asia. Abstract & Proceeding Book of the Regional IWA International Conference on Water Reclamation and Reuse, pp. 146 – 154.

Bayer AG (2016a): Beilage zur Umwelterklärung 2016 „Aktualisierte Umwelterklärung", Standort Bergkamen.

Bayer AG (2016b): Konsolidierte Umwelterklärung 2016.

Bergmann, M.; Schlegel, L., Schubert-Zsilavecz, M.; Tawab, M. (2014): Wasser in der Pharmazie – Die

Qualität entscheidet. Pharmazeutische Zeitung online, abgerufen am 25.04.2017.

BMLFUW (Hrsg.) (2000): Gesetzliche Begrenzung von Abwasseremissionen aus der Herstellung von Arzneimitteln und Kosmetika und deren Vorprodukten. Bundesministerium für Land- und Forstwirtschaft, Umwelt und Wasserwirtschaft. Erläuterungen AEV Pharmazeutika, BGBl II Nr. 212_2000.

Böhm, H.-P. (Hrsg.) (2006): Abfall- und Abwassermanagement bei der Arzneimittelproduktion der Schering AG. Springer-Verlag (Heil-Lasten), Heidelberg.

Donath, P.; Feijes, L.; Haltrich, W.; Hofmeister, F.; Huber, L.; Knappe, E. et al. (1986): Organisch verschmutzte Abwässer sonstiger Industriegruppen. Triebel, W. (Hrsg.): Lehrbuch und Handbuch der Abwassertechnik, Band 6., 3., überarb. Aufl. Ernst & Sohn Verlag, Berlin.

Europäisches Arzneibuch 2017, 9. Ausgabe, Grundwerk 2017, Band 3, Deutscher Apotheker Verlag.

Europäisches Arzneibuch 2008, 6. Ausgabe, Grundwerk 2008, Deutscher Apotheker Verlag.

Fischer, D. und Breitenbach, J. (Hrsg.) (2013): Die Pharmaindustrie. Einblick - Durchblick - Perspektiven. 4. Aufl., Springer-Verlag.

Kratz, E.-M.; Keck-Wilhelm, A.; Wackernah, K.; Mildau, G. (2007): Abgrenzung kosmetische Mittel / Arzneimittel. StoffR (2).

Kutz, G. und Wolff, A. (Hrsg.) (2007): Pharmazeutische Produkte und Verfahren. Weinheim, Wiley-VCH.

Longdon und Rosenwinkel, K.-H. (2013): Industrieabwasserbehandlung. Rechtliche Grundlagen, Verfahrenstechnik, Abwasserbehandlung ausgewählter Industriebranchen, produktionsintegrierter Umweltschutz. 3. Aufl., Bauhaus-Universitätsverlag Weimar.

Mascolo, G.; Balest, L.; Cassano, D.; Laera, G.; Lopez, A.; Pollice, A.; Salerno, C. (2010): Biodegradability of pharmaceutical industrial wastewater and formation of recalcitrant organic compounds during aerobic biological treatment. Bioresource technology 101 (8), S. 2585 – 2591. DOI: 10.1016/j.biortech.2009.10.057.

Orbis Research (2018): Global Cosmetics Products Market-Analysis of Growth, Trends and Forecasts (2018 – 2023). http://www.orbisresearch.com/reports/index/global-cosmetics-products-market-analysis-of-growth-trends-and-forecasts-2018-2023 (abgerufen am 19.11.2018).

QuintilesIMS Institute (2017): Understanding the Drivers of Drug Expenditure in the U.S. https://www.iqvia.com/institute/reports/understanding-the-drivers-of-drug-expenditure-in-the-us (abgerufen am 19.11.2018).

Pinnekamp, J. und Friedrich, H. (2003): Membrantechnik für die Abwasserreinigung. FiW Verlag.

Ranade, V. V. und Bhandari, V. M. (2014): Industrial Wastewater Treatment, Recycling, and Reuse. Elsevier, Philadelphia.

Rosenwinkel, K.-H.; Kroiss, H.; Dichtl, N.; Seyfried, C.-F.; Weiland, P. (Hrsg.) (2015): Anaerobtechnik. Abwasser-, Schlamm- und Reststoffbehandlung, Biogasgewinnung. 3. Aufl., Springer-Verlag.

Rüffer, H. und Rosenwinkel, K.-H. (Hrsg.) (1991): Taschenbuch der Industrieabwasserreinigung.

UBA (Hrsg.) (2018): Strukturdaten: Chemikalien und chemisch-pharmazeutische Industrie. Umweltbundesamt: https://www.umweltbundesamt.de/print/daten/chemikalien/strukturdaten-chemikalien-chemisch-pharmazeutische (abgerufen am 18.09.2018).

Wirz, P. (2008): Herstellung von Pharma-Reinwasser in der Praxis. Pharma + Food (Issue Special Hygieneprozesstechnik).

8.3 Erdölraffinerien

Jakub Krajewski

Die Anforderungen an die direkte Einleitung von Abwasser aus Erdölraffinerien ergeben sich in Deutschland aus dem Anhang 45 zur „Erdölverarbeitung" der Abwasserverordnung. Im BVT-Merkblatt „Raffinerien" (engl. Refining of Mineral Oil and Gas, siehe [REF BREF 2015]) sind Techniken beschrieben, mit welchen die geforderten Grenzwerte erzielt werden können. Für den Bereich der Petrochemie sind in Kapitel 7.1 „Chemische Industrie, Chemieparks" Hinweise zu Inhaltsstoffen und zur Abwasserbehandlung enthalten.

Der Wasserbedarf einer Erdölraffinerie ergibt sich im Wesentlichen aus der Bereitstellung von Dampf sowie Kühl-, Brauch- und Löschwasser. Weitere Verbräuche ergeben sich aus Wasser für Prozess- und Wartungszwecke. Konkrete Verwendungszwecke von Wasser und Dampf können wie folgt zusammengefasst werden [REF BREF 2015]:

- Verschiedene Raffinerieprozesse, zur Unterstützung des Destillationsprozesses oder des Crackens von Kohlenwasserstoffen, in Überkopfsystemen sowie zum Waschen, Reinigen, Abschrecken oder (Dampf-)Strippen. Die Entsalzungsanlage stellt den größten Verbraucher sowie die Hauptanfallstelle für Abwasser in Ölraffinerien dar (mit Ausnahme von Basisölraffinerien).
- Entwässerung,
- Reinigung,
- Dampferzeugung als Ausgangsmedium für Kessel und BHKW,
- Kühlung.

Unter qualitativen Gesichtspunkten fällt der hauptsächliche Anteil der organischen Fracht innerhalb der drei erstgenannten Kategorien an. Dieses Wasser ist in der Regel durch den direkten Kontakt mit Kohlenwasserstoffen kontaminiert. Diese Wasserströme werden für gewöhnlich dem Prozesswasser zugeordnet.

Quantitativ betrachtet hängt die benötigte Wassermenge primär vom Anlagenlayout der Raffinerie ab. Maßgeblichen Einfluss hat hierbei die Gestaltung des Kühlsystems (geschlossener oder offener Kreislauf, Durchlaufsysteme).

Abwasser aus Prozessen der Erdölraffination resultiert in der Regel aus Kühlwasser, Prozesswasser, Wasser aus Sanitäranlagen und Regenwasser. Die Menge der anfallenden Abwässer und ihre Eigenschaften hängen von der Prozessgestaltung ab.

Variationen ergeben sich aus der Komplexität der Raffinerien, unterschiedlichen Rohstoffen, Anbindung an petrochemische Anlagen, eingesetzte Techniken usw.

Abwässer werden in der Regel auf standorteigenen Kläranlagen gereinigt, aber zum Teil auch externen Kläranlagen zugeführt. In Abhängigkeit der Herkunft des Abwassers kann es mit Kohlenwasserstoffen, anorganischen Stoffen, Metallen und Salzen kontaminiert sein. In fast allen Raffinerieprozessen wird eine Dampfinjektion zur Verbesserung von Destillations- und Trennprozessen genutzt. Dies führt zur Bildung von saurem Wasser, welches Ammoniak, Schwefelwasserstoff und Kohlenwasserstoffe enthält. Dieses Wasser muss vor einer weiteren Behandlung oder vor der Wiederverwendung als Waschwasser durch Strippung vorbehandelt werden. Sollten bei diesem Vorbehandlungsschritt Abgase entstehen, sollten diese vor der Freisetzung abgeleitet und behandelt werden.

Regenwasser, welches auf dem Gelände anfällt, kann ebenfalls mit Rohöl und verschiedenen Fraktionen von Kohlenwasserstoffen und anderen Substanzen in Berührung kommen, wenn es in Tanksysteme, sekundäre Rückhaltesysteme, Be- und Entladebereiche für Lastkraftwagen, Schienenfahrzeuge und Schiffe, Produktionsbereiche mit Geräten, die diese Substanzen enthalten, und Wartungsbereiche gelangt. Regenwasser, welches außerhalb des Prozessbereiches anfällt, birgt nur ein relativ geringes Risiko, um mit Materialien und Substanzen in Kontakt zu kommen und erfordert somit ggf. keine Behandlung vor einer Einleitung in die aquatische Umwelt.

Die relevanten Abwasserparameter aus der Erdölraffination mit maßgeblichem Umwelteinfluss können wie folgt zusammengefasst werden [REF BREF 2015]:

- pH-Wert,
- Temperatur,
- gesamte suspendierte Feststoffe (TSS)
- gesamter organischer Kohlenstoff (TOC) oder/und chemischer Sauerstoffbedarf (CSB),
- Gesamtstickstoff und seine verschiedenen Formen (organisches R-NH_2, NH_4^+, Kjeldahl-Stickstoff, NO_2 und NO_3),
- Gesamtphosphor,
- biochemischer Sauerstoffbedarf (BSB),
- Mineralölkohlenwasserstoffe (MKW),
- Aromaten (BTEX),
- Phenole,
- Gesamtkohlenwasserstoffgehalt,

- Polycyclische aromatische Kohlenwasserstoffe (PAK),
- Kohlenwasserstoffindex,
- Cyanide,
- Fluorphenole,
- Phosphate,
- bestimmte Metalle, z. B. Cd, Ni, Hg, Pb und Vanadium,
- Benzol,
- Sulfide und andere Mikroverunreinigungen.

Ein Raffineriestandort erzeugt somit eine Mischung von Abwasserströmen, welche gelöste und ungelöste Substanzen enthalten. In Tabelle 1 sind Bandbreiten der Schadstoffkonzentrationen eines typischen Raffinerietyps zusammengestellt. Dar-

Tabelle 1: Rohabwasserbelastungsbereiche für den Raffinerietyp, der Destillation, Reformierung, Cracken, petrochemische Verfahren und Schmiermittelherstellung enthält (verändert nach [DWA 2009])

BSB5	CSB	TOC	Kohlenwasserstoffe (Öl + Fett)	NH3-N	Phenole	Sulfide
			[mg/l]			
100 - 800	300 - 1.400	50 - 500	20 - 500	1 - 250	0,5 - 50	0 - 60

Tabelle 2: Repräsentative Schadstoffkonzentrationen in typischen Raffinerieabwässern vor der Behandlung (verändert nach [REF BREF 2015])

Herkunft	Öl	H_2S (RSH)	NH_3 (NH_{4+})	Phenole	BSB CSB TOC	CN- (CNS-)	TSS
Destillationsanlagen	XX	XX	XX	X	XX	-	XX
Hydrodesulfurierung	XX	XX(X)	XX(X)	-	X(X)	-	-
Visbreaker	XX	XX	XX	XX	XX	X	X
katalytisches Cracken	XX	XXX	XXX	XX	XX	X	X
Hydrocracken	XX	XXX	XXX	-	X	-	-
Schmieröl	XX	X	X	-	XX	-	-
verbrauchte Laugen	XX	XX	-	XXX	XXX	X	X
Ballastwasser	X	-	-	X	X	X	X
Oberflächenwasser	- (X)	-	-	-	X	-	-
Sanitärbereiche	-	-	X	-	X	-	XX
Legende:	X = < 50 mg/l		XX = 50 - 500 mg/l		XXX = > 500 mg/l		

Tabelle 3: Jährliche durchschnittliche Zusammensetzung von Raffinerieabwasser im Zu- und Ablauf (verändert nach [REF BREF 2015])

Parameter		Zusammensetzung nach Vorbehandlung durch API-Ölabscheider, Wellplattenabscheider und Sauerwasserstripper		Ablaufwerte nach vollbiologischer Behandlung in einer Kläranlage	
		Mittelwert	Max.	Min. - Max.	
pH (-)		7	10	6 - 9	
Temperatur (°C)		25	45	10 - 35	
				5 % – 95 %-Perzentil	50 %-Perzentil
mg/l	TOC	100	250	4 - 50	14
	CSB	300 - 500	1000	19 - 125	66
	BSB5	80 - 150	300	2 - 30	10
	TSS	20 - 60	200	4 - 35	15
	AOX	NA	NA	0 - 6	0,2
	Ammonium-N	12 - 15	30	0,3 - 15	2,7
	Nitrit-N	NA	NA	0,03 - 1,5	0,2
	Nitrat-N	NA	NA	0,4 - 12	1,7
	Kjeldahl-Stickstoff	25	50	2 - 20	5,4
	Gesamtstickstoff	25	50	3 - 22	8
	Phosphor	5	20	0,1 - 1,5	0,3
	Gesamtphosphor	NA	NA	0,05 - 4	0,6

über hinaus können Tabelle 2 typische Konzentrationen aus verschiedenen Herkunftsbereichen entnommen werden. Tabelle 3 enthält typische Konzentrationen verschiedener Abwasserparameter nach Vorbehandlung und vollbiologischer Behandlung.

Ein Teil des verbrauchten Dampfes, der in Aufbereitungssysteme eingespeist wird, kommt in direkten Kontakt mit verschiedenen Fraktionen von Kohlenwasserstoffen und anderen Substanzen. Die aus diesen Anwendungen anfallenden Kondensate werden abgeschieden und dem Verarbeitungssystem entzogen. Kondensate können gesammelt und durch einen Dampfstripper verarbeitet werden, um Schwefelwasserstoff und Ammoniak aus dem Wasser zu trennen und zu extrahieren. Das gestrippte Wasser kann anschließend für andere Raffinationsprozesse verwendet werden, wie zum Beispiel Rohentsalzung oder die Wäsche von Prozessströmen.

Das für Prozesszwecke wie die Rohölentsalzung oder die Wasserwäsche verwendete Wasser kommt in direkten Kontakt mit Rohöl oder anderen verschiedenen Fraktionen von Kohlenwasserstoffen und anderen Substanzen.

Tabelle 4: Abwassermengen aus 41 europäischen Raffinerien (verändert nach [REF BREF 2015])

Herkunft	Menge	Einheit	Bandbreite (5 % – 95 %-Perzentil)	Median (50 %-Perzentil)
Abwasser aus dem Prozess	jährlich	Mio. m³/a	0,55 - 10	2,58
	spezifisch	m³/t	0,11 - 1,57	0,38
Abwasser aus der Kühlung	jährlich	Mio. m³/a	0 - 212	0,9
	spezifisch	m³/t	0 - 58	0,08
Potenziell kontaminiertes Regenwasser	jährlich	Mio. m³/a	0,09 - 2,3	0,48
	spezifisch	m³/t	0,02 - 0,2	0,08
Gesamtes Abwasser	jährlich	Mio. m³/a	0,54 - 65	2,9
	spezifisch	m³/t	0,15 - 11,68	0,44

Weitere Abwasserquellen sind unter anderem [REF BREF 2015]:

- Wasser, das aus Rohöl-, Zwischen- und Produkttanks getrennt und entfernt wird,
- Regenwasser, Brauchwasser, Dampfkondensat und/oder Löschwasser, das mit Rohöl, (Zwischen-)Produkten, Additiven, Chemikalien und/oder Schmierölen im Einzugsgebiet in Berührung kommt,
- Wasser, das aus Ballastwassertanks von Schiffen stammt, die erdölbasierte Materialien abladen oder verladen,
- Wasser aus routinemäßigen und/oder speziellen Trennmaßnahmen zur Trennung von Feststoff-Flüssigkeit,
- Wasser, das aus periodischen Wassertests in Tanks und Rohrleitungen entsorgt wird sowie aus der Passivierung von Metall,
- Wasser aus dem Sanitärbereich.

Tabelle 4 enthält eine Zusammenfassung resultierender Abwassermengen aus dem Sektor der Erdölraffination.

Grundsätzliche Techniken zur Abwasserreinigung sind in Tabelle 5 zusammengestellt. Für die Reinigung organisch verschmutzter Prozessabwässer, öl- bzw. kohlenstoffhaltiger Abwässer sowie Abwässer aus Sanitärbereichen empfiehlt sich ein biologisches Reinigungsverfahren. Zudem müssen bei entsprechender Verschmutzung u. U. auch Kühlwässer und primär ölfreie Regenwässer, eventuell nach einer Zwischenspeicherung, ebenfalls einer biologischen Reinigung unterzogen werden [Huber 1991]. Infolge der Vorschaltung von Ausgleichstanks sowie der Anwendung von Ölabscheidern mit Schlammentnahme kann auf eine konventionelle mechanische Reinigung in der Regel verzichtet werden. Raffinerie-

Tabelle 5: Beschreibung von Techniken zur Vermeidung und Kontrolle von Emissionen in Wasser (verändert nach [REF BREF 2015])

Technik	Beschreibung
Entfernung ungelöster Substanzen durch Ölrückgewinnung	- API-Ölabscheider - Wellplattenabscheider - Parallelplattenabscheider - neigbarer Plattenabscheider - Puffer- und Ausgleichsbecken
Entfernung ungelöster Substanzen durch Rückgewinnung von suspendierten Feststoffen und dispergiertem Öl	- Druckenspannungsflotation - Begasungsflotation - Sandfiltration
Entfernung gelöster Substanzen inklusive biologischer Behandlung	- Festbettsysteme - Schwebebettsysteme Eines der am häufigsten genutzten Schwebebettsysteme auf Kläranlagen von Raffinerien ist das Belebungsverfahren. Festbettsysteme können einen Biofilter oder Tropfkörper beinhalten.
Zusätzlicher Behandlungsschritt	Eine spezifische Abwasserbehandlung, die die bisherigen Behandlungsschritte ergänzen soll, z. B. zur weiteren Reduzierung von Stickstoff- oder Kohlenstoffverbindungen, wird im Allgemeinen dort eingesetzt, wo spezifische lokale Anforderungen an den Wasserschutz bestehen.

abwässer liegen üblicherweise im neutralen bis schwach basischen Bereich und beinhalten niedrige Mengen an verwertbaren Phosphorverbindungen, weshalb zur biologischen Reinigung ggf. Phosphate oder Phosphorsäure zudosiert werden muss. Stickstoffverbindungen (NH_{4+}, NH_3) liegen hingegen meist in ausreichender Menge vor. Zudem empfiehlt [Huber 1991] im Zulauf zur Reinigungsanlage die Einhaltung folgender Konzentrationen: Öle mit max. 10 – 15 mg/l, Sulfide mit max. 5 – 10 mg/l, Cyanid mit max. 5 mg/l und Phenole mit max. 50 mg/l.

Überschussschlamm aus Nachklärbecken wird in der Regel mechanisch eingedickt, mittels Zentrifugen-, Siebband- oder Filterpressen entwässert und anschließend in Wirbelschicht- oder Etagenöfen verbrannt. Schlämme aus Ölabscheidern, Flotationsanlagen und chemischen Fällungs-/Flockungsanlagen können auf gleiche Weise mitbehandelt werden [Huber 19919].

Eine Möglichkeit zur weitergehenden biologischen Behandlung stellen die Kühlturmkreislaufsysteme dar. Die Wiederverwendung von biologisch gereinigtem Wasser als Ergänzung für den Kühlkreislauf erfordert dabei eine weitere Reinigungsstufe. Voraussetzung hierfür ist ein salzarmes Abwasser mit BSB_5-Konzentrationen von max. 25 – 30 mg/l nach der vorgeschalteten biologischen Reinigung. Zur Vermeidung von Korrosion infolge der Bildung von salpetriger Säure darf der Ammoniumgehalt des zur Ergänzung genutzten Wassers 5 mg/l nicht überschreiten. Durch den Einsatz von Chlor kann einem übermäßigen Wachstum von Mikroorganismen entgegengewirkt werden [Huber 1991].

Weitere Maßnahmen zur Reduzierung von Abwassermenge und Schadstofffracht sind im Anhang 45 der Abwasserverordnung enthalten. Diese umfassen [AbwV 1997]:

- Mehrfachnutzung von Wasserteilströmen,
- Vorbehandlung von Abwasserteilströmen, die Schadstoffe enthalten, die bei der abschließenden Abwasserbehandlung nicht ausreichend behandelt werden können,
- Trennung von nicht behandlungsbedürftigem Abwasser von behandlungsbedürftigem Abwasser,
- Rückgewinnung von Lösemitteln, die im Grundölherstellungsprozess verwendet worden sind, durch geschlossene Prozessführung,
- Neutralisierung der Flusssäure aus dem Alkylierungsprozess oder Ausfällung der Flusssäure durch den Zusatz von $CaCl_2$ oder $AlCl_3$ oder anderen geeigneten Stoffen und Abtrennung der gefällten Stoffe,
- Regeneration der Schwefelsäure aus dem Alkylierungsprozess und Neutralisierung des dabei entstehenden Abwasserteilstroms.

Literatur

AbwV (1997): Verordnung über Anforderungen an das Einleiten von Abwasser in Gewässer. Anhang 45 – Erdölverarbeitung.

DWA (2009): Industrieabwasserbehandlung. Weiterbildendes Studium Wasser und Umwelt der Bauhaus-Universität Weimar.

Huber, L. (1991): Taschenbuch der Industrieabwasserreinigung. Kapitel 7.2: Erdölraffinerien. Oldenbourg Verlag.

REF BREF (2015): Best Available Techniques (BAT) Reference Document for the Refining of Mineral Oil and Gas. JRC Science and Policy Reports, Europäische Kommission.

8.4 Abwässer aus der Erdöl- und Erdgasgewinnung insbesondere aus Flowback

Dirk Weichgrebe

8.4.1 Allgemeines

Erdöl und Erdgas sind über viele Millionen Jahre aus abgestorbener Biomasse durch hohen Druck der überlagernden Sedimentschichten (ca. 1.200 bis 4.000 m für Erdöl und ca. 1.200 bis > 4.000 m für Erdgas) und hohe Temperaturen (60 – 120 °C für Erdöl und 120 – 240 °C für Erdgas) entstanden (Bild 1) [Meschede 2015; MKULNV 2012].

Ihre in den Gesteinsschichten der Erdkruste gespeicherten Vorkommen werden als Lagerstätten bezeichnet. Über Tiefenbohrungen werden Erdöl und Erdgas als fossile Brennstoffe zu Tage gefördert. Bei der Gewinnung dieser fluiden Rohstoffe aus ihren Lagerstätten treten mit den eigentlichen Rohstoffen auch Poren- und Haftwasser, sogenanntes Lagerstättenwasser sowie Begleitgase zu Tage.

Das Lagerstättenwasser steht aufgrund der geringen Permeabilität der überlagernden Barrieregesteine nicht in direkter Verbindung zum Grundwasserpotenzial an der Erdoberfläche und nimmt daher nicht aktiv am Wasserkreislauf teil [UBA 2014].

Das Begleitgas bei der Erdölgewinnung ist ein Gasgemisch vor allem aber Kohlendioxid CO_2 und Methan CH_4.

Das Begleitgas bei der Erdgasförderung ist eine Mischung aus gesättigten Kohlenwasserstoffen mit der Hauptkomponente Methan CH_4 bis hin zu Pentanen C_5H_{12}, wobei auch Anteile höherer ungesättigter Kohlenwasserstoffverbindungen (C_{6+}) mit einem komplexen Phasenverhalten enthalten sind [MKULNV 2012]. Hinzu kommen Stickstoff N_2 und Kohlendioxid CO_2 als typische Begleitkomponenten. In unterschiedlichen Konzentrationen sind auch Schwefelwasserstoff H_2S und Kohlenoxidsulfid CoS sowie Thioalkohole (Merkaptane) häufig anzutreffende Bestandteile [LBEG 2019]

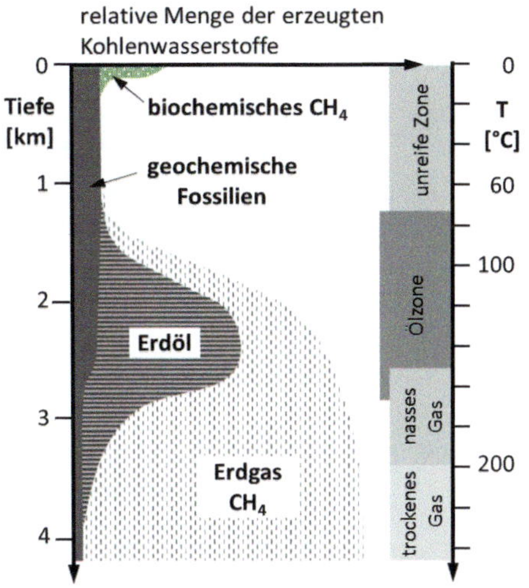

Bild 1: Erdöl- und Erdgasfenster, verändert nach [Meschede 2015]

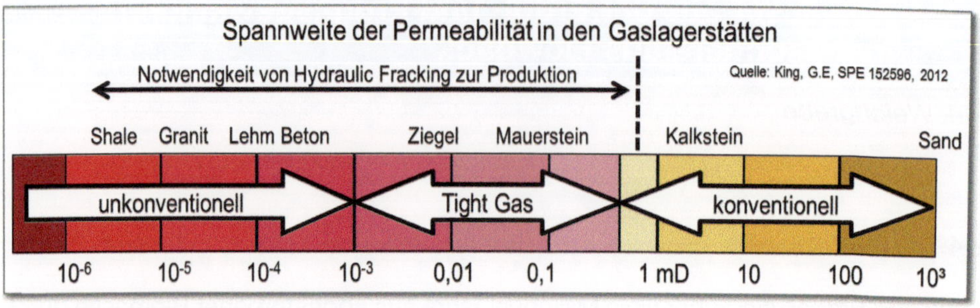

Bild 2: Spannweite der Permeabilität von Lagerstätten nach [King 2012] (1 mDarcy = 0.986 923 10^{-3} μm^2)

Sind im Erdgas Anteile von H_2S enthalten, wird es als „Sauergas" bezeichnet und analog dazu „Süßgas", wenn kein H_2S enthalten ist. Generell werden mit dem Erdgas auch Quecksilber in unterschiedlicher Konzentration mitgeführt [LBEG 2019].

Die geförderten Rohstoffe, das Lagerstättenwasser und die Begleitstoffe stehen im Lösungs-Gleichgewicht. Dementsprechend werden mit dem Lagerstättenwasser je nach Gesteinsschicht (wie Sandstein, Kalkstein, Tonmineralien, Granit, Zechstein, Schiefer oder Kohleflöz) und den vorherrschenden Druck- und Temperaturbedingungen unterschiedliche Inhaltsstoffe (wie Salze, Schwermetalle, aromatische Kohlenwasserstoffe, gelöste Gase und natürlich auftretende radioaktive Stoffe (NORM)) in unterschiedlicher Konzentration gelöst oder partikulär zu Tage gefördert. Für einige Lagerstättenwässer aus Erdgasvorkommen in Norddeutschland ist z. B. ein hoher Salzgehalt bis zu 200 g/l charakteristisch [UBA 2014].

Je nach Tiefe und Speichergestein variieren sowohl der Anteil des Poren- und Haftwassers im Erdgas (s. Bild 1) als auch die Porosität (Hohlraumvolumenanteil) und Permeabilität (Durchlässigkeit) des Gesteins (s. Bild 2).

Bei konventionellen Lagerstätten lässt sich Erdöl und Erdgas auf Grund der Porosität und Permeabilität (> 0,6 10^{-3} μm^2) der Gesteinsschichten relativ einfach zu Tage fördern. In vertikal abgeteuften Bohrungen steigt der fluide Rohstoff zu Tage.

Bei unkonventionellen Vorkommen bzw. Vorkommen mit geringer Porosität und Permeabilität (< 0,6 10^{-3} μm^2) muss dagegen ein hoher technischer Aufwand betrieben werden, um das Erdöl oder Erdgas aus den Gesteinsschichten zu gewinnen. Dazu werden die vertikal abgeteuften Bohrungen in den zu erschließenden Gesteinshorizont umgelenkt und horizontal (bis 1 km) in der Lagerstätte weitergeführt.

Um ein Aufströmen der in den Gesteinsschichten eingeschlossenen fluiden Rohstoffe überhaupt zu ermöglichen, werden die Bohrungen abschnittsweise durch das sogenannte Hydraulic Fracturing (kurz: Fracking) perforiert und anschließend durch hohen Pumpdruck (200 – 400 10^5 Pa) mit Hilfe eines Frac-Fluids Risse in den Gesteinsschichten bzw. Fließkanäle erzeugt (hydraulische Stimulation).

8.4.2 Produktionsverfahren

Eine Fracking-Maßnahme ist in der Regel eine Abfolge von vier Pump- bzw. Injektionsvorgängen über mehrere Stunden [Fink 2013]:

1. Konditionierung: Eintrag einer Flüssigkeit mit geringer Viskosität, definiertem Salzgehalt und oberflächenaktiven Stoffen zur Bohrlochsäuberung, Lösung von Karbonaten und Erweiterung der Klüftigkeit im Nahbereich der Bohrung,
2. Füll-Phase: Eintrag einer viskosen Flüssigkeit mit reibungsmindernden Zusätzen zur Einleitung der Rissbildung,
3. Stütz-Phase: Eintrag einer viskosen Flüssigkeit zur Einbringung und Verteilung von Stützmitteln wie z. B. Keramikkugeln oder Quarzsand in den Rissen und
4. Spül-Phase: Eintrag von Wasser zum Ausspülen überschüssigen Stützmittels und Frac-Fluids.

Nach Abschluss der Einpressung der Frac-Fluide erfolgt durch anhaltende Infiltration in das Gestein ein Druckausgleich und eine Abnahme der Fluidviskosität, und es wird eine rasche Rückströmung der Frac-Fluide bzw. ihren Austrag aus den erzeugten Rissen – den sogenannten Flowback – am Bohrlochkopf eingeleitet.

Nach Fink kommen je nach Lagerstätte und beabsichtigter hydraulischer Stimulation neben Wasser als Trägerfluid auch Dieselöl, Alkohol, Säure, Wasser-Gas-Emulsionen oder Schäume (Kohlenstoffdioxid, Stickstoff oder binäre hochwertige Schäume) zum Einsatz. Am häufigsten kommerziell eingesetzt sind wasserbasierte Frac-Fluide (Wasseranteil 99,5 – 99,8 Vol.-%) [Fink 2013].

Tabelle 1 zeigt die in der Regel eingesetzten Additive entsprechend ihrer charakteristischen Aufgabe, die zusätzliche mit der Trägerflüssigkeit Wasser und den Stützmitteln (Proppants) eingetragen werden.

Um z. B. eine Fracking-Maßnahme zur hydraulischen Stimulierung einer Lagerstätte in Nord-Deutschland durchführen zu können, hat ExxonMobil Deutschland die Liste der Additive auf die Stoffe Cholinchlorid und Butyldiglycol reduziert [Kassner 2014].

Tabelle 1: Additive und ihre Aufgabe im Frackprozess nach [Fink 2012; Fink 2013; UBA 2014].

Additive	Aufgabe
Tonstabilisator	Verhinderung des Aufquellens von Ton im Gestein
Biozid	Verhinderung von Bakterienwachstum an organischen Bestandteilen im Frac-Fluid
Kettenbrecher (Oxidationsmittel, Säuren, Enzyme)	Verringerung der Viskosität des Frac-Fluids und Rückholung der Fluide
Gelbildner/Vernetzer	Erhöhung der Viskosität zum besseren Transport der Proppants
Korrosionsschutzmittel	zum Schutz der Anlage bei der Zugabe von Säuren
Reibungsminderer	Verringerung der Reibung innerhalb der Fluide
Säure	Reinigung der perforierten Abschnitte der Bohrung von Zement und Bohrschlamm vor dem Frack, Verhinderung von Ausfällungen
Schaumbildner	Transport und Ablagerung des Sandes
Tensid	Reduzierung der Oberflächenspannung zur Verbesserung des Fließverhaltens
Fließ- und Lösungsmittel	Verhinderung der Ablagerung von Karbonaten und Sulfaten
Temperaturstabilisator	Aufrechterhaltung der Additiveigenschaften bei unterschiedlichen Temperaturen
Demulgator	Aufbrechen von Öl-Wasser-Emulsionen

Frac-Fluide in Deutschland sind nach REACH mit der Wassergefährdungsklasse 1 (nach Anlage 1 Nummer 5.2) als schwach wassergefährdend eingestuft [LBEG 2017].

Bei konventionellen Lagerstätten erfolgt die Förderung in der Regel über Jahrzehnte ohne hydraulische Stimulation, während in unkonventionellen Lagerstätten für die beim Fracking perforierte Horizontalbohrung nur von einer Förderzeit von deutlich unter einem Jahrzehnt ausgegangen werden kann.

In den USA bestehen aus mehr als 1,7 Millionen Bohrungen langjährige Erfahrungen mit der Anwendung des Frackings in unkonventionellen Lagerstätten, z. B. im Marcellus-, Bakken-, Haynesville-, Utica- oder Barnett-shale. In Deutschland beschränken sich diese auf die hydraulische Stimulierung konventioneller Lagerstätten seit den 1960er Jahren [LBEG 2019]. Das Fracking einer Schiefergaslagerstätte wurde in 2008 bisher einmalig in Deutschland durch ExxonMobil Deutschland GmbH in Damme, Landkreis Vechta, angewandt [Borchardt et al. 2013].

In Deutschland ist mit dem „Gesetz zur Änderung wasser- und naturschutzrechtlicher Vorschriften zur Untersagung und zur Risikominimierung bei den Verfahren der Fracking-Technologie“ seit dem 17.02.2017 die Durchführung von Hydraulic Fracturing untersagt.

8.4.3 Abwasseranfall und Inhaltsstoffe

8.4.3.1 Konventionelle Lagerstätte

Die bei der Erdöl- und Erdgasförderung mit zu Tage geförderten Begleitgase und Lagerstättenwässer (auch Produktionswasser genannt) werden in der Regel bereits am Bohrplatz in speziellen Trennanlagen abgetrennt. Die Menge von mitgeführtem Kondensat und Begleitgas ist durch die Lagerstätte bestimmt.

Im Jahr 2016 wurden in der Bundesrepublik Deutschland aus 991 in Betrieb befindlichen Fördersonden 2,36 Mio. t Erdöl und 64,6 Mio. m^3 Erdölgas (Begleitgase) sowie 8,6 Mrd. m^3 (Vn) Rohgas bzw. 7,8 Mrd. m^3 (Vn) Reingas aus 469 Fördersonden gefördert. Im Ländervergleich entfallen 34,1 % des Erdöls und 94,2 % des Erdgases allein auf Niedersachen. Bei der Erdölförderung fielen in 2016 zusätzlich 13.270t (= 0,6 % der Gesamtölförderung) und bei der Erdgasförderung 4.457 t Erdgaskondensat an [LBEG 2017].

Während trockenes Erdgas nahezu wasserfrei gefördert wird, können bei nassem Erdgas ca. 40 ml Lagerstättenwasser und ca. 1 g Kondensat pro m^3 geförderten Erdgases anfallen. Auch hier bestimmen insbesondere Temperatur und Druck den Grad der Sättigung.

Das Lagerstättenwasser wird anhand der abwasserchemisch relevanten Parameter Leitfähigkeit, pH-Wert, Salinität, Härte, Dichte, Gesamtkohlenstoff TOC charakterisiert. Außerdem werden die Konzentrationen von Natrium, Kalium, Lithium, Calcium, Magnesium, Strontium, Barium, Eisen, Mangan, Blei, Zink, Quecksilber, Bor (als BO_2), Bromid, Jodid, Carbonat, Hydrogencarbonat, Sulfat, Acetat, Formiat, Gesamtkohlenwasserstoffe (GKW), aromatischen Kohlenwasserstoffe, wie Benzol, Toluol, Ethylbenzol und die Xylole (einzeln und in Summe als BTEX) und natürlich vorkommende radioaktiven Stoffe (NORM) Barium, Calcium, Strontium, Kalium, Bismut, Blei, Uran, Radon, Polonium charakterisiert.

Am Beispiel von 35 Lagerstätten in Norddeutschland sind in Bild 3 Konzentration für Lagerstättenwasser anhand ihrer Gesamt-Salinität < 1.200 mg/l, 4.000 – bis 10.000 mg/l, 10.000 – 60.000 mg/l und > 100.000 mg/l sortiert. Es wird deutlich, dass bei geringer Gesamt-Salinität auch die Konzentration der Anionen und Kati-

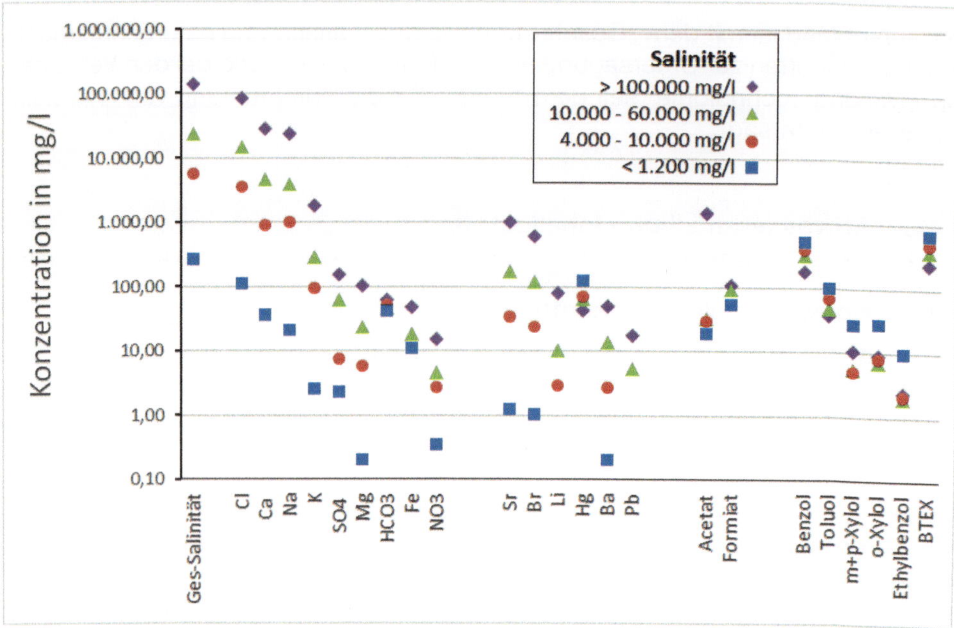

Bild 3: Konzentration für Lagerstättenwasser, sortiert anhand der Gesamt-Salinität < 1.200 mg/l, 4.000 – 10.000 mg/l, 10.000 – 60.000 mg/l und > 100.000 mg/l (n = 35)

onen geringer ist. Die Gleichgewichtskonzentrationen für Carbonat, Quecksilber, Formiat und BTEX, insbesondere Benzol und Toluol, sind dagegen nahezu unabhängig von der Salinität.

Auf den Betriebsplätzen fallen weiterhin Abwässer aus Reinigungs- und Wartungsprozessen von Anlagenteilen der Erdöl- und Erdgasproduktion an. Diese werden direkt auf dem Bohrplatz separiert und zum Teil in einer Reststoffbehandlungsanlage behandelt oder einer kommunalen Kläranlage zur Weiterbehandlung zugeführt.

Oberflächenwasser, welches als Niederschlagswasser auf den Verkehrs- und Oberflächen des Bohrfeldes und den Einrichtungen zur Förderung und Aufbereitung der geförderten Rohstoffe anfällt, wird auf Grund der Betriebsfeldgestaltung ebenfalls separat aufgefangen und einer kommunalen Kläranlage zur Weiterbehandlung zugeführt [WEG 2008].

8.4.3.2 Unkonventionelle Lagerstätte

Die Datenbasis für die Betrachtung des Abwasseranfalls sowie der Abwasserinhaltsstoffe bei der Erdöl- und Erdgasgewinnung aus unkonventionellen Lagerstätten durch Anwendung des Fracking-Verfahrens stammt im Wesentlichen aus Untersuchungen in den USA. In Deutschland ist bisher nur eine Fracking-Maßnahme in einer unkonventionellen Lagerstätte durchgeführt worden (s. o.).

Der Abwasseranfall bei der Fracking-Maßnahme wird bestimmt von der eingesetzten Frac-Fluidmenge, der Anzahl der durchgeführten Frac-Jobs und den Lagerstättenbedingungen. Im Durchschnitt werden aus einem einzigen Bohrloch drei bis acht Horizontalbohrungen entwickelt, was aber auch auf bis zu 12, 14, 16 und in seltenen Fällen sogar bis zu 20 Horizontalbohrungen gesteigert werden kann [Ladlee und Jacquet 2011; Olsson et al. 2013; UBA 2014; Davies et al. 2014; INGAA 2016].

Pro Bohrung wurden in den USA durchschnittlich zwischen 3.000 und 22.000 m^3 Frac-Fluid injiziert: im Barnett-shale 10.600 m^3, im Eagle Ford 16.100 m^3, im Marcellus 17.000 m^3 und im Texas Haynesville 21.500 m^3 [Mohammad-Pajooh et al. 2018].

Nach Abschluss der Fracking-Maßnahme kommt es zum Flowback, bei dem nach [Nicot et al. 2012; Weichgrebe und Rosenwinkel 2013; Mohammad-Pajooh et al. 2018] in Abhängigkeit der Lagerstätte etwa 10 – 30 % des Frac-Fluid aus dem Bohrloch wiederaufsteigt. Bild 4 zeigt dabei die Phasen des Flowback.

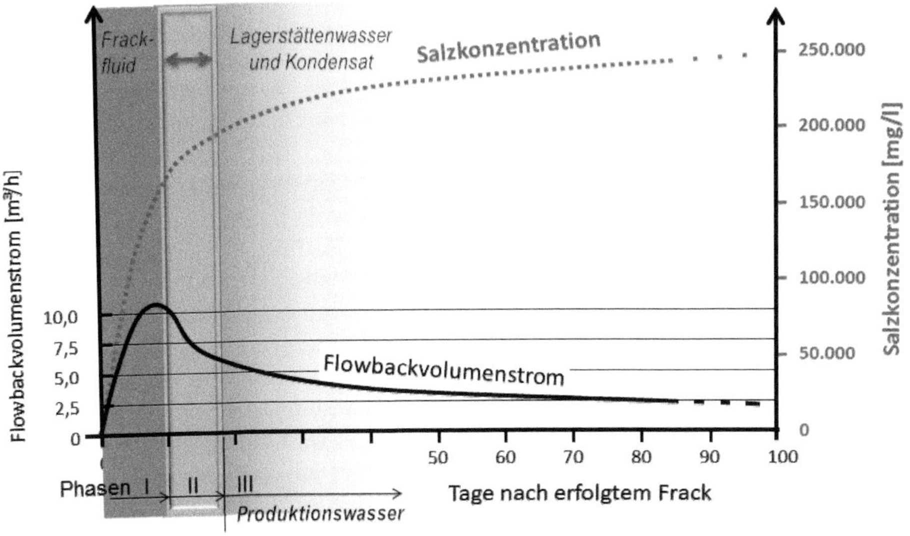

Bild 4: Phasen des Flowback

In Phase I, die entsprechend der Lagerstätte ca. ein bis zwei Wochen andauern kann, wird hauptsächlich Frac-Fluid zurückgeführt [Hayes 2009; Clark und Veil 2013; NETL 2013; Olsson et al. 2013]. In Phase II steigt der Anteil des Lagerstättenwassers exponentiell und dominiert in Phase III den Flowback.

Ob und in welcher Qualität Produktionswasser anfällt, ist durch die geogenen Lagerstättenbedingungen (z. B. trockenes oder nasses Erdgas) bestimmt. In salinarem Gestein erfolgt ein Anstieg des Salzgehaltes im Flowback und Produktionswasser durch den zunehmenden Lagerstättenwasseranteil (s. Bild 4).

Die Inhaltsstoffe des Flowback werden somit zunächst durch die Additive des rückfließenden Frac-Fluids und dann von den natürlichen und durch die Fracking-Maßnahme mobilisierten Inhaltsstoffe des Lagerstättenwassers bestimmt. Analysen bestätigen, dass die Konzentration der Inhaltsstoffe mit der Dauer des Flowbacks auf das Niveau des Lagerstättenwassers ansteigt [UBA 2014; Shih et al. 2015; Estrada und Bhamidimarri 2016]. Nach Oetjen kann der Übergang von Flowback zu Lagerstättenwasser anhand der Konzentration von Mineralöl-Kohlenwasserstoffen (MKW) C10-C28 festgestellt werden [Oetjen und Thomas 2016].

Um geeigneter Behandlungsverfahren auswählen zu können, kann der Flowback (s. Bild 5) über die Parameter:

- ungelöste, partikuläre Stoffe (bestimmt als absetzbare Stoffe ASS, abfiltrierbare Stoffe AFS),
- Leichtflüssigkeiten (wie z.B. ungelöste Kohlenwasserstoffe) und
- gelöste Stoffe (unterschieden in flüchtige und nichtflüchtige organische Substanzen, Salze, Metalle und NORM)

charakterisiert werden [Weichgrebe und Rosenwinkel 2013; Mohammad-Pajooh et al. 2018].

Im Lagerstättenwasser und somit im Flowback könnten natürlich vorkommende radioaktive Substanzen (NORM) wie zum Beispiel Radium 226, Radium 228, Polonium 210, Blei PB 210 und im Erdgas Radon enthalten sein. In der Regel gelangen diese mit dem Feststoff über Tage. Auch die Radionuklidzusammensetzung wird bestimmt durch die natürlichen Gehalte des Untergrundgesteins an Radium, Thorium und Uran und die örtlichen geologischen Gegebenheiten des Wasservorkommens. Radium liegt in wässriger Lösung als zweiwertiges Kation vor und kann einige schwerlösliche Salze, wie Carbonat, Sulfat und Chromat bilden; andere Salze wie Nitrat und Acetat sind hingegen leichtlöslich in Wasser. Thorium ist in Wasser nur langsam löslich und Uranverbindungen sind in Wasser unter normalen pH-Wert-Bedingungen nahezu unlöslich. Beide können im Flowback nur als Anhaftung an Feststoffen transportiert werden [Howart et al. 2011; EPA 2019].

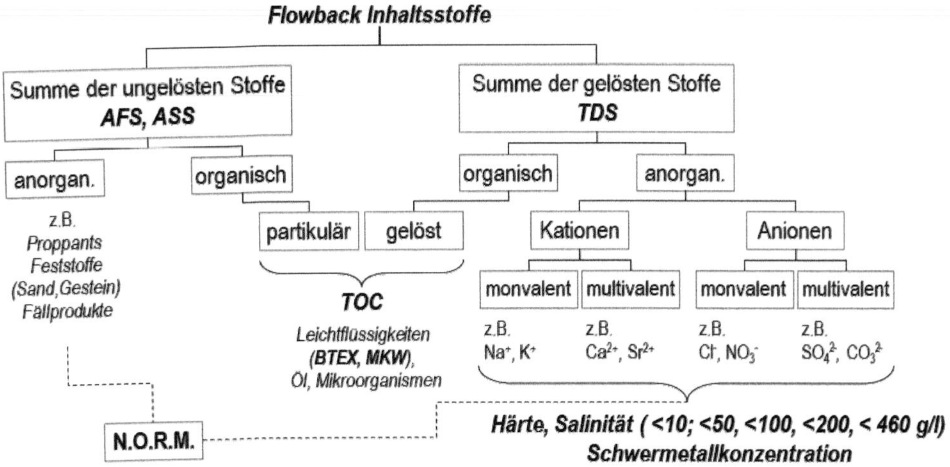

Bild 5: Abwasserchemische Charakterisierung der Inhaltsstoffe des Flowback (verändert nach [Hayes et al. 2011; Hammer et al. 2012; Weichgrebe und Rosenwinkel 2013]).

Prinzipiell muss im Lagerstättenwasser und damit auch im Flowback mit einer entsprechend dem Lösungsgleichgewicht gelösten Methanmenge gerechnet werden. Die Methanlöslichkeit ist durch die Parameter Druck, Temperatur und Salzgehalt bestimmt. Anhand thermodynamischer Modelle kann für diese Randbedingungen die gelöste Methanmenge zu 55 ml Methan pro Kubikmeter gefördertem Flowback abgeschätzt werden, was einen CSB von 0,16 mg/l ergeben würde [Weichgrebe und Rosenwinkel 2013].

8.4.4 Abwasserreinigung und Wasserwiederverwendung

8.4.4.1 Allgemeines

Neben Substitution und Reduktion der Additive kann die Behandlung des Flowbacks und seine Wiederverwendung als Frac-Fluid als prozessintegrierte Umweltschutz Maßnahme (PIUS) gesehen werden. Besonderer Augenmerk sollte dabei auf den Umgang mit leichtflüchtigem Quecksilber, BTEX und den in der Regel partikulär gebundenen NORM gelegt werden. Ob der Einsatz des aufbereiteten Flowback Vor-Ort ökonomisch und ökologisch vertretbar ist, wird nach Mohammad-Pajooh und Carrero-Parreno durch drei grundlegende Anforderungen bestimmt [Mohammad-Pajooh et al. 2018; Carrero-Parreno et al. 2018]:

1. Gewährleistung von Qualität, Quantität und Verfügbarkeit,
2. Gewährleistung der Betriebsstabilität (Kosten, Skalierbarkeit, Logistik und Wartung) und
3. Reduzierung der Umweltauswirkungen und Verbesserung der Vermarktung.

Während von mehreren Fracking-Maßnahmen berichtet wird, dass ein Großteil des Frac-Fluids in der Lagerstätte verbleibt, sind auch Recyclingraten des Flowbacks von bis zu 75 % publiziert [Horner et al. 2013; Olsson et al., 2013; Bonapace et al. 2015; Li et al. 2016; NASEM 2017]. Der Wiedereinsatz des Flowbacks führt zwar zur Verringerung der aufzubereitenden Abwassermenge, die für die gesamte Feldesentwicklung (Clusterbohrplatz) notwendige Frischwassermenge wird aber nur geringfügig reduziert [Burri 2012; Weichgrebe und Rosenwinkel 2013]. Wird Süßwasser als Basisflüssigkeit der Frac-Fluid-Präparation verwendet, bleibt die TDS-Konzentration der Rücklaufflüssigkeit am ersten Tag niedrig und steigt mit der Zeit rapide an, bis sie die Salinität des Formationswassers erreicht; bei der Wiederverwendung von behandeltem Salzwasser als Basisflüssigkeit ist der Salzgehalt der Rücklaufflüssigkeit jedoch zunächst hoch und bleibt über die Zeit relativ stabil [He 2016].

Bei Verwendung herkömmlicher Reibungsminderer im Frac-Fluid ist eine Reduktion der Salze auf 20 bis 50 g/l erforderlich [Lord et al. 2013; Baudendistel und Farrell 2015; Uddameri et al. 2015]. Dies kann u. a. durch Verdünnung mit Süßwasser erreicht werden [Li et al. 2016].

8.4.4.2 Lagerstätten- bzw. Produktionswasser

Die Aufbereitung von Lagerstättenwasser ist bis zum Jahr 2019 nicht Stand der Technik oder die Regelanwendung der erdöl- und erdgas-fördernden Unternehmen. Maßgeblicher Entsorgungspfad sind daher Versenkbohrungen oder die Verbringung in Einpressbohrungen. Dabei handelt es sich in der Regel um Erdöllagerstätten bei denen durch die Verpressung des Lagerstättenwassers noch eine sekundäre oder tertiäre Fördermaßnahme des Rohstoffs eingeleitet wird [Nds. 2015]. Zwischen den Jahren 2011 und 2017 wurden allein In Niedersachsen durchschnittlich 1,4 Millionen m^3 Lagerstättenwasser pro Jahr in 38 Versenkbohrungen entsorgt bzw. untertägig abgelagert [Nds. 2017; LBEG 2019].

Mit dem „Gesetz zur Änderung wasser- und naturschutzrechtlicher Vorschriften zur Untersagung und zur Risikominimierung bei den Verfahren der Fracking-Technologie“ wurde auch geregelt, dass ab dem 11.02.2017 Lagerstättenwasser nur noch in ehemalige Erdöl- und Erdgaslagerstätten verbracht werden darf. Für jede neue Versenkbohrung ist im Rahmen des bergrechtlichen Planfeststellungsverfahrens eine Umweltverträglichkeitsprüfung und Öffentlichkeitsbeteiligung vorzunehmen sowie eine wasserrechtliche Erlaubnis erforderlich. Ab dem 11.02.2022 ist das Versenken von Lagerstättenwasser in Wasserschutzgebieten und salinaren Aquiferen (tiefliegende, mit Salzwasser gefüllte Gesteinsschichten) nicht mehr gestattet. Lagerstättenwasser darf dann nur noch in sogenannte druckabgesenkte, kohlenwasserstoffhaltige Gesteinsformationen versenkt werden („es soll wieder dahin zurück, wo es herkommt"). Bis zum 11.02.2022 gelten Übergangsregelungen [LBEG 2019].

Von der Erdöl- und Erdgasindustrie werden derzeit vier Varianten zur Lagerstättenwasserbehandlung favorisiert:

Variante 1: Abtrennung der partikulären anorganischen und organischen Inhaltsstoffe mit anschließender Verpressung in eine genehmigte Versenkbohrung

Variante 2: Abtrennung der partikulären anorganischen und organischen Inhaltsstoffe mit anschließender Verwertung in einer genehmigten bergbaulichen Verfüllungsmaßnahme

Variante 3: Abtrennung der partikulären anorganischen und organischen Inhaltsstoffe, Eindampfung und Kondensation und Direkteinleitung

Variante 4: Abtrennung der partikulären anorganischen und organischen Inhaltsstoffe, Membranfiltration und Teilentsalzung und Indirekteinleitung

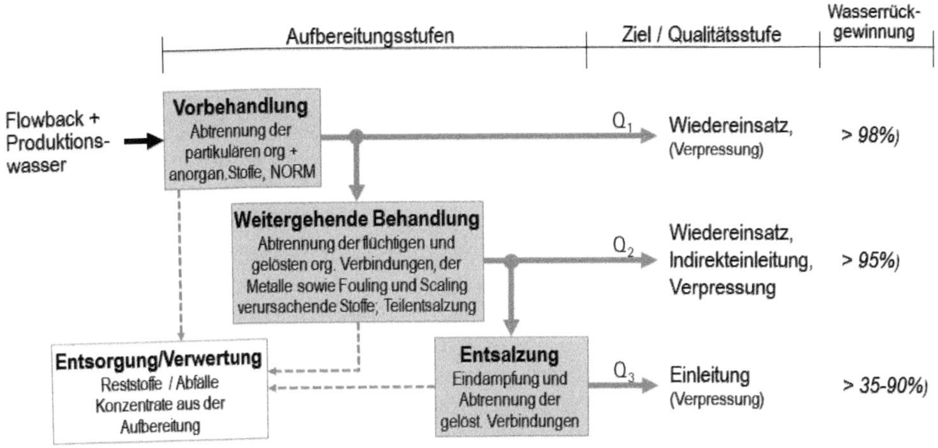

Bild 6: Stufen der Aufbereitung für Flowback, verändert nach [Weichgrebe et al. 2014] (siehe auch [Olsson et al. 2013; Lester et al. 2015])

8.4.4.3 Flowback des Hydraulic Fracturing

Die gewählten Behandlungsverfahren lassen sich generell entsprechend der Aufbereitungsziele und des Anspruchs an die Wasserrückgewinnung in folgende Stufen der Aufbereitungstiefe einteilen (s. Bild 6): Vorbehandlung, Weitergehende Behandlung und Entsalzung.

Zur Verpressung sind Qualitätsanforderungen definiert, da es bei der Einleitung nicht zur Verblockung der Versenkbohrung durch partikuläre Stoffe oder Ausfällprodukte kommen darf.

Auf die Beschaffung und Nutzung des „Betriebswassers" entfallen bei der Erdöl- und Erdgasgewinnung aus unkonventionellen Lagerstätten bis zu 15 % der Bohr- und Betriebskosten [Slutz et al. 2012; Eshkalak et al. 2014].

Für die Behandlung des Flowbacks unmittelbar Vor-Ort sind ausreichend geeignete Speichervolumen vorzusehen [Slutz et al. 2012; Schmidt et al. 2015; Ziemkiewicz et al. 2014; Kuwayama et al. 2017]; für eine dezentrale oder zentrale Behandlung dagegen ausreichend Transportfahrzeuge oder geeignete Transportleitungen.

In den USA u. a. im Marcellus-, Barnett-, Fayetteville-, Eagle Ford-, Haynesville shale werden zur Vorbehandlung des Flowbacks auf den Bohrfeldern und auch in dezentralen Einheiten folgende Verfahren – z. T. auch als mobile Einrichtungen – eingesetzt: Fällung/Flockung und Neutralisation in Kombination mit Lamellenabscheidung oder Druckentspannungsflotation [Igunnu und Chen 2014], oder Elektrokoagulation in Kombination mit Filtration (Bryant und Haggstrom 2012; Todd et al. 2015; Mohammad-Pajooh et al. 2018].

Ziel ist dabei die Abtrennung der partikulären anorganischen und organischen Inhaltsstoffe im Flowback von 10 bis 30 µm auf Partikel < 20 bis 25 µm und dabei die Reduktion der NORM, der Metalle und der Härte; oder sogar auf Partikel < 1 bis 5 µm, was durch zusätzliche Einsatz von Mehrschicht-, Kerzen- oder Walnussschalenfiltern erreicht werden kann [He 2016]. Die Salzkonzentration bleibt dabei unvermindert oder erhöht sich geringfügig durch die Fällmitteldosierung.

Für die weitere Aufbereitung, insbesondere zur Reduktion der organischen Belastung durch BTEX und Kohlenwasserstoffe, kommen Verfahren zur Mikrofiltration, Aktivkohle-Adsorption, Zentrifugalabscheidung und/oder der chemischen Oxidation (wie Chlordioxid oder Ozonierung) zur Anwendung [Rosenblum et al. 2017; Seth et al. 2013; Todd et al. 2015].

Durch die Aufbereitung und des Wiedereinsatzes des Flowbacks vor Ort wird auch die zu entsorgende Abwassermenge z. B. in einer kommunalen Kläranlage erheblich reduziert. Die Option der Indirekteinleitung ist in der Regel von der

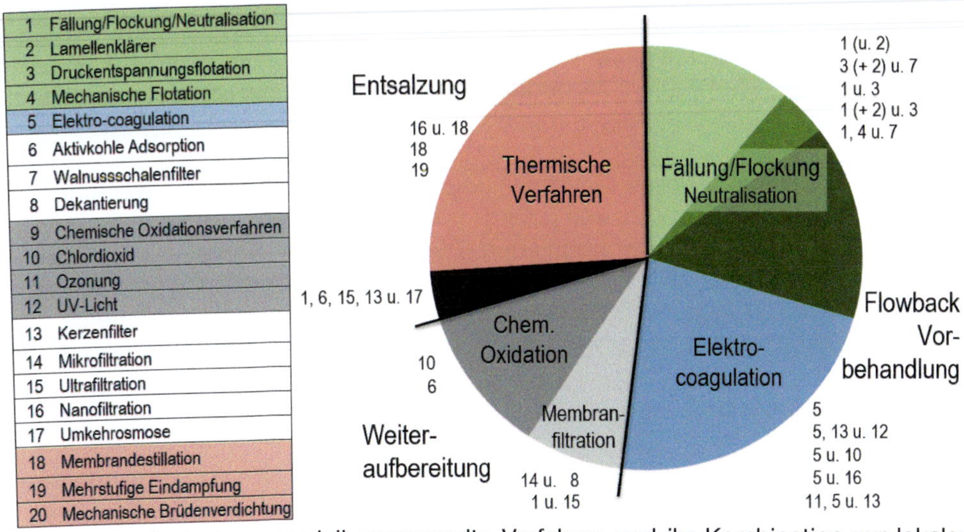

Bild 7: Häufigste kommerziell angewandte Verfahren und ihr Kombination zur lokalen Flowbackaufbereitung (verändert nach [Mohammad-Pajooh et al. 2018])

Salzkonzentration abhängig. Auch ist mit höherer Salzkonzentration (> 50 g/l) im Frac-Fluid ein höherer Einsatz von Reibungsminderern erforderlich [Lord et al. 2013; Todd et al. 2015].

Bild 7 zeigt die nach Mohammad-Pajooh häufigsten kommerziell angewandte Verfahren und ihr Kombination zur lokalen Flowbackaufbereitung [Mohammad-Pajooh et al. 2018].

Zur Entsalzung werden Membrandestillation, Eindampfung oder mechanische Brüdenverdichtung eingesetzt. Bei entsprechend geringer Salzbelastung sind aber auch Nanofiltration und Umkehrosmose geeignet. Den thermischen Entsalzungsverfahren sind z. T. Ultra- und Nanofiltration vorzuschalten [UBA 2014; Memsys 2016]. Generell besteht jedoch ein hohes Risiko hinsichtlich Fouling und Scaling [Slutz et al. 2012; UBA 2014].

Während die Vorbehandlungsverfahren Durchsatzkapazitäten zwischen 160 und 4.100 m³/d erreichen, liegen die Entsalzungsverfahren im Bereich 10 bis 640 m³/d [Mohammad-Pajooh et al. 2018].

In Deutschland sind derzeit die Anforderungen an die Abwasserreinigung von Flowback und Lagerstättenwasser allgemein über das Wasserhaushaltsgesetz (WHG) geregelt. Für Fracking-Maßnahmen und die untertägige Ablagerung von Lagerstättenwasser ist eine wasserrechtliche Erlaubnis erforderlich. Eine Fracking-Maßnahme wird nur dann zugelassen, wenn keine schädliche Gewässerveränderungen zu erwarten sind. Ganz verboten sind Fracking-Maßnahmen in Einzugsgebieten der öffentlichen Wasserversorgung, von Mineralwasservorkommen, Heilquellen oder Stellen, an denen Wasser für die Lebensmittelherstellung entnommen wird.

Durch das WHG sind Antrag, Genehmigung und Überwachung der Maßnahme festgelegt. Wird trotz aller Vorsorge Grund- oder Oberflächenwasser verunreinigt, so ist dies im Internet zu veröffentlichen. Für Fracking in Schiefer-, Ton- oder Mergelgestein oder in Kohleflözgestein sieht das WHG eine Ausnahme für vier Probebohrungen zu wissenschaftlichen Zwecken vor, die von einer Expertenkommission begleitet werden müssen.

Spezielle Anforderungen hinsichtlich Indirekteinleitung oder Direkteinleitung sind derzeit nicht verfügbar.

Literatur

Baudendistel, T. und Farrell, J. (2015): “To Treat or Not to Treat?”: Optimized Water Decisions Throughout the Produced Water Management Cycle. http://doi.org/10.15530/urtec-2015-2173857

Bonapace, J.; Alric, F.; Angeloni, A.; Zangari, L. (2015): Water Management: What We Have Learned and What We Need to Consider for Developing a Shale Play in Argentina. SPE Latin American and Caribbean Health, Safety, Environment and Sustainability Conference. http://doi.org/10.2118/174118-ms

Borchardt, D.; Ewen, Ch.; Richter, S.; Hammerbacher, R. (2012): Risikostudie Fracking. Informations- und Dialogprozess zur Sicherheit und Umweltverträglichkeit der Fracking-Technologie. Wasser und Abfall, Heft 6/12, S. 10 – 14.

Bryant, J. E. und Haggstrom, J. (2012): An environmental solution to help reduce freshwater demands and minimize chemical use. SPE/EAGE European Unconventional Resources Conference & Exhibition-From Potential to Production. http://doi.org/10.2118/153867-ms

Burri, P. (2012): Unkonventionelles Gas. Aqua&Gas, No. 9, pp. 54 – 63.

Carrero-Parreno, A.: Reyes-Labarta, J. A.; Salcedo-Díaz, R.; Ruiz-Femenia, R.; Onishi, V. C.; Caballero, J. A.; Grossmann, I. E. (2018): Holistic Planning Model for Sustainable Water Management in the Shale Gas Industry, Ind. Eng. Chem. Res. 2018, 57, pp. 13131 – 13143.

Clark, C. und Veil, J. (2009): Produced water volumes and management practices in the United States. http://doi.org/10.2172/1007397

Davies, R. J.; Almond, S.; Ward, R. S.; Jackson, R. B.; Adams, C.; Worrall, F.; Herringshaw, L. G.; Gluyas, J. G.; Whitehead, M. A. (2014): Oil and gas wells and their integrity: Implications for shale and unconventional resource exploitation. Mar. Pet. Geol. 56, pp. 239 – 254.

EPA (2019): United States Environmental Protection Agency (EPA): Oil and Gas Production Wastes. https://www.epa.gov/radiation/tenorm- oil-and-gas-production-wastes (abgerufen am 01.02.2019).

Eshkalak, M. O.; Aybar, U.; Sepehrnoori, K. (2014): An economic evaluation on the re-fracturing treatment of the US shale gas resources. SPE Paper. http://doi.org/10.2118/171009-ms

Estrada, J. M. und Bhamidimarri, R. (2016): A review of the issues and treatment options for wastewater from shale gas extraction by hydraulic fracturing. Fuel 182 (2016), pp. 292 – 303.

Fink, J. K. (2012): Fracturing Fluids (chapter 17). Fink, J. K. (eds.): Petroleum Engineer‘s Guide to Oil Field Chemicals and Fluids. Gulf Professional Publishing.

Fink, J. K. (2013): Hydraulic Fracturing Chemicals and Fluids Technology. First edition 2013, Elsevier Inc.

Hammer, R.; VanBriesen, J.; Levine, L. (2012): In fracking's wake: new rules are needed to protect our health and environment from contaminated wastewater. Natural Resources Defense Council 11.

Hayes, T. (2009): Sampling and analysis of water streams associated with the development of Marcellus shale gas. Marcellus Shale Initiative Publications Database 10.

Hayes, T. (2011): Characterization of Marcellus and Barnett Shale Flowback Waters and Technology Development for Water Reuse. Hydraulic Fracturing Technical Workshop #4, Gas Technology Institute (GTI), Arlington, VA.

He, C. (2016): Application of abandoned mine drainage for reuse of Marcellus Shale flowback water: Wastewater and solid waste management. Dissertation, University of Pittsburgh.

Horner, P.; Anderson, J. A.; Thompson, M. (2013): Mobile Clarification for Re-Use of Unconventional Oil and Gas Produced Water to Reduce Costs and Minimize Environmental Footprint. Unconventional Resources Technology Conference, Denver, Colorado, 12. – 14. August 2013, pp. 2098–2107.

Howart, R. W.; Ingraffea, A.; Engelder, T. (2011): Natural gas: Should fracking stop? Nature 477 (7364), pp. 271 – 275.

Igunnu, E. T. und Chen, G. Z. (2014): Produced water treatment technologies. International Journal of Low-Carbon Technologies 9, pp. 157 – 177.

INGAA (2016): North America Midstream Infrastructure through 2035: Leaning Into the Headwinds. The INGAA Foundation Inc. http://www.ingaa.org/File.aspx?id=27962&v=ca80ac4a (abgerufen am 01.02.2019).

Kassner, H. (2014): Neue Frac-Fluide für Schiefergas- und Sandstein- (Bö Z11) Lagerstätten. Status Konferenz Info-Dialog-Prozess, Osnabrück.

King, G. E. (2012): Hydraulic Fracturing 101. What Every Representative, Environmentalist, Regulator, Reporter, Investor, University Researcher, Neighbor and Engineer Should Know About Estimating Frac Risk and Improving Frac Performance in Unconventional Gas and Oil Wells. SPE 152596-MS.

Kuwayama, Y.; Roeshot, S.; Krupnick, A.; Richardson, N.; Mares, J. (2017): Risks and mitigation options for on-site storage of wastewater from shale gas and tight oil development. Energy Policy 101, pp. 582 – 593.

Ladlee, J. und Jacquet, J. (2011): The implications of multi-well pads in the Marcellus Shale. Research & Policy Briefs Series 43.

LBEG (2017): Erdöl und Erdgas in der Bundesrepublik Deutschland 2016. Jahresbericht Landesamt für Bergbau, Energie und Geologie, Hannover.

LBEG (2019): LBEG Info. https://lbeg.info/?pgId=11&WilmaLogon ActionBehavior=Default (aufgerufen am 18.01.2019).

Lester, Y.; Ferrer, I.; Thurman, E. M.; Sitterley, K. A.; Korak, J. A.; Aiken, G.; Linden, K. G. (2015): Characterization of hydraulic fracturing flowback water in Colorado: Implications for water treatment. Science of The Total Environment, Vol. 512 – 513, pp. 637 – 644.

Li, G.; Bai, B.; Carlson, K. H. (2016): Characterization of solids in produced water from wells fractured with recycled and fresh water. Journal of Petroleum Science and Engineering 144, pp. 91 – 98. http://dx.doi.org/10.1016/j.petrol.2016.03.011

Lord, P.; Weston, M.; Fontenelle, L. K.; Haggstrom, J. (2013): Recycling water: Case studies in designing fracturing fluids using flowback, produced, and nontraditional water sources. SPE Latin-American and Caribbean Heath, Safety, Environment and Social Responsibility Conference. http://doi.org/10.2118/165641-ms

Maximizing Flowback Reuse and Reducing Freshwater Demand: Case Studies from the Challenging Marcellus Ansatz. Springer, Berlin Heidelberg.

Memsys (2016): The memsys process of thermal membrane distillation. http://www.memsys.eu/dateien/faq/memsys_faq_ 20160916.pdf

Meschede, M. (2015): Geologie Deutschlands. Ein prozessorientierter Ansatz. Springer, Berlin Heidelberg.

MKULNV (2012): Fracking in unkonventionellen Erdgas-Lagerstätten in NRW. Gutachten mit Risikostudie zur Exploration und Gewinnung von Erdgas aus unkonventionellen Lagerstätten in Nordrhein-Westfalen (NRW) und deren Auswirkungen auf den Naturhaushalt insbesondere die öffentliche Trinkwasserversorgung. http://www.mweimh.nrw.de/presse/pressemitteilungen/Archiv_2012/2012_09_07_4/NRW-Gutachten-Fracking.pdf

Mohammad-Pajooh, E., Weichgrebe, D., Cuff, G., Tosarkani, B. M., Rosenwinkel, K.-H. (2018): On-site treatment of flowback and produced water from shale gas hydraulic fracturing: A review and economic evaluation. Chemosphere Vol. 212, pp. 898–914.

NASEM (2017): National Academies of Sciences, Engineering, and Medicine. Flowback and Produced Waters: Opportunities and Challenges for Innovation: Proceedings of a Workshop. Washington, DC: The National Academies Press. https://doi.org/10.17226/24620

Nds. (2015:) Verpressung von Lagerstättenabwasser in ausgeförderten Erdgasförderstellen. Antwort auf eine Kleine schriftliche Anfrage – Drucksache 17/2677 des Niedersächsischen Landtags.

Nds. (2017): Lagerstättenwasser aus der Förderung von Erdöl und Erdgas: Wie werden radioaktive Stoffe entsorgt? Kleine Anfrage zur schriftlichen Beantwortung mit Antwort der Landesregierung – Drucksache 17/7642 des Niedersächsischen Landtags.

NETL (2013): Water Issues Dominate Oil and Gas Production. U. S. Department of Energy's National Energy Technology Laboratory. https://www.netl.doe.gov/file%20library/research/oil-gas/epnews-2013-fall.pdf (abgerufen am 01.02.2019).

Nicot, J.-P.; Scanlon, B. R. (2012): Water use for shale-gas production in Texas. US. Environ. Sci. Technol. 46, pp. 3580 – 3586.

Oetjen, K. und Thomas, L. (2016): Volatile and semi-volatile organic compound patterns in flowback waters from fracturing sites within the Marcellus Shale, Environ Earth Sci 75, p. 1043.

Olsson, O.; Weichgrebe, D.; Rosenwinkel, K.-H. (2013): Hydraulic fracturing wastewater in Germany: composition, treatment, concerns. Environmental earth sciences.

Rosenblum, J.; Nelson, A. W.; Ruyle, B.; Schultz, M. K.; Ryan, J. N.; Linden, K. G. (2017): Temporal characterization of flowback and produced water quality from a hydraulically fractured oil and gas well. Sci. Total Environ. 596, pp. 369 – 377.

Schmidt, D. D.; Mackay, B. A.; Williams, B. L.; Beck, F. E.; Bell, A. B.; McMahon, B. W.; Bradley, H.; Lian, E. G. W. (2015): Overcoming Obstacles for Produced Water in Bakken Well Stimulations. SPE Hydraulic Fracturing Technology Conference.

Seth, K.; Shipman, S.; McCutchan, M.; McConnell, D. (2013): Shale. SPE Paper. http://dx.doi.org/10.2118/165693-MS

Shih, J.-S.; Saiers, J. E.; Anisfeld, S. A.; Chu, Z.; Muehlenbachs, L. A.; Olmstead, S. M. (2015): Characterization and Analysis of Liquid Waste from Marcellus Shale Gas Development, Environ. Sci. Technol. 49, pp. 9557 – 9565.

Slutz, J. A.; Anderson, J. A.; Broderick, R.; Horner, P. H. (2012): Key shale gas water management strategies: an economic assessment. Intern. Conf. on Health, Safety and Environment in Oil and Gas Exploration and Production. http://dx.doi.org/10.2118/157532-MS

Todd, B. M.; Kuykendall, D. C.; Peduzzi, M. B.; Hinton, J. (2015): Hydraulic Fracturing-Safe, Environmentally Responsible Energy Development. SPE E&P Health, Safety, Security and Environmental Conference-Americas. DOI: 10.2118/173515-ms

UBA (2014): Umweltauswirkungen von Fracking bei der Aufsuchung und Gewinnung von Erdgas insbesondere aus Schiefergaslagerstätten Teil 2. UBA-Texte 53/2014. http://www.umweltbundesamt.

de/publi-kationen/umweltauswirkungen-von-fracking-bei-der-aufsuchung

Uddameri, V.; Morse, A.; Tindle, K. J. (2015): Hydraulic Fracturing Impacts and Technologies: A Multidisciplinary Perspective. CRC Press.

WEG (2008): Gestaltung des Bohrplatzes. Leitfaden des BVEG, Bundesverband Erdöl, Erdgas und Geothermie e. V., Stand 08/2006. https://www.bveg.de/content/download/2012/11389/file/Bohrplatz_end_%20Stand%20100806.pdf (abgerufen am 01.02.2019).

Weichgrebe, D. und Rosenwinkel, K.-H. (2013): Abwasserentsorgung bei der Gewinnung von Erdgas aus unkonventionellen Lagerstätten. KA-Korrespondenz Abwasser, Abfall, Nr. 4, S. 316 – 326.

Weichgrebe, D., Kayser, K., Zwafink, R., Rosenwinkel, K.-H. Flowback – Stand der Technik bei der Entsorgung, Stoffstrombilanzen (2014) Arbeitspaket 3, in UBA TEXTE 53/2014, Gutachten: Umweltauswirkungen von Fracking bei der Aufsuchung und Gewinnung von Erdgas insbesondere aus Schiefergaslagerstätten -Teil 2.

Ziemkiewicz, P., Quaranta, J. D., McCawley, M. (2014): Practical measures for reducing the risk of environmental contamination in shale energy production. Environmental Science: Processes & Impacts 16, 1692-1699. DOI: 10.1039/c3em00510k.

9 Abwasser aus Transportgewerbe und Infrastruktur

9.1 Fahrzeugwäsche

Veit Flöser

9.1.1 PKW-Wäsche

Bei der Bewertung der Beschaffenheit und ggf. Behandlungsnotwendigkeit von Abwasser aus der Fahrzeugwäsche ist grundsätzlich zu unterscheiden zwischen maschineller Pkw-Wäsche (Portalwäsche, Waschstraße) und der Reinigung sonstiger Fahrzeuge (Nutzfahrzeuge, Baumaschinen, Schienen-, Luftfahrzeuge etc.). Das Waschwasser aus der maschinellen Pkw-Wäsche ist nach den geltenden wasserrechtlichen Vorschriften im Kreislauf zu führen, so dass lediglich Überschusswasser als Abwasser anfällt (max. 50 l/PKW). In diesem Abwasserstrom sind außer einem gewissen Anteil an Feststoffen z. B. aus Reifenverschmutzungen keine nennenswerte Abwasserbelastungen zu erwarten, die über einen Schlammfang hinaus eine gesonderte Behandlung erfordern [BMU 2003; Walter und Drott 2010; DWA 2011]. Daher ist für diesen Abwasserteilstrom auch kein Leichtflüssigkeitsabscheider erforderlich.

Bei der manuellen Fahrzeugwäsche mit einem Hochdruckreinigungsgerät bei der Vorwäsche in Waschanlagen oder bei Selbstbedienungswaschanlagen (SB-Wäsche) muss dagegen aus der gezielten Reinigung besonders verschmutzungsintensiver Stellen am Fahrzeug (Radkästen, Räder, Motoren bei älteren Fahrzeugen) mit einer höheren Abwasserbelastung gerechnet werden. Dieses Abwasser bedarf daher einer Vorbehandlung, i. d. R. mittels Leichtflüssigkeitsabscheider Klasse I nach DIN EN 1825. Einer weitergehenden Behandlung wie des Zusatzes von Flockungsmittel zur Trennung evtl. gebildeter Öl-Wasser-Emulsionen bedarf es dagegen nicht.

9.1.2 Kreislaufführung von Waschwasser

Das in Waschanlagen anfallende Waschwasser wird in speziellen Anlagen aufbereitet und als Brauchwasser für die Kfz-Wäsche wieder zur Verfügung gestellt. Als Aufbereitungstechniken sind chemische, physikalische und/oder biologische Verfahren gebräuchlich. Dabei sollen die ggf. in geringen Konzentrationen enthaltenen Kohlenwasserstoffe und sonstige Abwasserbelastungen chemisch durch Flockungsmittel, physikalisch durch Adsorption oder durch biologischen Abbau aus der Wasserphase eliminiert werden. Aufgrund der Verwendung von anionischen und nichtionischen Tensiden als Reinigungsmittel enthält das behandelte Brauchwasser noch abbaubare organische Inhaltsstoffe.

Die Zwischenspeicherung des Waschwassers in der Brauchwasservorlage und der Nährstoffgehalt des Brauchwassers bedingen immer eine Vermehrung von Mikroorganismen, sofern keine Biozide zugesetzt werden. Bei der Nutzung des Brauchwassers für die (manuelle) Vorwäsche können die Organismen als Aerosol in die Umgebungsluft gelangen, wie bei entsprechenden Untersuchungen festgestellt wurde [Treder 2000; Treder et al. 2001; Grill et al. 2006; Süddeutsche Metall-BG 2003]. Daher ist unter ungünstigen Umständen (Waschhalle!) eine gesundheitliche Beeinträchtigung von Personen in räumlicher Nähe nicht auszuschließen. Aus diesem Grunde sollte die manuelle Vorwäsche immer mit Frischwasser durchgeführt werden und die Nutzung von Brauchwasser auf automatisierte Waschanlagen ohne Bedienungspersonal im Einwirkungsbereich von Waschbürsten o. ä. beschränkt werden [DWA 2011].

9.1.3 Nutzfahrzeugwäsche

Bei der Reinigung von LKW, Baumaschinen, Kommunalfahrzeugen etc. fällt Abwasser an, das einer Vorbehandlung bedarf. Insbesondere bei der Reinigung im Zusammenhang mit der Wartung von Nutzfahrzeugen in Werkstätten fallen teilweise hochverschmutzte Abwässer an, die neben Kohlenwasserstoffen auch erhöhte Gehalte an partikulär gebundenen Schwermetallen aufweisen können (Reifenabrieb, Bremsenabrieb). Als Vorbehandlung ist eine Feststoffabtrennung in einem ausreichend dimensionierten Schlammfang (mindestens 5 m^3) sowie ein Leichtflüssigkeitsabscheider Klasse I (Koaleszenzabscheider) erforderlich. Für die Vorbehandlung von Abwasser aus der Reinigung von besonders verschmutzungsintensiven Fahrzeugen wie Baumaschinen (Bagger, Radlader, Kettenfahrzeuge etc.) müssen mehrere hintereinander geschaltete Schlammfänge vorgesehen werden, um den Eintrag partikulärer Verunreinigungen in den Leichtflüssigkeitsabscheider mit der Folge einer Verschlammung der Einbauten zu vermeiden.

Kommunalfahrzeuge

Eine Besonderheit der Reinigung von Nutzfahrzeugen ist die Innenreinigung von Abfallsammel- und Straßenkehrfahrzeugen. Sie erfolgt in der Regel auf dem jeweiligen Betriebshof des öffentlichen oder privaten Aufgabenträgers. Nach der Entleerung und Entrestung wird der Innenraum mit Wasser ausgespült (Bild 1). Dabei entsteht Abwasser, das hoch mit Feststoffen belastet ist, bei Straßenkehricht auch mit Schwermetallen (Tabelle 1). Mit Kohlenwasserstoffen ist in diesem Abwasser dagegen nicht in nennenswerter Höhe zu rechnen. Aus diesem Grunde sollte dieser Abwasserteilstrom nicht über einen Koaleszenzabscheider geleitet werden, da die im Abwasser enthaltenen Schweb- und Feststoffe zu einer schnellen Verblockung des Koaleszenzmaterials führen und die Funktionsfähigkeit der Anlage beeinträchtigt wird. Die Innenreinigung der Kehrichtsammelfahrzeuge sollte deshalb auch nicht auf

Bild 1: Innenreinigung von Straßenkehrfahrzeugen (Quelle: Flöser)

dem vorhandenen Waschplatz für die Außenwäsche, sondern auf einem extra Areal erfolgen, das gesondert über eine Feststoffabtrennung entwässert wird [DWA 2011].

	Probe 1	Probe 2
CSB	9.500	2.500
Chrom ges.	0,62	0,25
Kupfer	3,9	1,0
Nickel	0,74	0,19
Blei	2,0	1,26
Zink	12,6	5,9

Tabelle 1: Beschaffenheit des Abwassers aus der Innenreinigung von Kehrichtsammelfahrzeugen in mg/l [Stadt Langenhagen 2004]

9.1.4 Räderwäsche

In KFZ-Werkstätten oder in Betrieben, die auf die Montage/Demontage von Reifen und deren Einlagerung spezialisiert sind, wird ggf. in speziellen Maschinen Reifen- oder Räderwäsche vorgenommen. Das mit Reinigungsmittel und ggf. Abrasivmaterial versetzte Waschwasser zirkuliert in den Geräten vielfach, bevor es abgelassen und durch Frischwasser ersetzt wird. Daher reichern sich Schadstoffe aus Reifen- und Bremsenabrieb, Kraftstoffreste etc. im Waschwasser an (Tabelle 2). Dieser Abwasserteilstrom ist ohne gezielte Vorbehandlung nicht einleitfähig und muss entweder behandelt oder als Abfall entsorgt werden. Hinsichtlich

Tabelle 2: Messergebnisse Waschwasser Räderwäsche in mg/l [Stadt Braunschweig 2005]

Betrieb Nr.	Blei	Chrom	Kupfer	Nickel	Zink	Kohlen-wasser-stoffe
1	2,5	3,8	8,5	0,02	14,2	2
1	0,14	0,13	4,88	–	1,39	–
2	0,8	0,6	7,4	–	2,0	26
2	0,12	0,003	0,89	–	0,34	–
3	1,8	–	8,6	0,014	3,7	3,7
3	0,6	0,2	9,63	–	2,56	–
4	1,21	0,24	8,7	0,02	2,11	3.200
5	0,2	0,07	3,63	0,02	1,25	820

der Behandlung ist zu beachten, dass die enthaltenen Metalle bei Verwendung saurer Reinigungsmittel teilweise in Lösung gehen und daher vor einer Flockung zunächst ausgefällt werden müssen. Eine derartig aufwendige, pH-gesteuerte Behandlungsanlage mit Dosierung von Neutralisationsmittel, Flockungsmittel und ggf. Flockungshilfsmittel (Polymer) ist in einem KFZ-Betrieb jedoch nicht vorstellbar und nicht üblich. Das Abwasser aus der Räderwäsche wird daher in der Regel als Abfall entsorgt.

9.1.5 Schienenfahrzeuge

Die Reinigung von Schienenfahrzeugen wie Lokomotiven, Personenzugwagen, ICE-Zügen oder auch Straßenbahnen für den innerstädtischen Verkehr erfordert eine besondere Infrastruktur. Die Reinigung der unterschiedlichen Zugtypen bei den Eisenbahnunternehmen erfolgt in der Regel in automatischen Waschstraßen, in denen in unterschiedlichen Zonen verschiedene Reinigungsmittel aufgebracht werden können (Bild 2). Im Unterschied zu Straßenfahrzeugen wird ggf. auch die Dachfläche gereinigt, um den kupferhaltigen Fahrdrahtabrieb zu entfernen.

Zur Behandlung des bei der Reinigung anfallenden Abwassers ist eine komplexere Verfahrenstechnik erforderlich als bei der Reinigung von Straßenfahrzeugen. Gemäß Tabelle 3 kann das Abwasser z. B. aus der Drehgestellreinigung von Straßenbahnen nicht ohne Schwermetallelimination in die öffentliche Kanalisation eingeleitet werden. Die spezifischen Verschmutzungen der Schienenfahrzeuge mit Flugrost, Kupferabrieb von Fahrdrähten oder auch Ruß und sonstigen

Parameter	Dimension	Messwerte
pH-Wert	–	9 – 10
CSB	mg/l	1.400
Kohlenwasserstoffe	mg/l	80
AOX	mg/l	1
Blei	mg/l	1 – 2
Chrom ges.	mg/l	0,01
Kupfer	mg/l	4 – 7
Zink	mg/l	4 – 8

Tabelle 3: Rohabwasserbeschaffenheit aus der Drehgestellreinigung von Straßenbahnen [Stadt Bonn 2009]

Bild 2: ICE-Waschstraße mit Bürstenanordnung zur Reinigung von Dachschrägen (Quelle: Flöser)

Verbrennungsprodukten bei Dieselloks und Dieseltriebfahrzeugen erfordern den Einsatz saurer Reinigungsmittel wie Phosphorsäure oder Salzsäure oder auch hochalkalischer Zubereitungen zur Entfernung von Schmierfetten. Müssen vor Wartungs- oder Reparaturarbeiten (Diesel-)Motoren gereinigt werden, fällt kohlenwasserstoffhaltiges Abwasser an (bis 30.000 mg/l). Zur Entfernung von Graffiti kommen ggf. zusätzlich organische Lösungsmittel zur Anwendung.

Abwasserbehandlung

Schwermetalle liegen im Abwasser teilweise gelöst vor und müssen zunächst ausgefällt werden. Als Verfahrenstechnik für die Behandlung von Abwasser aus der Schienenfahrzeugreinigung hat sich neben der Leichtstoffabtrennung mittels Abscheidertechnik als Vorbehandlung die chargenweise Fällung/Flockung mit Abtrennung der Feststoffe durch Sedimentation oder Flotation bewährt. Ein vorgeschalteter Pufferbehälter für das Rohabwasser ermöglicht die Vergleichmäßigung des Abwasserstromes zur Behandlungsanlage und die Behandlung unabhängig von den Stoßzeiten der Reinigung. Allerdings ist zwingend darauf zu achten, dass der Pufferbehälter entweder belüftet wird oder auf andere Weise (z.B. regelmäßiges Umwälzen) ein Lufteintrag erfolgt, um ein anaerobes Milieu im Abwasser und die damit verbundene Geruchsentwicklung zu vermeiden.

Literatur

BMU (2003): Bundesministerium für Umwelt, Naturschutz und Reaktorsicherheit – LAWA: Mineralölhaltiges Abwasser. Hinweise und Erläuterungen zum Anhang 49 der Abwasserverordnung. Bundesanzeiger 55 (2003), Nr. 116a.

DWA (2011): Merkblatt DWA-M 771: Abwasser aus der Wäsche, Pflege und Instandhaltung von Straßen-, Schienen- und Luftfahrzeugen. Deutsche Vereinigung für Wasserwirtschaft, Abwasser und Abfall e. V., Hennef.

Grill, M., Lemper, A.; Maiwald, H.; Gerber, L.; Höller, C. (2006): Mikrobiologische Belastung von Sammelbehältern in Autowaschanlagen (AWA). Pilotstudie 2006 des Referates für Gesundheit und Umwelt der Stadt München und des Bayerischen Landesamtes für Gesundheit und Lebensmittelsicherheit (LGL), Oberschleißheim.

Stadt Langenhagen (2004): Ergebnisse der wasserrechtlichen Einleiterüberwachung (unveröffentlicht).

Stadt Braunschweig (2005): Ergebnisse der wasserrechtlichen Einleiterüberwachung (unveröffentlicht).

Stadt Bonn (2009): Ergebnisse der wasserrechtlichen Begleitung der Projektierung einer Waschanlage für Straßenbahnen (unveröffentlicht).

Süddeutsche Metall-Berufsgenossenschaft (Hrsg.) (2006): Ergebnisbericht der mikrobiologischen Untersuchungsreihen von Betriebswasser in Fahrzeugwaschanlagen. Sachgebiet biologische Arbeitsstoffe, Mainz 2003.

Treder, W. (2000): Mikrobiologische Befunde aus Untersuchungen von Autowaschkabinen. Dissertation Universität Gießen.

Treder, W.; Tilkes, F.; Eikmann, T. (2002): Mikrobiologische Befunde aus Untersuchungen von Autowaschkabinen. Umweltmed. Forsch. Prax. 6 (2001), S. 33 – 41.

Walter, M. und Drott, T. (2010): Ist ein Leichtflüssigkeitsabscheider noch erforderlich? Die Autowäsche, Heft 2/2010, S. 23.

9.2 Schiffsabwässer

Stephan Köster

9.2.1 Hintergrund

Die Arten, Mengen und Zusammensetzungen von Abwässern, die an Bord eines Schiffes entstehen, sind von Schiffstyp und -ausstattung sowie vom Schiffsbetrieb und von der an Anzahl an Bord befindlichen Personen abhängig. Die abwassertechnischen Verhältnisse an Bord von Schiffen sind häufig komplexer und dynamischer als die an Land. An Bord anfallende (Ab-)Wasserarten sind

- Schwarz- und Grauwasser,
- Bilgewasser,
- Ballastwasser,
- zusätzliche Sonderabwasserströme.

Die Schifffahrt ist grundsätzlich in die Binnen- und Hochseeschifffahrt zu unterteilen. Die Binnenschifffahrt unterliegt den nationalen gesetzlichen Vorgaben, die in dem Gebiet gelten, in dem ein Binnenschiff verkehrt. Dagegen bestehen für das Abwassermanagement auf hoher See andere und teils deutlich schwächere rechtliche Anforderungen hinsichtlich der Schiffsemissionen.

Nachstehend werden die oben genannten (Ab-)Wasserarten in der Schifffahrt anhand der vier Aspekte Definition, Aufkommen, Zusammensetzung und Behandlung vorgestellt und diskutiert.

9.2.2 Schwarz- und Grauwasser

9.2.2.1 Definition

Die in diesem Abschnitt vorgenommene Betrachtung[1] bezieht sich auf an Bord anfallendes Grau- und Schwarzwasser. Hier sind Schiffsgattungen genauer zu betrachten, auf denen viele Menschen an Bord sind, die somit für ein nennenswertes Abwasseraufkommen sorgen (z. B. Kreuzfahrtschiffe, Fähren, Marineschiffe). Einschränkend ist hinzuzufügen, dass auf See ausschließlich an Bord anfallendes Schwarzwasser als Abwasser gilt. Im Gegensatz dazu ist Grauwasser[1)] gemäß

[1)] Einige Passagen des Textes in Kapitel 9.2.2 basieren auf Ausführungen des Autors anlässlich des DWA-Kurses „Behandlung von Industrie- und Gewerbeabwasser“, der vom 1. bis 3. März 2017 in Kassel stattfand.

der gültigen Regularien nicht als Abwasser einzustufen. Wird an Bord anfallendes Grauwasser (bspw. wie an Bord von Kreuzfahrtschiffen allgemein üblich) getrennt vom Schwarzwasser erfasst, sind alle Bemühungen hinsichtlich einer (Mit-)Behandlung von Grauwasser grundsätzlich freiwillig. Im Hinblick auf die feststellbaren Verunreinigungen der an Bord anfallenden Grauwasserteilströme erscheint die Ausklammerung des Grauwassers vom Abwasserregime als nicht mehr zeitgemäß.

Mit Blick auf behandlungswürdige Schwarz- und Grauabwasserströme sind an Bord von Schiffen folgende Herkunftsbereiche von Bedeutung:

- Schwarzwasser aus dem Kabinenbereich (Crew, Passagiere),
- Grauwasser aus dem Kabinenbereich (Crew, Passagiere),
- Grauwasser aus Wäschereien.

9.2.2.2 Aufkommen

Mit speziellem Blick auf Kreuzfahrtschiffe ergibt sich eine durchschnittliche täglich anfallende Menge von 31 l/(P * d) Schwarzwasser und 220 l/(P * d) Grauwasser. Resultierend ist von einer Gesamtmenge von 251 Liter pro Person und Tag auszugehen, vgl. auch Herleitung in [Köster et al. 2016b].Ergänzend ist zu erwähnen, dass Kreuzfahrtschiffe mehrere „Betriebszustände" kennen. Anzuführen sind hier Wechseltage (Check-Out, Check-In) sowie Seetage (alle Passagiere an Bord) unterbrochen durch Landgangtage (wenige Passagiere an Bord). Diese Betriebszustände haben zwangsläufig Auswirkungen auf das Abwasseraufkommen und auch auf die Abwasserzusammensetzung.

9.2.2.3 Zusammensetzung

Werden Schwarz- und Grauwasserströme zusammengeführt, ergibt sich ein sehr heterogen zusammengesetztes Mischabwasser. Tabelle 1 zeigt die Ergebnisse eigener Untersuchungen im Hinblick auf die Zusammensetzung eines vermischten Schwarz- und Grauwassers auf Kreuzfahrtschiffen. Die Ergebnisse machen unter anderem sehr deutlich, dass die Belastungen hinsichtlich der klassischen Parameter deutlich über denen kommunalen Abwassers liegen. Dem werden die zurzeit gültigen MARPOL[2)]-Anforderungen gegenübergestellt, die im Ablauf von Schiffskläranlagen einzuhalten sind.

Ausgehend von dieser abwassertechnischen Aufnahme lassen sich – unter Annahme des oben eingeführten durchschnittlichen Abwasseraufkommens (Schwarz-

[2)] International Convention for the Prevention of Marine Pollution from Ships

und Grauwasser) – Frachten abschätzen. Diese Schätzungen sind in Tabelle 2 aufgeführt und den üblicherweise angesetzten Frachten für kommunales Abwasser gegenübergestellt.

Ein weiterführender Vergleich insbesondere mit Angaben zur Abwasserzusammensetzung aus anderen Quellen ist [Köster et al. 2016b] zu entnehmen.

Tabelle 1: Ergebnisse eigener Untersuchungen zur Zusammensetzung von gemischtem Schwarz- und Grauwasser

Parameter	Mittel (mg/l)	Median (mg/l)	Min. (mg/l)	Max. (mg/l)	MARPOL*-Anforderungen Ablauf KA (mg/l)
CSB	1.612	1.393	781	3.028	125
TSS	1.034	551	454	2.097	35
TN	141	98	62	566	–/20**
NH_{4+}	76	74	40	127	–
TP	17,1	10,8	6,4	50,7	–/1***

* nach IMO RESOLUTION MEPC.227(64) Guidelines on implementation of effluent standards, and performance tests for sewage treatment plants

** nur für MARPOL-Sondergebiete (IMO MEPC.200(62)), alternativ Frachtreduktion mind. 70 %

*** nur für MARPOL-Sondergebiete, alternativ Frachtreduktion mind. 80 %

Tabelle 2: Abgeschätzte Frachten pro Tag und Passagier auf Kreuzfahrtschiffen im Vergleich zu kommunalem Abwasser

Parameter	Kreuzfahrtschiff (eigene Untersuchungen) (g/P * d)	Kommunales Abwasser* (g/EW * d)
CSB	350	120
BSB_5	215	60
TN	25 (davon NH_{4+} 19)	11
TP	3	1,8
TSS	138	70

* gemäß Arbeitsblatt ATV-DVWK-A 131 (Mai 2000)
g/P*d (Gramm pro Person und Tag)
g/E*d (Gramm pro Einwohner und Tag)

9.2.2.4 Behandlung

Viele Schiffe sind zur Reinigung von Schwarzwasser (und Grauwasser) mit bordeigenen Anlagen ausgestattet. Die Nutzung derartiger bordeigener Anlagen bedeutet für die Reeder bzw. ihre Schiffe eine größtmögliche Unabhängigkeit und gestattet Schiffsoperationen in Gebieten, in denen zum Beispiel Hafenauffangvorrichtungen (Port Reception Facilities) für Schiffsabwässer nicht verfügbar sind.

Im Hinblick auf die Abwasserreinigung an Bord von Kreuzfahrtschiffen ist Stand der Abwasserreinigungstechnik wie folgt:

1. Rückhalt von Feststoffen,
2. Abbau von Kohlenstoffverbindungen und
3. Desinfektion.

Bild 1 fasst die relevanten Abwasserarten sowie die grundlegenden Elemente einer bordeigenen Abwasserreinigungsanlage zusammen.

Die Schiffskläranlagen werden seitens der Werften bzw. Reedereien im Regelfall so dimensioniert, dass Schwarz- und Grauwasser (nach Vermischung) gemeinsam behandelt werden können. In einigen Fällen werden auch individuelle Schwarz- und Grauwasserbehandlungsanlagen genutzt. Technisch wird zur Kohlenstoffelimination auf biologische Verfahren zurückgegriffen. Für die Abtrennung des belebten Schlammes werden oft möglichst platzsparende Verfahren genutzt wie beispielsweise eine Membranfiltration oder Flotation.

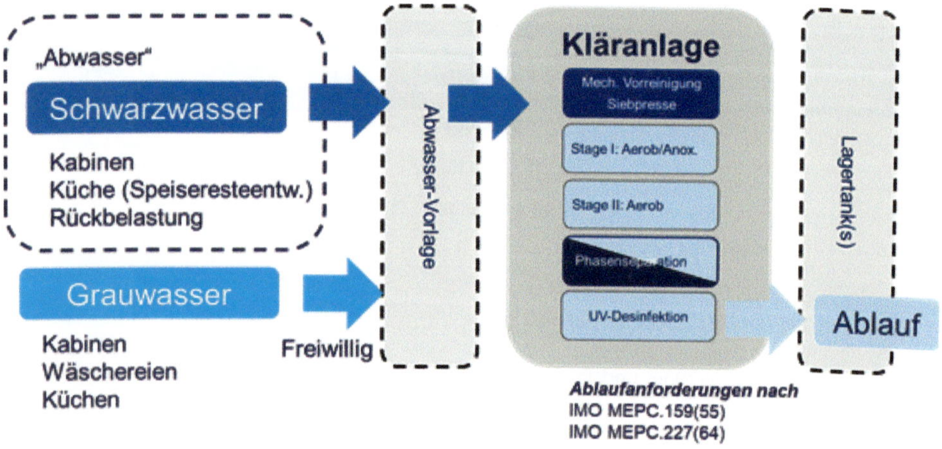

Bild 1: Grundlegende Konfiguration der Abwasserreinigung an Bord von Kreuzfahrtschiffen

Auf einigen (Kreuzfahrt-)Schiffen ließe die zweistufige Ausführung der biologischen Stufe grundsätzlich eine Denitrifikation zu. Jedoch wird in der Praxis die Denitrifikation bisher nur sehr selten verfahrenstechnisch umgesetzt. Daher ist ausdrücklich zu betonen, dass eine Nährstoffelimination bisher noch nicht flächendeckend an Bord von Hochseeschiffen etabliert werden konnte.

Nutzt man klassische Bemessungsansätze für eine überschlägige (Nach-)Bemessung bestehender Bordkläranlagen, ergibt sich in den meisten Fällen eine technisch auskömmliche Anlagenauslegung. Zum Beispiel wirken sich die im Vergleich zu Landanlagen teilweise recht hohen Abwassertemperaturen an Bord (≥ 20 °C) positiv auf das Schlammalter und damit auf die erforderlichen Tankvolumina aus. Konkrete Beispiele für verbaute beziehungsweise im Markt angebotene Abwasserreinigungssysteme sind:

- Membranbioreaktor mit getauchten Membranen,
- Membranbioreaktor mit trocken aufgestellter Membranfiltrationsstufe,
- Moving Bed Biofilm Reactor mit Feststoffabscheidung z. B. durch Flotation.

Die Membrantechnik hat sich nicht bei allen Anlagenanbietern und Werften als Verfahren der Wahl durchsetzen können, da es beim Anlagenbetrieb wiederholt zu Verblockungen oder Problemen mit der Membranintegrität kam. So erscheint es nachvollziehbar, dass in derzeit laufenden Schiffsneubauten neben Membranfiltrationsstufen auch alternativ Flotationsanlagen zur Abtrennung der Biomasse eingebaut werden.

Bild 2 zeigt beispielhaft das Energie- und Stoffflussdiagramm zur Abwasserreinigung an Bord von Kreuzfahrtschiffen. Der resultierende Energiebedarf für die Abwasserbehandlung an Bord dieser Schiffsgattung liegt zwischen 0,82 und 1,03 kWh/m^3.

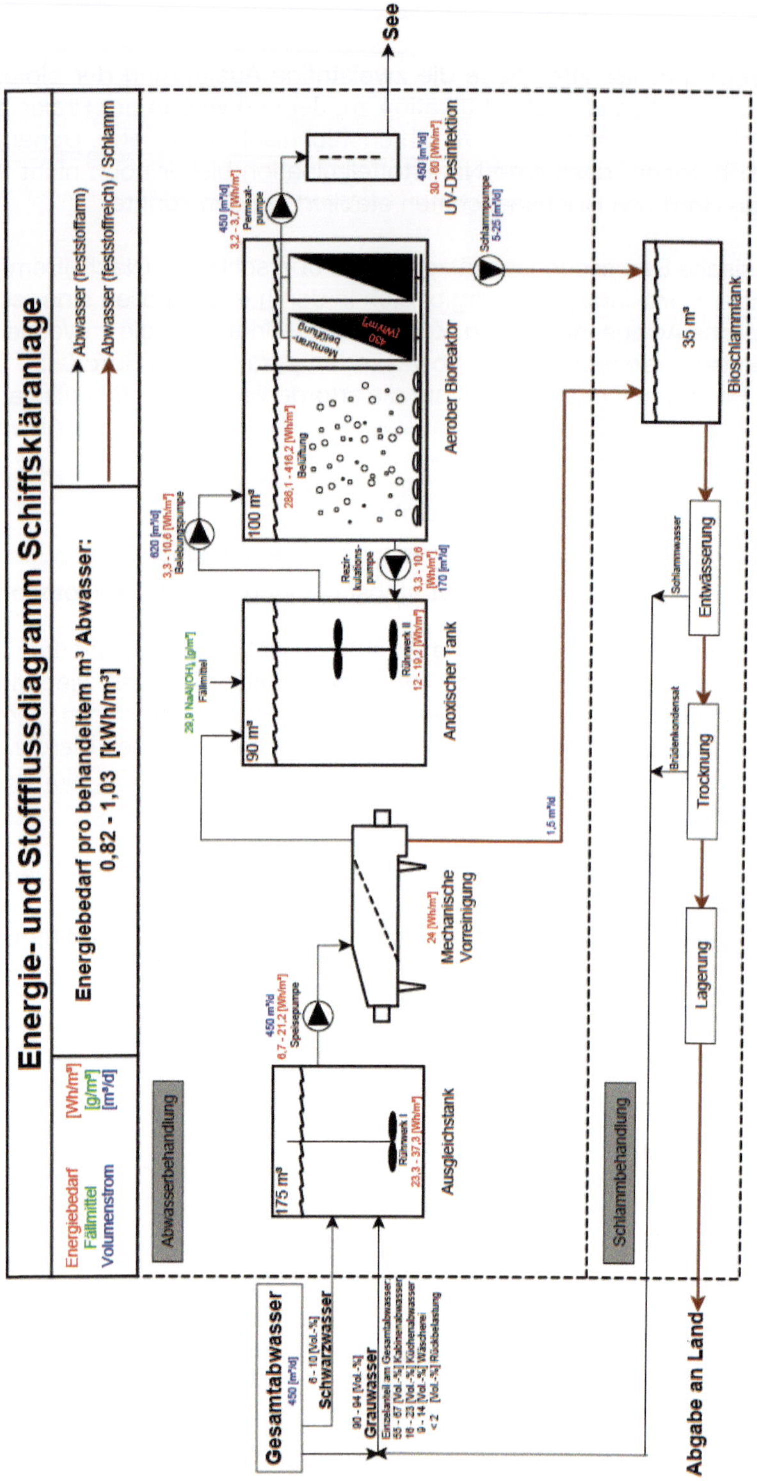

Bild 2: Energie- und Stoffflussdiagramm zur Abwasserreinigung an Bord von Kreuzfahrtschiffen [Köster et al. 2016a]

9.2.3 Bilgenwasser

9.2.3.1 Definition

Als Bilge wird der unterste Raum auf einem Schiff bezeichnet [Pfaff 2018]. In diesem Raum sammeln sich Flüssigkeiten, die in die unteren Bereiche des Schiffsrumpfes abfließen [Penny und Suominen-Yeh 2006]. Dabei handelt es sich um Kondenswasser oder um Wasser, das (durch Leckagen oder auch Grauwasserlecks) in den Schiffskörper eingedrungen ist. Dieses Bilgenwasser ist nicht vermeidbar und fällt auf jedem Schiff an. Es kann erheblich mit unterschiedlichen Substanzen verunreinigt sein. Eine besondere Belastung liegt hinsichtlich der Kohlenwasserstoffe vor.

Damit ergibt sich eine Entsorgungsproblematik bzw. es stellt sich die Frage bzgl. der richtigen Behandlung dieses Abwasserstroms. Die Entsorgung des Bilgenwassers sollte möglichst umweltgerecht erfolgen. Nach MARPOL-Konvention und zugehöriger Resolution MEPC.107(49) liegt eine Begrenzung des Ölgehalts für Bilgenwasser vor, bevor eine Entsorgung auf See (durch Lenz- oder Bilgenpumpen) zulässig ist. Durch geeignete Maßnahmen (z. B. Bilgenentöler) ist dafür Sorge zu tragen, dass der Ölgehalt 15 ppm (d. h. 15 mg/l) nicht überschreitet (vgl. MARPOL Übereinkommen Anhang I). Weitere Stoffe sind emissionsrechtlich bisher nicht geregelt.

9.2.3.2 Aufkommen

Das Volumen des Bilgenwassers liegt im Bereich von 0,5 bis 50 m^3/d, wobei der niedrigere Wert die Schiffe mit einer durchschnittlichen Größe betrifft [Tomaszewska et al. 2005]. Die International Maritime Organisation (IMO) rechnet im Mittel mit circa 2 bis 3 m^3 pro Schiff und Tag [vgl. Pfaff 2018]. Nach Zeiss fällt pro Tag bis zu einem Kubikmeter Bilgenwasser an [Zeiss 2017].

9.2.3.3 Zusammensetzung

Bilgenwasser besteht nicht nur aus Ölen und Wasser, sondern es kann weitere Stoffe enthalten, die in den Maschinenraum eingebracht werden. Die Zusammensetzung des Bilgenwassers variiert und enthält neben Wasser und (Schmier- und Hydraulik-)Ölen auch Brenn-/Kraftstoffe, Waschchemikalien/Tenside/Lösemittel/Kaltreiniger, Kesselspeisewasserchemikalien/Salze, Ruß, Spurenmetalle, Glykole sowie weiterer Verunreinigungen (z. B. Rost, Sand, Farbreste, Metallabrieb aber auch Bakterien), vgl. u. a. [Penny und Suominen-Yeh 2006; Pfaff 2018]. Im Hinblick auf die Abwasserzusammensetzung lassen sich beispielhaft folgende Angaben in Tabelle 3 zusammenfassen.

Tabelle 3: Eigenschaften eines vorab abgesetzten Bilgenwassers, Angaben nach [Emadian et al. 2015]

Parameter	Wertebereich
pH-Wert	8 – 9
CSB	20 – 200 mg/l
Feststoffe	800 – 2.400 mg/l
Suspendierte Feststoffe	220 – 1.760 mg/l
Gesamt-Stickstoff	836 µg/l
Gesamt-Phosphor	211 µg/l

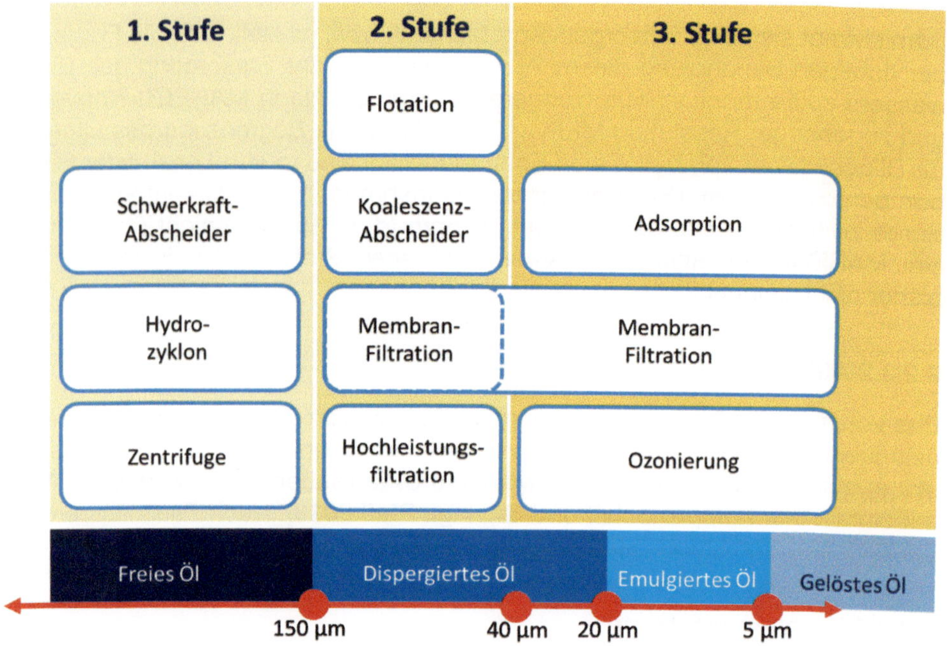

Bild 3: Dreistufiger Ansatz zur Behandlung ölhaltiger Abwässer, nach Angaben von [Coca-Prados et al. 2013]

9.2.3.4 Behandlung

Zur Elimination der Öle aus dem Bilgenwasser aber auch zum Rückhalt weiterer oben genannter Verunreinigungen empfiehlt sich ein 3-stufiger Behandlungsansatz, der in Bild 3 konkretisiert wird.

Als erster Schritt erfolgt eine mechanische Reinigung zur Abscheidung von freiem Öl (Entölung). Hier können folgende Verfahren unter Ausnutzung der Auftriebsdifferenz von Öl und Wasser genutzt werden: Schwerkraftabscheidung, Hydrozyklon oder Zentrifugation. Diese Öl-Wasser-Separatoren (OWS) gelten aber nur als sehr bedingt ausreichend. Zum Beispiel können Reinigungsmittel im Bilgewasser eine Emulsionsbildung von Öl in Wasser begünstigen. Bei der Emulgierung wird die Auftriebsdifferenz von Öl und Wasser zu gering, um mit den bestehenden Separatoren-Technologien ausreichende Behandlungsergebnisse zu erzielen, vgl. [Emadian et al. 2015; Karakulski und Gryta 2017]. Diese traditionellen Methoden (1. Stufe) sind für die Behandlung stabiler Öl-Wasser-Emulsionen nicht effizient genug, insbesondere wenn die Öltröpfchen fein verteilt sind und die Ölkonzentration sehr niedrig ist [Coca-Prados et al. 2013]. Eine deutlich höhere Effizienz des Stoffrückhalts wird demnach erreicht, wenn sich an die erste Verfahrensstufe sekundäre und tertiäre Behandlungsschritte anschließen. Membranbasierte Verfahren wie die Mikrofiltration oder Ultrafiltration kommen als zusätzlich Behandlung in Betracht. Diese Ansätze erfahren aber ihre Limitierung durch die bekannten Fouling- und Scalingeffekte [Karakulski und Gryta 2017]. [Karakulski und Gryta 2017] weisen ergänzend darauf hin, dass neben der Ölabtrennung durch Koagulation und Flotation weitere Verfahrensschritte wie bspw. durch Elektrokoagulation/Elektroflotation deutlich bessere Ergebnisse erreicht werden können. Ferner wurden in der Vergangenheit auch verschiedene Ansätze einer biologischen Reinigung von Bilgenwasser bzw. ölhaltigen Abwässern untersucht. [Emadian et al. 2015] zeigen auf, wie eine anaerobe Behandlung ausgestaltet werden könnte. Ferner liegen mehrere Erkenntnisse vor, inwieweit Membranbioreaktoren hier zum Einsatz kommen können, z. B. [Scholz 2000; Soltani et al. 2010]. Eine weitergehende Übersicht zu den in Frage kommenden Behandlungsoptionen ist beispielsweise in [Yu et al. 2017] vorgenommen worden.

9.2.4 Ballastwasser

9.2.4.1 Definition

Das Ballastwasser erfüllt im Schiffsbetrieb mehrere Funktionen wie zum Beispiel die Herstellung des optimalen Tiefgangs und der erforderlichen Stabilität des Schiffes sowie die Verbesserung der Manövrierfähigkeit und die Reduktion der (statischen) Belastungen auf den Schiffskörper [Bilgili et al. 2013]. Zu diesem Zweck werden Tankkapazitäten auf Schiffen vorgehalten, die es gestatten, große

Wassermengen zügig aufzunehmen und (an anderer Stelle wieder) abzugeben. Durch die Ballastwassernutzung entsteht keine Verunreinigung des gespeicherten Wassers. Wesentliches Problem ist der weiträumige Transport von Meerwasser aus einem Seegebiet in andere Gebiete und damit auch die Verfrachtung fremder bzw. sogar invasiver Arten. Diese können teilweise erhebliche ökologische Probleme auslösen, vgl. für viele [Waite et al. 2003]. In mehreren Ländern durchgeführte Studien haben gezeigt, dass viele Arten von Bakterien, Pflanzen und Tieren auch nach mehrwöchigen Reisen im Ballastwasser und in Sedimenten auf Schiffen überleben können [Rahman 2017]. Da beim Schiffsbetrieb auf Ballastwasser nicht verzichtet werden kann, ist ein zeitgemäßes Ballastwassermanagement umzusetzen, das durch unterschiedliche Maßnahmen (insbesondere Ballastwasserbehandlung) die negativen ökologischen Folgen unterbindet. In 2004 wurde das Ballastwasser-Übereinkommen der International Maritime Organisation (IMO) verabschiedet, das aber aufgrund der langwierigen Ratifizierung erst 2017 in Kraft trat [IMO ohne Jahresangabe]. Perspektivisch haben Schiffe (Bruttoraumzahl > 400) im Hinblick auf Ballastwasser den so genannten D2-Standard zu erfüllen, der nur mit Ballastwasser-Behandlungstechnologie an Bord erreicht werden kann.

9.2.4.2 Aufkommen

Genaue Zahlen zum weltweiten Ballastwasserumschlag gibt es nicht. Es wird geschätzt, dass weltweit die Schifffahrt jährlich drei bis fünf Milliarden Tonnen Ballastwasser transportiert [Hess-Erga et al. 2019]. Für das Jahr 2013 lag die Schätzung bzgl. der globalen Ballastwassereinleitungen bei etwa 3,1 Milliarden Tonnen [David 2015]. Für das Jahr 2000 schätzten [Bilgili et al. 2013] die Gesamtmenge an Ballastwasser, das von Schiffen im internationalen Handel entladen wurde, auf 2,2 Mrd. Tonnen.

9.2.4.3 Zusammensetzung

Im aufgenommenen Ballastwasser befinden sich maritime Organismen, vielfach grob unterschieden in Phytoplankton, Mikro-, Meso- und Makrozooplankton. Im Hinblick auf die Feststellung der Leistungsfähigkeiten von Ballastwasserbehandlungsanlagen wird teilweise tiefer gehender nach einzelnen Gruppen bzw. Organismen aufgeschlüsselt und diese im Wasser artenspezifisch bestimmt (z. B. Dino-Flagellaten, Larven, spezifische Algenarten oder Zysten), vgl. auch [Tsolaki und Diamandopoulos 2010].

9.2.4.4 Behandlung

Um Ballastwasser sachgerecht zu behandeln, ist in der Regel ein 2-stufiger Ansatz zu wählen (Bild 4). Der erste Schritt ist eine mechanische Reinigung mittels Filtration oder Hydrozyklon, meist gefolgt von einer weitergehenden Behandlung

1. Stufe	2. Stufe der Behandlung	
	Mechanisch	Chemisch
Mechanische Behandlung: • Filtration • Hydrozyklon	• UV • Thermisch • Ultraschall • Magnetische Felder • Elektrische Felder	• Biozide • Chlor • Ozon • Wasserstoffperoxid • Andere Stoffe
ggf. unterstützt durch Flockungsmittel		Kontrolle/ Elimination Restmengen

Bild 4: Behandlungsoptionen von Ballastwasser an Bord, die die Einhaltung des D2-Standards ermöglichen, nach Angaben von [Tsolaki und Diamandopoulos 2010], ergänzt

bspw. durch ein weiteres mechanisches Verfahren wie z. B. UV-Bestrahlung, thermische Behandlung, Ultraschall, magnetische/elektrische Felder. Alternativ können in der 2. Stufe auch Chemikalien (Biozide, Chlorverfahren wie die Zugabe von Calciumhypochlorit, Wasserstoffperoxid) genutzt werden. Um die Wirkung der zweiten Behandlungsstufe weiter zu erhöhen, können auch Advanced Oxidation Processes (AOP) genutzt werden, bei denen die besonders reaktiven OH-Radikale entstehen, so bspw. bei der kombinierten Nutzung von UV und Ozon.

Werden bei der Ballastwasserbehandlung Desinfektionschemikalien eingesetzt, ist auch der Thematik der Entstehung von Nebenprodukten Beachtung zu schenken. Im Vergleich zur Trinkwasseraufbereitung kommen hier anders gelagerte Sachverhalte hinzu. [Werschkun et al. 2010] geben an, dass „im Meerwasser mit einem natürlichen Bromidgehalt von 65 – 68 mg/l bei vollem Salzgehalt und einem pH-Wert von 7,9 – 8,4 der eigentliche Wirkstoff, der sowohl durch Chlorierungs- als auch durch Ozonierungstechnologien hergestellt wird, die hypobrome Säure ist. Diese ist anfälliger für Substitutionsreaktionen und integriert sich 20mal effizienter in organische Strukturen als die hypochlorige Säure“. Ein weiterer Aspekt ist, dass es nach einer Ballastwasserbehandlung zu einem erneuten Wachstum von Mikroorganismen kommen kann. Dieser Aspekt muss im Rahmen des Ballastwassermanagements ebenfalls Beachtung finden. Hier steht die richtige Auswahl des Behandlungsverfahrens im Mittelpunkt. [Grob und Pollet 2016] berichten davon, dass die für das Ballastwassermanagement Verantwortlichen bisher das Problem des Nachwachsens in Ballastwassertanks nach einer Behandlung nicht ausreichend zu kennen scheinen.

9.2.5 Zusätzliche Sonderabwasserströme

An Bord können weitere Sonderabwasserströme auftreten, die unter Umständen in die oben benannten Behandlungslösungen eingebunden werden können oder eigene Behandlungsansätze erforderlich machen. Zu nennen sind z. B. Abwasser aus der (zunehmend Verbreitung findenden) Rauchgasreinigung, Rückbelastung aus der Klärschlammbehandlung/-entwässerung und Küchenabwasser sowie Wässer aus der Speiseresteentwässerung. Werden beispielsweise Wässer aus der Speiseresteentwässerung, die hinsichtlich ihrer Menge eher unbedeutend sind, in die Bordkläranlage eingeleitet, können die damit verbundenen extremen Frachtspitzen zu Betriebsproblemen bzw. Grenzwertüberschreitungen in der Schiffskläranlage (vgl. Tabelle 1) führen.

9.2.6 Ausblick

Auch an Bord von Schiffen findet eine Weiterentwicklung der abwassertechnischen Ausrüstung statt. In der Weiterentwicklung der Resolution IMO MARPOL MEPC.159(55) sind für die Abwasserreinigung an Bord durch die MEPC.227(64) erstmalig Anforderungen an die Nährstoffelimination aufgenommen worden. Diese Anforderungen beziehen sich zwar ausschließlich auf sehr sensitive und damit besonders schützenswerte MARPOL Sondergebiete („Special Areas"), wie beispielsweise die Ostsee. Reedereien, die ihre Schiffe weltweit operieren lassen wollen, also auch in sensitiven Seegebieten, sehen sich daher mit der Notwendigkeit konfrontiert, nicht nur Schiffsneubauten entsprechend auszustatten, sondern auch entsprechende Nachrüstungen in bereits verbauten Anlagen vorzunehmen, um eine Nährstoffelimination sicherzustellen. Weitere an Land bereits thematisierte Stofffragen werden auch im maritimen Kontext zunehmend aktuell wie beispielsweise die Themen anthropogene Mikroschadstoffe (Arzneimittelrückstände), multiresistente Keime und Mikroplastik. Diese Stofffragen werden insbesondere dann relevant, wenn Ab- bzw. Grauwasserwiedernutzungsoptionen an Bord umgesetzt werden sollen. Erste Erkenntnisse liegen vor bspw. zu Mikroschadstoffbelastung von Abwasser auf Kreuzfahrtschiffen [Westhof et al. 2016].

Für die weitere Ausgestaltung einer umweltgerechten Behandlung von Schiffsabwässern bestehen noch folgende zu lösende Zukunftsfragen:

- Welche Möglichkeiten bestehen zur Unterstützung bzw. Verbesserung des (zunehmend komplexeren) Betriebs der bordeigenen abwassertechnologischen Prozesse?
- Wie wird sich das Zusammenspiel mit den weiter im Ausbau befindlichen Hafenauffangvorrichtungen (Port Reception Facilities) gestalten?

- Welche Ausgestaltung einer (Ab- bzw.) Grauwasserwiedernutzung erscheint realistisch?
- Welche Entsorgungsoptionen sind für organische Reststoffe zu wählen, die aus der Abwasserreinigung an Bord hervorgehen (Klärschlamm)?

Literatur

Bilgili, L.; Ünlügençolu, K.; Çelebi, U. B. (2013): Effective Ship Ballast Water Treatment System Management. Dincer, I.; Colpan, C. O.; Kadioglu, F. (Hrsg.): Causes, Impacts and Solutions to Global Warming. Springer New York, pp. 975 – 984. https://doi.org/10.1007/978-1-4614-7588-0_52

Coca-Prados, J.; Gutiérrez-Cervelló, G.; Gutiérrez, G.; Benito, J. M. (Hrsg.) (2013): Treatment of Oily Wastewater by Membrane Hybrid Processes. Economic Sustainability and Environmental Protection in Mediterranean Countries through Clean Manufacturing Methods. Dordrecht: Springer Netherlands.

David, M. (2015): Vessels and Ballast Water. David, M. und Gollasch, S. (Hrsg.): Global Maritime Transport and Ballast Water Management: Issues and Solutions. Dordrecht: Springer Netherlands, pp. 13 – 34. https://doi.org/10.1007/978-94-017-9367-4_2

Emadian, S. M.; Rahimnejad, M.; Hosseini, M.; Khoshandam, B. (2015): Investigation on up-flow anaerobic sludge fixed film (UASFF) reactor for treating low-strength bilge water of Caspian Sea ships. Journal of Environmental Health Science and Engineering 13 (1), p. 23. DOI: 10.1186/s40201-015-0181-3

IMO (ohne Jahresangabe): Ballast Water Management. International Maritime Organisation. http://www.imo.org/en/OurWork/Environment/BallastWaterManagement/Pages/Default.aspx (abgerufen am 04.04.2019).

Grob, C. und Pollet, B. G. (2016): Regrowth in ship's ballast water tanks: Think again! Marine Pollution Bulletin 109 (1), S. 46 – 48. DOI: 10.1016/j.marpolbul.2016.04.061

Hess-Erga, O.-K.; Moreno-Andrés, J.; Enger, Ø.; Vadstein, O. (2019): Microorganisms in ballast water: Disinfection, community dynamics, and implications for management. The Science of the total environment 657, pp. 704 – 716. DOI: 10.1016/j.scitotenv.2018.12.004

Karakulski, K. und Gryta, M. (2017): The application of ultrafiltration for treatment of ships generated oily wastewater. Chemical Papers 71 (6), pp. 1165 – 1173. DOI: 10.1007/s11696-016-0108-1

Köster, S.; Dorgeloh, E.; Kretschmann, L.; Seibicke, T.; Grigo, M. (2016a): NAUTEK – Neue Wege bei der Reinigung von Abwässern an Bord von Kreuzfahrtschiffen. Tagungsband der Statustagung Maritime Technologien 2016, Bd. 8. Unter Mitarbeit von Ehrhardt, K. Forschungszentrum Jülich GmbH Zentralbibliothek Verlag (Schriftenreihe Projektträger Jülich, 8), S. 143 – 153.

Köster, S.; Westhof, L.; Keller, L. (2016b): Stand der Technik der Abwasserreinigung an Bord von Kreuzfahrtschiffen. gwf Wasser | Abwasser (5), S. 528 – 537.

Penny, R. L. und Suominen-Yeh, M. (2006): Biological Bilge Water Treatment System. Naval Engineers Journal 118 (3), S. 45 – 50. DOI: 10.1111/j.1559-3584.2006.tb00462.x

Pfaff, M. (2018): Schiffsbetriebstechnik. Nachschlagewerk und Ratgeber. Springer Vieweg, Wiesbaden. http://dx.doi.org/10.1007/978-3-658-19528-1

Rahman, S. (2017): Implementation of Ballast Water Management Plan in Ships Through Ballast Water Exchange System. Procedia Engineering 194, pp. 323 – 329. DOI: 10.1016/j.proeng.2017.08.152

Scholz, W. (2000): Treatment of oil contaminated wastewater in a membrane bioreactor. Water Research 34 (14), pp. 3621 – 3629. DOI: 10.1016/S0043-1354(00)00106-8

Soltani, S.; Mowla, D.; Vossoughi, M.; Hesampour, M. (2010): Experimental investigation of oily water treatment by membrane bioreactor. Desalination 250 (2), pp. 598 – 600. DOI: 10.1016/j.desal.2009.09.031

Tomaszewska, M.; Orecki, A.; Karakulski, K. (2005): Treatment of bilge water using a combination of ultrafiltration and reverse osmosis. Desalination 185 (1–3), S. 203 – 212. DOI: 10.1016/j.desal.2005.03.078

Tsolaki, E. und Diamadopoulos, E. (2010): Technologies for ballast water treatment: a review. J. Chem. Technol. Biotechnol. 85 (1), pp. 19 – 32. DOI: 10.1002/jctb.2276

Waite, T. D.; Kazumi, J.; Lane, P. V. Z.; Farmer, L. L.; Smith, S. G.; Smith, S. L. et al. (2003): Removal of natural populations of marine plankton by a large-scale ballast water treatment system. Mar. Ecol. Prog. Ser. 258, pp. 51 – 63. DOI: 10.3354/meps258051

Werschkun, B.; Sommer, Y.; Banerji, S. (2012): Disinfection by-products in ballast water treatment: an evaluation of regulatory data. Water Research 46 (16), pp. 4884 – 4901. DOI: 10.1016/j.watres.2012.05.034

Westhof, L.; Köster, S.; Reich, M. (2016): Occurrence of micropollutants in the wastewater streams of cruise ships. Emerging Contaminants 2 (4), S. 178 – 184. DOI: 10.1016/j.emcon.2016.10.001

Yu, L.; Han, M.; He, F. (2017): A review of treating oily wastewater. Arabian Journal of Chemistry 10, pp. 1913 – 1922. DOI: 10.1016/j.arabjc.2013.07.020

Zeiss, H. (2017): Umweltschutz in der Kreuzfahrtindustrie. Lund-Durlacher, D.; Fifka, M. S.; Reiser, D. (Hrsg.): CSR und Tourismus: Handlungs- und branchenspezifische Felder.Springer Verlag, Berlin Heidelberg, S. 271 – 287. https://doi.org/10.1007/978-3-662-53748-0_17

9.3 Laborabwasser

Veit Flöser

9.3.1 Allgemeines

Beschaffenheit und Menge des in Laboratorien anfallenden Abwassers sind stark abhängig von der Art des Labors. Unter anderem lassen sich folgende Laborarten unterscheiden:

- Forschungslaboratorien in Forschung und Industrie,
- Hochschullaboratorien,
- Umweltlaboratorien für Abfall-, Abwasser- und Luftuntersuchungen,
- medizinische Untersuchungslaboratorien,
- Ausbildungslaboratorien der beruflichen Bildung,
- Dentallabore.

Die pro Untersuchung heute in der instrumentellen Routineanalytik in Umwelt- oder medizinischen Laboratorien benötigte Stoffmenge liegt im Bereich weniger Mikrogramm bzw. Mikroliter. Die Abwasserrelevanz ergibt sich dabei aus der Vielzahl solcher Untersuchungen pro Zeiteinheit sowie der Vielzahl potenziell zu untersuchender Stoffe und verwendeter Hilfsstoffe.

Die pro Anwendung benötigte geringe Stoffmenge könnte zu der Annahme fehlender Abwasserrelevanz verleiten. Für abwassertechnisch unbedenkliche Stoffe (Glucose oder sonstige biologisch gut abbaubare Stoffe etc.) trifft dies zweifellos auch zu. Auch Mineralsalze von Alkali- oder Erdalkalimetallen stellen in den im Laborbereich verwendeten Mengen in der Regel abwassertechnisch kein Problem dar. Eine abschließende Aussage zur Abwasserrelevanz lässt sich jedoch nur treffen, wenn die verwendeten Stoffe vollständig bekannt sind und diesbezüglich bewertet werden können. Dabei sind sämtliche potenziellen Eintragspfade zu betrachten (Reaktionslösungen, Verwurf von Standardlösungen, Reinigung von Gefäßen und Geräten etc.).

9.3.2 Gefährdungsabschätzung

Laborchemikalien, Lösungs- und sonstige Hilfsmittel sind in aller Regel Gefahrstoffe nach Gefahrstoffrecht. Der Umgang mit Gefahrstoffen erfordert seitens des

Arbeitgebers bzw. Dienstherren die Erstellung und regelmäßige Aktualisierung eines Gefahrstoffverzeichnisses und einer Gefährdungsbeurteilung.

Es wird empfohlen, diese Vorgaben des Gefahrstoffrechts mit der Beurteilung der Abwasserrelevanz zu verbinden. Im Zusammenhang mit der (sowieso erforderlichen) gefahrstoffrechtlichen Beurteilung sollten für die flüssigen Reststoffe aus dem Labor bzw. einem Laborbereich, einer Untersuchungsmethodik etc. die Entsorgungsmöglichkeiten geprüft und in die Betriebsanweisung aufgenommen werden.

Von besonderer Bedeutung sind diese Gefährdungsabschätzungen (nicht zu verwechseln mit der gefahrstoffrechtlichen Gefährdungsbeurteilung) aufgrund der anfallenden Mengen bei Technikumsanlagen in Forschungs- oder Produktionseinrichtungen. So können z. B. Nährlösungen aus der biotechnologischen Forschung häufig ohne Behandlungsmaßnahmen dosiert als Abwasser abgeleitet werden. Eine Gefährdungsabschätzung mit entsprechenden Verfahrensanweisungen für die Entsorgung muss in jedem Falle vor der Inbetriebnahme einer neuen Anlage oder vor Aufnahme eines Forschungsprojekts erfolgen.

9.3.3 Biologische und biochemische Laboratorien

In biochemischen, mikro- und molekularbiologischen Laboratorien werden eine Vielzahl von Substanzen mit bestimmungsgemäß mutagener, cancerogener oder sonstiger ökotoxischer Wirkung verwendet. Dazu gehören neben den Färbemitteln zum Anfärben von Proteinen oder DNA und RNA (z. B. Ethidiumbromid) auch Pufferlösungen und Denaturierungsmittel für Proteine. So wird z. B. das nichtionische Tensid Octylphenolethoxylat (unter dem Markennamen Triton X-100© weit verbreitet) häufig zur Isolierung von Proteinfraktionen verwendet.

Octylphenolethoxylate werden in Kläranlagen und in der Umwelt in den Ethoxylatrest und 4-tert-Octylphenol gespalten, das aufgrund seiner ökotoxikologischen (endokrinen) Wirkung und seiner erschwerten biologischen Abbaubarkeit als prioritär gefährlicher Stoff für die Umwelt gilt [ECHA 2011]. Seine Emission in die Umwelt ist daher nach dem Regelwerk der EU-Wasserrahmenrichtlinie schrittweise zu verringern.

Sofern die in biochemischen Laboratorien verwendeten Stoffe nicht eindeutig als nicht abwasserrelevant einzustufen sind, sind Reste von Färbelösungen, Pufferlösungen, Detergenzien etc. zu sammeln und als Abfall zu entsorgen. Dies gilt insbesondere für Reagenzien, die Octylphenolethoxylate enthalten.

9.3.4 Entsorgung von Flüssigrückständen

Als Ergebnis der Gefährdungsabschätzung ergibt sich für viele Flüssigabfälle aus Laboratorien die Empfehlung, die Rückstände aufgrund ihrer Ökotoxizität oder erschwerten biologischen Abbaubarkeit der Inhaltsstoffe als Abfall zu entsorgen. Die Abfälle dürfen nur in Abfallbehandlungsanlagen entsorgt werden, die eine abfallrechtliche Zulassung für den jeweils anzuwendenden Abfallschlüssel haben.

Dieser Entsorgungsweg dient jedoch nur dann einer tatsächlichen Entfernung der Stoffe aus der Umwelt, wenn die Flüssigrückstände einer stoffzerstörenden Behandlung wie Oxidationsverfahren oder der Verbrennung unterzogen werden. Die Behandlung gesammelter Flüssigabfälle in einer zentralen chemisch-physikalischen Behandlungsanlage (CP-Anlage) ist dagegen in diesem Falle nicht zielführend, da das dort entstehende Abwasser nach der Behandlung seinerseits wieder der (öffentlichen) Abwasseranlage zugeführt wird.

9.3.5 Abwasserbehandlung

In der Vergangenheit wurden für die Vorbehandlung von Laborabwasser vor der Einleitung in die öffentliche Kanalisation mangels genauerer Information in der Bauphase und in der Annahme der Einleitung von Säuren und Laugen regelhaft Neutralisationsanlagen installiert. Diese Anlagen sind heute fast ausnahmslos wieder stillgelegt worden, da sich die o. g. Annahme nicht bestätigt hat und sie sich u. a. aufgrund der geringen Abwassermenge als störungsanfällig erwiesen haben [DWA 2018]. Reste unverdünnter Säuren oder Laugen werden im Labor aufgrund sonstiger Inhaltsstoffe (z. B. Schwermetalle bei Königswasseraufschluss) getrennt gesammelt und entsorgt.

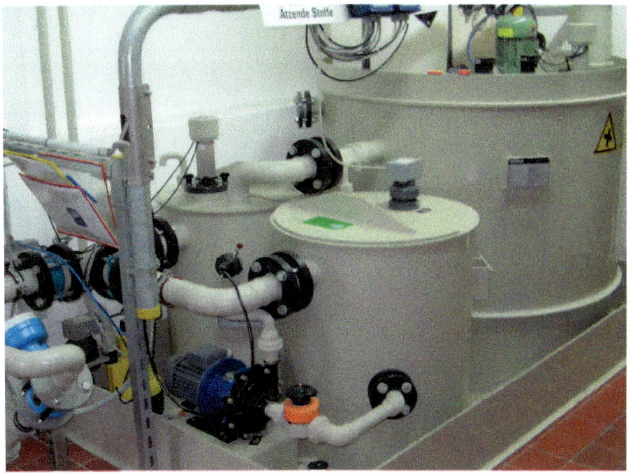

Bild 1: Kompaktanlage zur Neutralisation von Laborabwasser (Quelle: Flöser)

Fallen regelmäßig bestimmte saure oder alkalische Teilströme an, kann das Abwasser besser innerhalb der Laboreinheit in einer kleinen Kompaktanlage neutralisiert werden (Bild 1), als das Gesamtabwasser aus dem Laborbereich in einer zentralen Anlage zu behandeln. Einer Neutralisation des gesamten Laborabwassers bedarf es daher in aller Regel nicht.

9.3.6 Einzelne Laborarten

9.3.6.1 Hochschul- und Forschungslaboratorien

Die angewandten Untersuchungsmethoden in Forschungslaboratorien entsprechen weitgehend den auch in anderen Laboratorien angewandten Methoden. Allerdings können präparative Arbeiten aufgrund der Stoffmengen im Vergleich zu rein analytisch arbeitenden Laboratorien zu einem höheren und gesondert zu betrachtenden Freisetzungspotenzial führen.

Ein spezifisches Problem in Forschungslaboratorien im Hochschulbereich stellt die Mitarbeiterfluktuation dar. Auszubildende und Studierende verfügen häufig noch nicht über ausreichende Prozess- und Stoffkenntnisse, um kritische Stofffreisetzungen über das Laborabwasser zu erkennen. Hier sind eindeutige schriftliche Regelungen und Laborordnungen von der verantwortlichen Institutsleitung aufzustellen, aktuell zu halten und den Mitarbeitern in regelmäßigen Unterweisungen bekannt zu machen [DWA 2018].

In Forschungseinrichtungen, in denen organische Stoffsynthesen durchgeführt werden, fallen neben den gewünschten Produkten auch Nebenprodukte an, deren Identität und damit auch Gefährdungspotenzial nicht oder nur unzureichend bekannt sind. Diese Stoffe dürfen nicht ins Abwasser gelangen und sind immer als Abfall zu beseitigen.

Um die (gegebenenfalls unerkannte) Einleitung von ökotoxisch relevanten, nicht biologisch abbaubaren und/oder bioakkumulierbaren Stoffen (sogenannte PBT-Stoffe) ins Abwasser zu vermeiden, ist ein kontinuierlicher Überblick über die Forschungstätigkeit und den damit verbundenen Abwasseranfall erforderlich.

9.3.6.2 Biologische, biotechnologische und gentechnische Laboratorien

Biologische Laboratorien arbeiten häufig mit vermehrungsfähigen Organismen wie Viren, Bakterien, Hefen oder Pilzen oder mit Zellkulturen höherer Organismen wie Säuger, Insekten oder Pflanzen. Biologische Vorgänge lassen sich aber auch völlig losgelöst von einem intakten Organismus analysieren („in vitro“).

Die Anforderungen an die Lebensbedingungen der verwendeten Organismen bedingen die Einhaltung physiologischer Bedingungen im Anzuchtmedium und in der Untersuchungsmatrix. Das resultierende Abwasser zeichnet sich daher durch die organische Belastung und die gute Abbaubarkeit der Inhaltsstoffe aus (hoher CSB, gutes Verhältnis von CSB zu BSB_5).

Gentechnische Laboratorien

Gentechnische Laboratorien unterliegen dem Gentechnikgesetz (GenTG) sowie der Gentechnik-Sicherheitsverordnung (GenTSV). Sie durchlaufen ein umfangreiches Zulassungsverfahren, in dessen Verlauf die Risiken und Sicherheitsmaßnahmen der jeweiligen Arbeiten intensiv geprüft werden. Das gentechnikspezifische Risiko der Generierung und Freisetzung in der Natur nicht vorkommender Agenzien (Mikroorganismen, Pflanzenzellen, Genabschnitte, Säugerzellen etc.) ist damit hinreichend unter Kontrolle. Darüber hinaus unterscheiden sich gentechnische Labore nicht von anderen biologischen Laboratorien, eine „gentechnikspezifische" Abwasserbeschaffenheit oder -behandlung existiert nicht.

Biotechnologische Verfahren

Für die Vermehrung von Organismen sind geeignete Inkubationsbedingungen wie Temperatur, pH-Wert, Belüftung, Durchmischung etc. erforderlich. Die Nährmedien enthalten Nährstoffe sowie Mineralstoffe, Spurenelemente und Vitamine. Als Zusätze werden auch Antibiotika, Zytostatika, Tenside, Schaumbekämpfungsmittel und anorganische Puffersalze verwendet. Das Kulturvolumen kann zwischen wenigen ml bis zu 5 l im Labormaßstab, bis zu 100 l im Technikum und bis zu mehreren m^3 im Produktionsmaßstab betragen [DWA 2018].

Häufig sind allerdings nicht die vermehrten Organismen selbst, sondern die von ihnen produzierten Stoffe das Ziel der Labortätigkeit. Zur Extraktion kommen Fällungsmittel wie Polyethylenglycol (PEG), hydrophile Polymere, Dextrane, Ammonium-, Natrium- oder Magnesiumsulfat zur Anwendung. Zur Gewinnung von Proteinen werden auch organische Lösungsmittel wie Methanol, Ethanol, Isopropanol oder Aceton verwendet. Für eine gezielte Abtrennung von Enzymen, Antigenen oder Antikörper werden chromatografische Verfahren genutzt, die den Einsatz spezieller Pufferlösungen erfordern.

Inaktivierung / Desinfektion

Um bei der Arbeit mit vermehrungsfähigen Organismen eine Freisetzung in die Umwelt sicher zu verhindern, müssen die Organismen in Abfällen und Abwässern vor der Entsorgung inaktiviert werden. Dies kann mittels physikalischer (mittels Hitze) oder chemischer (Biozidzusatz) Verfahren geschehen. Für die chemische

Inaktivierung werden diverse Substanzen wie Peroxide, Alkohole, Aldehyde, quartäre Ammoniumverbindungen (QAV), Aziridine, Chlorverbindungen o. ä. verwendet. Ist die biozide Wirkung in diesen Flüssigresten nicht vollständig abgeklungen, kann daraus je nach Abwassermenge eine Gefährdung für die nachgeschaltete (öffentliche) biologische Abwasserbehandlung resultieren.

Aktivchlorhaltige Desinfektionsmittel bergen die Gefahr der AOX-Bildung. Benzalkoniumchloride aus der Stoffgruppe der quartären Ammoniumverbindungen sind teilweise biologisch schwer abbaubar und gelangen daher bei der Abwasserreinigung in den Klärschlamm oder ins Oberflächengewässer. Diese Substanzen sollten daher soweit als möglich durch andere Zubereitungen substituiert werden.

Nukleinsäure-Analytik

Zum Aufschluss und zur Abtrennung von Proteinen wird das Probenmaterial mit einem Lysis-Puffer behandelt, der verschiedene proteinspaltende Enzyme und Tenside enthält (Proteinase K, gegebenenfalls auch RNase und SDS). Mit gepuffertem Phenol, gegebenenfalls zusammen mit Chloroform und Isoamylalkohol, können Proteine aus der Probe entfernt werden. Gängige Methoden zur Nukleinsäure-Aufreinigung und -Isolierung aus wässrigen Proben sind die sogenannte Präzipitation mittels Ethanol, Gelfiltration oder die Auftrennung in einem Dichtegradienten mithilfe von Cäsiumchlorid- oder Saccharoselösungen [DWA 2018].

Flüssigrückstände, die SDS, Chloroform oder Phenol enthalten, müssen getrennt gesammelt und als Abfall entsorgt werden. Unvermeidbare Reste der oben genannten Substanzen können aber bei Reinigungsvorgängen (z. B. Laborspülmaschine) ins Abwasser gelangen.

9.3.6.3 Medizinische Laboratorien

Der Laborbereich in größeren Krankenhäusern kann verschiedene Abteilungen umfassen, die sich auch abwassertechnisch unterscheiden, wie Klinische Chemie, Hämatologie, Serologie, Immunologie oder Pathologie. Als Probevolumen des Untersuchungsgutes (Blut, Serum, Sekret) reichen bei der automatisierten Untersuchung in einem modernen Gerät in der Klinischen Chemie 5 – 50 µl aus, was mit der Reagenzmenge von 200 – 300 µl insgesamt eine Abfallmenge von maximal 350 µl pro Untersuchung ergibt. Die Messküvette des Geräts wird anschließend mehrfach mit Wasser gespült. Das Spektrum der in den Reagenzsätzen und somit auch in den flüssigen Rückständen enthaltenen Chemikalien ist sehr vielfältig.

In der Histologie, Zytologie oder Pathologie wird zur diagnostischen Sichtbarmachung von Zell- und Gewebestrukturen eine große Zahl unterschiedlicher Färbemittel verwendet. Diese Reagenzien sind bis auf wenige Ausnahmen ökotoxikologisch bedenklich (z. B. Azofarbstoffe) und/oder enthalten Halogene (z. B. Eosin). Sie sollten aus diesem Grunde dem Abwasser ferngehalten werden und grundsätzlich als Abfall gesammelt und entsorgt werden, sofern bei Stoffen wie Methylenblau nicht ausdrücklich die Unbedenklichkeit bestätigt ist.

Abwasseranfall und -beschaffenheit

Die gerätespezifisch unterschiedliche Menge an Flüssigresten beträgt bei modernen Analyzern in der Klinischen Chemie ca. 10 – 22 l/h. Die Menge besteht zum größten Teil aus Spülwasser, das bei getrennter Ableitung aus dem Gerät in die Kanalisation eingeleitet werden kann. Die Reaktionsrückstände dagegen müssen aufgrund des Schadstoffgehaltes als Abfall entsorgt werden. Sieht das Gerät keine Trennung der Teilströme vor, muss der gesamte anfallende Flüssigrest aufgefangen und als Abfall entsorgt werden.

Eine Quelle für AOX-Verbindungen stellen die verschiedenen halogenierten Reagenzien dar, die für die Analysen in der Klinischen Chemie verwendet werden, sowie die verschiedenen Färbelösungen in der Pathologie/Histologie, die insgesamt mehr als 90 % des AOX-Potenzials im Labor ausmachen. Sie können zu hohen AOX-Konzentrationen im Flüssigabfall führen. Insgesamt ist die AOX-Fracht aus dem Laborbereich jedoch vergleichsweise gering. Eine Bilanzierung in einem Klinikum der Maximalversorgung (1.100 Betten-Haus) ergab z. B. eine AOX-Fracht im Labor von 329 g/a, was einem Anteil von 0,3 % an der Gesamtfracht AOX im Krankenhaus und einer spezifischen Fracht von ca. 1 mg/Planbett · d entspricht [Schröder et al. 1999].

In hämatologischen Laboratorien werden zur Identifizierung von Nukleinsäuren durch Anfärben ökotoxikologisch relevante Färbemittel verwendet (z. B. Ethidiumbromid). Flüssigreste aus diesen Untersuchungen sollten daher auch nicht unbehandelt ins Abwasser eingeleitet werden, sondern sollten entweder vorbehandelt oder als Abfall entsorgt werden.

In den Testkits für medizinische Untersuchungen ist häufig Octylphenolethoxylat als Hilfsstoff enthalten [DWA 2018]. Zur ökotoxikologischen Relevanz wird auf Kapitel 8.3.3 verwiesen. Flüssigreste, in denen dieses Reagenz enthalten ist, sollten aus den o. g. Gründen in jedem Falle als Abfall entsorgt und einer stoffzerstörenden Behandlung zugeführt werden. Dem Schutz der aquatischen Umwelt wird in diesem Falle ausdrücklich Vorrang eingeräumt vor dem erhöhten Energiebedarf und den höheren Kosten der Entsorgung [DWA 2018].

Literatur

ECHA (2011): 4-tert-Octylphenol. SVHC-Support-Document. Europäische Chemikalienagentur (ECHA), Helsinki.

DWA (2018): Laborabwasser. DWA-Merkblatt M 709. Deutsche Vereinigung für Wasserwirtschaft, Abwasser und Abfall e. V. (DWA), Hennef.

Schröder, H.; Osterhorn, S.; Flöser, V. (1999): AOX im Krankenhausabwasser. Eine Studie zu Herkunft, Menge und Substitution. gwf Wasser | Abwasser 140 (1999), S. 20 – 26.

9.4 Krankenhausabwasser

Veit Flöser

9.4.1 Allgemeines

Krankenhäuser sind in der Regel Indirekteinleiter. Die früher in exponierter Lage betriebenen Fachkliniken für Tuberkulosekranke („Lungenheilanstalten") mit eigener Abwasserbehandlung und Direkteinleitung in ein Gewässer sind mittlerweile stillgelegt. Aufgrund der Art und Menge der in diesen Einrichtungen verwendeten Desinfektionsmittel kam es gelegentlich zu Beeinträchtigungen der biologischen Abwasserbehandlung dieser Einrichtungen [Kunz 1986]. Derartige Auffälligkeiten werden heute bei der Indirekteinleitung in eine öffentliche Abwasseranlage und Vermischung mit sonstigem kommunalem Abwasser nicht mehr gesehen.

Krankenhausabwasser setzt sich zusammen aus einer Vielzahl unterschiedlicher Abwasserteilströme mit teilweise sehr unterschiedlicher Menge und Beschaffenheit. Bei der Bewertung ist zudem die Vielfalt medizinischer Einrichtungen hinsichtlich Ihrer Größe und Spezialisierung zu berücksichtigen. Tabelle 1 listet einige Bereiche und Funktionseinheiten auf, deren Abwasser sich von reinem Sanitärabwasser unterscheidet.

Tabelle 1: Abwasserarten im Krankenhaus

Herkunft des Abwassers	Abwasserart, markante Inhaltsstoffe	Rechtliche Regelungen der Einleitung
Kardiologie, Gefäßdiagnostik („Katheterlabor")	Sanitärabwasser mit Röntgenkontrastmitteln (AOX)	Kommunale Abwasserbeseitigungssatzung
OP-Bereich, Intensivstation	Körperflüssigkeiten (Drainagen, Absaugflüssigkeiten, Spülflüssigkeit)	Kommunale Abwasserbeseitigungssatzung
Dialyse	Spülwasser aus Desinfektion, ggf. chlorhaltiges Abwasser	Kommunale Abwasserbeseitigungssatzung
Nuklearmedizin	Sanitärabwasser mit radioaktivem Iod	Strahlenschutzverordnung, Kommunale Abwasserbeseitigungssatzung
Physiotherapie	Filterrückspülwasser aus dem Bewegungsbad	Anhang 31 Abwasserverordnung
Laboratorien	Laborabwasser, flüssige Reaktionsrückstände von Analysegeräten	Kommunale Abwasserbeseitigungssatzung
Pathologie	Formaldehydhaltiges Abwasser	Kommunale Abwasserbeseitigungssatzung
Zentralküche	Küchenabwasser, fetthaltig	Kommunale Abwasserbeseitigungssatzung, DIN EN 1825, DIN 4040-100
Technischer Bereich, Wasseraufbereitung, Dampferzeugung	Regenerationsabwasser Enthärtung, Abschlämmwasser aus Dampferzeugung	Anhang 31 Abwasserverordnung

9.4.2 Abwasseranfallstellen, Abwasserinhaltsstoffe, Maßnahmen

9.4.2.1 Bettenbereiche/Stationen

Im stationären Bereich fällt etwa die Hälfte des Abwassers aus einem Krankenhaus an. Es entspricht in seiner Zusammensetzung bis auf die Gehalte an Desinfektionsmitteln und Arzneimitteln (Antibiotika, Zytostatika, Röntgenkontrastmittel etc.) weitgehend häuslichem Abwasser.

Steckbeckenspülgeräte

In allen Einrichtungen, in denen pflegebedürftige Patienten betreut werden, werden Reinigungs- und Desinfektionsgeräte (RDG) für die Reinigung von mehrfach zu benutzenden Steckbecken, Urinflaschen, Nierenschalen etc. betrieben. Die Desinfektion der Mehrwegbehälter erfolgt bei modernen Gerätegenerationen nach jeder Nutzung geräteintern ausschließlich thermisch. Damit ist eine hohe hygienische Sicherheit gewährleistet, chemische Zusätze sind hierfür nicht mehr erforderlich.

Gelegentlich werden auf dem Markt Entsorgungssysteme angeboten, bei denen die bisher verwendeten Mehrwegbehältnisse durch Einwegbehälter ersetzt sind, die nach Gebrauch in speziellen Geräten zerkleinert und ins Abwasser gespült werden sollen. Hygienische Vorteile, die die Mehrbelastung des Abwassers rechtfertigen würden (z. B. höhere hygienische Sicherheit), sind allerdings nicht erkennbar [DWA 2010]. Der Einsatz dieser Geräte ist daher aus abwassertechnischer Sicht abzulehnen.

Isoliereinrichtungen

Eigene Einheiten und Stationen für die Absonderung infektiöser Patienten, wie sie früher üblich waren, werden in allgemeinen Krankenhäusern nicht mehr unterhalten. Stellt man die Gefahr einer Übertragung von Krankheitserregern fest, wird die Isolation in den vorhandenen Stationen durchgeführt.

9.4.2.2 Dialyseeinrichtung

Während der Durchführung einer Hämodialyse wird kontinuierlich Wasser verbraucht, das als Abwasser anfällt (Dialysat). Pro Behandlung ist mit einem Dialysatanfall von 200 – 400 l zu rechnen. Dieser Abwasserstrom enthält lediglich Elektrolyte in physiologischer Zusammensetzung sowie gelöste Stoffwechselprodukte und wird als Abwasser abgeleitet.

Nach jeder Patientenbehandlung müssen die Dialysegeräte desinfiziert werden. Als Wirkstoffe werden z. B. Peressigsäure, Glykolsäure, Äpfelsäure oder heiße Zitronensäurelösung verwendet. Ältere Gerätegenerationen verwenden evtl. auch noch Chlorabspalter, z. B. Natriumhypochloritlösung. Pro Desinfektionsvorgang werden ca. 15 – 30 l Desinfektionslösung verbraucht [DWA 2010].

Abwasserbeschaffenheit

Die Beschaffenheit des Dialyseabwassers wird maßgeblich von der Art des verwendeten Desinfektionsmittels bestimmt. Aus der Nutzung organischer Säuren resultiert für das Abwasser ein niedriger pH-Wert mit der Gefahr von Korrosions-

Tabelle 2: Abwasserbelastung während der Desinfektion in Dialyseeinheiten [Stadt Langenhagen 1998]

	Dialysezentrum 1		Dialysezentrum 2	
Parameter	Probe 1	Probe 2	Probe 1	Probe 2
pH	2,6	8,1	5,8	7,1
freies Chlor (mg/l)	0,08	0,22	5,09	2,33
AOX (mg/l)	2,8	< 0,2	1,9	1,2

schäden an Leitungsnetzen sowohl innerhalb als auch außerhalb des Gebäudes. Die Nutzung von Hypochlorit führt zu einer zwangsläufigen AOX-Bildung mit entsprechend hohen Konzentrationen (siehe Tabelle 2). Werden verschiedene Gerätegenerationen mit Nutzung organischer Säuren und alkalischer Hypochloritlösung nebeneinander betrieben und gleichzeitig die jeweilige Desinfektionslösung abgelassen, muss mit der Freisetzung von gasförmigem Chlor und einer entsprechend hohen Abwasserbelastung gerechnet werden. Tabelle 2 zeigt die bei eigenen Untersuchungen in zwei Dialyseeinrichtungen gemessenen Wertebereiche.

Maßnahmen

Sofern organische Säuren für die Desinfektion der Dialysegeräte verwendet werden, sollten beaufschlagte Rohrleitungen bis zur ausreichenden Vermischung mit sonstigem Abwasser möglichst in PEHD ausgeführt werden. Werden verschiedene Gerätegenerationen nebeneinander betrieben, die sowohl mit Chlorabspaltern (Natriumhypochlorit) als auch mit organischen Säuren betrieben werden, dürfen saure und chlorhaltige Lösungen nicht gleichzeitig in das Abwassersystem abgeleitet werden. Die Vermischung von Dialyseabwasser mit sonstigen Abwasserströmen zur Nutzung des Puffervermögens von häuslichem Abwasser ist der Installation einer eigenen Neutralisationsanlage für das desinfektionsmittelhaltige Abwasser vorzuziehen. Ggf. kann auch in einem Misch- und Ausgleichsbehälter das Puffervermögen des leicht alkalischen Dialysats gezielt für die Neutralisation genutzt werden.

9.4.2.3 Pathologie

Verwendete Chemikalien

Die hauptsächliche Arbeit pathologischer und histologischer Abteilungen besteht in der makroskopischen und mikroskopischen Untersuchung von Gewebeproben. Für diese Beurteilung müssen die Gewebeproben entwässert und in geeigneter Weise vorbereitet werden, so dass die typischen Gewebestrukturen erhalten bleiben. Hierzu kommen Lösungsmittel wie Alkohole und Xylol, Paraffin sowie in erheblichen Mengen Formalin zum Einsatz. Verwendet werden Lösungen mit einem Formaldehydgehalt bis 10 %. Verbrauchtes Formalin wird entsorgt oder in die Kanalisation abgegeben. Die Lösungsmittel können durch Destillation wieder aufbereitet werden (intern oder extern), was im Sinne der Ressourcenschonung eine praktikable und ökologisch sinnvolle Maßnahme darstellt.

Formaldehyd hat in den im medizinischen Bereich angewandten Konzentrationen eine starke biozide Wirkung, d. h. die mikrobielle Aktivität wird gehemmt bzw. aufgehoben. Daher erfolgt in diesen Lösungen auch kein biologischer Abbau. Die für die abbauenden Mikroorganismen im belebten Schlamm toxische Schwellenkonzentration liegt je nach Milieu und Adaptation bei ca. 30 mg/l [Raff et al. 1989]. Unterhalb dieser Konzentration ist Formaldehyd gut abbaubar. Es reichert sich daher auch nicht in Umweltkompartimenten an. Im Abwasser findet durch Umsetzungen mit anderen organischen Abwasserinhaltsstoffen eine rasche Inaktivierung statt.

Entsorgung von Formaldehydresten

Je nach Größe und Zuständigkeit der Pathologie (z. B. für mehrere Krankenhäuser) fallen in einer eigenständigen pathologischen Abteilung etwa zwischen 2 und 10 m^3/a Formaldehydlösung (5 bis 10 %) an, in Einzelfällen auch mehr. Der Umgang mit den verbrauchten Lösungen und die jeweilige Entsorgungspraxis kann von Krankenhaus zu Krankenhaus variieren. In einigen Häusern werden Formaldehydrückstände gesammelt und der Wiederverwertung zugeführt. Andere Häuser geben die verbrauchten höherkonzentrierten Lösungen zur Sonderabfallentsorgung. Unter bestimmten Voraussetzungen ist aber auch eine Einleitung der Rückstände in die öffentliche Abwasseranlage denkbar.

Die überschlägigen Berechnungen der Formaldehydbelastung im Abwasser ergaben bei zwei konkreten Beispielen bei einer gleichmäßigen kontinuierlichen Einleitung der verbrauchten Mengen eine Konzentration von 2 – 3 mg/l im Gesamtabwasser. Wird dagegen eine Wochenanfallmenge stoßweise abgeleitet, errechnen sich Konzentrationen von mehr als 100 mg/l im Gesamtabwasser. Die Bilanzierung des Formaldehydgehaltes im Gesamtabwasser des AKH Wien ergab eine durchschnittliche Konzentration von 0,7 mg/l, die Messungen einen Wert von maximal 1,4 mg/l.

Höherkonzentrierte Formaldehydlösungen (> 10 %) sollten grundsätzlich separat gesammelt und zur Aufbereitung gegeben bzw. auf dem Abfallwege entsorgt werden. Flüssigkeiten mit geringeren Gehalten können dagegen in die Kanalisation eingeleitet werden, wenn sichergestellt ist, dass keine Stoßbelastungen erfolgen. Damit ist sichergestellt, dass verbrauchte Desinfektionslösungen z. B. aus der Flächendesinfektion ins Abwasser eingeleitet werden können. Mit dieser Verfahrensweise werden biozid wirksame Konzentrationen im Gesamtabwasser und eine toxische Kanalatmosphäre vermieden.

9.4.2.4 Zentralküche

Reinigungsvorgänge werden während der gesamten täglichen Arbeitszeit vorgenommen. Demzufolge fallen auch während der gesamten Arbeitszeit kontinuierlich Abwässer aus diesen Vorgängen an. Der spezifische Abwasseranfall liegt bei ca. 18 l pro Mahlzeit. Küchentypische Abwasserbelastungen sind

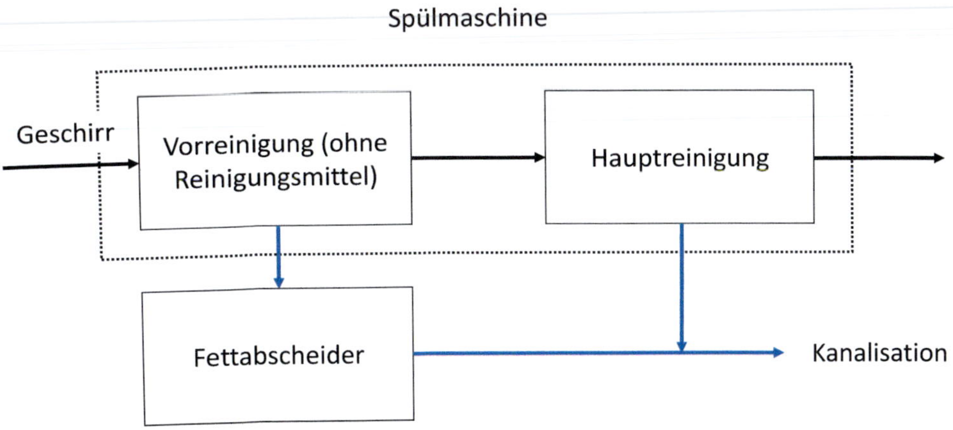

Bild 1: Prinzipskizze Trennschrittverfahren bei der Geschirreinigung (in Anlehnung an DWA-M 167-3)

- pH-Wert aus der Verwendung von alkalischen Reinigern bzw. aus der Versauerung des Abscheiderinhaltes,
- Fett aus der Speisenzubereitung und Reinigung des Geschirrs,
- CSB und BSB_5 aus Speiseresten und Reinigungsmitteln,
- AOX aus der Verwendung von chlorabspaltenden Bleichmitteln für die Geschirreinigung.

Fett

Zum Fettanfall im Küchenabwasser sind bereits 1987 ausgiebige Untersuchungen vorgenommen worden, deren Ergebnisse im Wesentlichen bis heute Gültigkeit besitzen [Bachon et al. 1987]. Dabei ergab sich, dass in Krankenhausküchen mit einem Gehalt an lipophilen Stoffen zwischen 200 und 500 mg/l im Rohabwasser zu rechnen ist, was in dem untersuchten Klinikum einer täglichen Fettmenge im Abwasser von 5 – 10 kg entsprach.

Fettabscheider können grundsätzlich nur die abscheidbaren Anteile zurückhalten. Dies hat zur Folge, dass bei hohem Gehalt an emulgierten Fetten und Ölen ein herkömmlicher Abscheider weitgehend unwirksam ist. Eine Studie in einer Großküche hat ergeben, dass mit Schwerkraftabscheidern die in vielen kommunalen Abwassersatzungen vorgegebene Konzentration für den Gehalt an lipophilen Stoffen von 250 – 300 mg/l aus physikalischen Gründen kaum einhaltbar ist [Sauerzapf 1997].

Tabelle 3: Abwasseruntersuchungen in der Krankenhausküche [Flöser 1995; Harpel et al. 1994]

	CSB (mg/l)	AOX (mg/l)
Krankenhaus 1	1.940	2,8
Krankenhaus 2	2.470	3,3
Krankenhaus 3	3.160	9,9
Krankenhaus 4	2.000	4,4

Als konstruktive Maßnahme zur Verringerung des Fettgehalts im Küchenabwasser kann die Beschaffung von Spülmaschinen mit Trennschrittverfahren empfohlen werden. Dabei wird lediglich der fettreiche, tensidarme Abwasserteilstrom aus der Vorabräumung über den Fettabscheider geführt (siehe Bild 1). Dadurch wird eine Trennung von fetthaltigen und tensidhaltigen Abwasserströmen erreicht, deren gemeinsame Ableitung zur Bildung stabiler Emulsionen und damit zur Verhinderung der Fettabtrennung im Abscheider führt.

CSB / BSB_5

Der CSB-Wert im Küchenabwasser liegt in der Regel bedeutend höher als im kommunalen Abwasser. In der erwähnten Studie lag der höchste Wert bei knapp 10.000 mg/l, der Mittelwert bei 1.800 mg/l. Eine andere, jüngere Untersuchung ermittelte im Tagesverlauf einer Großküche einen mittleren CSB von 2.800 mg/l und über längere Zeit Werte von > 3.000 mg/l. Die Abbaubarkeit und biologische Behandelbarkeit des Küchenabwassers ist in erster Näherung aus dem BSB_5/CSB-Verhältnis abzuschätzen. So ergaben die im Rahmen einer Untersuchung für das Umweltbundesamt durchgeführten Abwasseranalysen bei Küchenabwasser in allen Fällen ein BSB_5/CSB-Verhältnis von > 0,5 und damit eine sehr gute Abbaubarkeit [Gartiser und Brinker 1995].

AOX

Im Küchentrakt werden einerseits für die Raumreinigung und andererseits als Reiniger in den Spülmaschinen ggf. chlorhaltige bzw. chlorabspaltende Wirkstoffe wie Natriumhypochlorit oder Dichlorisocyanursäure eingesetzt. Dabei erzeugt die Reaktion des aktiven Chloranteils mit organischen Abwasserinhaltsstoffen chlorierte Verbindungen, die bei der Analytik als **AOX** registriert werden (Tabelle 3). Die Konzentration kann dabei im Teilstrom aus der Spülküche durchaus mehrere mg/l erreichen. Bei der Aufnahme einer Tagesganglinie in einer Großküche lag die minimale AOX-Konzentration bei 1,3 mg/l. Die Verwendung chlorabspaltender Bleich- oder Desinfektionsmittel ist im Küchenbereich jedoch nicht zwingend erforderlich.

Einsatz von biologischen Hilfsstoffen in Fettabscheidern

Der unkontrollierte Einsatz von sogenannten „Fettabscheiderpflegemitteln", die im Allgemeinen aus einem Gemisch aus Enzymen, Tensiden und Mikroorganismen bestehen, zur Reinigung der Abscheideranlagen ist abzulehnen. Der gezielte Einsatz zur biologischen Rohrreinigung, z. B. bei unzugänglichen Verkrustungen in den Verrohrungen, ist jedoch im Einzelfall zu prüfen.

Bei den Enzymen handelt es sich im Allgemeinen um Lipasen, die die im Abwasser enthaltenen Öle und Fette in Glyzerin und in Fettsäuren spalten. Während Glyzerin wasserlöslich ist, sind vor allem die langkettigeren Fettsäuren sehr schlecht in Wasser löslich und sedimentieren nach einer entsprechenden Verweilzeit bzw. nach Abkühlung im Kanalnetz. Zusammen mit Erdalkali-Kationen im Abwasser bilden sie unlösliche Verbindungen, sogenannte „Kalkseifen". Die Fettsäuren können also, ähnlich wie Fette selbst, Ablagerungen im Kanalnetz bilden, die einen erhöhten Betriebsaufwand bedingen und eine Verwertung bzw. Deponierung des Kanalräumgutes unmöglich machen bzw. erschweren.

Einige Fettabscheiderpflegemittel bestehen hauptsächlich aus Tensiden, die die im Abwasser enthaltenen Öle und Fette emulgieren und damit deren Abscheidung verhindern. Später kommt es durch Versäuerungserscheinungen und andere Reaktionen im Kanalnetz zu einer Spaltung der Emulsion und damit zur Ablagerung der Öle und Fette mit den bereits erwähnten Folgen.

In beiden Fällen wird zwar der Aufwand für die erforderliche Räumung des Abscheiders verringert, das Problem jedoch in den Bereich der öffentlichen Abwasseranlage verlagert, wo es wesentlich schwerer zu beherrschen ist.

9.4.3 Krankenhaustypische Abwasserinhaltsstoffe

9.4.3.1 Blut und anderen Körperflüssigkeiten

Die im Rahmen der medizinischen Behandlung anfallenden Körperflüssigkeiten wie Blut, Serum, Absaugsekret etc. werden innerhalb der Krankenhäuser in der Regel separat gesammelt und in eigenen Behältern zur Entsorgungsstation des Krankenhauses verbracht.

Menge und Beschaffenheit

An zwei Kliniken der Maximalversorgung wurde der Anfall von Körperflüssigkeiten ermittelt. Er liegt den Ergebnissen zufolge bei ca. 50 bis 100 l/d. Eine genauere Sortieranalyse unter Berücksichtigung des Füllungszustandes der Sammelbehälter ergab einen mittleren Flüssigkeitsanfall von 55 l/d, was einer Jahresmenge von

Tabelle 4: Beschaffenheit der aus den Sammelbehältern abgepressten Körperflüssigkeiten [Flöser 2016]

Parameter	Einheit	Probe Nr.			Mittelwert
		1	2	3	
pH-Wert	–	6,3	6,0	5,7	6,0
Absetzbare Stoffe	ml/l	4,0	5,0	5,5	4,8
CSB	mg/l	61.100	41.400	45.000	49.200
BSB_5	mg/l	38.500	21.600	23.100	27.700
NH_4-N	mg/l	281	161	172	204,7
TKN	mg/l	2.776	2.946	2.876	2.866
N_{ges}	mg/l	2.780	2.950	2.880	2.870
P_{ges}	mg/l	150	169	197	172
AOX	mg/l	94	56	61	70,3
Lipophile Stoffe	mg/l	490	280	580	450

ca. 20 t/a entspricht. Die Mengen sind u. a. davon abhängig, welche Flüssigkeiten im Einzelnen miterfasst werden (Urinbeutel, Spülflüssigkeiten, Infusionsreste etc.). Unter Berücksichtigung von Proteinkonzentration und Verdünnungsfaktor durch Spülflüssigkeit ergibt sich daraus ein Proteinanfall von 2,5 – 5 kg/d. Hinzu kommen ggf. aus dem Bereich der Blutbank maximal ein Liter verfallene Konserven pro Tag und zehn Liter Serum pro Tag entsprechend ca. 1 kg/d Protein. Unter Berücksichtigung des korrespondierenden Abwasservolumens resultiert daraus eine Konzentrationserhöhung von maximal 12 mg Protein pro Liter Abwasser. Eine nennenswerte Zusatzbelastung für das Gesamtabwasser ergibt sich daraus nicht, die Flüssigkeiten können somit unter diesem Aspekt der öffentlichen Kanalisation zugeführt werden.

Die Beschaffenheit der Körperflüssigkeiten wurde im Ablauf eines speziellen Presscontainers untersucht, der die Sammelbehälter mit den Körperflüssigkeiten separat abpresst und erst dann dem sonstigen Hausmüll im Container zuschlägt (Tabelle 4).

Die aus der diagnostischen Anwendung von Röntgenkontrastmitteln (RKM) resultierende AOX-Belastung ist kritisch zu sehen und bedarf einer Verringerung. Mit der getrennten Erfassung und Entsorgung von RKM-belastetem Patientenurin, wie sie in Pilotvorhaben erfolgreich praktiziert wurde, lässt sich die AOX-Fracht ins Abwasser deutlich verringern [IWW et al. 2018]. Unter der Voraussetzung einer

Ausschleusung des RKM-belasteten Patientenurins können und sollten die Körperflüssigkeiten demnach in die öffentliche Abwasseranlage eingeleitet werden.

Hygienische Aspekte

Kommunales Abwasser gilt aufgrund der Vielzahl diffuser Einträge aus Haushalten und sonstigen Quellen grundsätzlich als potenziell infektiös. Daher muss sich in bzw. an der Abwasseranlage (Kanalisation, Kläranlage etc.) tätiges Personal nach den einschlägigen Vorgaben der Biostoffverordnung und der Berufsgenossenschaften grundsätzlich mit Hilfe geeigneter persönlicher Schutzausrüstung vor Kontakt mit dem Medium schützen. Diese Gefährdung wird durch die Indirekteinleitung von Krankenhausabwasser in die öffentliche Abwasseranlage nach übereinstimmender Auffassung von Hygienikern nicht erhöht [DWA 2010]. Auch für den Umgang mit Krankheitserregern innerhalb medizinischer Einrichtungen sind einschlägige Regelungen zu beachten, die sich aus der Biostoffverordnung ableiten (Technische Regeln für den Umgang mit biologischen Arbeitsstoffen – TRBA).

Entsorgung

Die Mitbehandlung von Körperflüssigkeiten mit sonstigem Schmutzwasser in einer biologischen Kläranlage ist in aller Regel technisch ohne weiteres möglich und führt nicht zu Betriebsstörungen.

9.4.3.2 Desinfektionswirkstoffe

Eine Beeinträchtigung der biologischen Stufe von Kläranlagen durch Desinfektionsmittel im Abwasser von Krankenhäusern ist in aller Regel nicht zu erwarten. Neuere Erkenntnisse aus dem Betrieb von biologischen Behandlungsanlagen an Krankenhäusern in Waldbröl und Gelsenkirchen lassen darauf schließen, dass der unvermeidliche Anteil an Desinfektionswirkstoffen im vermischten Krankenhausabwasser nicht zu negativen Effekten auf die Biozönose der biologischen Abwasserreinigung führt.

In Abstimmung mit den Entscheidungsträgern in der Hygienekommission des Krankenhauses sollten bei der Auswahl von Desinfektionsmittelwirkstoffen künftig Umweltbelange stärker berücksichtigt werden (Tabelle 5). Zentrales Kriterium für das Verhalten in kommunalen Kläranlagen ist die biologische Abbaubarkeit der eingesetzten Wirkstoffe. Um negative Auswirkungen auf das Gewässer zu vermeiden, sollte die Ökotoxizität zudem in der Kläranlagenpassage vollständig eliminiert werden. Die mögliche Anreicherung im Klärschlamm ist ebenfalls zu beachten.

Der übliche Entsorgungsweg gebrauchter, verdünnter Desinfektionsmittellösungen erfolgt über das Abwasser. Konzentrate sind grundsätzlich als Abfall zu entsorgen

Tabelle 5: Ökotoxikologische Daten einzelner Desinfektionswirkstoffe [Gartiser et al. 1999]

Wirkstoff	Abbaubarkeit	Toxische Grenzkonzentration
Isopropanol	84 %	> 1.000 mg/l
Formaldehyd	90 %	30 mg/l
Glyoxal	90 %	500 mg/l
Glutaraldehyd	74 %	90 – 130 mg/l
Peressigsäure	70 – 98 %	25 – 90 mg/l
Chloressigsäure	100 %	750 mg/l
o-Phenylphenol	84 %	16 mg/l
p-Chlor-m-Kresol	20 – 65 %	32 mg/l
Benzalkoniumchlorid	nicht bis schlecht abbaubar	8 mg/l (andere Mitteilung: 3 mg/l)

Tabelle 6: AOX-Konzentration im Patientenurin nach RKM-Gabe [Nottebrock 1997]

Patient	RKM-Gabe	AOX-Konzentration
A, 6 h	75 ml	13.000 (mg/l)
B, 6 h	160 ml	9.200 (mg/l)
C, 16 h	190 ml	9.900 (mg/l)
D, 16 h	120 ml	7.600 (mg/l)

und dürfen nicht ins Abwasser eingeleitet werden. Reste von Gebrauchslösungen dagegen können im allgemeinen als Abwasser entsorgt werden.

9.4.3.3 Röntgenkontrastmittel (RKM)

Bei den heute verwendeten Präparaten handelt es sich durchweg um organische Jodverbindungen. Grundgerüst ist die Triiodbenzoesäure, von der inzwischen durch die Substitution weiterer Bindungsstellen durch verschiedene Molekülgruppen eine Reihe von Derivaten synthetisiert wurden. Röntgenkontrastmittel sind nicht radioaktiv.

Die Verbindungen werden z. B. als Kurzinfusion intravenös verabreicht und hauptsächlich über die Nieren wieder ausgeschieden. Die Wirkstoffe werden wegen des Iodgehalts quantitativ als AOX angezeigt. Wegen der hohen Iodkonzentration in der Medikamentenlösung (100 – 500 g/l!) ist der Urin hoch AOX-belastet (Tabelle 6).

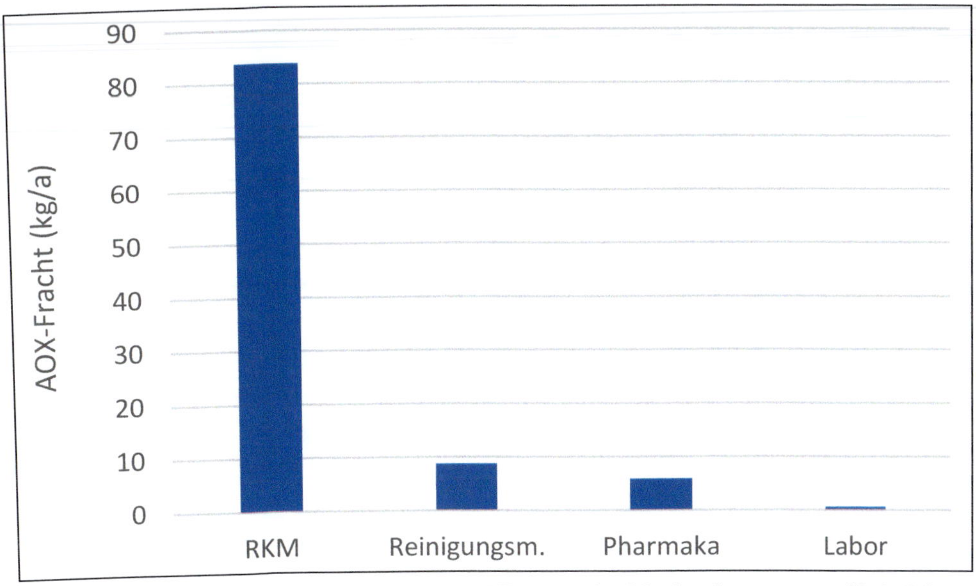

Bild 2: Verteilung der AOX-Fracht in einem Klinikum der Maximalversorgung [Schröder et al. 1999]

Die meisten Substanzen dieser Stoffgruppe sind in der Umwelt schwer bis nicht abbaubar. Dies zeigt sich regelmäßig bei allen Untersuchungsvorhaben zu Arzneimittelrückständen in kommunalen Kläranlagen, bei denen die RKM keine nennenswerte Elimination erfahren [Jekel und Ruhl 2016; Flöser 2015].

Die Bilanzierung des Kontrastmittelverbrauchs in einer großen kommunalen Klinik ergab rechnerisch eine mittlere AOX-Konzentration im Gesamtabwasser von 1,23 mg/l. Somit ist es nur schwer möglich, den in Abwassersatzungen üblicherweise festgelegten AOX-Grenzwert von 1 mg/l zu jedem Zeitpunkt sicher einzuhalten.

Die bisher vorliegenden Bilanzierungen haben übereinstimmend ergeben, dass die Kontrastmittel den weitaus größten Anteil am AOX im Krankenhausabwasser liefern; der Anteil wird auf ca. 80 – 90 % beziffert [Schröder et al. 1999; Hoffmann 2019] (Bild 2).

9.4.3.4 Arzneimittel

Humanpharmaka und deren Metabolite sind in Krankenhausabwasser in etwa zehnfach höherer Konzentration enthalten als in kommunalem Abwasser.

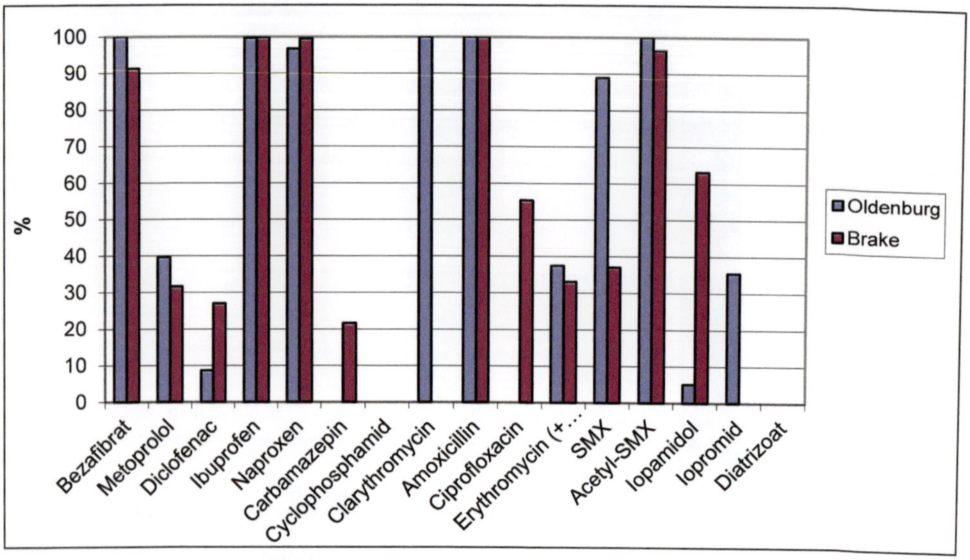

Bild 3: Eliminationsraten für Arzneiwirkstoffe [Flöser 2015]

In der seit Mitte der 90er Jahre geführten Fachdiskussion um Arzneimitteleinträge in die Umwelt und speziell in den Wasserkreislauf werden immer wieder auch Krankenhäuser als „Hot-Spots" der Arzneimittelemission genannt. Dies trifft insbesondere auf Medikamente zu, die ausschließlich parenteral an stationäre Patienten verabreicht werden, z. B. spezielle Antibiotika. Andererseits handelt es sich bei diesen Wirkstoffen nicht um diejenigen, die bei Untersuchungen regelmäßig in Oberflächengewässern gefunden werden und für die bei der ökotoxikologischen Bewertung – abhängig vom betrachteten Gewässereinzugsgebiet – ein PEC/PNEC-Verhältnis > 1 festgestellt wird und damit ein Risiko für die aquatische Umwelt nicht auszuschließen ist (u. a. Diclofenac, Carbamazepin, Sulfamethoxazol). Diese Wirkstoffe stammen nur zu einem kleinen Anteil aus der Anwendung in Krankenhäusern und zum weit überwiegenden Anteil aus der häuslichen Umgebung [Pinnekamp 2009; Emschergenossenschaft 2012; Flöser 2015; Jekel und Ruhl 2016].

Aufgrund der eingeschränkten Abbaubarkeit einiger Arzneimittelwirkstoffe (siehe Bild 3) finden sich diese sowie deren Metabolite inzwischen flächendeckend überall in abwasserbeeinflussten Oberflächengewässern. Folgende Konzentrationsbereiche lassen sich dabei größenordnungsmäßig feststellen:

- Krankenhausabwasser: bis 100 µg/l,
- Kläranlagenzulauf: bis 10 µg/l,
- Oberflächengewässer: bis 1 µg/l.

Bilanzierungen aus Verbrauchsdaten, Eliminationsraten, Abbaubarkeit etc. stellen fest, dass von den zum Zeitpunkt einer Studie verbrauchten 411 t/a Antibiotika in Deutschland etwa zwei Drittel bis drei Viertel in die Umwelt gelangen. Wiederum ein Drittel dieser Menge stammt aus den Krankenhäusern. Rein rechnerisch resultiert aus dem Verbrauch eine mittlere Wirkstoff-Konzentration von 66 µg/l im kommunalen Abwasser, was für einige Bakterienarten im Bereich der EC_{50} liegt, also durchaus unerwünschte Effekte erzielen kann. Insbesondere der Gefahr einer Entwicklung von Mehrfachresistenzen in diesem subletalen Konzentrationsbereich von Antibiotikawirkstoffen muss künftig verstärkte Aufmerksamkeit gelten.

Bewertungen und Maßnahmen

Ein großes Problem bei der öko- und humantoxikologischen Stoffbeurteilung ist die Tatsache, dass in der Regel nur Einzelstoffwirkungen erfasst werden und bekannt sind. Der Kontakt mit einem isolierten Einzelstoff ist aber im Arbeits- und Lebensumfeld die extreme Ausnahme. Einer Bewertung durch den Bund-Länder-Ausschuss „Chemikaliensicherheit“ zufolge ist davon auszugehen, dass insbesondere Sexualhormone, Antibiotika und Zytostatika ein Risiko für die Umwelt darstellen können [BLAC 2003]. Sofern für Anwendungen wie Waschmittel, Arzneimittel o. ä. umweltverträglichere Alternativen zur Verfügung stehen, sollten die als bedenklich erkannten Chemikalien deswegen nicht mehr verwendet werden.

Die in der Fachdiskussion gelegentlich vorgeschlagene und in Forschungsvorhaben untersuchte Möglichkeit der Behandlung von Krankenhausabwasser zur Vermeidung des Eintrags von Arzneiwirkstoffen und Röntgenkontrastmitteln in die aquatische Umwelt wird für nicht hinreichend effizient gehalten.

Daher erscheint die Nachbehandlung von Kläranlagenabläufen mit geeigneten technischen Methoden als die vielversprechendste Methode der Elimination von Pharmakaresten aus der Umwelt. Als Techniken wurden insbesondere die Ozonierung, die UV-Oxidation und die Aktivkohleadsorption diskutiert und untersucht. Dabei hat sich die Kombination von Ozonierung und Aktivkohleadsorption als die Methode herausgestellt, mit der das breiteste Spektrum von Wirkstoffen aus der Wasserphase entfernt werden kann.

Literatur

Bachon U. et al. (1987): Allgemeine Analyse der Küchenabwässer. Korrespondenz Abwasser 34, S. 1191 – 1196.

BLAC (2003): Arzneimittel in der Umwelt – Auswertung der Untersuchungsergebnisse. Institut für Hygiene und Umwelt der Hansestadt Hamburg (i. A. des Bund-Länder-Ausschusses für Chemikaliensicherheit BLAC), Hamburg.

DWA (2010): Abwasser aus Krankenhäusern und anderen medizinischen Einrichtungen. DWA-Merkblatt M 775. Deutsche Vereinigung für Wasserwirtschaft, Abwasser und Abfall e. V. (DWA), Hennef (zurückgezogen).

Emschergenossenschaft (2012): Pharmaceutical Input and Elimination from local Sources (PILLS). Final Report of the European Cooperation Project. Emschergenossenschaft, Essen.

Flöser, V. (1995): Abwasseranfall im Krankenhaus. Korrespondenz Abwasser 42 (1995), S. 2008 – 2018.

Flöser, V. (2015): Untersuchungen zur Relevanz von Krankenhausabwasser im Abwasserentsorgungsgebiet des OOWV. EU-Fördervorhaben DENEWA, Abschlussbericht, Hannover.

Flöser, V. (2016): Gutachten zur Einleitung von Flüssigkeiten aus einem Presscontainer an einer Uniklinik in die Grundstücksentwässerungsanlage. Ingenieurbüro Flöser, Hannover (unveröffentlicht).

Gartiser, S. und Brinker, L. (1995): Abwasserbelastende Stoffe und Abwassersituation in Kliniken. Forschungsbericht UBA-FB 95-075 im Auftrag des Umweltbundesamtes. UBA-Text 74/95, Berlin.

Gartiser, S.; Stiene, G.; Hartmann, A.; Zipperle, J. (1999): Umweltfreundliche Desinfektionsmittel im Krankenhausabwasser. Abschlussbericht F+E-Vorhaben 202 06 526 an das Umweltbundesamt.

Harpel, S. et al. (1994): Forderungen an die maschinelle Dekontamination von Geschirr unter hygienischen Gesichtspunkten sowie an eine geringe Belastung der Abwässer – ein Widerspruch? Zbl. Hyg. 195, S. 377 – 383.

Hoffmann, M. (2019): Abwasseruntersuchungen von AOX-Emissionen am Universitätsklinikum Jena. gwf Wasser | Abwasser.

IWW et al. (2018): Minderung des Eintrags von Röntgenkontrastmitteln im Einzugsgebiet der Ruhr – Phase 1. Abschlussbericht DBU-Fördervorhaben 33333/01-23. Mühlheim. IWW Rheinisch-Westfälisches Institut für Wasserforschung.

Jekel, M. und Ruhl, A. (2016): Anthropogene Spurenstoffe und Krankheitserreger im urbanen Wasserkreislauf – Bewertung, Barrieren und Risikokommunikation (ASKURIS). Schlussbericht zum Teilvorhaben ASKURIS innerhalb des BMBF-Fördervorhaben RISKWA. Universitätsverlag TU Berlin.

Kunz, P. und Frietsch, G. (1986): Mikrobizide Stoffe in biologischen Kläranlagen. Springer-Verlag, Berlin.

Nottebrock, D. (1997): Persönliche Mitteilung (unveröffentlicht). Klinikum Darmstadt.

Pinnekamp, J. (2009): Eliminierung von Spurenstoffen aus Krankenhausabwässern mit Membrantechnik und weitergehenden Behandlungsverfahren – Pilotprojekt Kreiskrankenhaus Waldbröl. F+E-Vorhaben für das MUNLV NRW. Institut für Siedlungswasserwirtschaft der RWTH Aachen, Abschlussbericht.

Raff, J.; Weil, L.; Hegemann, W. (1989): Versuche zum Verhalten mikrobizider Verbindungen in Kläranlagen – 3. Mitteilung: Formaldehyd. gwf Wasser | Abwasser 130, S. 392 – 397.

Sauerzapf, A. (1997): Schmutzwasser aus einer gewerblichen Großküche: Untersuchungen zur Minimierung der Belastung durch Fette und Öle. Diplomarbeit an der TFH Berlin, Berlin 1997 (unveröffentlicht).

Schröder, H.; Osterhorn, S.; Flöser, V. (1999): AOX im Krankenhausabwasser. Eine Studie zu Herkunft, Menge und Substitution. gwf Wasser | Abwasser 140, S. 20 – 26.

Stadt Langenhagen (1998): Ergebnisse von Routineuntersuchungen (unveröffentlicht).

10 Abwasser mit anorganischen Inhaltsstoffen

10.1 Definitionen

Matthias Kozariszczuk

Folgend soll eine Übersicht über die Branchen gegeben werden, deren Produktionsabwässer vor allem anorganisch belastet sind und zu deren Behandlung insbesondere chemische, physikalische und mechanische Verfahren zum Einsatz kommen. Der Abbau von organischen Verbindungen im Rahmen z. B. einer biologischen Behandlung ist für diese Abwässer in der Regel von untergeordneter Bedeutung.

In die Übersicht eingeschlossen sind Kreislauf- bzw. produktionsintegrierte Maßnahmen zur Vermeidung und Verminderung von Abwasseranfall, zur Regeneration von Prozesslösungen sowie zur Rückgewinnung von Wertstoffen. In Anlehnung an die Einteilung des statistischen Bundesamtes gehören hierzu folgende Industrien [Statistisches Bundesamt 2016]:

- Eisen- und Stahlwerke,
- Nichteisenmetallindustrie,
- Natronlauge-, Chlor- und Sodaherstellung,
- Galvanisierbetriebe,
- Photovoltaik,
- Druckereien,
- Mineralsäureherstellung,
- Düngemittel,
- Mineralfarben und Füllstoffe,
- Automobilindustrie,
- Batterieindustrie,
- Fotolabore,
- Steine und Erden,
- Keramische Industrie,
- Glasindustrie.

Das statistische Bundesamt weist für Unternehmen dieser Industrien, die insbesondere dem verarbeitenden Gewerbe sowie den Bereichen des Bergbaus und der Gewinnung von Steinen und Erden sowie der Grundstoff- und Prozessindustrien zuzurechnen sind, 13.219 Betriebe mit Wasseraufkommen aus. Das Wasseraufkommen dieser Unternehmen betrug im Jahr 2016 durch Eigengewinnung sowie Fremdbezug 14,4 Mrd. m^3. Der Abwasseranfall liegt aufgrund von

Kreislaufführung und damit verbundener Mehrfachnutzung sowie der überwiegenden Verwendung als Kühlwasser deutlich geringer. Das produktionsspezifische Abwasseraufkommen ohne Kühlwasser betrug in 2016 für alle Industrien in Deutschland 1,4 Mrd. m^3. Die wasserintensiven Betriebe der Grundstoff- und Prozessindustrien sind in der Mehrzahl Direkteinleiter, die des verarbeitenden Gewerbes in der Regel Indirekteinleiter.

Literatur

Statistisches Bundesamt (2016): Nichtöffentliche Wasserversorgung und nichtöffentliche Abwasserentsorgung. Fachserie 19 Reihe 2.2.

10.2 Eisen- und Stahlindustrie

Matthias Kozariszczuk

10.2.1 Kokserzeugung

In den hütteneigenen Kokereien wird Kohle unter Luftabschluss bei ca. 1.000 °C erhitzt, um die flüchtigen Bestandteile von der Kohle abzutrennen. Koks ist bislang ein unverzichtbarer Bestandteil für den Betrieb von Hochöfen, aus dem in Deutschland ca. zwei Drittel der jährlichen Stahlherstellung von in Summe 42,1 Mio. t resultieren [Wirtschaftsvereinigung Stahl 2017]. In den unterschiedlichen Prozessstufen, z. B. für die Gasreinigung des Koksgases, die Abdichtung der Anlagentechnik, das Nasslöschen des Kokses sowie die Aufbereitung der Nebenprodukte wie Teer, Benzol oder Ammoniak, fallen Prozesswässer an. Die Aufbereitung und die Verwertung der Nebenprodukte und des Koksgases sind für den wirtschaftlichen Betrieb einer Kokerei unerlässlich.

Im Rahmen des Nasslöschens werden z. B. nach dem CSQ-Verfahren (Coke Stabilisation Quencing) ca. 2 m^3 Wasser pro Tonne Koks eingesetzt. Der überwiegende Teil des Löschwassers wird über Absetzbecken rezirkuliert [BVT 2012], während ein Teil verdampft.

Die anfallenden komplexen Prozesswässer enthalten u. a. Kohlenwasserstoffe, Cyanid- und Stickstoffverbindungen. Weit verbreitet ist die biologische Behandlung der Prozesswässer, in der die Stufen Denitrifikation, Nitrifikation sowie aerobe CSB-Elimination kombiniert werden. Mit Hilfe dieser Verfahrenskombination wird die Qualität des Prozesswassers der Kokerei soweit verbessert, dass eine direkte Ableitung erfolgen kann. Für die Sicherung der Prozesswasserqualität sowie zur Überwachung und Steuerung der Behandlungsanlagen werden Online-Messverfahren eingesetzt.

10.2.2 Roheisenerzeugung

In Deutschland fallen bei der Roheisengewinnung pro Tonne Eisen wichtige Nebenprodukte an, unter anderem durchschnittlich 0,25 t Schlacke und durchschnittlich 1.400 Nm^3 Gichtgas [Stahlinstitut VDEh (o. D.)]. Für die Aufbereitung der beiden Nebenprodukte des Hochofens wird Prozesswasser eingesetzt. Die Schlacke besteht im Wesentlichen aus Kieselsäure, Tonerde, Calcium- und Magnesiumoxid. Sie wird nahezu vollständig zu Schotter, Split, Steinen, Hüttensand, Hüttenbims und faserigen Produkten verarbeitet. Der Prozesswassereinsatz erfolgt in der Schlackengranulation bei der Gewinnung von Hüttensand z. B. nach dem INBA-Prozess [BVT 2012]. Flüssige Hochofenschlacke wird bei Temperaturen zwischen 1.350 und 1.600 °C in einen Strahl stark bewegten Wassers eingeleitet. Dabei zerreißt sie zu blasigem, scharfkantigem Sand, der zum Teil Luft- oder Gaseinschlüsse hat. Die eingesetzte Wassermenge wird nach Abtrennen des Sandes und Abkühlen in einem Schlammabscheidungsbecken wieder in den Kreislauf geführt. Das Granulationswasser reagiert alkalisch und enthält geringe Mengen an Sulfiden. Kleine Teile davon werden ständig abgeschlämmt und eventuell nochmals zum Kokslöschen verwendet. Wasserverluste aus der Verschleppung werden aus qualitativ besserem Wasser anderer Kreisläufe der Hütte, z. B. aus Kühlkreisläufen, ersetzt.

Ein wichtiger Wasserkreislauf im Hochofenprozess wird zur Nasswäsche des Gichtgases eingesetzt, das mit ca. 20 Nm^3/t Roheisen anfällt. Es weist einen Staubgehalt von 10 – 60 g/Nm^3 auf. Durch die Nass-Reinigung des Gichtgases, die auch trocken erfolgen kann, sind der hohe Wärmegehalt sowie der Heizwert nach Mischung mit anderen Brenngasen in den Winderhitzern nutzbar. In diesen wird Luft auf ca. 1.300 °C zu Heißwind erwärmt und anschließend in den Hochofen eingeblasen.

In das Gaswaschwasser werden neben Staubpartikeln ebenso gasförmiges Dicyan oder Alkalicyanid sowie organische Komponenten wie Phenol, Naphthalin und weitere eingetragen, die in der Kreislaufführung anschließend entfernt werden. Die Bildung cyanidhaltiger Verbindungen z. B. als gelöstes Cyanid oder Schwermetallcyanokomplex ist mit dem Betrieb des Hochofens verbunden und tritt insbesondere bei produktionsbedingten Änderungen in der Fahrweise auf. Die Behandlung des cyanidhaltigen Gaswaschwassers erfolgt durch eines der folgenden Verfahren: Strippen, Oxidation, biologischer Abbau, Komplexierung. Die am häufigsten verwendeten Verfahren sind die Wandlung des Cyanids mit Hilfe von Formaldehyd zu Glykonitril und anschließender Oxidation z. B. mittels Wasserstoffperoxid sowie der biologische Abbau des Cyanids. In das Gaswaschwasser eingetragene Staubpartikel werden unter Zugabe von Flockungshilfsmitteln in Rundklärbecken separiert.

Zur Vermeidung von Korrosion wird der pH Wert des im Kreis geführten Gaswaschwassers überwacht und ggf. korrigiert. Verdunstungsverluste werden durch Frischwasser ausgeglichen, das ebenso für die Absalzung des Gaswaschwasserkreislaufs eingesetzt wird. Über die beschriebenen Maßnahmen können die eingetragenen Verunreinigungen soweit verringert werden, dass die direkte Ableitung eines Teilstroms des behandelten Gaswaschwassers erfolgen kann.

10.2.3 Stahlherstellung

Die Stahlherstellung erfolgt überwiegend auf Basis der Hochofenroute sowie über den Elektroofen (Bild 1). Das aus dem Hochofen resultierende Roheisen weist hohe Gehalte an Kohlenstoff, Silicium, Phosphor und Schwefel auf, die durch Oxidation entfernt werden. Das geschieht in Konvertern unter Einsatz von Sauerstoff, Kalk und Schrott. Während des Sauerstoffblasens entsteht als wichtiges Nebenprodukt Konvertergas, das insbesondere staubbelastet ist. Ein weiteres Nebenprodukt ist die Stahlwerksschlacke, in die oxydisch Silizium, Mangan, Phosphor und Schwefel eingebunden sind [Senk und Hüttenmeister 2012].

Die Reinigung des Konvertergases kann über trockene Verfahren oder unter Einsatz einer Nasswäsche erfolgen, bei der insbesondere partikelhaltiges Prozesswasser anfällt. Mit Hilfe der Nasswäsche können sicher Staubgehalte zwischen 15 und 50 mg/Nm³ sowie in Teilen unter 10 mg/Nm³ erreicht werden. Die in das Waschwasser eingetragenen abfiltrierbaren Stoffe, z. B. Eisen- und Manganoxide sowie Schwefel- und Phosphorverbindungen, werden über Sedimentationsbecken oder Hydrozyklone und nachfolgende kontinuierliche bzw. diskontinuierlich betriebene Sandfilter entfernt. Aufgrund der Partikelgrößen bis zu minimal ca. 0,2 µm werden in den Abtrennverfahren überwiegend Flockungshilfsmittel eingesetzt. Ein Teil des Kreislaufwassers wird aufgrund des Eintrags wasserlöslicher Salze abgeschlämmt und der pH-Wert bei Rückführung des Kreislaufwassers ggf. eingestellt.

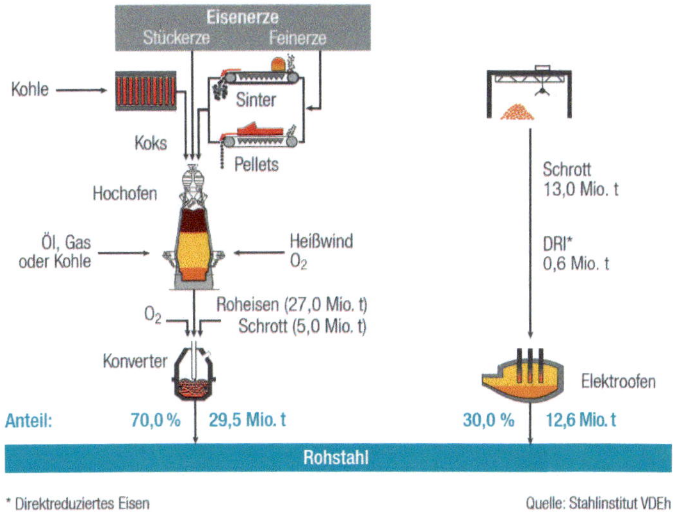

Bild 1: Darstellung der Stahlherstellung auf Basis der Hochofenroute sowie über den Elektroofen [Wirtschaftsvereinigung Stahl 2017]

Neben der Hochofenroute wird im Elektrostahlwerk der Stahl aus Stahlschrott, Roheisen und ggf. Eisenschwamm erschmolzen. Im Elektrolichtbogenofen erfolgt die Reinigung der entstehenden Primär- und Sekundärgase hauptsächlich mit Hilfe trockener Entstaubungsverfahren, so dass ein Wassereinsatz insbesondere zur Anlagenkühlung eingesetzt und im Kreislauf gefahren wird.

Der über die Hochofen- sowie die Elektroofenroute erschmolzene Stahl wird in nachfolgenden Verfahren metallurgisch weiter behandelt. Im Rahmen dieser Sekundärmetallurgie werden u. a. die gewünschte Legierung und die Reinheit des Stahls gezielt eingestellt, dieser vor dem Abgießen nochmals homogenisiert und die Temperatur korrigiert. Während der Sekundärmetallurgie können über eine Vakuumbehandlung des Stahls Bestandteile wie Sauerstoff, Kohlenstoff, Stickstoff oder Wasserstoff entfernt werden. Das entstehende Abgas bzw. die Abluft wird analog zum Konverterprozess trocken oder über eine Nasswäsche gereinigt. Entstehendes Gaswaschwasser wird über eine Partikelabtrennung mittels z. B. Sedimentationsbecken und anschließender Sandfiltration im Kreislauf geführt. Der bzgl. Qualität und Zusammensetzung final eingestellte Stahl wird im Anschluss meist kontinuierlich im Stranggießverfahren abgegossen. So hergestellte Blöcke, Brammen, Dünnbrammen, Bänder und Stranggussteile gelangen zur Weiterverarbeitung in die Warmwalzwerke, Schmieden und Gießereien. Während des Stranggießens fällt Prozesswasser an, welches aufgrund des Produktkontaktes überwiegend partikelbeladen ist. Daneben können über die Rollenschmierung in der Stranggussanlage ebenso in geringen Mengen Öle bzw. Fette in das Kühlwasser eingetragen werden, deren Abtrennung in Absetzbecken über Skimmer bzw. in nachfolgenden Kies- und Sandfiltern mit den eingetragenen Partikeln erfolgt.

10.2.4 Stahlumformung

Die erste Umformung zu Grobblechen, Warmband, Profilen, Draht und Stäben erfolgt im Warmwalzwerk. Wasser wird im Wesentlichen als Kühlwasser sowohl zur Produkt- als auch zur Anlagenkühlung sowie in der Hochdruckentzunderung vor dem Warmwalzen eingesetzt. Für die Produktkühlung werden in das Kühlwasser von der oxidierten Stahloberfläche zwischen 15 – 40 kg Walzzunder/Tonne Walzstahl, Staub, Fette aus Walzgerüstschmierungen sowie Öle aus Hydrauliköl-Leckagen (in Summe bis zu 0,3 kg/Tonne Walzstahl) eingetragen [BMU 2004]. Der Grobzunder scheidet sich bereits in der Sinterrinne unter den Walzgerüsten sowie im Sinterbrunnen ab. In überwiegend eingesetzten Längsbecken erfolgt die Abtrennung des Zunders mittels Sedimentation und des Öls mit Hilfe von Skimmern. Nach den Längsbecken enthält das Kühlwasser Zunder- und Staubpartikel mit einer Größe kleiner ca. 100 µm. Im Rahmen der Kreislaufführung werden diese Partikel und das verbleibende Öl in Kies- und Sandfiltern aber auch mit Hilfe alternativer Verfahren wie Spaltfiltration, Flotation oder Magnetabscheidung abgetrennt. Verbleibendes Öl oder Fett haftet in der Regel am Zunder und wird mit diesem aus dem Kreislauf entfernt.

In der Kaltumformung wird der warmgewalzte Stahl auf das Endmaß weiterverarbeitet. Vor der Kaltumformung müssen Zunderrückstände auf der Stahloberfläche sowie Grenzschichten mit abweichender Materialzusammensetzung entfernt werden, um die Anforderungen der Oberflächenqualität zu erfüllen. Das kann durch mechanische Verfahren wie Schleifen oder Schälen oder chemisch unter Einsatz anorganischer Säuren erfolgen. Für die Oberflächenbehandlung unlegierter Stähle werden insbesondere Salz- oder Schwefelsäure eingesetzt. Für nichtrostende Stähle muss aufgrund der chemischen Beständigkeit der auf der Oberfläche vorhandenen Oxyde (Zunder) eine Mischung aus Salpeter- und Flusssäure bzw. Salz- oder Schwefelsäure mit oxidativen Zusätzen eingesetzt werden. Dabei fallen verbrauchte Säuren an, die entweder vollständig über thermische Verfahren oder teilweise durch Rückgewinnung der freien Säure mittels z. B. Retardation zurückgewonnen werden können. Anfallende saure Spülwässer werden durch Neutralisationsfällung und Feststoffabtrennung behandelt oder können über den Einsatz z. B. der Nanofiltration teilweise regeneriert werden [Rituper 1993].

Auf die Anwendung salzhaltiger reduzierender Schmelzen auf Basis von Natriumhydrid/Natriumhydroxid kann im Rahmen der Vorbehandlung weitestgehend verzichtet werden, sie finden nur noch in Teilen z. B. bei der Oberflächenbehandlung von Drahtcoils Anwendung.

Neben den Prozesswässern der Oberflächenbehandlung fallen bei der Kaltumformung sowie beim Ziehen von Drähten und Profilen als auch beim Schälen Emulsionen an, die in Teilen abgeschlämmt werden. Für große Kaltbandwerke werden zur Aufbereitung verbrauchter Emulsionen sowie der verbundenen Spülwässer Emulsionsspaltanlagen betrieben. Unter Einsatz organischer bzw. anorganischer Spalter werden die Tenside der Emulsion zerstört und diese in eine Öl- und Wasserphase aufgetrennt. Dies kann ebenso mittels thermischer Spaltung erfolgen. Die entstehende Ölphase wird in der Regel thermisch verwertet, während das komplexe Emulsionsspaltwasser aufwändig z. B. mittels biologischer, oxidativer oder thermischer Verfahren behandelt werden muss.

10.2.5 Gießereien

Abwässer beim Gießen entstehen im Wesentlichen durch Abgaswäschen sowie durch die Kühlung der Anlagentechnik und des Produktes. Beim Betrieb von Schachtöfen werden Gichtgase gebildet, die denen der Hochöfen bzw. Stahlwerke ähnlich sind. Sie enthalten Staub von 1 – 100 g/Nm^3, der aus Kieselsäure, Eisenoxiden und Calciumoxid besteht. Weiterhin liegen gelöste Komponenten der

Gase Kohlenmonoxid, Schwefeldioxid, Fluor und Stickoxid vor. Bei Einsatz von Elektroöfen liegen die Staubmengen nur bis 1,5 g/Nm^3. Durch Einschmelzen von Schrott enthält das Abgas weitere Stoffe, wie Salzsäure, Ruß und organische Zersetzungsprodukte. Die Abluft und somit die Gaswaschwässer von Gießereien enthalten zudem die Stäube, die aus dem Einsatz von Gießformen resultieren. Durch Bindemittel der Sandformen können in den Gaswaschwässern Phenol, Ammoniak, Amine, Cyanid und andere Stoffe enthalten sein. Bei ständiger Abtrennung der leicht sedimentierbaren Stoffe in Absetzanlagen wird das Gaswaschwasser im Kreislauf geführt und in Anteilen abgeschlämmt. Meist wird das abgeschlämmte Abwasser in zentralen Anlagen der Werke mit dem Gesamtabwasser nochmals behandelt. Während der Durchführung des Druckgusses entsteht ein Prozesswasserstrom in dem u. a. organische Verbindungen wie Phenol oder Öl enthalten sind, die bei der Kreislaufführung bzw. vor der Entsorgung abgetrennt werden müssen [BVT 2004].

Literatur

BMU (2004): Hinweise und Erläuterungen zu Anhang 29 der Abwasserverordnung (AbwV) – Eisen- und Stahlerzeugung, zuletzt geändert 2014.

BVT (2004): Merkblatt über die Besten Verfügbaren Techniken für Schmieden und Gießereien.

BVT (2012): Merkblatt über die Besten Verfügbare Techniken in der Eisen- und Stahlerzeugung nach der Industrie-Emissionen-Richtlinie 2010/75/EU.

Rituper, R. (1993): Beizen von Metallen. Schriftenreihe Galvanotechnik.

Senk, D. G. und Hüttenmeister, D. (2012): Stahl und Schlacke – Ein Bund fürs Leben. Schlacken aus der Metallurgie. Heußen, M. und Motz, H. (Hrsg.) Ressourceneffizienz und Stand der Technik, Bald 2. 2. Symposium Schlacken aus der Metallurgie. Meitingen, Oktober 2012, S. 69 – 74.

Stahlinstitut VDEh (o. D.): Roheisen- und Rohstahlerzeugung. https://www.stahl-online.de/index.php/themen/stahltechnologie/stahlerzeugung/ (abgerufen am 04.06.2019).

Wirtschaftsvereinigung Stahl (2017): Fakten zur Stahlindustrie in Deutschland 2017. S. 4.

10.3 Nichteisenmetallindustrie

Matthias Kozariszczuk

Die Gewinnung und Verarbeitung von Nichteisenmetallen umfasst hauptsächlich die Metalle Kupfer, Aluminium, Blei, Zink, Zinn, Ferro-Legierungen sowie Nickel und Kobalt. Die Anreicherung der Erze als Primärrohstoff erfolgt in der Regel direkt am Gewinnungsort, für Kupferkonzentrate werden so 25 – 35 % Kupferkonzentration erreicht. Die Erze werden durch Zerkleinerung, Abtrennung mittels Sedimentation und Flotation zu Konzentraten aufbereitet. Hierbei verwendete Prozesswässer, die zum Teil trennungsfördernde Wasserchemikalien (Schäumer, Sammler, Reagenzien) enthalten, werden im Kreislauf geführt. Das Ausschleusen dieser Prozesswässer erfolgt nach der Behandlung in Absetzbecken oder Absetzteichen. Durch Einsatz von Flockungshilfsmitteln lässt sich die Sedimentation von noch vorhandenem Nebengestein sowie Erzresten vielfach beschleunigen. Das hierzu benutzte Wasser wird in größeren Mengen den anfallenden, sonst ungenutzten Grubenwässern, entnommen.

Die weitere Verarbeitung der NE-Metallkonzentrate erfolgt mittels Hydro- bzw. Pyrometallurgie. Die im Rahmen der Pyrometallurgie anfallenden Prozesswässer aus den Produktionsschritten Rösten/Sintern, Schmelzen, thermische Weiterbehandlung sind denen vergleichbar, die bei der Eisen- und Stahlproduktion anfallen. Es werden unlösliche anorganische Inhaltsstoffe z. B. Stäube sowie wasserlösliche Gase/Salze in das jeweils eingesetzte Prozesswasser eingetragen. Die Stoffe resultieren aus dem direkten Kontakt mit dem Sekundärrohstoff oder Hilfsmitteln wie Gießpulver oder Trennmitteln aus Gießformen. Wesentliche Anfallstellen sind Gaswaschwässer oder Prozesswasser der Schlackengranulation. Im Rahmen der Produktion von Aluminium werden für die Nasswäsche z. B. 0,3 m^3 Prozesswasser/t Al angegeben [Cusano et al.]. Als Gaswaschanlagen fungieren auch die z. B. bei der Kupferproduktion eingesetzten Anlagen zur Schwefelsäuregewinnung, die das Schwefeldioxid, dass beim Rösten der sulfidischen Erze anfällt, zu Schwefelsäure aufarbeiten. Daneben fallen in diesen Prozessschritten Kühlwässer an, die im Rahmen der Kreislaufführung teilweise abgeschlämmt werden, um den Sollwert für die Leitfähigkeit einzuhalten.

In weiteren Verfahrensschritten werden die NE-Metalle durch Anwendung elektrolytischer Verfahren weiter aufkonzentriert. Die in diesen hydrometallurgischen Verfahrensschritten entstehenden Prozesswässer werden in der Regel im Kreislauf geführt bzw. vor Ableitung in einer Neutralisations- und Fällungsstufe behandelt. Zur Abwasservermeidung werden in den BREF der NE-Metallindustrie unterschiedlichste Ansätze wie die Nutzung von Dampfkondensaten, der Wiederverwendung von Elektrolyseablässen oder der Verwendung von gebrauchtem

Tabelle 1: Übersicht der Abwasserströme und möglicher Aufbereitungs- und Minimierungstechniken [Cusano et al.]

Abwasserquelle	Prozess	Aufbereitungsansatz	Behandlungsmethode
Prozesswasser	Aluminiumoxidherstellung Aufbereitung von Bleibatterien Beizprozess	Rückführung in den Produktionsprozess soweit möglich	Neutralisation und Fällung Elektrolyse
Indirektkühlung mit Wasser	Ofenkühlung Kühlung des Elektrolyts bei der Zinkherstellung	Verwendung geschlossener Kühlung Überwachung zur Leckerkennung	Verwendung von Wasserchemikalien mit geringerem Umwelteinfluss
Direktkühlung mit Wasser	Kupfer-, Aluminium- und Blei-Gießen Kohlenstoffelektroden Ferro-Legierungen Chromerzeugung	Absetzbecken oder vergleichbare Behandlung-Installation geschlossener Kühlkreisläufe	Sedimentation Fällung wenn notwendig
Schlackengranulation	Kupfer-, Aluminium- und Bleiherstellung Ferro-Legierungen	Wiederverwendung in geschlossenen Systemen	Sedimentation Fällung wenn notwendig
Elektrolyse	Kupfer-, Zink-, Magnesium- und Nickelherstellung	Regeneration des Elektrolyten. Verwendung geschlossener Systeme.	Neutralisation und Fällung
Hydrometallurgie (Abschlämmwasser)	Zink- und Bleiherstellung	Verwendung geschlossener Systeme. Behandlung des Abschlämmwassers	Sedimentation Fällung wenn notwendig
Verringerung des Abschlämmwassers	Nasswäscher für Abgase sowie Beizanlagen	Behandlung des Abschlämmwassers Wiedereinsatz der schwachen Säure	Sedimentation Fällung wenn notwendig
Oberflächenwasser	Alle Prozesse	Reinigungsplätze, Straßen Lagerplatz Vormaterial	Sedimentation Fällung wenn notwendig

Elektrolyt als Laugungsmittel vorgeschlagen. Weitere Ansätze sind in Tabelle 1 aufgeführt [Cusano et al.].

Die nachfolgenden Schritte des Gießens, der Umformung und der Oberflächenbehandlung mittels anorganischer Säuren sind vergleichbar mit denen der Stahlproduktion. Eingesetzte Prozesswässer werden in der Regel im Kreislauf geführt und vor direkter bzw. indirekter Ableitung behandelt. Hier werden gelöste Komponenten wie Metalle bzw. Salze sowie ungelöste Komponenten wie Oxide, Abrieb bzw. eingetragener Staub abgetrennt. Die Behandlungsverfahren dieser anfallenden Prozesswässer wurden in vorangegangenen Kapiteln beschrieben.

In Abhängigkeit der jeweiligen Behandlungsanforderung z. B. von Teilströmen sind besondere Verfahrensbedingungen wählbar. So kann für die Schwermetallfällung z. B. Natriumsulfid eingesetzt werden, dass im Anschluss wieder geröstet und die entstehenden Röstgase der Schwefelsäurefabrik zugeleitet werden können. Weiterhin werden entwässerte Schlämme aus Sedimentationsstufen, z. B. aus Umschmelz-, Halbzeugwerken oder Gießereien in die NE-Hütte zur Aufarbeitung rückgeführt. Außerdem fallen beispielhaft im Rahmen der elektrolytischen Gewinnung von Aluminium Gaswaschwässer an, die fluoridhaltig sind. Das Fluorid wird als Calciumfluorid gefällt oder als Aluminiumfluorid zurückgewonnen und zu Kryolith umgearbeitet.

Literatur

Cusano, G.; Gonzalo, M. R.; Farrell, F.; Remus, R.; Roudier, S.; Delgado Sancho, L. (2017): Best Available Techniques (BAT) Reference Document for the Non-Ferrous Metals Industries, EUR 28648 EN, doi: 10.2760/8224.

10.4 Galvanisierung

Rüdiger Miller

10.4.1 Galvanisierbetriebe

10.4.1.1 Allgemeines

Die Galvano- oder Oberflächentechnik umfasst die Beschichtung von Oberflächen mit Metallen mit dem Ziel, Produkte zu schützen (z. B. gegen Korrosion), ein optisches Design zu erzeugen (z. B. glänzende, matte, farbige Oberflächen) oder um eine höhere Funktionalität zu erzielen (z. B. Lötbarkeit, Verschleißschutz).

Die Art der Oberflächenbeschichtung oder Oberflächenveredelung durch angewandte Galvanotechnik basiert im Regelfall auf der Wirkung des elektrischen, meist gleichgerichteten Stroms und dessen physikalischer Eigenschaft, Salzlösungen durch Elektrolyse in seine Bestandteile zerlegen zu können.

Zudem sind Verfahren zur Metallabscheidung ohne äußere Stromquelle im Einsatz. Dazu gehören Reduktionsverfahren, Tauchverfahren oder Kontaktverfahren. Beispiele sind das chemisch-reduktive Vernickeln oder Verkupfern, Sudverkupfern, Tauchversilberung oder Zinkatbeizen für Aluminium.

Das Umweltbundesamt definiert die Arbeitsbereiche der Oberflächenbeschichtung wie folgt [Umweltbundesamt 2013]:

„Die Branche Oberflächentechnik ist in Deutschland ein erheblicher wirtschaftlicher Faktor. Sie gilt als Schlüsseltechnik für viele andere Industriebereiche (z. B. Elektro- u. Automobilindustrie). Mehr als 2.000 galvanotechnische Betriebe, Zulieferer und Dienstleistungsunternehmen mit ca. 100.000 Beschäftigten erwirtschaften einen Jahresumsatz von ca. 5 bis 6 Mrd. €. Ökonomen schätzen, dass die galvanische Oberflächenveredelung allein in Deutschland jährlich Korrosions- und Verschleißschäden in Höhe von 150 Mrd. € verhindert.

Die Arbeitsprozesse in der Galvanik wurden weiterentwickelt und den Anforderungen unserer Zeit angepasst. Energiesparende Automaten, weitgehend geschlossene Wasserkreisläufe, sorgfältige Reinigung des Restabwassers und Rückgewinnung von Wertstoffen aus Abfällen sind heute Stand der Technik. In der überwiegend mittelständisch geprägten Branche findet man Betriebe mit durchschnittlich 10 – 80 Beschäftigten. Sie betreiben Anlagen unterschiedlichster Größenordnung. Wirkbadvolumina, beginnend mit wenigen Litern in der Edel-

metallbeschichtung bis hin zu Einheiten mit 500 m³ und mehr bei Autozulieferern oder in der Luftfahrtindustrie, sind im Einsatz“ [Umweltbundesamt 2013].

Die Galvanotechnik hat sich zu einer Schlüsseltechnologie mit hohen Umweltstandards und starker Innovationskraft entwickelt. Verfahren wie der Einsatz von CKW/FCKW, metallischem Quecksilber beim Verquicken oder dem Cadmieren (Oberflächenbeschichtung durch Cadmium) sowie der Einsatz von Chrom-(VI)-Verbindungen sind durch die Gesetzgebung stark eingeschränkt oder verboten worden. Detergenzienverordnung, REACH mit Substances of Very High Concern (SVHC), Persistent Organic Pollutants (POP), very Persistent and very Bioaccumulating (vPvB), Substances that are persistent, bioaccumulative and toxic; (PBT) u. v. a. m. stellen die Branche ständig vor neue Herausforderungen und werden bzgl. der Aufnahme mancher Stoffe (exemplarisch sei Borsäure genannt) äußerst kontrovers diskutiert. Stoffe, welche in die SVHC-Liste REACH (Annex XIV) aufgenommen worden sind, durchlaufen zunächst Prüfverfahren, bevor ihre spezifische Verwendung durch Zulassungsverfahren eingeschränkt oder die Verwendung verboten wird. Neue Beschichtungen, wie Dispersionsschichten oder Schichten mit ganz spezifischen Eigenschaften, werden entwickelt. Gefährliche oder problematische, beschränkte Stoffe werden verstärkt substituiert. Die Verwendung verschiedener Ein- und Zusatzstoffe wird von Formulierern festgelegt, Ergebnisse daraus sind i. d. R. nicht öffentlich zugänglich (Sicherheitsdatenblätter). Es gibt jedoch innovative Unternehmen, die offensiv und engagiert kritisch mit der Chemikalienpolitik umgehen, den Einsatz von Problemstoffen offen benennen und intensiv an Alternativen arbeiten [Schlötter o. D.].

Borsäure z.B., welche seit 2010 als SVHC gelistet wurde, hat Eigenschaften, die nur schwer durch andere Stoffe substituierbar sind [Standera 2013].

Neuentwicklungen und permanent steigende Anforderungen der Kunden an Oberflächen führten mittlerweile zu einer Vielfalt an unterschiedlichsten Elektrolyten, Legierungsbädern, Farb-, und Optikeffekten. Im Bereich der peripheren Verfahren, von der Vorbehandlung bis zur Entmetallisierung, hat sich eine Vielfalt entwickelt, die nicht mehr wie gewohnt abbildbar und einfach zu strukturieren ist. Eine vereinfachte Übersicht gibt die Tabelle 1 [Miller 2019].

10.4.2 Galvanisierverfahren

10.4.2.1 Vorbehandlung

Die Haltbarkeit galvanisierter Oberflächenbeschichtungen wird maßgeblich von deren Haftfähigkeit auf dem Grundmaterial beeinflusst. Daher spielt die Vorbehandlung im Sinne einer Reinigung der Oberfläche zu beschichtender Werkstücke, eine maßgebliche Rolle. Zudem werden oberflächenverändernde mechanische Vorbehandlungen angewandt (z. B. Schleifen, Bürsten, Polieren), die Verunreinigungen entfernen können (z. B. Zunder) oder gerade zu diesen führen (z. B. Polierpastenrückstände).

Störende Verunreinigungen wie Öle, Fette, Oxide, Salze, Staub, Lacke oder gar Silikone, bzw. alle Stoffe, die die galvanische Schicht stören oder deren Haftung beeinträchtigen könnten, müssen komplett entfernt werden. Dafür werden, auch abhängig vom Grundmaterial des Werkstücks und von der Art der Verschmutzung, verschiedenste Verfahren eingesetzt, wobei man neuerdings versucht, Verschmutzungen (z. B. durch Öl, Fett) zu vermeiden.

Während bis in die 90er Jahre chlorierte Kohlenwasserstoffe (z. B. Tri-, Perchlorethylen) frühere Entfettungsmittel mit hohem Gefahrenpotenzial, wie entzündbare Alkane, Benzine ersetzten, werden heute umweltschonendere wässrige Systeme (Abkoch-, oder auch elektrolytische Entfettungen ...) eingesetzt.

Zudem bedient man sich, z. T. in Kombination, auch zunehmend mechanischer Techniken, welche die Reinigungsleistung deutlich erhöhen (Ultraschall, Vibration, gepulste Sprühverfahren ...).

Daneben sind spezielle Verfahren für die Vorbehandlung von bestimmten Materialien wie Zinkdruckguss, Edelstahl, Magnesium, Messing, Bronze u. v. a. m. im Einsatz. Laserverfahren können mittlerweile nasschemische Reinigungsverfahren ersetzen, wobei bei Lasereinsatz Stäube und Rauche entstehen, die wiederum aufwendig erfasst und abgereinigt werden müssen.

Ein wesentlicher Schritt, der mit zu den Vorbehandlungsverfahren gehört, ist die Herstellung der Leitfähigkeit bei nicht leitfähigen Materialien. Diese kann durch sogenannte Leitlacke, Graphitaufbringung (selbst leitend) hergestellt oder im Fall von Kunststoffen, durch spezielle Beizen, die z. T. auch für den Metall-/Substratverbund sorgen, vorbereitet, werden.

Manche Verfahren sind, je nach zu behandelndem Werkstoff, mit Gefahrenpotenzialen verbunden (giftig, entzündlich, explosibel ...). Alternativ wird beispielsweise beim Elektropolieren mit sogenannten ionischen Flüssigkeiten (RTILs) oder tief eutektisch schmelzende Lösungen geforscht [Böck, 2013].

Eine Übersicht über wichtige Vorbehandlungsverfahren gibt Bild 1.

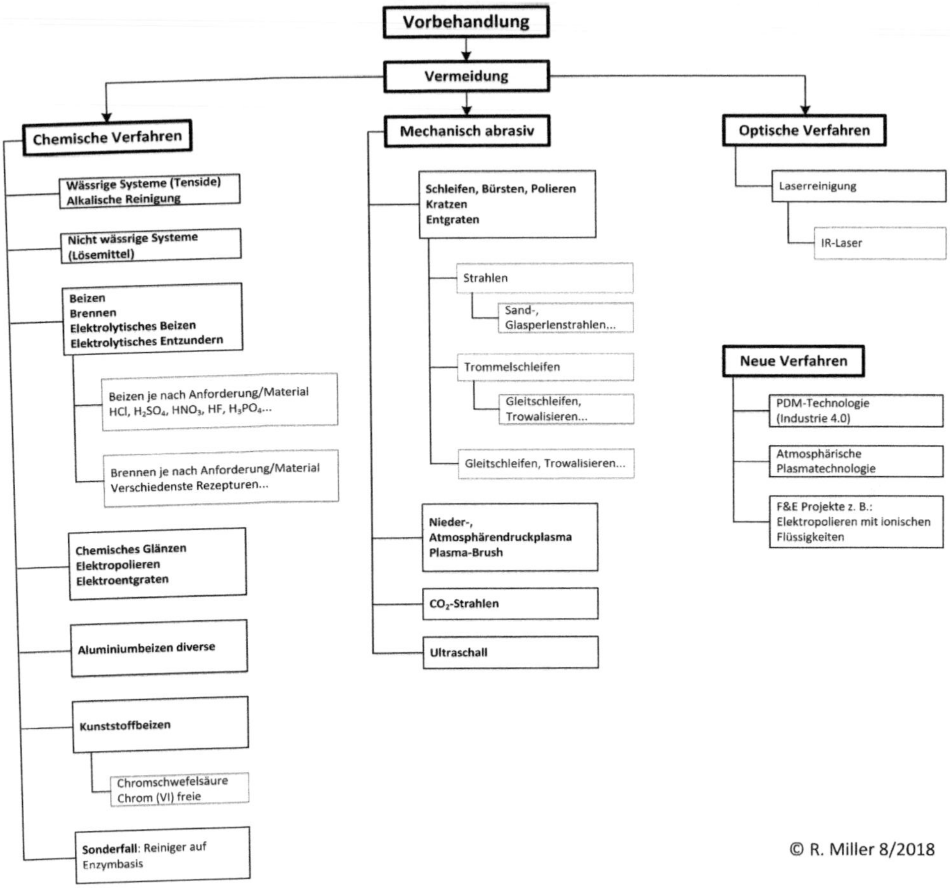

Bild 1: Übersicht über verschiedene Vorbehandlungsverfahren

10.4.2.2 Galvanisieren

Leitfähigkeit vorausgesetzt, können gewünschte Metallschichten oder auch Metalllegierungen, elektrolytisch auf den Werkstücken abgeschieden werden. Hierbei kommen unabhängig vom abzuscheidenden Metall, alkalische, neutrale oder saure Elektrolyte zum Einsatz. Mit unterschiedlichsten Schichtfolgen, Metall- oder Legierungsschichten als Basisschichtaufbau, lassen sich Duktilität, Verschleiß, Glanz, Sprödigkeit, Abriebfestigkeit u. v. a. m. zum Teil erheblich beeinflussen. Daher kommen heutzutage unterschiedlichste Rezepturen zum Einsatz, um speziellen Anforderungen, insbesondere im technisch und/oder dekorativen Bereich, genügen zu können.

Goldelektrolyte werden beispielsweise in Kombination mit Kobalt, Kupfer, Nickel, Cadmium, Palladium, Indium, Phosphor als Legierungsbestandteile zugesetzt [Willing 2013]. In alkalischen Goldelektrolyten werden häufig Cyanide eingesetzt. Andere Goldelektrolyte arbeiten in Kombination mit organischen Komplexbildnern im sauren bis neutralem Milieu.

Saure Kupferelektrolyte zeigen bereits eine Vielzahl an organischen Komponenten, die je nach Hersteller und Elektrolyttyp erheblich variieren [Standera 2014]. In Verwendung sind neben den Basisbestandteilen wie Schwefelsäure, Kupfersulfat und Kupferchlorid auch [Raschig o. D.]

- Netzmittel
    - Polyethylenglycole, Polypropylenglycole, Blockcopolymere, Alkylethoxylate, Alkylethersulfate, Alkylsulfate, b-Naphtholethoxylate, Quaternisierte Amine,
- typische Glanzbildner
    - Sulfopropyliertes Mercaptobenzothiazol, Sulfopropyliertes Sulfid, Sulfopropyliertes Ethyldithiocarbonat,
- typische Einebner
    - Janusgrün B, Kristallviolett

vorhanden.

Das Beispiel Kupferelektrolyt eines Stoffherstellers organischer Zusätze zeigt die Fülle an Glanzträgern, Einebnern, Netzmitteln, Tensiden, Puffern oder Komplexbildnern sowie weiteren organischen oder anorganischen Zusätzen, die hier nur zum Teil genannt sind.

Alle gängigen galvanischen Verfahren basieren im Wesentlichen auf Metallen und deren Legierungen:

Kupfer, Nickel (Halbglanz, Hochglanz, mikrorissig, mikroporig ...), Chrom(VI)- und Chrom(III)-Verfahren, Zink, Zinn, Silber, Eisen, Cadmium, Blei, Platin, Wismut, Palladium, Ruthenium oder Rhodium sowie verschiedenste Legierungselektrolyte wie Messing, Bronze, Zink-Eisen, Zink-Nickel, Blei-Zinn, Zinn-Blei-Kupfer, Zinn-Wismut, Zinn-Nickel, Zinn-Silber und Blei-Silber kommen ebenfalls großtechnisch zur Anwendung und geben nur einen kleinen Einblick in die Vielfalt galvanischer Elektrolyte.

10.4.2.3 Nachbehandlung

Die Nachbehandlungsverfahren (Bearbeitung der bereits abgeschiedenen Metalloberfläche) sind vielfältig.

Es sind eine Vielzahl unterschiedlichster Entmetallisierungsverfahren im Einsatz, um z. B. fehlerhafte Metallbeschichtungen von den Werkstücken wieder abzulösen, um erneut Metallschichten aufzubringen. Spezialverfahren wie z. B. chemisches Färben von abgeschiedenen Oberflächen, werden nur noch vereinzelt durchgeführt.

Spülen und Trocknen sind wichtige Zwischenschritte um Verschleppungen zu vermeiden und fehlerfreie Oberflächen zu erzielen. Kreislaufanlagen minimieren den Wasserverbrauch.

10.4.3 Umweltauswirkungen

10.4.3.1 Abwasserbehandlung

Gesetzliche Anforderungen

Die Anforderungen an die Einleitung von Abwässern aus Galvanikbetrieben sind im Anhang 40 der Abwasserverordnung (AbwV) konkretisiert, wobei hier auch die örtlichen Bedingungen (Gemeindesatzung) und länderspezifische Verordnungen zu berücksichtigen sind. Für Galvanikbetriebe gilt zudem die sog. IE-Richtlinie 2010/75/EU, welche besondere Anforderungen an Betriebe mit einem Wirkbadvolumen ab 30 m^3 festlegt.

Die neue Industriekläranlagen-Zulassungs- und Überwachungsverordnung (IZÜV) ist in Kraft getreten. Das BVT-Merkblatt für Oberflächenbehandlung von Metallen und Kunststoffen (BREF) beschreibt die besten verfügbaren Techniken. Eine Bund-Länder-Arbeitsgruppe soll 2019 zur Überarbeitung des BVT-Merkblatts gegründet werden [Umweltbundesamt 2005].

Das Abwasser der Galvanikbetriebe wird, je nach Produktionslinie, in verschiedenen Teilströme aufgeteilt und spezifisch behandelt. Die Bestandteile reichen von häufig giftigen Metallkationen sowie Anionen wie Nitrit, Fluorid, Cyanid oder Chromat über Neutralsalze bis hin zu einer Vielzahl an organischen Komponenten unterschiedlichster Wirkstoffe wie Tenside, Emulgatoren, Netzmittel u. v. a. m. Die Abwasserreinigung hat zum Ziel, gelöste und z. T. toxische Metallionen in schwerlösliche, weniger giftige Verbindungen zu überführen. Durch herkömmliche Neutralisationsbehandlung nicht ausfällbare Cr(VI)-Ionen werden z. B. in einer Vorbehandlungsstufe durch Reduktion mittels Sulfiten oder Eisen(II)-Verbindungen in Cr(III)-Ionen überführt, welche mit Kalkmilch behandelt, ausfällbare, schwerlösliche Hydroxidverbindungen bilden. Auch starke Komplexbildner wie Cyanide in Verbindung mit einigen Metallen, werden in einer Vorbehandlungsstufe meist mittels Natriumhypochlorid oxidiert, wobei eine mögliche Bildung adsorbierbarer organisch gebundener Halogene (AOX) zu berücksichtigen ist. Auch Verfahren mit Wasserstoffperoxid sind möglich, wobei die Oxidation mittels Wasserstoffperoxid und UV-Strahlung zunehmend zur Anwendung kommt. Gerade die UV-Technologie wird bei Anwesenheit von Komplexbildnern wie verschiedene Oxicarbonsäuren, z. B. Citronensäure in Verbindung mit Chrom(III), oder bei Verwendung von EDTA oder NTA eingesetzt. Daneben sind weitere Verfahren bis hin zur anodischen Oxidation bekannt. Aufgrund derart aufwändiger Behandlungsverfahren, sollten Komplexbildnerlösungen stets vor dem Vermischen mit Metallionen behandelt werden. Eine weitere Variante ist, die mittels Neutralisationsfällung fällbaren Metalle abzufiltrieren, um anschließend die Komplexbehandlung durchzuführen, dies setzt allerdings zweistufige Verfahren voraus. Dabei müssen die Fällungsbedingungen im Einzelfall betrachtet werden (z. B. bei amphoteren Ionen wie Zink oder Chrom). Bei Anwesenheit schwer eliminierbarer Komplexbildner wie Ammoniak im Teilstrom, wird die Fällung durch Einsatz sulfidischer Stoffe durchgeführt. Auch sogenannte Bentonite finden Verbreitung. Die unlöslichen Metallhydroxide, -carbonate und -sulfide werden anschließend mittels einer Filtration (meist werden Kammerfilterpressen eingesetzt) dem Abwasser entzogen. Die aus der Neutralisations-, oder Sulfidfällung gewonnenen Galvanikschlämme werden dann einer Verwertung oder Beseitigung zugeführt.

All diese Verfahren führen zur Aufsalzung des Abwassers durch Neutralsalze (Chlorid, Sulfat, Natrium, Calcium). Einen sehr guten Überblick über Abwasserbehandlungsverfahren und den gesetzlichen Hintergrund gibt [Hartinger 2017].

Das zur Sulfidfällung von komplexhaltigen Abwässern gebräuchliche und äußerst giftige Natriumsulfid wurde weitgehend durch sogenannte Organosulfide ersetzt, welche leicht handhabbar sind und als ungiftig und teilweise nicht gewässergefährdend gelten. Als Beispiel sei hier das Dimethyldithiocarbamat genannt (DMDTC). 2005 hat das Landesamt für Umwelt in Bayern (LfU) ein Merkblatt Nr. 4.5/13 herausgegeben, in welchem auf die ökotoxikologischen und ökochemischen Aspekte von DMDTC und Trimercapto-s-triazin-trinatriumsalzlösung (TMT) hingewiesen wurde [LfU 2005].

In [Bahlinger et al. 2015] wird der Einsatz von DMDTC vor dem Hintergrund von Störungen in Kläranlagen und dem resultierenden Fischsterben durch DMDTC-Einleitungen aufgegriffen. Hier wurde insbesondere die Hemmung von DMDTC auf die Nitrifikikationsstufe in kommunalen Kläranlagen sowie das Durchbrechen von „DMDTC bis in den Ablauf" untersucht. Der Grund sei die Überdosierung von DMDTC und oft unzureichende Rücknahme zur Vermeidung der sog. Rücklösung von Schwermetallen in einstufigen Behandlungsverfahren [Bahlinger et al. 2015].

Fachfirmen haben mittlerweile eine Vielzahl an spezifischen Alternativprodukten auf den Markt gebracht [Kück 2014]. Betreibern, welche DMDTC einsetzen, wird daher dringend empfohlen für eine Rücknahme von DMDTC-Überschüssen zu sorgen.

Eine breite Diskussion findet um poly-, und perfluorierte Chemikalien statt. Vor allem über die Perfluoroctansulfonsäure (PFOS), welche u. a. in Cr(VI)-Elektrolyten und Chromschwefelsäurebeizen verwendet wurde und im REACH-Verfahren in die POP-Verordnung aufgenommen worden ist. Weil PFOS als persistent und bioakkumulierbar sowie mit humantoxischen Eigenschaften versehen identifiziert wurde, werden im Verchromungselektrolyten mittlerweile auch fluorfreie Tenside verwendet. Diese können jedoch mangels chemischer Stabilität nicht in allen Fällen, insbesondere nicht in Chromschwefelsäurebeizen, gehandhabt werden. Daher wird auf andere Fluortenside, beispielsweise 6:2-Fluortelomersulfonat („H4PFOS"), zugegriffen. In einigen Bundesländern wurden für die Summe von bestimmten Perfluorcarbonsäuren bereits für einzelne Unternehmen Grenzwerte

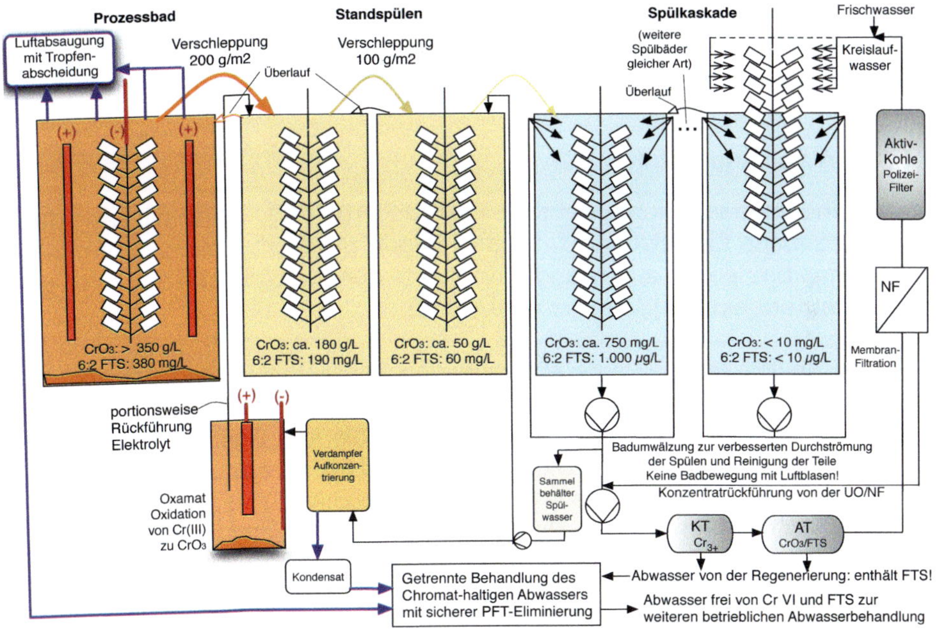

Bild 2: Darstellung eines Kreislaufverfahrens zur Chrom VI-Behandlung von Kunststoffteilen (Beispiel Glanzverchromung) zur sicheren PFT-Eliminierung; Verfahren bisher nur im kleintechnischen Maßstab untersucht [Bergische Universität Wuppertal unveröffentlichte Ergebnisse (2014)]

für die Indirekteinleitung festgelegt. Einen guten Überblick mit einem Lösungsvorschlag geben [Wienand et al. 2014]. Es wird die Frage untersucht, ob es nicht sinnvoller ist, im Produktionsbereich geschlossene Kreisläufe unter Verwendung von PFOS zu erlauben, als die Entfernung im Abwasserbereich mit teuren Methoden wie Aktivkohle, Ionenaustauscher, Eindampfung etc. durchzuführen. Zudem hat sich mittlerweile herausgestellt, dass fluorierte Ersatzstoffe durch Adsorption nur bedingt bis kaum zurückgehalten werden können. Dass perfluorierte Tenside (PFT) auch ubiquitär vorkommen zeigt eine Fließgewässerstudie am Beispiel des Rheins [Fath und Bornschein 2017]. Die angebotenen Alternativverfahren zur betrieblichen Eliminierung der fluorierten Ersatzstoffe haben sich bisher im Praxiseinsatz kaum als nützlich erwiesen. PFOS-Verschleppungen ließen sich dagegen beispielsweise im geschlossenen Kreislauf und über schwach basische Ionentauscher effektiv beherrschen. Auch in bisher vorgeschlagenen Chrom(VI)-freien Kunststoffbeizen, sollen Fluortenside aufgrund ihrer chemischen Stabilität weiterhin verwenden werden. Die Abfallentsorgung fluortensid-haltiger Elektrolyte, Schlämme, oder Adsorbenzien aus der Abwasserreinigung, ist ein wirtschaftliches Problem, da nur deren Verbrennung bei einer Temperatur > 1.200 °C als wirksame Eliminierungsmethode möglich ist. Ein Beispiel für einen weitestgehend geschlossenen Kreislaufs eines Chromelektrolyten unter Verwendung von 6:2-Fluortelomersulfonat gibt Bild 2.

10.4.3.2 Abfall und Abluft

Nach der Industrieemissions-Richtlinie (IE-RL) 2010/75/EU ist Abfallvermeidung eine vorgegebene Zielsetzung. Unter den Begriff Stoffverlustminimierung fallen zahllose innerbetrieblich angewandte Konzepte der ökologischen und ökonomischen Abfallvermeidung [Schwarz et al. 2010].

Die bei der Abwasserbehandlung entstehenden unlöslichen Fällungsprodukte wie Metallhydroxide, -carbonate bzw. -sulfide, werden häufig deponiert oder einer echten stofflichen Verwertung zugeführt, wobei die Metallgehalte nach Notierungen der Metallbörse London Metal Exchange (LME) vergütet werden. Hierbei wird gemäß KrWG und Nachweis-Verordnung (NachwV) zwischen gefährlichen und nicht gefährlichen Abfällen unterschieden. Verwertungsverfahren wie der Bergwerkversatz sind kritisch zu hinterfragen [Buser 2016].

Für Elektrolyte wie metallhaltige Entmetallisierungen oder Prozessbäder steht in Deutschland eine gut ausgebaute Infrastruktur stofflicher Verwerter zur Verfügung. Hinsichtlich der stofflichen Verwertung von Chromschwefelsäurebeizen, hat sich der Recyclingmarkt in Deutschland seit 2017 allerdings erheblich ausgedünnt. Über die sogenannte Andienungspflicht [Rechtsgrundlage § 17 (4) KrWG] bestimmen einige Bundesländer die Umleitung nicht verwertbarer Abfälle in zentrale Entsorgungsanlagen, um deren umweltverträgliche Beseitigung sicherzustellen

[GSB, SAA o. D.]. Durch das elektronische Abfallnachweisverfahren werden die Entsorgungswege von den Landesumweltbehörden eng überwacht.

Zum Schutz der Mitarbeiter vor Gefahrstoffen steht in galvanotechnischen Betrieben die Arbeitssicherheit im Mittelpunkt. Diese ist u. a. im Arbeitsschutzgesetz (ArbSchG), der Betriebssicherheitsverordnung (BetrSichV), der Gefahrstoffverordnung (GefStoffV) oder in der Arbeitsstättenverordnung (ArbStättV) durch verschiedene Vorgaben und Maßnahmen festgelegt. Zur Vermeidung von Schadstoffbelastungen der Atemluft ist es erforderlich, nach einer durchgeführten Gefährdungsbeurteilung, durch lüftungstechnische Maßnahmen an den Bädern und in den Produktionshallen, die Einhaltung der Arbeitsplatzgrenzwerte wie (AGW/BGW) nach TRGS 900 sicherzustellen. Umgesetzt wird dies meist durch ortsfeste Absauganlagen wie Einhausung oder Randabsaugung [BG BAU 2004].

Zu den emittierten Stoffen zählen im Wesentlichen toxische Gase wie NOx, Salzsäure, Fluorwasserstoff sowie Aerosole beladen mit Schwefelsäure, Alkalien, Cyanide, Chrom(VI)-Verbindungen, aber auch Wasserstoffgas aus der Elektrolyse. Aus den Abwasseranlagen kommen Aerosole oder Gase wie Schwefeldioxid hinzu. Da die Elektrolyte z. T. mit Temperaturen > 50 °C betrieben werden, ist auch Wasserdampf eine Komponente, die abgesaugt werden muss. Die Einhaltung der gesetzlich vorgeschriebenen Emissionswerte wird in der Galvanotechnik meist durch Nasswäscher sichergestellt. Um Gase und Aerosole effektiv auszuwaschen, werden verschiedene Waschmedien genutzt und diese, z. B. bei Ammoniak mit Schwefelsäure bei sehr niedrigen pH-Werten, in den Kreislauf geführt. Stickoxide werden mittels alkalischer Lösung absorbiert. Die pH-Werte der Waschflüssigkeiten werden mittels pH-Wert-Überwachung und automatischen Dosiereinrichtungen sichergestellt. Durch, je nach spezifischer Beladung des Waschmediums, festgelegte Absalzungszyklen oder kontinuierliche Absalzung, wird verhindert, dass sich gelöste Gase im Waschmedium aufkonzentrieren (z. B. Nitrit bei NOx-Wäsche). Um einen leichten Unterdruck in der Galvanik zu gewährleisten, muss staubfreie Luft zugeführt werden, was einerseits durch verschiedenste Techniken (z. B. Push-Pull-Systeme) gelöst ist und energetisch eine Herausforderung darstellt, weshalb bei größeren Anlagen die Energieeinsparverordnung (EnEV) sogenannte Wärmerückgewinnungsanlagen vorschreibt. Kurzschlüsse zwischen emittierter Abluft und angesaugter Frischluft sind bei Absauganlagen unbedingt zu vermeiden. Nassabscheider mit Werten von pH 4 bis pH 10 im Betrieb, fallen zudem unter die 42. BImSchV.

Das durch Filter, Demister, Zyklone oder Nasswäscher gereinigte Abgas, wird über Abluftkamine an die Außenluft abgegeben In der TA-Luft sind die Emissionsgrenzwerte festgelegt. Anlagen, in denen organische Lösemittel verwendet werden, könnten von weiteren Verordnungen tangiert werden, wie die Verordnung über flüchtige organische Verbindungen (VOC). Eine gute Übersicht gibt [BG ETEM 2018].

10.4.4 Ausblick

Der Einsatz sogenannter, derzeit noch als alternativlos geltende poly- und perfluorierte Tenside in Chromschwefelsäurebeizen hat viele Forschungsvorhaben ausgelöst. So wurde ein elektrochemischer Abbau mittels Diaphragmaelektrolyse als Alternative zur teuren Aktivkohleadsorption zur Abwasserreinigung untersucht und seitdem wirkungsvoll eingesetzt [Fath 2013].

Pulsabscheidung (Pulse Plating) führt zur Reduktion des Energieeinsatzes und zu geringeren Verbräuchen z. T. teurer organischer Zusatzstoffe [Hansal 2017].

Es sind seit Jahren physikalische Entkeimungsverfahren auf Basis bioaktiver Kontaktkatalysatoren (z. B. für Kreislaufanlagen, Reinwassererzeugung) in Verwendung, welche den Einsatz von Chemie völlig überflüssig machen [Landau 2013].

Neue Anodentechnologien, beispielsweise platinierte Titanelektroden bei der Verchromung anstellen von Bleianoden, welche im Auflösungsprozess giftiges Bleichromat bilden, seien nur exemplarisch für viele Neuentwicklungen sowie F&E-Vorhaben genannt [Ebert und Friebel 2015].

Neue Ergebnisse hinsichtlich des Einsatzes nanostrukturierter und reaktiver Membranen von Biopolymeren, eröffnen neue Möglichkeiten, z. B. in der Abwasser- und Wasserbehandlung [Hartmann 2015].

Hervorzuheben ist die Möglichkeit der schmalbandigen Emission bei einer einzigen Wellenlänge, was die Möglichkeit eröffnen soll, die emittierende UV-Strahlung exakt an den Prozess anzupassen [Advanced-UV 2018].

Nach Angaben eines Herstellers von Elektrolytrezepturen für die Oberflächentechnik geht der Trend seiner Kunden in Richtung „Verdampfung statt Abwasserbehandlung“, da z. B. Abwasserbehandlung aus der Verchromung mit III-wertigen Chromverbindungen nicht mehr wirtschaftlich abbildbar sei.

Weitere Entwicklungen aus der Forschung zeichnen sich wie folgt ab:

- Einsatz Membran-Anoden [Krüger 2017],
- Chromtrioxid-freie Beizsysteme ohne Gestellmetallisierung [Zapf und Tschaar 2018],
- Industrie 4.0-Automatisierung [Deutsche Messe AG 2018],
- Einsatz ionischer Flüssigkeiten [Proionic o. D.],
- Hilfssysteme für die dekorative Galvanotechnik zur Standzeitverlängerung und Badpflege [Atotech o. D.].

Literatur

Advanced-UV (2018): UV-LEDs für neue Anwendungen, Status und Perspektiven 2018. UV-Strahlung aus Halbleitern – Eigenschaften und Anwendungen. PUPLISHER Konsortium Advanced UV for life; Koordinationsstelle; c/o Ferdinand-Braun-Institut, Leibnitz Institut für Hochfrequenztechnik, BerlinAtoTech (o. D.): https://www.atotech.com/decorative-coatings/auxiliary-systems-for-decorative-plating/ (abgerufen am 26.09.2018).

Bahlinger A.; Fricke, T.; Kuch, B.; Kurschat, R.; Schmid, F.-S.; Schönberger, H. (2015): Viel zu lange unterschätzt – Die organische Mikroverunreinigung DMDTC gefährdet Kläranlagen und Gewässer. ReSource (2015) H. 3. Rhombos-Verlag.

BG BAU (2004): Arbeitsplatzlüftung – Lufttechnische Maßnahmen. DGUV Regel 109-002 (früher BGR 121), Stand: Januar 2004. Carl Heymanns Verlag.

BG ETEM (2018): Leitfaden zur Auslegung von Abluftanlagen an Galvanikanlagen; Stand 08/2018 unter Mitwirkung des Technischen Ausschuss des Zentralverbandes Oberflächentechnik e. V., der Berufsgenossenschaft Energie Textil Elektro Medienerzeugnisse (BG ETEM), Köln; Zentralverband Oberflächentechnik e. V. (ZVO), Hilden.

Böck, R. (2013): Umweltschonendes Elektropolieren von Medizinischen Werkstoffen: https://www.wotech-technical-media.de/womag/ausgabe/2013/02/4_w_boeck_02j2013/4_w_boeck_02/2013.php (abgerufen am 26.09.2018).

Buser, M. (2016): Endlagerung radio- und chemotoxischer Abfälle im Tiefuntergrund. Studie im Auftrag von Greenpeace. Zürich, Juni 2016.

Deutsche Messe AG (2018): Industrie 4.0 verändert auch die Galvanik. JOT Galvanotechnik 2018. Deutsche Messe AG, Hannover. Springer Viehweg, Springer Fachmedien Verlag Wiesbaden, S. 20 – 21.

Ebert, T. Friebel, F. (2015): Prozessbetrachtung und Prozessoptimierung bei der Hartchromabscheidung. Galvanotechnik (2015) H. 6, Eugen G. Leutze Verlag, S. 1164 – 1168.

Fath, A. (2013): Elektrochemischer Abbau von fluorierten Tensiden. Galvanotechnik (2013) H. 12, Eugen G. Leutze Verlag, S. 2522 – 2530.

Fath, A. Bornschein, T. (2017): Fließgewässeruntersuchungen auf per- und polyfluorierte Tenside am Beispiel des Rheins. Galvanotechnik (2017) H. 12, Eugen G. Leuze Verlag, S. 2524 – 2527.

GSB Bayern (o. D.): https://www.gsb.bayern/ und SAA Baden-Württemberg (o. D.): http://www.saa.de/

Hansal, W. E. G. (2017): Die Zukunft der galvanischen Pulsabscheidung. Galvanotechnik (2017) H. 10, Eugen G. Leutze Verlag, S. 2522 – 2530.

Hartmann, J. (2015): Neue Anwendungen der Nanotechnologie für die Wasserreinigung Teil 1 und 2. Galvanotechnik (2015) H. 5 und 6, Eugen G. Leutze Verlag, Teil 1: S. 1076 – 1088 und Teil 2: S. 1299 – 1308.

Krüger, T. (2017): Membran-Anoden im sauren ZnNi-Elektrolyten für stabile Metallkonzentrationen. Galvanotechnik (2017) H. 12, Eugen G. Leutze Verlag, S. 1147 – 1148.

Kück, M. (2014): Umweltfreundliche Schwermetallfällungsmittel zur Abwasseraufbereitung. Galvanotechnik (2014) H. 6, Eugen G. Leuze Verlag, S. 1163 – 1175.

Kurtz, O.; Barthelmes, J.; Lagorce-Broc, F.; Danker, M.; Rüther, R. (2016): Gold-Kupfer Elektrolyt für dekorative Anwendungen. Galvanotechnik (2016) H. 3, Eugen G. Leutze Verlag, S. 466 – 473.

Landau, U. (2013): AGXX. Eine nachhaltige Lösung für die Entkeimung wässriger Lösungen. Galvanotechnik (2013) H. 11, Eugen G. Leutze Verlag, S. 2169 – 2184.

LfU (2005): Einsatz von Organosulfiden zur Abwasserbehandlung. Bayerisches Landesamt für Umwelt, Fachreferat 67. Merkblatt Nr. 4.5/13, Stand 25.07.2005. (Anmerkung des Verfassers: wegen neuer Erkenntnisse zurückgezogen.)

Miller, R. (2019): Stoffliste. Tabelle abrufbar unter www.vulkan-verlag.de/taschenbuch_der_industrieabwasserreinigung.de

Proionic (o. D.): https://www.proionic.com/de/Anwendungen/Chemische_Produktionsverfahren.php (abgerufen am 26.09.2018) oder Deutsche Bundesstiftung Umwelt (o. D.): https://www.dbu.de/123artikel33175_2430.html (abgerufen am 26.09.2018).

Raschig GmbH (o. D.): http://www.raschig.com/Additive-fr-saure-Kupferbder (abgerufen am 26.09.2018).

Schlötter (o. D.): REACH-Info. https://www.schloetter.de/aktuelles/REACH/ (abgerufen am 18.08.2018).

Schwarz, R.; Fischwasser, K.; Schiffer, A. (2010): Stoffverlustminimierung und Minimierung von PFT-Emissionen als Systemlösung in der Oberflächenveredelung. Suchentrunk, R.: Jahrbuch Oberflächentechnik, Band 66. Eugen G. Leuze Verlag Bad Saulgau 2010, S. 264 – 281.

Standera, M. (2014): Analyse (einkomponentiger) saurer Kupferelektrolyte. http://drhesse.de/uploads/tx_kkdownload/ZVO_2014_Vortrag_Dr._Standera.pdf (abgerufen am 26.09.2018).

Standera, M. (2013): Ersatz von Borsäure in sauren Prozessbädern. http://www.drhesse.de/uploads/tx_kkdownload/ZVO_2013_Vortrag_Dr._Standera.pdf (abgerufen am 18.08.2018).

Umweltbundesamt (2013): Galvanische Oberflächenbeschichtung. https://www.umweltbundesamt.de/themen/wirtschaft-konsum/industriebranchen/herstellung-verarbeitung-von-metallen/galvanische-oberflaechenbeschichtung#textpart-1 (abgerufen am 18.08.2018).

Umweltbundesamt (2005): Merkblatt zu den besten verfügbaren Techniken für die Oberflächenbehandlung von Metallen und Kunststoffen. https://www.umweltbundesamt.de/sites/default/files/medien/419/dokumente/bvt_galvanik_vv.pdf (abgerufen am 26.09.2018).

Wienand, N.; Marzinkowski, M.; Kling, H.-W. (2014): Perfluortenside und Alternativen in der Galvanik – Fortschritte zur Kreislaufführung. wwt wasserwirtschaft-wassertechnik Modernisierungsreport 2014/2015. HUSS-MEDIEN GmbH.

Willing, H. (2013): Galvanotechnische Abscheidung von Gold – Eine Übersicht – Teil 8. Galvanotechnik (2013) H. 1, Eugen G. Leuze Verlag, S. 44 – 57.

Zapf, D.; Tschaar, C. (2018): Chromtrioxid-freies Beizsystem ohne Gestellmetallisierung. Galvanotechnik (2018) H. 6, Eugen G. Leutze Verlag, S. 1151 – 1154.

10.5 Druckereien

Veit Flöser

In dieser Branche gibt es nur Indirekteinleiter. Art und Menge des entstehenden Abwassers sind abhängig von den im Betrieb angewendeten Druckverfahren. Nachfolgend wird der Abwasseranfall bei den häufigsten Druckverfahren beschrieben.

10.5.1 Offsetdruck (Flachdruck)

Beim Offsetdruck als dem mit Abstand häufigsten Druckverfahren fällt Abwasser lediglich bei der Druckplattenentwicklung an. Bei der Druckplatte handelt es sich um eine Aluminium- oder Kunststoffplatte, die mit einer lichtempfindlichen Fotopolymerschicht – z. B. aus Polyvinylacetat (PVA) – beschichtet ist. Bei der Entwicklung werden die belichteten Druckplatten in wässriger, alkalischer Silicatlösung entwickelt, wobei die nicht belichteten und daher ungehärteten Flächen ausgewaschen werden. Das PVA verursacht einen erhöhten CSB im Waschwasser und ist biologisch schwer abbaubar. Sonstige Inhaltsstoffe wie Metalle oder halogenierte Verbindungen sind in der verbrauchten Entwicklerlösung nicht zu erwarten. Die Lösungen werden branchenüblich gesammelt und als Abfall entsorgt.

Der eigentliche Druckprozess erfolgt abwasserfrei. Werden die Maschinen in größeren Betrieben zentral mit isopropanolhaltigem Feuchtwasser versorgt und dieses zum Zwecke der Kreislaufführung zentral aufbereitet, fallen bei Reinigungsarbeiten (i. d. R. einmal wöchentlich) Feuchtwasserreste zur Entsorgung an. Im verbrauchten Feuchtwasser reichern sich Schwermetalle (insbesondere Cobalt),

Tabelle 1: Beschaffenheit von Feuchtwasser in verschiedenen Offsetdruckereien in mg/l [Stadt Langenhagen 2005]

	Probe Nr.					
	1	2	3	4	5	6
Chrom	0,01	0,07	0,04	0,05	0,05	0,02
Cobalt	0,07	30	23	19	34	0,06
Kupfer	0,02	1,2	2,9	0,86	0,21	0,34
Zink	0,05	1,5	4,3	1,4	1,2	0,43
AOX	0,01	< 20	< 20	< 20	< 20	< 2
Kohlenwasserstoffe	–	110	68	35	160	2

Kohlenwasserstoffe und ggf. auch halogenierte Verbindungen an (Tabelle 1). Feuchtwasserreste sind ohne Vorbehandlung nicht einleitfähig. In kleinen und mittleren Betrieben wird der Zuschlag der Feuchtwasserreste zu den Putztüchern empfohlen.

10.5.2 Hochdruck

Zu den Hochdruckverfahren gehören Buchdruck, Zeitungsdruck und Flexodruck. Gemeinsames Merkmal ist, dass die druckenden Stellen auf der Druckvorlage gegenüber den nichtdruckenden Stellen erhaben ausgebildet sind.

Flexodruck

Häufigster Anwendungsfall für Flexodruckverfahren ist das Bedrucken von Wellpappe. Als Druckvorlage („Klischees“) werden Fotopolymerplatten verwendet. Die Entwicklung der Druckklischees erfolgt durch Belichtung, Härtung und Auswaschen von nicht belichtetem Polymer mit organischem Lösungsmittel (Kohlenwasserstoff). Dieser Entwicklungsschritt erfolgt wasserfrei in geschlossenen Anlagen mit Wiedergewinnung des Lösungsmittels durch Destillation.

Abwasser entsteht beim Flexodruck aus der Reinigung von

- Druckklischees,
- Farbwerken in den Druckmaschinen (Bild 1),
- Farbeimern (Bild 2),
- Farbmischanlage, sofern vorhanden.

Bild 1: Reinigung einer Flexodruckmaschine (Quelle: Flöser)

Tabelle 2: Rohabwasserbeschaffenheit aus dem Flexodruck in unterschiedlichen Betrieben in mg/l [Flöser 2000]

	Betrieb Nr.			
	1	2	3	4
Kupfer	5,8	3,6	0,17	6,2
Zink	0,19	0,09	0,04	–
AOX	< 20	0,08	1,3	19
CSB	7.100	–	480	10.900

Aufgrund der im Abwasser enthaltenen Druckfarbenreste ist das Abwasser mit Schwermetallen, ggf. AOX und bei Verwendung nicht wasserbasierter Farben evtl. auch mit Kohlenwasserstoffen belastet. Die Metalle und die halogenierten Substanzen liegen dabei als Pigmentfarbstoffe und somit nicht gelöst, sondern partikulär gebunden im Abwasser vor. Zu beachten ist, dass auch bei Verwendung schadstofffreier Druckfarben zur Erreichung bestimmter Blautöne das Abwasser immer erhöhte Kupfergehalte aufweist (Tabelle 2).

Die Abwassermenge liegt bei wellpappeherstellenden Betrieben mit angeschlossenem Druckereibetrieb in der Größenordnung von 20 – 30 m^3/d.

Abwasserbehandlung

Das Abwasser aus den zuvor genannten Anfallstellen wird zusammengeführt und gemeinsam behandelt. Das Abwasser aus der Reinigung des Leimwerkes der Wellpappeherstellung sollte direkt in die Schmutzwasserkanalisation eingeleitet werden. Auch das Abwasser aus der Regeneration von Enthärtungsanlagen (gesättigte Steinsalzlösung) oder das Abschlämmwasser aus der Dampferzeugung sollte nicht in die Abwasservorbehandlungsanlage, sondern direkt in die Schmutzwasserkanalisation eingeleitet werden.

Bild 2: Farbeimerwaschmaschine (Quelle: Flöser)

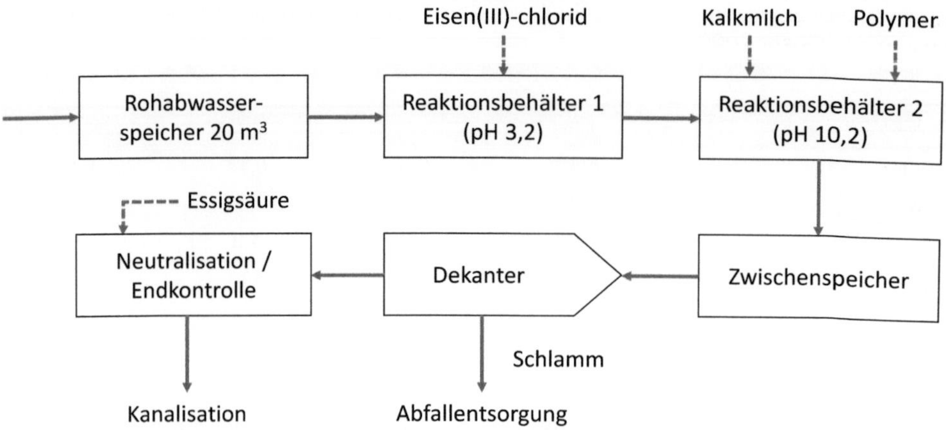

Bild 3: Schematische Darstellung der Abwasserbehandlung beim Flexodruck

Die im Abwasser enthaltenen Druckfarbenreste werden mittels Flockungsverfahren aus dem Abwasser entfernt. Die Flockung erfolgt z. B. mit Eisensalzen und Kalkmilch, die Schlammstabilisierung mit organischem Polymer und die Schlammentwässerung mit Dekanter oder Kammerfilterpresse. Bild 3 zeigt ein Beispiel der Abwasserbehandlung in einem Flexodruckbetrieb mit einem Abwasseranfall von ca. 20 m^3/d.

Das gereinigte und weitgehend trübstofffreie Abwasser lässt sich teilweise für den Leimansatz der Wellpappefertigung wiederverwenden; für diesen Zweck wird keine Trinkwasserqualität benötigt.

10.5.3 Siebdruck

Beim Siebdruckverfahren wird die Druckfarbe mit einem Rakel durch ein in einen Rahmen eingespanntes Metall- oder Kunststoffsieb auf den Bedruckstoff durchgedrückt („Durchdruck"). Um ein Druckbild zu erzeugen, wird eine fotosensitive Polymerschicht aus Polyvinylacetat, Acrylatpolymer u. a. auf das Sieb aufgebracht, mit UV-Licht entwickelt und die unbelichteten Stellen mit Wasser ausgewaschen.

Nach dem Druckvorgang wird das Sieb zur Entfernung der Druckfarbenreste mit organischem Lösungsmittel gereinigt. Dabei handelt es sich in der Regel um Kohlenwasserstoffreiniger, die nach Gebrauch durch Destillation zur erneuten Nutzung aufbereitet werden.

Anschließend muss die gehärtete Kopierschicht entfernt werden. Zu diesem Zweck wird sie mit einem Entschichtungsmittel behandelt, das in der Regel Periodat als

Tabelle 3: Abwasseranfallstellen und -beschaffenheit in der Siebdruckerei

Abwassererzeugender Prozess	Abwasserbelastung	Bemerkung
Siebentfettung	Tenside	keine Schadstoffe zu erwarten
Siebentwicklung	Fotopolymer (CSB 1.900 – 2.400 mg/l)	
Siebreinigung	–	Entfernung von Druckfarben mit Lösungsmittel
Siebentschichtung	gehärtete Polymerschicht (CSB), Periodat	stückiges Polymer, ggf. fälschlicherweise AOX detektiert

Oxidationsmittel enthält. Anschließend kann die Kopierschicht unter erhöhtem Druck mit Wasser abgespült werden.

Abwasseranfall und -beschaffenheit

Abwasseranfallstellen und Abwasserbelastung aus dem Siebdruck sind in Tabelle 3 aufgeführt. Die Abwassermenge aus dem Siebdruckbetrieb ist gering und liegt in mittelgroßen Betrieben mit zwei bis vier Druckmaschinen in der Größenordnung von 100 – 200 m^3/a. Schadstoffe wie Metalle oder organische Halogenverbindungen sind in der wässrigen Phase i. d. R. nicht in nennenswerten Konzentrationen enthalten.

Das bei der Siebentschichtung verwendete Periodat führt im Abwasser bei Anwendung der Analysevorschrift für den AOX zu einem falschen zu hohen Messwert. Das Verfahren nach den Deutschen Einheitsverfahren (DEV) bzw. nach der Abwasserverordnung (DIN EN ISO 9562) sieht bei Anwesenheit von Oxidationsmitteln in der Probe (hier: Periodat) die Zugabe von Reduktionsmittel vor. Allerdings ist die vorgesehene Zugabemenge für den speziellen Anwendungsfall „Entschichtungsabwasser" häufig zu gering. Differenzierte Untersuchungen belegen, dass bei Zugabe ausreichender Menge an Reduktionsmittel und ausreichender Reaktionszeit keine nennenswerten AOX-Konzentrationen mehr gefunden werden (Tabelle 4) [Flöser 2013; Stadtentwässerung Hildesheim 2013].

Tabelle 4: AOX-Untersuchung von Entschichtungsabwasser einer Siebdruckerei [Flöser 2013]

Reduktionsmittelzugabe	AOX-Konzentration (mg/l)
ohne	9,59
Natriumsulfit gem. DIN EN ISO 9562 (1,26 g/l)	3,99
Natriumsulfit 10 g/l	0,26

Abwasserbehandlung

Eine spezifische Vorbehandlung von Siebdruckabwasser ist in aller Regel nicht erforderlich. Lediglich das Entschichtungsabwasser sollte wegen der stückigen Reste von Polymer einer einfachen Sedimentation oder Siebung unterzogen werden, einer weitergehenden Behandlung bedarf es i. d. R. nicht.

Literatur

Flöser, V. (2000): Untersuchungen zur Abwasserbelastung bei der Wellpappeherstellung (unveröffentlicht), Hannover.

Flöser, V. (2013): Gutachten zur Ursache der AOX-Belastung in Siebdruckabwasser (unveröffentlicht), Hannover.

Stadt Langenhagen (2005): Routineuntersuchungen aus der wasserrechtlichen Überwachung von Indirekteinleitern (unveröffentlicht).

Stadtentwässerung Hildesheim (2013): Untersuchungen zum AOX-Gehalt in Siebdruckabwasser (unveröffentlicht).

10.6 Automobilindustrie

Jörg Brinkmeyer, Rüdiger Eppers, Stephan Köster

10.6.1 Allgemeines

10.6.1.1 Übersicht über die Relevanz der Automobilindustrie / Entwicklung der Strukturen der Automobilindustrie

Die Automobilindustrie einschließlich aller Entwicklungs-, Produktions- und Zulieferungsketten ist eine globale Schlüsselbranche. In diesem Wirtschaftszweig wurden im Jahr 2017 weltweit rund 100 Millionen Fahrzeuge bzw. 80 Millionen PKW produziert. Rund 20 % der Fahrzeuge bzw. 21 % der PKW wurden in Europa hergestellt [ACEA 2018]. Im Jahr 2016 arbeiteten allein in der europäischen Automobilindustrie einschließlich Zulieferer insgesamt 13,3 Millionen Menschen. Dies entspricht einer Quote von 6,1 % in Bezug auf die Gesamtbeschäftigung in der Europäischen Union [ACEA 2018].

Insbesondere in Deutschland darf die Automobilindustrie als einer der bedeutsamsten Industriezweige angesehen werden. Die deutschen Konzernmarken erreichten 2017 ein sehr hohes Absatzniveau, indem sie 2,39 Mio. Neufahrzeuge veräußerten [VDA ohne Jahresangabe]. In 2016 lag der Umsatz der deutschen Autoindustrie bei 407 Mrd. EUR gefolgt vom Maschinenbau mit 240 Mrd. EUR im gleichen Jahr [Statistisches Bundesamt 2017].

Die Wertschöpfungskette in der Automobilindustrie umfasst das Design, die Entwicklung, die Herstellung und den Verkauf von Kraftfahrzeugen. Bei der Fahrzeugherstellung sind gemäß VDA insbesondere folgende Teilschritte relevant: „Presswerk, Karosseriebau, Reinigung und Vorbehandlung, Lackiererei, Gießerei, Aggregatefertigung, Fahrwerk, Sitzefertigung, Kunststofffertigung und Montage“ [VDA 2014].

Es bietet sich an, folgende Werksformen grundsätzlich zu unterscheiden:

- Fahrzeugwerke (Presswerk, Karosseriebau, Lackiererei und Montage),
- Komponentenwerke (z. B. Lenkungen, Achsen, Getriebe, Dämpfer, Motoren) ohne Montage,
- Fahrzeugmontagewerke.

10.6.1.2 Charakterisierung der Standorte und Auswirkung auf das Abwasser

In der Fahrzeug- und Komponentenproduktion fallen durch die unterschiedlichen Fertigungsschritte Abwässer unterschiedlicher Zusammensetzung und mit unterschiedlichen Inhaltsstoffen an, da Wasser für unterschiedliche Zwecke Verwendung findet.

Auf Werksebene wird Wasser in der Regel in verschiedenen Bereichen verwendet. Es wird zur Dampferzeugung, zum Heizen und Kühlen, als Lösemittel, zur Reinigung sowie als Transportmittel für Abfälle und Partikel eingesetzt [Schlei-Peters et al. 2015]. Festhalten lässt sich, dass in der Fahrzeug- und Komponentenproduktion durch die unterschiedlichen Fertigungsschritte Abwässer sehr unterschiedlicher Zusammensetzung anfallen.

Bild 1 weist Frisch-, Brauch- und Regenwasser als die bei der Automobilherstellung genutzten Wasserarten aus und spezifiziert ihre Nutzung. Die anfallenden Abwasserteilströme werden im Regelfall unter Berücksichtigung ihrer Inhaltsstoffe individuell vorbehandelt, bevor eine abschließende biologische Behandlung und Einleitung in einen Vorfluter erfolgen.

Trotz aller Bemühungen hinsichtlich prozessintegrierter Maßnahmen fallen nach wie vor Abwässer an, die Umweltbelastungen auslösen können und daher Reinigungserfordernissen unterliegen. Kreislaufsysteme und Maßnahmen zur Standzeit-

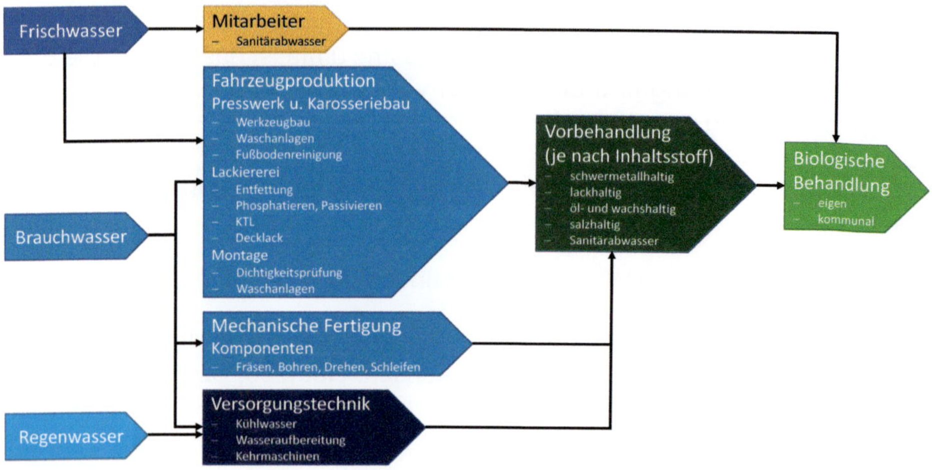

Bild 1: Wasserwirtschaft an einem Automobilstandort (Quellen: Volkswagen AG, Konzernforschung Umwelt Produktion, Hr. Eppers)

verlängerung von Wirkbädern ermöglichen eine Einsparung des Frischwassereinsatzes – die Begrenzung von Expositionen einzelner Inhaltsstoffe des Abwassers führen zu hohem technischen Aufwand an prozessintegrierten Maßnahmen und nachgeschalteter Abwasserbehandlung.

Probleme hinsichtlich des Gewässerschutzes bestehen insbesondere im Hinblick auf Nährstoffe, Schwermetalle und einiger weiterer gefährlicher Stoffe [Gruden 2008]. Somit wäre eine biologische Reinigung der Abwässer allein nicht ausreichend (vgl. Bild 1), sondern es bedarf der bereits erwähnten individuellen Vorbehandlungen.

Die jeweilige Abwasserentstehung und -zusammensetzung sowie der Stand der Technik zur prozessintegrierten und End-of-Pipe-Behandlung werden in den nachstehend gegebenen Ausführungen und Beispielen beschrieben, qualifiziert eingeordnet und umfassend diskutiert.

10.6.2 Abwasseranfall und Inhaltsstoffe

Auch in der Automobilindustrie führten in der Vergangenheit steigende Kosten für die Wasseraufbereitung, Wasserbereitstellung und Abwasserbehandlung zu sinkenden Wasserverbräuchen bzw. verbesserten Effizienzen bei der Wassernutzung. „Langfristig angelegte Strategien zur Reduzierung des Wasserverbrauchs haben es ermöglicht, zwischen den Jahren 2008 und 2017 den Wasserverbrauch pro produziertem Fahrzeug um insgesamt 30,8 % zu senken. Gelungen ist dies u. a. durch den verstärkten Einsatz von Rezirkulationstechnologien für die Wiederverwendung von Wasser.“ [ACEA 2018].

Um einen konkreten Überblick über das Abwassermanagement in der Automobilindustrie zu geben, werden nachfolgend für Fahrzeug- und Komponentenwerke wichtige abwasserverursachende Prozesse und typische prozessspezifische Abwassercharakteristiken beschrieben.

10.6.2.1 Standort Fahrzeugproduktion / Fahrzeugvollwerk

Abwasseranfall

Ein Fahrzeugvollwerk als ein üblicher Werkstyp der Fahrzeugproduktion umfasst in der Regel keine mechanische Komponentenproduktion. Demnach fallen in einem Fahrzeugvollwerks in der Regel folgende Abwasserarten an:

- Abwässer aus der Fahrzeugproduktion inkl. Presswerk und Karosseriebau, Lackiererei und Montage. Hier kommen sowohl Frischwasser als auch Brauchwasser zum Einsatz. Aufgrund der hohen organischen Fracht wird auf Abwasser aus der Lackiererei gesondert eingegangen. In der Lackiererei werden der Korrosionsschutz und die Farbe auf Fahrzeugkarosse und Anbauteile aufgetragen. Lackieranlagen weisen üblicherweise folgende Prozessschritte auf:
    - Vorbehandlung mit
      - Entfetten und Spülen
      - Phosphatieren und Spülen
      - Passivieren, Spülen und Trocknen,
    - Kathodische Tauchlackierung (KTL), Spülen, Einbrennen,
    - Abdichten (Nähte, Unterbodenschutz) und Aushärten,
    - Füllerauftrag und Trocknen,
    - Auftrag der Farbschicht und Trocknen,
    - Auftrag der Klarlackschicht und Trocknen,
    - Hohlraumkonservierung.
- Sanitärabwasser der Mitarbeiter/-innen einschließlich der Abwässer aus Großküchen, Kantinen und Restaurants. Hier wird der Wasserbedarf über Frisch-/Trinkwasser gedeckt. Einzelne Standorte verfügen über ein Brauchwassernetz, das z. B. die Toilettenspülungen speist oder Wasser für Kühlzwecke bereitstellt.
- Abwässer aus der Versorgungstechnik und Standortpflege. Hier kommen Brauchwasser, Frischwasser und Regenwasser zum Einsatz. Es fallen in diesem Bereich Abschlämmwässer aus Kühlanlagen, Regenerate aus Ionenaustauschern, Spülwässer aus Filtern und Sonderabwässer z. B. aus Kehrmaschinenentleerungsplätzen an.

Ein typisches und sachgerechtes Vorgehen im Hinblick auf das Prozess- und Abwassermanagement ist die Teilstrombehandlung vor der Vermischung von Abwässern. Vorbehandelte Produktionsabwässer können nach einer Teilstrombehandlung anschließend mit dem Sanitärabwasser und den Abwässern aus der Versorgungstechnik in eine nachgelagerte End-of-Pipe-Behandlung verbracht werden. Dies kann im Fall einer Indirekteinleitung eine kommunale Kläranlage sein. In Industrieparks wird oft eine zentrale vollbiologische Aufbereitungsanlage genutzt. Ist der Standort ein Direkteinleiter, liegt im Regelfall eine werkseigene vollbiologische Anlage vor.

Die Abwassermenge, die bei der Herstellung von Automobilen anfällt, beträgt zwischen 1,2 bis 5,0 m^3 pro Fahrzeug. Dazu kommen noch 1,0 bis 2,5 m^3/Fzg. an Sanitärabwasser und sonstigen Abwässern (Kantine, Waschanlagen usw.) hinzu [Gruden 2008].

Das Volkswagen-Werk in Wolfsburg gibt beispielsweise für 2013, bezogen auf das Hauptklärwerk Abwasserzentrum West, folgende Zahlen an (werkinterne Eigenerhebung):

- Mitarbeiterzahl ca. 58.000,
- ca. 800.000 produzierte Fahrzeuge,
- Jahresabwassermenge 2.708.110 m³ als Summe aller Abwasserströme.

Daraus ergibt sich eine standortspezifische Abwassermenge von 3,38 m³/Fzg. Dieser Wert liegt in den von [Gruden 2008] genannten Bandbreiten.

Detaillierte Zahlen über Wasserverbräuche stehen auch für das Volkswagenwerk Emden und hier für das Jahr 2017 zur Verfügung [Volkswagen AG 2017]:

- Mitarbeiterzahl ca. 8.800,
- ca. 234.000 produzierte Fahrzeuge,
- Jahreswasserverbrauch ca. 423.600 m³ (entsprechend 1,81 m³/Fzg.) davon sind die folgenden Teilströme bekannt:
  - Presswerk: ca. 5.200 m³,
  - Karosseriebau: ca. 29.400 m³,
  - Montage: ca. 22.500 m³
  - Werktechnik: (Kühltürme, VE-Wasser, Sanitär) ca. 250.600 m³,
  - Sonstiges: ca. 5.200 m³.

Inhaltstoffe Rohabwasser

Abwasserströme aus verschiedenen Prozessen haben selbstredend unterschiedliche Eigenschaften. Abwässer aus der Automobilindustrie haben meist einen hohen Anteil sowohl an suspendierten als auch an gelösten Feststoffen und hier in der Regel hohe organische Belastungen, die in hohen Werten für den chemischen Sauerstoffbedarf (CSB) ihren Ausdruck finden. Darüber hinaus enthalten die Abwässer der Automobilindustrie in relativ hohen Konzentrationen Schwermetalle wie Zink und Nickel. In der Automobilindustrie sind Lackieranlagen die Hauptverursacher von Abwässern, die reich an Schwermetallen und organischen Mikroverunreinigungen sind. Das Volkswagen Werk in Wolfsburg gibt für 2013, bezogen auf das Hauptklärwerk Abwasserzentrum West, folgende Zahlen zur Abwasserbelastung an:

Tabelle 1: Zulauf des Hauptklärwerks Abwasserzentrum West, VW Wolfsburg (werkinterne Eigenerhebung).

Parameter	Wert	Einheit
Abwasssermenge	2.708.110	m^3/a
CSB	ca. 410	mg/l
CSB	1.110	t/a
N_{ges}	ca. 26,15	mg/l
N_{ges}	71	t/a
P_{ges}	ca. 1,94	mg/l
P_{ges}	5	t/a

Der pH-Wert lag im Mittel bei 8,7.

10.6.2.2 Standort Komponentenproduktion

Abwasseranfall

Das am Standort eines Komponentenwerkes anfallende Abwasser (siehe Bild 1) stammt maßgeblich aus den folgenden Bereichen:

- Mechanische Fertigung Komponenten,
- Sanitärabwasser,
- Versorgungstechnik.

Das Abwasser aus diesem Bereich ist mit Schwermetallen, Öl und Fetten sowie mit weiteren organischen und anorganischen Schadstoffen belastet [El-Gohary et al. 1988]. Exemplarisch soll das VW-Werk Kassel vorgestellt werden, das maßgeblich durch die Komponentenfertigung bzw. Getriebefertigung geprägt ist. Hinzu kommen die Aggregateaufbereitung der Getriebe und Motoren, sowie die Fertigung und Lackiererei von Rohbauteilen (Karosserie), die Fertigung von Abgasanlagen sowie die Gießerei auf dem Werksgelände. Am Standort Kassel fielen in 2017 etwa 708.000 m^3 Produktionsabwasser bei 21.254 produzierten Einheiten und etwa 180.000 m^3 Sanitärabwasser von etwa 16.500 Mitarbeitern an. Bild 2 illustriert das in Kassel realisierte Wasserwirtschaftskonzept. Bei den wesentlichen Abwasserströmen handelt es sich um ölhaltige Abwässer, die zuerst entsprechend vorbehandelt, über eine zentrale chemisch-physikalische Behandlung und anschließend gemeinsam mit dem Sanitärabwasser in die zentrale biologische Abwasserbehandlung abgeleitet werden. Nach der zentralen biologischen

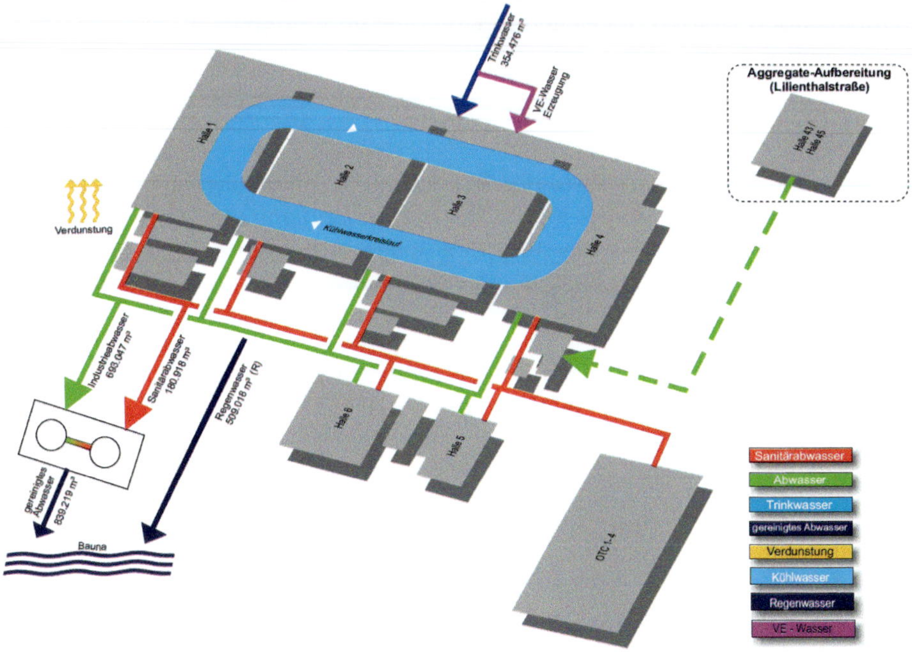

Bild 2: Wasserwirtschaftskonzept am Standort VW Kassel (Quelle: Volkswagen AG, Umweltschutz Werk Kassel)

Behandlung gelangt das Abwasser in einen Schönungsteich, um von dort dem Vorfluter (Bauna) zugeführt zu werden.

In der spanenden Fertigung werden Emulsionen (Kühlschmierstoff / Wassergemische) eingesetzt, die zur Kühlung von Werkstücken und Werkzeugen, zur Werkzeugschmierung und zum Abtransport von Spänen und Abrieb dienen. Sie stellen den Hauptabwasserstrom dar. Badpflegemaßnahmen wie z. B. Filtration und Sedimentation ermöglichen eine Kreislaufführung und eine Standzeiterhöhung der Emulsionen. Nach Ablauf der Standzeit werden die Systeme komplett entleert und mit frischen Wirkmedien neu angesetzt.

Nach der Fertigstellung der Teile werden Verunreinigungen und anhaftende Emulsionen durch mehrstufige Waschprozesse in Waschmaschinen entfernt. Dazu werden Mischungen aus tensidischen Reinigern und Trinkwasser oder vollentsalztes (VE) Wasser eingesetzt. Als Badpflegemaßnahmen werden Verunreinigen und aufschwimmende Öle abgeskimmt sowie verschiedene Filtrationsverfahren eingesetzt. Bei nachlassender Reinigungswirkung und ansteigender Gefahr einer

Keimbelastung werden die Reinigungsmedien verworfen und mit frischen Reinigerkonzentraten neu angesetzt.

Beide Abwässer, Emulsionen und Waschwässer, werden entsprechend ihrer Inhaltsstoffe (Öle, Reiniger, teilweise metallische Verunreinigungen) vorbehandelt. Hauptaugenmerk liegt dabei auf der Ölabtrennung mit dem relevanten Parameter Kohlenwasserstoff-Index (KW-Index). Für die Behandlung dieser Abwässer haben sich energieeffiziente Vakuumverdampferanlagen durchgesetzt. Es handelt sich um universelle und robuste Anlagen, die auch mit wechselnden Abwasserkonzentrationen und Abwasserinhaltsstoffen sehr gute Ergebnisse erzielen. Im Gegensatz zu Filtrationsverfahren kann hier eine hohe Ausbeute an gereinigtem Wasser erreicht werden, d. h. die Abfallmenge (Konzentrat) ist relativ gering. Die weitgehende Reduzierung an Inhaltsstoffen ermöglicht ein Recycling des entstehenden Destillats. Das Destillat kann zum Neuansatz von Emulsionen oder Waschwasser oder für andere Prozesse als Betriebswasser wiedereingesetzt werden. Entstehendes Verdampferkonzentrat wird als erlösbringender Reststoff der Verwertung zugeführt oder mittels Upcycling in den Wirtschaftskreislauf zurückgeführt.

Inhaltsstoffe Rohabwasser vor Teilstrombehandlung (Emissionen/Frachten)

Für die Einordnung der CSB-Belastung kann ein Beispiel von [Bajaj und Winter 2013] herangezogen werden. In dieser Referenz wird erläutert, dass eine Automobilfabrik, die 400.000 Fahrzeuge pro Jahr produziert, rund 410.000 m^3 Abwasser erzeugt. Das Abwasser stammt vorrangig aus Emulsions- und Beschichtungsabschnitten und weist eine durchschnittliche CSB-Belastung von 11,4 kg/m^3 auf [Herr et al. 2008; Bajaj und Winter 2013].

Betriebsinterne Erhebungen der VW-Standorte Salzgitter und Kassel bestätigen die genannte Größenordnung der CSB-Belastung. An beiden Standorten liegen CSB-Konzentrationen von rund 100.000 mg/l vor. Ferner liegen die Belastungen für Kohlenwasserstoffe bei unter 10.000 mg/l und die Leitfähigkeiten bei rund 10.000 µS/cm.

10.6.3 Abwasserbehandlung und Vermeidung

10.6.3.1 Allgemeines

Eine Behandlung eines relevanten Teilstroms im Rahmen des produktionsintegrierten Umweltschutzes ist immer einer Behandlung nach Vermischung in der End-of-Pipe-Anlage eines Standortes vorzuziehen. Auch ist wichtig festzuhalten, dass nicht in allen Produktionsprozessen und -teilschritten Abwässer anfallen, die eine Verunreinigung aufweisen, die eine Vorreinigung zwingend notwendig

Tabelle 2: Übersicht Abwasseraufbereitungsverfahren (Quellen: Volkswagen AG, Konzernforschung Umwelt Produktion, Hr. Eppers)

	Absetzbare Stoffe	Schwermetalle	Öle / Fette	Sulfat, Phosphat	Farben, Lacke	Organik, CSB	AOX	Mikroorganismen	Ionen
Oxidation						+++	++		
Fällung, Flockung, Sedimentation	+++	+++	+	+++	+				
Flotation			++		+++				
Filtration / Adsorption	+++					+			
Mikrofiltration	+++		+					+	
Ultrafiltration	+++		+++		+++	+		++	
Nanofiltration	++	+		+	+	++		+++	+
Umkehrosmose	+	+		+		+++		+++	+++
Elektrochemische Behandlung		++	+	+		+			+++
Biologie				+		+++			
Ionenaustauscher		+++		+		+			+++
Verdampfer	++	+++	+++	+++	+	++	+	++	+++
+++ sehr gut geeignet									
++ gut geeignet									
+ geeignet									

machen (z. B. Abwasser aus Fahrzeugwaschanlagen). Auf der anderen Seite können produktionsintegrierte Maßnahmen die nachgeschalteten End-of-Pipe-Anlagen ganz erheblich entlasten.

Tabelle 2 gibt einen Überblick über technisch geeignete Behandlungsmaßnahmen für neun repräsentative Verschmutzungsarten. Gut bzw. weniger gut geeignete Verfahrensansätze sind entsprechend gekennzeichnet. Diese Betrachtung berücksichtigt nur die verfahrenstechnische Eignung jedoch nicht die Investitions- und Betriebskosten der Anlagen sowie die zu behandelnden Abwassermengen.

Aufgrund ihrer Relevanz werden nachstehend die Abwasserteilströme aus der Lackiererei und dem Presswerk, dem Karosseriebau und der mechanischen Fertigung gesondert diskutiert.

10.6.3.2 Teilstrom-Abwasser aus der Lackiererei

In modernen Lackieranlagen fallen vorbehandlungsbedürftige Abwässer nur in der Karossenvorbehandlung an. Sie ergeben sich vor allem aus den Reinigungs- und Spülabwässern, aus der Entfettung sowie aus schwermetall- und phosphathaltigen Abwässern aus der Phosphatierung. Bild 3 beschreibt einen üblichen Karosserievorbehandlungs- und Lackierprozess. In diesem Produktionsschritt werden die Karossen phosphatiert, um den Aufbau des Korrosionsschutzes zu realisieren und die Haftvermittlung für die nachfolgenden Schichten der Lackierung zu ermöglichen. Neben hohen Phosphatkonzentrationen enthalten die Bäder die Schwermetalle Nickel, Zink sowie Mangan und zusätzlich organische Verbindungen aus der Aktivierung und Passivierung. In der Produktion stehen nun verschiedene Technologien zur Verfügung, die es gestatten, die Standzeiten des genutzten Wassers zu verlängern und damit den Wasserverbrauch zu reduzieren.

Besonders große Abwassermengen fallen beim Spülen in der Vorbehandlung an. Mehrstufige Systeme machen das Spülwasser wiederverwendbar und verringern das Abwasser um bis zu 90 Prozent [VDA 2014]. Badpflegemaßnahmen der Aktivbäder sorgen für einen geringeren Abwasseranfall. Sie führen jedoch auch zu deutlich höheren Konzentrationen an Inhaltsstoffen. Zur Abwasservorbehandlung und Entfernung des Phosphors und der Schwermetalle erfolgt oftmals eine hydroxydische Fällung und anschließende physikalische Abtrennung.

10.6.3.3 Teilstrom-Abwasser aus Presswerk, Karosseriebau und mechanischer Fertigung

Ein weiterer bedeutsamer Teilstrom ist ölhaltiges Abwasser, das sowohl im Presswerk und Karosseriebau als auch ganz maßgeblich in der mechanischen Fertigung anfällt. Für die Standzeitverlängerung haben sich Mikro- oder Ultrafiltrationsanlagen als Badpflegemaßnahmen bewährt. Für die Behandlung dieser speziellen

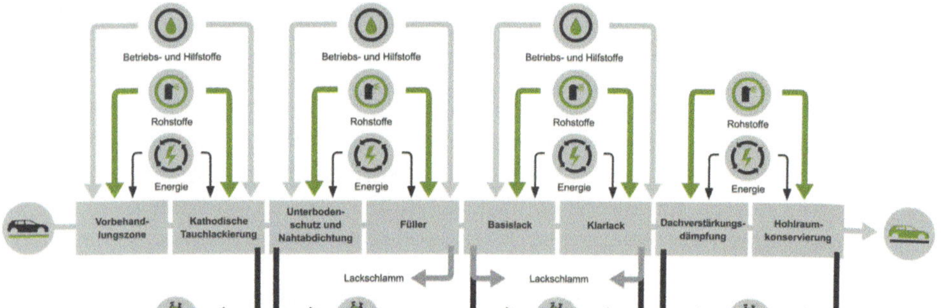

Bild 3: Lackierprozess (Quelle: Volkswagen AG, Konzernforschung Umwelt Produktion, Hr. Eppers)

Bild 4: Verdampferanlage mit Behandlungskapazität von 90 m^3/d (Quelle: Volkswagen AG, Konzernforschung Umwelt Produktion, Hr. Eppers)

Abwässer werden beispielsweise bei Volkswagen Verdampferanlagen eingesetzt, die auch mit wechselnden Abwasserkonzentrationen und Abwasserinhaltsstoffen sehr gute Ergebnisse erreichen (Beispiel siehe Bild 4). Hauptziele des Einsatzes der Verdampferanlagen sind die Abtrennung von metallischen Partikeln und Feststoffen sowie die Reduzierung des CSB, der Kohlenwasserstoffe und der Salzkonzentrationen, um eine Kreislaufführung der erzeugten Destillate zu ermöglichen.

10.6.3.4 End-of-Pipe-Ansätze und -Anlagen

In den End-of-Pipe-Anlagen werden die Abwasserteilströme aus der Produktion sowie die am Standort anfallenden Sanitärabwasser und Abwässer aus der Versorgungstechnik zusammengeführt und gemeinsam behandelt. Hier kommen fast ausschließlich in konventioneller Ausführung betriebene vollbiologische Anlagen zum Kohlenstoffabbau einschließlich Nährstoffelimination (Nitrifikation/Denitrifikation und Phosphorfällung) zum Einsatz. Die aus den Werken stammenden hohen organischen Frachten begünstigen die biologische Elimination der Stickstoffverbindungen, die ihren Ursprung überwiegend im Sanitärabwasser haben. Die Schlammbelastung ist üblicherweise gering. Direkteinleiter werden zunehmend mit Betriebswasseraufbereitungen ausgerüstet. Diese Anlagen erzeugen aus biologisch behandeltem Wasser über Ultrafiltration und Umkehrosmose ein im Werk wiederverwendbares Prozesswasser.

10.6.4 Beispielanlagen

10.6.4.1 ProduktionsIntegrierter UmweltSchutz PIUS

CP einer Lackiererei, Beispiel Volkswagen-Werk Wolfsburg

Im Jahr 2017 wurde im Volkswagenwerk Wolfsburg eine chemisch-physikalische (CP) Behandlungsanlage für die Behandlung von Abwässern aus der Lackiererei in Betrieb genommen. Die Teilstrombehandlungsanlage hat die Aufgabe, das in der Lackiererei anfallende Abwasser nach Abwasserverordnung Anhang 40 (Abschnitt E) zu reinigen und für potenzielle Sekundäranwendungen in der Lackiererei wieder einsetzbar zu machen. Optional kann das behandelte und damit stabilisierte Abwasser über eine unterirdische Druckleitung von 750 Metern Länge dem Abwasserzentrum Mitte zur weiteren Behandlung abgeleitet werden. Damit geht das Wasser dann in den werksübergreifenden Wasserkreislauf. Grundstock des Prozesses sind eine Entklebung und Stabilisierung auf Eisen-/Kalk-Basis. Als Abwasserquellen laufen der Anlage vorwiegend folgende Fraktionen zu: Abschlämmwasser und Abwasser aus der Schlammentwässerung aus den Bereich Füller, Basislack und Decklack sowie Mischabwasser aus einem großen Gegenbehälter, der Badverwürfe und Mischabwässer aufnimmt. Die Anlage ist für einen Stundendurchsatz von 6 bis maximal 8 m³/h konzipiert. Bild 5 beschreibt den technischen Ablauf.

In der konkreten Abfolge wird das Abwasser zunächst in einem Misch- und Ausgleichsbehälter vergleichmäßigt und der Fällung durchsatzgeregelt zugeführt. Das Abwasser hat Belastungen im Bereich von TOC ca. 2.100 mg/l, CSB 6.600 mg/l, Leitfähigkeit von 6.300 µS/cm und einem stark schwankenden pH-Wert. Je nach

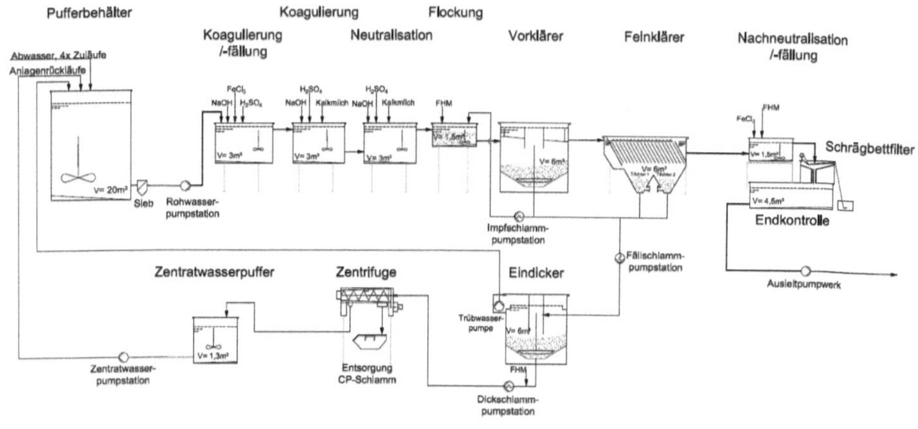

Bild 5: Blockschema der Teilstrombehandlung einer Lackiererei (Quelle: De.EnCon GmbH)

Betriebssituation oder Lack- und Badverwürfen kann die Zulaufbelastung jedoch auch deutlich höher ausfallen und CSB-Konzentrationen von mehr als 25.000 mg/l erreichen. Insbesondere aufgrund der hohen Abwassertemperaturen von bis zu 27 °C kommt es zeitweise zu einem starken Keimwachstum.

Vom Misch- und Ausgleichbecken geht das Abwasser in die Koagulierung 1, wo zwischen 50 und 300 ppm Wirksubstanz Eisen zur Mikroflockenbildung zugegeben werden und der pH-Wert, falls durch das Eisen noch nicht erreicht, mit Schwefelsäure auf einen Wert zwischen 2,5 und 5,0 eingestellt wird. In den folgenden beiden Behältern wird der pH-Wert mit Kalkmilch und Natronlauge in zwei Schritten auf 8,0 bis maximal 9,0 angehoben. In der folgenden Flockung werden 2 – 5 ppm Flockungshilfsmittel zugesetzt und eine stabile, absetzbare Flocke erzeugt. Der Schlamm wird über einen Vorklärer und einen nachfolgenden Schrägklärer abgeschieden und der Klarablauf einer optional aktivierbaren Nachfällung zugeführt. Der Ablauf durchläuft einen Fließfilter und wird im Folgebehälter auf Trübung, Leitfähigkeit, Temperatur und pH-Wert kontrolliert. Das so vorbehandelte Abwasser ist vollständig entklebt und stabilisiert und kann – wie oben erwähnt – entweder dem Abwasserzentrum Mitte zugeführt werden oder zukünftig für Sekundäranwendungen in der Lackiererei wiederverwendet werden. Es ist jedoch zu beachten, dass der hohe CSB-Anteil auf Basis von echt gelösten organischen Inhaltsstoffen nur geringfügig reduziert wird.

Die Prozessschlämme werden statisch eingedickt und unter Einsatz von Flockungshilfsmittel über einen Dekanter mit kontinuierlich 1,0 bis 1,3 m^3/h abgefahren. Der entwässerte Schlamm erreicht hierbei einen TS-Gehalt von 23 bis 25 % mit einem Jahresanfall von ca. 30 bis 35 t. Das Trübwasser wird der Anlage wieder zugeführt. Die benötigte Betriebschemie wird in einem IBC-Bahnhof bereitgestellt.

Derzeit laufen Voruntersuchungen zur Umstellung des Prozesses von einer eisen-/kalkbasierten Flockung auf die Nutzung eines organischen Flockungsmittels. Die Grenzwerte nach Anhang 40 AbwV im Bereich Schwermetalle würden jedoch erst in der nachfolgenden Behandlung im Abwasserzentrum Mitte erreicht werden. Vorteilhaft sind hier die deutlich geringeren zu entsorgenden Schlammmengen sowie der verminderte Einsatz von eisenbasierten Fällmitteln und Schwefelsäure mit den Vorteilen der verminderten Aufsalzung des Abwassers und verringerter Betriebskosten.

Kühlschmierstoffbehandlung

In der spanenden Fertigung werden Emulsionen (Kühlschmierstoff/Wassergemische) eingesetzt, die zur Kühlung von Werkstücken und Werkzeugen, zur Werkzeugschmierung und zum Abtransport von Spänen und Abrieb dienen. Nach der Fertigstellung der Teile werden Verunreinigungen und anhaftende Emulsionen

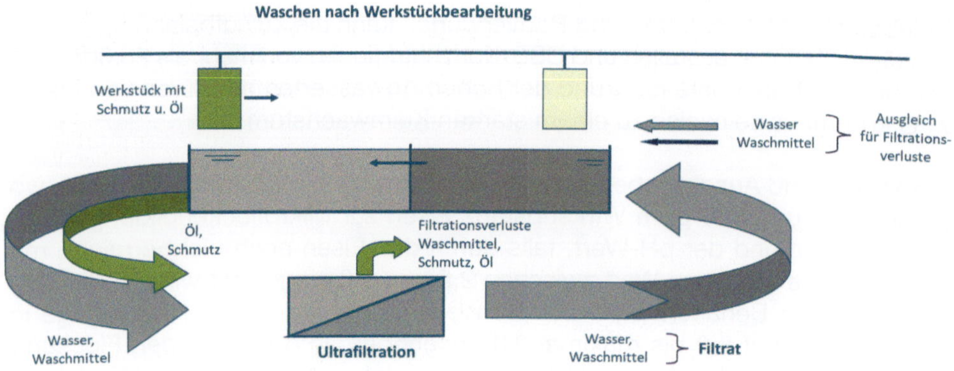

Bild 6: Ultrafiltration als Badpflegemaßnahme (Quelle: Volkswagen AG, Konzernforschung Umwelt Produktion, Hr. Eppers)

durch mehrstufige Waschprozesse in Waschmaschinen entfernt. Dazu werden Mischungen aus tensidischen Reinigern und Trink- oder VE-Wasser eingesetzt.

Wie in Bild 6 beispielhaft dargestellt, können Mikro- oder Ultrafiltrationsanlagen als Badpflegemaßnahmen eingesetzt werden, um Öle und Partikel aus dem Kreislauf zu entfernen und Standzeiten der Waschwässer von mehreren Monaten zu erreichen und die Anzahl an Badverwürfen zu minimieren.

Nach Ablauf der Standzeit werden die Systeme komplett entleert und mit frischen Wirkmedien neu angesetzt. Emulsionen und Waschwässer werden entsprechend ihrer Inhaltsstoffe (insb. Öle, Reiniger, teilweise metallische Verunreinigungen) gemeinsam in Verdampferanlagen vorbehandelt. Wichtige Kriterien sind hierbei die erreichbaren Reduzierungen bezüglich CSB und Kohlenwasserstoffe (KW). Im Gegensatz zu Filtrationsverfahren kann mit Verdampferanlagen eine erhöhte Ausbeute an gereinigtem Wasser erreicht werden, d. h. die Reststoffmenge (Konzentrat) ist relativ gering. Die weitgehende Reduzierung an Inhaltsstoffen ermöglicht sogar ein Recycling des entstehenden Destillats.

In der in Bild 7 gezeigten Verdampferanlage werden Abwässer mit einer Leitfähigkeit von ca. 10.000 µS/cm, einen CSB-Wert von kleiner 100.000 mg/l und einen Kohlenwasserstoffgehalt von kleiner 10.000 mg/l behandelt. Das erzeugte Destillat erreicht eine hohe Qualität. Zentrale Parameter sind die erreichte Leitfähigkeit von kleiner 350 µS/cm, eine CSB-Konzentration von ca. 1.000 bis 2.500 mg/l und eine Kohlenwasserstoffbelastung von 5 bis 15 mg/l. Damit kann es zum Neuansatz von Emulsionen, als Waschwasser oder für andere Prozesse als Betriebswasser, wiedereingesetzt werden. Moderne Verdampferanlagen benötigen weniger als 50 kWh/m^3 elektrische Energie zur Abwasservorbehandlung.

Bild 7: Verdampferanlage mit Peripherie (Quelle: Volkswagen AG, Konzernforschung Umwelt Produktion, Hr. Eppers)

10.6.4.2 End-of-Pipe-Behandlung

Fahrzeugvollwerk – Standort Emden

Der VW-Standort Emden ist ein klassisches Fahrzeugvollwerk. In dem Werk arbeiteten 2017 rund 8.700 Mitarbeiter/-innen und es wurden 234.000 Fahrzeuge produziert. Die betriebseigene Abwasseraufbereitung erfolgt seit dem Bau der Kläranlage in 1975 zentral als End-of-Pipe-Ansatz. Die Anlage wurde 1992 optimiert und erfährt seit 2017 eine mehrstufige grundlegende Sanierung. Der Abschnitt der biologischen Behandlung wurde Anfang 2018 erneuert. Neben Betonsanierungen wurde auch die Verfahrenstechnik erneuert. Zusätzlich wurde auf Grundlage von Onlinemessungen der biologische Prozess optimiert und der gesamte Prozess in die Leittechnik integriert. Das in Bild 8 enthaltene Blockbild zeigt die Funktionsweise der Anlage mit Stand 2018.

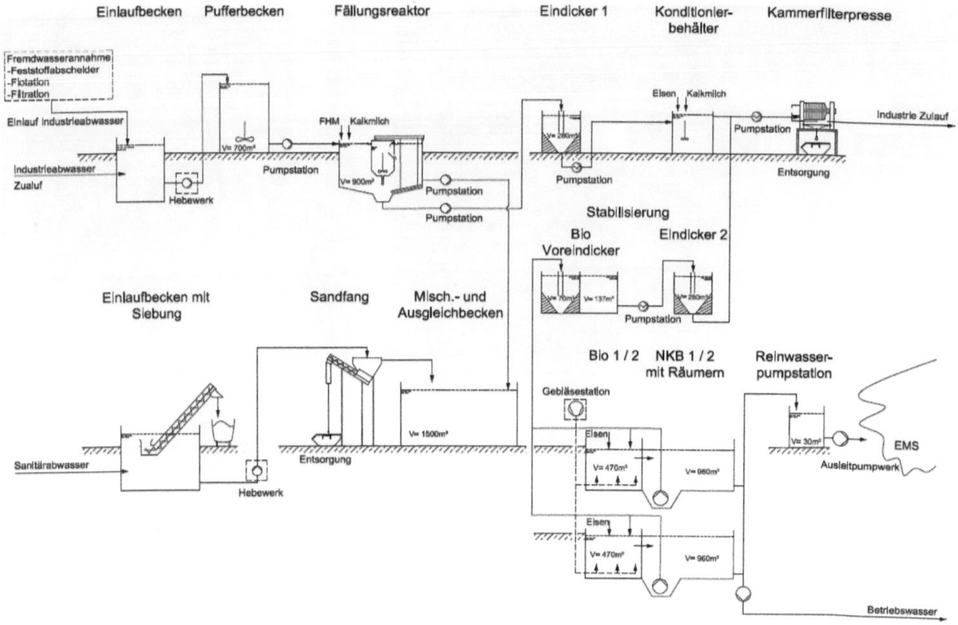

Bild 8: Blockschema der Betriebskläranlage Standort Emden, Stand 2018 (Quelle: De.En-Con GmbH).

Das zulaufende Abwasser kann den folgenden Herkunftsbereichen zugeordnet werden:

- Sanitärabwasser,
- Niederschlagswasser,
- Industrieabwasser,
- Annahme von Abwasser aus Fremdbetrieben.

Das Sanitärabwasser fließt zusammen mit der witterungsabhängigen Menge an Niederschlagswasser dem Einlaufbecken zu. Hier erfolgt eine Siebung und das Abwasser wird über einen Sandfang in das zentrale Misch und Ausgleichsbecken gehoben. Das stündliche Aufkommen an Sanitärabwasser liegt zwischen 40 und 180 m³/h. Der Anteil des Industrieabwassers liegt in einer ähnlichen Größenordnung mit 60 bis 180 m³/h. Nachstehend werden in den Tabellen 3 und 4 diese beiden Abwasserteilströme näher spezifiziert.

Tabelle 3: Sanitärabwasserzuläufe im Jahr 2017 am VW-Standort Emden (Eigenerhebung des Standortes)

		Zulauf Sanitärabwasser	
Min.		Max.	
Q	m^3/h	40	180
pH	–	6,5	8,84
CSB	mg/l	40	1.900

Tabelle 4: Abwasser-Zu- und Abläufe der Industrieabwasservorbehandlung im Jahr 2017 am VW Standort Emden (Eigenerhebung des Standortes)

		Zulauf Industrieabwasser		Ablauf Industrieabwasser	
Min.		Max.	Min.	Max.	
Q	m^3/h	60	180	20	46
pH	–	0	12	10,5	11,5
CSB	mg/l	33	12.000	67	910
Ni	mg/l	0,04	6,93	0,03	0,57
AOX	mg/l	–	–	50	110

Die Produktionsabwässer fließen dem Industrieabwasserkanalnetz zu. Zirka 90 % dieser Teilströme sind am Anfallort bereits vorbehandelt worden. Das Wasser der unterschiedlichen Hauptsammler fließt im Einlaufbecken zusammen. Hier wird auch der Abwasserstrom aus der separaten Vorbehandlung des angenommenen Abwassers aus Fremdbetrieben eingeleitet. Die Vorbehandlung des fremdbetrieblichen Abwassers umfasst eine Sedimentation, Flotation und Filtration.

Das gesammelte Industrieabwasser wird gehoben und über einen Mengenausgleich dem Fällungs- und Flockungsreaktor zugeführt. Hier anfallender Fällschlamm auf Eisen-/Kalkbasis wird statisch eingedickt und über eine Kammerfilterpresse entwässert. Das Abwasser wird anschließend in das zentrale Misch- und Ausgleichsbecken gehoben und mit dem Sanitärabwasser ab hier gemeinsam behandelt. Das sanitäre Abwasser fällt mit 40 bis 180 m^3/h an und weist CSB-Konzentrationen von im Mittel 450 mg/l und eine Stickstoffbelastung von 45 mg/l auf.

Der vergleichmäßigte Volumenstrom wird auf die zweistraßige biologische Behandlung verteilt. Tabelle 5 beschreibt die auftretenden Mengen sowie die stofflichen Belastungen im Zulauf und die nach der biologischen Behandlung zu erreichenden Ablaufwerte.

Tabelle 5: Abwasser-Ablauf und -Zulauf der biologischen Behandlung im Jahr 2017 am VW-Standort Emden (Eigenerhebung des Standortes)

Max.		Einleitgenehmigung	Zulauf biolog. Mischung	
		Min.	Max.	
Q	m^3/h	345	40	100
pH	–	6,5 – 9,5	8	11
CSB	mg/l	100	162	983
Ni	mg/l	im Mittel 0,12 max. 0,23	–	–
AOX	mg/l	0,1	11	66
Hg	mg/l	0,001	–	–
Cd	mg/l	0,005	–	–
Giftigkeit gegenüber Fischeiern (G_{Ei})	–	2	–	–

Bei der biologischen Behandlung wird das Abwasser intermittierend belüftet, wobei die belüfteten und unbelüfteten Phasen über Online-Messungen für Ammonium und Nitrat geregelt werden. Der Lufteintrag erfolgt über robuste, chloridbeständige Edelstahlbelüftungselemente, die ziehbar gestaltet sind. Das Lochbild ist verstopfungsunanfällig und produziert einen mittelblasigen Lufteintrag. Die Fällmittelzugabe auf Eisenbasis zur Phosphorelimination erfolgt automatisiert und basiert ebenfalls auf einer Onlinemessung und der Zulauferfassung. Die Biomasseabtrennung findet in horizontal durchströmten Rechteckbecken statt, die von Seillängsräumern sowohl von Grundschlamm als auch von Schwimmschlamm befreit werden. Der Überschussschlamm wird aus dem Rücklaufschlamm abgezogen und in einer Voreindickung einem zweiten statischen Eindickschritt einschließlich biologischer Stabilisierung zugeführt. Nach einer Konditionierung mit Kalk und Eisen erfolgt über die Kammerfilterpresse die Entwässerung. Der Klarwasserablauf der Anlage speist die Betriebswasseranlage und verlässt über die Reinwasserpumpstation die Anlage in Richtung Vorflut. In den für die Zukunft noch vorgesehenen Sanierungsschritten werden die Bereiche Schlammentwässerung, Chemikalienlagerung und die gesamte Fremdwasserbehandlung modernisiert.

Komponentenwerk – Standort Salzgitter

Der im Jahr 1970 gegründete Volkswagenstandort Salzgitter war ursprünglich ein Fahrzeugvollwerk und wurde 1975 auf ein Komponentenwerk für Aggregate

Tabelle 6: Abwasseranfall am Klärwerk eines reinen Komponentenwerkes (Eigenerhebung Standort)

Salzgitter Wasserrechtliche Erlaubnis		Ablauf	Zulauf als ca. Wert Zeitraum: Januar bis Juli 2018	
		Min.	Max.	
Q	m³/h	30	3	
pH	–	6,5 – 9,5	6	
CSB	mg/l	70	230	
BSB	mg/l	15	160	
NH_4-N	mg/l	5	n. b.	
N_{ges}-N	mg/l	16	20	
P_{ges}-P	mg/l	1,5	4	
Cr	mg/l	0,05	n. b.	
Ni	mg/l	0,05	n. b.	
Pb	mg/l	0,05	n. b.	
Cu	mg/l	0,05	n. b.	
Fe	mg/l	2	n. b.	
Kohlenwasserstoffe	mg/l	5	4	20
AOX	mg/l	0,15	n. b.	
n. b. = wird nicht betrachtet				

umgestellt. Im Jahr 2017 waren im Werk etwa 7.000 Mitarbeiter und Mitarbeiterinnen beschäftigt. Die Produktionspalette des Werkes umfasst Otto- und Dieselmotoren für PKW und Nutzfahrzeuge der VW-Konzernmarken. Seit 2001 werden zusätzlich Bootsmotoren produziert.

In Tabelle 6 sind Daten zusammengestellt, die sich auf den Zeitraum 01.01.2018 – 31.07.2018 beziehen. In diesem Zeitraum wurden 890.000 Motoren und 1.020.470 Motorenäquivalente produziert.

Das Werk Salzgitter war mit Blick auf das Industrieabwasser bis vor kurzem emissionsfrei, da alle Kondensate aus der vorhandenen Verdampferanlage wieder in der Produktion für den Neuansatz von Emulsionen eingesetzt wurden. Im Rahmen der Minimalmengenschmierung und Trockenbearbeitung fiel jedoch die Abnahmestelle weg, sodass überschüssiges Kondensat in die Kläranlage geleitet und zusammen mit dem Sanitärabwasser behandelt wird. Das behandelte Abwasser wird derzeit im Teilstrom mittels Recycling (UF und RO) wieder als Kühlwasser eingesetzt.

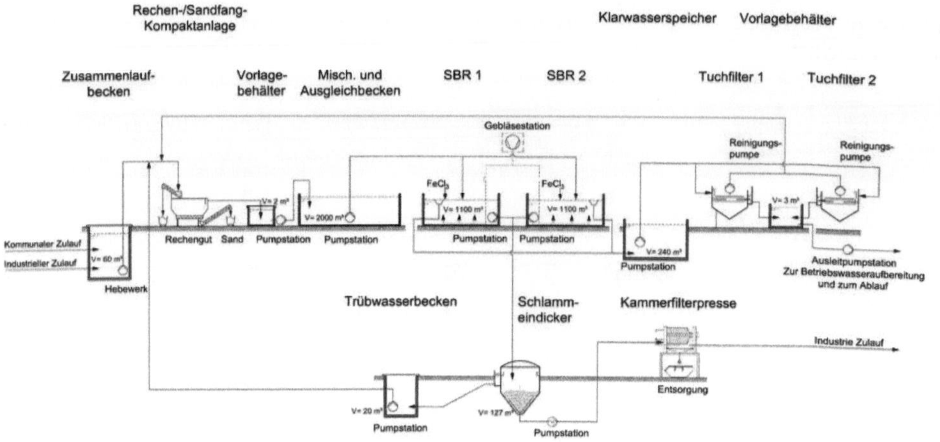

Bild 9: Blockbild der geplanten Abwasserbehandlung am VW-Standort Salzgitter (Quelle: De.EnCon GmbH)

Die bestehende Anlage aus dem Jahr 1975 soll jedoch durch einen Anlagenneubau ersetzt werden. Nachfolgend und insbesondere in Bild 9 wird das neue Behandlungskonzept erläutert.

Das Abwasser der Produktion wird zusammen mit dem sanitären Abwasser der Belegschaft gehoben und über einen Sand- und Fettfang dem bestehenden 2.000 m³ großen Misch- und Ausgleichsbecken zugeführt. In Zukunft soll die biologische Behandlung in zwei neuen Sequencing-Batch-Reaktoren (SBR) erfolgen, die jeweils ein Volumen von 1.000 m³ aufweisen werden. Ein intelligentes Mess- und Regelsystem erkennt über den Wochentag und Füllstand des Misch- und Ausgleichsbeckens sowie dessen zeitlicher Füllstandsänderung die Zulaufbelastung der Anlage und wählt unterschiedliche Zyklusprogramme an. Im Rahmen des Notfallprogramms kann nur ein Reaktor das im Mittel anfallende Abwasser vollständig behandeln. Spezielle schwimmende Rührwerke sorgen für eine kontinuierliche Einmischung von ggf. entstehenden Schwimmschlammschichten und sorgen für eine gute Durchmischung während der Denitrifikation. Die Umschaltung von Denitrifikation auf Nitrifikation erfolgt anhand von Onlinemessungen der Parameter Ammonium und Nitrat. Der Phosphorwert im belebten Schlamm wird online analysiert und über die Zugabe von Fällmitteln eingestellt.

Das nach dem Durchlaufen des Behandlungszyklus abgezogene Klarwasser wird aufgefangen und vergleichmäßigt einer mit Polstoff bestückten Tuchfiltration zugeführt; damit wird das notwendige Qualitätsniveau für die Beschickung der nachgeschalteten Betriebswassererzeugung auf Basis von Ultrafiltration und Umkehrosmose erreicht.

Bild 10: Luftaufnahme des Volkswagen Werkes Wolfsburg mit Betriebswasserrückhaltebecken (Quelle: Volkswagen AG, Konzernforschung Umwelt Produktion, Hr. Eppers)

Anfallender Überschussschlamm wird in einem neuen Eindicker statisch entwässert und in eine bestehende Kammerfilterpresse verbracht. Das Trübwasser aus den Polstofffiltern und der Kammerfilterpresse geht vor den Sandfang und damit ins Misch- und Ausgleichsbecken zurück.

10.6.4.3 Beispiel für ganzheitliche und nachhaltige Wasserwirtschaft im Werk Wolfsburg

Bereits bei der Gründung des Wolfsburger Werkes im Jahr 1938 wurde die Nutzung von Niederschlagswasser und eine effektive Kreislaufführung von gereinigtem Brauchwasser vorausschauend berücksichtigt. Das Herzstück des Wasserkreislaufs ist das Rückhaltebecken, das als Auffangbecken für Betriebs- und Regenwasser dient und zusätzlich noch ein wichtiger Bestandteil des Hochwasserschutzes der Stadt Wolfsburg ist. Das Becken besteht aus vier miteinander verbundenen biotopgleichen Teichen, an und in denen sich viele Fisch- und Vogelarten heimisch fühlen. Es weist mit rd. 1,8 Millionen m^3 Inhalt eine Gesamtfläche von 307.405 m^2 auf (Bild 10).

Die am Standort Wolfsburg installierte Trennkanalisation, das separat zum Trinkwassernetz errichtete Betriebswassernetz sowie die werkseigene biologische Kläranlage komplettieren das in Bild 11 gezeigte Kreislaufsystem. Die Trinkwasserversorgung wird durch eigene Brunnen und durch den Bezug von Harzwasser sichergestellt.

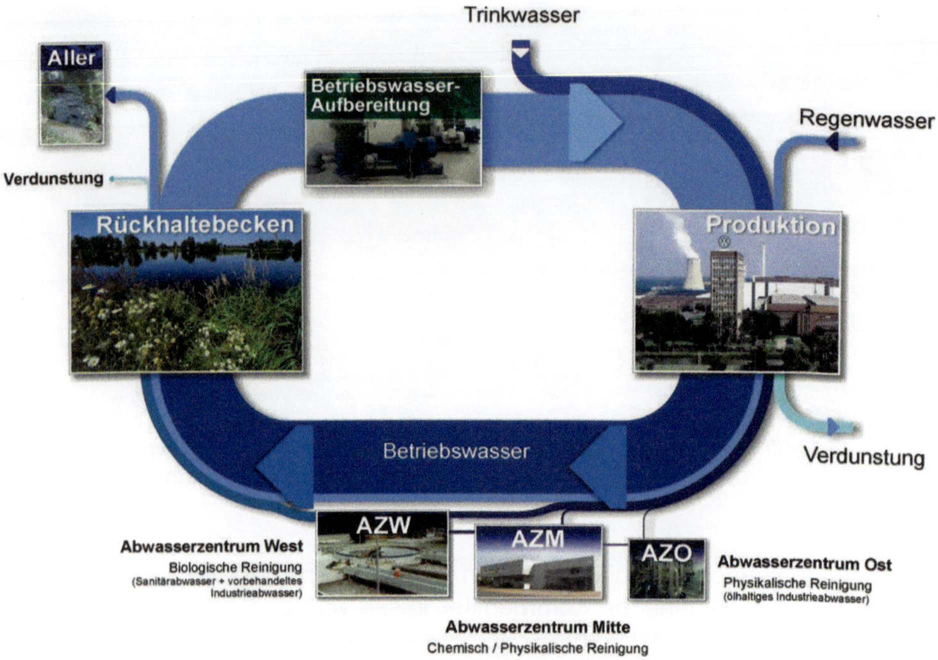

Bild 11: Der Betriebswasserkreislauf im Volkswagen-Werk Wolfsburg (Quelle: Volkswagen AG, Konzernforschung Umwelt Produktion, Hr. Eppers)

Eine Besonderheit des Werkes ist, dass es zwei komplett getrennte Fertigungen gibt. Tabelle 7 konkretisiert für das Jahr 2017 die Verbräuche von Trinkwasser bzw. vollentsalztem Wasser in den beiden Fertigungslinien.

Nachfolgend wird die Ausgestaltung des Kreislaufsystems erläutert. Hauptelemente im Betriebswasserkreislauf sind zentrale und dezentrale Anlagen zur Abwasservor- und -nachbehandlung. In der zentralen Chemisch-Physikalischen Anlage im Abwasserzentrum Mitte (AZM) findet die Behandlung aller Abwässer aus den Karosserievorbehandlungs- und Lackieranlagen statt. Hier werden die Abwässer unter anderem von Schwermetallen befreit.

Die Behandlung ölhaltiger Abwässer erfolgt thermisch mittels einer Vakuumverdampferanlage mit energieeffizienter Brüdenverdichtung im Abwasserzentrum Ost (AZO). Das hochreine Destillat wird über die Abwasserzentren Mitte und West in den Betriebswasserkreislauf zurückgeführt. Anfallende Ölkonzentrate werden als Reststoffe der Verwertung zugeführt.

Die weitere Aufreinigung der vorbehandelten Abwässer erfolgt gemeinsam mit den Sanitärabwässern in der betriebseigenen biologischen Kläranlage im Abwas-

Tabelle 7: Prozessbezogener Wasserverbrauch im Jahr 2017 [Volkswagen AG 2017]

Anfallort	Trinkwasser in m³ (2017)	VE-Wasser in m³ (2017)
Presswerk	13.589	
Fertigung 1	141.473	20.339
Karosseriebau 1	(21.433)	
Montage 1	(32.310)	
Lackiererei 1	87.730)	(20.339)
Fertigung 2	109.836	62.772
Karosseriebau 2	(15.904)	
Montage 2	(11.476)	
Lackiererei 2	(82.456)	(62.772)
Komponente	101.317	2.609
Technische Entwicklung	169.890	
Unterstützende Bereiche	248.244	
Trinkwasser Werk gesamt	1.006.475	452.843

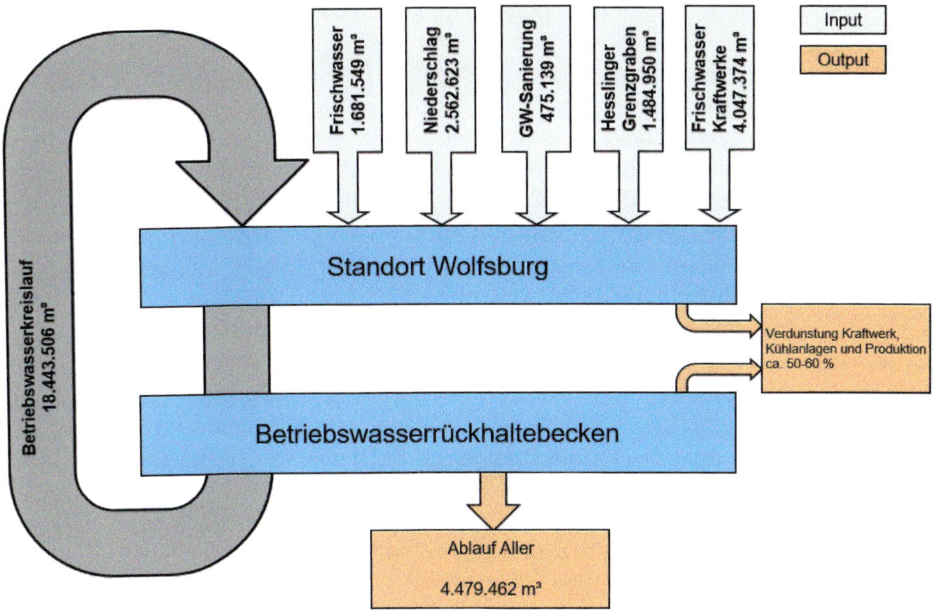

Bild 12: Wasserbilanz des VW-Werks Wolfsburg für das Jahr 2017 (Quelle: Volkswagen AG 2017)

serzentrum West (AZW). Kühlwasser, Niederschlagswasser vom Werksgelände und aus städtischen Bereichen sowie gereinigtes Abwasser aus der werkseigenen biologischen Kläranlage Abwasserzentrum West fließen in das Betriebswasserrückhaltebecken. Nach ca. fünf bis sieben Tagen Verweildauer wird das Betriebswasser mittels einer Aufbereitungsanlage bis zur notwendigen Qualität filtriert und in das Betriebswasserversorgungsnetz zur Wiederverwendung eingespeist. Wichtige Wiedernutzungen sind Kühlzwecke in Produktionsprozessen sowie sämtliche Toilettenspülungen am Standort.

10.6.5 Ausblick

Die Automobilindustrie ist im Wandel. Wichtige Absatzmärkte wie China ändern sich hochdynamisch, teils forciert durch straffe politische Vorgaben. Kampker et al. weisen darauf hin, dass „nach 125 Jahren Automobilentwicklung sich Fahrzeug- und Antriebskonzepte grundlegend ändern und dabei nicht nur das Produkt Auto neu definiert wird, sondern der gesamte Wertschöpfungsprozess neu entwickelt werden muss" [Kampker et al. 2013]. Heinke führt in diesem Zusammenhang aus, dass „in Zukunft das Anbieten modularer Mobilitätslösungen die Monokultur des Autos überlagern könnte, sodass die Autoindustrie versucht, sich entsprechend als Mobilitätsanbieter zu positionieren" [Heinke 2018].

Angesichts dieser Einschätzungen stellt sich die Frage, wie schnell sich die Verdrängung der Verbrennungstechnik zugunsten alternativer Antriebstechnologien vollziehen wird. Blickt man auf die derzeit verfolgten Entwicklungsrichtungen, sieht man eine Vielzahl an Alternativtechnologien wie Parallel-Hybrid, Benzin-Plug-In-Hybrid (PHEV), Range-Extender-Electric-Vehicle (REEV), Batteriefahrzeuge (BEV), Brennstoffzellenfahrzeuge (FCEV); Aufzählung gemäß [Kreyenberg 2016]. So ist davon auszugehen, dass zumindest mittelfristig im Markt mehrere Antriebsalternativen einschließlich des Verbrennungsmotors koexistieren werden, sodass dies unter Umständen sogar zu einer weiteren Diversifizierung der Abwasserströme auf Produktionsebene führen kann. Daher sind aktuelle Entwicklungen zur abwasserfreien Fabrik von besonderem Interesse. Das zugehörige Ziel für die industrielle Wasserbereitstellung lautet, gänzlich ohne Abwasseremissionen auszukommen (Zero Liquid Discharge, ZLD). Dieses Ziel ist erreicht, wenn an einer Produktionsstätte nur noch feste Rückstände aus der Prozesswasser- und Abwasseraufbereitung anfallen [Lyko 2015]. Inwieweit dieser Ansatz wirklich umsetzbar ist, wird im Kontext des medienübergreifenden Umweltschutzes zu bewerten sein.

In der klassischen Produktion sind maßgebliche abwasserrelevante Optimierungen beispielsweise die Trockenabscheidung in der Lackiererei oder die trockene

Metallbearbeitung, die ohne Emulsionen auskommt. Hinsichtlich der Stoffreduktion bzw. Stoffsubstitution zur Entfrachtung von Prozess- und Abwasserströmen ist beispielsweise die nickelfreie Vorbehandlung bzw. Phosphatierung zu nennen [Ritzinger 2017]. Weitere Impulse kommen aus der Forschung wie beispielsweis die Untersuchungen zu einem neuen Lacksystem für die Automobil-Chrom-Optik. Durch die Aufbringung eines korrosionsbeständigen chromfreien Schichtsystems kann bei der galvanischen „Verchromung" im Innen- und Außenbereich von Kraftfahrzeugen der Einsatz von Schwermetallen (Chrom(VI)) vollständig vermieden werden [Bix et al. 2017].

Die heute eingesetzten Verfahrenstechnologien zur Prozesswasser- und Abwasserreinigung wie bspw. Hoch- und Niederdruckmembranlagen sind wirksame Stoffbarrieren, die ein Kreislaufführung sowie Stoffausschleusung und -rückgewinnung gestatten. Optimierungspotenziale bestehen hinsichtlich des Energiebedarfs sowie der Energierückgewinnung, ihrer Wirksamkeit bzgl. der Aufkonzentrierung der Reststoffe sowie daraus resultierender Entsorgungsfragen. Die verfahrenstechnische Weiterentwicklung (elektrochemische Verfahren, Advanced Oxidation Processes) sollte im Kontext der „Emerging Contaminants" erfolgen und damit noch weitere Stoffgruppen (wie bspw. Persistant Organic Pollutants, Flammschutzmittel) berücksichtigen.

Literatur

ACEA (2018): ACEA Pocket Guide 2018-2019. European Automobile Manufacturers Association (Hrsg.). https://www.acea.be/uploads/publications/ACEA_Pocket_Guide_2018-2019.pdf (abgerufen am 14.08.2018).

Bajaj, M. und Winter, J. (2013): Biogas and biohydrogen production potential of high strength automobile industry wastewater during anaerobic degradation. Journal of Environmental Management 128, pp. 522 – 529. DOI: 10.1016/j.jenvman.2013.06.004.

El-Gohary, F. A.; Abo-ElEla, S. I.; Ali, H. I. (1988): Wastewater management in the automobile industry. Water Pollution Research and Control Brighton. Pergamon, pp. 255 – 263.

Gruden, D. (Hrsg.) (2008): Umweltschutz in der Automobilindustrie: Motor, Kraftstoffe, Recycling. Vieweg + Teubner, Wiesbaden.

Heinke, A. (2018): Die Zukunft der Mobilität. ATZ – Automobiltechnische Zeitschrift 120 (3), S. 46 – 51. DOI: 10.1007/s35148-018-0091-7.

Herr, J.; Kazner, C.; Lyko, S.; Manderscheid, K. (2008): Untersuchung von Membranverfahren zur Schließung von Wasserkreisläufen in der metallverarbeitenden Industrie am Beispiel des Ford-Standortes Köln-Niehl. Rheinisch-Westfälische Technische Hochschule Aachen (RWTH) (Hrsg.): Aachner Verfahrenstechnik. Lehrstuhl für Chemische Verfahrenstechnik (CVT). https://www.lanuv.nrw.de/fileadmin/forschung/wasser/klaeranlage_abwasser/Abschlussberichtuntersuchmembran.pdf, (abgerufen am 14.06.2018).

Kampker, A.; Vallée, D.; Schnettler, A. (Hrsg.) (2013): Elektromobilität: Grundlagen einer Zukunftstechnologie. Springer, Berlin, Heidelberg.

Schlei-Peters, I.; Kurle, D.; Wichmann, M. G.; Thiede, S.; Herrmann, C.; Spengler, T. Stefan (2015): Assessing Combined Water-Energy-Efficiency Measures in the Automotive Industry. Procedia CIRP 29, pp. 50 – 55. DOI: 10.1016/j.procir.2015.02.013.

Statistisches Bundesamt (2017): Automobilindustrie: 407 Milliarden Euro Umsatz im Jahr 2016. https://www.destatis.de/DE/ZahlenFakten/ImFokus/IndustrieVerarbeitendesGewerbe/AutomobilindustrieWirtschaftDeutschlandKartell.html (abgerufen am 20.08.2018).

VDA (ohne Jahresangabe): Markt Deutschland. Für den deutschen PKW-Markt war 2017 ein gutes Jahr. https://www.vda.de/de/themen/automobilindustrie-und-maerkte/markt-deutschland/entwicklung-im-markt-deutschland.html (abgerufen am 20.08.2018).

VDA (2014): Unsere Werke. Nachhaltige Automobilproduktion in Deutschland. https://www.vda.de/dam/vda/publications/2014/unsere-werke.pdf (abgerufen am 15.08.2018).

Volkswagen AG (2017): Jahresbericht 2017 nach § 2 Nummer 11 der Abwasserverordnung am Standort Wolfsburg.

Weiterführende Literatur

Bix, A.; Bix, J.; Bix, C.; Derißen, D.; Lodde, M. (2017): Innovatives und umweltfreundliches Lacksystem für Automobil-Chrom-Optik. gefördert aus Mitteln des Bundesministeriums für Umwelt, Naturschutz, Bau und Reaktorsicherheit. https://www.umweltinnovationsprogramm.de/sites/default/files/benutzer/784/dokumente/abschlussbericht_bix_final_22082017.pdf (abgerufen am 27.08.2018).

Güven, D.; Hanhan, O.; Aksoy, E. C.; Insel, G.; Çokgör, E. (2017): Impact of paint shop decanter effluents on biological treatability of automotive industry wastewater. Journal of Hazardous Materials 330, S. 61 – 67. DOI: 10.1016/j.jhazmat.2017.01.048.

Haepp, H. J.; Pollmann, W. (1996): Produktionsintegrierter Umwelten schutz in der Automobilindustrie. Brauer, H. (Hrsg.): Handbuch des Umweltschutzes und der Umweltschutztechnik. Band 2: Produktions- und produktintegrierter Umweltschutz. Springer, Berlin Heidelberg, S. 782 – 803.

Kreyenberg, D. (Hrsg.) (2016): Fahrzeugantriebe für die Elektromobilität: Total Cost of Ownership, Energieeffizienz, CO_2-Emissionen und Kundennutzen. Springer Fachmedien Wiesbaden.

Lyko, H. (2015): Trends in der industriellen Wassertechnik. Abwasserfreie Produktion ist in der Industrie angekommen. Bericht von der 13. VDMA-Wasser- und Abwassertagung. F & S Filtrieren und Separieren 29 (2), S. 117 – 120.

Peters, N.; Nunge, S.; Geldermann, J.; Rentz, O. (2002): Bericht über Beste Verfügbare Techniken (BVT) im Bereich der Lack- und Klebstoffverarbeitung in Deutschland. Teilband I: Lackverarbeitung. Deutsch-Französisches Institut für Umweltforschung – Universität Karlsruhe.

Ritzinger, D. (2017): Wenn phosphatieren, dann besser nickelfrei. JOT Journal für Oberflächentechnik 57 (3), S. 44 – 46. DOI: 10.1007/s35144-017-0021-6.

Salihoglu, G.; Salihoglu, N. K. (2016): A review on paint sludge from automotive industries. Generation, characteristics and management. Journal of Environmental Management 169, S. 223 – 235. DOI: 10.1016/j.jenvman.2015.12.039.

Teuber, J. (2009): Sektorstudie Automobilindustrie. Teuber, J. (Hrsg.): Interessenverbände und Internationalisierung: Dachverbände, Automobilindustrie und Einzelhandel in der Europäischen Union. Wiesbaden: VS Verlag für Sozialwissenschaften, S. 57 – 82.

Volkswagen AG (ohne Datum): Abwasserkataster der Standorte

Volkswagen AG (ohne Datum): Folienvorträge Abteilung Umwelt Produktion, Gewässerschutz.

Xiong, Z.; Cao, J.; Yang, D.; Lai, B.; Yang, P. (2017): Coagulation-flocculation as pre-treatment for micro-scale $Fe/Cu/O_3$ process (CF-m$Fe/Cu/O_3$) treatment of the coating wastewater from automobile manufacturing. Chemosphere 166, pp. 343 – 351. DOI: 10.1016/j.chemosphere.2016.09.038.

10.7 Keramische Industrie

Otto Nowak

10.7.1 Allgemeines

Die Produkte der keramischen Industrie können unterteilt werden in

Feinkeramik:
- Sanitärkeramik,
- Tischkeramik, Geschirr,
- Fliesen, Ofenkacheln,
- keramisch gebundene Schleifmittel;

Technische Keramik:
- Isolator-, Katalysator- und Hochfrequenzkeramik,
- Piezokeramik,
- keramische Halbleiter etc.;

Grobkeramik:
- Mauerziegel: Hintermauerziegel und Klinker (Vormauerziegel),
- Dachziegel,
- Feuerfestkeramik,
- Blähtonerzeugnisse,
- Grobsteinzeug.

10.7.2 Produktionsverfahren

Bei der Produktion von Sanitärkeramik werden als Rohstoffe Kaoline, Tone, Hartstoffe und Schamottemischung verwendet, die nach Rezept mit Wasser gemischt zu einem flüssigen Schlicker aufbereitet werden, der in Gipsformen gegossen wird. Nach dem Trocknen wird Glasur aufgesprüht und das Material im Tunnelofen bei 1.220 – 1.240 °C gebrannt [Fallmann und Weiß 2018].

Zur Herstellung von Tischkeramik wird keramische Masse aus Ton, Kaolin, Feldspat bzw. Quarz mit Wasser zu einer Dreh-, Gieß- oder Druckgussmasse verarbeitet. Die Formgebung erfolgt in Gips- oder Kunststoffformen. Nach dem Trocknen erfolgt der erste Brand (Schrühbrand) bei 1.070 °C, danach wird die Glasur durch Tauchen und eventuell durch Malen oder Flammen aufgetragen und der zweite Brand (Glattbrand) bei 1.020 °C durchgeführt.

Bei der Fertigung von keramischen Schleifmitteln wird Schleifkorn mit Rohstoffen für die keramische Bindung, Farbpigmenten, Porosierungsmitteln und Bindemitteln für die nötige Festigkeit der ungebrannten Rohlinge gemischt und durch Pressen geformt. Nach der Trocknung wird bei einer Brenntemperatur zwischen 850 °C und 1.300 °C gebrannt [Fallmann und Weiß 2018].

10.7.3 Wassereinsatz, Abwasseranfall und Inhaltsstoffe

Der Wasserbedarf für die Herstellung von Ziegeln (Hintermauerziegel, Klinker und Dachziegel) liegt zwischen 0,01 und 0,1 m^3 je t Produkt. Die Prozesswässer werden vollständig im Kreislauf geführt bzw. für die Rohstoffaufbereitung weiterverwendet; es werden daher in der Regel keine Abwässer eingeleitet.

In den anderen Bereichen der Keramikindustrie ist die Kreislaufführung von Prozesswasser – gegebenenfalls mit einer Aufbereitung des gebrauchten Wassers durch Abtrennung von Feststoffen vor der Rückspeisung – Stand der Technik. Zur Erhaltung der notwendigen Wasserqualität wird bei Bedarf ein Teil des Abwassers ausgeschleust. Für die Produktion von feuerfesten Steinen, von technischer Keramik sowie von Schleifmitteln werden zwischen 0,01 und 6 m^3 Wasser je t Produkt benötigt, für die Herstellung von Sanitärkeramik und von Tischkeramik zwischen < 5 und 15 m^3 je t Produkt [Fallmann und Weiß 2018].

Prozessabwässer aus der Produktion von Tischkeramik, Sanitärkeramik und Ofenkacheln stammen vor allem aus der Reinigung, des Weiteren aus Formgebung, Schleifen, Glasieren, aus der Gipsformenherstellung sowie der abschließenden Reinigung der Produkte.

Abwässer aus der Fertigung von feuerfesten Steinen, Sanitärkeramik, Tischkeramik, Ofenkacheln, technischer Keramik und keramisch gebundenen Schleifmitteln, die nicht oder nicht mehr weiter im Kreislauf geführt werden können, werden zumeist nach einer entsprechenden Abwasserbehandlung in die öffentliche Kanalisation eingeleitet.

Der Hauptabwasserinhaltsstoff in Prozessabwässern aus der Herstellung von feuerfesten Steinen, Sanitärkeramik, Tischkeramik, Ofenkacheln, technischer Keramik und Schleifmitteln sind die abfiltrierbaren Stoffe. Bei der Fertigung von feuerfesten Steinen werden auch Chromerze eingesetzt, wobei die Konzentrationen an $Chrom_{gesamt}$ und Chrom(VI) nach entsprechender chemisch-physikalischer

Behandlung größtenteils unter der Nachweisgrenze liegen. Bei der Produktion von Feinkeramik kommen zur Farbgebung auch Metalloxide zum Einsatz, z. B. Kupfer und Zink (Tischkeramik), Barium (Sanitärkeramik) und Blei (Ofenkacheln). Bei der Herstellung von Schleifmitteln wird als Porenbildner Naphthalin eingesetzt, welches beim Brennen verdampft und Poren in einem spannungsfreien Produkt hinterlässt.

10.7.4 Produktionsintegrierter Umweltschutz (PIUS)

Bei der Ziegelproduktion ist in aller Regel eine weitgehende Prozesswasserwiederverwendung möglich. Hohe Wiederverwendungsraten sind auch bei den weiteren Produktionsprozessen der Grobkeramik (Feuerfestkeramik, Blähton) möglich. Allenfalls muss das Prozesswasser vor der Wiederverwendung neutralisiert werden, wie zum Beispiel das Abwasser aus dem Rauchgaswäscher bei der Blähtonproduktion.

Bei den Fertigungsprozessen der Feinkeramik ist eine Kreislaufführung bzw. eine Wiederverwendung zumeist erst nach einer entsprechenden Behandlung des Prozesswassers möglich (s. Kapitel 10.7.5).

10.7.5 Abwasserreinigung

Stand der Technik für die Indirekteinleitung der Prozessabwässer ist die Vorbehandlung der Abwässer aus dem Produktionsprozess mittels physikalischer oder chemisch-physikalischer Verfahren. Die Vorbehandlung kann aus einer Kombination der im Folgenden angegebenen Behandlungsstufen bestehen (die genannten Verfahren sind insbesondere bezüglich der angeführten Parameter wirksam):

- Sedimentation (abfiltrierbare Stoffe),
- Flotation (abfiltrierbare Stoffe),
- Flockung und Fällung (Metalle bzw. Phosphor),
- Neutralisation (pH-Wert),
- Filtration (abfiltrierbare Stoffe),
- Öl-Wasser-Trennung, Ölabscheider (Kohlenwasserstoffe).

In Deutschland sind die Anforderungen an die Reinigung von Abwasser aus der Herstellung keramischer Erzeugnisse im Anhang 17 zur Abwasserverordnung [AbwV 2013] geregelt. Danach werden an das Abwasser für die Einleitungsstelle in das Gewässer in der qualifizierten Stichprobe oder der 2-Stunden-Mischprobe folgende Anforderungen gestellt:

- abfiltrierbare Stoffe 50 mg/l
- Chemischer Sauerstoffbedarf (CSB) 80 mg/l
- $\text{Phosphor}_{\text{gesamt}}$ 1,5 mg/l

Zudem gelten für das Prozessabwasser vor der Vermischung mit anderem Abwasser Grenzwerte für verschiedene Metalle und zwar für Blei von 0,3 mg/l, für Cadmium von 0,07 mg/l, für $\text{Chrom}_{\text{gesamt}}$, Cobalt, Kupfer und Nickel von jeweils 0,1 mg/l sowie für Zink von 2 mg/l.

Vor der Indirekteinleitung werden bei Betrieben zur Herstellung von feuerfesten Steinen, Sanitärkeramik, Tischkeramik, Ofenkacheln, technischer Keramik und Schleifmitteln zumeist Sedimentationsverfahren, wie Absetzbecken oder Schrägklärer (Parallelplattenabscheider), oder Filtrationsverfahren, wie Kiesfilter oder Bandfilter eingesetzt. Prozessabwässer der Feuerfestkeramik sind tendenziell alkalisch; hier ist allenfalls nach einem ersten Absetzbecken auch eine Neutralisation (z. B. mittels Kohlensäure) vor einem weiteren mechanischen Trennverfahren (z. B. Kiesfilter) erforderlich.

Bei Prozessabwässern der Sanitärkeramik, Tischkeramik sowie der Fertigung von Ofenkacheln kommen nach einem ersten Trennverfahren (zumeist Absetzbecken, allenfalls Bandfilter) Flockungsverfahren zum Einsatz, wobei in einem Flockungsreaktor in der Regel Polyaluminiumchlorid (PAC), Aluminiumsulfat oder Eisen(III)-chlorid und danach allenfalls auch noch ein (kationisches) Flockungshilfsmittel zugegeben werden. Danach erfolgt eine weitere Feststoffabtrennung, vorzugsweise in Filteranlagen (Kiesfilter, eventuell mit anschließendem Filtervlies), gegebenenfalls mittels Flotation oder Sedimentation (Absetzbecken oder Schrägklärer). Auf diese Weise lassen sich die Anforderungen hinsichtlich der Entfernung von Metallen, wie Kupfer, Zink, Blei, Chrom oder Barium, in aller Regel problemlos einhalten.

Auch bei der Herstellung von Schleifmitteln werden in der Regel zum Rückhalt der abfiltrierbaren Stoffe mechanische Trennverfahren (Sedimentation oder Filtration), gegebenenfalls auch in Kombination mit einer Flockung, eingesetzt. Zu beachten ist dabei allerdings, dass das Naphthalin, welches im Produktionsprozess eingesetzt wird, bei den Reinigungsvorgängen teilweise in Lösung geht und danach mit rein chemisch-physikalischen Behandlungsverfahren nicht aus dem Prozessabwasser entfernt werden kann. Erfahrungsgemäß ist im auf diese Weise behandelten Abwasser aus Betrieben der Schleifmittelproduktion vor der Indirekteinleitung mit Naphthalin-Konzentrationen von bis zu 5 mg/l zu rechnen, wobei das Naphthalin bei der biologischen Reinigung weitestgehend entfernt wird.

Auch bei den abwasserintensiveren Fertigungsbetrieben der Feinkeramik, insbesondere der Sanitärkeramik, ist in der Regel ein hohes Maß an Wiederverwendung (> 50 – 60 %) des behandelten Prozessabwassers möglich.

Die bei den Trennprozessen (Sedimentation, Filtration) anfallenden Schlämme werden zumeist entwässert und können, je nach Art des Produkts, zum Teil im Fertigungsprozess wiederverwendet werden oder auch bei einem anderen Produktionsprozess, wie z. B. in der Zementindustrie, Verwendung finden.

Literatur

AbwV (2013): Verordnung über die Anforderungen an das Einleiten von Abwasser in Gewässer. Anhang 17 der Abwasserverordnung: Herstellung keramischer Erzeugnisse. 17.06.2004, BGBl. I Nr. 28 vom 22.06.2004, zuletzt geändert 02.05.2013.

Fallmann K. und Weiß, L. (2018): Stand der Technik für Anlagen zur Herstellung von keramischen Erzeugnissen – Anlagen in Österreich. Report REP-0655. Umweltbundesamt GmbH, Wien/Österreich.

10.8 Abwasser aus der Herstellung von Solarzellen (Photovoltaik)

Markus Engelhart

10.8.1 Allgemeines

Die derzeit am Markt verfügbaren Solarzellen lassen sich vereinfacht in zwei Kategorien einteilen (ohne Berücksichtigung von organischen Solarzellen, Farbstoffzellen oder Konzentratorsolarzellen). Die Zellen der ersten Generation – auch konventionelle, traditionelle oder waferbasierte Zellen genannt – bestehen aus kristallinem Silizium, das als großer Einkristall (monokristallin) erzeugt oder zu Blöcken (polykristallin, Polysilizium) gegossen wird. Die Wafer kristalliner Solarzellen mit einer Schichtdicke von 200 – 400 µm werden aus den erzeugten Blöcken, den monokristallinen oder polykristallinen Ingots, gesägt. Die aus solchen Wafern zusammengesetzten Solarmodule stellen die kommerziell immer noch dominierende PV-Technologie dar (85 – 95 % Marktanteil in den letzten Jahren [Phillips und Warmuth 2019]). Solarzellen der zweiten Generation sind Dünnschichtsolarzellen, die bei geringeren Marktanteilen (2017 ca. 5 %) in großtechnischen Photovoltaikkraftwerken, in der gebäudeintegrierten Photovoltaik oder in kleinen Einzelanlagen von kommerzieller Bedeutung sind. Der photovoltaische Effekt von Dünnschichtzellen wird durch Halbleiter in Kombination mit anderen Schichten unterschiedlicher Materialien erzeugt, die durch Aufdampfen, Sputtern, Gasphasen- oder nasschemische Deposition auf ein Trägersubstrat aus Glas, Metall oder Kunststoff aufgebracht werden. Das gängigste Halbleiter-Material für Dünnschichtzellen war ursprünglich amorphes Silizium. Weitere, heute verbreitete Halbleiter-Verbindungen sind u. a. Gallium-Arsenid (GaAs), Cadmium-Tellurid (CdTe) oder Kupfer-Indium-(Gallium)-Schwefel-Selen (CI(G)SSe) [Irvine 2017].

Aufgrund der Herstellungsverfahren und der eingesetzten Rohstoffe kommt es zu stark unterschiedlichen Belastungen der Produktionsabwässer aus der Herstellung von Siliziumwafern und Dünnschichtzellen. Es werden sowohl thermochemische Verfahren zur Dotierung und Beschichtung verwendet (Kathodenzerstäubung (engl.: Sputtern) Dotierung in Diffusionsofen) als auch viele nasschemische Reinigungs- und Beschichtungsschritte durchgeführt (Ätzen, Reinigen mit DI-Wasser, nasschemische Deposition aus einer Abscheidelösung). Neben den eigentlichen Prozessabwässern sind daher auch Waschwässer aus Abluftreinigungsanlagen zu berücksichtigen. Vor allem anorganische Substanzen (Schwermetalle, Salze) prägen die Abwasserbelastung. Durch die spezifischen Produktionsprozesse gelangen jedoch durchaus beträchtliche Mengen organischer Verschmutzungen in die Produktionsabwässer. So ist z. B. Polyethylenglykol ein häufig verwen-

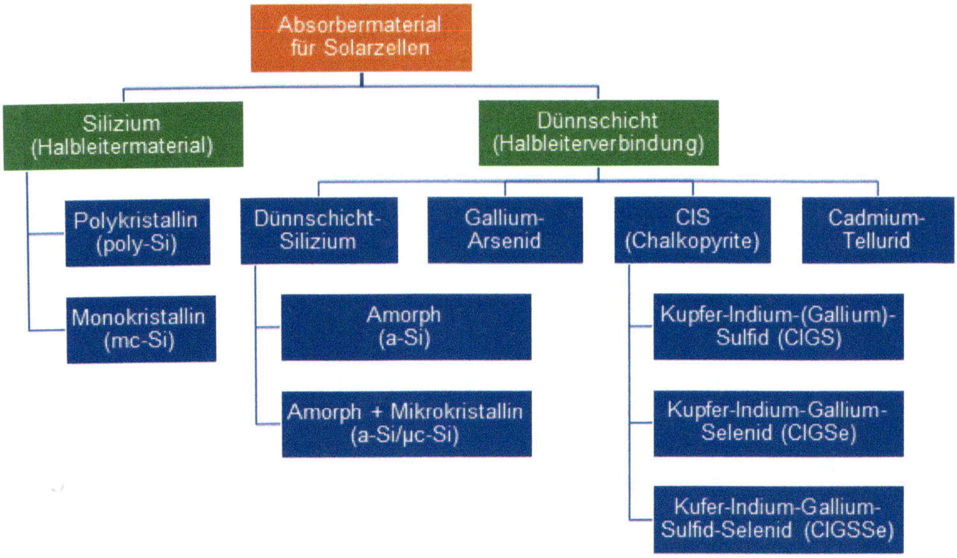

Bild 1: Beispiele für gebräuchliche Halbleitermaterialien und -verbindungen

detes Kühlmittel beim Sägen von Siliziumwafern. Zu unrühmlicher Bekanntheit gelangte während des „Solarbooms" in Deutschland in diesem Zusammenhang ebenfalls Thioharnstoff als organische Verbindung aus der Herstellung von Dünnschichtzellen.

10.8.2 Abwasser aus der Herstellung siliziumbasierter Wafer

Die Herstellung von Siliziumwafern besteht aus einer definierten Abfolge von Prozessschritten, die in Abhängigkeit des Ausgangsmaterials (mono- oder polykristallin) geringfügig variieren können. Tabelle 1 zeigt diese Prozessschritte und die dabei ins Prozessabwasser eingetragenen Substanzen [Ximello Quiebras 2013; Schleef et al. 2011]. Die verwendeten Chemikalien werden in der Regel mit vollentsalztem Wasser (Deionat) angesetzt und auch Spülprozesse werden damit durchgeführt.

In der Produktion fallen unterschiedliche Abwässer an, die sich durch den Anfallort (Tauchbäder, Reinigungswässer aus Kammern), das Konzentrationsniveau (verdünnt, konzentriert), den pH-Wert (alkalisch, sauer) und die chemische Zusammensetzung (fluoridhaltig, fluoridfrei) charakterisieren lassen [Schleef et al. 2011]. Durch den vielfältigen Einsatz von Flusssäure ist grundsätzlich mit stark erhöhten Fluoridkonzentrationen im Abwasser und in den Bädern der Ätzprozesse zu rechnen. Diese hochkonzentrierten Säurebäder werden – falls möglich – extern entsorgt, da die Volumina gering sind. Dies erfolgt ebenfalls für den alkalischen,

Tabelle 1: Prozessschritte zur Herstellung von Siliziumwafern

Prozess	Aufgabe	Freigesetzte Substanzen
Sägen	Erzeugen von Wafern mit diamantbesetzten Sägeblättern bzw. Drähten	SiC (Schneidhilfsmittel), Polyethylenglykol (Kühl- und Trennmittel)
Ätzen	Entfernung von Sägeschäden und Texturieren der Waferoberfläche	HF, HNO_3, (monokristallin) KOH / NaOH, Isopropanol (polykristallin) bei ca. 80 °C
Reinigen	Vorbereiten zur Emitterdiffusion	HF, HCl
Emitterbildung	Dotierung mit Phosphor	-
Ätzen	Entfernung von Phosphorsilikatglas	HF (HCl, H_2SO_4)
Si_3N_{-4} Deposition	Antireflexbeschichtung auf der Waferoberfläche	Fluoridhaltiges Abgas ⇨ Waschwasser
Siebdruck	Aufbringen von Silber- und Aluminiumkontakten (Vorder- und Rückkontakte)	geringe Mengen Reinigungswässer, Metalle (Ni, Ag, Cu, Al, Sn)
Einbrennen	Herstellung der elektrischen Leitfähigkeit zw. Emitter und Kontakten	–
Kantensägen	Kantenisolation von Vorder- und Rückseite	Spülwasser

isopropanolhaltigen Teilstrom aus der Texturierung von polykristallinen Siliziumwafern. Spülwässer aus Reinigungsprozessen stellen den größten Volumenstrom dar (85 – 95 % Anteil) und werden in betriebseigenen Vorbehandlungsanlagen gereinigt. Saure und alkalische Konzentrate werden dazu jeweils getrennt voneinander und getrennt von den Spülwässern in Stapelbehältern gesammelt.

Obwohl die Fluoridkonzentration ein Hauptparameter zur Charakterisierung der Abwasserzusammensetzung ist, wird im Anhang 54 der Abwasserverordnung in Deutschland [AbwV 2018] kein fester Grenzwert genannt. In Ortsatzungen werden Konzentrationen zur Indirekteinleitung im Bereich 20 mg/l $\leq F^- \leq$ 50 mg/l definiert. International werden weit schärfere Grenzwerte gefordert: In Indien kann z. B. eine Indirekteinleitung bis $F^- \leq$ 15 mg/l erfolgen, eine Direkteinleitung in Oberflächengewässer nur bis $F^- \leq$ 2 mg/l. In China gelten in Abhängigkeit der Einleitung Grenzwerte zwischen 10 mg F^-/l (Einleitung in Oberflächengewässer, die zur Trinkwassergewinnung dienen) bis 20 mg F^-/l (Indirekteinleitung in die Kanalisation).

Behandlung fluoridhaltiger Spülwässer

Die Vorreinigung fluoridhaltiger Spülwässer erfolgt durch klassische Fällung des Fluorids als CaF_2 unter Verwendung von $Ca(OH)_2$-Suspension und/oder $CaCl_2$-Lösungen. Typische Fluoridkonzentrationen rangieren von 100 mg/l bis 2.000 mg/l. In Abhängigkeit der separaten Erfassung hochbelasteter Säurebäder können jedoch auch bis zu 10.000 mg F^-/l auftreten.

$$2HF + Ca(OH)_2 \rightarrow CaF_2 + 2H_2O \qquad \text{(Gl. 1)}$$

$$2HF + CaCl_2 \rightarrow CaF_2 + 2HCl \qquad \text{(Gl. 2)}$$

Mit der Zugabe von Calciumchlorid ist keine pH-Anhebung verbunden, die die Ausfällung des Calciumfluorids zusätzlich begünstigt und zu einer geringeren Restlöslichkeit führt (vgl. Bild 2). Daher wird häufig die zur Fällung benötigte Menge an $CaCl_2$ vorgelegt und der pH durch $Ca(OH)_2$-Dosierung angehoben. Zur Anhebung des pH-Werts kann ebenfalls Natronlauge verwendet werden. Bei ausschließlicher Dosierung von Kalkmilch wird der pH stark angehoben und schwerlösliche Calciumhydroxidpartikel, die direkt in den Schlamm eingebunden werden, erhöhen die zu entsorgende Schlammmasse.

Die molare Löslichkeit von CaF_2 beträgt $2{,}04 \cdot 10^{-4}$ mol/l. Daraus resultiert ein minimale, theoretisch erreichbare Fluorid-Restkonzentration von ca. 8 mg F^-/l. In der Praxis können bei überstöchiometrischer Zugabe von Kalkmilch Ablaufkonzentrationen im Bereich von 20 – 30 mg/l erreicht werden. Unterstützend kann eine Einbindung kolloidalen Calciumfluorids in Hydroxidflocken erfolgen, die nach Zugabe von aluminium- oder eisenhaltigen Koagulationsmitteln ($Al_2(SO_4)_3$, PAC, $FeCl_3$) aus saurer Lösung bei steigendem pH-Wert gebildet werden. Die anschließende Abscheidung von CaF_2 und der Hydroxidflocken wird durch Zugabe anionischer polymerer Flockungsmittel ermöglicht [Chang und Liu 2007].

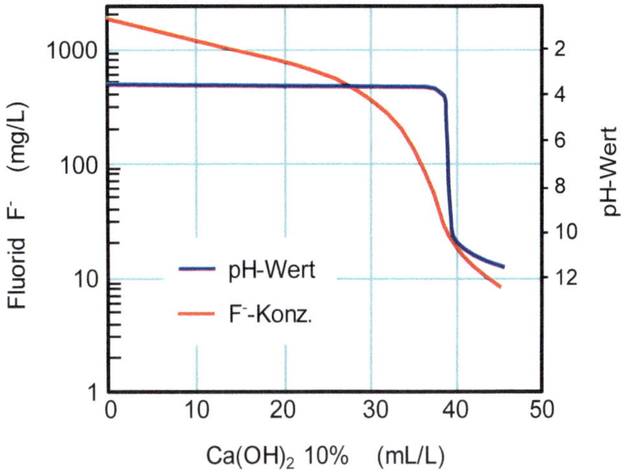

Bild 2: Restlöslichkeit von Fluorid in Abhängigkeit der Zugabe von $Ca(OH)_2$ und des pH-Werts (verändert nach [Dietrich 2017])

Zum Erreichen geringerer Fluorid-Restkonzentrationen müssen zusätzliche Nachbehandlungsschritte eingeleitet werden [Aoudj et al. 2012]. Dies kann durch Nachfällung mit einem hohen Überschuss von Aluminiumsalzen erfolgen (Al : F ca. 4 – 8 : 1), bei der Fluorid an die in der Neutralisation bei pH 6 – pH 7 gebildeten $AlOH_3$-Flocken adsorbiert [Aoudj et al. 2012]. So können im Prozessabwasser Restkonzentrationen von ca. 3 mg F^-/l erreicht werden [Toyoda und Taira 2000]. Bei dieser Nachfällung werden jedoch erhebliche Mengen eines schlecht-entwässerbaren Hydroxidschlamms erzeugt. Ausgehend von einer Eingangskonzentration von 20 mg F^-/L geben [Toyoda und Taira 2000] ca. 0,35 kg TS/m^3 an. Technisch werden daher ebenfalls kostengünstige Adsorptionsmaterialien verwendet, die i. d. R. nicht regeneriert werden. Eine Vielzahl von Materialien wurde als Adsorptionsmittel für die Entfernung von Fluorid getestet, wie z. B. aktiviertes Aluminiumoxid, Zeolith, Hydroxylapatit, Aktivkohle und Kalzit [Habuda-Stanić et al. 2014]. Von den Adsorbentien zeigen insbesondere verschiedene Metalloxide und -hydroxide gute Ergebnisse. Die Adsorptionskapazität hängt vom pH-Wert des Abwassers, der Abwassertemperatur, der Fluoridkonzentration, der Kontaktzeit und der Beladung der Adsorbentien bzw. deren Dosierung ab. Technisch aufwendigere Nachreinigung kann durch Ionentausch, elektrochemische Verfahren (z. B. ED) oder Membranfiltration (NF, UO) erfolgen.

Behandlung von SiC-haltigen Abwässern aus der Wafersägung

Die Behandlung von Abwasser aus der Wafersägung (inkl. anschließender Reinigungsstufen der Wafer) dient vor allem der Abscheidung des als Schneidhilfsmittel eingetragenen Siliziumcarbids und des in der Sägung freigesetzten partikulären Siliziums. Das zu behandelnde Abwasser enthält Silizium/Siliziumcarbid als Feststoff in Konzentrationen von mehreren Tausend Milligramm pro Liter und fällt überwiegend mit alkalischem pH-Wert an. Weitere wesentliche Inhaltsstoffe sind als Trenn- und Kühlmittel Polyethylenglykol (PEG), Diethylenglykol (DEG) oder Pentylenglykol (PG, Pentandiol) und komplexbildende Reiniger (vgl. Tabelle 2).

Wie aus dem anisotropen Ätzen von Silizium mit alkalischen Ätzmedien bekannt ist, kommt es durch Übergang der bei der Kieselsäurebildung freigesetzten Elektronen auf Wasser zur Bildung von molekularem Wasserstoff [Hein 2000]. Auch wenn

Parameter	Einheit	Wertebereich
pH	[-]	5,4 – 9,8
LF	[mS/cm]	0,8 – 5,5
AFS	[mg/l]	2.930 – 8.740
CSB	[mg/l]	13.000 – 48.500
Niotenside	[mg/l]	1.150 – 2.730

Tabelle 2: Beispiel für die Zusammensetzung von SiC-Abwasser

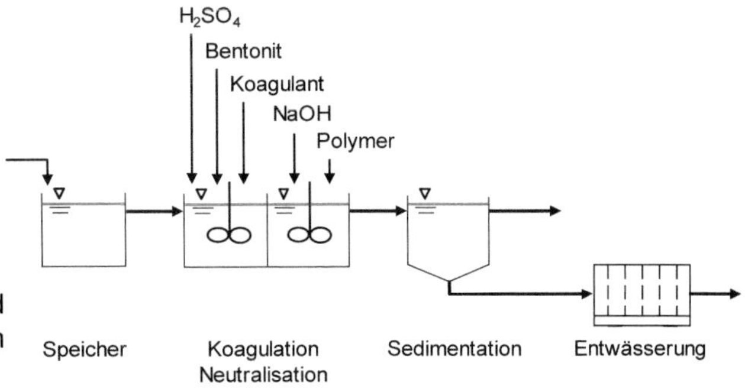

Bild 3: Anlage zur Fällung und Flockung von SiC-haltigem Abwasser

die Konzentration der Hydroxidionen im Abwasser wesentlicher geringer ist als in den ursprünglichen Ätzmedien, so kann eine durch die Siliziumpartikel induzierte Wasserstoffbildung bei erhöhtem pH-Wert nicht ausgeschlossen werden. Die Maßnahmen zur Abwasserbehandlung sollten daher durch ein Sicherheitskonzept zum Explosionsschutz begleitet werden. Dazu können z. B. eine Absaugung von Speicherbehältern und Anlagenteilen, die Überwachung der Raumluft bei ausreichendem Luftwechsel und die Verwendung elektrisch leitfähiger Materialien zur Vermeidung elektrostatischer Aufladung gehören.

Eine Möglichkeit zur Behandlung der hochbelasteten Sägeabwässer ist die Einbindung der Partikel in sedimentierbare Flocken in einem kombinierten Fällungs- und Flockungsprozess (vgl. Bild 3). In der Behandlungsstrecke wird zunächst der pH-Wert des Abwassers mit Schwefelsäure auf pH < 4 eingestellt. Zusätzlich zur Dosierung eines Koagulationsmittels unterstützt hier die Zugabe einer Bentonitsuspension den Koagulationsprozess. Fein dispergierter Bentonit (Dichte 2 – 3 kg/dm^3) weist ein hohes Quellvermögen bei hohen spezifischen Oberflächen und – aufgrund negativer Oberflächenladungen – hohen Kationenaustauschkapazitäten auf [Eisenhour und Brown 2009]. Die Elimination von Schwermetallen und die Abscheidung von Suspensa im Flockungsprozess – auch durch die Erhöhung der Flockendichte – können dadurch gefördert werden. Nach Neutralisation auf pH > 4 werden die suspendierten Feststoffe durch Zugabe eines polymeren Flockungsmittels agglomeriert. Die Fest-Flüssig-Trennung erfolgt in einem nachgeschalteten Rundsedimenter. Das Schlamm-Wasser-Gemisch wird kontinuierlich abgezogen und über Kammerfilterpressen entwässert. Der entwässerte, Si-haltige Schlamm wird einer Entsorgung zugeführt.

In Abhängigkeit der Belastung mit Feststoffen werden ebenfalls dynamische Cross-Flow-Ultra- oder Mikrofiltrationsanlagen zur Entfernung der Si/SiC-Partikel angewendet [Nowak und Bönisch 2011; Shih et al. 2016]. Es werden z. B. Hohlfasermembranen, Flachmembranen oder rotierende Scheibenfilter aus organischen Werkstoffen (PVDF, Polysulfon) eingesetzt. [Shih et al. 2016] geben für rotierende PVDF-Membranen mit 30 nm Porenweite einen Permeatflux von 6,65 l/($m^2 \cdot h$) an. [Nowak und Bönisch 2011] schlagen vor, dass bevorzugt UF-Membranen eingesetzt werden sollten, da 50 % der Masse an feinsten Siliziumpartikeln Partikelgrößen < 1 µm aufweisen und sogar Partikelgrößen < 100 nm auftreten können. Bei hohen Konzentrationen von Silizium kann eine Vorabscheidung von Partikeln > 5 µm über Kartuschenfilter oder Filterpressen erfolgen. Ohne den Zusatz von Koagulationsmitteln oder Polymeren sollen bei Volumenströmen von Q = 3 – 33 m^3/h nach Nachschärfung mit frischem Trennmittel auf diese Weise 70 – 95 % der Schneidflüssigkeit zurückgewonnen und wiederverwendet werden können. Konzentrate werden in CP-Anlagen weiterbehandelt und die Feststoffe weiter entwässert.

Biologischer Abbau von Abwasser aus der Waferherstellung

Aufgrund der biologischen Abbaubarkeit der eingesetzten Trennmittel und anderer organischer Inhaltsstoffe (Isopropanol, Essigsäure, Tenside) verfolgen Ansätze zur weitgehenden Reinigung der Sägeabwässer auch die biologische Elimination und/oder die Nutzung des energetischen Potentials der organischen Bestandteile [Billenkamp 2011; Lai et al. 2016]. Bei der Verwendung von Salpetersäure in den Ätzprozessen sind in Abwässern ebenfalls erhöhte Nitratkonzentrationen zu beachten.

Falls keine direkte Wiederverwendung angestrebt wird, ist die Mitbehandlung der weitgehend partikelfreien Abwässer aus der Waferherstellung für Schlammbelastungen B_{TS} < 0,1 kg CSB/(kg TS · d) mit Stickstoffelimination in kommunalen Abwasseranlagen mit hohen Schlammaltern möglich [Bönisch et al. 2010]. Der Anteil der CSB-Fracht aus der Waferherstellung betrug bis zu 87 % der Gesamt-CSB-Fracht. Hohe CSB-Anteile aus der Waferherstellung führen ggf. zu erhöhten Ablaufkonzentrationen nach biologischer Behandlung. Bei hohen und schwankenden Belastungen ist mit einem Rückgang der Eliminationsleistung zu rechnen.

Im hochbelasteten Teilstrom des Sägeabwassers konnte in einem anaeroben Versuchsreaktor nach dem Expanded Granular Sludge Bed-Prinzip (EGSB) bei langsam steigenden Raumbelastungen B_R bis 10 kg/($m^3 \cdot d$) ein über 90 %-iger Abbau des zugeführten CSB über einen Zeitraum von ca. drei Monaten erzielt werden [Billenkamp 2011]. [Zhu et al. 2015] berichten jedoch von einer ungenügenden Abbauleistung anaerober Prozesse in der technischen Umsetzung einer Anlage in China über einen Zeitraum von zwei Jahren, was im Folgenden zur Stilllegung des eingesetzten Anaerobreaktors führte. Hinsichtlich der Langzeitstabilität und Betriebsbedingungen von Anaerobsystemen in der Behandlung von Abwässern der Waferherstellung besteht noch Klärungsbedarf. Sowohl bei Getrennt- und Mitbehandlung ist auf ein ausreichendes Nährstoffverhältnis zu achten, da das Sägeabwasser ein Nährstoffdefizit aufweist.

10.8.3 Abwasser aus der Herstellung von Dünnschichtsolarzellen

Abwasser aus der Herstellung von Dünnschichtsolarzellen resultiert vor allem aus den in der Produktion verwendeten nasschemischen Prozessen (CBD: Chemical Bath Deposition) oder aus der Gaswäsche. Dünnschichtsolarzellen besitzen einen komplexen Schichtaufbau, der je nach verwendeten Halbleitermaterialien variiert.

Chalkopyrit-Zellen

Bei der Herstellung von CIS-Solarzellen (Chalkopyrit-Zellen) werden auf ein Glassubstrat zunächst Kontakte aus Molybdän aufgetragen. Dann folgen einige Absorberschichten, die Kupfer, Indium und Gallium enthalten können. Diese werden mit Selen und/oder Schwefel dotiert. Die Verbindung wird mit einer dünnen Pufferschicht CdS (wie bei CdTe) gebildet, die die Absorberschicht vor Beschädigungen durch Auftragen der Fensterschicht schützen soll. Der Frontkontakt (die Fensterschicht) besteht aus aluminiumdotiertem ZnO, das hochleitfähig, aber transparent ist und die Sonneneinstrahlung ohne nennenswerte Absorption passieren lässt.

Die gängige Art zur Auftragung der Pufferschicht aus CdS ist die nasschemische Deposition unter erhöhter Temperatur. Dazu werden Cadmiumacetat, Ammoniak und Thioharnstoff als Edukte in alkalischer Lösung verwendet. Cadmium und Ammoniak bilden einen Ammoniakkomplex, aus dem das Cadmium langsam freigesetzt wird, während das Acetat in Lösung verbleibt. Sulfid wird aus Thioharnstoff freigesetzt und fällt mit Cd als CdS aus (siehe Reaktionsgleichung Gl. 3). Ein Großteil der in der Lösung aufgegebenen Edukte verbleibt auch im Spülwasser nach Abbruch der Reaktion.

$$Cd(NH_3)_4{}^{2+} + SC(NH_2)_2 + 2OH^- \rightarrow CdS + CH_2N_2 + 4NH_3 \qquad \text{(Gl. 3)}$$

Zur Entfernung der überschüssigen Edukte wurde ein dreistufiger Prozess konzipiert ([Brambach und Engelhart 2009], vgl. Bild 4). Während die Prozesslösung direkt behandelt wird, bietet sich für verdünnte Spüllösungen eine Aufkonzentrierung mittels Umkehrosmose an. Die Lösung wird anschließend mit Natronlauge weiter alkalisch gestellt und in einer Strippkolonne mittels Luft oder Dampf weitgehend vom freien Ammoniak befreit. Ammoniak im Abgas kann entweder katalytisch oxidiert oder in einem sauren Wäscher als Ammoniumsulfat niedergeschlagen werden. Danach erfolgt eine Fällung von Cadmium mit Organosulfid im sauren Milieu. Die Fällungsreaktion ist stark temperaturabhängig. Vor Zugabe des Organosulfids wird durch Zugabe von Eisensalzen eine Umkomplexierung der Amminkomplexe und die Freisetzung des Cadmiums induziert.

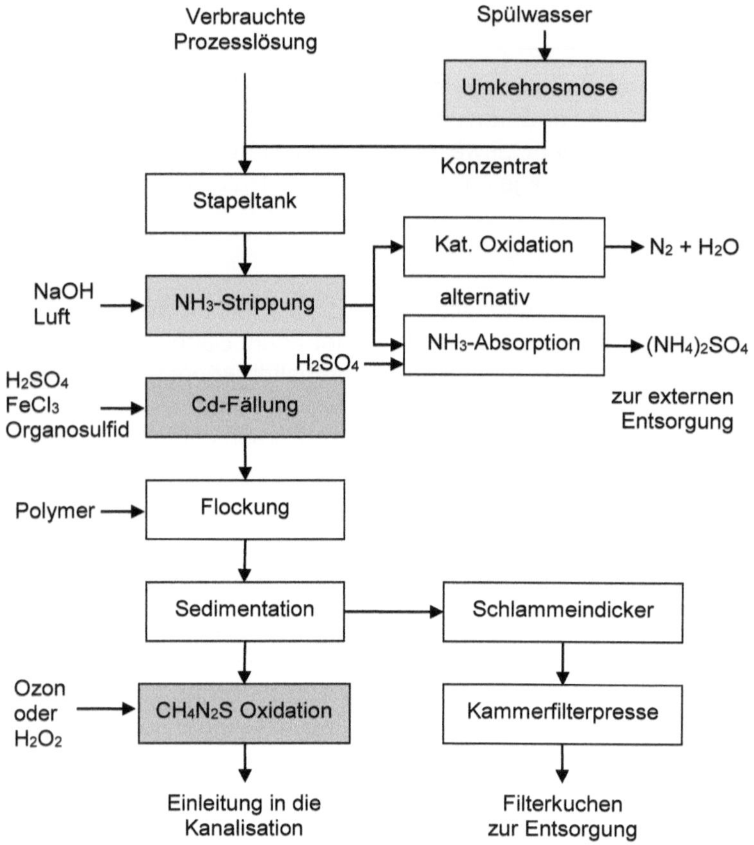

Bild 4: Blockschaltbild zur Behandlung von Abwasser aus der Produktion von Chalkopyrit-Dünnschichtzellen

Für die sulfidische Fällung wird der pH-Wert der Lösung durch Zugabe von Mineralsäuren (HCl, H_2SO_4) in den mäßig sauren pH-Wert Bereich zwischen pH 3 und pH 6 eingestellt. Metallkomplexe werden durch die höhere Konzentration von H^+-Ionen destabilisiert, wodurch der Komplex für das Schwermetallfällungsmittel leichter anzugreifen ist [Kück 2014]. Die kolloidalen Schwermetallsulfide werden ebenfalls durch Zugabe der Eisensalze bei höheren pH-Werten in die Flockenstruktur mit eingebunden. Dies wird durch polymere Flockungsmittel unterstützt.

Der noch gelöste Thioharnstoff muss entfernt werden, da Thioharnstoff bereits bei geringen Konzentrationen hemmend auf die Oxidation von Ammonium zu Nitrit wirkt [Wagner und Kayser 1990]. Die von unterschiedlichen Autoren festgestellten EC_{50}-Hemmkonzentrationen schwanken auf niedrigem Niveau zwischen 0,33 mg/l [Wagner und Kayser 1990] bzw. 0,088 mg/g oTS [Wang et al. 2017] und

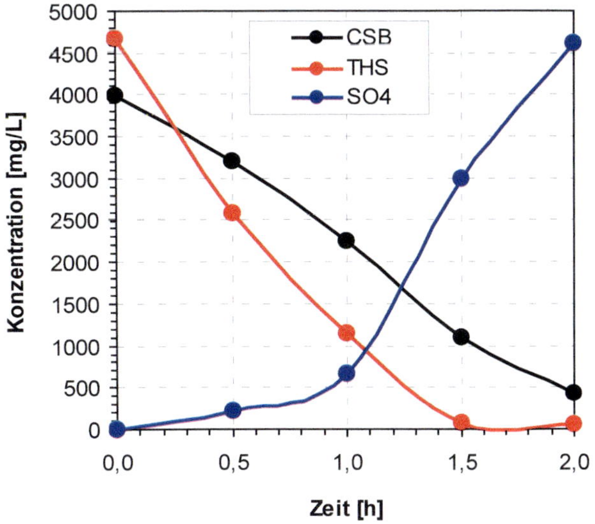

Bild 5: Oxidation von Thioharnstoff mit Ozon bei 9 ≤ pH ≤ 10

ca. 3 mg/l. Obwohl Thioharnstoff biologisch in Kläranlagen abgebaut werden kann und eine Adaption des Belebtschlamms möglich ist [Wang et al. 2017], können aufgrund der geringen Hemmkonzentrationen hohe Frachten von Thioharnstoff aus der Produktion von Dünnschichtsolarzellen die Nitrifikation in kommunalen Kläranlagen beeinträchtigen. Dies war z. B. in den Jahren 2009 und 2010 in einem Berliner Klärwerk der Fall [Stevens et al. 2012]. Die untere Wasserbehörde forderte in diesem Fall einen Grenzwert von 0,24 mg/l für Thioharnstoff an der Anfallstelle (entspricht EC_{20}-Wert). Zur Elimination von Thioharnstoff aus Produktionsabwasser werden beispielsweise chemische Oxidationen mit H_2O_2 (ggf. in Kombination UV) und Ozon eingesetzt [Gao et al. 2008; Xie et al. 2012]. Die Oxidation mit Ozon führt in dem von [Brambach und Engelhart 2009] beschriebenen Anwendungsfall bei alkalischen pH-Werten 9 ≤ pH ≤ 10 (zur Verbesserung der Radikalbildung) innerhalb von 1,5 – 2 h zur kompletten Zersetzung von Thioharnstoff unter Freisetzung von Sulfat (vgl. Bild 5).

Cadmium-Tellurid-Zellen

Da CdTe eine binäre Verbindung ist, sind CdTe-Solarzellen und -Module einfacher herzustellen als jene aus dem CIS/CIGS-System [Shah et al. 1999]. Eine typische CdTe-Solarzellenstruktur besteht aus einem n-CdS- und p-CdTe-Heteroübergang, der auf einem Glassubstrat abgeschieden wird, das mit einem transparenten leitfähigen Oxid (indiumdotiertes Zinnoxid SnO_2:In) beschichtet wurde. Wie bei Chalkopyrit-Zellen ist die hochdotierte CdS-Schicht eine sehr dünne Fensterschicht zur Barrierebildung und photoelektrisch inaktiv. Die Abscheidung einer solchen sehr dünnen CdS-Schicht (100 – 200 nm, um die Absorption im Spektralbereich von Blaulicht zu minimieren) mit ausreichender Gleichmäßigkeit ist eines der kritischen Probleme bei großflächigen Bauteilen.

Staub, Dämpfe und Abwässer, die mit Cadmium, Tellur und Cadmiumtellurid belastet sind, bilden neben den Chemikalien der CdS-Abscheidung die wichtigsten Nebenprodukte bei der Modulherstellung. Die relevanten Abwasserinhaltsstoffe können über Flockung/Fällung, Filtration/Sedimentation und Ionenaustausch mit abschließender Schlussneutralisation behandelt werden [Nowak und Bönisch 2011]. Diese Prozessstufen wurden in einem Behandlungskonzept der First Solar Inc. für einen Standort in Malaysia umgesetzt [CENER 2013]. In den gesammelten, schwermetallhaltigen CdTe-Teilströmen wird durch Zugabe von Natronlauge Cd und Te als $Cd(OH)_2$ und H_2TeO_3 / $Te(OH)_6$ ausgefällt und der Fällungsschlamm anschließend in einer Filterpresse entwässert. Der erzeugte Filterkuchen kann einer Aufarbeitung unterzogen werden, wo er zu halbleiterfähigem CdTe für den Einsatz in neuen PV-Modulen aufbereitet wird.

Eine ICP-Messung der Cd-Konzentration im behandelten Abwasser wird kontinuierlich durchgeführt, bevor die Freigabe zur Ableitung erfolgt. Sollte der erforderliche Konzentrationsgrenzwert nicht eingehalten werden, so wird das Abwasser in die Behandlungsanlage rezirkuliert. Im Ablauf werden so laut des Betreibers Konzentrationen von Cd < 0,02 mg/l (typische Werte um 0,01 mg/l) erreicht.

10.8.4 Konzepte zur Wasserkreislaufführung

Aufgrund sich verknappender Wasserressourcen oder an neuen Produktionsstandorten mit Wasserstress werden auch für Produktionsanlagen von Solarzel-

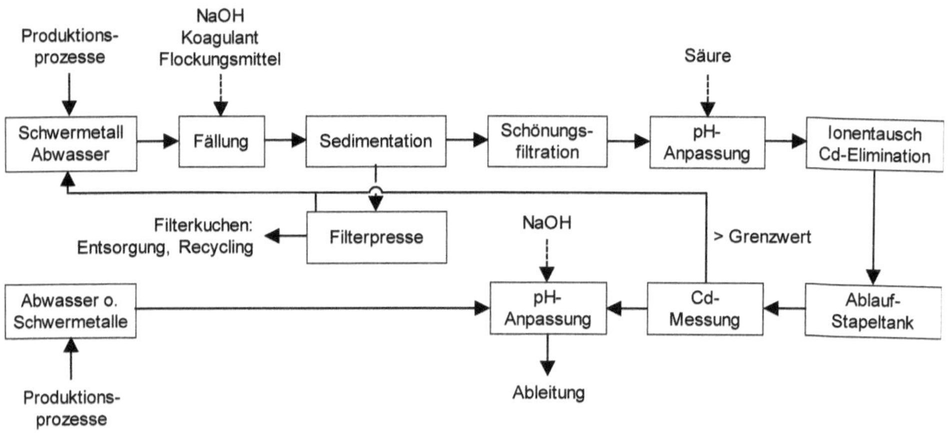

Bild 6: Behandlungslinie für CdTe-Abwasser

len erste Konzepte zur Wasserkreislaufführung entwickelt und teilweise bereits angewendet.

[Degenova und Shadman 1997] sowie [Schleef et al. 2011] schlagen die Wiederverwendung von schwachbelasteten, nicht mit Salpetersäure verunreinigten Spülwässern aus der Produktion von siliziumbasierten Wafern vor. Diese Spülwasserströme müssen separat abgeleitet und gesammelt werden. Nach einer Vorfiltration zur Entfernung von Siliziumpartikeln (z. B. aus gebrochenen Wafern) wird das Spülwasser angesäuert. In einer Umkehrosmoseanlage werden Fluorid und Schwermetalle abgetrennt. Das Konzentrat wird einer weiteren Behandlung zugeführt, während das Permeat als Speisewasser für lokale Reinigungssysteme, zentrale Wäscher oder Kühltürme verwendet werden kann.

[Billenkamp 2011] stellt ein ZLD-Konzept zur weitgehenden Wasserwiederverwendung vor. Anorganisch belastete Spülwässer werden durch Umkehrosmose gereinigt, hochbelastete Konzentrate und Prozesslösungen anschließend eingedampft. Das UO-Permeat wird erneut in die Wasseraufbereitung eingespeist. Organisch belastete Abwässer werden zunächst durch eine biologische Reinigungsstufe vorbehandelt und dann ebenfalls durch Umkehrosmose zu Speisewasser für Kühltürme aufbereitet. Eine mögliche Verfahrenskombination für diesen Zweck besteht aus einem Membranbioreakor mit nachgeschalteter UO [Xiao et al. 2014]. Die Konzentrate werden der Eindampfung zugeführt.

Literatur

AbwV (2018): Abwasserverordnung in der Fassung der Bekanntmachung vom 17. Juni 2004 (BGBl. I S. 1108, 2625), die zuletzt durch Artikel 1 der Verordnung vom 22. August 2018 (BGBl. I S. 1327) geändert worden ist. Anhang 54: Herstellung von Halbleiterbauelementen.

Aoudj, S.; Drouiche, N.; Hecini, M.; Ouslimane, T.; Palaouane, B. (2012): Coagulation as a Post-Treatment Method for the Defluoridation of Photovoltaic Cell Manufacturing Wastewater. Procedia Engineering 33, pp. 111 – 120.

Billenkamp, E. (2011): Wasser- und Abwasserbehandlung für die Solarindustrie. wwt Wasserwirtschaft Wassertechnik 2011, Ausgabe 9, S. 16 - 19.

Bönisch, G.; Nowak, O.; Sitter, A. (2010): Abwässer aus der Photovoltaik-Industrie. Wiener Mitteilungen (2010) Band 219, S. 303 – 342.

Brambach, R. und Engelhart, M. (2009): Lösung neuer komplexer Abwasserprobleme. Erarbeitung von technischen Lösungen und deren Umsetzung, Beispiele in der Pharma- und Solarindustrie. Industrietage Wassertechnik 30.11.-01.12.2009, Fulda, S. 119 – 132.

CENER (2013): First Solar CdTe Photovoltaic Technology: Environmental, Health and Safety Assessment – Final Report. National Renewable Energy Center (CENER), Report 21.1885.02-02. https://fch.cl/wp-content/uploads/2013/12/First_Solar_Peer_Review_-_Final_Report_-_CENER_FCh_Nov2.pdf

Chang, M. F. und Liu, J. C. (2007): Precipitation Removal of Fluoride from Semiconductor Wastewater. Journal of Environmental Engineering Vol. 133, Issue 4, p. 419.

Degenova, J. und Shadman, F. (1997): Recovery, reuse, and recycle of water in semiconductor wafer fabrication facilities. Environmental Progress 16(4), pp. 263 – 267.

Dietrich, G. (2017): Hartinger Handbuch Abwasser- und Recyclingtechnik. 3., vollständig überarbeitete Auflage. Carl Hanser Verlag.

Eisenhour, D. D. und Brown, R. K. (2009): Bentonite and its impact on modern life. Elements, 5 (2), pp. 83 – 88.

Gao, Q.; Wang, G.; Sun, Y.; Epstein, I. R. (2008): Simultaneous Tracking of Sulfur Species in the Oxidation of Thiourea by Hydrogen Peroxide. The Journal of Physical Chemistry A 112(26), pp. 5771 – 5773.

Habuda-Stanić, M.; Ravančić, M. E.; Flanagan, A. (2014): A Review on Adsorption of Fluoride from Aqueous Solution. Materials (Basel, Switzerland) 7(9), pp. 6317 – 6366.

Hein, A. (2000): Einflüsse von Verunreinigungen im Silicium und in der Ätzlösung auf das anisotrope Ätzen von Silicium in wäßrigen KOH-Ätzlösungen. Dissertation, FB Elektrotechnik, TU Berlin, S. 9 ff. http://edocs.tu-berlin.de/diss/2000/hein_aylin.pdf

Irvine, S. (2017): Solar Cells and Photovoltaics. S. Kasap, P. Capper (Eds.): Springer Handbook of Electronic and Photonic Materials, Part E | 43. , Springer International Publishing AG, pp. 1097 – 1109.

Kück, M. (2014): Umweltfreundliche Schwermetallfällungsmittel zur Abwasseraufbereitung. Galvanotechnik 6/2014, S. 1164 – 1171.

Lai, K.-C.; Wen, J.-C.; Chen, W.-T.; Chen, C.-M.; Huang, S.-Y.; Shen S.-M.; Shu, C.-M. (2016): Industrial Wastewater COD Degradation Technology – Taiwan Solar Cell Plant. CLEAN – Soil, Air, Water 44(4), pp. 333 – 338.

Nowak, O. und Bönisch, G. (2011): Abwässer aus der Photovoltaikindustrie und ihr Einfluss auf die kommunale Abwasserreinigung. KA Korrespondenz Abwasser, Abfall 2011 (58) Nr. 10, S. 935 – 941.

Phillips, S. und Warmuth, W. (2019): Photovoltaics Report. Fraunhofer ISE Freiburg, 14 March 2019. https://www.ise.fraunhofer.de/de/veroeffentlichungen/studien/photovoltaics-report.html (abgerufen am 25.05.2019).

Schleef, M.; Worf, D.; Bartels, R.; Kostieva, M.; de Wild-Schoolten, M. (2011): Waste water treatment for crystalline silicon solar cell production. Photovoltaics International, Volume 11, pp. 20 – 25.

Shah, A.; Torres, P.; Tscharner, R.; Wyrsch, N.; Keppner, H. (1999): Photovoltaic Technology: The Case for Thin-Film Solar Cells. Science 285 (5428), pp. 692 – 698.

Shih, C. Y.; Gau, S. H.; Kuo, C. C.; Huang, C. Y.; Kuo, S. W. (2016): The Study of Rotational Ultrafiltration System for Recovery of Spent Cutting Oil from Solar Photovoltaic Cell Manufacturing Process. Journal of Applied Science and Engineering 2016, Vol. 19, No. 1, pp. 75 – 82.

Stevens, A. Geißler, D. Dünnbier, U. Reemtsma, T. (2012): Identifizierung und Quantifizierung des Nitrifikationsinhibitors Thioharnstoff in kommunalen Kläranlagen. Jahrestagung der wasserchemischen Gesellschaft, 14.-16.05.2012, Neu-Ulm, Kurzreferate Wasser 2012, S. 58 – 61.

Toyoda, A. und Taira, T. (2000): A new method for treating fluorine wastewater to reduce sludge and running costs. IEEE Transactions on Semiconductor Manufacturing 13(3), pp. 305 – 309.

Wagner, R. und Kayser, G. (1990): Laboruntersuchungen zur Hemmung der Nitrifikation durch spezielle Inhaltsstoffe industrieller und gewerblicher Abwässer. GWF-Wasser/Abwasser, 131(4), S. 165 – 177.

Wang, Y.; Jin, X.; He, L.; Zhang, W. (2017): Inhibitory effect of thiourea on biological nitrification process and its eliminating method. Water Science and Technology 75(12), pp. 2900 – 2907.

Xiao, Y.; Chen, T.; Hu, Y.; Wang, D.; Han, Y.; Lin, Y.; Wang, X. (2014): Advanced treatment of semiconductor wastewater by combined MBR–RO technology. Desalination 336, pp. 168 – 178.

Xie, Q.; Dong, X.; Huang, W.; Xu, H.; Du, H. (2012): Reaction kinetics and thiourea removal by ozone oxidation. Environment Protection Engineering 38, pp. 87 – 98.

Ximello Quiebras, J. N. (2013): Wet chemical textures for crystalline silicon solar cells. Dissertation Universität Konstanz. http://nbn-resolving.de/urn:nbn:de:bsz:352-255085

Zhu, X.; Chen, M.; He, X.; Xiao, Z.; Zhou, H.; Tan, Z. (2015): Bioaugmentation treatment of PV wafer manufacturing wastewater by microbial culture. Water Science and Technology 72(5), pp. 754 – 761.

Abkürzungsverzeichnis

Abkürzung	Bedeutung
°C	Grad Celsius
°dH	Grad deutscher Härte, Einheit zur Messung der Wasserhärte
µc	Mikrokristalin
µS	Mikrosiemens
a	anno; Jahr
A	Arbeitsblatt
AAM	Anionenaustauschermembran
AAT	Anionenaustauscher
Abs.	Absatz
AbwV	Abwasserverordnung
ACEA	European Automobile Manufacturers Association
ADUF	Anaerobic Digestion Ultra Filtration
AEV	Abwasseremissionsverordnung
AFS	abfiltrierbare Stoffe
AG	Aktiengesellschaft
Ag	Silber
AGMD	air Gap Membrane Distillation
AGW	Arbeitsplatzgrenzwert
Ah	Amperestunde
Al	Aluminium
AiF	Arbeitsgemeinschaft industrieller Forschungsvereinigungen
AKH	Allgemeines Krankenhaus
$AlCl_3$	Aluminiumchlorid
AMBR	Advanced Membrane Bioreactor
AMG	Arzneimittelgesetz
AMPA	Aminomethylphosphonsäure
ANAMET	Anaerob-Aerob-Methangas-Verfahren
anorg.	anorganisch
anorgan.	anorganisch
anox.	anoxisch
AnSMBR	Anaerobic submerged membrane bioreactor
AOBs	ammoniumoxidierende Bakterien
AOP	Advanced Oxidation Process

Abkürzung	Bedeutung
AOX	adsorbierbare organische Halogenverbindungen
API	American Petroleum Institute
AQ-Sulfit	Anthrachinon-Sulfit
ArbSchG	Arbeitsschutzgesetz
ArbStättV	Verordnung über Arbeitsstätten; Arbeitsstättenverordnung
Art.	Artikel
a-Si	amorph
ASKURIS	Anthropogene Spurenstoffe und Krankheitserreger im urbanen Wasserkreislauf – Bewertung, Barrieren und Risikokommunikation
AsO_4^{3-}	Arsenat
ASS	absetzbare Stoffe
A-Stufe	Aerobe Stufe
ATV	Abwassertechnische Vereinigung e.V., heute DWA
ATV-DVWK	Deutsche Vereinigung für Wasserwirtschaft, Abwasser und Abfall e.V.
Au	Gold
AWA	Autowaschanlagen
AwSV	Verordnung über Anlagen zum Umgang mit wassergefährdenden Stoffen
AZM	Abwasserzentrum Mitte
AZO	Abwasserzentrum Ost
AZW	Abwasserzentrum West
B	Breite
BAT	Best Available Techniques
BAT-AEL	BAT Associated Emission Levels
BCYE	Buffered charcoal Yeast extract
B_d	Tagesfracht
BetrSichV	Betriebssicherheitsverordnung
BEV	Batteriefahrzeug
BfB	Bundesmonopolverwaltung für Branntwein
BG	Berufsgenossenschaft
BGB	Bürgerliches Gesetzbuch
BGW	Biologischer Grenzwert (veraltet: BAT)
BHKW	Blockheizkraftwerk
BImSchG	Bundesimmissionsschutzgesetz

Abkürzung	Bedeutung
BImSchV	Bundesimmissionsschutzverordnung
BioAbV	Bioabfallverordnung
biolog.	biologisch
BIT	Benzisothiazolinon
BLAC	Bund-Länder-Ausschuss für Chemikaliensicherheit
BLAK	Bund-Länder-Arbeitskreis
BLE	Bundesanstalt für Landwirtschaft und Ernährung
BLL	Bund für Lebensmittelrecht und Lebensmittelkunde e. V.
BMBF	Bundesministerium für Bildung und Forschung
BMEL	Bundesministerium für Ernährung und Landwirtschaft
BMLFUW	Bundesministerium für Land- und Forstwirtschaft, Umwelt und Wasserwirtschaft
BMU	Bundesministerium für Umwelt, Naturschutz und nukleare Sicherheit
B_N	Stickstofffracht
BR	Polybutadien-Kautschuk
BranntwMonG	Branntweinmonopolgesetz
BREF	Best Available Techniques Reference
BSB	biochemischer Sauerstoffbedarf
BSB_5	biochemischer Sauerstoffbedarf in fünf Tagen
$BSB_{5,hom.}$	biochemischer Sauerstoffbedarf in fünf Tagen , homogenisiert
BSE	Bovine spongiforme Enzephalopathie
bspw.	beispielsweise
BTEX	aromatische Kohlenwasserstoffe Benzol, Toluol, Ethylbenzol und Xylole
B_{TS}	Schlammbelastung
$B_{TS,BSB5}$	BSB_5-Schlammbelastung (g BSB_5/(g TS · d))
BTX	Benzol, Toluol, Xylol
BVDF	Bundesverband der Deutschen Fleischwarenindustrie e. V.
BVEG	Bundesverband Erdöl, Erdgas und Geothermie e.V.
BVerwG	Bundesverwaltungsgesetz
BVT	Beste verfügbare Techniken
BVT-S	BVT-Schlussfolgerungen
BWRO	Brackish Water Reverse Osmosis

Abkürzung	Bedeutung
bzgl.	bezüglich
C	Concentrat; Konzentrat
C	Kohlenstoff
C/N	Verhältnis von Carbon zu Nitrogen
Ca	Calcium
ca.	circa
$CaCl_2$	Calciumchlorid
CAK	Chlor-alkali (electrolysis)
CaO	Calciumoxid
CBD	chemical bath deposition
CCL	Contaminant Candidate List
Cd	Cadmium
CDI	kapazitive Deionisierung
CdS	Cadmiumsulfid
CdTe	Cadmium-Tellurid
C-Elimination	Elimination organischer Kohlenstoffverbindungen
chem.-mech.	chemisch-mechanisch
Ci(G)Sse	Kupfer-Indium-(Gallium)-Schwefel-Selen
CIGS	Kupfer-Indium-(Gallium)-Sulfid
CIGSe	Kupfer-Indium-Gallium-Selenid
CIGSSE	Kupofer-Indium-Gallium-Sulfid-Selenid
CIP	Cleaning in Place; ortsgebundene Reinigung
CIS	Chalkopyrit
CKW	Chlorkohlenwasserstoffe
ClCN	Chlorcyan
CLP	classification, labelling and packaging
CMF	kontinuierlichen Mikrofiltrationseinheit
CN^-	Cyanid-Ion
CNS^-	Thiocyanat-Ion
Co	Cobalt
CO_2	Kohlenstoffdioxid
CP	chemisch-physikalisch

Abkürzung	Bedeutung
Cr	Chrom
Cr(III)	dreiwertiges Chrom (Chrom Oxidationsstufe 3)
Cr_{ges}	Chrom gesamt (Chrom alle Oxidationsstufen)
CrO_4^{2-}	Chromat
CSB	chemischer Sauerstoffbedarf
$CSB_{hom.}$	chemischer Sauerstoffbedarf, homogenisiert
CSQ	Coke Stabilisation Quencing
Cu	Kupfer
CUMAR	anaerobes Membranverfahren
CWW	Common Waste Water
d	Tag
d. h.	das heißt
DAF	dissolved air flotation
DAF	Druck-Entspannungsflotation
DBU	Deutsche Bundesstiftung Umwelt
DCMD	Direktkontakt-Membrandestillation
DDGS	Dried Distillers Grains with Solubles
DDT	Dichlordiphenyltrichlorethan
DEG	Diethylenglykol
DEHP	Bis(2-ethylhexyl)phthalat
DENEWA	Name eines EU-Fördervorhabens zum Wasser- und Abwassersektor
DEV	Deutsche Einheitsverfahren zur Wasser-, Abwasser- und Schlammuntersuchung
DEV H	Deutsche Einheitsverfahren zur Wasser-, Abwasser- und Schlammuntersuchung, Abschnitt „Summarische Wirkungs- und Stoffkenngrößen“
dez.	dezentral
DFZ	Durchsichtsfarbzahl
DIN EN	Deutsche Industrienorm (englisch)
diskont.	diskontinuierliche Verfahrensweise
Diss.	Dissertation
DI-Wasser	Deionisiertes Wasser
dl	dioxin-like
DLG	Deutsche Landwirtschafts-Gesellschaft

Abkürzung	Bedeutung
DMDTC	Dimethyldithiocarbamat
DNA	deoxyribonucleic acid; Desoxyribonukleinsäure
DNT	Dinitrotoluol
DS	Draw Solution; Zuglösung
DTPA	Diethylentriaminpentaessigsäure
DüMV	Düngemittelverordnung
DWA	Deutsche Vereinigung für Wasserwirtschaft, Abwasser und Abfall e. V.
DWA-Merkblatt	Merkblatt der Deutsche Vereinigung für Wasserwirtschaft, Abwasser und Abfall e. V.
E	Einwohner
e. U.	eingetragener Unternehmer
EC_{20}	mittlere effektive Konzentration, bei der in 20 % der Fälle eine Wirkung entfaltet wird
EC_{50}	mittlere effektive Konzentration, bei der in 50 % der Fälle eine Wirkung entfaltet wird
ECF	elementary chlorine free
ECHA	Europäische Chemikalienagentur
ED	Electrodialysis
EDA	Eindampfanlage
EDI	Elektrodeionisation
EDR	Electrodialysis Reverse
eds.	editors
EDTA	Ethylendiamintetraessigsäure
EEA	Europäische Umweltagentur
EFS	Emission from Storage
EGSB	Expanded Granular Sludge Bed
EGW	Einwohnergleichwert
EIPPCB	European IPPC Bureau
el.	elektrisch
elektrochem.	elektrochemische
EMA	European Medicines Agency
EMAS	Eco-Management and Audit Scheme
EnEV	Energieeinsparverordnung
engl.	englisch

Abkürzung	Bedeutung
EO	Ethylenoxid
EOP	electroosmotic cotransfer; Wassertransport
EPA	United States Environmental Protection Agency
EQS	Environmental Quality Standards
et al.	et alii; und andere
ETBE	Ethyl-tert-butylether
EU	Europäische Union
EUR	Euro
EU-Richtlinie	Richtlinie der Europäischen Union
event.	eventuell
EW	Einwohnerwert
F	Feed
F&E	Forschung und Entwicklung
Fa.	Firma
FAO	Food and Agriculture Organization; Ernährungs- und Landwirtschaftsorganisation der Vereinten Nationen
FCEV	Brennstoffzellenfahrzeug
FCKW	Fluorchlorkohlenwasserstoffe
Fe	Eisen
FFA	Free Fatty Acids
FFH	Fauna-Flora-Habitat
FISH	Fluoreszenz-In-situ-Hybridisierung
FIZ	Fisch-Informationszentrum
Flot.	Flotation
FM	Flockungsmittel
FO	Forward Osmosis; Vorwärtsosmose
FOC	Free-of-Chrome
FOG	fat, oil, grease; Fett, Öl, Schmiermittel
FZ	Farbzahl
Fzg.	Fahrzeug
g	Gramm
GaAs	Gallium-Arsenid
GC-MS	mit Massenspektrometer gekoppelte Gaschromatographie

Abkürzung	Bedeutung
GefStoffV	Gefahrstoffverordnung
G_{Ei}	Giftigkeit für Fischeier
GenTG	Gentechnikgesetz
GFK	Glasfaserverstärkter Kunststoff
ggf.	gegebenenfalls
GHS	Global harmonisiertes System zur Einstufung und Kennzeichnung von Chemikalien
GKW	Gesamtkohlenwasserstoffe
Gl.	Gleichung
GU	genomic units
GV	Großvieheinheit
GVPC	Cycloheximid
GWh	Gigawattstunde
H	Heft
h	Stunde
H_2S	Schwefelwasserstoff
H_2SO_4	Schwefelsäure
ha	Hektar
HB	Handelsbasis
HBCDD	Hexabromcyclododecane
HCH	Hexachlorcyclohexan
HCl	Salzsäure
HF	Fluorwasserstoff
Hg	Quecksilber
hl	Hektoliter
hl A	Hektoliter Alkohol
HNO_3	Salpetersäure
HPPO	Hydrogen Peroxide to Propylene Oxide
HPV	High Production Volume
HPW	Highly Purified Water
Hrsg.	Herausgeber
htw saar	Hochschule für Technik und Wirtschaft des Saarlandes
i. d. R.	in der Regel

Abkürzung	Bedeutung
I. E.	internationale Einheit
i. M.	im Mittel
i. N.	im Normzustand: Normvolumen (Volumen im physikalischen Normzustand, d. h. bei dem Standarddruck p_n = 101 325 Pa und der Standardtemperatur T_n = 273,15 K)
IBC	Intermediate Bulk Container
IBN_S	Inbetriebnahme Selektor
IC	internal circulation
ICP	Inductively Coupled Plasma; für induktiv gekoppeltes Plasma
IED	Industrial Emissions Directive; Industrieemissions-Richtlinie 2010/75/EU
IE-Richtlinie	Industrieemissionsrichtlinie
IE-RL	Industrieemissionsrichtlinie
IKSR	Internatione Kommission zum Schutz des Rheins
IMO	International Maritime Organisation
IMS	Integriertes Membran System
In	Indium
inkl.	inklusive
insb.	insbesondere
IPPC	Integrated Pollution Prevention and Control
IR	Infrarot
ISAH	Institut für Siedlungswasserwirtschaft und Abfalltechnik der Leibniz Universität Hannover
ISO	Internationale Organisation für Normung
ISV	Schlammindex
IVU	integrierte Vermeidung und Verminderung von Umweltverschmutzung
IWW	Rheinisch-Westfälisches Institut für Wasserforschung
IZÜV	Industriekläranlagen-Zulassungs- und Überwachungsverordnung
K	Kelvin
k. A.	keine Angabe
KA	Kläranlage
KAM	Kationenaustauschermembran
Kap.	Kapitel
KAT	Kationenaustauscher
kat.	kationische Tenside (positiv polarisierte ionische Verbindung)

Abkürzung	Bedeutung
KBE	koloniebildende Einheiten
KCl	Kaliumchlorid
KFZ	Kraftfahrzeug
kg	Kilogramm
KMU	kleine und mittlere Unterhemen
KN	Kjeldahl-Stickstoff
KOH	Kaliumhydroxid
konst.	konstant
Konz.	Konzentration
KrWG	Kreislaufwirtschaftsgesetz
kt	Kilotonne
KTBL	Kuratorium für Technik und Bauwesen in der Landwirtschaft e. V.
KTL	Kathodische Tauchlackierung
KV	Kleinvieheinheit
KW	Kohlenwasserstoff
kWh	Kilowattstunde
KW-Index	Kohlenwasserstoff-Index
L	Länge
l	Liter
L.	Legionella
LAGA	Länderarbeitsgemeinschaft Abfall
LAI	Bund-Länder-Arbeitsgemeinschaft Immissionsschutz
lat.	lateinisch
LAWA	Bund/Länder-Arbeitsgemeinschaft Wasser
LBEG	Landesamt für Bergbau, Energie und Geologie, Niedersachsen
LC 50	Fischtoxizität
LCA	Life Cycle Assessment
LCP	Large Combustion Plants
LED	Light-Emitting Diode; lichtemittierende Diode, Leuchtdiode
LF	Leitfähigkeit
LfU	Bayerisches Landesamt für Umwelt
LGL	Bayerisches Landesamtes für Gesundheit und Lebensmittelsicherheit
LHKW	leichtflüchtige halogenierte Kohlenwasserstoffe

Abkürzung	Bedeutung
LK	Legionärskranheit
LKW	Lastkraftwagen
LME	London Metal Exchange
LOPROX	Low Pressure Wet Oxidation
LPRO	Low Pressure Reverse Osmosis; Niederdruck-Umkehrosmose
lt.	laut
LTLT	Low Temperature Long-Time
LUH	Leibniz Universität Hannover
LVIC-AAF	Large Volume Inorganic Chemicals – Ammonia, Acids and Fertilisers
LVIC-S	Large Volume Inorganic Chemicals – Solids and Others Industry
LVOC	Large Volume Organic Chemicals
M	Merkblatt
m^3	Kubikmeter
MAB	Misch- und Ausgleichsbecken
MAP	Magnesium-Ammonium-Phosphat
MARPOL	International Convention for the Prevention of Marine Pollution from Ships
MARS	Membrane Anaerobic Reactor System
max.	maximal
Max.	Maximum
mbar	Millibar
MBBR	Moving Bed Biofilm Reactor
MBR	Membranbioreaktor
MCDI	membrangestützte kapazitive Deionisierung
mc-Si	monokristallin
MD	Membrandestillation
MDA	Methylen-Diphenyl-Diamin
MDI	Methylen-Diphenyl-Diisocyanat
mech.	mechanisch
MEPC	Marine Environment Protection Committee
meq	milliequivalent (1/1.000 Mol Ladungseinheiten)
MF	Mikrofiltration
mg	Milligramm
Mg	Megagramm

Abkürzung	Bedeutung
Mg	Magnesium
MIBK	Methylisobutylketon
Min.	Minimum
Mio.	Million
MIV	Milchindustrie-Verband
MJ	Megajoule
MKULNV	Minustrium für Umwelt, Landwirtschaft, Natur- und Verbraucherschutz des Landes Nordrhein-Westfalen
MKW	Mineralölkohlenwasserstoffe
MLD	minimum liquid discharge
mm	Millimeter
mmol	Millimol
Mo	Molybdän
MQ	mittlerer Abfluss
MR	Methanreaktor
Mrd.	Milliarde
MRS	Manufacturing Restricted Substances
mS	Millisiemens
MSBR	Modified sequential batch reactor
MSDS	Material Safety Data Sheet; Sicherheitsdatenblatt
MTBE	Methyl-tert-butylether
MÜSE	maschinelle Überschussschlammeindickung/-entwässerung
mval	Millival
MW	Molekulargewicht
N	Stickstoff
n. b.	i. d. R. nicht zu berücksichtigen
n. f.	nicht festgelegt
n. n.	nicht nachweisbar
NachwV	Nachweisverordnung
NaCl	Natriumchlorid
N_{anorg}	Anorganischer Stickstoff
NaOH	Natronlauge
NASEM	National Academies of Sciences, Engineering, and Medicine

Abkürzung	Bedeutung
Nassox.	Nassoxidation
n-CdS	negativ dotiertes Cadmium-Sulfid
Nds.	Niedersächsisch
NE	Nichteisen
NETL	National Energy Technology Laboratory United States
Neutr.	Neutralisation
NF	Nanofiltration
N_{ges}	Stickstoff gesamt
NGO	Non-Governmental Organization
NH_4^+	Ammonium
N-haltig	stickstoffhaltig
Ni	Nickel
nm	Nanometer
Nm^3	Normkubikmeter
NO_2	Nitrit
NO_3	Nitrat
NÖM	Niederösterreichische Molkerei
NORM	Naturally-Occurring Radioactive Materials; natürlich auftretende radioaktive Stoffe
NOx	Stickoxide
Nr.	Nummer
NRW	Nordrhein-Westfalen
NSSC	neutral sulfite semichemical; Neutalsulfit Halbzellstoff
NTA	Nitrilotriessigsäure/-acetat
O	Sauerstoff
Ø	Durchschnitt
OECD	Organisation for Economic Co-operation and Development
OFC	Manufacture of Organic Fine Chemicals
OGewV	Oberflächengewässerverordnung
OGKI	Obst-, Gemüse- und Kartoffelindustrie
OH-Radikal	Hydroxyl-Radikal
OIT	Octylisothiazolinon

Abkürzung	Bedeutung
OOWV	Oldenburgisch-ostfriesischer Wasserverband
OP	Operation
oTR	organischer Trockenrückstand
oTS	organische Trockensubstanz
OVID	Verband der ölsaatenverarbeitenden Industrie in Deutschland e. V.
OWS	Öl-Wasser-Separator
P	Phosphor
Pa	Pascal
PA	Polyamid
PA	Produktionsabwasser
PAA	Partiell-Aeraob Aerob
PAC	Polyaluminiumchlorid
PAK	Polycyclische aromatische Kohlenwasserstoffe
PAN	Polyacrylnitril
PANDA	Partial Augmented Nitritation Denitritation with Alkalinity Recovery
PA-Stufe	Partiell Aerobe Stufe
Pb	Blei
PBT	Substances that are persistent, bioaccumulative and toxic; persistente, bioakkumulierende toxische Stoffe
PCB	polychlorierte Biphenyle
p-CdTe	positiv dotiertes Cadmium-Tellurid
PCP	Pentachlorphenol
PCR	Polymerase Chain Reaction
PE	Polyethylen
PEC	predicted environmental concentration; berechnete Umweltkonzentration
PEG	Polyethylenglycol
PEHD	Polyethylen hoher Dichte
PES	Polyethersulfon
PET	Polyethylenterephthalat
PF	Prozessfaktor
PFC	perfluorierte Chemikalien
PFC	perfluorierte organische Verbindungen
PFOA	Perfluoroctansäure

Abkürzung	Bedeutung
PFOS	Perfluoroctansulfonsäure
PFT	Perfluorierte Tenside
PG	Pentylenglykol
P_{ges}	Phosphor gesamt
PGW	Druckschliff
P-haltig	Phosphorhaltig
PHEV	Benzin Plug-In-Hybrid
PHREEQC	Computerprogramm zur Berechnung von (geo)chemischen Gleichgewichten
PILLS	Pharmaceutical Input and Elimination from local Sources
PIUS	Produktionsintegrierter Umweltschutz
pK_S	negative dekadische Logarithmus der Säurekonstante
PKW	Personenkraftwagen
PM	Papiermaschine
PMOC	polar mobile organic compounds
PNEC	Predicted No-Effect-Concentration; gerade nicht mehr wirksame Konzentration eines Stoffes in der Umwelt
POL	Production of Polymers
poly-Si	polykristallin
POP	Persistent Organic Pollutants
PP	Polypropylen
pp.	pages (dt. Seiten)
ppb	parts per billion; Teile pro Milliarde
ppm	parts per million; Teile pro Million
PS	Primärschlamm
PSM	Pflanzenschutzmittel
PSU	Polysulfon
PTA	Purified Terephtalic Acid
PTFE	Polytetrafluorethylen
PV	Photovoltaik
PVA	Polyvinylacetat
PVA	Polyvinylalkohol
PVC	Polyvinylchlorid
PVDF	Polyvinylidenfluorid

Abkürzung	Bedeutung
PW	Purified Water
Q	Durchfluss
qA	Oberflächenbeschickung
QAV	quartäre Ammoniumverbindungen
Q_d	Volumenstrom, Tagesmenge (m^3/d)
Q_h	Volumenstrom, Stundenmenge (m^3/h)
qPCR	quantitative Echtzeit Polymerase-Kettenreaktion
RAS	Rezirkulierende Aquakultur-Systeme
RDG	Reinigungs- und Desinfektionsgerät
REACH	Regulation concerning the Registration, Evaluation, Authorisation and Restriction of Chemicals; Europäische Chemikalienverordnung zur Registrierung, Bewertung, Zulassung und Beschränkung chemischer Stoffe
REEV	Range-Extender-Electric-Vehicle
REF	Refining of Mineral Oil and Gas
RKM	Röntgenkontrastmittel
RL	Richtlinie
RNA	Ribonucleic Acid; Ribonukleinsäure
Rnase	Ribonuklease
$R\text{-}NH_2$	primäre Amine
RO	Reverse Osmosis; Umkehrosmose
rpm	revolutions per minute; Umdrehungen pro Minute
RSH	Alkoholanaloge Schwefelverbindungen (Sulfhydryl)
RTIL	Room Temperature Ionic Liquids; deutsch: ionische Flüssigkeiten
RTO	Regenerative Thermal Oxidizer
S.	Seite, Seiten
s.	siehe
SBR	Sequencing Batch Reaktor
SDI	Silt Density Index
SDS	Sodium Dodecyl Sulfate; Natriumlaurylsulfat (anion. Tensid)
Sed.	Sediment
sed.	sedimentiert
SG	Serogruppe
SGMD	Sweeping Gas MD

Abkürzung	Bedeutung
Si_3N_4	Siliziumnitrid
SiC	Siliciumcarbid
SIC	Speciality Inorganic Chemicals
Siebpart.	Siebpartie (der Papiermaschine)
SIP	Sterilisation-in-Place
SLFA	Staatliche Lehr-und Forschungsanstalt
SMGV	Schweizerischen Maler- und Gipsunternehmenverband
Sn	Zinn
sog.	sogenannte
SOx	Schwefelsäure
Sp.	Spalte
spezif.	spezifisch
SRM	spezifiziertes Risikomaterial
St.-Email	emaillierter Stahl
SVHC	Substances of Very High Concern; besonders besorgniserregende Stoffe
SVWG	Schweizerischer Verein des Gas- und Wasserfaches
SW	Siebwasser
synthet.	synthetisch
T	Temperatur
T	Tiefe
t	Tonne
TA Luft	Technische Anleitung zur Reinhaltung der Luft
TALA	TA Luft Ausschuss
TBA	Tierkörperbeseitigungsanstalt
TCF	Total Chlorine Free
TDS	Total Dissolved Solids; Gesamtheit aller in einem Lösungsmittel gelösten anorganischen und organischen Stoffe
Te	Tellur
TFH	Technische Fachhochschule
theor.	theoretisch
TierNebG	Tierische Nebenprodukte- Beseitigungsgesetz
TiO_2	Titandioxid

Abkürzung	Bedeutung
$TiOSO_4$	Tianylsulfat
TKN	Total Kjeldahl Nitrogen; Gesamter Kjeldahl-Stickstoff
TMP	Thermo-Mechanical Pulp
TMP	Trans Membrane Pressure; Transmembrane Druckdifferenz
TMT	Trimercapto-s-triazin-Trinatriumsalz-Lösung
TN	Total Nitrogen, Gesamtstickstoff
TN_b	Total Nitrogen bound; gesamter gebundener Stickstoff
TOC	Total Organic Carbon; Gesamter organischer Kohlenstoff
TP	Total Phophorous; Gesamtphosphor
TR	Trockenrückstand
t_R	Aufenthaltszeit
TRBA	Technische Regeln für den Umgang mit biologischen Arbeitsstoffen
TRGS	Technischen Regeln für Gefahrstoffe
TS	Trockensubstanz
TSE	Transmissible Spongiforme Encephalopathie
TSS	Total Suspended Solids, Trockensubstanzgehalt
TSSC	The Smiths Snackfood Company
UASB	Upflow anaerobic sludge blanket; Schlammbettreaktor
UASFF	up-flow anaerobic sludge fixed film
UBA	Umweltbundesamt
UF	Ultrafiltration
UO	Umkehrosmose
UQN	Umweltqualitätsnorm
ÜS	Überschussschlamm
US EPA	United States Enviromental Protection Agency; Umweltschutzbehörde der Vereinigten Staaten
USA	United States of Amerika; Vereinigte Staaten von Amerika
USD	US-Dollar
UV	Ultraviolett
V	Volt
V	Volumen
VARA	Verbandskläranlage
VB	Verkaufsbier

Abkürzung	Bedeutung
V_{BB}	Volumen des Belebungsbeckens
VCI	Verband der chemischen Industrie e. V.
VDA	Verband der Automobilindustrie e. V.
VdF	Verband der Deutschen Fruchtsaft-Industrie e. V.
VDGS	Verband der deutschen Getreideverarbeiter und Stärkehersteller e. V.
VDI	Verein deutscher Ingenieure e. V.
VDM	Verband Deutscher Mineralbrunnen e. V.
VE	vollentsalzt
VE-Wasser	vollentsalztes Wasser
VMD	vaccuum MD
VOC-Verordnung	Verordnung zur Begrenzung der Emissionen flüchtiger organischer Verbindungen
Vol.	Volumen
Vol.-%	Volumenprozent
vPvB	very Persistent and very Bioaccumulating; sehr persistente und sehr bioakkumulierende Stoffe
vs.	versus
VSA	Verband Schweizer Abwasser- und Gewässerschutzfachleute
VTN	Verarbeitung tierischer Nebenprodukte
VwVwS	Verwaltungsvorschrift wassergefährdende Stoffe
WEG	Wirtschaftsverband Erdöl- und Erdgasgewinnung e. V. (seit 2016 Bundesverband Erdgas, Erdöl und Geoenergie e. V. (BVEG))
WFI	Water for Injection
WGC	Common Waste Gas Treatment in the Chemical Sector
WGK	Wassergefährdungsklasse
WHG	Wasserhaushaltsgesetz
WHO	World Health Organization; Weltgesundheitsorganisation
WI	Waste Incineration
WRRL	Wasserrahmenrichtlinie
WS	Wirksubstanz
WT	Wärmetauscher
WT	Waste Treatment
WWAP	United Nations World Water Assessment Programme
ZABA	zentrale Abwasserbehandlungsanlage

Abkürzung	Bedeutung
ZDHC	Zero Discharge of Hazardous Chemicals
Zentrifug.	Zentrifuge/zentrifugiert
ZLD	Zero Liquid Discharge
Zn	Zink
ZnO	Zinkoxid
ZVO	Zentralverband Oberflächentechnik e. V.

Stichwortverzeichnis

A

B

F

G

H

M

N

O

P

T

U

V

W

Z

Autorenverzeichnis

Ante, Angela (Dr.)
Hilchenbach, SMS Group GmbH, angela.ante@sms-group.com,
Kapitel 3.1, 3.2

Athanasiadis, Konstantinos (Dr.-Ing.)
Weyarn, Dr.-Ing. Steinle Ingenieurgesellschaft für Abwassertechnik mbH,
athanasiadis@dr-steinle.de, Kapitel 4.4

Austermann-Haun, Ute (Prof. Dr.-Ing.)
Detmold, Technische Hochschule Ostwestfalen-Lippe,
ute.austermann-haun@th-owl.de, Kapitel 4.2, 6.2

Barjenbruch, Matthias (Prof. Dr.-Ing.)
Berlin, Fachgebiet Siedlungswasserwirtschaft, TU Berlin,
matthias.barjenbruch@tu-berlin.de, Kapitel 4.9

Bauer, Sonja (Dr.-Ing.)
Darmstadt, TU Darmstadt, Fachgebiet Landmanagement,
bauer@geod.tu-darmstadt.de, Kapitel 8.2

Behnisch, Justus (M. Sc.)
Darmstadt, TU Darmstadt, Fachgebiet Abwassertechnik,
j.behnisch@iwar.tu-darmstadt.de, Kapitel 8.2

Beier, Maike (Dr.-Ing.)
Hannover, Institut für Siedlungswasserwirtschaft und Abfalltechnik,
Leibniz Universität Hannover, beier@isah.uni-hannover.de,
Kapitel 2.2.2, 4.7, 6.5

Blöcher, Christoph (Dr.-Ing.)
Leverkusen, Covestro Deutschland AG, christoph.bloecher@covestro.com,
Kapitel 3.2, 8.1

Brinkmeyer, Jörg W. (Dr.-Ing.)
Oldenburg, De.EnCon GmbH, brinkmeyer@deeencon.de, Kapitel 10.6

Caicedo, Cynthia (Dr.-Ing.)
Hannover, Institut für Siedlungswasserwirtschaft und Abfalltechnik,
Leibniz Universität Hannover, caicedo@isah.uni-hannover.de, Kapitel 2.4.4

Carozzi, Alvaro (Dipl.-Ing.)
Weyarn, Dr.-Ing. Steinle Ingenieurgesellschaft für Abwassertechnik mbH,
carozzi@dr-steinle.de, Kapitel 4.3

Dell, Anna (M. Sc.)
Darmstadt, TU Darmstadt, Fachgebiet Landmanagement,
dell@geod.tu-darmstadt.de, Kapitel 8.2

Engelhart, Markus (Prof. Dr.-Ing.)
Darmstadt, TU Darmstadt, Fachgebiet Abwassertechnik,
m.engelhart@iwar.tu-darmstadt.de, Kapitel 3.4, 10.8

Eppers, Rüdiger (Dipl.-Ing.)
Wolfsburg, Volkswagen AG, ruediger.eppers@volkswagen.de, Kapitel 10.6

Flöser, Veit (Dipl.-Ing.)
Hannover, Ing.-Büro Flöser, buero@floeser.de, Kapitel 4.6, 9.1, 9.3, 9.4, 10.5

Hartwig, Peter (Prof. Dr.-Ing.)
Hannover, aqua-consult Ingenieur GmbH, hartwig@aqua-consult.de,
Kapitel 6.1

Jördening, Hans-Joachim (Prof. Dr.)
Braunschweig, Technische Universität Brauchschweig,
Institute for Technical Chemistry, a.joerdening@tu-bs.de, Kapitel 4.1

Köster, Stephan (Prof. Dr.-Ing.)
Hannover, Institut für Siedlungswasserwirtschaft und Abfalltechnik,
Leibniz Universität Hannover, koester@isah.uni-hannover.de, Kapitel 9.2, 10.6

Koll, Christian (M. Sc.)
Hannover, Hochschule Hannover, christian.koll@hs-hannover.de, Kapitel 2.4.2

Kozariszczuk, Matthias (Dr.-Ing.)
Düsseldorf, VDEh-Betriebsforschungsinstitut GmbH,
matthias.kozariszczuk@bfi.de, Kapitel 10.1, 10.2, 10.3

Krajewski, Jakub (Dipl.-Ing.)
Hannover, Institut für Siedlungswasserwirtschaft und Abfalltechnik,
Leibniz Universität Hannover, krajewski@isah.uni-hannover.de,
Kapitel 2.3, 2.4.3, 6.5, 8.3

Lange, Roland (Dipl.-Ing.)
Hannover, aqua consult Ingenieur GmbH, lange@aqua-consult.de,
Kapitel 5.1, 5.2

Lebek, Martin (Dr.-Ing.)
Hannover, REMONDIS Aqua Industrie GmbH & Co. KG,
martin.lebek@remondis.de, Kapitel 6.3, 6.4

Linke, Hans-Joachim (Prof. Dr.-Ing.)
Darmstadt, TU Darmstadt, Fachgebiet Landmanagement,
linke@geod.tu-darmstadt.de, Kapitel 8.2

Marzinkowski, Joachim M. (Prof. Dr.)
Wuppertal, Bergische Universität Wuppertal, marzinkowski@t-online.de,
Kapitel 7.2

Metzger, Jörg W. (o. Prof. Dr. rer. nat. habil.)
Stuttgart, Institut für Siedlungswasserbau, Wassergüte- und Abfallwirtschaft an der Universität Stuttgart, joerg.metzger@iswa.uni-stuttgart.de, Kapitel 2.4.1

Miller, Rüdiger (Dipl.-Ing.)
Fürth, pdrecycling@posteo.de, Kapitel 10.4

Mlasko, Holger (Dipl.-Ing.)
Wistedt i. d. Nordheide, INDUSTRIEBERATUNG UMWELT GmbH & Co. KG,
holger.mlasko@industrieberatung-umwelt.de, Kapitel 4.5

Möbius, Christian H. (Dr. rer. nat. Dipl.-Chem.)
Augsburg, CM Consult, cm@cm-consult.de, Kapitel 7.1

Nogueira, Regina (Prof. Dr.-Ing.)
Hannover, Institut für Siedlungswasserwirtschaft und Abfalltechnik,
Leibniz Universität Hannover, nogueira@isah.uni-hannover.de, Kapitel 2.4.4

Nowak, Otto (Univ.-Doz. Dipl.-Ing. Dr.)
Eisenstadt (Österreich), Nowak Abwasser Beratung e. U.,
nowak@abwasserberatung.at, Kapitel 4.8, 10.7

Pollatz, Thorsten (Dipl.-Ing.)
Neustadt an der Weinstraße, RLP Agroscience GmbH,
thorsten.pollatz@agrocience.rlp.de, Kapitel 5.3

Poppe, Andrea (Dipl.-Chem. Dr.)
Köln, Stadtentwässerungsbetriebe Köln, AöR,
andrea.poppe@steb-koeln.de, Kapitel 2.2.1

Rak, Andreas (M. Sc.)
Lünen, REMONDIS Aqua Industrie GmbH & Co. KG, andreas.rak@remondis.de, Kapitel 6.3, 6.4

Reichart, Almut (Dipl.-Ing.)
Dessau, Umweltbundesamt, almut.reichart@uba.de, Kapitel 2.1

Rosenwinkel, Karl-Heinz (Prof. Dr.-Ing.)
Hannover, Institut für Siedlungswasserwirtschaft und Abfalltechnik, Leibniz Universität Hannover, rosenwinkel@isah.uni-hannover.de, Vorwort, Kapitel 1.1, 1.2, 1.3, 1.4, 2.4.4, 3.3

Trautmann, Niklas (Dr.-Ing.)
Hannover, DiMeR GmbH, trautman@dimer-tec.com, Kapitel 5.5

Wagner, Martin (Prof. Dr.-Ing. habil.)
Darmstadt, TU Darmstadt, Fachgebiet Abwassertechnik, m.wagner@iwar.tu-darmstadt.de, Kapitel 8.2

Weichgrebe, Dirk (PD Dr.-Ing. habil.)
Hannover, Institut für Siedlungswasserwirtschaft und Abfalltechnik, Leibniz Universität Hannover, weichgrebe@isah.uni-hannover.de, Kapitel 8.4

Werner, Ekkehard (Dipl.-Ing.)
Hehlen, HELLER-LEDER GmbH & Co. KG, e.werner@heller-leder.com, Kapitel 6.2

Wilkening, Ludz (Dipl.-Ing.)
Hannover, Kraul & Wilkening u. Stelling GmbH, Wilkening@kwst.com, Kapitel 5.4

Inserentenverzeichnis